미분적분학 바이블

Essential Calculus 2nd edition

James Stewart 지음

한빛수학교재연구소 옮김

JN434678

한빛아카데미
Hanbit Academy, Inc.

Cengage

***Essential Calculus, International Metric Edition, Brief Edition*, 2nd Edition**

James Stewart

ISBN-13: 979-11-5664-614-3

Cengage Learning Korea Ltd.
14F YTN Newsquare 76 Sangamsan-ro
Mapo-gu Seoul 03926 Korea
Tel: (82) 1533 7053
Fax: (82) 2 330 7001

Cengage Learning is a leading provider of customized learning solutions with office locations around the globe, including Singapore, the United Kingdom, Australia, Mexico, Brazil, and Japan. Locate your local office at: **www.cengage.com**

Cengage Learning products are represented in Canada by Nelson Education, Ltd.

To learn more about Cengage Learning Solutions, visit **www.cengageasia.com**

Printed in Korea
Print Number: 05 Print Year: 2025

미분적분학 바이블

Essential Calculus

2nd edition

James Stewart 지음
한빛수학교재연구소 옮김

Cengage

Australia • Brazil • Canada • Mexico • Singapore • United Kingdom • United States

지은이 **James Stewart**

고인이 된 제임스 스튜어트는 미국 스탠퍼드대학교에서 석사 학위를 받고 토론토 대학교에서 박사 학위를 받았다. 영국 런던대학교에서 연구했는데 스탠퍼드대학교의 저명한 수학자 조지폴리아의 영향을 받았다. 스튜어트는 최근까지 맥마스터 대학교의 수학과 교수로 재직했으며, 연구 분야는 조화해석학이었다. 그는 센게이지러닝을 통해 『PRECALCULUS』, 『CALCULUS』, 『CALCULUS : EARLY TRANSCENDENTALS』, 『CALCULUS : CONCEPTS AND CONTEXTS』 등 다양한 미적분학 교재를 출간한 베스트셀러 저자이다.

옮긴이 **한빛수학교재연구소**

한빛수학교재연구소에서는 이공계열 공통 수학 및 수학 관련 학과 전공 교재에 적합한 원서를 기획/출간하고 있습니다. 이 책은 국립 금오공과대학교 응용수학과 이재원 교수님께서 총괄 번역하였으며, 여러 수학 전문 편집자가 편집에 참여했습니다.

미분적분학 바이블

초판발행 2018년 03월 01일
5쇄발행 2025년 02월 07일

지은이 James Stewart / **옮긴이** 한빛수학교재연구소 / **펴낸이** 전태호
펴낸곳 한빛아카데미(주) / **주소** 서울시 서대문구 연희로2길 62 한빛아카데미(주) 2층
전화 02-336-7112 / **팩스** 02-336-7199
등록 2013년 1월 14일 제2017-000063호 / **ISBN** 979-11-5664-614-3 93410
기획 고지연 / **편집** 고지연, 박현진, 유지형 / **교정** 박한솔 / **진행** 윤세은
디자인 김연정 / **전산편집** 임희남 / **제작** 박성우, 김정우
영업 김태진, 김성삼, 이정훈, 임현기, 이성훈, 김주성 / **마케팅** 김호철, 심지연

이 책에 대한 의견이나 오탈자 및 잘못된 내용은 출판사 홈페이지나 아래 이메일로 알려주십시오.
파본은 구매처에서 교환하실 수 있습니다. 책값은 뒤표지에 표시되어 있습니다.

홈페이지 www.hanbit.co.kr / **이메일** question@hanbit.co.kr

지은이 머리말

미적분학의 유용성과 아름다움을 발견하길 바라며

미적분 교재를 읽는 것은 신문이나 소설 또는 물리책을 읽는 것과는 다르다. 미적분학 내용을 이해하기 위해 한 번 이상 읽어야만 한다면 주저하지 마라. 그림을 그린다거나 계산을 하기 위한 연필, 종이, 계산기를 갖고 있어야 한다.

어떤 학생들은 숙제를 해결하고자 연습문제를 풀기 어려운 경우에만 교재를 본다. 그러나 연습문제를 풀기 전에 교재의 한 절을 읽고 이해하는 것이 훨씬 좋은 방법일 것이다. 특히 용어의 정확한 의미를 알려면 정의를 제대로 이해해야 한다. 그리고 예제는 먼저 풀이를 가린 상태에서 스스로 풀어보기를 권한다. 이와 같이 한다면 단순히 풀이를 알게 되는 것보다 훨씬 더 많은 것을 얻게 될 것이다.

이 과정의 주요 목적 중 하나는 학습자 스스로가 논리적으로 생각하는 연습을 하게 만드는 것이다. 동떨어진 방정식 또는 공식의 실마리가 아닌 앞뒤가 연결되고 단계적으로 이유를 밝히는 문장으로 연습문제의 풀이를 쓰도록 학습하기 바란다

구두로 설명한다거나 해석 또는 서술을 묻는 몇몇 연습문제들의 경우에는 답을 표현하는 정확한 방법이 한 가지만 있는 것이 아니다. 따라서 결정적인 답을 구하지 못했다고 걱정할 필요가 없다. 추가적으로 수치나 대수적으로 답을 표현할 때 다른 형태로 표현되는 경우가 종종 있다. 자신이 구한 답이 제시된 답과 다르다고 하여 자신이 답이 틀렸다고 추정하지 마라. 예를 들어 제시된 답은 $\sqrt{2}-1$인데 구한 답이 $\dfrac{1}{1+\sqrt{2}}$이라면, 구한 답도 맞는 것이다. 분모를 유리화하면 두 답이 동일한 것을 알 수 있다.

미적분학 수강을 마쳤다고 해도 참고용으로 이 책을 갖고 있기를 권한다. 우리는 미적분학의 세부사항을 모두 기억할 수 없다. 미적분학 이후의 과정을 수강하게 될 때 기억나지 않는 미적분학 지식들을 찾아볼 수 있을 것이다. 또한 이 책에는 어느 한 강좌 하나에서 다루는 것보다 훨씬 많은 문제가 담겨있기 때문에 실무 과학자나 기술자에게 귀중한 자료가 될 것이다.

미적분학은 인간의 지성으로 이룬 가장 위대한 업적 중 하나로 생각되는 매우 흥미로운 주제이다. 나는 미적분학이 매우 유용할 뿐만 아니라 본질적으로 아름답다는 것을 학생들이 발견하기를 희망한다.

지은이 **James Stewart**

미리보기

정리 및 증명

해당 주제에서 기억해 두어야 할 공식과 증명 과정을 간단히 보여준다.

TEC

미분적분의 유용한 측면을 컴퓨터로 탐구할 수 있는 모듈을 제시한다. Enhanced WebAssign (www.webassign.net)과 CourseMate(www.cengagebrain.com)에서 찾을 수 있으며, Visual과 Module이 언급된 것은 다음 웹사이트에서 실행할 수 있다. www.stewartcalculus.com

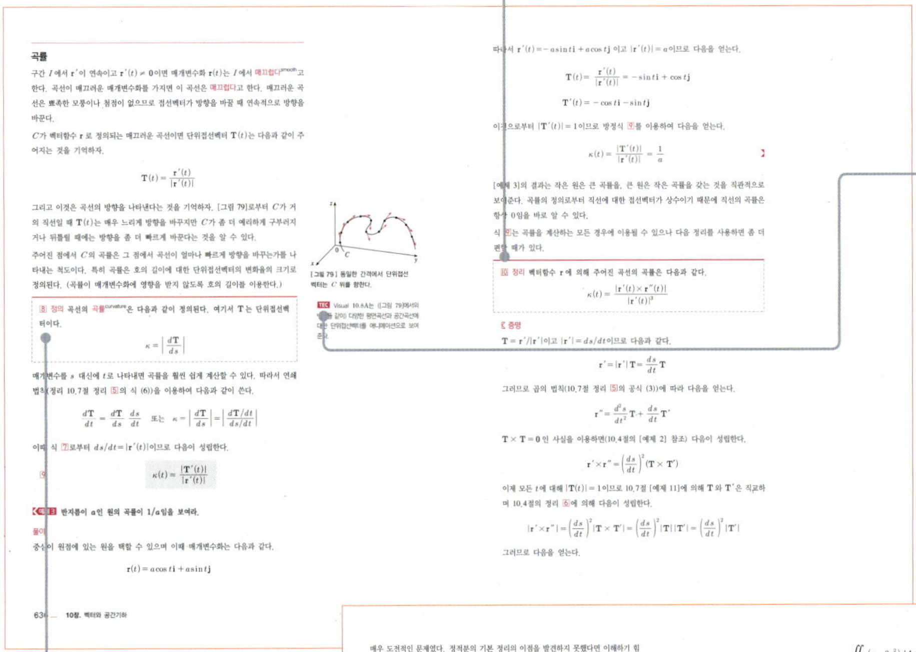

정의

해당 주제에서 기억해 두어야 할 중요한 핵심 용어를 정의한다.

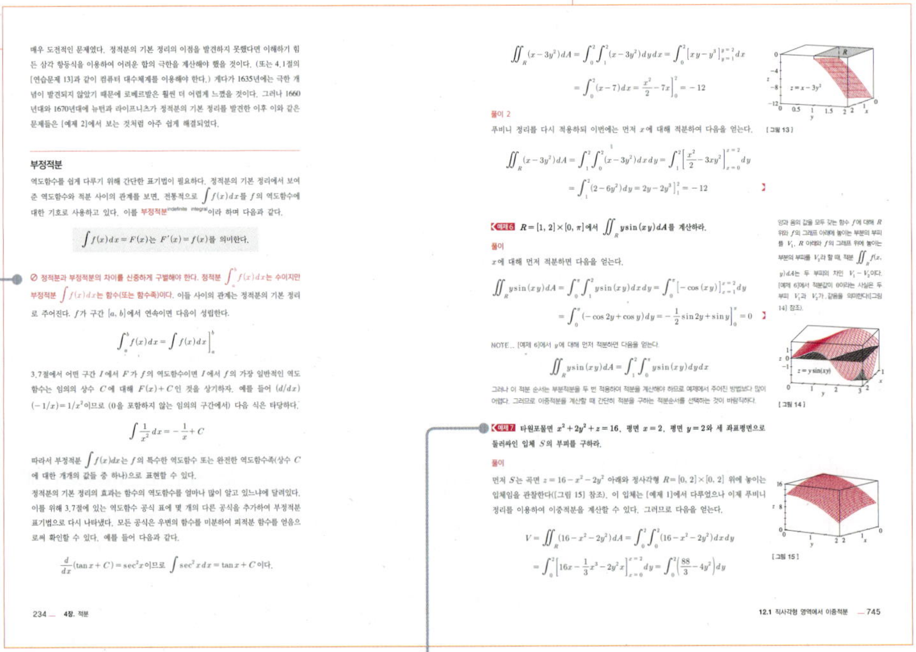

오류를 범할 수 있는 상황을 알리고 그에 대해 설명한다.

예제 및 풀이

본문에서 다룬 개념들을 적용한 문제와 그에 대한 상세한 풀이를 담았다.

힌트가 주어지는 문제

Enhanced WebAssign(www.webassign.net), CourseMate(www.cengagebrain.com), www.stewartcalculus.com에서 연습문제에 대한 힌트를 찾을 수 있다.

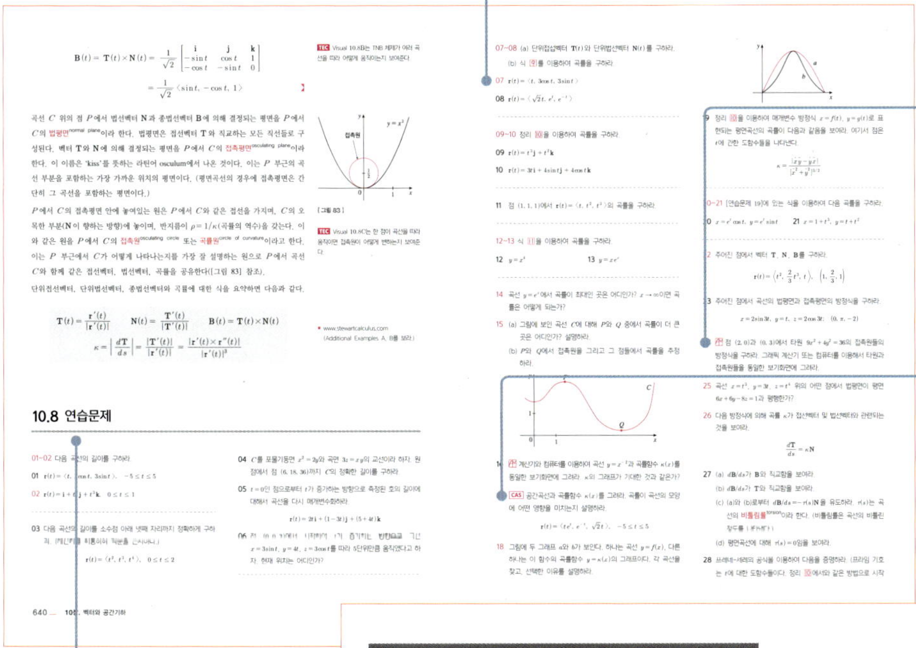

그래프 계산기나 그래프 소프트웨어가 있는 컴퓨터를 반드시 사용해야 하는 문제를 의미한다.

CAS

Derive, Maple, Mathematica, TI-89/92와 같은 컴퓨터 대수체계를 사용해야 하는 문제를 의미한다.

연습문제

해당 절이 끝날 때마다 본문에서 익힌 내용을 문제를 통해 정리한다.

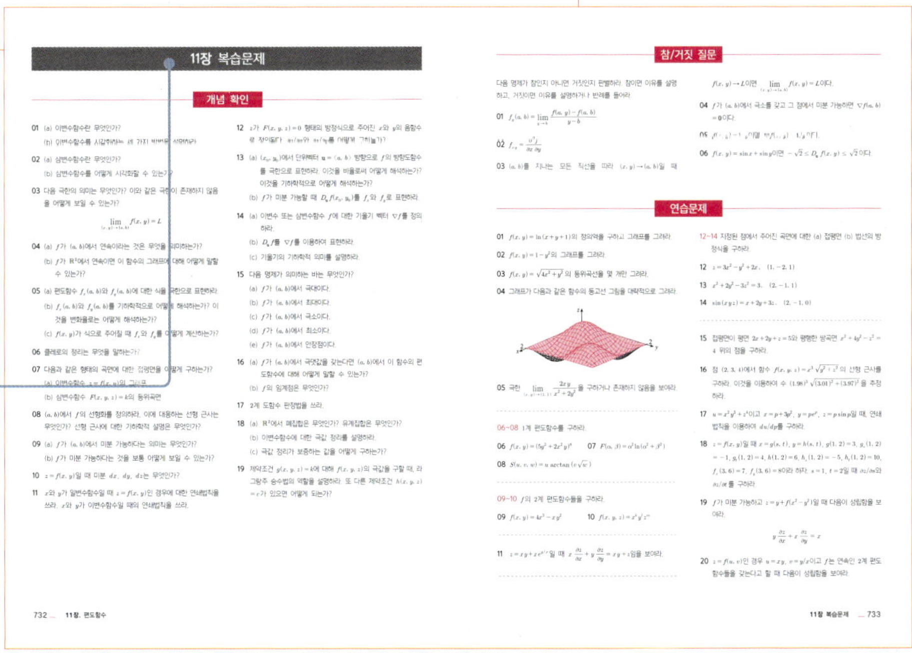

복습문제

해당 장이 끝날 때마다 종합적인 개념 확인, 참/거짓 질문, 연습문제를 통해 해당 장의 학습을 마무리한다.

강의자용 : 강의보조자료 다운받기 한빛출판네트워크 접속(http://www.hanbit.co.kr) → [교수전용] 클릭 → [강의자료] 클릭

학습자용 : 연습문제 해답 다운받기 한빛출판네트워크 접속(http://www.hanbit.co.kr) → [SUPPORT] 클릭 → [자료실] 클릭

옮긴이 머리말

미적분을 배워야 하는 이유가 담긴 책

제임스 스튜어트James Stewart는 미적분학의 바이블이라 할 수 있는 여러 종류의 미적분학 도서를 집필하였다. 이 책은 그의 미적분학 도서 중 하나인『Essential Calculus, 2nd Ed.』의 번역서이다.

이 책은 수학과의 전통적인 교과 과정뿐만 아니라 자연과학, 공학, 의학을 비롯한 사회과학에의 많은 응용을 담고 있다. 또한 미적분학의 내용을 단순하게 기술하기보다는 문제해결을 위한 원리를 이해하고, 그에 대한 응용을 자세하고도 친절하게 기술하고 있다.

일반적으로 미적분학은 고교 수학에서 기본적인 내용을 학습하고, 그 내용을 대학교 1학년에서 다시 학습하게 된다. 그러나 대부분의 미적분학 교재들이 수학적 내용에 치우쳐 있으며, 지금 배우는 이 내용이 어느 학문의 어떤 분야에서 필요로 하는지를 알려주지 않는다. 많은 학생들이 미적분학을 왜 배워야 하는지, 내 전공과 무슨 관련이 있는지 모르는 상태에서 공부하다 보니 결국 흥미를 잃는다.

반면 이 번역서는 미적분학의 주제마다 여러 학문 분야에서 나타나는 실질적인 문제를 제시한다. 따라서 학생들이 미적분을 배워야 하는 이유를 명확히 알 수 있으며, 전공에 대한 자신감을 얻을 수 있을 것이다. 특히 공학도에게는 필수적인 계산기 또는 Maple, Mathematica 등과 같은 프로그램을 이용하도록 함으로써 프로그램 사용 능력을 배양하고 있다. 또한 학생들이 공부하면서 쉽게 범할 수 있는 오류에 경고 표시를 붙여줌으로써 주의를 환기시키는 방식이 다른 책과 구별된다.

이 책을 번역하면서 다음과 같은 점에 특히 주의를 기울였다.

첫째, 최대한 원문에 충실하게 번역한다.
둘째, 문장은 되도록 짧게, 학생들이 이해하기 쉬운 용어를 사용한다.
셋째, 원문의 내용이 왜곡되지 않도록 학습 내용을 생략하지 않는다.
넷째, 각 절의 연습문제는 원문의 홀수 번을 수록하되, 필요에 따라 짝수 번을 추가한다.

다시 한 번 말하지만, 이 책은 단순한 계산 문제뿐만 아니라 여러 학문 분야에서 필요한 내용까지 폭넓게 수록하고 있다. 미적분학 수강을 마쳤다 하더라도 다양한 분야의 학문을 공부할 때 많은 도움이 되는 책이므로 반드시 소장하기를 바란다.

끝으로 이 책의 기획에서 출간까지 수고를 아끼지 않은 한빛아카데미㈜ 관계자분과 김태헌 사장님께 감사드린다.

옮긴이 **이재원**

학습 로드맵

이 책은 기본적으로 3학기 과정에 맞추어 집필된 저자의 다른 미적분학 교재에서 다루는 분량의 2/3 정도를 수록하고 있다. 그럼에도 불구하고 거의 모든 동일한 주제가 포함되어 있다. 따라서 전공에 따라 내용을 선택적으로 선별하여 수업을 진행할 필요가 있다. 예를 들어 '13장. 벡터해석'의 경우 수학계열 전공에서는 '벡터해석'을 학습해야 하지만, 공학계열 전공에서는 이 내용을 학습할 필요가 없을 것이다. 이런 기조에 따라 다음과 같이 로드맵을 정리했으므로 전공에 따라 내용을 선별하여 학습하기를 권한다.

수학계열 전공

1학기		2학기	
1장	함수와 극한	8장	급수
2장	도함수	9장	매개변수 방정식과 극좌표
3장	도함수의 응용	10장	벡터와 공간기하
4장	적분	11장	편도함수
5장	역함수 : 지수함수, 로그함수, 역삼각함수	12장	중적분
6장	적분법	13장	벡터해석
7장	적분의 응용		

공학계열 전공

1학기		2학기	
1장	함수와 극한	7장	적분의 응용
2장	도함수	8장	급수
3장	도함수의 응용	9장	매개변수 방정식과 극좌표
4장	적분	11장	편도함수
5장	역함수 : 지수함수, 로그함수, 역삼각함수	12장	중적분
6장	적분법		

목차

목차

목차

1장 함수와 극한

FUNCTIONS AND LIMITS

미적분학은 지금까지 공부해온 수학과 근본적으로 차이가 있다. 미적분학은 정적이기보다는 역동적이기 때문에 변화와 운동에 관심을 갖는다. 또한 미적분학은 어떤 물리량에 접근하는 또 다른 물리량을 다룬다. 따라서 1장에서는 함숫값이 어떻게 변하고, 어떻게 극한에 근접하는지 살펴보는 것으로 미적분학 공부를 시작한다.

1.1 함수의 정의와 표현 방법

함수는 어떤 양이 다른 양에 의존할 때 발생한다. 다음 네 가지 상황을 생각하자.

A. 원의 넓이 A는 원의 반지름 r에 의존한다. r과 A를 연결하는 규칙은 방정식 $A=\pi r^2$이다. 각각의 양수 r에 따라 A 값 하나가 관련된다. 따라서 'A는 r의 함수이다.'라고 말한다.

B. 전 세계의 인구 P는 시각 t에 의존한다. [표 1]은 시각 t, 즉 어떤 연도에서 전 세계의 추정 인구 $P(t)$를 나타낸다. 예를 들어 다음과 같다.

$$P(1950) \approx 2,560,000,000$$

각각의 시각 t의 값에 대응하는 P의 값이 존재하므로 'P는 t의 함수이다.'고 말한다.

연도	인구(백만)
1900	1650
1910	1750
1920	1860
1930	2070
1940	2300
1950	2560
1960	3040
1970	3710
1980	4450
1990	5280
2000	6080
2010	6870

[표 1]

C. 우편봉투의 우송료 C는 무게 w에 의존한다. w와 C를 연결하는 간단한 공식은 없지만 우체국은 w를 알 때 C를 결정하는 규칙을 갖고 있다.

D. 지진이 발생하는 동안 지진계로 측정된 지면의 수직가속도 a는 지진 발생 시간 t의 함수이다. [그림 1]은 1994년 로스앤젤레스를 강타한 노스리지 지진이 발생하는 동안 생성된 그래프이다. 그래프는 주어진 t의 값에 대응하는 a의 값을 제공한다.

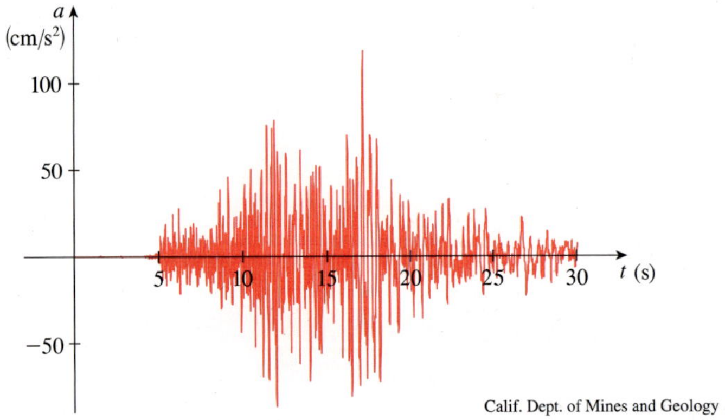

[그림 1] 노스리지 지진이 발생하는 동안 지면의 수직가속도

이러한 예들은 주어진 수(r, t, w, t)에 또 다른 수(A, P, C, a)가 대응하는 규칙을 설명한다. 이 경우에 두 번째 언급한 수는 처음 언급한 수의 함수이다.

> **함수**function f는 집합 D 안에 있는 각 원소 x에 집합 E 안의 오로지 하나의 원소 $f(x)$를 대응시키는 규칙이다.

보편적으로 집합 D와 E가 실수의 집합인 경우에 대해 함수를 생각한다. 집합 D를 함수의 **정의역**domain이라 한다. 수 $f(x)$는 **x에서 f의 함숫값**이고 'x의 f'라고 읽는다.

f의 **치역**range은 x가 정의역 전체에서 변할 때, 그에 따른 $f(x)$의 모든 가능한 값들의 집합이다. f의 정의역 안에 있는 임의의 수를 나타내는 기호를 **독립변수**independent variable라 한다. f의 치역 안에 있는 수를 나타내는 기호를 **종속변수**dependent variable라 한다. 앞서 든 예 A.에서 r은 독립변수이고 A는 종속변수이다.

함수를 기계로 생각하면 이해하는 데 도움이 된다([그림 2] 참조). x가 함수 f의 정의역 안에 있을 때, x가 기계 안으로 들어가면 기계는 x를 입력으로 받아들이고 함수의 규칙에 따라 출력 $f(x)$를 생산한다. 따라서 모든 가능한 입력의 집합을 정의역, 모든 가능한 출력을 치역으로 생각할 수 있다.

[그림 2] 함수 f의 기계 도표

함수를 그리는 또 다른 방법으로 [그림 3]과 같이 **화살표 도표**arrow diagram가 있다. 각 화살표는 D 안에 있는 원소를 E 안에 있는 원소에 연결한다. 화살표는 x가 $f(x)$에 연결되고 a가 $f(a)$에 연결되는 것을 나타낸다.

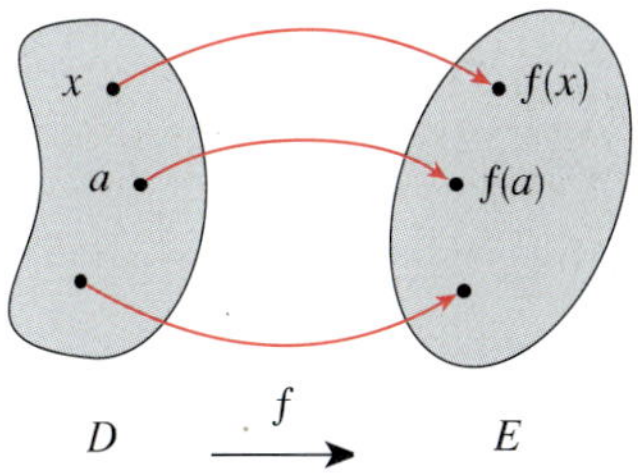

[그림 3] f의 화살표 도표

함수를 시각적으로 보여주기 위한 가장 보편적인 방법이 그래프이다. f가 정의역 D를 갖는 함수라 하면 f의 **그래프**graph는 다음과 같은 순서쌍의 집합이다.

$$\{(x, f(x)) \mid x \in D\}$$

(이것들은 입력-출력의 순서쌍인 것에 주의한다.) 다시 말해서 x가 f의 정의역 안에 있고 $y = f(x)$가 되는 좌표평면 안의 모든 점 (x, y)로 f의 그래프가 구성된다. f의 그래프는 함수의 자취나 '일대기'를 나타낸다. 그래프 위에 있는 임의의 점 (x, y)의 y좌표는 $y = f(x)$이므로 그래프로부터 $f(x)$의 값을 x에서의 높이로 해석할 수 있다([그림 4] 참조). 또한 f의 그래프는 x축 위에 f의 정의역을 그리고, y축 위에 f의 치역을 그릴 수 있다([그림 5] 참조).

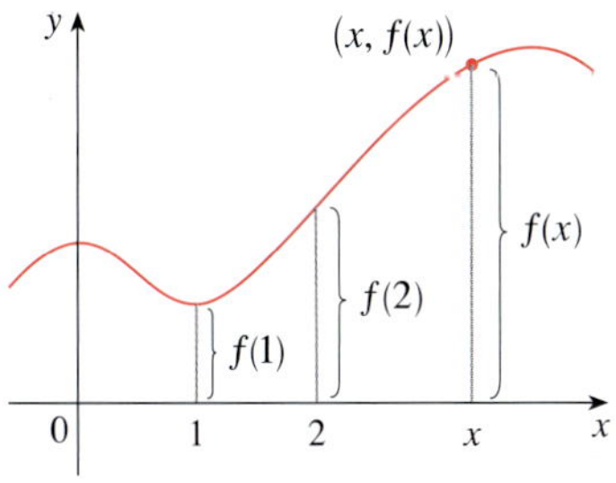

[그림 4]

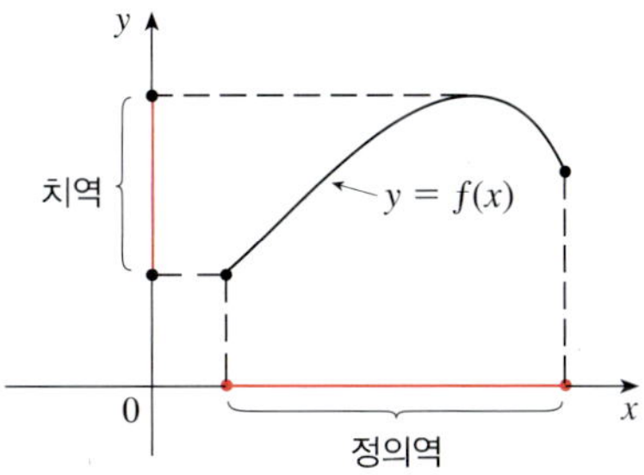

[그림 5]

예제 1 함수 f의 그래프가 [그림 6]과 같다.

(a) $f(1)$과 $f(5)$의 값을 구하라.

(b) f의 정의역과 치역은 무엇인가?

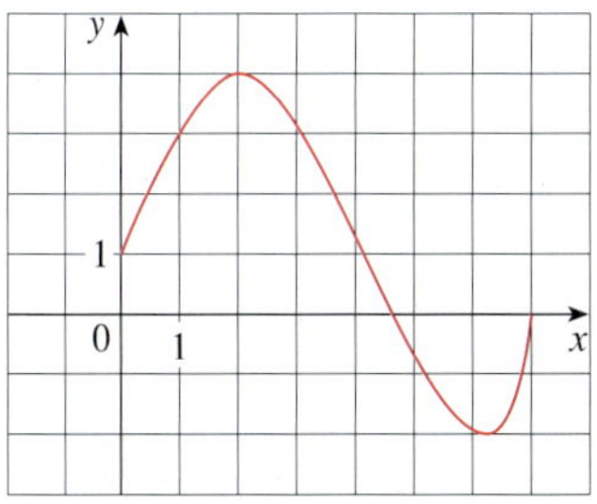

[그림 6]

풀이

(a) [그림 6]으로부터 점 $(1, 3)$은 f의 그래프 위에 있는 것을 안다. 따라서 1에서 f의 값은 $f(1) = 3$이다. (다시 말해서 $x = 1$ 위에 놓이는 그래프 위의 점은 x축

위로 3단위에 있다.) 또한 $f(5)=1$이다.

$x=5$일 때, x축 아래로 약 0.7단위에 있으며 $f(5)\approx -0.7$로 추정한다.

(b) $f(x)$는 $0\le x\le 7$일 때 정의되므로 f의 정의역은 폐구간 $[0, 7]$이다. 이때 f가 -2에서 4 사이의 값을 취하므로 f의 치역은 다음과 같다.

$$\{y \mid -2\le y\le 4\}=[-2, 4]$$

구간 $[-2, 4]$를 집합기호로 나타내면 $\{y \mid -2\le y\le 4\}$이다.

함수의 표현

■ www.stewartcalculus.com (Additional Examples A, B를 보라.)

함수를 나타내는 방법으로 다음과 같이 네 가지가 있다.

- 말로(말로 서술함으로써)
- 시각적으로(그래프에 의해)
- 수치적으로(값의 표에 의해)
- 대수적으로(명확한 식에 의해)

어떤 함수 하나를 위의 네 가지 방법으로 표현할 수 있다면 함수에 대한 추가적인 통찰력을 얻기 위해서 때론 어느 하나의 표현으로부터 다른 표현으로 나타내는 것이 유용하다. 그러나 어떤 함수들은 다른 방법들보다 어느 한 가지 방법으로 표현하는 것이 좀 더 자연스럽다. 이 절의 도입부에서 생각했던 네 가지 방법을 다음과 같이 관찰해 보자.

A. 반지름의 함수로 원의 넓이를 나타내는 가장 유용한 표현은 값의 표를 만들거나 그래프(포물선의 절반)를 그릴 수도 있으나 아마도 대수공식 $A(r)=\pi r^2$일 것이다. 원의 반지름은 양수이므로 정의역은 $\{r \mid r>0\}=(0, \infty)$이고, 치역도 역시 $(0, \infty)$이다.

B. 함수를 말로 설명한다. $P(t)$는 시각 t에서 전 세계의 인구이다. $t=0$을 1900년에 대응하도록 t를 측정하자. 이 함수를 간편하게 표현하기 위해 [표 2]와 같이 시각 t에 따른 전 세계 인구 값을 정리하여 표로 나타낸다. 이와 같은 값들을 점으로 표현하면 [그림 7]의 그래프(**산점도**scatter plot)를 얻는다. 이것 역시 유용한 표현이다. 그래프는 한 번에 모든 자료를 받아들이도록 한다. 공식은 무엇일까? 물론 임의의 시각 t에서 정확한 인구 $P(t)$를 제공하는 명료한 공식을 고안하는 것은 불가능하다. 그러나 $P(t)$에 근사하는 함수의 표현을 찾는 것은 가능하다. 실제로 지수회귀 능력을 갖춘 그림을 그릴 수 있는 계산기를 사용하여 다음과 같은 근사값을 얻을 수 있다.

t	인구(백만)
0	1650
10	1750
20	1860
30	2070
40	2300
50	2560
60	3040
70	3710
80	4450
90	5280
100	6080
110	6870

[표 2]

$$P(t)\approx f(t)=(1.43653\times 10^9)\cdot(1.01395)^t$$

[그림 8]은 합리적으로 '적합'한 것을 보여준다. 함수 f를 인구 증가에 대한 **수학적 모형**mathematical model이라 한다. 다시 말해서 이것은 주어진 함수의 자취에 근사하는

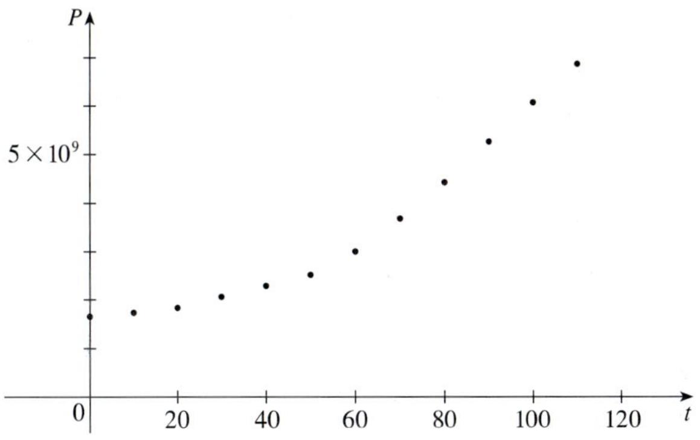

[그림 7] 인구증가에 대한 자료점들의 산점도

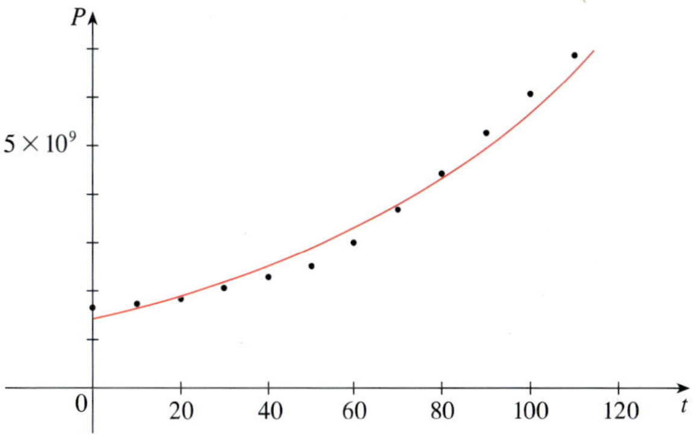

[그림 8] 인구증가에 대한 수학적 모형의 그래프

명확한 공식을 갖는 함수이다. 그러나 미적분의 개념이 값의 표에 적용될 수 있으므로 명확한 공식이 필요한 것은 아니다.

함수 P는 일상생활에 미적분을 적용할 때 나타나는 대표적인 함수이다. 말로 설명하는 함수로 출발해서 아마도 과학적 실험에서 계기 판독을 이용하여 함숫값의 표를 만들 수 있을 것이다. 함숫값에 대한 지식을 완전히 알지 못하더라도 이러한 함수에 대한 미적분 연산을 수행할 수 있음을 이 책을 통해 알게 될 것이다.

값들의 표로 정의된 함수를 표함수(tabular function)라 한다.

C. 함수를 다시 말로 설명한다. $C(w)$는 무게 w인 제1종 우편물의 비용이다. 2012년에 홍콩 우체국이 사용한 규칙은 30 g까지 1.40달러, 30 g 초과 50 g까지 2.20달러 등이다. 이 값들을 그래프로 그릴 수도 있지만([예제 6]), 함수를 표로 나타내는 것이 가장 편리하다.

w(그램)	$C(w)$(홍콩달러)
$0 < w \le 30$	1.40
$30 < w \le 50$	2.20
$50 < w \le 100$	3.00
$100 < w \le 150$	3.70
$150 < w \le 200$	4.00
⋮	⋮

[표 3]

D. [그림 1]의 그래프는 수직가속도 함수 $a(t)$를 가장 자연스럽게 표현한다. 값들의 표를 작성할 수 있고, 근사적인 공식을 고안할 수도 있다. 지질학자들이 알 필요가 있는 모든 것은 진폭과 양식 그래프로부터 쉽게 알 수 있다. (심장환자의 심전도 그래프와 거짓말 탐지기의 기록에서도 동일한 양식을 볼 수 있다.)

다음 예제에서 말로 정의되는 함수의 그래프를 그려보자.

예제 2 온수용 수도꼭지를 열 때, 물의 온도 T는 물이 흘러내린 시간에 의존한다. 수도꼭지를 연 이후로 시간 t의 함수로 대략적인 T의 그래프를 그려라.

풀이

물이 수도관 안에 있으므로 흐르는 물의 최초온도는 실온에 가깝다. 물탱크에 저장되었던 뜨거운 물이 수도꼭지에서 흐르기 시작할 때 T는 급격히 증가한다. 다음 단계에서 T는 물탱크 안에서 가열된 물의 온도로 유지된다. 물탱크가 비워지면 T는 급수의 온도로 감소한다. 이러한 사실로부터 t의 함수로써 T의 그래프를 [그림 9]와 같이 대략적으로 그릴 수 있다.

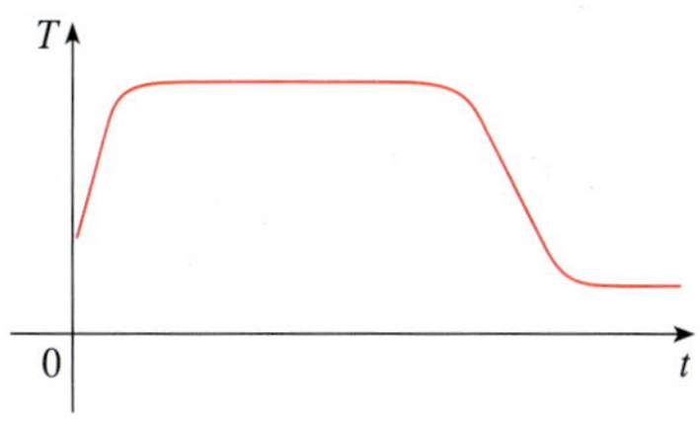

[그림 9]

예제 3 **다음 각 함수의 정의역을 구하라.**

(a) $f(x) = \sqrt{x+2}$ (b) $g(x) = \dfrac{1}{x^2 - x}$

풀이

(a) 음수의 제곱근은 실수로 정의되지 않으므로 f의 정의역은 $x+2 \geq 0$인 모든 x의 값으로 이루어진다. 이것은 $x \geq -2$와 동치이고 따라서 정의역은 구간 $[-2, \infty)$이다.

함수가 식으로 주어지고 정의역이 명확하게 언급되지 않는다면 관습에 따라 정의역은 식이 의미를 갖는 실수로 정의되는 모든 수들의 집합이다.

(b) $g(x) = \dfrac{1}{x^2 - x} = \dfrac{1}{x(x-1)}$ 이고 0으로 나누는 것은 허용하지 않는다. 따라서 $x=0$ 또는 $x=1$일 때 $g(x)$는 정의되지 않는다. 그러므로 g의 정의역은 $\{x \mid x \neq 0,\ x \neq 1\}$이고 구간 표시를 이용하여 $(-\infty, 0) \cup (0, 1) \cup (1, \infty)$로 쓸 수 있다.

함수의 그래프는 xy평면에서 곡선이다. 그러나 xy평면 안에서 어떤 곡선이 함수의 그래프인가?라는 의문이 발생한다. 이것은 다음 판정법에 의해 답을 얻는다.

수직선 판정법

xy평면 안의 곡선이 x의 함수의 그래프일 필요충분조건은 곡선과 두 번 이상 교차하는 수직선이 없는 것이다.

수직선 판정법이 정당한 이유는 [그림 10]에서 알 수 있다. 각 수직선 $x=a$가 (a, b)에서 꼭 한 번만 곡선과 만난다면 정확하게 하나의 함숫값 $f(a)=b$가 정의된다. 그러나 직선 $x=a$가 (a, b)와 (a, c)에서 곡선과 두 번 만난다면 함수는 a에서 서로 다른 두 값과 대응할 수 없으므로 이 곡선은 함수의 그래프가 아니다.

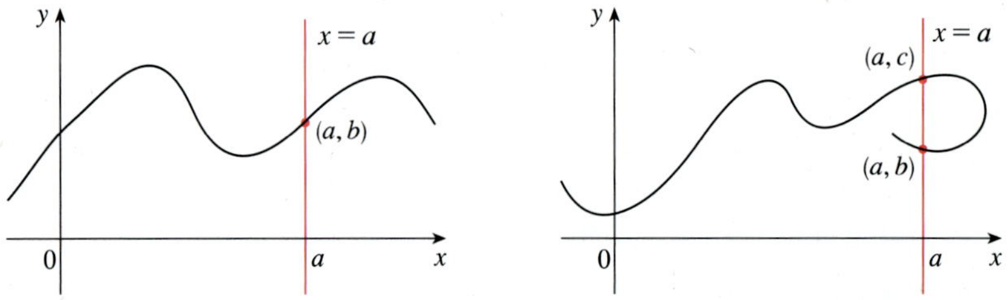

[그림 10]

조각마다 정의된 함수

다음 세 가지 예로 주어진 함수는 정의역의 서로 다른 부분에서 다른 식으로 정의된다.

예제 4 **함수가 다음과 같이 정의될 때 $f(0)$, $f(1)$, $f(2)$를 계산하고 그래프를 그려라.**

$$f(x) = \begin{cases} 1-x, & x \leq 1 \\ x^2, & x > 1 \end{cases}$$

풀이

함수는 규칙임을 기억하자. 문제에 주어진 특별한 함수에 대한 규칙은 다음과 같다. 먼저 입력 x의 값을 보자. 만일 $x \le 1$이면 $f(x)$의 값은 $1-x$이다. 반면 $x>1$이면 $f(x)$의 값은 x^2이다.

$$0 \le 1\text{이므로 } f(0)=1-0=1\text{이다.}$$
$$1 \le 1\text{이므로 } f(1)=1-1=0\text{이다.}$$
$$2 > 1\text{이므로 } f(2)=2^2=4\text{이다.}$$

f의 그래프를 어떻게 그릴 것인가? $x \le 1$이면 $f(x)=1-x$이므로 수직선 $x=1$의 왼쪽에 놓이는 f의 그래프 부분은 기울기가 -1이고 y절편이 1인 직선 $y=1-x$와 일치해야 한다. 만일 $x>1$이면 $f(x)=x^2$이므로 직선 $x=1$의 오른쪽에 놓이는 f의 그래프 부분은 포물선인 $y=x^2$과 일치해야 한다. 이를 바탕으로 [그림 11]의 그래프를 그릴 수 있다. 채워진 점은 그 점이 그래프에 속하는 것을 나타내고, 열린 점은 그 점이 그래프에서 빠지는 것을 나타낸다.

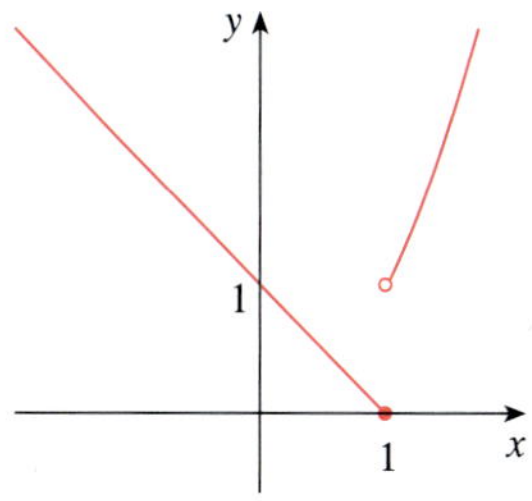

[그림 11]

조각마다 정의된 함수의 다음 예는 절댓값 함수이다. $|a|$로 정의되는 수 a의 **절댓값** absolute value은 실직선 위에서 a로부터 0까지의 거리임을 기억하자. 거리는 0 또는 양수이므로 다음이 성립한다.

$$\text{임의의 수 } a\text{에 대해 } |a| \ge 0\text{이다.}$$

예를 들어 다음과 같다.

- www.stewartcalculus.com 좀 더 광범위한 절댓값에 대한 복습은 'Review of Algebra'를 클릭하라.

$$|3|=3,\quad |-3|=3,\quad |0|=0,\quad |\sqrt{2}-1|=\sqrt{2}-1,\quad |3-\pi|=\pi-3$$

일반적으로 다음이 성립한다. (a가 음수이면 $-a$는 양수인 것을 기억하자.)

$$a \ge 0\text{이면 } |a|=a\text{이다.}$$
$$a < 0\text{이면 } |a|=-a\text{이다.}$$

예제 5 **절댓값 함수 $f(x)=|x|$의 그래프를 그려라.**

풀이

앞의 논의로부터 다음을 알 수 있다.

$$|x|=\begin{cases} x\ , & x \ge 0 \\ -x\ , & x<0 \end{cases}$$

[예제 4]와 동일한 방법으로 f의 그래프는 y축의 오른쪽에서 직선 $y=x$와 일치한다. 그리고 y축의 왼쪽에서 직선 $y=-x$와 일치한다([그림 12] 참조).

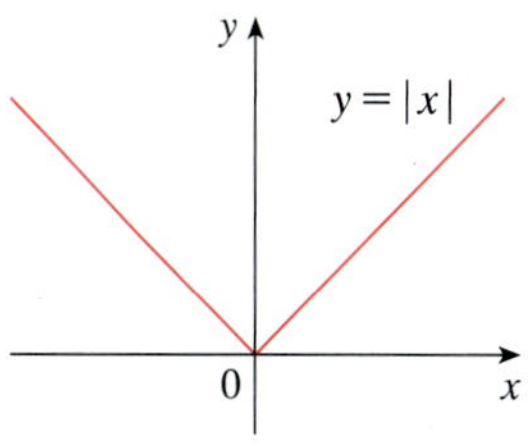

[그림 12]

예제 6 **이 절의 도입부에서 언급한 예 C에서 홍콩에서 무게 w인 제1종 우편물의 비용 $C(w)$를 생각해보자.**

사실상 이것은 [표 2]에 있는 값으로 정의된 함수로 다음과 같이 조각으로 나뉜다.

$$C(w) = \begin{cases} 1.40\,, & 0 < w \leq 30 \\ 2.20\,, & 30 < w \leq 50 \\ 3.00\,, & 50 < w \leq 100 \\ 3.70\,, & 100 < w \leq 150 \\ 4.00\,, & 150 < w \leq 200 \end{cases}$$

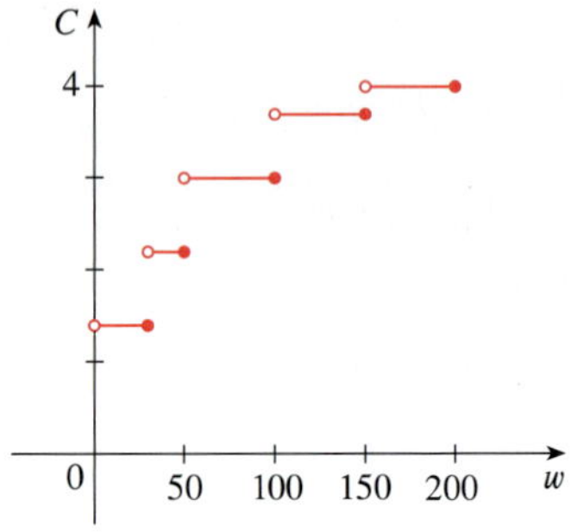

[그림 13]

그래프는 [그림 13]과 같다. 이와 유사한 함수를 **계단함수**step function라고 부르는데, 그 이유는 함숫값이 한 값에서 다른 값으로 도약하기 때문이다.

■ www.stewartcalculus.com (Additional Examples C, D를 보라.)

대칭성

정의역 안의 모든 x에 대해 함수 f가 $f(-x) = f(x)$를 만족하면 f를 **우함수**even function라 한다. 예를 들어 $f(x) = x^2$은 다음을 만족하므로 우함수이다.

$$f(-x) = (-x)^2 = (-1)^2x^2 = x^2 = f(x)$$

우함수의 기하학적인 의미는 이 함수의 그래프가 y축에 대하여 대칭이라는 것이다([그림 14] 참조). 이것은 $x \geq 0$에 대한 f의 그래프를 그린다면 이 부분을 y축에 대하여 대칭이동시킴으로써 완전한 그래프를 얻을 수 있다.

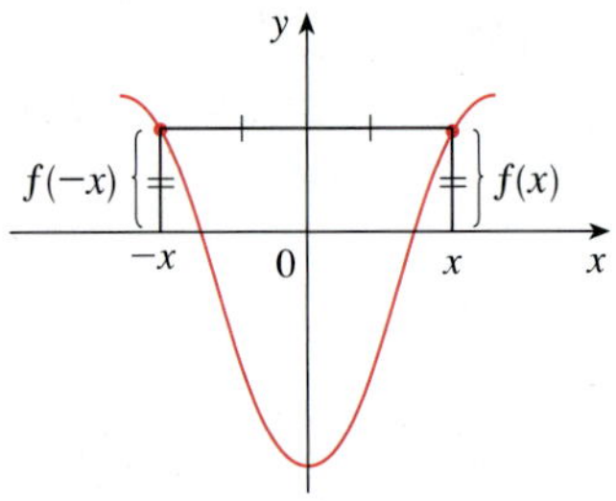

[그림 14] 우함수

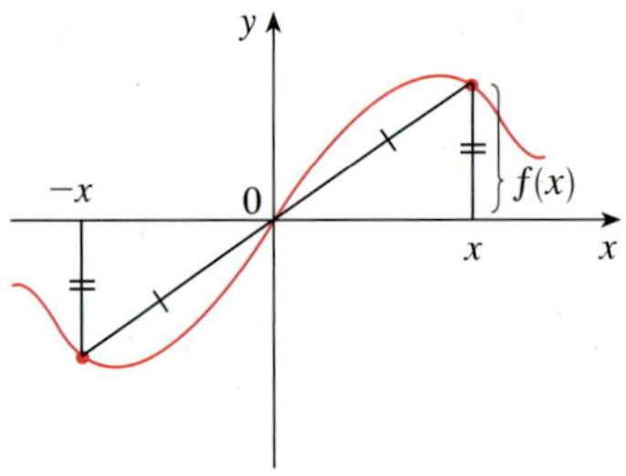

[그림 15] 기함수

정의역 안의 모든 x에 대해 함수 f가 $f(-x) = -f(x)$를 만족하면 f를 **기함수**odd function라 한다. 예를 들어 $f(x) = x^3$은 다음을 만족하므로 기함수이다.

$$f(-x) = (-x)^3 = (-1)^3x^3 = -x^3 = -f(x)$$

기함수의 그래프는 원점에 대하여 대칭이다([그림 15] 참조). $x \geq 0$에 대해 f의 그래프를 이미 그렸다면 이 부분을 원점에 대하여 180° 회전시키면 완전한 그래프를 얻을 수 있다.

예제 7 다음 함수가 우함수, 기함수, 어느 것도 아닌지 결정하라.

(a) $f(x)=x^5+x$ (b) $g(x)=1-x^4$ (c) $h(x)=2x-x^2$

풀이

(a)

$$\begin{aligned} f(-x) &= (-x)^5+(-x) = (-1)^5x^5+(-x) \\ &= -x^5-x = -(x^5+x) \\ &= -f(x) \end{aligned}$$

따라서 $f(x)$는 기함수이다.

(b)

$$g(-x)=1-(-x)^4=1-x^4=g(x)$$

따라서 $g(x)$는 우함수이다.

(c)

$$h(-x)=2(-x)-(-x)^2=-2x-x^2$$

$h(-x)\neq h(x)$이고 $h(-x)\neq -h(x)$이므로 h는 어느 것도 아니다.

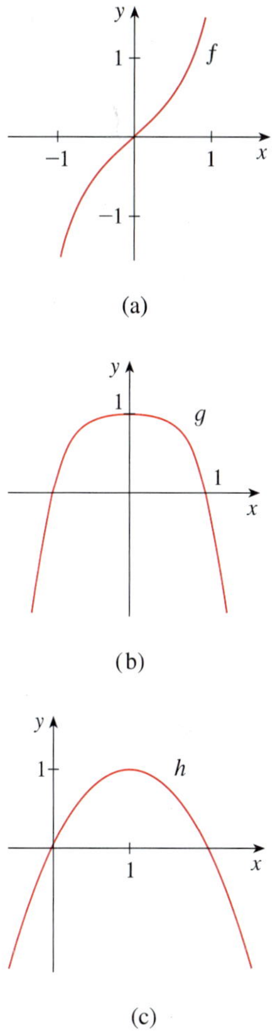

[그림 16]

[그림 16]은 [예제 7]에 주어진 함수들의 그래프이다. h의 그래프는 y축뿐만 아니라 원점에 대해서도 대칭이 아니다.

증가함수와 감소함수

[그림 17]에 보인 그래프는 A에서 B까지 올라가고 B에서 C까지 내려간다. 그리고 C에서 D까지 다시 올라간다. 함수 f는 구간 $[a, b]$에서 증가하고 $[b, c]$에서 감소하며 다시 $[c, d]$에서 증가한다고 한다. a와 b 사이에서 $x_1<x_2$인 임의의 두 수 x_1과 x_2에 대해 $f(x_1)<f(x_2)$이다. 이것을 증가함수의 결정적인 성질로 사용한다.

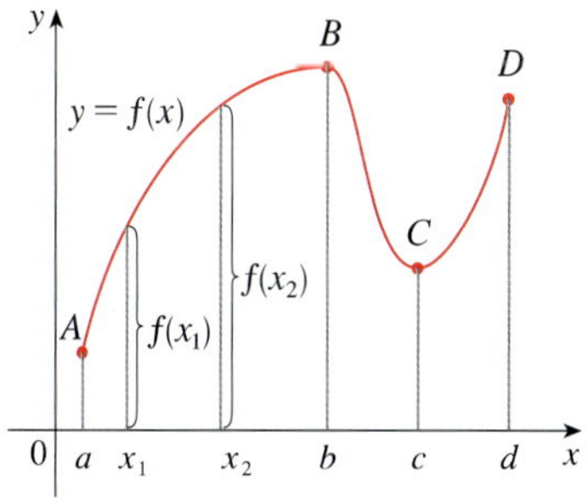

[그림 17]

구간 I에서 $x_1<x_2$일 때 다음을 만족하면 함수 f는 I에서 **증가한다**[increasing]고 한다.

$$f(x_1)<f(x_2)$$

구간 I에서 $x_1<x_2$일 때 다음을 만족하면 함수 f는 I에서 **감소한다**[decreasing]고 한다.

$$f(x_1)>f(x_2)$$

증가함수의 정의에서 $x_1<x_2$인 I 안의 수 x_1과 x_2의 모든 쌍에 대해 부등식 $f(x_1)<f(x_2)$가 만족되어야 한다는 사실을 인식하는 것이 중요하다. [그림 18]에서 함수 $f(x)=x^2$은 구간 $(-\infty, 0]$에서 감소하고 구간 $[0, \infty)$에서 증가하는 것을 알 수 있다.

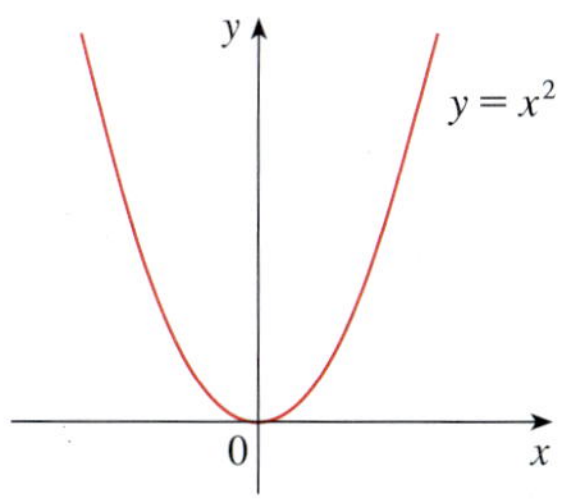

[그림 18]

1.1 연습문제

01 $f(x)=x+\sqrt{2-x}$와 $g(u)=u+\sqrt{2-u}$이면 $f=g$인가?

02 함수 f의 그래프가 다음과 같다.

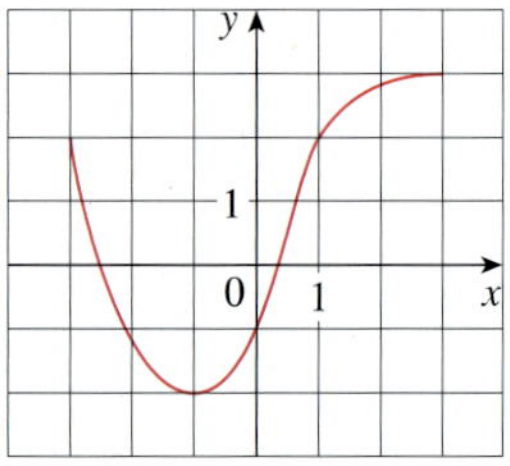

(a) $f(-1)$의 값을 설명하라.

(b) $f(2)$의 값을 추정하라.

(c) $f(x)=2$를 만족하는 x의 값은 무엇인가?

(d) $f(x)=0$을 만족하는 x의 값을 추정하라.

(e) f의 정의역과 치역을 설명하라.

(f) f가 증가하는 구간은 어디인가?

03~04 다음 곡선이 x의 함수의 그래프인지 결정하라. 만일 그래프이면 함수의 정의역과 치역을 설명하라.

03

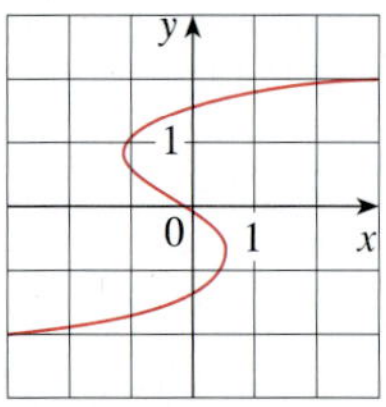

04

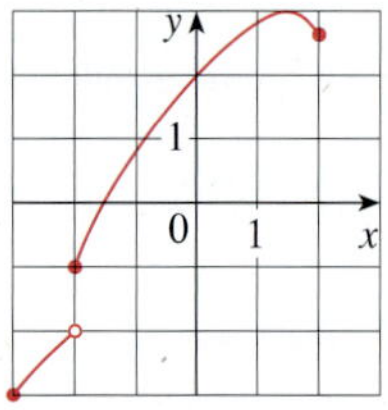

05 다음 그래프는 어떤 사람의 나이에 대한 함수로써 몸무게를 나타낸다. 이 사람의 몸무게가 시간에 따라 어떻게 변하는지 말로 설명하라. 이 사람이 30세였을 때 무슨 일이 일어났다고 생각하는가?

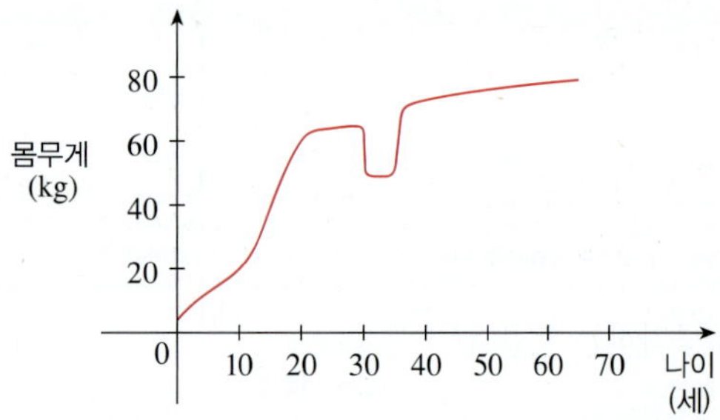

06 유리잔에 얼음 몇 조각을 넣고 찬물을 채워라. 그리고 유리잔을 탁자 위에 놓고 시간이 지남에 따라 물의 온도가 어떻게 변하는지 설명하라. 그리고 경과 시간의 함수로써 물의 온도에 대한 그래프를 대략적으로 그려라.

07 전형적인 봄날 동안 시간의 함수로써 실외 온도의 그래프를 대략적으로 그려라.

08 커피 가격의 함수로써 어느 상점에서 팔리는 특정 브랜드의 커피양에 대한 그래프를 그려라.

09 집주인이 매주 수요일 오후에 잔디를 깎는다. 시간의 함수로써 4주 기간 동안 잔디 길이에 대한 그래프를 대략적으로 그려라.

10 $f(x)=3x^2-x+2$일 때 $f(2)$, $f(-2)$, $f(a)$, $f(-a)$, $f(a+1)$, $2f(a)$, $f(2a)$, $f(a^2)$, $[f(a)]^2$, $f(a+h)$를 구하라.

11~12 주어진 함수의 차분 몫을 계산하고, 계산한 답을 간단히 하라.

11 $f(x)=4+3x-x^2$, $\dfrac{f(3+h)-f(3)}{h}$

12 $f(x)=\dfrac{1}{x}$, $\dfrac{f(x)-f(a)}{x-a}$

13~15 다음 함수의 정의역을 구하라.

13 $f(x)=\dfrac{x+4}{x^2-9}$

14 $F(p)=\sqrt{2-\sqrt{p}}$

15 $h(x)=\dfrac{1}{\sqrt[4]{x^2-5x}}$

16~21 정의역을 구하고 함수의 그래프를 그려라.

16 $f(x)=5$

17 $f(t)=2t+t^2$

18 $g(x)=\sqrt{x-5}$

19 $G(x)=\dfrac{3x+|x|}{x}$

20 $f(x)=\begin{cases} x+2, & x<0 \\ 1-x, & x\ge 0 \end{cases}$

21 $f(x)=\begin{cases} x+2, & x \le -1 \\ x^2, & x > -1 \end{cases}$

22~23 그래프가 다음과 같이 주어진 곡선의 함수식을 구하라.

22 $(1, -3)$과 $(5, 7)$을 연결하는 직선

23 포물선 $x+(y-1)^2=0$의 아래 반

24~26 그래프가 다음과 같이 주어진 곡선의 함수식을 구하라.

24 사각형의 둘레가 20m이다. 어떤 한 변의 길이의 함수로 직사각형의 넓이를 표현하라.

25 한 변의 길이의 함수로 정삼각형의 넓이를 표현하라.

26 부피가 2m^3인 뚜껑이 없는 육면체의 밑면은 정사각형이다. 밑면의 한 변의 길이의 함수로 겉넓이를 표현하라.

27 어떤 나라에서는 소득세를 다음과 같이 부과한다. 소득 10,000달러까지는 세금이 없다. 소득이 10,000달러를 초과하여 20,000달러까지는 10%의 세율을 부과하고, 소득이 20,000달러를 초과하면 세율이 15%이다.

(a) 소득 I의 함수로 세율 R의 그래프를 그려라.

(b) 소득 14,000달러에 부과되는 세금은 얼마인가? 26,000달러에는 얼마가 부과되는가?

(c) 소득 I의 함수로 전체 부과된 세금 T의 그래프를 그려라.

28 다음은 함수 f와 g의 그래프이다. 각 함수가 우함수, 기함수, 어느 것도 아닌지 결정하라. 그리고 그 이유를 설명하라.

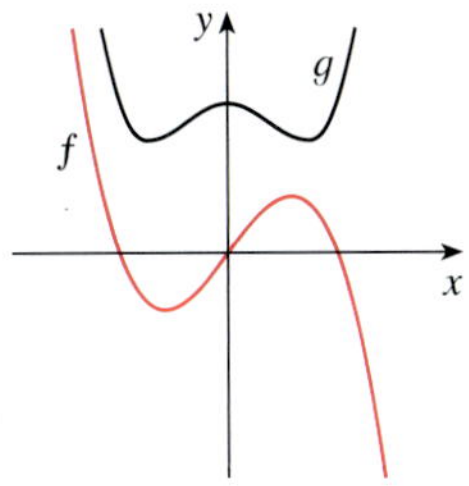

29 (a) 점 $(5, 3)$이 우함수 그래프 위에 있다면 그래프 위에 반드시 있어야 하는 또 다른 점은 무엇인가?

(b) 점 $(5, 3)$이 기함수 그래프 위에 있다면 그래프 위에 반드시 있어야 하는 또 다른 점은 무엇인가?

30~32 f가 우함수, 기함수, 어느 것도 아닌지 결정하라. 만일 그래픽 계산기를 갖고 있다면 시각적으로 그 답을 확인하라.

30 $f(x)=\dfrac{x}{x^2+1}$

31 $f(x)=\dfrac{x}{x+1}$

32 $f(x)=1+3x^2-x^4$

33 f와 g가 모두 우함수라 하면 $f+g$도 우함수인가? f와 g가 모두 기함수라 하면 $f+g$도 기함수인가? f가 우함수이고 g가 기함수라 하면 어떤가? 구한 답이 옳음을 보여라.

1.2 꼭 필요한 함수 목록

공통적으로 나타나는 몇몇 함수의 그래프에 익숙해진다면 미적분 문제를 풀 때 많은 도움이 된다. 이와 같은 기본 함수들은 실제로 발생하는 현상을 모형화하는 데 종종 사용되므로 수학적 모형에 대한 논의를 시작한다. 또한 이 함수들을 변환하여 그래프를 수평 이동하거나 확대 및 대칭 이동시키는 방법과 표준적인 대수적 연산과 합성에 의해 함수의 쌍을 결합하는 방법에 대해 간단히 검토한다.

수학적 모형화

수학적 모형mathematical model은 인구의 규모, 생산품의 수요, 낙하 물체의 속도, 화학 반응에서 생성물의 농도, 출생 시 사람의 기대 수명 또는 배기가스 감소 비용과 같은 현실 사회 현상을 (종종 함수 또는 방정식에 의해) 수학적으로 나타내는 것이다. 수학적 모형의 목적은 현상을 이해하고 미래 행동을 예측하는 것이다.

[그림 19]는 현실 사회 문제가 주어졌을 때 수학적 모형을 만드는 과정을 설명하고 있다.

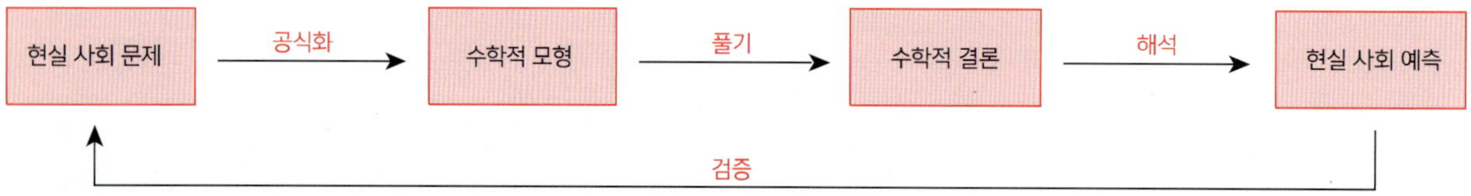

[그림 19] 모형화 과정

❶ 첫 번째 작업은 문제를 찾아내서 수학적 모형을 공식화하고, 독립변수와 종속변수에 이름을 붙이고, 현상을 수학적으로 다루기 쉽도록 간단히 만드는 것이다. 물리적 상황과 수학적 도구를 이용해서 변수를 관련짓는 방정식을 얻는다. 참고할 만한 물리적 법칙이 없는 상황에서는 자료(도서관이나 인터넷에서 또는 경험으로부터 얻은 결론)를 수집하고 패턴을 알기 위해 자료를 표 형식으로 조사할 필요가 있다. 함수의 수치적인 표현으로부터 자료를 점으로 표시함으로써 그래프적인 표현을 얻을 수 있을 것이다. 어떤 경우에는 그래프가 적합한 대수적 공식을 제공할 수도 있다.

❷ 두 번째 단계는 수학적 결론을 유도하기 위해 공식화한 수학적 모형에 우리가 알고 있는 (이 책에서 전개할 미적분학과 같은) 수학을 적용하는 것이다.

❸ 다음으로 수학적 결론을 택하고, 설명을 곁들이고 예측하는 방식으로 그 결론을 본래의 현실 사회 현상에 관한 정보로 해석하는 것이다.

❹ 마지막 단계는 다시금 새로운 실제 자료에 대해 확인함으로써 예측을 검증하는 것이다. 만일 예측이 실제와 잘 맞지 않는다면 모형을 다듬거나 새로운 모형을 공식화하고 이 과정을 다시 시작해야 한다.

수학적 모형은 물리적 상황을 결코 정확하게 표현할 수 없다. 단지 이상화하는 정도일 뿐이다. 좋은 모형은 수학적 계산이 가능하도록 실제를 단순화하지만 가치 있는 결론을 제공할 만큼 정확하다. 모형의 한계를 깨닫는 것이 중요하다. 마지막은 대자연의 몫이다.

현실 사회에서 관찰되는 관계를 모형화할 때 사용할 수 있는 다양한 형태의 함수가 있다. 지금부터 이 함수들의 자취와 그래프에 대해 살펴보고, 이들 함수로 모형화되는 적절한 상황에 대한 예를 살펴본다.

■ 선형모형

y가 x에 대한 **선형함수**linear function라고 하는 것은 함수의 그래프가 직선이라는 의미이다. 그래서 다음과 같은 기울기와 절편을 가진 직선의 방정식을 사용할 수 있다. 여기

■ www.stewartcalculus.com
직선에 대한 좌표기하학에 대한 복습은 'Review of Analytic Geometry'를 클릭하라.

서 m은 직선의 기울기이고 b는 y절편이다.

$$y = f(x) = mx + b$$

선형함수의 세부적인 특징은 일정한 비율로 변하는 것이다. 예를 들어 [그림 20]은 선형함수 $f(x) = 3x - 2$의 그래프를, [표 4]는 대표적인 값들을 보여준다. x가 0.1만큼씩 증가할 때마다 $f(x)$는 0.3만큼씩 증가한다. 따라서 그래프 $y = 3x - 2$의 기울기 3은 x에 대한 y의 변화율로 설명할 수 있다.

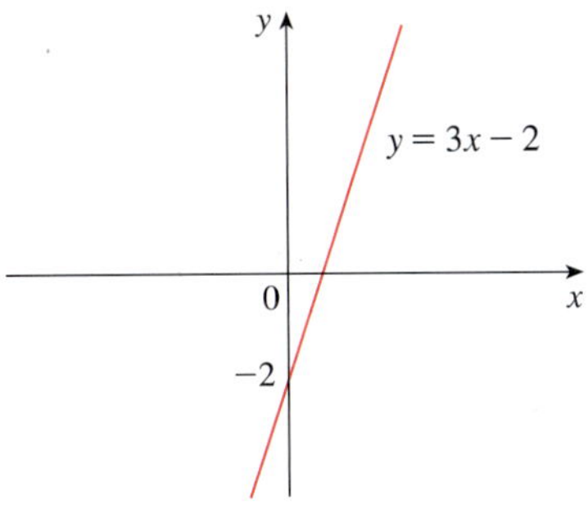

[그림 20]

x	$f(x) = 3x - 2$
1.0	1.0
1.1	1.3
1.2	1.6
1.3	1.9
1.4	2.2
1.5	2.5

[표 4]

예제 1 **(a) 건조한 공기는 위로 올라갈수록 팽창하고 차가워진다. 지상의 온도는 20°C이고 1 km 높이에서의 온도는 10°C이다. 선형모형이 적절하다는 가정 아래 온도 T(°C)를 높이 h(km)의 함수로 표현하라.**

(b) (a)의 함수를 그래프로 그려라. 기울기는 무엇을 나타내는가?

(c) 2.5 km 높이에서 온도는 몇 도인가?

풀이

(a) T를 h의 선형함수라고 가정했으므로 다음과 같이 쓸 수 있다.

$$T = mh + b$$

■ www.stewartcalculus.com (Additional Examples A, B를 보라.)

$h = 0$일 때 $T = 20$이므로 다음을 얻는다. 그러므로 y절편은 $b = 20$이다.

$$20 = m \cdot 0 + b = b$$

또한 $h = 1$일 때 $T = 10$이므로 다음을 얻는다.

$$10 = m \cdot 1 + 20$$

따라서 직선의 기울기는 $m = 10 - 20 = -10$이며, 구하고자 하는 선형함수는 다음과 같다.

$$T = -10h + 20$$

(b) [그림 21]에 그래프가 있다. 기울기는 $m = -10\,°\mathrm{C/km}$ 인데 이것은 높이에 따른 온도의 변화율을 나타낸다.

(c) 높이 $h = 2.5\,\mathrm{km}$ 에서의 온도는 다음과 같다.

$$T = -10(2.5) + 20 = -5\,°\mathrm{C}$$

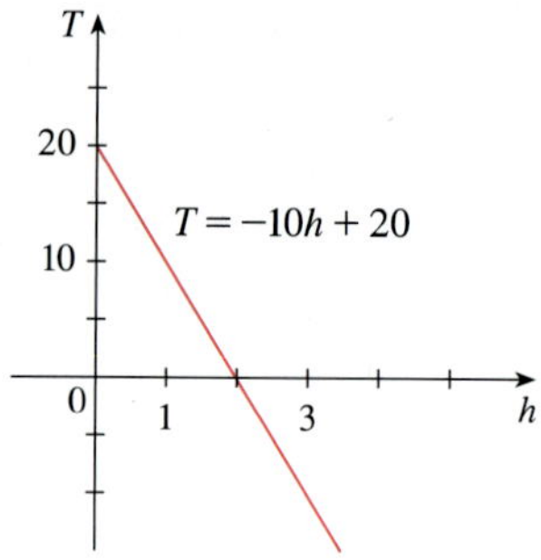

[그림 21]

■ 다항함수

다음과 같이 표현되는 함수 P를 **다항함수**polynomial function라 한다.

$$P(x) = a_n x^n + a_{n-1} x^{n-1} + \cdots + a_2 x^2 + a_1 x + a_0$$

여기서 n은 음이 아닌 정수이고, $a_0, a_1, a_2, \cdots, a_n$은 다항함수의 **계수**coefficient라 부르는 상수이다. 임의의 다항함수의 정의역은 $\mathbb{R} = (-\infty, \infty)$이다. 맨 앞에 나오는 계수가 $a_n \neq 0$이면 다항함수의 **차수**degree는 n이다. 예를 들어 다음 함수는 6차 다항함수이다.

$$P(x) = 2x^6 - x^4 + \frac{2}{5}x^3 + \sqrt{2}$$

1차 다항함수는 $P(x) = mx + b$와 같은 형태로 선형함수이다. 2차 다항함수는 $P(x) = ax^2 + bx + c$ 형태이며 **이차함수**quadratic function라 한다. 이 함수의 그래프는 항상 포물선 $y = ax^2$을 이동해서 얻어진다. $a > 0$이면 포물선은 위로 열리며 $a < 0$이면 아래로 열린다([그림 22] 참조).

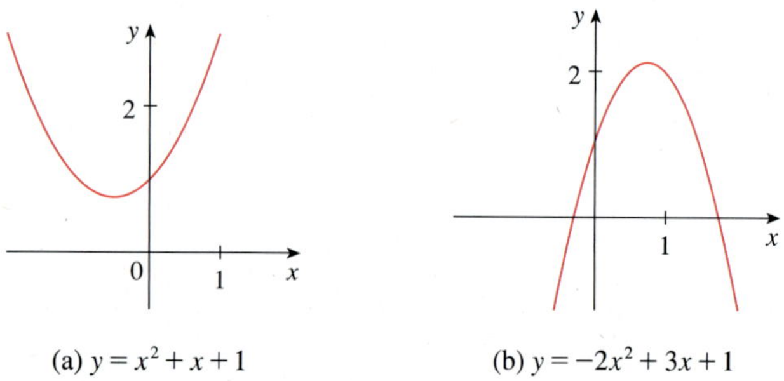

[그림 22] 이차함수는 포물선이다.

3차 다항함수는 다음과 같은 형태이며 **삼차함수**cubic function라 한다.

$$P(x) = ax^3 + bx^2 + cx + d, \quad a \neq 0$$

[그림 23]은 (a)는 3차, (b)는 4차, (c)는 5차 다항함수의 그래프를 보여준다. 그래프 모양이 이와 같은 이유는 나중에 알게 될 것이다.

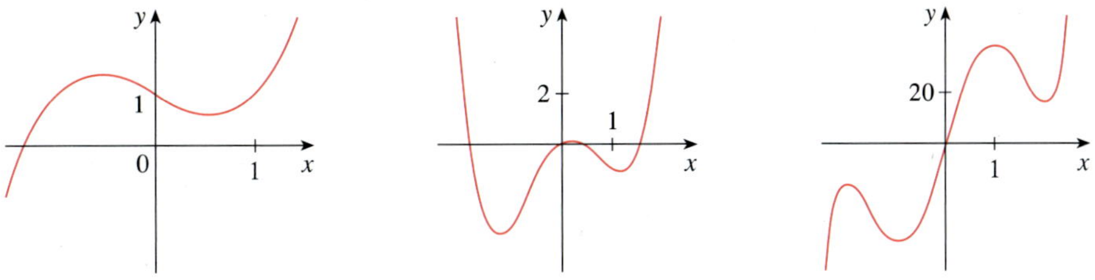

(a) $y = x^3 - x + 1$ (b) $y = x^4 - 3x^2 + x$ (c) $y = 3x^5 - 25x^3 + 60x$

[그림 23]

일반적으로 다항함수는 자연과학과 사회과학에서 발생하는 다양한 양을 모형화하기 위해 사용한다. 예를 들어 상품을 x 단위 생산하는 데 드는 비용을 표현하기 위해 경제학자들이 다항함수 $P(x)$를 사용하는 이유를 설명할 것이다.

■ 거듭제곱함수

상수 a에 대해 $f(x) = x^a$ 형태의 함수를 **거듭제곱함수**power function라 한다. 여러 가지 경우를 살펴보자.

(i) $a = n$, n은 양의 정수

[그림 24]에 $n = 1, 2, 3, 4, 5$에 대한 $f(x) = x^n$의 그래프가 있다. (이런 함수는 단 하나의 항을 갖는 다항함수이다.) $y = x$(기울기가 1이고 원점을 지나는 직선)와 $y = x^2$(포물선)의 그래프 형태는 익숙해졌을 것이다.

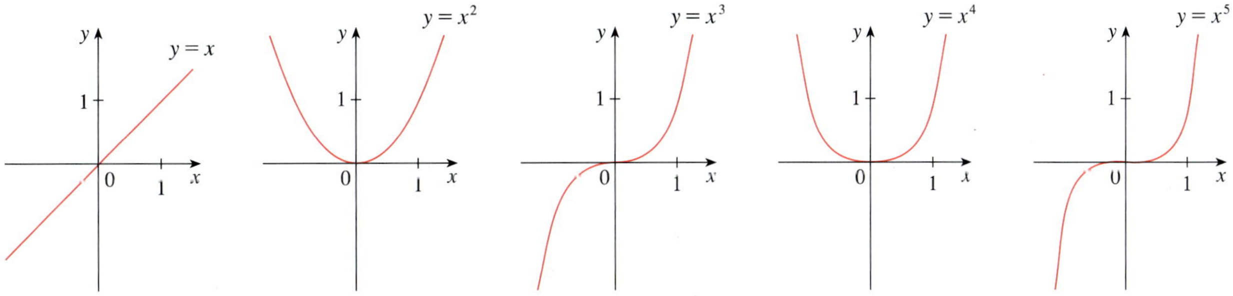

[그림 24] $n = 1, 2, 3, 4, 5$에 대한 $f(x) = x^n$의 그래프

함수 $f(x) = x^n$ 그래프의 일반적인 형태는 n이 짝수인지 아니면 홀수인지에 의존한다. n이 짝수이면 $f(x) = x^n$은 우함수이고 그래프는 포물선 $y = x^2$과 비슷하다. n이 홀수이면 $f(x) = x^n$은 기함수이고 그래프는 $y = x^3$과 비슷하다. 그러나 [그림 25]로부터 n이 증가하면 $y = x^n$의 그래프는 0 근처에서 평평해지고 $|x| \geq 1$에서는 가팔라진다. (x가 작으면 x^2은 더 작아지고, x^3은 더욱 더 작아지고, x^4은 그보다 더 작아진다.)

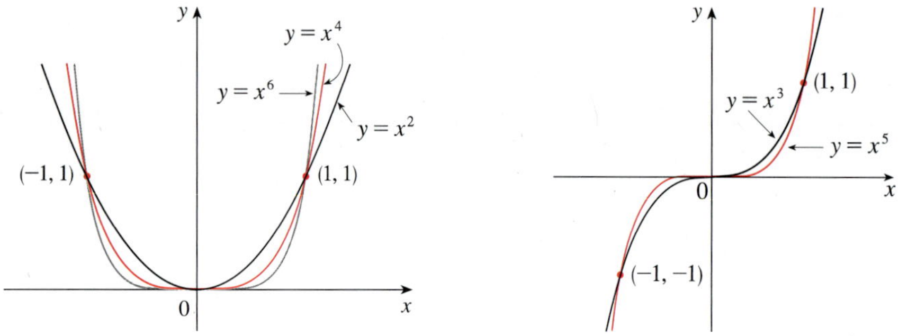

[그림 25] 거듭제곱함수족

(ii) $a = 1/n$, n은 양의 정수

함수 $f(x) = x^{1/n} = \sqrt[n]{x}$ 는 **거듭제곱근함수**root function이다. [그림 26(a)]에서 $n = 2$이면 이 함수는 제곱근함수 $f(x) = \sqrt{x}$ 이다. 이 함수의 정의역은 $[0, \infty)$이며 그래프는 포물선 $x = y^2$의 위쪽 반이다. n이 다른 짝수이면 $y = \sqrt[n]{x}$ 의 그래프는 $y = \sqrt{x}$의 그래프와 비슷하다. $n = 3$이면 정의역이 $\mathbb{R}$인 세제곱근함수 $f(x) = \sqrt[3]{x}$ 이다. (모든 실수는 세제곱근을 갖는다는 사실을 상기하자.) 그래프는 [그림 26(b)]와 같다. n이 $n > 3$인 홀수에 대해 $y = \sqrt[n]{x}$ 의 그래프는 $y = \sqrt[3]{x}$ 의 그래프와 비슷하다.

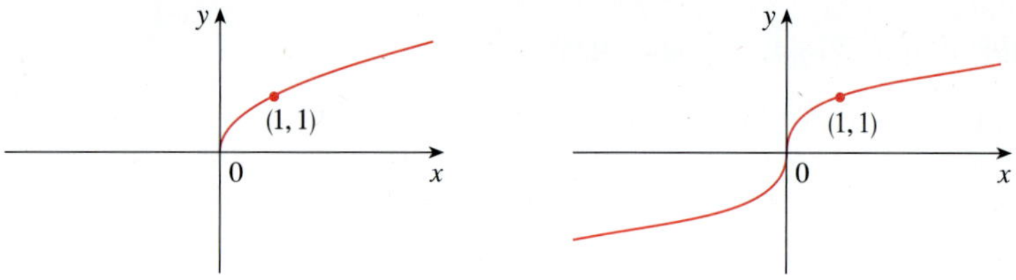

(a) $f(x) = \sqrt{x}$ (b) $f(x) = \sqrt[3]{x}$

[그림 26] 거듭제곱근함수 그래프

(iii) $a = -1$

반비례함수reciprocal function $f(x) = x^{-1} = 1/x$ 의 그래프는 [그림 27]과 같다. 이 함수의 그래프는 방정식 $y = 1/x$ 또는 $xy = 1$을 가지며 좌표축을 점근선으로 갖는 쌍곡선이다. 이 함수는 온도가 일정할 때 기체의 부피 V가 압력 P에 반비례한다는 보일의 법칙과 관련된 물리학과 및 화학에서 볼 수 있다. 즉 상수 C에 대해 부피와 압력은 다음 관계를 갖는다.

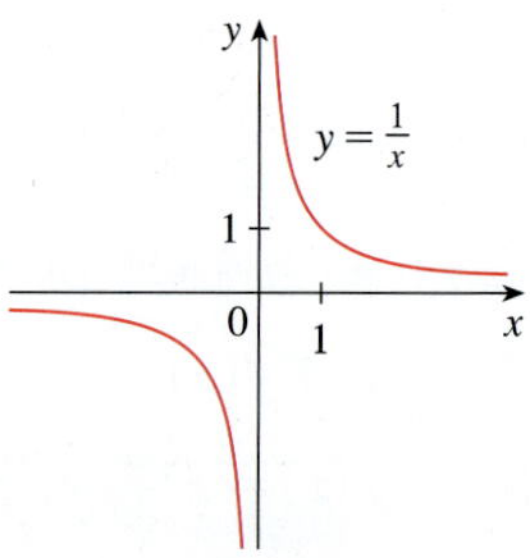

[그림 27] 반비례함수

$$V = \frac{C}{P}$$

그러므로 P의 함수로 나타낸 V의 그래프는 일반적으로 [그림 27]의 오른쪽 반과 같다.

거듭제곱함수는 종-지역의 관계([연습문제 9] 참조), 광원으로부터의 거리의 함수로서의 조도([연습문제 8] 참조), 태양으로부터 행성까지 거리의 함수로써 행성의 공전주기

(10.9절에서 케플러의 제2법칙을 다룬다.)를 모형화하는 데 사용한다.

■ 유리함수

유리함수rational function f는 다음과 같이 두 다항함수의 비이다.

$$f(x) = \frac{P(x)}{Q(x)}$$

여기서 P와 Q는 다항함수이다. 정의역은 $Q(x) \neq 0$인 모든 x의 값으로 구성된다. 간단한 유리함수의 예는 $f(x) = 1/x$이며, 정의역은 $\{x \mid x \neq 0\}$이다. 이 함수는 [그림 27]에 그래프로 그린 반비례함수이다. 다음 함수는 유리함수이며 정의역은 $\{x \mid x \neq \pm 2\}$이고 그래프는 [그림 28]과 같다.

$$f(x) = \frac{2x^4 - x^2 + 1}{x^2 - 4}$$

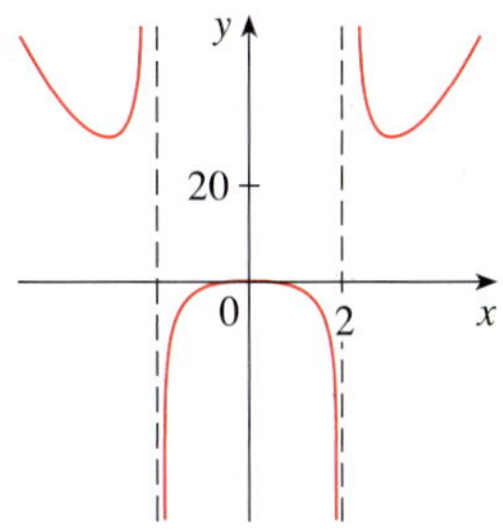

[그림 28] $f(x) = \dfrac{2x^4 - x^2 + 1}{x^2 - 4}$

■ 삼각함수

삼각비와 삼각함수는 '부록 A'에서 살펴볼 수 있다. 미적분에서는 특별한 언급이 없는 한 관습적으로 라디안 척도를 이용한다. 예를 들어 함수 $f(x) = \sin x$를 사용할 때, $\sin x$는 라디안 척도인 각 x에 대한 사인값을 의미하는 것으로 이해한다. [그림 29]는 사인함수와 코사인함수의 그래프를 보여준다.

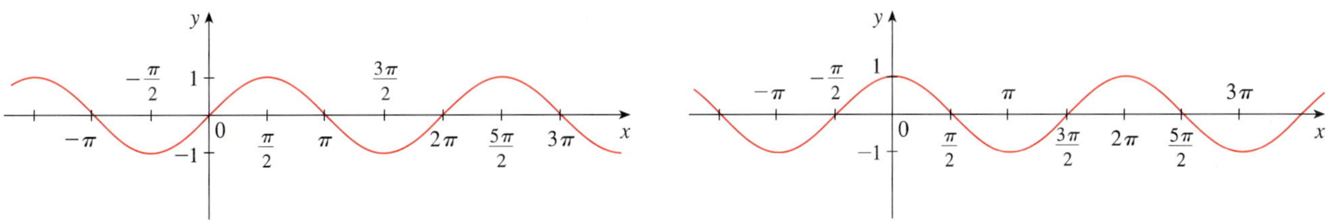

(a) $f(x) = \sin x$

(b) $g(x) = \cos x$

[그림 29]

사인함수와 코사인함수의 정의역은 모두 $(-\infty, \infty)$이고 치역은 폐구간 $[-1, 1]$이다. 따라서 모든 x의 값에 대해 다음이 성립한다.

$$-1 \leq \sin x \leq 1, \quad -1 \leq \cos x \leq 1$$

또는 절댓값으로 나타내면 다음과 같다.

$$|\sin x| \leq 1, \quad |\cos x| \leq 1$$

또한 사인함수는 π의 정수배에서 0이 된다. 즉 다음이 성립한다.

$$\sin x = 0, \quad x = n\pi, \quad n\text{은 정수}$$

사인함수와 코사인함수의 중요한 성질은 이들이 주기함수이며 그 주기는 2π라는 것이다. 즉 모든 x의 값에 대해 다음이 성립함을 의미한다.

$$\sin(x+2\pi) = \sin x, \quad \cos(x+2\pi) = \cos x$$

이러한 함수의 주기적 성질은 조수, 진동하는 용수철, 음파와 같이 반복적인 현상을 모형화하기에 적합하다.

탄젠트함수는 다음 방정식에 의해 사인함수와 코사인함수와 관련된다.

$$\tan x = \frac{\sin x}{\cos x}$$

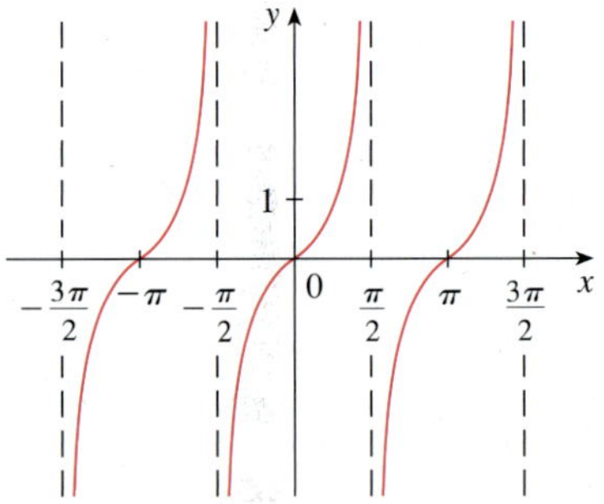

[그림 30] $y = \tan x$

이 함수의 그래프는 [그림 30]에 있다. 이 함수는 $\cos x = 0$, 즉 $x = \pm\pi/2$, $\pm 3\pi/2$, $\cdots$에서 정의되지 않는다. 이 함수의 치역은 $(-\infty, \infty)$이다. 탄젠트함수는 π 주기를 갖는다. 즉 모든 x의 값에 대해 다음이 성립한다.

$$\tan(x+\pi) = \tan x$$

나머지 세 삼각함수(코시컨트, 시컨트, 코탄젠트)는 사인함수, 코사인함수, 탄젠트함수의 역수이다. 이 함수들의 그래프 역시 '부록 A'에 있다.

■ 지수함수와 로그함수

지수함수exponential function는 $f(x) = a^x$ 형태의 함수이다. 여기서 밑 a는 양의 상수이다. [그림 31]은 $y = 2^x$과 $y = (0.5)^x$의 그래프를 나타낸다. 두 경우 모두 함수의 정의역은 $(-\infty, \infty)$이고 치역은 $(0, \infty)$이다.

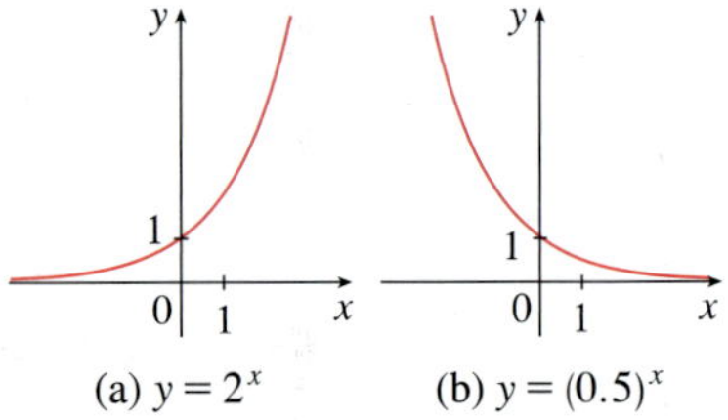

[그림 31]

지수함수는 5장에서 상세하게 공부할 것이다. 그러면 지수함수가 인구의 증가($a > 1$)나 방사성 물질의 붕괴($a < 1$)와 같은 수많은 자연현상을 모형화하는 데 매우 유용하다는 것을 알게 될 것이다.

밑 a가 양의 상수일 때 **로그함수**logarithmic function $f(x) = \log_a x$는 지수함수의 역함수이다. 이 함수들은 5장에서 공부할 것이다. [그림 32]는 여러 가지 밑을 가진 서로 다른 네 개의 로그함수의 그래프를 나타낸다. 각각의 경우에서 정의역은 $(0, \infty)$이고 치역은 $(-\infty, \infty)$이고, $x > 1$에서 서서히 증가한다.

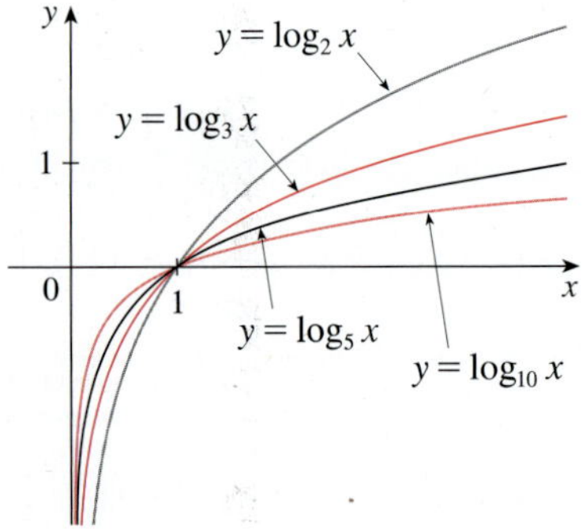

[그림 32]

함수의 변환

주어진 함수의 그래프에 어떤 변환을 적용해서 이와 관련된 함수의 그래프를 얻을 수 있다. 이렇게 하면 많은 함수의 그래프를 손쉽게 그릴 수 있다. 또한 주어진 그래프에 대한 방정식도 구할 수 있다. 먼저 **변환**translation을 생각해보자. c가 양수일 때 $y = f(x) + c$의 그래프는 $y = f(x)$의 그래프를 c 단위만큼 위쪽으로 이동시킨 것이다. (각 y좌표가 똑같은 수 c만큼 증가하기 때문이다.) 마찬가지로 $c > 0$일 때 $g(x) = f(x-c)$라면 x에서의 g 값은 $x-c$(x의 왼쪽으로 c 단위)에서의 f 값과 동일하다. 그러므로 $y = f(x-c)$의 그래프는 $y = f(x)$의 그래프를 오른쪽으로 c 단위만큼 이동한 것이다.

[그림 33]은 포물선 $y = x^2$의 그래프를 어떻게 이동하면 $y = (x+3)^2 + 1$의 그래프를 얻을 수 있는지를 보여줌으로써 이와 같은 이동을 설명한다. 이때 왼쪽으로 3 단위 이동하고 위쪽으로 1 단위 이동한다.

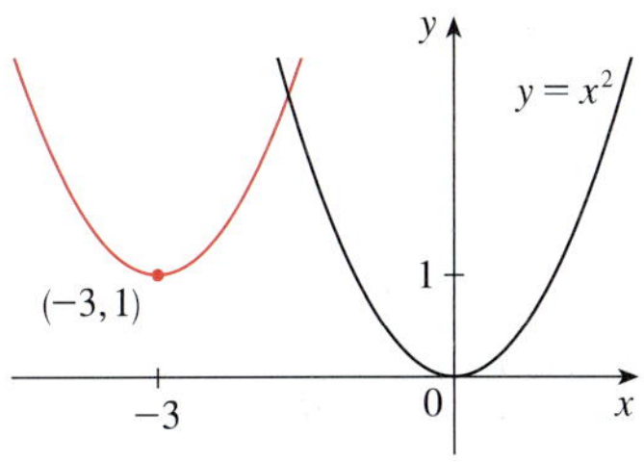

[그림 33] $y = (x+3)^2 + 1$

수직·수평 이동 $c > 0$이라 하자.

$y = f(x) + c$의 그래프는 $y = f(x)$의 그래프를 위쪽으로 c만큼 이동한 것이다.
$y = f(x) - c$의 그래프는 $y = f(x)$의 그래프를 아래쪽으로 c만큼 이동한 것이다.
$y = f(x-c)$의 그래프는 $y = f(x)$의 그래프를 오른쪽으로 c만큼 이동한 것이다.
$y = f(x+c)$의 그래프는 $y = f(x)$의 그래프를 왼쪽으로 c만큼 이동한 것이다.

이제 **확대**stretching 및 **대칭**reflecting 변환을 살펴보자. $c > 1$이면, $y = cf(x)$의 그래프는 $y = f(x)$의 그래프를 수직 방향으로 c배로 늘인 것이다. (각 y좌표에 똑같은 수 c만큼 곱해지기 때문이다.) $y = -f(x)$의 그래프는 $y = f(x)$의 그래프를 x축에 대해 대칭시킨 것이다. 왜냐하면 점 (x, y)가 점 $(x, -y)$로 대체됐기 때문이다. 또 다른 확대, 축소, 대칭 변환의 결과가 다음에 주어져 있다.

수직·수평 확대 및 대칭 이동 $c > 1$이라 하자.

$y = cf(x)$의 그래프는 $y = f(x)$의 그래프를 수직으로 c배만큼 늘린 것이다.
$y = (1/c)f(x)$의 그래프는 $y = f(x)$의 그래프를 수직으로 c배만큼 줄인 것이다.
$y = f(cx)$의 그래프는 $y = f(x)$의 그래프를 수평으로 c배만큼 줄인 것이다.
$y = f(x/c)$의 그래프는 $y = f(x)$의 그래프를 수평으로 c배만큼 늘린 것이다.
$y = -f(x)$의 그래프는 $y = f(x)$의 그래프를 x축에 대해 대칭시킨 것이다.
$y = f(-x)$의 그래프는 $y = f(x)$의 그래프를 y축에 대해 대칭시킨 것이다.

[그림 34]는 코사인함수에 $c = 2$를 적용시킨 확대 변환을 설명한다. 예를 들어 $y = 2\cos x$의 그래프를 얻기 위해 $y = \cos x$의 그래프 위에 있는 각 점의 y좌표에 2를 곱한다. 이것은 $y = \cos x$의 그래프를 수직으로 2배만큼 늘리는 것을 의미한다.

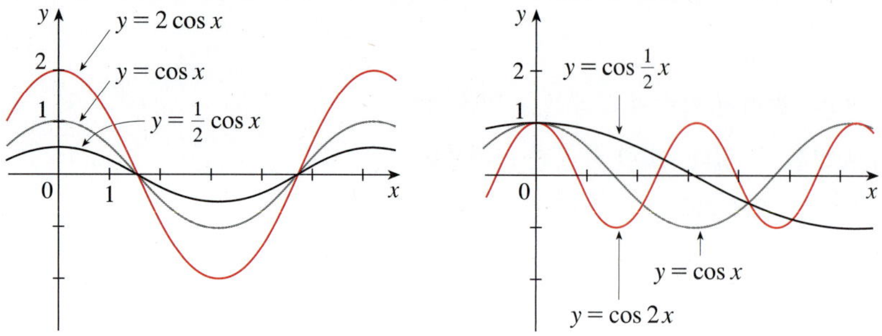

[그림 34]

예제 2 $y=\sqrt{x}$ 의 그래프가 주어져 있다. 변환을 이용하여 $y=\sqrt{x}-2$, $y=\sqrt{x-2}$, $y=-\sqrt{x}$, $y=2\sqrt{x}$, $y=\sqrt{-x}$ 의 그래프를 그려라.

풀이

[그림 26(a)]에서 얻은 제곱근함수 $y=\sqrt{x}$ 의 그래프는 [그림 35(a)]에 있다. $y=\sqrt{x}-2$는 2 단위만큼 아래로 이동시키고, $y=\sqrt{x-2}$ 는 2 단위만큼 오른쪽으로 이동시킨다. $y=-\sqrt{x}$ 는 x축에 대해 대칭시키고, $y=2\sqrt{x}$ 는 수직으로 2배만큼 늘리고, $y=\sqrt{-x}$ 는 y축에 대해 대칭시켜서 그래프를 그린다.

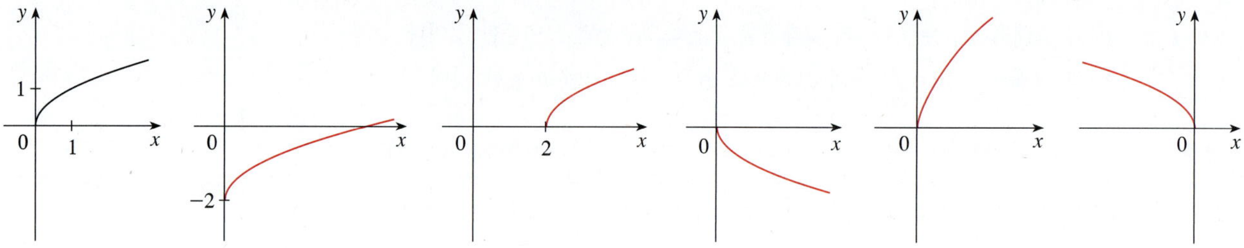

(a) $y=\sqrt{x}$ (b) $y=\sqrt{x}-2$ (c) $y=\sqrt{x-2}$ (d) $y=-\sqrt{x}$ (e) $y=2\sqrt{x}$ (f) $y=\sqrt{-x}$

[그림 35]

예제 3 함수 $y=1-\sin x$ 의 그래프를 그려라.

풀이

$y=1-\sin x$ 의 그래프를 얻기 위해 $y=\sin x$ 로부터 시작한다. x축에 대해 대칭시켜서 $y=-\sin x$ 를 얻는다. 그 다음으로 1 단위만큼 위쪽으로 이동시켜 $y=1-\sin x$ 를 얻는다([그림 36] 참조).

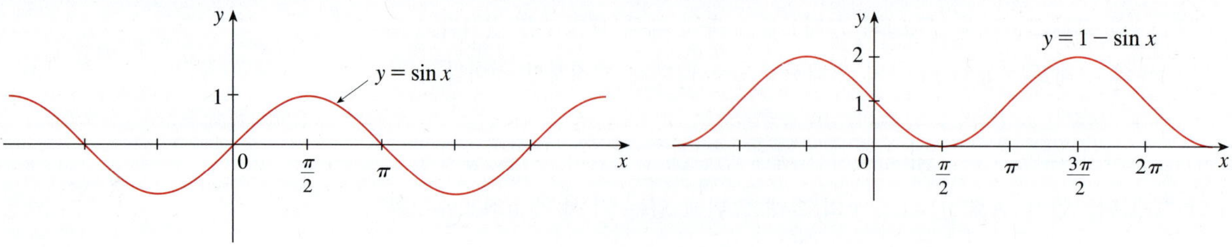

[그림 36]

함수의 결합

실수를 더하고, 빼고, 곱하고, 나누는 방법과 비슷하게 두 함수 f와 g를 결합하여 $f+g$, $f-g$, fg, f/g 형태의 새로운 함수를 얻을 수 있다. 합과 차 함수는 다음과 같이 정의한다.

■ www.stewartcalculus.com (Additional Examples C, D, E를 보라.)

$$(f+g)(x)=f(x)+g(x), \quad (f-g)(x)=f(x)-g(x)$$

f의 정의역이 A이고 g의 정의역이 B라면, $f+g$의 정의역은 $f(x)$와 $g(x)$가 모두 정의되어야 하므로 교집합 $A\cap B$이다. 예를 들어 $f(x)=\sqrt{x}$의 정의역은 $A=[0,\infty)$이고, $g(x)=\sqrt{2-x}$의 정의역은 $B=(-\infty, 2]$이다. 따라서 $(f+g)(x)=\sqrt{x}+\sqrt{2-x}$의 정의역은 $A\cap B=[0,2]$이다. 마찬가지로 곱과 몫 함수는 다음과 같이 정의된다.

$$(fg)(x)=f(x)g(x), \quad \left(\frac{f}{g}\right)(x)=\frac{f(x)}{g(x)}$$

fg의 정의역은 $A\cap B$이지만 f/g의 정의역은 0으로 나눌 수 없으므로 $\{x\in A\cap B \mid g(x)\neq 0\}$이다. 예를 들어 $f(x)=x^2$이고 $g(x)=x-1$이면 유리함수 $(f/g)(x)=x^2/(x-1)$의 정의역은 $\{x \mid x\neq 1\}$ 또는 $(-\infty, 1)\cup(1,\infty)$이다. 새로운 함수를 얻기 위해 두 함수를 결합하는 또 다른 방법이 있다. 예를 들어 $y=f(u)=\sqrt{u}$이고 $u=g(x)=x^2+1$이라 하자. y는 u의 함수이고 u는 다시 x의 함수이므로 결국 y는 x의 함수이다. 대입하여 다음과 같이 계산한다.

$$y=f(u)=f(g(x))=f(x^2+1)=\sqrt{x^2+1}$$

새로운 함수는 주어진 두 함수 f와 g를 결합시킨 것이므로 이 과정을 합성이라 한다. 일반적으로 주어진 두 함수 f와 g에 대해 g의 정의역 안의 수 x로 시작하여 이 함수의 상 $g(x)$를 계산한다. 이 수 $g(x)$가 f의 정의역에 있으면 $f(g(x))$의 값을 계산할 수 있다. 이 결과는 g를 f에 대입하여 얻은 새로운 함수 $h(x)=f(g(x))$와 같다. 이 함수를 f와 g의 합성이라 하고 $f\circ g$로 쓴다. (f 써클^Circle g로 읽는다.)

정의 주어진 두 함수 f와 g에 대해 **합성함수**^composite function $f\circ g$ (또는 f와 g의 **합성**^composition)는 다음과 같이 정의된다.

$$(f\circ g)(x)=f(g(x))$$

$f\circ g$의 정의역은 $g(x)$가 f의 정의역 안에 속한 g의 정의역 안에 있는 모든 x들의 집합이다. 다시 말해서 $g(x)$와 $f(g(x))$ 모두 정의될 때 $(f\circ g)(x)$는 정의된다. [그림 37]은 기계를 통하여 $f\circ g$를 어떻게 그림으로 나타내는지 보여준다.

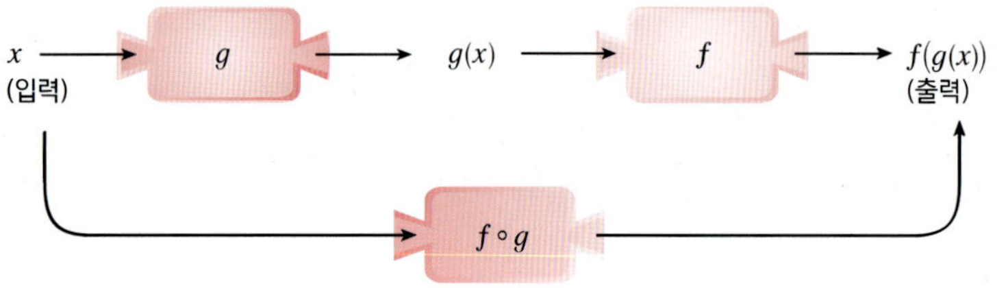

[그림 37] $f \circ g$ 기계는 g 기계(첫 번째)와 f 기계(두 번째)를 합성한다.

예제 4 $f(x)=x^2$이고 $g(x)=x-3$일 때, 합성함수 $f \circ g$와 $g \circ f$를 구하라.

풀이

$$(f \circ g)(x)=f(g(x))=f(x-3)=(x-3)^2$$
$$(g \circ f)(x)=g(f(x))=g(x^2)=x^2-3$$

NOTE_ [예제 4]에서 일반적으로 $f \circ g \neq g \circ f$임을 알 수 있다. 기호 $f \circ g$는 함수 g를 먼저 적용하고 그 다음으로 f를 적용하는 것을 의미한다. [예제 4]에서 $f \circ g$는 먼저 3을 뺀 다음에 제곱한 함수이고, $g \circ f$는 먼저 제곱한 다음에 3을 뺀 함수이다.

예제 5 $f(x)=\sqrt{x}$와 $g(x)=\sqrt{2-x}$에 대해 다음 함수와 정의역을 구하라.

(a) $f \circ g$ **(b)** $g \circ f$ **(c)** $f \circ f$ **(d)** $g \circ g$

풀이

(a) $(f \circ g)(x)=f(g(x))=f(\sqrt{2-x})=\sqrt{\sqrt{2-x}}=\sqrt[4]{2-x}$

$f \circ g$의 정의역은 $\{x \mid 2-x \geq 0\}=\{x \mid x \leq 2\}=(-\infty, 2]$이다.

(b) $(g \circ f)(x)=g(f(x))=g(\sqrt{x})=\sqrt{2-\sqrt{x}}$

$\sqrt{x}$가 정의되기 위해서는 $x \geq 0$이어야 한다. $\sqrt{2-\sqrt{x}}$가 정의되기 위해서는 $2-\sqrt{x} \geq 0$, 즉 $\sqrt{x} \leq 2$ 또는 $x \leq 4$이어야 한다. 따라서 $0 \leq x \leq 4$이어야 하며 $g \circ f$의 정의역은 폐구간 $[0, 4]$이다.

$0 \leq a \leq b$이면 $a^2 \leq b^2$이다.

(c) $(f \circ f)(x)=f(f(x))=f(\sqrt{x})=\sqrt{\sqrt{x}}=\sqrt[4]{x}$

$f \circ f$의 정의역은 $[0, \infty)$이다.

(d) $(g \circ g)(x)=g(g(x))=g(\sqrt{2-x})=\sqrt{2-\sqrt{2-x}}$

$2-x \geq 0$과 $2-\sqrt{2-x} \geq 0$일 때 $\sqrt{2-\sqrt{2-x}}$가 정의된다. 첫 번째 부등식은 $x \leq 2$를 의미한다. 그리고 두 번째 부등식은 $\sqrt{2-x} \leq 2$ 또는 $2-x \leq 4$ 또는 $x \geq -2$와 값이 같다. 따라서 $-2 \leq x \leq 2$이고, $g \circ g$의 정의역은 폐구간 $[-2, 2]$이다.

■ www.stewartcalculus.com (Additional Examples F, G를 보라.)

세 개 이상의 함수를 합성하는 것도 가능하다. 예를 들어 합성함수 $f \circ g \circ h$는 다음과 같이 처음에 h를 적용하고, 다음에 g 그리고 f를 적용하여 얻는다.

$$(f \circ g \circ h)(x) = f(g(h(x)))$$

지금까지 합성을 이용하여 간단한 함수로부터 복잡한 함수를 만들어 보았다. 그러나 미적분학에서는 복잡한 함수를 간단한 함수로 분해하는 것이 유용하게 쓰일 때가 있다.

예제 6 **$F(x) = \cos^2(x+9)$가 주어졌을 때 $F = f \circ g \circ h$가 되는 함수 f, g, h를 구하라.**

풀이

$F(x) = [\cos(x+9)]^2$이므로 F에 대한 식은 다음과 같다. 처음에 9를 더하고, 다음에 그 결과의 코사인을 취한 후 마지막으로 제곱한다. 그러므로 다음과 같다.

$$h(x) = x+9, \quad g(x) = \cos x, \quad f(x) = x^2$$

그러면 다음을 얻는다.

$$\begin{aligned}(f \circ g \circ h)(x) &= f(g(h(x))) = f(g(x+9)) = f(\cos(x+9)) \\ &= [\cos(x+9)]^2 = F(x)\end{aligned}$$

1.2 연습문제

01 (a) 기울기가 2인 선형함수족에 대한 방정식을 구하라. 그리고 이 함수족 안에 있는 함수의 그래프를 몇 개만 그려라.

(b) $f(2) = 1$을 만족하는 선형함수족에 대한 방정식을 구하라. 그리고 이 함수족 안에 있는 함수의 그래프를 몇 개만 그려라.

(c) 두 함수족에 모두 속하는 함수는 무엇인가?

02 선형함수족 $f(x) = c - x$의 원소들이 공통적으로 갖는 성질은 무엇인가? 이 함수족 안에 있는 함수의 그래프를 몇 개만 그려라.

03 $f(1) = 6$이고 $f(-1) = f(0) = f(2) = 0$을 만족하는 3차함수를 구하라.

04 어떤 약의 성인 권장 복용량이 D(mg)이면 a세인 어린이에 대한 적절한 복용량 c를 결정하기 위해 약사는 방정식 $c = 0.0417D(a+1)$을 이용한다. 성인의 복용량이 200 mg이라 하자.

(a) c의 그래프의 기울기를 구하라. 그리고 이것은 무엇을 나타내는가?

(b) 신생아의 복용량은 얼마인가?

05 화씨(F) 온도와 섭씨(C) 온도 사이의 관계는 선형함수 $F = \frac{9}{5}C + 32$로 주어진다.

(a) 함수의 그래프를 그려라.

(b) 그래프의 기울기와 그 의미는 무엇인가? F절편과 그 의미는 무엇인가?

06 생물학자들은 어떤 종의 귀뚜라미가 우는 비율은 온도와 관련이 있으며 거의 선형에 가깝다는 것을 알아냈다. 귀뚜라미는 20°C에서 분당 112번, 29°C에서 분당 180번 운다.

(a) 1분당 우는 횟수 N의 함수로써 온도 T를 모형화하는 선형방정식을 구하라.

(b) 그래프의 기울기와 그 의미는 무엇인가?

(c) 귀뚜라미가 분당 150번 운다면 온도를 추정하라.

07 해수면에서 수압은 수면 위의 공기압 1.05 kg/cm^{2}과 같다. 수면 아래에서 수압은 1 m씩 낮아질 때마다 0.10 kg/cm^{2}씩 증가한다.

(a) 해수면 아래 깊이의 함수로서 수압을 나타내라.

(b) 수압이 7kg/cm^2인 곳의 깊이를 구하라.

08 많은 물리량은 역제곱 법칙, 즉 거듭제곱함수 $f(x)=kx^{-2}$과 관련되어 있다. 특히 광원에 의한 물체의 조도는 광원으로부터 거리의 제곱에 반비례한다. 어두운 방 안에서 전등을 하나만 켜고 책을 읽으려 한다고 하자. 불빛이 너무 어두워 전등 쪽으로 반만큼 이동했다. 얼마나 밝아지는가?

09 지역의 넓이가 넓을수록 그 지역에 서식하는 종의 수가 많아진다는 것을 느낀다. 많은 생태학자들은 종과 지역의 넓이 관계를 거듭제곱함수로 모형화한다. 특히 멕시코 중부에 있는 동굴에 서식하는 박쥐 종의 수 S는 동굴의 표면적 A와 관련하여 방정식 $S=0.7A^{0.3}$으로 모형화한다.

(a) 멕시코의 푸에블라주 부근의 Misión Imposible이라 부르는 동굴은 표면적이 $A=60\text{m}^2$이다. 이 동굴에서 발견될 것으로 기대되는 종의 수는 얼마인가?

(b) 이 동굴에 4종의 박쥐가 서식한다고 할 때 동굴의 넓이를 추정하라.

10 f의 그래프가 주어져 있다고 하자. f의 그래프로부터 다음과 같은 내용이 반영된 그래프의 방정식을 구하라.

(a) 위로 3단위 이동 (b) 아래로 3단위 이동

(c) 오른쪽으로 3단위 이동 (d) 왼쪽으로 3단위 이동

(e) x축에 대해 대칭

(f) y축에 대해 대칭

(g) 수직 방향으로 3배 늘이기

(h) 수직 방향으로 3배 줄이기

11 $y=f(x)$의 그래프가 주어져 있다. 각 방정식과 그래프를 연결하고 그 이유를 설명하라.

(a) $y=f(x-4)$ (b) $y=f(x)+3$

(c) $y=\frac{1}{3}f(x)$ (d) $y=-f(x+4)$

(e) $y=2f(x+6)$

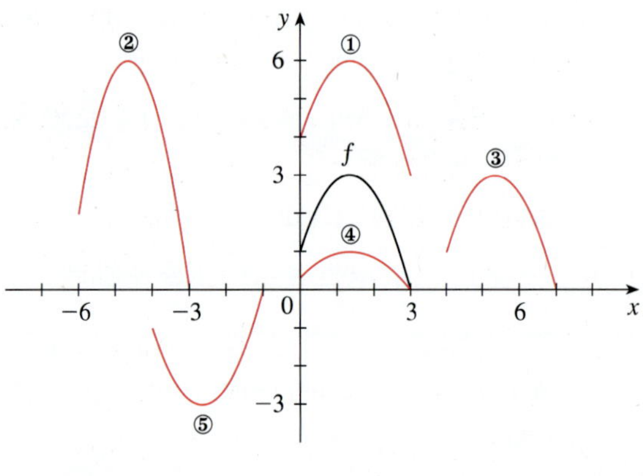

12 f의 그래프가 주어져 있다. 이것을 이용하여 다음 함수의 그래프를 그려라.

(a) $y=f(2x)$ (b) $y=f\left(\frac{1}{2}x\right)$

(c) $y=f(-x)$ (d) $y=-f(-x)$

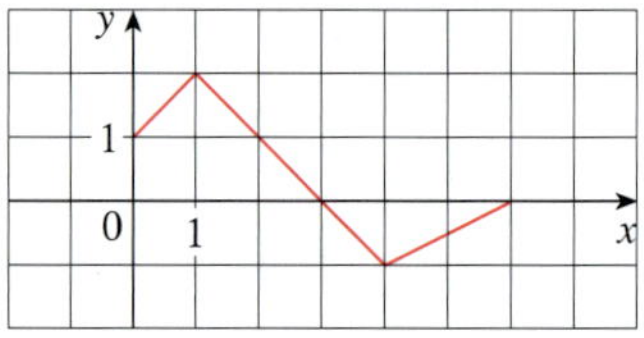

13~19 다음 함수의 그래프를 손으로 그려라. 단, 점들을 표시하여 그리지 않고 표준함수 중에서 어느 한 그래프를 그리고, 적당한 변환을 적용한다.

13 $y=-x^3$

14 $y=-\sqrt[3]{x}$

15 $y=\sqrt{x-2}-1$

16 $y=\sin\left(\frac{1}{2}x\right)$

17 $y=\frac{1}{2}(1-\cos x)$

18 $y=1-2x-x^2$

19 $y=\frac{2}{x+1}$

20~21 (a) $f+g$ (b) $f-g$ (c) fg (d) f/g를 구하고 정의역을 설명하라.

20 $f(x)=x^3+2x^2,\ g(x)=3x^2-1$

21 $f(x)=\sqrt{1+x},\ g(x)=\sqrt{1-x}$

22~24 함수 (a) $f\circ g$, (b) $g\circ f$, (c) $f\circ f$, (d) $g\circ g$와 각 정의역을 구하라.

22 $f(x)=x^2-1,\quad g(x)=2x+1$

23 $f(x)=1-3x,\quad g(x)=\cos x$

24 $f(x)=x+\frac{1}{x},\quad g(x)=\frac{x+1}{x+2}$

25 $f(x)=\sqrt{x-3}$, $g(x)=x^2$, $h(x)=x^3+2$일 때 $f\circ g\circ h$를 구하라.

26~27 다음 함수를 $f \circ g$ 형태로 표현하라.

26 $F(x) = (2x + x^2)^4$

27 $v(t) = \sec(t^2)\tan(t^2)$

28~29 다음 함수를 $f \circ g \circ h$ 형태로 표현하라.

28 $H(x) = 1 - 3^{x^2}$

29 $H(x) = \sec^4(\sqrt{x})$

30 f와 g의 주어진 그래프를 이용해서 다음의 각 표현을 계산하거나 정의되지 않는 이유를 설명하라.

(a) $f(g(2))$ (b) $g(f(0))$

(c) $(f \circ g)(0)$ (d) $(g \circ f)(6)$

(e) $(g \circ g)(-2)$ (f) $(f \circ f)(4)$

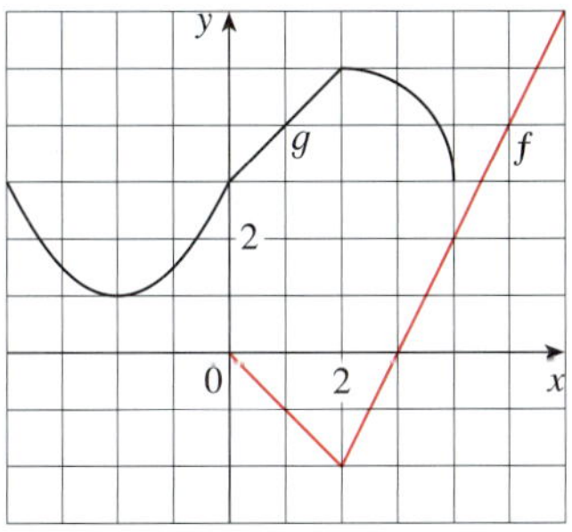

31 돌이 호수로 떨어져 $60\,\text{cm/s}$의 속력으로 바깥쪽으로 향하는 원형의 잔물결을 만들고 있다.

(a) 시간 t(초)에 대한 함수로 원의 반지름 r을 표현하라.

(b) 반지름에 대한 함수로서 원의 넓이를 A라 하면 $A \circ r$을 구하고 이것을 설명하라.

32 **헤비사이드 함수**Heaviside function H는 다음과 같이 정의된다.

$$H(t) = \begin{cases} 0, & t < 0 \\ 1, & t \geq 0 \end{cases}$$

이 함수는 전기회로의 연구에서 갑자기 스위치를 켰을 때 전류 또는 전압의 순간적인 요동을 나타내는 데 사용된다.

(a) 헤비사이드 함수의 그래프를 그려라.

(b) $t = 0$에서 스위치가 켜지고 120V가 회로에 순간적으로 부가됐을 때, 전압 $V(t)$의 그래프를 그려라. $H(t)$를 이용하여 $V(t)$의 식을 쓰라.

(c) $t = 5$에서 스위치가 켜지고 240V가 회로에 순간적으로 부가됐을 때, 전압 $V(t)$의 그래프를 그려라. $H(t)$를 이용하여 $V(t)$의 식을 쓰라. ($t = 5$에서의 출발은 변환에 대응한다.)

33 f와 g는 $f(x) = m_1x + b_1$과 $g(x) = m_2x + b_2$인 선형함수라 하자. $f \circ g$도 선형함수인가? 만일 그렇다면 이 그래프의 기울기는 얼마인가?

34 (a) $g(x) = 2x + 1$, $h(x) = 4x^2 + 4x + 7$일 때 $f \circ g = h$를 만족하는 함수 f를 구하라. (식 g에 수행할 연산에 대해 생각하고 h에 대한 식으로 마무리한다.)

(b) $f(x) = 3x + 5$, $h(x) = 3x^2 + 3x + 2$일 때 $f \circ g = h$를 만족하는 함수 g를 구하라.

35 g가 우함수이고 $h = f \circ g$라 하자. h는 항상 우함수인가?

1.3 함수의 극한

이 절에서는 함수의 극한에 대한 의미를 더듬어 본다. 낙하하는 공의 속도를 구하고자 할 때 극한의 개념이 어떻게 나타나는지를 보면서 시작한다.

예제 1 **토론토에 있는 지상 450 m 높이의 CN 타워 전망대에서 공을 떨어뜨린다고 가정하자. 5초 후 공의 속도를 구하라.**

풀이

4세기 전에 이루어진 실험을 통해 갈릴레오는 자유 낙하하는 물체의 낙하 거리는 떨어지는 시간의 제곱에 비례한다는 사실을 발견했다. (자유 낙하 실험에서 공기 저항은 무시한다.) t초 후 낙하 거리를 $s(t)$ m로 나타내면, 갈릴레오의 법칙은 다음 방정식으로 표현된다.

$$s(t) = 4.9t^2$$

5초 후의 속도를 구할 때의 어려움은 한 순간의 시간($t = 5$)을 다루어야 하지만 그러한 시간 구간이 없다는 것이다. 그러나 다음과 같이 $t = 5$에서 $t = 5.1$까지 1/10초인 짧은 시간 구간에서 평균 속도를 계산함으로써 요구되는 양을 근사시킬 수 있다.

$$\text{평균 속도} = \frac{\text{위치 변화}}{\text{경과 시간}}$$

$$= \frac{s(5.1) - s(5)}{0.1}$$

$$= \frac{4.9(5.1)^2 - 4.9(5)^2}{0.1} = 49.49\,\text{m/s}$$

[표 5]는 더 짧은 시간 구간에서 평균 속도를 계산한 결과들을 나타낸 것으로, 시간 구간을 짧게 함으로써 평균 속도가 49 m/s에 가까워진다는 것을 보여준다. $t = 5$일 때 **순간 속도** instantaneous velocity는 $t = 5$에서 출발하여 점점 더 짧은 시간 구간에서 평균 속도들의 극한값으로 정의된다. 따라서 5초 후의 (순간)속도는 다음과 같다.

$$v = 49\,\text{m/s}$$

시간 구간	평균 속도(m/s)
$5 \le t \le 6$	53.9
$5 \le t \le 5.1$	49.49
$5 \le t \le 5.05$	49.245
$5 \le t \le 5.01$	49.049
$5 \le t \le 5.001$	49.0049

[표 5]

극한의 직관적인 정의

2 부근의 x에 대해 $f(x) = x^2 - x + 2$로 정의된 함수의 자취를 조사해보자. 다음 표는 2에 가깝지만 2는 아닌 x값에 대한 $f(x)$의 값을 나타낸다.

x	$f(x)$	x	$f(x)$
1.0	2.000000	3.0	8.000000
1.5	2.750000	2.5	5.750000
1.8	3.440000	2.2	4.640000
1.9	3.710000	2.1	4.310000
1.95	3.852500	2.05	4.152500
1.99	3.970100	2.01	4.030100
1.995	3.985025	2.005	4.015025
1.999	3.997001	2.001	4.003001

[표 6]

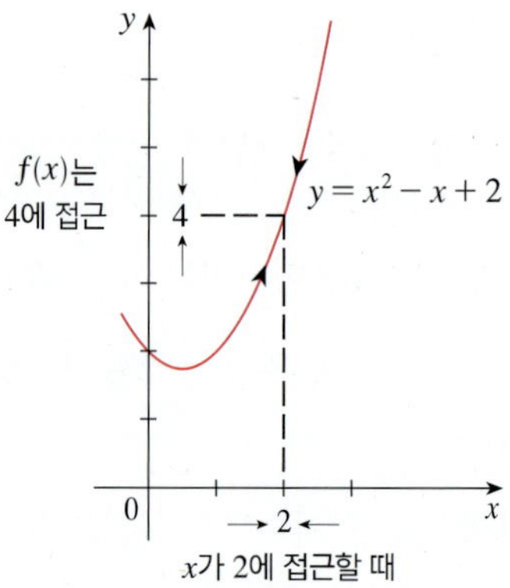

[그림 38]

[그림 38]에 보인 f의 그래프(포물선)와 [표 6]으로부터 x가 2에 가까워지면(2의 각 방향에서) $f(x)$는 4에 가까워지는 것을 알 수 있다. 사실상 x를 2에 충분히 가깝게 택함으로써 $f(x)$의 값을 4에 더욱 가깝게 할 수 있음을 나타낸다. 이것을 "x가 2에 접근할 때 함수 $f(x) = x^2 - x + 2$의 극한은 4이다."라고 말하고 다음 기호로 나타낸다.

$$\lim_{x \to 2} (x^2 - x + 2) = 4$$

일반적으로 다음 기호를 사용한다.

1 정의 x가 수 a 부근에 있을 때 $f(x)$가 정의된다고 하자. (이는 a는 제외될 수 있는 수 a를 포함하는 어떤 개구간에서 f가 정의되는 것을 의미한다.) a와 같지는 않지만 x를 a에 충분히 가깝게(a의 각 방향에서) 택함으로써 $f(x)$의 값을 임의로 L에 가깝게(원하는 만큼 L에 가깝게) 만들 수 있다면 다음과 같이 쓴다.

$$\lim_{x \to a} f(x) = L$$

그리고 다음과 같이 말한다.

"x가 a에 접근할 때 $f(x)$의 극한은 L과 같다."

대략적으로 말하면 x가 a에 접근할 때 $f(x)$ 값은 L에 접근한다고 말한다. 다시 말해서 $x \neq a$인 x가 수 a에 가까워지면 가까워질수록(a의 각 방향에서) $f(x)$ 값은 수 L에 더욱 더 가깝게 되는 경향이 있다.

기호 $\lim_{x \to a} f(x) = L$에 대한 또 다른 표현으로 다음과 같이 쓴다.

$$x \to a\text{일 때 } f(x) \to L\text{이다.}$$

그리고 보편적으로 이것을 x가 a에 접근할 때 $f(x)$는 L에 접근한다고 읽는다.

극한의 정의에서 $x \neq a$임에 주의하자. 이것은 x가 a에 접근함에 따른 $f(x)$의 극한을 구할 때 $x = a$는 전혀 생각하지 않음을 의미한다. 사실상 $f(x)$가 $x = a$에서 정의될 필요는 없다. 단지 생각할 문제는 f가 a 부근에서 어떻게 정의되느냐는 것이다.

[그림 39]에 세 함수의 그래프가 보인다. (c)에서는 $f(a)$가 정의되지 않고 (b)에서는 $f(a) \neq L$임에 주목하자. 그러나 각각의 경우에 점 a에서 함수 f가 어떻게 되든 상관없이 $\lim_{x \to a} f(x) = L$이다.

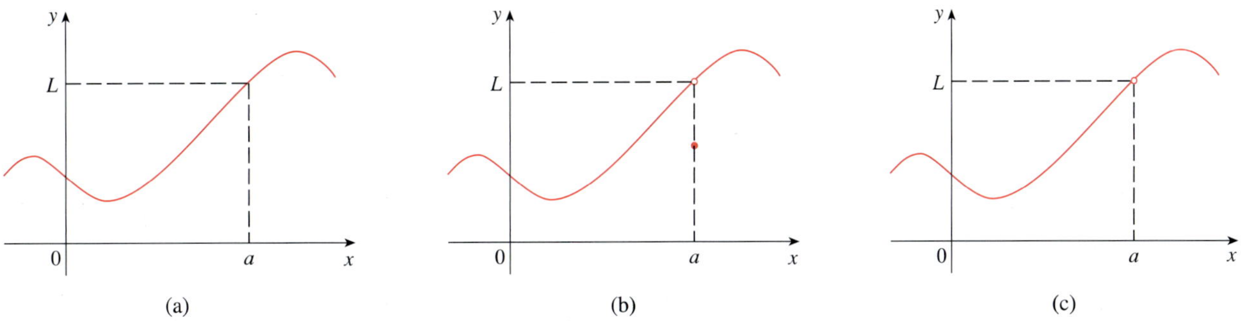

[그림 39] 세 경우 모두 $\lim_{x \to a} f(x) = L$이다.

예제 2 $\lim_{x \to 1} \frac{x-1}{x^2-1}$ 의 값을 추측하라.

풀이

함수 $f(x) = (x-1)/(x^2-1)$은 $x=1$일 때 정의되지 않으나 $\lim_{x \to a} f(x)$의 정의는 a가 아니지만 a에 가까운 x의 값을 생각하므로 아무런 문제가 되지 않는다.

[표 7]은 1에 접근하는(그러나 1이 아닌) x 값들에 대한 $f(x)$의 값들(소수점 아래 여섯째 자리까지 정확하게)을 나타낸다. 이 표에 있는 값들을 근거로 다음을 추측할 수 있다.

$$\lim_{x \to 1} \frac{x-1}{x^2-1} = 0.5$$

$x<1$	$f(x)$
0.5	0.666667
0.9	0.526316
0.99	0.502513
0.999	0.500250
0.9999	0.500025

$x>1$	$f(x)$
1.5	0.400000
1.1	0.476190
1.01	0.497512
1.001	0.499750
1.0001	0.499975

[표 7]

[예제 2]는 [그림 40]에 있는 f의 그래프로 설명된다. 이제 $x=1$일 때 함숫값을 2로 정의하여 f를 약간 변경한 함수를 g라고 하자. 이는 다음과 같이 정의된다.

$$g(x) = \begin{cases} \dfrac{x-1}{x^2-1}, & x \neq 1 \\ 2, & x = 1 \end{cases}$$

새로운 함수 g는 x가 1에 접근한다 해도 여전히 같은 극한값을 갖는다([그림 41] 참조).

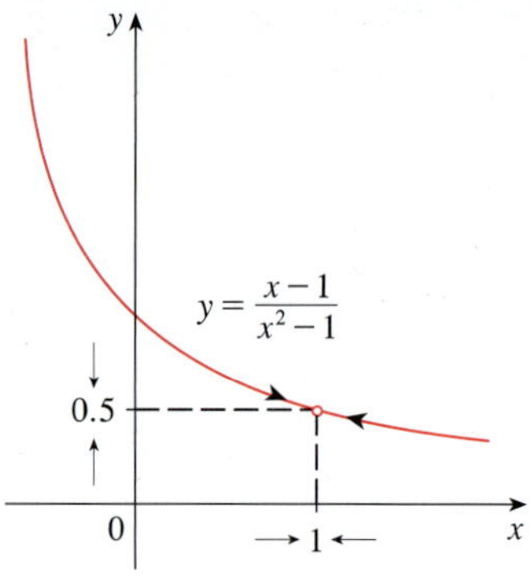

[그림 40]

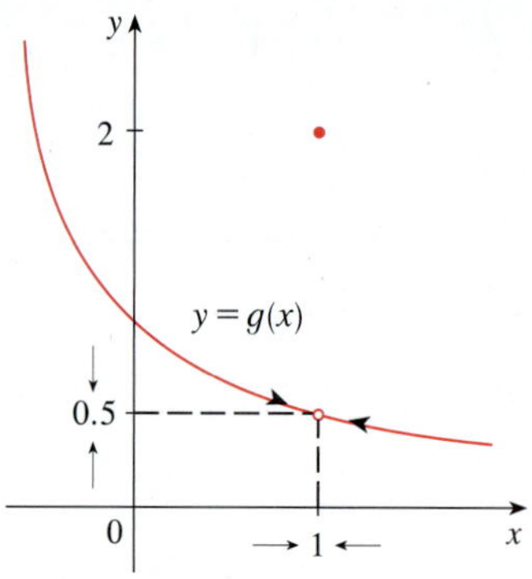

[그림 41]

예제 3 $\lim_{t \to 0} \frac{\sqrt{t^2+9}-3}{t^2}$ 의 값을 추측하라.

풀이

다음 표는 $t=0$ 부근에 있는 여러 개의 값에 대한 함숫값을 나타낸다.

t	$\frac{\sqrt{t^2+9}-3}{t^2}$
± 1.0	0.16228
± 0.5	0.16553
± 0.1	0.16662
± 0.05	0.16666
± 0.01	0.16667

[표 8]

t가 0에 접근함에 따라 함숫값은 $0.1666666\cdots$에 접근하는 것으로 보인다. 따라서 다음과 같이 추측할 수 있다.

$$\lim_{t \to 0} \frac{\sqrt{t^2+9}-3}{t^2} = \frac{1}{6}$$

[예제 3]에서 t 값을 더 작게 택하면 어떻게 될까? [표 9]는 계산기를 이용하여 얻은 결과이다. 약간 이상하다는 것을 알 수 있다.

t	$\frac{\sqrt{t^2+9}-3}{t^2}$
± 0.0005	0.16800
± 0.0001	0.20000
± 0.00005	0.00000
± 0.00001	0.00000

[표 9]

계산기로 이와 같은 계산을 시도한다면 다른 값을 얻을 수도 있다. 그러나 t를 충분히 작게 만들면 결국 0 값을 얻게 될 것이다. 이것은 실제로 답이 $\frac{1}{6}$이 아닌 0을 의미하는 것일까? 답은 '아니다.'이다. 다음 절에서 설명하겠지만 극한값은 $\frac{1}{6}$이다. 문제는 t가 작을 때, ⊘ $\sqrt{t^2+9}$가 3에 매우 가깝기 때문에 **계산기가 잘못 계산한 것이다**. (사실상 t가 충분히 작을 때, $\sqrt{t^2+9}$에 대한 계산기의 값은 계산기가 허용하는 많은 소수점 아래 자리수를 가지는 $3.000\cdots$이 된다.)

■ www.stewartcalculus.com
계산기가 때때로 틀린 값을 제시하는 이유에 대한 추가적인 설명을 알기 위해 'Lies My Calculator and Computer Told Me'를 클릭하라. 특히 'The Perils of Subtraction'을 보라.

그래픽 계산기나 컴퓨터를 이용하여 [예제 3]의 다음 함수를 그래프로 그리려 할 때도 비슷한 일이 발생한다.

$$f(t) = \frac{\sqrt{t^2+9}-3}{t^2}$$

[그림 42]의 (a)와 (b)는 f의 아주 정확한 그래프를 보여주며, 추적 방식(가능하다면)을 이용하면 극한이 약 $\frac{1}{6}$임을 쉽게 추정할 수 있다. 그러나 너무 크게 확대하면 뺄셈에서의 문제 때문에 (c)와 (d)처럼 부정확한 그래프를 얻는다.

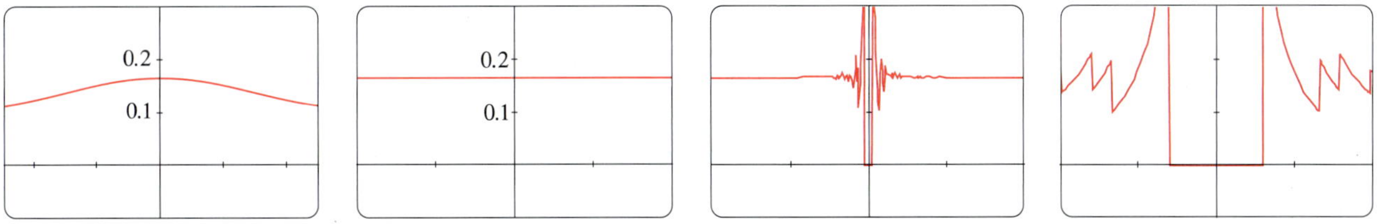

(a) $[-5, 5]$ by $[-0.1, 0.3]$ (b) $[-0.1, 0.1]$ by $[-0.1, 0.3]$ (c) $[-10^{-6}, 10^{-6}]$ by $[-0.1, 0.3]$ (d) $[-10^{-7}, 10^{-7}]$ by $[-0.1, 0.3]$

[그림 42]

예제 4 $\lim_{x \to 0} \frac{\sin x}{x}$의 값을 추측하라.

풀이

함수 $f(x) = (\sin x)/x$는 $x = 0$에서 정의되지 않는다. 계산기($x \in \mathbb{R}$이면 $\sin x$는 x가 라디안 척도인 각의 사인인 것을 기억하자.)를 이용해서 소수점 아래 여덟째 자리까지 정확한 값의 표를 만들었다. [표 10]과 [그림 43]으로부터 다음을 추측할 수 있다.

$$\lim_{x \to 0} \frac{\sin x}{x} = 1$$

사실상 이 추측은 정확하며 다음 절에서 기하학적 방법을 이용해서 증명할 것이다.

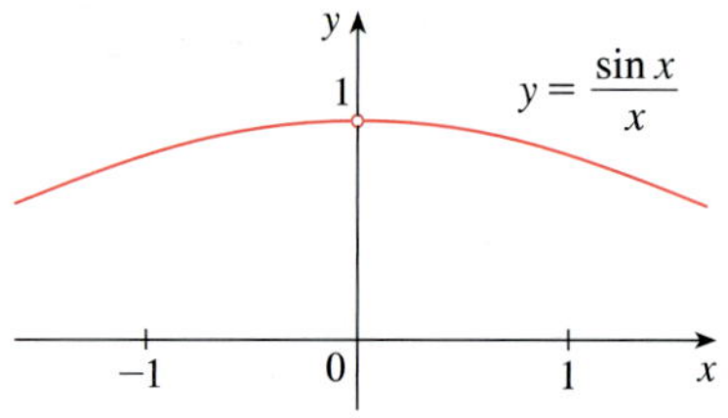

[그림 43]

x	$\frac{\sin x}{x}$
±1.0	0.84147098
±0.5	0.95885108
±0.4	0.97354586
±0.3	0.98506736
±0.2	0.99334665
±0.1	0.99833417
±0.05	0.99958339
±0.01	0.99998333
±0.005	0.99999583
±0.001	0.99999983

[표 10]

예제 5 $\lim_{x \to 0} \sin \frac{\pi}{x}$를 조사하라.

풀이

함수 $f(x) = \sin(\pi/x)$는 $x = 0$에서 정의되지 않는다. x의 작은 값들에 대한 함수의 값을 계산하여 다음을 얻는다.

$$f(1) = \sin \pi = 0 \qquad f\left(\frac{1}{2}\right) = \sin 2\pi = 0$$

$$f\left(\frac{1}{3}\right) = \sin 3\pi = 0 \qquad f\left(\frac{1}{4}\right) = \sin 4\pi = 0$$

$$f(0.1) = \sin 10\pi = 0 \qquad f(0.01) = \sin 100\pi = 0$$

마찬가지로 $f(0.001) = f(0.0001) = 0$이다. 이런 정보를 바탕으로 다음과 같이 될 것으로 추측하고 싶을 것이다.

$$\lim_{x \to 0} \sin \frac{\pi}{x} = 0$$

⊘ 그러나 이 경우 **추측이 잘못됐다**. 모든 정수 n에 대해 $f(1/n) = \sin n\pi = 0$이지만 0에 접근하는 무한히 많은 x 값들에 대해 $f(x) = 1$도 역시 참이다. f의 그래프는 [그림 44]와 같다.

컴퓨터 대수체계(CAS) computer algebra system

CAS는 극한을 구하는 명령어를 갖고 있다. [예제 3]과 [예제 5]에서 설명한 함정을 피하기 위해 수치적 실험으로 극한을 구하지 않는다. 그 대신 무한급수를 계산하는 것과 같은 좀 더 복잡한 기술을 사용한다. CAS에 접속할 기회가 있다면 극한 명령어를 사용하여 이 절의 예제에 주어진 극한을 구하고, 이 장의 연습문제에서 여러분이 구한 답을 확인해보자.

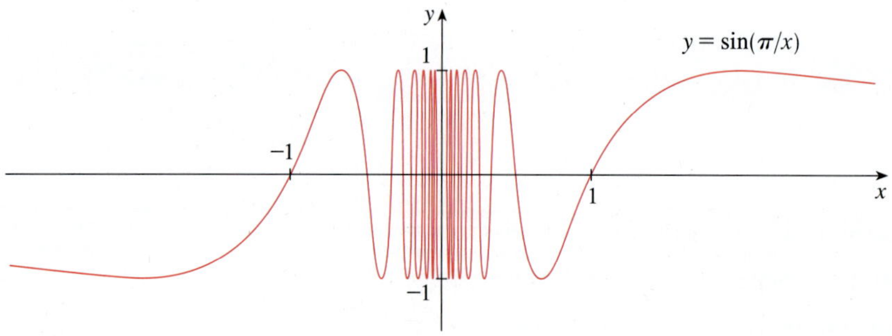

[그림 44]

y축 부근의 점선 부분은 x가 0에 접근할 때 $\sin(\pi/x)$ 값들이 -1과 1 사이에서 무한히 많이 진동함을 나타낸다. (f에 그래픽 장치를 이용하여 원점 부근에서 여러 번 확대해보자. 무엇을 관찰할 수 있는가?)

■ www.stewartcalculus.com (Additional Example A를 보라.)

x가 0에 접근할 때 $f(x)$가 고정된 수에 접근하지 않기 때문에

$$\lim_{x\to 0} \sin\frac{\pi}{x} \text{는 존재하지 않는다.}$$

⊘ [예제 3]과 [예제 5]는 **극한값을 추측하는 과정에서 빠져들 수 있는 몇 가지 함정**에 대해 설명하고 있다. 부적절한 x 값을 사용하면 잘못된 값을 추측하기 쉽지만 계산을 언제 멈춰야하는지 알기가 어렵다. 그리고 [예제 3] 이후의 설명에서 보는 바와 같이 계산기나 컴퓨터가 잘못된 값을 제공하기도 한다. 그러나 다음 절에서는 극한값 계산을 하는 데 누구나 사용할 수 있는 방법으로 전개할 것이다.

예제 6 **헤비사이드 함수 H는 다음과 같이 정의된다.**

[이 함수는 영국의 전기공학자 헤비사이드(Oliver Heaviside, 1850~1925) 사후에 이름이 붙여진 것으로, 시각 $t=0$일 때 스위치가 켜지는 전류를 설명하는 데 쓰인다.] 이 함수의 그래프는 [그림 45]와 같다.

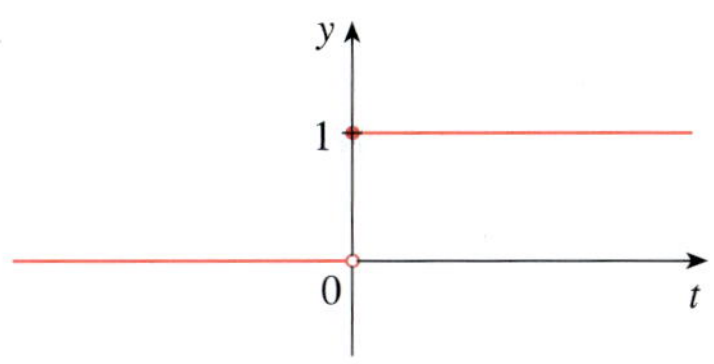

[그림 45]

$$H(t) = \begin{cases} 0, & t < 0 \\ 1, & t \geq 0 \end{cases}$$

t가 왼쪽에서 0으로 접근할수록 $H(t)$는 0에 가까워진다. t가 오른쪽에서 0으로 접근할수록 $H(t)$는 1에 가까워진다. t가 0에 접근할 때, $H(t)$가 접근하는 단 하나의 수가 존재하지 않으므로 $\lim_{t\to 0} H(t)$는 존재하지 않는다.

한쪽 극한

[예제 6]에서 t가 왼쪽에서 0으로 접근할수록 $H(t)$는 0에 가까워지고, t가 오른쪽에서 0으로 접근할수록 $H(t)$는 1에 가까워진다는 점에 주목하자. 이와 같은 상황을 다음과 같은 기호로 나타낸다.

$$\lim_{t\to 0^-} H(t) = 0, \qquad \lim_{t\to 0^+} H(t) = 1$$

기호 "$t\to 0^-$"는 0보다 작은 t 값에 대해서만 생각하는 것을 의미한다. 마찬가지로 "$t\to 0^+$"는 0보다 큰 t 값에 대해서만 생각하는 것을 의미한다.

2 **정의** a보다 작고 a에 충분히 가까운 x를 택하여 $f(x)$의 값이 임의로 L에 가깝게 할 수 있으면 다음과 같이 쓴다.

$$\lim_{x \to a^-} f(x) = L$$

그리고 이것을 다음과 말한다. **x가 a에 접근할 때 $f(x)$의 좌극한은** L이다. (또는 **x가 왼쪽에서 a에 접근할 때 $f(x)$의 극한은** L이다.)

정의 2는 x가 a보다 작다는 점에서만 정의 1과 차이가 있음에 주의하자. 같은 방법으로 x가 a보다 크면 "**x가 a에 접근할 때 $f(x)$의 우극한은** L이다."라고 하고 다음과 같이 쓴다.

$$\lim_{x \to a^+} f(x) = L$$

따라서 '$x \to a^+$'는 단지 $x > a$일 때만 생각하는 것을 의미한다. 이러한 정의는 [그림 46]에서 설명된다.

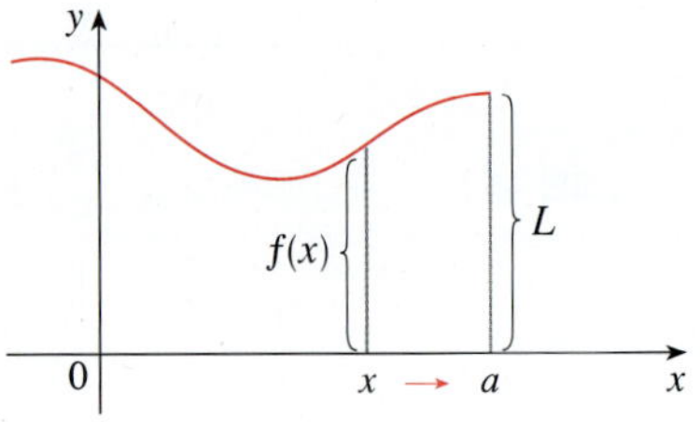

(a) $\lim_{x \to a^-} f(x) = L$

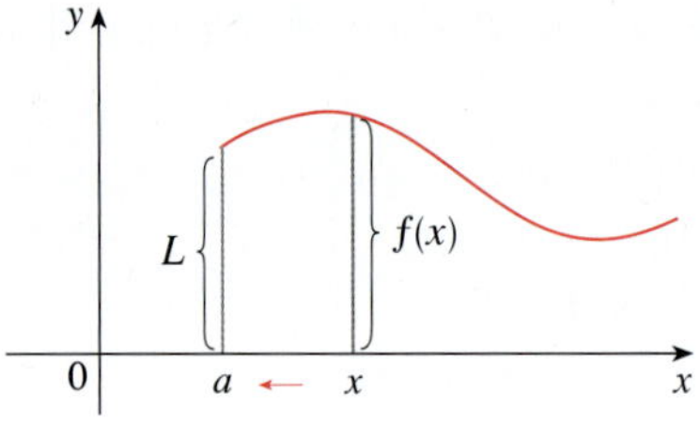

(b) $\lim_{x \to a^+} f(x) = L$

[그림 46]

정의 1을 한쪽 극한의 정의와 비교하면 다음 사실을 얻는다.

3 $\lim_{x \to a} f(x) = L$이기 위한 필요충분조건은 $\lim_{x \to a^-} f(x) = L$이고 $\lim_{x \to a^+} f(x) = L$이다.

예제 7 **함수 g의 그래프가 [그림 47]과 같다. 이것을 이용하여 다음 값(존재한다면)을 설명하라.**

(a) $\lim_{x \to 2^-} g(x)$ (b) $\lim_{x \to 2^+} g(x)$ (c) $\lim_{x \to 2} g(x)$

(d) $\lim_{x \to 5^-} g(x)$ (e) $\lim_{x \to 5^+} g(x)$ (f) $\lim_{x \to 5} g(x)$

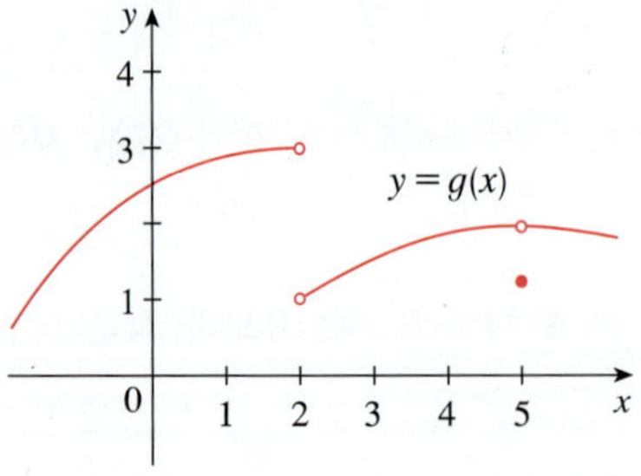

[그림 47]

풀이

그래프로부터 x가 왼쪽에서 2에 접근할수록 $g(x)$의 값은 3에 가까워진다. 그러나 x가 오른쪽에서 2에 접근할수록 $g(x)$의 값은 1에 가까워지는 것을 알 수 있다. 그러므로 다음이 성립한다.

$$\text{(a)}\ \lim_{x \to 2^-} g(x) = 3 \qquad \text{(b)}\ \lim_{x \to 2^+} g(x) = 1$$

(c) 좌극한과 우극한이 다르기 때문에 [3]으로부터 $\lim_{x \to 2} g(x)$는 존재하지 않는다. 또한 그래프는 다음이 성립함을 보여준다.

$$\text{(d)}\ \lim_{x \to 5^-} g(x) = 2 \qquad \text{(e)}\ \lim_{x \to 5^+} g(x) = 2$$

(f) 이번에는 좌극한과 우극한이 같으므로 [3]에 의해 다음을 얻는다.

$$\lim_{x \to 5} g(x) = 2$$

이런 사실에도 불구하고 $g(5) \neq 2$임을 주의하자.

예제 8 $\lim_{x \to 0} \frac{1}{x^2}$**이 존재한다면 그 값을 구하라.**

풀이

x가 0에 가까워짐에 따라 x^2도 0에 접근하고 $1/x^2$은 매우 커진다([표 11] 참조). 사실상 [그림 48]이 함수 $f(x) = 1/x^2$의 그래프로부터 0에 충분히 가까운 x를 택하면 $f(x)$의 값을 임의로 크게 만들 수 있음을 보여준다. 즉 $f(x)$의 값은 하나의 수로 접근하지 않으며 따라서 $\lim_{x \to 0} (1/x^2)$은 존재하지 않는다.

x	$\frac{1}{x^2}$
± 1	1
± 0.5	4
± 0.2	25
± 0.1	100
± 0.05	400
± 0.01	10,000
± 0.001	1,000,000

[표 11]

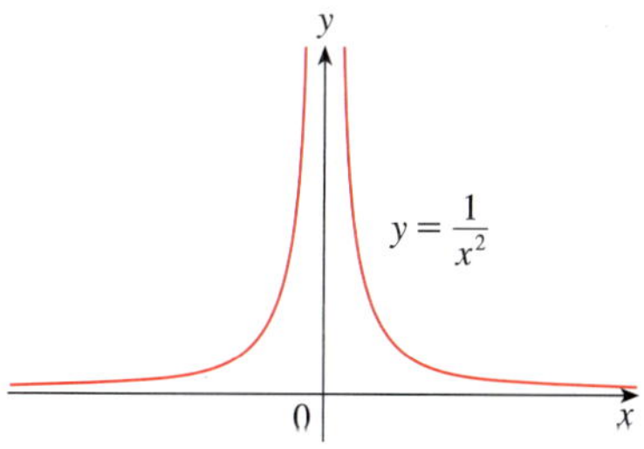

[그림 48]

극한에 대한 엄밀한 정의

정의 [1]은 극한의 직관적인 이해를 돕기에는 적절하지만 보다 깊은 이해와 엄격한 증명을 위해서는 좀 더 정확하게 할 필요가 있다. 양적인 방법으로 x를 a에 충분히 가깝게(그러나 $x \neq a$) 택함으로써 $f(x)$를 임의로 L에 가깝게 만들 수 있다고 표현하고 싶다. 이것은 x가 a로부터 지정된 거리 δ(그리스 문자 delta) 안에 놓이게 함으로써 $f(x)$를 L로부터 임의로 미리 할당한 거리(전통적으로 그리스 문자 epsilon ε으로

■ www.stewartcalculus.com (Additional Example B를 보라.)

나타낸다.) 안에 놓이도록 할 수 있음을 의미한다. 즉 $|x-a|<\delta$, $x \neq a$이면 $|f(x)-L|<\varepsilon$임을 의미한다. $x \neq a$를 $0<|x-a|$로 표현함으로써 조건을 명시할 수 있다. 결과적으로 극한에 대한 엄밀한 정의는 다음과 같다.

> **4 정의** 수 a를 포함하는(a 자체는 제외될 수 있다.) 어떤 개구간에서 함수 f가 정의된다고 하자. 임의의 양수 ε에 대해
>
> $$0<|x-a|<\delta \text{이면 } |f(x)-L|<\varepsilon$$
>
> 을 만족하는 수 $\delta>0$이 존재한다면 **“x가 a에 접근함에 따라 $f(x)$의 극한은 L이다.”**라 말하고 다음과 같이 쓴다.
>
> $$\lim_{x \to a} f(x) = L$$

정의 4는 [그림 49]~[그림 51]에서 설명된다. 수 $\varepsilon>0$이 주어졌다면 f의 그래프와 수평선 $y=L+\varepsilon$, $y=L-\varepsilon$을 그린다([그림 49] 참조). 만일 $\lim_{x \to a} f(x)=L$이면 x가 $(a-\delta, a+\delta)$ 안에 놓이도록 제한하고 $x \neq a$를 택할 때 곡선 $y=f(x)$가 두 직선 $y=L+\varepsilon$과 $y=L-\varepsilon$ 사이에 놓이도록 하는 $\delta>0$를 구할 수 있다([그림 50] 참조). 이와 같은 δ가 구해진다면 임의의 더 작은 δ에 대해서도 반복할 수 있음을 알 수 있다.

TEC Module 1.3/1.6은 극한의 정확한 정의를 기하학적으로 그리고 수치적으로 설명한다.

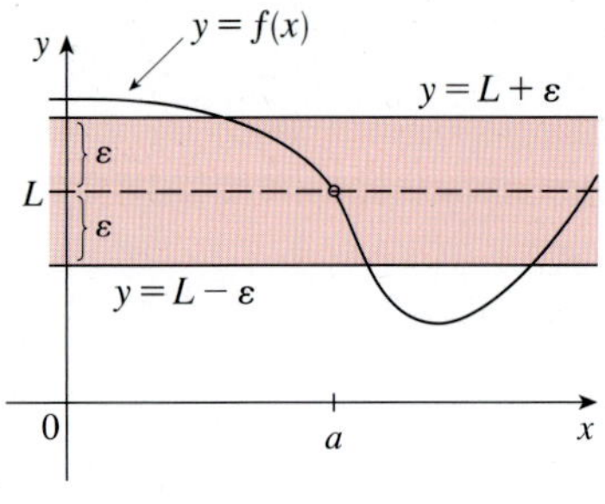

[그림 49]

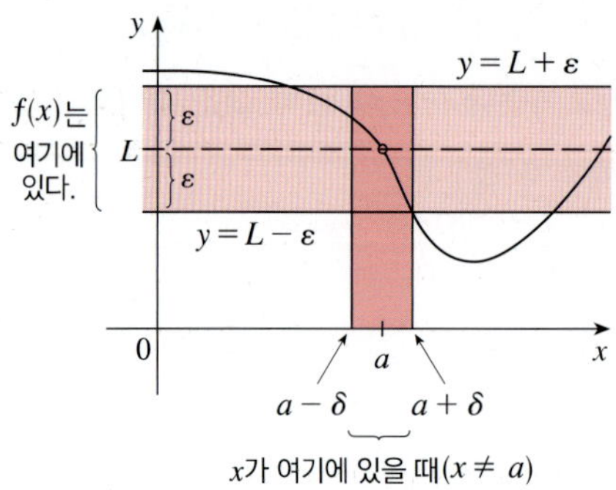

[그림 50]

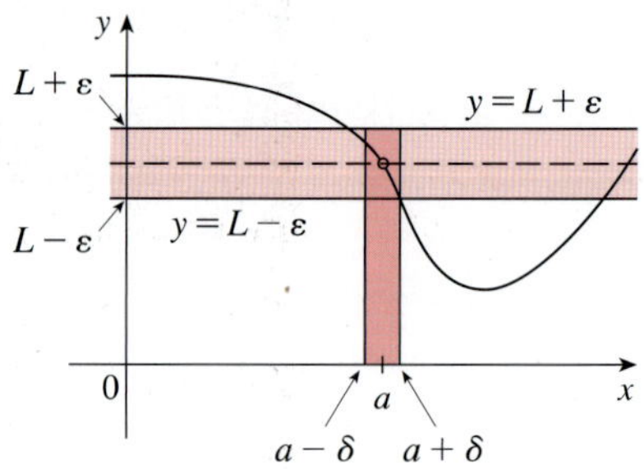

[그림 51]

[그림 49]와 [그림 50]에서 설명한 과정이 모든 양수 ε에 대해서도 성립해야 한다는 사실을 인식하는 것이 중요하다. [그림 51]은 더 작은 ε을 선정하면 δ가 더 작아지는 것을 보여준다. 극한에 대한 명제를 증명할 때 극한의 정의를 도전으로 생각하면 도움이 될 것이다. 첫 번째는 수 ε에 대한 도전이다. 그 다음은 특정한 ε이 아니라 모든 $\varepsilon>0$에 대해 이 도전을 해야만 한다.

예제 9 $\lim_{x \to 3}(4x-5)=7$을 증명하라.

풀이

ε을 주어진 양수라 하자. 그러면 $a=3$과 $L=7$에 대한 정의 4에 따라 다음을 만족하는 수 δ를 구해야 한다.

$$0 < |x-3| < \delta \text{이면} \quad |(4x-5)-7| < \varepsilon$$

이때 $|(4x-5)-7| = |4x-12| = |4(x-3)| = 4|x-3|$이므로 다음과 같이 쓸 수 있다.

$$0 < |x-3| < \delta \text{이면} \quad 4|x-3| < \varepsilon$$

[그림 52]는 [예제 9]에 대한 기하학적인 구조를 보여준다.

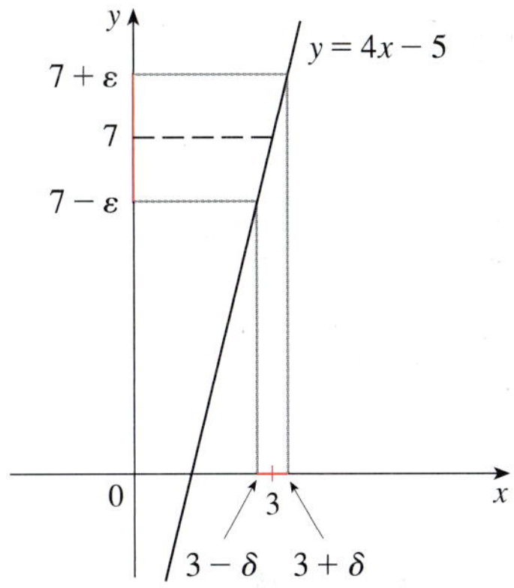

[그림 52]

한편 $4|x-3| < \varepsilon \Leftrightarrow |x-3| < \varepsilon/4$이므로 $\delta = \varepsilon/4$을 택하면 다음과 같이 쓸 수 있다.

$$0 < |x-3| < \delta \text{이면} \quad 4|x-3| < \varepsilon \quad \text{그래서} \quad |(4x-5)-7| < \varepsilon$$

그러므로 극한의 정의에 의해 다음을 얻는다.

$$\lim_{x \to 3} (4x-5) = 7$$

좌측 극한에 대해 x를 $x < a$로 제한한다. 그러면 정의 4에서 $0 < |x-a| < \delta$는 $a-\delta < x < a$로 바뀐다. 마찬가지로 우측 극한에 대해서는 $a < x < a+\delta$를 이용한다.

예제 10 $\lim_{x \to 0^+} \sqrt{x} = 0$을 증명하라.

풀이

ε을 주어진 양수라 하자. 그러면 다음을 만족하는 수 δ를 구하고자 한다.

$$0 < x < \delta \text{이면} \quad |\sqrt{x} - 0| < \varepsilon, \text{ 즉 } \sqrt{x} < \varepsilon$$

이때 $\sqrt{x} < \varepsilon \Leftrightarrow x < \varepsilon^2$이므로 $\delta = \varepsilon^2$을 택하면 $0 < x < \delta = \varepsilon^2$이고 $\sqrt{x} < \varepsilon$이다([그림 53] 참조). 이는 $x \to 0^+$이면 $\sqrt{x} \to 0$을 보여준다.

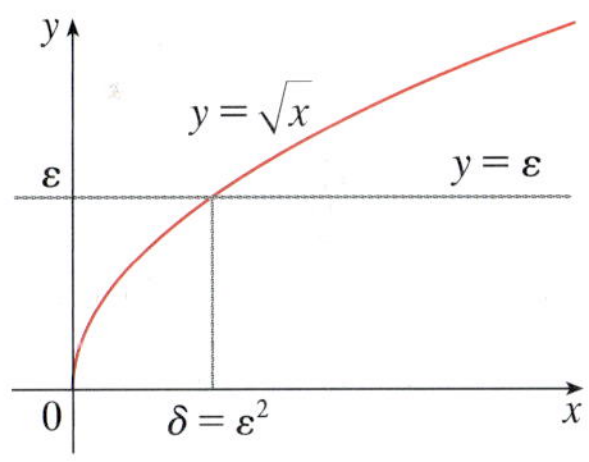

[그림 53]

1.3 연습문제

01 공이 10m/s의 속도로 공중으로 던져진다면 t초 후 높이는 $y = 10t - 4.9t^2$으로 주어진다.

(a) 시작 시각 $t = 1.5$와 다음과 같은 마지막 시간 구간에서의 평균속도를 구하라.

(i) 0.5초 (ii) 0.1초 (iii) 0.05초 (iv) 0.01초

(b) $t = 1.5$일 때 순간속도를 추정하라.

02 함수 f의 그래프가 다음과 같을 때 주어진 각각의 값이 존재한다면 그 값을 말하라. 만일 존재하지 않는다면 그 이유를 설명하라.

(a) $\lim_{x \to 1} f(x)$ (b) $\lim_{x \to 3^-} f(x)$ (c) $\lim_{x \to 3^+} f(x)$

(d) $\lim_{x \to 3} f(x)$ (e) $f(3)$

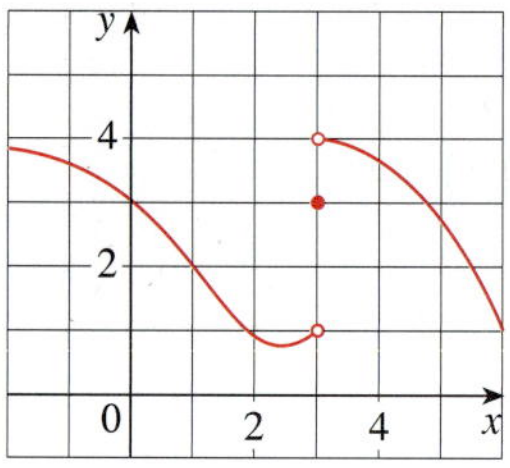

03 함수 g의 그래프가 다음과 같을 때 주어진 각각의 값이 존재한다면 그 값을 말하라. 만일 존재하지 않는다면 그 이유를 설명하라.

(a) $\lim_{t \to 0^-} g(t)$ (b) $\lim_{t \to 0^+} g(t)$ (c) $\lim_{t \to 0} g(t)$

(d) $\lim_{t \to 2^-} g(t)$ (e) $\lim_{t \to 2^+} g(t)$ (f) $\lim_{t \to 2} g(t)$

(g) $g(2)$ (h) $\lim_{t \to 4} g(t)$

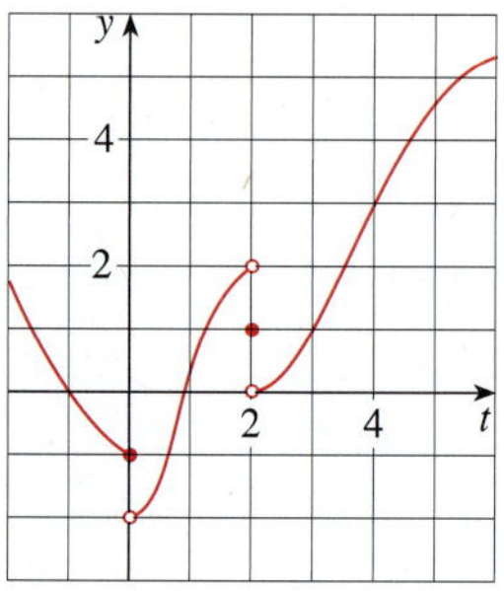

04~05 다음 주어진 모든 조건을 만족하는 함수 f의 예를 들고, 그래프를 그려라.

04 $\lim_{x \to 0^-} f(x) = -1,\quad \lim_{x \to 0^+} f(x) = 2,\quad f(0) = 1$

05 $\lim_{x \to 3^+} f(x) = 4,\quad \lim_{x \to 3^-} f(x) = 2,\quad \lim_{x \to -2} f(x) = 2,\quad f(3) = 3,$
$f(-2) = 1$

06~07 주어진 수에서 함수를 계산하여(소수점 아래 6자리까지 정확하게) 극한의 값을(존재한다면) 추정하라.

06 $\lim_{x \to 2} \dfrac{x^2 - 2x}{x^2 - x - 2}$, $x = 2.5, 2.1, 2.05, 2.01, 2.005, 2.001,$
$1.9, 1.95, 1.99, 1.995, 1.999$

07 $\lim_{x \to 0} \dfrac{\sin x}{x + \tan x}$, $x = \pm 1, \pm 0.5, \pm 0.2, \pm 0.1, \pm 0.05, \pm 0.01$

08~09 값들의 표를 이용하여 극한값을 추정하라. 그래픽 장치가 있다면 구한 답을 그래프를 이용하여 확인하라.

08 $\lim_{x \to 0} \dfrac{\sqrt{x+4} - 2}{x}$ 09 $\lim_{x \to 1} \dfrac{x^6 - 1}{x^{10} - 1}$

10 (a) 함수 $f(x) = (\cos 2x - \cos x)/x^2$의 그래프를 그리고 그래프가 y축을 지나는 점을 향하여 확대하여 $\lim_{x \to 0} f(x)$의 값을 추정하라.

(b) 0에 접근하는 x에 대해 $f(x)$를 계산하여 (a)에서 구한 답을 확인하라.

11 (a) $x = 1, 0.8, 0.6, 0.4, 0.2, 0.1, 0.05$에 대한 함수 $f(x) = x^2 - (2^x/1000)$을 계산하라. 그리고 다음 극한값을 추정하라.

$$\lim_{x \to 0} \left(x^2 - \frac{2^x}{1000} \right)$$

(b) $x = 0.04, 0.02, 0.01, 0.005, 0.003, 0.001$일 때 $f(x)$를 계산하고 다시 추정하라.

12 (a) $x = 1, 0.5, 0.1, 0.05, 0.01, 0.005$일 때 $h(x) = \dfrac{\tan x - x}{x^3}$를 계산하라.

(b) $\lim_{x \to 0} \dfrac{\tan x - x}{x^3}$의 값을 추측하라.

(c) 최종적으로 $h(x)$가 0에 도달할 때까지 연속적으로 x의 작은 값들에 대한 $h(x)$를 계산하라. (5.8절에서 극한을 계산하는 방법을 설명할 것이다.)

(d) 보기화면 $[-1, 1] \times [0, 1]$에 함수 h의 그래프를 그려라. 그래프가 y축을 지나는 점을 향하여 확대하여 x가 0에 접근할 때 $h(x)$의 극한을 추정하라. h의 그래프가 일그러질 때까지 계속 확대하여 (c)의 결과를 비교하라.

13 $f(x) = \sqrt{x}$의 주어진 그래프를 이용하여 $|x - 4| < \delta$이면 $|\sqrt{x} - 2| < 0.4$를 만족하는 δ를 구하라.

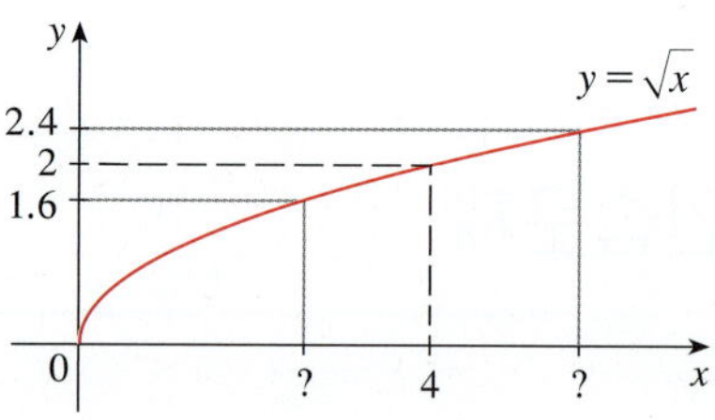

14 그래프를 이용하여 $\left| x - \dfrac{\pi}{4} \right| < \delta$이면 $|\tan x - 1| < 0.2$를 만족하는 δ를 구하라.

15 어떤 기계공이 넓이 $1000\,\text{cm}^2$인 금속 원판을 제작해달라는 주문을 받았다.

(a) 이런 원판을 제작하기 위한 반지름은 얼마인가?

(b) 기계공이 원판의 넓이에서 $\pm 5\,\text{cm}^2$의 허용오차를 받아들인다면 기계공은 (a)에서 구한 이상적인 반지름에 얼마나 가깝게 반지름을 조절해야 하는가?

(c) $\lim_{x \to a} f(x) = L$에 대한 ε, δ 정의 측면에서 x, $f(x)$, a, L은 무엇인가? ε의 값은 얼마로 주어질까? 이에 대응하는 δ의 값은 얼마인가?

16~17 극한에 대한 ε, δ 정의를 이용하여 다음 명제를 증명하라. 그리고 [그림 52]와 같은 그림으로 풀이하라.

16 $\lim_{x \to 3} \left(1 + \frac{1}{3}x\right) = 2$

17 $\lim_{x \to -3} (1 - 4x) = 13$

18~24 극한에 대한 ε, δ 정의를 이용하여 다음 명제를 증명하라.

18 $\lim_{x \to 1} \frac{2+4x}{3} = 2$

19 $\lim_{x \to 2} \frac{x^2+x-6}{x-2} = 5$

20 $\lim_{x \to a} x = a$

21 $\lim_{x \to a} c = c$

22 $\lim_{x \to 0} x^2 = 0$

23 $\lim_{x \to 0} |x| = 0$

24 $\lim_{x \to 3} x^2 = 9$ [힌트: $|x^2 - 9| = |x+3|\,|x-3|$으로 쓰라. $|x-3| < 1$이면 $|x+3| < 7$임을 보여라. δ를 1과 $\varepsilon/7$ 중에서 작은 수라 하면 이 δ로 증명할 수 있음을 보여라.]

25 CAS (a) 극한 $\lim_{x \to 1} (x^3 + x + 1) = 3$에 대해 그래프를 이용하여 $\varepsilon = 0.4$에 대응하는 δ를 구하라.

(b) 컴퓨터 대수 시스템을 이용하여 3차 방정식 $x^3 + x + 1 = 3 + \varepsilon$을 풀어라. 주어진 $\varepsilon > 0$에 대해 가능한 가장 큰 δ를 구하라.

(c) (b)에 대한 답에서 $\varepsilon = 0.4$로 놓고 (a)에서 구한 답과 비교하라.

1.4 극한 계산

1.3절에서는 극한값을 추측하기 위해 계산기와 그래프를 이용했다. 그러나 그와 같은 방법이 항상 정확한 답을 유도하는 것은 아님을 보았다. 이 절에서는 극한을 계산하기 위해 극한 법칙이라 부르는 극한의 성질을 이용한다.

극한 법칙 c가 상수이고 다음 극한이 존재한다고 하자.

$$\lim_{x \to a} f(x), \quad \lim_{x \to a} g(x)$$

그러면 다음이 성립한다.

(1) $\lim_{x \to a} [f(x) + g(x)] = \lim_{x \to a} f(x) + \lim_{x \to a} g(x)$

(2) $\lim_{x \to a} [f(x) - g(x)] = \lim_{x \to a} f(x) - \lim_{x \to a} g(x)$

(3) $\lim_{x \to a} [cf(x)] = c \lim_{x \to a} f(x)$

(4) $\lim_{x \to a} [f(x)\,g(x)] = \lim_{x \to a} f(x) \cdot \lim_{x \to a} g(x)$

(5) $\lim_{x \to a} \frac{f(x)}{g(x)} = \frac{\lim_{x \to a} f(x)}{\lim_{x \to a} g(x)}$, $\lim_{x \to a} g(x) \neq 0$

이러한 다섯 개의 법칙을 다음과 같이 설명할 수 있다.

(1) 합의 극한은 극한들의 합이다. 합의 법칙

(2) 차의 극한은 극한들의 차이다. 차의 법칙

(3) 함수의 상수배의 극한은 그 함수의 극한의 상수배이다. 상수배 법칙

(4) 곱의 극한은 극한들의 곱이다. 곱의 법칙

(5) 나눗셈의 극한은 극한들의 나눗셈이다(분모의 극한이 0이 아닐 때). 나눗셈의 법칙

이러한 성질들이 참이라는 것은 쉽게 이해된다. 예를 들어 $f(x)$가 L에 가깝고 $g(x)$가 M에 가깝다면 $f(x)+g(x)$는 $L+M$에 가깝다는 결론이 타당하다. 이것은 법칙 (1)이 참이라고 믿는 직관적인 근거이다. 이와 같은 모든 법칙은 극한의 엄밀한 정의를 이용하여 증명될 수 있다('부록 C' 참조).

곱의 법칙을 $g(x)=f(x)$에 반복적으로 사용하면 다음 법칙을 얻는다.

거듭제곱 법칙

(6) $\lim_{x\to a}[f(x)]^n = \left[\lim_{x\to a} f(x)\right]^n$, n은 양의 정수

이와 같은 여섯 가지 법칙을 적용할 때 다음 두 가지 특별한 극한이 필요하다.

(7) $\lim_{x\to a} c = c$ (8) $\lim_{x\to a} x = a$

이 극한들은 (말로 설명하거나 $y=c$와 $y=x$의 그래프를 그려서) 직관적인 관점에서 명백하다. 그러나 엄밀한 정의에 의해서도 증명될 수 있다(1.3절의 [연습문제 20, 21] 참조).

〈성질 6〉에서 $f(x)=x$라 놓고 〈성질 8〉을 사용하면 또 다른 유용한 극한을 얻는다.

(9) $\lim_{x\to a} x^n = a^n$, n은 양의 정수

제곱근에 대해서도 다음과 같이 유사한 성질이 성립한다.

(10) $\lim_{x\to a}\sqrt[n]{x} = \sqrt[n]{a}$, n은 양의 정수(단, n이 짝수이면 $a>0$이라고 가정한다.)

좀 더 일반적으로는 다음 법칙이 성립한다.

거듭제곱근 법칙

(11) $\lim_{x\to a}\sqrt[n]{f(x)} = \sqrt[n]{\lim_{x\to a} f(x)}$, n은 양의 정수(단, n이 짝수이면 $\lim_{x\to a} f(x) > 0$이라고 가정한다.)

예제 1 **다음 극한을 계산하고 각 단계를 정당화하라.**

(a) $\lim_{x \to 5}(2x^2 - 3x + 4)$　　(b) $\lim_{x \to -2}\dfrac{x^3 + 2x^2 - 1}{5 - 3x}$

풀이

(a) $\lim_{x \to 5}(2x^2 - 3x + 4) = \lim_{x \to 5}(2x^2) - \lim_{x \to 5}(3x) + \lim_{x \to 5} 4$　(법칙 (1), (2)에 의해)

$= 2\lim_{x \to 5} x^2 - 3\lim_{x \to 5} x + \lim_{x \to 5} 4$　(법칙 (3)에 의해)

$= 2(5)^2 - 3(5) + 4$　(법칙 (7), (8), (9)에 의해)

$= 39$

(b) $\lim_{x \to -2}\dfrac{x^3 + 2x^2 - 1}{5 - 3x} = \dfrac{\lim_{x \to -2}(x^3 + 2x^2 - 1)}{\lim_{x \to -2}(5 - 3x)}$　(법칙 (5)에 의해)

$= \dfrac{\lim_{x \to -2} x^3 + 2\lim_{x \to -2} x^2 - \lim_{x \to -2} 1}{\lim_{x \to -2} 5 - 3\lim_{x \to -2} x}$　(법칙 (1), (2), (3)에 의해)

$= \dfrac{(-2)^3 + 2(-2)^2 - 1}{5 - 3(-2)}$　(법칙 (7), (8), (9)에 의해)

$= -\dfrac{1}{11}$

극한 법칙 (5)를 이용하여 시작하지만, 마지막 단계에서 분자와 분모의 극한이 존재하고 분모의 극한이 0이 아닌 것을 알게 될 때에만 이 법칙을 사용할 수 있다.

NOTE $f(x) = 2x^2 - 3x + 4$라 하면 $f(5) = 39$이다. 다시 말해서 [예제 1(a)]에서 x 대신 5를 대입하면 정확한 답을 얻을 것이다. 마찬가지로 [예제 1(b)]에서도 -2를 직접 대입하면 정확한 답을 얻는다. [예제 1]의 함수들은 각각 다항함수와 유리함수이다. 그리고 이러한 함수들에 대해 직접 대입이 항상 성립하는 것을 극한 법칙을 이용하여 증명할 수 있다([연습문제 33, 34] 참조).

직접 대입 성질 f가 다항함수 또는 유리함수이고 a가 정의역 안에 있으면, 다음이 성립한다.

$$\lim_{x \to a} f(x) = f(a)$$

삼각함수들 역시 직접 대입 성질을 갖는다. $\sin\theta$와 $\cos\theta$의 정의로부터 [그림 54]에서 점 P의 좌표는 $(\cos\theta, \sin\theta)$이다. $\theta \to 0$에 따라 P는 점 $(1, 0)$에 접근하며 $\cos\theta \to 1$이고 $\sin\theta \to 0$이다. 따라서 다음이 성립한다.

$$\lim_{\theta \to 0}\cos\theta = 1, \quad \lim_{\theta \to 0}\sin\theta = 0 \qquad \boxed{1}$$

뉴턴과 극한

뉴턴(I. Newton)은 갈릴레오(Galileo)가 사망한 해인 1642년 크리스마스에 태어났다. 그는 1661년 케임브리지 대학교에 입학했을 당시만 해도 수학을 잘 알지 못했다. 그러나 그는 유클리드와 데카르트를 읽고 배로(I. Barrow)의 강의를 들으며 수학에 대해 빠르게 배워나갔다. 1665년과 1666년에 페스트 때문에 케임브리지 대학교가 문을 닫자, 뉴턴은 집에 돌아와서 배운 것들을 다시 연구했다. 2년 동안 놀라울 정도의 연구가 진행되어 그의 중요한 네 가지 이론 (1) 이항정리와 관련해서 함수를 무한급수의 합으로 나타내는 방법 (2) 미적분학에 관한 저술 (3) 운동법칙과 만유인력법칙 (4) 빛과 색의 성질에 대한 프리즘 실험을 발견했다. 반론과 비평에 대한 두려움으로 결과를 발표하기를 주저하다가 천문학자 핼리(Halley)의 권유로 1687년에서야 비로소 '자연 철학의 수학적 원리'를 출간했다. 현재까지 쓰여진 논문 중에서 가장 훌륭한 과학적 논문인 이 책에서 뉴턴은 미적분학에 대한 독자적인 해석을 주장했고, 이를 이용해서 역학, 유체역학, 파동을 연구했으며, 행성과 혜성의 운동을 설명했다. 미적분학은 고대 그리스 학자인 에우독소스(Eudoxos)와 아르키메데스(Archimedes)가 넓이와 부피를 계산하고자 연구하면서 시작됐다. 극한의 개념은 그들의 '구분구적법'에 내포되어 있지만, 에우독소스와 아르키메데스는 극한의 개념을 결코 명확하게 공식화하지는 못했다. 마찬가지로 미적분학의 발달에 있어서 뉴턴의 직전 세대였던 카발리에리(Cavalieri), 페르마(Fermat), 배로(Barrow)와 같은 수학자들은 실제로 극한을 이용하지 않았다. 실제로 극한에 대해 처음으로 명확하게 언급한 사람은 뉴턴이었다. 그는 극한의 이면에 있는 핵심 개념은 '임의로 주어진 차보다 더 가까이 접근하는 양'이라고 설명했다. 뉴턴은 극한이야말로 미적분학의 기본 개념이라고 주장했지만, 극한에 대한 개념을 명확하게 정립한 사람은 코시(Cauchy)와 같은 후세 수학자들이었다.

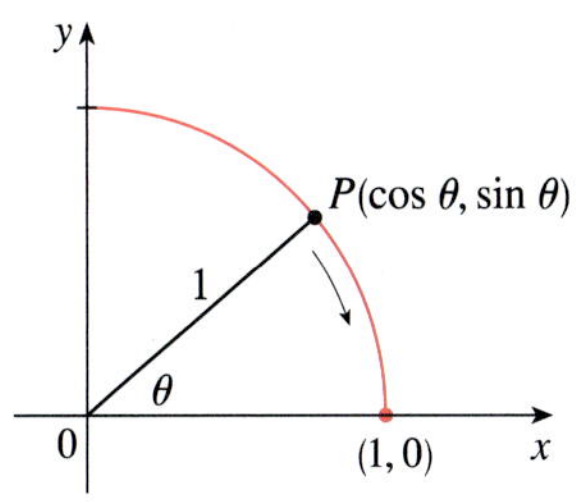

[그림 54]

한편 $\cos 0 = 1$이고 $\sin 0 = 0$이므로 [1]의 식은 코사인함수와 사인함수가 0에서 직접 대입 성질을 만족함을 나타낸다. 코사인함수와 사인함수에 대한 추가 공식은 이 함수들이 모든 점에서 직접 대입 성질을 만족한다고 연역하는 데 사용될 수 있다([연습문제 35, 36] 참조). 다시 말하면 임의의 실수 a에 대해 다음이 성립한다.

[1]에서의 극한을 설정하는 또 다른 방법은 45쪽의 증명과정에 있는 부등식(0에 대한)을 이용하는 것이다.

$$\lim_{\theta \to a} \sin\theta = \sin a \qquad \lim_{\theta \to a} \cos\theta = \cos a$$

이러한 사실로부터 다음 예와 같은 극한을 손쉽고 빠르게 계산할 수 있다.

$$\lim_{x \to \pi} x \cos x = \left(\lim_{x \to \pi} x\right)\left(\lim_{x \to \pi} \cos x\right) = \pi \cdot \cos\pi = -\pi$$

직접 대입 성질을 갖는 함수를 a에서 연속이라 하는데 이는 1.5절에서 공부하기로 한다. 그러나 모든 극한이 다음 예제와 같이 직접 대입 성질에 의해 계산되는 것은 아니다.

예제 2 $\displaystyle\lim_{x \to 1} \frac{x^2 - 1}{x - 1}$을 구하라.

풀이

$f(x) = (x^2 - 1)/(x - 1)$이라 하면 $x = 1$일 때 $f(1)$이 정의되지 않으므로, 직접 대입 성질에 의해 극한을 구할 수 없다. 뿐만 아니라 분모의 극한이 0이므로 몫의 법칙도 적용할 수 없다. 그 대신 어떤 기초적인 대수가 필요하다. 분자를 제곱 차로서 다음과 같이 인수분해한다.

$$\frac{x^2 - 1}{x - 1} = \frac{(x-1)(x+1)}{x - 1}$$

분자와 분모가 공통인수 $x - 1$을 갖는다. x가 1에 접근하는 것으로 극한을 택할 때 $x \neq 1$이고 따라서 $x - 1 \neq 0$이다. 그러므로 공통인수를 약분하여 다음과 같이 극한을 계산할 수 있다.

$$\begin{aligned}\lim_{x \to 1} \frac{x^2 - 1}{x - 1} &= \lim_{x \to 1} \frac{(x-1)(x+1)}{x - 1} \\ &= \lim_{x \to 1} (x + 1) \\ &= 1 + 1 = 2\end{aligned}$$

NOTE _ [예제 2]에서 주어진 함수 $f(x) = (x^2 - 1)/(x - 1)$을 동일한 극한을 갖는 더 간단한 함수 $g(x) = x + 1$로 바꾸어 극한을 계산할 수 있었다. 이것은 $x = 1$일 때 빼고는 $f(x) = g(x)$이므로 타당하다. 그리고 x가 1에 접근할 때의 극한을 계산할 때 x가 정확히 1과 같은 경우에 어떻게 되는지는 생각하지 않는다. 일반적으로 다음과 같은 유용한 사실이 성립한다.

$x \neq a$일 때 $f(x) = g(x)$이고 극한이 존재한다면 $\lim_{x \to a} f(x) = \lim_{x \to a} g(x)$이다.

예제 3 다음과 같이 정의되는 함수 g에 대해 $\lim_{x \to 1} g(x)$를 구하라.

$$g(x) = \begin{cases} x+1, & x \neq 1 \\ \pi, & x = 1 \end{cases}$$

풀이

$x = 1$에서 g가 정의되고 $g(1) = \pi$이다. 그러나 x가 1에 접근할 때의 극한값은 1에서 함숫값에 의존하지 않는다. $x \neq 1$에 대해 $g(x) = x+1$이므로 다음을 얻는다.

$$\lim_{x \to 1} g(x) = \lim_{x \to 1} (x+1) = 2$$

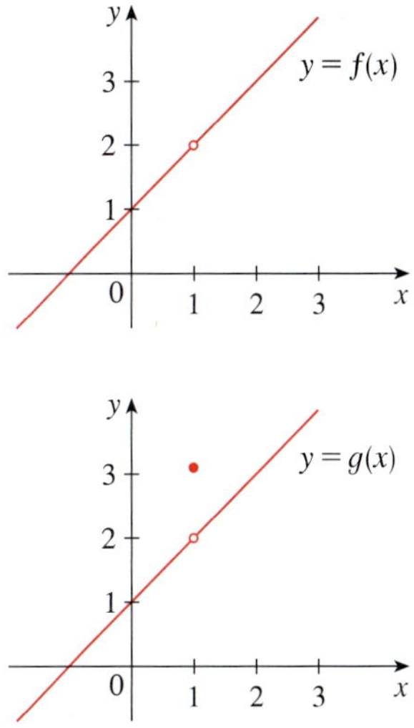

[그림 55] 함수 f([예제 2])와 g([예제 3])의 그래프

[예제 2]와 [예제 3]은 $x = 1$일 때([그림 55] 참조) 동일한 제한이 있다. 그래서 x가 1에 접근할 때 같은 극한을 갖는다.

예제 4 $\lim_{h \to 0} \dfrac{(3+h)^2 - 9}{h}$를 계산하라.

풀이

$F(h) = \dfrac{(3+h)^2 - 9}{h}$로 정의하자. [예제 2]에서와 같이 $h = 0$으로 놓게 되면 $F(0)$이 정의되지 않으므로 $\lim_{h \to 0} F(h)$를 계산할 수 없다. 그러나 $F(h)$를 대수적으로 간단히 하면 다음을 얻는다.

$$F(h) = \frac{(9 + 6h + h^2) - 9}{h} = \frac{6h + h^2}{h} = 6 + h$$

그러므로 다음을 얻는다. (h가 0으로 접근할 때 오직 $h \neq 0$임을 기억하자.)

$$\lim_{h \to 0} \frac{(3+h)^2 - 9}{h} = \lim_{h \to 0} (6+h) = 6$$

예제 5 $\lim_{t \to 0} \dfrac{\sqrt{t^2+9} - 3}{t^2}$을 구하라.

풀이

분모의 극한이 0이므로 곧바로 몫의 법칙을 적용할 수 없다. 여기서 기초적인 대수를 이용하여 다음과 같이 유리화한다.

$$\lim_{t \to 0} \frac{\sqrt{t^2+9}-3}{t^2} = \lim_{t \to 0} \frac{\sqrt{t^2+9}-3}{t^2} \cdot \frac{\sqrt{t^2+9}+3}{\sqrt{t^2+9}+3}$$

$$= \lim_{t \to 0} \frac{(t^2+9)-9}{t^2\left(\sqrt{t^2+9}+3\right)} = \lim_{t \to 0} \frac{t^2}{t^2\left(\sqrt{t^2+9}+3\right)}$$

$$= \lim_{t \to 0} \frac{1}{\sqrt{t^2+9}+3} = \frac{1}{\sqrt{\lim_{t \to 0}(t^2+9)}+3} = \frac{1}{3+3} = \frac{1}{6}$$

이 계산은 1.3절의 [예제 3]에서 구한 극한값을 확인해준다.

어떤 극한은 좌극한과 우극한을 먼저 찾는 것이 최고의 계산방법이다. 다음 정리 2는 1.3절에서 발견한 성질 3이다. 이것은 양쪽 극한이 존재하기 위한 필요충분조건은 한쪽 극한들이 존재해야 하고 그 값들이 같아야 한다는 것이다.

2 정리 $\lim_{x \to a} f(x) = L$일 필요충분조건은 $\lim_{x \to a^-} f(x) = L = \lim_{x \to a^+} f(x)$이다.

한쪽 극한을 계산할 때, 극한 법칙이 한쪽 극한에도 성립한다는 사실을 사용한다.

예제 6 $\lim_{x \to 0} |x| = 0$임을 보여라.

풀이

다음을 기억하자.

$$|x| = \begin{cases} x \;, & x \ge 0 \\ -x \;, & x < 0 \end{cases}$$

$x > 0$에 대해 $|x| = x$이므로 다음을 얻는다.

$$\lim_{x \to 0^+} |x| = \lim_{x \to 0^+} x = 0$$

$x < 0$에 대해 $|x| = -x$이고 따라서 다음을 얻는다.

$$\lim_{x \to 0^-} |x| = \lim_{x \to 0^-} (-x) = 0$$

그러므로 정리 2에 의해 다음을 얻는다.

$$\lim_{x \to 0} |x| = 0$$

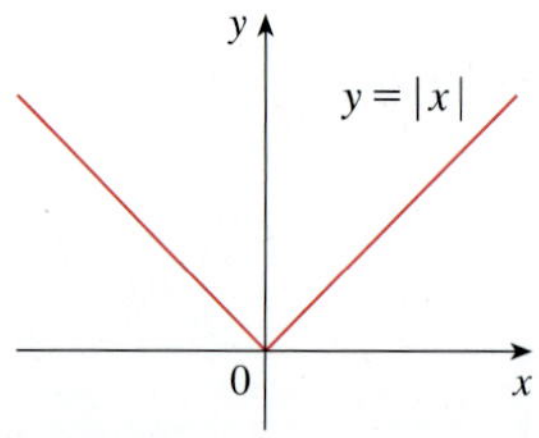

[그림 56]

이 그림을 보면 [예제 6]의 결과가 타당해 보인다.

예제 7 $\lim_{x \to 0} \frac{|x|}{x}$가 존재하지 않음을 증명하라.

풀이

$$\lim_{x \to 0^+} \frac{|x|}{x} = \lim_{x \to 0^+} \frac{x}{x} = \lim_{x \to 0^+} 1 = 1$$

$$\lim_{x \to 0^-} \frac{|x|}{x} = \lim_{x \to 0^-} \frac{-x}{x} = \lim_{x \to 0^-} (-1) = -1$$

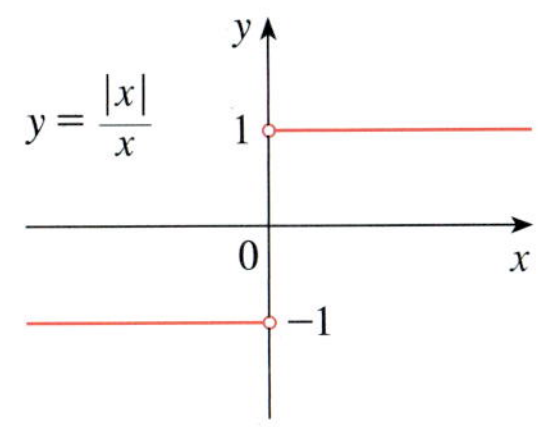

[그림 57]

우극한과 좌극한이 같지 않으므로 정리 2에 의해 $\lim_{x \to 0} |x|/x$는 존재하지 않는다. [그림 57]에서 함수 $f(x) = |x|/x$의 그래프와 예제에서 구한 한쪽 극한들을 보여준다.

예제 8 최대정수함수greatest integer function는 '$[\![x]\!] = x$보다 작거나 같은 가장 큰 정수'로 정의한다. (예를 들어 $[\![4]\!] = 4$, $[\![4.8]\!] = 4$, $[\![\pi]\!] = 3$, $[\![\sqrt{2}]\!] = 1$, $\left[\!\left[-\frac{1}{2}\right]\!\right] = -1$이다.) $\lim_{x \to 3} [\![x]\!]$가 존재하지 않음을 보여라.

$[\![x]\!]$에 대한 다른 표기로 $[x]$ 또는 $\lfloor x \rfloor$이 있다. 최대정수함수는 때때로 계단함수라고도 한다.

풀이

최대정수함수의 그래프는 [그림 58]에서 보여준다. $3 \le x < 4$에 대해 $[\![x]\!] = 3$이므로 다음을 얻는다.

$$\lim_{x \to 3^+} [\![x]\!] = \lim_{x \to 3^+} 3 = 3$$

$2 \le x < 3$에 대해 $[\![x]\!] = 2$이므로 다음을 얻는다.

$$\lim_{x \to 3^-} [\![x]\!] = \lim_{x \to 3^-} 2 = 2$$

한쪽 극한들이 같지 않으므로 정리 2에 의해 $\lim_{x \to 3} [\![x]\!]$가 존재하지 않는다.

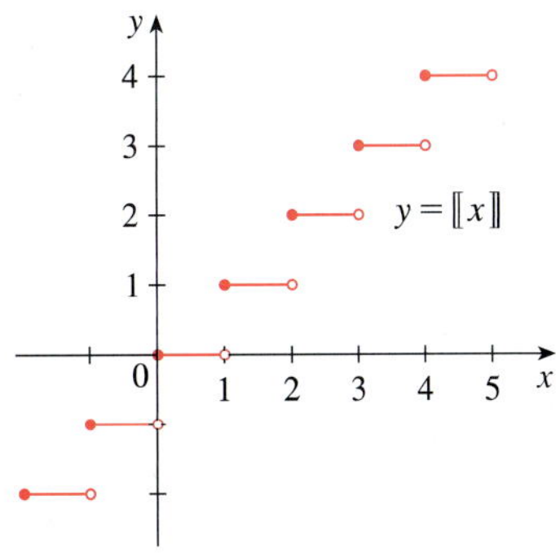

[그림 58] 최대정수함수

다음 두 정리는 극한에 대한 추가적인 두 가지 성질이다.

3 **정리** a 부근(a는 제외 가능)에 있는 x에 대해 $f(x) \le g(x)$이고, x가 a에 접근할 때 f와 g의 극한이 존재한다면 다음이 성립한다.

$$\lim_{x \to a} f(x) \le \lim_{x \to a} g(x)$$

■ www.stewartcalculus.com (Additional Example A를 보라.)

4 **압축정리** a 부근(a는 제외 가능)에 있는 x에 대해 $f(x) \le g(x) \le h(x)$이고,

$$\lim_{x \to a} f(x) = \lim_{x \to a} h(x) = L$$

이면 다음이 성립한다.

$$\lim_{x \to a} g(x) = L$$

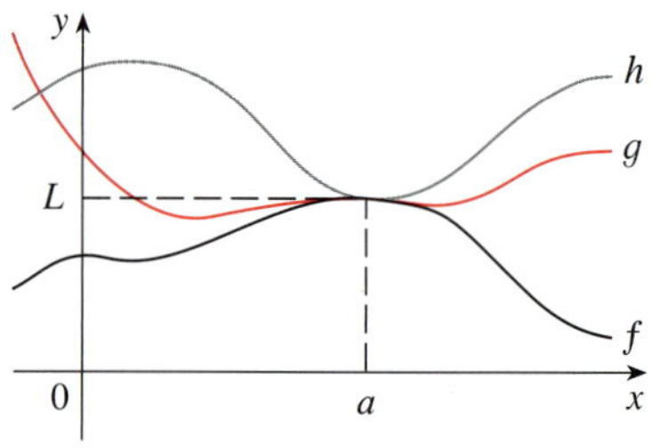

[그림 59]

압축정리는 샌드위치 정리 또는 핀칭 정리라 부르기도 하며 [그림 59]로 설명된다. 이는 $g(x)$가 a 부근에서 $f(x)$와 $h(x)$ 사이에서 압축되고 f와 h가 a에서 같은 극한 L을 갖는다면 g도 a에서 같은 극한 L을 가져야 한다는 뜻이다.

예제 9 $\lim_{x \to 0} x^2 \sin \frac{1}{x} = 0$임을 보여라.

풀이

먼저 다음을 사용할 수 없다는 사실에 주의하자.

$$\lim_{x \to 0} x^2 \sin \frac{1}{x} = \lim_{x \to 0} x^2 \cdot \lim_{x \to 0} \sin \frac{1}{x}$$

그 이유는 $\lim_{x \to 0} \sin \frac{1}{x}$이 존재하지 않기 때문이다(1.3절의 [예제 5] 참조).

대신에 압축정리를 적용하면 f와 h가 모두 0으로 접근할 때 $g(x) = x^2 \sin \frac{1}{x}$ 보다 작은 함수 f와 g보다 큰 함수 h를 구해야 한다. 이를 위해 사인함수의 지식을 이용한다. 임의의 수에 대한 사인함수는 -1과 1 사이에 있으므로 다음과 같이 쓸 수 있다.

5 $$-1 \le \sin \frac{1}{x} \le 1$$

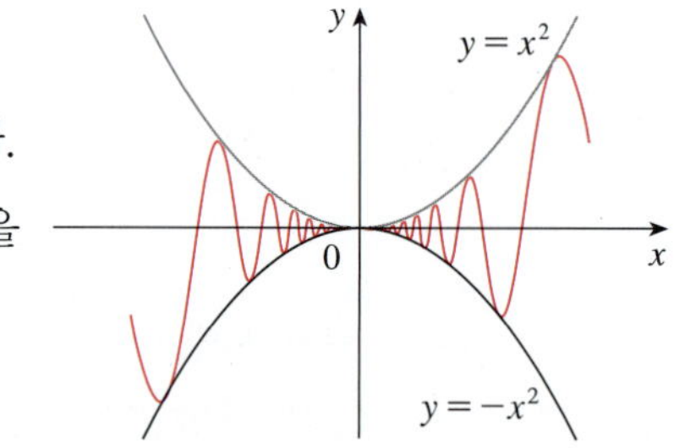

[그림 60] $y = x^2 \sin(1/x)$

양수를 곱하면 부등식에 변화가 없다. 그리고 모든 x에 대해 $x^2 \ge 0$임을 알고 있다. 따라서 [그림 60]에 설명된 것과 같이 5에 있는 부등식의 양변에 x^2을 곱하여 다음을 얻는다.

$$-x^2 \le x^2 \sin \frac{1}{x} \le x^2$$

또한 우리는 다음을 알고 있다.

$$\lim_{x \to 0} x^2 = 0, \quad \lim_{x \to 0} (-x^2) = 0$$

압축정리에서 $f(x) = -x^2$, $g(x) = x^2 \sin \frac{1}{x}$, $h(x) = x^2$이라 하면 다음을 얻는다.

$$\lim_{x \to 0} x^2 \sin \frac{1}{x} = 0$$

1.3절의 [예제 4]에서 수치적이고 그래프적인 증거에 기초하여 다음을 추측했다.

6 $$\lim_{\theta \to 0} \frac{\sin\theta}{\theta} = 1$$

압축정리의 도움으로 식 6을 증명할 수 있다. 먼저 θ가 0과 $\pi/2$ 사이에 있다고 하자. [그림 61(a)]는 중심 O, 중심각 θ, 반지름 1인 부채꼴을 보여준다. BC는 OA에 수직으로 그린다. 라디안 척도의 정의에 의해 호 $AB = \theta$이다.

또한 $|BC| = |OB|\sin\theta = \sin\theta$이다. 그림으로부터 다음을 알 수 있다.

$$|BC| < |AB| < \text{호 } AB$$

그러므로 다음을 얻는다.

$$\sin\theta < \theta \quad \text{따라서} \quad \frac{\sin\theta}{\theta} < 1$$

A와 B에서 접선들이 E에서 만난다고 하자. [그림 61(b)]에서 원둘레는 외접다각형의 길이보다 작은 것을 알 수 있다. 따라서 호 $AB < |AE| + |EB|$이다.

그러므로 다음을 얻는다.

$$\theta = \text{호 } AB < |AE| + |EB| < |AE| + |ED|$$
$$= |AD| = |OA|\tan\theta = \tan\theta$$

('부록 C'에는 위와 같은 방법, 즉 기하학적인 직관에 의지하지 않고 호의 길이에 대한 정의를 이용하여 직접적으로 부등식 $\theta \le \tan\theta$를 증명한다.) 그러므로 다음을 얻는다.

$$\theta < \frac{\sin\theta}{\cos\theta}, \quad \text{즉 } \cos\theta < \frac{\sin\theta}{\theta} < 1$$

$\lim_{\theta \to 0} 1 = 1$이고 $\lim_{\theta \to 0} \cos\theta = 1$임을 알고 있다. 그러므로 압축정리에 의해 다음이 성립한다.

$$\lim_{\theta \to 0^+} \frac{\sin\theta}{\theta} = 1$$

그러나 함수 $(\sin\theta)/\theta$가 우함수이므로 좌극한과 우극한은 같아야만 한다. 따라서 다음을 얻는다.

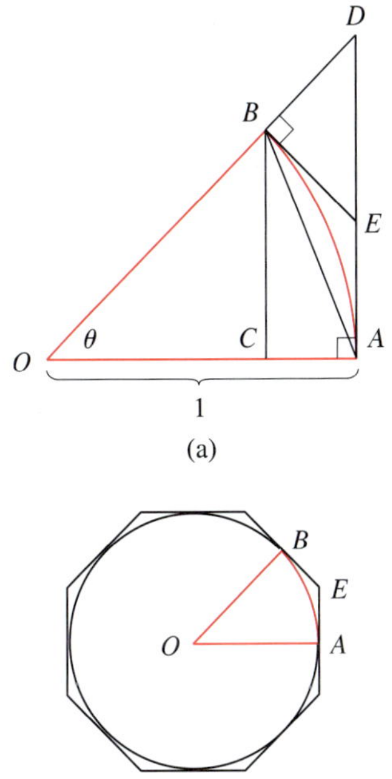

(a)

(b)

[그림 61]

$$\lim_{\theta \to 0} \frac{\sin\theta}{\theta} = 1$$

이로써 식 6이 증명됐다.

예제 10 $\lim_{x \to 0} \frac{\sin 7x}{4x}$를 구하라.

풀이

식 6을 적용하기 위해 먼저 함수에 7을 곱하고 나누어 다음과 같이 다시 쓴다.

$\sin 7x \neq 7\sin x$임에 주목하라.

$$\frac{\sin 7x}{4x} = \frac{7}{4}\left(\frac{\sin 7x}{7x}\right)$$

$x \to 0$이면 $7x \to 0$이므로 $\theta = 7x$인 식 6에 의해 다음을 얻는다.

$$\lim_{\theta \to 0} \frac{\sin\theta}{\theta} = \lim_{x \to 0} \frac{\sin 7x}{7x} = 1$$

따라서 다음을 얻는다.

$$\begin{aligned}\lim_{x \to 0} \frac{\sin 7x}{4x} &= \lim_{x \to 0} \frac{7}{4}\left(\frac{\sin 7x}{7x}\right) \\ &= \frac{7}{4}\lim_{x \to 0}\left(\frac{\sin 7x}{7x}\right) = \frac{7}{4} \cdot 1 = \frac{7}{4}\end{aligned}$$

예제 11 $\lim_{\theta \to 0} \frac{\cos\theta - 1}{\theta}$을 계산하라.

풀이

이미 알고 있는 극한을 이용할 수 있는 함수 형태로 바꾸기 위해 분자와 분모에 $\cos\theta + 1$을 곱한다.

$$\begin{aligned}\lim_{\theta \to 0} \frac{\cos\theta - 1}{\theta} &= \lim_{\theta \to 0}\left(\frac{\cos\theta - 1}{\theta} \cdot \frac{\cos\theta + 1}{\cos\theta + 1}\right) = \lim_{\theta \to 0} \frac{\cos^2\theta - 1}{\theta(\cos\theta + 1)} \\ &= \lim_{\theta \to 0} \frac{-\sin^2\theta}{\theta(\cos\theta + 1)} = -\lim_{\theta \to 0}\left(\frac{\sin\theta}{\theta} \cdot \frac{\sin\theta}{\cos\theta + 1}\right) \\ &= -\lim_{\theta \to 0} \frac{\sin\theta}{\theta} \cdot \lim_{\theta \to 0} \frac{\sin\theta}{\cos\theta + 1} \\ &= -1 \cdot \left(\frac{0}{1+1}\right) = 0 \quad (\text{식 } 6\text{에 의해})\end{aligned}$$

1.4 연습문제

01 다음 극한이 주어져 있다.

$$\lim_{x\to 2} f(x)=4 \quad \lim_{x\to 2} g(x)=-2 \quad \lim_{x\to 2} h(x)=0$$

극한이 존재하면 구하라. 극한이 존재하지 않으면 그 이유를 설명하라.

(a) $\lim_{x\to 2}[f(x)+5g(x)]$ (b) $\lim_{x\to 2}[g(x)]^3$

(c) $\lim_{x\to 2}\sqrt{f(x)}$ (d) $\lim_{x\to 2}\frac{3f(x)}{g(x)}$

(e) $\lim_{x\to 2}\frac{g(x)}{h(x)}$ (f) $\lim_{x\to 2}\frac{g(x)h(x)}{f(x)}$

02~05 극한을 계산하고 적당한 극한 법칙을 표시하여 각 단계를 정당화하라.

02 $\lim_{x\to 3}(5x^3-3x^2+x-6)$

03 $\lim_{t\to -2}\frac{t^4-2}{2t^2-3t+2}$

04 $\lim_{x\to 8}(1+\sqrt[3]{x})(2-6x^2+x^3)$

05 $\lim_{\theta\to \pi/2}\theta\sin\theta$

06~14 극한이 존재한다면 그 극한을 계산하라.

06 $\lim_{x\to 5}\frac{x^2-6x+5}{x-5}$

07 $\lim_{x\to 5}\frac{x^2-5x+6}{x-5}$

08 $\lim_{t\to -3}\frac{t^2-9}{2t^2+7t+3}$

09 $\lim_{h\to 0}\frac{(-5+h)^2-25}{h}$

10 $\lim_{x\to -2}\frac{x+2}{x^3+8}$

11 $\lim_{h\to 0}\frac{\sqrt{9+h}-3}{h}$

12 $\lim_{x\to 16}\frac{4-\sqrt{x}}{16x-x^2}$

13 $\lim_{x\to -4}\frac{\frac{1}{4}+\frac{1}{x}}{4+x}$

14 $\lim_{h\to 0}\frac{(x+h)^3-x^3}{h}$

15 (a) 함수 $f(x)=x/(\sqrt{1+3x}-1)$의 그래프를 이용해서 다음 극한값을 추정하라.

$$\lim_{x\to 0}\frac{x}{\sqrt{1+3x}-1}$$

(b) 0에 가까운 x에 대해 $f(x)$의 값의 표를 만들고 극한값을 추정하라.

(c) 극한 법칙을 이용하여 추정한 답이 정확함을 증명하라.

16 압축정리를 이용하여 $\lim_{x\to 0}x^2\cos 20\pi x=0$임을 보여라. 함수 $f(x)=-x^2$, $g(x)=x^2\cos 20\pi x$, $h(x)=x^2$을 동일한 보기화면에 그려서 설명하라.

17 $x\ge 0$에서 $4x-9\le f(x)\le x^2-4x+7$일 때 $\lim_{x\to 4}f(x)$를 구하라.

18 $\lim_{x\to 0}x^4\cos\frac{2}{x}=0$임을 증명하라.

19~21 극한이 존재한다면 그 극한을 구하라. 극한이 존재하지 않으면 그 이유를 설명하라.

19 $\lim_{x\to 3}(2x+|x-3|)$

20 $\lim_{x\to 0.5^-}\frac{2x-1}{|2x^3-x^2|}$

21 $\lim_{x\to 0^-}\left(\frac{1}{x}-\frac{1}{|x|}\right)$

22 $g(x)=\frac{x^2+x-6}{|x-2|}$이라 하자.

(a) 다음을 구하라.

(i) $\lim_{x\to 2^+}g(x)$ (ii) $\lim_{x\to 2^-}g(x)$

(b) $\lim_{x\to 2}g(x)$가 존재하는가?

(c) g의 그래프를 그려라.

23 (a) 기호 ⟦ ⟧는 [예제 8]에서 정의한 최대정수함수를 나타낸다. 다음을 계산하라.

(i) $\lim_{x \to -2^+} [\![x]\!]$ (ii) $\lim_{x \to -2} [\![x]\!]$ (iii) $\lim_{x \to -2.4} [\![x]\!]$

(b) n이 정수일 때 다음을 계산하라.

(i) $\lim_{x \to n^-} [\![x]\!]$ (ii) $\lim_{x \to n^+} [\![x]\!]$

(c) 어떤 a에 대해 $\lim_{x \to a} [\![x]\!]$가 존재하는가?

24 $f(x) = [\![x]\!] + [\![-x]\!]$일 때 $\lim_{x \to 2} f(x)$가 존재하지만 $f(2)$와 같지 않음을 보여라.

25~32 다음 극한을 구하라.

25 $\lim_{x \to 0} \frac{\sin 3x}{x}$

26 $\lim_{x \to 0} \frac{\sin 4x}{\sin 6x}$

27 $\lim_{t \to 0} \frac{\tan 6t}{\sin 2t}$

28 $\lim_{t \to 0} \frac{\sin^2 3t}{t^2}$

29 $\lim_{x \to 0} \frac{\sin 3x}{5x^3 - 4x}$

30 $\lim_{x \to 0} \frac{\sin 3x \sin 5x}{x^2}$

31 $\lim_{\theta \to 0} \frac{\sin \theta}{\theta + \tan \theta}$

32 $\lim_{x \to 0} \frac{\sin (x^2)}{x}$

---

33 p가 다항함수일 때 $\lim_{x \to a} p(x) = p(a)$임을 보여라.

34 r이 유리함수일 때 [연습문제 33]을 이용하여 r의 정의역 안에 있는 모든 a에 대해 $\lim_{x \to a} r(x) = r(a)$임을 보여라.

35 사인함수는 직접 대입 성질을 가짐을 증명하라.

모든 실수 a에 대해 $\lim_{x \to a} \sin x = \sin a$를 보여야 한다. $h = x - a$라 하면 $x = a + h$이고 $x \to a \Leftrightarrow h \to 0$이다. 따라서 다음과 같은 동치인 명제를 얻는다.

$$\lim_{h \to 0} \sin(a+h) = \sin a$$

식 [1]을 이용하여 이 명제가 참임을 보여라.

36 코사인함수가 직접 대입 성질을 가짐을 증명하라.

37 $\lim_{x \to 1} \frac{f(x) - 8}{x - 1} = 10$일 때 $\lim_{x \to 1} f(x)$를 구하라.

38 $\lim_{x \to a} f(x)$와 $\lim_{x \to a} g(x)$가 존재하지 않더라도 $\lim_{x \to a} [f(x) + g(x)]$가 존재할 수 있음을 예를 들어 보여라.

39 다음을 만족하는 수 a가 존재하는가?

$$\lim_{x \to -2} \frac{3x^2 + ax + a + 3}{x^2 + x - 2}$$

만일 그렇다면 a의 값과 극한값을 구하라.

1.5 연속성

우리는 1.4절에서 x가 a에 접근할 때의 함수의 극한은 흔히 a에서 함숫값을 계산함으로써 간단히 찾을 수 있음을 알았다. 이런 성질을 가지는 함수를 a에서 연속이라고 한다. 연속에 대한 수학적 정의는 우리가 일상적으로 사용하는 '연속'의 뜻과 거의 일치한다는 것을 알 수 있다. (연속적인 과정은 중단이나 갑작스런 변화 없이 점진적으로 일어나는 것이다.)

[1] **정의** 다음이 성립할 때 함수 f는 a에서 **연속**continuous이라고 한다.

$$\lim_{x \to a} f(x) = f(a)$$

정의 [1]은 f가 a에서 연속이면 다음 세 가지 조건을 은연중에 요구하는 것을 말한다.

(1) $f(a)$가 정의된다. (즉 a는 f의 정의역에 속한다.)

(2) $\lim_{x \to a} f(x)$가 존재한다.

(3) $\lim_{x \to a} f(x) = f(a)$

[그림 62]에서 설명한 것과 같이 f가 연속이면 f의 그래프 위의 점 $(x, f(x))$는 그래프 위의 점 $(a, f(a))$로 접근한다. 그래서 곡선에 틈이 없다.

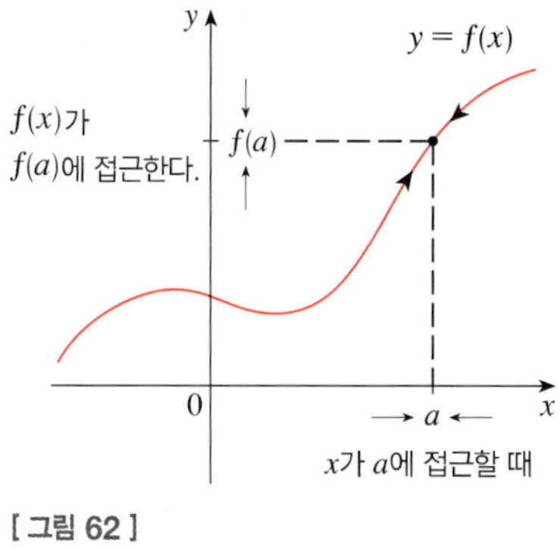

[그림 62]

이 정의는 x가 a에 접근할 때 $f(x)$가 $f(a)$에 접근하면 f가 a에서 연속임을 뜻한다. 따라서 연속함수 f는 x의 작은 변화가 $f(x)$의 작은 변화를 초래하는 성질을 가진다. 사실상 x에서의 변화를 충분히 작게 유지할수록 $f(x)$에서의 변화도 작게 유지할 수 있다.

f가 a 부근에서 정의되고(달리 말하면, f가 a(a는 제외 가능)를 포함하는 개구간에서 정의되면) f가 a에서 연속이 아니면 f는 a에서 **불연속**discontinuous이라 한다. 또는 f는 a에서 **불연속성**discontinuity을 갖는다고 한다.

물리적 현상은 보통 연속으로 이루어진다. 예를 들어 자동차의 변위나 속도는 사람들의 키와 같이 시간에 따라 연속적으로 변한다. 그러나 불연속성은 전류와 같은 상황에서 발생한다. (1.3절의 [예제 6]을 참조하라. 헤비사이드 함수는 $\lim_{t \to 0} H(t)$가 존재하지 않으므로 0에서 불연속이다.)

기하학적으로 어떤 구간의 모든 점에서 연속인 함수는 이 구간에서 그래프가 끊어지지 않은 함수라고 생각할 수 있다. 이 그래프는 종이에서 펜을 떼지 않고 그릴 수 있다.

예제 1 **[그림 63]은 함수 f의 그래프를 나타낸다. f는 어떤 수에서 불연속인가? 그 이유는 무엇인가?**

풀이

$a = 1$에서 그래프가 끊어져 있으므로 이 점에서 불연속인 것처럼 보인다. f가 1에서 불연속인 공식적인 이유는 $f(1)$이 정의되지 않기 때문이다. 그래프는 $a = 3$에서도 끊어져 있지만 불연속인 이유는 다르다. 여기서 $f(3)$은 정의되지만 $\lim_{x \to 3} f(x)$가 존재하지 않는다(좌극한과 우극한이 다르기 때문). 따라서 f는 3에서 불연속이다.

$a = 5$에서는 어떤가? 여기서 $f(5)$가 정의되고 $\lim_{x \to 5} f(x)$도 존재한다(좌극한과 우극한이 같기 때문). 그러나 $\lim_{x \to 5} f(x) \neq f(5)$이므로 f는 5에서 불연속이다.

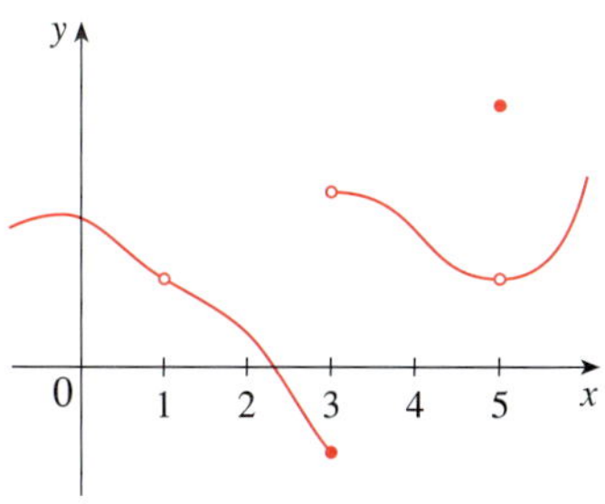

[그림 63]

이제 함수가 식으로 정의될 때 불연속성을 발견하는 방법을 살펴보자.

예제 2 **다음 각 함수는 어디에서 불연속인가?**

(a) $f(x) = \dfrac{x^2 - x - 2}{x - 2}$

(b) $f(x) = \begin{cases} \dfrac{1}{x^2}, & x \neq 0 \\ 1, & x = 0 \end{cases}$

(c) $f(x)=\begin{cases} \dfrac{x^2-x-2}{x-2}, & x \neq 2 \\ 1, & x=2 \end{cases}$　　(d) $f(x)=[\![x]\!]$

풀이

(a) $f(2)$가 정의되지 않는 것을 알 수 있다. 따라서 f는 2에서 불연속이다. 나중에 f가 다른 모든 수에서 연속인 이유를 알게 될 것이다.

(b) 여기서 $f(0)=1$은 정의되지만 다음 극한은 존재하지 않는다(1.3절의 [예제 8] 참조).

$$\lim_{x \to 0} f(x) = \lim_{x \to 0} \frac{1}{x^2}$$

따라서 f는 0에서 불연속이다.

(c) 여기서 $f(2)=1$은 정의되고 다음 극한이 존재한다.

$$\lim_{x \to 2} f(x) = \lim_{x \to 2} \frac{x^2-x-2}{x-2} = \lim_{x \to 2} \frac{(x-2)(x+1)}{x-2} = \lim_{x \to 2} (x+1) = 3$$

그러나 $\lim_{x \to 2} f(x) \neq f(2)$이므로 f는 2에서 불연속이다.

(d) 최대정수함수 $f(x)=[\![x]\!]$는 모든 정수들에서 불연속이다. 그 이유는 n이 정수일 때 $\lim_{x \to n} [\![x]\!]$는 존재하지 않기 때문이다(1.4절의 [예제 8]과 [연습문제 23] 참조).

[그림 64]는 [예제 2]에 있는 함수들의 그래프를 나타낸다. 그래프의 각 경우에서 구멍이 나거나, 절단되거나 또는 도약이 있기 때문에 종이에서 펜을 떼지 않고 그릴 수 없다. (a)와 (c)에서 설명된 불연속은 하나의 수 2에서 f를 다시 정의하여 불연속을 제거할 수 있다. 이와 같은 종류의 불연속을 **제거 가능한 불연속**removable이라 한다. [함수 $g(x)=x+1$은 연속이다.] (b)의 불연속을 **무한 불연속**infinite discontinuity이라 한다.

(d)에 나오는 불연속은 **도약 불연속**jump discontinuity이라 하는데, 그 이유는 함수가 한 값에서 다른 값으로 '도약'하기 때문이다.

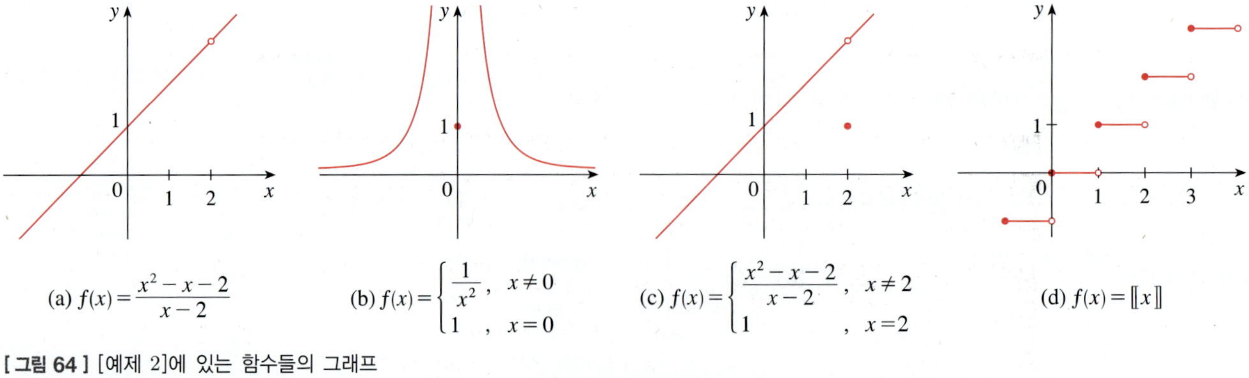

[그림 64] [예제 2]에 있는 함수들의 그래프

2 정의 다음이 성립할 때 함수 f는 **a에서 오른쪽으로부터 연속**continuous from the right 이다.

$$\lim_{x \to a^+} f(x) = f(a)$$

다음이 성립할 때 함수 f는 **a에서 왼쪽으로부터 연속**continuous from the left 이다.

$$\lim_{x \to a^-} f(x) = f(a)$$

예제 3 각 정수 n에서 함수 $f(x) = [\![x]\!]$([그림 64(d)] 참조)는 오른쪽으로부터 연속이지만 왼쪽으로부터 불연속이다. 그 이유는 다음과 같다.

$$\lim_{x \to n^+} f(x) = \lim_{x \to n^+} [\![x]\!] = n = f(n)$$

$$\lim_{x \to n^-} f(x) = \lim_{x \to n^-} [\![x]\!] = n - 1 \neq f(n)$$

3 정의 함수 f가 한 구간 안의 모든 점에서 연속이면 f는 **구간에서 연속**continuous on an interval 이라 한다. (f가 구간의 어느 한 끝점에서만 정의된다면 끝점에서의 연속을 오른쪽으로부터 연속 또는 왼쪽으로부터 연속으로 이해한다.)

예제 4 함수 $f(x) = 1 - \sqrt{1 - x^2}$ 은 폐구간 $[-1, 1]$에서 연속임을 보여라.

풀이

$-1 < a < 1$이면 극한 법칙을 이용하여 다음을 얻는다.

$$\begin{aligned}
\lim_{x \to a} f(x) &= \lim_{x \to a} \left(1 - \sqrt{1 - x^2}\right) \\
&= 1 - \lim_{x \to a} \sqrt{1 - x^2} && \text{(법칙 (2), (7)에 의해)} \\
&= 1 - \sqrt{\lim_{x \to a} (1 - x^2)} && \text{(법칙 (11)에 의해)} \\
&= 1 - \sqrt{1 - a^2} && \text{(법칙 (2), (7), (9)에 의해)} \\
&= f(a)
\end{aligned}$$

그러므로 정의 1에 의해 $-1 < a < 1$이면 f는 a에서 연속이다. 비슷한 계산에 의해 다음을 보일 수 있다.

$$\lim_{x \to -1^+} f(x) = 1 = f(-1), \qquad \lim_{x \to 1^-} f(x) = 1 = f(1)$$

따라서 f는 -1에서 오른쪽으로부터 연속이고, 1에서 왼쪽으로부터 연속이다. 그러므로 정의 3에 따라 f는 $[-1, 1]$에서 연속이다. [그림 65]에서 f의 그래프를 보여주는데 이것은 $x^2+(y-1)^2=1$의 아래 반원이다.

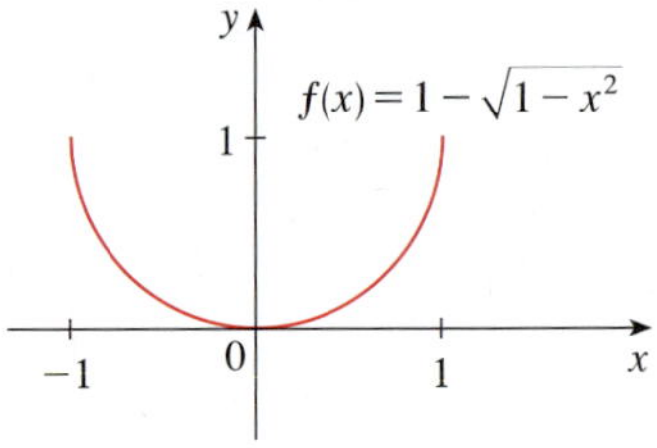

[그림 65]

[예제 4]에서와 같이 함수의 연속성을 증명하기 위해 항상 정의 1, 2, 3을 이용하는 대신 다음 정리를 이용하는 것이 편리하다. 이 정리는 간단한 연속함수로부터 복잡한 연속함수를 만드는 방법을 제시한다.

4 정리 f와 g가 a에서 연속이고 c를 상수라 하면 다음 함수들도 역시 a에서 연속이다.

(1) $f+g$ (2) $f-g$ (3) cf

(4) fg (5) $\dfrac{f}{g}$, $g(a)\neq 0$

증명

이 정리의 다섯 가지 항목 각각은 1.4절의 대응되는 극한 법칙을 따른다. 예를 들어 (1)을 증명해본다. f와 g가 a에서 연속이므로 다음을 얻는다.

$$\lim_{x\to a} f(x)=f(a), \qquad \lim_{x\to a} g(x)=g(a)$$

그러므로 이것은 $f+g$가 a에서 연속임을 보여준다.

$$\begin{aligned}\lim_{x\to a}(f+g)(x) &= \lim_{x\to a}[f(x)+g(x)] \\ &= \lim_{x\to a} f(x)+\lim_{x\to a} g(x) \quad \text{(법칙 (1)에 의해)} \\ &= f(a)+g(a) \\ &= (f+g)(a)\end{aligned}$$

정리 4와 정의 3에 의해 f와 g가 구간에서 연속이면 함수들 $f+g$, $f-g$, cf, fg, f/g (g가 0이 아니면)도 연속이다. 다음 정리는 1.4절에서 직접 대입 성질로 설명하였다.

5 정리

(a) 임의의 다항함수는 모든 점에서 연속이다. 즉 $\mathbb{R}=(-\infty, \infty)$에서 연속이다.

(b) 임의의 유리함수는 그 함수가 정의되는 모든 곳에서 연속이다. 즉 유리함수는 정의역에서 연속이다.

증명

(a) 다항함수는 다음과 같은 형태의 함수이다.

$$P(x)=c_n x^n + c_{n-1}x^{n-1}+\cdots+c_1 x+c_0$$

여기서 $c_0, c_1, \cdots, c_n$은 상수이다. 우리는 이미 다음을 알고 있다.

$$\lim_{x \to a} c_0 = c_0 \qquad \text{(법칙 (7)에 의해)}$$

$$\lim_{x \to a} x^m = a^m \quad m = 1, 2, \cdots, n \qquad \text{(법칙 (9)에 의해)}$$

이 식은 엄밀하게 함수 $f(x) = x^m$이 연속함수라는 명제이다. 그러므로 정리 4의 (3)에 의해 함수 $g(x) = cx^m$은 연속이다. P는 이러한 형태의 함수와 상수함수의 합이므로 정리 4의 (1)에 의해 P는 연속이다.

(b) 유리함수는 다음과 같은 형태의 함수이다.

$$f(x) = \frac{P(x)}{Q(x)}$$

여기서 P와 Q는 다항함수이다. f의 정의역은 $D = \{x \in \mathbb{R} \mid Q(x) \neq 0\}$이다. P와 Q는 모든 곳에서 연속인 것을 (a)로부터 알고 있다. 따라서 정리 4의 (5)에 의해 f는 D 안의 모든 수에서 연속이다.

정리 5의 설명과 같이 구의 부피에 대한 공식 $V(r) = \frac{4}{3}\pi r^3$은 V가 r에 관한 다항함수이므로 구의 부피는 그 반지름에 따라 연속적으로 변한다. 마찬가지로 20 m/s 의 속도로 공을 수직방향으로 공중에 던지면 t초 후 공의 높이는 공식 $h = 20t - 4.9t^2$으로 주어진다. 또 다시 이것은 다항함수이므로 높이는 경과 시간에 대한 연속 함수이다.

함수가 연속임을 알면 다음 예제에서 보는 바와 같이 매우 빠르게 극한을 계산할 수 있다. 1.4절의 [예제 1(b)]와 비교해보자.

예제 5 $\lim_{x \to -2} \frac{x^3 + 2x^2 - 1}{5 - 3x}$을 구하라.

풀이

다음 함수는 유리함수이다.

$$f(x) = \frac{x^3 + 2x^2 - 1}{5 - 3x}$$

따라서 정리 5에 의해 정의역 $\left\{x \mid x \neq \frac{5}{3}\right\}$에서 연속이다. 그러므로 다음을 얻는다.

$$\lim_{x \to -2} \frac{x^3 + 2x^2 - 1}{5 - 3x} = \lim_{x \to -2} f(x) = f(-2)$$

$$= \frac{(-2)^3 + 2(-2)^2 - 1}{5 - 3(-2)} = -\frac{1}{11}$$

정의역 안의 모든 수에서 연속인 가장 친숙한 함수로 전환한다. 예를 들어 극한 법칙 (10)으로부터 거듭제곱근 함수는 연속이라는 명제를 얻는다.

사인함수와 코사인함수의 그래프에서 보인 것으로부터(1.2절 [그림 29] 참조) 두 함수는 확실히 연속임을 추측할 수 있다. 그리고 1.4절에서 다음을 보였다.

$$\lim_{\theta \to a} \sin\theta = \sin a, \qquad \lim_{\theta \to a} \cos\theta = \cos a$$

다시 말해서 사인함수와 코사인함수는 모든 곳에서 연속이다. 정리 4의 (5)로부터 다음과 같이 정의되는 탄젠트함수는 $\cos x = 0$인 곳을 제외한 영역에서 연속이다.

$$\tan x = \frac{\sin x}{\cos x}$$

이것은 x가 $\frac{\pi}{2}$의 홀수 정수배일 때 나타난다. 따라서 $y = \tan x$는 $x = \pm\frac{\pi}{2}$, $\pm\frac{3\pi}{2}$, $\pm\frac{5\pi}{2}$, $\cdots$에서 무한 불연속성을 갖는다([그림 66] 참조).

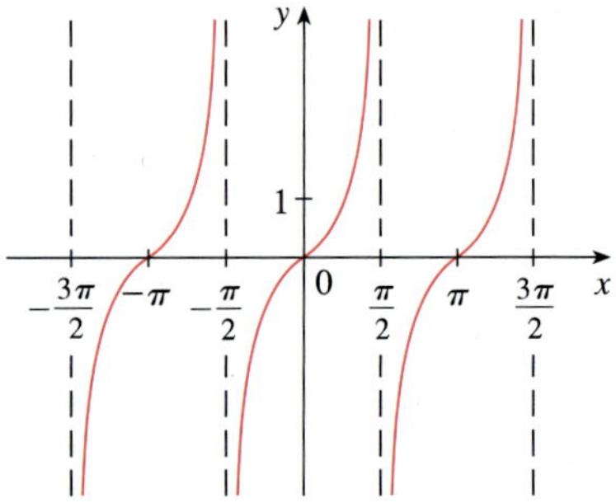

[그림 66] $y = \tan x$

> **6 정리** 다음 형태의 함수들은 정의역 안의 모든 수에서 연속이다.
>
> 다항함수, 유리함수, 제곱근 함수, 삼각함수

예제 6 **다음 각 함수가 연속인 구간은 어디인가?**

(a) $f(x) = x^{100} - 2x^{37} + 75$ (b) $g(x) = \dfrac{x^2 + 2x + 17}{x^2 - 1}$

(c) $h(x) = \sqrt{x} + \dfrac{x+1}{x-1} - \dfrac{x+1}{x^2+1}$

풀이

(a) f는 다항함수이므로 정리 5(a)에 의해 $(-\infty, \infty)$에서 연속이다.

(b) g가 유리함수이므로 정리 5(b)에 의해 정의역 $D = \{x \mid x^2 - 1 \neq 0\} = \{x \mid x \neq \pm 1\}$에서 연속이다. 따라서 g는 구간 $(-\infty, -1)$, $(-1, 1)$, $(1, \infty)$에서 연속이다.

(c) 다음 함수들 F, G, H에 대해 $h(x) = F(x) + G(x) - H(x)$로 쓸 수 있다.

$$F(x) = \sqrt{x}, \quad G(x) = \frac{x+1}{x-1}, \quad H(x) = \frac{x+1}{x^2+1}$$

정리 6에 의해 F는 $[0, \infty)$에서 연속이고 G는 유리함수이므로 $x - 1 = 0$, 즉 $x = 1$을 제외한 모든 곳에서 연속이다. H도 유리함수이지만 분모가 절대로 0이 되지 않는다. 그러므로 H는 모든 곳에서 연속이다. 따라서 정리 4의 (1)과 (2)에 의해 h는 $[0, 1)$과 $(1, \infty)$에서 연속이다.

새로운 연속함수를 얻기 위해 연속함수 f와 g를 결합하는 또 다른 방법이 합성함수 $f \circ g$이다. 이 사실은 다음 정리의 결과이다.

이 정리는 함수가 연속이고 극한이 존재한다면 극한 기호를 함수 기호 안으로 옮길 수 있음을 말한다. 다시 말해서 두 기호의 순서를 바꿀 수 있다.

7 정리 f가 b에서 연속이고 $\lim_{x \to a} g(x) = b$이면 $\lim_{x \to a} f(g(x)) = f(b)$이다. 즉 다음이 성립한다.

$$\lim_{x \to a} f(g(x)) = f\left(\lim_{x \to a} g(x)\right)$$

정리 7은 x가 a에 가깝다면 $g(x)$는 b에 가깝다. 그리고 f가 b에서 연속이므로 $g(x)$가 b에 가깝다면 $f(g(x))$도 $f(b)$에 가깝다. 정리 7의 증명은 '부록 C'에 수록했다.

8 정리 g가 a에서 연속이고 f가 $g(a)$에서 연속이면 $(f \circ g)(x) = f(g(x))$로 주어진 합성함수 $f \circ g$는 a에서 연속이다.

이 함수는 종종 '연속함수의 연속함수는 연속함수이다.'라는 말로 간략하게 표현한다.

증명

g가 a에서 연속이므로 다음이 성립한다.

$$\lim_{x \to a} g(x) = g(a)$$

f가 $b = g(a)$에서 연속이므로 정리 8을 적용하여 다음을 얻을 수 있다.

$$\lim_{x \to a} f(g(x)) = f(g(a))$$

그리고 이것은 $h(x) = f(g(x))$가 a에서 연속이라는 명제이다. 즉 $f \circ g$는 a에서 연속이다.

예제 7 다음 각 함수가 연속인 곳은 어디인가?

(a) $h(x) = \sin(x^2)$　　(b) $F(x) = \dfrac{1}{\sqrt{x^2+7}-4}$

풀이

(a) 다음 두 함수에 대해 $h(x) = f(g(x))$이다.

$$g(x) = x^2, \qquad f(x) = \sin x$$

g가 다항함수이므로 $\mathbb{R}$에서 연속이고 정리 6에 의해 f도 모든 곳에서 연속이다. 따라서 정리 8에 의해 $h = f \circ g$도 $\mathbb{R}$에서 연속이다.

(b) F는 다음 네 함수의 합성 $F = f \circ g \circ h \circ k$ 또는 $F(x) = f(g(h(k(x))))$로 분해될 수 있음을 주지하자.

$$f(x) = \frac{1}{x}, \quad g(x) = x - 4, \quad h(x) = \sqrt{x}, \quad k(x) = x^2 + 7$$

이와 같은 함수들 각각은 자신의 정의역에서 연속이다(정리 5와 6). 따라서 정리 8에 의해 F는 다음과 같은 정의역에서 연속이다.

$$\{x\in\mathbb{R} \mid \sqrt{x^2+7}\neq 4\}=\{x \mid x\neq\pm 3\}=(-\infty,\,-3)\cup(-3,\,3)\cup(3,\,\infty)$$

9 **중간값 정리** f가 폐구간 $[a,\,b]$에서 연속이고 N이 $f(a)$와 $f(b)$ 사이에 있는 임의의 수라고 하자. 여기서 $f(a)\neq f(b)$이다. 그러면 $f(c)=N$을 만족하는 수 c가 $(a,\,b)$ 안에 존재한다.

중간값 정리는 연속함수가 함숫값들 $f(a)$와 $f(b)$ 사이의 모든 중간값을 취할 수 있음을 말한다. 이것은 [그림 67]에서 설명한다. N 값은 한 번([그림 67(a)] 참조) 또는 두 번 이상([그림 67(b)] 참조) 취할 수 있다.

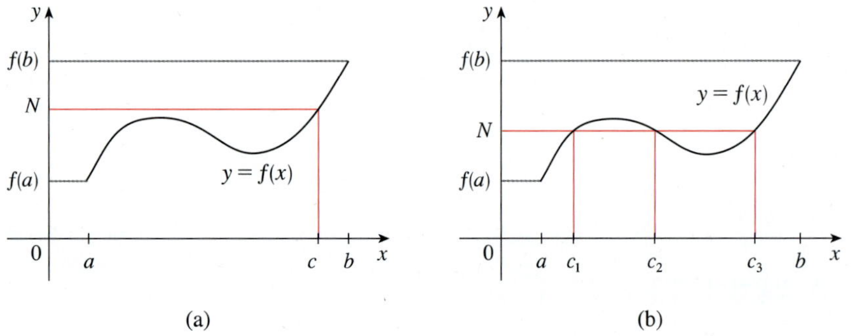

[그림 67]

연속함수를 구멍이나 단절이 없는 그래프를 갖는 함수로 생각한다면 중간값 정리가 참인 것을 쉽게 이해할 수 있다. 임의의 수평선 $y=N$이 [그림 68]과 같이 $y=f(a)$와 $y=f(b)$ 사이에 주어지면 f의 그래프는 직선 위에서 도약할 수 없음을 뜻한다. 그래프는 어느 곳에선가 반드시 직선과 교차해야만 한다.

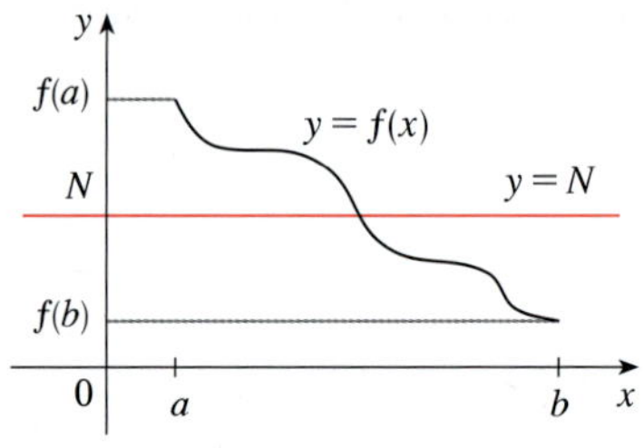

[그림 68]

정리 9에서는 함수 f가 연속이라는 점이 중요하다. 일반적으로 불연속인 함수에 대해서는 중간값 정리가 성립하지 않는다([연습문제 19] 참조).

중간값 정리는 다음 예제와 같이 방정식의 근의 위치를 정할 때 사용한다.

예제 8 다음 방정식의 근이 1과 2 사이에 있음을 보여라.

$$4x^3-6x^2+3x-2=0$$

풀이

$f(x)=4x^3-6x^2+3x-2$라 하자. 주어진 방정식의 해, 즉 $f(c)=0$을 만족하는 1과 2 사이의 수 c를 구하고자 한다. 정리 9에서 $a=1$, $b=2$, $N=0$이라 놓는다. 그러면 다음을 얻는다.

$$f(1) = 4 - 6 + 3 - 2 = -1 < 0$$
$$f(2) = 32 - 24 + 6 - 2 = 12 > 0$$

그러므로 $f(1) < 0 < f(2)$, 즉 $N = 0$은 $f(1)$과 $f(2)$ 사이의 수이다. 이제 f는 다항함수이므로 연속이다. 따라서 중간값 정리는 $f(c) = 0$을 만족하는 수 c가 1과 2 사이에 존재하는 것을 의미한다. 다시 말해서 방정식 $4x^3 - 6x^2 + 3x - 2 = 0$은 구간 (1, 2) 안에 적어도 하나의 근 c를 갖는다.

사실상 중간값 정리를 사용하여 좀 더 자세하게 근의 위치를 정할 수 있다.

$$f(1.2) = -0.128 < 0, \quad f(1.3) = 0.548 > 0$$

이므로 근은 1.2와 1.3 사이에 있어야 한다. 시행착오를 거쳐 계산기로 다음을 얻을 수 있다.

$$f(1.22) = -0.007008 < 0, \quad f(1.23) = 0.056068 > 0$$

따라서 근은 (1.22, 1.23) 사이에 있어야 한다.

그래픽 계산기나 컴퓨터를 이용하면 [예제 8]의 중간값 정리 사용을 설명할 수 있다. [그림 69]는 $[-1, 3] \times [-3, 3]$ 보기화면으로 f의 그래프를 보여주는데, 그래프가 x축의 1과 2 사이를 지나는 것을 볼 수 있다. [그림 70]은 $[1.2, 1.3] \times [-0.2, 0.2]$ 보기화면으로 확대한 결과를 보여준다.

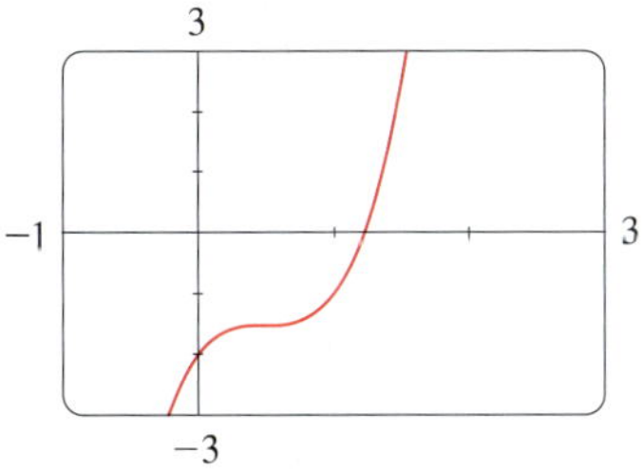

[그림 69]

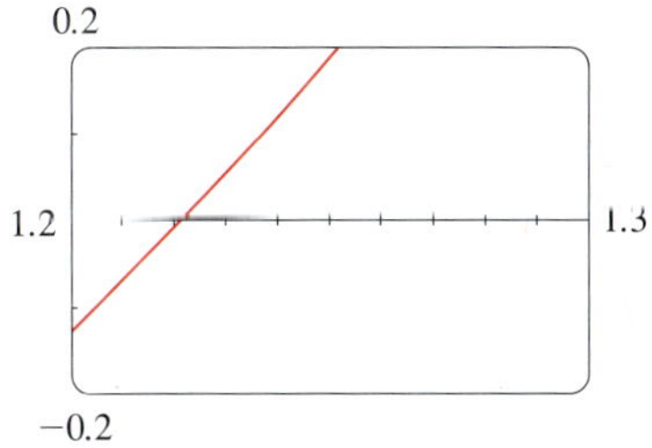

[그림 70]

사실상 중간값 정리는 그래픽 장치로 그래프를 그릴 때 중요한 역할을 한다. 컴퓨터는 그래프 위에 있는 유한 개의 점을 계산하여 이 점들을 포함하는 픽셀을 표시한다. 함수가 연속이고 두 개의 연속인 점들 사이에서 모든 중간값을 택할 수 있다고 가정한다면 컴퓨터는 중간 픽셀이 켜지면서 각 픽셀들을 연결한다.

1.5 연습문제

01 함수 f가 수 4에서 연속이라는 사실을 나타내는 방정식을 쓰라.

02 (a) f의 그래프로부터 f에서 불연속인 수들을 말하고 그 이유를 설명하라.

(b) (a)에서 언급한 수들 각각에 대해 오른쪽으로부터 연속인지, 왼쪽으로부터 연속인지, 아니면 어느 것도 아닌지 결정하라.

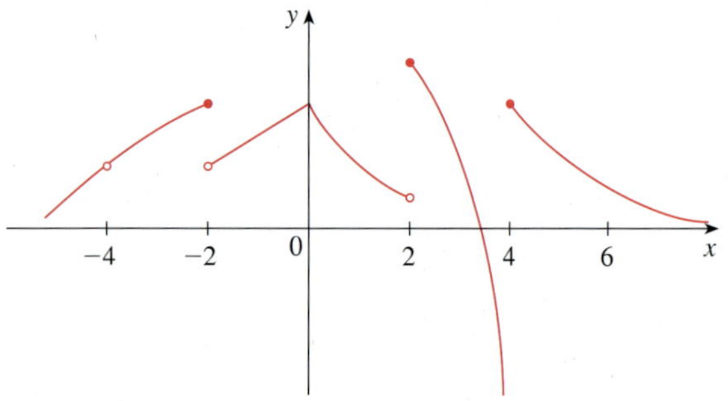

03~04 불연속 부분을 제외하고 연속인 함수 f의 그래프를 그려라.

03 2에서 불연속이지만 오른쪽으로부터 연속이다.

04 3에서 제거 가능한 불연속이고 5에서 도약 불연속이다.

05 주차장 요금은 처음 한 시간에 3달러이고 그 뒤로 한 시간당 2달러 그리고 하루 최대 10달러이다.

(a) 주차 시간의 함수로 주차 요금의 그래프를 그려라.

(b) 함수의 불연속과 그것이 이 주차장에 주차한 사람에게 의미하는 바를 논의하라.

06 f와 g는 다음을 만족하는 연속함수이다. $f(2)$를 구하라.

$$g(2)=6, \quad \lim_{x\to 2}[3f(x)+f(x)g(x)]=36$$

07 연속성의 정의와 극한의 성질을 이용하여 함수 $f(x)=(x+2x^3)^4$이 $a=-1$에서 연속임을 보여라.

08~09 주어진 수 a에서 함수가 불연속인 이유를 설명하고 함수의 그래프를 그려라.

08 $f(x)=\dfrac{1}{x+2}, \quad a=-2$

09 $f(x)=\begin{cases}1-x^2, & x<1 \\ 1/x, & x\ge 1,\end{cases} \quad a=1$

10~12 정리 [4], [5], [6], [8]을 이용하여 정의역 안의 모든 수에서 함수가 연속인 이유를 설명하고 정의역을 말하라.

10 $F(x)=\dfrac{2x^2-x-1}{x^2+1}$

11 $Q(x)=\dfrac{\sqrt[3]{x-2}}{x^3-2}$

12 $M(x)=\sqrt{1+\dfrac{1}{x}}$

13 [유] 함수 $y=\dfrac{1}{1+\sin x}$에서 불연속인 위치를 찾아내고 그래프로 설명하라.

14 연속성을 이용하여 극한 $\displaystyle\lim_{x\to 4}\frac{5+\sqrt{x}}{\sqrt{5+x}}$를 계산하라.

15 다음 함수 f가 $(-\infty, \infty)$에서 연속임을 보여라.

$$f(x)=\begin{cases}x^2, & x<1 \\ \sqrt{x}, & x\ge 1\end{cases}$$

16 다음 함수가 불연속인 곳의 수를 구하라. 이 점들에서 f는 오른쪽으로부터 연속인가? 왼쪽으로부터 연속인가? 아니면 그 어느 것도 아닌가? f의 그래프를 그려라.

$$f(x)=\begin{cases}x+2, & x<0 \\ 2x^2, & 0\le x\le 1 \\ 2-x, & x>1\end{cases}$$

17 함수 f가 $(-\infty, \infty)$에서 연속이 되는 상수 c의 값은 무엇인가?

$$f(x)=\begin{cases}cx^2+2x, & x<2 \\ x^3-cx, & x\ge 2\end{cases}$$

18 다음 함수들 중에서 주어진 점 a에서 제거 가능한 불연속을 가지는 것은 어느 것인가? 불연속을 제거할 수 있다면, a에서 연속이면서 $x\ne a$에서 f와 일치하는 함수 g를 구하라.

(a) $f(x)=\dfrac{x^4-1}{x-1}, \quad a=1$

(b) $f(x)=\dfrac{x^3-x^2-2x}{x-2}, \quad a=2$

(c) $f(x)=[\![\sin x]\!], \quad a=\pi$

19 f가 0.25를 제외한 $[0, 1]$에서 연속이고 $f(0)=1$, $f(1)=3$, $N=2$이라 하자. 하나는 f가 중간값 정리의 결론을 만족하지 않는 것을 보여주고, 다른 하나는 (조건을 만족하지 않지만) 중간값 정리의 결론을 만족하는 것을 보여주는 그래프를 각각 그려라.

20 $f(x)=x^2+10\sin x$일 때 $f(c)=1000$을 만족하는 수 c가 존재하는 것을 보여라.

21~22 중간값 정리를 이용하여 지정된 구간에서 주어진 방정식의 근이 존재하는 것을 보여라.

21 $x^4+x-3=0, \quad (1, 2)$

22 $\cos x=x, \quad (0, 1)$

23 $\cos x=x^3$에 대해

(a) 이 방정식이 적어도 하나의 실근을 가짐을 증명하라.

(b) 계산기를 사용하여 근을 포함한 길이가 0.01인 구간을 구하라.

24 $x^5-x^2-4=0$에 대해

(a) 이 방정식이 적어도 하나의 실근을 가짐을 증명하라.

(b) 그래픽 장치를 이용하여 소수점 아래 셋째 자리까지 정확한 근을 구하라.

25 자신의 세제곱보다 정확히 1만큼 더 큰 수가 있는가?

26 함수 f가 $(-\infty, \infty)$에서 연속임을 보여라.

$$f(x)=\begin{cases} x^4\sin(1/x), & x\neq 0 \\ 0, & x=0 \end{cases}$$

27 티베트의 수도승은 오전 7시에 수도원을 떠나서 평소 자신이 다니는 경로를 따라 산 정상까지 오후 7시에 도착한다. 같은 빠르기로 다음 날 아침 그는 오전 7시에 정상에서 출발해서 똑같은 경로로 오후 7시에 수도원에 도착한다. 중간값 정리를 이용하여 이틀 동안 수도승이 정확하게 같은 시간에 교차할 수 있는 경로 상의 한 점이 있음을 보여라.

1.6 무한대를 수반하는 극한

이 절에서 함수의 선제적인 자취와 특히 그래프가 수평점근선 또는 수직점근선에 다가가는지 규명한다.

무한극한

[그림 71]에서 $y=1/x^2$의 그래프와 [표 12]를 통해 x를 0에 충분히 가깝게 택하면 $1/x^2$의 값들을 임의로 크게 만들 수 있다는 사실을 확인함으로써 1.3절의 [예제 8]에서 $\lim_{x\to 0}\dfrac{1}{x^2}$은 존재하지 않는다는 결론을 내렸다.

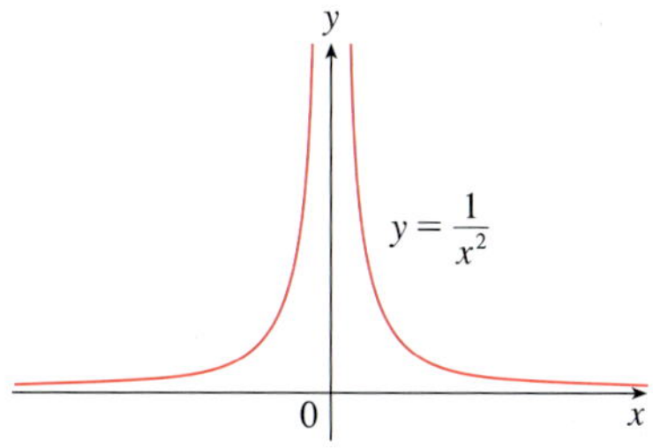

[그림 71]

x	$\dfrac{1}{x^2}$
± 1	1
± 0.5	4
± 0.2	25
± 0.1	100
± 0.05	400
± 0.01	10,000
± 0.001	1,000,000

[표 12]

그러므로 $f(x)$의 값들은 어떤 수에 접근하지 않으므로 $\lim_{x\to 0}\dfrac{1}{x^2}$은 존재하지 않는다.

이러한 종류의 자취를 나타내기 위해 다음 기호를 사용한다.

$$\lim_{x \to 0} \frac{1}{x^2} = \infty$$

⊘ 이것은 ∞를 수로 간주하는 것을 의미하지 않으며, 또한 극한이 존재하는 것을 의미하지도 않는다. 이것은 단순히 극한이 존재하지 않는 특수한 방식을 표현하는 것이다. 즉 x를 0에 충분히 가깝게 택함으로써 $1/x^2$은 원하는 것보다 더 크게 만들 수 있다.

일반적으로 x가 a에 접근할수록 $f(x)$ 값이 점점 더 커진다(또는 한없이 증가한다.)는 것을 의미하는 기호로 다음과 같이 쓴다.

$$\lim_{x \to a} f(x) = \infty$$

[정의 1]에 대한 좀 더 엄밀한 정의는 이 절 말미에 있다.

1 정의 기호

$$\lim_{x \to a} f(x) = \infty$$

는 a는 아니지만 a에 충분히 가까운 x를 택함으로써(a의 양쪽에서) $f(x)$ 값을 임의로 크게(원하는 만큼 크게) 만들 수 있음을 의미한다.

$\lim_{x \to a} f(x) = \infty$를 또 다른 기호로 나타내면 다음과 같다.

$$x \to a \text{이면 } f(x) \to \infty \text{이다.}$$

다시 정리하면 기호 ∞는 수가 아니지만 $\lim_{x \to a} f(x) = \infty$의 표현을 다음과 같이 읽는다.

"x가 a에 접근할 때 $f(x)$의 극한은 무한대이다."

또는 "x가 a에 접근할 때 $f(x)$는 무한대가 된다."

또는 "x가 a에 접근할 때 $f(x)$는 한없이 증가한다."

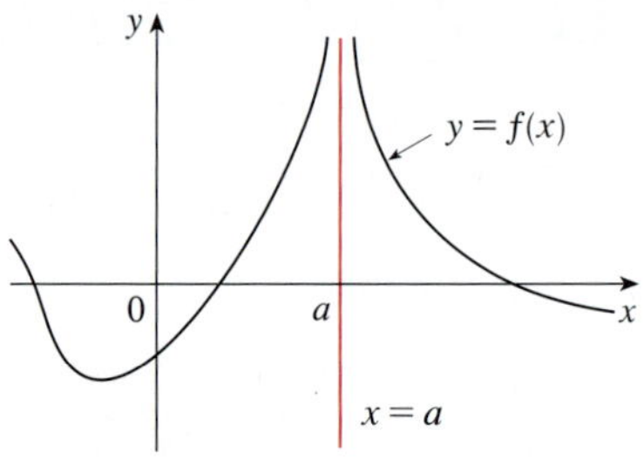

[그림 72] $\lim_{x \to a} f(x) = \infty$

이 정의는 [그림 72]의 그래프로 설명된다.

마찬가지로 [그림 73]에서와 같이

$$\lim_{x \to a} f(x) = -\infty$$

는 a는 아니지만 a에 충분히 가까운 x의 모든 값에 대해 $f(x)$ 값이 큰 음수임을 의미한다.

수가 '큰 음수'라고 말할 때는 그 수가 음수이고 크기(절댓값)가 크다는 것을 의미한다.

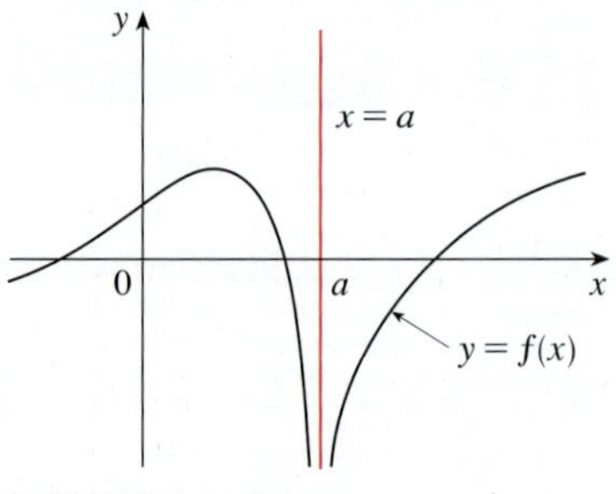

[그림 73] $\lim_{x \to a} f(x) = -\infty$

기호 $\lim_{x \to a} f(x) = -\infty$는 "$x$가 a에 접근할 때 $f(x)$의 극한은 음의 무한대이다." 또는 "x가 a에 접근할 때 $f(x)$는 한없이 감소한다."고 말한다. 예를 들어 다음과 같다.

$$\lim_{x \to 0}\left(-\frac{1}{x^2}\right) = -\infty$$

비슷한 정의를 한쪽 무한극한에 대해 적용할 수 있다.

$$\lim_{x \to a^-} f(x) = \infty \qquad \lim_{x \to a^+} f(x) = \infty$$

$$\lim_{x \to a^-} f(x) = -\infty \qquad \lim_{x \to a^+} f(x) = -\infty$$

'$x \to a^-$'는 a보다 작은 x 값만 생각하고 '$x \to a^+$'는 $x > a$만 생각하는 것을 기억하자. [그림 74]에서 이들 네 가지 경우를 설명한다.

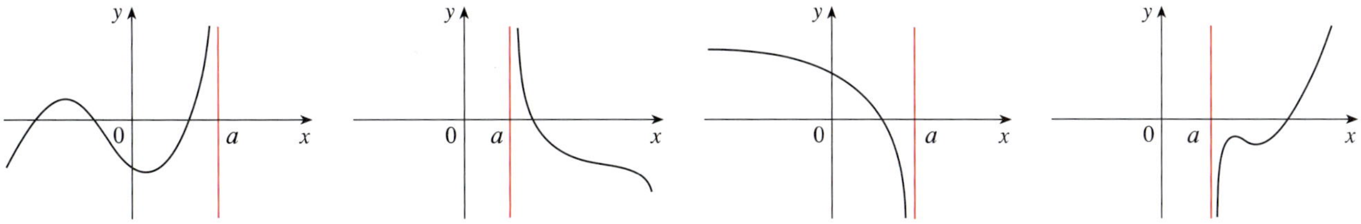

(a) $\lim_{x \to a^-} f(x) = \infty$ (b) $\lim_{x \to a^+} f(x) = \infty$ (c) $\lim_{x \to a^-} f(x) = -\infty$ (d) $\lim_{x \to a^+} f(x) = -\infty$

[그림 74]

---

2 정의 다음 명제 중 적어도 어느 하나가 참이면 직선 $x = a$를 곡선 $y = f(x)$의 **수직점근선**vertical asymptote이라 한다.

$$\lim_{x \to a} f(x) = \infty \qquad \lim_{x \to a^-} f(x) = \infty \qquad \lim_{x \to a^+} f(x) = \infty$$

$$\lim_{x \to a} f(x) = -\infty \qquad \lim_{x \to a^-} f(x) = -\infty \qquad \lim_{x \to a^+} f(x) = -\infty$$

예를 들어 $\lim_{x \to 0} \frac{1}{x^2} = \infty$이므로 y축은 곡선 $y = \frac{1}{x^2}$의 수직점근선이다. [그림 74]에서 직선 $x = a$는 네 가지 경우 각각에 대한 수직점근선이다.

예제 1 $\lim_{x \to 3^+} \frac{2x}{x-3}$와 $\lim_{x \to 3^-} \frac{2x}{x-3}$를 구하라.

풀이

x가 3에 가깝지만 3보다 크면 분모 $x-3$은 작은 양수이고 $2x$는 6에 가깝다. 그러므로 분수식 $2x/(x-3)$는 큰 양수이다. 따라서 직관적으로 다음을 알 수 있다.

$$\lim_{x \to 3^+} \frac{2x}{x-3} = \infty$$

마찬가지로 x가 3에 가깝지만 3보다 작으면 분모 $x-3$은 작은 음수이고, $2x$는 여전히 6에 가까운 양수이다. 따라서 분수식 $2x/(x-3)$는 수치적으로 큰 음수이다. 따라서 다음을 알 수 있다.

$$\lim_{x \to 3^-} \frac{2x}{x-3} = -\infty$$

곡선 $y = \dfrac{2x}{x-3}$의 그래프는 [그림 75]에 있다. 직선 $x=3$이 수직점근선이다.

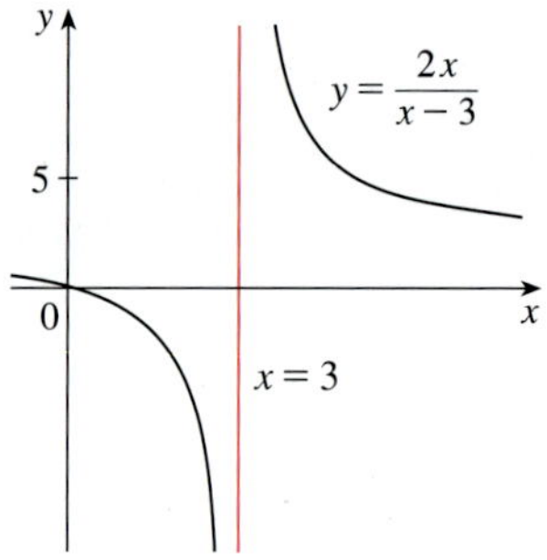

[그림 75]

예제 2 $f(x) = \tan x$의 수직점근선을 구하라.

풀이

$\tan x = \dfrac{\sin x}{\cos x}$이므로 $\cos x = 0$인 곳에서 잠재적인 수직점근선이 존재한다. 사실상 $x \to (\pi/2)^-$이면 $\cos x \to 0^+$이고 $x \to (\pi/2)^+$이면 $\cos x \to 0^-$이다. 반면에 x가 $\pi/2$ 부근에 있을 때 $\sin x$는 양수이고 0 부근이 아니다. 따라서 다음을 얻는다.

$$\lim_{x \to (\pi/2)^-} \tan x = \infty, \qquad \lim_{x \to (\pi/2)^+} \tan x = -\infty$$

이는 직선 $x = \pi/2$가 수직점근선임을 알려준다. 추론해보면 정수 n에 대해 직선 $x = (2n+1)\pi/2$는 모두 수직점근선이다. [그림 76]의 그래프에서 이를 확인해보자.

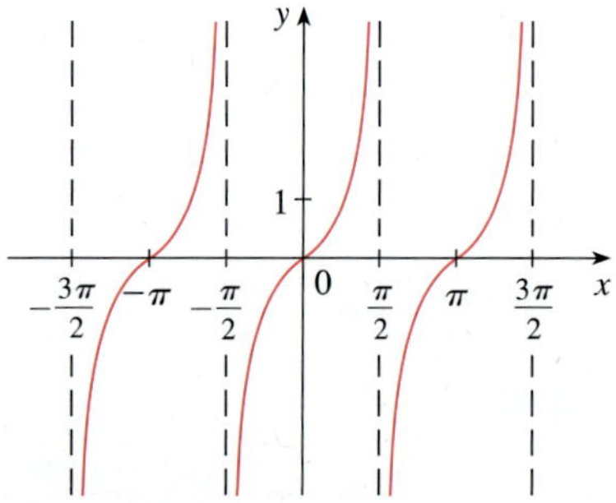

[그림 76] $y = \tan x$

무한대에서의 극한

무한극한을 계산할 때 x가 어떤 수로 접근하도록 만들면 그 결과인 y 값은 임의의 큰 값(양수 또는 음수)이 되는 것이다. 여기서는 x의 값을 임의로 크게(양수 또는 음수)할 때 y에 어떤 일이 발생하는지 알아보자. x가 커질수록 다음에 주어진 함수 f의 자취가 어떻게 변하는지 살펴보자.

$$f(x) = \frac{x^2-1}{x^2+1}$$

[표 13]은 소수점 아래 6자리까지 정확한 함숫값을 보여준다. [그림 77]은 컴퓨터를 이용하여 그린 f의 그래프이다.

x	$f(x)$
0	−1
±1	0
±2	0.600000
±3	0.800000
±4	0.882353
±5	0.923077
±10	0.980198
±50	0.999200
±100	0.999800
±1000	0.999998

[표 13]

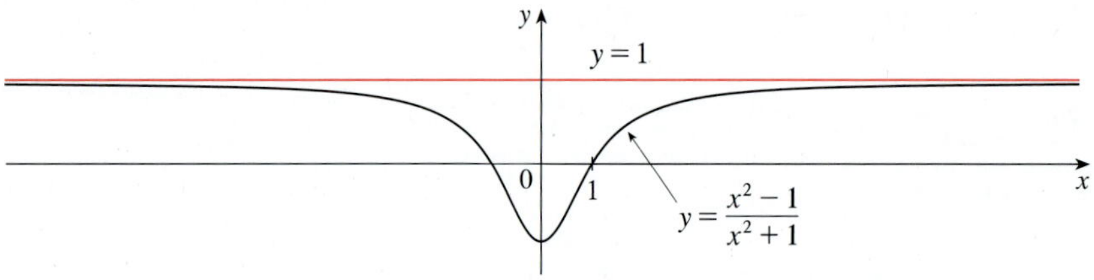

[그림 77]

x가 커지면 커질수록 $f(x)$의 값은 1에 점점 가까워진다. 사실상 x를 충분히 크게 택함으로써 $f(x)$ 값을 원하는 만큼 1에 가깝게 만들 수 있다. 이것을 다음과 같이 표현한다.

$$\lim_{x \to \infty} \frac{x^2 - 1}{x^2 + 1} = 1$$

일반적으로 다음 기호는 x가 커지면 커질수록 $f(x)$의 값이 L에 접근하는 것을 나타낸다.

$$\lim_{x \to \infty} f(x) = L$$

> 3 **정의** 함수 f가 어떤 구간 (a, ∞)에서 정의된다고 하자. 다음 기호는 x를 충분히 크게 택함으로써 $f(x)$ 값을 원하는 만큼 L에 가깝게 만들 수 있음을 의미한다.
>
> $$\lim_{x \to \infty} f(x) = L$$

$\lim_{x \to \infty} f(x) = L$을 다르게 나타내면 다음과 같다.

$$x \to \infty \text{ 이면 } f(x) \to L\text{이다.}$$

기호 ∞는 수를 나타내는 것이 아니다. 그럼에도 불구하고 $\lim_{x \to \infty} f(x) = L$이라는 표현을 다음과 같이 읽기도 한다.

"x가 무한대에 접근할 때 $f(x)$의 극한은 L이다."

또는 "x가 무한일 때 $f(x)$의 극한은 L이다."

또는 "x가 한없이 증가할 때 $f(x)$의 극한은 L이다."

이들 표현에 대한 의미는 정의 3에서 다루며 좀 더 엄밀한 정의는 (1.3절에서 소개했던 ε, δ의 정의처럼) 이 절의 끝에서 제시한다.

[그림 78]은 정의 3을 기하학적으로 나타낸 것이다. 각 그래프의 오른쪽 먼 곳을 보면 f의 그래프가 직선 $y = L$(수평점근선이라 한다.)에 접근하는 여러 방법이 있음을 알아두자.

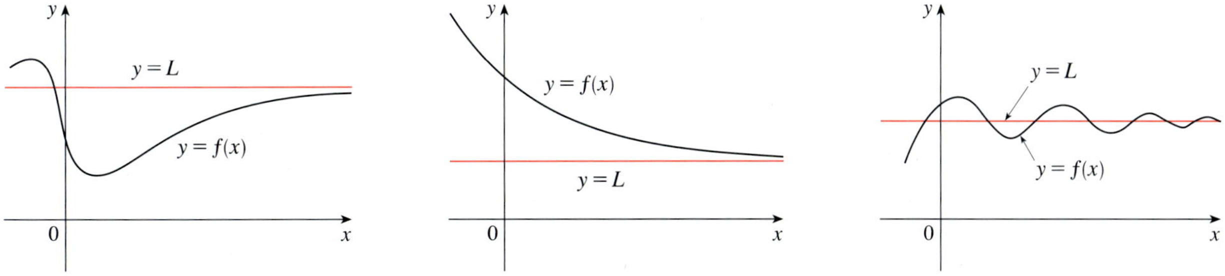

[그림 78] $\lim_{x \to \infty} f(x) = L$의 예

[그림 77]로 되돌아가서 우리는 수치적으로 큰 음의 값 x가 있을 때 $f(x)$의 값이 1에 가깝다는 것을 안다. x를 음의 값으로 한없이 감소하게 두면 $f(x)$를 원하는 만큼 1에 가깝게 만들 수 있다. 이것을 다음과 같이 표현한다.

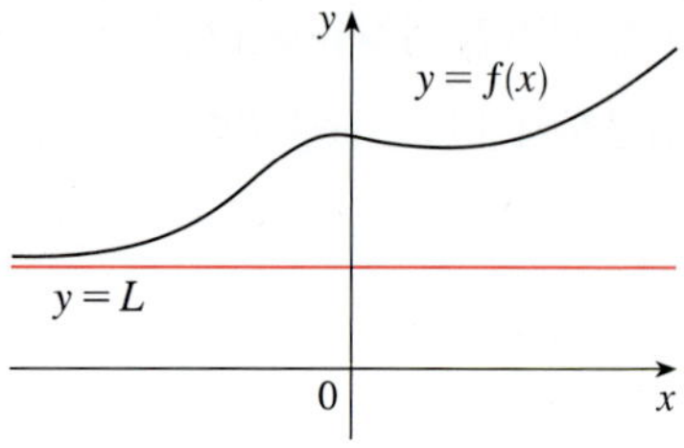

$$\lim_{x \to -\infty} \frac{x^2 - 1}{x^2 + 1} = 1$$

[그림 79]에서 보인 것과 같이 일반적으로 다음 기호는 x를 충분히 큰 음수로 택함으로써 $f(x)$ 값을 임의로 L에 가깝게 만들 수 있음을 의미한다.

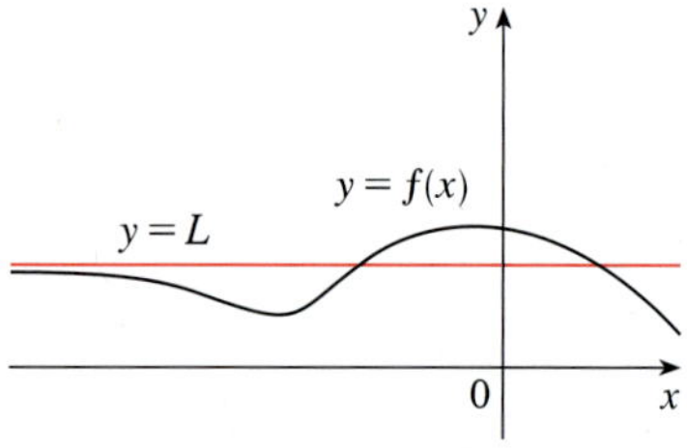

[그림 79] $\lim_{x \to -\infty} f(x) = L$의 예

$$\lim_{x \to -\infty} f(x) = L$$

다시 정리하면 $-\infty$는 수를 나타내지 않지만 $\lim_{x \to -\infty} f(x) = L$ 표현은 다음과 같이 읽는다.

"x가 음의 무한대에 접근할 때 $f(x)$의 극한은 L이다."

4 **정의** 다음 중 어느 하나일 때 직선 $y = L$을 곡선 $y = f(x)$의 **수평점근선** horizontal asymptote이라 한다.

$$\lim_{x \to \infty} f(x) = L \quad \text{또는} \quad \lim_{x \to -\infty} f(x) = L$$

예를 들어 [그림 77]에서 설명한 곡선은 수평점근선으로 $y = 1$을 갖는다. 그 이유는 다음이 성립하기 때문이다.

$$\lim_{x \to \infty} \frac{x^2 - 1}{x^2 + 1} = 1$$

[그림 80]에 그려진 곡선 $y = f(x)$는 $\lim_{x \to \infty} f(x) = -1$과 $\lim_{x \to -\infty} f(x) = 2$이므로 수평점근선으로 $y = -1$과 $y = 2$를 갖는다.

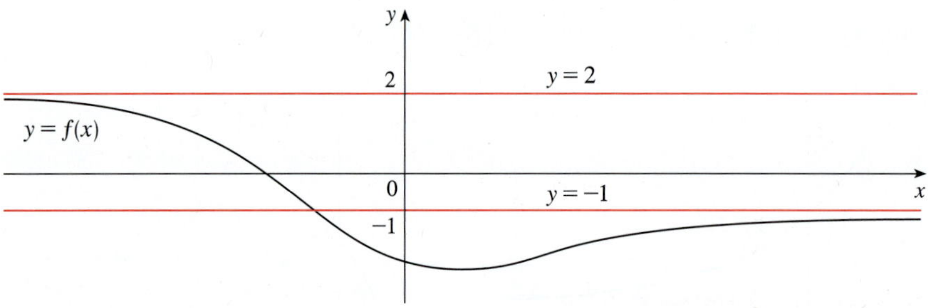

[그림 80]

예제 3 [그림 81]에 그려진 함수 f에 대한 무한극한, 무한대에서의 극한 그리고 점근선을 구하라.

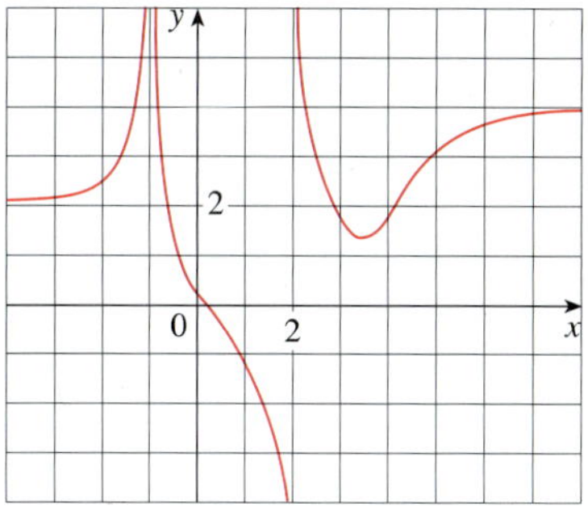

[그림 81]

풀이

양쪽 방향에서 $x \to -1$이 될수록 $f(x)$ 값이 커진다. 그러므로 다음을 얻는다.

$$\lim_{x \to -1} f(x) = \infty$$

x가 왼쪽에서 2에 접근할수록 $f(x)$는 큰 음수가 되지만 오른쪽에서 2에 접근할수록 큰 양수가 된다. 그러므로 다음을 얻는다.

$$\lim_{x \to 2^-} f(x) = -\infty, \quad \lim_{x \to 2^+} f(x) = \infty$$

따라서 두 직선 $x = -1$과 $x = 2$는 수직점근선이다.

x가 커질수록 $f(x)$는 4에 접근하는 것을 알 수 있다. 그러나 x가 음의 값에 따라 감소할수록 $f(x)$는 2에 접근한다. 따라서 다음을 얻는다.

$$\lim_{x \to \infty} f(x) = 4, \quad \lim_{x \to -\infty} f(x) = 2$$

이것은 $y = 4$와 $y = 2$ 모두 수평점근선임을 의미한다.

예제 4 $\displaystyle\lim_{x \to \infty} \frac{1}{x}$과 $\displaystyle\lim_{x \to -\infty} \frac{1}{x}$을 구하라.

풀이

x가 커질수록 $\dfrac{1}{x}$이 작아지는지 살펴보자. 예를 들면 다음과 같다

$$\frac{1}{100} = 0.01, \quad \frac{1}{10{,}000} = 0.0001, \quad \frac{1}{1{,}000{,}000} = 0.000001$$

실제로 x를 충분히 크게 잡으면 $\dfrac{1}{x}$을 원하는 만큼 0에 가깝게 만들 수 있다. 따라서 다음을 얻는다.

$$\lim_{x \to \infty} \frac{1}{x} = 0$$

이와 비슷하게 x가 큰 음수일 경우 $\dfrac{1}{x}$은 작은 음수이므로 다음을 얻는다.

$$\lim_{x \to -\infty} \frac{1}{x} = 0$$

즉 직선 $y=0$(x축)이 곡선 $y=\dfrac{1}{x}$의 수평점근선이다. (이것은 등변 쌍곡선이다. [그림 82]를 참조하라.)

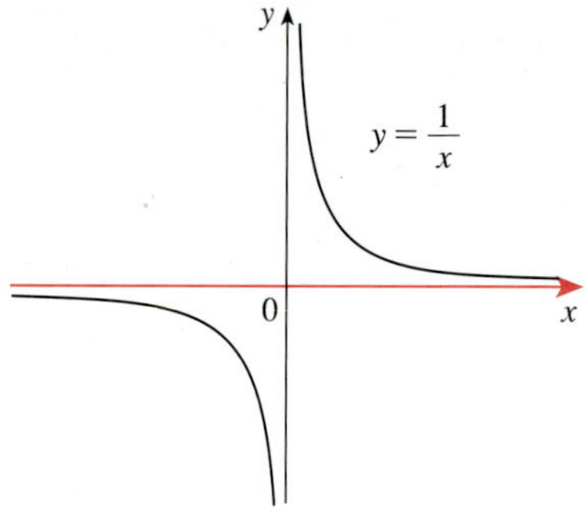

[그림 82] $\lim_{x\to\infty}\dfrac{1}{x}=0,\ \lim_{x\to-\infty}\dfrac{1}{x}=0$

1.4절에 주어진 대부분의 극한 법칙들은 무한대에서의 극한에 대해서도 성립한다. 1.4절에 나열된 극한 법칙들에서 법칙 (9)와 (10)은 예외지만 '$x\to a$'를 '$x\to\infty$' 또는 '$x\to-\infty$'로 대치하면 무한대에서도 극한이 성립하는 것을 증명할 수 있다. 특히 [예제 4]의 결과에 법칙 (6)을 결합하면 극한 계산에서 중요하게 쓰이는 다음 규칙을 얻는다.

5 n이 양의 정수이면 다음이 성립한다.

$$\lim_{x\to\infty}\frac{1}{x^n}=0,\qquad \lim_{x\to-\infty}\frac{1}{x^n}=0$$

예제 5 다음을 계산하라.

$$\lim_{x\to\infty}\frac{3x^2-x-2}{5x^2+4x+1}$$

풀이

x가 커질수록 분자와 분모 모두 커지게 된다. 그러므로 비율이 어떻게 될지 명확하지 않다. 어떤 기초적인 대수가 필요하다.

유리함수에 대한 무한대에서의 극한을 계산하기 위해 분모에 나타나는 x의 최고 차수로 분자와 분모 모두를 나눈다. (x의 큰 값에 대해서만 생각하므로 $x\neq 0$으로 가정할 수 있다.) 이 경우 x의 최고 차수는 x^2이며 극한 법칙을 이용하여 다음을 얻는다.

$$\lim_{x\to\infty}\frac{3x^2-x-2}{5x^2+4x+1}=\lim_{x\to\infty}\frac{\dfrac{3x^2-x-2}{x^2}}{\dfrac{5x^2+4x+1}{x^2}}=\lim_{x\to\infty}\frac{3-\dfrac{1}{x}-\dfrac{2}{x^2}}{5+\dfrac{4}{x}+\dfrac{1}{x^2}}$$

$$=\frac{\lim_{x\to\infty}\left(3-\dfrac{1}{x}-\dfrac{2}{x^2}\right)}{\lim_{x\to\infty}\left(5+\dfrac{4}{x}+\dfrac{1}{x^2}\right)}$$

$$=\frac{\lim_{x\to\infty}3-\lim_{x\to\infty}\dfrac{1}{x}-2\lim_{x\to\infty}\dfrac{1}{x^2}}{\lim_{x\to\infty}5+4\lim_{x\to\infty}\dfrac{1}{x}+\lim_{x\to\infty}\dfrac{1}{x^2}}$$

$$=\frac{3-0-0}{5+0+0}\qquad\text{(5에 의해)}$$

$$=\frac{3}{5}$$

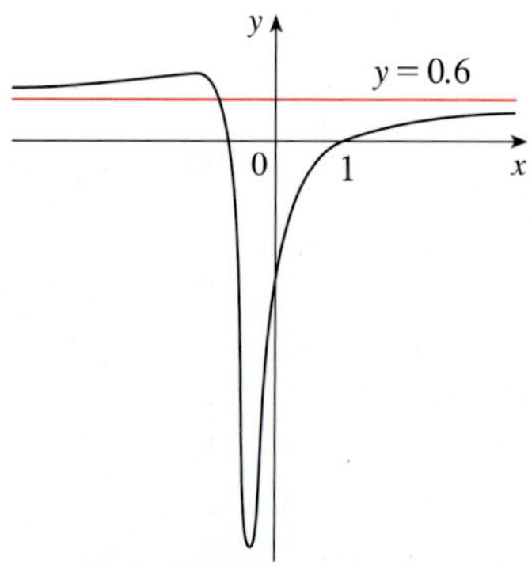

[그림 83] $y=\dfrac{3x^2-x-2}{5x^2+4x+1}$

[그림 83]은 주어진 유리함수의 그래프가 수평점근선 $y=\dfrac{3}{5}$에 어떻게 접근하는지를 보여줌으로써 [예제 5]를 설명한다.

유사한 방법으로 $x \to -\infty$일 때의 극한도 $\frac{3}{5}$임을 보인다.

예제 6 $\lim_{x\to\infty}\left(\sqrt{x^2+1}-x\right)$를 계산하라.

풀이

x가 커질수록 $\sqrt{x^2+1}$과 x 모두 커지므로 이들의 차가 어떻게 될지는 알기 어렵다. 그러므로 대수를 이용하여 이 함수를 다시 써보자. 먼저 분자와 분모에 켤레 근호를 곱한다.

우리는 주어진 함수를 1의 분모를 가진 것으로 생각할 수 있다.

$$\lim_{x\to\infty}\left(\sqrt{x^2+1}-x\right)=\lim_{x\to\infty}\left(\sqrt{x^2+1}-x\right)\frac{\sqrt{x^2+1}+x}{\sqrt{x^2+1}+x}$$

$$=\lim_{x\to\infty}\frac{(x^2+1)-x^2}{\sqrt{x^2+1}+x}=\lim_{x\to\infty}\frac{1}{\sqrt{x^2+1}+x}$$

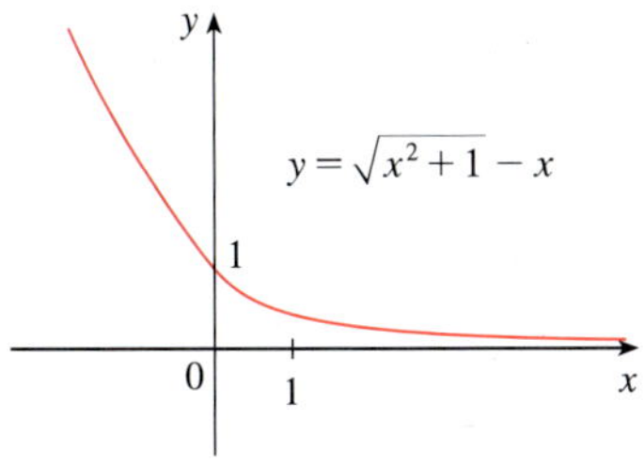

[그림 84]

마지막 식의 분모에 있는 $\left(\sqrt{x^2+1}+x\right)$는 $x\to\infty$일수록 커진다. (x보다 크다.) 따라서 다음을 얻는다.

$$\lim_{x\to\infty}\left(\sqrt{x^2+1}-x\right)=\lim_{x\to\infty}\frac{1}{\sqrt{x^2+1}+x}=0$$

[그림 84]는 이 결과를 설명한다.

예제 7 $\lim_{x\to\infty}\sin\frac{1}{x}$을 계산하라.

풀이

$t=1/x$이라 하면 $x\to\infty$일 때 $t\to 0^+$이다. 그러므로 다음을 얻는다([연습문제 31] 참조).

$$\lim_{x\to\infty}\sin\frac{1}{x}=\lim_{t\to 0^+}\sin t=0$$

예제 8 $\lim_{x\to\infty}\sin x$를 계산하라.

풀이

x가 커질수록 $\sin x$는 1과 -1 사이에서 무한히 많은 횟수로 진동한다. 따라서 $\lim_{x\to\infty}\sin x$는 존재하지 않는다.

무한대에서의 무한극한

x가 커질수록 $f(x)$ 값이 커지는 것을 나타내기 위해 다음 기호를 사용한다.

$$\lim_{x\to\infty} f(x) = \infty$$

비슷한 의미로 다음 기호를 사용한다.

$$\lim_{x\to-\infty} f(x) = \infty, \quad \lim_{x\to\infty} f(x) = -\infty, \quad \lim_{x\to-\infty} f(x) = -\infty$$

예제 9 $\lim_{x\to\infty} x^3$과 $\lim_{x\to-\infty} x^3$을 구하라.

풀이

x가 커질 때 x^3 역시 커진다. 예를 들면 다음과 같다.

$$10^3 = 1000, \quad 100^3 = 1{,}000{,}000, \quad 1000^3 = 1{,}000{,}000{,}000$$

실제로 x를 충분히 크게 택하면 x^3은 원하는 만큼 크게 만들 수 있다. 그러면 다음과 같이 쓸 수 있다.

$$\lim_{x\to\infty} x^3 = \infty$$

마찬가지로 x가 큰 음수이면 x^3도 큰 음수이다. 그러면 다음과 같이 쓸 수 있다.

$$\lim_{x\to-\infty} x^3 = -\infty$$

이와 같은 극한에 대한 설명은 [그림 85]에서 $y = x^3$의 그래프로부터도 알 수 있다.

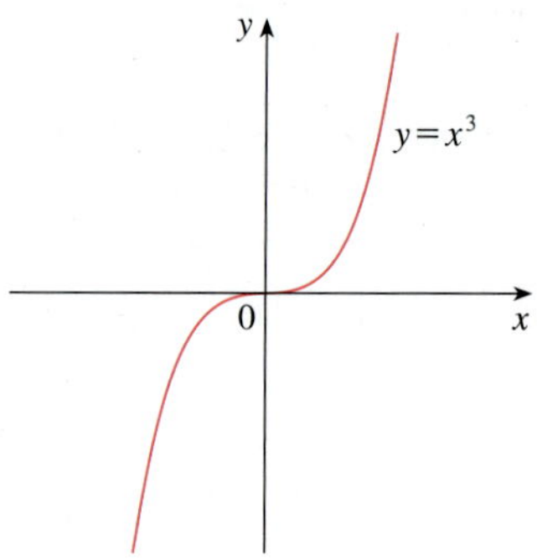

[그림 85] $\lim_{x\to\infty} x^3 = \infty$, $\lim_{x\to-\infty} x^3 = -\infty$

예제 10 $\lim_{x\to\infty} (x^2 - x)$를 구하라.

풀이

⊘ 다음과 같이 쓰는 것은 잘못된 것이다.

$$\lim_{x\to\infty} (x^2 - x) = \lim_{x\to\infty} x^2 - \lim_{x\to\infty} x = \infty - \infty$$

∞는 수가 아니므로 극한 법칙을 무한극한에 적용할 수 없다. ($\infty - \infty$는 정의할 수 없다.) 그러나 x와 $x-1$은 임의로 크게 되므로 다음과 같이 쓸 수 있다.

$$\lim_{x\to\infty} (x^2 - x) = \lim_{x\to\infty} x(x-1) = \infty$$

예제 11 $\displaystyle\lim_{x\to\infty}\frac{x^2+x}{3-x}$를 구하라.

풀이

x로 분자와 분모를 나눈다(분모에서 x의 최고 차수). $x\to\infty$이면 $x+1\to\infty$, $\dfrac{3}{x}-1\to-1$이므로 다음을 얻는다.

- www.stewartcalculus.com (Additional Example A를 보라.)

$$\lim_{x\to\infty}\frac{x^2+x}{3-x}=\lim_{x\to\infty}\frac{x+1}{\dfrac{3}{x}-1}=-\infty$$

엄밀한 정의

정의 [1]에 대한 엄밀한 정의는 다음과 같다.

> [6] **정의** 함수 f가 a를 포함하는 어떤 개구간(a는 제외 가능함)에서 정의된다고 하자. 그러면 $\displaystyle\lim_{x\to a}f(x)=\infty$는 모든 양수 M에 대해 다음을 만족하는 δ가 존재함을 의미한다.
>
> $$0<|x-a|<\delta\text{이면 } f(x)>M\text{이다.}$$

이것은 x를 a에 충분히 가깝게($x\neq a$이면서 M에 의존하는 δ에 대해 거리 δ 안에서) 택함으로써 $f(x)$ 값을 임의로 크게(주어진 수 M보다 크게) 만들 수 있음을 말한다. [그림 86]의 그래프를 보자.

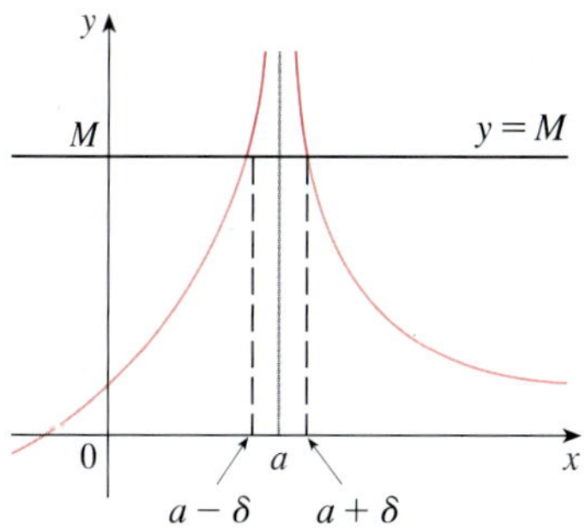

[그림 86]

임의의 수평선 $y=M$이 주어졌다고 하자. 구간 $(a-\delta,\ a+\delta)$ 안에 x가 있지만 $x\neq a$가 되도록 제한하면, 곡선 $y=f(x)$는 직선 $y=M$ 위에 놓이도록 하는 $\delta>0$인 수를 구할 수 있다. M을 크게 할수록 δ가 점점 작아지는 것을 알 수 있다.

예제 12 정의 [6]을 이용하여 $\displaystyle\lim_{x\to 0}\frac{1}{x^2}=\infty$임을 증명하라.

풀이

M을 주어진 양수라 하자. 정의 [6]에 따라 다음을 만족하는 수 δ를 구해야 한다.

$$0<|x|<\delta\text{이면 }\frac{1}{x^2}>M,\ \text{즉 } x^2<\frac{1}{M}$$

한편 $x^2<\dfrac{1}{M}\ \Leftrightarrow\ |x|<1/\sqrt{M}$이다. 그러면 다음이 성립한다.

$$0<|x|<\delta=\frac{1}{\sqrt{M}}\text{이면 }\frac{1}{x^2}>\frac{1}{\delta^2}=M$$

그러므로 $\delta=1/\sqrt{M}$로 택할 수 있다. 따라서 정의 [6]에 의해 다음이 성립한다.

$$\lim_{x \to 0} \frac{1}{x^2} = \infty$$

비슷하게 $\lim_{x \to a} f(x) = -\infty$는 모든 음수 N에 대해 $0 < |x-a| < \delta$이면 $f(x) < N$을 만족하는 양수 δ가 존재하는 것을 의미한다.

정의 3은 다음과 같이 엄밀하게 설명된다.

7 정의 함수 f가 어떤 구간 (a, ∞)에서 정의된다고 하자. 그러면 $\lim_{x \to \infty} f(x) = L$은 모든 $\varepsilon > 0$에 대해 $x > N$이면 $|f(x) - L| < \varepsilon$을 만족하는 수 N이 존재함을 의미한다.

말하자면 이것은 x를 충분히 크게 택하면(ε에 의존하는 N보다 크게) $f(x)$ 값은 임의로 L에 가깝게(임의의 양수 ε에 대해 거리가 ε 이내인) 만들 수 있음을 말한다. 기하학적으로 이것은 x를 충분히 크게 택함으로써(어떤 수 N보다 큰) f의 그래프를 [그림 87]과 같이 수평선 $y = L - \varepsilon$과 $y = L + \varepsilon$ 사이에 놓이게 할 수 있음을 뜻한다. 따라서 ε 값을 아무리 작게 택하더라도 아무 문제없이 참이다.

TEC Module 1.3/1.6은 정의 7을 기하학적으로 그리고 수치적으로 설명한다.

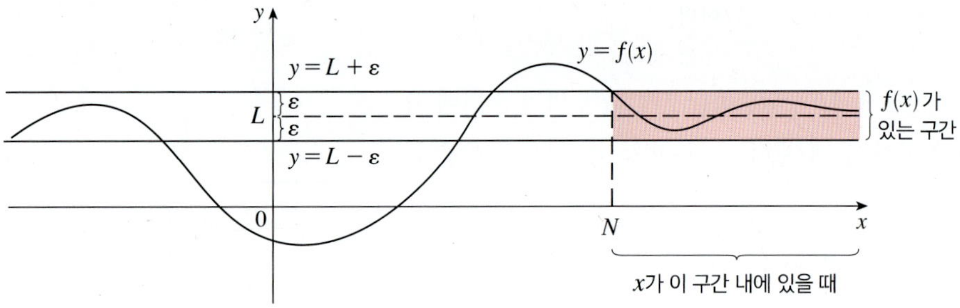

[그림 87] $\lim_{x \to \infty} f(x) = L$

[그림 88]은 더 작은 ε 값을 선택하면 N 값이 더 커져야 하는 것을 보여준다.

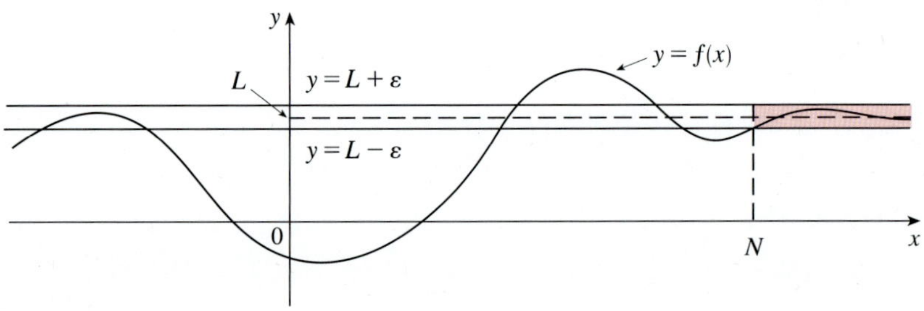

[그림 88] $\lim_{x \to \infty} f(x) = L$

마찬가지로 $\lim_{x \to -\infty} f(x) = L$은 모든 $\varepsilon > 0$에 대해 $x < N$이면 $|f(x) - L| < \varepsilon$을 만족하는 수 N이 존재하는 것을 의미한다.

▪ www.stewartcalculus.com (Additional Example B를 보라.)

예제 13 정의 [7]을 이용하여 $\lim_{x \to \infty} \frac{1}{x} = 0$임을 증명하라.

풀이

주어진 $\varepsilon > 0$에 대해 다음을 만족하는 N을 구해보자.

$$x > N\text{이면 } \left| \frac{1}{x} - 0 \right| < \varepsilon$$

극한을 계산할 때 $x > 0$을 가정할 수 있다. 그러면 $1/x < \varepsilon \iff x > 1/\varepsilon$이다. $N = 1/\varepsilon$을 선정하면 다음이 성립한다.

$$x > N = \frac{1}{\varepsilon}\text{이면 } \left| \frac{1}{x} - 0 \right| = \frac{1}{x} < \varepsilon$$

그러므로 정의 [7]에 의해 다음이 성립한다.

$$\lim_{x \to \infty} \frac{1}{x} = 0$$

[그림 89]는 어떤 ε 값과 그에 대응하는 N 값을 보임으로써 이를 증명해보인다.

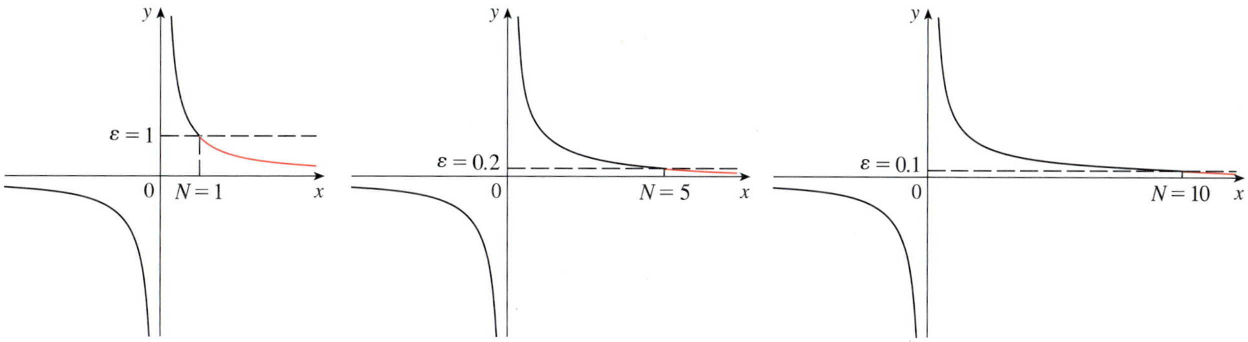

[그림 89]

끝으로 무한대에서의 무한극한은 다음과 같이 정의할 수 있으며 기하학적인 설명은 [그림 90]에서 보여준다.

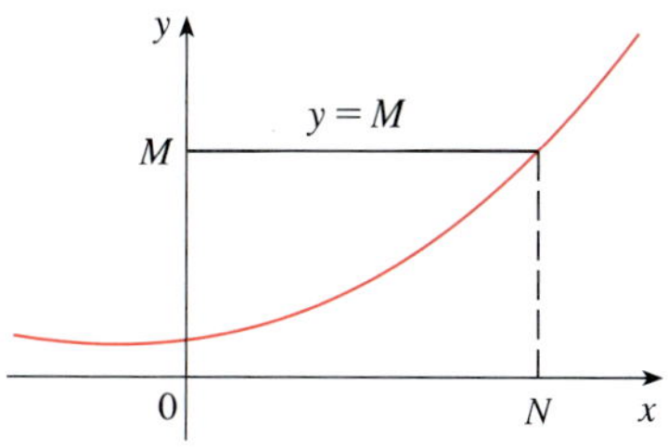

[그림 90] $\lim_{x \to \infty} f(x) = \infty$

> [8] **정의** 함수 f가 어떤 구간 (a, ∞)에서 정의된다고 하자. 그러면 $\lim_{x \to \infty} f(x) = \infty$는 모든 양수 M에 대해 $x > N$이면 $f(x) > M$을 만족하는 양수 N이 존재함을 의미한다.

기호 ∞을 $-\infty$로 교체할 때도 비슷한 정의를 사용할 수 있다.

1.6 연습문제

01 아래 그래프로 주어진 함수 f에 대해 다음을 말하라.

(a) $\lim_{x\to\infty} f(x)$ (b) $\lim_{x\to-\infty} f(x)$

(c) $\lim_{x\to 1} f(x)$ (d) $\lim_{x\to 3} f(x)$

(e) 점근선의 방정식

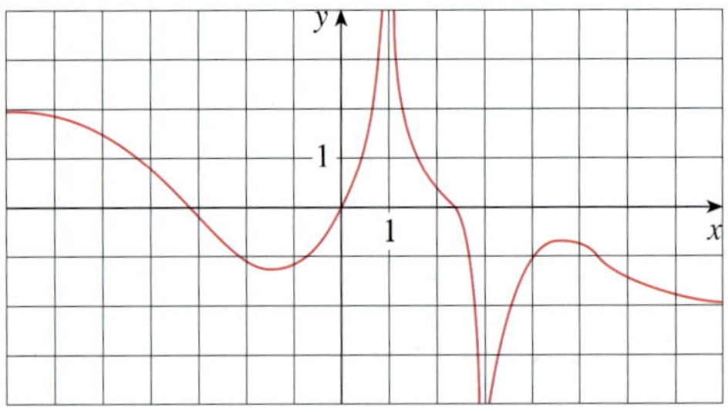

02~04 주어진 조건을 모두 만족하는 함수 f의 그래프를 그려라.

02 $\lim_{x\to 0} f(x) = -\infty$, $\lim_{x\to-\infty} f(x) = 5$, $\lim_{x\to\infty} f(x) = -5$

03 $\lim_{x\to 2} f(x) = -\infty$, $\lim_{x\to\infty} f(x) = \infty$, $\lim_{x\to-\infty} f(x) = 0$,

$\lim_{x\to 0^+} f(x) = \infty$, $\lim_{x\to 0^-} f(x) = -\infty$

04 $f(0) = 3$, $\lim_{x\to 0^-} f(x) = 4$, $\lim_{x\to 0^+} f(x) = 2$, $\lim_{x\to-\infty} f(x) = -\infty$,

$\lim_{x\to 4^-} f(x) = -\infty$, $\lim_{x\to 4^+} f(x) = \infty$, $\lim_{x\to\infty} f(x) = 3$

05 $x = 0, 1, 2, 3, 4, 5, 6, 7, 8, 9, 10, 20, 50, 100$에 대해 함수 $f(x) = \dfrac{x^2}{2^x}$을 계산하여 극한값 $\lim_{x\to\infty} \dfrac{x^2}{2^x}$을 추정하라.

06 그래프를 이용하여 곡선 $y = \dfrac{x^3}{x^3 - 2x + 1}$의 수직점근선과 수평점근선을 추정하라.

07~18 극한을 구하라.

07 $\lim_{x\to -3^+} \dfrac{x+2}{x+3}$

08 $\lim_{x\to 1} \dfrac{2-x}{(x-1)^2}$

09 $\lim_{x\to 2\pi^-} x\csc x$

10 $\lim_{x\to\infty} \dfrac{x^3+5x}{2x^3 - x^2 + 4}$

11 $\lim_{t\to\infty} \dfrac{\sqrt{t}+t^2}{2t - t^2}$

12 $\lim_{x\to\infty} \dfrac{(2x^2+1)^2}{(x-1)^2(x^2+x)}$

13 $\lim_{x\to\infty} \left(\sqrt{9x^2+x} - 3x\right)$

14 $\lim_{x\to\infty} \left(\sqrt{x^2+ax} - \sqrt{x^2+bx}\right)$

15 $\lim_{x\to\infty} \dfrac{x^4 - 3x^2 + x}{x^3 - x + 2}$

16 $\lim_{x\to\infty} \cos x$

17 $\lim_{x\to\infty} (x - \sqrt{x})$

18 $\lim_{x\to-\infty} (x^4 + x^5)$

19 곡선 $y = \dfrac{2x^2+x-1}{x^2+x-2}$의 수평점근선과 수직점근선을 구하라. 곡선에 대한 그래프를 그려서 추정한 점근선을 확인하라.

20 (a) 함수 $f(x) = \sqrt{x^2+x+1} + x$의 그래프를 그려서 $\lim_{x\to-\infty} \left(\sqrt{x^2+x+1} + x\right)$ 값을 추정하라.

(b) $f(x)$의 값에 대한 표를 이용하여 극한값을 추정하라.

(c) 추측한 값이 정확한지 증명하라.

21 $-10 \le x \le 10$에서 다음 함수 f의 그래프를 그려서 수평점근선을 추정하라.

$$f(x) = \frac{3x^3 + 500x^2}{x^3 + 500x^2 + 100x + 2000}$$

그리고 극한을 계산하여 점근선의 방정식을 구하라. 모순에 대해 어떻게 설명할 것인가?

22 다음 조건을 만족하는 함수 f의 식을 구하라.

$\lim_{x\to\pm\infty} f(x) = 0$, $\lim_{x\to 0} f(x) = -\infty$, $f(2) = 0$,

$\lim_{x\to 3^-} f(x) = \infty$, $\lim_{x\to 3^+} f(x) = -\infty$

23 CAS 함수 f는 이차함수의 비로 $x = 4$에서 수직점근선을 가지며 단 하나의 x절편 $x = 1$을 갖는다. 이 함수는 $x = -1$에서 제거 가능한 불연속을 가지며 $\lim_{x\to -1} f(x) = 2$이다. 다음을 계산하라.

(a) $f(0)$ (b) $\lim_{x\to\infty} f(x)$

24 P와 Q를 다항식이라 하자. P의 차수가 다음과 같을 때 극한을 구하라.

$$\lim_{x\to\infty}\frac{P(x)}{Q(x)}$$

(a) Q의 차수보다 작을 때

(b) Q의 차수보다 클 때

25 모든 $x>5$에 대해 다음이 성립할 때 $\lim_{x\to\infty} f(x)$를 구하라.

$$\frac{4x-1}{x}<f(x)<\frac{4x^2+3x}{x^2}$$

26 (a) 탱크 안에 5,000 L의 순수한 물이 들어 있다. 물 1L당 30 g의 소금이 들어 있는 소금물이 25 L/min의 비율로 탱크 안에 들어간다. t분 후에 소금의 농도(g/L)가 다음과 같음을 보여라.

$$C(t)=\frac{30t}{200+t}$$

(b) $t\to\infty$일 때, 농도는 어떻게 변하는가?

27 $\frac{1}{(x+3)^4}>10{,}000$을 만족하는 -3에 가까운 x를 찾을 수 있는가?

28 $\lim_{x\to -1^-}\frac{5}{(x+1)^3}=-\infty$를 증명하라.

29 그래프를 이용하여 다음을 만족하는 수 N을 구하라.

$$x>N\text{이면 } \left|\frac{3x^2+1}{2x^2+x+1}-1.5\right|<0.05$$

30 (a) $1/x^2<0.0001$이 되려면 얼마나 큰 x를 찾아야 하는가?

(b) 5에서 $n=2$일 때 정의 7을 이용하여 다음을 직접 증명하라.

$$\lim_{x\to\infty}\frac{1}{x^2}=0$$

31 극한이 존재한다면 다음을 증명하라.

$$\lim_{x\to\infty} f(x)=\lim_{t\to 0^+} f(1/t),\quad \lim_{x\to -\infty} f(x)=\lim_{t\to 0^-} f(1/t)$$

1장 복습문제

개념 확인

01 (a) 함수란 무엇인가? 정의역과 치역은 무엇인가?

(b) 함수의 그래프는 무엇인가?

(c) 주어진 곡선이 함수의 그래프인지 아닌지 어떻게 알 수 있는가?

02 함수를 나타내는 네 가지 방법을 논하고, 예를 들어 설명하라.

03 (a) 우함수는 무엇인가? 그래프를 보고 우함수인지 어떻게 알 수 있는가? 우함수의 예 3개를 들라.

(b) 기함수는 무엇인가? 그래프를 보고 기함수인지 어떻게 알 수 있는가? 기함수의 예 3개를 들라.

04 증가하는 함수란 무엇인가?

05 수학적 모형은 무엇인가?

06 다음 형태의 함수에 대한 예를 들어라.

(a) 선형함수 (b) 거듭제곱함수

(c) 지수함수 (d) 이차함수

(e) 5차 다항함수 (f) 유리함수

07 같은 축 위에 다음 함수의 그래프를 손으로 그려라.

(a) $f(x)=x$ (b) $g(x)=x^2$

(c) $h(x)=x^3$ (d) $j(x)=x^4$

08 다음 각 함수의 대략적인 그래프를 손으로 그려라.

(a) $y=\sin x$ (b) $y=\tan x$

(c) $y=2^x$ (d) $y=1/x$

(e) $y=|x|$ (f) $y=\sqrt{x}$

09 f와 g의 정의역을 각각 A와 B라고 하자.

(a) $f+g$의 정의역은 무엇인가?

(b) fg의 정의역은 무엇인가?

(c) f/g의 정의역은 무엇인가?

10 합성함수 $f \circ g$는 어떻게 정의되는가? 정의역은 무엇인가?

11 f의 그래프가 주어져 있다고 하자. f의 그래프로부터 다음과 같은 그래프를 얻는 각각의 방정식을 구하라.

(a) 위로 2단위 이동

(b) 아래로 2단위 이동

(c) 오른쪽으로 2단위 이동

(d) 왼쪽으로 2단위 이동

(e) x축에 대해 대칭

(f) y축에 대해 대칭

(g) 수직 방향으로 2배 늘이기

(h) 수직 방향으로 2배 줄이기

(i) 수평 방향으로 2배 늘이기

(j) 수평 방향으로 2배 줄이기

12 그래프를 그려서 다음 각각의 의미를 설명하라.

(a) $\lim_{x \to a} f(x) = L$ (b) $\lim_{x \to a^+} f(x) = L$

(c) $\lim_{x \to a^-} f(x) = L$ (d) $\lim_{x \to a} f(x) = \infty$

(e) $\lim_{x \to \infty} f(x) = L$

13 극한이 존재하지 않는 여러 가지 경우를 쓰고, 그림을 그려서 이를 설명하라.

14 다음 극한 법칙을 설명하라.

(a) 합의 법칙 (b) 차의 법칙

(c) 상수배 법칙 (d) 곱의 법칙

(e) 나눗셈 법칙 (f) 거듭제곱 법칙

(g) 거듭제곱근 법칙

15 압축정리란 무엇인가?

16 (a) f가 a에서 연속이라는 의미는 무엇인가?

(b) f가 구간 $(-\infty, \infty)$에서 연속이라는 의미는 무엇인가? 이러한 함수의 그래프에 대해 무엇을 말할 수 있는가?

17 중간값 정리는 무엇을 말하는가?

18 (a) 직선 $x = a$가 곡선 $y = f(x)$의 수직점근선이라는 것은 무엇을 의미하는가? 곡선을 그려서 다양한 가능성을 설명하라.

(b) 직선 $y = L$이 곡선 $y = f(x)$의 수평점근선이라는 것은 무엇을 의미하는가? 곡선을 그려서 다양한 가능성을 설명하라.

참/거짓 질문

다음 명제가 참인지 거짓인지 결정하라. 참이면 이유를 설명하고, 거짓이면 이유를 설명하거나 반례를 들어라.

01 f가 함수이면 $f(s+t) = f(s) + f(t)$이다.

02 f가 함수이면 $f(3x) = 3f(x)$이다.

03 수직선은 함수의 그래프와 최대 한 번 만난다.

04 $\lim_{x \to 4}\left(\frac{2x}{x-4} - \frac{8}{x-4}\right) = \lim_{x \to 4}\frac{2x}{x-4} - \lim_{x \to 4}\frac{8}{x-4}$

05 $\lim_{x \to 1}\frac{x-3}{x^2+2x-4} = \frac{\lim_{x \to 1}(x-3)}{\lim_{x \to 1}(x^2+2x-4)}$

06 $\lim_{x \to 5} f(x) = 0$, $\lim_{x \to 5} g(x) = 0$이면 $\lim_{x \to 5}[f(x)/g(x)]$는 존재하지 않는다.

07 p가 다항함수이면 $\lim_{x \to b} p(x) = p(b)$이다.

08 함수는 두 개의 서로 다른 수평점근선을 가질 수 있다.

09 직선 $x = 1$이 $y = f(x)$의 수직점근선이면 f는 1에서 정의되지 않는다.

10 x가 임의의 실수일 때 $\sqrt{x^2} = x$이다.

11 f가 5에서 연속이고 $f(5) = 2$, $f(4) = 3$이면, $\lim_{x \to 2} f(4x^2 - 11) = 2$이다.

12 f가 $\lim_{x \to 0} f(x) = 6$을 만족하는 함수라고 할 때 $0 < |x| < \delta$이면 $|f(x) - 6| < 1$인 양수 δ가 존재한다.

13 f가 a에서 연속이면 $|f|$도 a에서 연속이다.

연습문제

01 f는 다음 그래프로 주어진 함수라 하자.

(a) $f(2)$를 추정하라.

(b) $f(x)=3$인 x를 추정하라.

(c) f의 정의역을 말하라.

(d) f의 치역을 말하라.

(e) f가 증가하는 구간은 어디인가?

(f) f는 우함수인지 기함수인지 아니면 어느 것도 아닌지 설명하라.

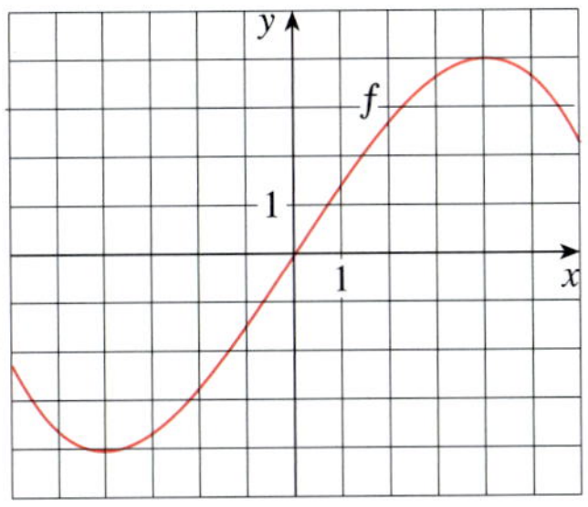

02~03 다음 함수의 정의역과 치역을 구하고, 구간 기호로 쓰라.

02 $f(x)=2/(3x-1)$

03 $y=1+\sin x$

04 f의 그래프가 주어져 있다고 하자. f의 그래프로부터 다음 함수들의 그래프가 어떻게 얻어질 수 있는지 설명하라.

(a) $y=f(x)+8$ (b) $y=f(x+8)$

(c) $y=1+2f(x)$ (d) $y=f(x-2)-2$

(e) $y=-f(x)$ (f) $y=3-f(x)$

05~07 변환을 이용하여 다음 함수의 그래프를 그려라.

05 $y=-\sin 2x$

06 $y=1+\frac{1}{2}x^3$

07 $f(x)=\frac{1}{x+2}$

08 f가 우함수인지, 기함수인지, 어느 것도 아닌지 결정하라.

(a) $f(x)=2x^5-3x^2+2$ (b) $f(x)=x^3-x^7$

(c) $f(x)=\cos(x^2)$ (d) $f(x)=1+\sin x$

09 $f(x)=\sqrt{x}$이고 $g(x)=\sin x$일 때 (a) $f\circ g$ (b) $g\circ f$ (c) $f\circ f$ (d) $g\circ g$를 구하고 각각의 정의역을 구하라.

10 f의 그래프가 주어져 있다.

(a) 각 극한을 구하거나, 존재하지 않는다면 그 이유를 설명하라.

(i) $\lim_{x\to 2^+} f(x)$ (ii) $\lim_{x\to -3^+} f(x)$

(iii) $\lim_{x\to -3} f(x)$ (iv) $\lim_{x\to 4} f(x)$

(v) $\lim_{x\to 0} f(x)$ (vi) $\lim_{x\to 2^-} f(x)$

(vii) $\lim_{x\to \infty} f(x)$ (viii) $\lim_{x\to -\infty} f(x)$

(b) 수평점근선의 방정식을 말하라.

(c) 수직점근선의 방정식을 말하라.

(d) f가 불연속인 수는 무엇인가? 설명하라.

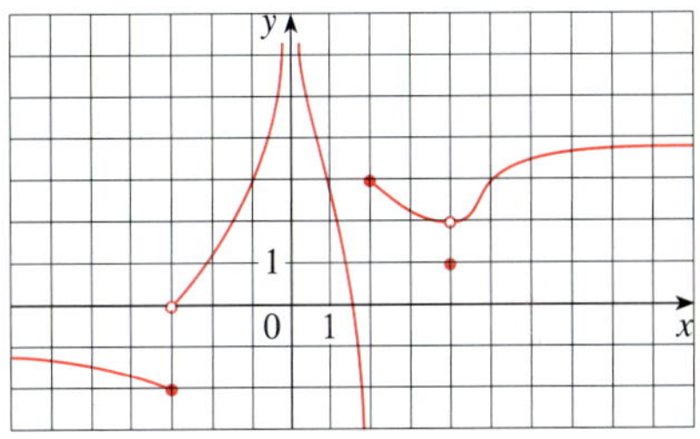

11~17 극한을 구하라.

11 $\lim_{x\to 0}\cos(x+\sin x)$

12 $\lim_{x\to -3}\frac{x^2-9}{x^2+2x-3}$

13 $\lim_{h\to 0}\frac{(h-1)^3+1}{h}$

14 $\lim_{r\to 9}\frac{\sqrt{r}}{(r-9)^4}$

15 $\lim_{s\to 16}\frac{4-\sqrt{s}}{s-16}$

16 $\lim_{x\to \infty}\left(\sqrt{x^2+4x+1}-x\right)$

17 $\lim_{x\to 0}\frac{\cot 2x}{\csc x}$

18 그래프를 이용하여 곡선 $y=\frac{\cos^2 x}{x^2}$의 점근선을 발견하라. 그리고 발견한 것을 증명하라.

19 $0<x<3$에서 $2x-1 \le f(x) \le x^2$일 때, $\lim_{x\to 1} f(x)$를 구하라.

20~21 극한에 대한 엄밀한 정의를 이용하여 다음 명제를 증명하라.

20 $\lim_{x\to 2}(14-5x)=4$

21 $\lim_{x\to\infty} \dfrac{1}{x^4}=0$

22 $f(x)=\begin{cases}\sqrt{-x}, & x<0\\ 3-x, & 0\le x<3\\ (x-3)^2, & x\ge 3\end{cases}$

(a) 극한이 존재한다면 그 극한을 구하라.

(i) $\lim_{x\to 0^+} f(x)$ (ii) $\lim_{x\to 0^-} f(x)$ (iii) $\lim_{x\to 0} f(x)$

(iv) $\lim_{x\to 3^-} f(x)$ (v) $\lim_{x\to 3^+} f(x)$ (vi) $\lim_{x\to 3} f(x)$

(b) f가 불연속인 곳은 어디인가?

(c) f의 그래프를 그려라.

23 중간값 정리를 이용하여 구간 $(1, 2)$에서 방정식 $x^5-x^3+3x-5=0$의 근이 존재함을 보여라.

2장 도함수

DERIVATIVES

이 장에서는 도함수라 부르는 특별한 형태의 극한을 공부한다. 도함수는 접선의 기울기를 구한다거나 속도 또는 순간 변화율을 구할 때 나타난다.

2.1 미분계수와 변화율

곡선에 대한 접선을 구하는 문제와 물체의 속도를 구하는 문제는 동일한 형태의 극한을 구하는 것으로 이것을 도함수라고 부른다.

접선 문제

접선[tangent]이라는 단어는 '접하다'라는 의미의 라틴어 tangens에서 유래되었다. 따라서 곡선의 접선은 그 곡선에 접하는 직선이다. 다시 말해서, 접선은 접점에서 곡선과 같은 방향이어야 한다. 이 개념을 어떻게 하면 엄밀하게 만들 수 있을까?

원의 경우에는 간단히 유클리드 기하학에 따르는데 [그림 1(a)]와 같이 오로지 한 번 원과 교차하는 직선이라고 말할 수 있다. 그러나 좀 더 복잡한 곡선의 경우에는 이 정의가 부적절하다. [그림 1(b)]는 두 직선 L과 T가 곡선 C 위의 한 점 P를 지나는 것을 보여준다. 직선 L은 C와 꼭 한 번 교차하지만 접선이라고 생각할 것 같지는 않다. 한편 직선 T는 접선으로 보이지만 C와 두 번 교차한다.

■ www.stewartcalculus.com (Additional Example A를 보라.)

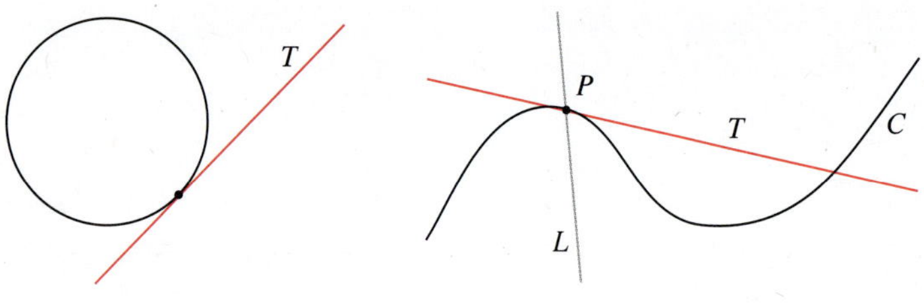

[그림 1]

구체적으로 다음 예제에서 포물선 $y = x^2$의 접선 T를 구하려는 문제를 살펴보자.

예제 1 점 $P(1, 1)$에서 포물선 $y = x^2$의 접선의 방정식을 구하라.

풀이

접선 T의 기울기 m을 알게 되면 접선의 방정식을 빠르게 구할 수 있을 것이다. 문제는 기울기를 구하려면 두 점이 필요한데 우리는 T 위의 한 점 P만 알고 있다는 것이다. 그러나 포물선 위에서 부근에 있는 점 $Q(x, x^2)$을 선택하여([그림 2] 참조) 할선[1] PQ의 기울기 m_{PQ}를 계산해서 m의 근삿값을 구할 수 있다.

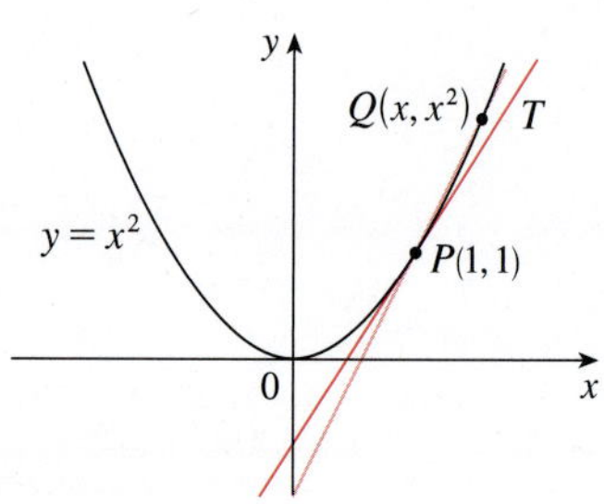

[그림 2]

$Q \neq P$가 되도록 $x \neq 1$을 선택한다. 그러면 다음이 성립한다.

$$m_{PQ} = \frac{x^2 - 1}{x - 1}$$

1 할선[secant line]은 '자르다'라는 의미의 라틴어 secans에서 유래되었으며, 두 번 이상 곡선을 자르는(교차하는) 직선이다.

x가 1에 근접하게 되면 어떻게 될까? [그림 3]에서 Q가 포물선을 따라 P에 접근하고, 할선 PQ는 P를 중심으로 회전하면서 접선 T에 접근한다.

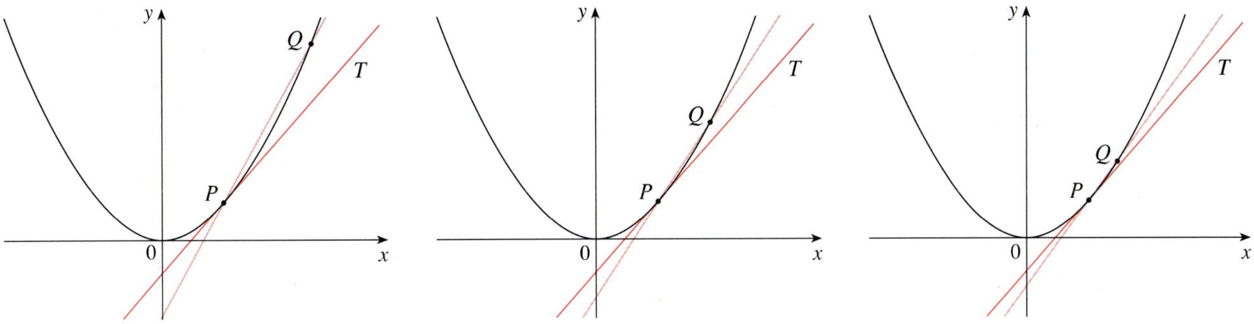

Q가 오른쪽으로부터 P에 접근하는 경우

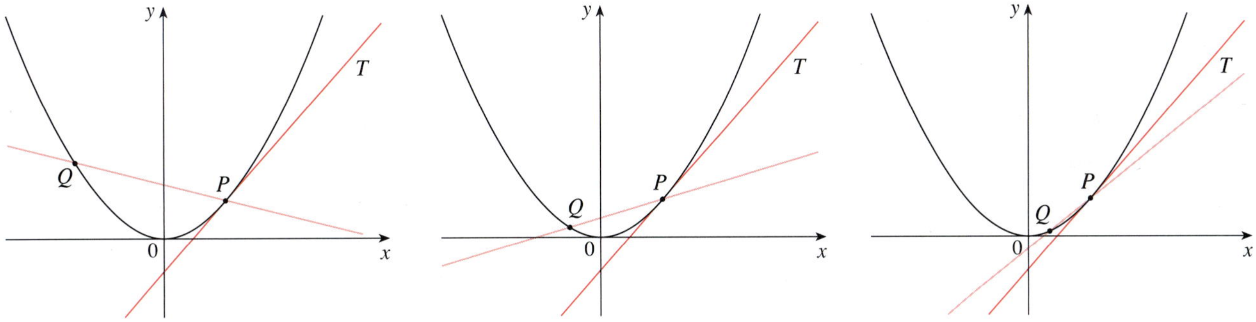

Q가 왼쪽으로부터 P에 접근하는 경우

[그림 3]

접선의 기울기 m은 다음과 같이 x가 1에 근접할수록 할선의 기울기의 극한으로 나타난다.

$$m = \lim_{x \to 1} \frac{x^2 - 1}{x - 1} = \lim_{x \to 1} \frac{(x-1)(x+1)}{x-1}$$

$$= \lim_{x \to 1} (x+1) = 1 + 1 = 2$$

TEC Visual 2.1A에서는 추가 함수들에 대해 [그림 3]의 과정이 어떻게 작용하는지 알 수 있다.

점-기울기형 직선의 방정식을 이용하여 $(1, 1)$에서 다음과 같은 접선의 방정식을 구한다.

$$y - 1 = 2(x - 1) \quad \text{또는} \quad y = 2x - 1$$

점 (x_1, y_1)을 지나고 기울기가 m인 점-기울기형 직선의 방정식은 다음과 같다.

$$y - y_1 = m(x - x_1)$$

때때로 곡선 위의 한 점에서 그 곡선에 대한 접선의 기울기를 가리켜 그 점에서의 **곡선의 기울기**slope of the curve라 부른다. 이 개념은 그 점을 더욱 확대해나가면 곡선이 거의 직선으로 보인다는 것이다. [그림 4]는 [예제 1]의 곡선 $y = x^2$에 대해 이 과정을 설명한다. 계속 확대할수록 포물선은 직선으로 보인다. 다시 말해서 곡선은 접선과 거의 구별할 수 없게 된다.

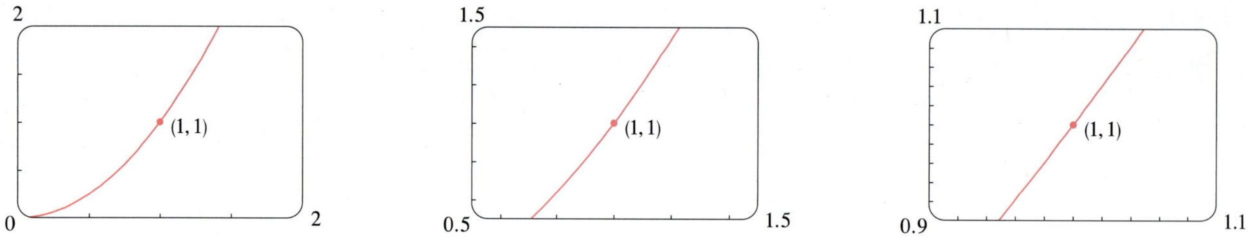

[그림 4] 포물선 $y=x^2$ 위의 점 $(1,\ 1)$을 향해 확대한다.

일반적으로 곡선 C가 방정식 $y=f(x)$로 주어지고 점 $P(a,\ f(a))$에서 C의 접선을 구하고자 한다면, $x \neq a$인 부근의 점 $Q(x,\ f(x))$를 생각하고 다음과 같이 할선 PQ의 기울기를 계산한다.

TEC Visual 2.1B에서는 [그림 4]의 움직임을 보여준다.

$$m_{PQ} = \frac{f(x)-f(a)}{x-a}$$

그 다음으로 x를 a에 접근시킴으로써 Q가 곡선 C를 따라 P에 접근하도록 한다. 만일 m_{PQ}가 수 m에 접근한다면 접선 T는 기울기가 m이고 P를 지나는 직선으로 정의한다. (이것은 결국 Q가 P에 접근함에 따른 할선 PQ의 극한이라고 말하는 것이 된다. [그림 5] 참조.)

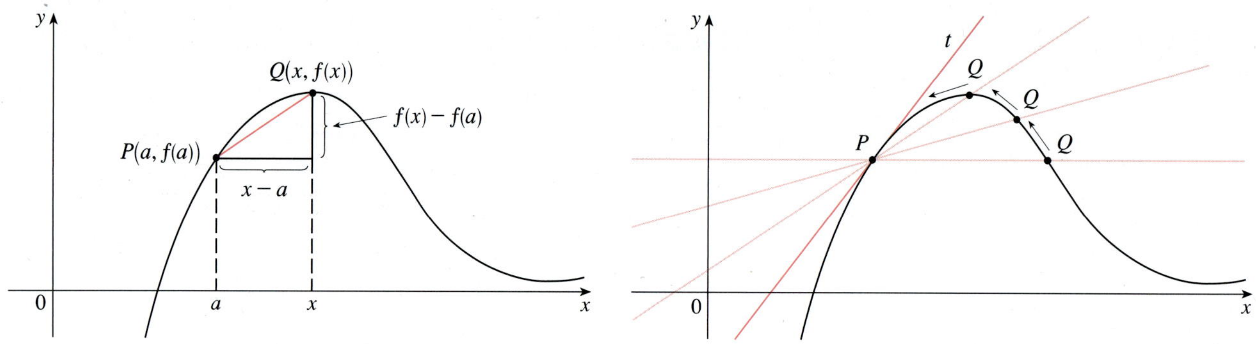

[그림 5]

> **1 정의** 점 $P(a,\ f(a))$에서 곡선 $y=f(x)$의 **접선**tangent line은 (극한이 존재한다면) 다음과 같은 기울기를 갖고 P를 지나는 직선이다.
>
> $$m = \lim_{x \to a} \frac{f(x)-f(a)}{x-a}$$

접선의 기울기에 대한 또 다른 표현이 있는데, 때로는 이 편이 좀더 사용하기가 쉽다. $h=x-a$이면 $x=a+h$이므로 할선 PQ의 기울기는 다음과 같다.

$$m_{PQ} = \frac{f(a+h)-f(a)}{h}$$

([그림 6]은 $h > 0$인 경우를 설명하는데 점 Q가 점 P의 오른쪽에 있다. 반면 $h < 0$인 경우는 점 Q가 점 P의 왼쪽에 있다.) x가 a에 접근할수록 h는 0에 접근하므로 ($h = x - a$이므로) 정의 1의 접선의 기울기에 대한 표현은 다음과 같이 된다.

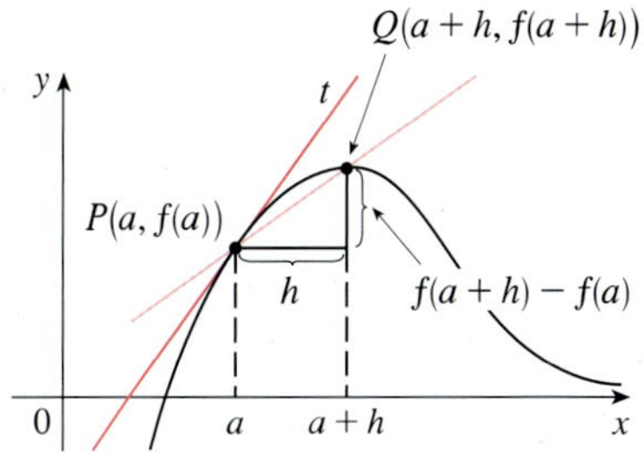

[그림 6]

2 $$m = \lim_{h \to 0} \frac{f(a+h) - f(a)}{h}$$

예제 2 **점 $(3, 1)$에서 쌍곡선 $y = 3/x$의 접선의 방정식을 구하라.**

풀이

$f(x) = 3/x$이라 하자. 그러면 점 $(3, 1)$에서 접선의 기울기는 다음과 같다.

$$m = \lim_{h \to 0} \frac{f(3+h) - f(3)}{h}$$

$$= \lim_{h \to 0} \frac{\frac{3}{3+h} - 1}{h} = \lim_{h \to 0} \frac{\frac{3 - (3+h)}{3+h}}{h}$$

$$= \lim_{h \to 0} \frac{-h}{h(3+h)} = \lim_{h \to 0} \left(-\frac{1}{3+h}\right) = -\frac{1}{3}$$

그러므로 점 $(3, 1)$에서 접선의 방정식은 다음과 같다.

$$y - 1 = -\frac{1}{3}(x - 3)$$

이것을 다음과 같이 간단히 할 수 있다.

$$x + 3y - 6 = 0$$

쌍곡선과 접선을 [그림 7]에서 보여준다.

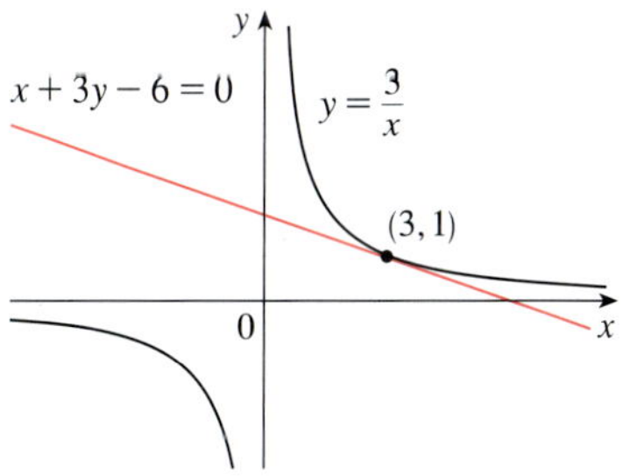

[그림 7]

속도 문제

1.3절에서는 CN 타워에서 떨어지는 공의 운동을 살펴봤는데, 공이 떨어지는 속도를 매우 짧은 시간 주기에서 평균 속도의 극한으로 정의했다.

일반적으로 물체가 운동방정식 $s = f(t)$에 의해 직선을 따라 움직인다고 하자. 여기서 s는 시각 t에서 물체가 원점으로부터 움직인 변위(유향 거리)이다. 물체의 운동을 나타내는 함수 f를 물체의 **위치 함수**position function라 한다. $t = a$에서 $t = a + h$까지의 시간 구간에서 위치 변화는 $f(a+h) - f(a)$이다([그림 8] 참조).

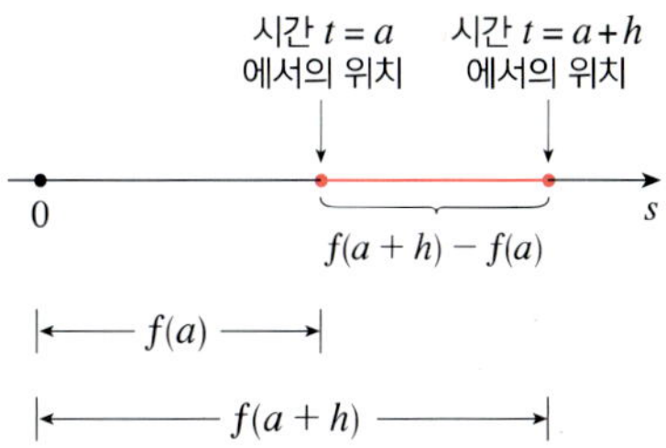

[그림 8]

이 시간 구간에서의 평균 속도는 다음과 같다.

$$\text{평균 속도} = \frac{\text{변위}}{\text{시간}} = \frac{f(a+h)-f(a)}{h}$$

그리고 이것은 [그림 9]에 있는 할선 PQ의 기울기와 같다.

이제 매우 짧은 시간 구간 $[a, a+h]$에서 평균 속도를 계산한다고 하자. 즉 h가 0에 접근한다고 하자. 낙하하는 공의 예에서와 같이 시각 $t=a$에서의 속도(또는 **순간 속도**) $v(a)$를 다음과 같이 평균 속도의 극한으로 정의한다.

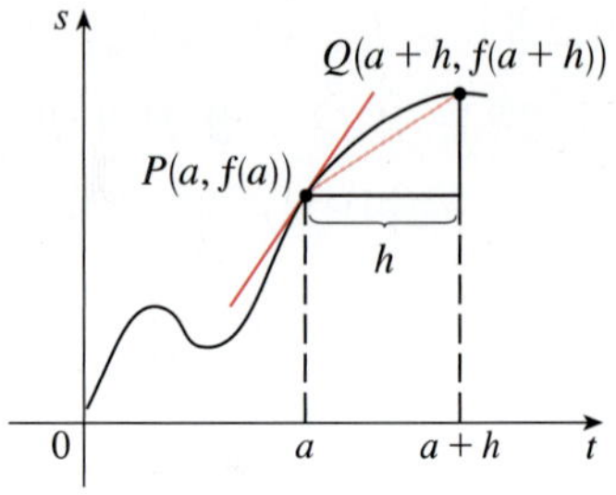

$$m_{PQ} = \frac{f(a+h)-f(a)}{h} = \text{평균 속도}$$

[그림 9]

3
$$v(a) = \lim_{h \to 0} \frac{f(a+h)-f(a)}{h}$$

이는 시각 $t=a$에서의 속도가 점 P에서의 접선의 기울기와 동일하다는 뜻이다. (식 2와 3을 비교하라.)

예제 3 지상 450 m 높이의 CN 타워 전망대에서 떨어지는 공을 생각해보자.

(a) 5초 후 공의 속도는 얼마인가?

(b) 공이 땅에 닿는 순간에 얼마나 빨리 움직이는가?

풀이

우선 a초 후의 속도 $v(a)$를 구하기 위해 운동방정식 $s=f(t)=4.9t^2$을 이용한다.

1.3절에서 살펴본 바와 같이 t초 후 떨어진 거리(m)는 $4.9t^2$이다.

$$v(a) = \lim_{h \to 0} \frac{f(a+h)-f(a)}{h} = \lim_{h \to 0} \frac{4.9(a+h)^2 - 4.9a^2}{h}$$

$$= \lim_{h \to 0} \frac{4.9(a^2+2ah+h^2-a^2)}{h} = \lim_{h \to 0} \frac{4.9(2ah+h^2)}{h}$$

$$= \lim_{h \to 0} 4.9(2a+h) = 9.8a$$

(a) 5초 후 공의 속도는 $v(5) = (9.8) \cdot (5) = 49\,\text{m/s}$이다.

(b) 전망대는 지상으로부터 450 m 위에 있으므로 $s(t_1)=450$, 즉 $4.9t_1^2 = 450$이 되는 시각 t_1에서 땅에 닿는다. 따라서 다음을 얻는다.

■ www.stewartcalculus.com (Additional Example B를 보라.)

$$t_1^2 = \frac{450}{4.9}, \quad t_1 = \sqrt{\frac{450}{4.9}} \approx 9.6\,\text{s}$$

그러므로 공이 땅에 닿는 순간의 속도는 다음과 같다.

$$v(t_1) = 9.8t_1 = 9.8\sqrt{\frac{450}{4.9}} \approx 94\,\text{m/s}$$

미분계수

접선의 기울기(식 2)나 물체의 속도(식 3)를 구할 때 똑같은 형태의 극한이 나타나는 것을 보았다. 실제로 모든 과학이나 공학 그리고 화학에서의 반응률, 경제학에서는 한계비용에서 변화율을 계산할 때 언제나 다음과 같은 형태의 극한이 나타난다.

$$\lim_{h \to 0} \frac{f(a+h)-f(a)}{h}$$

이와 같은 유형의 극한은 매우 폭넓게 나타나므로 특별한 명칭과 기호를 부여한다.

4 **정의** 수 a에서 함수 f의 **미분계수**derivative는 $f'(a)$로 나타내며 다음 극한으로 정의한다. (이 극한이 존재한다면)

$$f'(a) = \lim_{h \to 0} \frac{f(a+h)-f(a)}{h}$$

$f'(a)$를 'f 프라임(prime) a'라고 읽는다.

이제 $x = a+h$로 놓으면 $h = x-a$이고, h가 0에 접근하기 위한 필요충분조건은 x가 a에 접근하는 것이다. 따라서 접선을 구할 때 보았듯이 미분계수의 정의는 다음과 같이 설명할 수 있다.

5 $$f'(a) = \lim_{x \to a} \frac{f(x)-f(a)}{x-a}$$

예제 4 수 a에서 함수 $f(x) = x^2 - 8x + 9$의 미분계수를 구하라.

풀이

정의 4로부터 다음을 얻는다.

$$\begin{aligned} f'(a) &= \lim_{h \to 0} \frac{f(a+h)-f(a)}{h} \\ &= \lim_{h \to 0} \frac{[(a+h)^2 - 8(a+h)+9] - [a^2 - 8a + 9]}{h} \\ &= \lim_{h \to 0} \frac{a^2 + 2ah + h^2 - 8a - 8h + 9 - a^2 + 8a - 9}{h} \\ &= \lim_{h \to 0} \frac{2ah + h^2 - 8h}{h} = \lim_{h \to 0} (2a + h - 8) \\ &= 2a - 8 \end{aligned}$$

점 $P(a, f(a))$에서 곡선 $y = f(x)$의 접선은 식 1 또는 2에 의해 점 P를 지나고 기울기가 m인 직선으로 정의했다. 정의 4에 의해 이 기울기는 미분계수 $f'(a)$와 같으므로 다음과 같이 말할 수 있다.

> $(a, f(a))$에서 $y=f(x)$의 접선은 점 $(a, f(a))$를 지나고 기울기가 $f'(a)$인 직선이다. 이때 $f'(a)$는 a에서 f의 미분계수이다.

점-기울기형 직선의 방정식을 이용한다면 점 $(a, f(a))$에서 곡선 $y=f(x)$에 대한 접선의 방정식은 다음과 같이 쓸 수 있다.

$$y-f(a)=f'(a)(x-a)$$

예제 5 **점 $(3, -6)$에서 포물선 $y=x^2-8x+9$의 접선의 방정식을 구하라.**

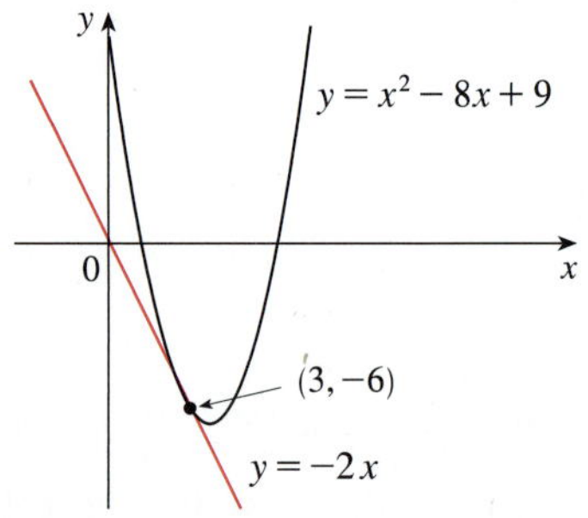

[그림 10]

풀이

[예제 4]로부터 수 a에서 $f(x)=x^2-8x+9$에 대한 미분계수가 $f'(a)=2a-8$인 것을 알았다. 따라서 $(3, -6)$에서 접선의 기울기는 $f'(3)=2(3)-8=-2$이다. 접선의 방정식은 [그림 10]에 보인 것처럼 다음과 같다.

$$y-(-6)=(-2)(x-3) \quad \text{또는} \quad y=-2x$$

변화율

y를 어떤 양 x에 의존하는 양이라 하자. 그러면 y는 x의 함수이고 $y=f(x)$로 쓴다. x가 x_1에서 x_2로 변한다면 x의 변화(x의 증분increment)는 다음과 같다.

$$\Delta x = x_2 - x_1$$

그리고 이에 대응하는 y의 변화는 다음과 같다.

$$\Delta y = f(x_2) - f(x_1)$$

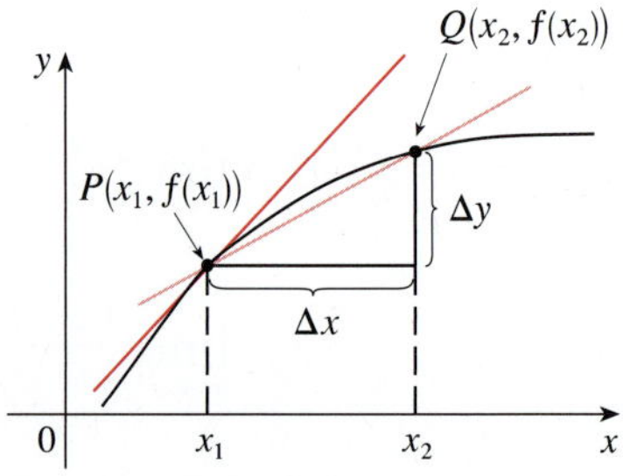

[그림 11]

다음과 같은 차분몫을 구간 $[x_1, x_2]$에서 **x에 대한 y의 평균 변화율**average rate of change 이라 한다.

$$\frac{\Delta y}{\Delta x} = \frac{f(x_2)-f(x_1)}{x_2-x_1}$$

이것은 [그림 11]에서 할선 PQ의 기울기로 설명된다.

속도에서와 마찬가지로 x_2가 x_1에 접근할수록 Δx가 0에 가까워짐으로써 점점 더 작아지는 구간에서의 평균 변화율을 생각하자. 이 평균 변화율의 극한을 $x=x_1$에서 **x에 대한 y의 순간 변화율**instantaneous rate of change이라 한다. 그리고 이것은 $P(x_1, f(x_1))$에서 곡선 $y=f(x)$의 접선의 기울기로 설명된다.

$$\boxed{6} \qquad \text{순간 변화율} = \lim_{\Delta x \to 0} \frac{\Delta y}{\Delta x} = \lim_{x_2 \to x_1} \frac{f(x_2) - f(x_1)}{x_2 - x_1}$$

우리는 이 극한이 미분계수 $f'(x_1)$인 것을 안다. 미분계수 $f'(a)$의 첫 번째 해석은 $x = a$에서 곡선 $y = f(x)$에 대한 접선의 기울기인 것을 알고 있다. 이제 미분계수에 대한 두 번째 해석을 보자.

미분계수 $f'(a)$는 $x = a$일 때 x에 대한 $y = f(x)$의 순간 변화율이다.

이것을 첫 번째 해석과 연계하여 함수 $y = f(x)$의 그래프를 그린다면 순간 변화율은 $x = a$인 점에서 곡선에 대한 접선의 기울기로 해석된다. 이는 미분계수가 크면 [그림 12]의 점 P에서와 같이 곡선이 가파르고 y값도 빠르게 변하는 것을 의미한다. 반대로 미분계수가 작으면 곡선은 상대적으로 평평하고 y값도 느리게 변한다는 것을 의미한다.

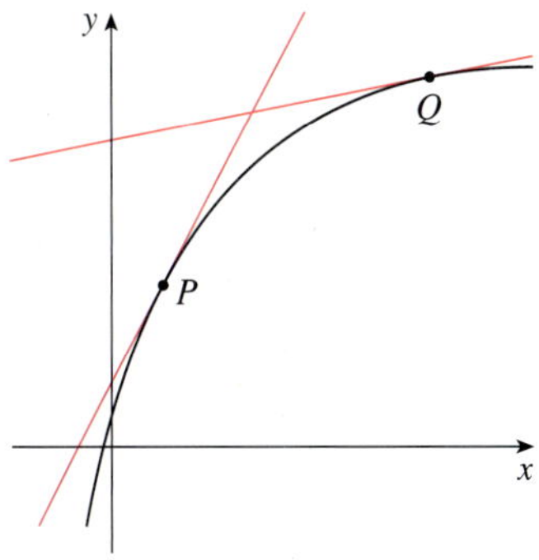

[그림 12] y 값이 P에서 빠르게 변하고, Q에서 느리게 변한다.

특히 $s = f(t)$가 직선을 따라 움직이는 물체의 위치 함수라고 하면 $f'(a)$는 시각 t에 대한 변위 s의 변화율이다. 다시 말해서 $f'(a)$는 시각 $t = a$에서 입자의 속도이다. 그리고 입자의 속력[speed]은 속도의 절댓값, 즉 $|f'(a)|$이다.

다음 예제에서 시간에 관한 국가부채의 비율을 추정한다. 여기서 함수는 식이 아니라 값들이 표에 의해 정의된다.

예제 6 **$D(t)$를 시각 t에서 캐나다의 총 국가부채라 하자. [표 1]은 1994년부터 2002년까지 2년을 주기로 추정한 부채를 10억 달러 단위로 제시한 것이다. $D'(1998)$의 값을 설명하고 추정하라.**

t	$D(t)$
1994	414.0
1996	469.5
1998	467.3
2000	456.4
2002	442.3

[표 1]

풀이

미분계수 $D'(1998)$은 $t = 1998$일 때 t에 대한 D의 변화율이다. 즉 1998년의 국가부채 증가율이다. 식 $\boxed{5}$에 따라 다음을 얻는다.

$$D'(1998) = \lim_{t \to 1998} \frac{D(t) - D(1998)}{t - 1998}$$

따라서 차분몫(평균 변화율)의 값을 계산해서 다음과 같이 표로 만든다.

t	$\frac{D(t) - D(1998)}{t - 1998}$
1994	13.3
1996	−1.1
2000	−5.5
2002	−6.3

[표 2]

이 표로부터 $D'(1998)$이 연간 -5.5억 달러에서 -1.1억 달러 사이의 어디엔가 있음을 알 수 있다. [여기서 부채는 1998년과 2002년 사이에 걷잡을 수 없이 변동을 거듭하지 않았다는 합리적인 가정을 한다.] 1998년에 캐나다 국가부채의 변화율은 다음과 같이 두 수의 평균으로 추정한다.

$$D'(1998) \approx -3.3\text{억 달러/년}$$

음의 부호는 그 시각에 부채가 감소했음을 의미한다. 또 다른 방법으로는 부채 함수를 그래프로 나타낸 뒤 $t = 1998$일 때 접선의 기울기를 추정하는 것이다.

단위에 대한 주의

평균 변화율 $\Delta D/\Delta t$에 대한 단위는 ΔD의 단위를 Δt의 단위로 나눈 것으로 1년 당 10억 달러를 의미한다. 평균 변화율의 극한이므로 동일한 단위, 즉 '10억 달러/1년'으로 측정된다.

[예제 6]의 시간에 관한 부채의 변화율은 변화율의 한 예이다. 여기에 몇 가지 예들이 더 있다.

입자의 속도는 시간에 대한 변위의 변화율이다. 물리학자들 역시 다른 종류의 변화율, 예를 들어 시간에 대한 일의 변화율(일률이라 부른다)에 관심을 갖는다. 화학반응을 연구하는 화학자는 시간에 대한 반응물의 농도의 변화율(반응률이라 부른다)에 관심을 갖는다. 강철 제조업자는 하루에 강철 x톤을 생산하는 데 소요되는 비용의 x에 대한 변화율(한계비용이라 부른다)에 관심을 갖는다. 생물학자는 시간에 따른 박테리아 집단의 개체 수 변화율에 관심을 갖는다. 실제로 변화율 계산은 자연과학, 공학 심지어 사회과학 등 모든 분야에서 중요하다.

- www.stewartcalculus.com (Additional Examples C, D를 보라.)

이와 같은 모든 변화율은 접선의 기울기로 해석할 수 있다. 이는 접선 문제를 해석하는 데 또 다른 의미를 부여한다. 접선 문제를 푸는 것은 그저 기하학 문제를 푸는 것만이 아니다. 우리는 암묵적으로 과학과 공학에서 변화율을 포함하는 매우 다양한 문제를 풀고 있는 것이다.

2.1 연습문제

01 (a) 포물선 $y = 4x - x^2$ 위의 점 $(1, 3)$에서 접선의 기울기를 구하라.

(i) 정의 1을 이용해서 (ii) 식 2를 이용해서

(b) (a)에서 접선의 방정식을 구하라.

(c) 포물선과 접선의 그래프를 그려라. 포물선과 접선이 구별되지 않을 때까지 점 $(1, 3)$쪽으로 확대하여 구한 답을 확인하라.

02~03 주어진 점에서 곡선에 대한 접선의 방정식을 구하라.

02 $y = 4x - 3x^2$, $(2, -4)$

03 $y = \sqrt{x}$, $(1, 1)$

04 (a) $x = a$인 점에서 곡선 $y = 3 + 4x^2 - 2x^3$의 기울기를 구하라.

(b) 점 $(1, 5)$와 $(2, 3)$에서 접선의 방정식을 구하라.

(c) 동일한 보기화면에 곡선과 두 접선의 그래프를 그려라.

05 그래프는 자동차의 위치 함수를 나타낸다. 그래프의 모양을 이용하여 다음 질문에 대한 답을 설명하라.

(a) 자동차의 최초 속도는 얼마인가?

(b) B 또는 C 중에서 자동차가 더 빠르게 움직이는 곳은 어디인가?

(c) 자동차는 A, B, C에서 속도를 올리는가? 아니면 낮추는가?

(d) D와 E 사이에서 어떤 일이 일어나고 있는가?

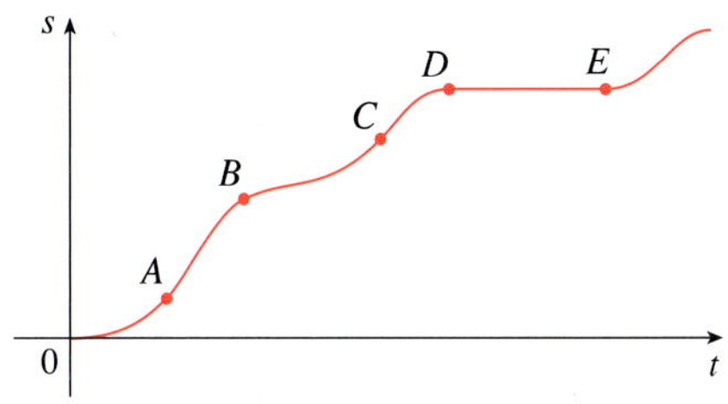

06 10m/s의 속도로 공을 공중으로 던졌을 때 t초 후의 높이(m)는 $y=10t-4.9t^2$으로 주어진다. $t=2$일 때 속도를 구하라.

07 직선 위를 움직이는 입자의 변위(m)는 운동방정식 $s=1/t^2$로 주어진다. 여기서 t의 단위는 초이다. 시각 $t=a$, $t=1$, $t=2$ 그리고 $t=3$에서 입자의 속도를 구하라.

08 다음 그래프로 주어지는 함수 g에 대해 다음 수들을 커지는 순서대로 재배열하고 그 이유를 설명하라.

$$0, \quad g'(-2), \quad g'(0), \quad g'(2), \quad g'(4)$$

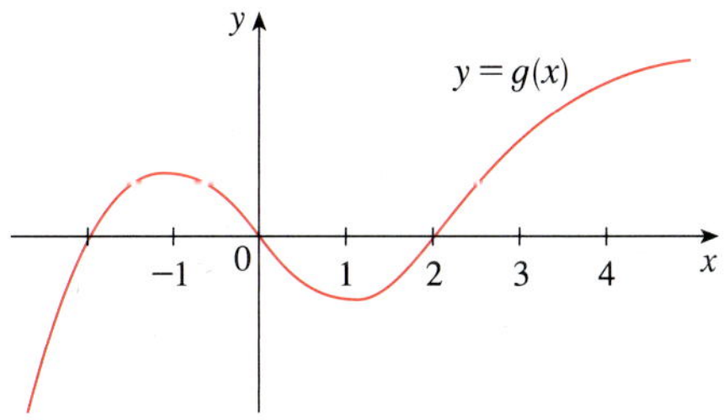

09 $a=2$인 점에서 곡선 $y=f(x)$에 대한 접선의 방정식이 $y=4x-5$일 때, $f(2)$와 $f'(2)$를 구하라.

10 $f(0)=0$, $f'(0)=3$, $f'(1)=0$, $f'(2)=-1$을 만족하는 함수 f의 그래프를 그려라.

11 $f(x)=3x^2-x^3$일 때 $f'(1)$을 구하고, 이것을 이용하여 점 $(1, 2)$에서 곡선 $y=3x^2-x^3$에 대한 접선의 방정식을 구하라.

12 (a) $F(x)=5x/(1+x^2)$일 때 $F'(2)$를 구하고, 점 $(2, 2)$에서 곡선 $y=5x/(1+x^2)$에 대한 접선의 방정식을 구하라.

(b) (a)의 곡선과 접선을 동일한 보기화면에 그려서 (a)를 설명하라.

13~15 $f'(a)$를 구하라.

13 $f(x)=3x^2-4x+1$

14 $f(t)=\dfrac{2t+1}{t+3}$

15 $f(x)=\sqrt{1-2x}$

16~18 다음 극한은 각각 어떤 수 a에서 어떤 함수 f의 미분계수를 나타낸다. 각 경우에 대해 f와 a를 설명하라.

16 $\displaystyle\lim_{h\to 0}\frac{(1+h)^{10}-1}{h}$

17 $\displaystyle\lim_{x\to 5}\frac{2^x-32}{x-5}$

18 $\displaystyle\lim_{h\to 0}\frac{\cos(\pi+h)+1}{h}$

19 따뜻한 소다수 캔을 차가운 냉장고에 넣었다. 시간의 함수로 소다수 온도의 그래프를 그려라. 온도에 대한 초기 변화율은 한 시간 후의 변화율보다 더 큰가? 더 작은가?

20 다음 표는 항공기로 아일랜드에 들어온 승객수 P(백만 명)를 나타낸다.

연도	2001	2003	2005	2007	2009
P	8.49	9.65	11.78	14.54	12.84

(a) 각 경우에 단위를 포함하여 P의 증가에 대한 평균 변화율을 구하라.

(i) 2001년에서 2005년까지

(ii) 2003년에서 2005년까지

(iii) 2005년에서 2007년까지

(b) 두 평균 변화율의 평균을 찾은 뒤 2005년도의 증가에 대한 순간 변화율을 구하라. 단위는 무엇인가?

21 어떤 필수품을 x 단위 생산하는 데 소요되는 비용(달러)는 $C(x)=5000+10x+0.05x^2$이다.

(a) 생산정도가 다음과 같이 변할 때 x에 대한 C의 평균 변화율을 구하라.

(i) $x=100$에서 $x=105$까지

(ii) $x=100$에서 $x=101$까지

(b) $x=100$일 때 x에 대한 C의 순간 변화율을 구하라. (이를 한계비용이라 하는데, 자세한 설명은 2.3절에서 다룬다.)

22 새로운 금광에서 금 x kg을 생산하는 비용은 $C=f(x)$달러이다.

(a) 미분계수 $f'(x)$의 의미는 무엇인가? 단위는 무엇인가?

(b) $f'(50)=36$은 무엇을 의미하는가?

(c) 단기간에 $f'(x)$의 값이 증가하는가? 아니면 감소하는가? 장기간에 대해서는 어떠한가?

23 2011년 7월 19일 정오 이후 t시간 동안 마닐라의 온도를 $T(t)$ (℃)로 나타내보자. 다음 표는 두 시간마다 기록한 함숫값이다. $T'(5)$의 의미는 무엇인가? 이 값을 추정하라.

t	1	3	5	7	9	11
T	32	32	31	27	26	25

24 물에 용해될 수 있는 산소량은 물의 온도에 좌우된다. (따라서 열오염은 산소 함유량에 영향을 미친다.) 그림은 산소 용해도 S가 수온 T의 함수에 따라 어떻게 변하는지 보여준다.

(a) 미분계수 $S'(T)$의 의미는 무엇인가? 단위는 무엇인가?

(b) $S'(16)$을 추정하고 이를 설명하라.

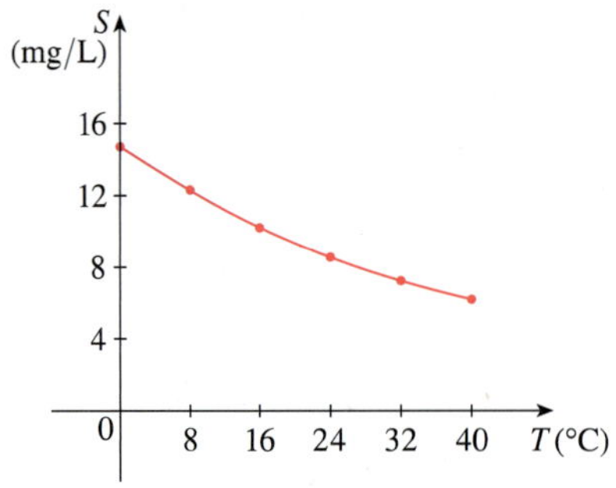

Adapted from Kupchella & Hyland, *Environmental Science: Living Within the System of Nature*, 2d ed.; © 1989. Printed and electronically reproduced by permission of Pearson Education, Inc., Upper Saddle River, NJ.

25 다음 함수에 대해 $f'(0)$이 존재하는지 판정하라.

$$f(x)=\begin{cases} x\sin\dfrac{1}{x}, & x\neq 0 \\ 0, & x=0 \end{cases}$$

2.2 함수로서의 도함수

앞서 2.1절에서는 고정된 수 a에서 함수 f의 미분계수를 살펴보았다.

$$f'(a)=\lim_{h\to 0}\frac{f(a+h)-f(a)}{h} \quad \boxed{1}$$

이제 관점을 바꿔 수 a가 변한다고 하자. 식 $\boxed{1}$에서 a를 변수 x로 바꾸면 다음을 얻는다.

$$f'(x)=\lim_{h\to 0}\frac{f(x+h)-f(x)}{h} \quad \boxed{2}$$

이 극한이 존재하는 임의의 수 x에 대해 수 $f'(x)$를 대응시킬 수 있다. 따라서 식 $\boxed{2}$에서 정의되는 f'을 새로운 함수로 볼 수 있으며 이 함수를 f의 **도함수**[derivative]라 한다. x에서 f'의 값 $f'(x)$는 기하학적으로 점 $(x, f(x))$에서 f의 그래프에 대한 접선의 기울기로 설명할 수 있다.

함수 f'은 식 $\boxed{2}$에서 극한 연산에 의해 f로부터 '유도되기' 때문에 f의 도함수라 한다. f'의 정의역은 $\{x \mid f'(x)$가 존재$\}$이고 f의 정의역보다는 작을 수 있다.

예제 1 **[그림 13]에 함수 f의 그래프가 주어졌다. 이것을 이용하여 f'의 그래프를 그려라.**

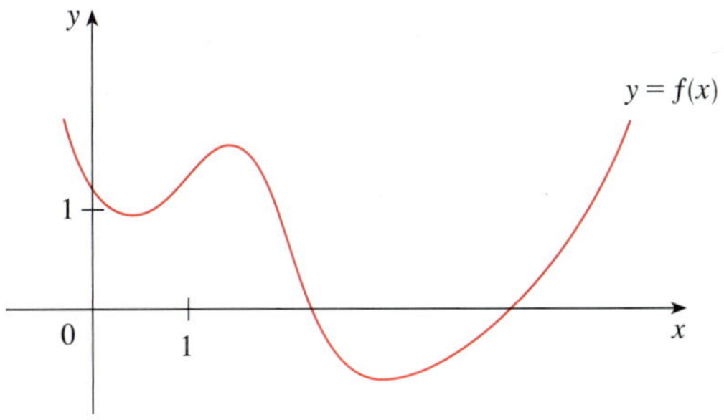

[그림 13]

풀이

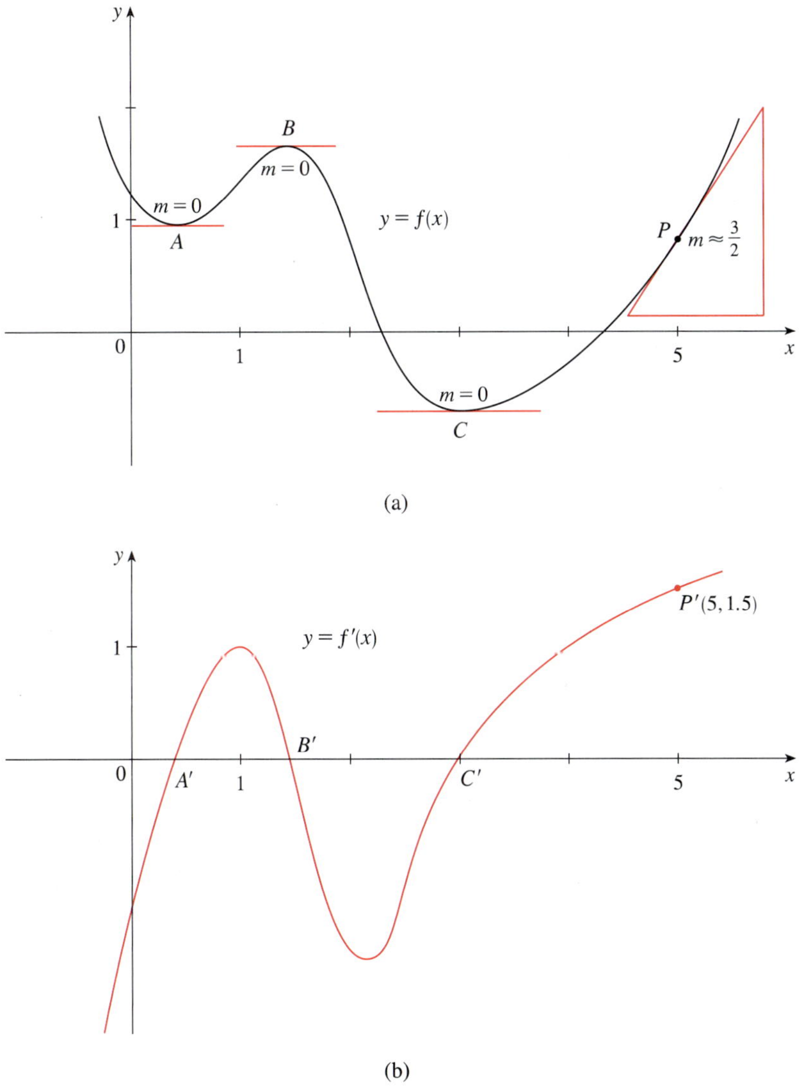

[그림 14]

TEC Visual 2.2에서는 여러 가지 함수에 대해 [그림 14]의 움직임을 보여준다.

점 $(x, f(x))$에서 접선을 그리고 기울기를 추정하여 임의의 점 x에서의 도함수 값을 추정할 수 있다. 예를 들어 $x=5$에 대해 [그림 14(a)]의 점 P에서 접선을 그리고 이 접선의 기울기를 추정하면 약 $\frac{3}{2}$이 되므로 $f'(5) \approx 1.5$이다. 점 P의 바로 밑에 있는 f'의 그래프 위에 점 $P'(5, 1.5)$의 좌표를 그릴 수 있다. 몇 개의 점에서 이러한 과정을 반복하면 [그림 14(b)]와 같은 그래프를 얻는다. 접선은 점 A, B, C에 수평이므로 도함수는 0이고 f'의 그래프는 A, B, C의 바로 밑에 있는 점 A', B', C'에서 x축을 지난다. A와 B 사이에서 접선의 기울기가 양수이므로 $f'(x)$는 그곳에서 양수이다. 그러나 B와 C 사이에서 접선의 기울기가 음수이므로 $f'(x)$는 그곳에서 음수이다.

예제 2 (a) $f(x) = x^3 - x$일 때 $f'(x)$의 식을 구하라.

(b) f와 f'의 그래프를 비교하여 설명하라.

풀이

(a) 식 2를 이용하여 도함수를 계산할 때 변수는 h이고, 극한을 계산하는 동안 x는 일시적으로 상수로 간주한다.

$$f'(x) = \lim_{h \to 0} \frac{f(x+h) - f(x)}{h} = \lim_{h \to 0} \frac{[(x+h)^3 - (x+h)] - [x^3 - x]}{h}$$

$$= \lim_{h \to 0} \frac{x^3 + 3x^2h + 3xh^2 + h^3 - x - h - x^3 + x}{h}$$

$$= \lim_{h \to 0} \frac{3x^2h + 3xh^2 + h^3 - h}{h} = \lim_{h \to 0} (3x^2 + 3xh + h^2 - 1) = 3x^2 - 1$$

(b) 그래픽 도구를 이용하여 f와 f'의 그래프를 그리면 [그림 15]와 같다. f의 접선이 수평일 때 $f'(x) = 0$이고, 접선의 기울기가 양수일 때 $f'(x)$는 양수이다. 이들 그래프는 (a)의 결과를 확인해주는 역할을 한다.

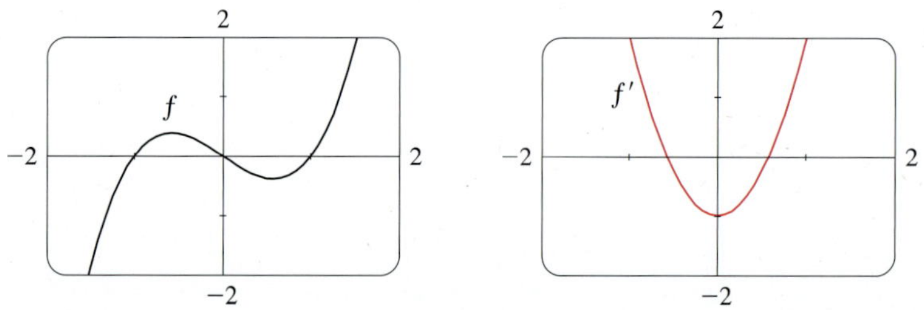

[그림 15]

예제 3 $f(x) = \sqrt{x}$ 일 때 f의 도함수와 f'의 정의역을 구하라.

풀이

$$f'(x) = \lim_{h \to 0} \frac{f(x+h) - f(x)}{h} = \lim_{h \to 0} \frac{\sqrt{x+h} - \sqrt{x}}{h}$$

$$= \lim_{h \to 0} \left(\frac{\sqrt{x+h} - \sqrt{x}}{h} \cdot \frac{\sqrt{x+h} + \sqrt{x}}{\sqrt{x+h} + \sqrt{x}} \right)$$

여기에 분자를 유리화한다.

$$= \lim_{h \to 0} \frac{(x+h) - x}{h(\sqrt{x+h} + \sqrt{x})} = \lim_{h \to 0} \frac{1}{\sqrt{x+h} + \sqrt{x}}$$

$$= \frac{1}{\sqrt{x} + \sqrt{x}} = \frac{1}{2\sqrt{x}}$$

$x > 0$이면 $f'(x)$가 존재하므로 f'의 정의역은 $(0, \infty)$이다. 이것은 f의 정의역 $[0, \infty)$보다 작다.

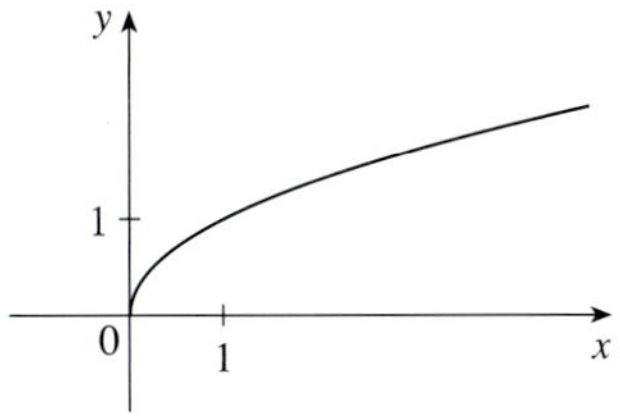

(a) $f(x) = \sqrt{x}$

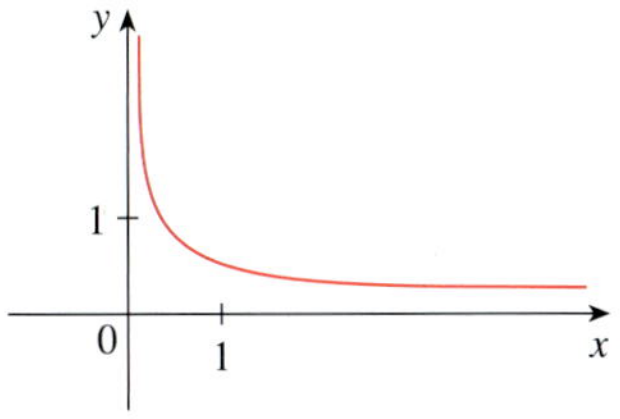

(b) $f'(x) = \frac{1}{2\sqrt{x}}$

[그림 16]

[그림 16]의 f와 f'의 그래프를 통해 [예제 3]의 결과가 타당한지 확인해보자. x가 0에 가까워지면 $\sqrt{x}$는 0에 가까워진다. 그러므로 $f'(x) = 1/(2\sqrt{x})$은 매우 커지는데, 이것은 [그림 16(a)]에서 $(0, 0)$ 부근의 가파른 접선에 대응한다. 이는 [그림 16(b)]의 0 바로 오른쪽에 $f'(x)$의 큰 값에 대응한다. x가 클 때 $f'(x)$는 매우 작고, 이것은 f의 그래프의 오른쪽 먼 곳에서 평평한 접선에, f'의 그래프의 수평점근선에 대응한다.

예제 4 $f(x) = \dfrac{1-x}{2+x}$ 일 때 f'을 구하라.

풀이

$$f'(x) = \lim_{h \to 0} \frac{f(x+h) - f(x)}{h} = \lim_{h \to 0} \frac{\dfrac{1-(x+h)}{2+(x+h)} - \dfrac{1-x}{2+x}}{h}$$

$$\frac{\dfrac{a}{b} - \dfrac{c}{d}}{e} = \frac{ad - bc}{bd} \cdot \frac{1}{e}$$

$$= \lim_{h \to 0} \frac{(1-x-h)(2+x) - (1-x)(2+x+h)}{h(2+x+h)(2+x)}$$

$$= \lim_{h \to 0} \frac{(2-x-2h-x^2-xh) - (2-x+h-x^2-xh)}{h(2+x+h)(2+x)}$$

$$= \lim_{h \to 0} \frac{-3h}{h(2+x+h)(2+x)} = \lim_{h \to 0} \frac{-3}{(2+x+h)(2+x)} = -\frac{3}{(2+x)^2}$$

다른 표기법

독립변수를 x, 종속변수를 y로 나타내는 전통적인 기호 $y = f(x)$를 사용할 때 도함수를 나타내는 몇 가지 표기법을 살펴보면 다음과 같다.

$$f'(x) = y' = \frac{dy}{dx} = \frac{df}{dx} = \frac{d}{dx}f(x) = Df(x) = D_x f(x)$$

기호 D와 d/dx는 **미분연산자** differentiation operator라고 하는데, 이들은 도함수를 구하는 과정인 **미분** differentiation의 연산을 나타낸다.

라이프니츠가 도입한 기호 dy/dx는 (당분간) 비율이 아니라 단순히 $f'(x)$와 동일한 것으로 생각하자. 그렇기는 해도 이것은 매우 유용하고 암시를 띠고 있는 표시법으로 특히 증분 표기와 함께 사용할 때 더 그렇다. 2.1절의 식 6을 참고하면 라이프니츠의 표기법으로 도함수의 정의를 다음과 같이 다시 쓸 수 있다.

$$\frac{dy}{dx} = \lim_{\Delta x \to 0} \frac{\Delta y}{\Delta x}$$

만일 특정한 수 a에서 라이프니츠의 표기로 도함수 dy/dx의 값을 나타내려면 $f'(a)$와 동일한 다음과 같은 표기법을 사용한다.

$$\left.\frac{dy}{dx}\right|_{x=a} \quad \text{또는} \quad \left.\frac{dy}{dx}\right]_{x=a}$$

라이프니츠 Gottfried Wilhelm Leibniz

라이프니츠는 1646년 라이프치히에서 태어나 그곳 대학에서 법학, 신학, 철학과 수학을 공부하고 17세에 학사학위를 받았다. 20세에 법학 박사학위를 딴 후 생의 대부분을 외교관으로서 정치적 임무를 띠고 유럽의 수도들을 여행하며 보냈다. 특히 독일에 대한 프랑스 군대의 위협을 무마하고 구교와 신교의 화합을 선도했다.

수학에 관한 본격적인 연구는 파리에서 외교관 임무를 수행하던 1672년에서야 시작됐다. 거기서 그는 계산기를 만들었고, 최신 수학 및 과학에 조예가 깊은 호이겐스와 같은 과학자들을 만났다. 라이프니츠는 논리적 추론을 단순화하는 기호논리와 기호체계를 발달시키고자 했다. 특히 1684년에 그가 발표한 미적분학의 설명은 오늘날 사용하고 있는 도함수에 대한 기호와 법칙을 확립했다.

불행히도 1690년대에 뉴턴의 추종자들과 라이프니츠의 추종자들 사이에 누가 먼저 미적분학을 발견했는지에 관한 격렬한 논쟁이 일어났다. 심지어 라이프니츠는 영국 왕립학회 회원들이 제기한 표절 시비에 휩싸였다. 이에 대한 진실은 두 사람이 각자 미적분학을 발견했다고 밝혀졌다. 뉴턴은 미적분학을 먼저 발견했지만 논쟁을 두려워하여 즉시 발표하지 않았던 것이다. 따라서 1684년 라이프니츠의 미적분학에 관한 논문이 첫 번째 출판물이다.

미분 가능한 함수

> 3 **정의** $f'(a)$가 존재한다면 함수 f는 a에서 **미분 가능** differentiable**하다고** 한다. 함수 f가 구간 안의 모든 수에서 미분 가능하다면 **개구간** (a, b)[또는 (a, ∞), $(-\infty, a)$, $(-\infty, \infty)$]**에서 미분 가능하다고** 한다.

예제 5 $f(x) = |x|$가 미분 가능한 곳은 어디인가?

풀이

$x > 0$이면 $|x| = x$이고 $x + h > 0$이 되도록 h를 충분히 작게 택할 수 있다. 그러므로 $|x + h| = x + h$이므로 $x > 0$에 대해 다음을 얻는다.

$$\begin{aligned} f'(x) &= \lim_{h \to 0} \frac{|x+h| - |x|}{h} \\ &= \lim_{h \to 0} \frac{(x+h) - x}{h} = \lim_{h \to 0} \frac{h}{h} = \lim_{h \to 0} 1 = 1 \end{aligned}$$

따라서 f는 $x > 0$에서 미분 가능하다.

마찬가지로 $x < 0$이면 $|x| = -x$이고 $x + h < 0$이 되도록 h를 충분히 작게 택할 수 있다. 그러므로 $|x + h| = -(x + h)$이므로 $x < 0$에 대해 다음을 얻는다.

$$f'(x) = \lim_{h \to 0} \frac{|x+h| - |x|}{h}$$

$$= \lim_{h \to 0} \frac{-(x+h) - (-x)}{h} = \lim_{h \to 0} \frac{-h}{h} = \lim_{h \to 0} (-1) = -1$$

따라서 f는 $x < 0$에서 미분 가능하다.

$x = 0$에 대해서는 다음을 살펴봐야 한다.

$$f'(0) = \lim_{h \to 0} \frac{f(0+h) - f(0)}{h}$$

$$= \lim_{h \to 0} \frac{|0+h| - |0|}{h} \qquad \text{(극한이 존재한다면)}$$

이제 좌극한과 우극한을 구분하여 계산해보자.

$$\lim_{h \to 0^+} \frac{|0+h| - |0|}{h} = \lim_{h \to 0^+} \frac{|h|}{h} = \lim_{h \to 0^+} \frac{h}{h} = \lim_{h \to 0^+} 1 = 1$$

$$\lim_{h \to 0^-} \frac{|0+h| - |0|}{h} = \lim_{h \to 0^-} \frac{|h|}{h} = \lim_{h \to 0^-} \frac{-h}{h} = \lim_{h \to 0^-} (-1) = -1$$

극한이 서로 다르므로 $f'(0)$은 존재하지 않는다. 따라서 f는 0을 제외한 모든 곳에서 미분 가능하다.

f'에 대한 식은 다음과 같다.

$$f'(x) = \begin{cases} 1 & , \ x > 0 \\ -1 & , \ x < 0 \end{cases}$$

이 식의 그래프는 [그림 17(b)]에 나타냈다. 기하학적으로 $f'(0)$이 존재하지 않는다는 사실은 곡선 $y = |x|$가 $(0, 0)$에서 접선을 갖지 않는다는 사실을 반영한 것이다([그림 17(a)] 참조).

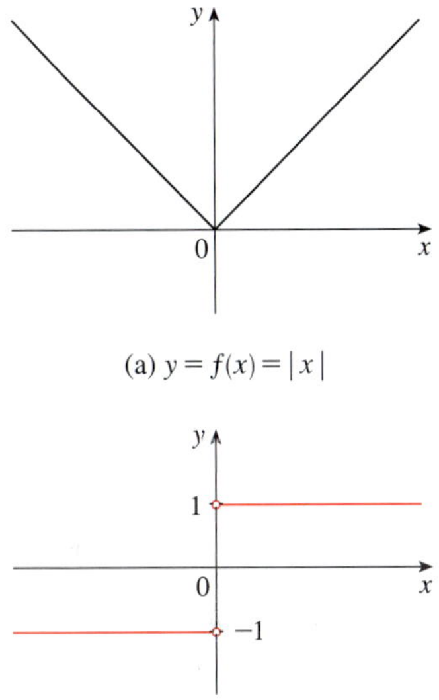

(a) $y = f(x) = |x|$

(b) $y = f'(x)$

[그림 17]

연속성과 미분 가능성은 함수가 갖추면 좋은 바람직한 성질들이다. 다음 정리는 이 성질들이 어떻게 연관되는지 보여준다.

4 정리 f가 a에서 미분 가능하면 f는 a에서 연속이다.

증명

f가 a에서 연속임을 증명하기 위해서는 $\lim_{x \to a} f(x) = f(a)$임을 보여야 한다. 이를 위해 차 $f(x) - f(a)$가 0에 접근하는 것을 보이면 된다.

주어진 정보는 f가 a에서 미분 가능하다는 것, 즉 다음이 존재한다는 것이다(2.1절의 식 5 참조).

$$f'(a) = \lim_{x \to a} \frac{f(x) - f(a)}{x - a}$$

주어진 정보와 미지의 정보를 연결하기 위해 $x - a$를 $f(x) - f(a)$에 곱하고 나눈다. ($x \neq a$일 때 이렇게 할 수 있다.)

$$f(x) - f(a) = \frac{f(x) - f(a)}{x - a}(x - a)$$

곱셈 법칙과 2.1절의 식 5를 이용하여 다음과 같이 쓸 수 있다.

$$\begin{aligned} \lim_{x \to a}[f(x) - f(a)] &= \lim_{x \to a} \frac{f(x) - f(a)}{x - a}(x - a) \\ &= \lim_{x \to a} \frac{f(x) - f(a)}{x - a} \cdot \lim_{x \to a}(x - a) \\ &= f'(a) \cdot 0 = 0 \end{aligned}$$

이를 이용하기 위해 $f(x)$에서 시작해 $f(a)$를 더하고 뺀다.

$$\begin{aligned} \lim_{x \to a} f(x) &= \lim_{x \to a}[f(a) + (f(x) - f(a))] \\ &= \lim_{x \to a} f(a) + \lim_{x \to a}[f(x) - f(a)] \\ &= f(a) + 0 = f(a) \end{aligned}$$

따라서 f는 a에서 연속이다. ☒

⊘ **NOTE**_ 정리 4의 역은 성립하지 않는다. 즉 연속이지만 미분 불가능한 함수가 존재한다. 예를 들어 함수 $f(x) = |x|$는 다음과 같이 0에서 연속이다(1.4절의 [예제 6] 참조).

$$\lim_{x \to 0} f(x) = \lim_{x \to 0}|x| = 0 = f(0)$$

그러나 [예제 5]에서 f는 0에서 미분 불가능함을 보였다.

함수가 미분 불가능한 경우

[예제 5]에서는 함수 $y = |x|$가 0에서 미분 불가능하다는 것을 알았다. 그리고 [그림 17(a)]에서는 $x = 0$일 때 그래프 방향이 갑자기 바뀌는 것을 보았다.

일반적으로 함수 f의 그래프에 '모서리' 또는 '뒤틀린 모양'이 있다면, 이들 점에서는 f의 그래프에 대한 접선은 존재하지 않으며, 그곳에서 f는 미분 불가능하다. [$f'(a)$를 계산할 때 좌극한과 우극한이 서로 다르다.]

정리 4는 함수가 도함수를 갖지 못하는 또 다른 경우를 제시한다. 가령 f가 a에서 연속이 아니면 f는 a에서 미분 불가능하다. 따라서 임의의 불연속점(예를 들어 도약 불연속)에서 f는 미분 불가능하다.

세 번째 가능성은 $x=a$일 때 곡선이 **수직접선**vertical tangent line을 갖는 것이다. 즉 f가 a에서 연속이고 다음을 만족하는 경우이다.

$$\lim_{x \to a} |f'(x)| = \infty$$

이것은 $x \to a$일 때 접선의 기울기가 더욱 가파르게 되는 것을 의미한다.

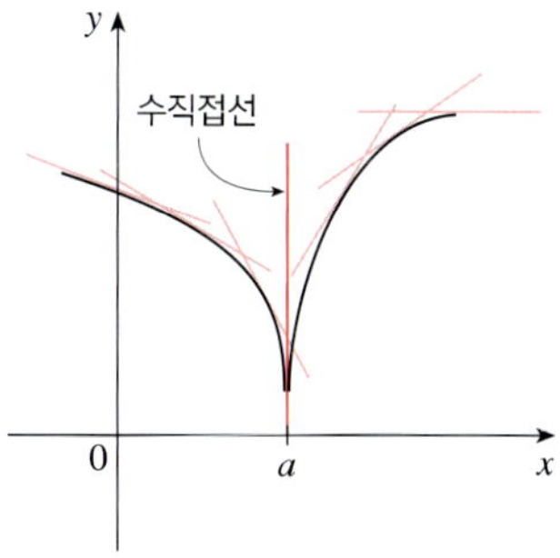

[그림 18]

[그림 18]은 이런 경우가 발생할 수 있는 한 가지 경우를 보여준다.

[그림 19(c)]는 또 다른 경우를 보여준다. [그림 19]는 앞서 살펴본 세 가지 가능성을 보여준다.

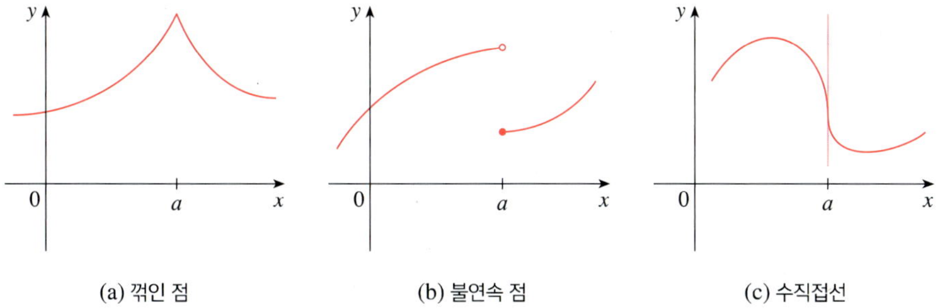

[그림 19] f가 a에서 미분 불가능한 세 가지 경우

그래픽 계산기 또는 컴퓨터는 미분 가능성을 살펴보는 또 다른 방법을 제공한다. 만일 f가 a에서 미분 가능하면 점 $(a, f(a))$를 향해 확대할 때 그래프가 곧게 뻗은 상태로 점점 더 직선처럼 나타난다. ([그림 20]을 보라. 2.1절의 [그림 4]에서 이에 대한 특별한 예를 살펴보았다.) 그러나 한 점을 향해서 아무리 확대한다 해도 [그림 18]과 [그림 19(a)]에 있는 것과 같은 뾰족한 점이나 모서리를 제거할 수는 없다([그림 21] 참조).

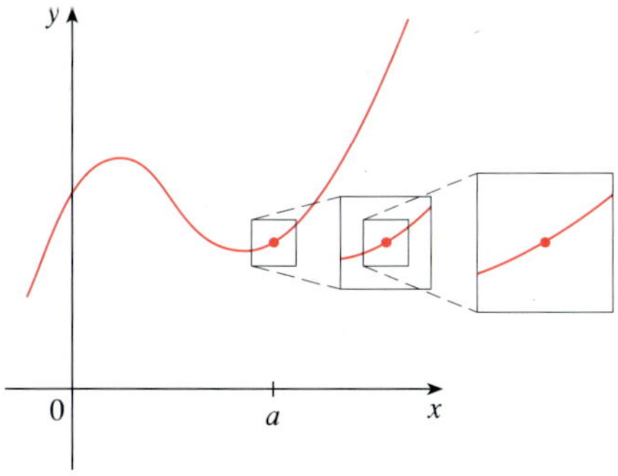

[그림 20] f가 a에서 미분 가능하다.

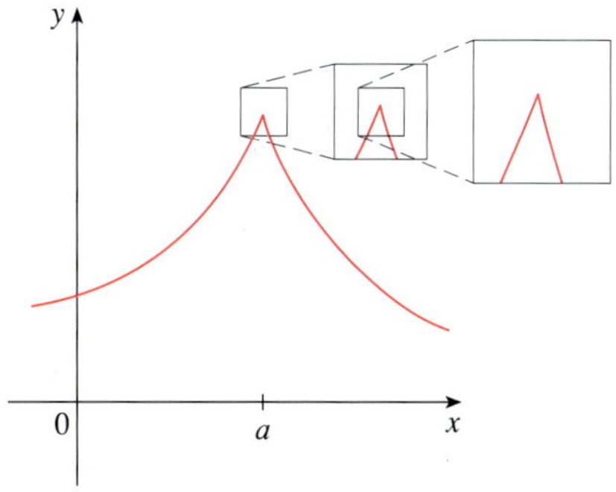

[그림 21] f가 a에서 미분 불가능하다.

고계 도함수

f가 미분 가능한 함수이면 도함수 f' 역시 함수이므로 f'은 $(f')' = f''$으로 표현되는 그 자신의 도함수를 가질 수 있다. 이 새로운 함수 f''은 f의 도함수의 도함수이므

로 f의 **2계 도함수**second derivative라고 부른다. 라이프니츠 표기법을 이용해서 $y=f(x)$의 2계 도함수를 다음과 같이 쓴다.

$$\frac{d}{dx}\left(\frac{dy}{dx}\right)=\frac{d^2y}{dx^2}$$

예제 6 $f(x)=x^3-x$일 때 $f''(x)$를 구하고, 이에 대해 설명하라.

풀이

[예제 2]에서 1계 도함수가 $f'(x)=3x^2-1$임을 알았다. 따라서 2계 도함수는 다음과 같다.

TEC Module 2.2에서는 다항함수의 계수가 변하면 f, f', f''에 어떻게 영향을 미치는지 볼 수 있다.

$$\begin{aligned} f''(x) &= \lim_{h\to 0}\frac{f'(x+h)-f'(x)}{h} \\ &= \lim_{h\to 0}\frac{[3(x+h)^2-1]-[3x^2-1]}{h} \\ &= \lim_{h\to 0}\frac{3x^2+6xh+3h^2-1-3x^2+1}{h} \\ &= \lim_{h\to 0}(6x+3h)=6x \end{aligned}$$

[그림 22]에 f, f', f''의 그래프를 나타냈다.

$f''(x)$를 점 $(x, f'(x))$에서 곡선 $y=f'(x)$의 기울기로 해석할 수 있다. 다시 말해서 이것은 최초의 곡선 $y=f(x)$의 기울기에 대한 변화율이다.

[그림 22]로부터 $y=f'(x)$의 기울기가 음수이면 $f''(x)$도 음수이고, $y=f'(x)$의 기울기가 양수이면 $f''(x)$도 양수이다. 그래프는 앞에서 계산한 결과를 확인해 주는 역할을 한다.

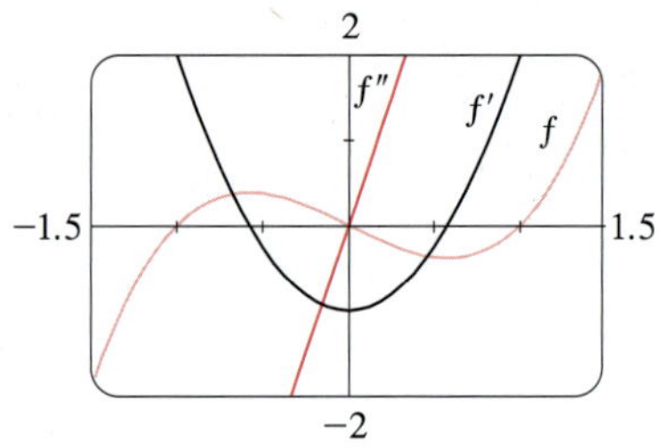

[그림 22]

일반적으로 2계 도함수는 변화율의 변화율로 해석할 수 있다. 가장 친숙한 예가 가속도인데, 이는 다음과 같이 정의한다.

직선을 따라 움직이는 물체의 위치 함수를 $s=s(t)$라 하자. 1계 도함수는 다음과 같이 시간의 함수로 물체의 속도 $v(t)$를 나타낸다.

$$v(t)=s'(t)=\frac{ds}{dt}$$

시간에 관한 속도의 순간 변화율을 물체의 **가속도**acceleration $a(t)$라 한다. 그래서 가속도 함수는 속도 함수의 도함수이며 위치 함수의 2계 도함수이다.

■ www.stewartcalculus.com (Additional Example A를 보라.)

$$a(t)=v'(t)=s''(t)$$

또는 라이프니츠의 표기법을 이용하여 다음과 같이 나타내기도 한다.

$$a = \frac{dv}{dt} = \frac{d^2 s}{dt^2}$$

3계 도함수third derivative f'''은 2계 도함수의 도함수 $f''' = (f'')'$이다. 그러므로 $f'''(x)$는 곡선 $y = f''(x)$의 기울기 또는 $f''(x)$의 변화율로 해석할 수 있다. $y = f(x)$일 때 3계 도함수에 대한 다른 표기법을 다음과 같이 나타낼 수 있다.

$$y''' = f'''(x) = \frac{d}{dx}\left(\frac{d^2 y}{dx^2}\right) = \frac{d^3 y}{dx^3}$$

이러한 과정을 계속 이어나갈 수 있다. 4계 도함수 f''''는 보편적으로 $f^{(4)}$로 나타낸다. 일반적으로 f의 n계 도함수를 $f^{(n)}$으로 나타내며 f를 n번 미분하여 얻는다. $y = f(x)$일 때 n계 도함수는 다음과 같이 쓴다.

$$y^{(n)} = f^{(n)}(x) = \frac{d^n y}{dx^n}$$

예제 7 **$f(x) = x^3 - x$일 때 $f'''(x)$, $f^{(4)}(x)$를 구하라.**

풀이

[예제 6]에서 $f''(x) = 6x$를 구했다. 2계 도함수 그래프의 방정식은 $y = 6x$로 기울기가 6인 직선이다. 도함수 $f'''(x)$는 $f''(x)$의 기울기이므로 x의 모든 값에 대해 다음을 얻는다.

$$f'''(x) = 6$$

따라서 f'''는 상수함수이고 이 함수의 그래프는 수평직선이다. 그러므로 x의 모든 값에 대해 다음을 얻는다.

$$f^{(4)}(x) = 0$$

가속도를 이용하여 물체의 운동을 분석할 때 2계 도함수를 응용하는 것을 알고 있다. 또 다른 응용으로 f''에 대한 지식이 f의 그래프 모양에 대해 어떤 정보를 주는지 3.3절에서 살펴볼 것이다. 8.7절에서는 2계와 고계 도함수들을 이용하여 함수를 무한급수의 합으로 표현하는 방법을 살펴볼 것이다.

2.2 연습문제

01 주어진 그래프를 이용하여 각 미분계수 값을 추정하고 f'의 그래프를 그려라.

(a) $f'(-3)$

(b) $f'(-2)$

(c) $f'(-1)$

(d) $f'(0)$

(e) $f'(1)$

(f) $f'(2)$

(g) $f'(3)$

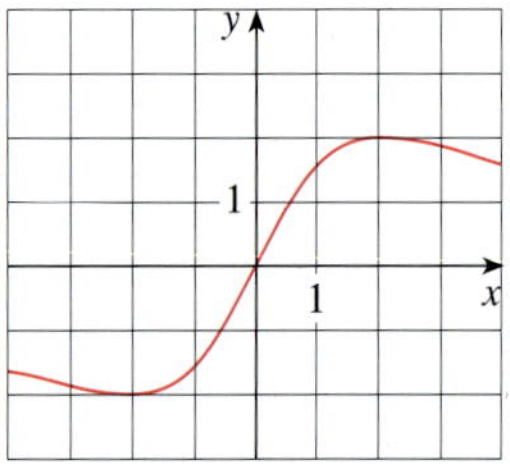

02 (a)~(d)에 있는 각 그래프를 I~IV에 있는 그들의 도함수의 그래프와 짝을 지어라. 그렇게 선택한 이유를 말하라.

(a)

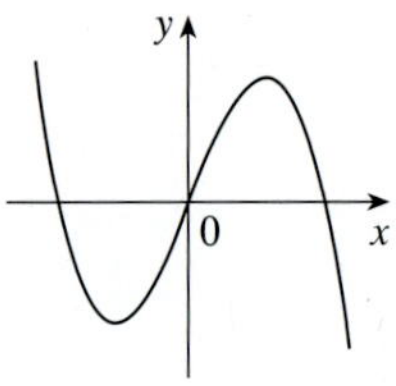

(b)

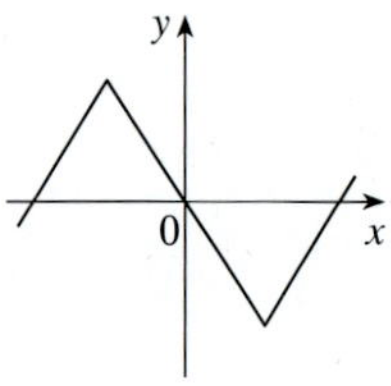

(c)

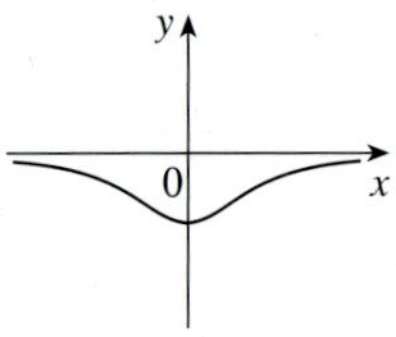

(d)

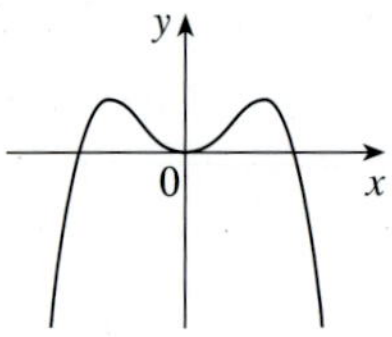

I

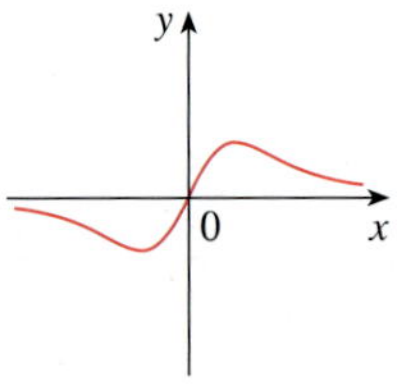

II

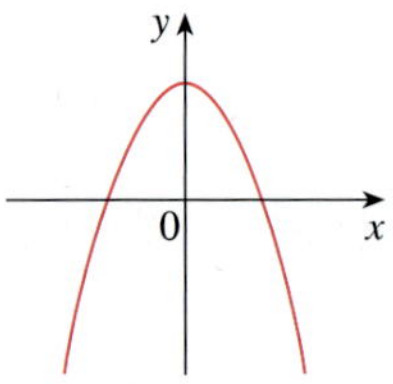

III

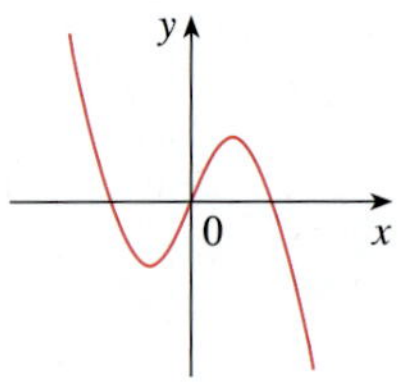

IV

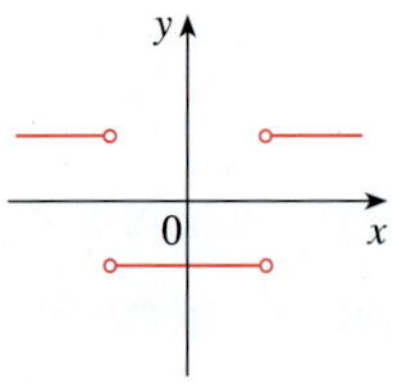

03~06 주어진 함수 f의 그래프를 따라 그리거나 복사하라. (각 축의 척도는 같다고 추정한다.) [예제 1]의 방법을 사용하여 f'의 그래프를 그림 아래에 그려라.

03

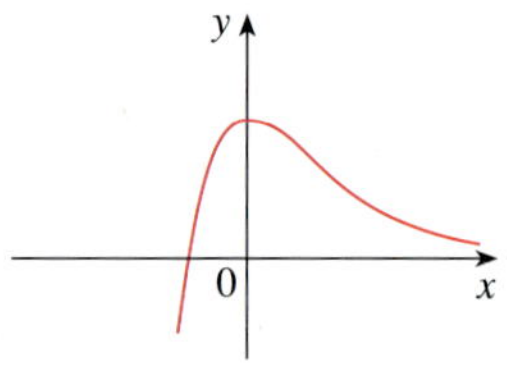

04

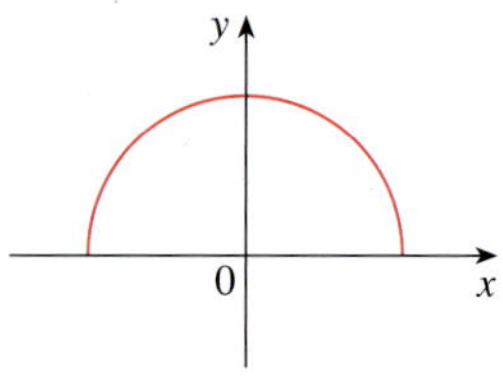

05

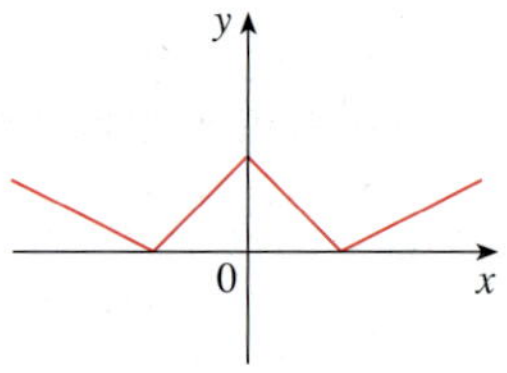

06

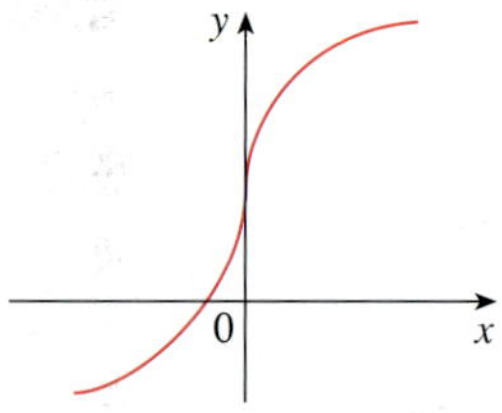

07 충전지를 충전기에 꽂아 놓았다. 그래프에서 $C(t)$는 경과된 시간 t(단위는 시간)의 함수로 전지가 이를 수 있는 총용량에 대한 비율이다.

(a) 도함수 $C'(t)$의 의미는 무엇인가?

(b) $C'(t)$의 그래프를 그려라. 그래프로부터 무엇을 알 수 있는가?

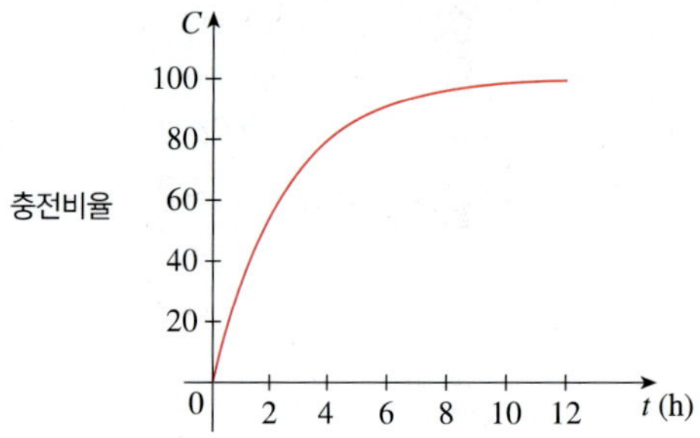

08 다음 그래프는 20세기 후반 일본 남자들의 평균 초혼 나이가 어떻게 변했는지를 보여준다. 도함수 $M'(t)$의 그래프를 그려라. 도함수가 음수인 기간은 언제인가?

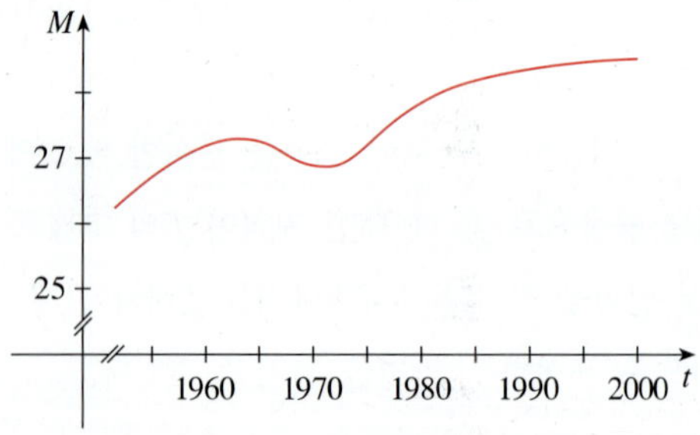

09 사인함수의 그래프를 조심해서 그리고 [연습문제 3~6]과 같은 방법으로 도함수의 그래프를 그려라. 이 그래프로부터 사인함수의 도함수에 대해 무엇을 추측할 수 있는가?

10 $f(x)=x^2$이라 하자.

(a) 그래픽 도구로 f의 그래프를 확대하여 $f'(0)$, $f'\left(\frac{1}{2}\right)$, $f'(1)$, $f'(2)$ 값을 추정하라.

(b) 대칭성을 이용해서 $f'\left(-\frac{1}{2}\right)$, $f'(-1)$, $f'(-2)$ 값을 추론하라.

(c) (a)와 (b)의 결과를 이용해서 $f'(x)$에 대한 공식을 추측하라.

(d) 도함수의 정의를 이용해서 (c)에서의 추측이 옳다는 것을 증명하라.

11 $f(x)=x^3$이라 하자.

(a) 그래픽 도구로 f의 그래프를 확대하여 $f'(0)$, $f'\left(\frac{1}{2}\right)$, $f'(1)$, $f'(2)$, $f'(3)$ 값을 추정하라.

(b) 대칭성을 이용해서 $f'\left(-\frac{1}{2}\right)$, $f'(-1)$, $f'(-2)$, $f'(-3)$ 값을 추론하라.

(c) (a)와 (b)의 결과를 이용해서 f'의 그래프를 그려라.

(d) $f'(x)$에 대한 공식을 추측하라.

(e) 도함수의 정의를 이용해서 (d)에서의 추측이 옳다는 것을 증명하라.

12~16 도함수의 정의를 이용하여 다음 함수의 도함수를 구하라. 함수와 그 도함수의 정의역을 설명하라.

12 $f(x)=\frac{1}{2}x-\frac{1}{3}$

13 $f(x)=x^3-3x+5$

14 $g(x)=\sqrt{9-x}$

15 $G(t)=\frac{4t}{t+1}$

16 $f(x)=x^4$

17 (a) $f(x)=x^4+2x$일 때 $f'(x)$를 구하라.

(b) f와 f'의 그래프를 비교하여 (a)에서 구한 답이 타당함을 확인하라.

18 실업률 $U(t)$는 시간에 따라 변한다. 다음 표는 1995년부터 2004년까지 각 해의 반기 시점에 기록한 호주 노동인구의 실업률이다.

t	$U(t)$	t	$U(t)$
1995	8.1	2000	6.2
1996	8.0	2001	6.9
1997	8.2	2002	6.5
1998	7.9	2003	6.2
1999	6.7	2004	5.6

(a) $U'(t)$의 의미는 무엇이고 단위는 무엇인가?

(b) $U'(t)$를 추정한 값으로 표를 만들어라.

19~20 f의 그래프가 주어져 있다. f가 미분 불가능한 수를 말하고 그 이유를 설명하라.

19

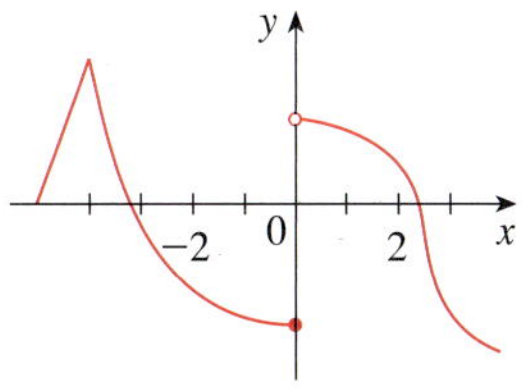

20

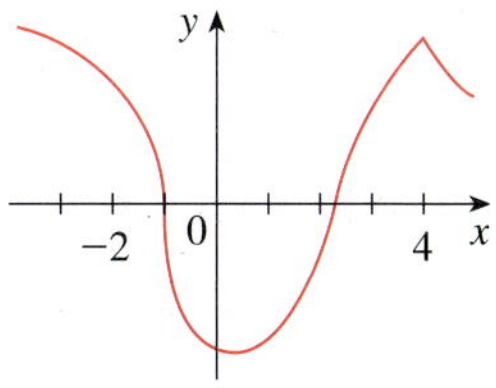

21 함수 $f(x)=x+\sqrt{|x|}$의 그래프를 그려라. 먼저 점 $(-1, 0)$을 향해, 그 다음으로 원점을 향해 반복적으로 확대하라. 이 두 점 부근에서 f의 자취는 어떻게 다른가? f의 미분 가능성에 대해 어떤 결론을 내릴 수 있는가?

22 다음 그림은 f, f', f''을 나타낸다. 각 곡선을 찾고 그 이유를 설명하라.

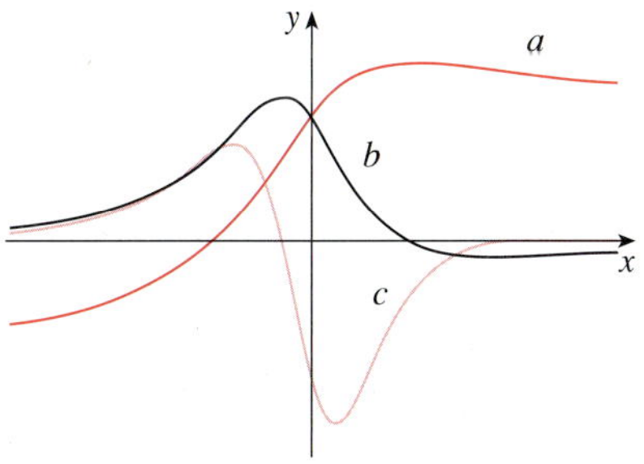

23 다음 그림은 세 함수의 그래프를 나타낸다. 하나는 자동차의 위치 함수, 하나는 자동차의 속도 함수, 나머지 하나는 가속도 함수이다. 각 곡선을 찾고 그 이유를 설명하라.

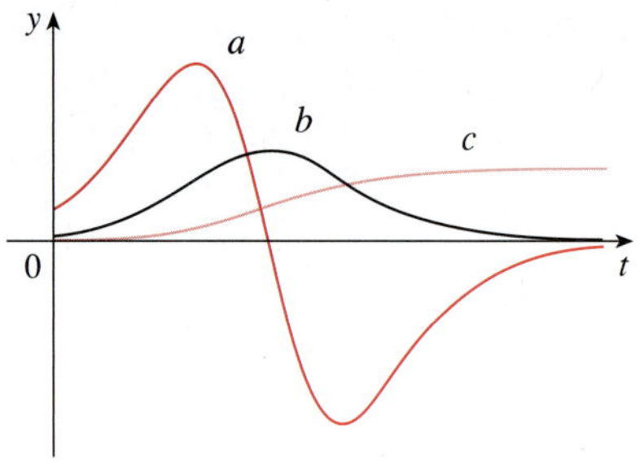

24 $f(x)=3x^2+2x+1$일 때 도함수의 정의를 이용하여 $f'(x)$, $f''(x)$를 구하라. f, f', f''의 그래프를 동일한 보기화면에 그리고 답이 타당함을 확인하라.

25 $f(x)=\sqrt[3]{x}$이라 하자.

(a) $a \neq 0$일 때 2.1절의 식 5를 이용하여 $f'(a)$를 구하라.

(b) $f'(0)$이 존재하지 않음을 보여라.

(c) $(0, 0)$에서 $y=\sqrt[3]{x}$의 접선이 수직임을 보여라. (f의 그래프 모양을 떠올려보고 1.2절에 있는 [그림 26]을 보라.)

26 함수 $f(x)=|x-6|$이 6에서 미분 불가능함을 보여라. f'에 대한 식을 구하고 이 함수의 그래프를 그려라.

27 함수 f가 정의역 안에 있는 모든 x에 대해 $f(-x)=f(x)$를 만족하면 우함수, $f(-x)=-f(x)$를 만족하면 기함수라고 한다. 다음을 증명하라.

(a) 우함수의 도함수는 기함수이다.

(b) 기함수의 도함수는 우함수이다.

28 포물선 $y=x^2$ 위의 점 $(1, 1)$에서의 접선을 l이라 하자. 직선 l과 양의 x축 방향이 이루는 각 ϕ를 l의 경사각이라 한다. ϕ를 가장 가까운 정도까지 정확하게 계산하라.

2.3 기본적인 미분 공식

앞 절에서와 같이 도함수를 언제나 정의로부터 직접 계산해야 한다면 어떤 경우는 지루하고 어떤 경우는 너무나 어려울 수 있다. 그러나 다행스럽게도 정의를 직접 사용하지 않고 도함수를 구하는 여러 규칙들이 개발되었다. 이런 규칙들은 미분 계산을 아주 간단하게 할 수 있게 해준다.

이 절에서는 상수함수, 거듭제곱 함수, 다항함수 그리고 사인 함수와 코사인 함수를 미분하는 방법을 배울 것이다. 그러면 이러한 지식들은 변화율을 계산하는 데 사용된다.

가장 간단한 함수인 상수함수 $f(x)=c$를 가지고 시작하자. 이 함수의 그래프는 기울기가 0인 수평직선 $y=c$이므로 $f'(x)=0$이어야 한다([그림 23] 참조). 도함수의 정의를 이용한 공식적인 증명도 다음과 같이 간단하다.

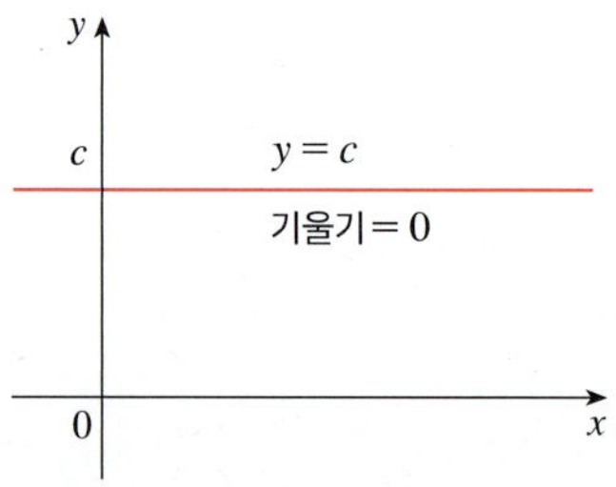

[그림 23] $f(x)=c$의 그래프는 직선 $y=c$이므로 $f'(x)=0$이다.

$$f'(x)=\lim_{h\to 0}\frac{f(x+h)-f(x)}{h}=\lim_{h\to 0}\frac{c-c}{h}$$

$$=\lim_{h\to 0}0=0$$

이 규칙을 라이프니츠 표기법을 이용하여 나타내면 다음과 같다.

상수함수의 도함수

$$\frac{d}{dx}(c)=0$$

거듭제곱 함수

다음으로 양의 정수 n에 대해 함수 $f(x) = x^n$을 살펴본다. $n = 1$이면 $f(x) = x$의 그래프는 기울기가 1인 직선 $y = x$이다([그림 24] 참조). 따라서 다음을 얻는다.

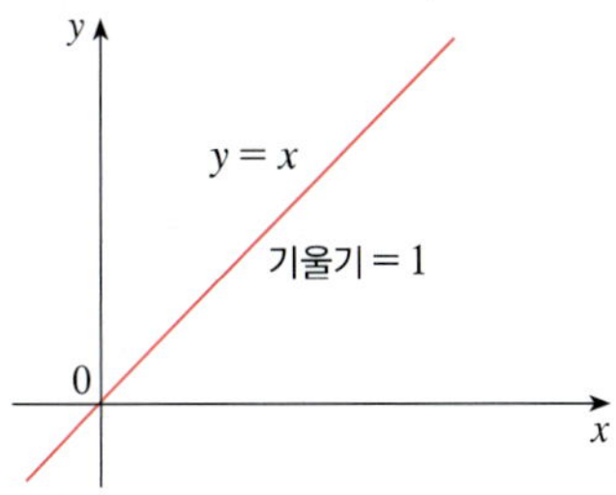

[그림 24] $f(x) = x$의 그래프는 직선 $y = x$이므로 $f'(x) = 1$이다.

1
$$\frac{d}{dx}(x) = 1$$

(도함수의 정의로부터 식 1을 확인할 수 있다.) 그리고 $n = 2$와 $n = 3$인 경우는 이미 2.2절에서 다음이 성립하는 것을 확인했다([연습문제 10, 11] 참조).

2
$$\frac{d}{dx}(x^2) = 2x, \quad \frac{d}{dx}(x^3) = 3x^2$$

$n = 4$인 경우에 $f(x) = x^4$의 도함수는 다음과 같이 구한다.

$$\begin{aligned} f'(x) &= \lim_{h \to 0} \frac{f(x+h) - f(x)}{h} = \lim_{h \to 0} \frac{(x+h)^4 - x^4}{h} \\ &= \lim_{h \to 0} \frac{x^4 + 4x^3h + 6x^2h^2 + 4xh^3 + h^4 - x^4}{h} \\ &= \lim_{h \to 0} \frac{4x^3h + 6x^2h^2 + 4xh^3 + h^4}{h} \\ &= \lim_{h \to 0} (4x^3 + 6x^2h + 4xh^2 + h^3) = 4x^3 \end{aligned}$$

따라서 다음을 얻는다.

3
$$\frac{d}{dx}(x^4) = 4x^3$$

1, 2, 3에 있는 식을 비교하면 어떤 규칙이 나타난다. n이 양의 정수이면 $(d/dx)(x^n) = nx^{n-1}$이라는 추측이 타당해 보인다. 이것은 참으로 밝혀진다.

거듭제곱 법칙 n이 양의 정수이면 다음이 성립한다.

$$\frac{d}{dx}(x^n) = nx^{n-1}$$

증명

$f(x) = x^n$이라 하면 다음을 얻는다.

$$f'(x) = \lim_{h \to 0} \frac{f(x+h) - f(x)}{h} = \lim_{h \to 0} \frac{(x+h)^n - x^n}{h}$$

x^4의 도함수를 구하기 위해서는 $(x+h)^4$을 전개해야 했다. 여기서는 $(x+h)^n$을 전개해야 하는데, 다음과 같이 이항정리를 사용한다.

$$f'(x) = \lim_{h \to 0} \frac{\left[x^n + nx^{n-1}h + \frac{n(n-1)}{2}x^{n-2}h^2 + \cdots + nxh^{n-1} + h^n\right] - x^n}{h}$$

$$= \lim_{h \to 0} \frac{nx^{n-1}h + \frac{n(n-1)}{2}x^{n-2}h^2 + \cdots + nxh^{n-1} + h^n}{h}$$

$$= \lim_{h \to 0} \left[nx^{n-1} + \frac{n(n-1)}{2}x^{n-2}h + \cdots + nxh^{n-2} + h^{n-1}\right]$$

$$= nx^{n-1}$$

첫 번째 항을 제외한 모든 항이 인수 h를 가지고 있으므로 0으로 접근한다.

이항정리 binomial theorem

모든 자연수 n에 대해 다음 식이 성립하며, 이것을 이항정리라 한다.

$$(x+y)^n = x^n + nx^{n-1}y + \frac{n(n-1)}{2}x^{n-2}y^2 + \cdots + \binom{n}{k}x^{n-k}y^k + \cdots + nxy^{n-1} + y^n$$ 이다.

여기서 $\binom{n}{k} = \frac{n(n-1)\cdots(n-k+1)}{1 \cdot 2 \cdot 3 \cdot \cdots \cdot k}$ 이다.

[예제 1]에서는 여러 가지 표기법을 이용하여 거듭제곱 법칙을 설명한다.

예제 1 (a) $f(x) = x^6$이면 $f'(x) = 6x^5$이다.

(b) $y = x^{1000}$이면 $y' = 1000x^{999}$이다.

(c) $y = t^4$이면 $\frac{dy}{dt} = 4t^3$이다.

(d) $\frac{d}{dr}(r^3) = 3r^2$이다.

지수가 음의 정수인 거듭제곱 함수에 대해서는 어떻게 될까? [연습문제 31]에서는 도함수의 정의로부터 다음을 증명할 것이다.

$$\frac{d}{dx}\left(\frac{1}{x}\right) = -\frac{1}{x^2}$$

이 방정식을 다음과 같이 다시 쓸 수 있다.

$$\frac{d}{dx}(x^{-1}) = (-1)x^{-2}$$

따라서 거듭제곱 법칙은 $n=-1$일 때 참이다. 실제로 2.4절의 [연습문제 32(c)]에서 모든 음의 정수에 대해 거듭제곱 법칙이 성립하는 것을 보여줄 것이다.

지수가 분수라면 어떻게 될까? 2.2절의 [예제 3]에서 다음을 구했다.

$$\frac{d}{dx}\sqrt{x} = \frac{1}{2\sqrt{x}}$$

이를 다음과 같이 쓸 수 있다.

$$\frac{d}{dx}(x^{1/2}) = \frac{1}{2}x^{-1/2}$$

거듭제곱 법칙은 $n = \frac{1}{2}$일 때도 참이다. 실제로 5.4절에서 모든 실수 n에 대해 거듭제곱 법칙이 참인 것을 보여줄 것이다.

거듭제곱 법칙(일반적인 형태) n이 임의의 실수이면 다음이 성립한다.

$$\frac{d}{dx}(x^n) = nx^{n-1}$$

예제 2 다음을 미분하라.

(a) $f(x) = \frac{1}{x^2}$ (b) $y = \sqrt[3]{x^2}$

풀이

각 경우에 함수를 x의 거듭제곱으로 다시 쓴다.

(a) $f(x) = x^{-2}$이므로 $n = -2$인 거듭제곱 법칙을 사용하여 다음을 얻는다.

$$f'(x) = \frac{d}{dx}(x^{-2}) = -2x^{-2-1} = -2x^{-3} = -\frac{2}{x^3}$$

(b) $\frac{dy}{dx} = \frac{d}{dx}\left(\sqrt[3]{x^2}\right) = \frac{d}{dx}(x^{2/3}) = \frac{2}{3}x^{(2/3)-1} = \frac{2}{3}x^{-1/3}$

[그림 25]는 [예제 2(b)]의 함수 y와 y'을 보여준다. y는 0에서 미분 불가능함에 유의하자. (즉 그곳에서 y'이 정의되지 않는다.) y가 증가할 때 y'은 양수이고, y가 감소할 때 y'은 음수이다.

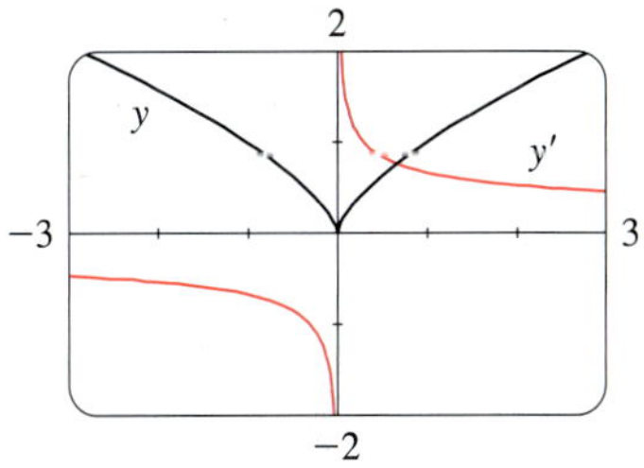

[그림 25] $y = \sqrt[3]{x^2}$

거듭제곱 법칙을 사용하면 도함수의 정의에 의존하지 않고 접선을 구할 수 있다. 또한 법선을 구할 수도 있다. 점 P에서 곡선 C 위의 법선normal line은 P를 지나며 P에서의 접선에 수직인 직선이다. (광학을 연구할 때는 광선과 렌즈의 법선 사이의 각을 고려해야 한다.)

예제 3 **곡선 $y = x\sqrt{x}$ 위의 점 $(1, 1)$에서 접선과 법선의 방정식을 구하라. 곡선과 이 직선들을 그래프로 설명하라.**

풀이

$f(x) = x\sqrt{x} = xx^{1/2} = x^{3/2}$의 도함수는 다음과 같다.

$$f'(x) = \frac{3}{2}x^{(3/2)-1} = \frac{3}{2}x^{1/2} = \frac{3}{2}\sqrt{x}$$

그래서 $(1, 1)$에서 접선의 기울기는 $f'(1) = \frac{3}{2}$이다. 그러므로 접선의 방정식은 다음과 같다.

$$y-1=\frac{3}{2}(x-1) \quad \text{또는} \quad y=\frac{3}{2}x-\frac{1}{2}$$

법선은 접선에 수직이므로 법선의 기울기는 $\frac{3}{2}$에 대한 음의 역수, 즉 $-\frac{2}{3}$이다. 따라서 법선의 방정식은 다음과 같다.

$$y-1=-\frac{2}{3}(x-1) \quad \text{또는} \quad y=-\frac{2}{3}x+\frac{5}{3}$$

곡선과 접선, 법선의 그래프는 [그림 26]에 나타냈다.

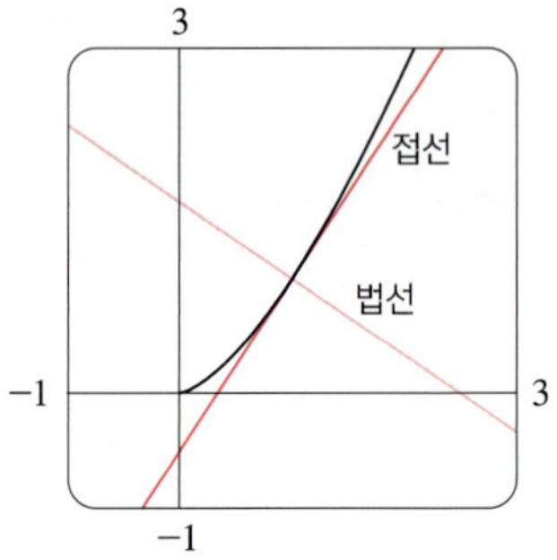

[그림 26]

기존 도함수에서 새 도함수 구하기

기존의 함수에 덧셈, 뺄셈, 상수배를 적용하여 새로운 함수를 만들 때 이들의 도함수 역시 기존 함수의 도함수를 이용하여 계산할 수 있다. 특히 다음 공식은 '상수를 곱한 함수의 도함수는 함수의 도함수에 상수를 곱한 것'을 뜻한다.

상수배 법칙 c가 상수이고 f가 미분 가능한 함수이면 다음이 성립한다.

$$\frac{d}{dx}[cf(x)]=c\frac{d}{dx}f(x)$$

증명

$g(x)=cf(x)$라 하면 다음을 얻는다.

$$\begin{aligned}g'(x)&=\lim_{h\to 0}\frac{g(x+h)-g(x)}{h}=\lim_{h\to 0}\frac{cf(x+h)-cf(x)}{h}\\&=\lim_{h\to 0}c\left[\frac{f(x+h)-f(x)}{h}\right]\\&=c\lim_{h\to 0}\frac{f(x+h)-f(x)}{h} \qquad \text{(극한 법칙 (3)에 의해)}\\&=cf'(x)\end{aligned}$$

상수배 법칙의 기하학적 해석

$c=2$를 곱하면 그래프를 수직으로 두 배만큼 늘어난다. 이로 인해 모든 값들은 두 배로 증가하지만 x축 값은 동일하다. 따라서 기울기도 두 배가 된다.

상수배 법칙의 기하학적 해석

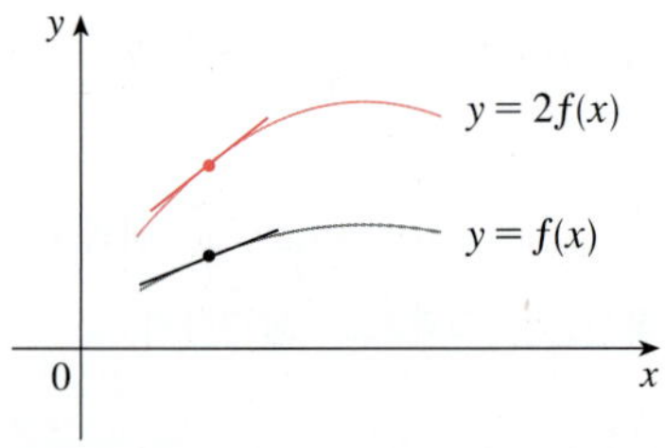

[그림 27]

예제 4 (a) $\frac{d}{dx}(3x^4)=3\frac{d}{dx}(x^4)=3(4x^3)=12x^3$

(b) $\frac{d}{dx}(-x)=\frac{d}{dx}[(-1)x]=(-1)\frac{d}{dx}(x)=(-1)(1)=-1$

다음 법칙은 **함수의 합에 대한 도함수는 도함수의 합**임을 알려준다.

합의 법칙 f와 g가 미분 가능한 함수이면 다음이 성립한다.

$$\frac{d}{dx}[f(x)+g(x)]=\frac{d}{dx}f(x)+\frac{d}{dx}g(x)$$

프라임 기호를 사용하여 합의 법칙을 $(f+g)'=f'+g'$으로 쓸 수 있다.

증명

$F(x)=f(x)+g(x)$라 하면 다음을 얻는다.

$$\begin{aligned}F'(x)&=\lim_{h\to 0}\frac{F(x+h)-F(x)}{h}\\&=\lim_{h\to 0}\frac{[f(x+h)+g(x+h)]-[f(x)+g(x)]}{h}\\&=\lim_{h\to 0}\left[\frac{f(x+h)-f(x)}{h}+\frac{g(x+h)-g(x)}{h}\right]\\&=\lim_{h\to 0}\frac{f(x+h)-f(x)}{h}+\lim_{h\to 0}\frac{g(x+h)-g(x)}{h}\quad\text{(극한 법칙 (1)에 의해)}\\&=f'(x)+g'(x)\end{aligned}$$

합의 법칙은 임의 개수의 함수의 합으로 확장할 수 있다. 예를 들어 이 정리를 두 번 사용하여 다음을 얻는다.

$$(f+g+h)'=[(f+g)+h]'=(f+g)'+h'=f'+g'+h'$$

한편 $f-g$를 $f+(-1)g$로 쓰고 합의 법칙과 상수배 법칙을 적용하면 다음을 얻는다.

차의 법칙 f와 g가 미분 가능한 함수이면 다음이 성립한다.

$$\frac{d}{dx}[f(x)-g(x)]=\frac{d}{dx}f(x)-\frac{d}{dx}g(x)$$

상수배 법칙, 합의 법칙, 차의 법칙을 거듭제곱 법칙과 함께 사용하면 다음 예제와 같이 다항함수의 도함수를 구할 수 있다.

예제 5

■ www.stewartcalculus.com (Additional Example A를 보라.)

$$\begin{aligned}&\frac{d}{dx}(x^8+12x^5-4x^4+10x^3-6x+5)\\&=\frac{d}{dx}(x^8)+12\frac{d}{dx}(x^5)-4\frac{d}{dx}(x^4)+10\frac{d}{dx}(x^3)-6\frac{d}{dx}(x)+\frac{d}{dx}(5)\\&=8x^7+12(5x^4)-4(4x^3)+10(3x^2)-6(1)+0\\&=8x^7+60x^4-16x^3+30x^2-6\end{aligned}$$

예제 6 곡선 $y=x^4-6x^2+4$ 위에서 접선이 수평이 되는 점을 구하라.

풀이

수평접선은 도함수가 0인 곳에서 생긴다. 다음을 얻는다.

$$\frac{dy}{dx}=\frac{d}{dx}(x^4)-6\frac{d}{dx}(x^2)+\frac{d}{dx}(4)$$

$$=4x^3-12x+0=4x(x^2-3)$$

그래서 $x=0$ 또는 $x^2-3=0$, 즉 $x=\pm\sqrt{3}$일 때 $dy/dx=0$이다. 그러므로 $x=0$, $\sqrt{3}$, $-\sqrt{3}$일 때 주어진 곡선의 접선은 수평이다. 따라서 이에 대응하는 점은 $(0, 4)$, $(\sqrt{3}, -5)$, $(-\sqrt{3}, -5)$이다([그림 28] 참조).

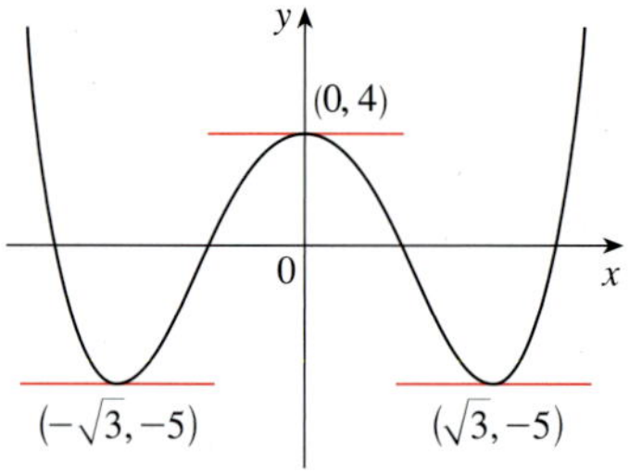

[그림 28] 곡선 $y=x^4-6x^2+4$와 수평접선

사인함수와 코사인함수

함수 $f(x)=\sin x$의 그래프를 그리고 f'의 그래프를 그리기 위해 $f'(x)$를 사인 곡선에 대한 접선의 기울기로 해석한다면(2.2절의 [연습문제 9] 참조) f'의 그래프는 코사인 곡선과 같아 보인다([그림 29] 참조).

TEC Visual 2.3에서는 [그림 29]의 움직임을 보여준다.

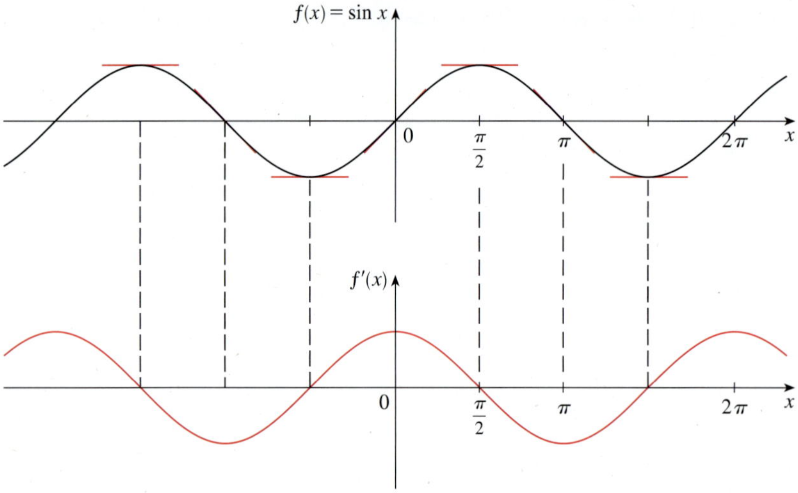

[그림 29]

이것이 참인 것을 증명하기 위해 1.4절의 두 극한을 사용할 필요가 있다(1.4절의 식 [6]과 [예제 11] 참조).

$$\lim_{\theta\to 0}\frac{\sin\theta}{\theta}=1,\quad \lim_{\theta\to 0}\frac{\cos\theta-1}{\theta}=0$$

[4] $$\frac{d}{dx}(\sin x)=\cos x$$

증명

$f(x)=\sin x$라 하면 다음을 얻는다.

$$\begin{aligned} f'(x) &= \lim_{h\to 0}\frac{f(x+h)-f(x)}{h} = \lim_{h\to 0}\frac{\sin(x+h)-\sin x}{h} \\ &= \lim_{h\to 0}\frac{\sin x\cos h+\cos x\sin h-\sin x}{h} \\ &= \lim_{h\to 0}\left[\frac{\sin x\cos h-\sin x}{h}+\frac{\cos x\sin h}{h}\right] \\ &= \lim_{h\to 0}\left[\sin x\left(\frac{\cos h-1}{h}\right)+\cos x\left(\frac{\sin h}{h}\right)\right] \\ &= \lim_{h\to 0}\sin x\cdot\lim_{h\to 0}\frac{\cos h-1}{h}+\lim_{h\to 0}\cos x\cdot\lim_{h\to 0}\frac{\sin h}{h} \\ &= (\sin x)\cdot 0+(\cos x)\cdot 1=\cos x \end{aligned}$$

사인에 대한 덧셈공식을 사용한다. '부록 A'를 보라.

$h\to 0$인 극한을 계산할 때 x는 상수로 간주한다. 따라서 $\sin x$와 $\cos x$도 역시 상수이다.

식 4와 동일한 방법으로 다음을 증명할 수 있다([연습문제 32] 참조).

5 $$\frac{d}{dx}(\cos x)=-\sin x$$

예제 7 $y=3\sin\theta+4\cos\theta$를 미분하라.

풀이

$$\frac{dy}{d\theta}=3\frac{d}{d\theta}(\sin\theta)+4\frac{d}{d\theta}(\cos\theta)=3\cos\theta-4\sin\theta$$

예제 8 $\cos x$의 27계 도함수를 구하라.

풀이

$f(x)=\cos x$의 처음 몇 개의 도함수를 구하면 다음과 같다.

$$\begin{aligned} f'(x) &= -\sin x \\ f''(x) &= -\cos x \\ f'''(x) &= \sin x \\ f^{(4)}(x) &= \cos x \\ f^{(5)}(x) &= -\sin x \end{aligned}$$

규칙을 찾아보면 연속적인 도함수들이 길이 4를 주기로 나타난다. 특히 n이 4의 배수이면 $f^{(n)}(x)=\cos x$이다. 그러므로 다음을 얻는다.

$$f^{(24)}(x)=\cos x$$

그리고 이것을 세 번 더 미분하면 다음을 얻는다.

$$f^{(27)}(x) = \sin x$$

변화율에의 응용

2.1절에서 속도와 함께 다른 변화율을 살펴보았다. 그러나 이제 미분공식을 알게 되었으므로 변화율이 포함된 문제를 좀 더 쉽게 풀 수 있다.

예제 9 **입자의 위치가 다음 방정식으로 주어졌다. 여기서 t의 단위는 초이고 s의 단위는 미터이다.**

$$s = f(t) = t^3 - 6t^2 + 9t$$

(a) 시각 t에서 속도를 구하라.
(b) 2초 후의 속도는 얼마인가? 4초 후는?
(c) 입자가 멈출 때는 언제인가?
(d) 입자가 앞으로(즉 양의 방향으로) 움직일 때는 언제인가?
(e) 입자의 운동을 나타내는 그림을 그려라.
(f) 처음 5초 동안 입자가 움직인 전체 거리를 구하라.
(g) 시각 t와 4초 후의 가속도를 구하라.
(h) $0 \le t \le 5$에 대해 위치 함수, 속도 함수, 가속도 함수의 그래프를 그려라.

풀이

(a) 속도 함수는 위치 함수의 도함수이므로 다음과 같다.

$$s = f(t) = t^3 - 6t^2 + 9t$$

$$v(t) = \frac{ds}{dt} = 3t^2 - 12t + 9$$

(b) 2초 후의 속도는 $t = 2$일 때의 순간속도를 의미한다. 즉 다음을 얻는다.

$$v(2) = \left.\frac{ds}{dt}\right|_{t=2} = 3(2)^2 - 12(2) + 9 = -3\,\text{m/s}$$

4초 후의 속도는 다음과 같다.

$$v(4) = 3(4)^2 - 12(4) + 9 = 9\,\text{m/s}$$

(c) $v(t) = 0$일 때 입자가 멈춘다. 즉 다음과 같다.

$$3t^2 - 12t + 9 = 3(t^2 - 4t + 3) = 3(t-1)(t-3) = 0$$

$t=1$과 $t=3$일 때 방정식이 성립한다. 따라서 입자는 1초 후와 3초 후에 멈춘다.

(d) $v(t)>0$일 때 입자는 양의 방향으로 움직인다. 즉 다음이 성립한다.

$$3t^2-12t+9=3(t-1)(t-3)>0$$

이 부등식은 두 인수 모두 양수($t>3$)이거나 모두 음수($t<1$)일 때 성립한다. 따라서 시간 구간 $t<1$과 $t>3$에서 입자는 양의 방향으로 움직인다. 그리고 $1<t<3$일 때 입자는 뒤로(음의 방향으로) 움직인다.

(e) (d)에서 얻은 정보를 이용해서 직선(s축)을 따라 앞뒤로 움직이는 입자의 운동을 그리면 [그림 30]과 같다.

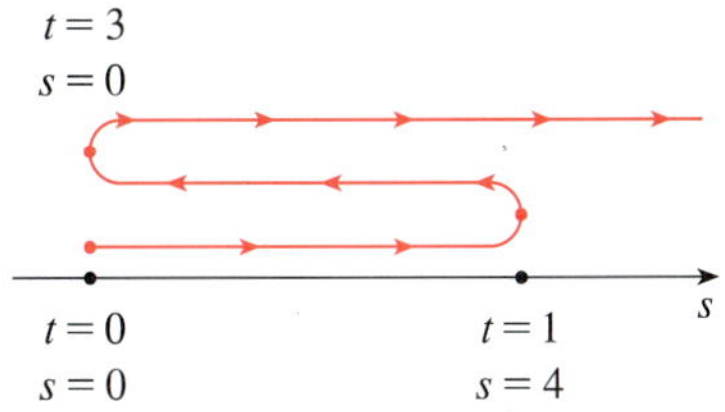

[그림 30]

(f) (d)와 (e)에서 구한 것을 바탕으로 시간 구간을 [0, 1], [1, 3], [3, 5]로 나누어 각 구간에서 움직인 거리를 계산해야 한다.

처음 1초 동안 움직인 거리는 다음과 같다.

$$|f(1)-f(0)|=|4-0|=4\,\mathrm{m}$$

$t=1$에서부터 $t=3$까지 움직인 거리는 다음과 같다.

$$|f(3)-f(1)|=|0-4|=4\,\mathrm{m}$$

$t=3$에서부터 $t=5$까지 움직인 거리는 다음과 같다.

$$|f(5)-f(3)|=|20-0|=20\,\mathrm{m}$$

따라서 입자가 움직인 전체 거리는 $4+4+20=28\,\mathrm{m}$이다.

(g) 가속도는 속도 함수의 도함수이므로 다음을 얻는다.

$$a(t)=\frac{d^2s}{dt^2}=\frac{dv}{dt}=6t-12$$

$$a(4)=6(4)-12=12\,\mathrm{m/s^2}$$

(h) s, v, a의 그래프는 [그림 31]과 같다.

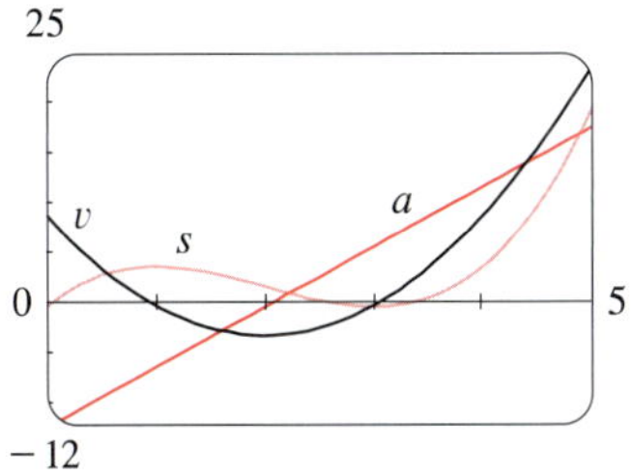

[그림 31]

예제 10 **한 회사가 어떤 생필품을 x단위 생산하는 데 소요되는 총비용을 $C(x)$라 하자. 이 함수 C를 비용함수**cost function**라 한다.**

생산한 생필품의 수가 x_1에서 x_2로 증가한다면 추가 비용은 $\Delta C=C(x_2)-C(x_1)$이고 비용의 평균 변화율은 다음과 같다.

$$\frac{\Delta C}{\Delta x}=\frac{C(x_2)-C(x_1)}{x_2-x_1}=\frac{C(x_1+\Delta x)-C(x_1)}{\Delta x}$$

$\Delta x \to 0$일 때 이 양의 극한, 즉 경제학에서는 **한계비용**marginal cost이라 부르는 생산한 생필품 수에 대한 비용의 순간 변화율은 다음과 같다.

■ www.stewartcalculus.com (Additional Examples B~F를 보라.)

$$\text{한계비용} = \lim_{\Delta x \to 0} \frac{\Delta C}{\Delta x} = \frac{dC}{dx} \quad 2$$

$\Delta x = 1$과 큰 n을 취하면(Δx가 n에 비해 작게) 다음과 같다.

$$C'(n) \approx C(n+1) - C(n)$$

따라서 n 단위를 생산하기 위한 한계비용은 한 단위 더($(n+1)$번째 단위) 생산하는 비용과 거의 같다.

때로는 총 비용함수를 다음과 같은 다항함수로 나타내는 것이 적절하다.

$$C(x) = a + bx + cx^2 + dx^3$$

여기서 a는 간접비(임대료, 난방비, 유지비)이고, 다른 항들은 원자재비 또는 인건비 등을 나타낸다. (원자재비는 x에 비례하고, 인건비는 초과근무 수당 및 대단위 작업에 따른 능률저하로 인해 x의 최고차수에 부분적으로 좌우된다.)

예를 들어 어떤 회사가 x단위를 생산하기 위한 비용(달러)을 다음과 같이 추정해 왔다고 하자.

$$C(x) = 10{,}000 + 5x + 0.01x^2$$

그러면 한계비용 함수는 다음과 같다.

$$C'(x) = 5 + 0.02x$$

500개의 생필품을 생산하는 수준에서 한계비용은 다음과 같다.

$$C'(500) = 5 + (0.02)500 = \$15/\text{생필품}$$

이것은 $x = 500$일 때 생산수준에 관한 비용의 증가율을 알려주고 501번째 생필품을 생산하는 비용을 예측할 수 있다. 501번째 생필품을 생산하는 데 드는 실제 비용은 다음과 같다.

$$\begin{aligned} C(501) - C(500) &= [10{,}000 + 5(501) + 0.01(501)^2] \\ &\quad - [10{,}000 + 5(500) + 0.01(500)^2] \\ &= \$15.01 \end{aligned}$$

$C'(500) \approx C(501) - C(500)$에 주목하자.

---

2 x는 정수 값만 가지므로 Δx가 0에 접근하도록 놓는다는 것은 실상 의미가 없다. 그러나 언제든 $C(x)$를 부드럽게 근사하는 함수로 대체할 수 있다.

2.3 연습문제

01~14 다음 함수를 미분하라.

01 $f(x)=2^{40}$

02 $f(t)=2-\frac{2}{3}t$

03 $f(x)=x^3-4x+6$

04 $f(x)=3x^2-2\cos x$

05 $g(x)=x^2(1-2x)$

06 $y=x^{-2/5}$

07 $A(s)=-\frac{12}{s^5}$

08 $R(a)=(3a+1)^2$

09 $S(p)=\sqrt{p}-p$

10 $S(R)=4\pi R^2$

11 $y=\frac{x^2+4x+3}{\sqrt{x}}$

12 $v=t^2-\frac{1}{\sqrt[4]{t^3}}$

13 $z=\frac{A}{y^{10}}+B\cos y$

14 $H(x)=(x+x^{-1})^3$

---

15 곡선 $y=6\cos x$ 위의 점 $(\pi/3,\ 3)$에서 접선과 법선의 방정식을 구하라.

16 곡선 $y=3x^2-x^3$ 위의 점 $(1,\ 2)$에서 접선의 방정식을 구하라. 동일한 보기화면에 곡선과 접선의 그래프를 그려서 설명하라.

17~18 다음 함수의 1계 도함수와 2계 도함수를 구하라.

17 $f(x)=x^4-3x^3+16x$

18 $g(t)=2\cos t-3\sin t$

---

19 $\frac{d^{99}}{dx^{99}}(\sin x)$를 구하라.

20 어떤 x 값에서 $f(x)=x+2\sin x$의 그래프가 수평접선을 갖는가?

21 곡선 $y=6x^3+5x-3$의 접선의 기울기가 4가 아님을 보여라.

22 직선 $x-3y=5$와 평행한 포물선 $y=x^2-5x+4$에 대한 법선의 방정식을 구하라.

23 입자의 운동방정식이 $s=t^3-3t$이다. 여기서 s는 미터, t는 초이다. 다음을 구하라.

(a) t의 함수로 나타낸 속도와 가속도

(b) 2초 후의 가속도

(c) 속도가 0일 때의 가속도

24~25 운동법칙 $s=f(t)$, $t\ge 0$에 따라 입자가 움직인다. 여기서 t는 초, s는 미터이다.

(a) 시각 t에서 속도를 구하라.

(b) 3초 후 속도는 얼마인가?

(c) 입자가 멈출 때는 언제인가?

(d) 입자가 양의 방향으로 움직이는 때는 언제인가?

(e) 처음 8초 동안 움직인 총 길이를 구하라.

(f) 입자의 운동을 [그림 30]과 같이 그려서 설명하라.

(g) 시각 t에서 가속도와 3초 후의 가속도를 구하라.

(h) $0\le t\le 8$에서 위치 함수, 속도 함수, 가속도 함수의 그래프를 그려라.

24 $f(t)=t^3-12t^2+36t$

25 $f(t)=0.01t^4-0.04t^3$

---

26 입자의 위치 함수가 다음과 같이 주어진다.

$$s=t^3-4.5t^2-7t,\ t\ge 0$$

(a) 입자가 5m/s의 속도에 도달하는 때는 언제인가?

(b) 가속도가 0이 되는 때는 언제인가? 이 t 값의 의미는 무엇인가?

27 화성의 표면에서 돌을 15m/s의 속도로 수직으로 던져 올린다면 t초 후 돌의 높이는 $h=15t-1.86t^2$이다.

(a) 2초 후의 돌의 속도는 얼마인가?

(b) 올라가는 방향과 내려오는 방향에서 돌의 높이가 25m일 때, 돌의 속도는 얼마인가?

28 어떤 섬유를 x미터 생산하기 위한 비용(달러)은 다음과 같다.

$$C(x)=1200+12x-0.1x^2+0.0005x^3$$

(a) 한계비용 함수를 구하라.

(b) $C'(200)$을 구하고 이것의 의미를 설명하라. 무엇을 예측할 수 있는가?

(c) $C'(200)$과 섬유를 201미터째 제조하는 비용을 비교하라.

29 구 모양의 풍선을 부풀리고 있다. 반지름이 각각 다음과 같을 때 반지름 r에 대한 표면적($S=4\pi r^2$)의 증가율을 구하라.

(a) 20cm (b) 40cm (c) 60cm

30 보일의 법칙은 일정한 온도에서 기체를 압축하면 기체의 압력 P가 기체의 부피 V에 반비례하는 것을 말한다.

(a) $25\,^\circ\mathrm{C}$에서 $0.106\,\mathrm{m}^3$를 차지하는 표본 기체의 압력이 $50\,\mathrm{kPa}$이라 하자. V를 P의 함수로 쓰라.

(b) $P = 50\,\mathrm{kPa}$일 때 dV/dP를 구하라. 미분계수의 의미는 무엇인가? 이것의 단위는 무엇인가?

31 도함수의 정의를 이용하여 $f(x) = 1/x$이면 $f'(x) = -1/x^2$임을 보여라. (이것은 $n = -1$인 경우의 거듭제곱 법칙을 증명한다.)

32 도함수의 정의를 이용하여 $f(x) = \cos x$이면 $f'(x) = -\sin x$임을 증명하라.

33 방정식 $y'' + y' - 2y = \sin x$는 미지의 함수 y와 그 도함수들 y'과 y''을 포함하고 있어 미분방정식이라 부른다. 함수 $y = A\sin x + B\cos x$가 이 방정식을 만족하도록 상수 A, B를 구하라. (미분방정식은 7.7절에서 상세하게 다룰 것이다.)

34 점 $(0, -4)$를 지나고 포물선 $y = x^2$에 접하는 접선이 두 개 있음을 그림을 그려서 보여라. 또한 이들 접선이 포물선과 만나는 점의 좌표를 구하라.

35 $x = 2$일 때 포물선 $y = ax^2$에 접하는 직선이 $2x + y = b$가 되는 a와 b를 구하라.

36 $(-2, 6)$와 $(2, 0)$에서 그래프가 수평접선을 갖는 3차 함수 $y = ax^3 + bx^2 + cx + d$를 구하라.

37 $(1, 1)$에서 접선의 방정식이 $y = 3x - 2$인 포물선의 방정식 $y = ax^2 + bx$를 구하라.

38 $\displaystyle\lim_{x \to 1} \frac{x^{1000} - 1}{x - 1}$을 계산하라.

39 $c > \frac{1}{2}$일 때 $(0, c)$를 지나는 포물선 $y = x^2$의 법선은 몇 개인가? $c \le \frac{1}{2}$이면 어떻게 되는가?

2.4 곱과 나눗셈 법칙

이 절의 공식들을 이용하면 기존의 함수로부터 곱하기와 나누기를 통해 얻어지는 새로운 함수의 도함수를 쉽게 얻을 수 있다.

곱의 법칙

⊘ 라이프니츠가 3세기 전에 이룬 합과 차의 법칙에 따라 유추해보면 곱의 도함수는 도함수의 곱과 같을 것으로 추측할 수 있다. 그러나 이와 같은 추측은 잘못임을 알 수 있다. 예를 들어 $f(x) = x$, $g(x) = x^2$이라 하면 거듭제곱 법칙에 의해 $f'(x) = 1$이고 $g'(x) = 2x$이다. 그러나 $(fg)(x) = x^3$이므로 $(fg)'(x) = 3x^2$이다. 따라서 $(fg)' \ne f'g'$이다. 정확한 공식은 라이프니츠가 실패를 거듭한 끝에 발견했으며 이를 곱의 법칙이라 한다.

곱의 법칙 f와 g가 모두 미분 가능하면 다음을 얻는다.

$$\frac{d}{dx}[f(x)g(x)] = f(x)\frac{d}{dx}[g(x)] + g(x)\frac{d}{dx}[f(x)]$$

프라임 표기법을 이용하여 곱의 법칙을 $(fg)' = fg' + gf'$으로 쓸 수 있다.

증명

$F(x) = f(x)g(x)$라 하면 다음을 얻는다.

$$F'(x) = \lim_{h\to 0} \frac{F(x+h)-F(x)}{h} = \lim_{h\to 0} \frac{f(x+h)g(x+h)-f(x)g(x)}{h}$$

이 극한을 계산하기 위해 합의 법칙에 대한 증명에서와 같이 함수 f와 g를 분리하자. 분자에서 다음과 같이 $f(x+h)g(x)$를 더하고 다시 뺌으로써 분리할 수 있다.

$$\begin{aligned} F'(x) &= \lim_{h\to 0} \frac{f(x+h)g(x+h)-f(x+h)g(x)+f(x+h)g(x)-f(x)g(x)}{h} \\ &= \lim_{h\to 0}\left[f(x+h)\frac{g(x+h)-g(x)}{h}+g(x)\frac{f(x+h)-f(x)}{h}\right] \\ &= \lim_{h\to 0} f(x+h)\cdot \lim_{h\to 0}\frac{g(x+h)-g(x)}{h}+\lim_{h\to 0} g(x)\cdot \lim_{h\to 0}\frac{f(x+h)-f(x)}{h} \\ &= f(x)g'(x)+g(x)f'(x) \end{aligned}$$

$g(x)$는 변수 h에 대해 상수이므로 $\lim_{h\to 0} g(x) = g(x)$이다. 또한 f가 x에서 미분 가능하므로 2.2절 정리 4에 의해 f는 x에서 연속이다. 따라서 $\lim_{h\to 0} f(x+h) = f(x)$이다. ☒

이를 말로 표현하면 곱의 법칙이란 '두 함수의 곱에 대한 도함수는 첫 번째 함수에 두 번째 함수의 도함수를 곱한 것과 두 번째 함수에 첫 번째 함수의 도함수를 곱한 것을 합한 것과 같다.'는 의미이다.

[그림 32]는 [예제 1]의 함수와 그 도함수의 그래프를 보여준다. y가 수평접선을 갖는 모든 점에서 $y'=0$임을 유의하자.

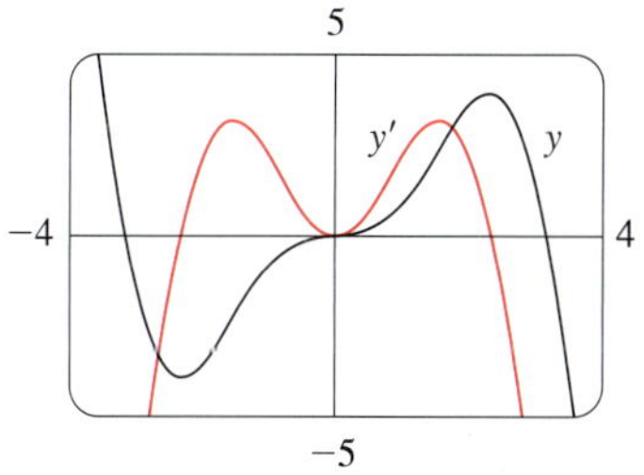

[그림 32]

예제 1 $y = x^2\sin x$를 미분하라.

풀이

곱의 법칙을 이용하여 다음을 얻는다.

$$\begin{aligned} \frac{dy}{dx} &= x^2\frac{d}{dx}(\sin x)+\sin x\frac{d}{dx}(x^2) \\ &= x^2\cos x + 2x\sin x \end{aligned}$$

예제 2 함수 $f(t) = \sqrt{t}\,(a+bt)$를 미분하라.

풀이 1

곱의 법칙을 이용하여 다음을 얻는다.

$$\begin{aligned} f'(t) &= \sqrt{t}\frac{d}{dt}(a+bt)+(a+bt)\frac{d}{dt}(\sqrt{t}) \\ &= \sqrt{t}\cdot b+(a+bt)\cdot\frac{1}{2}t^{-1/2} \\ &= b\sqrt{t}+\frac{a+bt}{2\sqrt{t}} = \frac{a+3bt}{2\sqrt{t}} \end{aligned}$$

[예제 2]에서 a와 b는 상수이다. 수학에서는 관례상 상수를 나타낼 때 알파벳의 앞부분을 사용하고, 변수를 나타낼 때 알파벳의 뒷부분을 사용한다.

풀이 2

먼저 지수법칙을 이용하여 $f(t)$를 다시 쓰면 곱의 법칙을 사용하지 않고 다음과 같이 미분할 수 있다.

$$f(t) = a\sqrt{t} + bt\sqrt{t} = at^{1/2} + bt^{3/2}$$

$$f'(t) = \frac{1}{2}at^{-1/2} + \frac{3}{2}bt^{1/2}$$

이것은 [풀이 1]의 결과와 일치한다.

[예제 2]는 곱의 법칙을 사용하는 것보다 곱을 간단히 하는 편이 때로는 더 쉬울 수 있음을 보여준다. 그러나 [예제 1]에서는 곱의 법칙이 유일하게 사용할 수 있는 방법이다.

예제 3 $h(x) = xg(x)$이고, $g(3) = 5$, $g'(3) = 2$일 때 $h'(3)$을 구하라.

■ www.stewartcalculus.com (Additional Examples A, B를 보라.)

풀이

곱의 법칙을 적용하여 다음을 얻는다.

$$\begin{aligned} h'(x) &= \frac{d}{dx}[xg(x)] = x\frac{d}{dx}g(x) + g(x)\frac{d}{dx}(x) \\ &= xg'(x) + g(x) \end{aligned}$$

따라서 $h'(3) = 3g'(3) + g(3) = 3 \cdot 2 + 5 = 11$이다.

나눗셈의 법칙

다음 법칙은 미분 가능한 두 함수의 나눗셈을 미분할 수 있게 해준다.

나눗셈의 법칙 f와 g가 모두 미분 가능하면 다음을 얻는다.

$$\frac{d}{dx}\left[\frac{f(x)}{g(x)}\right] = \frac{g(x)\dfrac{d}{dx}[f(x)] - f(x)\dfrac{d}{dx}[g(x)]}{[g(x)]^2}$$

프라임 표기법을 이용하여 나눗셈의 법칙을 $\left(\frac{f}{g}\right)' = \frac{gf' - fg'}{g^2}$으로 쓸 수 있다.

증명

$F(x) = f(x)/g(x)$라 하면 다음을 얻는다.

$$\begin{aligned} F'(x) &= \lim_{h\to 0}\frac{F(x+h) - F(x)}{h} = \lim_{h\to 0}\frac{\dfrac{f(x+h)}{g(x+h)} - \dfrac{f(x)}{g(x)}}{h} \\ &= \lim_{h\to 0}\frac{f(x+h)g(x) - f(x)g(x+h)}{hg(x+h)g(x)} \end{aligned}$$

위 식의 함수 f와 g를 분리하기 위해 분자에 다음과 같이 $f(x)g(x)$를 더하고 뺀다.

$$F'(x)$$

$$= \lim_{h\to 0} \frac{f(x+h)g(x) - f(x)g(x) + f(x)g(x) - f(x)g(x+h)}{hg(x+h)g(x)}$$

$$= \lim_{h\to 0} \frac{g(x)\dfrac{f(x+h)-f(x)}{h} - f(x)\dfrac{g(x+h)-g(x)}{h}}{g(x+h)g(x)}$$

$$= \frac{\lim\limits_{h\to 0} g(x)\cdot \lim\limits_{h\to 0}\dfrac{f(x+h)-f(x)}{h} - \lim\limits_{h\to 0} f(x)\cdot \lim\limits_{h\to 0}\dfrac{g(x+h)-g(x)}{h}}{\lim\limits_{h\to 0} g(x+h)\cdot \lim\limits_{h\to 0} g(x)}$$

$$= \frac{g(x)f'(x) - f(x)g'(x)}{[g(x)]^2}$$

다시 2.2절 정리 4에 의해 g가 연속이므로 $\lim\limits_{h\to 0} g(x+h) = g(x)$이다.

이를 말로 표현하면 나눗셈 법칙이란 '나눗셈의 도함수는 분모와 분자의 도함수의 곱에서 분자와 분모의 도함수의 곱을 뺀 후, 분모의 제곱으로 나눈 것과 같다.'는 의미이다.

나눗셈 법칙과 또 다른 미분공식을 사용하면 (다음 예에서 보여주는 것과 같이) 임의의 유리함수의 도함수를 계산할 수 있다.

그래픽 도구를 이용하면 [예제 4]에 대한 답이 그럴듯한 것을 확인할 수 있다. [그림 33]은 [예제 4]의 함수와 그 도함수의 그래프를 보여준다. y가 급하게 증가할 때(-2 부근) y'도 커진다. 그리고 y가 천천히 증가할 때 y'은 0 부근에 있다.

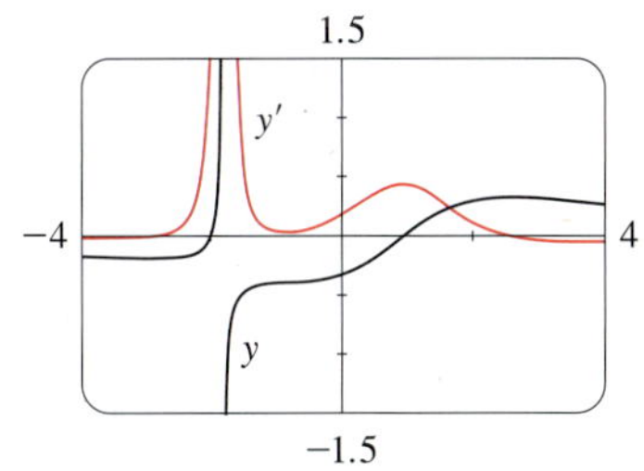

[그림 33]

예제 4 $y = \dfrac{x^2+x-2}{x^3+6}$ **라 하면 다음을 얻는다.**

$$y' = \frac{(x^3+6)\dfrac{d}{dx}(x^2+x-2) - (x^2+x-2)\dfrac{d}{dx}(x^3+6)}{(x^3+6)^2}$$

$$= \frac{(x^3+6)(2x+1) - (x^2+x-2)(3x^2)}{(x^3+6)^2}$$

$$= \frac{(2x^4+x^3+12x+6) - (3x^4+3x^3-6x^2)}{(x^3+6)^2}$$

$$= \frac{-x^4-2x^3+6x^2+12x+6}{(x^3+6)^2}$$

예제 5 **곡선 $y = \sqrt{x}/(1+x^2)$ 위의 점 $(1, 1/2)$에서 접선의 방정식을 구하라.**

풀이

나눗셈의 법칙에 따라 다음을 얻는다.

$$\frac{dy}{dx} = \frac{(1+x^2)\frac{d}{dx}(\sqrt{x}) - \sqrt{x}\frac{d}{dx}(1+x^2)}{(1+x^2)^2}$$

$$= \frac{(1+x^2)\frac{1}{2\sqrt{x}} - \sqrt{x}\,(2x)}{(1+x^2)^2}$$

$$= \frac{(1+x^2) - 4x^2}{2\sqrt{x}\,(1+x^2)^2} = \frac{1-3x^2}{2\sqrt{x}\,(1+x^2)^2}$$

그러므로 점 $(1,\ 1/2)$에서 접선의 기울기는 다음과 같다.

$$\left.\frac{dy}{dx}\right|_{x=1} = \frac{1-3\cdot 1^2}{2\sqrt{1}\,(1+1^2)^2} = -\frac{1}{4}$$

따라서 점-기울기형을 이용하면 점 $(1,\ 1/2)$에서 접선의 방정식은 다음과 같다.

$$y - \frac{1}{2} = -\frac{1}{4}(x-1) \quad \text{또는} \quad y = -\frac{1}{4}x + \frac{3}{4}$$

이 곡선과 접선은 [그림 34]에 나타냈다.

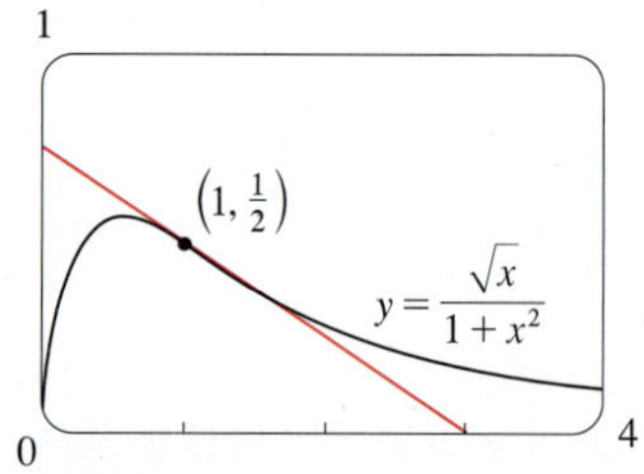

[그림 34]

NOTE _ 분수 함수를 볼 때마다 나눗셈 법칙을 사용할 필요는 없다. 때때로 분수 함수를 미분의 목적에 맞게 간단한 형태로 다시 쓰면 쉬워지는 경우가 있다. 예를 들어 함수 $F(x) = (3x^2 + 2\sqrt{x})/x$는 나눗셈 법칙을 이용하여 미분할 수 있지만 미분하기 전에 먼저 나눗셈을 하여 함수 $F(x) = 3x + 2x^{-1/2}$로 쓰는 것이 훨씬 더 쉽다.

삼각함수

우리는 사인 함수와 코사인 함수의 도함수를 알고 있다. 그러므로 다음과 같이 나눗셈 법칙을 사용하면 탄젠트 함수의 도함수를 계산할 수 있다.

$$\frac{d}{dx}(\tan x) = \frac{d}{dx}\left(\frac{\sin x}{\cos x}\right)$$

$$= \frac{\cos x \frac{d}{dx}(\sin x) - \sin x \frac{d}{dx}(\cos x)}{\cos^2 x}$$

$$= \frac{\cos x \cdot \cos x - \sin x(-\sin x)}{\cos^2 x}$$

$$= \frac{\cos^2 x + \sin^2 x}{\cos^2 x}$$

$$= \frac{1}{\cos^2 x} = \sec^2 x$$

$$\frac{d}{dx}(\tan x) = \sec^2 x$$

나머지 삼각함수 csc, sec, cot의 도함수들도 나눗셈 법칙을 이용하여 쉽게 구할 수 있다([연습문제 21~23]). 다음 표에서 모든 삼각함수의 도함수를 나열했다. 이때 x가 라디안으로 측정될 때만 성립한다는 것을 기억하자.

삼각함수의 도함수에서는 co가 붙은 함수들, 즉 코사인, 코시컨트, 코탄젠트 함수의 도함수에 음의 부호가 붙는 것을 기억하자.

삼각함수의 도함수들

$$\frac{d}{dx}(\sin x) = \cos x \qquad \frac{d}{dx}(\csc x) = -\csc x \cot x$$

$$\frac{d}{dx}(\cos x) = -\sin x \qquad \frac{d}{dx}(\sec x) = \sec x \tan x$$

$$\frac{d}{dx}(\tan x) = \sec^2 x \qquad \frac{d}{dx}(\cot x) = -\csc^2 x$$

예제 6 $f(x) = \dfrac{\sec x}{1 + \tan x}$를 미분하라. f의 그래프가 수평접선을 갖는 x의 값은 무엇인가?

풀이

나눗셈의 법칙에 의해 다음을 얻는다.

$$\begin{aligned} f'(x) &= \frac{(1+\tan x)\dfrac{d}{dx}(\sec x) - \sec x \dfrac{d}{dx}(1+\tan x)}{(1+\tan x)^2} \\ &= \frac{(1+\tan x)\sec x \tan x - \sec x \cdot \sec^2 x}{(1+\tan x)^2} \\ &= \frac{\sec x(\tan x + \tan^2 x - \sec^2 x)}{(1+\tan x)^2} \\ &= \frac{\sec x(\tan x - 1)}{(1+\tan x)^2} \end{aligned}$$

간단히 답하자면 항등식 $\tan^2 x + 1 = \sec^2 x$를 사용하였다.

$\sec x$는 결코 0이 될 수 없으므로 $\tan x = 1$일 때 $f'(x) = 0$이다. 이것은 정수 n에 대해 $x = n\pi + \pi/4$일 때 발생한다([그림 35] 참조).

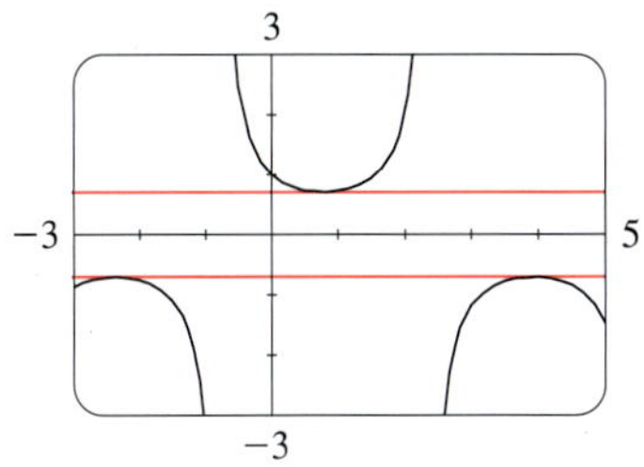

[그림 35] [예제 6]에서의 수평접선

2.4 연습문제

01 $f(x)=(1+2x^2)(x-x^2)$의 도함수를 두 가지 방법, 즉 곱의 법칙을 사용해서 구하는 방법과 먼저 곱셈을 수행한 후 구하는 방법으로 구하라. 두 가지 답이 일치하는가?

02~13 다음을 미분하라.

02 $g(t)=t^3\cos t$

03 $F(y)=\left(\dfrac{1}{y^2}-\dfrac{3}{y^4}\right)(y+5y^3)$

04 $f(x)=\sin x+\dfrac{1}{2}\cot x$

05 $h(\theta)=\theta\csc\theta-\cot\theta$

06 $g(x)=\dfrac{1+2x}{3-4x}$

07 $y=\dfrac{x^3}{1-x^2}$

08 $y=\dfrac{v^3-2v\sqrt{v}}{v}$

09 $f(t)=\dfrac{2t}{2+\sqrt{t}}$

10 $y=\dfrac{x}{2-\tan x}$

11 $f(\theta)=\dfrac{\sec\theta}{1+\sec\theta}$

12 $y=\dfrac{t\sin t}{1+t}$

13 $f(x)=\dfrac{x}{x+\dfrac{c}{x}}$

14~17 곡선 위의 주어진 점에서 접선의 방정식을 구하라.

14 $y=\dfrac{x^2-1}{x^2+x+1}$, $(1, 0)$

15 $y=\dfrac{\sqrt{x}}{x+1}$, $(4, 0.4)$

16 $y=\cos x-\sin x$, $(\pi, -1)$

17 $y=x+\tan x$, (π, π)

---

18 (a) 곡선 $y=1/(1+x^2)$을 **아네시의 마녀**witch of Maria Agnesi 라 부른다. 점 $(-1, 1/2)$에서 접선의 방정식을 구하라.

(b) 곡선과 접선의 그래프를 동일한 보기화면에 그려서 설명하라.

19 $f(x)=x^2/(1+x)$일 때, $f''(1)$을 구하라.

20 $H(\theta)=\theta\sin\theta$일 때 $H'(\theta)$와 $H''(\theta)$를 구하라.

21 $\dfrac{d}{dx}(\csc x)=-\csc x\cot x$를 증명하라.

22 $\dfrac{d}{dx}(\sec x)=\sec x\tan x$를 증명하라.

23 $\dfrac{d}{dx}(\cot x)=-\csc^2 x$를 증명하라.

24 $f(5)=1$, $f'(5)=6$, $g(5)=-3$, $g'(5)=2$라 하자. 다음 값을 구하라.

(a) $(fg)'(5)$ (b) $(f/g)'(5)$ (c) $(g/f)'(5)$

25 f와 g의 그래프가 다음과 같다고 하자. $u(x)=f(x)g(x)$와 $v(x)=f(x)/g(x)$라 할 때 다음을 구하라.

(a) $u'(1)$ (b) $v'(5)$

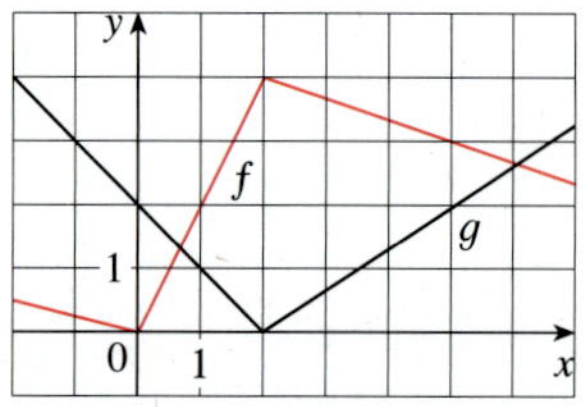

26 g가 미분 가능한 함수일 때 다음에 주어진 함수들의 도함수 표현을 구하라.

(a) $y=xg(x)$ (b) $y=\dfrac{x}{g(x)}$ (c) $y=\dfrac{g(x)}{x}$

27 점 $(1, 2)$를 지나고 곡선 $y=x/(x+1)$에 대한 접선은 몇 개인가? 이 접선들은 곡선의 어떤 점과 접하는가?

28 $R(x)=\dfrac{x-3x^3+5x^5}{1+3x^3+6x^6+9x^9}$일 때 $R'(0)$을 구하라. [힌트: 먼저 $R'(x)$를 구하는 대신 $R(x)$의 분자를 $f(x)$로, 분모를 $g(x)$라 놓고, $f(0)$, $f'(0)$, $g(0)$, $g'(0)$을 이용하여 $R'(0)$을 구한다.]

29 그림에서 용수철에 매달린 물체가 매끄러운 수평면에서 수평으로 진동한다. 이 물체의 운동방정식은 $x(t)=8\sin t$이다. 이때 t의 단위는 초, x의 단위는 cm이다.

(a) 시각 t에서 속도와 가속도를 구하라.

(b) 시각 $t=2\pi/3$에서 물체의 위치, 속도, 가속도를 구하라. 그 시각에 물체가 움직이는 방향은 어떻게 되는가? 속력이 증가하거나 감소하는가?

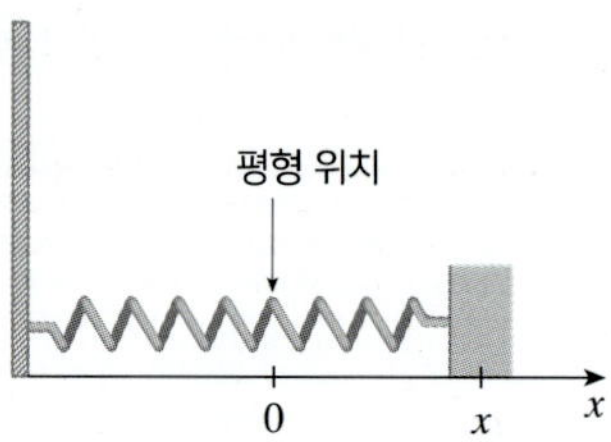

30 절대온도 T(켈빈, K), 압력 P(기압, atm), 부피 V(리터, L)에서 이상기체에 대한 기체 법칙은 $PV=nRT$이다. 여기서 n은 기체의 mol 수, $R=0.0821$은 기체상수이다. 어느 순간에 $P=8.0\,\text{atm}$이고 $0.10\,\text{atm/min}$의 비율로 증가하며, $V=10\,\text{L}$이고 $0.15\,\text{L/min}$의 비율로 감소한다고 하자. $n=10\,\text{mol}$인 순간에 시간에 대한 T의 변화율을 구하라.

31 (a) 곱의 법칙을 두 번 사용하여 $f,\ g,\ h$가 미분 가능하면 $(fgh)'=f'gh+fg'h+fgh'$임을 증명하라.

(b) (a)의 결과를 바탕으로 $y=x\sin x\cos x$를 미분하라.

32 (a) g가 미분 가능하면 다음을 **역수 법칙**reciprocal rule이라 한다.

$$\frac{d}{dx}\left[\frac{1}{g(x)}\right]=-\frac{g'(x)}{[g(x)]^2}$$

나눗셈의 법칙을 이용하여 역수 법칙을 증명하라.

(b) 역수 법칙을 이용하여 함수 $y=1/(x^4+x^2+1)$을 미분하라.

(c) 역수 법칙을 이용하여 거듭제곱 법칙이 음의 정수에 대해서도 타당함을 보여라. 즉 모든 양의 정수 n에 대해 다음이 성립함을 보여라.

$$\frac{d}{dx}(x^{-n})=-nx^{-n-1}$$

2.5 연쇄법칙

다음 함수를 미분한다고 하자.

$$F(x)=\sqrt{x^2+1}$$

지금까지 배운 미분공식으로는 $F'(x)$를 구할 수 없다.

F는 합성함수인 것을 알 수 있다. (합성함수에 대해서는 1.2절을 보라.) 실제로 $y=f(u)=\sqrt{u}$와 $u=g(x)=x^2+1$이라 하면 $y=F(x)=f(g(x))$, 즉 $F=f\circ g$로 쓸 수 있다. 이미 f와 g를 미분하는 방법을 알고 있다. 따라서 f와 g의 도함수를 이용해서 $F=f\circ g$의 도함수를 구하는 방법을 알려주는 법칙이 유용할 것이다.

합성함수 $f\circ g$의 도함수는 f와 g의 도함수들의 곱과 같다는 것이다. 이는 미분법칙들 중에서 가장 중요한 것 중 하나로 연쇄법칙이라고 한다. 도함수를 변화율로 해석한다면 연쇄법칙은 그럴 듯하게 보인다. du/dx를 x에 대한 u의 변화율, dy/du를 u에 대한 y의 변화율, dy/dx를 x에 대한 y의 변화율로 생각하자. 만일 u가 x보다 두 배 빠르게 변하고 y가 u보다 세 배 빠르게 변한다면 y는 x보다 여섯 배 빠르게 변할 것이다. 따라서 다음과 같이 될 것이다.

$$\frac{dy}{dx}=\frac{dy}{du}\frac{du}{dx}$$

연쇄법칙 f와 g가 모두 미분 가능하고 $F = f \circ g$가 $F(x) = f(g(x))$로 정의된 합성함수이면, F는 미분 가능하고 F'은 다음과 같은 곱으로 주어진다.

$$F'(x) = f'(g(x)) \cdot g'(x)$$

라이프니츠 표기로 $y = f(u)$와 $u = g(x)$가 모두 미분 가능한 함수이면 다음이 성립한다.

$$\frac{dy}{dx} = \frac{dy}{du}\frac{du}{dx}$$

연쇄법칙의 증명에 대한 설명

x에 대한 변화량 Δx에 대응하는 u의 변화량을 Δu라 하자. 즉 다음과 같다고 하자.

$$\Delta u = g(x + \Delta x) - g(x)$$

그러면 이에 대응하는 y의 변화량은 다음과 같다.

$$\Delta y = f(u + \Delta u) - f(u)$$

따라서 다음과 같이 쓰고 싶을 것이다.

$$\frac{dy}{dx} = \lim_{\Delta x \to 0} \frac{\Delta y}{\Delta x}$$

1 $$= \lim_{\Delta x \to 0} \frac{\Delta y}{\Delta u} \cdot \frac{\Delta u}{\Delta x}$$

$$= \lim_{\Delta x \to 0} \frac{\Delta y}{\Delta u} \cdot \lim_{\Delta x \to 0} \frac{\Delta u}{\Delta x}$$

$$= \lim_{\Delta u \to 0} \frac{\Delta y}{\Delta u} \cdot \lim_{\Delta x \to 0} \frac{\Delta u}{\Delta x} \quad (g\text{가 연속이므로 } \Delta x \to 0\text{이면 } \Delta u \to 0)$$

$$= \frac{dy}{du}\frac{du}{dx}$$

이와 같은 추론에서 유일한 결점은 식 1에서 $\Delta u = 0$($\Delta x \neq 0$인 경우에도)이 발생할 수 있다는 것이다. 물론 0으로 나눌 수는 없다. 그럼에도 불구하고 이 추론은 적어도 연쇄법칙이 옳다는 것을 시사한다. 연쇄법칙의 완전한 증명은 이 절의 끝에서 다룬다.

제임스 그레고리 James Gregory, 1638~1675

연쇄법칙을 처음으로 공식화한 사람은 스코틀랜드의 수학자 그레고리이다. 그는 또한 실용적인 반사망원경을 처음 고안하기도 했다. 그레고리는 뉴턴과 거의 동시에 미적분학의 기본 개념을 발견했다. 그는 세인트앤드류스 대학교를 거쳐 에든버러 대학교 교수로 재직했다. 그러나 1년 후 36세의 나이로 사망했다.

연쇄법칙을 프라임 기호를 이용하여 다음과 같이 나타낼 수 있다.

2 $$(f \circ g)'(x) = f'(g(x)) \cdot g'(x)$$

또한 $y = f(u)$이고 $u = g(x)$이면 라이프니츠 표기법으로 다음과 같이 나타낸다.

3 $$\frac{dy}{dx} = \frac{dy}{du}\frac{du}{dx}$$

dy/du와 du/dx가 몫이라면 du를 약분할 수 있기 때문에 식 3은 기억하기 쉽다. 그러나 du는 아직 정의되지 않았고 du/dx는 실제 몫으로 생각할 수 없음을 기억하자.

예제 1 $F(x) = \sqrt{x^2+1}$ 일 때 $F'(x)$를 구하라.

풀이 1

(식 2를 이용하는 방법)

이 절의 서두에서 $f(u) = \sqrt{u}$ 와 $g(x) = x^2+1$에 대해 F를 $F(x) = (f \circ g)(x) = f(g(x))$으로 표현했다.

$$f'(u) = \frac{1}{2}u^{-1/2} = \frac{1}{2\sqrt{u}}, \qquad g'(x) = 2x$$

따라서 다음을 얻는다.

$$\begin{aligned} F'(x) &= f'(g(x)) \cdot g'(x) \\ &= \frac{1}{2\sqrt{x^2+1}} \cdot 2x = \frac{x}{\sqrt{x^2+1}} \end{aligned}$$

풀이 2

(식 3을 이용하는 방법) $u = x^2+1$이고 $y = \sqrt{u}$라 하면 다음을 얻는다.

$$\begin{aligned} F'(x) &= \frac{dy}{du}\frac{du}{dx} = \frac{1}{2\sqrt{u}}(2x) \\ &= \frac{1}{2\sqrt{x^2+1}}(2x) = \frac{x}{\sqrt{x^2+1}} \end{aligned}$$

식 3을 이용하는 경우에 dy/dx는 y를 x의 함수라고 생각할 때 y의 도함수임을 명심해야 한다. (x에 대한 y의 도함수라 부른다.) 반면 dy/du는 y를 u의 함수로 생각할 때 y의 도함수를 나타낸다. (u에 대한 y의 도함수이다.) 예를 들어 [예제 1]에서 y를 x의 함수($y = \sqrt{x^2+1}$)와 u의 함수($y = \sqrt{u}$)로 생각할 수 있다. 따라서 다음과 같이 쓴다.

$$\frac{dy}{dx} = F'(x) = \frac{x}{\sqrt{x^2+1}}, \quad \frac{dy}{du} = f'(u) = \frac{1}{2\sqrt{u}}$$

NOTE _ 연쇄법칙을 사용할 때는 밖에서 안으로 계산한다. 식 2는 외부 함수 f를 [내부 함수 $g(x)$에서] 미분한 후 내부 함수의 도함수를 곱하는 것을 말한다.

$$\frac{d}{dx}\underbrace{f}_{\text{외부 함수}}\underbrace{(g(x))}_{\text{내부 함수에서 계산됨}} = \underbrace{f'}_{\text{외부 함수의 도함수}}\underbrace{(g(x))}_{\text{내부 함수에서 계산됨}} \cdot \underbrace{g'(x)}_{\text{내부 함수의 도함수}}$$

예제 2 **다음 함수를 미분하라.**

(a) $y = \sin(x^2)$ **(b)** $y = \sin^2 x$

풀이

(a) $y = \sin(x^2)$이므로 외부 함수는 사인 함수이고 내부 함수는 제곱 함수이다. 따라서 연쇄법칙에 의해 다음을 얻는다.

$$\frac{dy}{dx} = \frac{d}{dx}\underbrace{\sin}_{\text{외부 함수}}\underbrace{(x^2)}_{\text{내부 함수에서 계산됨}} = \underbrace{\cos}_{\text{외부 함수의 도함수}}\underbrace{(x^2)}_{\text{내부 함수에서 계산됨}} \cdot \underbrace{2x}_{\text{내부 함수의 도함수}}$$

$$= 2x\cos(x^2)$$

(b) $\sin^2 x = (\sin x)^2$이므로 외부 함수는 제곱 함수이고 내부 함수는 사인 함수이다. 따라서 다음을 얻는다.

$$\frac{dy}{dx} = \frac{d}{dx}\underbrace{(\sin x)}_{\text{내부 함수}}{}^2 = \underbrace{2}_{\text{외부 함수의 도함수}} \cdot \underbrace{(\sin x)}_{\text{내부 함수에서 계산됨}} \cdot \underbrace{\cos x}_{\text{내부 함수의 도함수}}$$

답은 $2\sin x\cos x$이며 배각공식으로 알려진 삼각함수 항등식에 의해 $\sin 2x$로 쓸 수 있다('부록 A' 참조).

[예제 2(a)]에서는 사인 함수를 미분하는 법칙과 연쇄법칙을 결합했다. 일반적으로 u가 x의 미분 가능한 함수일 때 $y = \sin u$이면 연쇄법칙에 의해 다음을 얻는다.

$$\frac{dy}{dx} = \frac{dy}{du}\frac{du}{dx} = \cos u\,\frac{du}{dx}$$

따라서 $\frac{d}{dx}(\sin u) = \cos u\,\frac{du}{dx}$이다.

비슷한 방식으로 삼각함수의 미분에 관한 모든 공식들은 연쇄법칙과 결합할 수 있다.

외부 함수 f가 거듭제곱 함수인 특별한 경우의 연쇄법칙을 명확하게 만들어보자. $y = [g(x)]^n$이라 하면 $u = g(x)$에 대해 $y = f(u) = u^n$으로 쓸 수 있다. 이제 연쇄법칙과 거듭제곱 법칙을 이용하여 다음을 얻는다.

$$\frac{dy}{dx} = \frac{dy}{du}\frac{du}{dx} = nu^{n-1}\frac{du}{dx} = n[g(x)]^{n-1}g'(x)$$

4 **연쇄법칙과 결합된 거듭제곱 법칙** n이 임의의 실수이고 $u = g(x)$가 미분 가능하면 다음이 성립한다.

$$\frac{d}{dx}(u^n) = n u^{n-1} \frac{du}{dx}$$

또는 다음과 같다.

$$\frac{d}{dx}[g(x)]^n = n[g(x)]^{n-1} \cdot g'(x)$$

[예제 1]에서 도함수는 법칙 4에서 $n = \frac{1}{2}$을 택하여 계산할 수 있다.

예제 3 $y = (x^3 - 1)^{100}$을 미분하라.

풀이

법칙 4에서 $u = g(x) = x^3 - 1$이고 $n = 100$이라 하면 다음을 얻는다.

$$\frac{dy}{dx} = \frac{d}{dx}(x^3 - 1)^{100} = 100(x^3 - 1)^{99} \frac{d}{dx}(x^3 - 1)$$

$$= 100(x^3 - 1)^{99} \cdot 3x^2 = 300x^2(x^3 - 1)^{99}$$

예제 4 $f(x) = \dfrac{1}{\sqrt[3]{x^2 + x + 1}}$일 때 f'을 구하라.

풀이

먼저 f를 $f(x) = (x^2 + x + 1)^{-1/3}$으로 다시 쓴다. 그러면 다음을 얻는다.

$$f'(x) = -\frac{1}{3}(x^2 + x + 1)^{-4/3} \frac{d}{dx}(x^2 + x + 1)$$

$$= -\frac{1}{3}(x^2 + x + 1)^{-4/3}(2x + 1)$$

예제 5 함수 $g(t) = \left(\dfrac{t-2}{2t+1}\right)^9$의 도함수를 구하라.

풀이

거듭제곱 법칙, 연쇄법칙, 나눗셈 법칙을 결합하면 다음을 얻는다.

$$g'(t) = 9\left(\frac{t-2}{2t+1}\right)^8 \frac{d}{dt}\left(\frac{t-2}{2t+1}\right)$$

$$= 9\left(\frac{t-2}{2t+1}\right)^8 \frac{(2t+1) \cdot 1 - 2(t-2)}{(2t+1)^2} = \frac{45(t-2)^8}{(2t+1)^{10}}$$

예제 6 $y=(2x+1)^5(x^3-x+1)^4$을 미분하라.

풀이

이 예제에서는 연쇄법칙을 사용하기 전에 곱의 법칙을 사용해야 한다.

$$\frac{dy}{dx}=(2x+1)^5\frac{d}{dx}(x^3-x+1)^4+(x^3-x+1)^4\frac{d}{dx}(2x+1)^5$$

$$=(2x+1)^5\cdot4(x^3-x+1)^3\frac{d}{dx}(x^3-x+1)$$

$$+(x^3-x+1)^4\cdot5(2x+1)^4\frac{d}{dx}(2x+1)$$

$$=4(2x+1)^5(x^3-x+1)^3(3x^2-1)+5(x^3-x+1)^4(2x+1)^4\cdot2$$

각 항이 공통인수 $2(2x+1)^4(x^3-x+1)^3$을 가지고 있으므로 인수분해에 의해 다음을 얻는다.

$$\frac{dy}{dx}=2(2x+1)^4(x^3-x+1)^3(17x^3+6x^2-9x+3)$$

[그림 36]은 [예제 6]의 함수 y와 y'의 그래프를 보여준다. y가 급격하게 증가할 때 y'이 커지고 y가 수평점근선을 가질 때 $y'=0$이다. 그래서 답은 타당해 보인다.

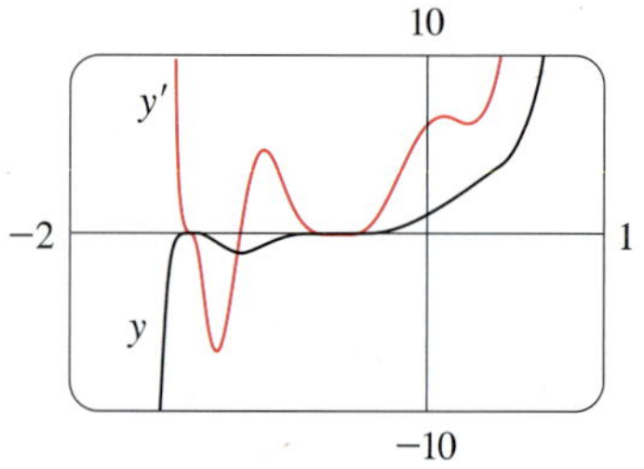

[그림 36]

연쇄법칙이라는 이름을 붙이는 이유는 또 다른 연결을 추가하여 더 긴 연결고리를 만들 때 명확해진다. $y=f(u)$, $u=g(x)$, $x=h(t)$이고 f, g, h가 미분 가능한 함수라 하자. 그러면 t에 관한 함수 y의 도함수를 구하기 위해 다음과 같이 연쇄법칙을 두 번 사용한다.

$$\frac{dy}{dt}=\frac{dy}{dx}\frac{dx}{dt}=\frac{dy}{du}\frac{du}{dx}\frac{dx}{dt}$$

예제 7 $f(x)=\sin(\cos(\tan x))$를 미분하라.

$$f'(x)=\cos(\cos(\tan x))\frac{d}{dx}\cos(\tan x)$$

$$=\cos(\cos(\tan x))[-\sin(\tan x)]\frac{d}{dx}(\tan x)$$

$$=-\cos(\cos(\tan x))\sin(\tan x)\sec^2x$$

연쇄법칙을 두 번 사용한 것에 주목하자.

예제 8 $y=\sqrt{\sec x^3}$을 미분하라.

풀이

외부 함수는 제곱근 함수, 중간 함수는 시컨트 함수, 내부 함수는 3차 함수이다. 그러므로 다음을 얻는다.

$$\begin{aligned}\frac{dy}{dx} &= \frac{1}{2\sqrt{\sec x^3}}\frac{d}{dx}(\sec x^3)\\ &= \frac{1}{2\sqrt{\sec x^3}}\sec x^3\tan x^3\frac{d}{dx}(x^3)\\ &= \frac{3x^2\sec x^3\tan x^3}{2\sqrt{\sec x^3}}\end{aligned}$$

연쇄법칙의 증명 방법

$y=f(x)$이고 x가 a에서 $a+\Delta x$로 변했을 때, y의 증분을 다음과 같이 정의한 것을 기억하자.

$$\Delta y = f(a+\Delta x)-f(a)$$

도함수의 정의에 따라 다음을 얻는다.

$$\lim_{\Delta x\to 0}\frac{\Delta y}{\Delta x}=f'(a)$$

그래서 차분 몫과 도함수 사이의 차를 ε으로 나타내면 다음을 얻는다.

$$\lim_{\Delta x\to 0}\varepsilon = \lim_{\Delta x\to 0}\left(\frac{\Delta y}{\Delta x}-f'(a)\right)=f'(a)-f'(a)=0$$

그러나 $\varepsilon=\dfrac{\Delta y}{\Delta x}-f'(a)$이면 $\Delta y=f'(a)\Delta x+\varepsilon\Delta x$이다. $\Delta x=0$일 때 $\varepsilon=0$으로 정의하면 ε은 Δx의 연속함수가 된다. 따라서 미분 가능한 함수 f에 대해 다음과 같이 쓸 수 있다. 그리고 ε은 Δx의 연속함수이다.

5 $$\Delta y=f'(a)\Delta x+\varepsilon\Delta x,\quad \Delta x\to 0\text{이면 } \varepsilon\to 0$$

미분 가능한 함수의 이와 같은 성질을 사용하여 연쇄법칙을 증명할 수 있다.

연쇄법칙의 증명

$u=g(x)$가 a에서 미분 가능하고 $y=f(u)$는 $b=g(a)$에서 미분 가능하다고 하자. Δx를 x의 증분이고 Δu와 Δy를 각각 이에 대응하는 u와 y의 증분이라 하면 식 5를 이용하여 다음과 같이 쓸 수 있다.

6 $$\Delta u = g'(a)\Delta x+\varepsilon_1\Delta x=[g'(a)+\varepsilon_1]\Delta x$$

여기서 $\Delta x\to 0$이면 $\varepsilon_1\to 0$이다. 마찬가지로 다음을 얻는다.

$$\boxed{7} \qquad \Delta y = f'(b)\,\Delta u + \varepsilon_2\,\Delta u = [f'(b) + \varepsilon_2]\,\Delta u$$

여기서 $\Delta u \to 0$이면 $\varepsilon_2 \to 0$이다. 식 $\boxed{6}$의 Δu에 대한 표현을 식 $\boxed{7}$에 대입하면 다음을 얻는다.

$$\Delta y = [f'(b) + \varepsilon_2][g'(a) + \varepsilon_1]\,\Delta x$$

또는

$$\frac{\Delta y}{\Delta x} = [f'(b) + \varepsilon_2][g'(a) + \varepsilon_1]$$

이제 $\Delta x \to 0$이면 식 $\boxed{6}$은 $\Delta u \to 0$임을 보인다. 그리하여 $\Delta x \to 0$이면 $\varepsilon_1 \to 0$이고 $\varepsilon_2 \to 0$이다. 그러므로 다음을 얻는다.

$$\begin{aligned}\frac{dy}{dx} &= \lim_{\Delta x \to 0} \frac{\Delta y}{\Delta x} = \lim_{\Delta x \to 0} [f'(b) + \varepsilon_2][g'(a) + \varepsilon_1] \\ &= f'(b)\,g'(a) = f'(g(a))\,g'(a)\end{aligned}$$

따라서 연쇄법칙이 증명된다. ∑

2.5 연습문제

01~03 합성함수를 $f(g(x))$의 형태로 쓰라. [내부 함수는 $u = g(x)$, 외부 함수는 $y = f(u)$로 지정한다.] 그리고 도함수 dy/dx를 구하라.

01 $y = \sqrt[3]{1+4x}$

02 $y = \tan \pi x$

03 $y = \sqrt{\sin x}$

04~21 다음 함수의 도함수를 구하라.

04 $F(x) = (x^4 + 3x^2 - 2)^5$

05 $F(x) = \sqrt{1-2x}$

06 $f(z) = \dfrac{1}{z^2+1}$

07 $y = \cos(a^3 + x^3)$

08 $y = x\sec kx$

09 $f(x) = (2x-3)^4 (x^2+x+1)^5$

10 $h(t) = (t+1)^{2/3} (2t^2-1)^3$

11 $y = \left(\dfrac{x^2+1}{x^2-1}\right)^3$

12 $y = \sin(x \cos x)$

13 $y = \dfrac{r}{\sqrt{r^2+1}}$

14 $y = \sin\sqrt{1+x^2}$

15 $y = \sin(\tan 2x)$

16 $y = \sec^2 x + \tan^2 x$

17 $y = \left(\dfrac{1-\cos 2x}{1+\cos 2x}\right)^4$

18 $y = \cot^2(\sin\theta)$

19 $y = [x^2 + (1-3x)^5]^3$

20 $g(x) = (2r\sin rx + n)^p$

21 $y = \cos\sqrt{\sin(\tan \pi x)}$

22~23 다음 함수의 1계 도함수와 2계 도함수를 구하라.

22 $y = \cos(x^2)$

23 $H(t) = \tan 3t$

---

24 곡선 $y = \sin(\sin x)$ 위의 점 $(\pi, 0)$에서 접선의 방정식을 구하라.

25 (a) 곡선 $y = \tan(\pi x^2/4)$ 위의 점 $(1, 1)$에서 접선의 방정식을 구하라.

(b) 곡선과 접선의 그래프를 동일한 보기화면에 그려서 (a)를 설명하라.

26 함수 $f(x)=2\sin x+\sin^2 x$의 그래프 위에서 접선이 수평이 되는 모든 점을 구하라.

27 $F(x)=f(g(x))$이고, $f(-2)=8$, $f'(-2)=4$, $f'(5)=3$, $g(5)=-2$, $g'(5)=6$일 때 $F'(5)$를 구하라.

28 f, g, f', g' 값이 표와 같다.

x	$f(x)$	$g(x)$	$f'(x)$	$g'(x)$
1	3	2	4	6
2	1	8	5	7
3	7	2	7	9

(a) $h(x)=f(g(x))$일 때 $h'(1)$을 구하라.

(b) $H(x)=g(f(x))$일 때 $H'(1)$을 구하라.

29 f와 g의 그래프가 다음과 같을 때 $u(x)=f(g(x))$, $v(x)=g(f(x))$, $w(x)=g(g(x))$라 하자. 각각의 미분계수가 존재한다면 구하고, 만약 미분계수가 존재하지 않는다면 그 이유를 설명하라.

(a) $u'(1)$ (b) $v'(1)$ (c) $w'(1)$

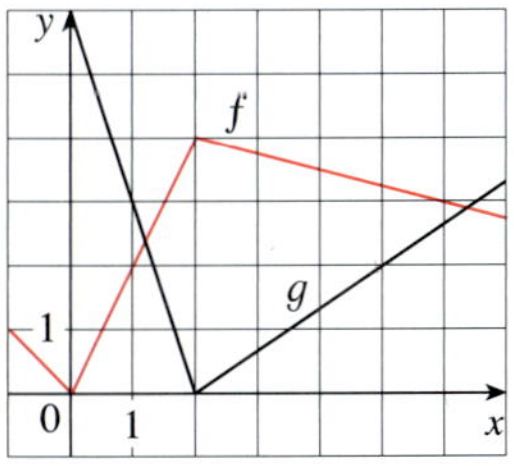

30 f의 그래프가 다음과 같을 때 $g(x)=\sqrt{f(x)}$라 하자. $g'(3)$을 구하라.

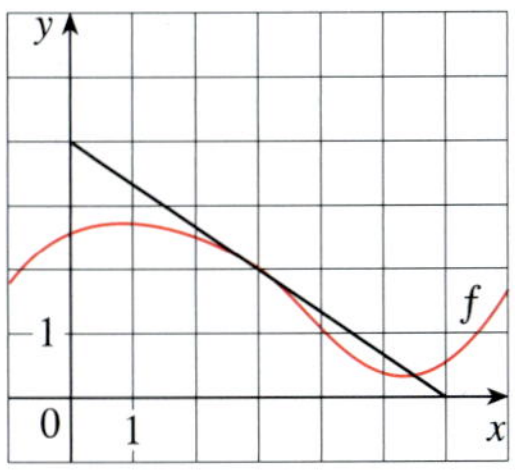

31 $r(x)=f(g(h(x)))$이고, $h(1)=2$, $g(2)=3$, $h'(1)=4$, $g'(2)=5$, $f'(3)=6$일 때 $r'(1)$을 구하라.

32 $y=\cos 2x$의 50계 도함수를 구하라.

33 케페우스형 변광성은 밝기가 교대로 증감하는 별이다. 이러한 별들 중 가장 쉽게 볼 수 있는 별은 델타 케페우스이다. 이 별이 최대로 밝은 시각 사이의 주기는 5.4일이다. 이 별의 평균 밝기는 4.0이고 이 밝기는 ± 0.35 사이에서 변한다. 이러한 자료의 관점에서 시각 t(일)에서의 델타 케페우스의 밝기는 다음과 같은 함수로 주어진다.

$$B(t)=4.0+0.35\sin(2\pi t/5.4)$$

(a) t일 후 밝기의 변화율을 구하라.

(b) 1일 후 증가율을 소수점 아래 둘째 자리에서 정확하게 구하라.

34 질량이 m, 속도가 v인 물체에 작용하는 힘 F에 대한 운동량의 변화율은 $F=(d/dt)(mv)$이다. m이 상수이면 이 힘은 $F=ma$이다. 여기서 $a=dv/dt$는 가속도이다. 그러나 상대성 이론에서 입자의 질량은 $m=m_0\big/\sqrt{1-v^2/c^2}$과 같이 v에 따라 변한다. 여기서 m_0은 정지 상태에서의 입자의 질량, c는 빛의 속력이다. 다음이 성립함을 보여라.

$$F=\frac{m_0 a}{(1-v^2/c^2)^{3/2}}$$

35 위치 $s(t)$, 속도 $v(t)$, 가속도 $a(t)$로 입자가 직선을 따라 움직인다. 다음을 성립함을 보여라.

$$a(t)=v(t)\frac{dv}{ds}$$

도함수 dv/dt와 dv/ds의 의미의 차이를 설명하라.

36 (a) n이 양의 정수일 때 다음을 증명하라.

$$\frac{d}{dx}(\sin^n x\cos nx)=n\sin^{n-1}x\cos(n+1)x$$

(b) (a)에 있는 것과 유사하게 $y=\cos^n x\cos nx$의 도함수를 구하라.

37 연쇄법칙을 이용하여 θ가 도(°)일 때 다음이 성립함을 보여라.

$$\frac{d}{d\theta}(\sin\theta)=\frac{\pi}{180}\cos\theta$$

(이는 미적분에서 삼각함수를 다룰 때 항상 라디안 척도를 사용해야 하는 명확한 이유를 보여준다. 만일 도(°) 척도를 사용한다면 미분 공식이 간단하지 않을 것이다.)

38 $F(x)=f(3f(4f(x)))$이고 $f(0)=0$, $f'(0)=2$일 때 $F'(0)$을 구하라.

39 두 번 미분 가능한 함수 f와 g에 대해 $y=f(u)$, $u=g(x)$일 때 다음이 성립함을 보여라.

$$\frac{d^2y}{dx^2}=\frac{dy}{du}\frac{d^2u}{dx^2}+\frac{d^2y}{du^2}\left(\frac{du}{dx}\right)^2$$

2.6 음함수의 미분법

지금까지 다룬 함수들은 하나의 변수를 다른 변수를 통해 명확하게 서술될 수 있었다. 예를 들어 다음과 같다.

$$y = \sqrt{x^3+1} \quad \text{또는} \quad y = x\sin x$$

또는 일반적으로 $y=f(x)$ 형태이다. 그러나 어떤 함수들은 다음과 같이 x와 y 사이의 관계에 의해 음함수적으로 정의된다.

1 $$x^2+y^2=25$$

2 $$x^3+y^3=6xy$$

어떤 경우에는 y에 대한 방정식을 명확한 x의 함수(또는 여러 개의 함수)로 풀 수도 있다. 예를 들어 식 1을 y에 대해 풀면 $y=\pm\sqrt{25-x^2}$ 이므로 음함수 방정식 1에 의해 $f(x)=\sqrt{25-x^2}$ 와 $g(x)=-\sqrt{25-x^2}$ 함수가 결정된다. f와 g의 그래프는 원 $x^2+y^2=25$의 상반원과 하반원이다([그림 37] 참조).

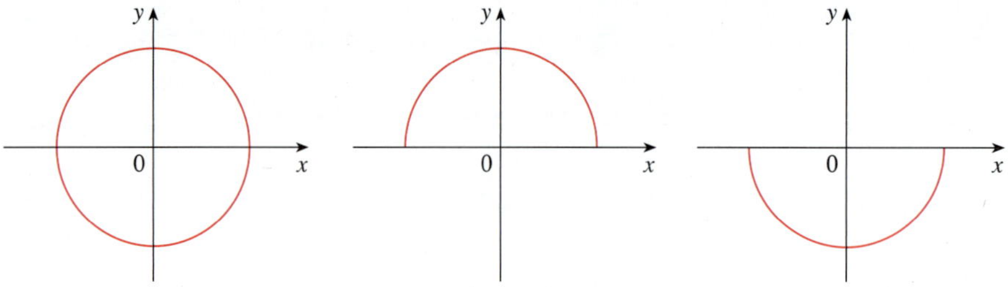

(a) $x^2+y^2=25$ (b) $f(x)=\sqrt{25-x^2}$ (c) $g(x)=-\sqrt{25-x^2}$

[그림 37]

식 2는 y를 x의 음함수로 생각하여 y를 명확한 x의 함수로 풀 수 없다. (컴퓨터 대수 시스템으로는 크게 어려울 것이 없지만, 사실 이 함수는 표현하기가 대단히 복잡하다.) 그럼에도 불구하고 식 2는 [그림 38]에 보이는 **데카르트의 엽선**folium of Descartes이라 불리는 곡선의 방정식이다. 그리고 이것은 y를 x에 대한 몇 가지 음함수로 정의한다. [그림 39]에 그와 같은 세 함수의 그래프를 보여준다. 식 2에 의해 f가 음함수로 정의된다는 것은 f의 정의역 안에 있는 모든 x에 대해 다음 방정식이 성립하는 것을 의미한다.

$$x^3+[f(x)]^3=6x\,f(x)$$

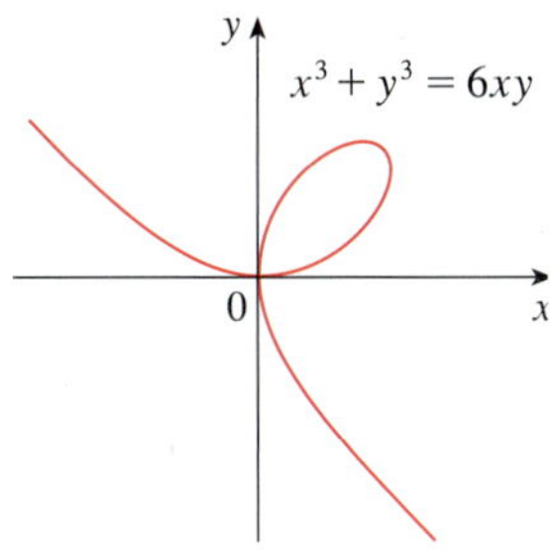

[그림 38] 데카르트의 엽선

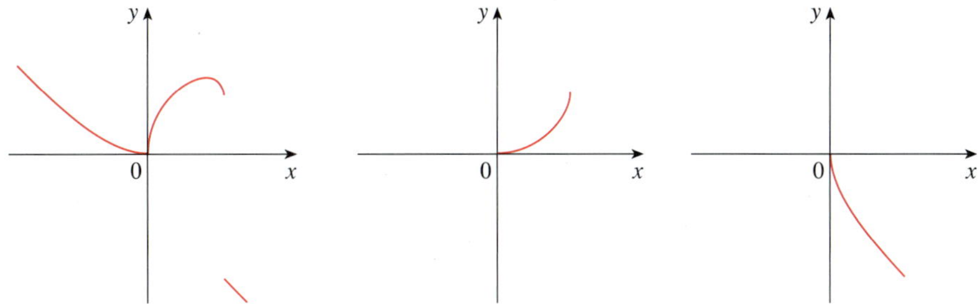

[그림 39] 데카르트의 엽선에 의해 정의된 세 함수

다행히도 y의 도함수를 구하기 위해 방정식을 y에 대해 풀어서 x에 관한 식으로 표현할 필요가 없다. 대신 **음함수의 미분법**implicit differentiation을 이용할 수 있다. 이것은 방정식의 양변을 x에 대해 미분하고 그 결과를 y'에 대해 푸는 것이다. 이 절의 예제와 연습문제에서 y를 x의 미분 가능한 음함수로 가정하고 음함수 미분법을 적용한다.

예제 1 **(a) $x^2 + y^2 = 25$일 때 dy/dx를 구하라.**

(b) 원 $x^2 + y^2 = 25$ 위에 있는 점 $(3, 4)$에서 접선의 방정식을 구하라.

풀이 1

(a) 방정식 $x^2 + y^2 = 25$의 양변을 미분한다.

$$\frac{d}{dx}(x^2 + y^2) = \frac{d}{dx}(25)$$

$$\frac{d}{dx}(x^2) + \frac{d}{dx}(y^2) = 0$$

y를 x의 함수로 가정하고 연쇄법칙을 이용하면 다음을 얻는다.

$$\frac{d}{dx}(y^2) = \frac{d}{dy}(y^2)\,\frac{dy}{dx} = 2y\,\frac{dy}{dx}$$

그러므로 다음을 얻는다.

$$2x + 2y\,\frac{dy}{dx} = 0$$

이 방정식을 dy/dx에 대해 풀면 다음과 같다.

$$\frac{dy}{dx} = -\frac{x}{y}$$

(b) 점 $(3, 4)$에서 $x = 3$이고 $y = 4$이므로 다음을 얻는다.

$$\frac{dy}{dx} = -\frac{3}{4}$$

그러므로 점 (3, 4)에서 원에 접하는 접선의 방정식은 다음과 같다.

$$y-4=-\frac{3}{4}(x-3) \quad \text{또는} \quad 3x+4y=25$$

풀이 2

(b) 방정식 $x^2+y^2=25$를 풀면 $y=\pm\sqrt{25-x^2}$을 얻는다. 점 (3, 4)는 상반원 $y=\sqrt{25-x^2}$ 위에 있으므로 함수 $f(x)=\sqrt{25-x^2}$을 생각한다. 연쇄법칙을 이용해서 f를 미분하여 다음을 얻는다.

$$\begin{aligned} f'(x) &= \frac{1}{2}(25-x^2)^{-1/2}\frac{d}{dx}(25-x^2) \\ &= \frac{1}{2}(25-x^2)^{-1/2}(-2x)=-\frac{x}{\sqrt{25-x^2}} \end{aligned}$$

따라서 다음을 얻는다.

$$f'(3)=-\frac{3}{\sqrt{25-3^2}}=-\frac{3}{4}$$

그리고 풀이 1에서와 같이 접선의 방정식은 $3x+4y=25$이다.

[예제 1]은 방정식을 풀어서 y를 x에 관한 명확한 식으로 표현할 수 있더라도 음함수의 미분법을 이용하는 것이 더 쉬울 수 있음을 보여준다.

예제 2 (a) $x^3+y^3=6xy$일 때 y'을 구하라.

(b) 데카르트의 엽선 $x^3+y^3=6xy$ 위의 점 (3, 3)에서 접선을 구하라.

(c) 제1사분면에서 접선이 수평이 되는 점은 무엇인가?

풀이

(a) y를 x에 관한 함수로 생각하고 $x^3+y^3=6xy$에서 양변을 x에 대해 미분한다. 이때 y^3 항에 연쇄법칙을 $6xy$ 항에 곱의 법칙을 이용하면 다음을 얻는다.

$$3x^2+3y^2y'=6y+6xy'$$

또는

$$x^2+y^2y'=2y+2xy'$$

y'에 대해 풀면

$$\begin{aligned} y^2y'-2xy' &= 2y-x^2 \\ (y^2-2x)y' &= 2y-x^2 \\ y' &= \frac{2y-x^2}{y^2-2x} \end{aligned}$$

(b) $x=y=3$일 때 다음을 얻는다.

$$y'=\frac{2\cdot3-3^2}{3^2-2\cdot3}=-1$$

[그림 40]을 보면 알 수 있듯이 이 값은 점 $(3, 3)$에서 접선의 기울기로 타당하다. 따라서 $(3, 3)$에서 엽선에 대한 접선의 방정식은 다음과 같다.

$$y-3=-1(x-3) \quad 또는 \quad x+y=6$$

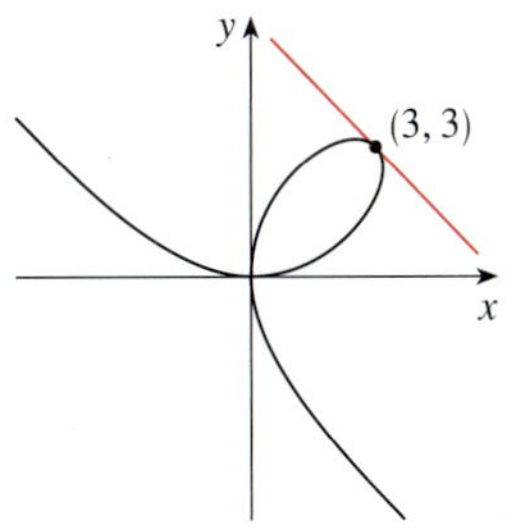

[그림 40]

(c) $y'=0$일 때 접선은 수평이다. (a)의 결과로 얻은 y'에 대한 표현을 이용하면 $2y-x^2=0$($y^2-2x \neq 0$이라는 조건 하에서)일 때 $y'=0$임을 알 수 있다. 곡선의 방정식에 $y=x^2/2$을 대입하면 다음을 얻는다.

$$x^3+\left(\frac{1}{2}x^2\right)^3=6x\left(\frac{1}{2}x^2\right)$$

이를 간단히 하면 $x^6=16x^3$이다. 제1사분면에서 $x \neq 0$이므로 $x^3=16$이다. $x=16^{1/3}=2^{4/3}$이면 $y=\frac{1}{2}(2^{8/3})=2^{5/3}$이다. 따라서 접선은 $(2^{4/3}, 2^{5/3})$에서 수평이고, 이 점은 근사적으로 $(2.5198, 3.1748)$이다. [그림 41]을 보면 이 답이 타당함을 알 수 있다.

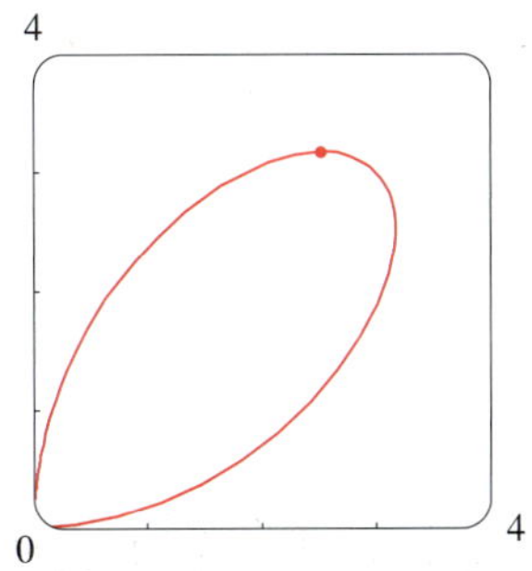

[그림 41]

예제 3 $\sin(x+y)=y^2\cos x$일 때 y'을 구하라.

풀이

y는 x의 함수인 것을 기억하고 x에 대해 음함수를 미분하면 다음을 얻는다.

$$\cos(x+y)\cdot(1+y')=y^2(-\sin x)+(\cos x)(2yy')$$

(좌변에서는 연쇄법칙을, 우변에서는 곱의 법칙과 연쇄법칙을 이용한 것에 주목하자.) 이제 y'을 포함하는 항으로 정리하면 다음을 얻는다.

$$\cos(x+y)+y^2\sin x=(2y\cos x)y'-\cos(x+y)\cdot y'$$

따라서 다음을 얻는다.

$$y'=\frac{y^2\sin x+\cos(x+y)}{2y\cos x-\cos(x+y)}$$

[그림 42]는 컴퓨터 대수 시스템의 음함수 그리기 명령어로 그린 것으로 곡선 $\sin(x+y)=y^2\cos x$의 일부이다. 앞의 계산을 확인해보면 $x=y=0$일 때 $y'=-1$임에 유의하고, 그래프에서는 기울기가 원점에서 대략 -1로 나타난다.

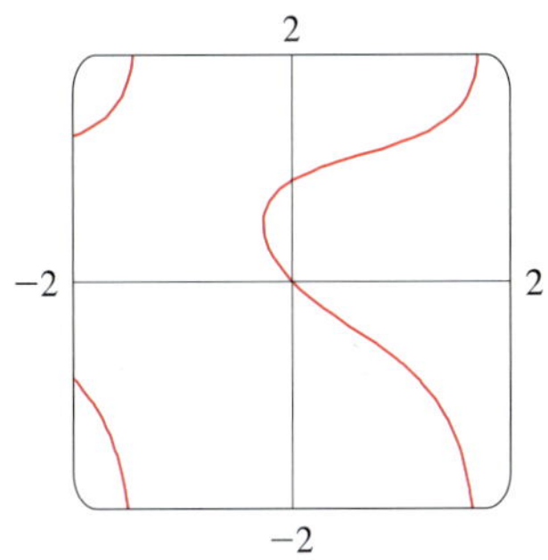

[그림 42]

예제 4 $x^4 + y^4 = 16$일 때 y''을 구하라.

■ www.stewartcalculus.com (Additional Example A를 보라.)

풀이

x에 대한 음함수로 방정식을 미분하여 다음을 얻는다.

$$4x^3 + 4y^3 y' = 0$$

이 방정식을 y'에 대해 풀면 다음을 얻는다.

$$y' = -\frac{x^3}{y^3} \tag{3}$$

y''을 구하기 위해 y가 x의 함수인 것을 기억하고 나눗셈 법칙을 이용하여 y'에 대한 식을 미분한다.

$$\begin{aligned} y'' &= \frac{d}{dx}\left(-\frac{x^3}{y^3}\right) \\ &= -\frac{y^3 (d/dx)(x^3) - x^3 (d/dx)(y^3)}{(y^3)^2} \\ &= -\frac{y^3 \cdot 3x^2 - x^3(3y^2 y')}{y^6} \end{aligned}$$

이 식에 식 3을 대입하면 다음을 얻는다.

$$\begin{aligned} y'' &= -\frac{3x^2 y^3 - 3x^3 y^2 \left(-\dfrac{x^3}{y^3}\right)}{y^6} \\ &= -\frac{3(x^2y^4 + x^6)}{y^7} = -\frac{3x^2(y^4 + x^4)}{y^7} \end{aligned}$$

x, y 값은 원래의 방정식 $x^4 + y^4 = 16$을 만족해야 한다. 따라서 답을 간단히 나타내면 다음과 같다.

$$y'' = -\frac{3x^2(16)}{y^7} = -48\frac{x^2}{y^7}$$

[그림 43]은 [예제 4]의 곡선 $x^4 + y^4 = 16$의 그래프를 나타낸다. 원 $x^2 + y^2 = 4$를 잡아당겨 늘리고 납작하게 만든 것으로 '비대한 원'이라 부르기도 한다. 이는 왼쪽에서 매우 가파르게 시작해서 곧바로 평평해진다. 이는 다음의 식으로부터 확인할 수 있다.

$$y' = -\frac{x^3}{y^3} = -\left(\frac{x}{y}\right)^3$$

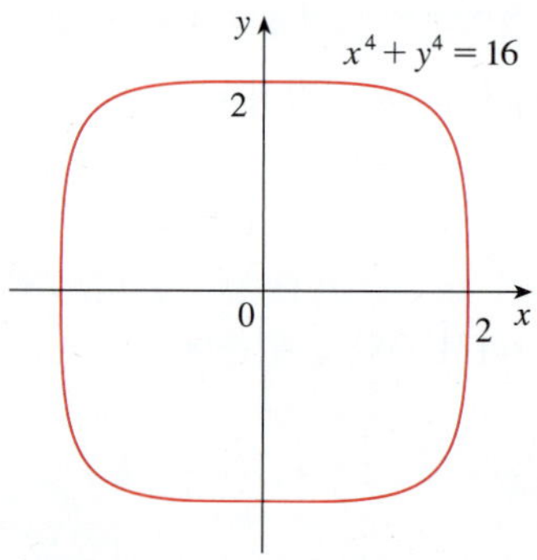

[그림 43]

2.6 연습문제

01 $9x^2 - y^2 = 1$이라 하자.

(a) 음함수 미분법을 이용하여 y'을 구하라.

(b) y에 대한 명확한 식을 풀고 x에 관하여 미분하여 y'을 구하라.

(c) y에 대한 식을 (a)에서 얻은 답에 대입하여 (a)와 (b)의 해가 일치하는지 확인하라.

02~08 음함수 미분법에 의해 dy/dx를 구하라.

02 $x^3 + x^2y + 4y^2 = 6$

03 $x^2 + xy - y^2 = 4$

04 $y\cos x = x^2 + y^2$

05 $4\cos x \sin y = 1$

06 $\tan(x/y) = x + y$

07 $\sqrt{xy} = 1 + x^2 y$

08 $y\cos x = 1 + \sin(xy)$

09 $f(x) + x^2[f(x)]^3 = 10$이고 $f(1) = 2$일 때 $f'(1)$을 구하라.

10~12 음함수 미분법을 이용하여 곡선 위의 주어진 점에서 접선의 방정식을 구하라.

10 $x^2 + xy + y^2 = 3$, $(1, 1)$ 타원

11 $x^2 + y^2 = (2x^2 + 2y^2 - x)^2$, $(0, 1/2)$ 심장형

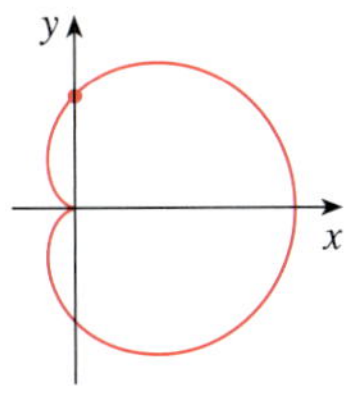

12 $2(x^2 + y^2)^2 = 25(x^2 - y^2)$, $(3, 1)$ 연주형

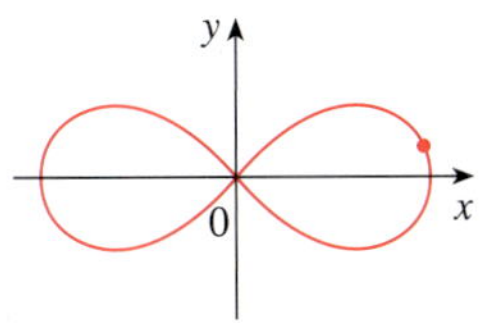

13~14 음함수 미분법에 의해 y''을 구하라.

13 $9x^2 + y^2 = 9$

14 $x^3 + y^3 = 1$

15 (a) 방정식이 $y^2 = 5x^4 - x^2$인 곡선을 **에우독소스의 곡선**kampyle of Eudoxus이라 부른다. 곡선 위의 점 $(1, 2)$에서 접선의 방정식을 구하라.

(b) 곡선과 접선을 동일한 보기화면에 그려서 (a)를 설명하라. (그래픽 장치가 음함수로 정의된 곡선을 그릴 수 있으면 그 기능을 이용하라. 그렇지 않다면 상반부와 하반부를 나누어 그림으로써 곡선을 그릴 수 있다.)

16 CAS 컴퓨터 대수 시스템의 음함수 그리기 명령을 이용하면 기발한 모양을 만들 수 있다.

(a) 다음 방정식의 곡선의 그래프를 그려라.

$$y(y^2 - 1)(y - 2) = x(x - 1)(x - 2)$$

이 곡선은 얼마나 많은 점에서 수평접선을 갖는가? 이 점들의 x좌표를 추정하라.

(b) 점 $(0, 1)$과 $(0, 2)$에서 접선의 방정식을 구하라.

(c) (a)에서 추정한 점들의 정확한 x좌표를 구하라.

(d) (a)의 방정식을 수정하여 더욱 기발한 곡선들을 그려라.

17 [연습문제 12]의 연주형 그래프에 대해 접선이 수평인 점을 구하라.

18~19 접선이 교점에서 서로 수직이면 두 곡선은 **직교한다**orthogonal고 한다. 주어진 곡선족은 서로 **직교절선**orthogonal trajectory이 됨을 보여라. 즉 한 곡선족에 있는 모든 곡선이 다른 곡선족에 있는 모든 곡선과 직교함을 보여라. 그리고 동일한 좌표축에 두 곡선족을 그려라.

18 $x^2 + y^2 = r^2$, $ax + by = 0$

19 $y = cx^2$, $x^2 + 2y^2 = k$

20 (a) 기체 n(mol)에 대한 반데르발스 방정식은 다음과 같다.

$$\left(P + \frac{n^2 a}{V^2}\right)(V - nb) = nRT$$

여기서 P는 압력, V는 부피, T는 기체의 온도이다. 상수 R은 보편 기체 상수이고 a, b는 특정 기체의 성질을 나타내는 양의 상수이다. T가 상수일 때 음함수 미분법을 이용해서 dV/dP를 구하라.

(b) 부피 $V=10\,\mathrm{L}$, 압력 $P=2.5\,\mathrm{atm}$일 때 이산화탄소 $1\,\mathrm{mol}$의 압력에 대한 부피 변화율을 구하라. 이때 $a=3.592\,\mathrm{L}^2\text{-}\mathrm{atm/mol}^2$, $b=0.04267\,\mathrm{L/mol}$이다.

21 음함수 미분법을 이용하여 중심 O 위의 한 점 P에서 접선은 반지름 OP에 수직임을 보여라.

22 방정식 $x^2-xy+y^2=3$은 회전한 타원, 즉 타원의 축이 두 좌표축에 평행하지 않은 타원이다. 이 타원이 x축을 지나는 점을 구하라. 그리고 이들 점에서 접선들이 평행함을 보여라.

23 접선의 기울기가 -1인 곡선 $x^2y^2+xy=2$ 위의 점을 구하라.

24 $A^2<a^2$이고 $a^2-b^2=A^2+B^2$이면 타원 $x^2/a^2+y^2/b^2=1$과 쌍곡선 $x^2/A^2-y^2/B^2=1$이 직교 절선임을 보여라. (이때 타원과 쌍곡선의 초점은 같다.)

25 0차 **베셀 함수**Bessel function $y=J(x)$는 x의 모든 값에 대해 미분방정식 $xy''+y'+xy=0$을 만족하고 $J(0)=1$이다.

(a) $J'(0)$을 구하라.

(b) 음함수 미분법을 이용해서 $J''(0)$을 구하라.

2.7 관련된 비율

기구에 공기를 불어넣으면 풍선의 기구와 반지름이 모두 증가하며, 이 증가율들은 서로 관련되어 있다. 그러나 반지름의 증가율보다 부피의 증가율을 직접 측정하는 편이 훨씬 쉽다. 관련 비율 문제를 푸는 주요 관점은 (좀더 쉽게 측정할 수 있는) 다른 양의 변화율을 이용해 어떤 하나의 양의 변화율을 계산하는 것이다. 이를 위해서는 먼저 두 양 사이의 관계식을 구하고 그 다음으로 연쇄법칙을 이용하여 시간에 대해 양변을 미분하면 된다.

예제 1 둥근 기구 안으로 공기를 불어넣을 때 기구의 부피는 $100\,\mathrm{cm}^3/\mathrm{s}$의 비율로 증가한다. 지름이 $50\,\mathrm{cm}$일 때 기구의 반지름은 얼마나 빨리 증가하는가?

풀이

두 가지를 확인하고 시작하자.

- 주어진 정보 : 공기의 부피 증가율은 $100\,\mathrm{cm}^3/\mathrm{s}$
- 미지의 정보 : 지름이 $50\,\mathrm{cm}$일 때 반지름의 증가율

이 양들을 수학적으로 표현하기 위해 다음과 같은 표기를 도입한다.

V를 기구의 부피, r을 반지름이라고 하자.

기억해야 할 가장 중요한 열쇠는 변화율이 도함수라는 것이다. 이 문제에서 부피와 반지름은 모두 시간 t의 함수이다. 시간에 대한 부피의 증가율은 도함수 dV/dt이고 반지름의 증가율은 dr/dt이다. 따라서 주어진 정보와 미지의 정보는 다음과 같이 다시

쓸 수 있다.

◦ 주어진 정보 : $\dfrac{dV}{dt} = 100\,\text{cm}^3/\text{s}$

◦ 미지의 정보 : $r = 25\,\text{cm}$일 때 $\dfrac{dr}{dt}$

dV/dt와 dr/dt을 연결하기 위해 먼저 다음의 구의 부피에 대한 공식에 의해 V와 r을 연관시킨다.

$$V = \frac{4}{3}\pi r^3$$

주어진 정보를 이용하기 위해 이 식의 양변을 t에 대하여 미분한다. 우변을 미분하기 위해서는 연쇄법칙을 이용해야 한다.

$$\frac{dV}{dt} = \frac{dV}{dr}\frac{dr}{dt} = 4\pi r^2 \frac{dr}{dt}$$

이제 다음과 같이 미지의 양에 대해 푼다.

$$\frac{dr}{dt} = \frac{1}{4\pi r^2}\frac{dV}{dt}$$

dV/dt는 상수이지만 dr/dt은 상수가 아니다.

이 식에 $r = 25$, $dV/dt = 100$을 대입하여 다음을 얻는다.

$$\frac{dr}{dt} = \frac{1}{4\pi(25)^2}100 = \frac{1}{25\pi}$$

기구의 반지름은 $1/(25\pi) \approx 0.0127\,\text{cm/s}$ 의 비율로 증가한다.

예제 2 길이 5 m 의 사다리가 수직 벽면에 기대어 있다. 사다리의 밑부분이 벽면으로부터 1 m/s 의 비율로 미끄러진다면 사다리 밑부분이 벽면으로부터 3 m 멀어졌을 때 사다리 꼭대기는 얼마나 빨리 벽면을 따라 미끄러져 내려오는가?

풀이

먼저 [그림 44]와 같이 그림을 그리고 기호를 기입한다. 사다리 바닥에서 벽면까지의 거리를 x(m), 사다리 꼭대기에서 지면까지의 거리를 y(m)라고 하자.

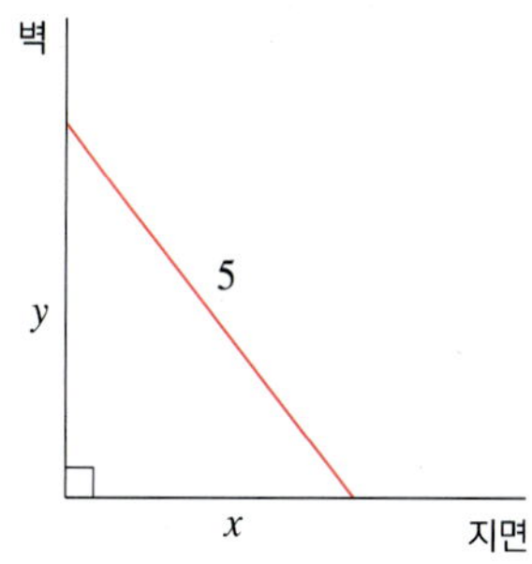

[그림 44]

x와 y는 모두 t(초)의 함수이다. $dx/dt = 1\,\text{m/s}$가 주어져 있고, $x = 3\,\text{m}$일 때의 dy/dt를 구하고자 한다([그림 45] 참조).

이 문제에서 x와 y 사이의 관계는 피타고라스 정리에 의해 다음과 같다.

$$x^2 + y^2 = 25$$

연쇄법칙을 이용하여 양변을 t에 대해 다음과 같이 미분한다.

$$2x\frac{dx}{dt}+2y\frac{dy}{dt}=0$$

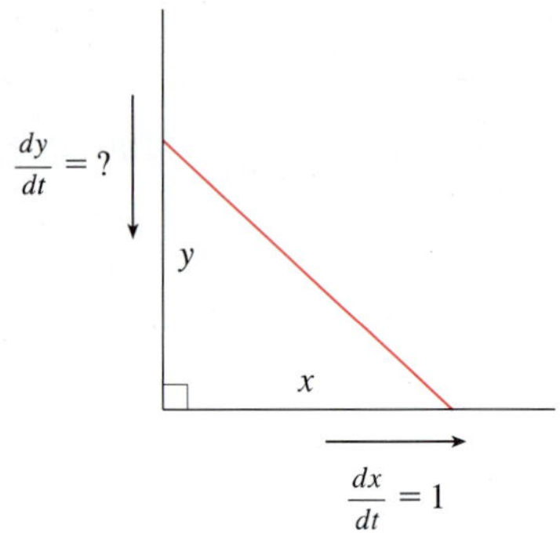

[그림 45]

원하는 비율을 구하기 위해 이 방정식을 풀면 다음을 얻는다.

$$\frac{dy}{dt}=-\frac{x}{y}\frac{dx}{dt}$$

한편 $x=3$일 때 피타고라스 정리에 의해 $y=4$를 얻는다. 그래서 이 값과 $dx/dt=1$을 위 식에 대입하면 다음을 얻는다.

$$\frac{dy}{dt}=-\frac{3}{4}(1)=-\frac{3}{4}\,\mathrm{m/s}$$

dy/dt가 음수라는 사실은 사다리 꼭대기에서부터 지면까지의 거리가 $\frac{3}{4}\,\mathrm{m/s}$의 비율로 감소하는 것을 의미한다. 다시 말해서 사다리 꼭대기는 벽면을 따라 $\frac{3}{4}\,\mathrm{m/s}$의 비율로 미끄러져 내려온다.

예제 3 원뿔을 뒤집어 놓은 모양의 물탱크가 있는데 밑면의 반지름이 2 m, 높이가 4 m이다. 이 물탱크에 $2\,\mathrm{m^3/min}$의 속도로 물을 채운다면 물의 깊이가 3 m일 때 수위의 증가율을 구하라.

풀이

먼저 [그림 46]과 같이 원뿔을 그리고 기호를 기입한다. V, r, h를 각각 시각 t에서의 물의 부피, 수면의 반지름, 높이라고 하자. 여기서 t의 단위는 분이다.

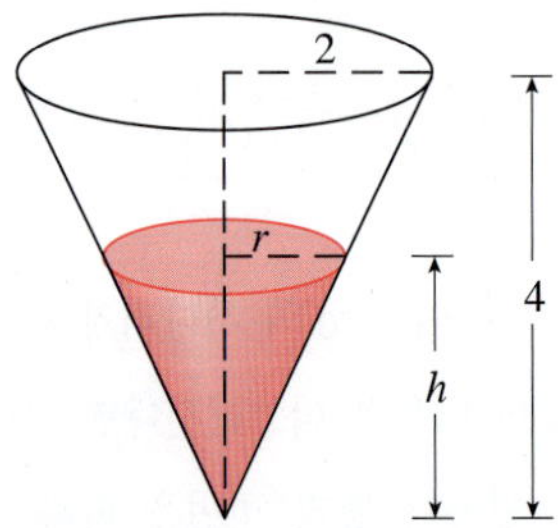

[그림 46]

$dV/dt=2\,\mathrm{m^3/min}$가 주어져 있고 구하고자 하는 값은 $h=3\,\mathrm{m}$일 때 dh/dt이다. V와 h는 다음 식으로 관련되어 있다.

$$V=\frac{1}{3}\pi r^2 h$$

그러나 V를 h만의 함수로 표현하는 것이 유용하다. 그러므로 r을 소거하기 위해 [그림 46] 안에 있는 비슷한 삼각형을 이용하여 다음과 같이 쓴다.

$$\frac{r}{h}=\frac{2}{4},\qquad r=\frac{h}{2}$$

그러면 V의 표현식은 다음과 같이 된다.

$$V=\frac{1}{3}\pi\left(\frac{h}{2}\right)^2 h=\frac{\pi}{12}h^3$$

이제 다음과 같이 양변을 t에 관하여 미분할 수 있다.

$$\frac{dV}{dt} = \frac{\pi}{4} h^2 \frac{dh}{dt}, \qquad \frac{dh}{dt} = \frac{4}{\pi h^2} \frac{dV}{dt}$$

이 식에 $h = 3\,\text{m}$과 $dV/dt = 2\,\text{m}^3/\text{min}$을 대입하면 다음을 얻는다.

$$\frac{dh}{dt} = \frac{4}{\pi(3)^2} \cdot 2 = \frac{8}{9\pi}$$

수위는 $8/(9\pi) \approx 0.28\,\text{m/min}$의 비율로 상승한다.

전략

[예제 1~3]에서는 서로 관련된 비율 문제를 풀 때 다음과 같은 단계를 제안했다.

1. 문제를 주의 깊게 읽는다.
2. 가능하면 그림을 그린다.
3. 기호를 도입한다. 시간의 함수인 모든 양에 기호를 부여한다.
4. 주어진 정보와 구해야 하는 비율을 도함수로 나타낸다.
5. 문제에 제시된 여러 가지 양을 관련짓는 방정식을 적는다. 필요하면 주어진 상황과 관련된 기하학을 이용하여 변수 중 하나를 소거한다([예제 3]과 같이).
6. 연쇄법칙을 이용하여 방정식의 양변을 t에 대하여 미분한다.
7. 결과로 얻은 방정식에 주어진 정보를 대입하고 미지의 비율에 대해 푼다.

⊘ 주의 일반적으로 오류는(시간에 따라 변하는 양에 대한) 주어진 정보를 너무 일찍 대입할 때 발생한다. 미분이 끝난 후에 대입해야 한다. (7단계는 6단계 다음이다.) 예를 들어 [예제 3]에서는 h의 일반적인 값을 다루다가 마지막 단계에서 $h=3$을 대입했다. (만약 일찌감치 $h=3$이라 놓으면 $dV/dt=0$이 되므로 이것은 명백한 오류이다.)

예제 4 **자동차 A는 $90\,\text{km/h}$의 속도로 서쪽으로 이동하고, 자동차 B는 $100\,\text{km/h}$의 속도로 북쪽으로 이동하고 있다. 두 자동차는 두 길의 교차로를 향하고 있다. 교차로로부터 A가 $60\,\text{m}$, B가 $80\,\text{m}$의 거리에 있게 될 때 자동차들이 서로에게 접근해가는 속도는 얼마인가?**

풀이

[그림 47]을 그려서 두 길의 교차점을 C라 한다. 주어진 시각 t에서, A에서 C까지의 거리를 x, B에서 C까지 거리를 y, 두 자동차 사이의 거리를 z라고 하자. 여기서 x, y, z의 단위는 km이다.

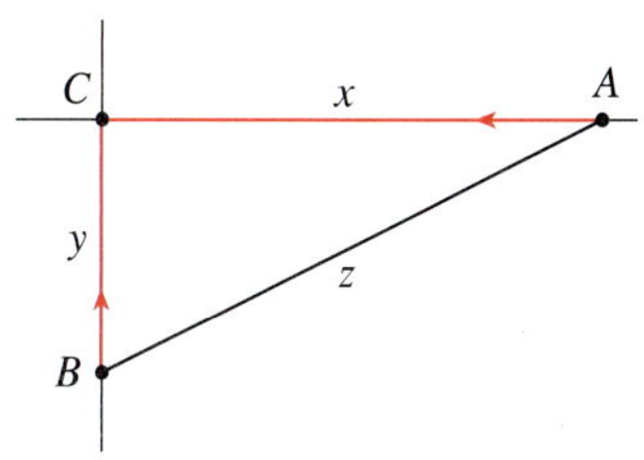

[그림 47]

주어진 조건은 $dx/dt = -90\,\text{km/h}$, $dy/dt = -100\,\text{km/h}$이다. ($x$와 y는 감소하므로 도함수는 음의 값이다.) 그리고 dz/dt는 구해야 하는 값이다. 피타고라스 정리에 의해 x, y, z가 관련된 방정식을 다음과 같이 나타낼 수 있다.

$$z^2 = x^2 + y^2$$

t에 대해 양변을 미분하여 다음을 얻는다.

$$2z\frac{dz}{dt} = 2x\frac{dx}{dt} + 2y\frac{dy}{dt}$$

$$\frac{dz}{dt} = \frac{1}{z}\left(x\frac{dx}{dt} + y\frac{dy}{dt}\right)$$

$x = 0.06\,\text{km}$, $y = 0.08\,\text{km}$이면 피타고라스 정리에 의해 $z = 0.1\,\text{km}$이다. 따라서 다음을 얻는다.

$$\frac{dz}{dt} = \frac{1}{0.1}[0.06(-90) + 0.08(-100)]$$

$$= -134\,\text{km/h}$$

두 자동차는 서로에게 $134\,\text{km/h}$의 속도로 접근한다.

예제 5 어떤 사람이 $1.5\,\text{m/s}$의 속력으로 곧게 뻗은 길을 걷고 있다. 탐조등은 길에서 $6\,\text{m}$ 떨어진 지면 위에 놓여있고 이 사람의 이동경로를 따라 비추고 있다. 이 사람이 탐조등에서 가장 가까운 경로의 지점으로부터 $8\,\text{m}$ 떨어진 곳에 있을 때 탐조등의 회전율을 구하라.

풀이

[그림 48]을 그리고 탐조등에서 가장 가까운 경로의 지점과 사람이 있는 지점까지의 거리를 x로 놓자. 탐조등의 불빛과 경로에 대해 수직인 선 사이의 각을 θ라고 하자. 주어진 조건은 $dx/dt = 1.5\,\text{m/s}$이고, 구하려는 값은 $x = 8$일 때 $d\theta/dt$이다. [그림 48]에서 x와 θ 사이의 관계식을 구하면 다음과 같다.

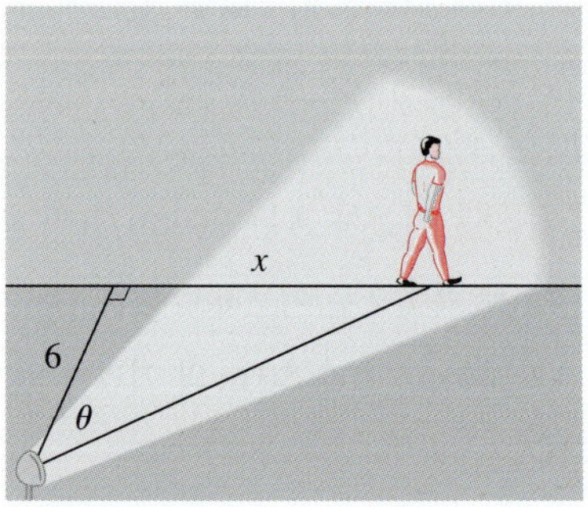

[그림 48]

$$\frac{x}{6} = \tan\theta, \quad x = 6\tan\theta$$

이제 t에 대해 양변을 미분하면 다음이 성립한다.

$$\frac{dx}{dt} = 6\sec^2\theta\,\frac{d\theta}{dt}$$

$$\frac{d\theta}{dt} = \frac{1}{6}\cos^2\theta\,\frac{dx}{dt} = \frac{1}{6}\cos^2\theta\,(1.5) = \frac{1}{4}\cos^2\theta$$

$x = 8$이면 불빛의 길이는 10이므로 $\cos\theta = 3/5$이고 다음을 얻는다.

$$\frac{d\theta}{dt} = \frac{1}{4}\left(\frac{3}{5}\right)^2 = \frac{9}{100} = 0.09$$

따라서 탐조등의 회전율은 $0.09\,\text{rad/s}$이다.

2.7 연습문제

01 V는 한 변의 길이가 x인 정육면체의 부피이고 시간이 흐름에 따라 정육면체가 팽창한다. dV/dt를 dx/dt에 관한 식으로 나타내라.

02 정사각형의 각 변이 6cm/s의 비율로 증가하고 있다. 정사각형의 넓이가 16cm^2일 때 정사각형 넓이의 증가율은 얼마인가?

03 반지름이 5m인 원통형 탱크에 $3\text{m}^3/\text{min}$의 비율로 물이 채워지고 있다. 물의 높이는 얼마나 빠르게 증가하는가?

04 x와 y가 t의 함수일 때 $y=\sqrt{2x+1}$이라고 하자.

(a) $dx/dt=3$이면 $x=4$일 때 dy/dt를 구하라.

(b) $dy/dt=5$이면 $x=12$일 때 dx/dt를 구하라.

05 $x^2+y^2+z^2=9$, $dx/dt=5$, $dy/dt=4$이면 $(x, y, z)=(2, 2, 1)$에서 dz/dt를 구하라.

06~07 (a) 문제에서 주어진 양들은 무엇인가?

(b) 구하려는 것은 무엇인가?

(c) 임의의 시각 t에 대한 상황을 그림으로 그려라.

(d) 양들을 관련짓는 방정식을 쓰라.

(e) 문제 풀이를 완성하라.

06 눈덩어리의 표면적이 $1\text{cm}^2/\text{min}$의 비율로 감소하면서 녹는다면 지름이 10cm일 때 지름의 감소비율을 구하라.

07 비행기가 고도 2km에서 수평으로 날고 있으며 레이더 기지 상공을 800km/h의 속력으로 똑바로 지나간다. 비행기가 기지로부터 3km 떨어져 있을 때 비행기와 레이더 기지 사이의 거리가 증가하는 비율을 구하라.

---

08 두 대의 자동차가 동일한 지점에서 출발한다. 한 대는 남쪽으로 30km/h의 속도로 움직이고, 다른 한 대는 서쪽으로 72km/h의 속도로 움직인다. 2시간 후에 두 자동차 사이의 거리는 얼마의 비율로 증가하는가?

09 한 남자가 지점 P에서 1.2m/s로 북쪽을 향해 걷기 시작한다. 5분 후 P의 동쪽 편으로 200m 떨어진 지점에서 한 여자가 1.6m/s로 남쪽을 향해 걷기 시작한다. 여자가 걷기 시작한 지 15분 후 이 두 사람은 얼마의 비율로 멀어지는가?

10 삼각형의 높이가 1cm/min의 비율로 증가하는 동안에 넓이는 $2\text{cm}^2/\text{min}$의 비율로 증가한다. 높이가 10cm이고 넓이가 100cm^2일 때 삼각형의 밑변은 얼마의 비율로 변하는가?

11 정오에 배 A는 배 B로부터 100km 서쪽에 있다. 배 A는 35km/h로 남쪽으로 항해하고, 배 B는 25km/h로 북쪽으로 항해한다. 오후 4시에 두 배 사이의 거리는 얼마나 빠르게 변하는가?

12 두 대의 카트 A, B가 도르래 P를 지나는 12m 길이의 로프로 연결되어 있다(그림 참조). 점 Q는 두 카트 사이에 있으며 P 바로 아래 바닥까지 4m 지점에 있다. 카트 A가 0.5m/s의 속력으로 Q에서 멀어지기 시작한다. 카트 A가 Q로부터 3m만큼 멀어진 순간 카트 B는 Q를 향해 얼마나 빠르게 움직이는가?

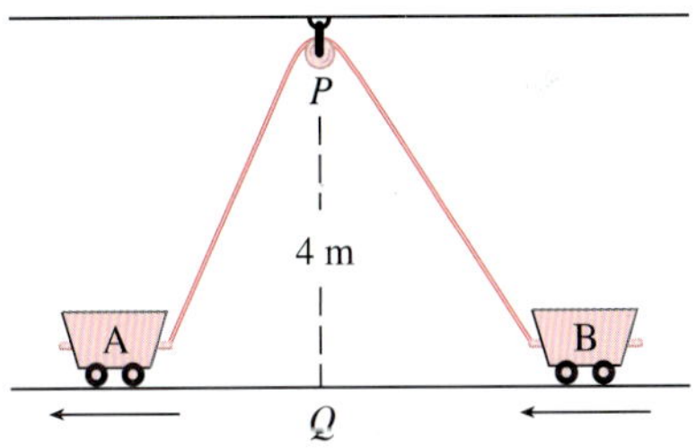

13 물통의 길이는 6m이다. 끝부분은 꼭대기에서 빗변이 1m이고 높이가 50cm인 이등변삼각형 모양이다. 물통에 $1.2\text{m}^3/\text{min}$의 비율로 물이 채워진다면 물의 깊이가 30cm일 때 수위는 얼마나 빠르게 상승하는가?

14 컨베이어 벨트에서 자갈이 $3\text{m}^3/\text{min}$의 비율로 쏟아지고 있다. 그리고 쏟아진 자갈은 지름과 높이가 항상 같은 원뿔 형태인 자갈더미를 이룬다. 자갈더미의 높이가 3m일 때 이 높이는 얼마나 빠르게 증가하는가?

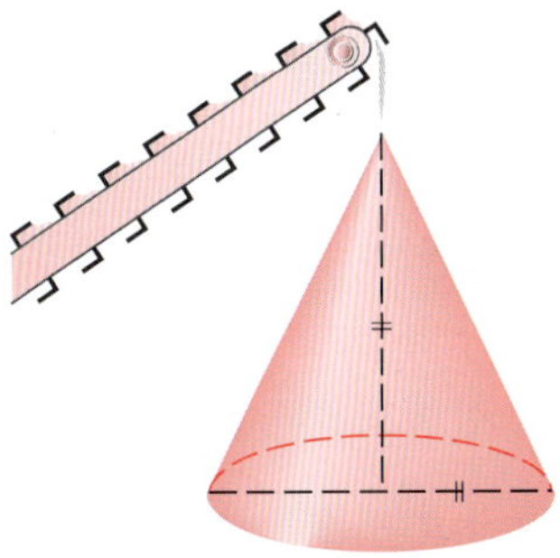

15 삼각형의 두 변의 길이는 각각 4m, 5m이고 사잇각은 0.06rad/s의 비율로 증가한다. 길이가 고정된 두 변 사이의 각이 $\pi/3$일 때 삼각형 넓이의 증가율을 구하라.

16 사다리의 꼭대기가 수직 벽면으로부터 0.15m/s의 비율로 미끄러진다. 그리고 사다리 밑부분은 벽면으로부터 3m 멀어졌을 때 0.2m/s의 비율로 미끄러진다. 사다리의 길이는 얼마인가?

17 보일의 법칙에 따르면 기체의 표본이 일정 온도에서 압축될 때 압력 P와 부피 V는 방정식 $PV=C$를 만족한다. 여기서 C는 상수이다. 어느 순간 기체의 부피가 600cm^3, 압력이 150kPa이라 하고, 압력이 20kPa/min의 비율로 증가한다고 하자. 이 순간 부피는 얼마의 비율로 감소하는가?

18 저항 R_1, R_2가 그림처럼 병렬로 연결되어 있을 때 단위가 옴(Ω)인 총 저항 R의 식은 다음과 같이 주어진다.

$$\frac{1}{R}=\frac{1}{R_1}+\frac{1}{R_2}$$

R_1과 R_2가 각각 $0.3\Omega/\text{s}$와 $0.2\Omega/\text{s}$의 비율로 증가한다면 $R_1=80\Omega$, $R_2=100\Omega$일 때 R은 얼마나 빠르게 변하는가?

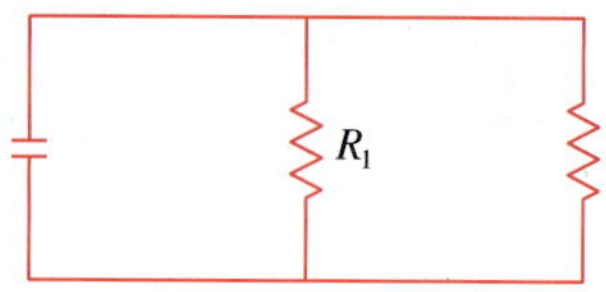

19 TV 카메라를 로켓 발사대의 하단에서부터 1200m 떨어진 곳에 설치했다. 카메라의 화면에 로켓을 계속 담으려면 카메라의 상승각은 정확한 비율로 변해야 한다. 또한 카메라의 초점을 맞추려면 카메라와 상승하는 로켓 사이에 거리가 증가한다는 점도 고려해야 한다. 로켓이 수직으로 올라가 상공 900m에 있을 때 속도가 200m/s라고 가정하자.

(a) 그 순간에 TV 카메라와 로켓 사이의 거리는 얼마나 빠르게 변하는가?

(b) TV 카메라가 항상 로켓을 주시하고 있다면 같은 순간에 카메라의 상승각은 얼마나 빠르게 변하는가?

20 300km/h의 속력으로 일정하게 날고 있는 비행기가 고도 1km에서 지상 레이더 기지 위를 $30°$의 각도로 날고 있다. 1분 후 비행기로부터 레이더 기지까지의 거리는 어떤 비율로 증가하는가?

21 육상선수가 반지름이 100m인 원형 트랙을 7m/s의 일정한 속력으로 돌고 있다. 이 선수의 친구가 트랙의 중심으로부터 200m 떨어진 거리에 서 있다. 둘 사이의 거리가 200m일 때 이 둘 사이의 거리는 얼마나 빠르게 변하는가?

22 분침의 길이는 8mm이고 시침의 길이는 4mm이다. 정각 1시에 시계 바늘 끝 사이의 거리는 얼마나 빠르게 변하는가?

2.8 선형 근사와 미분

지금까지 우리는 곡선이 접점 부근에서 접선과 매우 가깝게 놓이는 것을 살펴보았다. 실제로 미분 가능한 함수의 그래프 위의 점을 향해 확대하면 그래프가 점점 더 접선처럼 보이는 것을 보았다(2.1절의 [그림 4] 참조). 이 관찰은 함수의 근삿값을 구하는 방법의 기초가 된다.

문제는 함숫값 $f(a)$를 계산하기는 쉽지만 f의 부근에 있는 값들을 구하기는 어렵다(또는 불가능하다)는 것이다. 그래서 점 $(a, f(a))$에서 f의 접선을 그래프로 가지는 선형함수 L로 쉽게 계산한 근삿값에 만족한다([그림 49] 참조).

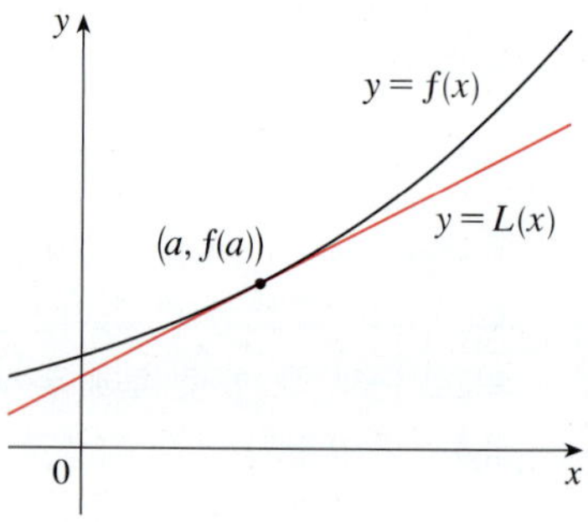

[그림 49]

다시 말해서 x가 a 부근에 있을 때 곡선 $y=f(x)$에 대한 근사로써 점 $(a, f(a))$에서 f의 접선을 이용한다. 이 접선의 방정식은 다음과 같다.

$$y=f(a)+f'(a)(x-a)$$

그리고 다음과 같은 근사식을 a에서 f의 **선형 근사**linear approximation 또는 **접선 근사**tangent line approximation라 한다.

$$f(x) \approx f(a)+f'(a)(x-a) \tag{1}$$

그래프가 다음과 같은 접선인 선형함수를 가리켜 a에서 f의 **선형화**linearization라고 한다.

$$L(x) = f(a)+f'(a)(x-a) \tag{2}$$

예제 1 $a=1$에서 함수 $f(x)=\sqrt{x+3}$의 선형화를 구하라. 그리고 이를 이용하여 수 $\sqrt{3.98}$과 $\sqrt{4.05}$의 근삿값을 구하라. 이 근삿값들은 과대추정됐는가? 아니면 과소추정됐는가?

풀이

$f(x)=(x+3)^{1/2}$의 도함수는 다음과 같다.

$$f'(x)=\frac{1}{2}(x+3)^{-1/2}=\frac{1}{2\sqrt{x+3}}$$

그러므로 $f(1)=2$와 $f'(1)=\frac{1}{4}$이다. 이 값을 식 2에 대입하면 다음과 같은 선형화를 얻는다.

$$L(x)=f(1)+f'(1)(x-1)=2+\frac{1}{4}(x-1)=\frac{7}{4}+\frac{x}{4}$$

이에 대한 선형 근사식 1은 다음과 같다.

$$\sqrt{x+3}\approx\frac{7}{4}+\frac{x}{4} \quad (x\text{가 1 부근에 있을 때})$$

특히 다음을 얻는다.

$$\sqrt{3.98}\approx\frac{7}{4}+\frac{0.98}{4}=1.995, \qquad \sqrt{4.05}\approx\frac{7}{4}+\frac{1.05}{4}=2.0125$$

[그림 50]에서 선형 근사를 보여준다. 확실히 x가 1 부근에 있을 때의 접선 근사는 주어진 함수에 대해 좋은 근사임을 알 수 있다. 또한 접선이 곡선 위에 놓여 있으므로 이 근사가 과대추정되었음을 알 수 있다.

물론 계산기를 이용해서 $\sqrt{3.98}$과 $\sqrt{4.05}$에 대한 근삿값을 얻을 수 있으나 선형 근사는 모든 구간에서 근삿값을 제공한다.

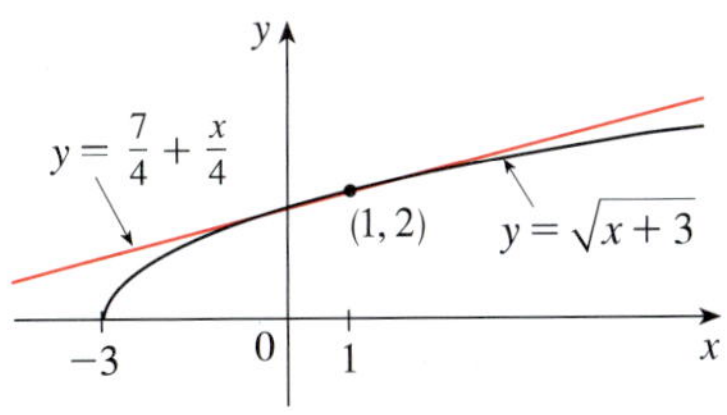

[그림 50]

[표 3]에서는 [예제 1]의 선형 근사에 의한 추정값과 참값을 비교한다. [표 3]과 [그림

50]으로부터 x가 1 부근에 있을 때 접선 근사는 좋은 추정값을 제공한다. 그러나 x가 1에서 멀어지면 근삿값의 정확도가 떨어지는 것을 알 수 있다.

	x	$L(x)$에 의한 추정값	실제값
$\sqrt{3.9}$	0.9	1.975	1.97484176...
$\sqrt{3.98}$	0.98	1.995	1.99499373...
$\sqrt{4}$	1	2	2.00000000...
$\sqrt{4.05}$	1.05	2.0125	2.01246117...
$\sqrt{4.1}$	1.1	2.025	2.02484567...
$\sqrt{5}$	2	2.25	2.23606797...
$\sqrt{6}$	3	2.5	2.44948974...

[표 3]

[예제 1]에서 얻은 선형 근사는 얼마나 적합한가? 다음 예제는 그래픽 계산기나 컴퓨터를 이용하여 선형 근사가 지정된 정확도를 제공하는 구간을 결정할 수 있음을 보여준다.

예제 2 **x의 어떤 값에 대해 다음 선형 근사는 오차 범위 0.5 이내에서 정확한가? 0.1 이내의 정확도에 대해서는 어떤가?**

$$\sqrt{x+3} \approx \frac{7}{4} + \frac{x}{4}$$

풀이

0.5 이내의 정확도는 다음과 같이 함수의 차가 0.5보다 작은 것을 의미한다.

$$\left| \sqrt{x+3} - \left(\frac{7}{4} + \frac{x}{4}\right) \right| < 0.5$$

이를 다음과 같이 쓸 수 있다.

$$\sqrt{x+3} - 0.5 < \frac{7}{4} + \frac{x}{4} < \sqrt{x+3} + 0.5$$

이는 선형 근사가 곡선 $y = \sqrt{x+3}$을 위와 아래로 0.5만큼 이동하여 얻은 곡선 사이에 놓이는 것을 말한다. [그림 51]은 접선 $y = (7+x)/4$가 P와 Q에서 위쪽 곡선 $y = \sqrt{x+3} + 0.5$와 교차하는 것을 보여준다. 보기화면을 확대하고 커서를 이용하여 P의 x좌표는 약 -2.66이고 Q의 x좌표는 약 8.66임을 추정할 수 있다. 따라서 그래프로부터 다음 선형 근사가 $-2.6 < x < 8.6$일 때 오차 범위 0.5 내에서 정확하다. (안전하게 반올림했다.)

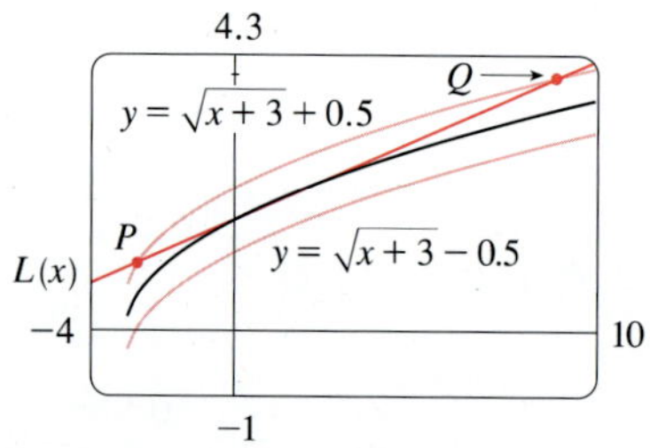

[그림 51]

$$\sqrt{x+3} \approx \frac{7}{4} + \frac{x}{4}$$

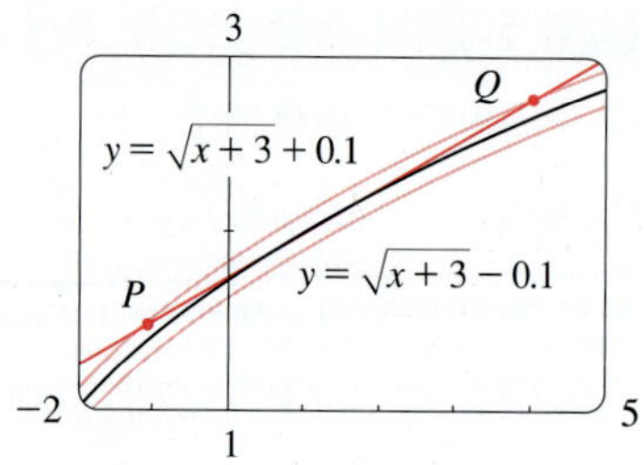

[그림 52]

마찬가지로 [그림 52]로부터 $-1.1 < x < 3.9$일 때 선형 근사는 오차 범위 0.1 내에서 정확하다는 것을 알 수 있다.

물리학에의 응용

선형 근사는 물리학에서 종종 이용된다. 물리학자들은 방정식의 결과를 분석할 때 함수를 선형 근사로 대치하여 간단히 만들어야 하는 경우가 생기기도 한다. 예를 들어 물리학 책에서는 진자의 주기에 대한 공식을 유도할 때 접선 가속도에 대한 표현 $a_T = -g\sin\theta$를 얻은 후 θ가 그다지 크지 않으면 $\sin\theta$가 θ에 매우 가깝다는 데 주목하여 $\sin\theta$를 θ로 바꾼다. [Eugene Hecht 저 Physics : Calculus, 2nd ed., (Pacific Grove, CA, 2000), p.431 참조] $a=0$에서 함수 $f(x)=\sin x$의 선형화는 $L(x)=x$이므로 0에서의 선형 근사는 다음과 같다([연습문제 15] 참조).

$$\sin x \approx x$$

그러므로 실제로 진자의 주기에 관한 공식을 유도할 때 사인 함수에 대한 접선 근사를 이용한다. 또 다른 예는 광학 이론에서 발생한다. 광축에 대해 얕은 각도에서 도달하는 광선을 **근축광선**paraxial ray이라 한다. 근축 (또는 가우스) 광학에서 $\sin\theta$와 $\cos\theta$는 모두 그들의 선형화로 바뀐다. 다시 말해서 θ가 0에 가깝기 때문에 다음과 같은 선형 근사를 이용한다.

$$\sin\theta \approx \theta, \quad \cos\theta \approx 1$$

이런 근사에 의해 만들어진 계산 결과는 렌즈를 설계하는 데 이용되는 기본적인 이론적 도구이다. [Eugene Hecht 저 Optics, 4th ed., (San Francisco, 2002), p. 154 참조] 8.8절에서는 물리학에 선형 근사의 개념을 응용하는 몇 가지 예를 살펴보자.

미분

선형 근사의 배경이 되는 개념은 종종 미분의 용어와 기호로 공식화된다. 미분 가능한 함수 f에 대해 $y=f(x)$라 하면 **미분**differential dx는 독립변수이다. 즉 dx는 임의의 실수값으로 주어질 수 있다. 그러면 미분 dy는 다음과 같이 dx에 의해 정의된다.

$$dy = f'(x)\,dx \qquad \boxed{3}$$

$dx \neq 0$이면 식 3의 양변을 dx로 나누어 다음을 얻을 수 있다.

$$\frac{dy}{dx} = f'(x)$$

예전에 유사한 방정식을 보았으나 지금은 좌변이 순전히 미분의 나눗셈으로 해석된다.

그러므로 dy는 변수 x와 dx에 의해 결정되는 종속변수이다. dx가 특정한 값이고 x가 f의 정의역 안에 있는 특정한 수로 주어지면 dy의 수치적인 값이 결정된다. 미분에 대한 기하학적인 의미는 [그림 53]에서 파악할 수 있다.

$P(x, f(x))$와 $Q(x+\Delta x, f(x+\Delta x))$를 f의 그래프 위에 있는 점이라 하고 $dx = \Delta x$라 하자. 대응하는 y의 변화량은 다음과 같다.

$$\Delta y = f(x+\Delta x) - f(x)$$

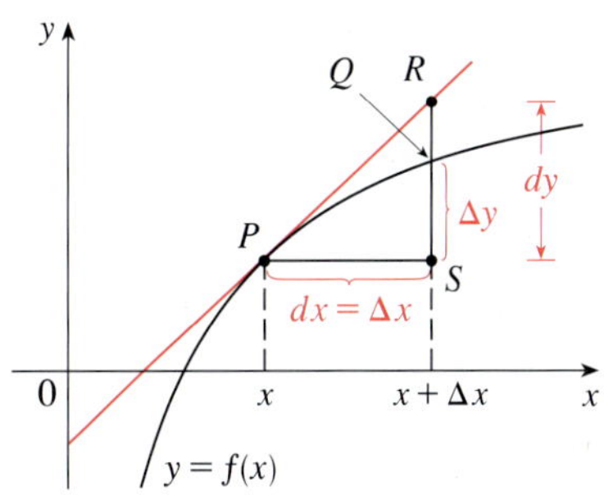

[그림 53]

접선 PR의 기울기는 도함수 $f'(x)$이므로 S에서 R까지의 유향 거리는 $f'(x)dx = dy$이다. 그러므로 dy는 접선이 올라가거나 내려간 양(선형화의 변화량)을 나타낸다. 반면 Δy는 x가 dx만큼 변할 때 곡선 $y=f(x)$가 올라가거나 내려간 양을 나타낸다. [그림 53]으로부터 Δx가 작아질수록 $\Delta y \approx dy$가 되는 것에 유의하자.

$dx = x - a$라 하면 $x = a + dx$이고 선형 근사 1을 미분 표기법을 이용하여 다음과 같이 다시 쓸 수 있다.

$$f(a+dx) \approx f(a) + dy$$

예를 들어 [예제 1]의 함수 $f(x) = \sqrt{x+3}$에 대해 다음을 얻는다.

$$dy = f'(x)dx = \frac{dx}{2\sqrt{x+3}}$$

$a = 1$이고 $dx = \Delta x = 0.05$이면 다음을 얻는다.

$$dy = \frac{0.05}{2\sqrt{1+3}} = 0.0125$$

그리고 [예제 1]에서 얻은 것과 동일하게 다음을 얻는다.

$$\sqrt{4.05} = f(1.05) \approx f(1) + dy = 2.0125$$

마지막 예제는 근사 측정에 의해 발생하는 오차를 추정할 때 미분을 어떻게 사용하는지 설명한다.

예제 3 구의 반지름이 21 cm로 측정되었고 측정에서 가능한 오차 범위는 기껏해야 0.05 cm이다. 이 값을 반지름으로 사용하여 구의 부피를 계산할 때 최대 오차는 얼마인가?

풀이

구의 반지름을 r이라 하면 부피는 $V = \frac{4}{3}\pi r^3$이다. r의 측정값에서 오차를 $dr = \Delta r$로 나타내면 V 계산값에 대응되는 오차는 ΔV이고, 이를 미분하여 다음과 같이 근사시킬 수 있다.

$$dV = 4\pi r^2 dr$$

$r = 21$, $dr = 0.05$일 때 이는 다음과 같다.

$$dV = 4\pi(21)^2 0.05 \approx 277$$

따라서 계산된 부피에서 최대 오차는 약 $277\,\mathrm{cm}^3$이다.

NOTE_ [예제 3]의 결과로 얻은 허용 오차는 상당히 커 보인다. 오차에 대해 좀 더 나은 설명으로 다음과 같이 오차를 전체 부피로 나눠서 계산한 **상대 오차**relative error를 생각할 수 있다.

$$\frac{\Delta V}{V} \approx \frac{dV}{V} = \frac{4\pi r^2\, dr}{\frac{4}{3}\pi r^3} = 3\frac{dr}{r}$$

그러므로 부피의 상대 오차는 반지름의 상대 오차의 약 3배이다. [예제 3]에서 반지름에 대한 상대 오차는 약 $dr/r = 0.05/21 \approx 0.0024$이고, 이에 대응하는 부피의 상대 오차는 약 0.007이다. 또한 이 오차는 반지름에 대해 0.24%, 부피에 대해 0.7%인 **백분율 오차**percentage error로 표현될 수 있다.

2.8 연습문제

01~02 주어진 a에서 다음 함수의 선형화 $L(x)$를 구하라.

01 $f(x) = x^4 + 3x^2,\ a = -1$ **02** $f(x) = \sqrt{x},\ a = 4$

03 🖩 $a = 0$에서 함수 $f(x) = \sqrt{1-x}$의 선형 근사를 구하라. 이를 이용해서 수 $\sqrt{0.9}$와 $\sqrt{0.99}$의 근삿값을 구하라. f와 접선의 그래프를 그려서 설명하라.

04~05 🖩 $a = 0$에서 주어진 선형 근사를 확인하라. 그리고 선형 근사가 오차 범위 0.1 내에서 정확한 x의 값을 결정하라.

04 $\sqrt[4]{1+2x} \approx 1 + \frac{1}{2}x$ **05** $1/(1+2x)^4 \approx 1 - 8x$

06~07 선형 근사(또는 미분)를 이용하여 주어진 수를 추정하라.

06 $(1.999)^4$ **07** $(8.06)^{2/3}$

08 선형 근사 또는 미분을 이용하여 근삿값 $\sec 0.08 \approx 1$이 타당한 이유를 설명하라.

09 다음 함수의 미분을 구하라.

(a) $y = \tan\sqrt{t}$ (b) $y = \dfrac{1-v^2}{1+v^2}$

10 $y = \tan x$라고 하자.

(a) 미분 dy를 구하라.

(b) $x = \pi/4,\ dx = -0.1$일 때 dy와 Δy를 구하라.

11 정육면체의 한 변의 길이가 30 cm로 측정되었으며 측정 오차는 0.1 cm이다.

(a) 정육면체의 부피를 계산할 때의 최대 허용 오차, 상대 오차, 백분율 오차를 추정하라.

(b) 정육면체의 겉넓이를 계산할 때의 최대 허용 오차, 상대 오차, 백분율 오차를 추정하라.

12 구의 둘레가 허용 오차 0.5 cm 내에서 84 cm로 측정되었다.

(a) 미분을 이용하여 겉넓이를 계산할 때 최대 오차를 추정하라. 상대 오차는 얼마인가?

(b) 미분을 이용하여 부피를 계산할 때 최대 오차를 추정하라. 상대 오차는 얼마인가?

13 전류 I가 저항이 R인 저항기를 지난다면 옴의 법칙에 따라 전압 강하는 $V = IR$이 된다. V가 일정하고 어느 정도의 오차를 가진 R이 측정된다면 미분을 이용하여 I를 계산할 때 나타나는 상대 오차가 R의 상대 오차와 (크기에서) 거의 같음을 보여라.

14 혈액이 혈관을 따라 흐를 때 유량 F(주어진 점을 흐르는 단위시간 당 혈액의 부피)는 다음과 같이 혈관의 반지름 R의 네 제곱에 비례한다. (이를 **푸아죄유의 법칙**Poiseuille's law이라고 한다.)

$$F = kR^4$$

부분적으로 막힌 동맥은 혈관형성술이라는 시술을 통해 확장할 수 있다. 이 시술은 풍선을 부착한 카테터를 동맥 내부에 넣고 부풀려서 동맥을 확장하여 정상적인 혈액의 흐름으로 복원하는 것이다. F에 대한 상대적인 변화가 R에 대한 상대적인 변화의 약 네 배가 되는 것을 보여라. 반지름이 5% 증가하면 혈류에 어떤 영향을 미치는가?

15 Eugene Hecht의 저서 "Physics: Calculus, 2nd ed." (Pacific Grove, CA, 2000)의 431쪽을 보자. 길이 L인 시계추의 주기에 대한 공식 $T=2\pi\sqrt{L/g}$를 유도하는 과정에서 저자는 추의 흔들거림의 접선 가속도에 대한 방정식 $a_T=-g\sin\theta$를 얻었다. 그리고 그는 "작은 각도에 대한 θ(라디안) 값은 $\sin\theta$ 값과 거의 같다. 약 $20°$ 밖에서는 그 차이가 2%보다 작다."고 말한다.

(a) 사인 함수에 대해 0에서의 선형 근사는 $\sin x \approx x$임을 증명하라.

(b) 그래픽 장치를 이용하여 $\sin x$와 x의 차이가 2%보다 작아지게 되는 x를 결정하라.

16 함수 f에 대한 유일한 정보는 $f(1)=5$이고 도함수의 그래프는 다음과 같다고 하자.

(a) 선형 근사를 이용하여 $f(0.9)$와 $f(1.1)$을 추정하라.

(b) (a)에서 구한 추정값이 너무 크거나 너무 작지는 않는가? 이에 대해 설명하라.

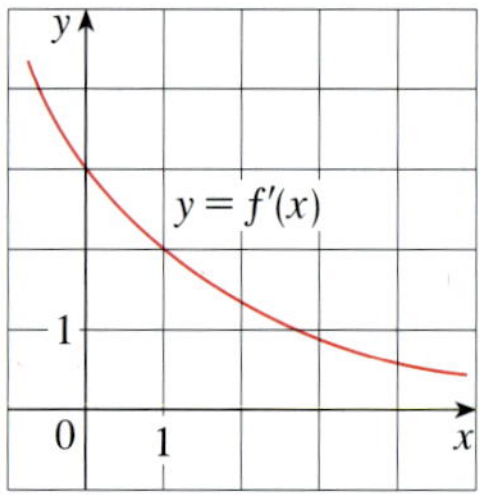

2장 복습문제

개념 확인

01 점 $(a, f(a))$에서 곡선 $y=f(x)$의 접선의 기울기에 대한 표현을 쓰라.

02 물체가 시각 t에서 위치함수 $f(t)$를 갖고 직선을 따라 움직인다고 하자. 시각 $t=a$에서 물체의 순간속도에 대한 식을 쓰라. f의 그래프의 용어에서 이 속력을 어떻게 해석할 수 있는가?

03 미분계수 $f'(a)$를 결정하라. 이 수를 해석하는 두 가지 방법을 설명하라.

04 $y=f(x)$이고 x가 x_1에서 x_2로 변할 때, 다음에 대한 식을 쓰라.

(a) 구간 $[x_1, x_2]$에서 x에 대한 y의 평균 변화율

(b) $x=x_1$에서 x에 대한 y의 순간 변화율

05 f의 2계 도함수를 정의하라. $f(t)$가 입자의 위치 함수이면 2계 도함수를 어떻게 해석할 수 있는가?

06 (a) f가 a에서 미분 가능하다는 의미는 무엇인가?

(b) 함수의 미분 가능성과 연속성 사이의 관계는 무엇인가?

(c) $a=2$에서 연속이지만 미분 불가능한 함수의 그래프를 그려라.

07 함수가 미분 불가능한 여러 가지 방법을 말하라. 그림을 그려서 설명하라.

08 기호와 말로 다음 미분법을 설명하라.

(a) 거듭제곱 법칙 (b) 상수배 법칙

(c) 합의 법칙 (d) 차의 법칙

(e) 곱의 법칙 (f) 나눗셈의 법칙

(g) 연쇄법칙

09 다음 함수의 도함수를 말하라.

(a) $y=x^n$ (b) $y=\sin x$

(c) $y=\cos x$ (d) $y=\tan x$

(e) $y=\csc x$ (f) $y=\sec x$

(g) $y=\cot x$

10 음함수 미분법으로 도함수를 어떻게 구하는지 설명하라.

11 (a) a에서 f의 선형화에 대한 식을 쓰라.

(b) $y=f(x)$일 때 미분 dy에 대한 식을 쓰라.

(c) $dx=\Delta x$일 때 Δy와 dy의 기하학적 의미를 보이는 그림을 그려라.

참/거짓 질문

다음 명제가 참인지 거짓인지 결정하라. 참이면 이유를 설명하고, 거짓이면 이유를 설명하거나 반례를 들어라.

01 f가 a에서 연속이면 f는 a에서 미분 가능하다.

02 f와 g가 미분 가능하면 $\frac{d}{dx}[f(x)g(x)]=f'(x)g'(x)$이다.

03 f가 미분 가능하면 $\frac{d}{dx}\sqrt{f(x)}=\frac{f'(x)}{2\sqrt{f(x)}}$이다.

04 $\frac{d}{dx}|x^2+x|=|2x+1|$

05 $g(x)=x^5$이면 $\lim_{x\to 2}\frac{g(x)-g(2)}{x-2}=80$이다.

06 포물선 $y=x^2$ 위의 점 $(-2, 4)$에서 접선의 방정식은 $y-4=2x(x+2)$이다.

연습문제

01 함수 f의 그래프가 다음과 같다. 다음 수를 작은 것부터 순서대로 재배열하라.

$$0,\ 1,\ f'(2),\ f'(3),\ f'(5),\ f''(5)$$

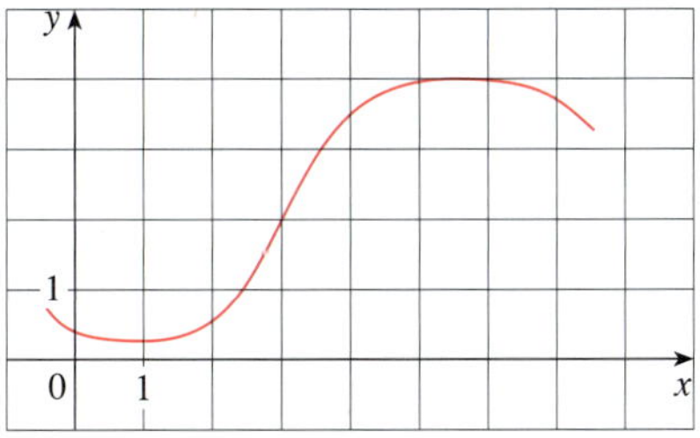

02 연 r%의 이율로 받은 학자금대출의 총 상환액은 $C=f(r)$이다.

(a) 도함수 $f'(r)$의 의미는 무엇인가? 이것의 단위는 무엇인가?

(b) $f'(10)=1200$은 무엇을 의미하는가?

(c) $f'(r)$은 항상 양수인가? 아니면 부호가 변하는가?

03 다음 그림을 복사하거나 그림으로 그려라. 그런 다음 그 아래에 도함수의 그래프를 그려라.

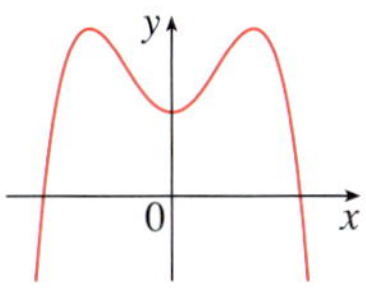

04 다음 그림은 f, f', f''의 그래프를 보여준다. 각 곡선을 식별하고 그에 대해 설명하라.

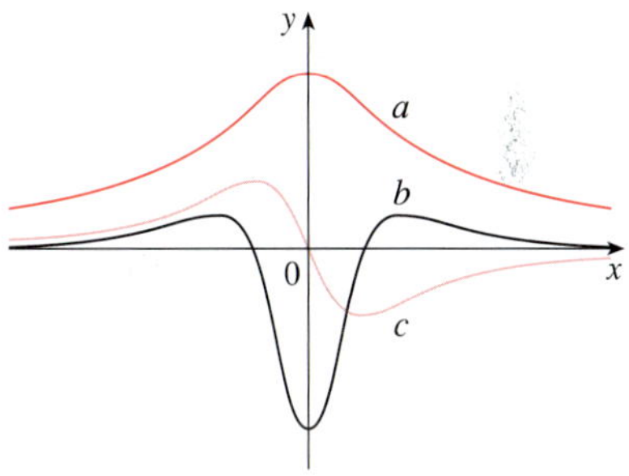

05 $E(t)$는 시각 t에서 미국 달러에 관한 유로(유럽 통화)의 가치이다. 이 표는 2000년부터 2004년까지 각 해의 반기 기점에 조사한 함숫값을 제시한 것이다. $E'(2002)$를 해석하고 그 값을 추정하라.

t	2000	2001	2002	2003	2004
$E(t)$	0.955	0.847	0.986	1.149	1.218

06 $f(x)=x^3+5x+4$에 대해 첫 번째 원리, 즉 도함수의 정의에 의해 직접 $f'(x)$를 구하라.

07~20 y'을 계산하라.

07 $y=(x^2+x^3)^4$

08 $y=\frac{x^2-x+2}{\sqrt{x}}$

09 $y=x^2\sin\pi x$

10 $y=\frac{t^4-1}{t^4+1}$

11 $y=\tan\sqrt{1-x}$

12 $xy^4+x^2y=x+3y$

13 $y=\frac{\sec 2\theta}{1+\tan 2\theta}$

14 $y=(1-x^{-1})^{-1}$

15 $\sin(xy)=x^2-y$

16 $y=\cot(3x^2+5)$

17 $y = \sqrt{x}\cos\sqrt{x}$

18 $y = \tan^2(\sin\theta)$

19 $y = \sqrt[5]{x\tan x}$

20 $y = \sin\left(\tan\sqrt{1+x^3}\right)$

---

21 $f(t) = \sqrt{4t+1}$일 때, $f''(2)$를 구하라.

22 $x^6 + y^6 = 1$일 때 y''을 구하라.

23 곡선 $y = 4\sin^2 x$ 위의 점 $(\pi/6, 1)$에서 접선의 방정식을 구하라.

24 곡선 $y = \sqrt{1+4\sin x}$ 위의 점 $(0, 1)$에서 접선과 법선의 방정식을 구하라.

25 곡선 $y = \sin x + \cos x$ $(0 \le x \le 2\pi)$가 수평 접선을 갖는 점은 어디인가?

26 $h(x) = f(x)g(x)$, $F(x) = f(g(x))$이라 하자. 여기서 $f(2) = 3$, $g(2) = 5$, $g'(2) = 4$, $f'(2) = -2$, $f'(5) = 11$이다.

(a) $h'(2)$를 구하라.

(b) $F'(2)$를 구하라.

27~30 f'을 g'에 관하여 구하라.

27 $f(x) = x^2 g(x)$

28 $f(x) = [g(x)]^2$

29 $f(x) = g(g(x))$

30 $f(x) = g(\sin x)$

---

31 $h(x) = \dfrac{f(x)g(x)}{f(x)+g(x)}$일 때 h'을 f'과 g'에 관하여 구하라.

32 f의 그래프가 다음과 같다. f가 미분 불가능한 수와 그 이유를 말하라.

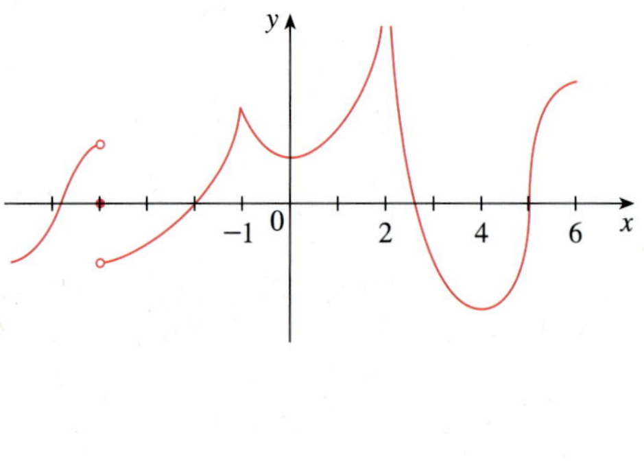

33 입자가 수직선 위를 움직이고 있다. 시각 t에서의 y좌표는 $y = t^3 - 12t + 3\,(t \ge 0)$이다.

(a) 속도와 가속도 함수를 구하라.

(b) 이 입자가 위로 움직일 때와 아래로 움직일 때는 언제인가?

(c) 시간 구간 $0 \le t \le 3$에서 입자가 움직인 거리를 구하라.

(d) $0 \le t \le 3$에서 위치 함수, 속도 함수, 가속도 함수의 그래프를 그려라.

34 정육면체의 부피가 $10\,\text{cm}^3/\text{min}$의 비율로 증가한다. 각 변의 길이가 $30\,\text{cm}$일 때 겉넓이는 얼마나 빠르게 증가하는가?

35 풍선이 $2\,\text{m/s}$의 일정한 속력으로 상승한다. 한 아이가 자전거를 타고 직선도로를 $5\,\text{m/s}$의 속력으로 달리고 있다. 이 아이가 풍선 밑을 지날 때 풍선은 아이로부터 $15\,\text{m}$ 위에 있다. 3초 후 아이와 풍선 사이의 거리는 얼마나 빠르게 증가하는가?

36 태양을 올려다보는 각이 $0.25\,\text{rad/h}$의 비율로 감소하고 있다. 태양을 올려다보는 각이 $\pi/6$일 때 $400\,\text{ft}$ 높이의 건물이 드리우는 그림자는 얼마나 빠르게 길어지는가?

37 (a) $a = 0$에서 $f(x) = \sqrt[3]{1+3x}$의 선형화를 구하라. 이에 대응하는 선형 근사를 말하고 이것을 이용하여 $\sqrt[3]{1.03}$의 근삿값을 계산하라.

(b) (a)에서 구한 선형 근사가 0.1 이내에서 정확하게 되는 x 값을 결정하라.

38 반원이 그려진 정사각형 모양의 창문이 있다. 창문의 밑변의 너비는 $60\,\text{cm}$이며 허용 오차 범위는 $0.1\,\text{cm}$이다. 미분을 이용하여 창문의 넓이를 계산할 때 나타날 수 있는 최대 허용 오차를 추정하라.

39 극한 $\displaystyle\lim_{h\to 0}\frac{\sqrt[4]{16+h}-2}{h}$를 도함수로 표현하고 그 값을 계산하라.

40 $\displaystyle\lim_{x\to 0}\frac{\sqrt{1+\tan x}-\sqrt{1+\sin x}}{x^3}$를 계산하라.

41 $f(x) = \displaystyle\lim_{t\to x}\frac{\sec t - \sec x}{t - x}$일 때 $f'(\pi/4)$의 값을 구하라.

3장 도함수의 응용

APPLICATIONS OF DIFFERENTIATION

지금까지 우리는 여러 가지 도함수의 응용에 대해 탐구해왔으나 알고 있는 미분법칙을 이용하여 좀 더 깊이 있는 도함수의 응용을 살펴볼 것이다. 여기서는 도함수가 함수의 그래프 모양에 어떻게 영향을 미치는지, 특히 도함수가 함수의 최댓값과 최솟값의 위치를 정하는 데 어떻게 도움이 되는지를 배운다. 많은 실용 문제들에서는 비용을 최소화하거나 넓이를 최대화하거나 또는 특정 상황에서 어떻게든 최선의 결과를 구할 것을 요구한다. 특히 캔의 최적 형태를 조사하고 벌집 안에 있는 셀 형태를 설명할 수 있게 될 것이다.

3.1 최댓값과 최솟값

미분학에서 가장 중요하게 여기는 응용 중에는 최적화 문제들이 있다. 최적화 문제에서는 어떤 것을 할 때 최적의 방법을 찾아야 한다. 다음은 이 장에서 풀고자 하는 문제들의 예이다.

- 제작비를 최소화하려면 캔의 모양은 어떠해야 하는가?
- 우주왕복선의 최대 가속도는 얼마인가? (이는 가속도의 영향을 극복해야 할 우주비행사에게 중요한 문제이다.)
- 기침할 때 가장 빠르게 공기를 배출하는 수축된 호흡기관의 반지름은 얼마인가?
- 그림을 제대로 감상하기 위해서는 미술관에 전시된 그림으로부터 얼마나 떨어져 있어야 하는가?

이런 종류의 문제들은 함수의 최댓값 또는 최솟값을 구하는 문제로 귀결된다. 먼저 최댓값과 최솟값이 무엇을 의미하는지 정확하게 설명해보자.

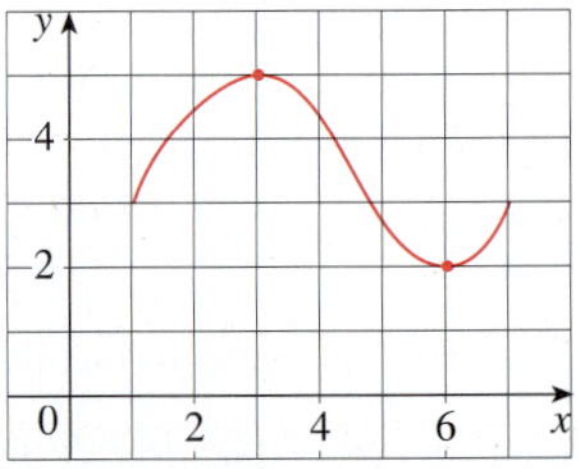

[그림 1]

[그림 1]에서 보여주는 함수 f의 그래프에서 가장 높은 점은 $(3, 5)$이다. 다시 말해 f의 가장 큰 값은 $f(3)=5$이다. 마찬가지로 가장 작은 값은 $f(6)=2$이다. $f(3)=5$를 최댓값, $f(6)=2$를 최솟값이라 한다. 일반적으로 다음 정의를 사용한다.

1 정의 c가 f의 정의역 D 안에 있는 수라고 하자. 그러면 D 안의 모든 x에 대해

- $f(c) \geq f(x)$이면 $f(c)$는 D에서 f의 **최댓값**absolute maximum이다.
- $f(c) \leq f(x)$이면 $f(c)$는 D에서 f의 **최솟값**absolute minimum이다.

종종 최댓값 또는 최솟값을 광역 최댓값 또는 광역 최솟값이라 부르며, f의 최댓값과 최솟값을 f의 **극값**extreme values이라 한다.

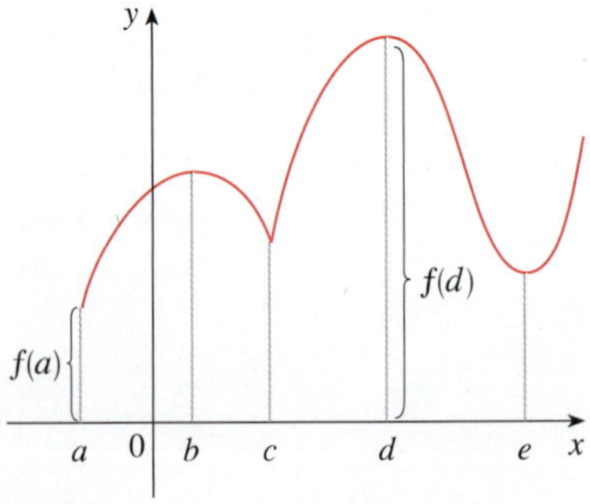

[그림 2] 최솟값 $f(a)$, 최댓값 $f(d)$, 극솟값 $f(c)$, $f(e)$, 극댓값 $f(b)$, $f(d)$

[그림 2]는 d에서 최댓값, a에서 최솟값을 갖는 함수 f의 그래프를 보여준다. 점 $(d, f(d))$는 그래프 위에서 가장 높은 점이고, 점 $(a, f(a))$는 가장 낮은 점인 것에 유의하자. [그림 2]에서 b의 부근에 있는 x값만 생각하면 [예를 들어 구간 (a, c)로 관심을 제한하면] $f(b)$는 $f(x)$의 값 중 가장 큰 값이므로 이를 f의 극댓값이라 한다. 같은 방법으로 c의 부근에 있는 x에 대해 [예를 들어 구간 (b, d)에서] $f(c) \leq f(x)$이므로 $f(c)$는 f의 극솟값이라 한다. 함수 f는 e에서도 극솟값을 갖는다. 일반적으로 다음과 같이 정의한다.

2 정의 x가 c 부근에 있을 때

- $f(c) \geq f(x)$이면 수 $f(c)$는 f의 **극댓값**local maximum이다.
- $f(c) \leq f(x)$이면 수 $f(c)$는 f의 **극솟값**local minimum이다.

정의 2(그리고 다른 경우에)에서 c **부근**에서 어떤 명제가 참이라고 한다면 c를 포함하는 어떤 개구간에서 이 명제가 참인 것을 의미한다. 예를 들어 [그림 3]에서 $f(4)=5$가 구간 I에서 가장 작은 f의 값이므로 극솟값이다. 그러나 이것이 최솟값은 아니다. 왜냐하면 x가 12 부근(예를 들어 구간 K에서)에 있을 때 $f(x)$가 더 작은 값을 갖는다. 실제로 $f(12)=3$은 극솟값이자 최솟값이다. 마찬가지로 $f(8)=7$은 극댓값이지만 최댓값은 아니다. 왜냐하면 1 부근에서 함수 f가 더 큰 값을 갖기 때문이다.

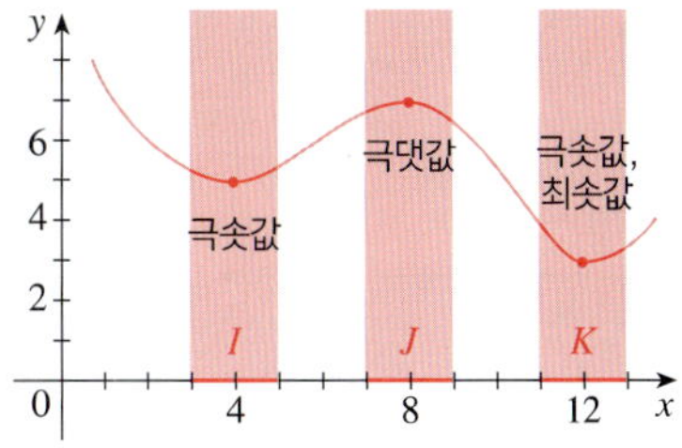

[그림 3]

예제 1 **임의의 정수 n에 대해 $\cos 2n\pi = 1$이고 모든 실수 x에 대해 $-1 \le \cos x \le 1$이다.**

함수 $f(x)=\cos x$는 무한히 많은 극댓값(최댓값) 1을 택한다. 같은 방법으로 임의의 정수 n에 대해 $\cos(2n+1)\pi = -1$은 극솟값(최솟값)이다.

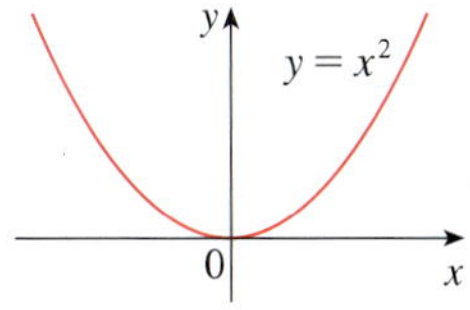

[그림 4] 최솟값 0, 최댓값 없음

예제 2 **모든 x에 대해 $x^2 \ge 0$이므로 $f(x)=x^2$이면 $f(x) \ge f(0)$이다.**

$f(0)=0$은 f의 최솟값(극솟값)이다. 이것은 원점이 포물선 $y=x^2$에서 가장 낮은 점이라는 의미이다([그림 4] 참조). 그러나 포물선의 가장 높은 점은 존재하지 않으므로 이 함수의 최댓값은 없다.

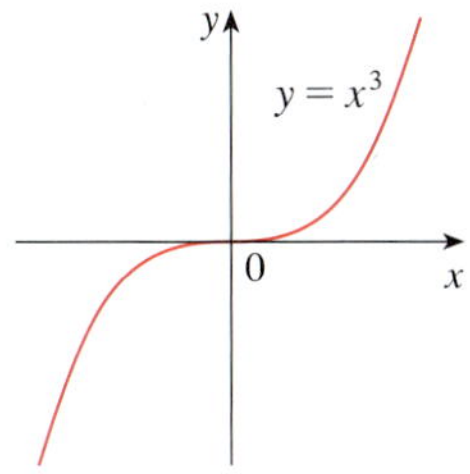

[그림 5] 최솟값 없음, 최댓값 없음

예제 3 **[그림 5]의 함수 $f(x)=x^3$의 그래프를 보면 이 함수는 최댓값과 최솟값이 없음을 알 수 있다. 실제로 이 함수는 어떤 극값도 갖지 않는다.**

예제 4 **[그림 6]은 다음 함수의 그래프를 보여준다.**

$$f(x)=3x^4-16x^3+18x^2, \quad -1 \le x \le 4$$

$f(1)=5$는 극댓값인 반면 $f(-1)=37$은 최댓값이다. (이 최댓값은 끝점에서 나타나기 때문에 극댓값이 아니다.) 또한 $(0)=0$은 극솟값이고 $f(3)=-27$은 극솟값이자 최솟값이다. f는 $x=4$에서는 극댓값도 최댓값도 갖지 않음을 유의한다.

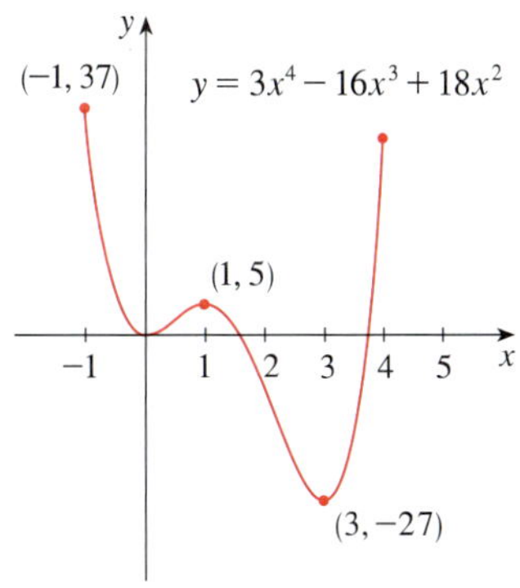

[그림 6]

어떤 함수는 극값을 갖는 반면 어떤 함수는 그렇지 않은 것을 보았다. 다음 정리는 함수가 극값을 가질 수 있는 조건을 제시한다.

> 3 **극값 정리** 함수 f가 폐구간 $[a, b]$에서 연속이면 $[a, b]$의 어떤 수 c와 d에서 f는 최댓값 $f(c)$와 최솟값 $f(d)$를 갖는다.

[그림 7]로 극값 정리를 설명해보자. 극값은 두 번 이상 취할 수 있다. 극값 정리는 직관적으로 매우 당연해 보이지만 증명하기는 어려우므로 증명은 생략한다.

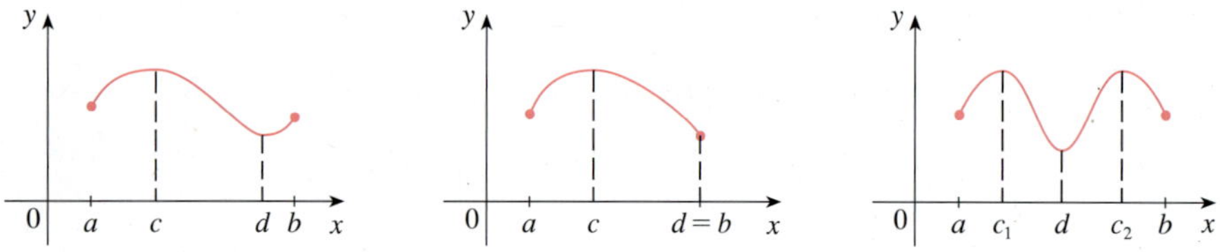

[그림 7]

[그림 8]과 [그림 9]는 연속 또는 폐구간에 대한 가정 중 어느 하나가 극값 정리에서 생략된다면 함수가 극값을 갖지 못할 수 있음을 보여준다.

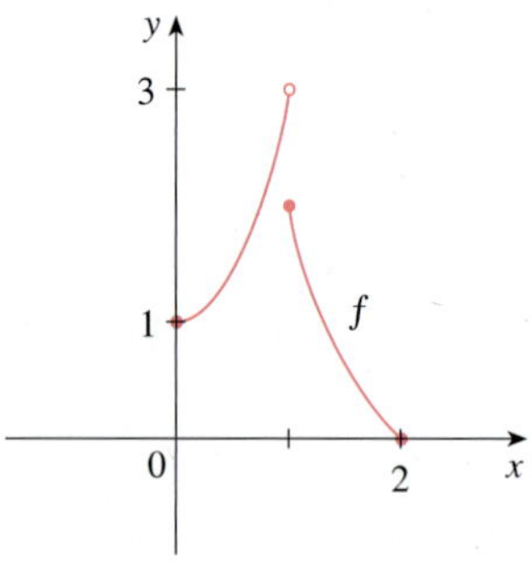

[그림 8] 함수 f는 최솟값 $f(2)=0$을 갖지만 최댓값은 없다.

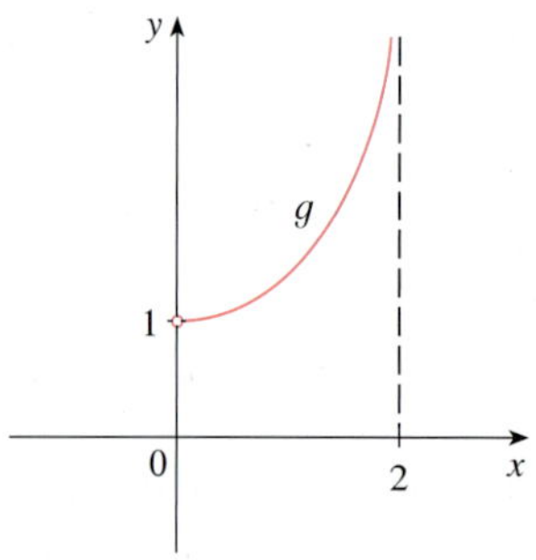

[그림 9] 연속함수 g는 최댓값과 최솟값이 없다.

[그림 8]의 함수 f는 폐구간 $[0, 2]$에서 정의되었지만 최댓값은 없다. [f의 치역이 $[0, 3)$인 것에 유의하자. 이 함수는 임의로 3에 가까운 값을 갖지만 실제로 3을 취할 수 없다.] 이 사실은 f가 연속이 아니기 때문에 극값 정리에 모순되지 않는다. [그럼에도 불구하고 불연속 함수도 최댓값과 최솟값을 가질 수 있다([연습문제 7(b)]참조).

[그림 9]에 보인 함수 g는 개구간 $(0, 2)$에서 연속이지만 최댓값도 최솟값도 갖지 않는다. [g의 치역은 $(1, \infty)$이다. 이 함수는 임의로 큰 값을 취한다.] 이것도 구간 $(0, 2)$가 폐구간이 아니기 때문에 극값 정리에 모순되지 않는다.

극값 정리는 폐구간에서 연속인 함수가 최댓값과 최솟값을 갖는다는 것을 이야기하지만, 극값을 구하는 방법을 알려주지는 않는다. 우리는 국소 극값을 구하는 것부터 시작한다.

[그림 10]은 c에서 극댓값, d에서 극솟값을 갖는 함수 f의 그래프를 보여준다. 극댓점과 극솟점에서의 접선은 수평이고 각각의 기울기는 0이다. 접선의 기울기가 도함수임을 알고 있으므로 $f'(c)=0$이고 $f'(d)=0$이다. 다음 정리는 미분 가능한 함수들에 대해 항상 참임을 말해준다.

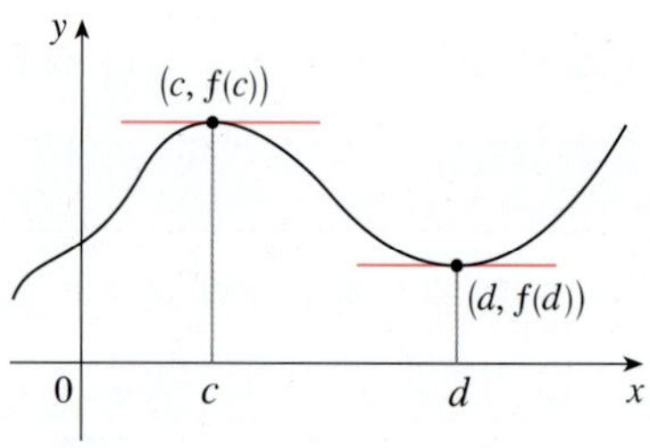

[그림 10]

> **4 페르마 정리** f가 c에서 극댓값 또는 극솟값을 가지고 $f'(c)$가 존재하면 $f'(c)=0$이다.

증명

명확함을 위해 f가 c에서 극댓값을 갖는다고 하자. 그러면 정의 [2]에 따라 x가 c에 충분히 가깝다면 $f(c) \geq f(x)$이다. 이것은 h가 양수이거나 음수이면서 h가 0에 충분히 가깝다면 다음이 성립함을 의미한다.

$$f(c) \geq f(c+h)$$

그러면 다음을 얻는다.

$$f(c+h) - f(c) \leq 0 \tag{5}$$

양수로 양변을 나눌 수 있으므로 $h > 0$이고 h가 충분히 작으면 다음을 얻는다.

$$\frac{f(c+h)-f(c)}{h} \leq 0$$

1.4절 정리 [3]을 이용하여 이 부등식의 양변에 우극한을 취하면 다음을 얻는다.

$$\lim_{h \to 0^+} \frac{f(c+h)-f(c)}{h} \leq \lim_{h \to 0^+} 0 = 0$$

그러나 $f'(c)$가 존재하므로 다음을 얻는다.

$$f'(c) = \lim_{h \to 0} \frac{f(c+h)-f(c)}{h} = \lim_{h \to 0^+} \frac{f(c+h)-f(c)}{h}$$

그래서 $f'(c) \leq 0$임을 보인다.

만일 $h < 0$이면 부등식 [5]의 양변을 h로 나눌 때 다음과 같이 부등호 방향이 반대가 된다.

$$\frac{f(c+h)-f(c)}{h} \geq 0, \quad h < 0$$

그러므로 이 식의 양변에 좌극한을 취하여 다음을 얻는다.

$$f'(c) = \lim_{h \to 0} \frac{f(c+h)-f(c)}{h} = \lim_{h \to 0^-} \frac{f(c+h)-f(c)}{h} \geq 0$$

따라서 $f'(c) \geq 0$이면서 또한 $f'(c) \leq 0$임을 알았다. 두 부등식이 참이어야 하므로 유일한 가능성은 $f'(c) = 0$이다.

극댓값인 경우에 대해 페르마 정리를 증명했다. 극솟값에 대해서도 비슷한 방법으로 증명하거나 [연습문제 30]을 이용하여 앞에서 증명한 경우로부터 연역할 수 있다. ([연습문제 31] 참조)

페르마 Pierre de Fermat 1601~1665

페르마 정리는 취미로 수학을 공부한 프랑스 법률가 페르마의 이름에서 따온 것이다. 페르마는 해석기하학을 발견한 두 사람 중 한 명이다. (다른 한 명은 데카르트이다.) 곡선의 접선과 최댓값 그리고 최솟값을 구하는 그의 방법(극한과 도함수가 등장하기 전)은 미분학의 창시에 있어 뉴턴보다 앞선다.

페르마의 정리는 매우 유용하지만 여기에 너무 많은 의미를 부여하는 것은 경계해야 한다. $f(x) = x^3$이면 $f'(x) = 3x^2$이므로 $f'(0) = 0$이다. 그러나 [그림 11]의 그래프를 보면 f는 0에서 극댓값도 극솟값도 갖지 않는다. $f'(0) = 0$이라는 사실은 단순

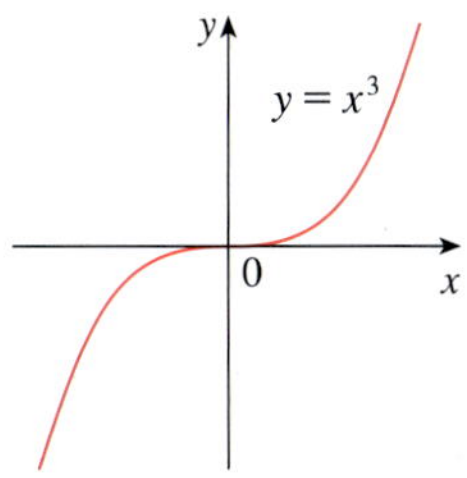

[그림 11] $f(x) = x^3$이면 $f'(0) = 0$이지만 f는 극댓값도 극솟값도 갖지 않는다.

히 곡선 $y=x^3$이 $(0, 0)$에서 수평접선을 갖는 것을 의미한다. $(0, 0)$에서 최댓값과 최솟값을 갖는 대신 그곳에서 곡선이 수평접선과 교차한다.

⊘ **이와 같이 $f'(c)=0$일 때 f가 c에서 극댓값이나 극솟값을 반드시 가질 필요는 없다.** (다시 말해서 일반적으로 페르마 정리의 역은 성립하지 않는다.)

$f'(c)$가 존재하지 않는 극값이 존재할 수 있음을 명심해야 한다. 예를 들어 함수 $f(x)=|x|$는 0에서 극솟값(최솟값)을 갖지만([그림 12] 참조), 2.2절 [예제 5]에서 보인 바와 같이 $f'(0)$이 존재하지 않기 때문에 이 극값은 $f'(x)=0$으로 놓고 찾을 수 없다.

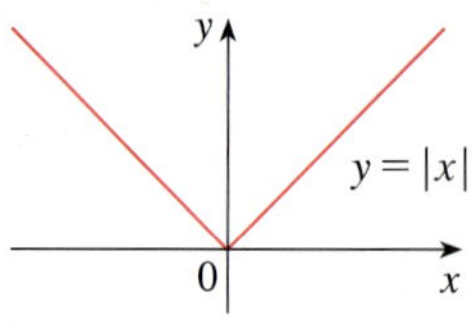

[그림 12] $f(x)=|x|$이면 $f(0)=0$은 최솟값이지만 $f'(0)$이 존재하지 않는다.

페르마 정리는 적어도 $f'(c)=0$이거나 $f'(c)$가 존재하지 않는 수 c에서 f의 극값 찾기를 시작할 것을 제안한다. 이와 같은 수에는 특별한 이름이 붙는다.

> 6 정의 함수 f의 임계수critical number는 $f'(c)=0$이거나 $f'(c)$가 존재하지 않는 f의 정의역 안의 수 c이다.

예제 5 $f(x)=x^{3/5}(4-x)$**의 임계수를 구하라.**

풀이

곱의 법칙에 의해 다음을 얻는다.

$$f'(x)=x^{3/5}(-1)+\frac{3}{5}x^{-2/5}(4-x)=-x^{3/5}+\frac{3(4-x)}{5x^{2/5}}$$

$$=\frac{-5x+3(4-x)}{5x^{2/5}}=\frac{12-8x}{5x^{2/5}}$$

[먼저 $f(x)=4x^{3/5}-x^{8/5}$으로 놓고 계산해도 처음과 같은 결과를 얻을 수 있다.] 그래서 $12-8x=0$이면, 즉 $x=\frac{3}{2}$이면 $f'(x)=0$이고 $x=0$일 때 $f'(x)$는 존재하지 않는다. 따라서 임계수는 $\frac{3}{2}$과 0이다.

[그림 13]은 [예제 5]의 함수 f의 그래프이다. $x=1.5$일 때 수평접선을 갖고, $x=0$에서 수직접선을 가지므로 예제에서 구한 결과를 지지한다.

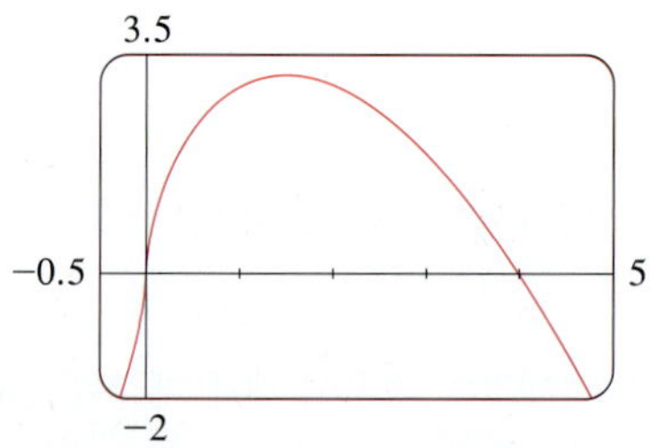

[그림 13]

임계수에 대한 페르마 정리는 다음과 같이 바꿔서 나타낼 수 있다. (정의 6과 정리 4를 비교하라.)

> 7 f가 c에서 극댓값이나 극솟값을 가지면 c는 f의 임계수이다.

폐구간에서 연속함수의 최댓값이나 최솟값을 구하기 위해서는 이 값이 극댓값이나 극솟값[7에 의해 임계수에서 극값이 발생하는 경우]인지 또는 이 값이 구간의 끝점에서 나타나는지에 주의해야 한다. 그러므로 항상 다음 3단계 과정을 거쳐야 한다.

폐구간 방법

폐구간 $[a, b]$에서 연속함수 f의 최댓값 또는 최솟값을 구하려면 다음 과정을 따른다.

1. (a, b) 안에 있는 f의 임계수에서 f의 값을 구한다.
2. 구간의 끝점에서 f의 값을 구한다.
3. 1, 2단계에서 가장 큰 값이 최댓값이고, 가장 작은 값이 최솟값이다.

예제 6 함수 $f(x)=x^3-3x^2+1$, $-\frac{1}{2} \le x \le 4$의 최댓값과 최솟값을 구하라.

■ www.stewartcalculus.com (Additional Example A를 보라.)

풀이

f가 $\left[-\frac{1}{2}, 4\right]$에서 연속이므로 폐구간 방법을 이용할 수 있다.

$$f(x)=x^3-3x^2+1$$

$$f'(x)=3x^2-6x=3x(x-2)$$

모든 x에 대해 $f'(x)$가 존재하므로 f의 유일한 임계수는 $f'(x)=0$일 때만 나타난다. 즉 $x=0$ 또는 $x=2$이다. 이러한 임계수들이 구간 $\left(-\frac{1}{2}, 4\right)$에 있음에 주목하자. 이런 임계수에서 f의 값은 다음과 같다.

$$f(0)=1, \quad f(2)=-3$$

구간의 양 끝점에서 f의 값은 다음과 같다.

$$f\left(-\frac{1}{2}\right)=\frac{1}{8}, \quad f(4)=17$$

이와 같은 네 수를 비교하면 최댓값은 $f(4)=17$이고 최솟값은 $f(2)=-3$이다.

이 예제에서 최댓값은 끝점에서 나타나는 반면 최솟값은 임계수에서 나타난다. f의 그래프는 [그림 14]에 나타냈다.

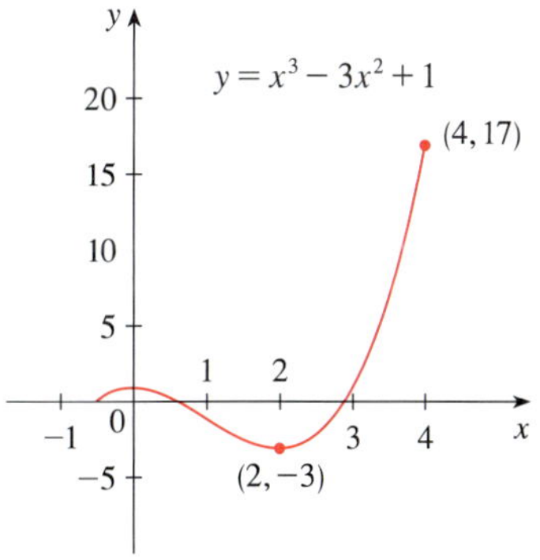

[그림 14]

3.1 연습문제

01 최솟값과 극솟값의 차이를 설명하라.

02 함수의 그래프가 다음과 같을 때 수 a, b, c, d, r, s 각각에서 최댓값, 최솟값, 극댓값, 극솟값을 갖는지, 그 어느 것도 갖지 않는지 말하라.

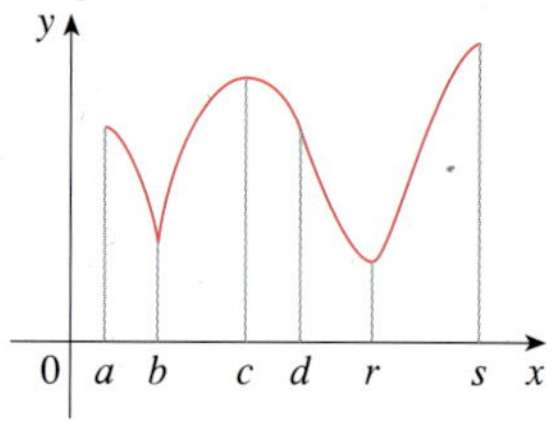

03 그래프를 이용하여 함수의 최댓값, 최솟값, 극댓값, 극솟값을 말하라.

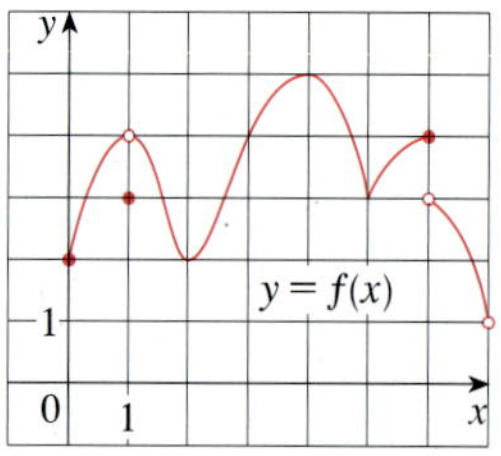

04~05 $[1, 5]$에서 연속이고 다음 성질을 갖는 함수 f의 그래프를 그려라.

04 2에서 최솟값, 3에서 최댓값, 4에서 극솟값

05 5에서 최댓값, 2에서 최솟값, 3에서 극댓값, 2와 4에서 극솟값

06 (a) 2에서 극댓값을 갖고 2에서 미분 가능한 함수의 그래프를 그려라.

(b) 2에서 극댓값을 갖고 연속이지만 2에서 미분 가능하지 않은 함수의 그래프를 그려라.

(c) 2에서 극댓값을 갖고 2에서 미분 가능하지 않은 함수의 그래프를 그려라.

07 (a) $[-1, 2]$에서 최댓값을 갖지만 최솟값을 갖지 않는 함수의 그래프를 그려라.

(b) $[-1, 2]$에서 불연속이지만 최댓값과 최솟값을 갖는 함수의 그래프를 그려라.

08~11 함수 f의 그래프를 손으로 그리고 그 그래프를 이용해서 f의 최댓값, 최솟값, 극댓값, 극솟값을 구하라. (1.2절의 그래프와 변환을 이용한다.)

08 $f(x) = \frac{1}{2}(3x-1), \quad x \le 3$

09 $f(x) = \sin x, \quad 0 \le x < \pi/2$

10 $f(x) = 1 + (x+1)^2, \quad -2 \le x < 5$

11 $f(x) = 1 - \sqrt{x}$

12~17 다음 함수의 임계수를 구하라.

12 $f(x) = 4 + \frac{1}{3}x - \frac{1}{2}x^2$

13 $f(x) = 2x^3 - 3x^2 - 36x$

14 $g(t) = t^4 + t^3 + t^2 + 1$

15 $g(y) = \dfrac{y-1}{y^2 - y + 1}$

16 $F(x) = x^{4/5}(x-4)^2$

17 $f(\theta) = 2\cos\theta + \sin^2\theta$

18~22 주어진 구간에서 f의 최댓값과 최솟값을 구하라.

18 $f(x) = 12 + 4x - x^2, \quad [0, 5]$

19 $f(x) = 2x^3 - 3x^2 - 12x + 1, \quad [-2, 3]$

20 $f(x) = 3x^4 - 4x^3 - 12x^2 + 1, \quad [-2, 3]$

21 $f(t) = t\sqrt{4-t^2}, \quad [-1, 2]$

22 $f(t) = 2\cos t + \sin 2t, \quad [0, \pi/2]$

23 a와 b가 양수일 때 $f(x) = x^a(1-x)^b, \ 0 \le x \le 1$의 최댓값을 구하라.

24~25 (a) 그래프를 이용하여 함수의 최댓값과 최솟값을 소수점 둘째 자리에서 추정하라.

(b) 미적분학을 이용하여 정확한 최댓값과 최솟값을 구하라.

24 $f(x) = x^5 - x^3 + 2, \quad -1 \le x \le 1$

25 $f(x) = x\sqrt{x - x^2}$

26 0°C에서 30°C 사이의 온도 T에서 물 1kg의 부피 V[cm^3]는 근사적으로 다음 식으로 주어진다.

$$V = 999.87 - 0.06426T + 0.0085043T^2 - 0.0000679T^3$$

물이 최대 밀도를 갖는 온도를 구하라.

27 1993년에서 2003년까지 미국에서 백설탕 1파운드의 평균가격 모형은 다음 함수로 주어진다.

$$S(t) = -0.00003237t^5 + 0.0009037t^4 - 0.008956t^3$$
$$+ 0.03629t^2 - 0.04458t + 0.4074$$

여기서 t는 1993년 8월부터 년 단위로 측정했다. 1993년~2003년 기간 동안에 설탕 값이 가장 쌌을 때와 가장 비쌌을 때를 추정하라.

28 기관지에 이물질이 들어와 기침을 하면 횡경막이 밀려 올라가 폐의 압력이 증가한다. 동시에 기관은 수축해서 흘러나가는 공기의 통로가 좁아진다. 고정된 시간 내에 같은 양의 공기가 배출되려면 통로가 넓을 때보다 좁을 때 더 빨리 움직여야 한다. 공기 흐름의 속도가 클수록 이물질을 밀어내는 힘은 더 커진다. X선 촬영에서는 기침할 때 원통형 기관 통로의 반지름이 정상 반지름의 약 2/3 정도까지 수축하는 것을 볼 수 있다. 기침에 대한 수학적 모형에 따라 공기 흐름의 속도 v는 기관의 반지름이 r일 때 다음 방정식으로 주어진다.

$$v(r) = k(r_0 - r)r^2, \quad \frac{1}{2}r_0 \le r \le r_0$$

여기서 k는 상수이고 r_0는 평상시의 기관의 반지름이다. r을 제한하는 것은 기관의 벽이 단단해져서 $\frac{1}{2}r_0$보다 크게 수축하는 것을 방지한다. (그렇지 않으면 사람이 질식한다.)

(a) 구간 $\left[\frac{1}{2}r_0,\ r_0\right]$에서 v가 최댓값을 갖는 r 값을 결정하라. 이것을 실험에 의한 값과 비교하라.

(b) 이 구간에서 v의 최댓값은 얼마인가?

(c) 구간 $[0,\ r_0]$에서 v의 그래프를 그려라.

29 함수 $f(x) = x^{101} + x^{51} + x + 1$이 극댓값도 극솟값도 갖지 않음을 증명하라.

30 f가 c에서 극솟값을 갖는다면 함수 $g(x) = -f(x)$는 c에서 극댓값을 가짐을 보여라.

31 f가 c에서 극솟값을 갖는 경우에 페르마의 정리를 증명하라.

3.2 평균값 정리

곧 알게 되겠지만, 이 장의 많은 결과들은 평균값 정리라 부르는 하나의 중심적인 사실에 좌우된다. 평균값 정리를 알아보기 전에 다음 결과가 먼저 필요하다.

롤의 정리

함수 f가 다음 세 가지 조건을 만족한다고 하자.

1. **f는 폐구간 $[a, b]$에서 연속이다.**
2. **f는 개구간 (a, b)에서 미분 가능하다.**
3. **$f(a) = f(b)$**

그러면 $f'(c) = 0$인 수 c가 (a, b) 안에 존재한다.

롤 Michel Rolle, 1652~1719

롤의 정리는 1691년 프랑스 수학자 롤의 저서 "Méthode pour resoudre les Egalitez"를 통해 처음으로 발표됐다. 그는 당시의 방법들을 신랄하게 비평했던 사람으로 미적분학은 '교묘한 오류 덩어리'라고 공격했다. 그러나 나중에는 미적분학의 방법이 본질적으로 옳다는 것을 확신하게 되었다.

증명하기 전에 세 가지 조건을 만족하는 몇 가지 대표적인 함수의 그래프를 살펴보자. [그림 15]는 네 종류의 함수에 대한 그래프를 보여준다. 각 경우에 대해 그래프 위에 적어도 한 점 $(c, f(c))$가 존재하고 그 점에서의 접선은 수평이다. 그러므로 $f'(c) = 0$이다. 따라서 롤의 정리는 수용할 수 있다.

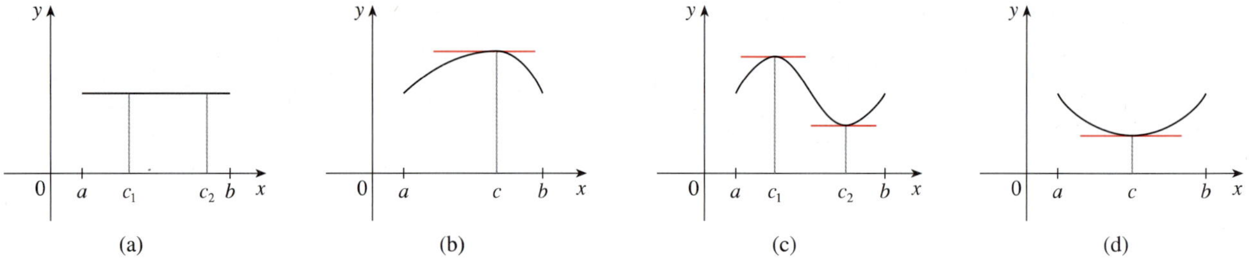

[그림 15]

증명

세 가지 경우가 있다.

[경우 Ⅰ] $f(x)=k$, k는 상수

그러면 $f'(x)=0$이므로 c는 (a, b)에 속하는 임의의 수로 택할 수 있다.

[경우 Ⅱ] (a, b)에 속하는 어떤 x에서 $f(x)>f(a)$인 경우 [그림 15(b) 또는 (c) 참조]

극값 정리에 의해(조건 1에 의해 적용할 수 있다) f는 $[a, b]$ 안의 어디선가 최댓값을 갖는다. $f(a)=f(b)$이므로 개구간 (a, b) 안에 있는 수 c에서 최댓값을 가져야 한다. 그러면 f는 c에서 극대이고 조건 2에 의해 f는 c에서 미분 가능하므로 페르마 정리에 의해 $f'(c)=0$이다.

[경우 Ⅲ] (a, b)에 속하는 한 점 x에서 $f(x)<f(a)$인 경우 [그림 15(c) 또는 (d) 참조]

극값 정리에 의해 f는 $[a, b]$에서 최솟값을 갖는다. $f(a)=f(b)$이므로 (a, b) 안에 있는 수 c에서 최솟값을 갖는다. 또 다시 페르마 정리에 의해 $f'(c)=0$이다.

예제 1 **움직이는 물체의 위치함수 $s=f(t)$에 롤의 정리를 적용해보자.**

서로 다른 두 순간 $t=a$와 $t=b$에서 물체가 같은 위치에 있다면 $f(a)=f(b)$이다. 롤의 정리는 $f'(c)=0$이 되는 어떤 순간 $t=c$가 a와 b 사이에 존재한다는 것을 말한다. 즉 속도가 0이 된다는 뜻이다. (특히 공을 머리 위로 수직으로 던질 때 이것이 참임을 알 수 있다.)

[그림 16]은 [예제 2]에서 논의한 함수 $f(x)=x^3+x-1$의 그래프를 나타낸다. 롤의 정리는 보기화면을 아무리 크게 확대하더라도 제2의 x절편을 찾을 수 없음을 보여준다.

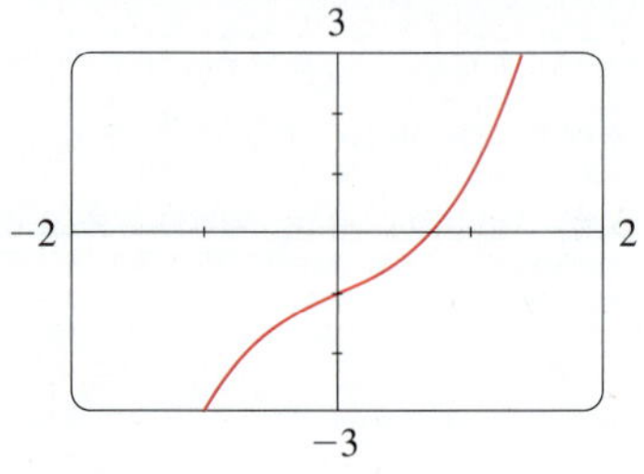

[그림 16]

예제 2 **방정식 $x^3+x-1=0$이 단 한 개의 실근을 가짐을 보여라.**

풀이

먼저 중간값 정리(1.5절의 정리 9)를 이용하여 근이 존재하는 것을 보인다. $f(x)=x^3+x-1$이라 하면 $f(0)=-1<0$이고 $f(1)=1>0$이다. f가 다항함수이므로 이 함수는 연속이다. 그리고 중간값 정리는 0과 1 사이에 $f(c)=0$을 만족하는 수 c가 있음을 말한다. 그러므로 주어진 방정식은 근을 갖는다.

이제 이 방정식이 다른 실근을 갖지 않는다는 것을 보이기 위해 롤의 정리를 이용하여 모순을 통해 논증해보자. 이를 위해 방정식이 두 개의 실근 a와 b를 갖는다고 하면

$f(a) = 0 = f(b)$이다. f는 다항함수이므로 구간 (a, b)에서 미분 가능하고 $[a, b]$에서 연속이다. 그러므로 롤의 정리에 의해 $f'(c) = 0$을 만족하는 c가 a와 b 사이에 존재한다. 그러나 모든 x에 대해 ($x^2 \geq 0$이므로) 다음이 성립한다.

$$f'(x) = 3x^2 + 1 \geq 1$$

그러므로 $f'(x)$는 결코 0이 될 수 없다. 이것은 모순이다. 따라서 방정식은 두 개의 실근을 갖지 않는다.

롤의 정리는 프랑스 수학자 라그랑주(Joseph Louis Lagrange)에 의해 처음으로 알려진 것으로, 다음의 중요한 정리를 증명하는 데 주로 이용된다.

평균값 정리는 존재성 정리라 불리는 정리의 한 예이다. 중간값 정리, 극값 정리, 롤의 정리와 같이 어떤 성질을 가지는 수의 존재성을 보장한다. 그러나 그 수를 어떻게 구하는지 방법을 알려주지는 않는다.

평균값 정리 함수 f가 다음 조건을 만족한다고 하자.

1. f는 폐구간 $[a, b]$에서 연속이다.
2. f는 개구간 (a, b)에서 미분 가능하다.

그러면 다음을 만족하는 수 c가 (a, b)에 존재한다.

1
$$f'(c) = \frac{f(b) - f(a)}{b - a}$$

또는 동치인 다음 명제를 만족한다.

2
$$f(b) - f(a) = f'(c)(b - a)$$

이 정리를 증명하기 전에 기하학적으로 해석함으로써 이 정리가 타당함을 알 수 있다. [그림 17], [그림 18]은 미분 가능한 두 함수의 그래프 위에 있는 두 점 $A(a, f(a))$, $B(b, f(b))$를 보여준다. 할선 AB의 기울기는 다음과 같이 식 1의 우변과 동일하게 나타낸다.

3
$$m_{AB} = \frac{f(b) - f(a)}{b - a}$$

$f'(c)$는 점 $(c, f(c))$에서의 접선의 기울기이므로 식 1의 형태로 주어진 평균값 정리는 접선의 기울기가 할선 AB의 기울기와 같은 점 $P(c, f(c))$가 그래프 위에 적어도 하나 존재하는 것을 말한다. 다시 말해서 접선이 할선 AB와 평행한 점 P가 존재한다. (멀리서부터 평행하게 움직여서 처음 그래프에 접하게 되는 AB에 평행한 직선을 생각하자.)

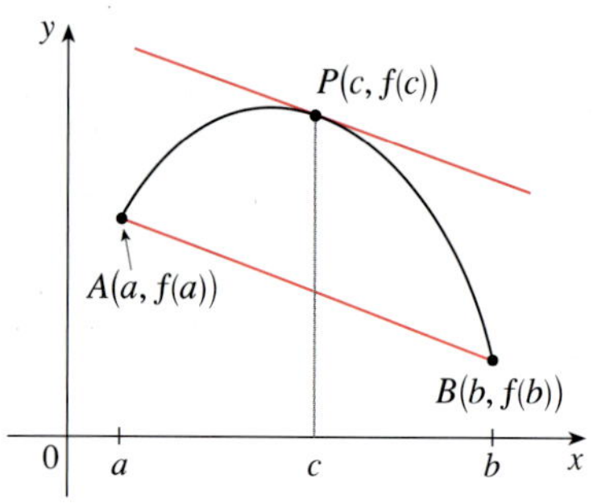

[그림 17]

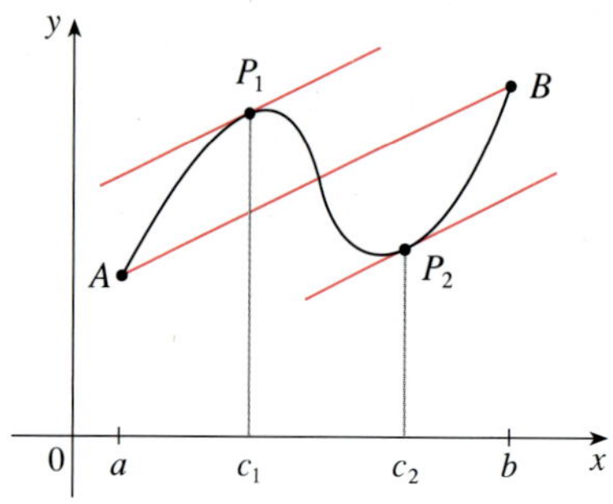

[그림 18]

증명

함수 f와 그래프가 할선 AB인 함수의 차로 정의된 새로운 함수 h에 롤의 정리를 적용한다. 식 3을 이용하여 직선 AB의 방정식을 다음과 같이 쓸 수 있다.

$$y - f(a) = \frac{f(b) - f(a)}{b - a}(x - a)$$

즉
$$y = f(a) + \frac{f(b) - f(a)}{b - a}(x - a)$$

[그림 19]에 나타낸 바와 같이 함수 $h(x)$는 다음과 같이 나타낸다.

4
$$h(x) = f(x) - f(a) - \frac{f(b) - f(a)}{b - a}(x - a)$$

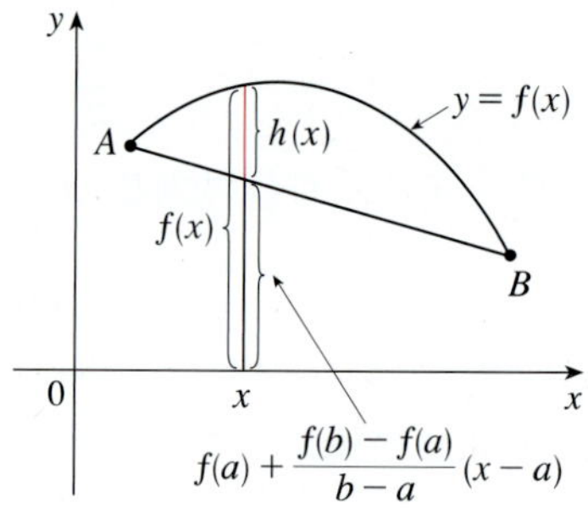

[그림 19]

먼저 함수 h가 롤의 정리에 대한 세 가지 조건을 만족함을 보여야 한다.

1. 함수 h는 함수 f와 1차 다항함수의 합이고 두 함수 모두 연속이므로 h는 $[a, b]$에서 연속이다.
2. f와 1차 다항함수가 미분 가능하므로 함수 h는 (a, b)에서 미분 가능하다. 실제로 식 4로부터 h'을 직접 계산할 수 있다.

$$h'(x) = f'(x) - \frac{f(b) - f(a)}{b - a}$$

[$f(a)$와 $[f(b) - f(a)]/(b - a)$는 상수임에 주목한다.]

3.
$$h(a) = f(a) - f(a) - \frac{f(b) - f(a)}{b - a}(a - a) = 0$$

$$h(b) = f(b) - f(a) - \frac{f(b) - f(a)}{b - a}(b - a)$$
$$= f(b) - f(a) - [f(b) - f(a)] = 0$$

그러므로 $h(a) = h(b)$이다.

h가 롤의 정리에 대한 조건을 만족하므로 이 정리는 $h'(c) = 0$인 c가 (a, b)에 존재한다는 의미가 된다. 그러므로 다음이 성립한다.

라그랑주와 평균값 정리

평균값 정리는 프랑스인 아버지와 이탈리아인 어머니 사이에서 이탈리아에서 태어난 라그랑주(Joseph Louis Lagrange, 1736~1813)에 의해 처음으로 만들어졌다. 그는 신동이었으며 19살 약관의 나이에 토리노에서 교수가 되었다. 라그랑주는 정수론, 함수론, 방정식론, 해석역학, 천체역학에 많은 공헌을 했다. 특히 태양계의 안정성을 분석하는 데 미적분학을 이용했다. 그는 프리드리히 대왕에게 초빙되어 오일러의 뒤를 이어 베를린 과학 아카데미 수학부장이 됐다. 프리드리히 사망 후 라그랑주는 루이 16세의 초청으로 파리로 초대되어 루브르에 있는 아파트를 하사받았고 에콜폴리테크니크의 교수가 됐다. 그는 온갖 사치와 출세의 유혹에도 불구하고 친절하고 조용한 사람이었으며 오직 과학에만 몰두했다.

$$0 = h'(c) = f'(c) - \frac{f(b) - f(a)}{b - a}$$

따라서 다음이 성립한다.

$$f'(c) = \frac{f(b) - f(a)}{b - a}$$

예제 3 **특정 함수를 가지고 평균값 정리를 예시하기 위해 함수 $f(x) = x^3 - x$, $a = 0$, $b = 2$를 생각해보자.**

f는 다항함수이므로 모든 x에 대해 연속이고 미분 가능하다. 그래서 $[0, 2]$에서 연속이고 $(0, 2)$에서 미분 가능하다. 그러므로 평균값 정리에 의해 다음을 만족하는 c가 $(0, 2)$ 안에 존재한다.

$$f(2) - f(0) = f'(c)(2 - 0)$$

이제 $f(2) = 6$, $f(0) = 0$, $f'(x) = 3x^2 - 1$이므로 이 방정식은 다음과 같이 된다.

$$6 = (3c^2 - 1)2 = 6c^2 - 2$$

이때 $c^2 = \frac{4}{3}$, 즉 $c = \pm 2/\sqrt{3}$이다. 그런데 c는 $(0, 2)$ 안에 놓여 있어야 하므로 $c = 2/\sqrt{3}$이다. [그림 20]은 이를 그림으로 보여준다. c 값에서 접선은 할선 OB에 평행하다.

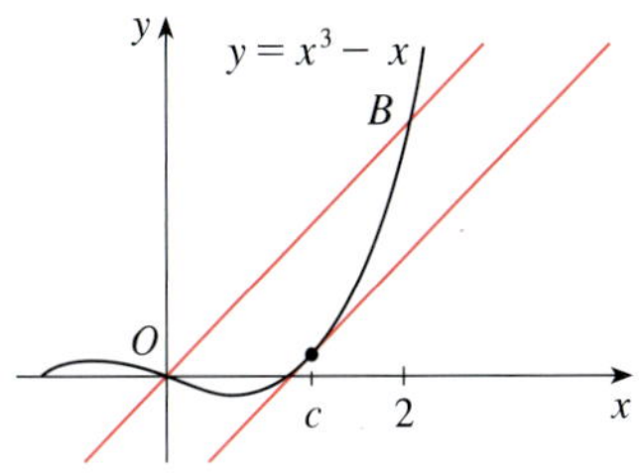

[그림 20]

예제 4 **어떤 물체가 위치함수 $s = f(t)$를 따라 직선으로 움직인다면 $t = a$와 $t = b$ 사이의 평균속도는 다음과 같고, $t = c$에서 속도는 $f'(c)$이다.**

$$\frac{f(b) - f(a)}{b - a}$$

그러므로 평균값 정리는 식 1의 형태로 a와 b 사이의 어떤 시각 $t = c$에서 순간속도 $f'(c)$가 평균속도와 같음을 말한다. 예를 들어 자동차가 180 km의 속도로 두 시간 동안 움직인다면 속도계는 적어도 한 번은 90 km/h를 나타내야 한다. 일반적으로 평균값 정리는 구간 내에서 순간변화율과 평균변화율이 일치하는 수가 존재한다는 뜻으로 해석할 수 있다.

평균값 정리의 주요 의미는 도함수에 관한 정보를 토대로 함수에 대한 정보를 얻을 수 있다는 데 있다. 다음 예제에서 이 원리에 대한 예를 제공한다.

예제 5 **$f(0) = -3$이고 모든 x에 대해 $f'(x) \le 5$라고 가정하자. $f(2)$가 가질 수 있는 가장 큰 값은 얼마인가?**

풀이

f는 모든 값에서 미분 가능(그래서 연속)하다. 특히 구간 $[0, 2]$에서 평균값 정리를 적용할 수 있다. 그러면 다음을 만족하는 수 c가 존재한다.

$$f(2)-f(0)=f'(c)(2-0)$$

그러므로 다음을 얻는다.

$$f(2)=f(0)+2f'(c)=-3+2f'(c)$$

모든 x에 대해 $f'(x)\le 5$이고 특히 $f'(c)\le 5$임을 안다. 이 부등식의 양변에 2를 곱하면 $2f'(c)\le 10$이다. 따라서 다음을 얻는다.

$$f(2)=-3+2f'(c)\le -3+10=7$$

$f(2)$가 될 수 있는 가장 큰 값은 7이다.

평균값 정리는 미분법의 몇 가지 기초적인 사실들을 입증하기 위해 쓰일 수 있다. 이런 기초적인 사실 중 하나가 다음 정리이다. 다른 사실들은 다음 절에서 살펴볼 것이다.

5 정리 (a, b)에 속하는 모든 x에 대해 $f'(x)=0$이면 f는 (a, b)에서 상수이다.

증명

x_1, x_2를 $x_1 < x_2$인 (a, b) 안의 임의의 두 수라 하자. f가 (a, b)에서 미분 가능하므로 f는 (x_1, x_2)에서 미분 가능하고 $[x_1, x_2]$에서 연속이다. 구간 $[x_1, x_2]$에서 f에 평균값 정리를 적용하면 다음을 만족하고 $x_1 < c < x_2$인 수 c를 얻는다.

$$f(x_2)-f(x_1)=f'(c)(x_2-x_1) \quad (6)$$

모든 x에 대해 $f'(x)=0$이므로 $f'(c)=0$이다. 그러므로 식 6은 다음과 같이 된다.

$$f(x_2)-f(x_1)=0 \quad \text{또는} \quad f(x_2)=f(x_1)$$

따라서 f는 (a, b) 안의 임의의 두 수 x_1, x_2에서 같은 값을 갖는다. 이것은 (a, b)에서 f가 상수임을 의미한다.

7 따름정리 구간 (a, b) 안의 모든 x에 대해 $f'(x)=g'(x)$이면 (a, b)에서 $f-g$는 상수이다. 즉 $f(x)=g(x)+c$이다. 여기서 c는 상수이다.

증명

$F(x)=f(x)-g(x)$라 하자. 그러면 (a, b) 안의 모든 x에 대해 다음이 성립한다.

$$F'(x)=f'(x)-g'(x)=0$$

따라서 정리 5에 의해 F는 상수이다. 즉 $f-g$는 상수이다.

NOTE_ 정리 5를 적용할 때 주의해야 한다. 다음을 정의하자.

$$f(x)=\frac{x}{|x|}=\begin{cases}1 \ , & x>0 \\ -1 \ , & x<0\end{cases}$$

f의 정의역은 $D=\{x|x\neq 0\}$이고 D 안의 모든 x에 대해 $f'(x)=0$이다. 그러나 f는 분명히 상수가 아니다. 이것은 D가 하나의 구간이 아니기 때문에 정리 5에 모순되지 않는다. f는 구간 $(0, \infty)$에서 상수이고, 또한 구간 $(-\infty, 0)$에서 상수이다.

3.7절에서 역도함수를 배울 때 정리 5와 따름정리 7을 광범위하게 사용하게 될 것이다.

3.2 연습문제

01~02 다음 함수들이 주어진 구간에서 롤의 정리에 대한 세 가지 조건을 만족하는지 확인하라. 그리고 롤의 정리의 결론을 만족하는 수 c를 구하라.

01 $f(x)=5-12x+3x^2$, $[1, 3]$

02 $f(x)=\sqrt{x}-\frac{1}{3}x$, $[0, 9]$

03 $f(x)=1-x^{2/3}$이라 하자. $f(-1)=f(1)$이지만 $f'(c)=0$을 만족하는 수 c가 $(-1, 1)$ 안에 존재하지 않음을 보여라. 이것은 왜 롤의 정리와 모순되지 않는가?

04 f의 그래프를 이용하여 구간 $[0, 8]$에서 평균값 정리의 결론을 만족하는 c 값을 추정하라.

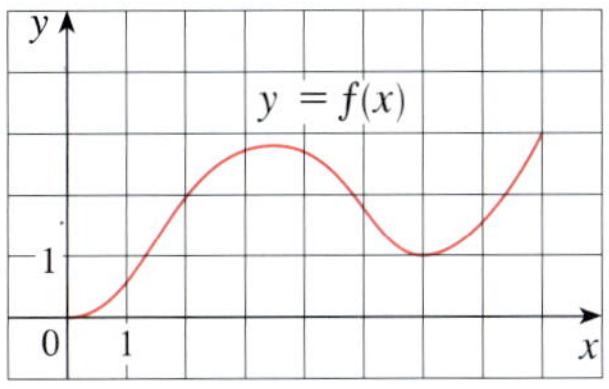

05~06 다음 함수가 주어진 구간에서 평균값 정리의 조건을 만족하는지 확인하라. 그리고 평균값 정리의 결론을 만족하는 수 c를 구하라.

05 $f(x)=2x^2-3x+1$, $[0, 2]$

06 $f(x)=\sqrt[3]{x}$, $[0, 1]$

07 구간 $[0, 4]$에서 함수 $f(x)=\sqrt{x}$에 대해 평균값 정리의 결론을 만족하는 수 c를 구하라. 함수의 그래프, 양 끝점을 지나는 할선, $(c, f(c))$에서 접선을 그려라. 할선과 접선이 평행한가?

08 $f(x)=(x-3)^{-2}$이라 하자. $f(4)-f(1)=f'(c)(4-1)$을 만족하는 c가 $(1, 4)$ 안에 존재하지 않음을 보여라. 이것은 왜 평균값 정리에 모순이 되지 않는가?

09 방정식 $2x+\cos x=0$이 꼭 하나의 실근을 가짐을 보여라.

10 방정식 $x^3-15x+c=0$이 구간 $[-2, 2]$에서 많아야 하나의 근을 가짐을 보여라.

11 (a) 3차 다항식은 많아야 세 개의 실근을 가짐을 보여라.

(b) n차 다항식은 많아야 n개의 실근을 가짐을 보여라.

12 $f(1)=10$이고 $1\leq x\leq 4$에서 $f'(x)\geq 2$일 때 $f(4)$가 가질 수 있는 가장 작은 값은 얼마인가?

13 $f(0)=-1$, $f(2)=4$, 모든 x에 대해 $f'(x)\leq 2$를 만족하는 함수 f가 존재하는가?

14 $x>0$에서 $\sqrt{1+x}<1+\frac{1}{2}x$임을 보여라.

15 평균값 정리를 이용하여 모든 a와 b에 대해 다음 부등식을 증명하라.

$$|\sin a-\sin b|\le|a-b|$$

16 $f(x)=1/x$이고, 함수 g를 다음과 같이 정의하자.

$$g(x)=\begin{cases}\dfrac{1}{x}, & x>0\\ 1+\dfrac{1}{x}, & x<0\end{cases}$$

두 함수의 정의역 안에 있는 모든 x에 대해 $f'(x)=g'(x)$임을 보여라. 따름정리 7로부터 $f-g$가 상수라고 결론을 내릴 수 있는가?

17 두 주자가 동일한 시각에 경주를 시작해서 결승선에 동일하게 들어왔다. 경주를 하는 동안 어떤 시각에서 두 사람이 동일한 속력으로 달렸음을 증명하라. [힌트 : 두 주자의 위치함수 g와 h에 대해 $f(t)=g(t)-h(t)$를 생각하라.]

3.3 도함수와 그래프의 모양

미적분학에 대한 대부분의 응용은 도함수에 대한 정보로부터 함수 f에 관한 사실들을 유추해내는 능력에 달려있다. $f'(x)$는 점 $(x, f(x))$에서 곡선 $y=f(x)$의 기울기를 나타내기 때문에 각 점에서 곡선이 진행하는 방향을 알려준다. 그러므로 $f'(x)$에 관한 정보가 $f(x)$에 관한 정보를 제공할 것이라고 기대하는 것은 타당하다.

f'이 f에 대해 알려주는 것

f의 도함수가 함수 f가 증가하거나 감소하는 곳을 어떻게 알려주는지 알아보기 위해 [그림 21]을 살펴보자. (증가함수와 감소함수는 1.1절에서 정의했다.) A와 B 사이, C와 D 사이의 접선은 양의 기울기를 가지므로 $f'(x)>0$이다. B와 C 사이의 접선은 음의 기울기를 가지므로 $f'(x)<0$이다. 그러므로 $f'(x)$가 양이면 f는 증가하고 $f'(x)$가 음이면 f는 감소함을 나타낸다. 이 사실이 항상 성립한다는 것을 보이기 위해 평균값 정리를 이용한다.

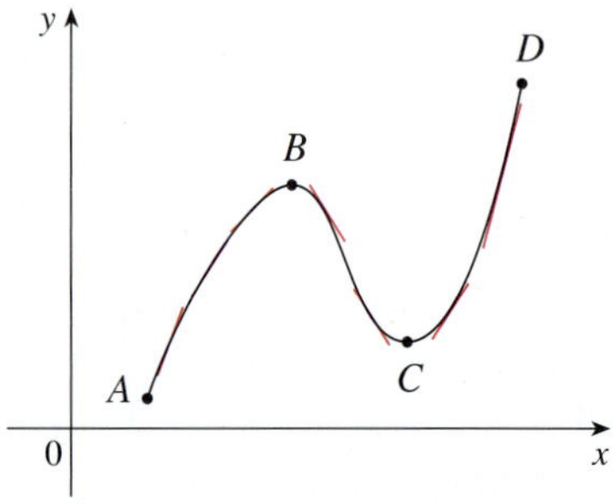

[그림 21]

증가/감소 판정법

(a) 어떤 구간에서 $f'(x)>0$이면 그 구간에서 f는 증가한다.

(b) 어떤 구간에서 $f'(x)<0$이면 그 구간에서 f는 감소한다.

이 판정법을 간단하게 I/D 판정법이라 하자.

증명

(a) x_1, x_2를 구간 안에서 $x_1<x_2$인 임의의 두 수라 하자. 증가함수의 정의(1.1절의 9쪽 참조)에 따라 $f(x_1)<f(x_2)$임을 보여야 한다. $f'(x)>0$인 사실이 주어졌으므로 f는 $[x_1, x_2]$에서 미분 가능하다. 그러므로 평균값 정리에 의해

다음을 만족하는 c가 x_1과 x_2 사이에 존재한다.

$$f(x_2)-f(x_1)=f'(c)(x_2-x_1) \tag{1}$$

가정에 의해 $f'(c)>0$이고 $x_1<x_2$이므로 $x_2-x_1>0$이다. 따라서 식 1의 우변은 양수이다.

$$f(x_2)-f(x_1)>0 \quad \text{또는} \quad f(x_1)<f(x_2)$$

이것은 f가 증가함을 보여준다.

(b) (a)와 유사하게 증명할 수 있다.

예제 1 함수 $f(x)=3x^4-4x^3-12x^2+5$가 증가하는 곳과 감소하는 곳을 구하라.

풀이

$$f'(x)=12x^3-12x^2-24x=12x(x-2)(x+1)$$

I/D 판정법을 이용하기 위해서는 $f'(x)>0$인 곳과 $f'(x)<0$인 곳을 알아야 한다. 이것은 $f'(x)$의 세 인수, 즉 $12x$, $x-2$, $x+1$의 부호에 따라 결정된다. 실직선을 임계수 -1, 0, 2를 끝점으로 갖는 구간으로 나누고 이를 [표 1]에 배열한다. + 부호는 주어진 식이 양수임을 나타내고, − 부호는 음수임을 나타낸다. [표 1]의 마지막 열은 I/D 판정법에 따른 결론을 보여준다. 예를 들어 $0<x<2$에서 $f'(x)<0$이므로 f는 $(0, 2)$에서 감소한다. (이는 f가 폐구간 $[0, 2]$에서 감소한다고 말하는 것과 같다.)

구간	$12x$	$x-2$	$x+1$	$f'(x)$	f
$x < 1$		−	−	−	$(-\infty, -1)$에서 감소
$-1<x<0$	−	−	+	+	$(-1, 0)$에서 증가
$0<x<2$	+	−	+	−	$(0, 2)$에서 감소
$x>2$	+	+	+	+	$(2, \infty)$에서 증가

[표 1]

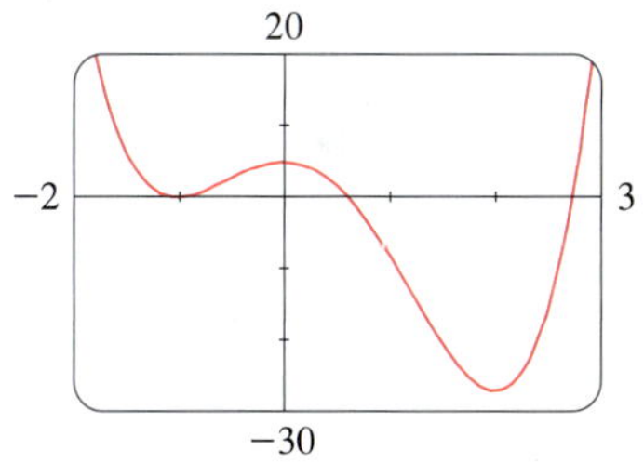

[그림 22]

[그림 22]에 나타낸 f의 그래프는 표로 정리한 정보가 사실임을 보여준다.

3.1절에서 f가 c에서 극대 또는 극소를 가지면 c는 f의 임계수여야 한다(페르마 정리에 의해). 그러나 모든 임계수가 극대 또는 극소가 되는 것은 아니다. 그러므로 f가 임계수에서 극대 또는 극소를 갖는지 그렇지 않은지를 판정해야 한다.

[그림 22]로부터 f는 $(-1, 0)$에서 증가하고 $(0, 2)$에서 감소하기 때문에 $f(0)=5$는 f의 극댓값임을 알 수 있다. 또는 도함수를 이용하면 $-1<x<0$에서 $f'(x)>0$이고 $0<x<2$에서 $f'(x)<0$이다. 다시 말해서 $f'(x)$의 부호는 0에서 양에서 음으로 바뀐다. 이런 관찰은 다음 판정법의 기초가 된다.

1계 도함수 판정법 c를 연속함수 f의 임계수라고 하자.

(a) f'이 c에서 양에서 음으로 바뀌면 f는 c에서 극대이다.

(b) f'이 c에서 음에서 양으로 바뀌면 f는 c에서 극소이다.

(c) f'이 c에서 부호가 바뀌지 않으면(예를 들어 f'이 c의 양쪽에서 모두 양이거나 모두 음이면) f는 c에서 극대도 극소도 아니다.

1계 도함수 판정법은 I/D 판정법의 결과이다. 예를 들어 (a)의 경우에 c에서 $f'(x)$의 부호가 양에서 음으로 바뀌기 때문에 f는 c의 왼쪽에서 증가하고 c의 오른쪽에서 감소한다. 이것은 f가 c에서 극대임을 의미한다.

1계 도함수 판정법은 [그림 23]과 같이 시각화하면 기억하기가 쉽다.

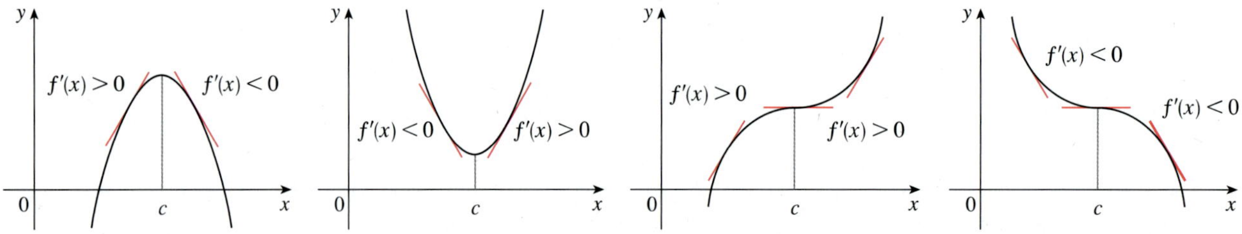

(a) 극대 (b) 극소 (c) 극값 없음 (d) 극값 없음

[그림 23]

예제 2 [예제 1]의 함수 f의 극댓값과 극솟값을 구하라.

풀이

[예제 1]의 풀이에 있는 [표 1]로부터 $f'(x)$는 -1에서 음에서 양으로 바뀌는 것을 알 수 있다. 따라서 1계 도함수 판정법에 의해 $f(-1)=0$이 극솟값이다. 마찬가지로 f'은 2에서 음에서 양으로 바뀐다. 따라서 $f(2)=-27$도 역시 극솟값이다. 앞에서 언급한 바와 같이 0에서 $f'(x)$는 양에서 음으로 바뀌기 때문에 $f(0)=5$가 극댓값이다.

예제 3 $0 \le x \le 2\pi$에서 함수 $g(x)=x+2\sin x$의 극댓값과 극솟값을 구하라.

풀이

g의 임계수를 구하기 위해 다음과 같이 미분한다.

$$g'(x)=1+2\cos x$$

그래서 $\cos x=-1/2$일 때 $g'(x)=0$이다. 이 방정식의 해는 $2\pi/3$와 $4\pi/3$이다. g는 모든 실수에 대해 미분 가능하므로 유일한 임계수는 $2\pi/3$와 $4\pi/3$뿐이다. 그러므로 다음 [표 2]와 같이 g를 분석하자.

구간	$g'(x)=1+2\cos x$	g
$0<x<2\pi/3$	+	$(0,\ 2\pi/3)$에서 증가
$2\pi/3<x<4\pi/3$	−	$(2\pi/3,\ 4\pi/3)$에서 감소
$4\pi/3<x<2\pi$	+	$(4\pi/3,\ 2\pi)$에서 증가

[표 2]

[표 2]에서 + 부호는 $\cos x > -\frac{1}{2}$일 때 $g'(x)>0$인 사실에서 나온다. $y=\cos x$의 그래프로부터 지정된 구간에서 이 사실은 참이다.

$g'(x)$가 $2\pi/3$에서 양에서 음으로 바뀌므로 1계 도함수 판정법에 의해 $2\pi/3$에서 극대이고 그 극댓값은 다음과 같다.

$$g(2\pi/3)=\frac{2\pi}{3}+2\sin\frac{2\pi}{3}=\frac{2\pi}{3}+2\left(\frac{\sqrt{3}}{2}\right)=\frac{2\pi}{3}+\sqrt{3}\approx 3.83$$

마찬가지로 $g'(x)$는 $4\pi/3$에서 음에서 양으로 바뀌므로 극솟값은 다음과 같다.

$$g(4\pi/3)=\frac{4\pi}{3}+2\sin\frac{4\pi}{3}=\frac{4\pi}{3}+2\left(-\frac{\sqrt{3}}{2}\right)=\frac{4\pi}{3}-\sqrt{3}\approx 2.46$$

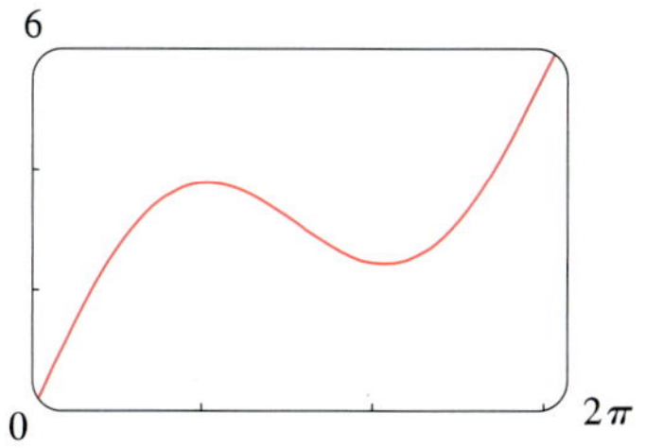

[그림 24] $y=x+2\sin x$

[그림 24]에서 g의 그래프가 이런 결론을 뒷받침해 주고 있다.

f''이 f에 대해 알려주는 것

[그림 25]는 $(a,\ b)$에서 증가하는 두 함수의 그래프를 보여준다. 두 그래프는 점 A와 점 B를 연결하지만 서로 다른 방향으로 휘어져 있기 때문에 다르게 보인다. 두 가지 형태의 자취를 어떻게 구별할 수 있는가? [그림 26]에서 여러 점에서 이런 곡선에 대한 접선을 그려놓았다. (a)와 같이 곡선이 접선 위에 있을 때 f는 $(a,\ b)$에서 위로 오목이라 하고, (b)와 같이 곡선이 접선 아래에 있을 때 g는 $(a,\ b)$에서 아래로 오목이라 한다.

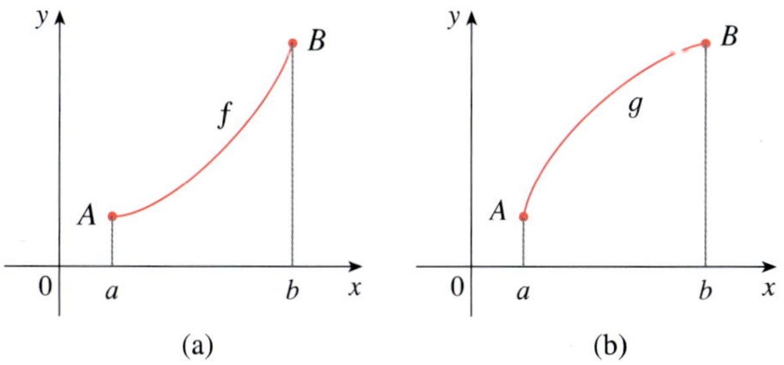

[그림 25]

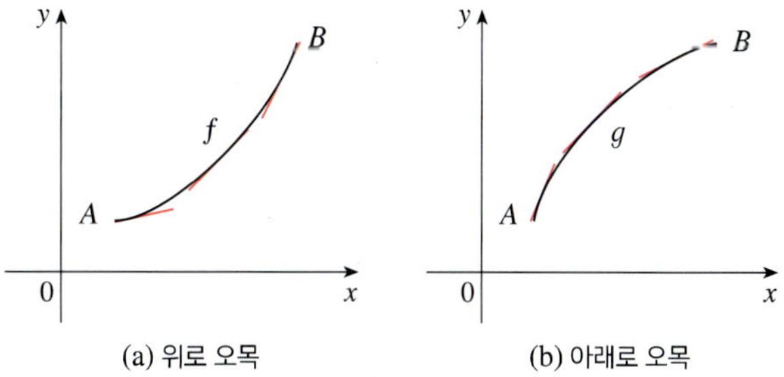

[그림 26]

> **정의** 구간 I에서 f의 그래프가 모든 접선보다 위에 놓여있을 때 f는 I에서 **위로 오목**CU : concave upward(또는 **아래로 볼록**convex downward)이라 한다. 구간 I에서 f의 그래프가 모든 접선보다 아래에 놓여있을 때 f는 I에서 **아래로 오목**CD: concave downward(또는 **위로 볼록**convex upward)이라 한다.

[그림 27]은 구간 $(b,\ c)$, $(d,\ e)$, $(e,\ p)$에서 위로 오목(CU)이고, 구간 $(a,\ b)$, $(c,\ d)$, $(p,\ q)$에서 아래로 오목(CD)인 함수의 그래프를 보여준다.

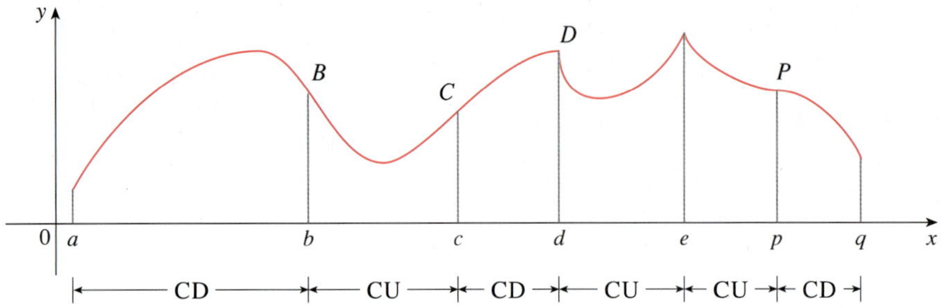

[그림 27]

> **정의** f가 곡선 $y=f(x)$의 한 점 P에서 연속이고, 그 점에서 곡선이 위로 오목에서 아래로 오목으로 또는 아래로 오목에서 위로 오목으로 바뀐다면, 점 P를 **변곡점**inflection point이라 한다.

예를 들어 [그림 27]에서 B, C, D, P는 변곡점이다. 변곡점에서 곡선의 접선이 존재한다면 곡선은 변곡점에서 접선과 교차한다.

■ www.stewartcalculus.com (Additional Example A를 보라.)

2계 도함수가 오목성에 대한 구간을 결정하는 데 어떻게 도움을 주는지 알아보자.

[그림 26(a)]를 보면 왼쪽에서 오른쪽으로 움직일 때 접선의 기울기가 증가하고 있음을 볼 수 있다. 이것은 도함수 f'이 증가함수이므로 이것의 도함수 f''이 양이 되는 것을 의미한다. 마찬가지로 [그림 26(b)]에서 접선의 기울기는 왼쪽에서 오른쪽으로 움직일 때 감소한다. 그러므로 f'은 감소하므로 f''은 음이다. 이런 추론은 역도 성립하고 다음 정리가 참인 것을 제시할 수 있다. 다음 정리는 평균값 정리를 이용하여 증명할 수 있다('부록 C' 참조).

오목성 판정법

(a) I 안의 모든 x에 대해 $f''(x)>0$이면 f의 그래프는 I에서 위로 오목이다.

(b) I 안의 모든 x에 대해 $f''(x)<0$이면 f의 그래프는 I에서 아래로 오목이다.

오목성 판정법의 관점에서 2계 도함수의 부호가 바뀌는 곳에서 변곡점이 존재한다.

예제 4 **다음 조건을 만족하는 함수 f의 가능한 그래프를 그려라.**

(i) $(-\infty, 1)$에서 $f'(x)>0$이고, $(1, \infty)$에서 $f'(x)<0$이다.

(ii) $(-\infty, -2)$와 $(2, \infty)$에서 $f''(x)>0$이고, $(-2, 2)$에서 $f''(x)<0$이다.

(iii) $\lim_{x\to-\infty} f(x)=-2$, $\lim_{x\to\infty} f(x)=0$

풀이

조건 (i)은 f가 $(-\infty, 1)$에서 증가하고 $(1, \infty)$에서 감소함을 말한다. 조건 (ii)는 $(-\infty, -2)$와 $(2, \infty)$에서 f가 위로 오목하고 $(-2, 2)$에서 아래로 오목함을 말한다. 조건 (iii)으로부터 f는 두 수평 점근선 $y=-2$와 $y=0$을 갖고 있다.

먼저 수평 점근선 $y = -2$를 점선으로 그린다([그림 28] 참조). 그 다음으로 먼 왼쪽에서 이 점근선에 근접하고, $x = 1$에서 극대점으로 증가하며, 먼 오른쪽에서 x축을 향하여 감소하는 f의 그래프를 그린다. 끝으로 $x = -2$, $x = 2$가 그래프의 변곡점인 것을 나타내야 한다. 따라서 곡선을 그릴 때 $x < -2$와 $x > 2$에서는 위로 오목하게, $-2 < x < 2$에서는 아래로 오목하게 해야 한다.

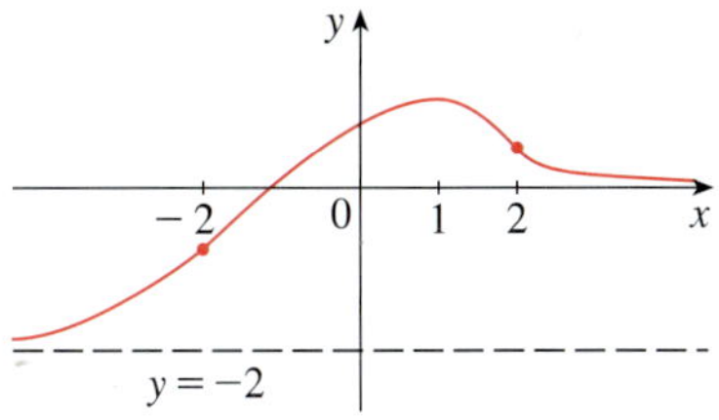

[그림 28]

2계 도함수의 또 다른 응용은 극댓값과 극솟값에 대한 다음 판정법이다. 이것은 오목성 판정법의 결과이다.

2계 도함수 판정법 f''이 c 부근에서 연속이라 하자.

(a) $f'(c) = 0$이고 $f''(c) > 0$이면 f는 c에서 극소를 갖는다.

(b) $f'(c) = 0$이고 $f''(c) < 0$이면 f는 c에서 극대를 갖는다.

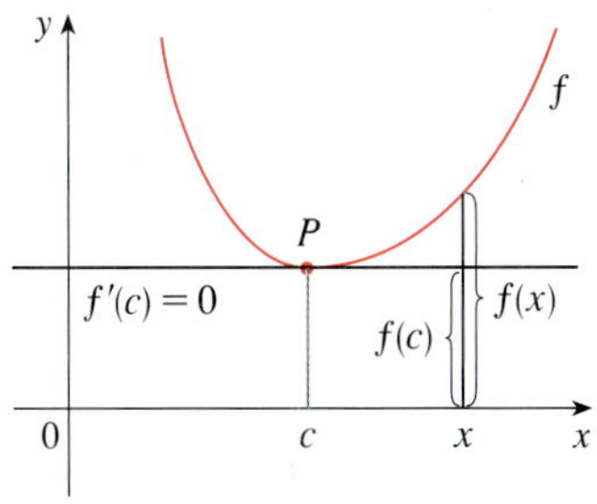

[그림 29] $f''(c) > 0$, f는 위로 오목

예를 들어 c 부근에서 $f''(x) > 0$이므로 함수 f는 c 부근에서 위로 오목이므로 (a)는 참이다. 이것은 c에서 f의 그래프가 수평접선 위에 있음을 의미하므로 f는 c에서 극소이다([그림 29] 참조).

예제 5 **곡선 $y = x^4 - 4x^3$의 오목성, 변곡점, 극대와 극소에 대해 논하라. 이 정보를 이용하여 곡선을 그려라.**

풀이

$f(x) = x^4 - 4x^3$이면 다음을 얻는다.

$$f'(x) = 4x^3 - 12x^2 = 4x^2(x - 3)$$

$$f''(x) - 12x^2 - 24x = 12x(x - 2)$$

임계수를 얻기 위해 $f'(x) = 0$이라 하면 $x = 0, 3$을 얻는다. 2계 도함수 판정법을 이용하기 위해서 임계수에서 f''을 계산하면 다음을 얻는다.

$$f''(0) = 0, \qquad f''(3) = 36 > 0$$

$f'(3) = 0$이고 $f''(3) > 0$이므로 $f(3) = -27$은 극솟값이다. $f''(0) = 0$이므로 2계 도함수 판정법은 0에 관한 아무런 정보도 제공하지 않는다. 그러나 $x < 0$, $0 < x < 3$일 때는 $f'(x) < 0$이므로 1계 도함수 판정법은 f가 0에서 극대도 극소도 갖지 않음을 알려준다. [실제로 $f'(x)$에 대한 식은 3의 왼쪽에서 감소하고 3의 오른쪽에서 증가함을 보여준다.]

$x = 0$ 또는 $x = 2$에서 $f''(x) = 0$이므로 실직선을 이런 수들을 끝점으로 갖는 구간으로 분할하여 다음의 [표 3]을 작성한다.

구간	$f''(x) = 12x(x-2)$	오목성
$(-\infty, 0)$	+	위로 오목
$(0, 2)$	−	아래로 오목
$(2, \infty)$	+	위로 오목

[표 3]

점 $(0, 0)$에서 곡선은 위로 오목에서 아래로 오목으로 바뀌므로 이 점은 변곡점이다. 또한 점 $(2, -16)$에서 곡선이 아래로 오목에서 위로 오목으로 바뀌므로 이 점도 변곡점이다. 극소, 오목 구간, 변곡점을 이용하여 [그림 30]에 나타낸 곡선을 그릴 수 있다.

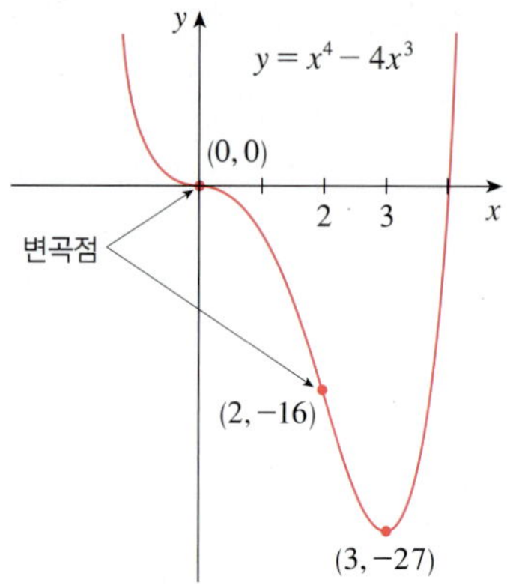

[그림 30]

NOTE_ 2계 도함수 판정법은 $f''(c) = 0$일 때 어떤 결론도 내리지 못한다. 다시 말해서 그런 점에서는 극대가 되거나 극소가 되거나 아니면 둘 다 아닐 수도 있다([예제 5] 참조). 또한 $f''(c)$가 존재하지 않을 때에도 이 판정법을 사용할 수 없다. 이런 경우에는 반드시 1계 도함수 판정법을 사용해야 한다. 실제로 두 판정법을 모두 적용할 수 있더라도 때로는 1계 도함수 판정법이 이용하기에 좀 더 쉬울 수 있다.

- www.stewartcalculus.com (Additional Example B를 보라.)

예제 6 **함수 $f(x) = x^{2/3}(6-x)^{1/3}$의 그래프를 그려라.**

풀이

1계, 2계 도함수는 다음과 같다.

$$f'(x) = \frac{4-x}{x^{1/3}(6-x)^{2/3}}, \qquad f''(x) = \frac{-8}{x^{4/3}(6-x)^{5/3}}$$

$x = 4$일 때 $f'(x) = 0$이고, $x = 0$ 또는 $x = 6$일 때 $f'(x)$가 존재하지 않으므로 임계수는 0, 4, 6이다.

구간	$4-x$	$x^{1/3}$	$(6-x)^{2/3}$	$f'(x)$	f
$x < 0$	+	−	+	−	$(-\infty, 0)$에서 감소
$0 < x < 4$	+	+	+	+	$(0, 4)$에서 증가
$4 < x < 6$	−	+	+	−	$(4, 6)$에서 감소
$x > 6$	−	+	+	−	$(6, \infty)$에서 감소

[표 4]

그래픽 계산기나 컴퓨터를 이용하여 [그림 31]의 그래프를 재현해보라. 어떤 툴은 전체 그래프를, 어떤 툴은 y축의 오른쪽 부분만, 또 어떤 툴은 $x = 0$과 $x = 6$ 사이만 그릴 것이다. 정확한 그래프를 그려주는 동치인 식은 다음과 같다.

$$y = (x^2)^{1/3} \cdot \frac{6-x}{|6-x|}|6-x|^{1/3}$$

극값을 구하기 위해 1계 도함수 판정법을 이용한다. 0에서 f'이 음에서 양으로 바뀌므로 $f(0) = 0$은 극솟값이다. 4에서 f'이 양에서 음으로 바뀌므로 $f(4) = 2^{5/3}$은 극댓값이다. 6에서 f'의 부호가 바뀌지 않으므로 극댓값과 극솟값이 존재하지 않는다. (2계 도함수 판정법을 4에서 이용할 수 있으나 0과 6에서는 f''이 존재하지 않으므로 이용할 수 없다.)

$f''(x)$에 대한 표현을 살펴보고 모든 x에 대해 $x^{4/3} \geq 0$임을 주목하면 $x < 0$, $0 < x < 6$일 때 $f''(x) < 0$이고, $x > 6$일 때 $f''(x) > 0$이다. 따라서 f는 $(-\infty, 0)$과 $(0, 6)$에서 아래로 오목이고, $(6, \infty)$에서 위로 오목이며, 유일한 변곡점은 $(6, 0)$이다. 이 그래프는 [그림 31]에 나타냈다. $x \to 0$일 때와 $x \to 6$일 때 $|f'(x)| \to \infty$이므로 곡선은 $(0, 0)$과 $(6, 0)$에서 수직접선을 갖는다.

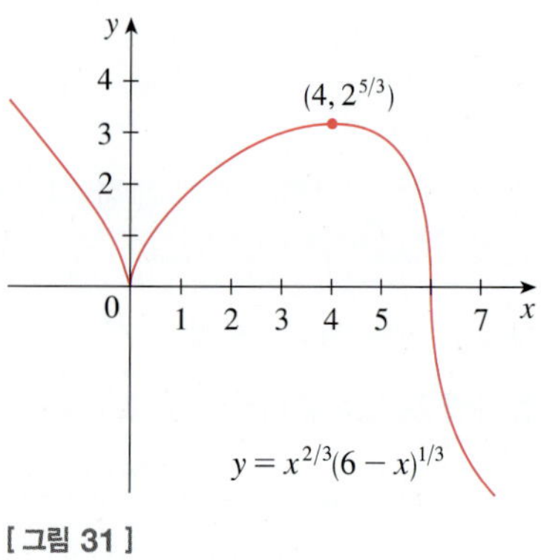

[그림 31]

3.3 연습문제

01~03 (a) f가 증가하거나 감소하는 구간을 구하라.

(b) f의 극댓값과 극솟값을 구하라.

(c) 오목구간과 변곡점을 구하라.

01 $f(x) = 2x^3 + 3x^2 - 36x$　　**02** $f(x) = x^4 - 2x^2 + 3$

03 $f(x) = \sin x + \cos x, \quad 0 \le x \le 2\pi$

---

04 1계, 2계 도함수 판정법을 모두 사용하여 $f(x) = 1 + 3x^2 - 2x^3$의 극댓값과 극솟값을 구하라. 어느 방법이 더 좋은가?

05 f''이 $(-\infty, \infty)$에서 연속이라 하자.

(a) $f'(2) = 0$이고 $f''(2) = -5$이면 f에 대해 무엇을 말할 수 있는가?

(b) $f'(6) = 0$이고 $f''(6) = 0$이면 f에 대해 무엇을 말할 수 있는가?

06 다음 각 경우에 대해 f의 변곡점의 x좌표를 말하고 그 이유를 설명하라.

(a) 주어진 곡선은 f의 그래프이다.

(b) 주어진 곡선은 f'의 그래프이다.

(c) 주어진 곡선은 f''의 그래프이다.

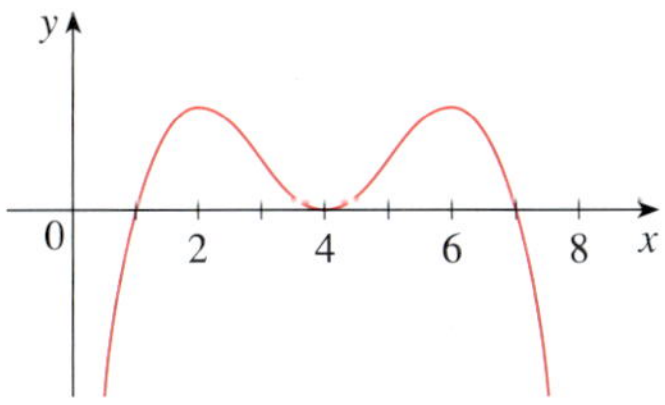

07~09 주어진 모든 조건을 만족하는 함수의 그래프를 그려라.

07 $f'(x)$와 $f''(x)$가 항상 음수이다.

08 $f'(0) = f'(2) = f'(4) = 0$,

$x < 0$ 또는 $2 < x < 4$이면 $f'(x) > 0$,

$0 < x < 2$ 또는 $x > 4$이면 $f'(x) < 0$,

$1 < x < 3$이면 $f''(x) > 0$,

$x < 1$ 또는 $x > 3$이면 $f''(x) < 0$

09 $|x| < 2$이면 $f'(x) > 0$, $|x| > 2$이면 $f'(x) < 0$,

$f'(-2) = 0$, $\lim_{x \to 2} |f'(x)| = \infty$,

$x \ne 2$이면 $f''(x) > 0$

---

10 연속함수 f의 도함수 f'의 그래프가 다음과 같다.

(a) f가 증가하거나 감소하는 구간은 어디인가?

(b) f가 극대 또는 극소를 가지는 x의 값은 무엇인가?

(c) f가 위로 오목 또는 아래로 오목인 구간은 어디인가?

(d) 변곡점의 x좌표를 말하라.

(e) $f(0) = 0$이라 할 때 f의 그래프를 그려라.

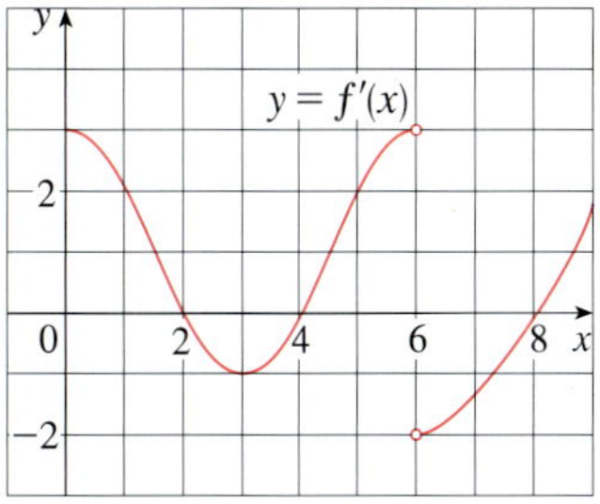

11~16 (a) 증가 또는 감소하는 구간을 구하라.

(b) 극댓값과 극솟값을 구하라.

(c) 오목구간과 변곡점을 구하라.

(d) (a)~(c)에서 얻은 정보를 이용하여 그래프를 그려라. 그래픽 도구를 이용하여 얻은 결과를 확인하라.

11 $f(x) = x^3 - 12x + 2$　　**12** $f(x) = 2 + 2x^2 - x^4$

13 $h(x) = (x+1)^5 - 5x - 2$　　**14** $F(x) = x\sqrt{6-x}$

15 $C(x) = x^{1/3}(x+4)$

16 $f(\theta) = 2\cos\theta + \cos^2\theta, \quad 0 \le \theta \le 2\pi$

17~18 (a) 수직 점근선과 수평 점근선을 구하라.

(b) 증가 또는 감소하는 구간을 구하라.

(c) 극댓값과 극솟값을 구하라.

(d) 오목구간과 변곡점을 구하라.

(e) (a)~(d)에서 얻은 정보를 이용하여 f의 그래프를 그려라.

17 $f(x) = 1 + \frac{1}{x} - \frac{1}{x^2}$　　**18** $f(x) = \sqrt{x^2+1} - x$

---

19 함수 f의 도함수가 $f'(x) = (x+1)^2(x-3)^5(x-6)^4$이라 하자. f가 증가하는 구간은 어디인가?

20 [graphing icon] 함수 $f(x)=\dfrac{x+1}{\sqrt{x^2+1}}$에 대해

(a) f의 그래프를 이용하여 극댓값과 극솟값을 추정하라. 그리고 정확한 값을 구하라.

(b) f가 가장 급하게 증가하는 x의 값을 추정하라. 그리고 정확한 값을 구하라.

21 $x=-2$에서 극댓값 3, $x=1$에서 극솟값 0을 갖는 3차 함수 $f(x)=ax^3+bx^2+cx+d$를 구하라.

22 곡선 $y=(1+x)/(1+x^2)$의 변곡점 세 개가 모두 한 직선 위에 놓여있음을 보여라.

23 3차 함수(3차 다항함수)의 변곡점은 오직 하나뿐임을 보여라. 이 그래프가 세 개의 x절편으로 x_1, x_2, x_3를 갖는다면 변곡점의 x좌표는 $(x_1+x_2+x_3)/3$임을 보여라.

24 $(c, f(c))$가 f의 그래프의 변곡점이고 f''이 c를 포함하는 개구간 안에 존재하면 $f''(c)=0$임을 보여라. [힌트: 함수 $g=f'$에 1계 도함수 판정법과 페르마의 정리를 적용하라.]

25 $g(x)=x|x|$가 $(0, 0)$에서 변곡점을 갖지만 $g''(0)$이 존재하지 않음을 보여라.

26 f가 구간 I에서 미분 가능하고 c를 제외한 I 안의 모든 수 x에서 $f'(x)>0$이라 하자. f가 c에서 극대 또는 극소를 갖는가? f가 c에서 변곡점을 갖는가?

3.4 곡선 그리기

지금까지 몇몇 특수한 측면에 관련있는 곡선을 그리는 데 관심을 가져왔다. 즉 1장에서는 정의역, 치역, 대칭성, 극한, 연속, 수직 점근선에 대해 알아보았고, 2장에서는 도함수와 접선, 그리고 이 장에서는 극값, 증가 및 감소 구간, 오목성과 변곡점에 대해 알아보았다. 이제는 함수에 대한 중요한 특징을 보여주는 그래프를 그리기 위해 이런 모든 정보를 활용해야 할 시간이다. '곡선의 그래프는 그래픽 계산기나 컴퓨터를 사용해서 그리면 되지 않을까? 꼭 미적분학을 이용해야 할까?'라는 질문을 할 수도 있다. 현대 기술이 매우 정확한 그래프를 제공하는 것은 사실이다. 그렇기는 하지만 최상의 그래픽 도구도 현명하게 사용해야 한다. 미적분학을 이용하면 그래프의 가장 흥미로운 측면을 발견할 수 있으며 보지 못하고 지나칠 수 있는 자취를 발견할 수 있다. [예제 4]에서는 미적분학으로 어떻게 도구의 함정을 피할 수 있는지 살펴볼 것이다.

곡선을 그리기 위한 지침

다음 체크 리스트는 곡선 $y=f(x)$를 손으로 그리기 위한 지침이다. 모든 항목이 모든 함수에 관련된 것은 아니다. (예를 들어 어떤 주어진 곡선이 점근선을 갖지 않거나 대칭성이 없을 수도 있다.) 그러나 이 지침은 함수의 가장 중요한 측면을 나타내는 그림을 그리는 데 필요한 모든 정보를 제공한다.

A. 정의역

먼저 f의 정의역 D, 즉 $f(x)$가 정의되는 x 값들의 집합을 결정함으로써 시작한다.

B. 절편

y절편은 $f(0)$으로, 이것은 곡선이 y축과 교차하는 곳을 말한다. x절편을 구하기 위해 $y=0$이라 놓고 x에 대해 푼다. (만일 방정식을 푸는 것이 어렵다면 이 단계는 생략할 수 있다.)

C. 대칭성

(i) D 안의 모든 x에 대해 $f(-x)=f(x)$, 즉 x를 $-x$로 대치해도 곡선의 방정식이 변하지 않으면 f는 우함수이고 곡선은 y축에 대해 대칭이다. 이것은 할 일이 절반으로 줄었음을 의미한다. $x \geq 0$일 때의 곡선 모양을 알고 있다면 이를 y축에 대해 대칭시키기만 하면 완전한 곡선을 얻을 수 있다([그림 32(a)] 참조).

예를 들어 $y=x^2$, $y=x^4$, $y=|x|$, $y=\cos x$는 우함수이다.

(ii) D 안의 모든 x에 대해 $f(-x)=-f(x)$이면 f는 기함수이고 곡선은 원점에 대해 대칭이다. 다시 $x \geq 0$일 때의 곡선 모양을 알고 있다면 이를 원점을 중심으로 $180°$ 회전시키기만 하면 완전한 곡선을 얻을 수 있다([그림 32(b)] 참조).

$y=x$, $y=x^3$, $y=x^5$, $y=\sin x$는 기함수의 간단한 예이다.

(iii) 양의 상수 p와 D 안의 모든 x에 대해 $f(x+p)=f(x)$이면 함수 f를 **주기함수**라 하고, 가장 작은 양수 p를 주기라 한다. 예를 들어 $y=\sin x$는 2π 주기를 갖고, $y=\tan x$는 π 주기를 갖는다. 길이가 p인 구간에서의 곡선 모양을 알고 있다면 평행이동시켜 완전한 그래프를 그릴 수 있다([그림 33] 참조).

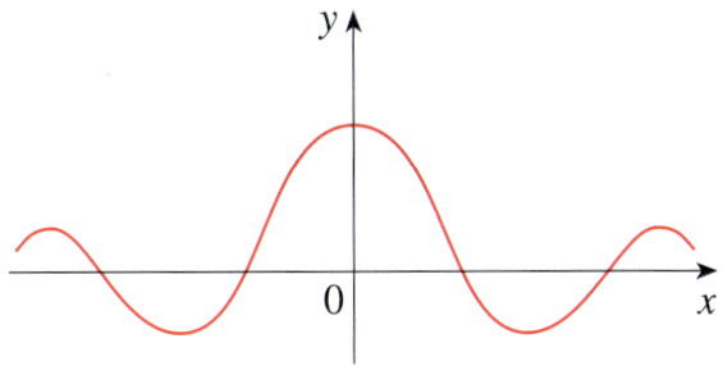

(a) 우함수: 반사적 대칭

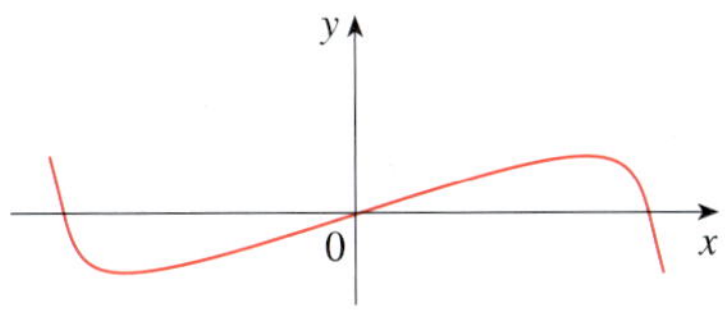

(b) 기함수: 회전적 대칭

[그림 32]

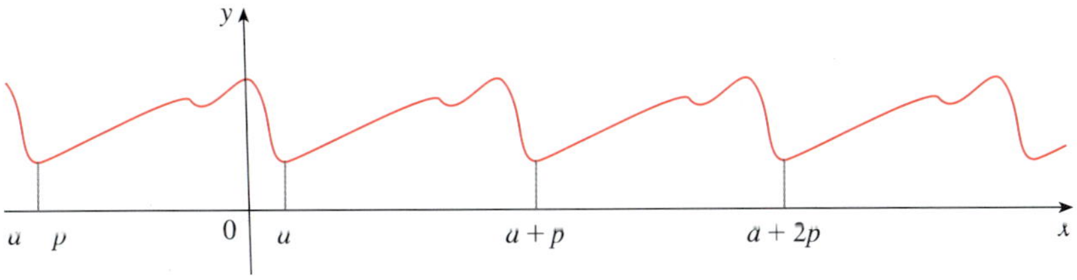

[그림 33] 주기함수: 평행이동에 의한 대칭

D. 점근선

(i) **수평 점근선 :** 1.6절에서 $\lim_{x\to\infty} f(x)=L$ 또는 $\lim_{x\to-\infty} f(x)=L$이면 직선 $y=L$은 곡선 $y=f(x)$의 수평 점근선임을 알았다. $\lim_{x\to\infty} f(x)=\infty$ (또는 $-\infty$)이면 오른쪽으로 점근선을 갖지 않지만 곡선을 그릴 때 여전히 유용한 정보가 된다.

(ii) **수직 점근선 :** 1.6절에서 다음 명제 중에서 적어도 하나가 성립하면 직선 $x=a$는 수직 점근선이다.

$$\lim_{x\to a^+} f(x)=\infty \qquad \lim_{x\to a^-} f(x)=\infty$$

$$\lim_{x\to a^+} f(x)=-\infty \qquad \lim_{x\to a^-} f(x)=-\infty$$

(유리함수인 경우 공통인수를 약분한 후 분모를 0으로 놓음으로써 수직 점근선의 위치를 찾을 수 있다. 그러나 다른 함수에는 이 방법을 적용할 수 없다.) 더욱이 곡선을 그릴 때 [1]에 있는 명제 중에서 참인 것을 정확히 아는 것이 매우 유용하다. $f(a)$가 정의되지 않고 a가 f의 정의역의 끝점이면 이 극한이 무한대이든 아니든 $\lim_{x \to a^-} f(x)$ 또는 $\lim_{x \to a^+} f(x)$를 계산한다.

E. 증가 또는 감소 구간

I/D 판정법을 이용한다. $f'(x)$를 계산하고 $f'(x)$가 양(f가 증가)인 구간과 $f'(x)$가 음(f가 감소)인 구간을 구한다.

F. 극댓값과 극솟값

f의 임계수를 구한다. [$f'(c) = 0$ 또는 $f'(c)$가 존재하지 않는 수 c이다.] 그런 다음 1계 도함수 판정법을 이용한다. 임계수 c에서 f'이 양에서 음으로 바뀌면 $f(c)$는 극댓값이다. c에서 f'이 음에서 양으로 바뀌면 $f(c)$는 극솟값이다. 보편적으로 1계 도함수 판정법을 이용하지만 $f'(c) = 0$이고 $f''(c) \neq 0$이면 2계 도함수 판정법을 이용할 수 있다. 이때 $f''(c) > 0$이면 $f(c)$는 극솟값이고 반대로 $f''(c) < 0$이면 $f(c)$는 극댓값이다.

G. 오목성과 변곡점

$f''(x)$를 계산하고 오목성 판정법을 이용한다. $f''(x) > 0$인 곳에서 곡선은 위로 오목이고 $f''(x) < 0$인 곳에서 아래로 오목이다. 변곡점은 오목성의 방향이 바뀌는 점이다.

H. 곡선 그리기

A~G항까지의 정보를 이용하여 그래프를 그린다. 점근선은 점선으로 그린다. 절편, 극대와 극소점, 변곡점을 점으로 표시한다. 그런 다음 이 점들을 지나는 곡선을 그린다. E에 따라 오르내리고, G에 따라 오목성을 나타내고, 점근선에 가까워지도록 곡선을 그린다. 추가로 어떤 점 부근에서 정확성이 요구된다면 그 점에서 도함수의 값을 계산할 수 있다. 접선은 곡선이 진행하는 방향을 나타낸다.

TEC Module 3.4에서는 f'과 f''에 대한 정보를 이용하여 f의 그래프 모양을 결정하는 연습을 할 수 있다.

예제 1 **앞서의 지침에 따라 곡선 $y = \dfrac{2x^2}{x^2 - 1}$의 그림을 그려라.**

A. 정의역은 다음과 같다.

$$\{x \mid x^2 - 1 \neq 0\} = \{x \mid x \neq \pm 1\} = (-\infty, -1) \cup (-1, 1) \cup (1, \infty)$$

B. x절편과 y절편은 모두 0이다.

C. $f(-x) = f(x)$이므로 함수 f는 우함수이다. 이 곡선은 y축에 대해 대칭이다.

D. $\displaystyle \lim_{x \to \pm\infty} \frac{2x^2}{x^2 - 1} = \lim_{x \to \pm\infty} \frac{2}{1 - 1/x^2} = 2$

그러므로 직선 $y = 2$는 수평 점근선이다.

$x = \pm 1$일 때 분모가 0이므로 다음 극한을 계산한다.

$$\lim_{x \to 1^+} \frac{2x^2}{x^2 - 1} = \infty \qquad \lim_{x \to 1^-} \frac{2x^2}{x^2 - 1} = -\infty$$

$$\lim_{x \to -1^+} \frac{2x^2}{x^2 - 1} = -\infty \qquad \lim_{x \to -1^-} \frac{2x^2}{x^2 - 1} = \infty$$

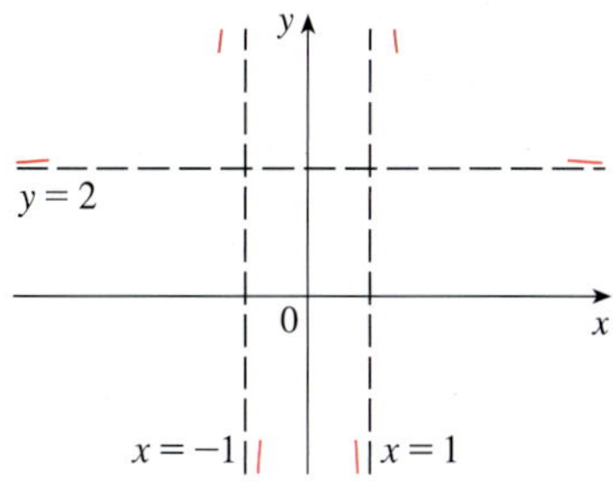

[그림 34] 예비 그림

그러므로 직선 $x = -1$과 $x = 1$은 수직 점근선이다. 극한에 대한 정보와 점근선을 바탕으로 점근선 부근의 곡선 일부를 보여주는 [그림 34]와 같은 예비 그림을 그릴 수 있다.

[그림 34]의 곡선은 위쪽에서 수평 점근선에 접근하는 것을 보여준다. 증가와 감소구간으로 확인할 수 있다.

E. $f'(x) = \dfrac{4x(x^2-1) - 2x^2 \cdot 2x}{(x^2-1)^2} = \dfrac{-4x}{(x^2-1)^2}$

$x < 0\,(x \neq -1)$일 때 $f'(x) > 0$이고, $x > 0\,(x \neq 1)$일 때 $f'(x) < 0$이므로 f는 $(-\infty, -1)$과 $(-1, 0)$에서 증가하고, $(0, 1)$과 $(1, \infty)$에서 감소한다.

F. 0에서 f'이 양에서 음으로 변하므로 유일한 임계수는 $x = 0$이다. 1계 도함수 판정법에 의해 $f(0) = 0$은 극댓값이다.

G. $f''(x) = \dfrac{-4(x^2-1)^2 + 4x \cdot 2(x^2-1)2x}{(x^2-1)^4} = \dfrac{12x^2+4}{(x^2-1)^3}$

모든 x에 대해 $12x^2 + 4 > 0$이므로 다음을 얻는다.

$$f''(x) > 0 \iff x^2 - 1 > 0 \iff |x| > 1$$

그리고 $f''(x) < 0 \iff |x| < 1$. 따라서 곡선은 구간 $(-\infty, -1)$과 $(1, \infty)$에서 위로 오목이고 $(-1, 1)$에서 아래로 오목이다. 1과 -1이 f의 정의역 안에 있지 않으므로 변곡점은 없다.

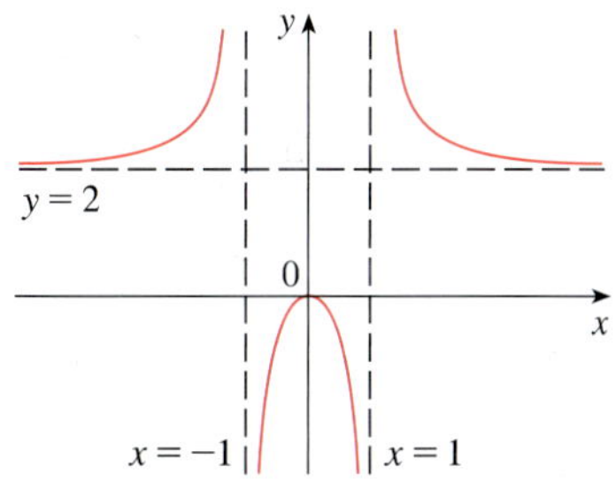

[그림 35] 완성된 $y = \dfrac{2x^2}{x^2-1}$의 그래프

H. E~G의 정보를 이용하여 [그림 35]와 같이 그림을 그린다.

예제 2 $f(x) = \dfrac{x^2}{\sqrt{x+1}}$ **의 그래프를 그려라.**

A. 정의역 $= \{x \mid x + 1 > 0\} = \{x \mid x > -1\} = (-1, \infty)$

B. x절편과 y절편은 모두 0이다.

C. 대칭성은 없다.

D. $\displaystyle\lim_{x \to \infty} \frac{x^2}{\sqrt{x+1}} = \infty$이므로 수평 점근선은 없다. $x \to -1^+$이면 $\sqrt{x+1} \to 0$이고 $f(x)$는 항상 양수이므로 다음을 얻는다.

$$\lim_{x \to -1^+} \frac{x^2}{\sqrt{x+1}} = \infty$$

그러므로 직선 $x = -1$은 수직 점근선이다.

E. $f'(x) = \dfrac{2x\sqrt{x+1} - x^2 \cdot 1/(2\sqrt{x+1})}{x+1} = \dfrac{x(3x+4)}{2(x+1)^{3/2}}$

$x = 0$일 때 $f'(x) = 0$이다. ($-4/3$가 f의 정의역 안에 있지 않음에 주의한다.) 그러므로 유일한 임계수는 0이다. $-1 < x < 0$일 때 $f'(x) < 0$이고 $x > 0$일 때 $f'(x) > 0$이므로, f는 $(-1, 0)$에서 감소하고 $(0, \infty)$에서 증가한다.

F. $f'(0) = 0$이고 f'이 0에서 음에서 양으로 변하므로 1계 도함수 판정법에 의해 $f(0) = 0$은 극솟값(최솟값)이다.

G. $f''(x) = \dfrac{2(x+1)^{3/2}(6x+4) - (3x^2+4x)3(x+1)^{1/2}}{4(x+1)^3} = \dfrac{3x^2+8x+8}{4(x+1)^{5/2}}$

분모는 항상 양수임을 유의한다. 이차식 $3x^2+8x+8$의 판별식이 $b^2-4ac = -32$로 음이고, x^2의 계수가 양이므로 분자는 항상 양이다. 그러므로 f의 정의역 안에 있는 모든 x에 대해 $f''(x) > 0$이다. 이는 f가 $(-1, \infty)$에서 위로 오목이며 변곡점이 없음을 의미한다.

H. 위의 정보를 이용해 [그림 36]과 같이 그림을 그린다.

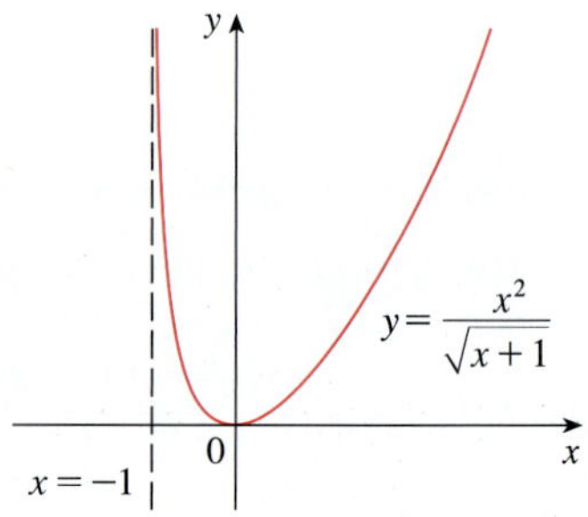

[그림 36]

예제 3 $f(x) = \dfrac{\cos x}{2+\sin x}$의 그래프를 그려라.

A. 정의역은 $\mathbb{R}$이다.

B. y절편은 $f(0) = 1/2$이다. x절편은 $\cos x = 0$일 때 나타난다. 즉 정수 n에 대해 $x = (2n+1)\pi/2$이다.

C. f는 우함수도 기함수도 아니다. 그러나 모든 x에 대해 $f(x+2\pi) = f(x)$이므로 f는 2π 주기를 갖는 주기함수이다. 그러므로 $0 \le x \le 2\pi$에서만 생각하고 그 다음에 H에서 평행이동시켜 곡선을 확장한다.

D. 점근선은 없다.

E. $f'(x) = \dfrac{(2+\sin x)(-\sin x) - \cos x(\cos x)}{(2+\sin x)^2} = -\dfrac{2\sin x + 1}{(2+\sin x)^2}$

■ www.stewartcalculus.com (Additional Example A를 보라.)

그러므로 $2\sin x + 1 < 0 \iff \sin x < -1/2 \iff 7\pi/6 < x < 11\pi/6$일 때 $f'(x) > 0$이다. 따라서 f는 $(7\pi/6, 11\pi/6)$에서 증가하고 $(0, 7\pi/6)$와 $(11\pi/6, 2\pi)$에서 감소한다.

F. E와 1계 도함수 판정법으로부터 극솟값은 $f(7\pi/6) = -1/\sqrt{3}$이고 극댓값은 $f(11\pi/6) = 1/\sqrt{3}$이다.

G. 나눗셈 법칙을 사용하여 간단히 나타내면 다음과 같다.

$$f''(x) = -\frac{2\cos x\,(1-\sin x)}{(2+\sin x)^3}$$

모든 x에 대해 $(2+\sin x)^3 > 0$이고 $1-\sin x \geq 0$이므로 $\cos x < 0$이다. 즉 $\pi/2 < x < 3\pi/2$일 때 $f''(x) > 0$이다. 그러므로 $(\pi/2,\ 3\pi/2)$에서 f는 위로 오목이고 $(0,\ \pi/2)$와 $(3\pi/2,\ 2\pi)$에서 아래로 오목이다. 변곡점은 $(\pi/2,\ 0)$와 $(3\pi/2,\ 0)$이다.

H. $0 \leq x \leq 2\pi$로 제한된 함수의 그래프를 [그림 37]에 나타냈다. 다음으로 주기성을 이용하여 그래프를 확장하면 [그림 38]과 같이 그래프가 완성된다.

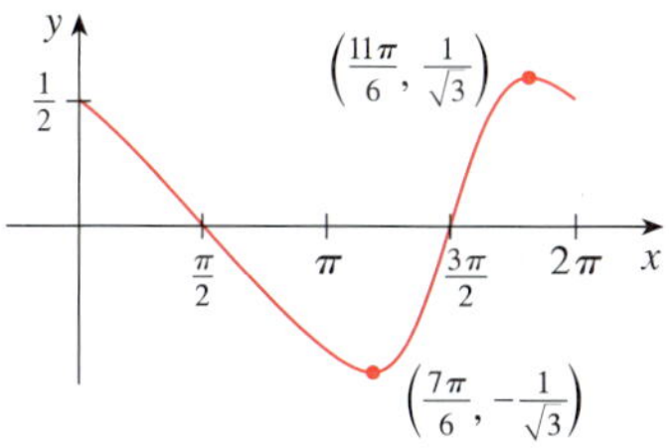

[그림 37]

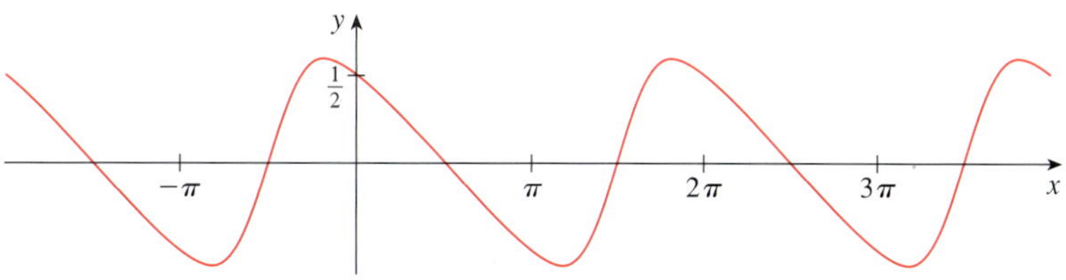

[그림 38]

도구를 이용하여 그림 그리기

곡선의 그래프를 그리기 위해 도구를 사용할 때의 전략은 [예제 1~3]과는 사뭇 다르다. 여기서는 그래픽 계산기나 컴퓨터로 그린 그래프로 시작하여 이를 개선해나간다. 그리고 곡선의 중요한 특성을 모두 확실히 드러내도록 미적분학을 이용한다. 그리고 그래픽 도구를 이용하여 도구 없이는 그릴 수 없는 매우 복잡한 곡선에 도전해 볼 수 있다.

예제 4 **다항함수 $f(x) = 2x^6 + 3x^5 + 3x^3 - 2x^2$의 그래프를 그려라. f'과 f''의 그래프를 이용해서 모든 극대점과 극소점, 오목 구간을 추정하라.**

풀이

정의역을 지정하고 치역을 지정하지 않으면 많은 그래픽 도구들은 계산된 값으로부터 적절한 치역을 추론할 것이다. [그림 39]는 정의역을 $-5 \leq x \leq 5$로 지정했을 때 어느 하나의 도구로 그린 그래프를 보여준다. 이 보기화면은 점근적 자취(또는 끝부분의 자취)가 $y = 2x^6$의 그래프와 유사하게 나타난다는 것을 보여준다는 점에서는 분명 유용하다. 하지만 보다 정교하고 자세한 것은 숨기고 있는 것이 분명하다. 그래서 보기화면을 [그림 40]과 같이 $[-3,\ 2] \times [-50,\ 100]$으로 바꾼다.

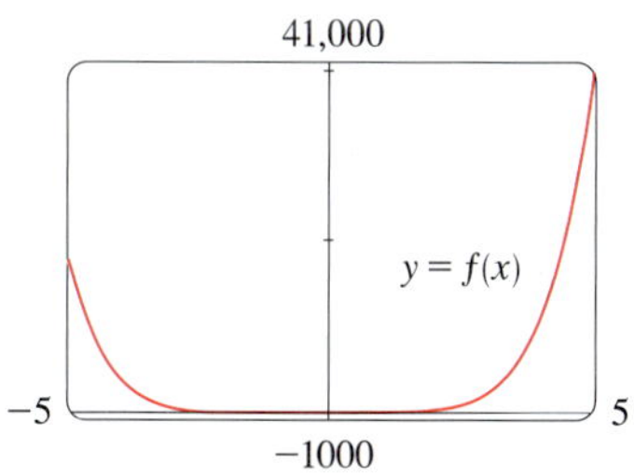

[그림 39]

그래프를 보면 (커서를 옮겨서) $x \approx -1.62$일 때 약 -15.33인 최솟값이 존재하고, f는 $(-\infty,\ -1.62)$에서 감소하고 $(-1.62,\ \infty)$에서 증가하는 것으로 나타난다. 또

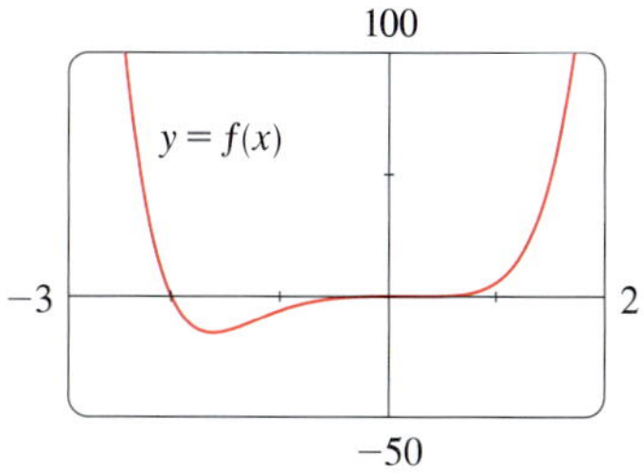

[그림 40]

한 원점에서 수평접선을 갖고 $x=0,\ -2,\ -1$ 사이의 어떤 x 값에서 변곡점을 갖는 것으로 나타난다.

이제 미분을 이용해서 이런 느낌을 확인하자. 미분하면 다음을 얻는다.

$$f'(x) = 12x^5 + 15x^4 + 9x^2 - 4x$$

$$f''(x) = 60x^4 + 60x^3 + 18x - 4$$

[그림 41]과 같이 f'의 그래프를 그리면 $x \approx -1.62$일 때 $f'(x)$는 음에서 양으로 바뀌는 것을 알 수 있다. 이는 앞에서 찾아낸 최솟값을 확인해준다(1계 도함수 판정법으로). 또한 놀랍게도 $x=0$일 때 $f'(x)$는 양에서 음으로, $x \approx 0.35$일 때 음에서 양으로 바뀌는 것을 알 수 있다. 이것은 f가 $x=0$에서 극댓값을 갖고 $x \approx 0.35$에서 극솟값을 갖는 것을 의미한다. 그러나 [그림 40]에는 이러한 사실들이 숨겨져 있었다. 실제로 [그림 42]에서 원점을 향해 확대하면 지금까지 놓쳤던 사실, 즉 $x=0$에서 극댓값이 0이고 $x \approx 0.35$에서 극솟값이 약 -0.1이라는 것을 알 수 있다.

■ www.stewartcalculus.com (Additional Examples B~E를 보라.)

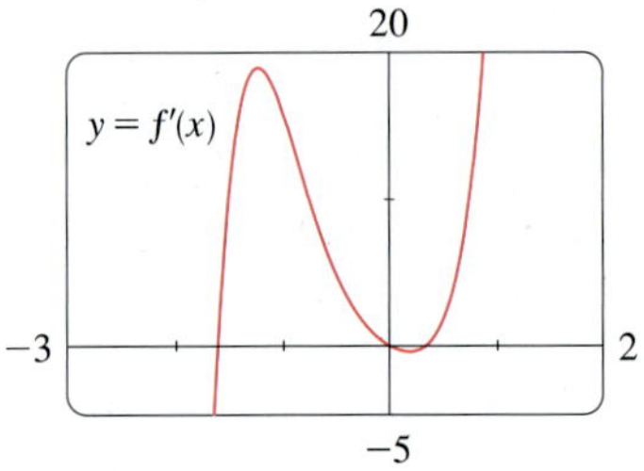

[그림 41]

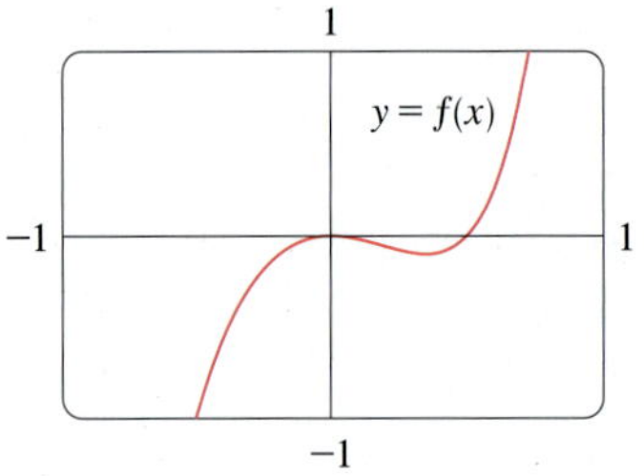

[그림 42]

오목성과 변곡점은 어떠한가? [그림 40]과 [그림 42]로부터 x가 -1의 약간 왼쪽에 있을 때와 0의 약간 오른쪽에 있을 때 변곡점이 나타난다. 그러나 f의 그래프로부터 변곡점을 결정하기는 어렵다. 그러므로 [그림 43]과 같이 2계 도함수 f''의 그래프를 그린다. $x \approx -1.23$일 때 f''은 양에서 음으로, $x \approx 0.19$일 때 음에서 양으로 바뀌는 것을 알 수 있으므로, 소수점 아래 둘째 자리까지 정확하게 나타내면 f는 $(-\infty, -1.23)$과 $(0.19, \infty)$에서 위로 오목이고, $(-1.23,\ 0.19)$에서 아래로 오목이다. 그리고 변곡점은 $(-1.23, -10.18)$과 $(0.19,\ -0.05)$이다.

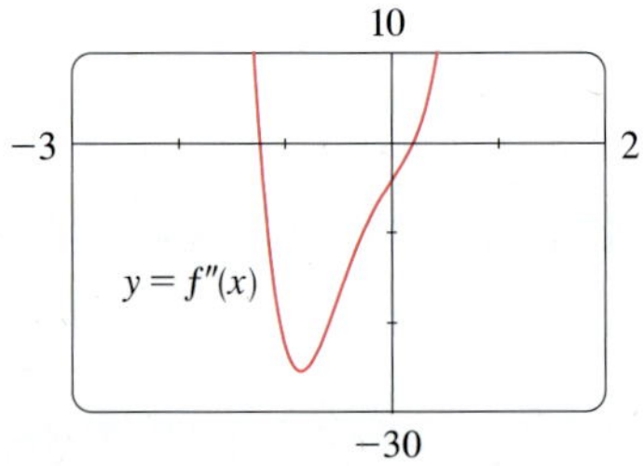

[그림 43]

그래프 하나만으로는 이 다항함수의 중요 성질들을 모두 드러낼 수 없음을 발견했다. 그러나 [그림 40]과 [그림 42]를 함께 생각하면 정확한 그림을 얻을 수 있다.

3.4 연습문제

01~17 이 절의 지침을 이용하여 곡선을 그려라.

01 $y=x^3-12x^2+36x$

02 $y=x^4-4x$

03 $y=x(x-4)^3$

04 $y=\frac{1}{5}x^5-\frac{8}{3}x^3+16x$

05 $y=\frac{x}{x-1}$

06 $y=\frac{1}{x^2-9}$

07 $y=\frac{x}{x^2+9}$

08 $y=\frac{x-1}{x^2}$

09 $y=x\sqrt{5-x}$

10 $y=\frac{x}{\sqrt{x^2+1}}$

11 $y=\frac{\sqrt{1-x^2}}{x}$

12 $y=x-3x^{1/3}$

13 $y=\sqrt[3]{x^2-1}$

14 $y=\sin^3 x$

15 $y=x\tan x,\quad -\pi/2<x<\pi/2$

16 $y=\frac{1}{2}x-\sin x,\quad 0<x<3\pi$

17 $y=\frac{\sin x}{1+\cos x}$

18 상대성 이론에서 입자의 질량은 다음과 같다.

$$m=\frac{m_0}{\sqrt{1-v^2/c^2}}$$

여기서 m_0는 입자의 남은 질량이고, m은 입자가 관찰자에 대해 속력 v로 움직일 때의 질량이며, c는 빛의 속력이다. v의 함수로서 m의 그래프를 그려라.

19 콘크리트 벽에 길이가 L인 보가 설치되어 있다. 일정한 하중 W가 보에 고르게 분포되면 보는 다음과 같이 아래로 처진 곡선 모양이 된다.

$$y=-\frac{W}{24EI}x^4+\frac{WL}{12EI}x^3-\frac{WL^2}{24EI}x^2$$

여기서 E와 I는 양의 상수이다. (E는 영(Young)의 탄성계수이고, I는 보 단면의 관성 모멘트이다.) 처짐 곡선의 그래프를 그려라.

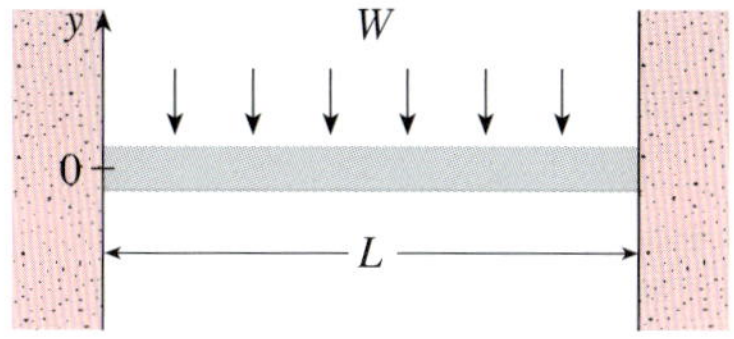

20~21 $x\to\infty$ 또는 $x\to-\infty$일 때 $f(x)-(mx+b)\to 0$이면 직선 $y=mx+b$를 **경사점근선**slant asymptote이라 한다. 그 이유는 x가 커짐에 따라 곡선 $y=f(x)$와 직선 $y=mx+b$ 사이의 수직 차이가 0에 접근하기 때문이다. 함수에 대한 경사점근선의 방정식을 구하고 이것을 이용하여 그래프를 그려라. [유리함수에 대해 분자의 차수가 분모의 차수보다 하나 클 때 경사점근선이 발생한다. 이것을 구하기 위해 장제법을 사용하여 $f(x)=mx+b+R(x)/Q(x)$로 쓴다.]

20 $y=\frac{x^2}{x-1}$

21 $y=\frac{x^3+4}{x^2}$

22 곡선 $y=\sqrt{4x^2+9}$는 두 개의 경사점근선 $y=2x$와 $y=-2x$를 가지는 것을 보여라. 이 사실을 이용하여 곡선의 그래프를 그려라.

23~24 곡선의 중요한 특성을 모두 드러내는 f의 그래프를 그려라. 특히 f'과 f''의 그래프를 이용하여 증가 및 감소 구간, 극값, 오목 구간, 변곡점을 추정하라.

23 $f(x)=4x^4-32x^3+89x^2-95x+29$

24 $f(x)=6\sin x+\cot x,\quad -\pi\le x\le\pi$

25 함수 $f(x)=1+\frac{1}{x}+\frac{8}{x^2}+\frac{1}{x^3}$에 대해 곡선의 중요한 특성을 모두 드러내는 f의 그래프를 그려라. 증가 및 감소 구간, 오목 구간을 추정하라. 그리고 미적분학을 이용하여 이들 구간을 정확히 구하라.

26~28 c가 변함에 따라 f의 그래프가 어떻게 변하는지 설명하라. 함수족에 속하는 여러 함수의 그래프를 그려서 발견할 수 있

는 추세를 설명하라. 특히 c가 변할 때 최대점, 최소점, 변곡점이 어떻게 움직이는지 조사하라. 또한 곡선의 기본 모양이 변하게 되는 곳에서 c가 변하는 값도 확인하라.

26 $f(x) = \sqrt{x^4 + cx^2}$

27 $f(x) = \dfrac{cx}{1 + c^2 x^2}$

28 $f(x) = cx + \sin x$

3.5 최적화 문제

이 장에서 배운 극값을 구하는 방법들은 실제로 여러 분야에서 응용된다. 사업가는 최소의 비용으로 최대의 이윤을 남기기를 원한다. 여행자는 이동 시간을 최대한 단축시키길 원한다. 광학에서의 페르마 원리는 빛은 최단시간의 경로를 지나간다는 것이다. 이 절에서는 넓이, 부피, 이윤을 최대화하는 문제와 거리, 시간, 가격 등을 최소화하는 문제를 풀어본다.

이런 실전 문제를 풀 때의 가장 큰 도전은 말로 설명된 문제를 최대 또는 최소화하는 함수를 설정하여 수학적인 최적화 문제로 바꾸는 것이다. 다음 풀이 단계를 보면 도움이 될 것이다.

최적화 문제 풀이 단계

1. **문제를 이해한다.** 명확하게 이해될 때까지 문제를 주의 깊게 읽고 다음과 같이 자문해본다. 구하려는 것은 무엇인가? 주어진 양은 무엇인가? 주어진 조건은 무엇인가?
2. **그림을 그린다.** 대부분의 문제에서 그림을 그리는 것이 도움이 되고, 주어진 양과 구하려는 양을 그림에 나타내어 찾는 것이 도움이 된다.
3. **기호로 나타낸다.** 최대화 또는 최소화할 양에 대해 기호를 부여한다. (앞으로 그것을 Q라고 하자.) 또한 다른 미지의 양에 대해 기호(a, b, c, $\cdots$, x, y)를 선택하고 이들 기호를 그림에 표시한다. 연상되는 기호로서 머리글자, 예를 들어 넓이는 A, 높이는 h, 시간은 t 등을 이용하면 도움이 된다.
4. Q를 3단계에서 선택한 다른 기호들로 나타낸다.
5. 4단계에서 Q가 하나 이상의 변수를 갖는 함수로 표현된다면 주어진 정보를 이용하여 이런 변수들의 관계를 (방정식의 형태로) 찾는다. 그리고 이런 방정식을 이용하여 Q의 표현식에서 변수 중 하나를 제외한 나머지 변수를 소거한다. 그래서 Q는 하나의 변수 x를 갖는 함수, 즉 $Q = f(x)$로 표현된다. 이 함수의 정의역을 쓴다.
6. 3.1절과 3.3절의 방법을 이용하여 f의 최댓값 또는 최솟값을 구한다. 특히 f의 정의역이 폐구간이면 3.1절의 폐구간 방법을 이용할 수 있다.

예제 1 농부가 1200 m 의 재료를 가지고 곧게 뻗은 강을 경계로 삼아 직사각형 모양의 밭에 울타리를 치려고 한다. 강쪽에는 울타리가 필요 없다. 울타리의 넓이가 최대가 되는 직사각형 수치를 구하라.

풀이

이 문제에서 일어날 수 있는 일들에 대한 감을 익히기 위해 몇 가지 특수한 경우를 들어 실험을 해보자. [그림 44]는 1200 m 의 울타리를 설치하는 세 가지 가능한 방법을 보여준다. 길이가 작고 폭이 넓은 밭이나 길이가 길고 폭이 좁은 밭을 만들면 밭의 넓이는 상대적으로 작아지는 것을 알 수 있다. 중간 배열 형태가 최대 넓이를 만드는 것이 타당할 것으로 보인다.

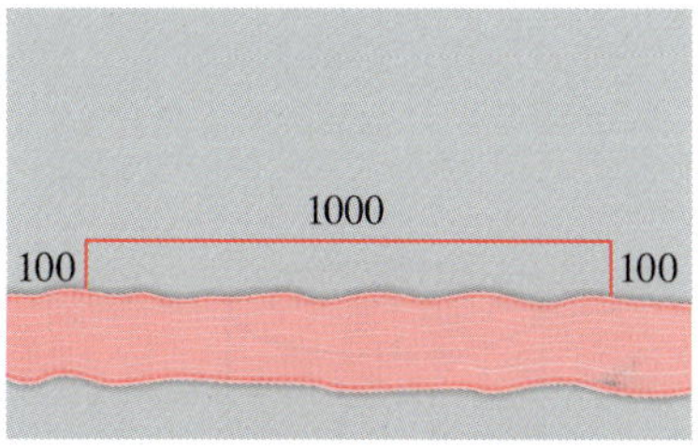

넓이 = 100 · 1000 = 100,000 m²

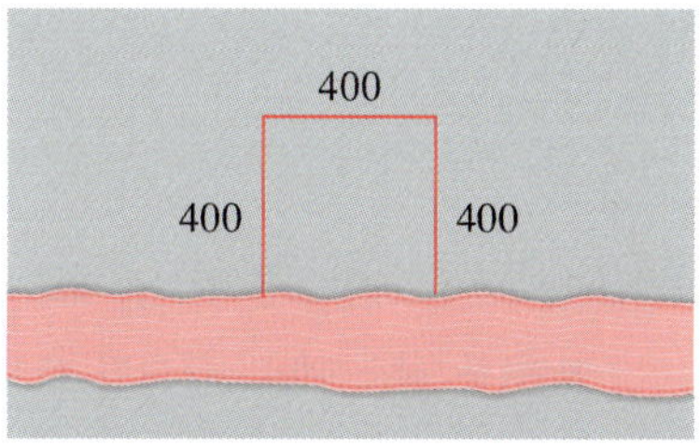

넓이 = 400 · 400 = 160,000 m²

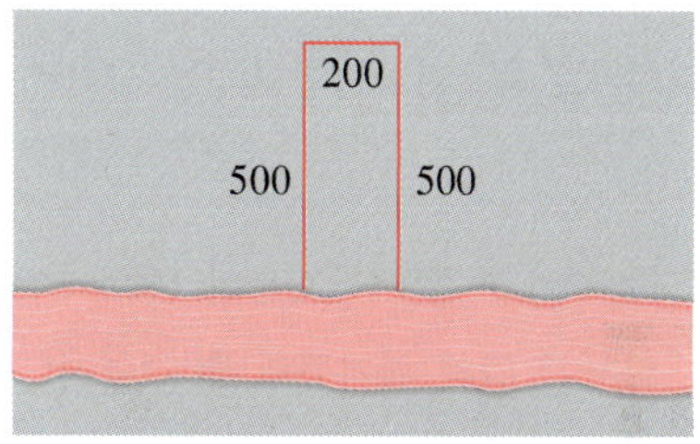

넓이 = 500 · 200 = 100,000 m²

[그림 44]

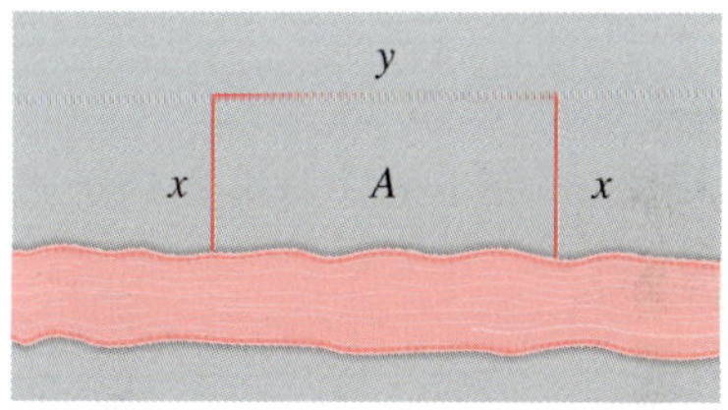

[그림 45]

[그림 45]는 일반적인 경우를 설명한다. 직사각형의 넓이 A 를 최대로 만들고자 한다. x와 y를 직사각형의 세로와 가로의 길이(m)라 하고 다음과 같이 넓이 A 를 x와 y로 나타낸다.

$$A = xy$$

A 를 하나의 변수에 대한 함수로 표현하고자 한다. x에 대해 나타내기 위해 y를 소거한다. 이를 위해 울타리의 총 길이가 1200 m 라는 정보를 이용한다. 그러므로 다음을 얻는다.

$$2x + y = 1200$$

이 방정식으로부터 $y = 1200 - 2x$ 이고 다음을 얻는다.

$$A = x(1200 - 2x) = 1200x - 2x^2$$

그러면 $x \geq 0$이고 $x \leq 600$이다.(그렇지 않으면 $A < 0$이다.) 그러므로 최대화하고자 하는 함수는 다음과 같다.

$$A(x) = 1200x - 2x^2, \quad 0 \leq x \leq 600$$

도함수는 $A'(x) = 1200 - 4x$이므로 임계수를 구하기 위해 다음 방정식을 푼다.

$$1200 - 4x = 0$$

그러면 $x = 300$이다. A의 최댓값은 임계수 또는 구간의 끝점에서만 얻어진다. $A(0) = 0$, $A(300) = 180{,}000$, $A(600) = 0$이므로 폐구간 방법에 따라 최댓값은 $A(300) = 180{,}000$이다.

[다른 방법으로 모든 x에 대해 $A''(x) = -4 < 0$임을 알 수 있다. 그러므로 A는 항상 아래로 오목이고 $x = 300$에서 극댓값은 최댓값이 되어야 한다.]

따라서 직사각형 밭의 크기는 세로 300 m, 가로 600 m가 되어야 한다.

예제 2 **기름 1L를 담을 수 있는 원기둥 통을 만든다고 하자. 이 통을 만드는 데 드는 재료비를 최소화하도록 치수를 구하라.**

풀이

[그림 46]과 같이 반지름이 r(cm)이고 높이가 h(cm)인 도형을 그린다. 재료비를 최소화하기 위해 원기둥의 총 겉넓이(윗면, 밑면, 옆면)를 최소화한다. [그림 47]로부터 옆면은 가로와 세로가 $2\pi r$과 h인 직사각형 판인 것을 알 수 있다. 그러므로 겉넓이를 구하면 다음과 같다.

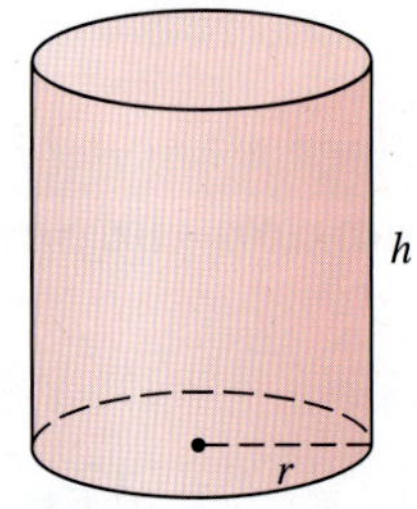

[그림 46]

$$A = 2\pi r^2 + 2\pi rh$$

h를 소거하기 위해 부피가 1L, 즉 1000 cm^{3}로 주어진다는 사실을 이용하면 다음을 얻는다.

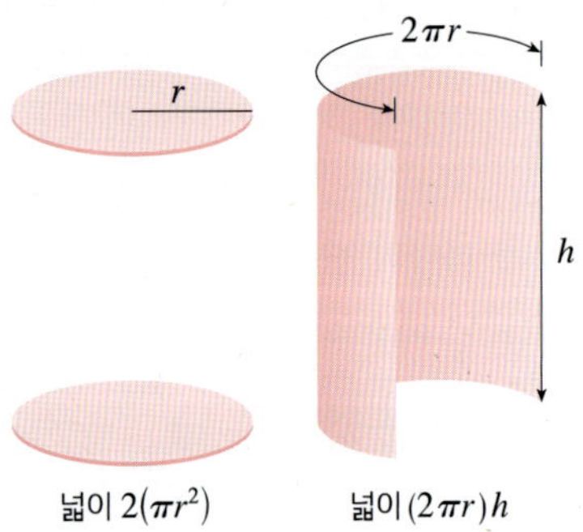

[그림 47]

$$\pi r^2 h = 1000$$

그러므로 $h = 1000/\pi r^2$이고 A의 표현식에 이를 대입해서 다음을 얻는다.

$$A = 2\pi r^2 + 2\pi r\left(\frac{1000}{\pi r^2}\right) = 2\pi r^2 + \frac{2000}{r}$$

그러므로 최소화하려는 함수는 다음과 같다.

$$A(r) = 2\pi r^2 + \frac{2000}{r}, \quad r > 0$$

임계수를 구하기 위해 다음과 같이 미분한다.

$$A'(r) = 4\pi r - \frac{2000}{r^2} = \frac{4(\pi r^3 - 500)}{r^2}$$

그러면 $\pi r^3 = 500$일 때 $A'(r) = 0$이므로 임계수는 $r = \sqrt[3]{500/\pi}$이다.

A 의 정의역은 $(0, \infty)$이므로 끝점에 관한 [예제 1]의 논의를 이용할 수 없다. 그러나 $r < \sqrt[3]{500/\pi}$ 이면 $A'(r) < 0$이고, $r > \sqrt[3]{500/\pi}$ 이면 $A'(r) > 0$이므로 A는 임계수의 왼쪽에 있는 모든 r에 대해 감소하고 임계수의 오른쪽에 있는 모든 r에 대해 증가한다. 따라서 $r = \sqrt[3]{500/\pi}$ 에서 최솟값을 얻는다.

[다른 방법으로 $r \to 0^+$ 이면 $A(r) \to \infty$ 이고, $r \to \infty$ 이면 $A(r) \to \infty$ 임을 보일 수 있다. 그래서 $A(r)$의 최솟값은 존재해야 하고 임계수에서 나타나야 한다. [그림 48] 참조.]

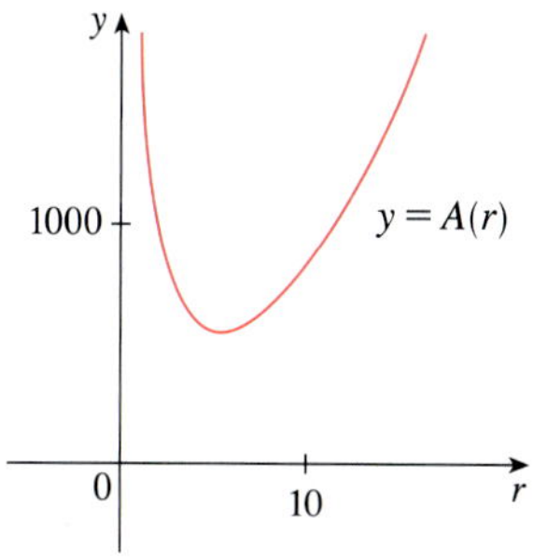

[그림 48]

$r = \sqrt[3]{500/\pi}$ 에 대응하는 h 값은 다음과 같다.

$$h = \frac{1000}{\pi r^2} = \frac{1000}{\pi (500/\pi)^{2/3}} = 2\sqrt[3]{\frac{500}{\pi}} = 2r$$

따라서 원통의 제작비용을 최소화하려면 반지름은 $\sqrt[3]{500/\pi} \approx 5.42\,\text{cm}$, 높이는 반지름의 두 배, 즉 지름과 같아야 한다.

NOTE 1 _ 최솟값을 판정하기 위해 [예제 2]에서 사용한 논의는 (극댓값 또는 극솟값에만 적용하는) 1계 도함수 판정법을 변형한 것이다. 앞으로 참고하기 위해 여기에 다시 언급한다.

TEC Module 3.5에서는 물리적 상황에 대한 애니메이션이 포함된 최적화 문제 6개를 살펴볼 수 있다.

최댓값과 최솟값에 대한 1계 도함수 판정법 어떤 구간에서 정의된 연속함수 f의 임계수를 c라 하자.

(a) $x < c$인 모든 x에 대해 $f'(x) > 0$이고, $x > c$인 모든 x에 대해 $f'(x) < 0$이면, $f(c)$는 f의 최댓값이다.

(b) $x < c$인 모든 x에 대해 $f'(x) < 0$이고, $x > c$인 모든 x에 대해 $f'(x) > 0$이면, $f(c)$는 f의 최솟값이다.

NOTE 2 _ 최적화 문제를 해결하는 다른 방법은 음함수 미분법을 이용하는 것이다. 이 방법을 설명하기 위해 [예제 2]를 다시 생각해보자. 동일한 방정식을 가지고 살펴본다.

$$A = 2\pi r^2 + 2\pi rh, \quad \pi r^2 h = 1000$$

이때 h를 소거하는 대신 두 방정식을 r에 대해 음함수적으로 미분하여 다음을 얻는다.

$$A' = 4\pi r + 2\pi r h' + 2\pi h, \quad \pi r^2 h' + 2\pi r h = 0$$

최솟값은 임계수에서 나타난다. 그러므로 $A' = 0$이라 놓으면 방정식은 다음을 얻는다.

$$2r + h + rh' = 0, \quad 2h + rh' = 0$$

양변을 빼면 $2r - h = 0$ 또는 $h = 2r$을 얻는다.

예제 3 점 $(1, 4)$에 가장 가까운 포물선 $y^2 = 2x$ 위의 점을 구하라.

풀이

점 $(1, 4)$와 점 (x, y) 사이의 거리는 다음과 같다([그림 49] 참조).

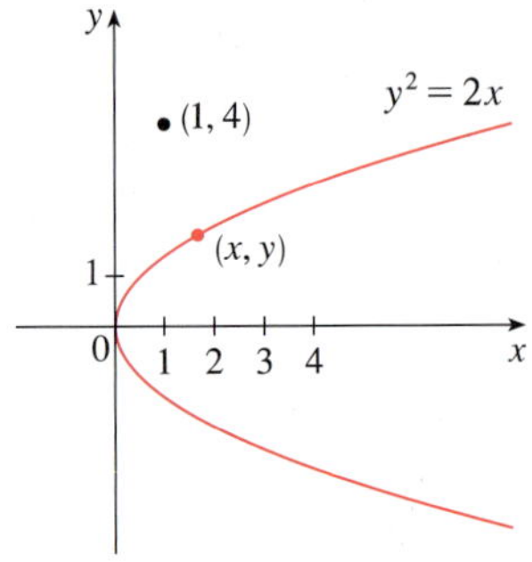

[그림 49]

$$d = \sqrt{(x-1)^2 + (y-4)^2}$$

(x, y)가 포물선에 있으면 $x = y^2/2$이므로 d에 대한 표현은 다음과 같다.

$$d = \sqrt{\left(\frac{1}{2}y^2 - 1\right)^2 + (y-4)^2}$$

(다른 방법으로 $y = \sqrt{2x}$를 d에 대입해서 x만으로 나타낼 수도 있다.) d를 최소화하는 대신 다음과 같이 d^2을 최소화한다.

$$d^2 = f(y) = \left(\frac{1}{2}y^2 - 1\right)^2 + (y-4)^2$$

(d^2이 최소인 점에서 d의 최솟값이 나타나는 것을 스스로 확신해야 한다. 그러나 최솟값을 구하기에는 d^2이 훨씬 쉽다.) 이것을 미분하여 다음을 얻는다.

$$f'(y) = 2\left(\frac{1}{2}y^2 - 1\right)y + 2(y-4) = y^3 - 8$$

그래서 $y = 2$일 때 $f'(y) = 0$이다. $y < 2$일 때 $f'(y) < 0$이고, $y > 2$일 때 $f'(y) > 0$을 얻는다. 그러므로 최댓값과 최솟값에 대한 1계 도함수 판정법에 의해 $y = 2$일 때 최솟값이 나타난다. (또는 문제의 기하학적 성질 때문에 가장 가까운 점은 존재하지만 가장 멀리 떨어진 점은 존재하지 않음이 분명하다고 간단히 말할 수 있다.) 대응하는 x의 값은 $x = y^2/2 = 2$이다. 따라서 점 $(1, 4)$에 가장 가까운 포물선 $y^2 = 2x$ 위의 점은 $(2, 2)$이다.

예제 4 폭이 3 km인 곧게 뻗은 강이 있다. 어떤 사람이 제방 위의 지점 A에서 배를 타고 정반대편 제방으로부터 아래로 8 km 떨어진 지점 B에 최대한 빨리 도달하려고 한다([그림 50] 참조). 첫 번째 방법은 배를 타고 강을 가로질러 지점 C까지 간 다음 지점 B로 달려가는 것이다. 두 번째 방법은 지점 B까지 곧바로 배를 타고 가는 것이다. 세 번째 방법은 B와 C 사이의 어떤 지점 D까지 배로 간 다음 거기서 B까지 달려가는 것이다. 6 km/h로 배를 타고 8 km/h로 달린다고 할 때 가능한 한 빨리 지점 B에 도달하기 위해서는 어느 지점에 상륙해야 하는가? (강물의 속도는 사람이 노를 젓는 속도와 비교할 때 무시할 수 있는 정도라고 가정한다.)

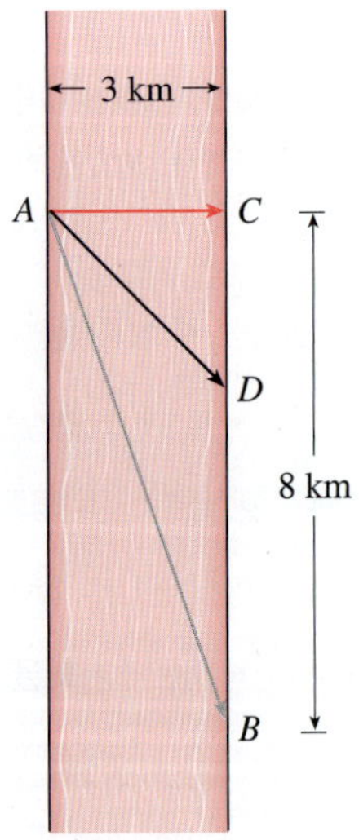

[그림 50]

풀이

먼저 C에서 D까지 거리를 x로 놓으면 달려야 할 거리는 $|DB| = 8 - x$이고, 피타고라스 정리에 의해 배를 탄 거리를 구하면 $|AD| = \sqrt{x^2+9}$ 이다. 다음 방정식을 이용한다.

$$\text{시간} = \frac{\text{거리}}{\text{속력}}$$

그러면 배를 탄 시간은 $\sqrt{x^2+9}\,/6$이고 달린 시간은 $(8-x)/8$이므로, 전체 시간 T는 x의 함수로 다음과 같이 나타낼 수 있다.

$$T(x) = \frac{\sqrt{x^2+9}}{6} + \frac{8-x}{8}$$

이 함수 T의 정의역은 $[0, 8]$이다. $x = 0$이면 C까지 배를 타고 가는 것이고, $x = 8$이면 배를 타고 B까지 곧바로 가는 것이다. T의 도함수는 다음과 같다.

$$T'(x) = \frac{x}{6\sqrt{x^2+9}} - \frac{1}{8}$$

그러므로 $x \geq 0$이라는 사실을 이용하여 다음을 얻는다.

$$\begin{aligned} T'(x) = 0 \quad &\Leftrightarrow \quad \frac{x}{6\sqrt{x^2+9}} = \frac{1}{8} \quad \Leftrightarrow \quad 4x = 3\sqrt{x^2+9} \\ &\Leftrightarrow \quad 16x^2 = 9(x^2+9) \quad \Leftrightarrow \quad 7x^2 = 81 \\ &\Leftrightarrow \quad x = \frac{9}{\sqrt{7}} \end{aligned}$$

유일한 임계수는 $x = 9/\sqrt{7}$ 이다. 최솟값이 임계수 또는 정의역 $[0, 8]$의 끝점에서 나타나는지 알기 위해 다음과 같이 이 세 점에서 T 값을 계산한다.

$$T(0) = 1.5, \quad T\left(\frac{9}{\sqrt{7}}\right) = 1 + \frac{\sqrt{7}}{8} \approx 1.33, \quad T(8) = \frac{\sqrt{73}}{6} \approx 1.42$$

$x = 9/\sqrt{7}$일 때 T 값 중 가장 작은 값이 발생하므로 T의 최솟값은 이 점에서 나타나야 한다. [그림 51]은 T의 그래프를 통해 이 계산을 보여준다. 따라서 출발점으로부터 $9/\sqrt{7}$ km(≈ 3.4 km) 아래에 보트를 상륙시켜야 한다.

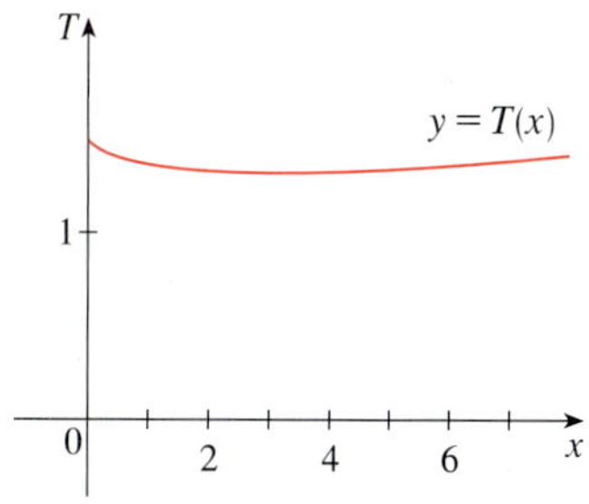

[그림 51]

예제 5 **반지름 r인 반원에 내접하는 가장 큰 직사각형의 넓이를 구하라.**

풀이 1

반원을 원점이 중심인 원 $x^2+y^2=r^2$의 상반원이라고 하자. 그러면 내접한다는 말은 [그림 52]와 같이 사각형의 두 꼭짓점이 원주 위에 있고 나머지 두 점은 x축에 있음을 나타낸다. 점 (x, y)를 제1사분면에 있는 꼭짓점이라고 하자. 그러면 직사각형의 두 변의 길이는 $2x$와 y이고 넓이는 다음과 같다.

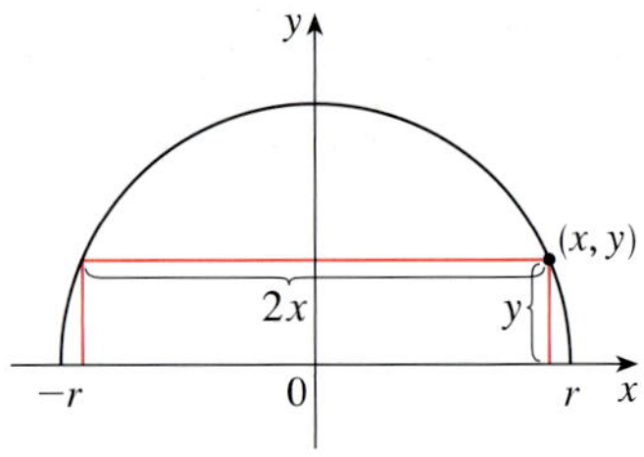

[그림 52]

$$A = 2xy$$

y를 소거하기 위해 점 (x, y)가 원 $x^2+y^2=r^2$ 위에 있다는 사실을 이용하면 $y=\sqrt{r^2-x^2}$이다. 그러므로 다음을 얻는다.

$$A = 2x\sqrt{r^2-x^2}$$

이 함수의 정의역은 $0 \le x \le r$이고 도함수는 다음과 같다.

$$A' = -\frac{2x^2}{\sqrt{r^2-x^2}} + 2\sqrt{r^2-x^2} = \frac{2(r^2-2x^2)}{\sqrt{r^2-x^2}}$$

$2x^2=r^2$, 즉 $x=r/\sqrt{2}$ ($x \ge 0$이므로)일 때 $A'=0$이다. $A(0)=0$, $A(r)=0$이므로 이 x의 값은 A의 최댓값을 제공한다. 따라서 내접하는 가장 큰 직사각형의 넓이는 다음과 같다.

$$A\left(\frac{r}{\sqrt{2}}\right) = 2\frac{r}{\sqrt{2}}\sqrt{r^2-\frac{r^2}{2}} = r^2$$

풀이 2

각을 변수로 사용하면 풀이가 간단해진다. θ를 [그림 53]에 나타낸 각이라 하자. 그러면 직사각형의 넓이는 다음과 같다.

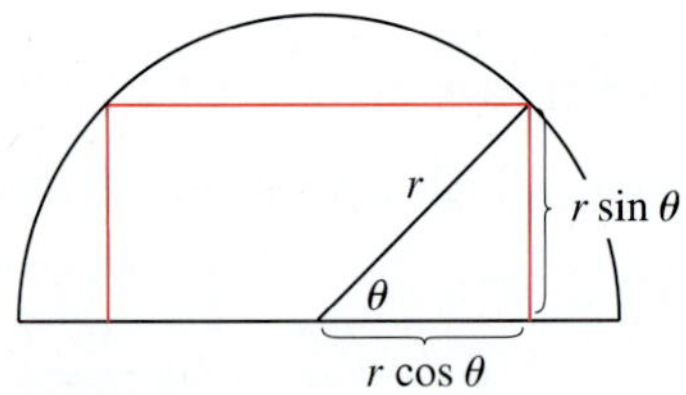

[그림 53]

$$A(\theta) = (2r\cos\theta)(r\sin\theta) = r^2(2\sin\theta\cos\theta) = r^2\sin 2\theta$$

이때 $\sin 2\theta$는 최댓값 1을 가지며 $2\theta=\pi/2$일 때 나타난다. 따라서 $A(\theta)$는 최댓값 r^2을 가지며 $\theta=\pi/4$일 때 나타난다. 삼각함수 해법은 도함수와 연계되지 않는다. 실제로 미적분학을 전혀 사용할 필요가 없었다.

경영 · 경제학에서의 응용

2.3절의 [예제 10]에서 한계비용 개념을 설명했다. **비용함수** $C(x)$가 어떤 상품 x단위를 생산하는 데 드는 비용이라면 **한계비용**은 x에 대한 C의 변화율이다. 다시 말해서 한계비용함수는 비용함수의 도함수 $C'(x)$이다.

이제 마케팅을 생각해보자. 상품을 x단위로 판매할 때 회사가 책정할 수 있는 단위당 가격을 $p(x)$라 하자. 그러면 p를 **수요함수**demand function(또는 **가격함수**price function)라 한다. 그리고 p는 x에 대해 감소함수가 될 것으로 기대한다. 만일 x단위가 판매되고 단위당 가격이 $p(x)$라면 총수익은 다음과 같다.

$$R(x) = x\,p(x)$$

그리고 R을 **수익함수**revenue function라 한다. 수익함수의 도함수 R'을 **한계수익함수**marginal revenue function라 하며, 이는 판매된 단위 수에 대한 수익의 변화율을 나타낸다. x단위를 판매하면 총이윤은 다음과 같다.

$$P(x) = R(x) - C(x)$$

그리고 P를 **이윤함수**profit function라 한다. 이윤함수의 도함수 P'을 **한계이윤함수**marginal profit function라 한다. [연습문제 22 ~ 24]에서 비용을 최소화하고 수익과 이윤을 최대화하기 위해 한계비용, 수익, 이윤함수를 이용하는 문제가 있다.

예제 6 **한 상점에서 대당 350달러인 블루레이 디스크 플레이어를 일주일에 200대씩 판매하고 있다. 시장조사를 해보니 소비자에게 한 대당 10달러씩 할인해주면 판매 대수가 일주일에 20대씩 증가한다고 나타났다. 수요함수와 수익함수를 구하라. 할인을 얼마나 많이 해줘야 이 상점의 수익이 최대가 되는가?**

풀이

주당 판매된 블루레이 디스크 플레이어의 대수를 x라 하면 매주 증가한 판매 대수는 $x-200$이다. 가격이 10달러 내려가면 20대가 더 팔린다. 그러므로 한 대를 더 판매할 때의 가격은 $(1/20) \times 10$만큼 내려간다. 수요함수는 다음과 같다.

$$p(x) = 350 - \frac{10}{20}(x - 200) = 450 - \frac{1}{2}x$$

수익함수는 다음과 같다.

$$R(x) = x\,p(x) = 450x - \frac{1}{2}x^2$$

$R'(x) = 450 - x$이므로 $x = 450$일 때 $R'(x) = 0$이다. 이 x의 값에서 1계 도함수

판정법에 의해(또는 간단히 R 의 그래프가 아래로 열린 포물선이라는 것을 관찰함으로써) 최댓값을 갖는다. 그리고 이에 대응하는 가격은 다음과 같다.

$$p(450) = 450 - \frac{1}{2}(450) = 225$$

그리고 할인액은 $350 - 225 = 125$이다. 따라서 상점의 수익을 최대로 하기 위해서는 125달러를 할인해주면 된다.

3.5 연습문제

01 다음 문제를 생각하자. 두 수의 합이 23이고 곱이 최대가 되는 두 수를 구하라.

(a) 처음 두 열에 있는 수들의 합이 항상 23이 되도록 다음과 같이 표를 만들어라. 이 표를 근거로 해서 문제의 답을 추정하라.

첫 번째 수	두 번째 수	곱
1	22	22
2	21	42
3	20	60
⋮	⋮	⋮

(b) 미분을 이용하여 문제를 풀고 (a)에서 얻은 답과 비교하라.

02 곱이 100이고 합이 최소가 되는 두 양수를 구하라.

03 $-1 \le x \le 2$에서 직선 $y = x + 2$와 포물선 $y = x^2$ 사이의 최대 수직거리는 얼마인가?

04 둘레의 길이가 100m일 때 가능한 넓이를 크게 하는 직사각형의 치수를 구하라.

05 다음 문제를 생각하자. 한 농부가 300m의 울타리로 직사각형 영역을 에워싸기를 원한다. 그리고 그것을 직사각형의 한 변에 평행한 울타리를 가진 네 개의 우리로 나눈다. 가능한 크게 만든 네 우리의 전체 넓이는 얼마인가?

(a) 어떤 것은 길이가 작고 폭이 넓은 우리, 어떤 것은 길이가 크고 폭이 좁은 우리가 되도록 여러 가지 그림을 그려라. 이러한 배열들의 총 넓이를 구하라. 최대 넓이가 존재하는 것으로 나타나는가? 그렇다면 그 넓이를 추정하라.

(b) 일반적인 상황을 설명하는 도형을 그려라. 그 도형에 기호를 붙여서 표기하라.

(c) 전체 넓이에 대한 식을 쓰라.

(d) 주어진 정보를 이용하여 변수들을 관련짓는 방정식을 쓰라.

(e) (d)를 이용하여 전체 넓이를 한 변수의 함수로 쓰라.

(f) 문제 풀이를 마치고 (a)에서 추정한 답과 비교하라.

06 1200cm^2의 재료를 가지고 밑면이 정사각형이고 뚜껑이 없는 상자를 만든다고 할 때 이 상자의 가장 큰 부피를 구하라.

07 (a) 동일한 넓이를 가지는 모든 사각형들 중에서 둘레의 길이가 가장 작은 것은 정사각형임을 보여라.

(b) 동일한 둘레의 길이를 가지는 모든 사각형들 중에서 가장 큰 넓이를 가지는 것은 정사각형임을 보여라.

08 원점에서 가장 가까운 직선 $y = 2x + 3$ 위의 점을 구하라.

09 점 $(1, 0)$에서 가장 멀리 떨어진 타원 $4x^2 + y^2 = 4$ 위의 점을 구하라.

10 한 변이 L인 정삼각형의 밑변 위에 직사각형의 한 변이 놓여있다면 이 삼각형에 내접하는 넓이가 가장 큰 직사각형의 치수를 구하라.

11 반지름이 r인 원에 내접하면서 넓이가 가장 큰 이등변삼각형의 치수를 구하라.

12 반지름이 r인 구 안에 직원기둥이 내접한다. 이 원기둥의 가장 큰 부피를 구하라.

13 노르만 양식의 창문은 사각형 위에 반원이 놓여있는 모양이다. (따라서 반원의 지름은 사각형의 폭과 동일하다.) 창문의 둘레가 10m라면 빛이 가장 많이 들어오는 창문의 치수를 구하라.

14 10m 길이의 전선을 둘로 절단하여 한쪽은 정사각형으로 구부리

고 다른 한쪽은 정삼각형으로 구부린다. 둘러싼 부분의 전체 넓이가 (a) 최대, (b) 최소가 되도록 하려면 전선을 어떻게 잘라야 하는가?

15 반지름 R인 원형 종이에서 부채꼴을 잘라내고 가장자리 CA와 CB를 붙여서 원뿔형 물컵을 만든다. 이 컵의 최대 용량을 구하라.

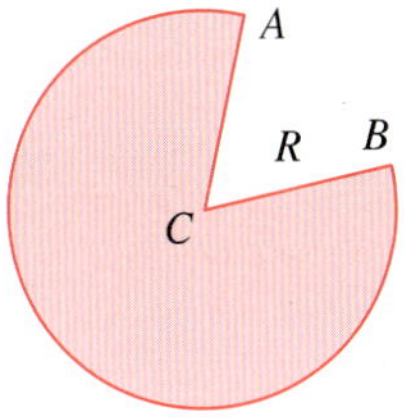

16 높이 h인 작은 원뿔이 높이 H인 더 큰 원뿔에 내접하고 있다. 이때 작은 원뿔의 꼭짓점이 큰 원뿔 밑면의 중심에 놓여있다. $h=\frac{1}{3}H$일 때 내부에 있는 원뿔이 최대 부피를 가짐을 보여라.

17 R옴의 저항기가 내부저항 r옴인 E볼트의 배터리를 가로질러 연결되어 있다면 외부 저항기에서의 전력(와트)은 다음과 같다.

$$P=\frac{E^2R}{(R+r)^2}$$

E와 r은 고정되어 있고 R이 변한다면 전력의 최댓값은 얼마인가?

18 벌집의 각 방은 정육각기둥으로 그림과 같이 한쪽 끝은 열려 있고 다른 쪽 끝은 삼면각으로 이루어져 있다. 벌들은 겉넓이를 최소화하는 방식, 즉 벌집구조에서 가장 작은 밀랍의 양을 사용하여 방을 만든다고 한다. 이런 방들을 조사해보면 꼭지각 θ가 놀라울 정도로 일정함을 볼 수 있다. 방의 기하학적 구조에 기초하여 겉넓이 S는 다음과 같이 주어지는 것을 알 수 있다. 여기서 s와 h는 상수, s는 정육각형의 한 변의 길이, h는 높이이다.

$$S=6sh-\frac{3}{2}s^2\cot\theta+(3s^2\sqrt{3}/2)\csc\theta$$

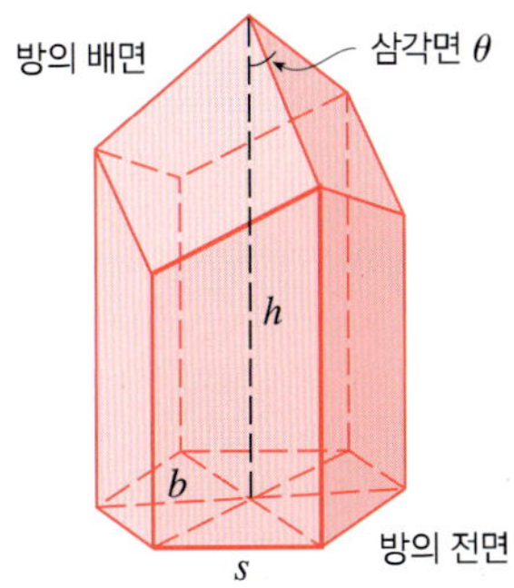

(a) $dS/d\theta$를 구하라.

(b) 벌들이 좋아하는 각도는 얼마인가?

(c) s와 h를 이용하여 방의 최소 겉넓이를 구하라.

[참고] 벌집에서 각 θ를 실제로 측정하면 계산한 값과의 차이가 $2°$ 미만이다.

19 광원이 물체를 비출 때 빛의 밝기는 광원의 세기에 비례하고 광원으로부터의 거리의 제곱에 반비례한다. 한쪽 광원의 세기는 다른 쪽의 세 배이며 두 광원은 4m 떨어져 있다. 두 광원 사이의 직선거리 위 어느 지점에 물체를 놓아야 빛의 밝기를 최소화할 수 있는가?

20 제1사분면에 의해 절단되는 넓이가 가장 작으면서 점 $(3, 5)$를 지나는 직선의 방정식을 구하라.

21 어떤 점에서 곡선 $y=3/x$에 접하고 제1사분면에 의해 절단되는 선분의 가장 짧은 길이를 구하라.

22 (a) $C(x)$가 생필품 x단위를 생산하는 비용이라고 하면 단위당 **평균비용**average cost은 $c(x)=C(x)/x$이다. 평균비용이 최소일 때 한계비용은 평균비용과 같음을 보여라.

(b) $C(x)=16{,}000+200x+4x^{3/2}$(달러)일 때 다음을 구하라.

(i) 1000 단위의 생산수준에서 비용, 평균비용, 한계비용

(ii) 평균비용을 최소화하는 생산수준

(iii) 최소 평균비용

23 한 야구팀이 55,000명의 관중을 수용하는 야구장에서 경기를 한다. 입장료가 10달러일 때 평균 관중 수는 27,000명이다. 입장료를 8달러로 낮추면 평균 관중 수는 33,000명으로 늘어났다.

(a) 수요함수를 선형함수라고 가정하고 이 함수를 구하라.

(b) 최대 수익을 올리려면 입장료를 얼마로 책정해야 하는가?

24 한 제조회사는 대당 450달러인 평면 스크린 TV를 일주일에 1000대씩 판매하고 있다. 시장조사를 해보니 소비자에게 대당 10달러씩 할인해주면 주당 100대씩 판매량이 증가할 것으로 나타났다.

(a) 수요함수를 구하라.

(b) 수익을 최대로 만들기 위해 회사는 소비자에게 얼마나 많이 할인해줘야 하는가?

(c) 비용함수가 매주 $C(x)=68{,}000+150x$일 때 이윤을 최대로 만들기 위해 제조업자는 얼마나 할인해줘야 하는가?

25 a와 b를 양수라 하자. 점 (a, b)를 지나고 제1사분면에 의해 절단되는 가장 짧은 선분의 길이를 구하라.

26 v_1은 공기에서의 빛의 속도, v_2는 물속에서의 빛의 속도이다. 페르마의 원리에 따르면 광선은 공기 중의 점 A에서 물속의 점 B까지 최단시간 경로 ACB를 따라 이동한다. 입사각 θ_1과 굴절각 θ_2가 그림과 같을 때 다음 식이 성립함을 보여라. 이 방정식은

스넬의 법칙 Snell's law으로 알려져 있다.

$$\frac{\sin\theta_1}{\sin\theta_2} = \frac{v_1}{v_2}$$

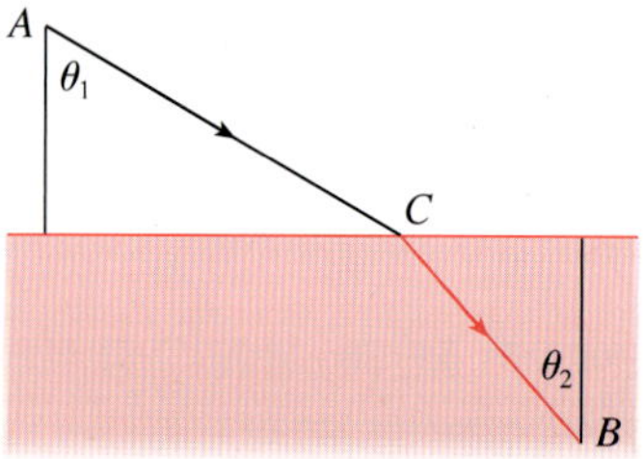

27 그림과 같이 30cm×20cm의 종잇조각의 오른쪽 위 모서리를 밑변에 닿게 접는다. 접힌 길이를 최소화하려면 어떻게 접어야 하는가? 다시 말해서 y를 최소화하기 위한 x를 어떻게 선정할 것인가?

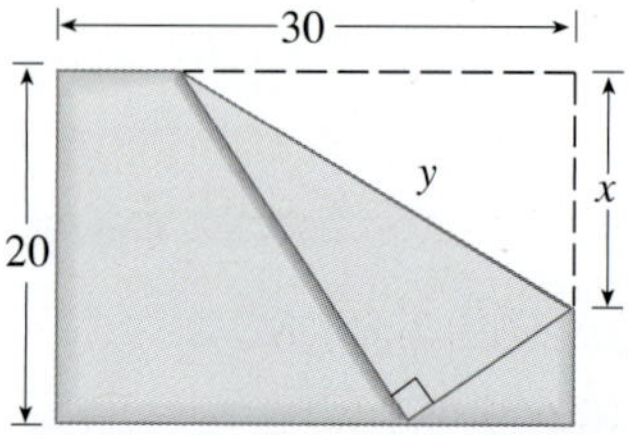

28 길이 L이고 폭 W인 직사각형에 외접하는 직사각형의 최대 넓이를 구하라. [힌트: 각 θ의 함수로 넓이를 표현하라.]

29 동일한 세기의 두 광원이 10m 떨어져있다. 한 물체가 광원들을 연결하는 직선에 평행하고 이 직선에서 거리 dm만큼 떨어진 직선 l 위의 한 점 P에 놓여있다(그림 참조). 조명도가 최소가 되는 l 위의 정확한 P의 위치를 찾고자 한다. 단일 광원에 대한 조명도는 광원의 세기에 정비례하고 광원으로부터의 거리의 제곱에 반비례한다는 사실을 이용해야 한다.

(a) 점 P에서 빛의 강도 $I(x)$에 대한 식을 구하라.

(b) $d=5$m이면 $I(x)$와 $I'(x)$의 그래프를 이용하여 $x=5$m일 때, 즉 P의 위치가 l의 중앙에 있을 때 빛의 세기가 최소임을 보여라.

(c) $d=10$m일 때 빛의 세기가(놀랍게도) 중앙에서 최소가 되지 않음을 보여라.

(d) 빛의 세기가 최소인 점이 $d=5$m와 $d=10$m 사이의 어느 곳에선가 갑자기 변하는 d의 과도한 값이 존재한다. 기하학적인 방법으로 이런 d 값을 추정하라. 그리고 d의 정확한 값을 구하라.

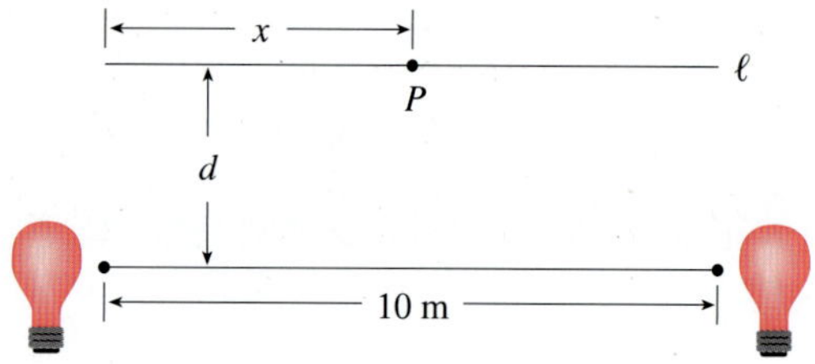

3.6 뉴턴의 방법

자동차 판매원이 18,000달러를 일시불로 또는 5년 동안 매달 375달러씩 지불하는 조건으로 자동차를 판다고 가정하자. 판매원이 매월 부과하는 월 이자율을 알고 싶다면 다음 방정식을 풀어야 한다. (상세한 것은 [연습문제 16]에서 설명한다.)

1 $$48x(1+x)^{60} - (1+x)^{60} + 1 = 0$$

이 방정식을 어떻게 풀 것인가? 이차방정식 $ax^2+bx+c=0$에 대해 근을 구하는 공식은 잘 알려져 있다. 삼차와 사차방정식에 대해 역시 근을 구하는 공식이 있지만 매우 복잡하다. 그리고 f가 오차 이상의 다항함수이면 근을 구하는 공식은 전혀 없다. 마찬가지로 $\cos x = x$와 같은 초월방정식의 정확한 근을 구할 수 있는 그 어떤 공식도 없다.

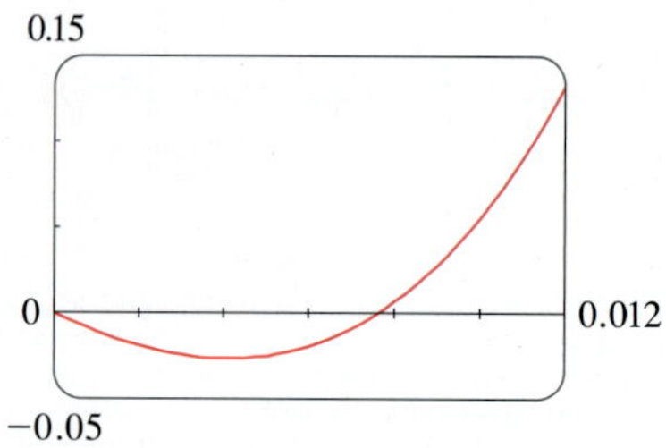

[그림 54]

방정식의 좌변을 그래프로 계산하여 방정식 1의 근사해를 구할 수 있다. 그래픽 도구를 이용하고 보기화면을 실험하면 [그림 54]의 그래프를 얻는다.

추가적으로 근 $x=0$은 별 흥밋거리가 되지 않으며 0.007과 0.008 사이에 근이 존재하는 것을 안다. 보기화면을 확대하면 해가 0.0076에 근사하는 것을 알 수 있다. 좀 더 정확한 근이 필요하다면 반복해서 확대하면 되지만 꽤 지루할 것이다. 가장 빠른 다른 방법은 계산기나 컴퓨터 대수체계의 수치적인 루트 파인더를 이용하는 것이다. 그렇게 하면 소수점 아래 아홉째 자리까지 정확한 근 0.007628603을 얻을 수 있다.

계산기나 컴퓨터의 수치적인 루트 파인더를 이용하여 방정식 [1]을 풀어보자. 어떤 도구는 이 방정식을 풀지 못한다. 다른 도구는 성공적으로 풀기는 하지만 검색을 위해 출발점을 지정할 것을 요구한다.

수치적인 루트파인더는 어떤 방법으로 근을 구할까? 루트파인더는 다양한 방법을 이용하지만 대부분은 **뉴턴-랩슨 방법**Newton-Raphson method이라고 불리는 **뉴턴의 방법**Newton's method을 이용한다. 계산기나 컴퓨터 내부에서 일어나는 일을 보여주고 선형근사 개념 응용으로 뉴턴의 방법이 어떻게 작용하는지 설명할 것이다.

뉴턴의 방법의 기하학적인 배경을 [그림 55]에 나타냈다. 구하고자 하는 근을 r이라 하자. 먼저 추측에 의해 또는 f의 그래프를 대략적으로 그려서 또는 컴퓨터로 생성한 f의 그래프로 얻어진 첫 번째 근삿값 x_1을 가지고 시작하자. 점 $(x_1, f(x_1))$에서 곡선 $y=f(x)$의 접선 L을 생각하고 L의 x절편을 찾아 x_2라 한다. 뉴턴의 방법의 개념은 접선은 곡선에 매우 가까우며, 접선의 x절편 x_2는 곡선의 x절편(즉 구하고자 하는 근 r)에 매우 가깝다는 것이다. 접선은 직선이므로 x절편은 쉽게 구할 수 있다. x_1에 대한 x_2의 식을 구하기 위해 L의 기울기가 $f'(x_1)$임을 이용한다. 접선의 방정식은 다음과 같다.

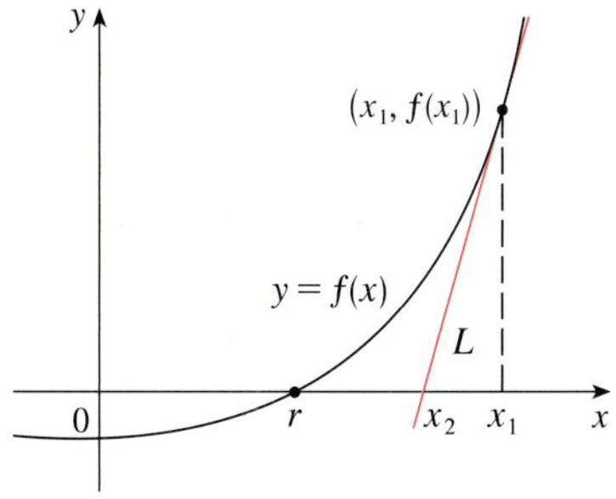

[그림 55]

$$y - f(x_1) = f'(x_1)(x - x_1)$$

L의 x절편이 x_2이므로 $y=0$이라 놓으면 다음을 얻는다.

$$0 - f(x_1) = f'(x_1)(x_2 - x_1)$$

$f'(x_1) \neq 0$이면 이 방정식을 x_2에 대해 풀어서 다음을 얻는다.

$$x_2 = x_1 - \frac{f(x_1)}{f'(x_1)}$$

r에 대한 두 번째 근삿값으로 x_2를 이용한다. x_1을 x_2로 대치하고 $(x_2, f(x_2))$에서의 접선을 이용하여 이 과정을 반복한다. 그러면 다음과 같은 세 번째 근삿값을 얻는다.

$$x_3 = x_2 - \frac{f(x_2)}{f'(x_2)}$$

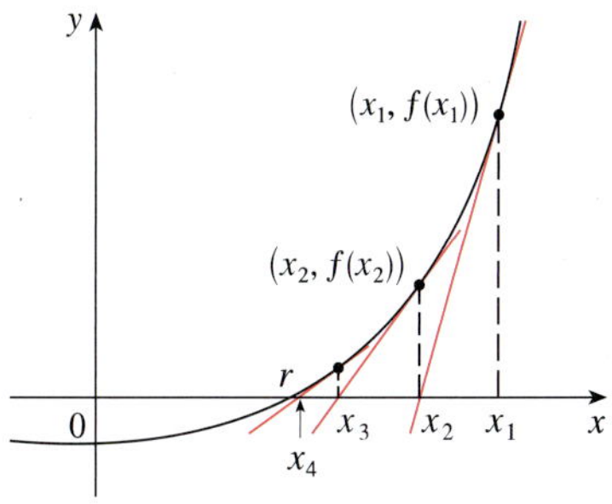

[그림 56]

이 과정을 반복하면 [그림 56]에 보인 바와 같이 근삿값들의 수열 x_1, x_2, x_3, x_4, $\cdots$를 얻는다. 일반적으로 n번째 근삿값이 x_n이고 $f'(x_n) \neq 0$이면 그 다음 근삿값은 다음과 같다.

$$\boxed{2} \qquad x_{n+1} = x_n - \frac{f(x_n)}{f'(x_n)}$$

n이 커짐에 따라 수열 x_n이 r에 더욱 가까워지면 그 수열은 r로 수렴한다고 하고 다음과 같이 나타낸다.

무한수열의 극한은 8.1절에서 상세하게 다룬다.

$$\lim_{n \to \infty} x_n = r$$

⊘ 연속적인 근사값의 수열은 [그림 56]에서 보여주는 형태의 함수가 원하는 근으로 수렴하지만 어떤 상황에서는 수열이 수렴하지 않을 수도 있다. 예를 들어 [그림 57]과 같은 상황을 생각하자. x_2는 x_1보다 더 부적합한 근삿값인 것을 알 수 있다. 이것은 $f'(x_1)$이 0에 가까운 경우일 개연성이 있다. 근삿값이([그림 57]의 x_3와 같이) f의 정의역 밖에 놓이는 경우도 발생한다. 그러면 뉴턴의 방법은 실패하고 더 좋은 초기 근삿값 x_1을 선택해야 한다. 뉴턴의 방법이 매우 느리게 적용되거나 전혀 적용되지 않는 특수한 예는 [연습문제 12~14]를 보기 바란다.

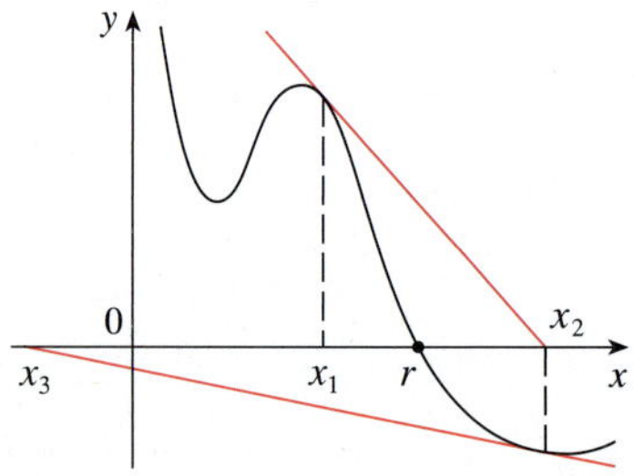

[그림 57]

예제 1 **$x_1 = 2$로 시작해서 방정식 $x^3 - 2x - 5 = 0$의 근에 대한 세 번째 근삿값 x_3를 구하라.**

TEC Module 3.6에서는 뉴턴의 방법이 여러 가지 함수에 대해 어떻게 적용되는지, x_1을 변경시킬 때 어떤 일이 벌어지는지 규명할 수 있다.

풀이

다음 함수에 뉴턴의 방법을 적용한다.

$$f(x) = x^3 - 2x - 5, \quad f'(x) = 3x^2 - 2$$

뉴턴은 자신의 방법을 설명하기 위해 이 방정식을 이용했으며 $f(1) = -6$, $f(2) = -1$, $f(3) = 16$이므로 몇 번의 시도 후에 $x_1 = 2$를 택했다. 식 2로부터 다음을 얻는다.

[그림 58]은 [예제 1]에서 뉴턴의 방법의 1단계에 기초한 기하를 보여준다. $f'(2) = 10$이므로 $(2, -1)$에서 $y = x^3 - 2x - 5$의 접선은 방정식 $y = 10x - 21$을 갖는다. 따라서 x절편은 $x_2 = 2.1$이다.

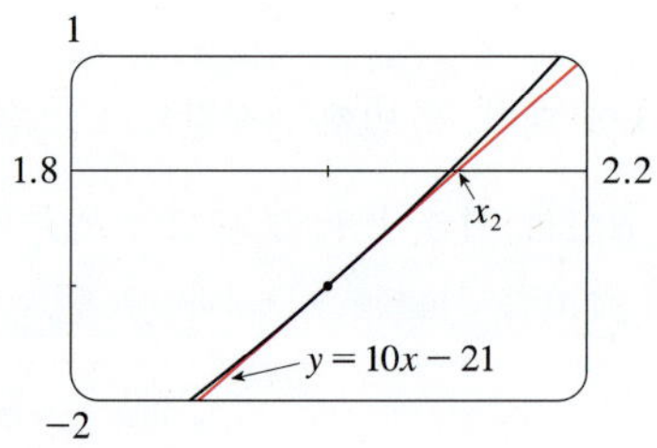

[그림 58]

$$x_{n+1} = x_n - \frac{x_n^3 - 2x_n - 5}{3x_n^2 - 2}$$

$n = 1$이면 다음을 얻는다.

$$x_2 = x_1 - \frac{x_1^3 - 2x_1 - 5}{3x_1^2 - 2}$$

$$= 2 - \frac{2^3 - 2(2) - 5}{3(2)^2 - 2} = 2.1$$

그리고 $n = 2$이면 다음을 얻는다.

$$x_3 = x_2 - \frac{x_2^3 - 2x_2 - 5}{3x_2^2 - 2}$$

$$= 2.1 - \frac{(2.1)^3 - 2(2.1) - 5}{3(2.1)^2 - 2} \approx 2.0946$$

세 번째 근삿값 $x_3 \approx 2.0946$은 소수점 아래 넷째 자리까지 정확하다.

뉴턴의 방법을 이용하여 주어진 정확도, 예를 들면 소수점 아래 여덟째 자리까지 정확하기를 원한다고 하자. 그러면 근삿값을 구하는 과정을 언제 멈추는지 알 수 있을까? 일반적으로 적용하는 경험에 의한 규칙은 연속적인 근삿값 x_n과 x_{n+1}이 소수점 아래 여덟째 자리까지 일치하면 이 과정을 중단할 수 있다. (뉴턴의 방법에서 정확도에 관한 엄밀한 설명은 8.8절 [연습문제 18]에서 보일 것이다.)

n번째 단계에서 $(n+1)$번째 단계까지 가는 과정은 모든 n 값에 대해 동일하다. (이를 반복 과정이라 한다.) 이는 뉴턴의 방법이 프로그램이 가능한 계산기나 컴퓨터를 사용할 때 특별히 편리하다는 것을 의미한다.

예제 2 뉴턴의 방법을 이용하여 $\sqrt[6]{2}$를 소수점 아래 여덟째 자리까지 정확하게 구하라.

풀이

먼저 $\sqrt[6]{2}$를 구하는 것은 방정식 $x^6 - 2 = 0$의 양의 근을 구하는 것과 같다는 것을 관찰한다. 그러므로 $f(x) = x^6 - 2$로 놓으면 $f'(x) = 6x^5$이고, 공식 2(뉴턴의 방법)에 의해 다음을 얻는다.

$$x_{n+1} = x_n - \frac{x_n^6 - 2}{6x_n^5}$$

초기 근삿값으로 $x_1 = 1$을 선택하면 다음을 얻는다.

$$x_2 \approx 1.16666667$$
$$x_3 \approx 1.12644368$$
$$x_4 \approx 1.12249707$$
$$x_5 \approx 1.12246205$$
$$x_6 \approx 1.12246205$$

x_5와 x_6가 소수점 아래 여덟째 자리까지 일치하므로 소수점 아래 여덟째 자리에서 다음과 같이 결론을 내린다.

$$\sqrt[6]{2} \approx 1.12246205$$

예제 3 방정식 $\cos x = x$의 근을 소수점 아래 여섯째 자리까지 정확하게 구하라.

■ www.stewartcalculus.com (Additional Example A를 보라.)

풀이

먼저 방정식을 다음과 같이 표준형으로 변형한다.

$$\cos x - x = 0$$

다음으로 $f(x) = \cos x - x$라 하면 $f'(x) = -\sin x - 1$이고, 공식 2에 의해 다음을 얻는다.

$$x_{n+1} = x_n - \frac{\cos x_n - x_n}{-\sin x_n - 1} = x_n + \frac{\cos x_n - x_n}{\sin x_n + 1}$$

x_1에 대한 적당한 값을 추측하기 위해 $y = \cos x$와 $y = x$의 그래프를 [그림 59]와 같이 그린다. 두 그래프는 x좌표가 1보다 약간 작은 점에서 만나는 것으로 나타난다. 편리한 초기 근삿값으로 $x_1 = 1$을 택한다. 그러면 계산기를 라디안 모드로 놓는 것을 기억하면 다음을 얻는다.

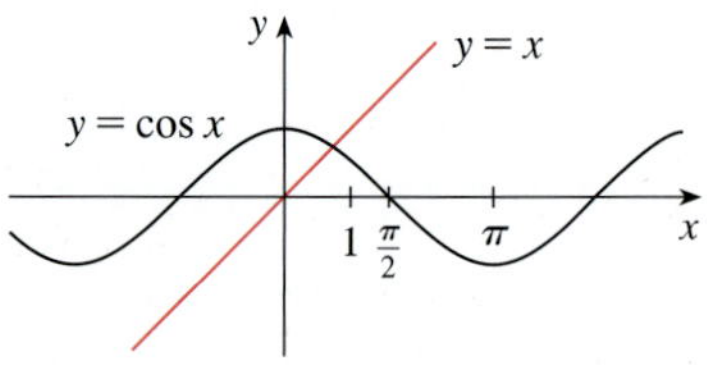

[그림 59]

$$x_2 \approx 0.75036387$$
$$x_3 \approx 0.73911289$$
$$x_4 \approx 0.73908513$$
$$x_5 \approx 0.73908513$$

x_4와 x_5가 소수점 아래 여섯째 자리까지 같으므로(사실은 여덟째 자리까지 같다.) 이 방정식의 근은 소수점 아래 여섯째 자리까지 정확하게 0.739085이다.

[예제 3]에서는 뉴턴의 방법에 대한 초기 근삿값을 얻기 위해 [그림 59]에 있는 대략적인 그래프를 이용하는 대신 계산기나 컴퓨터가 제공하는 좀더 정확한 그래프를 사용할 수도 있다. [그림 60]은 초기 근삿값으로 $x_1 = 0.75$를 사용할 것을 제시한다. 그러면 뉴턴의 방법에 의해 다음을 얻는다.

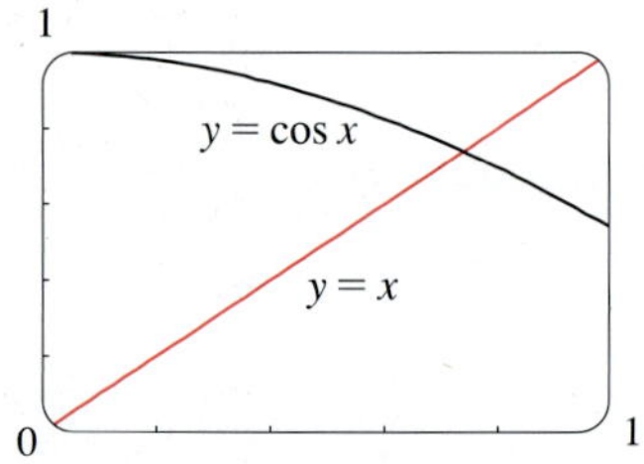

[그림 60]

$$x_2 \approx 0.73911114, \quad x_3 \approx 0.73908513, \quad x_4 \approx 0.73908513$$

따라서 앞에서와 같은 결과를 얻지만 한 단계가 줄었다.

3.6 연습문제

01 다음 그림은 함수 f의 그래프이다. 초기 근사해 $x_1 = 1$을 가지고 방정식 $f(x) = 0$의 근 r을 근사적으로 구하기 위해 뉴턴의 방법을 사용한다고 가정하자.

(a) x_2와 x_3을 구하는 데 사용되는 접선들을 그리고, x_2와 x_3의 수치적인 값을 추정하라.

(b) $x_1 = 5$는 더 좋은 초기 근사해인가? 설명하라.

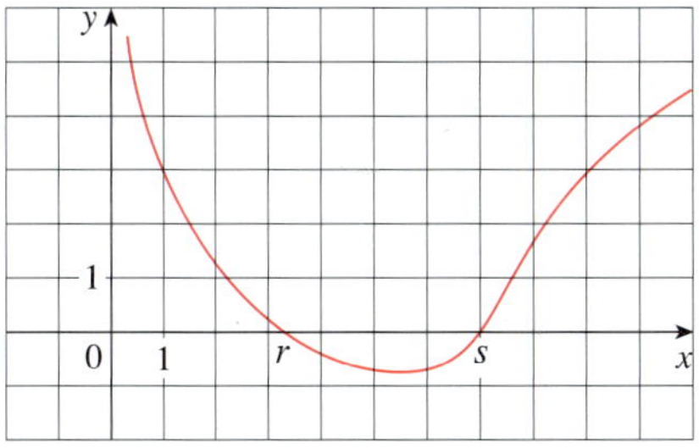

02 점 $(2, 5)$에서 곡선 $y = f(x)$의 접선의 방정식이 $y = 9 - 2x$라 하자. 초기 근사해 $x_1 = 2$를 가지고 방정식 $f(x) = 0$에 대한 근의 정확한 위치를 찾기 위해 뉴턴의 방법을 사용한다면 두 번째 근사해 x_2를 구하라.

03 $x_1 = a,\ b,\ c,\ d$ 중 뉴턴의 방법을 수행하여 방정식 $f(x) = 0$의 근으로 이어질 것으로 생각되는 초기 근사해는 어느 것인가?

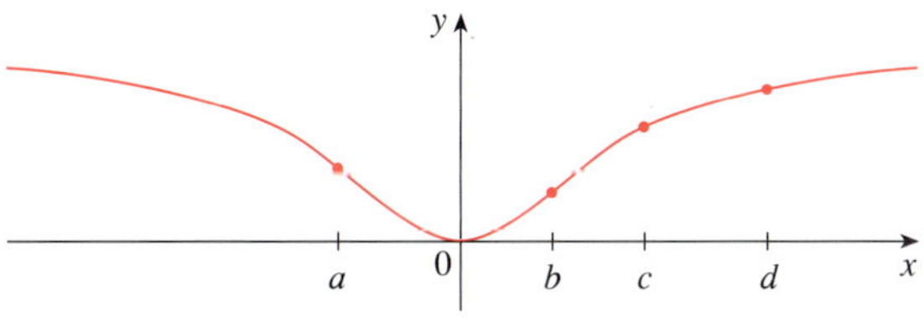

04 초기 근사해 $x_1 = 1$을 가지고 뉴턴의 방법을 이용하여 방정식 $x^5 - x - 1 = 0$의 세 번째 근사해 x_3를 구하라. (소수점 아래 넷째 자리까지 답을 구하라.)

05 초기 근사해 $x_1 = -1$인 경우에 뉴턴의 방법을 이용하여 방정식 $x^3 + x + 3 = 0$의 두 번째 근사해 x_2를 구하라. 먼저 함수의 그래프를 그리고 $(-1, 1)$에서 접선을 그려봄으로써 이 방법이 어떻게 작용하는지 설명하라.

06 뉴턴의 방법을 이용하여 $\sqrt[5]{20}$의 근삿값을 소수점 아래 여덟째 자리까지 정확하게 구하라.

07 뉴턴의 방법을 이용하여 구간 $[1, 2]$에서 $x^4 - 2x^3 + 5x^2 - 6 = 0$의 근을 소수점 아래 여섯째 자리까지 정확하게 구하라.

08~10 뉴턴의 방법을 이용하여 방정식의 모든 근을 소수점 아래 여섯째 자리까지 정확하게 구하라. 그래프를 그려서 초기 근삿값을 구하라.

08 $x^6 - x^5 - 6x^4 - x^2 + x + 10 = 0$

09 $\dfrac{x}{x^2+1} = \sqrt{1-x}$

10 $x^2\sqrt{2 - x - x^2} = 1$

---

11 (a) 방정식 $x^2 - a = 0$에 뉴턴의 방법을 적용하여 다음 제곱근 알고리즘($\sqrt{a}$를 계산하기 위해 고대 바빌로니아인이 사용했다.)을 유도하라.

$$x_{n+1} = \frac{1}{2}\left(x_n + \frac{a}{x_n}\right)$$

(b) (a)를 이용하여 $\sqrt{1000}$을 소수점 아래 여섯째 자리까지 정확하게 구하라.

12 초기 근삿값으로 $x_1 = 1$을 택하면 방정식 $x^3 - 3x + 6 = 0$의 근을 구할 때 뉴턴의 방법을 사용할 수 없는 이유를 설명하라.

13 (a) $x_1 = 1$일 때, 뉴턴의 방법을 이용하여 방정식 $x^3 - x = 1$의 근을 소수점 아래 여섯째 자리까지 정확하게 구하라.

(b) 초기 근삿값 $x_1 = 0.6$을 이용하여 (a)의 방정식을 풀어라.

(c) $x_1 = 0.57$을 이용하여 (a)의 방정식을 풀어라.

(이 부분에서 제한적으로 프로그래밍이 가능한 계산기가 필요하다.)

(d) $f(x) = x^3 - x - 1$의 그래프를 그리고 $x_1 = 1,\ 0.6,\ 0.57$에서 접선을 그어 뉴턴의 방법이 초기 근삿값에 매우 예민한 이유를 설명하라.

14 $x_1 \neq 0$인 임의의 초기 근삿값을 가지고 방정식 $\sqrt[3]{x} = 0$에 적용할 때, 뉴턴의 방법을 수행할 수 없는 이유를 그림을 그려서 설명하라.

15 뉴턴의 방법을 이용하여 곡선 $y = x^2 \sin x,\ 0 \le x \le \pi$의 변곡점의 좌표를 소수점 아래 여섯째 자리까지 정확하게 구하라.

16 자동차 판매원이 신차를 18,000달러에 판매한다. 그는 동일한 차를 5년 할부로 매월 375달러씩 지불하는 안을 제시했다. 판매원이 부과하는 월 이자율은 얼마인가? 이 문제를 풀기 위해서는 시간 주기당 이자율이 i이고, n번에 걸쳐 지급하는 균등분할금 R의 연금의 현가 A에 대한 공식을 이용해야 한다.

$$A = \frac{R}{i}\left[1-(1+i)^{-n}\right]$$

i를 x로 대치하여 다음을 보여라.

$$48x(1+x)^{60} - (1+x)^{60} + 1 = 0$$

뉴턴의 방법을 이용하여 이 방정식을 풀어라.

3.7 역도함수

어떤 입자의 속도를 알고 있는 물리학자는 주어진 시각에서 입자의 위치를 알고 싶어 한다. 탱크에서 물이 새어나오는 변동비율을 측정할 수 있는 기술자는 특정 시간 동안 새어나온 물의 총량을 알고싶어 한다. 박테리아 개체수의 증가율을 알고 있는 생물학자는 미래의 어떤 시점에서 박테리아 개체군의 크기가 얼마나 되는지 유추하고 싶을 것이다. 각각의 경우에 있어서 공통적인 문제는 이미 알려진 함수 f를 도함수로 갖는 함수 F를 구하는 것이다. 그와 같은 함수 F가 존재한다면 이 함수를 f의 역도함수라 한다.

> **정의** 구간 I 안의 모든 x에 대해 $F'(x) = f(x)$이면, 함수 F를 I에서 f의 **역도함수**antiderivative라고 한다.

예를 들어 $f(x) = x^2$이라 하자. 거듭제곱 법칙을 기억하고 있다면 f의 역도함수를 발견하는 것은 어렵지 않다. 실제로 $F(x) = x^3/3$이면 $F'(x) = x^2 = f(x)$이다. 그러나 함수 $G(x) = x^3/3 + 100$도 역시 $G'(x) = x^2$을 만족한다. 그러므로 F와 G는 모두 f의 역도함수이다. 실제로 $H(x) = x^3/3 + C$ 형태인 임의의 함수는 f의 역도함수이고, 여기서 C는 상수이다. 그러면 다른 역도함수가 존재하는지에 대한 의문이 생길 것이다.

이 질문에 대한 답을 얻기 위해 3.2절에서 다뤘던 평균값 정리를 이용하여 두 함수가 어떤 구간에서 동일한 도함수를 가지면 이 두 함수는 상수만큼의 차이가 있음을 증명한 것을 기억하자(3.2절의 따름정리 7). 그러므로 F와 G가 f에 대한 임의의 두 역도함수이면 다음이 성립한다.

$$F'(x) = f(x) = G'(x)$$

따라서 $G(x) - F(x) = C$이고, 여기서 C는 상수이다. 이것을 $G(x) = F(x) + C$로 쓸 수 있으므로 다음 결과를 얻는다.

> ① 정리 F가 구간 I에서 f의 역도함수이면 구간 I에서 f의 가장 일반적인 역도함수는 $F(x)+C$이다. 여기서 C는 임의의 상수이다.

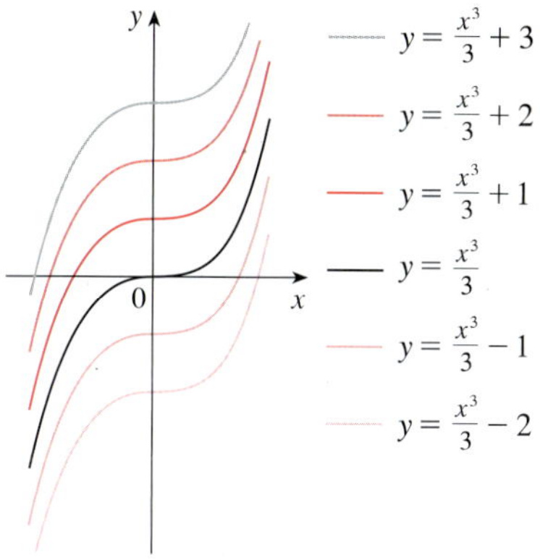

[그림 61] $f(x)=x^2$의 역도함수족의 함수들

함수 $f(x)=x^2$으로 돌아가서 f의 일반적인 역도함수는 $x^3/3+C$임을 알 수 있다. 상수 C에 특정한 값을 배정함으로써 어느 한 그래프를 수직으로 평행이동시킨 함수족을 얻는다([그림 61] 참조). 이것은 각 곡선이 주어진 x값에서 같은 기울기를 가져야 하므로 이치에 맞다.

예제 1 **다음 함수의 일반적인 역도함수를 구하라.**

(a) $f(x)=\sin x$ (b) $f(x)=x^n,\ n\ge 0$ (c) $f(x)=x^{-3}$

풀이

(a) $F(x)=-\cos x$이면 $F'(x)=\sin x$이다. 따라서 $\sin x$의 역도함수는 $-\cos x$이다. 정리 ①에 의해 일반적인 역도함수는 $G(x)=-\cos x+C$이다.

(b) $\dfrac{d}{dx}\left(\dfrac{x^{n+1}}{n+1}\right)=\dfrac{(n+1)x^n}{n+1}=x^n$

따라서 $f(x)=x^n$의 일반적인 역도함수는 다음과 같다.

$$F(x)=\frac{x^{n+1}}{n+1}+C$$

$n\ge 0$에 대해 $f(x)=x^n$이 어떤 구간에서도 정의되기 때문에 이것은 타당하다.

(c) (b)에서 $n=-3$이라 놓으면 동일한 계산에 의해 특수한 역도함수 $F(x)=x^{-2}/(-2)$를 얻는다. 그러나 $f(x)=x^{-3}$은 $x=0$에서 정의되지 않는 것에 주의하자. 그러므로 정리 ①은 단지 0을 포함하지 않는 임의의 구간에서 f의 일반적인 역도함수가 $x^{-2}/(-2)+C$라는 것을 보여준다. 따라서 $f(x)=1/x^3$의 일반적인 역도함수는 다음과 같다.

$$F(x)=\begin{cases}-\dfrac{1}{2x^2}+C_1, & x>0\\[2mm] -\dfrac{1}{2x^2}+C_2, & x<0\end{cases}$$

[예제 1]과 같이 오른쪽에서 왼쪽으로 읽을 때 모든 미분 공식은 역도함수 공식이 된다. 표 ②에 몇 가지 특수 역도함수를 나열했다. 표에 있는 각 공식은 오른쪽 열에 있는 함수의 도함수가 왼쪽 열에 나타나 있으므로 모두 참이다. 특히 첫 번째 공식은 함수의 상수배의 역도함수는 함수의 역도함수의 상수배임을 뜻한다. 두 번째 공식은 합의 역도함수는 역도함수의 합임을 뜻한다. (기호 $F'=f,\ G'=g$를 사용한다.)

2 역도함수 공식표

함수	특수 역도함수	함수	특수 역도함수
$cf(x)$	$cF(x)$	$\cos x$	$\sin x$
$f(x)+g(x)$	$F(x)+G(x)$	$\sin x$	$-\cos x$
$x^n\ (n \neq -1)$	$\dfrac{x^{n+1}}{n+1}$	$\sec^2 x$	$\tan x$
		$\sec x \tan x$	$\sec x$

표 2에 있는 특별한 함수로부터 가장 일반적인 역도함수를 얻기 위해 [예제 1]과 같이 상수를 더해야 한다.

예제 2 $g'(x) = 4\sin x + \dfrac{2x^5 - \sqrt{x}}{x}$ **인 모든 함수 g를 구하라.**

풀이

주어진 함수를 다음과 같이 다시 쓴다.

$$g'(x) = 4\sin x + \frac{2x^5}{x} - \frac{\sqrt{x}}{x} = 4\sin x + 2x^4 - \frac{1}{\sqrt{x}}$$

그래서 다음 함수의 역도함수를 구하면 된다.

$$g'(x) = 4\sin x + 2x^4 - x^{-1/2}$$

정리 1과 표 2의 공식을 이용하여 다음을 얻는다.

$$\begin{aligned} g(x) &= 4(-\cos x) + 2\frac{x^5}{5} - \frac{x^{1/2}}{1/2} + C \\ &= -4\cos x + \frac{2}{5}x^5 - 2\sqrt{x} + C \end{aligned}$$

미적분학의 응용에서는 [예제 2]와 같이 어떤 함수의 도함수에 대한 정보가 주어졌을 때 그 함수를 구하는 상황을 자주 접할 수 있다. 함수의 도함수를 포함하는 방정식을 **미분방정식**differential equation이라 한다. 미분방정식에 대해서는 7.7절에서 좀더 상세한 내용을 공부할 것이지만, 현재로도 몇 가지 기본적인 미분방정식을 해결할 수 있다. 미분방정식의 일반해는 [예제 2]와 같이 임의의 상수를 포함한다. 그러나 상수를 지정하여 해를 유일하게 지정하는 추가 조건들이 존재할 수 있다.

예제 3 $f'(x) = x\sqrt{x}$ **이고 $f(1) = 2$인 함수 f를 구하라.**

풀이

$f'(x) = x^{3/2}$의 일반적인 역도함수는 다음과 같다.

$$f(x) = \frac{x^{5/2}}{\frac{5}{2}} + C = \frac{2}{5}x^{5/2} + C$$

상수 C를 결정하기 위해 다음과 같이 $f(1) = 2$라는 사실을 이용한다.

$$f(1) = \frac{2}{5} + C = 2$$

C에 대해 풀면 $C = 2 - \frac{2}{5} = \frac{8}{5}$이므로 따라서 특수해는 다음과 같다.

$$f(x) = \frac{2x^{5/2} + 8}{5}$$

예제 4 $f''(x) = 12x^2 + 6x - 4$, $f(0) = 4$, $f(1) = 1$인 함수 f를 구하라.

풀이

$f''(x) = 12x^2 + 6x - 4$의 일반적인 역도함수는 다음과 같다.

$$f'(x) = 12\frac{x^3}{3} + 6\frac{x^2}{2} - 4x + C = 4x^3 + 3x^2 - 4x + C$$

역도함수 법칙을 한 번 더 사용하면 다음을 얻는다.

$$f(x) = 4\frac{x^4}{4} + 3\frac{x^3}{3} - 4\frac{x^2}{2} + Cx + D = x^4 + x^3 - 2x^2 + Cx + D$$

상수 C와 D를 결정하기 위해 주어진 조건 $f(0) = 4$와 $f(1) = 1$을 이용한다. $f(0) = 0 + D = 4$이므로 $D = 4$이다.

$$f(1) = 1 + 1 - 2 + C + 4 = 1$$

이므로 $C = -3$을 얻는다. 따라서 구하고자 하는 함수는 다음과 같다.

$$f(x) = x^4 + x^3 - 2x^2 - 3x + 4$$

직선운동

역도함수는 특히 직선을 따라 움직이는 물체의 운동을 분석할 때 유용하다. 물체의 위치함수가 $s = f(t)$라면 속도함수는 $v(t) = s'(t)$임을 기억하자. 이것은 위치함수가 속도함수의 역도함수임을 의미한다. 마찬가지로 가속도함수는 $a(t) = v'(t)$이므로 속도함수는 가속도함수의 역도함수이다. 가속도와 초깃값 $s(0)$, $v(0)$을 안다면 위치함수는 두 번 역미분하여 얻을 수 있다.

■ www.stewartcalculus.com (Additional Example A를 보라.)

예제 5 직선을 따라 움직이는 입자의 가속도는 $a(t) = 6t + 4$이다. 초기 속도는 $v(0) = -6\,\text{cm/s}$, 초기 변위는 $s(0) = 9\,\text{cm}$이다. 이 입자의 위치함수 $s(t)$를 구하라.

풀이

$v'(t) = a(t) = 6t + 4$이므로 역도함수는 다음과 같다.

$$v(t) = 6\frac{t^2}{2} + 4t + C = 3t^2 + 4t + C$$

$v(0) = C$에서 $v(0) = -6$이 주어졌으므로 $C = -6$이다. 따라서 다음을 얻는다.

$$v(t) = 3t^2 + 4t - 6$$

$v(t) = s'(t)$이므로 s는 v의 역도함수이다.

$$s(t) = 3\frac{t^3}{3} + 4\frac{t^2}{2} - 6t + D = t^3 + 2t^2 - 6t + D$$

이것으로부터 $s(0) = D$이다. $s(0) = 9$가 주어졌으므로 $D = 9$이다. 따라서 구하려는 위치함수는 다음과 같다.

$$s(t) = t^3 + 2t^2 - 6t + 9$$

지표면 가까이 있는 물체는 중력에 지배를 받는데, 중력은 g로 표시되며 아래 방향으로 끌어당기는 가속이 생긴다. 지표면 가까운 곳에서의 운동에 대해 g가 일정하다고 가정할 수 있으며 그 값은 약 $9.8\,\mathrm{m/s^2}$(또는 $32\,\mathrm{ft/s^2}$)이다.

예제 6 **지면에서 높이가 140 m인 절벽 끝에서 15 m/s의 속력으로 공을 위로 던졌다. t초 후 지면으로부터의 공의 높이를 구하라. 언제 최고 높이에 도달하는가? 언제 지면에 닿는가?**

풀이

운동은 수직이고 양의 방향을 위쪽으로 택한다. t초 후의 지면으로부터 거리는 $s(t)$이고 속도 $v(t)$는 감소한다. 그러므로 가속도는 음이어야 하고 다음과 같다.

$$a(t) = \frac{dv}{dt} = -9.8$$

역도함수를 취하면 다음을 얻는다.

$$v(t) = -9.8t + C$$

C를 결정하기 위해 주어진 정보 $v(0) = 15$를 이용한다. 이것으로부터 $15 = 0 + C$이므로 다음과 같다.

$$v(t) = -9.8t + 15$$

$v(t)=0$일 때, 즉 $15/9.8 \approx 1.53$초 후에 최고 높이에 도달한다. $s'(t)=v(t)$이므로 다시 한 번 역도함수를 취하여 다음을 얻는다.

$$s(t) = -4.9t^2 + 15t + D$$

$s(0)=140$인 사실을 이용하면 $140 = 0 + D$이므로 다음과 같다.

$$s(t) = -4.9t^2 + 15t + 140$$

$s(t)$의 표현식은 공이 땅에 닿을 때까지 타당하다. $s(t)=0$, 즉 다음과 같을 때 공이 땅에 닿는다.

$$-4.9t^2 - 15t - 140 = 0$$

이 방정식을 풀기 위해 근의 공식을 이용하면 다음을 얻는다.

$$t = \frac{15 \pm \sqrt{2969}}{9.8}$$

t의 값이 음수가 될 수 없으므로 마이너스 부호는 제거한다. 따라서 공은 $\dfrac{15+\sqrt{2969}}{9.8} \approx 7.1$초 후에 지면에 닿는다.

[그림 62]는 [예제 6]에 있는 공의 위치함수를 나타낸다. 그래프는 공이 1.5초 후에 최대 높이에 도달하고 7.1초 후에 지면에 닿는다는 결론을 보여준다.

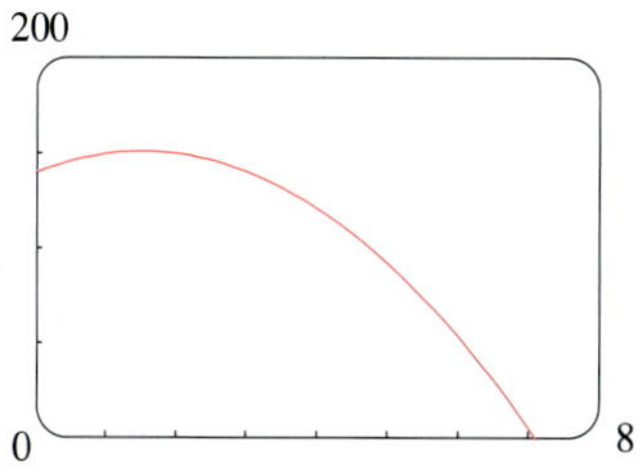

[그림 62]

3.7 연습문제

01~07 다음 함수의 가장 일반적인 역도함수를 구하라. (미분하여 답을 확인하라.)

01 $f(x)=\frac{1}{2}+\frac{3}{4}x^2-\frac{4}{5}x^3$

02 $f(x)=7x^{2/5}+8x^{-4/5}$

03 $f(x)=3\sqrt{x}-2\sqrt[3]{x}$

04 $g(t)=\dfrac{1+t+t^2}{\sqrt{t}}$

05 $h(\theta)=2\sin\theta-\sec^2\theta$

06 $f(t)=2\sec t\tan t+\frac{1}{2}t^{-1/2}$

07 $f(x)=\dfrac{x^5-x^4+2x}{x^4}$

08 함수 $f(x)=5x^4-2x^5$의 역도함수 F에 대해 $F(0)=4$일 때 F를 구하라. f와 F의 그래프를 비교하여 구한 답을 확인하라.

09~17 f를 구하라.

09 $f''(x)=20x^3-12x^2+6x$

10 $f''(x)=\frac{2}{3}x^{2/3}$

11 $f'''(t)=\cos t$

12 $f'(x)=1+3\sqrt{x}$, $f(4)=25$

13 $f'(x)=\sqrt{x}(6+5x)$, $f(1)=10$

14 $f'(t)=2\cos t+\sec^2 t$, $-\frac{\pi}{2}<t<\frac{\pi}{2}$, $f(\pi/3)=4$

15 $f''(x)=-2+12x-12x^2$, $f(0)=4$, $f'(0)=12$

16 $f''(\theta)=\sin\theta+\cos\theta$, $f(0)=3$, $f'(0)=4$

17 $f''(x)=x^{-2}$, $x>0$, $f(1)=0$, $f(2)=0$

18 f의 그래프가 점 $(1, 6)$을 지나고 $(x, f(x))$에서 접선의 기울기가 $2x+1$일 때 $f(2)$를 구하라.

19~20 함수 f의 그래프가 다음 그림과 같다. f의 역도함수의 그래프는 어떤 것인가? 그 이유는 무엇인가?

19
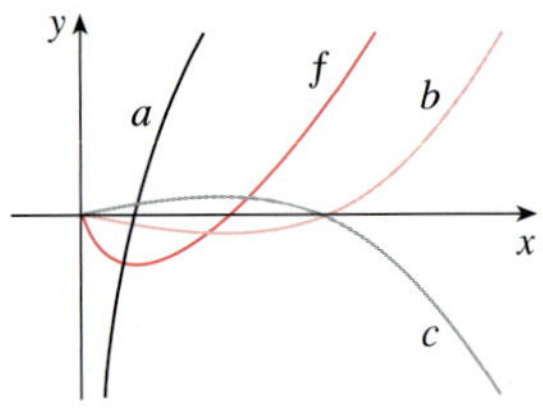

20
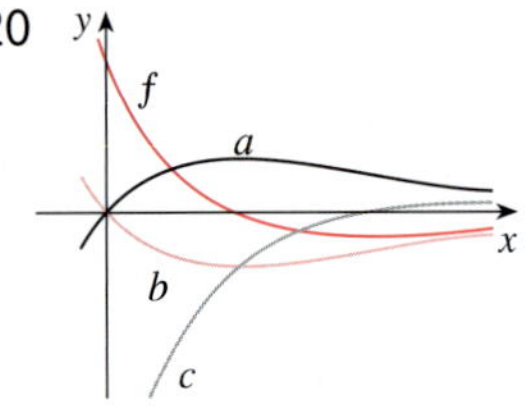

21~22 입자가 다음 식에 따라 움직인다고 한다. 이 입자의 위치를 구하라.

21 $v(t) = \sin t - \cos t,\ s(0) = 0$

22 $a(t) = 10\sin t + 3\cos t,\quad s(0) = 0,\quad s(2\pi) = 12$

23 지면에서부터 $450\,\mathrm{m}$ 높이의 CN 타워 전망대(공간 데크) 상층부에서 돌을 떨어뜨렸다.

(a) 시각 t일 때 지면으로부터 돌까지 높이를 구하라.

(b) 돌이 지면에 닿을 때까지 걸린 시간은 얼마인가?

(c) 돌이 지면에 닿는 순간의 속도는 얼마인가?

(d) 돌을 $5\,\mathrm{m/s}$의 속력으로 아래쪽으로 던질 때 지면에 닿을 때까지 걸린 시간은 얼마인가?

24 지면으로부터 $s_0(\mathrm{m})$인 지점에서 물체를 초기 속도 $v_0(\mathrm{m/s})$로 위로 던졌다. 다음을 보여라.

$$[v(t)]^2 = v_0^2 - 19.6[s(t) - s_0]$$

25 절벽 아래로 돌이 떨어져서 $40\,\mathrm{m/s}$의 속력으로 지면에 닿았다. 절벽의 높이는 얼마인가?

26 빗방울은 떨어지면서 커지고 겉넓이가 증가하므로 공기 저항도 증가한다. 빗방울의 초기 낙하속도는 $10\,\mathrm{m/s}$이고 낙하가속도는 다음과 같다.

$$a = \begin{cases} 9 - 0.9t, & 0 \le t \le 10 \\ 0, & t > 10 \end{cases}$$

빗방울이 최초에 지면으로부터 $500\,\mathrm{m}$ 높이에 있다면 떨어지는 데 걸리는 시간은 얼마인가?

27 5초 동안 자동차의 속력을 $50\,\mathrm{km/h}$에서 $80\,\mathrm{km/h}$로 올리는 데 필요한 일정한 가속도는 얼마인가?

28 자동차를 $100\,\mathrm{km/h}$로 몰던 운전자가 $80\,\mathrm{m}$ 앞에서 일어난 사고를 보고 브레이크를 밟았다. 연쇄 충돌을 피하기 위해 필요한 일정한 가속도는 얼마인가?

29 $1.2\,\mathrm{m/s^2}$으로 가속하고 감속하는 초고속 열차가 있다. 최대 순항속도는 $145\,\mathrm{km/h}$이다.

(a) 열차가 정지 상태에서 순항속도가 될 때까지 가속한 후 15분 동안 그 속도로 달린다면 이 열차가 이동할 수 있는 최대 거리는 얼마인가?

(b) 열차가 정지 상태에서 출발한 후 15분 안에 완전히 멈춰야 한다는 조건이 있다면 이 열차가 이동할 수 있는 최대 거리는 얼마인가?

(c) 열차가 $72\,\mathrm{km}$ 떨어진 두 역 사이를 이동하는 데 걸리는 최소 시간을 구하라.

(d) 한 역에서 다음 역까지 이동하는 데 37.5분이 걸린다면 두 역 사이의 거리는 얼마인가?

3장 복습문제

개념 확인

01 최댓값과 극댓값의 차이점을 설명하라. 그림을 그려 설명하라.

02 (a) 극값 정리는 무엇을 의미하는가?

(b) 폐구간 방법으로 무엇을 할 수 있는지 설명하라.

03 (a) 페르마 정리를 서술하라.

(b) f의 임계수를 정의하라.

04 (a) 롤의 정리를 설명하라.

(b) 중간값 정리를 설명하고 기하학적인 해석을 제시하라.

05 (a) 증가/감소 판정법을 서술하라.

(b) f가 구간 I에서 위로 오목이라는 말은 무엇을 의미하는가?

(c) 오목성 판정법을 서술하라.

(d) 변곡점은 무엇인가? 어떻게 구하는가?

06 (a) 1계 도함수 판정법을 설명하라.

(b) 2계 도함수 판정법을 설명하라.

(c) 이런 판정법들에 대한 상대적인 장점과 단점은 무엇인가?

07 그래픽 계산기나 컴퓨터가 있는데도 함수의 그래프를 그리는 데 미분이 필요한 이유는 무엇인가?

08 (a) 방정식 $f(x)=0$의 근을 구하기 위해 초기 근삿값 x_1이 주어져 있다. 뉴턴의 방법을 이용하여 두 번째 근삿값 x_2를 얻는 방법을 그림을 그려서 기하학적으로 설명하라.

(b) x_2의 식을 x_1, $f(x_1)$, $f'(x_1)$을 이용하여 나타내라.

(c) x_{n+1}의 식을 x_n, $f(x_n)$, $f'(x_n)$을 이용하여 나타내라.

(d) 어떤 환경에서 뉴턴의 방법이 실패하거나 느리게 수행되는가?

09 (a) 함수 f의 역도함수는 무엇인가?

(b) F_1과 F_2가 모두 구간 I에서 f의 역도함수라 하자. F_1과 F_2는 어떻게 관련되는가?

참/거짓 질문

다음 명제가 참인지 거짓인지 결정하라. 참이면 이유를 설명하고, 거짓이면 이유를 설명하거나 반례를 들어라.

01 $f'(c)=0$이면 f는 c에서 극대 또는 극소를 갖는다.

02 f가 (a, b)에서 연속이면 f는 (a, b) 안에 있는 어떤 수 c와 d에서 최댓값 $f(c)$와 최솟값 $f(d)$를 갖는다.

03 $1<x<6$에서 $f'(x)<0$이면 f는 $(1, 6)$에서 감소한다.

04 $0<x<1$에서 $f'(x)=g'(x)$이면 $0<x<1$에서 $f(x)=g(x)$이다.

05 모든 x에 대해 $f(x)>0$, $f'(x)<0$, $f''(x)>0$을 만족하는 함수 f가 존재한다.

06 f와 g가 구간 I에서 증가하면 $f+g$도 I에서 증가한다.

07 f와 g가 구간 I에서 증가하면 fg도 I에서 증가한다.

08 f가 I에서 증가하고 $f(x)>0$이면 $g(x)=1/f(x)$은 I에서 감소한다.

09 f가 주기함수이면 f'도 주기함수이다.

10 모든 x에 대해 $f'(x)$가 존재하고 0이 아니면 $f(1)\neq f(0)$이다.

연습문제

01~02 주어진 구간에서 다음 함수의 극값, 최댓값, 최솟값을 구하라.

01 $f(x)=x^3-6x^2+9x+1$, $[2, 4]$

02 $f(x)=\dfrac{3x-4}{x^2+1}$, $[-2, 2]$

03~04 주어진 조건을 만족하는 함수의 그래프를 그려라.

03 $f(0)=0$, $f'(-2)=f'(1)=f'(9)=0$,

$\lim_{x\to\infty} f(x)=0$, $\lim_{x\to 6} f(x)=-\infty$,

$(-\infty, -2)$, $(1, 6)$, $(9, \infty)$에서 $f'(x)<0$,

$(-2, 1)$, $(6, 9)$에서 $f'(x)>0$,

$(-\infty, 0)$, $(12, \infty)$에서 $f''(x)>0$,

$(0, 6)$, $(6, 12)$에서 $f''(x)<0$

04 f는 우함수, $0<x<2$에서 $f'(x)<0$,

$x>2$일 때 $f'(x)>0$,

$0<x<3$일 때 $f''(x)>0$,

$x>3$일 때 $f''(x)<0$,

$\lim_{x\to\infty} f(x)=-2$

05~09 3.4절의 지침을 이용하여 다음 곡선의 그래프를 그려라.

05 $y=2-2x-x^3$

06 $y=x^4-3x^3+3x^2-x$

07 $y=\dfrac{1}{x(x-3)^2}$

08 $y=x\sqrt{2+x}$

09 $y=\sin^2 x-2\cos x$

10~11 곡선의 중요한 특성을 모두 드러내는 f의 그래프를 그려라. f'과 f''의 그래프를 이용하여 증가와 감소 구간, 극값, 오목 구간, 변곡점을 추정하라. [연습문제 10]에서는 미적분학을 이용해서 이들의 정확한 값을 구하라.

10 $f(x)=\dfrac{x^2-1}{x^3}$

11 $f(x)=3x^6-5x^5+x^4-5x^3-2x^2+2$

12 방정식 $3x+2\cos x+5=0$은 정확히 하나의 실근을 가짐을 보여라.

13 구간 $[32, 33]$에서 정의된 함수 $f(x)=x^{1/5}$에 평균값 정리를 적용하여 $2<\sqrt[5]{33}<2.0125$임을 보여라.

14 첫 번째 수와 두 번째 수의 네 배의 합이 1,000이고, 두 수의 곱이 가장 큰 두 정수를 구하라.

15 반지름이 r인 원에 외접하는 이등변삼각형의 가장 작은 넓이를 구하라.

16 $\triangle ABC$에서 D는 선분 AB 위에 있고, $|CD|=5\text{cm}$, $|AD|=4\text{cm}$, $|BD|=4\text{cm}$이고, $CD\perp AB$이다. 선분의 합 $|PA|+|PB|+|PC|$가 최소이기 위해 점 P는 CD 위의 어느 곳에 있어야 하는가? $|CD|=2\text{cm}$이면 어떻게 되는가?

17 깊은 물속에서 파장 L인 파도의 속도는 다음과 같다.

$$v=K\sqrt{\frac{L}{C}+\frac{C}{L}}$$

여기서 K와 C는 알려진 양의 상수이다. 속도가 최소인 파장의 길이는 얼마인가?

18 한 하키팀이 15,000명의 관중을 수용할 수 있는 경기장에서 경기를 한다. 입장권 가격을 12달러로 정했을 때 평균 관중 수는 11,000명이다. 시장조사를 해보니 입장권 가격을 1달러 내리면 1,000명의 관중이 증가할 것으로 나타났다. 입장권 수익을 최대로 얻기 위해서는 입장권 가격을 얼마로 책정해야 하는가?

19 뉴턴의 방법을 이용하여 함수 $f(t)=\cos t+t-t^2$의 최댓값을 소수점 아래 여덟째 자리까지 정확하게 구하라.

20 함수 $f(x)=(x+1)(2x-1)$의 가장 일반적인 역도함수를 구하라.

21~22 f를 구하라.

21 $f'(t)=2t-3\sin t,\quad f(0)=5$

22 $f''(x)=1-6x+48x^2,\quad f(0)=1,\quad f'(0)=2$

23 입자가 $v(t)=2t-\sin t,\ s(0)=3$으로 움직인다고 할 때 입자의 위치를 구하라.

24 지면에서 500m 높이에 있는 헬리콥터에서 금속용기를 떨어뜨린다. 낙하산이 펴지지 않았지만 금속용기는 100m/s의 충격속도를 견디도록 제작되었다. 이 용기가 깨지겠는가?

25 반지름이 30cm인 원통형 통나무를 잘라 직사각형 기둥을 만들려고 한다.

(a) 단면의 넓이가 최대인 기둥의 모양이 정사각형임을 보여라.

(b) 정사각형 기둥으로 잘라낸 후 남은 통나무의 네 조각으로 4개의 직사각형 널빤지를 만들려고 한다. 단면의 넓이가 최대인 널빤지의 치수를 결정하라.

(c) 직사각형 기둥의 강도는 세로의 제곱과 가로의 곱에 비례한다고 하자. 원통형 통나무에서 잘라낼 수 있는 가장 강도 높은 기둥의 치수를 구하라.

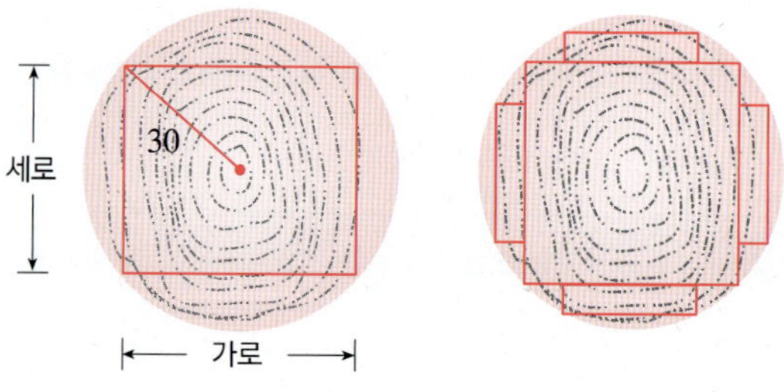

4장 적분

INTEGRALS

2장에서는 미분학의 중심 개념인 도함수를 소개하기 위해 접선 문제와 속도 문제를 이용했다. 같은 방법으로 이 장에서는 넓이와 거리 문제에서 출발하여 적분학의 기본 개념인 정적분의 개념을 공식화한다. 7장에서는 부피, 곡선의 길이, 댐에 미치는 힘, 질량중심 등 많은 분야에서의 문제를 해결하기 위해 적분을 어떻게 사용하는지 배울 것이다. 적분학과 미분학 사이에는 연결고리가 있다. 이 장에서는 미적분학의 기본 정리를 살펴볼 것이다. 적분을 도함수와 연관시킴 으로써 많은 문제의 해를 매우 단순화시키는 것을 보게 될 것이다.

4.1 넓이와 거리

이 절에서는 곡선 아래의 넓이 또는 자동차가 이동한 거리를 구하고자 할 때 똑같은 형태의 특별한 극한으로 끝난다는 사실을 살펴본다.

넓이 문제

넓이 문제를 해결하는 것으로 시작한다. a에서 b까지 곡선 $y=f(x)$ 아래 놓이는 영역 S의 넓이를 구해보자. [그림 1]에 보이는 S는 연속함수 f(여기서 $f(x) \geq 0$)의 그래프, 수직선 $x=a$와 $x=b$, x축으로 둘러싸여 있는 것을 의미한다.

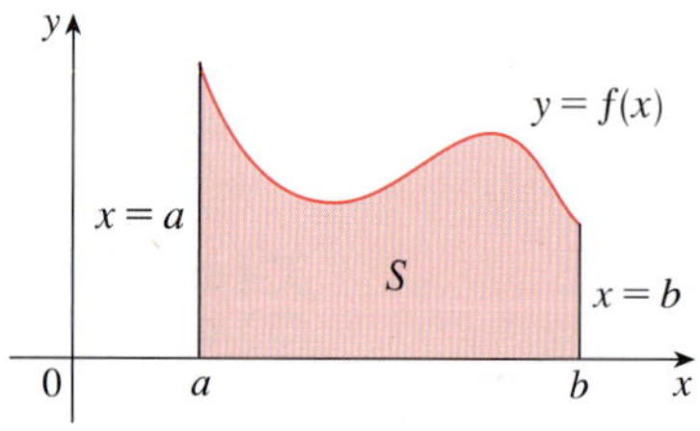

[그림 1]
$S = \{(x, y) \mid a \leq x \leq b, 0 \leq y \leq f(x)\}$

넓이 문제를 풀고자 할 때는 다음과 같은 질문을 해야 한다. 넓이라는 단어의 의미는 무엇인가? 변이 직선으로 이루어진 영역이면 이 질문에 대한 답은 간단하다. 직사각형의 넓이는 가로와 세로의 곱으로 정의된다. 삼각형의 넓이는 밑변과 높이를 곱한 값의 절반이다. 다각형의 넓이는([그림 2]와 같이) 여러 개의 삼각형으로 나누고 그 삼각형들의 넓이를 더해서 구한다.

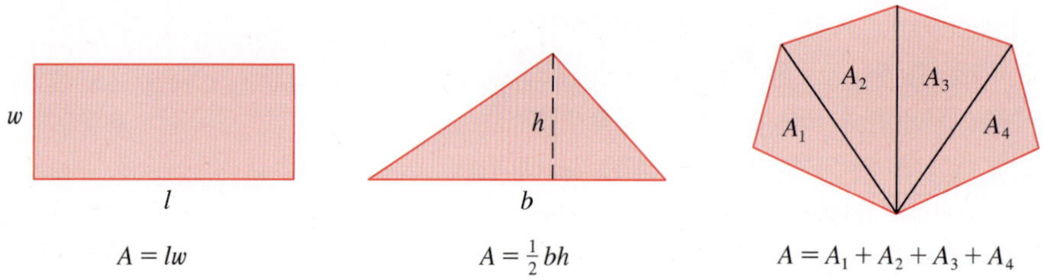

[그림 2]

그러나 변이 곡선으로 이루어진 영역의 넓이를 구하기는 쉽지 않다. 우리는 영역의 넓이에 대한 직관적인 개념은 알고 있다. 그러나 넓이 문제에 대한 부분은 넓이를 정확히 정의함으로써 직관적인 개념을 명확히 해야만 한다.

앞서 접선을 정의할 때 먼저 할선의 기울기에 의해 접선의 기울기를 근사시켰으며, 그 다음으로 이런 근삿값들의 극한으로 정의하였다. 넓이에 대해서도 유사한 개념을 추구한다. 먼저 영역 S를 직사각형으로 근사시키고 직사각형의 수를 증가시킴으로써 직사각형들의 넓이의 극한을 취한다. [예제 1]은 이 과정을 잘 보여준다.

예제 1 직사각형을 이용해서 0에서 1까지 포물선 $y=x^2$ 아래에 있는 영역의([그림 3]에 나타낸 포물선 영역 S) 넓이를 추정하라.

풀이

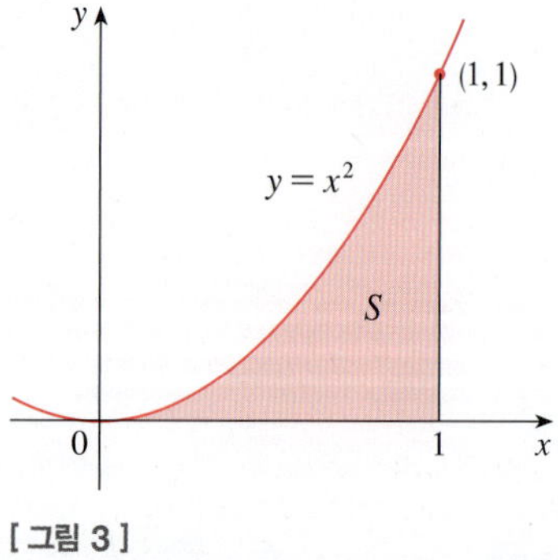

[그림 3]

먼저 S는 한 변의 길이가 1인 정사각형 안에 포함되므로 S의 넓이는 0과 1 사이의 어딘가에 값이 있다. 그러나 분명 이것보다 더 좋은 값을 구할 수 있다. [그림 4(a)]와 같이 수직선 $x=\frac{1}{4}$, $x=\frac{1}{2}$, $x=\frac{3}{4}$을 그려서 네 개의 가늘고 긴 조각 S_1, S_2, S_3, S_4로 나눈다고 하자.

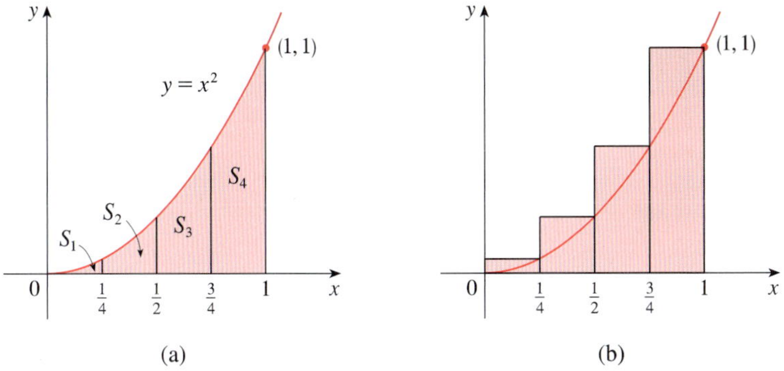

[그림 4]

밑변이 각 조각의 밑변과 같고 높이가 각 조각의 오른쪽 끝과 같은 직사각형에 의해 각각의 조각을 근사시킬 수 있다([그림 4(b)] 참조). 다시 말해서 직사각형의 높이는 부분 구간 $\left[0, \frac{1}{4}\right]$, $\left[\frac{1}{4}, \frac{1}{2}\right]$, $\left[\frac{1}{2}, \frac{3}{4}\right]$, $\left[\frac{3}{4}, 1\right]$의 오른쪽 끝점에서 함수 $f(x)=x^2$의 값이다.

각 직사각형은 폭이 $\frac{1}{4}$이고 높이가 $\left(\frac{1}{4}\right)^2$, $\left(\frac{1}{2}\right)^2$, $\left(\frac{3}{4}\right)^2$, 1^2이다. 이와 같은 근사 직사각형들의 넓이의 합을 R_4라 하면 다음을 얻는다.

$$R_4 = \frac{1}{4}\cdot\left(\frac{1}{4}\right)^2 + \frac{1}{4}\cdot\left(\frac{1}{2}\right)^2 + \frac{1}{4}\cdot\left(\frac{3}{4}\right)^2 + \frac{1}{4}\cdot 1^2 = \frac{15}{32} = 0.46875$$

[그림 4(b)]로부터 S의 넓이 A는 R_4보다 작으므로 다음이 성립한다.

$$A < 0.46875$$

[그림 4(b)]에 있는 직사각형들을 이용하는 대신 [그림 5]와 같은 더 작은 직사각형들을 이용할 수 있는데, 이 직사각형들의 높이는 각 구간의 왼쪽 끝점에서 f의 함숫값이다. (가장 왼쪽에 있는 직사각형은 높이가 0이므로 제거되었다.) 이와 같은 근사 직사각형들의 넓이의 합을 L_4라 하면 다음을 얻는다.

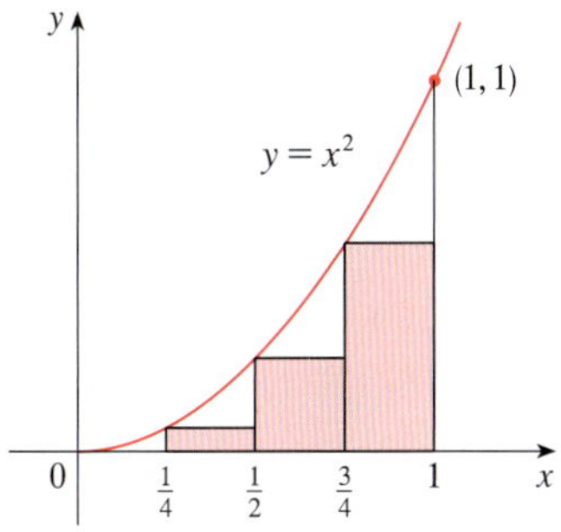

[그림 5]

$$L_4 = \frac{1}{4}\cdot 0^2 + \frac{1}{4}\cdot\left(\frac{1}{4}\right)^2 + \frac{1}{4}\cdot\left(\frac{1}{2}\right)^2 + \frac{1}{4}\cdot\left(\frac{3}{4}\right)^2 = \frac{7}{32} = 0.21875$$

S의 넓이 A는 L_4보다 크므로 A에 대한 아래쪽과 위쪽의 추정값은 다음과 같다.

$$0.21875 < A < 0.46875$$

조각의 수를 늘려서 이런 과정을 반복할 수 있다. [그림 6]은 영역 S를 밑변의 길이가 같은 8개의 조각으로 나누었을 때를 보여준다.

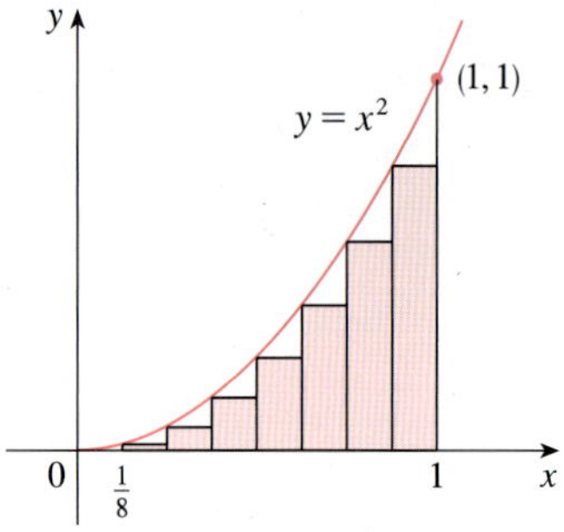

(a) 왼쪽 끝점을 사용

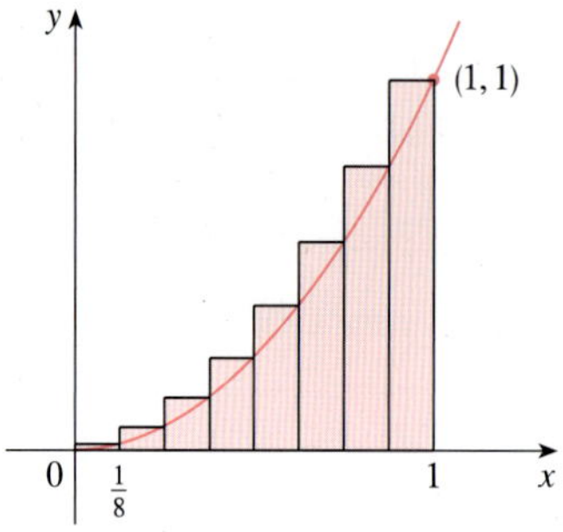

(b) 오른쪽 끝점을 사용

[그림 6] 8개의 사각형으로 S를 근사시킨 경우

작은 직사각형들의 넓이의 합(L_8)과 큰 직사각형들의 넓이의 합(R_8)을 계산하여 A에 더 가까운 아래쪽과 위쪽 추정값을 얻는다.

$$0.2734375 < A < 0.3984375$$

따라서 질문에 대한 한 가지 가능한 답은 S에 대한 넓이의 참값이 0.2734375와 0.3984375 사이에 있다고 말하는 것이다.

조각의 수를 늘림으로써 더 가까운 추정값을 얻을 수 있다. [표 1]은 직사각형의 높이가 부분 구간의 왼쪽 끝점(L_n) 또는 오른쪽 끝점(R_n)인 n개의 직사각형을 사용하여 유사한 방법으로 계산한(컴퓨터를 이용함) 결과를 보여준다.

n	L_n	R_n
10	0.2850000	0.3850000
20	0.3087500	0.3587500
30	0.3168519	0.3501852
50	0.3234000	0.3434000
100	0.3283500	0.3383500
1000	0.3328335	0.3338335

[표 1]

50개의 조각을 이용하면 넓이가 0.3234와 0.3434 사이에 있음을 알 수 있다. 1000개의 조각을 이용하면 넓이 값이 훨씬 더 좁은 범위에 있음을 알 수 있다. 즉 A는 0.3328335와 0.3338335 사이에 있으며 이보다 더 근접한 추정값은 이 수들의 평균인 $A \approx 0.3333335$이다.

[예제 1]의 [표 1]에 있는 값을 보면 n이 증가함에 따라 R_n이 $\frac{1}{3}$에 가까워지는 것처럼 보인다. 다음 예제에서 이것을 확인한다.

예제 2 **[예제 1]의 영역 S에 대해 위쪽 근사 직사각형들의 넓이의 합이 $\frac{1}{3}$에 접근함을 보여라. 즉 다음이 성립함을 보여라.**

$$\lim_{n \to \infty} R_n = \frac{1}{3}$$

풀이

R_n은 [그림 7]에 있는 n개의 직사각형의 넓이의 합이다. 각 직사각형의 너비는 $1/n$이고 높이는 점 $1/n$, $2/n$, $3/n$, $\cdots$, n/n에서 함수 $f(x)=x^2$의 값이다. 즉 높이는 $(1/n)^2$, $(2/n)^2$, $(3/n)^2$, $\cdots$, $(n/n)^2$이다. 그러므로 다음을 얻는다.

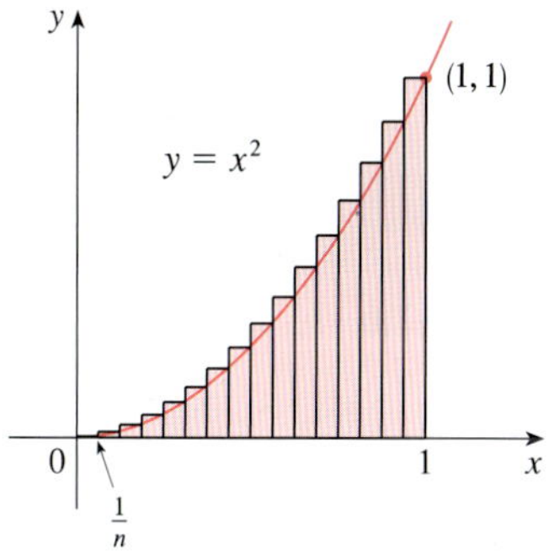

[그림 7]

$$\begin{aligned} R_n &= \frac{1}{n}\left(\frac{1}{n}\right)^2+\frac{1}{n}\left(\frac{2}{n}\right)^2+\frac{1}{n}\left(\frac{3}{n}\right)^2+\cdots+\frac{1}{n}\left(\frac{n}{n}\right)^2 \\ &= \frac{1}{n}\cdot\frac{1}{n^2}(1^2+2^2+3^2+\cdots+n^2) \\ &= \frac{1}{n^3}(1^2+2^2+3^2+\cdots+n^2) \end{aligned}$$

여기서 다음과 같은 처음 n개의 양의 정수의 제곱에 대한 합의 공식이 필요하다.

1
$$1^2+2^2+3^2+\cdots+n^2=\frac{n(n+1)(2n+1)}{6}$$

이 공식은 이미 본 적이 있을 것이다. 이는 '부록 B'의 [예제 5]에서 증명한다.

R_n에 대한 표현에 공식 1을 적용하면 다음을 얻는다.

$$R_n=\frac{1}{n^3}\cdot\frac{n(n+1)(2n+1)}{6}=\frac{(n+1)(2n+1)}{6n^2}$$

따라서 다음을 얻는다.

$$\begin{aligned} \lim_{n\to\infty} R_n &= \lim_{n\to\infty}\frac{(n+1)(2n+1)}{6n^2} \\ &= \lim_{n\to\infty}\frac{1}{6}\left(\frac{n+1}{n}\right)\left(\frac{2n+1}{n}\right) \\ &= \lim_{n\to\infty}\frac{1}{6}\left(1+\frac{1}{n}\right)\left(2+\frac{1}{n}\right) \\ &= \frac{1}{6}\cdot 1\cdot 2=\frac{1}{3} \end{aligned}$$

여기서 수열 $\{R_n\}$의 극한을 계산한다. 수열과 그 극한은 8.1절에서 자세히 배울 것이다. 이 개념은 $\lim_{n\to\infty}$로 쓸 때 n이 양의 정수로 제한된다는 것 이외에는 무한대에서의 극한과 매우 유사하다(1.6절 참조). 특히 다음 사실을 알고 있다.

$$\lim_{n\to\infty}\frac{1}{n}=0$$

$\lim_{n\to\infty} R_n=\frac{1}{3}$이라 쓸 때 충분히 큰 n을 택하면 R_n을 $\frac{1}{3}$에 충분히 가깝게 만들 수 있음을 의미한다.

아래쪽 근사합 역시 $\frac{1}{3}$에 접근하는 것을 볼 수 있다. 즉 다음이 성립한다.

$$\lim_{n\to\infty} L_n=\frac{1}{3}$$

[그림 8]과 [그림 9]로부터 n이 증가함에 따라 L_n과 R_n은 모두 S의 넓이에 더 가까운 근삿값이 된다. 그러므로 넓이 A는 다음과 같이 근사 직사각형들의 넓이의 합의

극한으로 정의한다.

$$A = \lim_{n \to \infty} R_n = \lim_{n \to \infty} L_n = \frac{1}{3}$$

TEC Visual 4.1로 n의 값을 바꿔가며 [그림 8], [그림 9]와 같은 그림을 만들 수 있다.

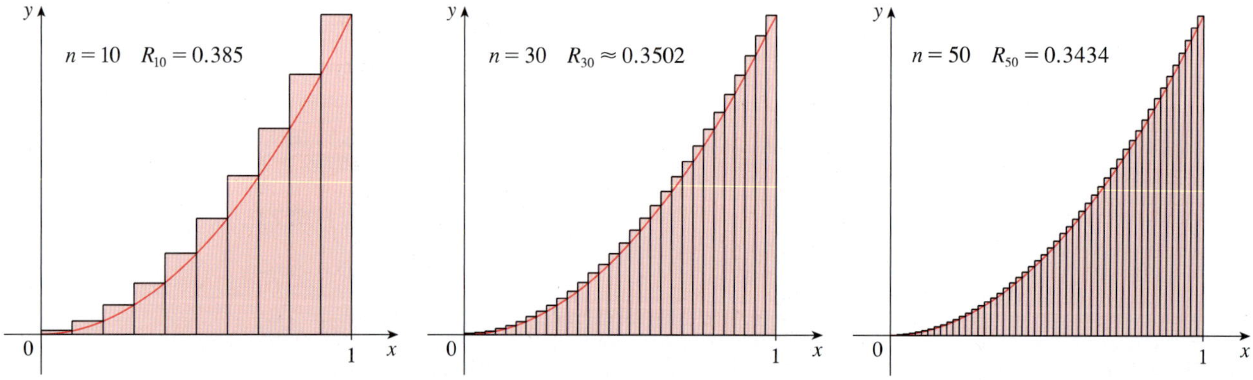

[그림 8] $f(x) = x^2$이 증가하므로 오른쪽 끝점들은 상합을 만든다.

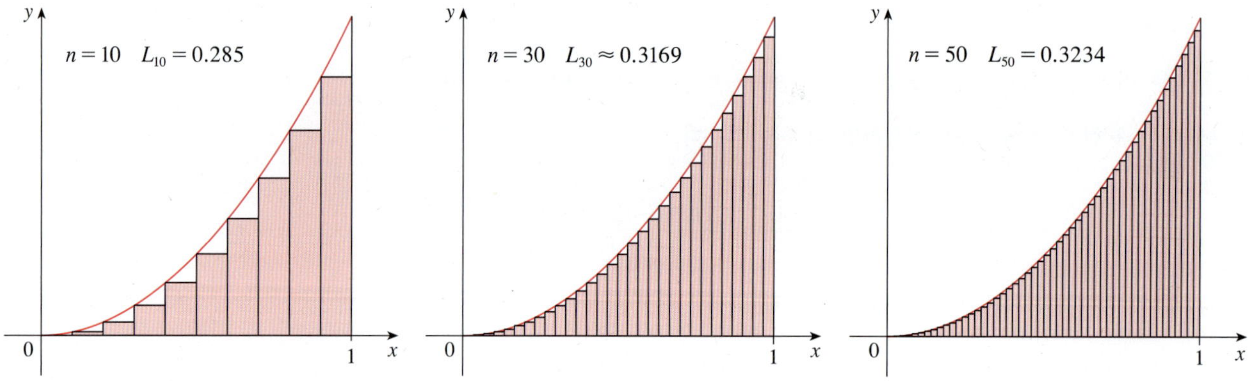

[그림 9] $f(x) = x^2$이 증가하므로 왼쪽 끝점들은 하합을 만든다.

[예제 1]과 [예제 2]의 개념을 [그림 1]의 좀 더 일반적인 영역 S에 적용해보자. S를 [그림 10]과 같이 너비가 같은 n개의 가늘고 긴 조각 S_1, S_2, $\cdots$, S_n으로 나눈다.

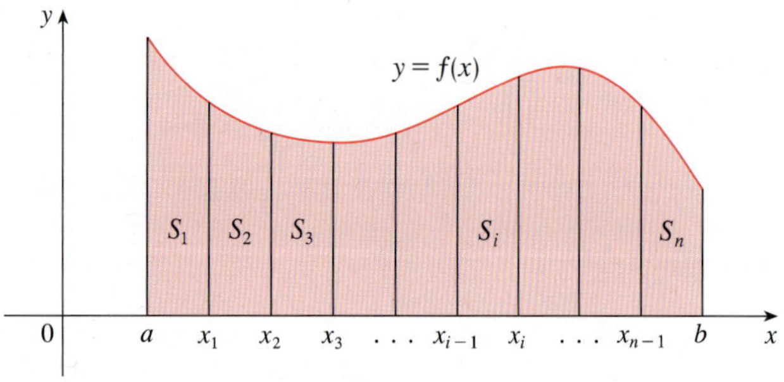

[그림 10]

구간 $[a, b]$의 너비는 $b-a$이므로 n개의 각 조각의 너비는 다음과 같다.

$$\Delta x = \frac{b-a}{n}$$

이 조각들은 구간 $[a, b]$를 다음과 같이 n개의 부분 구간으로 나눈다.

$$[x_0, x_1], \ [x_1, x_2], \ [x_2, x_3], \ \cdots, \ [x_{n-1}, x_n]$$

여기서 $x_0 = a$이고 $x_n = b$이다. 각 부분 구간의 오른쪽 끝점은 다음과 같다.

$$x_1 = a + \Delta x,$$

$$x_2 = a + 2\Delta x,$$

$$x_3 = a + 3\Delta x,$$

$$\vdots$$

이제 i번째 조각 S_i를 너비가 Δx이고 높이가 오른쪽 끝점에서 f의 값인 $f(x_i)$인 직사각형으로 근사시키자([그림 11] 참조). 그러면 i번째 직사각형의 넓이는 $f(x_i)\Delta x$이다. 직관적으로 S의 넓이는 이런 직사각형들의 넓이의 합에 의해 근사되는 것으로 생각할 수 있다.

$$R_n = f(x_1)\Delta x + f(x_2)\Delta x + \cdots + f(x_n)\Delta x$$

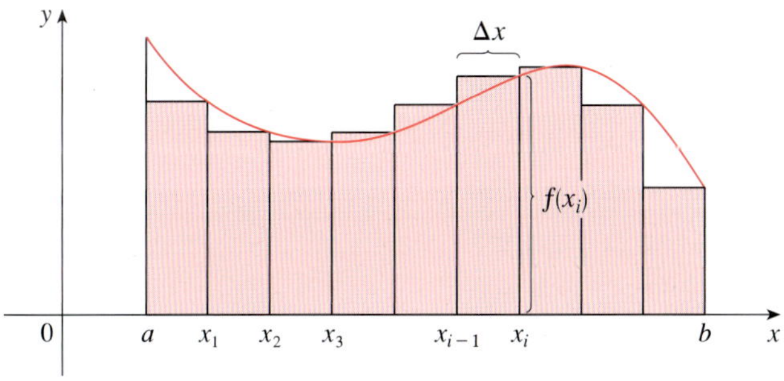

[그림 11]

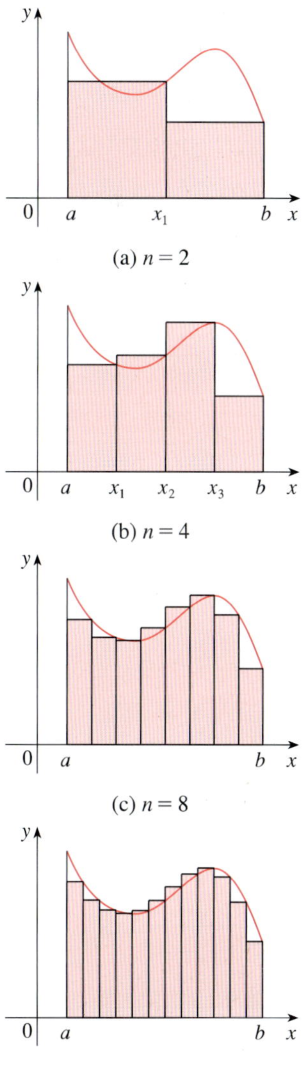

(a) $n = 2$

(b) $n = 4$

(c) $n = 8$

(d) $n = 12$

[그림 12]

[그림 12]는 $n = 2, \ 4, \ 8, \ 12$인 경우에 대한 근사를 보여준다. 이런 근사는 조각의 수가 증가함에 따라, 즉 $n \to \infty$일수록 더욱 근접한 값으로 나타난다. 그러므로 영역 S의 넓이 A를 다음과 같이 정의한다.

2 **정의** 연속함수 f의 그래프 아래에 놓이는 영역 S의 **넓이**[area] A는 근사 직사각형들의 넓이의 합의 극한이다.

$$A = \lim_{n \to \infty} R_n = \lim_{n \to \infty} [f(x_1)\Delta x + f(x_2)\Delta x + \cdots + f(x_n)\Delta x]$$

f가 연속이라고 가정하고 있으므로 정의 2의 극한은 항상 존재함을 증명할 수 있다. 또한 다음과 같이 왼쪽 끝점을 이용해도 동일한 값을 얻는다는 사실도 보여줄 수 있다.

3 $$A = \lim_{n \to \infty} L_n = \lim_{n \to \infty} [f(x_0)\Delta x + f(x_1)\Delta x + \cdots + f(x_{n-1})\Delta x]$$

사실상 왼쪽 끝점이나 오른쪽 끝점을 이용하는 대신 i번째 부분 구간 $[x_{i-1}, x_i]$에 있는 임의의 수 x_i^*에서 f의 값을 i번째 직사각형의 높이로 택할 수 있다. 이때 수 x_1^*, x_2^*, $\cdots$, x_n^*를 **표본점**sample point이라고 한다. [그림 13]은 끝점이 아닌 표본점을 택한 경우의 근사 직사각형들을 보여준다. 따라서 S의 넓이에 대한 좀 더 일반적인 표현은 다음과 같다.

4 $$A = \lim_{n \to \infty} [f(x_1^*)\Delta x + f(x_2^*)\Delta x + \cdots + f(x_n^*)\Delta x]$$

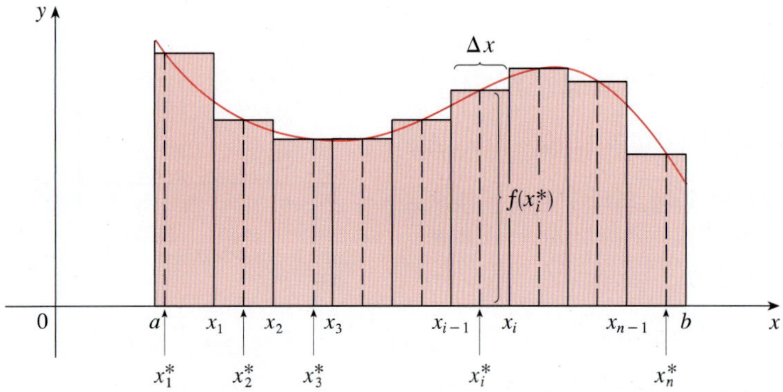

[그림 13]

NOTE _ 넓이에 대한 정의가 다음과 같음을 보일 수 있다. '넓이 A는 모든 상합보다 작고 모든 하합보다 큰 유일한 수이다.' 예를 들어 [예제 1]과 [예제 2]에서 구한 넓이($A=1/3$)는 모든 왼쪽 근사합 L_n과 오른쪽 근사합 R_n 사이에 있다. 이 예제들에서 함수 $f(x)=x^2$은 $[0, 1]$에서 증가한다. 따라서 하합은 왼쪽 끝점으로부터 나타나고, 상합은 오른쪽 끝점으로부터 나타난다([그림 8], [그림 9] 참조). 일반적으로 i번째 부분 구간에서 $f(x_i^*)$가 최솟값(최댓값)이 되는 점 x_i^*를 표본점으로 택함으로써 하합(상합)을 형성한다([그림 14], [연습문제 4, 5] 참조).

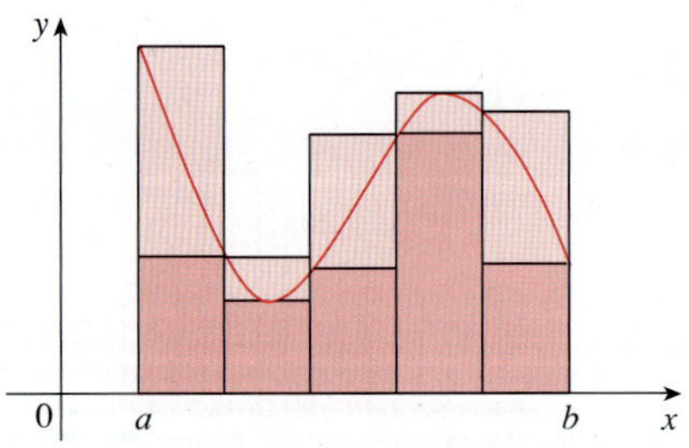

[그림 14] 하합(작은 직사각형)과 상합(큰 직사각형)

많은 항들의 합을 좀 더 간단하게 나타내기 위해 **시그마 기호**sigma notation를 자주 사용한다. 예를 들어 다음과 같다.

$$\sum_{i=1}^{n} f(x_i)\Delta x = f(x_1)\Delta x + f(x_2)\Delta x + \cdots + f(x_n)\Delta x$$

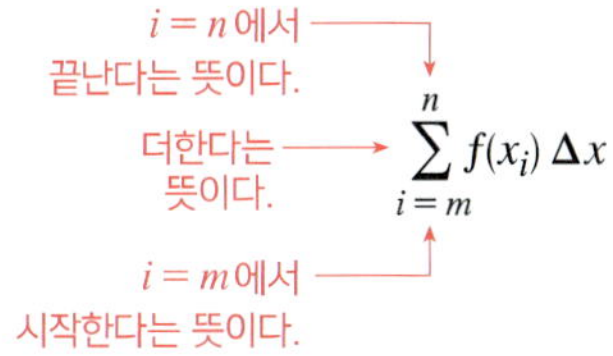

시그마 기호를 좀더 연습하고자 한다면 '부록 B'의 예제를 살펴본 후 연습문제를 풀어보기 바란다.

따라서 식 2, 3, 4에 있는 넓이에 대한 표현은 다음과 같이 쓸 수 있다.

$$A = \lim_{n\to\infty} \sum_{i=1}^{n} f(x_i)\Delta x$$

$$A = \lim_{n\to\infty} \sum_{i=1}^{n} f(x_{i-1})\Delta x$$

$$A = \lim_{n\to\infty} \sum_{i=1}^{n} f(x_i^*)\Delta x$$

또한 공식 1도 다음과 같이 다시 쓸 수 있다.

$$\sum_{i=1}^{n} i^2 = \frac{n(n+1)(2n+1)}{6}$$

예제 3 **$0 \le b \le \pi/2$에 대해 $x=0$과 $x=b$ 사이에서 $f(x)=\cos x$의 그래프 아래에 놓이는 영역의 넓이를 A라 하자.**

(a) 오른쪽 끝점을 이용하여 A에 대한 식을 극한으로 구하라. 극한은 계산하지 않는다.

(b) 네 개의 부분 구간의 중점을 표본점으로 택하여 $b=\pi/2$인 경우의 넓이를 추정하라.

풀이

(a) $a=0$이므로 부분 구간의 너비는 다음과 같다.

$$\Delta x = \frac{b-0}{n} = \frac{b}{n}$$

그래서 $x_1 = b/n$, $x_2 = 2b/n$, $x_3 = 3b/n$, $x_i = ib/n$, $x_n = nb/n$이다. 근사 직사각형들의 넓이의 합은 다음과 같다.

$$\begin{aligned} R_n &= f(x_1)\Delta x + f(x_2)\Delta x + \cdots + f(x_n)\Delta x \\ &= (\cos x_1)\Delta x + (\cos x_2)\Delta x + \cdots + (\cos x_n)\Delta x \\ &= \left(\cos\frac{b}{n}\right)\frac{b}{n} + \left(\cos\frac{2b}{n}\right)\frac{b}{n} + \cdots + \left(\cos\frac{nb}{n}\right)\frac{b}{n} \end{aligned}$$

정의 [2]에 따라 넓이는 다음과 같다.

$$A = \lim_{n\to\infty} R_n = \lim_{n\to\infty} \frac{b}{n}\left(\cos\frac{b}{n} + \cos\frac{2b}{n} + \cos\frac{3b}{n} + \cdots + \cos\frac{nb}{n}\right)$$

시그마 기호를 이용하여 다음과 같이 쓸 수 있다.

$$A = \lim_{n\to\infty} \frac{b}{n}\sum_{i=1}^{n} \cos\frac{ib}{n}$$

이 극한을 직접 손으로 계산하기는 매우 어렵다. 그러나 컴퓨터 대수체계를 이용하면 어렵지 않다([연습문제 13] 참조). 4.3절에서는 다른 방법을 이용하여 A를 좀 더 쉽게 계산할 것이다.

(b) $n=4$이고 $b=\pi/2$이므로 $\Delta x = (\pi/2)/4 = \pi/8$이다. 그러므로 부분 구간들은 $[0, \pi/8]$, $[\pi/8, \pi/4]$, $[\pi/4, 3\pi/8]$, $[3\pi/8, \pi/2]$이다. 이 부분 구간들의 중점은 다음과 같다.

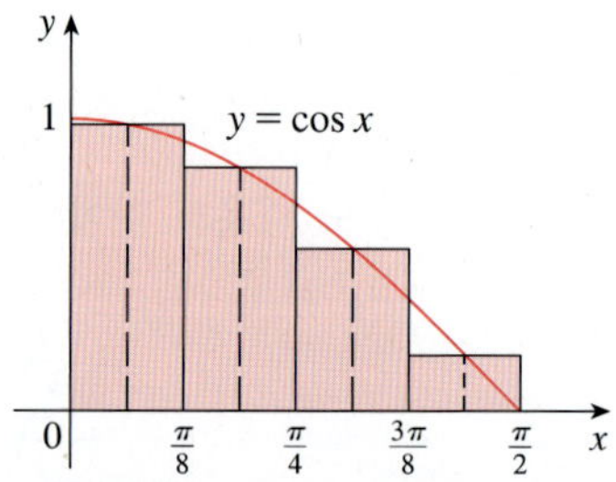

[그림 15]

$$x_1^* = \frac{\pi}{16},\quad x_2^* = \frac{3\pi}{16},\quad x_3^* = \frac{5\pi}{16},\quad x_4^* = \frac{7\pi}{16}$$

그리고 네 개의 근사 직사각형의 넓이의 합은 다음과 같다([그림 15] 참조).

$$\begin{aligned} M_4 &= \sum_{i=1}^{4} f(x_i^*)\,\Delta x \\ &= f(\pi/16)\,\Delta x + f(3\pi/16)\,\Delta x + f(5\pi/16)\,\Delta x + f(7\pi/16)\,\Delta x \\ &= \left(\cos\frac{\pi}{16}\right)\frac{\pi}{8} + \left(\cos\frac{3\pi}{16}\right)\frac{\pi}{8} + \left(\cos\frac{5\pi}{16}\right)\frac{\pi}{8} + \left(\cos\frac{7\pi}{16}\right)\frac{\pi}{8} \\ &= \frac{\pi}{8}\left(\cos\frac{\pi}{16} + \cos\frac{3\pi}{16} + \cos\frac{5\pi}{16} + \cos\frac{7\pi}{16}\right) \approx 1.006 \end{aligned}$$

따라서 넓이의 추정값은 $A \approx 1.006$이다.

거리 문제

이제 거리 문제를 생각해보자. 모든 시각에서 물체의 속도를 알고 있을 때 어떤 시간 동안 물체가 이동한 거리를 구해보자. (어떤 의미에서 이것은 2.1절에서 논의한 속도 문제의 역인 문제이다.) 속도가 일정할 때의 거리 문제는 다음 공식으로 쉽게 풀 수 있다.

$$\text{거리} = \text{속도} \times \text{시간}$$

그러나 속도가 변한다면 이동한 거리를 구하는 것이 쉽지 않다. 다음 예제를 보자.

예제 4 **자동차의 주행 기록계가 고장 나서 30초 동안 주행한 거리를 추정하고자 한다.** 매 5초마다 속도계를 읽고 다음 [표 2]와 같이 기록한다.

시각(s)	0	5	10	15	20	25	30
속도(km/h)	27	34	38	46	51	50	45

[표 2]

시간과 속도의 단위를 통일시키기 위해 다음 [표 3]과 같이 속도의 단위를 초당 미터 ($1\,\mathrm{km/h} = 1000/3600\,\mathrm{m/s}$)로 변환한다.

시각(s)	0	5	10	15	20	25	30
속도(m/s)	7.5	9.4	10.6	12.8	14.2	13.9	12.5

[표 3]

처음 5초 동안 속도가 크게 변하지 않으므로 속도가 일정하다는 가정 하에 이 시간 동안 이동한 거리를 추정할 수 있다. 이 시간 동안 속도를 초기 속도($7.5\,\mathrm{m/s}$)로 택하면 처음 5초 동안에 이동한 근사 거리는 다음과 같다.

$$7.5\,\mathrm{m/s} \times 5\,\mathrm{s} = 37.5\,\mathrm{m}$$

같은 방법으로 두 번째 5초 동안의 속도가 거의 일정하므로 이 값을 $t = 5\,\mathrm{s}$일 때의 속도로 택한다. 그러면 $t = 5\,\mathrm{s}$에서 $t = 10\,\mathrm{s}$까지 이동한 거리의 추정값은 다음과 같다.

$$9.4\,\mathrm{m/s} \times 5\,\mathrm{s} = 47\,\mathrm{m}$$

다른 시간 구간에 대해서도 거리의 추정값을 계산해서 더하면 전체 주행 거리에 대한 추정값을 얻는다.

$$(7.5 \times 5) + (9.4 \times 5) + (10.6 \times 5) + (12.8 \times 5) + (14.2 \times 5) + (13.9 \times 5) = 342\,\mathrm{m}$$

일정하다고 가정한 속도의 값에 각 시간 구간의 시작점 대신 끝점에서의 속도를 이용할 수 있다. 이때 추정값은 다음과 같다.

$$(9.4 \times 5) + (10.6 \times 5) + (12.8 \times 5) + (14.2 \times 5) + (13.9 \times 5) + (12.5 \times 5) = 367\,\mathrm{m}$$

좀 더 정확한 추정값을 얻으려면 2초마다 또는 1초마다 속도를 읽으면 얻을 수 있다.

[예제 4]의 계산을 보면 아마도 앞에서 넓이를 추정하기 위해 사용했던 합들이 생각날 것이다. [그림 16]과 같이 자동차의 속도함수의 그래프를 그리고, 각 시간 구간의 초기 속도를 높이로 하는 직사각형을 그리면 유사성을 설명할 수 있다. 첫 번째 직사각형의 넓이는 $7.5 \times 5 = 37.5$로, 이는 처음 5초 동안 주행한 거리를 추정한 값이다. 실제로 각 직사각형의 높이는 속도를 나타내고 폭은 시간을 나타내므로 직사각형들의 넓이는 주행한 거리로 해석할 수 있다. [그림 16]에서 직사각형들의 넓이의 합은 $L_6 = 342$이며, 이는 주행한 전체 거리에 대한 초기 근삿값이다.

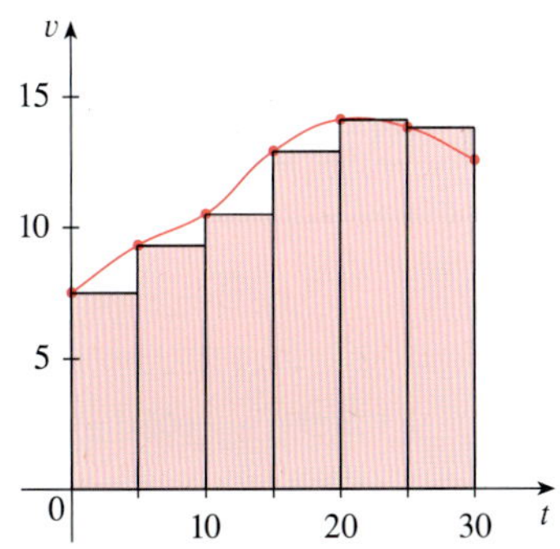

[그림 16]

일반적으로 한 물체가 $a \le t \le b$에서 속도 $v = f(t)$로 움직이고 $f(t) \ge 0$라고 하자. (그러면 물체는 항상 양의 방향으로 움직인다.) 속도가 각 부분 구간에서 거의 일정하도록 시각 $t_0(=a)$, t_1, t_2, $\cdots$, $t_n(=b)$에서의 속도를 기록한다. 이 시각들이 등간격일 때 이웃한 기록 사이의 시간은 $\Delta t = (b-a)/n$가 된다. 첫 번째 시간 구간 동안의 속도는 약 $f(t_0)$이므로 이동한 거리는 대략 $f(t_0)\Delta t$이다. 마찬가지로 두 번째 시간 구간 동안 이동한 거리는 대략 $f(t_1)\Delta t$이다. 그러므로 시간 구간 $[a, b]$에서 이동한 전체 거리는 대략 다음과 같다.

$$f(t_0)\Delta t + f(t_1)\Delta t + \cdots + f(t_{n-1})\Delta t = \sum_{i=1}^{n} f(t_{i-1})\Delta t$$

왼쪽 끝점 대신에 오른쪽 끝점에서의 속도를 이용하면 이동한 전체 거리에 대한 추정값은 다음과 같다.

$$f(t_1)\Delta t + f(t_2)\Delta t + \cdots + f(t_n)\Delta t = \sum_{i=1}^{n} f(t_i)\Delta t$$

좀 더 자주 속도를 측정하면 더욱 정확한 추정값이 되므로 정확한 이동 거리 d는 다음과 같이 극한으로 표현하는 것이 타당해 보인다.

5 $$d = \lim_{n\to\infty} \sum_{i=1}^{n} f(t_{i-1})\Delta t = \lim_{n\to\infty} \sum_{i=1}^{n} f(t_i)\Delta t$$

우리는 4.3절에서 이것이 참이라는 사실을 알게 될 것이다.

식 5는 식 2와 3의 넓이에 대한 표현과 동일한 형태이므로 이동한 거리는 속도함수의 그래프 아래의 넓이와 같음을 알 수 있다. 7장에서 자연과학과 사회과학에서 관심있어 하는 다른 양(변하는 힘에 의해 이루어진 일과 같은)들이 어떤 곡선 아래의 넓이로 해석될 수 있음을 볼 것이다. 그러므로 이 장에서 넓이를 계산할 때는 이를 실용적인 방법으로 다양하게 해석할 수 있음을 염두에 두자.

4.1 연습문제

01 (a) 주어진 f의 그래프로부터 함숫값들을 읽고, 5개의 직사각형을 이용하여 $x=0$에서 $x=10$까지 주어진 f의 그래프 아래의 넓이에 대한 아래쪽 추정값과 위쪽 추정값을 구하라. 각각의 경우에 사용한 직사각형들을 그려라.

(b) 각각의 경우에 10개의 직사각형을 이용하여 새로운 추정값을 구하라.

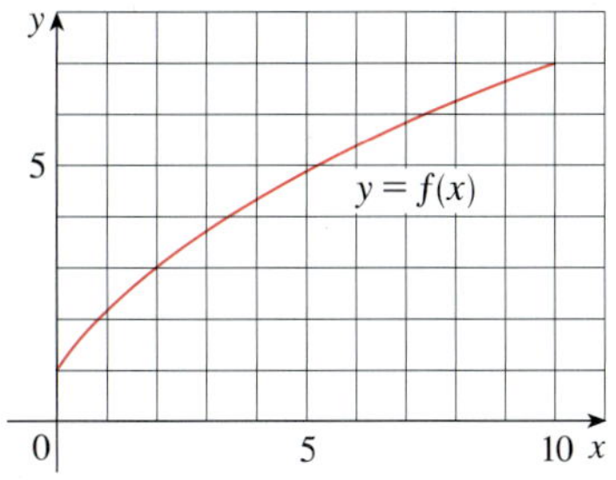

02 (a) 근사 직사각형 네 개와 오른쪽 끝점을 이용하여 $x=0$에서 $x=\pi/2$까지 $f(x)=\cos x$의 그래프 아래의 넓이를 추정하라. 그래프와 근사 직사각형들을 그려라. 추정값이 과소평가 되었는가? 아니면 과대평가되었는가?

(b) 왼쪽 끝점을 이용하여 (a)를 반복하라.

03 (a) 근사 직사각형 세 개와 오른쪽 끝점을 이용하여 $x=-1$에서 $x=2$까지 $f(x)=1+x^2$의 그래프 아래의 넓이를 추정하라. 직사각형 여섯 개를 이용해서 추정값을 향상시켜라. 곡선과 근사 직사각형들을 그려라.

(b) 왼쪽 끝점을 이용하여 (a)를 반복하라.

(c) 중점을 이용하여 (a)를 반복하라.

(d) (a)~(c)에서 얻은 그림으로부터 어느 것이 가장 좋은 추정값으로 나타나는가?

04 $n=2$, 4, 8일 때 $f(x)=2+\sin x$, $0\le x\le\pi$에 대한 상합과 하합을 추정하라. [그림 14]와 같은 그림으로 설명하라.

05 $n=3$, 4일 때 $f(x)=1+x^2$, $-1\le x\le 1$에 대한 상합과 하합을 추정하라. [그림 14]와 같은 그림으로 설명하라.

06 육상 선수의 속력은 경주가 시작된 처음 3초 동안은 꾸준히 증가했다. 다음 표는 이 선수의 속력을 0.5초 간격으로 측정한 자료이다. 3초 동안 이 선수가 달린 거리에 대한 아래쪽 추정값과 위쪽 추정값을 구하라.

t(s)	0	0.5	1.0	1.5	2.0	2.5	3.0
v(m/s)	0	1.9	3.3	4.5	5.5	5.9	6.2

07 시간당 $r(t)$리터의 비율로 탱크에서 기름이 누출되고 있다. 시간이 지남에 따라 이 비율은 감소하며 2시간 간격으로 측정한 비율의 값은 다음 표와 같다. 누출된 기름의 총량에 대한 아래쪽 추정값과 위쪽 추정값을 구하라.

t(h)	0	2	4	6	8	10
$r(t)$(L/h)	8.7	7.6	6.8	6.2	5.7	5.3

08 다음은 브레이크를 밟고 있는 자동차 속도의 그래프이다. 브레이크를 밟고 있는 동안 자동차가 움직인 거리를 추정하라.

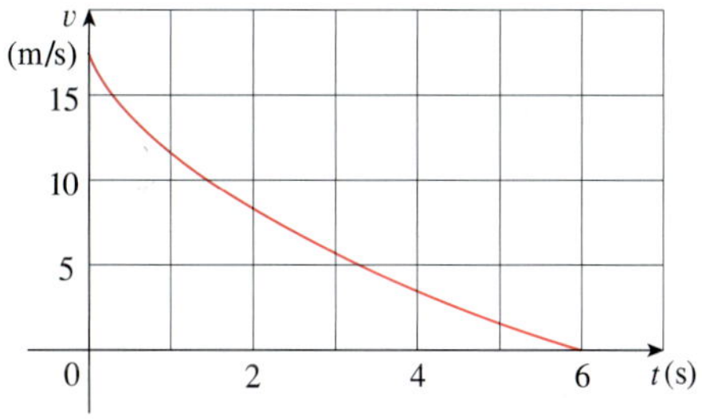

09 정의 2를 이용하여 함수 $f(x)=2x/(x^2+1)$, $1\le x\le 3$의 그래프 아래의 넓이를 극한으로 나타내라. 극한은 계산하지 않는다.

10 넓이가 다음과 같은 영역을 결정하라. 극한은 계산하지 않는다.

$$\lim_{n\to\infty}\sum_{i=1}^{n}\frac{\pi}{4n}\tan\frac{i\pi}{4n}$$

11 a에서 b까지 증가하는 연속함수 f의 그래프 아래의 넓이를 A라 하자. L_n과 R_n을 각각 n개의 부분 구간의 왼쪽 끝과 오른쪽 끝을 이용하여 계산한 A의 추정값이라 하자.

(a) A, L_n, R_n은 어떤 관계가 있는가?

(b) 다음을 보여라.

$$R_n-L_n=\frac{b-a}{n}[f(b)-f(a)]$$

그리고 R_n-L_n을 나타내는 n개의 직사각형을 모아 이 방정식의 우변을 넓이로 갖는 단일 사각형이 되게 할 수 있음을 보여줌으로써 이 방정식을 설명하는 그림을 그려라.

(c) 다음을 추론하라.

$$R_n-A<\frac{b-a}{n}[f(b)-f(a)]$$

12 CAS (a) 0에서 2까지 곡선 $y=x^5$ 아래의 넓이를 극한으로 표현하라.

(b) 컴퓨터 대수체계를 이용하여 (a)에서 얻은 표현의 합을 구하라.

(c) (a)의 극한을 계산하라.

13 CAS $0\le b\le\pi/2$일 때 $x=0$에서 $x=b$까지 코사인 곡선 $y=\cos x$ 아래의 정확한 넓이를 구하라. (컴퓨터 대수체계를 이용해서 합과 극한을 모두 계산하라.) 특히 $b=\pi/2$일 때의 넓이는 얼마인가? [예제 3(b)]에서 얻은 결과와 비교하라.

4.2 정적분

우리는 4.1절에서 넓이를 계산할 때 다음 형태의 극한이 나타난다는 사실을 알았다.

$$\boxed{1} \quad \lim_{n \to \infty} \sum_{i=1}^{n} f(x_i^*)\Delta x = \lim_{n \to \infty} [f(x_1^*)\Delta x + f(x_2^*)\Delta x + \cdots + f(x_n^*)\Delta x]$$

또한 물체가 움직인 거리를 구하려고 할 때에도 이런 극한이 나타난다는 사실을 알았다. f가 반드시 양의 함수가 아니더라도 폭넓고 다양한 상황에서 이와 동일한 형태의 극한이 나타난다. 이 절에서는 1과 유사하지만 f가 반드시 양이거나 연속이 될 필요도 없으며, 부분 구간도 꼭 등간격일 필요가 없는 극한에 대해 생각한다.

일반적으로 $[a, b]$에서 정의되는 임의의 함수 f로 시작한다. 그리고 다음과 같이 분할점 $x_0, x_1, x_2, \cdots, x_n$을 선정하여 $[a, b]$를 n개의 작은 부분 구간으로 나눈다.

$$a = x_0 < x_1 < x_2 < \cdots < x_{n-1} < x_n = b$$

결과로 생긴 다음과 같은 부분 구간들의 집합을 $[a, b]$의 **분할**partition P라 한다.

$$[x_0, x_1], \ [x_1, x_2], \ [x_2, x_3], \ \cdots, \ [x_{n-1}, x_n]$$

따라서 다음을 얻는다.

$$\Delta x_i = x_i - x_{i-1}$$

그러면 i번째 부분 구간 $[x_{i-1}, x_i]$ 안에 있는 x_i^*를 택하여 부분 구간들 안의 **표본점** $x_1^*, x_2^*, \cdots, x_n^*$를 선정한다. 이와 같은 표본점들은 왼쪽 끝점 또는 오른쪽 끝점, 혹은 양 끝점 사이에 있는 임의의 수가 될 수 있다. [그림 17]은 분할과 표본점의 예를 보여준다.

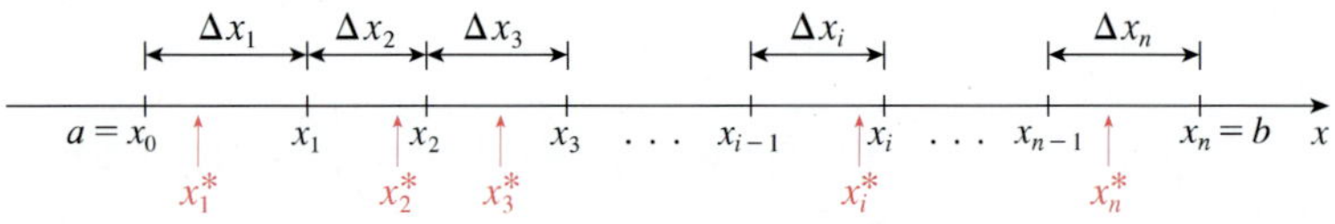

[그림 17] 표본점이 x_i^*인 $[a, b]$의 분할

분할 R과 함수 f에 대한 **리만 합**Riemann sum은 다음과 같이 표본점에서 f를 계산하고 대응하는 부분 구간의 길이를 곱한 후에 모두 더하여 얻는다.

리만 합은 독일 수학자 버나드 리만(Bernhard Riemann, 1826~1866)의 이름을 딴 것이다. 그의 전기는 219쪽을 참고하라.

$$\sum_{i=1}^{n} f(x_i^*)\Delta x_i = f(x_1^*)\Delta x_1 + f(x_2^*)\Delta x_2 + \cdots + f(x_n^*)\Delta x_n$$

리만 합에 대한 기하학적인 해석은 [그림 18]에 보여준다. $f(x_i^*)$가 음이면 $f(x_i^*)\Delta x_i$도 음이므로 대응하는 직사각형의 넓이를 빼야 한다.

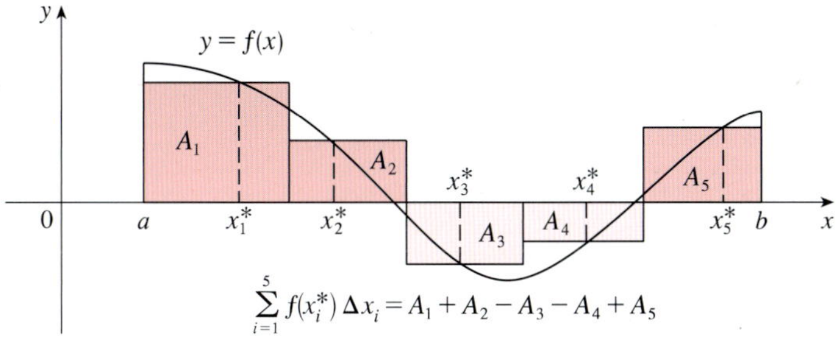

[그림 18] 리만 합은 x축 위의 직사각형들의 넓이와 x축 아래의 직사각형들의 넓이에 음의 부호를 붙여 더한 것이다.

$[a, b]$의 모든 가능한 분할과 분할점의 선택을 생각한다면 넓이의 정의에 따라 n이 커짐에 따라 모든 가능한 리만 합의 극한을 생각할 수 있다. 그러나 지금은 길이가 다른 부분 구간을 허용하므로 이런 길이 Δx_i가 모두 0에 가까워지는 것을 보장해야 한다. 이를 위해서는 가장 긴 길이를 나타낸 $\max \Delta x_i$가 0에 가까워진다고 정하면 된다. 이 결과를 a에서 b까지의 정적분이라 부른다.

2 **정적분의 정의** f가 $[a, b]$에서 정의되는 함수이면 다음 극한이 존재할 때 a에서 b까지 f의 정적분definite integral은 다음과 같다.

$$\int_a^b f(x)\,dx = \lim_{\max \Delta x_i \to 0} \sum_{i=1}^{n} f(x_i^*)\Delta x_i$$

이 극한이 존재할 때 f는 $[a, b]$에서 적분 가능integrable하다고 한다.

리만 Bernhard Riemann, 1826~1866

전설적인 수학자 가우스의 지도하에 괴팅겐 대학교에서 박사학위를 받았으며, 그곳에서 후학을 양성했다. 다른 수학자들을 칭찬하는 경우가 거의 없었던 가우스도 리만에 대해서 만큼은 "창의력이 있고 활동적이며 진정한 수학적인 정신과 독창성이 풍부했다."고 칭찬했다. 현재 사용하는 적분의 정의 2는 리만이 만든 것이다. 그는 또한 복소수 함수론, 수리물리학, 정수론과 기하학의 기틀을 만드는 데 지대한 공헌을 했다. 리만의 광범위한 공간개념과 기하학은 50년 후에 아인슈타인의 일반 상대성이론의 중요한 기초가 됐다. 리만은 평생 허약하게 살다 39세에 결핵으로 세상을 떠났다.

정의 2에서 정적분을 정의하는 극한의 정확한 의미는 다음과 같다.

$\int_a^b f(x)\,dx = I$는 임의의 $\varepsilon > 0$이 주어질 때, $\max \Delta x_i < \delta$인 $[a, b]$의 모든 분할 P와 $[x_{i-1}, x_i]$ 안의 x_i^*의 선정에 대하여 다음을 만족하는 수 $\delta > 0$이 존재함을 의미한다.

이것은 정적분이 리만 합에 의해 원하는 정확도만큼 근사될 수 있음을 의미한다.

NOTE 1 _ 기호 $\int$는 라이프니츠가 도입한 적분 기호integral sign이다. 이 기호는 S를 길게 늘려 만든 것으로 적분이 합sum의 극한이기 때문에 선정되었다. 기호 $\int_a^b f(x)\,dx$에서 $f(x)$는 피적분 함수integrand, a와 b는 적분 한계limits of integration, a는 하한lower limit, b는 상한upper limit이라 한다. $\int_a^b f(x)\,dx$ 전체가 하나의 기호이다. dx는 그 자체로는 아무 의미가 없으며 단순히 독립변수가 x인 것을 나타낸다. 적분을 계산하는 과정을 적분법integration이라 한다.

NOTE 2 _ 정적분 $\int_a^b f(x)\,dx$는 수이고 x에 의존하지 않는다. 실제로 다음과 같이 x를 다른 문자로 대치하여 사용해도 적분값은 변하지 않는다.

$$\int_a^b f(x)\,dx = \int_a^b f(t)\,dt = \int_a^b f(r)\,dr$$

적분 가능한 함수에 대한 정적분을 정의하였으나 모든 함수가 적분 가능한 것은 아니다. 다음 정리는 가장 보편적으로 나타나는 함수들이 실제로 적분 가능하다는 사실을 보여준다. 이 정리는 좀 더 고급 과정에서 증명한다.

3 정리 f가 $[a, b]$에서 연속이거나 f가 유한개의 도약 불연속점을 가지면 f는 $[a, b]$에서 적분 가능하다. 즉 정적분 $\int_a^b f(x)\,dx$가 존재한다.

f가 $[a, b]$에서 적분 가능하면 정의 2에 있는 리만 합은 분할과 표본점이 어떻게 선정되든 상관없이 $\max \Delta x_i \to 0$임에 따라 $\int_a^b f(x)\,dx$에 접근해야만 한다. 그래서 적분값을 계산할 때 계산을 간단히 하기 위해 분할 P와 표본점 x_i^*를 자유롭게 선정할 수 있다. 분할 P를 규칙적인 분할, 즉 모든 부분 구간이 다음과 같이 등간격 Δx가 되도록 취하는 것이 편리하다.

$$\Delta x = \Delta x_1 = \Delta x_2 = \cdots = \Delta x_n = \frac{b-a}{n}$$

그러면 다음과 같다.

$$x_0 = a, \quad x_1 = a + \Delta x, \quad x_2 = a + 2\Delta x, \quad \cdots, \quad x_i = a + i\Delta x$$

표본점 x_i^*를 i번째 부분 구간의 끝점으로 택하면 다음과 같다.

$$x_i^* = x_i = a + i\Delta x = a + i\frac{b-a}{n}$$

이런 경우 $n \to \infty$임에 따라 $\max \Delta x_i = \Delta x = (b-a)/n \to 0$이므로 정의 2로부터 다음을 얻는다.

$$\int_a^b f(x)\,dx = \lim_{\Delta x \to 0} \sum_{i=1}^{n} f(x_i)\Delta x = \lim_{n \to \infty} \sum_{i=1}^{n} f(x_i)\Delta x$$

4 정리 f가 $[a, b]$에서 적분 가능하면 다음이 성립한다.

$$\int_a^b f(x)\,dx = \lim_{n \to \infty} \sum_{i=1}^{n} f(x_i)\Delta x$$

이때 $\Delta x = \dfrac{b-a}{n}$이고 $x_i = a + i\Delta x$이다.

적분을 계산할 때 정리 4가 정리 2보다 사용하기에 간편하다.

예제 1 다음을 구간 $[0, \pi]$에서 적분 기호로 표현하라.

$$\lim_{n\to\infty}\sum_{i=1}^{n}(x_i^3 + x_i \sin x_i)\Delta x$$

풀이

주어진 극한을 정리 4의 극한과 비교해보면 $f(x) = x^3 + x\sin x$를 선택할 경우에 이들이 일치하는 것을 알 수 있다. $a=0$, $b=\pi$이다. 그러므로 정리 4에 의해 다음을 얻는다.

$$\lim_{n\to\infty}\sum_{i=1}^{n}(x_i^3 + x_i \sin x_i)\Delta x = \int_0^{\pi}(x^3 + x\sin x)\,dx$$

나중에 정적분을 물리적 상황에 적용할 때 [예제 1]에서와 같이 합의 극한을 적분으로 인식하는 것이 중요하다. 라이프니츠가 적분 기호를 선정했을 때 극한 과정을 떠올릴 수 있는 성분을 선정했다. 일반적으로 다음과 같이 쓸 때

$$\lim_{n\to\infty}\sum_{i=1}^{n}f(x_i^*)\Delta x = \int_a^b f(x)\,dx$$

$\lim\Sigma$는 $\int$로, x_i^*는 x로, Δx는 dx로 대치한다.

NOTE 3 _ f가 양수이면 리만 합은 근사 직사각형들의 넓이의 합으로 해석될 수 있다([그림 19] 참조). 4.1절의 넓이에 대한 정의를 정리 4와 비교하면 정적분 $\int_a^b f(x)\,dx$는 a에서 b까지 곡선 $y=f(x)$ 아래쪽의 넓이로 해석할 수 있다([그림 20] 참조).

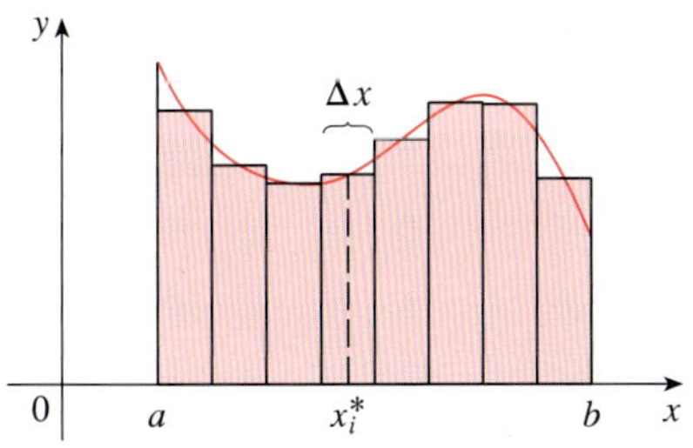

[그림 19] $f(x) \ge 0$일 때 리만 합 $\sum f(x_i^*)\Delta x$는 직사각형들의 넓이의 합이다.

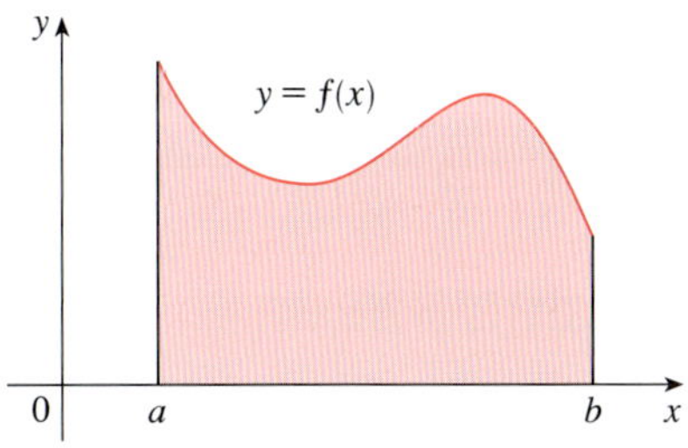

[그림 20] $f(x) \ge 0$일 때 적분 $\int_a^b f(x)\,dx$는 a에서 b까지 곡선 $y=f(x)$ 아래쪽의 넓이이다.

f가 [그림 21]과 같이 양과 음의 값을 모두 갖는다면, 리만 합은 x축 위에 놓인 직사각형들의 넓이와 x축 아래에 놓인 직사각형들의 넓이에 음의 부호를 붙여 더한 것이다. (짙은 붉은색 직사각형들의 넓이에서 옅은 붉은색 직사각형들의 넓이를 뺀다.) 리만 합의 극한을 택하면 [그림 22]에 보여진 상황을 얻는다. 정적분은 **실제 넓이**net area, 즉 다음과 같은 넓이의 차로 해석할 수 있다.

$$\int_a^b f(x)\,dx = A_1 - A_2$$

여기서 A_1은 x축 위와 f 그래프 아래에 있는 영역의 넓이이고, A_2는 x축 아래와 f 그래프 위에 있는 영역의 넓이이다.

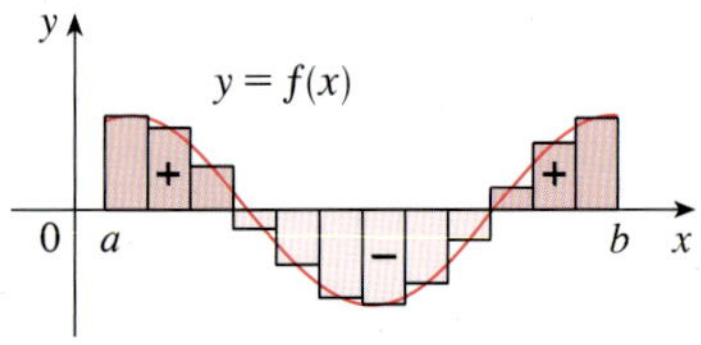

[그림 21] $\sum f(x_i^*)\,\Delta x$는 실제 넓이의 근삿값이다.

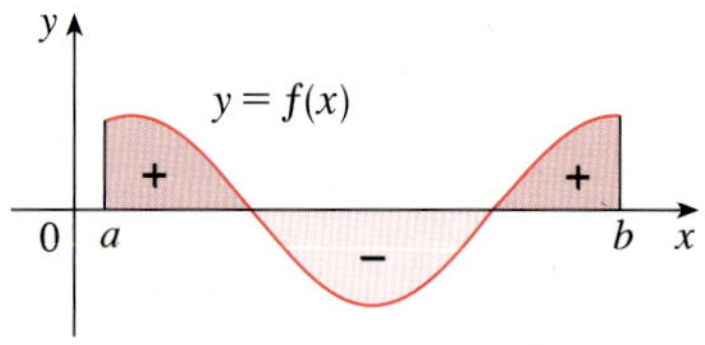

[그림 22] $\int_a^b f(x)\,dx$는 실제 넓이이다.

적분 계산하기

정의 또는 정리 4를 이용하여 정적분을 계산할 때는 합을 계산하는 방법을 알아야 한다. 다음의 세 방정식은 양의 정수의 거듭제곱의 합에 대한 공식이다. 공식 5는 대수 과정에서부터 봐왔기에 익숙할 것이다. 공식 6과 7은 4.1절에서 논의했고 증명은 '부록 B'에 수록되어 있다.

5 $$\sum_{i=1}^{n} i = \frac{n(n+1)}{2}$$

6 $$\sum_{i=1}^{n} i^2 = \frac{n(n+1)(2n+1)}{6}$$

7 $$\sum_{i=1}^{n} i^3 = \left[\frac{n(n+1)}{2}\right]^2$$

다음의 공식들은 시그마 기호를 사용하는 간단한 규칙들이다.

8 $$\sum_{i=1}^{n} c = nc$$

9 $$\sum_{i=1}^{n} ca_i = c\sum_{i=1}^{n} a_i$$

10 $$\sum_{i=1}^{n} (a_i + b_i) = \sum_{i=1}^{n} a_i + \sum_{i=1}^{n} b_i$$

11 $$\sum_{i=1}^{n} (a_i - b_i) = \sum_{i=1}^{n} a_i - \sum_{i=1}^{n} b_i$$

공식 8~11의 양변을 전개하면 증명할 수 있다. 공식 9의 좌변은 다음과 같다.

$$ca_1 + ca_2 + \cdots + ca_n$$

우변은 다음과 같다.

$$c(a_1 + a_2 + \cdots + a_n)$$

이는 분배법칙에 의해 동일하다. 다른 공식들은 '부록 B'에서 논의한다.

예제 2 (a) $a=0$, $b=3$, $n=6$에 대해 표본점을 오른쪽 끝점으로 택하여 $f(x)=x^3-6x$의 리만 합을 계산하라.

(b) $\displaystyle\int_0^3 (x^3-6x)\,dx$를 계산하라.

풀이

(a) $n=6$일 때 부분 구간의 너비는 다음과 같다.

$$\Delta x = \frac{b-a}{n} = \frac{3-0}{6} = \frac{1}{2}$$

오른쪽 끝점은 $x_1=0.5$, $x_2=1.0$, $x_3=1.5$, $x_4=2.0$, $x_5=2.5$, $x_6=3.0$이다. 따라서 리만 합은 다음과 같다.

$$\begin{aligned}R_6 &= \sum_{i=1}^{6} f(x_i)\,\Delta x \\ &= f(0.5)\,\Delta x + f(1.0)\,\Delta x + f(1.5)\,\Delta x + f(2.0)\,\Delta x + f(2.5)\,\Delta x \\ &\quad + f(3.0)\,\Delta x \\ &= \frac{1}{2}(-2.875-5-5.625-4+0.625+9) \\ &= -3.9375\end{aligned}$$

f가 양의 함수가 아니므로 리만 합이 직사각형들의 넓이의 합을 나타내지 않는다는 점에 주목하자. 이는 [그림 23]과 같이 짙은 붉은색 직사각형들의 넓이의 합에서(x축 위) 옅은 붉은색 직사각형들의 넓이의 합(x축 아래)을 뺀 값을 나타낸다.

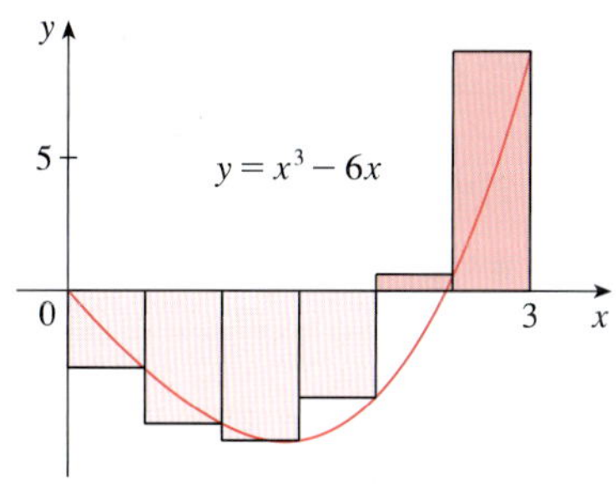

[그림 23]

(b) n개 부분 구간에 대해 다음을 얻는다.

$$\Delta x = \frac{b-a}{n} = \frac{3}{n}$$

그러므로 $x_0=0$, $x_1=3/n$, $x_2=6/n$, $x_3=9/n$, 이를 일반화하면 $x_i=3i/n$이다. 오른쪽 끝점을 이용하므로 다음과 같이 정리 4를 이용할 수 있다.

$$\begin{aligned}\int_0^3 (x^3-6x)\,dx &= \lim_{n\to\infty}\sum_{i=1}^{n} f(x_i)\Delta x = \lim_{n\to\infty}\sum_{i=1}^{n} f\left(\frac{3i}{n}\right)\frac{3}{n} \\ &= \lim_{n\to\infty}\frac{3}{n}\sum_{i=1}^{n}\left[\left(\frac{3i}{n}\right)^3 - 6\left(\frac{3i}{n}\right)\right] \qquad \text{(식 9에서 } c=3/n) \\ &= \lim_{n\to\infty}\frac{3}{n}\sum_{i=1}^{n}\left[\frac{27}{n^3}i^3 - \frac{18}{n}i\right]\end{aligned}$$

합에서 (i와 달리) n은 상수이다. 그러므로 $3/n$을 Σ 기호 앞으로 옮길 수 있다.

$$= \lim_{n\to\infty} \left[\frac{81}{n^4} \sum_{i=1}^{n} i^3 - \frac{54}{n^2} \sum_{i=1}^{n} i \right] \qquad \text{(식 11과 9)}$$

$$= \lim_{n\to\infty} \left\{ \frac{81}{n^4} \left[\frac{n(n+1)}{2} \right]^2 - \frac{54}{n^2} \frac{n(n+1)}{2} \right\} \qquad \text{(식 7과 5)}$$

$$= \lim_{n\to\infty} \left\{ \frac{81}{4} \left(1 + \frac{1}{n}\right)^2 - 27\left(1 + \frac{1}{n}\right) \right\}$$

$$= \frac{81}{4} - 27 = -\frac{27}{4} = -6.75$$

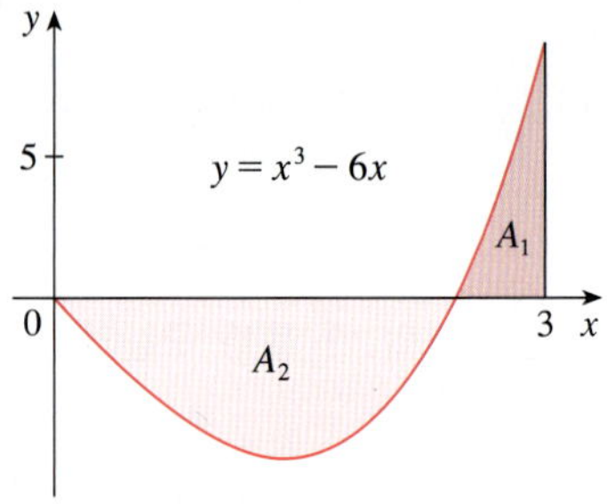

[그림 24]
$\int_0^3 (x^3 - 6x)\,dx = A_1 - A_2 = -6.75$

f가 양수값과 음수값을 모두 취하기 때문에 이 적분은 넓이로 해석할 수 없다. 이는 [그림 24]에 나타낸 넓이 A_1과 A_2의 차 $A_1 - A_2$로 해석될 수 있다.

[그림 25]는 $n = 40$일 때 오른쪽 끝점을 이용한 리만 합 R_n에서 양수 항과 음수 항을 보임으로써 이 계산을 설명하고 있다. [표 4]의 값은 $n \to \infty$일수록 리만 합이 정확한 적분값인 -6.75에 접근하는 것을 알 수 있다.

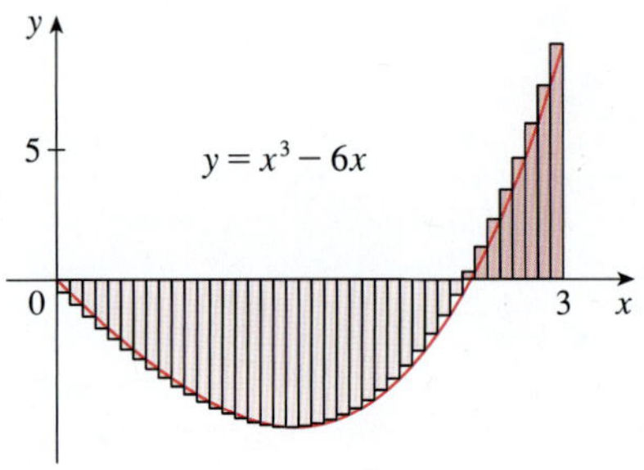

[그림 25] $R_{40} \approx -6.3998$

n	R_n
40	−6.3998
100	−6.6130
500	−6.7229
1000	−6.7365
5000	−6.7473

[표 4]

[예제 2]에 있는 적분을 계산하는 좀더 간단한 방법은 기본 정리를 증명한 후에 4.3절에서 제시할 것이다.

■ www.stewartcalculus.com (Additional Example A를 보라.)

예제 3 다음 적분을 각각 넓이로 해석하여 계산하라.

(a) $\int_0^1 \sqrt{1 - x^2}\,dx$ (b) $\int_0^3 (x - 1)\,dx$

풀이

(a) $f(x) = \sqrt{1 - x^2} \geq 0$이므로 이 적분을 0에서 1까지 곡선 $y = \sqrt{1 - x^2}$ 아래의 넓이로 해석할 수 있다. 그러나 $y^2 = 1 - x^2$이므로 $x^2 + y^2 = 1$이고, f의 그래프는 [그림 26]과 같이 반지름이 1인 사분원임을 보여준다. 그러므로 다음과 같다.

$$\int_0^1 \sqrt{1 - x^2}\,dx = \frac{1}{4}\pi(1)^2 = \frac{\pi}{4}$$

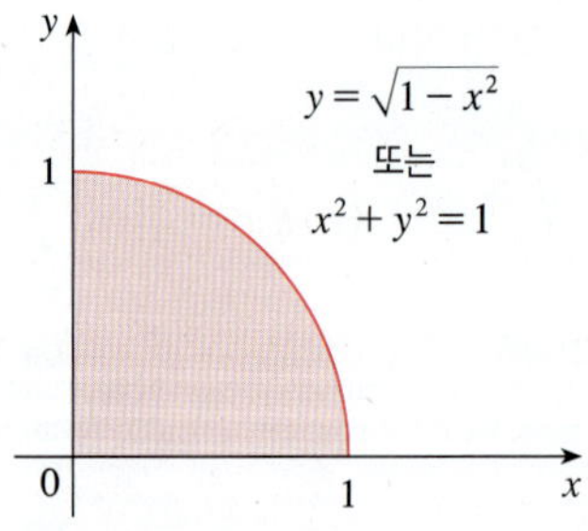

[그림 26]

(6.2절에서 반지름이 r인 원의 넓이가 πr^2임을 증명할 것이다.)

(b) $y=x-1$의 그래프는 [그림 27]과 같이 기울기가 1인 직선이다. 이 적분은 다음과 같이 두 삼각형의 넓이의 차로 계산한다.

$$\int_0^3 (x-1)\,dx = A_1 - A_2 = \frac{1}{2}(2\cdot 2) - \frac{1}{2}(1\cdot 1) = 1.5$$

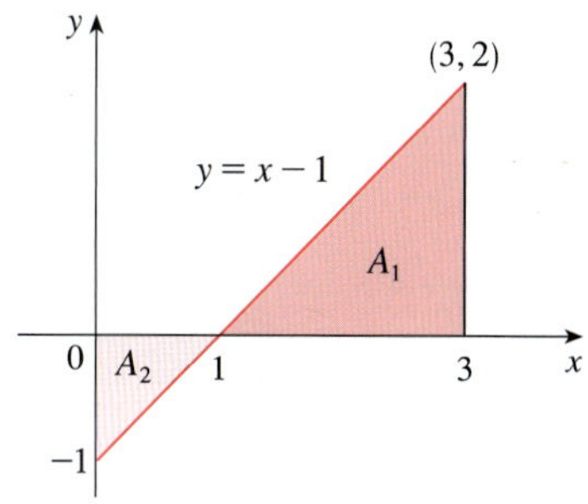

[그림 27]

중점 법칙

극한을 계산하기 편리하다는 이유로 종종 i번째 부분 구간의 오른쪽 끝점을 표본점 x_i^*로 선택한다. 그러나 적분의 근삿값을 구하는 것이 목적이라면 x_i^*를 부분 구간의 중점으로 선택하는 편이 낫다. 부분 구간의 중점은 $\overline{x}_i$로 나타낸다. 임의의 리만 합은 적분의 근삿값이지만 등간격의 분할과 중점을 이용하여 다음의 근사식을 얻는다.

TEC Module 4.2/6.5절은 n이 커짐에 따라 중점 법칙이 어떻게 개선되는지 보여준다.

중점 법칙

$$\int_a^b f(x)\,dx \approx \sum_{i=1}^{n} f(\overline{x}_i)\,\Delta x = \Delta x\left[f(\overline{x}_1) + \cdots + f(\overline{x}_n)\right]$$

이때 $\Delta x = \dfrac{b-a}{n}$, $\overline{x}_i = \dfrac{1}{2}(x_{i-1}+x_i) = [x_{i-1},\ x_i]$의 중점이다.

예제 4 $n=5$인 중점 법칙을 이용하여 $\displaystyle\int_1^2 \frac{1}{x}\,dx$의 근삿값을 구하라.

풀이

5개 부분 구간의 끝점은 1, 1.2, 1.4, 1.6, 1.8, 2.0이므로 중점은 1.1, 1.3, 1.5, 1.7, 1.9이다. 부분 구간의 너비는 $\Delta x = (2-1)/5 = 1/5$이므로 중점 법칙에 의해 다음을 얻는다.

$$\int_1^2 \frac{1}{x}\,dx \approx \Delta x\,[f(1.1)+f(1.3)+f(1.5)+f(1.7)+f(1.9)]$$

$$= \frac{1}{5}\left(\frac{1}{1.1}+\frac{1}{1.3}+\frac{1}{1.5}+\frac{1}{1.7}+\frac{1}{1.9}\right) \approx 0.691908$$

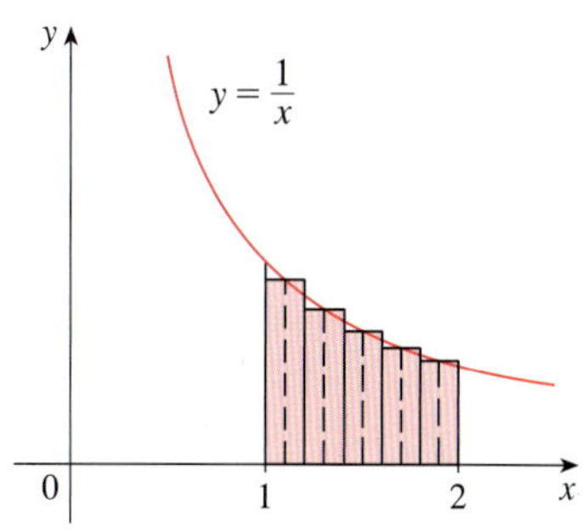

[그림 28]

$1 \le x \le 2$에서 $f(x)=1/x>0$이므로 적분은 넓이를 나타내며, 중점 법칙에 의해 주어진 근삿값은 [그림 28]에 나타낸 직사각형들의 넓이의 합이다.

아직은 [예제 4]의 근삿값이 얼마나 정확한지 모르지만 6.5절에서 중점 법칙을 사용하여 발생한 오차를 추정하는 방법을 배울 것이다. 그때 정적분의 근삿값을 계산하는 또 다른 방법을 논의할 것이다.

[예제 2]의 적분에 중점 법칙을 적용하면 [그림 29]와 같은 그림을 얻는다. 근삿값

$M_{40} \approx -6.7563$은 [그림 25]에 나타낸 오른쪽 끝점 근삿값 $R_{40} \approx -6.3998$보다 참값 -6.75에 더욱 가깝다.

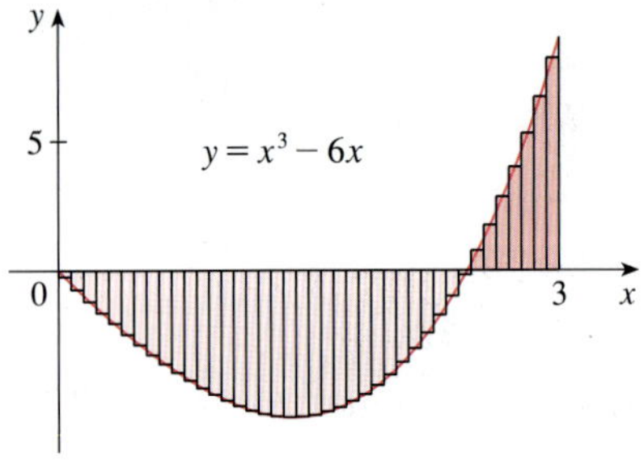

[그림 29] $M_{40} \approx -6.7563$

TEC Visual 4.2에서 n에 대한 다른 값에 대해 [예제 2]의 적분에 대한 왼쪽, 오른쪽, 중점 근삿값을 비교할 수 있다.

정적분의 성질

이제 간단한 방법으로 적분을 계산할 수 있게 도와주는 적분의 기본적인 성질 몇 가지를 소개한다. f와 g를 적분 가능한 함수라고 가정한다.

정적분 $\int_a^b f(x)\,dx$를 정의할 때 암묵적으로 $a < b$로 가정했다. 그러나 리만 합으로서의 정의는 $a > b$일 때도 의미가 있다. 정리 4에서 a와 b를 서로 바꾸면 Δx는 $(b-a)/n$에서 $(a-b)/n$로 바뀐다. 그러므로 다음이 성립한다.

$$\int_b^a f(x)\,dx = -\int_a^b f(x)\,dx$$

$a = b$이면 $\Delta x = 0$이므로 다음이 성립한다.

$$\int_a^a f(x)\,dx = 0$$

정적분의 성질 다음 모든 적분이 존재한다고 가정한다.

(1) $\int_a^b c\,dx = c(b-a)$, 여기서 c는 임의의 상수이다.

(2) $\int_a^b [f(x)+g(x)]\,dx = \int_a^b f(x)\,dx + \int_a^b g(x)\,dx$

(3) $\int_a^b cf(x)\,dx = c\int_a^b f(x)\,dx$, 여기서 c는 임의의 상수이다.

(4) $\int_a^b [f(x)-g(x)]\,dx = \int_a^b f(x)\,dx - \int_a^b g(x)\,dx$

성질 (1)은 상수함수 $f(x)=c$의 적분이 상수와 구간의 길이의 곱임을 의미한다. $c>0$이고 $a<b$이면 $c(b-a)$는 [그림 30]에 있는 색칠된 직사각형의 넓이로서, 이미 예상했던 결과이다.

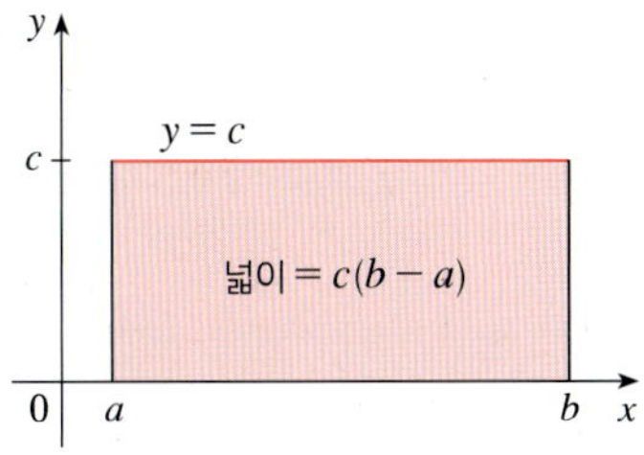

[그림 30] $\int_a^b c\,dx = c(b-a)$

성질 (2)는 합의 적분이 곧 적분의 합임을 뜻한다. 양의 함수들에 대해 $f+g$ 아래의 넓이는 f 아래의 넓이와 g 아래의 넓이를 합한 결과이다. [그림 31]을 보면 이 사실이 왜 참인지를 이해할 수 있다. 즉 그래프들의 합이 어떻게 나타나는지를 보면, 대응하는 수직선분들의 높이가 동일하다.

일반적으로 성질 (2)는 정리 4와 합의 극한은 극한의 합이라는 사실로부터 유도할 수 있다.

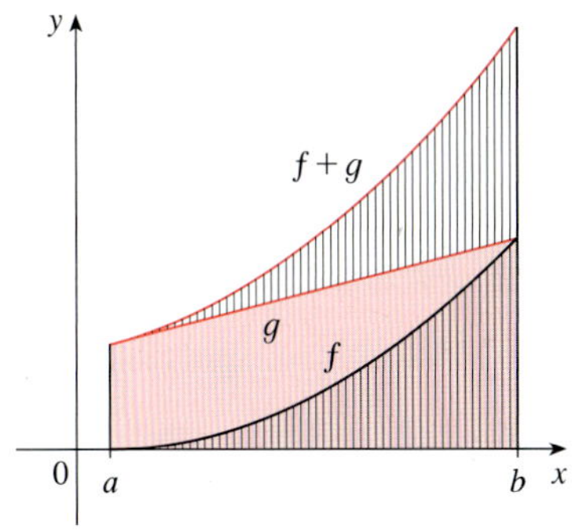

[그림 31]
$\int_a^b [f(x)+g(x)]\,dx = \int_a^b f(x)\,dx + \int_a^b g(x)\,dx$

$$\begin{aligned}\int_a^b [f(x)+g(x)]\,dx &= \lim_{n\to\infty}\sum_{i=1}^{n}[f(x_i)+g(x_i)]\Delta x \\ &= \lim_{n\to\infty}\left[\sum_{i=1}^{n} f(x_i)\Delta x + \sum_{i=1}^{n} g(x_i)\Delta x\right] \\ &= \lim_{n\to\infty}\sum_{i=1}^{n} f(x_i)\Delta x + \lim_{n\to\infty}\sum_{i=1}^{n} g(x_i)\Delta x \\ &= \int_a^b f(x)\,dx + \int_a^b g(x)\,dx\end{aligned}$$

유사한 방법으로 성질 (3)을 증명할 수 있다. 함수의 상수 곱에 대한 적분은 그 함수의 적분에 상수를 곱한 것과 같음을 뜻한다. 다시 말하면 적분 기호 앞으로 상수(오로지 상수만)를 옮길 수 있다. 성질 (4)는 $f-g=f+(-g)$로 표현하며 $c=-1$일 때의 성질 (2)와 (3)을 이용하여 증명한다.

우리는 함수에 양수 c를 곱하면 인수 c에 의해 그래프가 수직방향으로 늘어나거나 줄어든다는 사실을 알고 있으므로 성질 (3)은 직관적으로 타당해 보인다. 따라서 c에 의해 근사 직사각형이 늘어나거나 줄어들기 때문에 넓이에 c를 곱한 효과를 얻는다.

예제 5 **적분의 성질을 이용하여 $\int_0^1 (4+3x^2)\,dx$를 계산하라.**

풀이

적분의 성질 (2)와 (3)을 이용하여 다음을 얻는다.

$$\int_0^1 (4+3x^2)\,dx = \int_0^1 4\,dx + \int_0^1 3x^2\,dx = \int_0^1 4\,dx + 3\int_0^1 x^2\,dx$$

적분의 성질 (1)로부터 다음을 얻는다.

$$\int_0^1 4\,dx = 4(1-0) = 4$$

4.1절에 있는 [예제 2]에서 $\int_0^1 x^2\,dx = \frac{1}{3}$을 구했다. 따라서 다음을 얻는다.

$$\int_0^1 (4+3x^2)\,dx = \int_0^1 4\,dx + 3\int_0^1 x^2\,dx$$

$$= 4 + 3 \cdot \frac{1}{3} = 5$$

다음 성질은 이웃한 구간에서 동일한 함수의 적분을 결합하는 방법을 알려준다.

(5) $\int_a^c f(x)\,dx + \int_c^b f(x)\,dx = \int_a^b f(x)\,dx$

성질 (5)는 다소 복잡한데, '부록 C'에서 이에 대해 증명했다. 그러나 $f(x) \geq 0$이고 $a < c < b$인 경우에는 [그림 32]와 같은 기하학적인 해석으로 이를 밝힐 수 있다. 즉 a에서 c까지 $y = f(x)$ 아래의 넓이와 c에서 b까지 $y = f(x)$ 아래의 넓이의 합은 a에서 b까지의 전체 넓이와 같다.

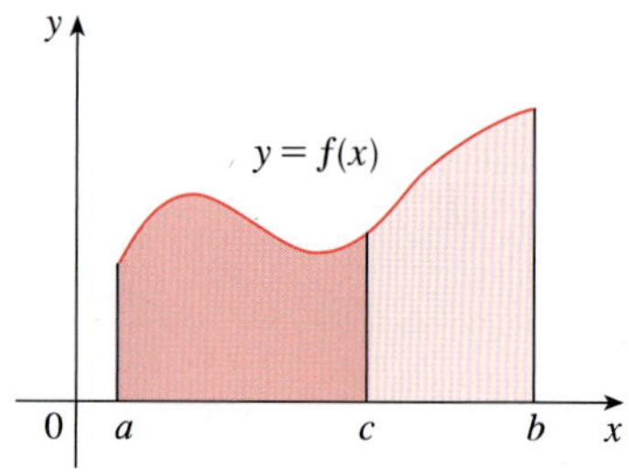

[그림 32]

예제 6 $\int_0^{10} f(x)\,dx = 17$이고 $\int_0^8 f(x)\,dx = 12$일 때 $\int_8^{10} f(x)\,dx$를 구하라.

풀이

성질 (5)에 의해 다음을 얻는다.

$$\int_0^8 f(x)\,dx + \int_8^{10} f(x)\,dx = \int_0^{10} f(x)\,dx$$

따라서 다음을 얻는다.

$$\int_8^{10} f(x)\,dx = \int_0^{10} f(x)\,dx - \int_0^8 f(x)\,dx = 17 - 12 = 5$$

성질 (1)~(5)는 $a < b$, $a = b$ 또는 $a > b$일 때 모두 참이다. 함수의 크기와 적분의 크기를 비교하는 다음 성질은 $a \leq b$인 경우에만 성립한다.

적분의 비교 성질

(6) $a \leq x \leq b$이고 $f(x) \geq 0$이면 $\int_a^b f(x)\,dx \geq 0$이다.

(7) $a \leq x \leq b$이고 $f(x) \geq g(x)$이면 $\int_a^b f(x)\,dx \geq \int_a^b g(x)\,dx$이다.

(8) $a \leq x \leq b$에서 $m \leq f(x) \leq M$이면 $m(b-a) \leq \int_a^b f(x)\,dx \leq M(b-a)$이다.

$f(x) \geq 0$이면 $\int_a^b f(x)\,dx$는 f의 그래프 아래의 넓이를 나타내므로 성질 (6)의 기하학적 해석은 단순히 넓이가 양수라는 것이다. (관련된 모든 양들이 양수이므로 정의로부터 직접 얻는다.) 성질 (7)은 큰 함수의 적분이 더 크다는 뜻이다. 이는 $f-g \geq 0$이기 때문에 성질 (6)과 (4)로부터 얻는다.

$f(x) \geq 0$인 경우 성질 (8)은 [그림 33]으로 설명된다. f가 연속함수이면 구간 $[a, b]$에서 f의 최솟값 m과 최댓값 M을 택할 수 있다. 이 경우에 성질 (8)은 f의 그래프 아래의 넓이는 높이 m인 직사각형의 넓이보다 크고, 높이 M인 직사각형의 넓이보다 작다는 것을 의미한다.

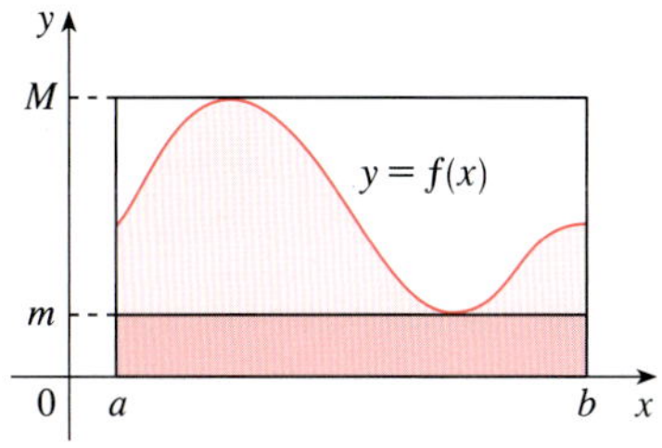

[그림 33]

일반적으로 $m \leq f(x) \leq M$이므로 성질 (7)에 의해 다음을 얻는다.

$$\int_a^b m\,dx \leq \int_a^b f(x)\,dx \leq \int_a^b M\,dx$$

성질 (1)을 이용하여 왼쪽과 오른쪽 변에 있는 적분을 계산하면 다음을 얻는다.

$$m(b-a) \leq \int_a^b f(x)\,dx \leq M(b-a)$$

성질 (8)은 적분의 크기를 대략적으로 추정하고자 할 때 유용하다.

예제 7 **성질 (8)을 이용해서 $\int_1^4 \sqrt{x}\,dx$를 추정하라.**

풀이

$f(x) = \sqrt{x}$는 증가함수이므로 $[1, 4]$에서 최솟값은 $m = f(1) = 1$이고 최댓값은 $M = f(4) = \sqrt{4} = 2$이다. 따라서 성질 (8)에 따라 다음을 얻는다.

$$1(4-1) \leq \int_1^4 \sqrt{x}\,dx \leq 2(4-1)$$

$$3 \leq \int_1^4 \sqrt{x}\,dx \leq 6$$

[예제 7]의 결과를 [그림 34]에서 보여준다. 1에서 4까지 $y = \sqrt{x}$ 아래의 넓이는 작은 직사각형의 넓이보다 크고 큰 직사각형의 넓이보다 작다.

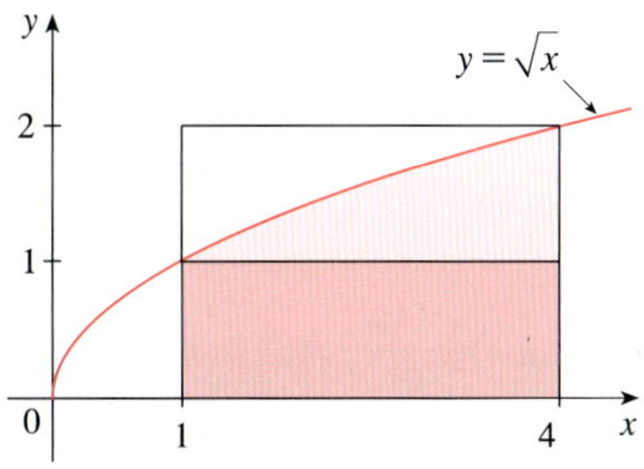

[그림 34]

4.2 연습문제

01 왼쪽 끝점을 표본점으로 택한 6개 부분 구간을 갖는 $f(x)=3-\frac{1}{2}x$, $2 \le x \le 14$에 대한 리만 합을 계산하라. 리만 합이 무엇을 나타내는지 그림을 그려서 설명하라.

02 $f(x)=\sqrt{x}-2$, $1 \le x \le 6$일 때 표본점을 중점으로 택한 $n=5$인 리만 합을 소수점 아래 여섯째 자리까지 정확하게 구하라. 리만 합은 무엇을 나타내는가? 그림을 그려라.

03 분할점이 -1, -0.5, 0, 0.5, 1이고 표본점이 -1, -0.4, 0.2, 1이면 $f(x)=x^3$, $-1 \le x \le 1$에 대한 리만 합을 구하라.

04 함수 f의 그래프가 다음과 같다. 표본점을 (a) 오른쪽 끝점 (b) 왼쪽 끝점 (c) 중점으로 택한 5개의 부분 구간을 이용하여 $\int_0^{10} f(x)\,dx$를 추정하라.

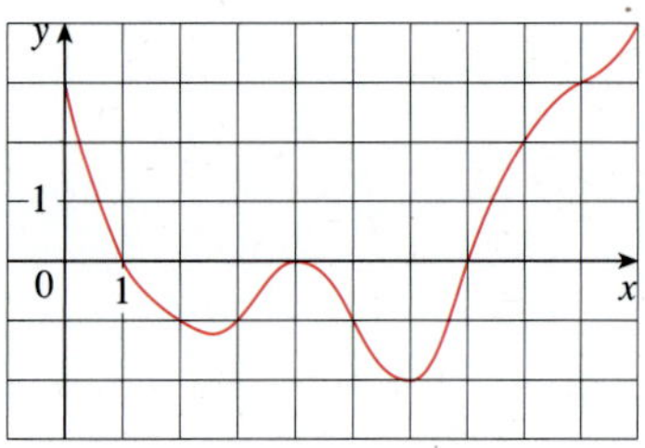

05 증가함수 f의 값이 다음 표와 같다. 이 표를 이용해서 $\int_{10}^{30} f(x)\,dx$에 대한 아래쪽과 위쪽 추정값을 구하라.

x	10	14	18	22	26	30
$f(x)$	-12	-6	-2	1	3	8

06~07 주어진 n 값을 갖는 중점 법칙을 이용하여 적분의 근삿값을 반올림하여 소수점 아래 넷째 자리까지 구하라.

06 $\int_0^8 \sin\sqrt{x}\,dx$, $n=4$

07 $\int_0^2 \frac{x}{x+1}\,dx$, $n=5$

08~09 다음 극한을 주어진 구간에서 정적분으로 표현하라.

08 $\lim_{n\to\infty}\sum_{i=1}^{n} \frac{1-x_i^2}{4+x_i^2}\,\Delta x$, $[2, 6]$

09 $\lim_{n\to\infty}\sum_{i=1}^{n} [5(x_i^*)^3-4x_i^*]\,\Delta x$, $[2, 7]$

10~12 정리 4에 주어진 적분의 정의에 대한 형태를 이용하여 다음 적분을 구하라.

10 $\int_2^5 (4-2x)\,dx$

11 $\int_{-2}^0 (x^2+x)\,dx$

12 $\int_0^1 (x^3-3x^2)\,dx$

13 적분 $\int_2^6 \frac{x}{1+x^5}\,dx$를 리만 합의 극한으로 표현하라. 극한을 계산하지는 않는다.

14 CAS 적분 $\int_0^{\pi} \sin 5x\,dx$를 합의 극한으로 표현하라. 그리고 컴퓨터 대수체계를 이용하여 합과 극한을 모두 구하라.

15 f의 그래프가 다음과 같다. 각각의 적분을 넓이로 해석해서 그 값을 계산하라.

(a) $\int_0^2 f(x)\,dx$ (b) $\int_0^5 f(x)\,dx$

(c) $\int_5^7 f(x)\,dx$ (d) $\int_0^9 f(x)\,dx$

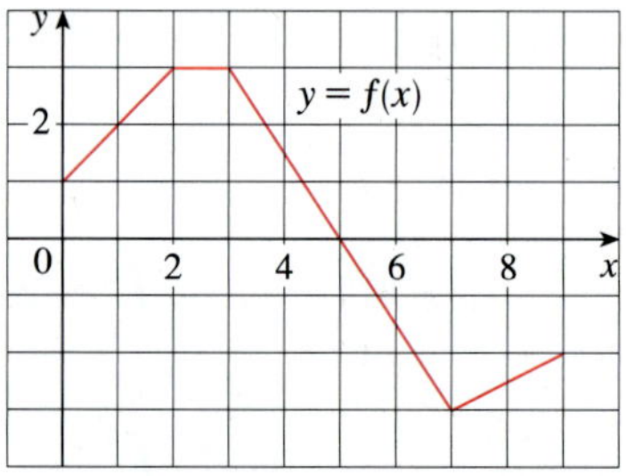

16~18 다음 적분을 넓이로 해석해서 그 값을 구하라.

16 $\int_{-1}^2 (1-x)\,dx$

17 $\int_{-3}^0 (1+\sqrt{9-x^2})\,dx$

18 $\int_{-1}^2 |x|\,dx$

19 $\int_{\pi}^{\pi} \sin^2 x \cos^4 x\,dx$를 계산하라.

20 다음을 $\int_a^b f(x)\,dx$와 같이 하나의 적분으로 표현하라.

$$\int_{-2}^{2} f(x)\,dx + \int_{2}^{5} f(x)\,dx - \int_{-2}^{-1} f(x)\,dx$$

21 $\int_0^9 f(x)\,dx = 37$, $\int_0^9 g(x)\,dx = 16$일 때 $\int_0^9 [2f(x) + 3g(x)]\,dx$를 구하라.

22 4.1절의 [예제 2]에서 $\int_0^1 x^2\,dx = \frac{1}{3}$임을 보였다. 이 사실과 적분의 성질을 이용하여 $\int_0^1 (5-6x^2)\,dx$를 계산하라.

23 f의 그래프와 x축으로 유계된 세 영역 A, B, C의 넓이가 각각 3이다. $\int_{-4}^{2} [f(x) + 2x + 5]\,dx$의 값을 구하라.

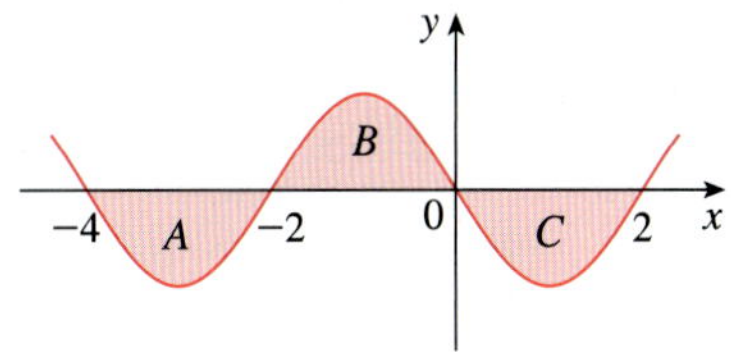

24 적분을 계산하지 않고 적분의 성질을 이용하여 다음 부등식을 증명하라.

$$2 \le \int_{-1}^{1} \sqrt{1+x^2}\,dx \le 2\sqrt{2}$$

25~26 적분의 성질 (8)을 이용하여 다음 적분값을 추정하라.

25 $\int_1^2 \frac{1}{x}\,dx$

26 $\int_{\pi/4}^{\pi/3} \tan x\,dx$

27 다음 극한을 정적분으로 표현하라.

$$\lim_{n\to\infty} \sum_{i=1}^{n} \frac{i^4}{n^5}$$

4.3 정적분 계산하기

4.2절에서 리만 합의 극한을 이용한 정의로부터 적분을 계산했지만, 이와 같은 과정은 때때로 시간이 걸릴 뿐만 아니라 어렵다는 것을 알았다. 뉴턴은 적분을 계산하는 매우 간단한 방법을 발견했고, 몇 년 후에 라이프니츠도 동일한 결과를 발견했다. 이들은 f의 역도함수 F를 알고 있으면 $\int_a^b f(x)\,dx$를 계산할 수 있다는 사실을 깨달았다. 이들의 발견은 정적분의 기본 정리라 불리며, 다음 절에서 다룰 미적분학의 기본 정리의 일부분이다.

정적분의 기본 정리

f가 $[a, b]$에서 연속이면 다음이 성립한다.

$$\int_a^b f(x)\,dx = F(b) - F(a)$$

여기서 F는 f의 임의의 역도함수, 즉 $F' = f$이다.

이 정리는 f의 역도함수 F를 알고 있다면 $\int_a^b f(x)\,dx$의 값은 간단히 $[a, b]$의 양 끝점에서 F 값을 빼서 구할 수 있다는 뜻이다. $a \le x \le b$에 대해 $f(x)$의 모든 값과 관련된 복잡한 과정으로 정의된 $\int_a^b f(x)\,dx$의 값을 단지 두 점 a와 b에서의 $F(x)$ 값을 알기만 하면 구할 수 있다는 사실은 매우 놀랍다.

예를 들어 3.7절에서 $f(x)=x^2$의 역도함수는 $F(x)=\dfrac{x^3}{3}$인 것을 알았으므로, 정적분의 기본 정리에 따라 다음과 같이 나타낸다.

$$\int_0^1 x^2\,dx = F(1)-F(0)=\frac{1}{3}\cdot 1^3-\frac{1}{3}\cdot 0^3=\frac{1}{3}$$

0에서 1까지 포물선 $y=x^2$ 아래의 넓이를 합의 극한으로 계산한 4.1절 [예제 2]의 계산과 이 방법을 비교해보면, 정적분의 기본 정리는 간단하면서도 강력한 방법을 제공하는 것을 알 수 있다.

정적분의 기본 정리는 얼핏 보기에 놀라워 보이지만, 이것을 물리 용어로 해석하면 그럴듯해 보인다. $v(t)$가 물체의 속도이고 $s(t)$가 시각 t에서의 위치라 하면 $v(t)=s'(t)$이므로 s는 v의 역도함수이다. 4.1절에서 항상 양의 방향으로 움직이는 물체를 생각했고, 속도곡선 아래의 넓이는 이동한 거리와 일치한다고 추측했다. 이것을 수식으로 표현하면 다음과 같다.

$$\int_a^b v(t)\,dt = s(b)-s(a)$$

이것이 바로 정적분의 기본 정리가 말하고자 하는 것이다.

정적분의 기본 정리의 증명

구간 $[a, b]$를 끝점이 $x_0(=a)$, x_1, x_2, $\cdots$, $x_n(=b)$이고 길이가 $\Delta x=(b-a)/n$인 부분 구간 n개로 나눈다. F를 f의 역도함수라 하자. 다음과 같이 같은 항을 빼고 더하여 F 값들의 전체 차를 부분 구간에서 차의 합으로 표현할 수 있다.

$$\begin{aligned}F(b)-F(a) &= F(x_n)-F(x_0)\\ &= F(x_n)-F(x_{n-1})+F(x_{n-1})-F(x_{n-2})+\cdots+F(x_2)-F(x_1)+F(x_1)-F(x_0)\\ &= \sum_{i=1}^{n}[F(x_i)-F(x_{i-1})]\end{aligned}$$

이제 F가 연속이므로(이 함수가 미분 가능하므로) 각 부분 구간 $[x_{i-1}, x_i]$에서 F에 평균값 정리를 적용할 수 있다. 그러므로 다음을 만족하는 수 x_i^*가 x_{i-1}과 x_i 사이에 존재한다.

평균값 정리에 대해 3.2절을 보라.

$$F(x_i)-F(x_{i-1})=F'(x_i^*)(x_i-x_{i-1})=f(x_i^*)\,\Delta x$$

그러므로 다음을 얻는다.

$$F(b)-F(a)=\sum_{i=1}^{n} f(x_i^*)\Delta x$$

이제 이 방정식의 양변에 $n \to \infty$ 인 극한을 취한다. 좌변은 상수이고 우변은 함수 f에 대한 리만 합이다. 그러므로 다음을 얻는다.

$$F(b)-F(a)=\lim_{n\to\infty}\sum_{i=1}^{n} f(x_i^*)\Delta x=\int_a^b f(x)\,dx$$

정적분의 기본 정리를 적용할 때 다음 기호를 사용한다.

$$F(x)\Big]_a^b=F(b)-F(a)$$

따라서 $F'=f$일 때 다음과 같이 쓸 수 있다.

$$\int_a^b f(x)\,dx=F(x)\Big]_a^b$$

다른 표현 방법으로 $F(x)|_a^b$와 $[F(x)]_a^b$를 사용한다.

예제 1 정적분 $\int_{-2}^{1} x^3\,dx$ 를 계산하라.

정적분의 기본 정리를 적용할 때 f의 특수한 역도함수 F를 사용한다. 가장 일반적인 역도함수 $\frac{x^4}{4}+C$를 사용할 필요가 없다.

풀이

$f(x)=x^3$의 역도함수는 $F(x)=\frac{x^4}{4}$이므로 정적분의 기본 정리를 이용하여 다음을 얻는다.

$$\int_{-2}^{1} x^3\,dx=F(1)-F(-2)=\frac{1}{4}(1)^4-\frac{1}{4}(-2)^4=-\frac{15}{4}$$

예제 2 $0\le b\le \pi/2$에 대해 0에서 b까지 코사인 곡선 아래의 넓이를 구하라.

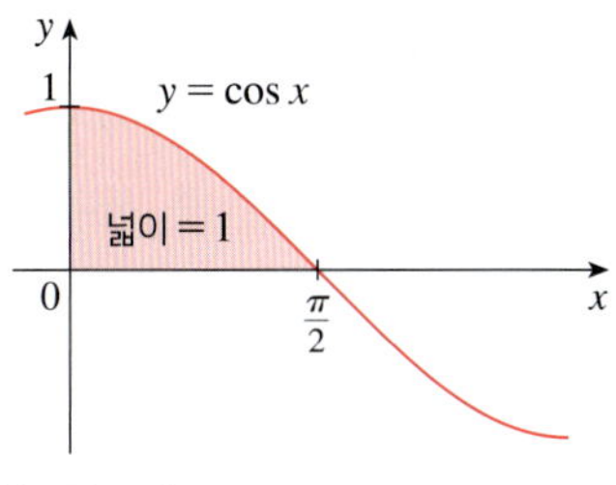

[그림 35]

풀이

$f(x)=\cos x$의 역도함수는 $F(x)=\sin x$이므로 다음을 얻는다.

$$A=\int_0^b \cos x\,dx=\sin x\Big]_0^b=\sin b-\sin 0=\sin b$$

특히 $b=\pi/2$로 택하면 0에서 $\pi/2$까지 코사인 곡선 아래의 넓이 A는 $\sin(\pi/2)=1$임이 증명된다([그림 35] 참조).

프랑스의 수학자 로베르발Gilles de Roberval이 1635년 처음으로 사인 함수와 코사인 함수 곡선 아래의 넓이를 처음 발견했다. 당시 이 문제는 아주 정교한 창의성을 요구하는 매우 도전적인 문제였다. 정적분의 기본 정리의 이점을 발견하지 못했다면 이해하기 힘든 삼각 항등식을 이용하여 어려운 합의 극한을 계산해야 했을 것이다. (또는 4.1절의 [연습문제 13]과 같이 컴퓨터 대수체계를 이용해야 한다.) 게다가 1635년에는 극한 개념이 발견되지 않았기 때문에 로베르발은 훨씬 더 어렵게 느꼈을 것이다. 그러나 1660년대와 1670년대에 뉴턴과 라이프니츠가 정적분의 기본 정리를 발견한 이후 이와 같은 문제들은 [예제 2]에서 보는 것처럼 아주 쉽게 해결되었다.

부정적분

역도함수를 쉽게 다루기 위해 간단한 표기법이 필요하다. 정적분의 기본 정리에서 보여준 역도함수와 적분 사이의 관계를 보면, 전통적으로 $\int f(x)\,dx$를 f의 역도함수에 대한 기호로 사용하고 있다. 이를 **부정적분**indefinite integral이라 하며 다음과 같다.

$$\int f(x)\,dx = F(x) \text{는 } F'(x) = f(x) \text{를 의미한다.}$$

⊘ **정적분과 부정적분의 차이를 신중하게 구별해야 한다. 정적분 $\int_a^b f(x)\,dx$는 수이지만 부정적분 $\int f(x)\,dx$는 함수(또는 함수족)이다.** 이들 사이의 관계는 정적분의 기본 정리로 주어진다. f가 구간 $[a, b]$에서 연속이면 다음이 성립한다.

$$\int_a^b f(x)\,dx = \int f(x)\,dx \Big]_a^b$$

3.7절에서 어떤 구간 I에서 F가 f의 역도함수이면 I에서 f의 가장 일반적인 역도함수는 임의의 상수 C에 대해 $F(x)+C$인 것을 상기하자. 예를 들어 $(d/dx)(-1/x) = 1/x^2$이므로 (0을 포함하지 않는 임의의 구간에서) 다음 식은 타당하다.

$$\int \frac{1}{x^2}\,dx = -\frac{1}{x} + C$$

따라서 부정적분 $\int f(x)dx$는 f의 특수한 역도함수 또는 완전한 역도함수족(상수 C에 대한 개개의 값들 중 하나)으로 표현할 수 있다.

정적분의 기본 정리의 효과는 함수의 역도함수를 얼마나 많이 알고 있느냐에 달려있다. 이를 위해 3.7절에 있는 역도함수 공식 표에 몇 개의 다른 공식을 추가하여 부정적분 표기법으로 다시 나타냈다. 모든 공식은 우변의 함수를 미분하여 피적분 함수를 얻음으로써 확인할 수 있다. 예를 들어 다음과 같다.

$$\frac{d}{dx}(\tan x + C) = \sec^2 x \text{이므로 } \int \sec^2 x\,dx = \tan x + C \text{이다.}$$

[I] 부정적분표

$$\int cf(x)\,dx = c\int f(x)\,dx \qquad \int [f(x)+g(x)]\,dx = \int f(x)\,dx + \int g(x)\,dx$$

$$\int k\,dx = kx + C \qquad \int x^n\,dx = \frac{x^{n+1}}{n+1} + C \quad (n \neq -1)$$

$$\int \sin x\,dx = -\cos x + C \qquad \int \cos x\,dx = \sin x + C$$

$$\int \sec^2 x\,dx = \tan x + C \qquad \int \csc^2 x\,dx = -\cot x + C$$

$$\int \sec x \tan x\,dx = \sec x + C \qquad \int \csc x \cot x\,dx = -\csc x + C$$

일반적인 부정적분에 대한 식이 주어질 때 단지 어떤 구간에서만 유효하다는 관례에 따른다.

예제 3 일반적인 다음 부정적분을 구하라.

$$\int (10x^4 - 2\sec^2 x)\,dx$$

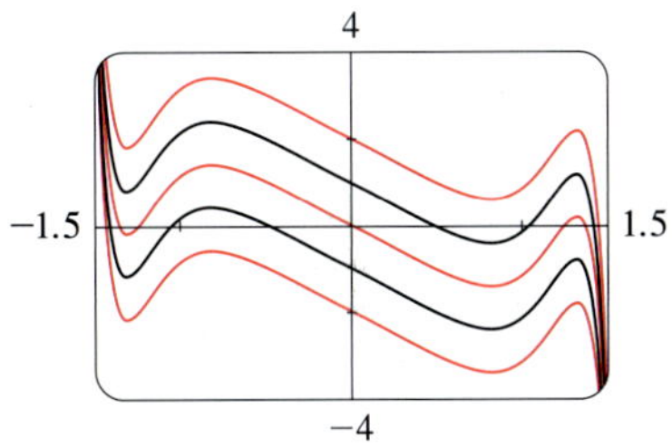

[그림 36]

[그림 36]은 [예제 3]의 부정적분을 각각의 C 값에 대해 나타냈다. 여기서 C 값은 y 절편이다.

풀이

관례와 부정적분표 [I]을 이용하여 다음을 얻는다.

$$\begin{aligned}\int (10x^4 - 2\sec^2 x)\,dx &= 10\int x^4\,dx - 2\int \sec^2 x\,dx \\ &= 10\,\frac{x^5}{5} - 2\tan x + C \\ &= 2x^5 - 2\tan x + C\end{aligned}$$

이것을 미분해서 답을 확인해보자.

예제 4 $\displaystyle\int_0^3 (x^3 - 6x)\,dx$를 계산하라.

풀이

정적분의 기본 정리와 부정적분표 [I]을 이용하여 다음을 얻는다.

$$\begin{aligned}\int_0^3 (x^3 - 6x)\,dx &= \frac{x^4}{4} - 6\,\frac{x^2}{2}\bigg]_0^3 \\ &= \left(\frac{1}{4}\cdot 3^4 - 3\cdot 3^2\right) - \left(\frac{1}{4}\cdot 0^4 - 3\cdot 0^2\right) \\ &= \frac{81}{4} - 27 - 0 + 0 = -6.75\end{aligned}$$

이 결과를 4.2절 [예제 2(b)]와 비교하라.

예제 5 $\displaystyle\int_0^{12} (x - 12\sin x)\,dx$를 구하라.

풀이

정적분의 기본 정리에 따라 다음을 얻는다.

$$\int_0^{12} (x - 12\sin x)\,dx = \frac{x^2}{2} - 12(-\cos x)\Big]_0^{12}$$

$$= \frac{1}{2}(12)^2 + 12(\cos 12 - \cos 0)$$

$$= 72 + 12\cos 12 - 12$$

$$= 60 + 12\cos 12$$

이것은 적분의 정확한 값이다. 십진법으로 표기해야 한다면 계산기를 이용하여 cos 12의 근삿값을 계산할 수 있다. 그렇게 하면 다음을 얻는다.

$$\int_0^{12} (x - 12\sin x)\,dx \approx 70.1262$$

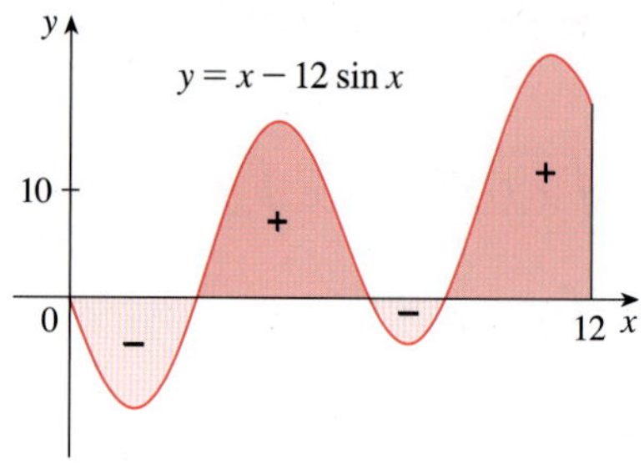

[그림 37]

[그림 37]은 [예제 5]의 피적분 함수의 그래프를 보여준다. 4.2절로부터 적분값은 양의 부호를 갖는 넓이의 합에서 음의 부호를 갖는 넓이를 뺀 것으로 해석할 수 있다.

예제 6 $\displaystyle\int_1^9 \frac{2t^2 + t^2\sqrt{t} - 1}{t^2}\,dt$를 계산하라.

풀이

우선 나눗셈을 해서 피적분 함수를 간단한 형태로 써야 한다.

■ www.stewartcalculus.com (Additional Example A를 보라.)

$$\int_1^9 \frac{2t^2 + t^2\sqrt{t} - 1}{t^2}\,dt = \int_1^9 (2 + t^{1/2} - t^{-2})\,dt$$

$$= 2t + \frac{t^{3/2}}{3/2} - \frac{t^{-1}}{-1}\Big]_1^9 = 2t + \frac{2}{3}t^{3/2} + \frac{1}{t}\Big]_1^9$$

$$= \left[2\cdot 9 + \frac{2}{3}(9)^{3/2} + \frac{1}{9}\right] - \left[2\cdot 1 + \frac{2}{3}\cdot 1^{3/2} + \frac{1}{1}\right]$$

$$= 18 + 18 + \frac{1}{9} - 2 - \frac{2}{3} - 1 = 32\frac{4}{9}$$

응용

정적분의 기본 정리는 f가 구간 $[a, b]$에서 연속이면 다음이 성립한다.

$$\int_a^b f(x)\,dx = F(b) - F(a)$$

여기서 F는 f의 임의의 역도함수이다. 이것은 $F' = f$를 의미하므로 위 방정식은 다음과 같이 다시 쓸 수 있다.

$$\int_a^b F'(x)\,dx = F(b) - F(a)$$

$F'(x)$는 x에 대한 $y = F(x)$의 변화율을 나타내며 $F(b) - F(a)$는 x가 a에서 b까지 변할 때 y의 변화량이다. [예를 들어 y가 증가한 다음에 감소하고 다시 증가할 수 있음에 주의하자. y가 양방향으로 변할지라도 $F(b) - F(a)$는 y에서 순 변화를 나타낸다.] 따라서 정적분의 기본 정리를 다음과 같이 다시 공식화할 수 있다.

순 변화 정리 **변화율의 적분은 순 변화이다.**

$$\int_a^b F'(x)\,dx = F(b) - F(a)$$

이 원리는 자연과학과 사회과학 분야의 모든 변화율에 적용할 수 있다. 여기에 이러한 개념에 대해 몇 가지를 소개한다.

- $V(t)$가 시각 t에서 저수지에 있는 물의 부피라면 도함수 $V'(t)$는 시각 t에서 물이 저수지로 유입되는 비율이다. 따라서 시각 t_1과 t_2 사이에 저수지 안의 물의 총량에 대한 변화는 다음과 같다.

$$\int_{t_1}^{t_2} V'(t)\,dt = V(t_2) - V(t_1)$$

- $[\mathrm{C}](t)$를 시각 t에서 화학반응에 의한 생성물의 농도라 하면 반응률은 도함수 $d[\mathrm{C}]/dt$이다. 따라서 시각 t_1과 시각 t_2 사이에 C의 농도에 대한 변화는 다음과 같다.

$$\int_{t_1}^{t_2} \frac{d[\mathrm{C}]}{dt}\,dt = [\mathrm{C}](t_2) - [\mathrm{C}](t_1)$$

- 개체군의 증가율이 dn/dt라면 t_1과 t_2 사이에 개체군의 순 변화는 다음과 같다.

$$\int_{t_1}^{t_2} \frac{dn}{dt}\,dt = n(t_2) - n(t_1)$$

(개체군의 수는 개체가 출생하면 증가하고 사망하면 감소한다. 순 변화는 출생과 사망 모두를 고려한다.)

- 한 물체가 위치함수 $s(t)$로 직선을 따라 움직이면 그 물체의 속도는 $v(t) = s'(t)$이므로 시각 t_1과 t_2 사이에 물체의 위치에 대한 순 변화 또는 변위는 다음과 같다.

2 $$\int_{t_1}^{t_2} v(t)\,dt = s(t_2) - s(t_1)$$

4.1절에서 우리는 물체가 양의 방향으로 운동하는 경우에 참일 것으로 추측했는데, 방금 언제나 참임을 증명했다.

◦ 시간 구간 동안 이동한 거리를 계산하려면 $v(t) \geq 0$(물체가 오른쪽으로 움직일 때)인 구간과 $v(t) \leq 0$(물체가 왼쪽으로 움직일 때)인 구간을 생각해야 한다. 두 경우 모두 거리는 속력 $|v(t)|$를 적분하여 계산한다. 즉 다음과 같다.

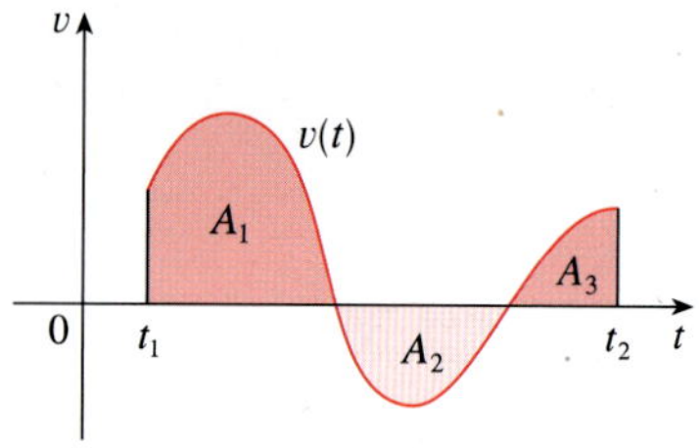

[그림 38]

변위 $= \int_{t_1}^{t_2} v(t)\,dt = A_1 - A_2 + A_3$

거리 $= \int_{t_1}^{t_2} |v(t)|\,dt = A_1 + A_2 + A_3$

3 $$\int_{t_1}^{t_2} |v(t)|\,dt = \text{움직인 총 거리}$$

[그림 38]은 변위와 이동한 거리를 속도 곡선 아래의 넓이로 해석하는 방법을 보여준다.

◦ 물체의 가속도는 $a(t) = v'(t)$이다. 따라서 시각 t_1에서 t_2까지 속도의 변화는 다음과 같다.

$$\int_{t_1}^{t_2} a(t)\,dt = v(t_2) - v(t_1)$$

예제 7 어떤 입자가 시각 t에서 $v(t) = t^2 - t - 6$인 속도(m/s)로 직선을 따라 움직인다.

(a) $1 \leq t \leq 4$ 시간 구간 동안 입자의 변위를 구하라.

(b) 이 시간 구간 동안 이동한 거리를 구하라.

풀이

(a) 식 2로 변위를 구하면 다음과 같다.

$$s(4) - s(1) = \int_1^4 v(t)\,dt = \int_1^4 (t^2 - t - 6)\,dt$$

$$= \left[\frac{t^3}{3} - \frac{t^2}{2} - 6t\right]_1^4 = -\frac{9}{2}$$

이것은 시각 $t = 4$에서의 입자의 위치가 출발점의 위치와 비교했을 때 4.5 m 왼쪽에 있음을 의미한다.

(b) $v(t) = t^2 - t - 6 = (t-3)(t+2)$이므로 구간 $[1, 3]$에서 $v(t) \leq 0$이고 구간 $[3, 4]$에서 $v(t) \geq 0$임에 주목한다. 따라서 식 3으로부터 이동한 거리를 구하면 다음과 같다.

$$\int_1^4 |v(t)|\,dt = \int_1^3 [-v(t)]\,dt + \int_3^4 v(t)\,dt$$

$$= \int_1^3 (-t^2 + t + 6)\,dt + \int_3^4 (t^2 - t - 6)\,dt$$

$$= \left[-\frac{t^3}{3} + \frac{t^2}{2} + 6t\right]_1^3 + \left[\frac{t^3}{3} - \frac{t^2}{2} - 6t\right]_3^4$$

$v(t)$의 절댓값을 적분하기 위해 4.2절의 적분의 성질 (5)를 사용하여 $v(t) \leq 0$인 부분과 $v(t) \geq 0$인 부분으로 나눈다.

$$= \frac{61}{6} \approx 10.17\,\text{m}$$

예제 8 **[그림 39]는 9월 어느 날의 샌프란시스코의 전력 소비량을 보여준다. (P의 단위는 메가와트(MW)이고, t의 단위는 자정부터 측정한 시간이다.) 이날 사용된 에너지를 추정하라.**

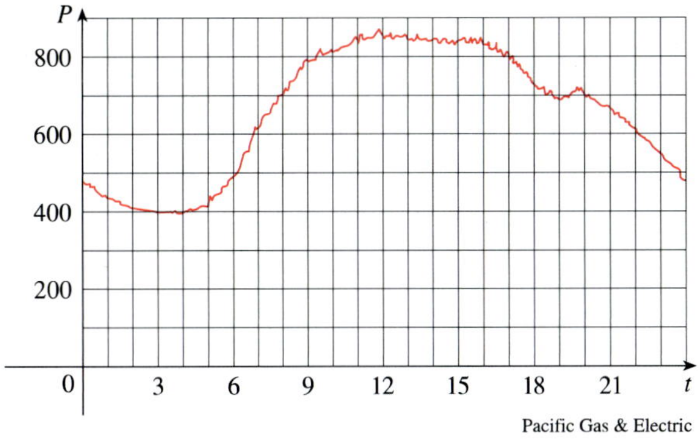

[그림 39]

풀이

전력은 에너지의 변화율, 즉 $P(t) = E'(t)$이다. 그러므로 순 변화 정리에 의해 이날 사용한 에너지의 총량은 다음과 같다.

$$\int_0^{24} P(t)\,dt = \int_0^{24} E'(t)\,dt = E(24) - E(0)$$

$\Delta t = 2$이고 부분 구간이 12개일 때, 중점 법칙을 이용하여 적분의 근삿값을 구하면 다음과 같다.

$$\begin{aligned}\int_0^{24} P(t)\,dt &\approx [P(1) + P(3) + P(5) + \cdots + P(21) + P(23)]\,\Delta t \\ &\approx (440 + 400 + 420 + 620 + 790 + 840 + 850 \\ &\quad + 840 + 810 + 690 + 670 + 550)(2) \\ &= 15{,}840\end{aligned}$$

사용된 에너지는 대략 15,840 MWh이다.

[예제 8]에서 에너지를 나타낼 때 어떤 단위를 사용할지는 어떻게 알았을까? 적분 $\int_0^{24} P(t)\,dt$는 $P(t_i^*)\,\Delta t$ 형태인 항들의 합의 극한으로 정의했다. 이때 $P(t_i^*)$는 메가와트로 측정되고 Δt는 시간 단위로 측정되므로 이들의 곱은 MWh(메가와트시)로 측정된다. 이것은 극한에 대해서도 동일하게 성립한다. 일반적으로 $\int_a^b f(x)\,dx$의 측정 단위는 $f(x)$의 단위와 x의 단위를 곱한 것이다.

단위에 유의하자.

4.3 연습문제

01~15 다음 적분을 계산하라.

01 $\int_{-1}^{3} x^5\,dx$

02 $\int_{0}^{2} (6x^2-4x+5)\,dx$

03 $\int_{0}^{2} (2x-3)(4x^2+1)\,dx$

04 $\int_{0}^{\pi} (4\sin\theta-3\cos\theta)\,d\theta$

05 $\int_{1}^{4} \left(\frac{4+6u}{\sqrt{u}}\right)du$

06 $\int_{0}^{1} x(\sqrt[3]{x}+\sqrt[4]{x})\,dx$

07 $\int_{1}^{4} \sqrt{\frac{5}{x}}\,dx$

08 $\int_{0}^{\pi/4} \sec^2 t\,dt$

09 $\int_{0}^{\pi/4} \frac{1+\cos^2\theta}{\cos^2\theta}\,d\theta$

10 $\int_{1}^{2} (1+2y)^2\,dy$

11 $\int_{1}^{64} \frac{1+\sqrt[3]{x}}{\sqrt{x}}\,dx$

12 $\int_{0}^{1} \left(\sqrt[4]{x^5}+\sqrt[5]{x^4}\right)dx$

13 $\int_{1}^{4} \sqrt{t}\,(1+t)\,dt$

14 $\int_{2}^{5} |x-3|\,dx$

15 $\int_{-1}^{2} (x-2|x|)\,dx$

---

16 $\int_{-1}^{3} \frac{1}{x^2}\,dx = \left.\frac{x^{-1}}{-1}\right]_{-1}^{3} = -\frac{4}{3}$에서 무엇이 잘못되었는가?

17 곡선 $y=1-x^2$ 아래와 x축 위에 놓이는 영역의 넓이를 계산하라.

18 그래프를 이용하여 곡선 $y=\sin x,\ 0\le x\le\pi$ 아래에 놓이는 영역의 넓이를 대략적으로 추정하라. 그런 다음 정확한 넓이를 구하라.

19 적분 $\int_{-1}^{2} x^3\,dx$를 계산하고 넓이의 차로 해석하라. 그래프를 그려서 설명하라.

20 다음 공식이 정확한지 미분하여 확인하라.

$$\int \frac{x}{\sqrt{x^2+1}}\,dx = \sqrt{x^2+1}+C$$

21 $\int x\sqrt{x}\,dx$에 대한 일반적인 부정적분을 구하라. 동일한 보기화면에 이 함수족에 속하는 몇 가지 함수를 그려서 설명하라.

22~24 일반적인 부정적분을 구하라.

22 $\int (x^2+x^{-2})\,dx$

23 $\int (u+4)(2u+1)\,du$

24 $\int \frac{\sin x}{1-\sin^2 x}\,dx$

---

25 포물선 $x=2y-y^2$의 왼쪽과 y축의 오른쪽에 놓인 영역의(그림에서 색칠된 영역) 넓이가 정적분 $\int_{0}^{2} (2y-y^2)\,dy$로 주어져 있다. (여러분의 머리를 시계 방향으로 돌려서 $y=0$에서 $y=2$까지 곡선 $x=2y-y^2$의 아래에 놓인 영역을 생각해보자.) 이 영역의 넓이를 계산하라.

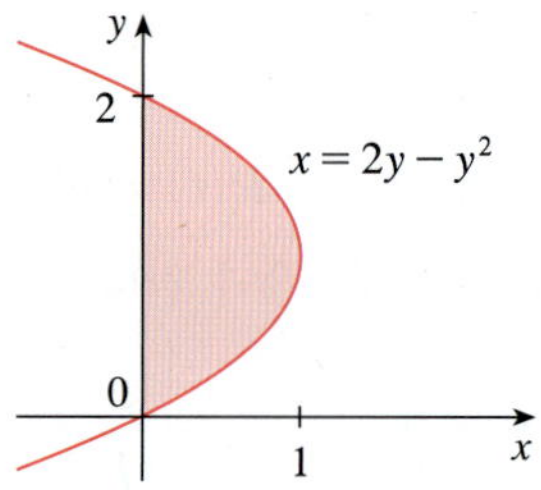

26 $w'(t)$가 아이들의 성장률(kg/년)이라고 하면 $\int_{5}^{10} w'(t)\,dt$는 무엇을 나타내는가?

27 탱크에서 기름이 시각 t에서 분당 $r(t)$리터의 비율로 새어나오고 있다면 $\int_{0}^{120} r(t)\,dt$는 무엇을 나타내는가?

28 3.5절에서 한계수익 함수 $R'(x)$를 수익 함수 $R(x)$의 도함수로 정의했고, 여기서 x는 판매된 단위의 개수이다. $\int_{1000}^{5000} R'(x)\,dx$는 무엇을 나타내는가?

29 x의 단위가 m, $f(x)$의 단위가 N일 때 $\int_{0}^{100} f(x)\,dx$의 단위는 무엇인가?

30 $0\le t\le 3$에서 입자가 속도 $v(t)=3t-5$[m/s]로 직선을 따라 움직인다.

(a) 변위를 구하라.

(b) 이 시간 동안 입자가 움직인 거리를 구하라.

31 $0\le t\le 10$에서 직선을 따라 움직이는 입자의 가속도가 $a(t)=t+4$[m/s²]이고, 초기 속도가 $v(0)=5$이다.

(a) 시각 t에서의 속도를 구하라.

(b) 주어진 시간 구간에서 이동한 거리를 구하라.

32 속도계로 자동차의 속도를 10초 간격으로 측정하여 표와 같이 기록하였다. 중점 법칙을 이용하여 자동차가 움직인 거리를 추정하라.

t(s)	v(mi/h)	t(s)	v(mi/h)
0	0	60	56
10	38	70	53
20	52	80	50
30	58	90	47
40	55	100	45
50	51	–	–

33 $0 \le t \le 50$ 동안 물이 저장 탱크 바닥에서 분당 $r(t) = 200 - 4t$ 리터의 비율로 흘러나온다. 처음 10분 동안 탱크에서 흘러나온 물의 총량을 구하라.

4.4 미적분학의 기본 정리

미적분학의 기본 정리는 적절하게 붙여진 명칭이다. 왜냐하면 그것은 미적분학의 두 분야인 미분학과 적분학 사이의 연관성을 확립해주기 때문이다. 미분학은 접선 문제로부터 발생한 반면 적분학은 그다지 관련이 없어 보이는 넓이 문제로부터 발생했다. 뉴턴의 스승인 케임브리지대학교의 배로Isaac Barrow, 1630~1677 교수는 이 두 문제가 밀접한 관련이 있음을 발견했다. 사실상 그는 미분법과 적분법이 서로 역과정임을 밝혔다. 실제로 미적분학의 기본 정리는 미분과 적분 사이에 명백한 역관계가 있음을 보여준다. 뉴턴과 라이프니츠는 이런 관계를 연구하고, 이를 이용해서 미적분학을 체계적인 수학적 방법으로 발전시켰다.

미적분학의 기본 정리의 첫 부분은 다음과 같은 형태로 정의되는 함수를 다룬다.

$$g(x) = \int_a^x f(t)\,dt \qquad \boxed{1}$$

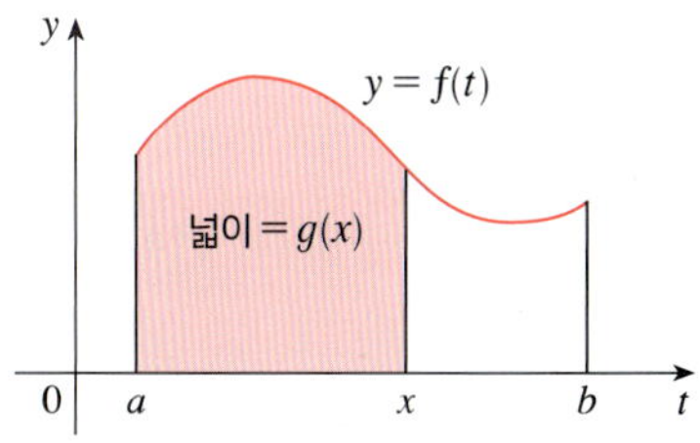

[그림 40]

여기서 f는 $[a, b]$에서 연속이고 x는 a와 b 사이에서 변한다. g는 적분의 상한이 변수로 나타나므로 g는 x에만 의존한다. x가 고정된 수라고 하면 적분 $\int_a^x f(t)\,dt$는 명확한 수가 된다. x가 변하면 수 $\int_a^x f(t)\,dt$도 역시 변하며 $g(x)$로 표현되는 x의 함수를 정의한다.

f가 양의 함수이면 $g(x)$는 a에서 x까지 f의 그래프 아래의 넓이로 해석할 수 있다. 여기서 x는 a에서 b까지 변한다. g를 이 시점까지의 넓이를 나타내는 함수로 생각한다([그림 40] 참조).

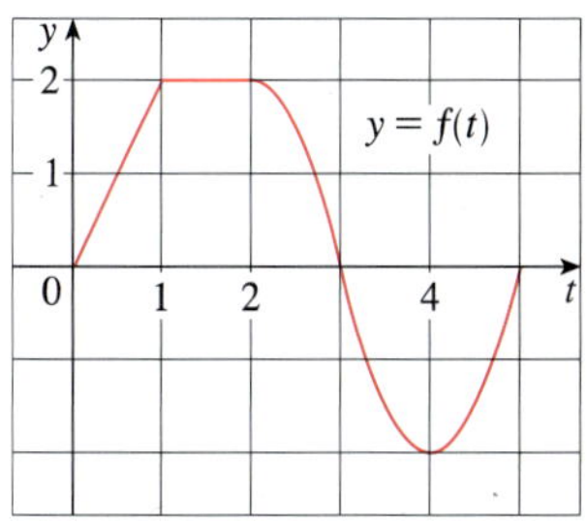

[그림 41]

예제 1 **함수 f의 그래프가 [그림 41]과 같고 $g(x) = \int_0^x f(t)\,dt$일 때 $g(0)$, $g(1)$, $g(2)$, $g(3)$, $g(4)$, $g(5)$의 값을 구하라. 그리고 대략적인 g의 그래프를 그려라.**

풀이

먼저 $g(0)=\int_0^0 f(t)\,dt=0$임에 주목하자. [그림 42]를 보면 $g(1)$은 다음과 같은 삼각형의 넓이이다.

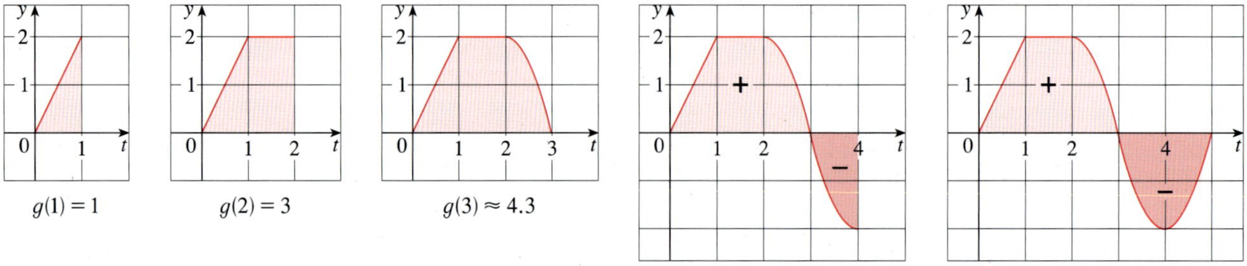

[그림 42]

$$g(1)=\int_0^1 f(t)\,dt=\frac{1}{2}(1\cdot 2)=1$$

$g(2)$의 값을 구하기 위해 $g(1)$에 다음 사각형의 넓이를 더한다.

$$g(2)=\int_0^2 f(t)\,dt=\int_0^1 f(t)\,dt+\int_1^2 f(t)\,dt=1+(1\cdot 2)=3$$

2에서 3까지 f 아래의 넓이는 대략적으로 1.3으로 추정하므로 다음을 얻는다.

$$g(3)=g(2)+\int_2^3 f(t)\,dt\approx 3+1.3=4.3$$

$t>3$에 대해 $f(t)$가 음수이므로 다음과 같이 이 넓이를 뺀다.

$$g(4)=g(3)+\int_3^4 f(t)\,dt\approx 4.3+(-1.3)=3.0$$

$$g(5)=g(4)+\int_4^5 f(t)\,dt\approx 3+(-1.3)=1.7$$

이 값들을 이용하여 [그림 43]과 같이 g의 그래프를 그릴 수 있다. $t<3$이면 $f(t)$가 양수이고 $t<3$에서 넓이를 계속 더하므로 함수 g는 $x=3$까지 증가하여 최댓값에 이른다. $x>3$이면 $f(t)$가 음수이므로 함수 g는 감소한다.

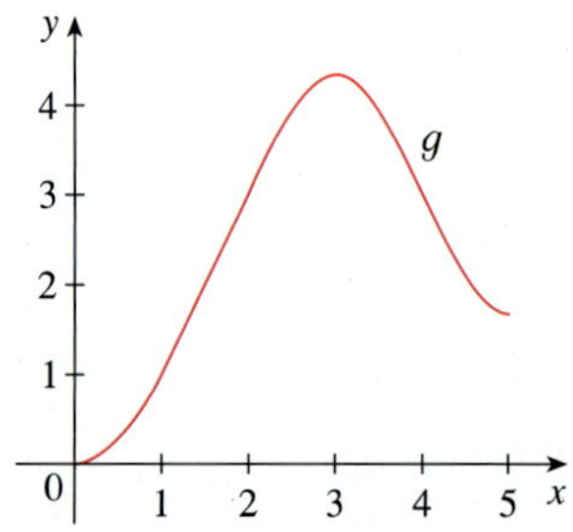

[그림 43] $g(x)=\int_a^x f(t)\,dt$

예제 2 $a=1$, $f(t)=t^2$에 대해 $g(x)=\int_a^x f(t)\,dt$라 할 때 $g(x)$에 대한 식을 구하고 $g'(x)$를 구하라.

풀이

이 경우에 기본 정리를 이용하면 다음과 같이 $g(x)$를 명확히 계산할 수 있다.

$$g(x) = \int_1^x t^2\,dt = \frac{t^3}{3}\Big]_1^x = \frac{x^3-1}{3}$$

따라서 도함수는 다음과 같다.

$$g'(x) = \frac{d}{dx}\left(\frac{1}{3}x^3 - \frac{1}{3}\right) = x^2$$

[예제 2]의 함수에 대해 $g'(x) = x^2$, 즉 $g' = f$임에 주목하자. 다시 말해서 식 [1]에 의해 g가 f의 적분으로 정의된다면 적어도 이 경우에 g는 f의 역도함수로 변환된다. 그리고 접선의 기울기를 추정하여 [그림 43]과 같이 함수 g의 도함수를 그린다면 [그림 41]에 있는 f의 그래프와 같은 그림을 얻는다. 따라서 [예제 1]에서도 $g' = f$임을 추측할 수 있다.

이런 사실이 일반적으로 성립하는 이유를 알기 위해 $f(x) \geq 0$인 임의의 연속함수 f를 생각한다. 그러면 $g(x) = \int_a^x f(t)\,dt$는 [그림 40]과 같이 a에서 x까지 f의 그래프 아래의 넓이로 해석할 수 있다.

도함수의 정의로부터 $g'(x)$를 계산하기 위해 먼저 $h > 0$일 때 $g(x+h) - g(x)$를 넓이의 차로 얻는다. 이는 x에서 $x+h$까지 f의 그래프 아래의 넓이이다([그림 44]의 붉은색 영역). 그림에서 보듯이 h가 매우 작으면 이 넓이는 높이가 $f(x)$이고 너비가 h인 직사각형의 넓이와 근사적으로 같은 것을 알 수 있다.

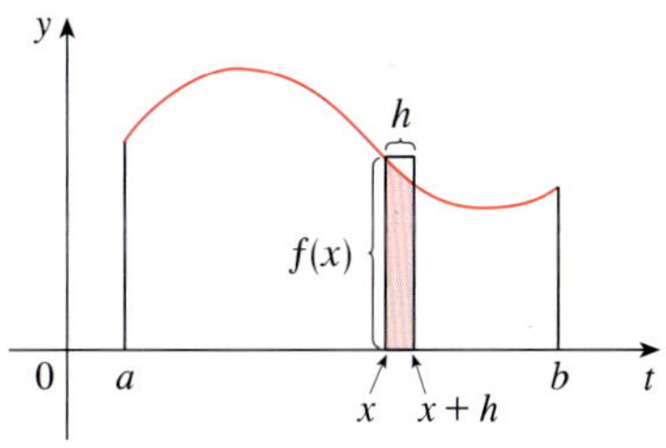

[그림 44]

$$g(x+h) - g(x) \approx hf(x)$$

$$\frac{g(x+h) - g(x)}{h} \approx f(x)$$

따라서 직관적으로 다음을 예상할 수 있다.

$$g'(x) = \lim_{h \to 0} \frac{g(x+h) - g(x)}{h} = f(x)$$

함수 f가 반드시 양수가 아닐 때도 이것이 참이라는 사실은 미적분학의 기본 정리의 첫 번째 부분이다.

미적분학의 기본 정리 1

f가 $[a, b]$에서 연속이면 다음과 같이 정의되는 함수 g는 f의 역도함수, 즉 $a < x < b$에 대해 $g'(x) = f(x)$이다.

$$g(x) = \int_a^x f(t)\,dt, \quad a \leq x \leq b$$

이 정리의 이름을 간단히 FTC1으로 나타낸다. 이것을 말로 풀면 상한에 관한 정적분의 도함수는 상한에서 계산된 피적분 함수라는 뜻이다.

증명 x와 $x+h$가 (a, b) 안에 있으면 다음과 같다.

$$\begin{aligned} g(x+h)-g(x) &= \int_a^{x+h} f(t)\,dt - \int_a^x f(t)\,dt \\ &= \left(\int_a^x f(t)\,dt + \int_x^{x+h} f(t)\,dt\right) - \int_a^x f(t)\,dt \qquad \text{(적분의 성질 (5)에 의해)} \\ &= \int_x^{x+h} f(t)\,dt \end{aligned}$$

TEC Module 4.4는 FTC1의 시각적인 증거를 제공한다.

따라서 $h \neq 0$에 대해 다음이 성립한다.

2 $$\frac{g(x+h)-g(x)}{h} = \frac{1}{h}\int_x^{x+h} f(t)\,dt$$

이제 $h>0$이라 가정하자. f가 $[x, x+h]$에서 연속이므로 극값 정리는 $[x, x+h]$에서 f의 최솟값 m과 최댓값 M에 대해 $f(u)=m$과 $f(v)=M$을 만족하는 수 u와 v가 $[x, x+h]$에 존재한다([그림 45] 참조).

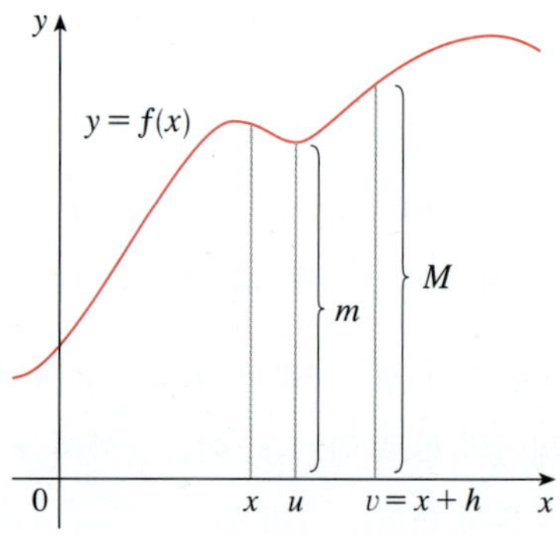

[그림 45]

적분의 성질 (8)에 의해 다음을 얻는다.

$$mh \le \int_x^{x+h} f(t)\,dt \le Mh$$

즉 $f(u)h \le \int_x^{x+h} f(t)\,dt \le f(v)h$가 된다.

$h>0$이므로 위의 부등식을 h로 나누어 다음을 얻는다.

$$f(u) \le \frac{1}{h}\int_x^{x+h} f(t)\,dt \le f(v)$$

이제 식 2를 이용하여 위 부등식의 가운데 부분을 다음과 같이 대치한다.

3 $$f(u) \le \frac{g(x+h)-g(x)}{h} \le f(v)$$

부등식 3은 $h<0$에 대해서도 비슷한 방법으로 증명할 수 있다.

이제 $h \to 0$이라 하자. 그러면 u와 v가 x와 $x+h$ 사이에 놓여있으므로 $u \to x$이고 $v \to x$이다. f가 x에서 연속이므로 다음이 성립한다.

$$\lim_{h\to 0} f(u) = \lim_{u\to x} f(u) = f(x), \quad \lim_{h\to 0} f(v) = \lim_{v\to x} f(v) = f(x)$$

식 3과 압축 정리에 의해 다음과 같은 결론을 얻는다.

4 $$g'(x) = \lim_{h\to 0}\frac{g(x+h)-g(x)}{h} = f(x)$$

x가 a 또는 b라면 식 4는 한쪽 극한으로 해석할 수 있다. 그러면 2.2절의 정리 4(한쪽 극한에 대해 수정한)는 g가 $[a, b]$에서 연속임을 보인다.

도함수에 대한 라이프니츠의 기호를 이용하여 f가 연속일 때 FTC1을 다음과 같이 쓸 수 있다.

$$\frac{d}{dx}\int_a^x f(t)\,dt = f(x) \tag{5}$$

간단히 말해서 이 방정식은 먼저 f를 적분하고 그 결과를 미분하면 원래의 함수 f로 돌아간다는 사실을 의미한다.

예제 3 **함수 $g(x)=\int_0^x \sqrt{1+t^2}\,dt$의 도함수를 구하라.**

풀이

$f(t)=\sqrt{1+t^2}$ 은 연속이므로 미적분학의 기본 정리 1에 의해 다음을 얻는다.

$$g'(x)=\sqrt{1+x^2}$$

예제 4 **$g(x)=\int_a^x f(t)\,dt$ 형태의 식은 함수를 정의하는 데 있어서 이상하게 보이지만 물리학, 화학, 통계학 등의 책에는 이런 종류의 함수들이 가득 차 있다. 광학 분야에서 많은 업적을 남긴 프랑스의 물리학자 프레넬**Augustin Fresnel, 1788~1827**의 이름을 딴 프레넬 함수**Fresnel function**를 예로 들어보자.**

$$S(x)=\int_0^x \sin(\pi t^2/2)\,dt$$

이 함수는 광파의 회절에 관한 프레넬 이론에서 처음으로 등장했으나, 최근에는 고속도로의 설계에도 응용되고 있다.

기본 정리 1은 프레넬 함수를 미분하는 방법을 보여준다.

$$S'(x)=\sin(\pi x^2/2)$$

이것은 미분학의 모든 방법을 적용하여 S를 분석할 수 있음을 의미한다([연습문제 15] 참조).

[그림 46]은 $f(x)=\sin(\pi x^2/2)$과 프레넬 함수 $S(x)=\int_0^x f(t)\,dt$의 그래프를 보여준다. 컴퓨터를 사용하면 수많은 x 값에 대해 이 적분값을 계산하여 S의 그래프를 그릴 수 있다. 사실상 $S(x)$는 0에서 $x[x\approx 1.4$까지, $S(x)$가 넓이의 차일 때]까지 f의 그래프 아래의 넓이처럼 보인다. [그림 47]은 더 넓은 범위에서 S의 그래프를 보여준다.

이제 [그림 46]에 있는 그래프 S의 그래프를 가지고 시작하여 이것의 도함수가 어떻게

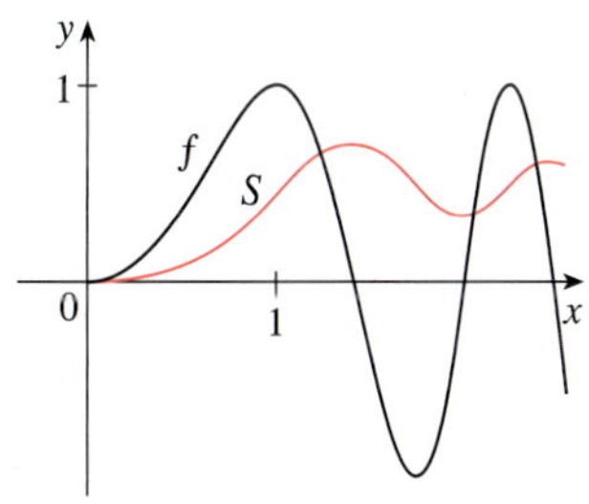

[그림 46]
$f(x)=\sin(\pi x^2/2)$
$S(x)=\int_0^x \sin(\pi t^2/2)\,dt$

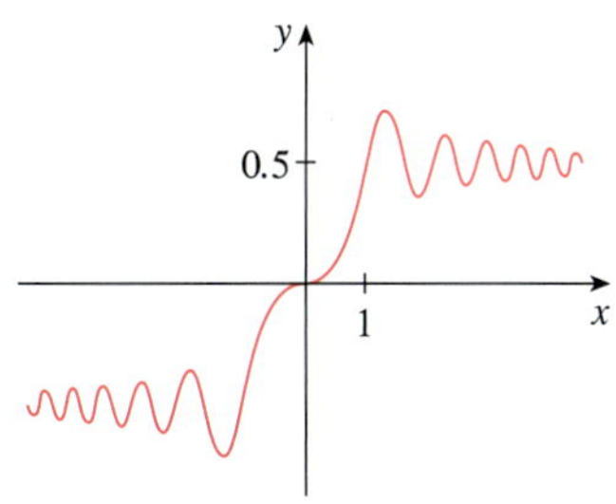

[그림 47] 프레넬 함수
$S(x)=\int_0^x \sin(\pi t^2/2)\,dt$

나타날까를 생각하면 $S'(x)=f(x)$가 타당해 보인다. [예를 들어 $f(x)>0$이면 S가 증가하고 $f(x)<0$이면 S는 감소한다.] 이는 '미적분학의 기본 정리 1'을 육안으로 확인할 수 있다.

예제 5 $\dfrac{d}{dx}\displaystyle\int_1^{x^4} \sec t\,dt$를 구하라.

풀이

기본 정리 1과 함께 연쇄법칙을 사용할 때는 주의해야 한다. $u=x^4$으로 치환하면 다음을 얻는다.

$$\begin{aligned}\frac{d}{dx}\int_1^{x^4}\sec t\,dt &= \frac{d}{dx}\int_1^{u}\sec t\,dt \\ &= \frac{d}{du}\left[\int_1^{u}\sec t\,dt\right]\frac{du}{dx} \qquad \text{(연쇄법칙에 의해)} \\ &= \sec u\,\frac{du}{dx} \qquad \text{(FTC1에 의해)} \\ &= \sec(x^4)\cdot 4x^3\end{aligned}$$

역과정으로서의 미분과 적분

이제 기본 정리의 두 부분을 한 데 모으자. 적분과 미분이 연관되기 때문에 (1)을 기본적인 것으로 생각한다. 그러나 4.3절에서 설명한 정적분의 기본 정리도 적분과 미분이 관련되어 있으므로 이것을 기본 정리 (2)로 부르기로 한다.

미적분학의 기본 정리 f가 $[a,b]$에서 연속이라 하자.

(1) $g(x)=\displaystyle\int_a^x f(t)\,dt$이면 $g'(x)=f(x)$이다.

(2) F를 f의 역도함수, 즉 $F'=f$라 하면 다음이 성립한다.

$$\int_a^b f(x)\,dx = F(b)-F(a)$$

기본 정리 (1)을 다음과 같이 다시 쓸 수 있다.

$$\frac{d}{dx}\int_a^x f(t)\,dt = f(x)$$

이것은 f가 피적분 함수이고 적분 결과가 미분 가능하다면 미분한 결과는 다시 원래의 함수 f로 되돌아가는 것을 말한다. 4.3절에서 다뤘던 기본 정리 (2)를 다음과 같은 순변화 정리로 다시 표현했다.

$$\int_a^b F'(x)\,dx = F(b) - F(a)$$

이것은 함수 F를 취하여 처음에 미분하고 그 결과를 적분하면 $F(b)-F(a)$ 형태인 원래 함수 F로 되돌아가는 것을 말한다. 미적분학의 두 번째 부분은 미분과 적분이 서로 역과정임을 말한다. 각각은 서로를 원상태로 되돌린다.

미적분학의 기본 정리는 미적분학에서 가장 중요한 정리이다. 사실상 이것은 인류사에 있어 가장 큰 업적 중 하나로 자리매김하고 있다. 이것이 발견되기 전에는 에우독소스와 아르키메데스의 시대에서부터 갈릴레오와 페르마의 시대에 이르기까지 넓이, 부피, 곡선의 길이를 구하는 문제는 오로지 천재들만이 도전할 수 있는 매우 어려운 것이었다. 그러나 지금은 뉴턴과 라이프니츠가 기본 정리로 만든 체계적인 방법을 갖추게 되어 누구든지 이와 같은 도전적인 문제들에 접근할 수 있음을 다음 장들에서 보게 될 것이다.

함수의 평균값

유한 개의 수 y_1, y_2, $\cdots$, y_n의 평균값은 다음과 같이 쉽게 계산한다.

$$y_{\text{ave}} = \frac{y_1 + y_2 + \cdots + y_n}{n}$$

그러나 온도 측정을 무수히 많이 할 경우 하루 동안의 평균온도는 어떻게 계산할 것인가? [그림 48]은 온도함수 $T(t)$의 그래프와 추측한 평균온도 T_{ave}를 보여준다. 여기서 t의 단위는 시간이고, T의 단위는 °C이다.

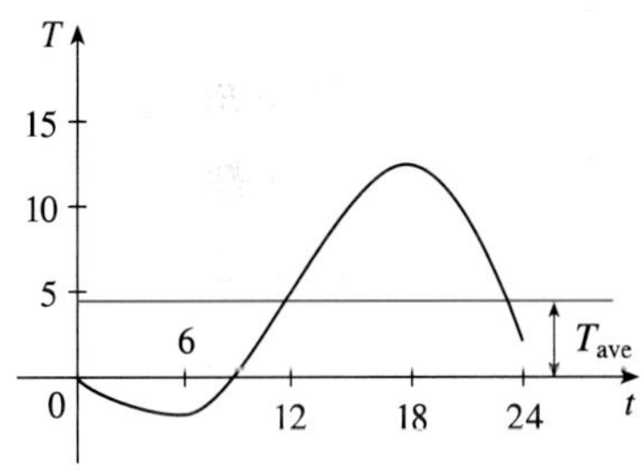

[그림 48]

일반적으로 함수 $y=f(x)$, $a \le x \le b$의 평균값을 계산해보자. 구간 $[a, b]$를 길이가 $\Delta x = (b-a)/n$인 n개의 동일한 부분 구간으로 나눈다. 그러면 연속적인 부분 구간 안에서 점 x_1^*, $\cdots$, x_n^*를 선정하여 다음과 같이 수 $f(x_1^*)$, $\cdots$, $f(x_n^*)$의 평균을 계산한다.

$$\frac{f(x_1^*) + \cdots + f(x_n^*)}{n}$$

(예를 들어 f가 온도함수를 나타내고 $n=24$라면, 이것은 매시간 온도를 기록하고 이들의 평균을 구한 것을 의미한다.) $\Delta x = (b-a)/n$이므로 $n = (b-a)/\Delta x$로 쓸 수 있으며 평균값은 다음과 같다.

$$\frac{f(x_1^*) + \cdots + f(x_n^*)}{\dfrac{b-a}{\Delta x}} = \frac{1}{b-a}\left[f(x_1^*)\Delta x + \cdots + f(x_n^*)\Delta x\right]$$

$$= \frac{1}{b-a}\sum_{i=1}^{n} f(x_i^*)\Delta x$$

n을 증가시키면 매우 좁은 간격의 수많은 값들의 평균을 계산하게 된다. (예를 들어 매분 또는 매초마다 기록한 평균온도가 될 것이다.) 정적분의 정의에 의해 극한은 다음과 같다.

$$\lim_{n \to \infty} \frac{1}{b-a} \sum_{i=1}^{n} f(x_i^*)\Delta x = \frac{1}{b-a} \int_a^b f(x)\,dx$$

그러므로 구간 $[a, b]$에서 **f의 평균값**을 다음과 같이 정의한다.

$$f_{\text{ave}} = \frac{1}{b-a} \int_a^b f(x)\,dx$$

양의 함수에 대해 이 정의를 다음과 같이 생각할 수 있다.

$$\frac{\text{넓이}}{\text{폭}} = \text{평균 높이}$$

예제 6 **구간 $[-1, 2]$에서 함수 $f(x) = 1 + x^2$의 평균값을 구하라.**

풀이

$a = -1,\ b = 2$라 하면 다음을 얻는다.

$$f_{\text{ave}} = \frac{1}{b-a} \int_a^b f(x)\,dx = \frac{1}{2-(-1)} \int_{-1}^{2} (1+x^2)\,dx = \frac{1}{3}\left[x + \frac{x^3}{3}\right]_{-1}^{2} = 2$$

$T(t)$가 시각 t에서의 온도라 하면 특정 시각에서 온도가 평균온도와 같아지는지 궁금해질 것이다. [그림 48]에 그려진 온도함수에서 정오 전과 자정 전에 두 번 평균온도와 같아지는 시각이 있다. 일반적으로 f의 함숫값이 평균과 같아지는, 즉 $f(c) = f_{\text{ave}}$가 되는 수 c가 존재하는가? 다음 정리는 연속함수에 대해 이것이 참이라는 것을 보여준다.

적분의 평균값 정리

f가 $[a, b]$에서 연속이면 다음을 만족하는 c가 $[a, b]$ 안에 존재한다.

$$f(c) = f_{\text{ave}} = \frac{1}{b-a} \int_a^b f(x)\,dx,\ \text{즉}\ \int_a^b f(x)\,dx = f(c)(b-a)$$

증명

$a \le x \le b$에서 $F(x) = \int_a^x f(t)\,dt$라 하자. 도함수에 대한 평균값 정리에 의해 다음을 만족하는 수 c가 a와 b 사이에 존재한다.

$$F(b) - F(a) = F'(c)(b-a)$$

그러나 FTC1에 의해 $F'(x) = f(x)$이므로 다음이 성립한다.

$$\int_a^b f(t)\,dt - 0 = f(c)(b-a)$$

적분의 평균값 정리의 기하학적인 의미는 양의 함수 f에 대해 a에서 b까지 f의 그래프 아래의 영역과 동일한 넓이를 갖는, 밑변이 $[a, b]$이고 높이가 $f(c)$인 직사각형을 갖는 수 c가 존재한다는 것이다([그림 49] 참조).

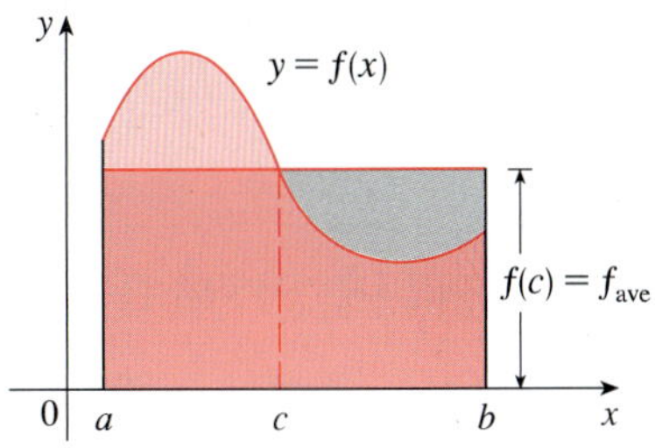

[그림 49]

언제나 어떤 높이의 산(2차원)의 정상 부분을 잘라낼 수 있으며, 잘라낸 부분으로 계곡을 메워 정상 부분을 완전히 평평하게 만들 수 있다.

예제 7 **$f(x)=1+x^2$은 구간 $[-1, 2]$에서 연속이므로 적분에 대한 평균값 정리는 다음을 만족하는 수 c가 $[-1, 2]$에 존재하는 것을 말한다.**

$$\int_{-1}^{2}(1+x^2)\,dx=f(c)\,[2-(-1)]$$

이와 같은 특별한 경우에 c를 명쾌하게 구할 수 있다. [예제 6]에서 $f_{\text{ave}}=2$임을 알고 있으므로 c 값은 다음을 만족한다.

$$f(c)=f_{\text{ave}}=2$$

즉 $1+c^2=2$, $c^2=1$이다. 따라서 이 경우에 구간 $[-1, 2]$에서 적분에 대한 평균값 정리를 만족하는 수는 $c=\pm 1$이다.

[예제 6]과 [예제 7]은 [그림 50]에 나타냈다.

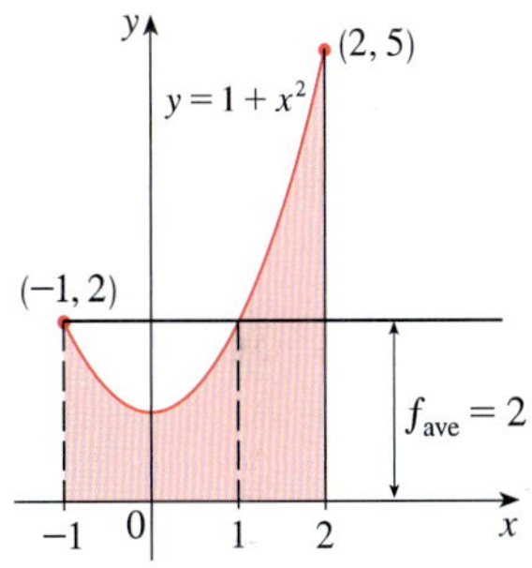

[그림 50]

4.4 연습문제

01 그래프가 다음과 같은 함수 f에 대해 $g(x)=\int_{0}^{x}f(t)\,dt$라 하자.

(a) $g(0)$, $g(1)$, $g(2)$, $g(3)$, $g(6)$을 구하라.

(b) g는 어느 구간에서 증가하는가?

(c) g는 어디에서 최댓값을 갖는가?

(d) 대략적인 g의 그래프를 그려라.

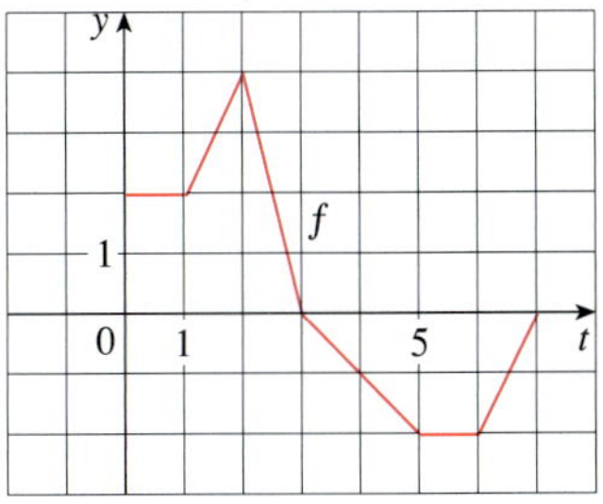

02 $g(x)=\int_{0}^{x}(1+t^2)\,dt$로 표현되는 영역을 그려라. 그 다음 두 가지 방법으로 $g'(x)$를 구하라.

(a) 기본 정리 (1)을 이용한다.

(b) 기본 정리 (2)를 이용하여 적분을 계산하고 다시 미분한다.

03~07 미적분학의 기본 정리 (1)을 이용하여 다음 함수의 도함수를 구하라.

03 $g(x)=\int_{1}^{x}\frac{1}{t^3+1}\,dt$

04 $g(s)=\int_{5}^{s}(t-t^2)^8\,dt$

05 $h(x)=\int_{2}^{1/x}\sin^4 t\,dt$

06 $y=\int_{0}^{\tan x}\sqrt{t+\sqrt{t}}\,dt$

07 $g(x)=\int_{2x}^{3x}\frac{u^2-1}{u^2+1}\,du$

[힌트: $\int_{2x}^{3x} f(u)\,du = \int_{2x}^{0} f(u)\,du + \int_{0}^{3x} f(u)\,du$]

08~09 주어진 구간에서 다음 함수의 평균값을 구하라.

08 $g(x) = \sqrt[3]{x}$, $[1, 8]$ **09** $g(x) = \cos x$, $[0, \pi/2]$

---

10 $[2, 5]$에서 함수 $f(x) = (x-3)^2$을 생각하자.

(a) f의 평균값을 구하라.

(b) $f_{\text{ave}} = f(c)$를 만족하는 c를 구하라.

(c) f의 그래프와 f의 그래프 아래의 넓이와 동일한 넓이를 갖는 직사각형을 그려라.

11 $[0, 8]$에서 f의 평균값을 구하라.

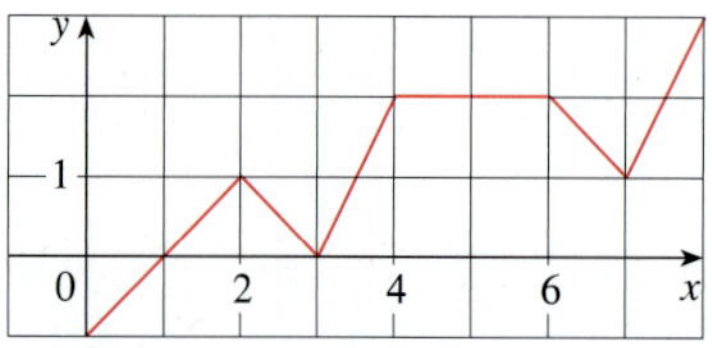

12 어떤 구간에서 곡선 $y = \int_0^x \frac{t^2}{t^2+t+2}\,dt$가 아래로 오목인가?

13 그래프가 다음과 같은 함수 f에 대해 $g(x) = \int_0^x f(t)\,dt$라 하자.

(a) g는 x의 어떤 값에서 극댓값과 극솟값을 갖는가?

(b) g가 최댓값을 갖는 곳은 어디인가?

(c) 어떤 구간에서 g가 아래로 오목인가?

(d) g의 그래프를 그려라.

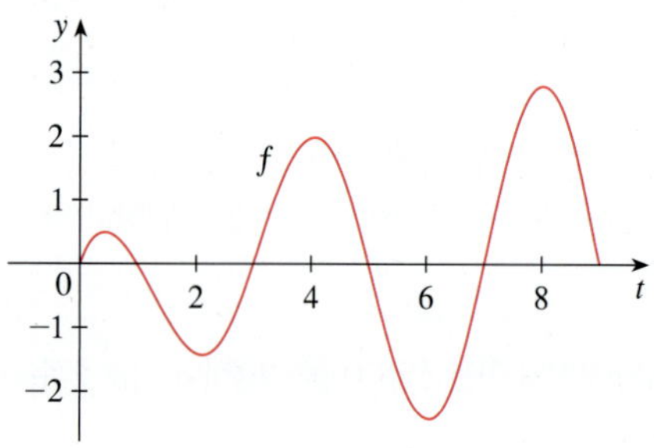

14 $f(1) = 12$, f'이 연속이고 $\int_1^4 f'(x)\,dx = 17$일 때 $f(4)$의 값은 얼마인가?

15 프레넬 함수 S는 [예제 4]에서 정의했으며, [그림 46]과 [그림 47]에서 그래프를 그렸다.

(a) 이 함수는 x의 어떤 값에서 극댓값을 갖는가?

(b) 이 함수는 어떤 구간에서 위로 오목인가?

(c) CAS 그래프를 이용하여 다음 방정식을 소수점 아래 둘째 자리까지 정확하게 구하라.

$$\int_0^x \sin(\pi t^2/2)\,dt = 0.2$$

16 모든 $x > 0$에 대해 다음을 만족하는 함수 f와 수 a를 구하라.

$$6 + \int_a^x \frac{f(t)}{t^2}\,dt = 2\sqrt{x}$$

17 한 제조회사는 주요 부품이 (연속적인) 비율 $f = f(t)$로 감가상각되는 장비를 갖고 있다. 여기서 t는 이 부품을 마지막으로 점검한 후부터 월 단위로 측정된 시각이다. 기계를 점검받을 때마다 고정비용 A가 발생하기 때문에 회사는 점검받을 최적의 시각 T(월 단위)를 결정해주기를 원한다.

(a) $\int_0^t f(s)\,ds$가 마지막으로 점검한 이후로 t시간 동안 이 기계의 가치 손실을 나타내는 이유를 설명하라.

(b) $C = C(t)$가 다음과 같이 주어졌다고 하자.

$$C(t) = \frac{1}{t}\left[A + \int_0^t f(s)\,ds\right]$$

C는 무엇을 의미하는가? 그리고 회사가 C의 값을 최소로 하려는 이유는 무엇인가?

(c) $C(T) = f(T)$를 만족하는 $t = T$에서 C가 최솟값을 가짐을 보여라.

4.5 치환법

기본 정리 덕분에 역도함수를 구할 수 있다는 것은 중요하다. 그러나 역도함수 공식은 다음과 같은 적분을 계산하는 방법을 알려주지 못한다.

1 $$\int 2x\sqrt{1+x^2}\,dx$$

이 적분을 계산하기 위한 전략은 변수 x를 새로운 변수 u로 바꾸어서 적분을 간단히 하는 것이다. 식 1에서 제곱근 기호 안에 있는 양을 u로 놓는다. 즉 $u = 1 + x^2$이라 한다. 그러면 u의 미분은 $du = 2x\,dx$이다. 적분 기호 안에 있는 dx를 미분으로 해석한다면 미분 $2x\,dx$는 식 1 안에 나타나므로 계산을 정당화하지 않고 형식적으로 다음과 같이 쓸 수 있다.

미분은 2.8절에서 정의했다. $u = f(x)$이면 $du = f'(x)dx$이다.

2 $$\int 2x\sqrt{1+x^2}\,dx = \int \sqrt{1+x^2}\,2x\,dx = \int \sqrt{u}\,du$$
$$= \frac{2}{3}u^{3/2} + C = \frac{2}{3}(x^2+1)^{3/2} + C$$

이제 연쇄법칙을 이용하여 다음과 같이 식 2의 마지막 함수를 미분함으로써 정확한 답을 얻었는지 확인할 수 있다.

$$\frac{d}{dx}\left[\frac{2}{3}(x^2+1)^{3/2} + C\right] = \frac{2}{3}\cdot\frac{3}{2}(x^2+1)^{1/2}\cdot 2x = 2x\sqrt{x^2+1}$$

일반적으로 $\int f(g(x))g'(x)\,dx$ 형태로 쓸 수 있는 적분은 언제든지 이러한 방법을 적용할 수 있다. $F' = f$이면 다음과 같다.

3 $$\int F'(g(x))g'(x)\,dx = F(g(x)) + C$$

그 이유는 연쇄법칙에 의해 다음이 성립하기 때문이다.

$$\frac{d}{dx}[F(g(x))] = F'(g(x))g'(x)$$

$u = g(x)$로 '변수변환' 또는 '치환'을 하면 식 3으로부터 다음을 얻는다.

$$\int F'(g(x))g'(x)\,dx = F(g(x)) + C = F(u) + C = \int F'(u)\,du$$

또는 $F' = f$로 써서 다음을 얻는다.

$$\int f(g(x))g'(x)\,dx = \int f(u)\,du$$

따라서 다음 법칙이 증명된다.

4 치환 법칙

$u=g(x)$는 미분 가능하고 치역이 구간 I라고 하자. 그리고 f가 I에서 연속이면 다음이 성립한다.

$$\int f(g(x))g'(x)\,dx=\int f(u)\,du$$

적분에 대한 치환 법칙은 미분에 대한 연쇄법칙을 이용하여 증명되는 것에 주목하자. 또한 $u=g(x)$이면 $du=g'(x)\,dx$이므로 치환 법칙을 기억하는 방법은 4에 쓰인 dx와 du를 미분으로 생각하는 것이다.

따라서 치환 법칙에서 **적분 기호 뒤에 있는 dx와 du를 미분인 것처럼 작용하도록 허용한다.**

예제 1 $\int x^3\cos(x^4+2)\,dx$를 구하라.

풀이

$u=x^4+2$로 치환한다. 그 이유는 u의 미분이 $du=4x^3\,dx$이고 상수인수 4를 제외하면 $x^3\,dx=\frac{1}{4}du$이기 때문이다. 따라서 치환 법칙을 이용하여 다음을 얻는다.

$$\int x^3\cos(x^4+2)\,dx=\int\cos u\cdot\frac{1}{4}du=\frac{1}{4}\int\cos u\,du$$

$$=\frac{1}{4}\sin u+C$$

$$=\frac{1}{4}\sin(x^4+2)+C$$

이것을 미분하여 답을 확인하라.

마지막 단계에서 원래 변수 x로 되돌려야 하는 것을 잊지 말자.

치환 법칙의 기본 개념은 상대적으로 복잡한 적분을 간단한 적분으로 바꾸는 것이다. 이것은 원래의 변수 x로부터 x의 함수인 새로운 변수 u로 바꿈으로써 완성된다. 그래서 [예제 1]에서 적분 $\int x^3\cos(x^4+2)\,dx$를 간단한 적분 $\frac{1}{4}\int\cos u\,du$로 바꿨다.

치환 법칙을 사용할 때의 주된 과제는 적당한 치환을 생각하는 것이다. u를 피적분 함수에서 미분이 나타나는(상수인수는 제외) 어떤 함수로 선정하도록 노력해야 한다. 이것이 [예제 1]에서 본 경우이다. 만일 그렇게 할 수 없다면 u를 피적분 함수에서 복잡한 부분(아마도 합성함수의 내부함수)을 선택해보자. 올바른 치환을 구하려면 약간의 기술이 필요하다. 잘못 치환하는 경우도 흔하므로 처음 치환한 것으로 적분할 수 없다면 다른 방법으로 치환을 시도해보자.

예제 2 $\int \sqrt{2x+1}\,dx$를 구하라.

풀이 1

$u=2x+1$로 놓자. 그러면 $du=2\,dx$이므로 $dx=\frac{1}{2}du$이다. 따라서 치환 법칙에 의해 다음을 얻는다.

$$\begin{aligned}\int \sqrt{2x+1}\,dx &= \int \sqrt{u}\cdot\frac{1}{2}\,du = \frac{1}{2}\int u^{1/2}\,du\\ &= \frac{1}{2}\cdot\frac{u^{3/2}}{3/2}+C = \frac{1}{3}u^{3/2}+C\\ &= \frac{1}{3}(2x+1)^{3/2}+C\end{aligned}$$

풀이 2

또 다른 가능한 치환은 $u=\sqrt{2x+1}$이다. 그러면 다음을 얻는다.

$$du=\frac{dx}{\sqrt{2x+1}} \text{ 이므로 } dx=\sqrt{2x+1}\,du=u\,du$$

(또는 $u^2=2x+1$이면 $2u\,du=2\,dx$이다.) 따라서 다음을 얻는다.

$$\begin{aligned}\int \sqrt{2x+1}\,dx &= \int u\cdot u\,du = \int u^2\,du\\ &= \frac{u^3}{3}+C = \frac{1}{3}(2x+1)^{3/2}+C\end{aligned}$$

예제 3 $\int \frac{x}{\sqrt{1-4x^2}}\,dx$를 구하라.

풀이

$u=1-4x^2$으로 놓자. 그러면 $du=-8x\,dx$이므로 $x\,dx=-\frac{1}{8}du$이다. 따라서 다음을 얻는다.

$$\begin{aligned}\int \frac{x}{\sqrt{1-4x^2}}\,dx &= -\frac{1}{8}\int \frac{1}{\sqrt{u}}\,du = -\frac{1}{8}\int u^{-1/2}\,du\\ &= -\frac{1}{8}(2\sqrt{u})+C = -\frac{1}{4}\sqrt{1-4x^2}+C\end{aligned}$$

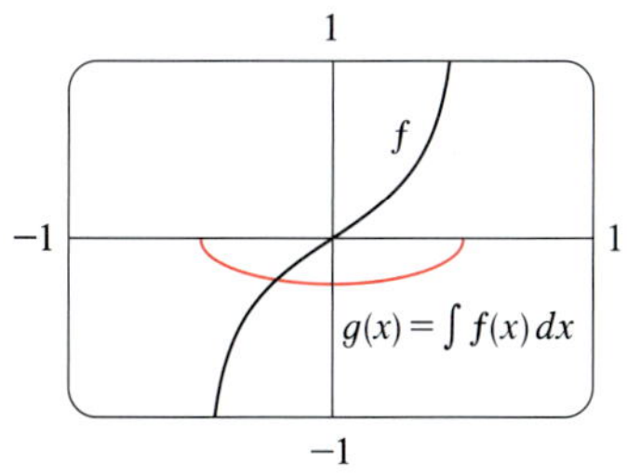

[그림 51] $f(x)=\frac{x}{\sqrt{1-4x^2}}$, $g(x)=\int f(x)\,dx=-\frac{1}{4}\sqrt{1-4x^2}$

[예제 3]의 답은 미분하여 확인할 수도 있지만 그래프로 확인해보자. [그림 51]에서 컴퓨터를 이용하여 피적분 함수 $f(x)=\frac{x}{\sqrt{1-4x^2}}$와 부정적분 $g(x)=-\frac{1}{4}\sqrt{1-4x^2}$의 그래프를 모두 그렸다. ($C=0$인 경우를 선택했다.) $f(x)$가 음이면 $g(x)$는 감소하고 $f(x)$가 양이면 $g(x)$는 증가하며 $f(x)=0$이면 $g(x)$는 최솟값을 갖는다. 그러

므로 그래프를 통해 보면 g는 f의 역도함수인 것이 타당해 보인다.

예제 4 $\int \cos 5x\,dx$를 계산하라.

풀이

$u = 5x$로 놓으면 $du = 5\,dx$이므로 $dx = \frac{1}{5}du$이다. 따라서 다음을 얻는다.

$$\int \cos 5x\,dx = \frac{1}{5}\int \cos u\,du = \frac{1}{5}\sin u + C = \frac{1}{5}\sin 5x + C$$

NOTE _ 경험이 쌓이다 보면 치환하는 데 큰 어려움 없이 [예제 1~4]와 같은 종류의 적분을 계산할 수 있을 것이다. 식 3의 좌변에 있는 피적분 함수가 외부함수의 도함수와 내부함수의 도함수의 곱이라는 패턴을 인식한다면 [예제 1]은 다음과 같이 적분할 수 있다.

$$\int x^3\cos(x^4+2)\,dx = \int \cos(x^4+2)\cdot x^3\,dx = \frac{1}{4}\int \cos(x^4+2)\cdot(4x^3)\,dx$$

$$= \frac{1}{4}\int \cos(x^4+2)\cdot\frac{d}{dx}(x^4+2)\,dx = \frac{1}{4}\sin(x^4+2) + C$$

유사한 방법으로 [예제 4]에 대한 답을 다음과 같이 구할 수 있다.

$$\int \cos 5x\,dx = \frac{1}{5}\int 5\cos 5x\,dx = \frac{1}{5}\int \frac{d}{dx}(\sin 5x)\,dx = \frac{1}{5}\sin 5x + C$$

▪ www.stewartcalculus.com (Additional Example A를 보라.)

정적분

치환법으로 정적분을 계산할 때 두 가지 방법을 사용할 수 있다. 한 가지 방법은 부정적분을 먼저 계산한 후에 정적분의 기본 정리를 이용하는 것이다. 예를 들어 [예제 2]의 결과를 이용하여 다음을 얻는다.

$$\int_0^4 \sqrt{2x+1}\,dx = \int \sqrt{2x+1}\,dx\,\Big]_0^4 = \frac{1}{3}(2x+1)^{3/2}\Big]_0^4$$

$$= \frac{1}{3}(9)^{3/2} - \frac{1}{3}(1)^{3/2} = \frac{1}{3}(27-1) = \frac{26}{3}$$

다른 방법은 적분 변수를 바꿀 때 적분 한계도 바꾸는 것으로, 보통 이 방법을 선호한다.

5 정적분의 치환 법칙

g'이 $[a, b]$에서 연속이고 f가 $u = g(x)$의 치역에서 연속이면 다음이 성립한다.

$$\int_a^b f(g(x))g'(x)\,dx = \int_{g(a)}^{g(b)} f(u)\,du$$

이 법칙은 정적분에서 치환 법칙을 사용할 때 모든 것을 x와 dx뿐만 아니라 적분 한계까지도 새로운 변수 u의 관점으로 놓아야 함을 뜻한다. 새로운 적분 한계는 $x=a$와 $x=b$에 대응하는 u의 값이다.

증명 F를 f의 역도함수라고 하자. 그러면 3에 의해 $F(g(x))$는 $f(g(x))g'(x)$의 역도함수이므로 정적분의 기본 정리에 의해 다음을 얻는다.

▪ www.stewartcalculus.com (Additional Example B를 보라.)

$$\int_a^b f(g(x))g'(x)\,dx = F(g(x))\Big]_a^b = F(g(b)) - F(g(a))$$

하지만 정적분의 기본 정리를 두 번째로 적용해도 역시 다음을 얻는다.

$$\int_{g(a)}^{g(b)} f(u)\,du = F(u)\Big]_{g(a)}^{g(b)} = F(g(b)) - F(g(a))$$

예제 5 $\displaystyle\int_1^2 \frac{dx}{(3-5x)^2}$ **를 계산하라.**

[예제 5]의 적분은 $\displaystyle\int_1^2 \frac{1}{(3-5x)^2}\,dx$를 간단히 나타낸 것이다.

풀이

$u = 3-5x$라 하자. 그러면 $du = -5\,dx$이므로 $dx = -\frac{1}{5}du$이다. 새로운 적분 한계를 구하기 위해 다음에 주목한다.

$x = 1$일 때 $u = 3-5(1) = -2$이고, $x = 2$일 때 $u = 3-5(2) = -7$이다.

따라서 다음을 얻는다.

$$\int_1^2 \frac{dx}{(3-5x)^2} = -\frac{1}{5}\int_{-2}^{-7}\frac{du}{u^2} = -\frac{1}{5}\left[-\frac{1}{u}\right]_{-2}^{-7}$$

$$= \frac{1}{5u}\Big]_{-2}^{-7} = \frac{1}{5}\left(-\frac{1}{7}+\frac{1}{2}\right) = \frac{1}{14}$$

5를 이용할 때는 적분을 마친 후에 변수 x로 되돌리지 않는다. u의 적절한 값들 사이에서 간단히 u에 대한 식을 계산한다.

대칭성

다음 정리는 치환 법칙 5를 이용하여 대칭성을 갖는 함수의 적분 계산을 간단하게 만든다.

6 대칭함수의 적분

f가 $[-a, a]$에서 연속이면 다음이 성립한다.

(a) f가 우함수, 즉 $f(-x) = f(x)$이면 $\displaystyle\int_{-a}^{a} f(x)\,dx = 2\int_0^a f(x)\,dx$이다.

(b) f가 기함수, 즉 $f(-x) = -f(x)$이면 $\displaystyle\int_{-a}^{a} f(x)\,dx = 0$이다.

증명

적분을 다음과 같이 분리한다.

$$\boxed{7} \qquad \int_{-a}^{a} f(x)\,dx = \int_{-a}^{0} f(x)\,dx + \int_{0}^{a} f(x)\,dx$$
$$= -\int_{0}^{-a} f(x)\,dx + \int_{0}^{a} f(x)\,dx$$

마지막 식의 첫 번째 적분에서 $u = -x$로 치환한다. 그러면 $du = -dx$이고 $x = -a$일 때, $u = a$이다. 그러므로 다음을 얻는다.

$$-\int_{0}^{-a} f(x)\,dx = -\int_{0}^{a} f(-u)(-du) = -\int_{0}^{a} f(-u)\,du$$

따라서 식 7은 다음과 같다.

$$\boxed{8} \qquad \int_{-a}^{a} f(x)\,dx = \int_{0}^{a} f(-u)\,du + \int_{0}^{a} f(x)\,dx$$

(a) f가 우함수이면 $f(-u) = f(u)$이므로 식 8로부터 다음을 얻는다.

$$\int_{-a}^{a} f(x)\,dx = \int_{0}^{a} f(u)\,du + \int_{0}^{a} f(x)\,dx = 2\int_{0}^{a} f(x)\,dx$$

(b) f가 기함수이면 $f(-u) = -f(u)$이므로 식 8로부터 다음을 얻는다.

$$\int_{-a}^{a} f(x)\,dx = -\int_{0}^{a} f(u)\,du + \int_{0}^{a} f(x)\,dx = 0$$

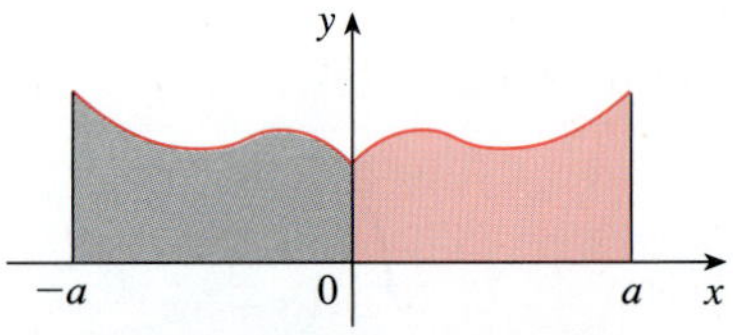

(a) f는 우함수, $\int_{-a}^{a} f(x)\,dx = 2\int_{0}^{a} f(x)\,dx$

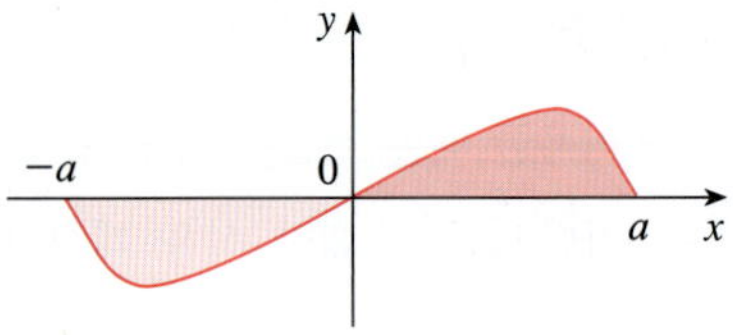

(b) f는 기함수, $\int_{-a}^{a} f(x)\,dx = 0$

[그림 52]

정리 6을 [그림 52]에 나타냈다. f가 양이고 우함수일 때 [그림 52(a)]는 $-a$에서 a까지 $y = f(x)$ 아래의 넓이가 대칭성에 의해 0에서 a까지 넓이의 두 배임을 의미한다. 적분 $\int_{a}^{b} f(x)\,dx$는 x축 위와 $y = f(x)$ 아래의 넓이에서 x축 아래와 $y = f(x)$ 위의 넓이를 뺀 것으로 표현될 수 있음을 떠올려보자. 따라서 [그림 52(b)]는 넓이가 소거되어 적분이 0임을 뜻한다.

예제 6 **$f(x) = x^6 + 1$은 $f(-x) = f(x)$를 만족하므로 이 함수는 우함수이다. 따라서 다음을 얻는다.**

$$\int_{-2}^{2} (x^6 + 1)\,dx = 2\int_{0}^{2} (x^6 + 1)\,dx$$
$$= 2\left[\frac{1}{7}x^7 + x\right]_0^2 = 2\left(\frac{128}{7} + 2\right) = \frac{284}{7}$$

예제 7 **$f(x) = (\tan x)/(1 + x^2 + x^4)$은 $f(-x) = -f(x)$를 만족하므로 이 함수는 기함수이다. 따라서 다음을 얻는다.**

$$\int_{-1}^{1} \frac{\tan x}{1 + x^2 + x^4}\,dx = 0$$

4.5 연습문제

01~03 주어진 치환을 이용하여 적분을 구하라.

01 $\int \sin \pi x \, dx, \quad u = \pi x$

02 $\int x^2 \sqrt{x^3+1} \, dx, \quad u = x^3+1$

03 $\int \cos^3\theta \sin\theta \, d\theta, \quad u = \cos\theta$

04~15 다음 부정적분을 계산하라.

04 $\int x \sin(x^2) \, dx$

05 $\int (1-2x)^9 \, dx$

06 $\int (x+1)\sqrt{2x+x^2} \, dx$

07 $\int \sec 3t \tan 3t \, dt$

08 $\int \frac{a+bx^2}{\sqrt{3ax+bx^3}} \, dx$

09 $\int \sec^2\theta \tan^3\theta \, d\theta$

10 $\int (x^2+1)(x^3+3x)^4 \, dx$

11 $\int \frac{\cos x}{\sin^2 x} \, dx$

12 $\int \sqrt{\cot x} \csc^2 x \, dx$

13 $\int \sec^3 x \tan x \, dx$

14 $\int \frac{z^2}{\sqrt[3]{1+z^3}} \, dx$

15 $\int x(2x+5)^8 \, dx$

16~22 다음 정적분을 계산하라.

16 $\int_0^1 \cos(\pi t/2) \, dt$

17 $\int_0^1 \sqrt[3]{1+7x} \, dx$

18 $\int_0^{\pi} \sec^2(t/4) \, dt$

19 $\int_0^a x\sqrt{x^2+a^2} \, dx, \quad (a>0)$

20 $\int_1^2 x\sqrt{x-1} \, dx$

21 $\int_{1/2}^1 \frac{\cos(x^{-2})}{x^3} \, dx$

22 $\int_{-\pi/4}^{\pi/4} (x^3+x^4\tan x) \, dx$

23~24 주어진 구간에서 함수의 평균값을 구하라.

23 $f(x) = 4x - x^2, \quad [0, 4]$

24 $h(x) = \cos^4 x \sin x, \quad [0, \pi]$

25 $\int_{-2}^{2} (x+3)\sqrt{4-x^2} \, dx$를 두 적분의 합으로 쓰고, 이들 중 하나를 넓이로 해석하여 계산하라.

26 호흡은 주기적으로 이루어지는데 숨을 들이마시기 시작하면서 내뿜기까지 완전한 호흡주기는 약 5초 정도 걸린다. 폐로 유입되는 공기의 최대 비율은 약 0.5L/s이다. 이것은 함수 $f(t) = \frac{1}{2}\sin(2\pi t/5)$가 폐로 유입되는 공기의 비율을 모형화하는 데 종종 사용되는 이유를 설명한다. 이 모형을 이용하여 시각 t에서 폐로 유입되는 공기의 부피를 구하라.

27 f가 연속이고 $\int_0^4 f(x) \, dx = 10$일 때 $\int_0^2 f(2x) \, dx$를 구하라.

28 f가 $\mathbb{R}$에서 연속이면 다음이 성립하는 것을 증명하라.

$$\int_a^b f(-x) \, dx = \int_{-b}^{-a} f(x) \, dx$$

$f(x) \geq 0$, $0 < a < b$인 경우에 대해 기하학적으로 이 방정식의 넓이와 같은 것으로 해석되는 도형을 그려라.

29 a와 b가 양수이면 다음이 성립함을 보여라.

$$\int_0^1 x^a (1-x)^b \, dx = \int_0^1 x^b (1-x)^a \, dx$$

4장 복습문제

개념 확인

01 (a) 함수 f의 리만 합에 대한 식을 쓰라. 이때 사용한 기호의 의미를 설명하라.

(b) $f(x) \geq 0$이면 리만 합의 기하학적인 의미는 무엇인가? 그림으로 설명하라.

(c) $f(x)$가 양의 값과 음의 값을 모두 취한다면 리만 합의 기하학적인 의미는 무엇인가? 그림으로 설명하라.

02 (a) a에서 b까지 f의 정적분에 대한 정의를 쓰라.

(b) $f(x) \geq 0$이면 $\int_a^b f(x)\,dx$에 대한 기하학적인 해석은 무엇인가?

(c) $f(x)$가 양과 음의 값을 모두 갖는다면 $\int_a^b f(x)\,dx$에 대한 기하학적인 해석은 무엇인가? 도형으로 설명하라.

03 중점 법칙을 말하라.

04 (a) 정적분의 기본 정리를 말하라.

(b) 순변화 정리를 말하라.

(c) 물이 저수지에 흘러들어가는 비율을 $r(t)$라 할 때 $\int_{t_1}^{t_2} r(t)\,dt$는 무엇을 나타내는가?

05 (a) 부정적분 $\int f(x)\,dx$의 의미를 설명하라.

(b) 정적분 $\int_a^b f(x)\,dx$와 부정적분 $\int f(x)\,dx$ 사이는 어떤 관계가 있는가?

06 미적분학의 기본 정리의 두 가지를 말하라.

07 직선을 따라 앞뒤로 움직이는 입자가 속도 $v(t)$, 가속도 $a(t)$로 움직인다고 하자. 여기서 속도의 단위는 초당 피트이다.

(a) $\int_{60}^{120} v(t)\,dt$의 의미는 무엇인가?

(b) $\int_{60}^{120} |v(t)|\,dt$의 의미는 무엇인가?

(c) $\int_{60}^{120} a(t)\,dt$의 의미는 무엇인가?

08 (a) 구간 $[a, b]$에서 함수 f의 평균값은 무엇인가?

(b) 적분에 대한 평균값 정리가 무엇인지 말하라.

09 "미분과 적분은 서로 역과정이다."라는 명제가 의미하는 바를 정확하게 설명하라.

10 치환법에 대해 설명하라. 실제로 치환법을 어떻게 사용하는가?

참/거짓 질문

다음 명제가 참인지 거짓인지 결정하라. 참이면 이유를 설명하고, 거짓이면 이유를 설명하거나 반례를 들어라.

01 f와 g가 $[a, b]$에서 연속이면 다음이 성립한다.

$$\int_a^b [f(x)+g(x)]\,dx = \int_a^b f(x)\,dx + \int_a^b g(x)\,dx$$

02 f가 $[a, b]$에서 연속이면 다음이 성립한다.

$$\int_a^b 5f(x)\,dx = 5\int_a^b f(x)\,dx$$

03 f가 $[a, b]$에서 연속이고 $f(x) \geq 0$이면 다음이 성립한다.

$$\int_a^b \sqrt{f(x)}\,dx = \sqrt{\int_a^b f(x)\,dx}$$

04 $a \leq x \leq b$에서 f와 g가 미분 가능하고 $f(x) \geq g(x)$이면 다음이 성립한다.

$$\int_a^b f(x)\,dx \geq \int_a^b g(x)\,dx$$

05 $\displaystyle\int_{-1}^{1}\left(x^5-6x^9+\frac{\sin x}{(1+x^4)^2}\right)dx=0$이다.

06 모든 연속함수는 도함수를 갖는다.

07 $\displaystyle\int_0^3 \sin(x^2)\,dx=\int_0^5 \sin(x^2)\,dx+\int_5^3 \sin(x^2)\,dx$이다.

08 f가 $[a, b]$에서 연속이면 다음이 성립한다.

$$\frac{d}{dx}\left(\int_a^b f(x)\,dx\right)=f(x)$$

09 $\displaystyle\int_{-2}^{1}\frac{1}{x^4}\,dx=-\frac{3}{8}$이다.

연습문제

01 주어진 f의 그래프를 이용하여 6개 부분 구간을 갖는 리만 합을 구하라. 이때 표본점을 (a) 왼쪽 끝점 (b) 중점으로 선택한다. 각 경우에 대해 그림을 그리고, 리만 합이 의미하는 바를 설명하라.

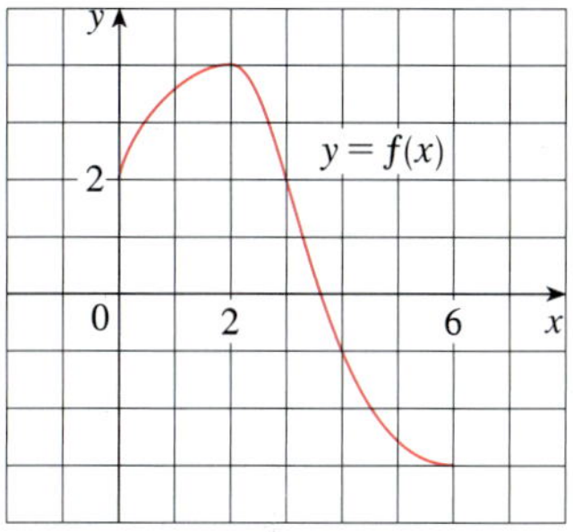

02 넓이 측면에서 해석하여 $\displaystyle\int_0^1 (x+\sqrt{1-x^2}\,)\,dx$를 계산하라.

03 다음 그림은 $f,\ f',\ \displaystyle\int_0^x f(t)\,dt$를 나타낸다. 각 그래프를 찾아 그에 대해 설명하라.

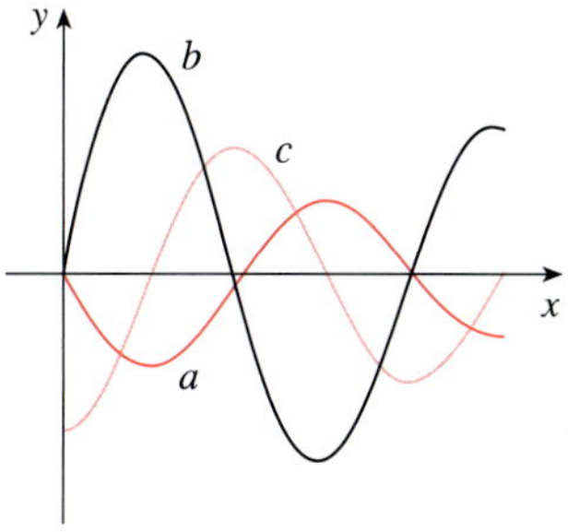

04~13 다음 적분이 존재한다면 구하라.

04 $\displaystyle\int_1^2 (8x^3+3x^2)\,dx$

05 $\displaystyle\int_0^1 (1-x^9)\,dx$

06 $\displaystyle\int_1^9 \frac{\sqrt{u}-2u^2}{u}\,du$

07 $\displaystyle\int_0^1 y(y^2+1)^5\,dy$

08 $\displaystyle\int_0^1 v^2\cos(v^3)\,dv$

09 $\displaystyle\int_{-\pi/4}^{\pi/4}\frac{t^4\tan t}{2+\cos t}\,dt$

10 $\displaystyle\int_0^{\pi/8}\sec 2\theta\tan 2\theta\,d\theta$

11 $\displaystyle\int \frac{x+2}{\sqrt{x^2+4x}}\,dx$

12 $\displaystyle\int \sin\pi t\cos\pi t\,dt$

13 $\displaystyle\int_0^3 |x^2-4|\,dx$

14 그래프를 이용하여 곡선 $y=x\sqrt{x}$, $0\le x\le 4$ 아래 놓이는 영역의 넓이를 대략적으로 추정하라.

15~16 다음 함수의 도함수를 구하라.

15 $\displaystyle F(x)=\int_1^x \sqrt{1+t^4}\,dt$

16 $\displaystyle y=\int_{\sqrt{x}}^{x}\frac{\cos\theta}{\theta}\,d\theta$

17 적분의 성질 (8)을 이용하여 $\displaystyle\int_1^3 \sqrt{x^2+3}\,dx$의 값을 추정하라.

18 $n=5$인 중점 법칙을 이용하여 $\displaystyle\int_0^1 \sqrt{1+x^3}\,dx$의 근삿값을 구하라.

19 $r(t)$를 전 세계 기름 소비율이라고 하면 t는 2000년 1월 1일에 $t=0$으로 시작하여 연단위로 측정되고, $r(t)$는 배럴/년으로 측정된다. $\displaystyle\int_0^3 r(t)\,dt$는 무엇을 나타내는가?

20 꿀벌의 개체수가 주당 $r(t)$마리의 비율로 증가하며 r의 그래프는 다음과 같다. 6개의 부분 구간을 갖는 중점 법칙을 이용하여 처음 24주 동안 증가한 꿀벌의 개체수를 추정하라.

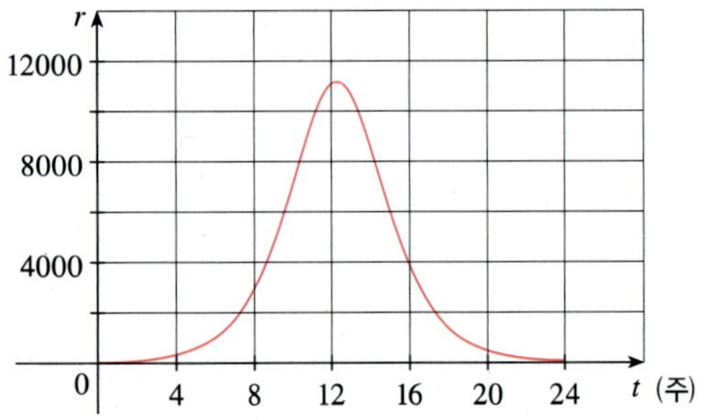

21 f가 연속함수이면 $h \to 0$일 때 구간 $[x, x+h]$에서 f의 평균값의 극한은 무엇을 의미하는가?

22 f'이 $[a, b]$에서 연속이면 다음이 성립함을 보여라.

$$2\int_a^b f(x)f'(x)\,dx = [f(b)]^2 - [f(a)]^2$$

5장 역함수 : 지수함수, 로그함수, 역삼각함수

INVERSE FUNCTIONS: Exponential, Logarithmic, and Inverse Trigonometric Functions

이 장에서 다루는 함수의 공통 주제는 함수가 역함수와 함께 짝을 지어 나타나는 것이다. 특히 수학이나 그의 응용에 나타나는 가장 중요한 두 함수는 지수함수 $f(x)=a^x$와 역함수인 로그함수 $g(x)=\log_a x$이다. 여기서 이 두 함수의 성질을 알아보고 도함수를 계산한다. 그리고 생물학, 물리학, 화학 그리고 다른 과학 분야에서 지수적인 성장과 붕괴를 설명하기 위해 이 함수들을 이용한다. 또한 삼각함수와 쌍곡선함수의 역함수를 공부하고, 마지막으로 이들 학수의 극한을 계산하는 방법(로피탈의 정리)을 살펴본다.

5.1 역함수

[표 1]은 영양분이 제한된 배양기 속에 박테리아 100마리를 넣고 배양실험을 한 자료이다. 박테리아의 개체수는 시간 단위로 기록되는데 박테리아의 수 N은 시간 t의 함수 $N = f(t)$가 된다.

생물학자가 관점을 바꿔서 개체수가 여러 수준에 도달하는 데 걸리는 시간에 관심을 갖는다고 하자. 다시 말해서 t를 N의 함수로 생각하는 것이다. 이 함수는 f^{-1}로 나타내고 'f의 역함수'로 읽는다. 즉 $t = f^{-1}(N)$은 개체 수준이 N에 도달하는 데 걸리는 시간이다. f^{-1}의 값은 [표 1]을 오른쪽에서 왼쪽으로 읽거나 [표 2]의 결과로 얻을 수 있다. 예를 들어 $f(6) = 550$이므로 $f^{-1}(550) = 6$이다.

[표 1] t의 함수로서 N

t(시간)	$N = f(t)$ = 시각 t에서 개체수
0	100
1	168
2	259
3	358
4	445
5	509
6	550
7	573
8	586

[표 2] N의 함수로서 t

N	$t = f^{-1}(N)$ = 박테리아 수가 N에 도달하는 데 걸리는 시간
100	0
168	1
259	2
358	3
445	4
509	5
550	6
573	7
586	8

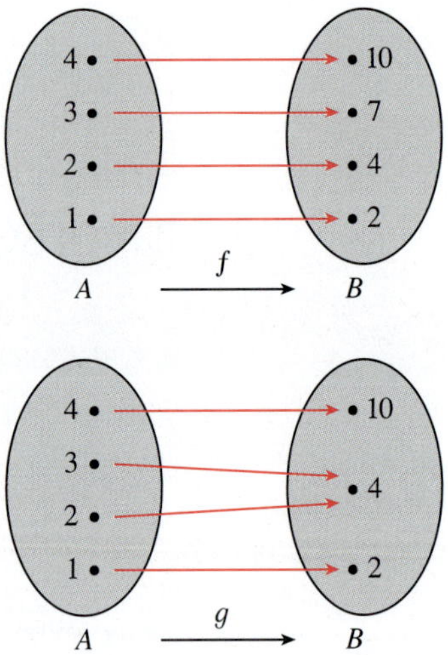

[그림 1] f는 일대일이지만 g는 아니다.

모든 함수가 역함수를 갖는 것은 아니다. [그림 1]에 보인 화살표 도표로 나타낸 두 함수 f와 g를 비교해보자. f는 결코 같은 값을 두 번 취하지 않는다. (A에서 임의의 두 입력이 서로 다른 출력을 갖는다.) 반면 g는 같은 값을 두 번 취한다. (2와 3은 모두 동일한 출력 4를 갖는다.) 이를 기호로 표시하면 다음과 같다.

$$g(2) = g(3)$$

그러나 $x_1 \neq x_2$일 때 $f(x_1) \neq f(x_2)$인 성질을 갖는 함수 f를 일대일 함수라고 한다.

1 **정의** 함수 f가 결코 동일한 값을 두 번 취하지 않을 때, 즉 다음이 성립할 때 이 함수를 **일대일 함수**[one-to-one function]라 한다.

$$x_1 \neq x_2 \text{일 때 } f(x_1) \neq f(x_2)$$

입력과 출력이라는 용어로 나타내면 정의 1은 각각의 출력이 오로지 하나의 입력에 대응할 때 f를 일대일이라 한다.

수평선이 두 번 이상 f의 그래프와 만난다면 [그림 2]에서 보듯이 $f(x_1) = f(x_2)$를 만족하는 수 x_1과 x_2가 존재한다. 이것은 f가 일대일 함수가 아니라는 뜻이다. 그러므로 함수가 일대일인지를 결정하려면 다음과 같은 기하학적인 방법을 사용한다.

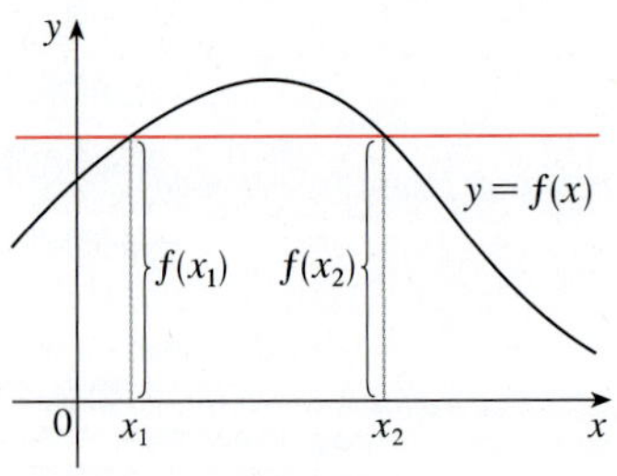

[그림 2] 이 함수는 $f(x_1) = f(x_2)$이므로 일대일이 아니다.

수평선 판정법 함수가 일대일이기 위한 필요충분조건은 어떤 수평선도 두 번 이상 함수의 그래프와 교차하지 않는 것이다.

예제 1 함수 $f(x)=x^3$은 일대일인가?

풀이 1

$x_1 \neq x_2$일 때 $x_1^3 \neq x_2^3$이다. (서로 다른 두 수는 동일한 세제곱을 갖지 않는다.) 따라서 정의 1에 의해 $f(x)=x^3$은 일대일이다.

풀이 2

[그림 3]을 보면 어떤 수평선도 $f(x)=x^3$과 두 번 이상 만나지 않는다. 따라서 수평선 판정법에 따라 f는 일대일이다.

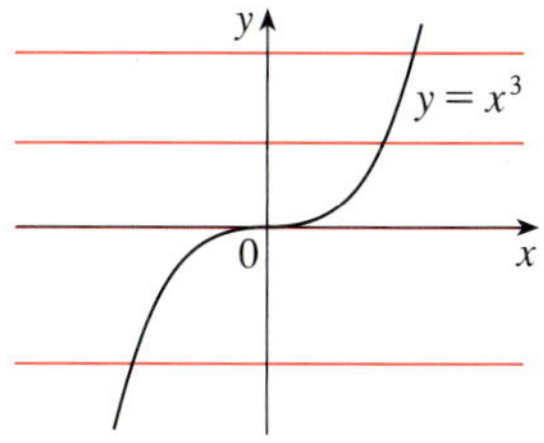

[그림 3] $f(x)=x^3$은 일대일이다.

예제 2 함수 $g(x)=x^2$은 일대일인가?

풀이 1

이 함수는 일대일이 아니다. 예를 들어 $g(1)=1=g(-1)$이기 때문에 1과 -1은 동일한 출력을 갖는다.

풀이 2

[그림 4]를 보면 g의 그래프는 두 번 이상 만나는 수평선이 존재한다. 따라서 수평선 판정법에 의해 g는 일대일이 아니다.

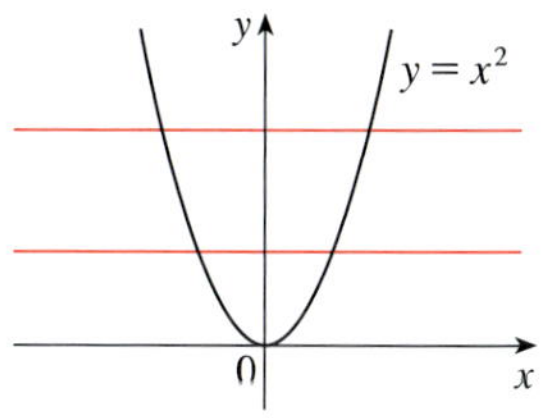

[그림 4] $g(x)=x^2$은 일대일이 아니다.

일대일 함수는 다음 정의에 따라 명확하게 역함수를 갖는 함수이므로 중요하다.

2 정의 f가 정의역 A와 치역 B를 갖는 일대일 함수라고 하자. 그러면 f의 역함수[inverse function] f^{-1}는 정의역 B와 치역 A를 가지며, B 안의 임의의 y에 대해 다음과 같이 정의된다.

$$f^{-1}(y)=x \quad \Leftrightarrow \quad f(x)=y$$

이 정의는 f가 x를 y로 사상시키면 f^{-1}는 y를 x로 되돌려 사상시키는 것을 말한다. (f가 일대일이 아니면 f^{-1}는 유일하게 정의되지 않는다.) [그림 5]에 있는 화살표 도표는 f^{-1}가 f의 결과를 되돌리는 것을 나타낸다. 다음에 주목하자.

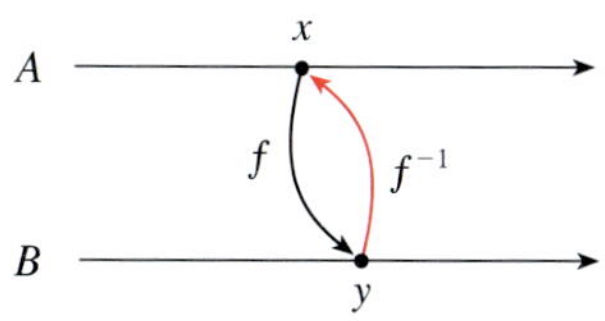

[그림 5]

$$f^{-1}\text{의 정의역} = f\text{의 치역}$$
$$f^{-1}\text{의 치역} = f\text{의 정의역}$$

예를 들어 $y = x^3$이면 다음이 성립한다.

$$f^{-1}(y) = f^{-1}(x^3) = (x^3)^{1/3} = x$$

따라서 $f(x) = x^3$의 역함수는 $f^{-1}(x) = x^{1/3}$이다.

⊘ 주의 f^{-1}의 -1을 지수로 혼동하면 안 된다. 즉

$$f^{-1}(x)\text{는 } \frac{1}{f(x)}\text{을 의미하지 않는다.}$$

그러나 $1/f(x)$은 $[f(x)]^{-1}$로 쓸 수 있다.

예제 3 **$f(1) = 5$, $f(3) = 7$, $f(8) = -10$일 때 $f^{-1}(7)$, $f^{-1}(5)$, $f^{-1}(-10)$을 구하라.**

풀이

f^{-1}의 정의로부터 다음을 얻는다.

$$f(3) = 7\text{이므로 } f^{-1}(7) = 3$$
$$f(1) = 5\text{이므로 } f^{-1}(5) = 1$$
$$f(8) = -10\text{이므로 } f^{-1}(-10) = 8$$

[그림 6]에 있는 도표는 f^{-1}가 f의 결과를 어떻게 되돌리는지 명백하게 보여준다.

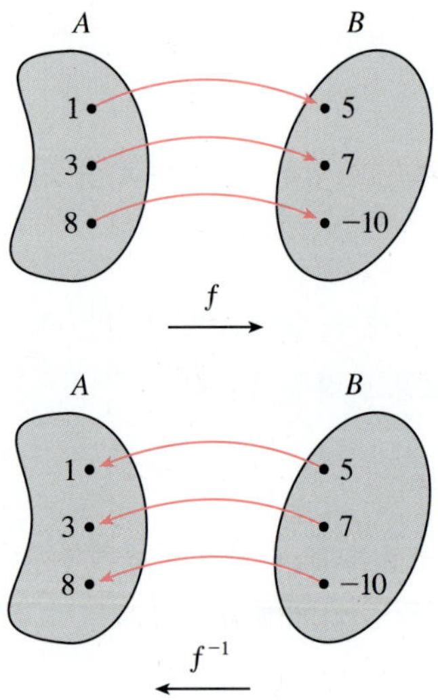

[그림 6] 역함수는 입력과 출력을 바꾼다.

문자 x는 전통적으로 독립변수로 사용된다. 따라서 f보다 f^{-1}에 대해 관심을 기울일 때 정의 2에서 보인 x와 y의 역할을 바꿔서 다음과 같이 쓴다.

3 $$f^{-1}(x) = y \iff f(y) = x$$

정의 2에서 y를 치환하고 3에서는 x를 치환하면 다음과 같은 소거방정식 cancellation equation을 얻는다.

4 $$A\text{ 안의 모든 } x\text{에 대해 } f^{-1}(f(x)) = x$$
$$B\text{ 안의 모든 } x\text{에 대해 } f(f^{-1}(x)) = x$$

첫 번째 소거방정식은 x로 시작해서 f에 적용하고 다시 f^{-1}에 적용하면, 처음에 시작한 x로 되돌아가는 것을 말한다([그림 7] 참조). 그러므로 f가 무엇을 하든지 f^{-1}는 그것을 원상태로 되돌려 놓는다. 두 번째 방정식은 f는 f^{-1}가 한 것을 원상태로

되돌려 놓는다는 것을 보여준다.

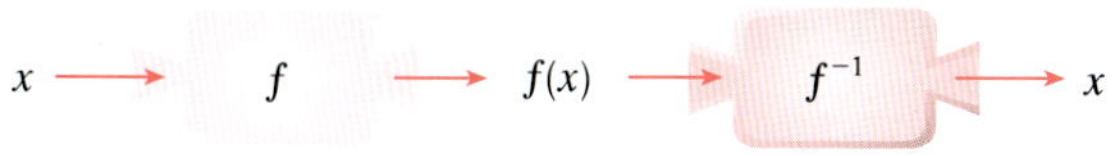

[그림 7]

예를 들어 $f(x) = x^3$이면 $f^{-1}(x) = x^{1/3}$이므로 소거방정식은 다음과 같다.

$$f^{-1}(f(x)) = (x^3)^{1/3} = x$$

$$f(f^{-1}(x)) = (x^{1/3})^3 = x$$

이들 방정식은 3차함수와 세제곱근함수를 연이어 적용했을 때 서로 소거되는 것을 보여준다.

이제 역함수를 계산하는 방법을 살펴보자. 함수 $y = f(x)$가 주어지고 x에 대한 방정식을 y에 관하여 풀 수 있다면 정의 [2]에 따라 $x = f^{-1}(y)$를 얻는다. 독립변수를 x로 나타내고자 한다면 x와 y를 서로 바꿔서 방정식 $y = f^{-1}(x)$를 얻는다.

> [5] 일대일 함수 f의 역함수를 구하는 방법
>
> 1단계 : $y = f(x)$를 쓴다.
>
> 2단계 : (가능하다면) x에 대한 이 방정식을 y에 대하여 푼다.
>
> 3단계 : x의 함수로써 f^{-1}을 표현하기 위해 x와 y를 서로 바꾼 결과, 방정식은 $y = f^{-1}(x)$이다.

예제 4 $f(x) = x^3 + 2$의 역함수를 구하라.

풀이

[5]에 따라 우선 다음과 같이 쓴다.

$$y = x^3 + 2$$

x에 대한 이 방정식을 푼다.

$$x^3 = y - 2$$

$$x = \sqrt[3]{y-2}$$

끝으로 x와 y를 서로 바꾸면 다음을 얻는다.

$$y = \sqrt[3]{x-2}$$

따라서 역함수는 $f^{-1}(x) = \sqrt[3]{x-2}$이다.

[예제 4]에서 f^{-1}이 f의 결과를 어떻게 되돌리는지 주목하자. 함수 f는 세제곱에 2를 더하라는 규칙이고, f^{-1}는 2를 뺀 후 세제곱근을 취한다는 규칙이다.

역함수를 구하기 위해 x와 y를 서로 바꾸는 원리는 f의 그래프에서 f^{-1}의 그래프를 얻는 방법을 제시한다. $f(a)=b$이기 위한 필요충분조건은 $f^{-1}(b)=a$이므로 점 (a, b)가 f의 그래프 위에 있기 위한 필요충분조건은 점 (b, a)가 f^{-1}의 그래프 위에 있는 것이다. 그런데 점 (b, a)는 (a, b)를 $y=x$에 대해 대칭시킴으로써 얻는다([그림 8] 참조).

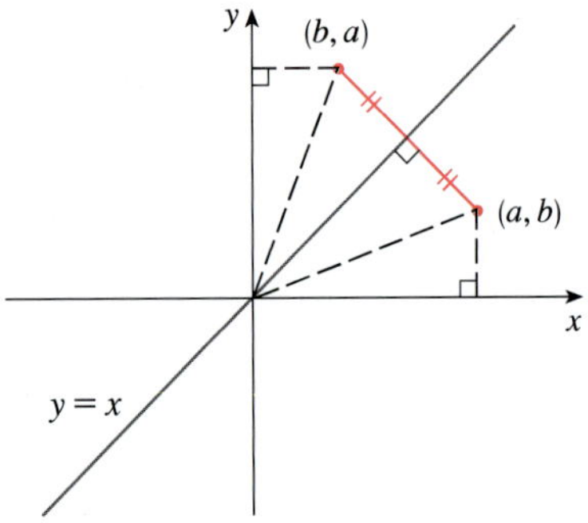

[그림 8]

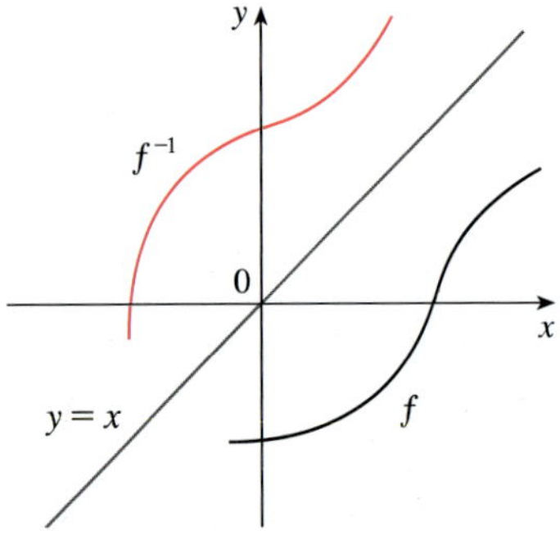

[그림 9]

그러므로 [그림 9]에서 설명된 것과 같이 다음을 얻는다.

> f^{-1}의 그래프는 직선 $y=x$에 대해 f의 그래프를 대칭 이동시켜 얻는다.

예제 5 **동일한 좌표축을 이용하여 $f(x)=\sqrt{-1-x}$와 이 함수의 역함수의 그래프를 그려라.**

풀이

먼저 $y=\sqrt{-1-x}$ (포물선 $y^2=-1-x$ 또는 $x=-y^2-1$의 위쪽 절반)의 그래프를 그린다. 그 다음 f^{-1}의 그래프를 얻기 위해 $y=x$에 대해 대칭시킨다([그림 10] 참조). 그래프에서 확인한 바와 같이 f^{-1}에 대한 표현은 $f^{-1}(x)=-x^2-1$, $x \geq 0$임에 주목한다. 따라서 f^{-1}의 그래프는 포물선 $y=-x^2-1$의 오른쪽 절반 부분이며 [그림 10]을 봤을 때 타당한 것으로 보인다.

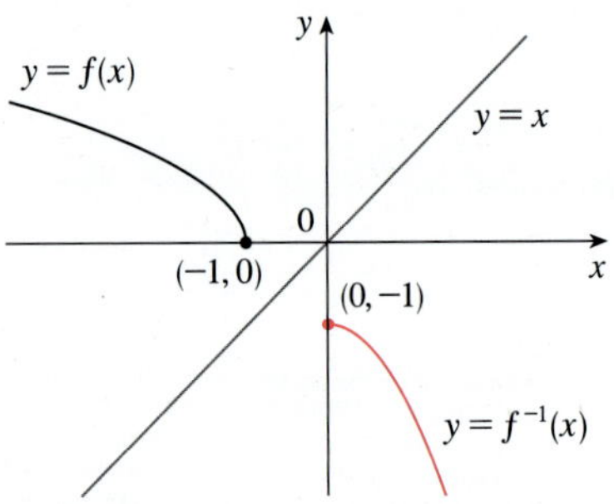

[그림 10]

역함수의 계산

이제 미적분학의 관점에서 역함수를 살펴보자. f가 일대일 함수이고 연속함수라고 가정하자. 그래프가 끊어지지 않은 것으로 연속함수를 생각할 수 있다(한 조각으로 구성). f^{-1}의 그래프는 f의 그래프를 직선 $y=x$에 대해 대칭시켜 얻으므로 f^{-1}의 그래프도 끊어지지 않는다([그림 9] 참조). 따라서 f^{-1}도 역시 연속함수라는 것을 기대할 수 있다. 이런 기하학적인 논의로는 다음 정리를 증명하지는 못하지만 적어도 정리를 수긍할 수 있게 한다. 이에 대한 증명은 '부록 C'에서 다룬다.

> 6 **정리** f가 어떤 구간에서 정의된 일대일 연속함수이면 그의 역함수 f^{-1}도 역시 연속이다.

이제 f가 일대일 미분 가능한 함수라고 하자. 기하학적으로 미분 가능한 함수의 그래프는 꺾임이나 꼬임이 없는 함수로 생각할 수 있다. f의 그래프를 직선 $y=x$에 대해 대칭 이동시켜 f^{-1}의 그래프를 얻으므로 f^{-1}의 그래프는 꺾임이나 꼬임이 없다. 그러므로 f^{-1}도 미분 가능함을 기대한다(접선이 수직선인 곳은 제외). 사실상 주어진 점에서 f^{-1}의 도함수의 값을 기하학적인 논의로 예측할 수 있다. [그림 11]에서 f와 그 역함수 f^{-1}의 그래프를 보여준다. $f(b)=a$이면 $f^{-1}(a)=b$이고 $(f^{-1})'(a)$는 점 (a, b)에서 그래프 f^{-1}의 접선 L의 기울기, 즉 $\Delta y/\Delta x$이다. 직선 $y=x$에 대한 대칭은 x축과 y축을 바꾼 효과를 갖는다. 그러므로 대칭인 직선 ℓ[(b, a)에서 f의 그래프에 대한 접선]의 기울기는 $\Delta x/\Delta y$이다. 따라서 L의 기울기는 ℓ의 기울기의 역수, 즉 다음과 같다.

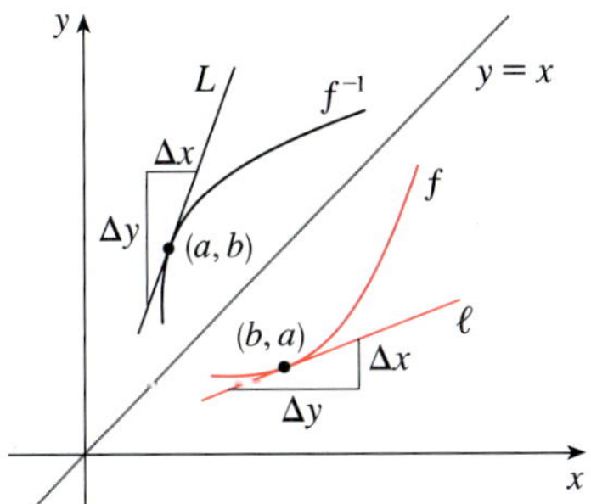

[그림 11]

$$(f^{-1})'(a)=\frac{\Delta y}{\Delta x}=\frac{1}{\Delta x/\Delta y}=\frac{1}{f'(b)}$$

> 7 **정리** 역함수 f^{-1}를 가지는 f가 일대일 미분 가능한 함수이고 $f'(f^{-1}(a))\neq 0$이면, 역함수는 a에서 미분 가능하고 다음이 성립한다.
>
> $$(f^{-1})'(a)=\frac{1}{f'(f^{-1}(a))}$$

증명

2.1절의 식 5와 같이 도함수의 정의에 따라 다음을 얻는다.

$$(f^{-1})'(a)=\lim_{x\to a}\frac{f^{-1}(x)-f^{-1}(a)}{x-a}$$

$f(b)=a$이면 $f^{-1}(a)=b$이다. 그리고 $y=f^{-1}(x)$이면 $f(y)=x$이다. f가 미분 가능하므로 연속이다. 따라서 정리 6에 의해 f^{-1}도 연속이다. 그러므로 $x\to a$

이면 $f^{-1}(x) \to f^{-1}(a)$이다. 즉 $y \to b$이다. 따라서 다음을 얻는다.

f가 일대일이므로 $x \neq a \Rightarrow f(y) \neq f(b)$임을 주목한다.

$$(f^{-1})'(a) = \lim_{x \to a} \frac{f^{-1}(x) - f^{-1}(a)}{x - a} = \lim_{y \to b} \frac{y - b}{f(y) - f(b)}$$

$$= \lim_{y \to b} \frac{1}{\dfrac{f(y) - f(b)}{y - b}} = \frac{1}{\displaystyle\lim_{y \to b} \frac{f(y) - f(b)}{y - b}}$$

$$= \frac{1}{f'(b)} = \frac{1}{f'(f^{-1}(a))}$$

NOTE 1 _ 정리 7의 공식에서 a를 일반적인 수 x로 바꾸면 다음을 얻는다.

8
$$(f^{-1})'(x) = \frac{1}{f'(f^{-1}(x))}$$

$y = f^{-1}(x)$로 쓰면 $f(y) = x$이므로 라이프니츠의 기호로 표현할 때 식 8은 다음과 같다.

$$\frac{dy}{dx} = \frac{1}{\dfrac{dx}{dy}}$$

NOTE 2 _ f^{-1}가 미분 가능하다는 사실을 사전에 알고 있다면 음함수 미분법을 이용하여 정리 7의 증명에서 사용한 방법보다 쉽게 도함수를 계산할 수 있다. 만일 $y = f^{-1}(x)$이면 $f(y) = x$이다. y를 x의 함수로 생각하고 연쇄법칙을 이용하여 방정식 $f(y) = x$를 x에 대해 음함수적으로 미분하여 다음을 얻는다.

■ www.stewartcalculus.com (Additional Example A를 보라.)

$$f'(y)\frac{dy}{dx} = 1$$

따라서 다음과 같다.

$$\frac{dy}{dx} = \frac{1}{f'(y)} = \frac{1}{\dfrac{dx}{dy}}$$

예제 6 $f(x) = 2x + \cos x$일 때 $(f^{-1})'(1)$을 구하라.

풀이

$f'(x) = 2 - \sin x > 0$이므로 f는 증가함수이다. 따라서 f는 일대일 함수이다. 정리 7을 이용하기 위해 $f^{-1}(1)$을 알아야 하며, 다음과 같이 구할 수 있다.

$$f(0) = 1 \quad \Rightarrow \quad f^{-1}(1) = 0$$

따라서 다음을 얻는다.

$$(f^{-1})'(1) = \frac{1}{f'(f^{-1}(1))} = \frac{1}{f'(0)} = \frac{1}{2 - \sin 0} = \frac{1}{2}$$

5.1 연습문제

01 (a) 일대일 함수란 무엇인가?

(b) 함수가 일대일인지 아닌지를 그래프로부터 어떻게 알 수 있는가?

02~07 다음 문제에서는 함수를 표, 그래프, 공식, 구두 설명으로 제시하였다. 각 함수가 일대일 함수인지 아닌지를 결정하라.

02

x	1	2	3	4	5	6
$f(x)$	1.5	2.0	3.6	5.3	2.8	2.0

03

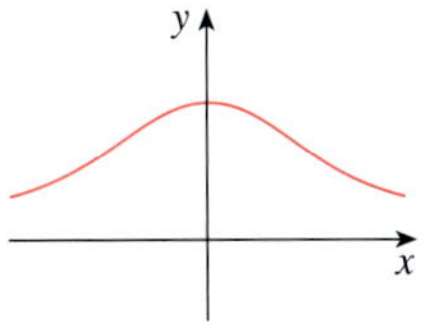

04

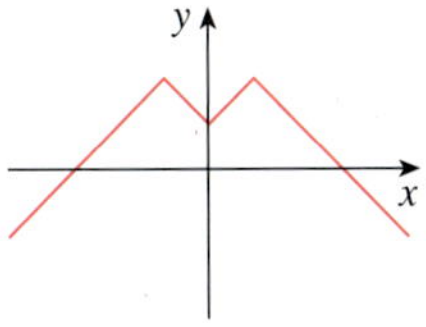

05 $f(x) = x^2 - 2x$

06 $g(x) = 1/x$

07 $f(t)$는 축구공을 찬 t초 후의 공의 높이이다.

---

08 f가 일대일 함수라 하자.

(a) $f(6) = 17$이면 $f^{-1}(17)$은 얼마인가?

(b) $f^{-1}(3) = 2$이면 $f(2)$는 얼마인가?

09 $h(x) = x + \sqrt{x}$일 때 $h^{-1}(6)$을 구하라.

10 공식 $C = 5(F - 32)/9$, $F \geq -459.67$은 섭씨온도 C를 화씨온도 F로 나타낸 함수이다. 역함수에 대한 공식을 구하고 그 의미를 해석하라. 역함수의 정의역은 무엇인가?

11~13 다음 함수의 역함수에 대한 공식을 구하라.

11 $f(x) = 3 - 2x$

12 $f(x) = 1 + \sqrt{2 + 3x}$

13 $y = \dfrac{1 - \sqrt{x}}{1 + \sqrt{x}}$

---

14 $f(x) = x^4 + 1$, $x \geq 0$ 함수의 역함수 f^{-1}에 대한 명확한 식을 구하라. 그리고 이것을 이용하여 동일한 보기화면에 f^{-1}, f, $y = x$의 그래프를 그려라. f와 f^{-1}의 그래프가 $y = x$에 대해 대칭인지 확인하라.

15 다음과 같은 f의 그래프를 이용하여 f^{-1}의 그래프를 그려라.

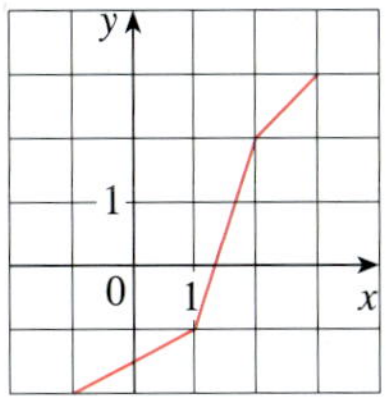

16 $f(x) = \sqrt{1 - x^2}$, $0 \leq x \leq 1$이라 하자.

(a) f^{-1}를 구하라. 이 함수는 f와 어떤 관계가 있는가?

(b) f의 그래프를 확인하고 (a)의 답을 설명하라.

17~18 (a) f가 일대일임을 보여라.

(b) 정리 7을 이용하여 $(f^{-1})'(a)$를 구하라.

(c) $f^{-1}(x)$를 계산하고 f^{-1}의 정의역과 치역을 구하라.

(d) (c)의 식으로부터 $(f^{-1})'(a)$를 구하고, (b)의 결과와 일치하는지 확인하라.

(e) f와 f^{-1}의 그래프를 동일한 좌표축 위에 그려라.

17 $f(x) = x^3$, $a = 8$

18 $f(x) = 9 - x^2$, $0 \leq x \leq 3$, $a = 8$

19~20 $(f^{-1})'(a)$를 구하라.

19 $f(x) = 2x^3 + 3x^2 + 7x + 4$, $a = 4$

20 $f(x) = 3 + x^2 + \tan(\pi x/2)$, $-1 < x < 1$, $a = 3$

---

21 f^{-1}는 미분 가능한 함수 f의 역함수이고 $f(4) = 5$, $f'(4) = 2/3$이다. $(f^{-1})'(5)$를 구하라.

22 $f(x) = \int_3^x \sqrt{1 + t^3}\, dt$일 때 $(f^{-1})'(0)$을 구하라.

23 함수 $f(x) = \sqrt{x^3 + x^2 + x + 1}$이 일대일임을 보여라. 컴퓨터 대수체계를 이용하여 $f^{-1}(x)$에 대한 명확한 표현을 구하라. (CAS는 가능한 표현을 세 가지로 제시할 것이다. 그중 두 가지가 문맥상 부적절한 이유를 설명하라.)

24 (a) 곡선을 왼쪽 방향으로 이동하면 $y=x$에 대해 대칭인 그래프는 어떻게 되는가? 이와 같은 기하학적 관점에서 $g(x)=f(x+c)$의 역함수에 대한 표현을 구하라. 여기서 f는 일대일 함수이다.

(b) $c\neq 0$에 대해 $h(x)=f(cx)$의 역함수에 대한 표현을 구하라.

5.2 자연로그함수

이 절에서는 자연로그를 적분으로 정의하고 이것이 통상적인 로그법칙에 따르는 것을 보인다. 기본 정리는 이 함수를 미분하기 쉽게 해준다.

1 정의 자연로그함수natural logarithmic function**는 다음과 같이 정의되는 함수이다.**

$$\ln x=\int_1^x \frac{1}{t}\,dt,\quad x>0$$

이 함수의 존재성은 연속함수의 적분이 항상 존재한다는 사실에 따른다. $x>1$이면 $\ln x$는 기하학적으로 $t=1$에서 $t=x$까지 쌍곡선 $y=1/t$ 아래 넓이로 설명될 수 있다([그림 12] 참조). $x=1$에 대해 다음을 얻는다.

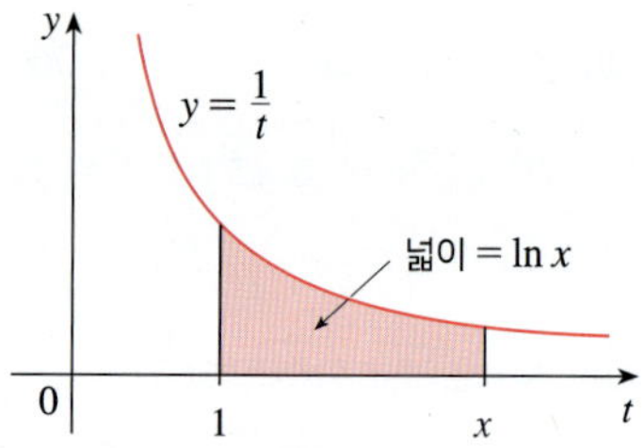

[그림 12]

$$\ln 1=\int_1^1 \frac{1}{t}\,dt=0$$

$0<x<1$에 대해 다음을 얻는다.

$$\ln x=\int_1^x \frac{1}{t}\,dt=-\int_x^1 \frac{1}{t}\,dt<0$$

따라서 $\ln x$는 [그림 13]에 보인 넓이의 음의 값이다.

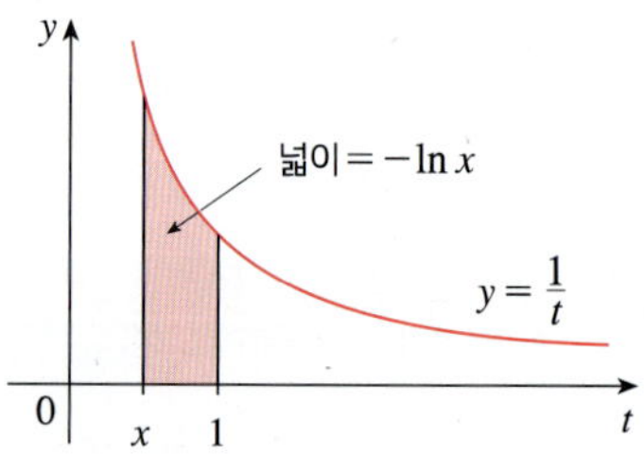

[그림 13]

예제 1 (a) 넓이를 비교하여 $\frac{1}{2}<\ln 2<\frac{3}{4}$임을 보여라.

(b) $n=10$인 중점법칙을 이용하여 $\ln 2$의 값을 추정하라.

풀이

(a) $\ln 2$를 1에서 2까지 곡선 $y=\frac{1}{t}$ 아래의 넓이로 해석할 수 있다. [그림 14]로부터 이 영역은 직사각형 $BCDE$보다 크고, 사다리꼴 $ABCD$의 넓이보다 작다. 따라서 다음을 얻는다.

$$\frac{1}{2}\cdot 1<\ln 2<1\cdot\frac{1}{2}\left(1+\frac{1}{2}\right)$$

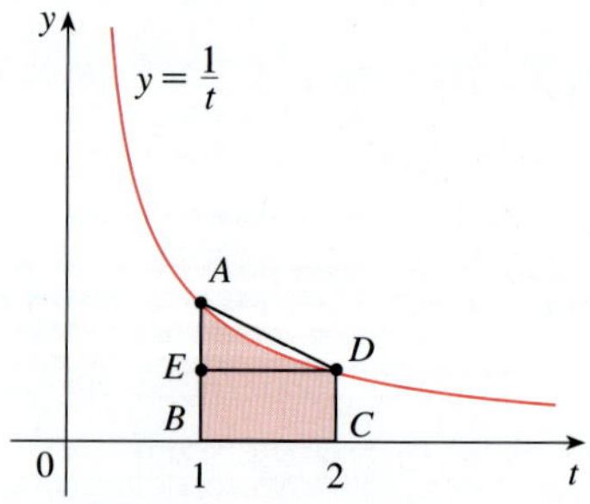

[그림 14]

$$\frac{1}{2} < \ln 2 < \frac{3}{4}$$

(b) $f(t) = \dfrac{1}{t}$, $n = 10$, $\Delta t = 0.1$인 중점법칙을 이용하면 다음을 얻는다.

$$\ln 2 = \int_1^2 \frac{1}{t}\,dt \approx (0.1)[f(1.05) + f(1.15) + \cdots + f(1.95)]$$

$$= (0.1)\left(\frac{1}{1.05} + \frac{1}{1.15} + \cdots + \frac{1}{1.95}\right) \approx 0.693$$

$\ln x$를 정의하는 적분은 정확히 미적분학의 기본 정리 1에서 논의된 적분과 같은 형태이다(4.4절 참조). 실제로 그 정리를 이용하여 다음을 얻는다.

$$\frac{d}{dx}\int_1^x \frac{1}{t}\,dt = \frac{1}{x}$$

따라서 다음과 같다.

2
$$\frac{d}{dx}(\ln x) = \frac{1}{x}$$

이제 이 미분법을 이용하여 로그함수의 다음 성질들을 증명한다.

3 **로그법칙** x와 y는 양수, r은 유리수라 하면 다음이 성립한다.

(1) $\ln(xy) = \ln x + \ln y$ (2) $\ln\left(\dfrac{x}{y}\right) = \ln x - \ln y$ (3) $\ln(x^r) = r\ln x$

증명

(1) 양의 상수 a에 대해 $f(x) = \ln(ax)$라 하자. 그러면 식 2와 연쇄법칙을 이용하여 다음을 얻는다.

$$f'(x) = \frac{1}{ax}\frac{d}{dx}(ax) = \frac{1}{ax}\cdot a = \frac{1}{x}$$

그래서 $f(x)$와 $\ln x$는 동일한 도함수를 가지므로 다음과 같이 상수만큼의 차이가 있다.

$$\ln(ax) = \ln x + C$$

이 방정식에서 $x = 1$로 놓으면 $\ln a = \ln 1 + C = 0 + C = C$이다. 따라서 다음이 성립한다.

$$\ln(ax) = \ln x + \ln a$$

이제 a를 임의의 수 y로 바꾸면 다음과 같다.

$$\ln(xy) = \ln x + \ln y$$

(2) 법칙 (1)에서 $x = \frac{1}{y}$이라 하면 다음과 같다.

$$\ln\frac{1}{y} + \ln y = \ln\left(\frac{1}{y}\cdot y\right) = \ln 1 = 0$$

그러므로 다음을 얻는다.

$$\ln\frac{1}{y} = -\ln y$$

다시 법칙 (1)을 이용하면 다음이 성립한다.

$$\ln\left(\frac{x}{y}\right) = \ln\left(x\cdot\frac{1}{y}\right) = \ln x + \ln\frac{1}{y} = \ln x - \ln y$$

(3) (3)의 증명은 연습문제로 남겨둔다([연습문제 36] 참조).

예제 2 **식 $\ln\frac{(x^2+5)^4\sin x}{x^3+1}$를 전개하라.**

풀이

로그법칙 (1) ~ (3)을 이용하면 다음을 얻는다.

$$\begin{aligned}\ln\frac{(x^2+5)^4\sin x}{x^3+1} &= \ln(x^2+5)^4 + \ln\sin x - \ln(x^3+1)\\ &= 4\ln(x^2+5) + \ln\sin x - \ln(x^3+1)\end{aligned}$$

예제 3 **$\ln a + \frac{1}{2}\ln b$를 단일 로그로 표현하라.**

풀이

로그법칙 (3)과 로그법칙 (1)을 적용하면 다음과 같다.

$$\ln a + \frac{1}{2}\ln b = \ln a + \ln b^{1/2} = \ln a + \ln\sqrt{b} = \ln(a\sqrt{b})$$

$y = \ln x$의 그래프를 그리기 위해 먼저 다음 극한을 결정한다.

4 (a) $\lim_{x\to\infty}\ln x = \infty$ (b) $\lim_{x\to 0^+}\ln x = -\infty$

증명

(a) $x = 2$, $r = n$(n은 임의의 양의 정수)에 대해 로그법칙 (3)을 이용하면 $\ln(2^n) = n\ln 2$이다. $\ln 2 > 0$이므로 $n\to\infty$일 때 $\ln(2^n)\to\infty$가 되는 것을 나타낸

다. 그러나 이 함수의 도함수가 $\frac{1}{x} > 0$이므로 $\ln x$는 증가함수이다. 그러므로 $x \to \infty$일 때 $\ln x \to \infty$이다.

(b) $t = \frac{1}{x}$이라 하면 $x \to 0^+$일 때 $t \to \infty$이다. 그러므로 (a)를 이용하여 다음을 얻는다.

$$\lim_{x \to 0^+} \ln x = \lim_{t \to \infty} \ln\left(\frac{1}{t}\right) = \lim_{t \to \infty} (-\ln t) = -\infty$$

$y = \ln x$, $x > 0$이면 다음을 얻는다.

$$\frac{dy}{dx} = \frac{1}{x} > 0, \quad \frac{d^2y}{dx^2} = -\frac{1}{x^2} < 0$$

이것은 $(0, \infty)$에서 $\ln x$는 증가하고 아래로 오목임을 보인다. 이 정보와 식 4를 조합하여 [그림 15]에 있는 $y = \ln x$의 그래프를 그린다.

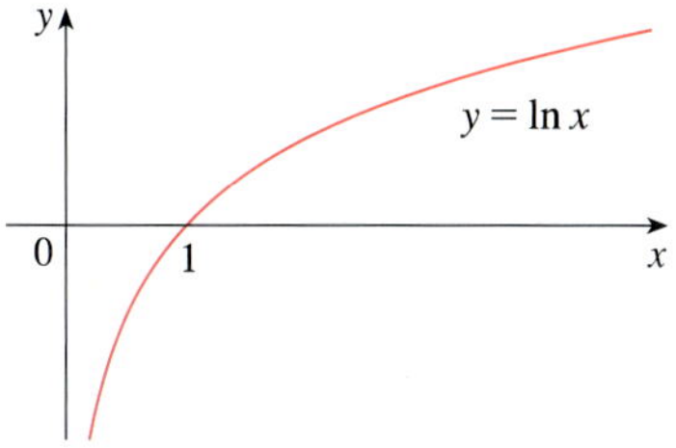

[그림 15]

$\ln 1 = 0$이고 $\ln x$가 임의의 큰 값을 취할 수 있으며 증가하는 연속함수이므로 중간값 정리에 의해 $\ln x$의 값이 1이 되는 수가 존재함을 알 수 있다([그림 16] 참조). 이와 같은 중요한 수를 e로 나타낸다.

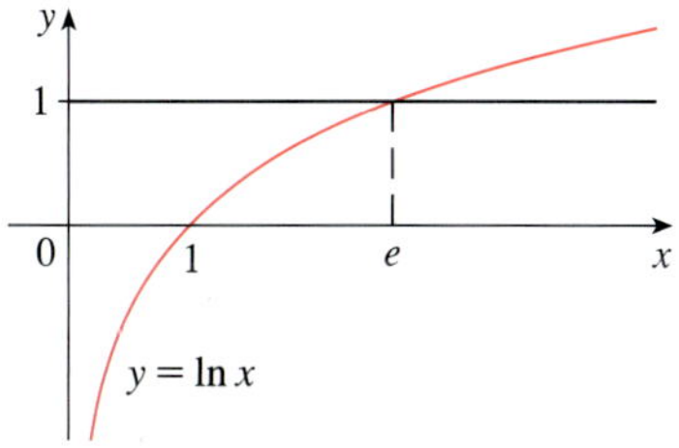

[그림 16]

> 5 **정의** e는 $\ln e = 1$을 만족하는 수이다.

예제 4 그래픽 계산기나 컴퓨터를 이용해서 e의 값을 추정하라.

풀이

정의 5에 따라 곡선 $y = \ln x$와 $y = 1$의 그래프를 그리고 교점의 x좌표를 결정함으로써 e 값을 추정한다. [그림 17]에서처럼 반복하여 화면을 확대하여 다음을 구한다.

$$e \approx 2.718$$

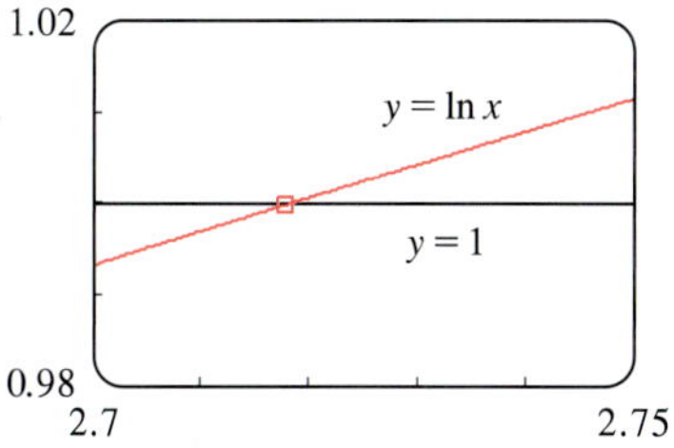

[그림 17]

좀 더 세련된 방법으로 소수점 아래 스무 번째 자리에서 e의 근삿값이 다음과 같음을 보일 수 있다.

$$e \approx 2.71828182845904523536$$

e가 무리수이므로 e의 십진법 표현은 반복적이지 않다. 즉 비순환적이다.

이제 식 2를 이용하여 자연로그함수를 포함하는 함수를 미분해보자.

예제 5 $y = \ln(x^3+1)$를 미분하라.

풀이

연쇄법칙을 이용하기 위해 $u = x^3+1$이라 놓자. $y = \ln u$이므로 다음을 얻는다.

$$\frac{dy}{dx} = \frac{dy}{du}\frac{du}{dx} = \frac{1}{u}\frac{du}{dx} = \frac{1}{x^3+1}(3x^2) = \frac{3x^2}{x^3+1}$$

일반적으로 [예제 5]에서와 같이 식 2와 연쇄법칙을 결합하면 다음을 얻는다.

6 $$\frac{d}{dx}(\ln u) = \frac{1}{u}\frac{du}{dx} \quad \text{또는} \quad \frac{d}{dx}[\ln g(x)] = \frac{g'(x)}{g(x)}$$

예제 6 $\dfrac{d}{dx}\ln(\sin x)$를 구하라.

풀이

6을 이용하여 다음을 얻는다.

$$\frac{d}{dx}\ln(\sin x) = \frac{1}{\sin x}\frac{d}{dx}(\sin x) = \frac{1}{\sin x}\cos x = \cot x$$

예제 7 $f(x) = \sqrt{\ln x}$를 미분하라.

풀이

로그가 내부함수이므로 연쇄법칙에 의해 다음을 얻는다.

$$f'(x) = \frac{1}{2}(\ln x)^{-1/2}\frac{d}{dx}(\ln x) = \frac{1}{2\sqrt{\ln x}}\cdot\frac{1}{x} = \frac{1}{2x\sqrt{\ln x}}$$

예제 8 $\dfrac{d}{dx}\ln\dfrac{x+1}{\sqrt{x-2}}$을 구하라.

[그림 18]은 [예제 8]의 함수와 도함수의 그래프를 보여준다. [예제 8]에서의 풀이를 가시적으로 확인할 수 있다. f가 빠르게 감소할 때 $f'(x)$는 큰 음수이고 f가 최솟값을 가질 때 $f'(x)=0$임에 주목하자.

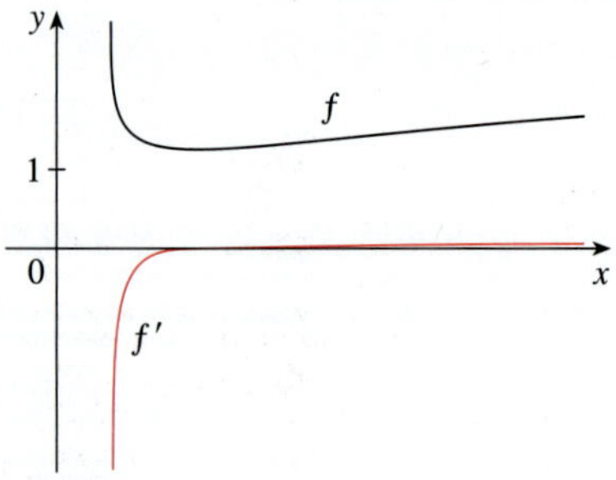

[그림 18]

풀이 1

$$\frac{d}{dx}\ln\frac{x+1}{\sqrt{x-2}} = \frac{1}{\dfrac{x+1}{\sqrt{x-2}}}\frac{d}{dx}\frac{x+1}{\sqrt{x-2}}$$

$$= \frac{\sqrt{x-2}}{x+1}\;\frac{\sqrt{x-2}\cdot 1-(x+1)\left(\frac{1}{2}\right)(x-2)^{-1/2}}{x-2}$$

$$= \frac{x-2-\frac{1}{2}(x+1)}{(x+1)(x-2)} = \frac{x-5}{2(x+1)(x-2)}$$

풀이 2

먼저 로그법칙을 이용해서 주어진 함수를 간단히 하면 다음과 같이 미분이 쉬워진다.

$$\frac{d}{dx}\ln\frac{x+1}{\sqrt{x-2}} = \frac{d}{dx}\left[\ln(x+1) - \frac{1}{2}\ln(x-2)\right]$$

$$= \frac{1}{x+1} - \frac{1}{2}\left(\frac{1}{x-2}\right)$$

(이 답은 위와 같이 쓰여진 상태로 남겨두어도 되지만 분모를 통분하면 풀이 1과 답이 동일한 것을 알 것이다.)

▪ www.stewartcalculus.com (Additional Example A를 보라.)

예제 9 $f(x) = \ln|x|$일 때 $f'(x)$를 구하라.

풀이

$$f(x) = \begin{cases} \ln x & , \ x > 0 \\ \ln(-x), & x < 0 \end{cases}$$

이므로 다음을 얻는다.

$$f'(x) = \begin{cases} \dfrac{1}{x} & , \ x > 0 \\[2ex] \dfrac{1}{-x}(-1) = \dfrac{1}{x}, & x < 0 \end{cases}$$

따라서 모든 $x \neq 0$에 대해 $f'(x) = 1/x$이다.

이 [예제 9]의 결과는 다음과 같이 기억해둘 필요가 있다.

7 $$\frac{d}{dx}\ln|x| = \frac{1}{x}$$

이에 대응되는 적분 공식은 다음과 같다.

8 $$\int \frac{1}{x}\,dx = \ln|x| + C$$

이는 거듭제곱함수의 적분법칙에서 빠진 부분을 채워준다는 점에 주목하자.

$$\int x^n\,dx = \frac{x^{n+1}}{n+1} + C, \quad n \neq -1$$

빠진 경우($n = -1$)는 식 8에 의해서 공급된다.

예제 10 $\displaystyle\int \frac{x}{x^2+1}\,dx$를 계산하라.

풀이

$u = x^2 + 1$로 치환하는 이유는 미분 $du = 2x\,dx$(상수인수 2를 제외하고)가 나타나기 때문이다. 그러므로 $x\,dx = du/2$이고 다음을 얻는다.

$$\int \frac{x}{x^2+1}\,dx = \frac{1}{2}\int \frac{du}{u} = \frac{1}{2}\ln|u| + C$$

$$= \frac{1}{2}\ln|x^2+1| + C = \frac{1}{2}\ln(x^2+1) + C$$

모든 x에 대해 $x^2+1>0$이므로 절댓값 기호를 제거했다는 점에 주목하자. 로그 성질을 이용하여 이 답을 다음과 같이 표현할 수 있으나 반드시 그럴 필요는 없다.

$$\ln\sqrt{x^2+1} + C$$

예제 11 $\displaystyle\int_1^e \frac{\ln x}{x}\,dx$를 계산하라.

[예제 11]에서 함수 $f(x) = (\ln x)/x$는 $x>1$에서 양이므로 적분은 [그림 19]의 색칠된 영역의 넓이를 나타낸다.

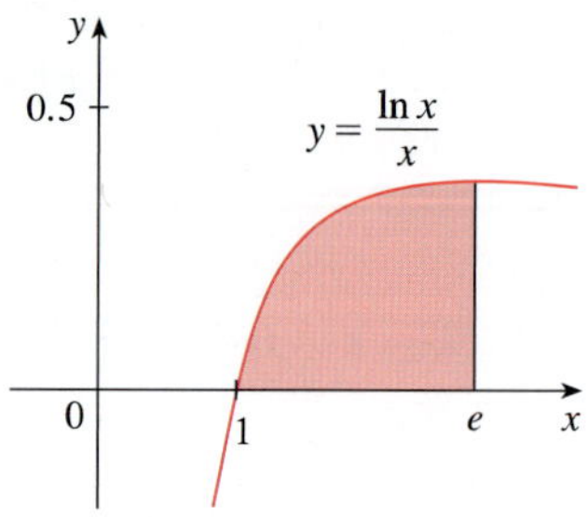

[그림 19]

풀이

$u = \ln x$로 놓는 이유는 미분 $du = dx/x$가 적분에서 나타나기 때문이다. $x = 1$이면 $u = \ln 1 = 0$이고, $x = e$이면 $u = \ln e = 1$이다. 따라서 다음을 얻는다.

$$\int_1^e \frac{\ln x}{x}\,dx = \int_0^1 u\,du = \frac{u^2}{2}\bigg]_0^1 = \frac{1}{2}$$

예제 12 $\displaystyle\int \tan x\,dx$를 계산하라.

풀이

먼저 $\tan x$를 다음과 같이 $\sin x$와 $\cos x$로 쓴다.

$$\int \tan x\,dx = \int \frac{\sin x}{\cos x}\,dx$$

$u = \cos x$로 치환할 것을 제안한다. 그 이유는 $du = -\sin x\,dx$이므로 $\sin x\,dx = -du$이기 때문이다. 따라서 다음을 얻는다.

$$\int \tan x\,dx = \int \frac{\sin x}{\cos x}\,dx = -\int \frac{1}{u}\,du$$

$$= -\ln|u| + C = -\ln|\cos x| + C$$

한편 $-\ln|\cos x| = \ln(|\cos x|^{-1}) = \ln(1/|\cos x|) = \ln|\sec x|$이므로 [예제 12]의 결과를 다음과 같이 쓸 수 있다.

9 $$\int \tan x\, dx = \ln|\sec x| + C$$

로그미분법

곱, 몫, 거듭제곱을 포함하는 복잡한 함수의 도함수는 종종 로그를 취해 간단히 만들 수 있다. 다음 예제에서 사용한 방법을 **로그미분법**logarithmic differentiation이라고 한다.

예제 13 $y = \dfrac{x^{3/4}\sqrt{x^2+1}}{(3x+2)^5}$을 미분하라.

풀이

주어진 방정식의 양변에 로그를 취하고 로그법칙을 이용하여 다음과 같이 간단히 한다.

$$\ln y = \frac{3}{4}\ln x + \frac{1}{2}\ln(x^2+1) - 5\ln(3x+2)$$

음함수적으로 양변을 x에 대해 미분하면 다음을 얻는다.

$$\frac{1}{y}\frac{dy}{dx} = \frac{3}{4}\cdot\frac{1}{x} + \frac{1}{2}\cdot\frac{2x}{x^2+1} - 5\cdot\frac{3}{3x+2}$$

이제 dy/dx에 대해 풀면 다음을 얻는다.

$$\frac{dy}{dx} = y\left(\frac{3}{4x} + \frac{x}{x^2+1} - \frac{15}{3x+2}\right)$$

y에 대한 명확한 식을 알고 있으므로 대입하여 다음과 같이 쓴다.

$$\frac{dy}{dx} = \frac{x^{3/4}\sqrt{x^2+1}}{(3x+2)^5}\left(\frac{3}{4x} + \frac{x}{x^2+1} - \frac{15}{3x+2}\right)$$

로그미분법의 단계

1. 방정식 $y = f(x)$의 양변에 자연로그를 취하고, 로그법칙을 이용하여 간단히 한다.
2. x에 대해 음함수적으로 미분한다.
3. 결과적인 방정식을 y'에 대해 푼다.

[예제 13]에서 로그미분법을 사용하지 않았다면 나눗셈 법칙과 곱셈 법칙을 사용해야만 했을 것이다. 그리고 그 결과는 대단히 끔찍할 것이다.

어떤 x 값에 대해 $f(x) < 0$이면 $\ln f(x)$는 정의되지 않는다. 그러나 $|y| = |f(x)|$로 쓰고 식 7을 이용한다.

5.2 연습문제

01~02 로그법칙을 이용하여 다음 식을 전개하라.

01 $\ln\sqrt{ab}$

02 $\ln\dfrac{x^2}{y^3 z^4}$

03~04 다음 식을 단일 로그로 표현하라.

03 $\ln 5 + 5\ln 3$

04 $\dfrac{1}{3}\ln(x+2)^3 + \dfrac{1}{2}[\ln x - \ln(x^2+3x+2)^2]$

05~06 다음 함수의 그래프를 대략적으로 그려라. 계산기는 이용하지 않는다. [그림 15]에 주어진 그래프를 사용하고 필요하다면 1.2절의 변환을 이용한다.

05 $y = -\ln x$

06 $y = \ln(x+3)$

07 $\lim\limits_{x \to 3^+} \ln(x^2-9)$의 극한을 구하라.

08~16 다음 함수를 미분하라.

08 $f(x) = \sqrt{x}\ln x$

09 $f(x) = \sin(\ln x)$

10 $f(x) = \ln\dfrac{1}{x}$

11 $g(x) = \ln\dfrac{a-x}{a+x}$

12 $G(y) = \ln\dfrac{(2y+1)^5}{\sqrt{y^2+1}}$

13 $g(x) = \ln(x\sqrt{x^2-1})$

14 $f(u) = \dfrac{\ln u}{1+\ln(2u)}$

15 $y = \ln|2-x-5x^2|$

16 $y = \tan[\ln(ax+b)]$

17 $y = x^2\ln(2x)$ 함수의 y'과 y''을 구하라.

18 $f(x) = \dfrac{x}{1-\ln(x-1)}$를 미분하고 f의 정의역을 구하라.

19 $f(x) = \dfrac{\ln x}{1+x^2}$일 때 $f'(1)$을 구하라.

20 $y = \sin(2\ln x)$, $(1, 0)$일 때 곡선에 대한 접선의 방정식을 구하라.

21 $y = \ln(x^2+y^2)$일 때 y'을 구하라.

22 $f(x) = \ln(x-1)$일 때 $f^{(n)}(x)$에 대한 공식을 구하라.

23~24 3.4절의 지침을 이용하여 곡선을 논하라.

23 $y = \ln(\sin x)$

24 $y = \ln(1+x^2)$

25 CAS $f(x) = \ln(2x + x\sin x)$일 때 f, f', f''의 그래프를 이용하여 구간 $(0, 15]$에서 f의 증가 구간과 변곡점을 추정하라.

26~27 로그미분법을 이용하여 다음 함수의 도함수를 구하라.

26 $y = (x^2+2)^2(x^4+4)^4$

27 $y = \sqrt{\dfrac{x-1}{x^4+1}}$

28~31 다음 적분을 구하라.

28 $\displaystyle\int_1^2 \frac{dt}{8-3t}$

29 $\displaystyle\int_1^e \frac{x^2+x+1}{x}\,dx$

30 $\displaystyle\int \frac{(\ln x)^2}{x}\,dx$

31 $\displaystyle\int \frac{\sin 2x}{1+\cos^2 x}\,dx$

32 다음 방법을 사용하여 $\displaystyle\int \cot x\,dx = \ln|\sin x| + C$임을 보여라.

(a) 방정식의 양변을 미분하는 방법

(b) [예제 12]에서 사용한 방법

33 $f(x) = 2x + \ln x$의 역함수를 g라 할 때 $g'(2)$를 구하라.

34 (a) 넓이를 비교하여 $\dfrac{1}{3} < \ln 1.5 < \dfrac{5}{12}$임을 보여라.

(b) $n = 10$인 중점법칙을 이용하여 $\ln 1.5$를 추정하라.

35 넓이를 비교하여 다음을 보여라.

$$\frac{1}{2} + \frac{1}{3} + \cdots + \frac{1}{n} < \ln n < 1 + \frac{1}{2} + \frac{1}{3} + \cdots + \frac{1}{n-1}$$

36 로그법칙 (3)을 증명하라. [힌트: 방정식의 양변이 동일한 도함수를 가짐을 보임으로써 시작한다.]

37 직선 $y=mx$와 곡선 $y=x/(x^2+1)$가 영역을 둘러싸기 위한 m의 값을 구하라. 그리고 이 영역의 넓이를 구하라.

38 도함수의 정의를 이용하여 다음 극한을 증명하라.

$$\lim_{x\to 0}\frac{\ln(1+x)}{x}=1$$

5.3 자연지수함수

ln은 증가함수이므로 일대일 함수이다. 그러므로 자연로그함수는 exp로 나타내는 역함수를 갖는다. 따라서 역함수의 정의에 따라 다음을 얻는다.

$f^{-1}(x)=y \iff f(y)=x$

1 $$\exp(x)=y \iff \ln y=x$$

그리고 소거방정식은 다음과 같다.

$f^{-1}(f(x))=x,\quad f(f^{-1}(x))=x$

2 $$\exp(\ln x)=x \text{와 } \ln(\exp x)=x$$

특히 다음이 성립한다.

$$\ln 1=0\text{이므로 } \exp(0)=1$$
$$\ln e=1\text{이므로 } \exp(1)=e$$

$y=\exp x$의 그래프는 $y=\ln x$의 그래프를 직선 $y=x$에 대해 대칭시켜 얻는다([그림 20] 참조). exp의 정의역은 ln의 치역, 즉 $(-\infty,\ \infty)$이며, exp의 치역은 ln의 정의역, 즉 $(0,\ \infty)$이다.

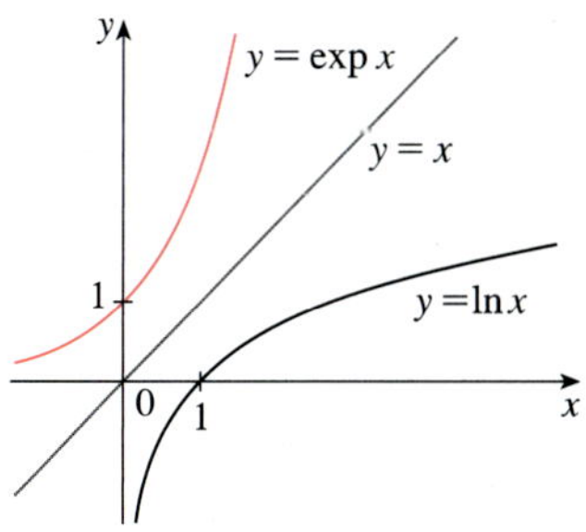

[그림 20]

임의의 유리수를 r이라 하면 세 번째 로그법칙에 의해 다음을 얻는다.

$$\ln(e^r)=r\ln e=r$$

그러므로 1에 의해 다음이 성립한다.

$$\exp(r)=e^r$$

따라서 x가 유리수일 때 $\exp(x)=e^x$이다. 이는 다음 방정식에 의해 무리수인 x에 대해서도 성립한다.

$$e^x=\exp(x)$$

다시 말해서 이러한 이유로 e^x를 함수 $\ln x$의 역함수로서 정의한다. 1의 표기법은 다음과 같이 된다.

3 $$e^x = y \quad \Leftrightarrow \quad \ln y = x$$

그리고 소거방정식 2는 다음과 같다.

4 $$e^{\ln x} = x, \quad x > 0$$

5 $$\ln(e^x) = x, \text{ 모든 } x\text{에 대해}$$

예제 1 $\ln x = 5$일 때 x를 구하라.

풀이 1

3으로부터 $\ln x = 5$는 $e^5 = x$를 의미하는 것을 알고 있다. 따라서 $x = e^5$이다.

풀이 2

방정식 $\ln x = 5$로 시작하여 방정식의 양변에 다음과 같이 지수함수를 적용한다.

$$e^{\ln x} = e^5$$

한편 4는 $e^{\ln x} = x$를 말하므로 $x = e^5$이다.

예제 2 방정식 $e^{5-3x} = 10$을 풀어라.

풀이

방정식의 양변에 자연로그를 취하고 5를 이용하면 다음을 얻는다.

$$\ln(e^{5-3x}) = \ln 10$$
$$5 - 3x = \ln 10$$
$$3x = 5 - \ln 10$$
$$x = \frac{1}{3}(5 - \ln 10)$$

공학용 계산기에 있는 자연로그를 이용하여 소수점 아래 넷째 자리까지 근사해 $x \approx 0.8991$을 얻을 수 있다.

지수함수 $f(x) = e^x$는 미적분학과 그 응용에서 가장 많이 나타나는 함수 중 하나이므로 이 함수의 그래프([그림 21] 참조)와 그 성질에 친숙해지는 것이 중요하다. (이때 이 함수의 성질은 자연로그함수의 역함수라는 사실에 따른다.)

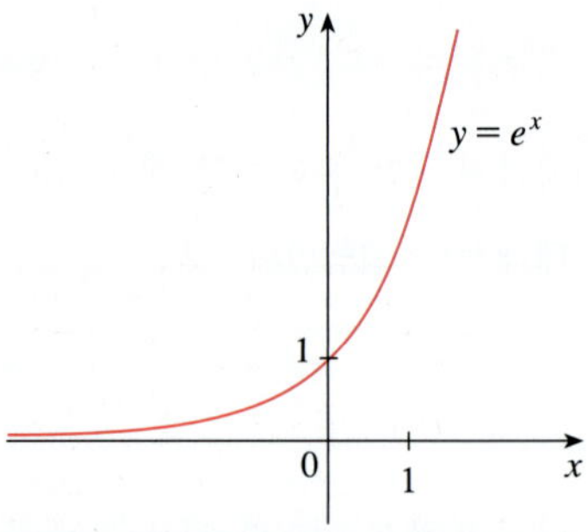

[그림 21] 자연지수함수

6 자연지수함수의 성질

지수함수 $f(x) = e^x$는 정의역 $\mathbb{R}$과 치역 $(0, \infty)$를 갖는 증가하는 연속함수이다. 그러므로 모든 x에 대해 $e^x > 0$이고 다음이 성립한다.

$$\lim_{x \to -\infty} e^x = 0, \quad \lim_{x \to \infty} e^x = \infty$$

따라서 x축은 $f(x) = e^x$의 수평점근선이다.

예제 3 극한 $\displaystyle\lim_{x \to \infty} \frac{e^{2x}}{e^{2x}+1}$를 구하라.

풀이

분자와 분모를 e^{2x}로 나누면 다음을 얻는다.

$$\lim_{x \to \infty} \frac{e^{2x}}{e^{2x}+1} = \lim_{x \to \infty} \frac{1}{1+e^{-2x}} = \frac{1}{1+\displaystyle\lim_{x \to \infty} e^{-2x}}$$

$$= \frac{1}{1+0} = 1$$

여기서 $x \to \infty$일 때 $t = -2x \to -\infty$이므로 다음이 성립한다는 것을 이용했다.

$$\lim_{x \to \infty} e^{-2x} = \lim_{t \to -\infty} e^t = 0$$

이제 $f(x) = e^x$가 지수함수에 대해 기대되는 다음 성질을 갖는다는 사실을 명확히 한다.

7 지수법칙

x와 y가 실수이고 r이 유리수이면 다음이 성립한다.

(1) $e^{x+y} = e^x e^y$ (2) $e^{x-y} = \dfrac{e^x}{e^y}$ (3) $(e^x)^r = e^{rx}$

법칙 (1)의 증명

첫 번째 로그법칙과 식 5를 이용하여 다음을 얻는다.

$$\ln(e^x e^y) = \ln(e^x) + \ln(e^y) = x + y = \ln(e^{x+y})$$

ln은 일대일 함수이므로 $e^x e^y = e^{x+y}$이다.

법칙 (2)와 (3)도 비슷한 방법으로 증명된다([연습문제 37, 38] 참조). 다음 절에서 살펴보겠으나 법칙 (3)은 임의의 실수 r에 대해 성립한다.

미분법

자연지수함수는 다음과 같이 그 자신이 도함수라는 기억할 만한 성질을 갖는다.

8 $$\frac{d}{dx}e^x = e^x$$

증명

함수 $y = e^x$는 0인 도함수를 갖지 않는 미분 가능한 $y = \ln x$의 역함수이므로 미분 가능하다. 이 함수의 도함수를 구하기 위해 역함수 방법을 사용한다. $y = e^x$라 하면 $\ln y = x$이고, 마지막 방정식을 x에 대해 음함수적으로 미분하면 다음을 얻는다.

$$\frac{1}{y}\frac{dy}{dx} = 1$$

$$\frac{dy}{dx} = y = e^x$$

공식 8의 기하학적 해석은 임의의 점에서 곡선 $y = e^x$에 대한 접선의 기울기가 그 점의 y좌표와 같다는 것이다([그림 22] 참조). 이 성질은 지수곡선 $y = e^x$가 매우 빠르게 증가하는 것을 나타낸다([연습문제 42] 참조).

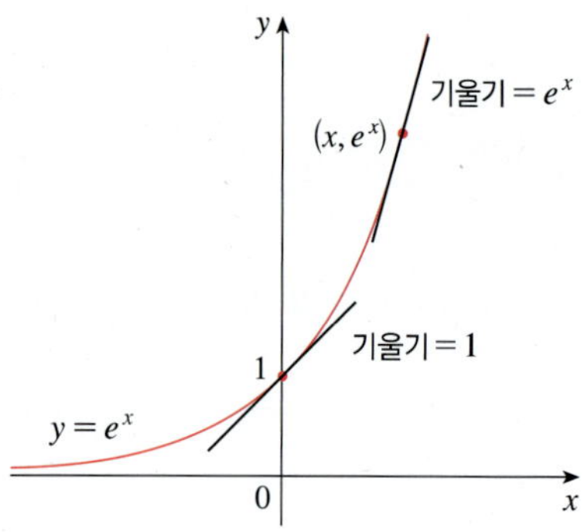

[그림 22]

예제 4 함수 $y = e^{\tan x}$를 미분하라.

풀이

연쇄법칙을 이용하기 위해 $u = \tan x$로 치환한다. 그러면 $y = e^u$이므로 다음을 얻는다.

$$\frac{dy}{dx} = \frac{dy}{du}\frac{du}{dx} = e^u\frac{du}{dx} = e^{\tan x}\sec^2 x$$

일반적으로 [예제 4]와 같이 식 8과 연쇄법칙을 결합하면 다음 식을 얻는다.

9 $$\frac{d}{dx}(e^u) = e^u\frac{du}{dx}$$

예제 5 $y = e^{-4x}\sin 5x$일 때 y'을 구하라.

풀이

식 9와 곱의 법칙을 이용하여 다음을 얻는다.

$$y' = e^{-4x}(\cos 5x)(5) + (\sin 5x)e^{-4x}(-4) = e^{-4x}(5\cos 5x - 4\sin 5x)$$

예제 6 함수 $f(x) = xe^{-x}$의 최댓값을 구하라.

www.stewartcalculus.com
(Additional Examples A, B를 보라.)

풀이

임계수를 구하기 위해 미분하여 다음을 얻는다.

$$f'(x) = xe^{-x}(-1) + e^{-x}(1) = e^{-x}(1-x)$$

지수함수는 항상 양수이므로 $1-x>0$, 즉 $x<1$일 때 $f'(x)>0$이다. 마찬가지로 $x>1$일 때 $f'(x)<0$이다. 최대·최솟값에 대한 1계 도함수 판정법에 의해 $x=1$에서 f는 최댓값을 가지며 그 값은 다음과 같다.

$$f(1) = (1)e^{-1} = \frac{1}{e} \approx 0.37$$

적분

지수함수 $y=e^x$의 도함수가 간단하므로 이 함수의 적분도 다음과 같이 간단하다.

10 $$\int e^x\,dx = e^x + C$$

예제 7 $\int x^2 e^{x^3}\,dx$를 계산하라.

풀이

$u = x^3$으로 치환한다. 그러면 $du = 3x^2\,dx$이므로 $x^2\,dx = \frac{1}{3}du$이다. 따라서 다음을 얻는다.

$$\int x^2 e^{x^3}\,dx = \frac{1}{3}\int e^u\,du = \frac{1}{3}e^u + C = \frac{1}{3}e^{x^3} + C$$

예제 8 0에서 1까지 곡선 $y = e^{-3x}$ 아래의 넓이를 구하라.

풀이

넓이는 다음과 같다.

$$A = \int_0^1 e^{-3x}\,dx = -\frac{1}{3}e^{-3x}\Big]_0^1 = \frac{1}{3}(1-e^{-3})$$

5.3 연습문제

01 (a) 수 e를 어떻게 정의하는가?

(b) e에 대한 근삿값은 얼마인가?

(c) 그래프가 y축을 어떻게 지나는지 특별한 주의를 기울여 함수 $f(x)=e^x$의 그래프를 손으로 그려라. 이를 위해 어떤 사실을 이용하였는가?

02 다음 표현을 간단히 하라.

(a) $e^{-2\ln 5}$　　(b) $\ln\left(\ln e^{e^{10}}\right)$

03~04 x에 대한 방정식을 풀어라.

03 (a) $e^{7-4x}=6$　　(b) $\ln(3x-10)=2$

04 (a) $e^{3x+1}=k$　　(b) $\ln x+\ln(x-1)=1$

---

05 다음 x에 대한 부등식을 풀어라.

(a) $\ln x<0$　　(b) $e^x>5$

06~07 다음 함수의 그래프를 대략적으로 그려라. 계산기는 이용하지 않는다. [그림 21]에 주어진 그래프만 사용하되 필요하다면 1.2절의 변환을 이용한다.

06 $y=e^{-x}$　　**07** $y=1-\dfrac{1}{2}e^{-x}$

---

08 $f(x)=\sqrt{3-e^{2x}}$에 대해 다음을 구하라.

(a) f의 정의역

(b) f^{-1}과 이 함수의 정의역

09~11 다음 극한을 구하라.

09 $\displaystyle\lim_{x\to\infty}\frac{e^{3x}-e^{-3x}}{e^{3x}+e^{-3x}}$　　**10** $\displaystyle\lim_{x\to 2^+}e^{3/(2-x)}$

11 $\displaystyle\lim_{x\to\infty}\left(e^{-2x}\cos x\right)$

12~18 다음 함수의 도함수를 구하라.

12 $f(x)=(x^3+2x)e^x$　　**13** $y=e^{ax^3}$

14 $f(u)=e^{1/u}$　　**15** $F(t)=e^{t\sin 2t}$

16 $y=\sqrt{1+2e^{3x}}$　　**17** $y=e^{e^x}$

18 $y=\dfrac{ae^x+b}{ce^x+d}$

---

19 $y=e^{2x}\cos\pi x$, $(0,\ 1)$일 때 곡선에 대한 접선의 방정식을 구하라.

20 $e^{x/y}=x-y$일 때 y'을 구하라.

21 함수 $y=e^{rx}$가 미분방정식 $y''+6y'+8y=0$을 만족하는 r의 값은 무엇인가?

22 $f(x)=e^{2x}$일 때 $f^{(n)}(x)$에 대한 공식을 구하라.

23 (a) 중간값 정리를 이용하여 방정식 $e^x+x=0$의 근이 존재함을 보여라.

(b) 뉴턴의 방법을 이용하여 (a)에 있는 방정식의 근을 소수점 아래 여섯 자리까지 구하라.

24 어떤 환경에서 소문이 다음 방정식에 따라 퍼져나간다고 하자.

$$p(t)=\frac{1}{1+ae^{-kt}}$$

여기서 $p(t)$는 시각 t에서 소문을 알고 있는 인구의 비율이고 a와 k는 양의 상수이다.

(a) $\displaystyle\lim_{t\to\infty}p(t)$를 구하라.

(b) 소문의 확산비율을 구하라.

(c) $a=10$, $k=0.5$인 경우에 p의 그래프를 그려라. 여기서 t의 측정 단위는 시간이다. 이 그래프를 이용하여 인구의 80%가 소문을 듣는 데 걸리는 시간을 추정하라.

25 함수 $f(x)=x-e^x$의 최댓값을 구하라.

26 $f(x)=(1-x)e^{-x}$에 대해 다음을 구하라.

(a) 증가 또는 감소 구간

(b) 오목 구간

(c) 변곡점

27~28 3.4절의 지침을 이용하여 다음 곡선을 논하라.

27 $y=1/(1+e^{-x})$ **28** $y=e^{-1/(x+1)}$

---

29 약물반응곡선은 투약 후 혈류 속에 약이 남아있는 정도를 나타낸다. 반응곡선을 모형화하는 데 서지함수 $S(t)=At^p e^{-kt}$가 자주 이용되는데 이 함수는 약물 수준이 초기에 급등해서 나중에는 서서히 감소하는 것을 반영한 것이다. 특정 약에 대해 $A=0.01$, $p=4$, $k=0.07$이며 t가 분 단위로 측정될 때 변곡점에 대응하는 시간을 추정하고 그 의미를 설명하라. 그래픽 도구를 가지고 있다면 이것을 이용하여 약물반응곡선을 그려라.

30 곡선 $f(x)=e^{x^3-x}$의 모든 중요한 성질을 드러내는 그래프를 그려라. 극댓값과 극솟값을 추정하고 계산기를 이용하여 정확한 값들을 구하라. f''의 그래프를 이용하여 변곡점을 추정하라.

31~34 다음 적분을 계산하라.

31 $\displaystyle\int_0^2 \frac{dx}{e^{\pi x}}$ **32** $\displaystyle\int e^x\sqrt{1+e^x}\,dx$

33 $\displaystyle\int e^{\tan x}\sec^2 x\,dx$ **34** $\displaystyle\int_1^2 \frac{e^{1/x}}{x^2}\,dx$

---

35 시각 $t=0$에서 기름 저장 탱크가 파열되어 분당 $r(t)=100e^{-0.01t}$ 리터의 비율로 탱크에서 기름이 누출된다. 처음 한 시간 동안 얼마나 많은 기름이 누출되는가?

36 $f(x)=3+x+e^x$에 대해 $(f^{-1})'(4)$를 구하라.

37 지수법칙 (2)를 증명하라(7 참조).

38 지수법칙 (3)을 증명하라(7 참조).

39 (a) $x\ge 0$일 때 $e^x\ge 1+x$임을 보여라. [힌트: $f(x)=e^x-(1+x)$가 $x>0$에서 증가함을 보인다.]

(b) $\displaystyle\frac{4}{3}\le\int_0^1 e^{x^2}dx\le e$임을 유추하라.

40 (a) [연습문제 39(a)]의 부등식을 이용하여 $x\ge 0$일 때 다음을 보여라.

$$e^x\ge 1+x+\frac{1}{2}x^2$$

(b) (a)를 이용하여 [연습문제 39(b)]에서 주어진 $\displaystyle\int_0^1 e^{x^2}dx$의 추정값을 개선하라.

41 (a) 수학적 귀납법을 이용하여 $x\ge 0$과 임의의 양의 정수 n에 대해 다음을 증명하라.

$$e^x\ge 1+x+\frac{x^2}{2!}+\cdots+\frac{x^n}{n!}$$

(b) (a)를 이용하여 $e>2.7$임을 보여라.

(c) (a)를 이용하여 임의의 양의 정수 k에 대해 다음을 보여라.

$$\lim_{x\to\infty}\frac{e^x}{x^k}=\infty$$

42 이 문제는 $k=10$에 대해 [연습문제 41(c)]를 설명한다.

(a) 여러 개의 보기화면에 f와 g의 그래프를 모두 그려서 $f(x)=x^{10}$과 $g(x)=e^x$의 증가율을 비교하라. g의 그래프가 마지막으로 f의 그래프를 넘어설 때는 언제인가?

(b) 충분히 큰 x에 대해 함수 $h(x)=e^x/x^{10}$의 자취가 어떤지 보여주는 보기화면을 구하라.

(c) 다음을 만족하는 수 N을 구하라.

$x>N$이면 $\dfrac{e^x}{x^{10}}>10^{10}$ 이다.

5.4 일반적인 로그함수와 지수함수

이 절에서는 자연지수함수와 자연로그함수를 사용하여 밑이 $a>0$인 지수함수와 로그함수를 학습한다.

일반적인 지수함수

$a > 0$과 r이 임의의 유리수이면 5.3절의 ④와 ⑦에 의해 다음을 얻는다.

$$a^r = (e^{\ln a})^r = e^{r \ln a}$$

그러므로 무리수 x에 대해서도 다음과 같이 정의할 수 있다.

1 $$a^x = e^{x \ln a}$$

따라서 예를 들어 다음과 같다.

$$2^{\sqrt{3}} = e^{\sqrt{3}\ln 2} \approx e^{1.20} \approx 3.32$$

함수 $f(x) = a^x$를 **밑이 a인 지수함수**exponential function with base a라 한다. 모든 x에 대해 e^x가 양수이므로 모든 x에 대해 a^x도 양수임에 주의한다.

정의 ①은 로그법칙 중 하나를 확장할 수 있게 한다. r이 유리수일 때 $\ln(a^r) = r \ln a$임을 알고 있다. 그러나 r을 임의의 실수라 하면 정의 ①로부터 다음을 얻는다.

$$\ln a^r = \ln(e^{r \ln a}) = r \ln a$$

따라서 임의의 실수 r에 대해 다음이 성립한다.

2 $$\ln a^r = r \ln a$$

일반적인 지수법칙은 e^x에 대한 지수법칙과 정의 ①로부터 나온다.

3 지수법칙 x와 y가 임의의 실수이고 $a, b > 0$이면 다음이 성립한다.

(1) $a^{x+y} = a^x a^y$

(2) $a^{x-y} = \dfrac{a^x}{a^y}$

(3) $(a^x)^y = a^{xy}$

(4) $(ab)^x = a^x b^x$

증명

(1) 정의 ①과 e^x에 대한 지수법칙을 이용하여 다음을 얻는다.

$$a^{x+y} = e^{(x+y)\ln a} = e^{x \ln a + y \ln a} = e^{x \ln a} e^{y \ln a} = a^x a^y$$

(3) 식 ②를 이용하여 다음을 얻는다.

$$(a^x)^y = e^{y \ln(a^x)} = e^{yx \ln a} = e^{xy \ln a} = a^{xy}$$

나머지 증명은 [연습문제 28, 29]로 남겨둔다.

지수함수에 관한 미분공식은 정의 [1]의 결과이다.

[4] $$\frac{d}{dx}(a^x) = a^x \ln a$$

증명 $\frac{d}{dx}(a^x) = \frac{d}{dx}(e^{x \ln a}) = e^{x \ln a} \frac{d}{dx}(x \ln a) = a^x \ln a$

$a = e$이면 $\ln e = 1$이고 식 [4]는 이미 알고 있는 공식 $(d/dx)e^x = e^x$로 간단히 하는 것에 주목한다. 사실상 자연지수함수가 다른 지수함수보다 더 자주 이용되는 주된 이유는 미분공식이 가장 단순해지기 때문이다.

예제 1 **공식 [4]와 연쇄법칙을 결합하면 다음을 얻는다.**

$$\frac{d}{dx}\left(10^{x^2}\right) = 10^{x^2}(\ln 10)\frac{d}{dx}(x^2) = (2\ln 10)x\,10^{x^2}$$

지수함수의 그래프

$a > 1$이면 $\ln a > 0$이므로 $(d/dx)a^x = a^x \ln a > 0$이다. 이것은 $y = a^x$가 증가하고 있음을 보여준다([그림 23] 참조). $0 < a < 1$이면 $\ln a < 0$이므로 $y = a^x$가 감소한다([그림 24] 참조).

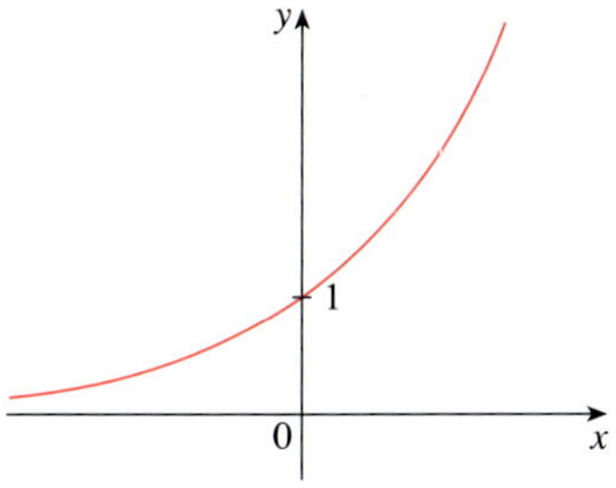

$\lim_{x \to -\infty} a^x = 0$, $\lim_{x \to \infty} a^x = \infty$

[그림 23] $y = a^x$, $a > 1$

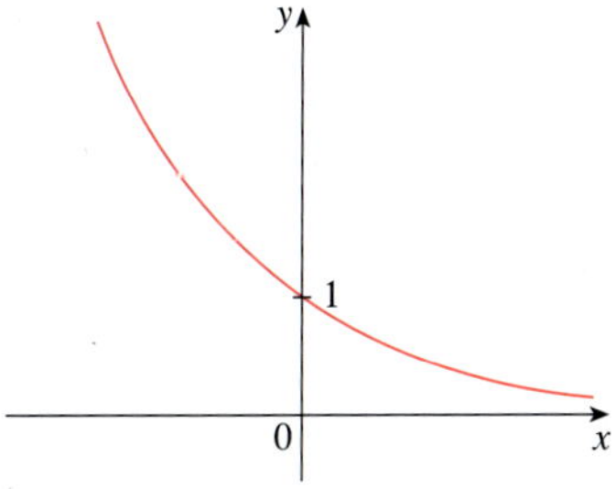

$\lim_{x \to -\infty} a^x = \infty$, $\lim_{x \to \infty} a^x = 0$

[그림 24] $y = a^x$, $0 < a < 1$

[그림 25]로부터 $x > 0$에 대해 밑 a가 커질수록 지수함수는 더욱 빠르게 증가하는 것에 주목하자. [그림 26]은 지수함수 $y = 2^x$과 거듭제곱함수 $y = x^2$을 비교한다. 그래프가 세 점에서 만나지만 궁극적으로는 지수곡선 $y = 2^x$이 포물선 $y = x^2$보다 더욱 빠르게 커진다([그림 27] 참조).

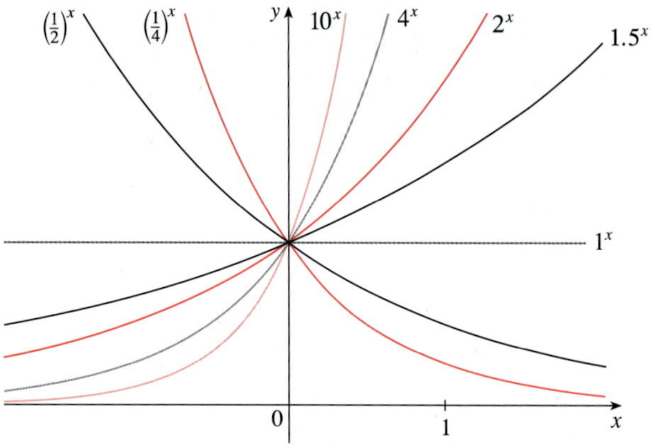

[그림 25] 지수함수족의 함수들

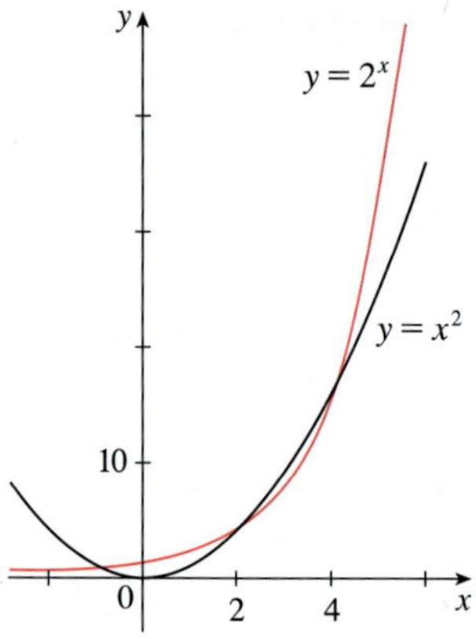

[그림 26]

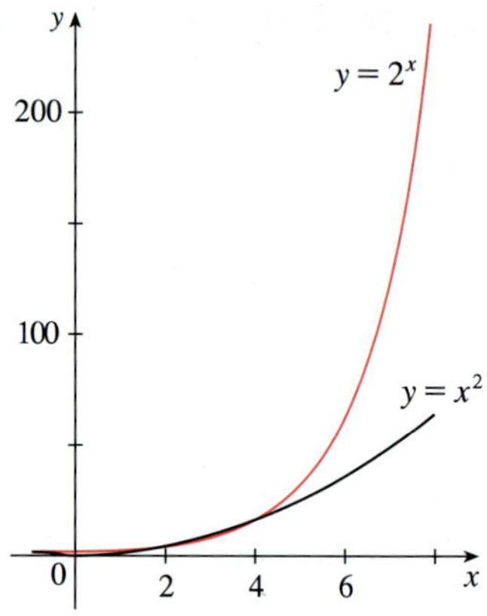

[그림 27]

지수 적분

공식 4로부터 다음 적분 공식을 얻는다.

$$\int a^x\,dx = \frac{a^x}{\ln a} + C, \quad a \neq 1$$

예제 2 $\displaystyle\int_0^5 2^x\,dx = \frac{2^x}{\ln 2}\Big]_0^5 = \frac{2^5}{\ln 2} - \frac{2^0}{\ln 2} = \frac{31}{\ln 2}$

거듭제곱의 공식의 재고

이제 수에 대한 임의의 거듭제곱을 정의했으므로 2.3절에서 약속한 바와 같이 일반적인 거듭제곱 법칙을 증명할 수 있다.

거듭제곱 법칙 n이 임의의 실수이고 $f(x) = x^n$이면 다음이 성립한다.

$$f'(x) = nx^{n-1}$$

증명

$x = 0$이면 $n > 1$에 대해 도함수의 정의를 직접 사용하여 $f'(0) = 0$임을 보일 수 있다.

$y = x^n$이라 하고 로그미분법을 이용하여 다음을 얻는다.

$$\ln|y| = \ln|x|^n = n\ln|x|, \quad x \neq 0$$

그러므로 다음이 성립한다.

$$\frac{y'}{y} = \frac{n}{x}$$

따라서 다음을 얻는다.

$$y' = n\frac{y}{x} = n\frac{x^n}{x} = nx^{n-1}$$

밑과 지수가 변수인 $y=[f(x)]^{g(x)}$ 형태의 함수를 미분하기 위해 다음 예제와 같이 로그미분법이 사용될 수 있다.

예제 3 $y=x^{\sqrt{x}}$을 미분하라.

[그림 28]은 $f(x)=x^{\sqrt{x}}$과 이의 도함수의 그래프를 보임으로써 [예제 3]을 설명한다.

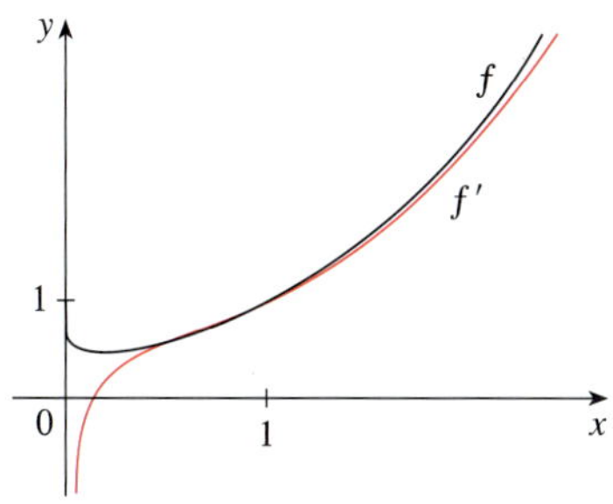

[그림 28]

풀이 1

로그미분법을 이용하여 다음을 얻는다.

$$\ln y = \ln x^{\sqrt{x}} = \sqrt{x}\ln x$$

$$\frac{y'}{y} = \sqrt{x}\cdot\frac{1}{x} + (\ln x)\frac{1}{2\sqrt{x}}$$

$$y' = y\left(\frac{1}{\sqrt{x}} + \frac{\ln x}{2\sqrt{x}}\right) = x^{\sqrt{x}}\left(\frac{2+\ln x}{2\sqrt{x}}\right)$$

풀이 2

다른 방법으로 $x^{\sqrt{x}} = (e^{\ln x})^{\sqrt{x}}$로 쓰면 다음을 얻는다.

$$\frac{d}{dx}\left(x^{\sqrt{x}}\right) = \frac{d}{dx}\left(e^{\sqrt{x}\ln x}\right) = e^{\sqrt{x}\ln x}\frac{d}{dx}(\sqrt{x}\ln x)$$

$$= x^{\sqrt{x}}\left(\frac{2+\ln x}{2\sqrt{x}}\right) \quad (\text{풀이 1과 동일})$$

일반적인 로그함수

$a>0$이고 $a\neq 1$이면 $f(x)=a^x$는 일대일 함수이다. 이 함수의 역함수를 **밑이 a인 로그함수**logarithmic function with base a라 하고 $\log_a$로 나타낸다. 따라서 다음을 얻는다.

5 $$\log_a x = y \quad\Leftrightarrow\quad a^y = x$$

특히 다음을 알고 있다.

$$\log_e x = \ln x$$

역함수들 $\log_a x$와 a^x에 소거방정식을 적용하면 다음과 같다.

$$a^{\log_a x} = x, \quad \log_a(a^x) = x$$

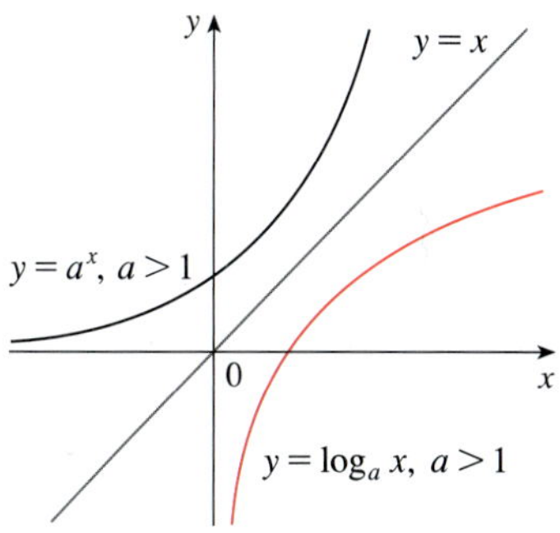

[그림 29]

[그림 29]는 $a>1$인 경우를 보여준다. (가장 중요한 로그함수는 $a>1$인 밑을 갖는다.) $y=a^x$이 $x>0$에 대해 매우 급격히 증가하는 함수라는 사실은 $y=\log_a x$가 $x>1$에서 매우 느리게 증가한다는 사실에 반영된다.

[그림 30]은 다양한 밑 a의 값에 대해 $y=\log_a x$의 그래프를 보여준다. $\log_a 1=0$이므로 모든 로그함수의 그래프는 점 $(1, 0)$을 지난다.

로그법칙은 자연로그에 대해 사용한 법칙과 유사하며 지수법칙으로부터 유추할 수 있다([연습문제 30] 참조).

다음 공식은 임의의 밑을 가진 로그를 자연로그로 표현할 수 있음을 보여준다.

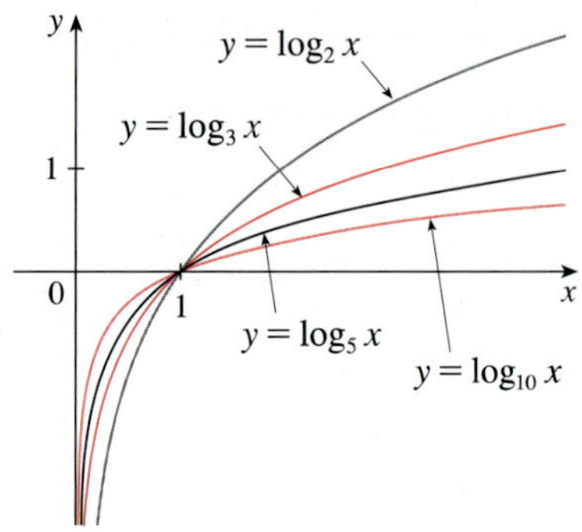

[그림 30]

> 6 **밑 변환 공식** 임의의 양수 a $(a\neq 1)$에 대해 다음이 성립한다.
>
> $$\log_a x=\frac{\ln x}{\ln a}$$

증명

$y=\log_a x$라 하면 5로부터 $a^y=x$이다. 이 방정식의 양변에 자연로그를 취하면 $y\ln a=\ln x$를 얻는다. 따라서 다음이 성립한다.

$$y=\frac{\ln x}{\ln a}$$

공학용 계산기에는 자연로그에 대한 키가 있어서 식 6은 계산기를 이용해서 (다음 예제에서 보인 바와 같이) 임의의 밑을 가진 로그를 계산할 수 있게 한다. 마찬가지로 식 6은 그래픽 계산기나 컴퓨터로 임의의 로그함수의 그래프를 그릴 수 있게 허용한다([연습문제 8~10] 참조).

예제 4 $\log_8 5$를 소수점 아래 여섯 자리까지 정확하게 계산하라.

풀이

식 6으로부터 $\log_8 5=\dfrac{\ln 5}{\ln 8}\approx 0.773976$이다.

식 6을 이용하여 임의의 로그함수를 미분할 수 있다. $\ln a$가 상수이므로 다음과 같이 미분할 수 있다.

$$\frac{d}{dx}(\log_a x)=\frac{d}{dx}\left(\frac{\ln x}{\ln a}\right)=\frac{1}{\ln a}\frac{d}{dx}(\ln x)=\frac{1}{x\ln a}$$

7 $$\frac{d}{dx}(\log_a x)=\frac{1}{x\ln a}$$

예제 5

$$\frac{d}{dx}\log_{10}(2+\sin x)=\frac{1}{(2+\sin x)\ln 10}\frac{d}{dx}(2+\sin x)$$
$$=\frac{\cos x}{(2+\sin x)\ln 10}$$

계산기뿐만 아니라 과학과 대부분의 미적분학 교재에서 자연로그는 $\ln x$, 상용로그 $\log_{10} x$는 $\log x$인 기호를 사용한다. 그러나 좀 더 고급화된 고등수학과 고학서적 그리고 컴퓨터 언어에서 $\log x$는 통상적으로 자연로그를 나타낸다.

식 [7] 로부터 자연로그(밑이 e 인 로그)가 미적분학에서 사용되는 주요 이유 중 하나가 $a=e$ 일 때($\ln e = 1$ 이므로) 미분공식이 가장 간단해진다는 것을 알 수 있다.

극한으로서의 수 e

우리는 $f(x)=\ln x$ 이면 $f'(x)=1/x$ 인 것을 알고 있으므로 $f'(1)=1$ 이다. 이제 이 사실을 이용하여 극한으로서의 수 e 를 표현한다.

극한에 의한 도함수의 정의로부터 다음을 얻는다.

$$f'(1)=\lim_{h\to 0}\frac{f(1+h)-f(1)}{h}=\lim_{x\to 0}\frac{f(1+x)-f(1)}{x}$$

$$=\lim_{x\to 0}\frac{\ln(1+x)-\ln 1}{x}=\lim_{x\to 0}\frac{1}{x}\ln(1+x)$$

$$=\lim_{x\to 0}\ln(1+x)^{1/x}$$

$f'(1)=1$ 이므로 다음을 얻는다.

$$\lim_{x\to 0}\ln(1+x)^{1/x}=1$$

그러면 1.5절의 정리 [7] 과 지수함수의 연속성에 의해 다음을 얻는다.

$$e=e^1=e^{\lim_{x\to 0}\ln(1+x)^{1/x}}=\lim_{x\to 0}e^{\ln(1+x)^{1/x}}=\lim_{x\to 0}(1+x)^{1/x}$$

[8] $$e=\lim_{x\to 0}(1+x)^{1/x}$$

공식 [8] 은 [그림 31]에서 함수 $y=(1+x)^{1/x}$ 의 그래프와 x 의 작은 값에 대한 표로 표현된다.

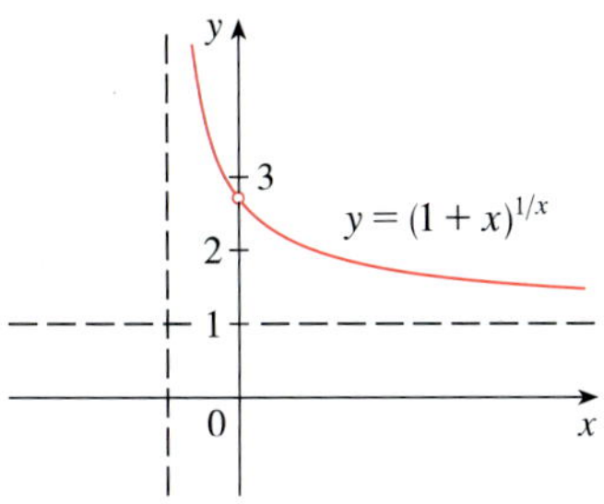

[그림 31]

x	$(1+x)^{1/x}$
0.1	2.59374246
0.01	2.70481383
0.001	2.71692393
0.0001	2.71814593
0.00001	2.71826824
0.000001	2.71828047
0.0000001	2.71828169
0.00000001	2.71828181

[표 3]

공식 [8] 에서 $n=1/x$ 이라 놓으면 $x\to 0^+$ 일 때 $n\to\infty$ 이므로 e 에 대한 다른 표현은 다음과 같다.

9 $$e = \lim_{n\to\infty}\left(1+\frac{1}{n}\right)^n$$

5.4 연습문제

01 (a) a가 양수이고 x가 임의의 수일 때 a^x를 정의하는 방정식을 쓰라.

(b) 함수 $f(x)=a^x$의 정의역은 무엇인가?

(c) $a\neq 1$이면 이 함수의 치역은 무엇인가?

(d) 다음 각각의 경우 대해 지수함수의 일반적인 그래프의 모양을 그려라.

(i) $a>1$ (ii) $a=1$ (iii) $0<a<1$

02~03 다음을 e의 거듭제곱으로 표현하라.

02 $4^{-\pi}$

03 10^{x^2}

04~05 다음 표현을 계산하라.

04 (a) $\log_5 125$ (b) $\log_3\left(\frac{1}{27}\right)$

05 (a) $\log_2 6-\log_2 15+\log_2 20$ (b) $\log_3 100-\log_3 18-\log_3 50$

06 $y=2^x$, $y=e^x$, $y=5^x$, $y=20^x$ 함수의 그래프를 동일한 보기화면에 그려라. 이 그래프들은 어떻게 관련되는가?

07 식 6을 이용하여 다음 로그를 소수점 아래 여섯째 자리까지 정확하게 계산하라.

(a) $\log_{12} e$ (b) $\log_6 13.54$ (c) $\log_2 \pi$

08~10 식 6을 이용하여 주어진 함수를 동일한 보기화면에 그려라. 이 그래프들은 어떻게 관련되는가?

08 $y=\log_2 x$, $y=\log_4 x$, $y=\log_6 x$, $y=\log_8 x$

09 $y=\log_{1.5} x$, $y=\ln x$, $y=\log_{10} x$, $y=\log_{50} x$

10 $y=\ln x$, $y=\log_{10} x$, $y=e^x$, $y=10^x$

11 다음 그래프로 주어진 지수함수 $f(x)=Ca^x$를 구하라.

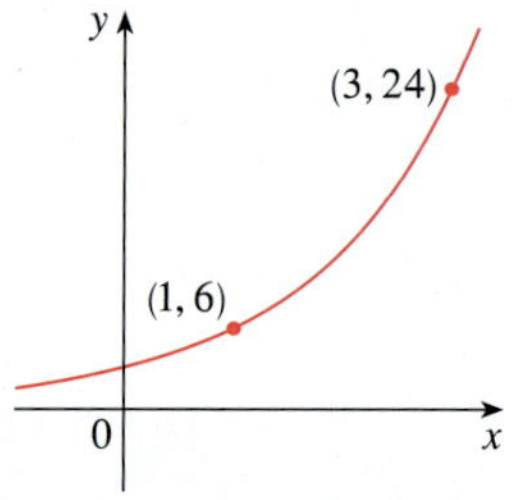

12 (a) $f(x)=x^2$과 $g(x)=2^x$의 그래프를 측정 단위가 1인치인 모눈종이 위에 그릴 때, 원점의 오른쪽으로 2피트 떨어진 거리에서 f의 그래프 높이가 48피트라면 g의 그래프 높이는 대략 265마일임을 보여라.

(b) $y=\log_2 x$의 그래프를 측정 단위가 1인치인 모눈종이 위에 그린다고 할 때 곡선의 높이가 3피트에 도달하려면 원점에서 오른쪽으로 얼마만큼 움직여야 하는가?

13 $\lim_{t\to\infty} 2^{-t^2}$의 극한을 구하라.

14~21 다음 함수를 미분하라.

14 $f(x)=x^5+5^x$

15 $f(t)=10^{\sqrt{t}}$

16 $L(v)=\tan\left(4^{v^2}\right)$

17 $y=2x\log_{10}\sqrt{x}$

18 $y=x^x$

19 $y=x^{\sin x}$

20 $y=(\cos x)^x$

21 $y=(\tan x)^{1/x}$

22 점 $(1, 10)$에서 곡선 $y=10^x$에 대한 접선의 방정식을 구하라.

23~25 다음 적분을 계산하라.

23 $\int_1^2 10^t\,dt$

24 $\int \frac{\log_{10} x}{x}\,dx$

25 $\int 3^{\sin\theta}\cos\theta\,d\theta$

26 $f(x) = 10^x/(10^x+1)$의 역함수를 구하라.

27 $\lim_{x\to\infty} x^{-\ln x}$를 계산하라.

28 지수법칙 (2)를 증명하라(3 참조).

29 지수법칙 (4)를 증명하라(3 참조).

30 식 3으로부터 다음 로그법칙을 유추하라.

(a) $\log_a(xy) = \log_a x + \log_a y$

(b) $\log_a(x/y) = \log_a x - \log_a y$

(c) $\log_a(x^y) = y\log_a x$

5.5 지수적 성장과 붕괴

많은 자연 현상에서 어떤 양은 그들의 크기에 비례하는 비율로 증가하거나 감소한다. 예를 들어 $y = f(t)$를 시각 t에서의 동물이나 박테리아의 개체수라 하면, 성장률 $f'(t)$가 개체수 $f(t)$에 비례한다고 기대하는 것은 합리적으로 보인다. 즉 어떤 상수 k에 대해 $f'(t) = kf(t)$이다. 실제로 이상적인 조건(무제한의 환경, 적절한 영양, 질병에 대한 면역) 아래서 방정식 $f'(t) = kf(t)$로 주어진 수학적인 모형은 실제로 일어나는 일을 상당히 정확하게 예측한다. 또 다른 예는 핵물리학에서 방사능 물질의 질량은 최초 질량에 비례하면서 붕괴하는 것으로 나타난다. 화학에서 단일 분자의 1차 반응률은 물질의 농도에 비례한다. 금융학에서 연속 복리에 의한 적립금은 그 적립금에 비례하면서 증가한다.

일반적으로 $y(t)$가 시각 t에서 양 y의 값이고 t에 관한 y의 변화율이 임의의 시각에서 크기 $y(t)$에 비례한다면 다음이 성립한다.

1
$$\frac{dy}{dt} = ky$$

여기서 k는 상수이다. 방정식 1을 **자연성장법칙**law of natural growth($k > 0$일 때) 또는 **자연붕괴 법칙**law of natural decay($k < 0$일 때)이라 한다. 이것을 미지함수 y와 그의 도함수 dy/dt를 포함하기 때문에 **미분방정식**differential equation이라고 한다.

방정식 1의 해를 구하는 것은 어렵지 않다. 이 방정식은 도함수가 그 자신의 상수 배인 함수를 찾을 것을 요구한다. 이 장에서 그런 함수를 다뤘다. 상수 C에 대해 $y(t) = Ce^{kt}$ 형태의 지수함수는 다음을 만족한다.

$$y'(t) = C(ke^{kt}) = k(Ce^{kt}) = ky(t)$$

7.7절에서는 $dy/dt = ky$를 만족하는 임의의 함수가 $y = Ce^{kt}$ 형태가 되어야 함을 볼 것이다. 상수 C의 의미를 알기 위해 다음을 관찰한다.

$$y(0) = Ce^{k \cdot 0} = C$$

그러므로 C는 함수의 초깃값이다.

2 정리

미분방정식 $dy/dt = ky$의 유일한 해는 다음과 같은 지수함수이다.

$$y(t) = y(0)e^{kt}$$

개체수 증가

비례상수 k의 의미는 무엇일까? 시각 t에서 개체수의 크기를 나타내는 함수 $P(t)$에 관하여 다음과 같이 쓸 수 있다.

3
$$\frac{dP}{dt} = kP \quad \text{또는} \quad \frac{1}{P}\frac{dP}{dt} = k$$

다음 양은 성장률을 개체수의 크기로 나눈 것이다.

$$\frac{1}{P}\frac{dP}{dt}$$

이것을 **상대성장률**relative growth rate이라 한다. 3에 따라 "성장률은 개체수의 크기에 비례한다."라고 말하는 대신에 "상대성장률은 일정하다."라고 말할 수 있다. 그러면 2는 일정한 상대성장률을 갖는 개체수는 지수적으로 증가해야 한다는 것을 말한다. 상대성장률 k는 지수함수 Ce^{kt}에서 t의 계수로 나타나는 것을 주목하자. 예를 들어 t가 년 단위로 측정되고 다음과 같다고 하자.

$$\frac{dP}{dt} = 0.02P$$

그러면 상대성장률은 $k = 0.02$이고 개체수 성장은 연간 2%의 상대성장률로 증가한다. 시각 0에서 개체수의 크기를 P_0라 하면 개체수에 대한 표현은 다음과 같다.

$$P(t) = P_0 e^{0.02t}$$

예제 1 **1950년에 세계 인구는 25억 6000만 명이고 1960년의 세계 인구는 30억 4000만 명이라는 사실을 이용하여 20세기 후반부의 세계 인구를 모형화하라. (증가율은 인구의 크**

기에 비례한다고 가정한다.) 상대성장률은 얼마인가? 이 모형을 이용하여 1993년의 세계 인구를 추정하고 2020년의 인구를 예측하라.

풀이

시각 t를 년 단위로 측정하고 1950년을 $t=0$이라 하자. 인구 $P(t)$의 단위를 백만 명이라 하자. 그러면 $P(0)=2560$이고 $P(10)=3040$이다. $dP/dt=kP$로 가정하므로 정리 2로부터 다음을 얻는다.

$$P(t)=P(0)e^{kt}=2560e^{kt}$$

$$P(10)=2560e^{10k}=3040$$

$$k=\frac{1}{10}\ln\frac{3040}{2560}\approx 0.017185$$

따라서 상대성장률은 연간 약 1.7%이고 그 모형은 다음과 같다.

$$P(t)=2560e^{0.017185t}$$

1993년의 세계 인구는 다음과 같이 추정된다.

$$P(43)=2560e^{0.017185(43)}\approx 5360\text{백만}$$

이 모형으로부터 2020년의 인구를 다음과 같이 예측할 수 있다.

$$P(70)=2560e^{0.017185(70)}\approx 8524\text{백만}$$

■ www.stewartcalculus.com (Additional Example A를 보라.)

[그림 32]의 그래프는 이 모형이 대단히 정확하다는 것을 보여주므로(점들은 실제 인구를 나타낸다.) 1993년의 추정값은 매우 신뢰할 만하다. 그러나 2020년을 예측하기에는 위험부담이 크다.

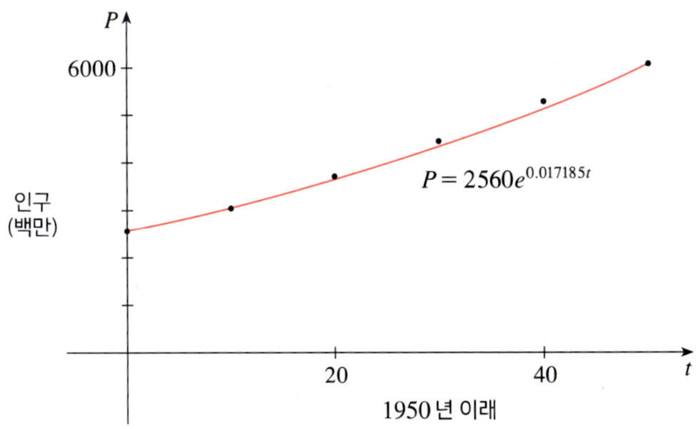

[그림 32] 20세기 후반부의 세계인구 증가 모형

방사능 붕괴

방사성 물질은 방사선을 방출하면서 자연스럽게 붕괴한다. t시간 후에 물질의 초기 질량 m_0로부터 남아 있는 질량을 $m(t)$라 하면, 다음과 같은 상대붕괴율은 실험에 의해 상수인 것으로 밝혀졌다. (dm/dt가 음수이므로 상대붕괴율은 양수이다.)

$$-\frac{1}{m}\frac{dm}{dt}$$

음의 상수 k에 대해 다음이 성립한다.

$$\frac{dm}{dt} = km$$

다시 말해서 방사성 물질은 남아 있는 질량에 비례하며 붕괴한다. 이것은 [2]를 이용하여 다음과 같이 질량이 지수적으로 붕괴하는 것을 보일 수 있다는 뜻이다.

$$m(t) = m_0 e^{kt}$$

물리학자들은 주어진 질량이 절반으로 붕괴할 때까지 걸리는 시간인 **반감기**[half-life]로 붕괴율을 표현한다.

예제 2 **라듐 226($^{226}_{88}$Ra)의 반감기는 1590년이다.**

(a) 라듐 226 시료의 질량이 100 mg이다. t년 후에 남아 있는 $^{226}_{88}$Ra의 질량에 대한 식을 구하라.

(b) 1000년 후의 질량(mg)을 밀리그램 단위의 정수값으로 구하라.

(c) 질량이 30 mg으로 줄어드는 때는 언제인가?

풀이

(a) $m(t)$를 t년 후에 남아있는 라듐 226의 질량(mg)이라 하면 $dm/dt = km$, $y(0) = 100$이므로 정리 [2]로부터 다음을 얻는다.

$$m(t) = m(0)e^{kt} = 100e^{kt}$$

k 값을 결정하기 위해 $y(1590) = (1/2)(100)$을 이용하면 다음을 얻는다.

$$100e^{1590k} = 50 \quad \text{그래서} \quad e^{1590k} = \frac{1}{2}$$

$$1590k = \ln\frac{1}{2} = -\ln 2$$

$$k = -\frac{\ln 2}{1590}$$

따라서 $m(t)=100e^{-(\ln 2)t/1590}$이고 $e^{\ln 2}=2$인 사실을 이용하면 $m(t)$에 대한 식을 다음과 같이 쓸 수 있다.

$$m(t)=100\times 2^{-t/1590}$$

(b) 1000년 후의 질량은 다음과 같다.

$$m(1000)=100e^{-(\ln 2)1000/1590}\approx 65\,\mathrm{mg}$$

(c) 다음과 같이 $m(t)=30$인 t의 값, 즉 다음을 구하고자 한다.

$$100e^{-(\ln 2)t/1590}=30 \quad \text{또는} \quad e^{-(\ln 2)t/1590}=0.3$$

양변에 자연로그를 취해서 t에 대한 방정식을 풀면 다음과 같다.

$$-\frac{\ln 2}{1590}t=\ln 0.3$$

따라서 $t=-1590\,\dfrac{\ln 0.3}{\ln 2}\approx 2762$년이다.

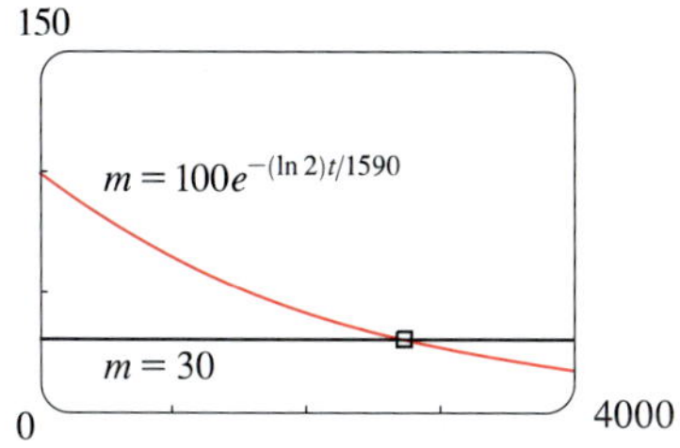

[그림 33]

[예제 2]의 작업에 대한 확인으로 그래픽 도구를 이용하여 [그림 33]과 같이 수평선 $m=30$과 함께 $m(t)$의 그래프를 그린다. $t\approx 2800$일 때 두 곡선이 만나고 이것은 (c)의 답과 일치한다.

뉴턴의 냉각 법칙

뉴턴의 냉각 법칙은 어떤 물질의 냉각률은 그 물질의 온도와 주변 온도의 차(이 차이가 너무 크지 않다는 조건 하에서)에 비례한다는 것을 말한다. (이 법칙은 역시 따뜻한 열에도 적용할 수 있다.) 시각 t에서 물질의 온도를 $T(t)$, 주변 온도를 T_s라 하면 뉴턴의 냉각 법칙을 다음 미분방정식으로 공식화할 수 있다.

$$\frac{dT}{dt}=k(T-T_s)$$

여기서 k는 상수이다. 이 방정식은 식 1과 동일한 형태가 아니므로 $y(t)=T(t)-T_s$로 변수변환을 한다. 그러면 T_s가 상수이고 $y'(t)=T'(t)$이므로 다음과 같은 방정식을 얻는다.

$$\frac{dy}{dt}=ky$$

따라서 식 2를 이용하여 y에 대한 식을 구할 수 있으며 그것으로부터 $T(t)$를 구할 수 있다.

예제 3 **온도가 22℃ 인 방 안에 있는 음료수 병을 온도가 7℃ 인 냉장고 안에 넣었다. 30분 후 음료수가 16℃ 로 차가워졌다.**

(a) 30분이 더 지난 후의 음료수의 온도는 얼마인가?

(b) 음료수가 10℃ 로 차가워지는 데 얼마나 걸리는가?

풀이

(a) t분 후 음료수의 온도를 $T(t)$라 하자. 주변 온도는 $T_s = 7$℃ 이므로 뉴턴의 냉각 법칙은 다음을 말한다.

$$\frac{dT}{dt} = k(T-7)$$

$y = T-7$라 하면 $y(0) = T(0)-7 = 22-7 = 15$이므로 y는 다음과 같은 초깃값 문제의 해이다.

$$\frac{dy}{dt} = ky, \quad y(0) = 15$$

식 [2]에 의해 다음을 얻는다.

$$y(t) = y(0)e^{kt} = 15e^{kt}$$

$T(30) = 16$, $y(30) = 16-7 = 9$이므로 다음이 성립한다.

$$15e^{30k} = 9, \quad e^{30k} = \frac{3}{5}$$

로그를 취하면 다음을 얻는다.

$$k = \frac{\ln(3/5)}{30} \approx -0.01703$$

그러므로 다음과 같다.

$$y(t) = 15e^{-0.01703t}$$

$$T(t) = 7 + 15e^{-0.01703t}$$

$$T(60) = 7 + 15e^{-0.01703(60)} \approx 12.4$$

따라서 30분이 더 지난 후 음료수의 온도는 약 12℃ 로 차가워진다.

(b) $T(t) = 10$이면 다음을 얻는다.

$$7 + 15e^{-0.01703t} = 10$$

$$e^{-0.01703t} = \frac{3}{15} = \frac{1}{5}$$

$$t = \frac{\ln(1/5)}{-0.01703} \approx 94.5$$

음료수는 약 1시간 35분 후에 온도가 10℃로 차가워진다.

[예제 3]에서 다음과 같은 결과를 얻는다.

$$\lim_{t \to \infty} T(t) = \lim_{t \to \infty} (7 + 15e^{-0.01703t}) = 7 + 15 \cdot 0 = 7$$

온도 함수의 그래프는 [그림 34]에 보인다.

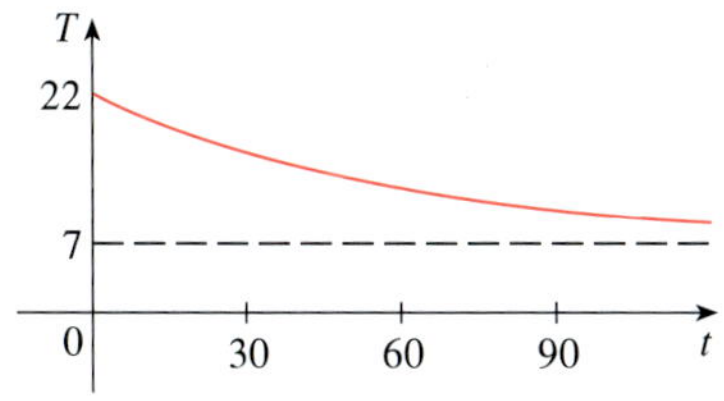

[그림 34]

연속적인 복리 이자

예제 4 **1000달러를 연복리 연이율 6%(연복리)로 투자한다면 1년 후 투자금의 가치는 1000(1.06)달러 = 1060달러, 2년 후 가치는 [1000(1.06)]1.06달러 = 1123.60달러, t년 후 투자금의 가치는 $1000(1.06)^t$달러가 된다.**

일반적으로 원금 A_0를 연이율 r(이 예제에서는 $r = 0.06$)로 투자하면 t년 후에 투자금의 가치는 $A_0(1+r)^t$이다. 그러나 통상적으로 이자는 연간 n번의 복리로 더 자주 일어난다. 그러면 각 기간에서 이자율은 r/n이고 t년 동안에는 복리계산 기간이 nt번 있다. 따라서 투자금은 다음과 같이 된다.

$$A_0\left(1 + \frac{r}{n}\right)^{nt}$$

예를 들어 1000달러를 연이율 6%로 3년간 투자하면 그 가치는 다음과 같다.

$$1000(1.06)^3 \text{달러} = 1191.02\text{달러} \quad (\text{연복리일 경우})$$
$$1000(1.03)^6 \text{달러} = 1194.05\text{달러} \quad (\text{반기복리일 경우})$$
$$1000(1.015)^{12} \text{달러} = 1195.62\text{달러} \quad (\text{분기복리일 경우})$$
$$1000(1.005)^{36} \text{달러} = 1196.68\text{달러} \quad (\text{월복리일 경우})$$
$$1000\left(1 + \frac{0.06}{365}\right)^{365 \cdot 3} \text{달러} = 1197.20\text{달러} \quad (\text{일복리일 경우})$$

여기서 복리계산 기간의 횟수 n이 커짐에 따라 지급된 이자가 증가하는 것을 알 수 있다. $n \to \infty$라 하면 이자는 연속 복리로 계산되고 투자금의 가치는 다음과 같다.

$$A(t) = \lim_{n \to \infty} A_0 \left(1 + \frac{r}{n}\right)^{nt} = \lim_{n \to \infty} A_0 \left[\left(1 + \frac{r}{n}\right)^{n/r}\right]^{rt}$$

$$= A_0 \left[\lim_{n \to \infty} \left(1 + \frac{r}{n}\right)^{n/r}\right]^{rt}$$

$$= A_0 \left[\lim_{n \to \infty} \left(1 + \frac{1}{m}\right)^{m}\right]^{rt} \quad (\text{여기서 } m = n/r)$$

그러나 이 표현식에서 극한은 수 e와 같다. (5.4절의 식 9 참조) 따라서 연이율 r인 연속 복리로 t년 후의 원리금은 다음과 같다.

$$A(t) = A_0 e^{rt}$$

이 방정식을 미분하면 다음을 얻는다.

$$\frac{dA}{dt} = r A_0 e^{rt} = r A(t)$$

이것은 연속 복리로 투자할 때 투자금의 증가율은 그 크기에 비례함을 말한다. 연이율 6%로 3년간 1000달러를 투자하는 예로 돌아가서 연속 복리에 의한 투자금의 가치는 다음과 같이 될 것이다.

$$A(3) = 1000 e^{(0.06)3} \text{달러} = 1197.22 \text{달러}$$

이것은 일복리로 계산한 원리금 1197.20달러와 거의 같음에 주목하자. 그러나 연속 복리를 이용한다면 원리금을 계산하기가 훨씬 쉽다.

5.5 연습문제

01 원생동물의 개체군은 개체수당 하루에 0.7944의 일정한 상대성장율로 증가한다. 첫째 날에 개체수가 2마리일 때 6일 후 개체군의 크기를 구하라.

02 최초에 100마리의 세포로 박테리아 배양을 시작하고 개체군의 크기에 비례해서 증가한다. 1시간 후 개체수가 420마리로 증가했다.

(a) t시간 후의 박테리아 수에 관한 식을 구하라.

(b) 3시간 후의 박테리아 수를 구하라.

(c) 3시간 후의 성장율을 구하라.

(d) 개체수가 10000마리에 도달하는 때는 언제인가?

03 다음 표는 1750년부터 2000년까지 세계 인구를 추정한 것이다. 단위는 백만 명이다.

년도	인구수	년도	인구수
1750	790	1900	1650
1800	980	1950	2560
1850	1260	2000	6080

(a) 1750년과 1800년의 인구수와 지수모형을 이용하여 1900년과 1950년의 세계 인구를 예측하라. 실제 인구와 비교하라.

(b) 1850년과 1900년의 인구수와 지수모형을 이용하여 1950년의 세계 인구를 예측하라. 실제 인구와 비교하라.

(c) 1900년과 1950년의 인구수와 지수모형을 이용하여 2000년의 세계 인구를 예측하라. 실제 인구와 비교하고 차이점을 설명하라.

04 실험을 통해 45℃에서 화학반응이 다음과 같이 일어난다고 하자.

$$N_2O_5 \to 2NO_2 + \frac{1}{2}O_2$$

오산화이질소의 반응률은 다음과 같이 그것의 농도에 비례한다는 것이 밝혀졌다.

$$-\frac{d[N_2O_5]}{dt} = 0.0005\,[N_2O_5]$$

(a) 초기 농도가 C이면 t초 후에 $[N_2O_5]$의 농도에 대한 표현식을 구하라.

(b) $[N_2O_5]$의 농도가 최초 농도의 90%로 줄어들 때까지 걸리는 반응시간은 얼마인가?

05 세슘137의 반감기는 30년이다. 100 mg의 시료를 가지고 있다고 하자.

(a) t년 후 남아 있는 질량을 구하라.

(b) 100년 후 남아있는 시료의 양은 얼마인가?

(c) 1 mg만 남을 때까지 걸리는 시간은 얼마인가?

06 과학자들은 방사성 탄소 연대 측정 방법에 의해 고대유물의 연대를 결정할 수 있다. 우주선(線)이 상층부 대기에 충격을 가하면 질소는 탄소의 방사성 동위원소 ^{14}C로 바뀐다. 이 원소의 반감기는 5730년이다. 식물은 대기를 통해 이산화탄소를 흡수하고, 동물도 먹이사슬을 통해 ^{14}C를 흡수한다. 식물이나 동물이 죽으면 탄소의 순환이 멈추고 ^{14}C의 양은 방사성 붕괴를 통해 점점 감소한다. 그러므로 방사성 수치 역시 지수적으로 감소해야 한다. 오늘날 지구상 식물에 들어 있는 ^{14}C 방사성의 약 74%가 남아있는 양피지 조각이 발견되었다. 양피지의 연대를 추정하라.

07 구운 칠면조를 온도가 85℃인 오븐에서 꺼내어 온도가 22℃인 방 안의 식탁에 놓았다.

(a) 30분 후에 칠면조의 온도가 65℃라면 45분 후에는 온도가 얼마인가?

(b) 칠면조가 40℃로 식는 때는 언제인가?

08 냉장고에서 꺼낸 음료수의 온도가 5℃이다. 그것을 20℃의 방 안에 25분 놓아두자 음료수의 온도가 10℃로 올라갔다.

(a) 50분 후 음료수의 온도는 얼마인가?

(b) 음료수의 온도가 15℃가 되는 때는 언제인가?

09 온도가 일정한 조건 아래서 고도 h에 대하여 대기압 P의 변화율은 P에 비례한다. 15℃에서 해수면의 기압은 101.3 kPa이고 $h = 1000$ m에서는 87.14 kPa이다.

(a) 3000 m 고도에서 대기압은 얼마인가?

(b) 6187 m 고도의 매킨리 산 정상의 기압은 얼마인가?

10 3000달러를 연이율 5%로 투자한다. 다음과 같은 복리 이자로 5차 년도 말의 원리금을 구하라.

(a) 연간 (b) 반기별 (c) 월별

(d) 주별 (e) 일별 (f) 연속적으로

5.6 역삼각함수

5.1절에서 역함수를 갖는 유일한 함수는 일대일 함수인 것을 상기하자. 그러면 삼각함수는 일대일 함수가 아니므로 역함수를 갖지 못한다. 그러나 정의역을 제한함으로써 이 함수들이 일대일이 되도록 만들 수 있다. 이렇게 제한된 삼각함수들의 역함수가 적분계산에서 중요한 역할을 하는 것을 알게 될 것이다.

[그림 35]로부터 사인함수 $y = \sin x$는 일대일이 아닌 것을 알 수 있다. (수평선 판정법을 이용한다.) 그러나 함수 $f(x) = \sin x,\ -\pi/2 \le x \le \pi/2$는 일대일이다([그림

36] 참조). 이렇게 제한된 사인함수 f의 역함수가 있는데, 이 함수를 $\sin^{-1}$이나 arcsin으로 나타낸다. 그리고 이 함수를 **역사인함수**inverse sine function 또는 **아크사인함수**arcsine function라고 한다.

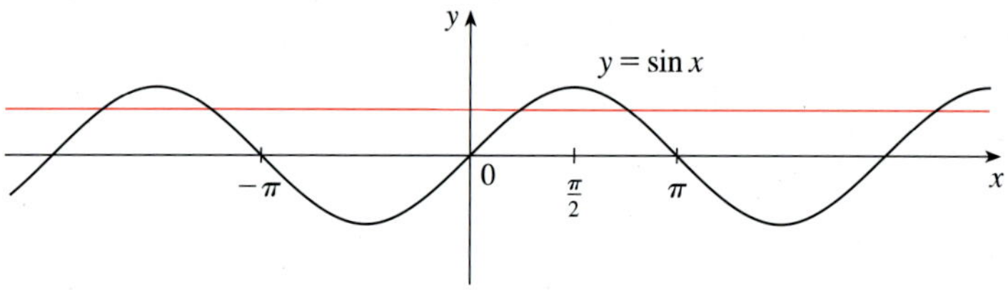

[그림 35]

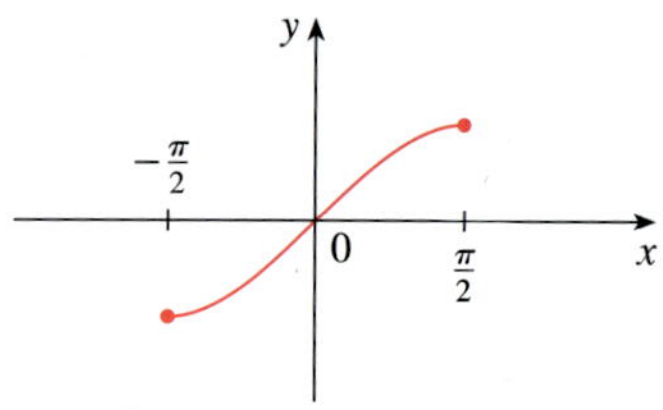

[그림 36] $y=\sin x,\ -\dfrac{\pi}{2}\le x\le\dfrac{\pi}{2}$

역함수의 정의는 다음을 의미한다.

$$f^{-1}(x)=y \quad\Leftrightarrow\quad f(y)=x$$

그러므로 다음을 얻는다.

1

$$\sin^{-1}x=y \quad\Leftrightarrow\quad \sin y=x,\ -\frac{\pi}{2}\le y\le\frac{\pi}{2}$$

따라서 $-1\le x\le 1$이면 $\sin^{-1}x$는 사인값이 x인 $-\pi/2$와 $\pi/2$ 사이의 수이다.

⊘ $\sin^{-1}x\neq\dfrac{1}{\sin x}$

예제 1 (a) $\sin^{-1}\left(\dfrac{1}{2}\right)$ (b) $\tan\left(\arcsin\dfrac{1}{3}\right)$을 계산하라.

풀이

(a) $\sin\left(\dfrac{\pi}{6}\right)=\dfrac{1}{2}$이고 $\dfrac{\pi}{6}$는 $-\dfrac{\pi}{2}$와 $\dfrac{\pi}{2}$ 사이에 있으므로 다음을 얻는다.

$$\sin^{-1}\left(\frac{1}{2}\right)=\frac{\pi}{6}$$

(b) $\theta=\arcsin\dfrac{1}{3}$이라 하면 $\sin\theta=\dfrac{1}{3}$이다. 그러면 [그림 37]과 같이 각 θ를 갖는 직각삼각형을 그릴 수 있고 피타고라스 정리로부터 밑변의 길이가 $\sqrt{9-1}=2\sqrt{2}$이다. 따라서 이 직각삼각형으로부터 다음을 얻는다.

$$\tan\left(\arcsin\frac{1}{3}\right)=\tan\theta=\frac{1}{2\sqrt{2}}$$

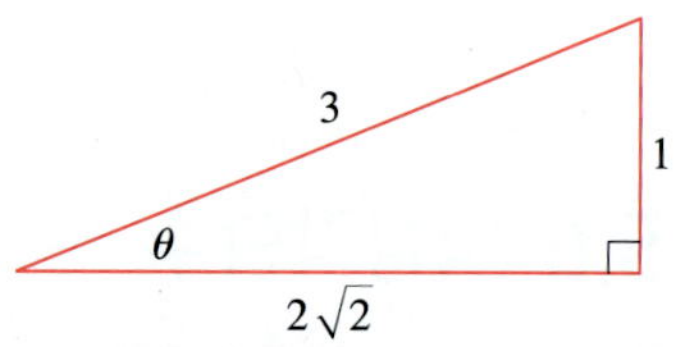

[그림 37]

이 경우에 역함수에 대한 소거방정식은 다음과 같다.

2

$$\sin^{-1}(\sin x)=x,\quad -\frac{\pi}{2}\le x\le\frac{\pi}{2}$$

$$\sin(\sin^{-1}x)=x,\quad -1\le x\le 1$$

역사인함수 $\sin^{-1}$은 정의역 $[-1, 1]$과 치역 $[-\pi/2, \pi/2]$를 갖는다. 그리고 [그림 38]에 보인 이 함수의 그래프는 제한된 사인함수의 그래프([그림 36])를 직선 $y=x$에 대해 대칭시켜서 얻는다.

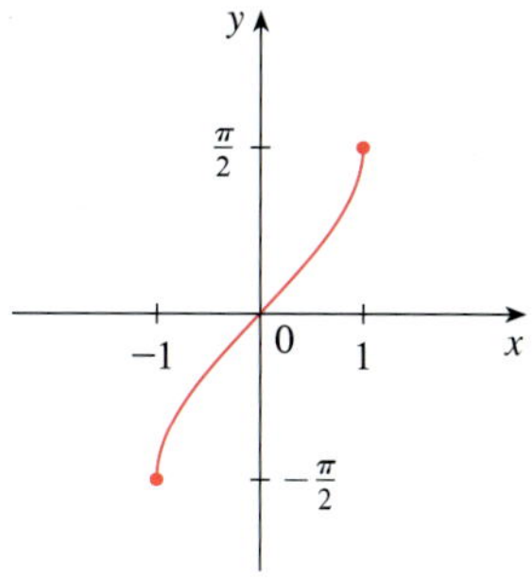

[그림 38]

$y=\sin^{-1}x=\arcsin x$

사인함수 f는 연속이므로 역사인함수도 역시 연속이다. 또한 2.3절로부터 사인함수가 미분 가능하다는 것을 알고 있으므로 역사인함수도 미분 가능하다. 5.1절의 정리 7에 있는 공식에 의해 $\sin^{-1}$의 도함수를 구할 수 있으나 $\sin^{-1}$이 미분 가능하므로 다음과 같이 음함수 미분법에 의해 이 함수를 쉽게 미분할 수 있다.

$y=\sin^{-1}x$라 하면 $\sin y=x$이고 $-\pi/2 \le y \le \pi/2$이다. $\sin y=x$를 x에 대해 음함수적으로 미분하여 다음을 얻는다.

■ www.stewartcalculus.com (Additional Example A를 보라.)

$$\cos y \frac{dy}{dx}=1$$

$$\frac{dy}{dx}=\frac{1}{\cos y}$$

$-\pi/2 \le y \le \pi/2$, $\cos y \ge 0$이므로 다음과 같다.

$$\cos y=\sqrt{1-\sin^2 y}=\sqrt{1-x^2}$$

따라서 다음을 얻는다.

$$\frac{dy}{dx}=\frac{1}{\cos y}=\frac{1}{\sqrt{1-x^2}}$$

3 $$\frac{d}{dx}(\sin^{-1}x)=\frac{1}{\sqrt{1-x^2}}, \quad -1<x<1$$

예제 2 **$f(x)=\sin^{-1}(x^2-1)$일 때 (a) f의 정의역 (b) $f'(x)$ (c) f'의 정의역을 구하라.**

[예제 2]의 함수 f와 그 도함수의 그래프는 [그림 39]에 보인다. f는 0에서 미분 가능하지 않으며, 이것은 f'이 $x=0$에서 갑작스런 도약이 이루어진다는 사실과 일치한다.

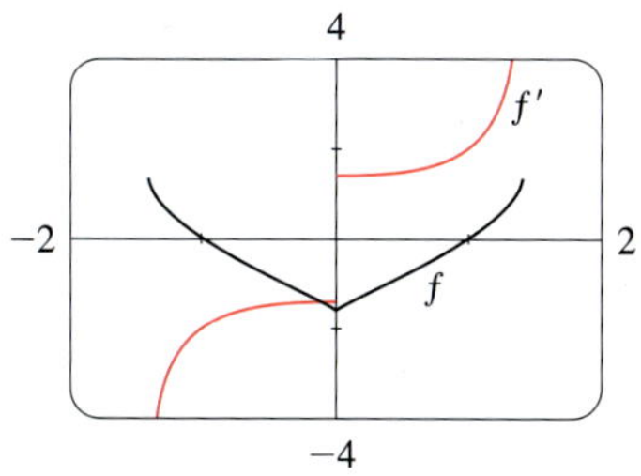

[그림 39]

풀이

(a) 역사인함수의 정의역이 $[-1, 1]$이므로 f의 정의역은 다음과 같다.

$$\{x \mid -1 \le x^2-1 \le 1\}=\{x \mid 0 \le x^2 \le 2\}$$
$$=\{x \mid |x| \le \sqrt{2}\}=[-\sqrt{2}, \sqrt{2}]$$

(b) 식 3과 연쇄법칙을 결합하면 다음을 얻는다.

$$f'(x) = \frac{1}{\sqrt{1-(x^2-1)^2}} \frac{d}{dx}(x^2-1)$$

$$= \frac{1}{\sqrt{1-(x^4-2x^2+1)}} 2x = \frac{2x}{\sqrt{2x^2-x^4}}$$

(c) f'의 정의역은 다음과 같다.

$$\{x \mid -1 < x^2-1 < 1\} = \{x \mid 0 < x^2 < 2\}$$
$$= \{x \mid 0 < |x| < \sqrt{2}\} = (-\sqrt{2}, 0) \cup (0, \sqrt{2})$$

비슷한 방법으로 **역코사인함수** inverse cosine function 를 얻을 수 있다. 제한된 코사인함수 $f(x) = \cos x$, $0 \le x \le \pi$는 일대일이다([그림 40] 참조). 따라서 이 함수는 역함수를 가지며 $\cos^{-1}$ 또는 arccos으로 나타낸다.

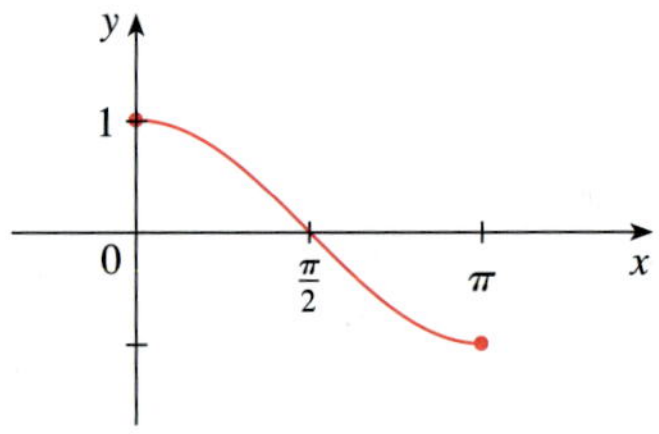

[그림 40] $y = \cos x$, $0 \le x \le \pi$

4 $$\cos^{-1}x = y \iff \cos y = x, \quad 0 \le y \le \pi$$

소거방정식은 다음과 같다.

5 $$\cos^{-1}(\cos x) = x, \qquad 0 \le x \le \pi$$
$$\cos(\cos^{-1}x) = x, \qquad -1 \le x \le 1$$

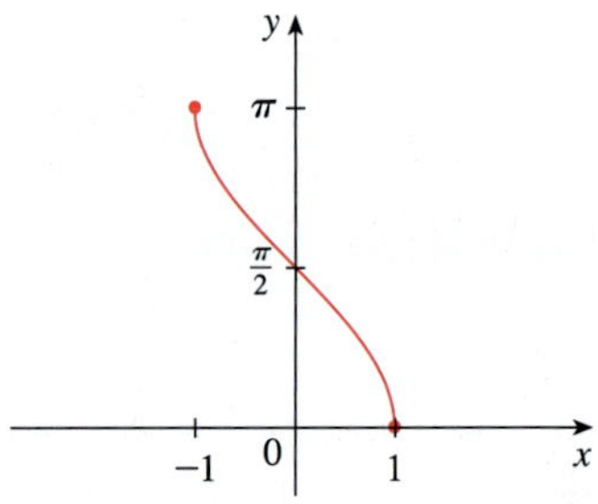

[그림 41] $y = \cos^{-1}x = \arccos x$

역코사인함수 $\cos^{-1}$은 정의역 $[-1, 1]$과 치역 $[0, \pi]$를 갖는다. 그리고 [그림 41]에 보인 그래프를 갖는 연속함수이다. 이 함수의 도함수는 다음과 같이 주어진다.

6 $$\frac{d}{dx}(\cos^{-1}x) = -\frac{1}{\sqrt{1-x^2}}, \quad -1 < x < 1$$

식 6은 식 3과 동일한 방법으로 증명할 수 있으며 [연습문제 6]으로 남긴다.

탄젠트함수는 구간을 $(-\pi/2, \pi/2)$로 제한함으로써 일대일 함수가 되도록 만들 수 있다. 그러므로 **역탄젠트함수** inverse tangent function 는 함수 $f(x) = \tan x$, $-\pi/2 < x < \pi/2$([그림 42] 참조)의 역함수로 정의되며, 기호 $\tan^{-1}$ 또는 arctan로 나타낸다.

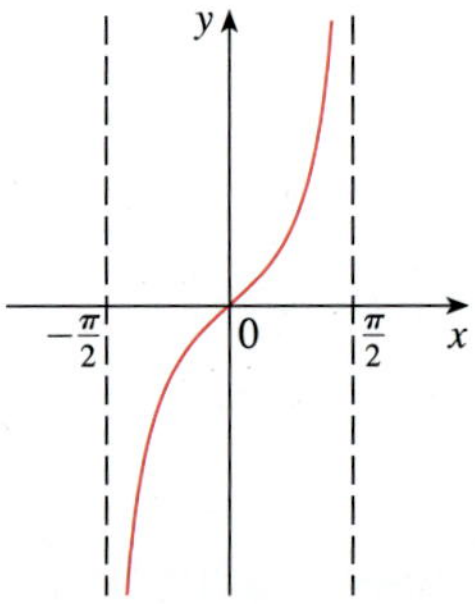

[그림 42] $y = \tan x$, $-\frac{\pi}{2} < x < \frac{\pi}{2}$

7 $$\tan^{-1}x = y \iff \tan y = x, \quad -\frac{\pi}{2} < y < \frac{\pi}{2}$$

예제 3 식 $\cos(\tan^{-1}x)$를 간단히 하라.

풀이 1

$y = \tan^{-1}x$라 하면 $\tan y = x$이고 $-\pi/2 < y < \pi/2$이다. $\cos y$를 구하고자 할 때 $\tan y$를 알고 있으므로 다음과 같이 먼저 $\sec y$를 구하는 것이 더 쉽다.

$$\sec^2 y = 1 + \tan^2 y = 1 + x^2$$

$$\sec y = \sqrt{1+x^2} \quad (-\pi/2 < y < \pi/2 \text{일 때, } \sec y > 0 \text{이므로})$$

따라서 다음을 얻는다.

$$\cos(\tan^{-1} x) = \cos y = \frac{1}{\sec y} = \frac{1}{\sqrt{1+x^2}}$$

풀이 2

[풀이 1]에서와 같이 삼각함수의 항등식을 사용하는 대신 그림을 이용하면 더 쉬울 것이다. $y = \tan^{-1} x$이면 $\tan y = x$이므로 [그림 43]으로부터($y > 0$인 경우) 다음을 얻는다.

$$\cos(\tan^{-1} x) = \cos y = \frac{1}{\sqrt{1+x^2}}$$

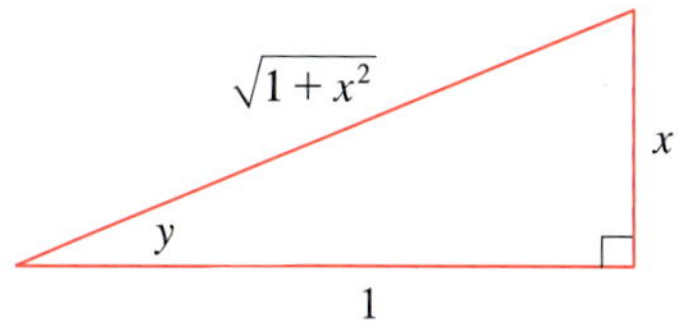

[그림 43]

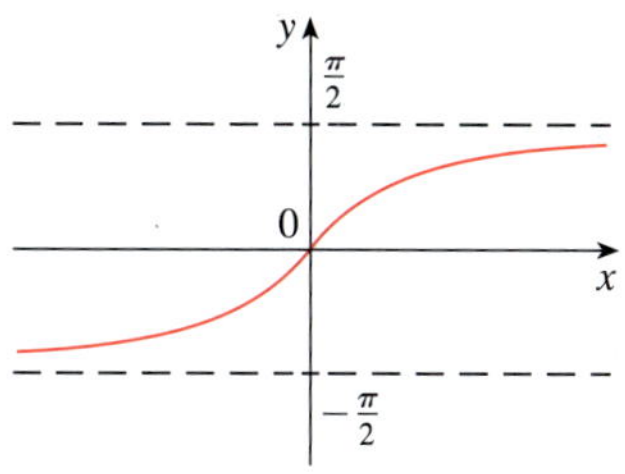

[그림 44] $y = \tan^{-1} x = \arctan x$

역탄젠트함수 $\tan^{-1} = \arctan$는 정의역 $\mathbb{R}$과 치역 $(-\pi/2, \pi/2)$를 갖는다. 그래프는 [그림 44]와 같다. 그리고 우리는 다음을 알고 있다.

$$\lim_{x \to (\pi/2)^-} \tan x = \infty, \quad \lim_{x \to -(\pi/2)^+} \tan x = -\infty$$

그러므로 직선 $x = \pm\frac{\pi}{2}$는 tan의 그래프의 수직점근선이다. $\tan^{-1}$의 그래프는 제한된 탄젠트함수의 그래프를 $y = x$에 대해 대칭시켜 얻으므로, 직선 $y = \frac{\pi}{2}$와 $y = -\frac{\pi}{2}$는 $\tan^{-1}$의 그래프의 수평점근선이 된다. 이러한 사실로부터 다음 극한으로 표현된다.

8 $$\lim_{x \to \infty} \tan^{-1} x = \frac{\pi}{2}, \quad \lim_{x \to -\infty} \tan^{-1} x = -\frac{\pi}{2}$$

예제 4 $\lim_{x \to 2^+} \arctan\left(\frac{1}{x-2}\right)$을 계산하라.

풀이

$t = 1/(x-2)$라 하면 $x \to 2^+$일 때 $t \to \infty$임을 알고 있다. 그러므로 식 8의 첫 번째 방정식에 의해 다음을 얻는다.

$$\lim_{x \to 2^+} \arctan\left(\frac{1}{x-2}\right) = \lim_{t \to \infty} \arctan t = \frac{\pi}{2}$$

■ www.stewartcalculus.com (Additional Example B를 보라.)

tan가 미분 가능하므로 $\tan^{-1}$도 미분 가능하다. $\tan^{-1}$의 도함수를 구하기 위해

$y=\tan^{-1}x$라 하자. 그러면 $\tan y=x$이다. 마지막 방정식을 x에 대해 음함수적으로 미분하면 다음을 얻는다.

$$\sec^2 y\frac{dy}{dx}=1$$

$$\frac{dy}{dx}=\frac{1}{\sec^2 y}=\frac{1}{1+\tan^2 y}=\frac{1}{1+x^2}$$

9

$$\frac{d}{dx}(\tan^{-1}x)=\frac{1}{1+x^2}$$

나머지 역삼각함수들은 자주 이용되지 않으나 요약하면 다음과 같다.

10

$$y=\csc^{-1}x\ (|x|\geq 1)\quad\Leftrightarrow\quad \csc y=x,\quad y\in(0,\ \pi/2]\cup(\pi,\ 3\pi/2]$$

$$y=\sec^{-1}x\ (|x|\geq 1)\quad\Leftrightarrow\quad \sec y=x,\quad y\in[0,\ \pi/2)\cup[\pi,\ 3\pi/2)$$

$$y=\cot^{-1}x\ (x\in\mathbb{R})\quad\Leftrightarrow\quad \cot y=x,\quad y\in(0,\ \pi)$$

$\csc^{-1}$와 $\sec^{-1}$의 정의에서 y에 대한 구간을 선택하는 것은 일반적으로 일치되지 않는다. 예를 들어 어떤 저자는 $\sec^{-1}$의 정의에서 $y\in[0,\ \pi/2)\cup(\pi/2,\ \pi]$를 사용한다. ([그림 45]에 있는 시컨트함수의 그래프로부터 이러한 선택과 10의 선택이 모두 옳다는 것을 알 수 있다.) 10과 같이 선택한 이유는 미분공식들이 훨씬 간단하기 때문이다([연습문제 26] 참조).

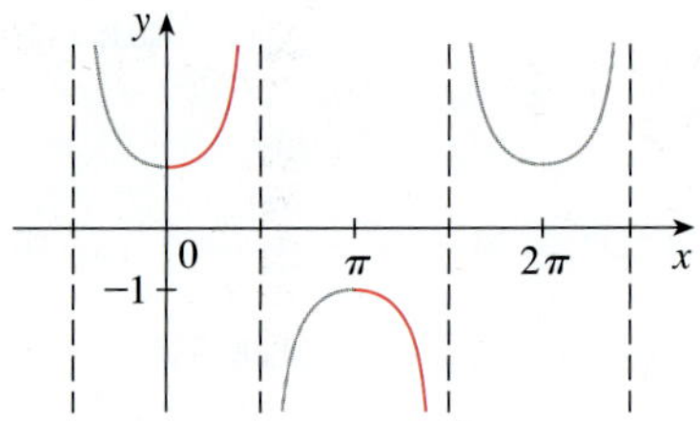

[그림 45] $y=\sec x$

모든 역삼각함수들의 미분공식을 11에 모았다. $\csc^{-1}$, $\sec^{-1}$, $\cot^{-1}$의 도함수 공식에 대한 증명은 [연습문제 7~9]로 남긴다.

11 역삼각함수의 도함수 표

$$\frac{d}{dx}(\sin^{-1}x)=\frac{1}{\sqrt{1-x^2}}\qquad \frac{d}{dx}(\csc^{-1}x)=-\frac{1}{x\sqrt{x^2-1}}$$

$$\frac{d}{dx}(\cos^{-1}x)=-\frac{1}{\sqrt{1-x^2}}\qquad \frac{d}{dx}(\sec^{-1}x)=\frac{1}{x\sqrt{x^2-1}}$$

$$\frac{d}{dx}(\tan^{-1}x)=\frac{1}{1+x^2}\qquad \frac{d}{dx}(\cot^{-1}x)=-\frac{1}{1+x^2}$$

이러한 공식 각각은 연쇄법칙과 결합할 수 있다. 예를 들어 u가 x의 미분 가능한 함수라 하면 다음이 성립한다.

$$\frac{d}{dx}(\sin^{-1}u)=\frac{1}{\sqrt{1-u^2}}\frac{du}{dx},\qquad \frac{d}{dx}(\tan^{-1}u)=\frac{1}{1+u^2}\frac{du}{dx}$$

예제 5 $f(x)=x\tan^{-1}\sqrt{x}$ 를 미분하라.

풀이

$$f'(x)=x\frac{1}{1+(\sqrt{x})^2}\frac{1}{2}x^{-1/2}+\tan^{-1}\sqrt{x}=\frac{\sqrt{x}}{2(1+x)}+\tan^{-1}\sqrt{x}$$

11에 있는 공식 각각은 적분공식을 제공한다. 이것들 중에서 가장 유용한 두 가지는 다음과 같다.

12
$$\int\frac{1}{\sqrt{1-x^2}}dx=\sin^{-1}x+C$$

13
$$\int\frac{1}{x^2+1}dx=\tan^{-1}x+C$$

예제 6 $\int_0^{1/4}\frac{1}{\sqrt{1-4x^2}}dx$를 구하라.

풀이

주어진 적분을 다음과 같이 쓴다.

$$\int_0^{1/4}\frac{1}{\sqrt{1-4x^2}}dx=\int_0^{1/4}\frac{1}{\sqrt{1-(2x)^2}}dx$$

그러면 이 적분은 식 12와 비슷하고, $u=2x$로 치환할 것을 권한다. $du=2dx$이므로 $dx=du/2$이다. 또한 $x=0$일 때 $u=0$이고, $x=1/4$일 때 $u=1/2$이다. 따라서 다음과 같다.

$$\int_0^{1/4}\frac{1}{\sqrt{1-4x^2}}dx=\frac{1}{2}\int_0^{1/2}\frac{du}{\sqrt{1-u^2}}=\frac{1}{2}\sin^{-1}u\Big]_0^{1/2}$$

$$=\frac{1}{2}\left[\sin^{-1}\left(\frac{1}{2}\right)-\sin^{-1}0\right]=\frac{1}{2}\cdot\frac{\pi}{6}=\frac{\pi}{12}$$

예제 7 $\int\frac{1}{x^2+a^2}dx$를 구하라. 여기서 $a>0$이다.

풀이

주어진 적분을 식 13과 같은 형태로 만들기 위해 다음과 같이 쓴다.

$$\int \frac{dx}{x^2+a^2} = \int \frac{dx}{a^2\left(\dfrac{x^2}{a^2}+1\right)} = \frac{1}{a^2}\int \frac{dx}{\left(\dfrac{x}{a}\right)^2+1}$$

■ www.stewartcalculus.com (Additional Example C를 보라.)

$u = x/a$로 치환하면 $du = dx/a$, $dx = a\,du$이고 다음을 얻는다.

$$\int \frac{dx}{x^2+a^2} = \frac{1}{a^2}\int \frac{a\,du}{u^2+1} = \frac{1}{a}\int \frac{du}{u^2+1} = \frac{1}{a}\tan^{-1}u + C$$

따라서 다음과 같은 공식을 얻는다.

14
$$\int \frac{1}{x^2+a^2}\,dx = \frac{1}{a}\tan^{-1}\left(\frac{x}{a}\right) + C$$

역삼각함수가 주로 쓰이는 경우 중 하나는 유리함수를 적분할 때 나타난다.

5.6 연습문제

01~03 다음 식의 정확한 값을 구하라.

01 (a) $\sin^{-1}(\sqrt{3}/2)$ (b) $\cos^{-1}(-1)$

02 (a) $\arctan 1$ (b) $\sin^{-1}(1/\sqrt{2})$

03 (a) $\tan(\arctan 10)$ (b) $\sin^{-1}(\sin(7\pi/3))$

04 $\cos(\sin^{-1}x) = \sqrt{1-x^2}$임을 증명하라.

05 $\sin(\tan^{-1}x)$를 간단히 하라.

06 식 3과 동일한 방법으로 $\cos^{-1}$의 도함수에 대한 식 6을 증명하라.

07 $\dfrac{d}{dx}(\cot^{-1}x) = -\dfrac{1}{1+x^2}$을 증명하라.

08 $\dfrac{d}{dx}(\sec^{-1}x) = \dfrac{1}{x\sqrt{x^2-1}}$을 증명하라.

09 $\dfrac{d}{dx}(\csc^{-1}x) = -\dfrac{1}{x\sqrt{x^2-1}}$을 증명하라.

10~16 다음 함수의 도함수를 구하라. 가능하면 간단히 하라.

10 $y = (\tan^{-1}x)^2$

11 $y = \sin^{-1}(2x+1)$

12 $G(x) = \sqrt{1-x^2}\arccos x$

13 $h(t) = \cot^{-1}(t) + \cot^{-1}(1/t)$

14 $y = \arctan(\cos\theta)$

15 $y = x\sin^{-1}x + \sqrt{1-x^2}$

16 $y = \arccos\left(\dfrac{b+a\cos x}{a+b\cos x}\right)$, $0 \le x \le \pi$, $a > b > 0$

17 $g(x) = x\sin^{-1}(x/4) + \sqrt{16-x^2}$일 때 $g'(2)$를 구하라.

18 $\lim\limits_{x\to\infty} \arctan(e^x)$의 다음 극한을 구하라.

19 길이 10 ft인 사다리가 수직벽에 기대어 있다. 사다리 밑동이 2 ft/s의 속력으로 벽면 바닥으로부터 미끄러진다면, 사다리 밑동이 벽면 바닥에서 6 ft가 될 때 사다리와 벽 사이의 각은 얼마나 빠르게 변하는가?

20 그림에서 각 θ를 최대로 하려면 선분 AB 위에서 점 P를 어느 곳에서 선택해야 하는가?

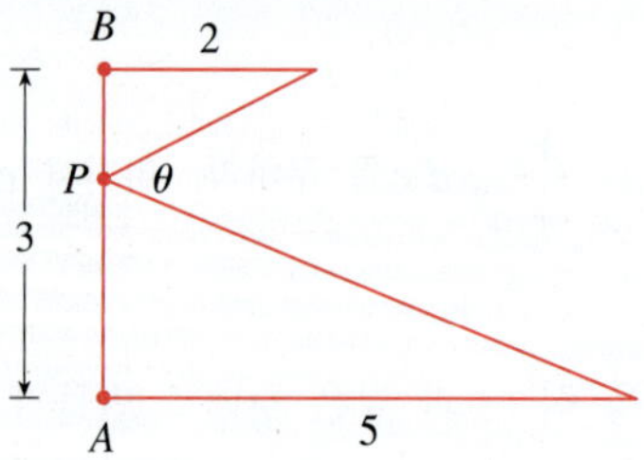

21~25 다음 적분을 계산하라.

21 $\int_{1/\sqrt{3}}^{\sqrt{3}} \frac{8}{1+x^2} dx$

22 $\int_0^{1/2} \frac{\sin^{-1} x}{\sqrt{1-x^2}} dx$

23 $\int \frac{1+x}{1+x^2} dx$

24 $\int \frac{t^2}{\sqrt{1-t^6}} dt$

25 $\int \frac{dx}{\sqrt{x}\,(1+x)}$

26 어떤 저자는 $y=\sec^{-1} x \Leftrightarrow \sec y = x,\ y \in [0, \pi/2) \cup (\pi/2, \pi]$로 정의한다. 이 정의를 이용하면 다음이 성립함을 보여라. ([연습문제 8]과 비교해보자.)

$$\frac{d}{dx}(\sec^{-1} x) = \frac{1}{|x|\sqrt{x^2-1}}, \quad |x|>1$$

5.7 쌍곡선함수

지수함수 e^x와 e^{-x}가 결합된 어떤 우함수와 기함수는 수학이나 그 응용분야에서 자주 등장하므로 이들 함수에 특별한 이름을 붙여줄 만하다. 이들 함수는 많은 면에서 삼각함수와 비슷하다. 삼각함수가 원과 관계가 있는 것처럼 이들은 똑같이 쌍곡선과 관련이 있다. 이런 이유에서 이 함수들을 통틀어 쌍곡선함수 hyperbolic function라 하고, 개별적으로 쌍곡선 사인함수 hyperbolic sine function, 쌍곡선 코사인함수 hyperbolic cosine function 등으로 불린다.

쌍곡선함수의 정의

$$\sinh x = \frac{e^x - e^{-x}}{2} \qquad \operatorname{csch} x = \frac{1}{\sinh x}$$

$$\cosh x = \frac{e^x + e^{-x}}{2} \qquad \operatorname{sech} x = \frac{1}{\cosh x}$$

$$\tanh x = \frac{\sinh x}{\cosh x} \qquad \coth x = \frac{\cosh x}{\sinh x}$$

쌍곡선 사인함수와 쌍곡선 코사인함수의 그래프는 그래프의 합을 이용하여 [그림 46~47]과 같이 그릴 수 있다.

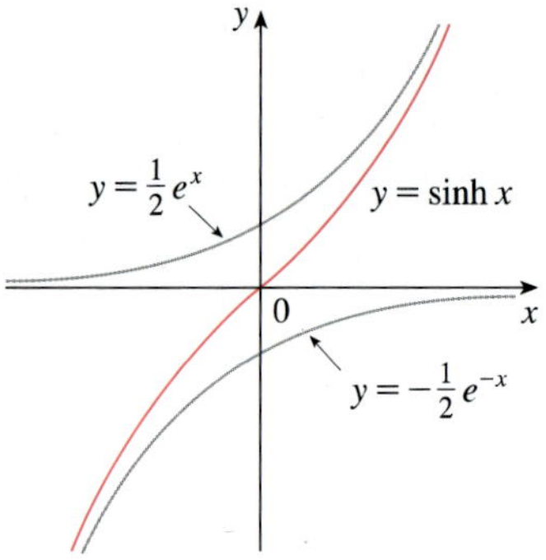

[그림 46]

$y=\sinh x=\dfrac{1}{2}e^{x}-\dfrac{1}{2}e^{-x}$

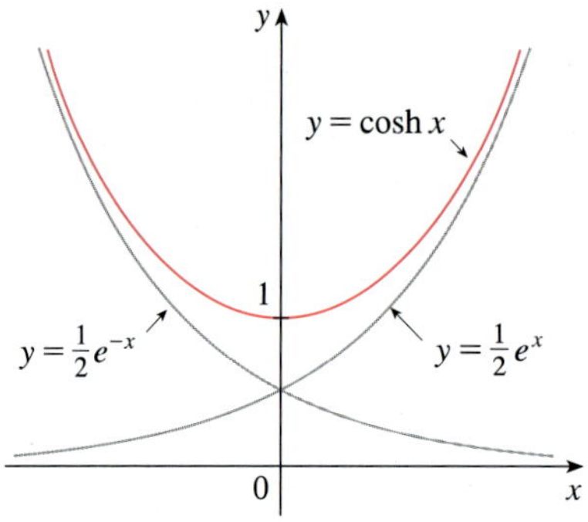

[그림 47]

$y=\cosh x=\dfrac{1}{2}e^{x}+\dfrac{1}{2}e^{-x}$

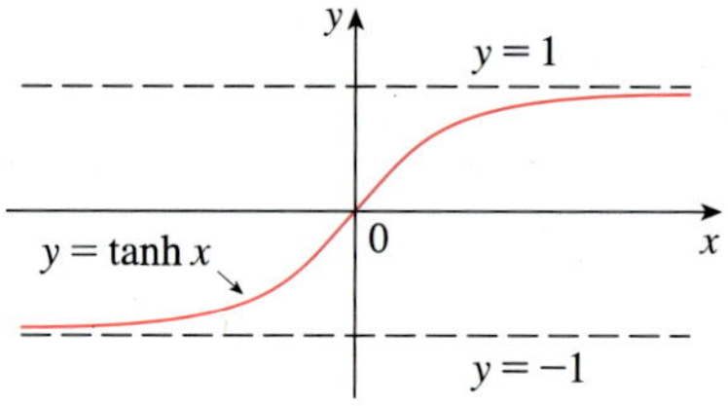

[그림 48]

$y=\tanh x$

sinh은 정의역 ℝ과 치역 ℝ을 갖는 반면, cosh은 정의역 ℝ과 치역 $[1, \infty)$를 갖는다. [그림 48]은 tanh의 그래프를 보여준다. 이 함수는 수평점근선 $y=\pm 1$을 갖는다([연습문제 14] 참조).

과학과 공학에서는 빛, 속도, 전기, 방사능 같은 실체가 점진적으로 흡수되거나 소멸될 때는 언제나 쌍곡선함수를 활용한다. 그 이유는 붕괴 현상을 쌍곡선함수로 표현할 수 있기 때문이다. 가장 유명한 예는 두 전신주에 매달려있는 전깃줄의 모양을 설명하기 위해 쌍곡선 코사인을 사용하는 것이다. 무겁고 유연하게 휘어진 전선(전화선이나 전깃줄 등)이 같은 높이의 두 점 사이에 걸쳐 있다면, 이것은 방정식 $y=c+a\cosh(x/a)$인 곡선의 모양임을 증명할 수 있다. 이때 이 곡선을 현수선catenary이라 한다([그림 49] 참조). (라틴어로 catena는 '사슬'을 의미한다.)

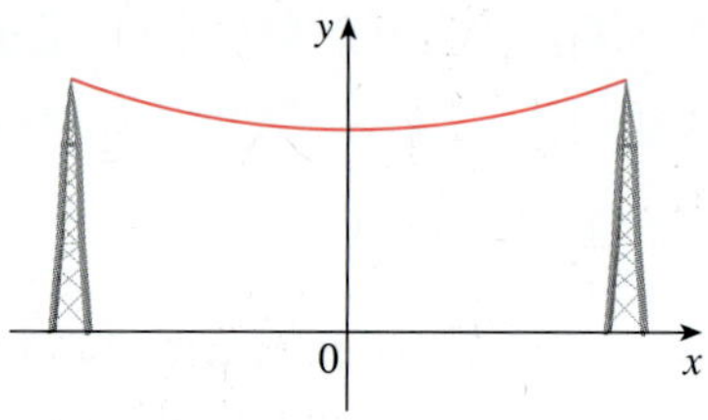

[그림 49] 현수선 $y=c+a\cosh(x/a)$

쌍곡선함수의 또 다른 응용은 바다의 파도를 서술할 때 나타난다. 수심이 d인 물줄기를 가로질러 움직이는 길이 L인 파도의 속도는 다음 함수로 모형화된다.

$$v=\sqrt{\frac{gL}{2\pi}\tanh\left(\frac{2\pi d}{L}\right)}$$

여기서 g는 중력가속도이다([그림 50]과 [연습문제 31] 참조).

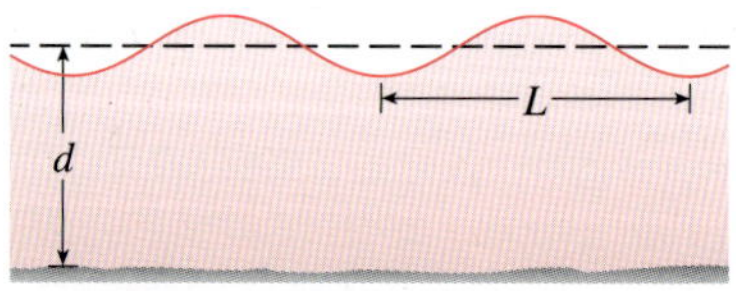

[그림 50] 이상적인 파도

쌍곡선함수는 잘 알려진 삼각항등식과 유사한 일련의 항등식을 만족한다. 그들의 일부는 다음과 같으며 대부분의 증명은 [연습문제 4~12]에 남겨둔다.

쌍곡선함수의 항등식

$\sinh(-x)=-\sinh x$ $\qquad$ $\cosh(-x)=\cosh x$

$\cosh^2 x-\sinh^2 x=1$ $\qquad$ $1-\tanh^2 x=\operatorname{sech}^2 x$

$\sinh(x+y)=\sinh x\cosh y+\cosh x\sinh y$

$\cosh(x+y)=\cosh x\cosh y+\sinh x\sinh y$

예제 1 다음을 증명하라.

(a) $\cosh^2 x - \sinh^2 x = 1$ **(b)** $1 - \tanh^2 x = \operatorname{sech}^2 x$

풀이

(a) $$\cosh^2 x - \sinh^2 x = \left(\frac{e^x + e^{-x}}{2}\right)^2 - \left(\frac{e^x - e^{-x}}{2}\right)^2$$
$$= \frac{e^{2x} + 2 + e^{-2x}}{4} - \frac{e^{2x} - 2 + e^{-2x}}{4}$$
$$= \frac{4}{4} = 1$$

(b) (a)에서 증명된 다음 항등식으로 시작한다.

$$\cosh^2 x - \sinh^2 x = 1$$

양변을 $\cosh^2 x$로 나누면 다음을 얻는다.

$$1 - \frac{\sinh^2 x}{\cosh^2 x} = \frac{1}{\cosh^2 x}$$
$$1 - \tanh^2 x = \operatorname{sech}^2 x$$

[예제 1(a)]에서 증명한 항등식은 '쌍곡선함수'라는 이름의 타당성에 대한 실마리를 준다. t가 임의의 실수이면 $\cos^2 t + \sin^2 t = 1$이므로 점 $P(\cos t, \sin t)$는 단위원 $x^2 + y^2 = 1$ 위에 놓여있다. 사실상 t는 [그림 51]에서 $\angle POQ$의 라디안 척도로 해석할 수 있다. 그런 이유로 삼각함수를 원함수Circular function라고도 한다. 마찬가지로 임의의 실수 t에 대해 $\cosh^2 t - \sinh^2 t = 1$과 $\cosh t \geq 1$이므로 점 $P(\cosh t, \sinh t)$는 쌍곡선 $x^2 - y^2 = 1$의 오른쪽 분지에 놓여있다. 이 경우에 t는 각의 척도를 나타내지 않는다. 그러나 삼각함수인 경우에 t가 [그림 51]의 색칠한 원 부채꼴 넓이의 두 배에 해당하는 것과 마찬가지로, t는 [그림 52]의 색칠한 쌍곡선 부채꼴 넓이의 두 배에 해당한다.

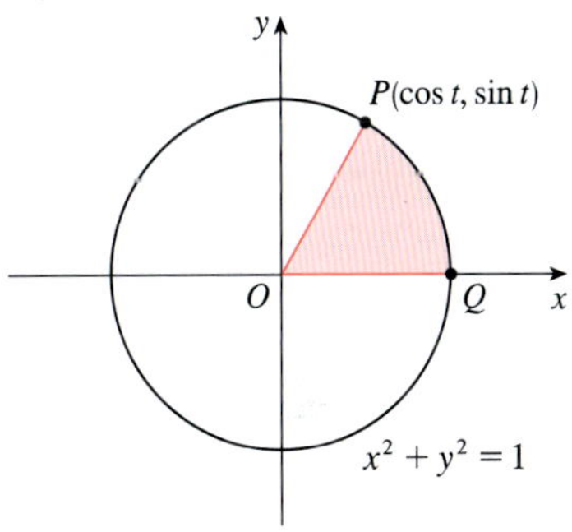

[그림 51]

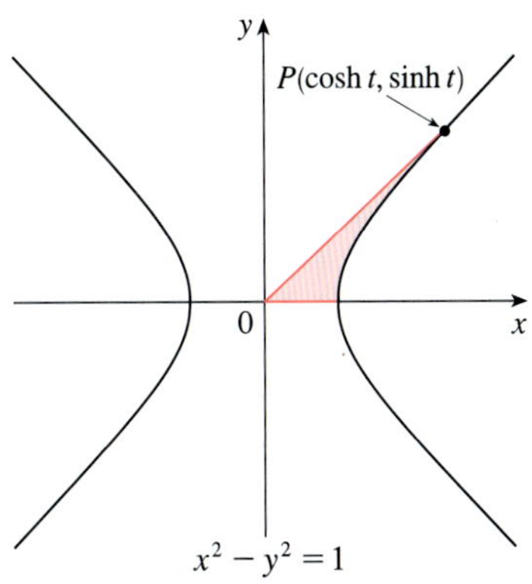

[그림 52]

쌍곡선함수의 도함수는 쉽게 계산할 수 있다. 예를 들어 다음과 같다.

$$\frac{d}{dx}(\sinh x) = \frac{d}{dx}\left(\frac{e^x - e^{-x}}{2}\right) = \frac{e^x + e^{-x}}{2} = \cosh x$$

쌍곡선함수에 대한 미분공식을 1에 나열했다. 나머지 증명은 [연습문제 15]에 남겨둔다. 삼각함수의 미분공식과 유사하지만 부호가 다른 경우가 있으니 주의해야 한다.

1 쌍곡선함수의 도함수

$$\frac{d}{dx}(\sinh x) = \cosh x \qquad \frac{d}{dx}(\operatorname{csch} x) = -\operatorname{csch} x \coth x$$

$$\frac{d}{dx}(\cosh x) = \sinh x \qquad \frac{d}{dx}(\operatorname{sech} x) = -\operatorname{sech} x \tanh x$$

$$\frac{d}{dx}(\tanh x) = \operatorname{sech}^2 x \qquad \frac{d}{dx}(\coth x) = -\operatorname{csch}^2 x$$

예제 2 이와 같은 미분 법칙들은 연쇄법칙과 결합할 수 있다. 예를 들어 다음과 같다.

$$\frac{d}{dx}(\cosh\sqrt{x}) = \sinh\sqrt{x} \cdot \frac{d}{dx}\sqrt{x} = \frac{\sinh\sqrt{x}}{2\sqrt{x}}$$

역쌍곡선함수

[그림 46]과 [그림 48]에서 보듯이 sinh가 tanh는 일대일 함수이다. 따라서 각각 $\sinh^{-1}$, $\tanh^{-1}$로 나타내는 역함수를 갖는다. [그림 47]은 cosh은 일대일 함수가 아님을 보인다. 그러나 정의역을 $[0, \infty)$로 제한하면 cosh은 일대일이 된다. 역쌍곡선 코사인 함수는 이렇게 제한된 함수의 역함수로 정의된다.

2

$$y = \sinh^{-1} x \iff \sinh y = x$$

$$y = \cosh^{-1} x \iff \cosh y = x, \quad y \ge 0$$

$$y = \tanh^{-1} x \iff \tanh y = x$$

나머지 역쌍곡선함수도 비슷하게 정의된다([연습문제 19] 참조).

[그림 46~48]을 이용하여 [그림 53~55]와 같이 $\sinh^{-1}$, $\cosh^{-1}$, $\tanh^{-1}$의 그래프를 그릴 수 있다.

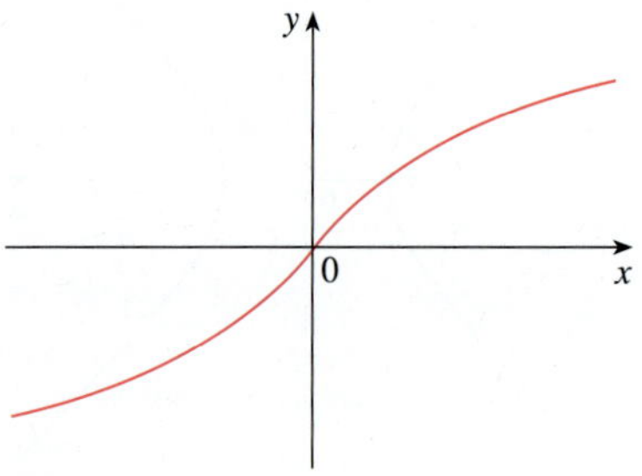

[그림 53] $y = \sinh^{-1} x$
정의역$= \mathbb{R}$, 치역$= \mathbb{R}$

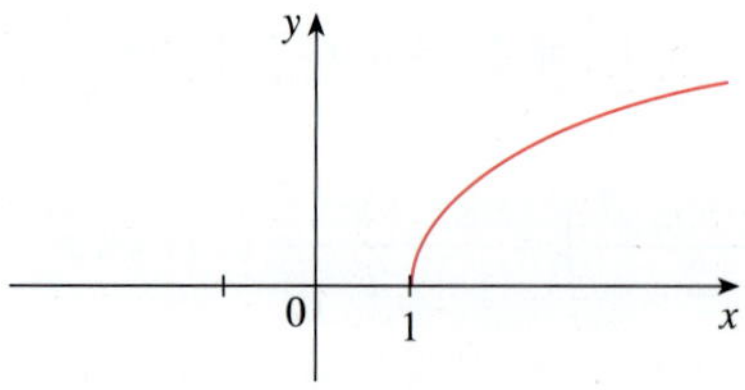

[그림 54] $y = \cosh^{-1} x$
정의역$= [1, \infty)$, 치역$= [0, \infty)$

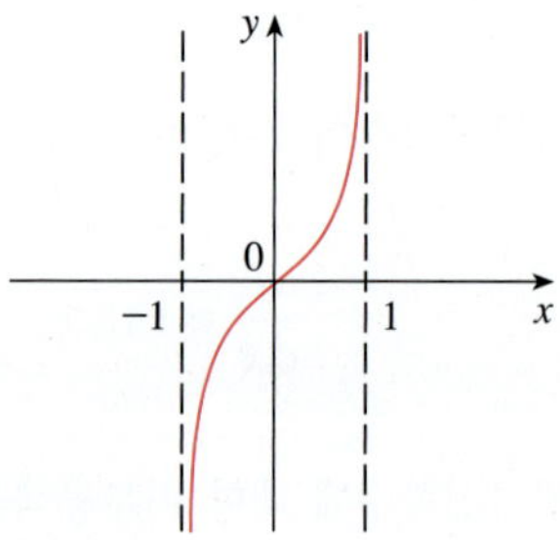

[그림 55] $y = \tanh^{-1} x$
정의역$= (-1, 1)$, 치역$= \mathbb{R}$

쌍곡선함수는 지수함수에 의하여 정의되므로, 역쌍곡선함수를 로그함수를 이용하여 표현할 수 있다는 사실이 그다지 놀랄 만한 일이 아니다. 특히 다음을 얻는다.

3 $$\sinh^{-1}x = \ln\left(x + \sqrt{x^2+1}\right), \quad x \in \mathbb{R}$$

4 $$\cosh^{-1}x = \ln\left(x + \sqrt{x^2-1}\right), \quad x \geq 1$$

5 $$\tanh^{-1}x = \frac{1}{2}\ln\left(\frac{1+x}{1-x}\right), \quad -1 < x < 1$$

식 3은 [예제 3]에서 증명했다. 식 4와 5의 증명은 [연습문제 17~18]에 남겨 둔다.

예제 3 $\sinh^{-1}x = \ln(x+\sqrt{x^2+1})$임을 보여라.

풀이

$y = \sinh^{-1}x$라 하자. 그러면 다음을 얻는다.

$$x = \sinh y = \frac{e^y - e^{-y}}{2}$$

그래서 $e^y - 2x - e^{-y} = 0$ 또는 e^y를 곱하여 $e^{2y} - 2xe^y - 1 = 0$이다. 이것은 다음과 같이 e^y에 관한 이차방정식이다.

$$(e^y)^2 - 2x(e^y) - 1 = 0$$

근의 공식에 의해 풀면 다음을 얻는다.

$$e^y = \frac{2x \perp \sqrt{4x^2+4}}{2} = x \pm \sqrt{x^2+1}$$

$e^y > 0$이지만 $x < \sqrt{x^2+1}$이므로 $x - \sqrt{x^2+1} < 0$이다. 그러므로 음의 부호는 허용되지 않고 다음을 얻는다.

$$e^y = x + \sqrt{x^2+1}$$

따라서 $y = \ln(e^y) = \ln\left(x+\sqrt{x^2+1}\right)$이다.(다른 풀이 방법은 [연습문제 16] 참조하라.)

6 역쌍곡선함수의 도함수

$$\frac{d}{dx}(\sinh^{-1}x) = \frac{1}{\sqrt{1+x^2}} \qquad \frac{d}{dx}(\operatorname{csch}^{-1}x) = -\frac{1}{|x|\sqrt{x^2+1}}$$

$$\frac{d}{dx}(\cosh^{-1}x) = \frac{1}{\sqrt{x^2-1}} \qquad \frac{d}{dx}(\operatorname{sech}^{-1}x) = -\frac{1}{x\sqrt{1-x^2}}$$

$$\frac{d}{dx}(\tanh^{-1}x) = \frac{1}{1-x^2} \qquad \frac{d}{dx}(\coth^{-1}x) = \frac{1}{1-x^2}$$

$\tanh^{-1}x$와 $\coth^{-1}x$의 도함수 공식이 동일하게 나타나는 것에 주목하자. 그러나 이 함수들의 정의역은 공통인 수를 갖지 않는다. $\tanh^{-1}x$는 $|x|<1$에서 정의되고, $\coth^{-1}x$는 $|x|>1$에서 정의된다.

쌍곡선함수들이 미분 가능하므로 모든 역쌍곡선함수도 미분 가능하다. [6]에 있는 공식들은 역함수 미분법 또는 미분공식 [3], [4], [5]에 의해 쉽게 증명될 수 있다.

예제 4 $\dfrac{d}{dx}(\sinh^{-1}x)=\dfrac{1}{\sqrt{1+x^2}}$ 임을 보여라.

풀이

$y=\sinh^{-1}x$라 하자. 그러면 $\sinh y=x$이다. 이 방정식을 x에 대해 음함수적으로 미분하면 다음을 얻는다.

$$\cosh y\,\frac{dy}{dx}=1$$

한편 $\cosh^2 y-\sinh^2 y=1$이고 $\cosh y\ge 0$이므로 $\cosh y=\sqrt{1+\sinh^2 y}$ 이다. 따라서 다음을 얻는다.

[예제 4]를 풀기 위해 미분공식 [3]을 사용하기도 한다.

$$\frac{dy}{dx}=\frac{1}{\cosh y}=\frac{1}{\sqrt{1+\sinh^2 y}}=\frac{1}{\sqrt{1+x^2}}$$

예제 5 $\dfrac{d}{dx}[\tanh^{-1}(\sin x)]$를 구하라.

풀이

[6]과 연쇄법칙을 이용하여 다음을 얻는다.

$$\begin{aligned}\frac{d}{dx}[\tanh^{-1}(\sin x)]&=\frac{1}{1-(\sin x)^2}\frac{d}{dx}(\sin x)\\&=\frac{1}{1-\sin^2 x}\cos x=\frac{\cos x}{\cos^2 x}=\sec x\end{aligned}$$

예제 6 $\displaystyle\int_0^1\frac{dx}{\sqrt{1+x^2}}$ 를 계산하라.

풀이

[6] 또는 [예제 4]를 이용하여 $1/\sqrt{1+x^2}$ 의 역도함수는 $\sinh^{-1}x$임을 알고 있다. 따라서 다음을 얻는다.

$$\begin{aligned}\int_0^1\frac{dx}{\sqrt{1+x^2}}&=\sinh^{-1}x\Big]_0^1\\&=\sinh^{-1}1\\&=\ln(1+\sqrt{2})\ (\text{식 [3]으로부터})\end{aligned}$$

5.7 연습문제

01~03 다음 각 식에 대한 수치값을 구하라.

01 (a) $\sinh 0$ (b) $\cosh 0$

02 (a) $\sinh(\ln 2)$ (b) $\sinh 2$

03 (a) $\text{sech}\,0$ (b) $\cosh^{-1} 1$

04~12 다음 항등식을 증명하라.

04 $\sinh(-x) = -\sinh x$ (이것은 sinh이 기함수인 것을 보여준다.)

05 $\cosh(-x) = \cosh x$ (이것은 cosh이 우함수인 것을 보여준다.)

06 $\cosh x + \sinh x = e^x$

07 $\cosh x - \sinh x = e^{-x}$

08 $\sinh(x+y) = \sinh x \cosh y + \cosh x \sinh y$

09 $\cosh(x+y) = \cosh x \cosh y + \sinh x \sinh y$

10 $\sinh 2x = 2\sinh x \cosh x$

11 $\dfrac{1+\tanh x}{1-\tanh x} = e^{2x}$

12 $(\cosh x + \sinh x)^n = \cosh nx + \sinh nx$ (n은 임의의 실수)

13 $\cosh x = \dfrac{5}{3}$이고 $x > 0$일 때, x에서 나튼 쌍곡선함수의 값을 구하라.

14 쌍곡선함수의 정의를 이용하여 다음 극한을 구하라.

(a) $\lim_{x\to\infty} \tanh x$ (b) $\lim_{x\to-\infty} \tanh x$

(c) $\lim_{x\to\infty} \sinh x$ (d) $\lim_{x\to-\infty} \sinh x$

(e) $\lim_{x\to\infty} \text{sech}\, x$ (f) $\lim_{x\to\infty} \coth x$

(g) $\lim_{x\to 0^+} \coth x$ (h) $\lim_{x\to 0^-} \coth x$

(i) $\lim_{x\to-\infty} \text{csch}\, x$

15 함수 (a) cosh (b) tanh (c) csch (d) sech (e) coth의 도함수에 대한 [1]에 주어진 공식을 증명하라.

16 $y = \sinh^{-1} x$로 놓고, x를 y로 바꾼 [예제 1(a)]와 [연습문제 6]을 이용하여 [예제 3]의 또 다른 해를 구하라.

17 방정식 [4]를 증명하라.

18 다음 방법으로 방정식 [5]를 증명하라.

(a) [예제 3]의 방법

(b) [연습문제 11]에서 x를 y로 바꾸는 방법

19 함수 (a) csch^{-1} (b) sech^{-1} (c) $\coth^{-1}$에 대해

(i) [2]에 있는 함수와 같이 정의하라.

(ii) 그래프를 그려라.

(iii) 식 [3]과 유사한 공식을 구하라.

20 다음 함수의 도함수에 대해 [6]에 주어진 공식을 증명하라.

(a) $\cosh^{-1}$ (b) $\tanh^{-1}$ (c) sech^{-1}

21~29 다음 함수의 도함수를 구하라. 가능하면 간단히 한다.

21 $f(x) = x\sinh x - \cosh x$

22 $h(x) = \ln(\cosh x)$

23 $y = e^{\cosh 3x}$

24 $f(t) = \text{csch}\, t\,(1 - \ln \text{csch}\, t)$

25 $f(t) = \text{sech}^2(e^t)$

26 $G(x) = \dfrac{1-\cosh x}{1+\cosh x}$

27 $y = \cosh^{-1}\sqrt{x}$

28 $y = x\sinh^{-1}(x/3) - \sqrt{9+x^2}$

29 $y = \coth^{-1}(\sec x)$

30 $\dfrac{d}{dx}\arctan(\tanh x) = \text{sech}\, 2x$임을 보여라.

31 수심이 d인 물줄기를 갖는 길이 L인 파도가 속도 v로 움직인다면 다음이 성립한다.

$$v = \sqrt{\frac{gL}{2\pi}\tanh\left(\frac{2\pi d}{L}\right)}$$

여기서 g는 중력가속도이다([그림 50] 참조). 다음 근삿값이 깊은 물에서 적합한 이유를 설명하라.

$$v \approx \sqrt{\frac{gL}{2\pi}}$$

32 14m 떨어진 두 전신주 사이에 전화선이 현수선 $y = 20\cosh(x/20) - 15$의 모양으로 매달려 있다. 여기서 x와 y의 단위는 m이다.

(a) 전화선이 오른쪽 전신주와 만나는 곳에서 곡선의 기울기를 구하라.

(b) 전화선과 전신주 사이의 각 θ를 구하라.

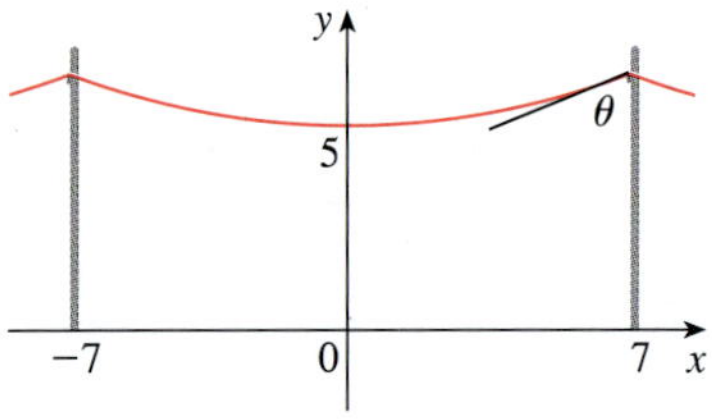

33 물리학 원리를 이용하여 두 전신주 사이에 전깃줄이 매달려 있을 때, 곡선 $y = f(x)$의 모양은 다음 미분방정식을 만족한다.

$$\frac{d^2y}{dx^2} = \frac{\rho g}{T}\sqrt{1 + \left(\frac{dy}{dx}\right)^2}$$

여기서 ρ는 전깃줄의 선밀도이고, g는 중력가속도, T는 전깃줄의 최저점에서의 장력이다. 그리고 좌표계는 적당하게 선정된다. 다음 함수가 이 미분방정식의 해임을 보여라.

$$y = f(x) = \frac{T}{\rho g}\cosh\left(\frac{\rho g x}{T}\right)$$

34 200m 떨어진 두 전신주의 끝에 선밀도 $\rho = 2\,\mathrm{kg/m}$인 전깃줄이 매달려 있다.

(a) [연습문제 33]을 이용하여 전깃줄의 최저점이 지상으로부터 60m 위에 있을 때 장력 T를 구하라. 전신주의 높이는 얼마인가?

(b) 장력이 두 배가 되면 전깃줄의 새로운 최저점은 어디인가? 새로운 전신주의 높이는 얼마인가?

35 (a) 다음과 같은 형태를 갖는 임의의 함수는 미분방정식 $y'' = m^2 y$를 만족함을 보여라.

$$y = A\sinh mx + B\cosh mx$$

(b) $y'' = 9y,\ y(0) = -4,\ y'(0) = 6$을 만족하는 $y = y(x)$를 구하라.

36~40 다음 적분을 계산하라.

36 $\displaystyle\int \sinh x \cosh^2 x\,dx$

37 $\displaystyle\int \frac{\sinh\sqrt{x}}{\sqrt{x}}\,dx$

38 $\displaystyle\int \frac{\cosh x}{\cosh^2 x - 1}\,dx$

39 $\displaystyle\int_4^6 \frac{1}{\sqrt{t^2 - 9}}\,dt$

40 $\displaystyle\int \frac{e^x}{1 - e^{2x}}\,dx$

---

41 곡선 $y = \cosh x$에 대하여 접선의 기울기가 1인 점은 어디인가?

5.8 부정형과 로피탈 법칙

다음 함수의 자취에 대한 분석을 시도해보자.

$$F(x) = \frac{\ln x}{x - 1}$$

$x = 1$일 때 F는 정의되지 않지만, F가 1 부근에서 어떻게 나타나는지 알 필요가 있다. 특히 다음 극한값을 알고자 한다.

1 $$\lim_{x \to 1} \frac{\ln x}{x - 1}$$

이 극한을 계산할 때는 분모의 극한이 0이므로 극한법칙 5를 적용할 수 없다. (나눗셈의 극한은 극한의 나눗셈이다. 1.4절을 보라.)

사실상 [1]에서 극한이 존재하지만 이 값은 명확하지 않는 이유는 분자와 분모가 모두 0으로 접근하고, 0/0은 정의되지 않기 때문이다.

일반적으로 $x \to a$일 때 $f(x) \to 0$, $g(x) \to 0$인 경우에 다음과 같은 형태의 극한을 찾는다고 하자.

$$\lim_{x \to a} \frac{f(x)}{g(x)}$$

이때 이 극한은 존재할 수도 있고, 존재하지 않을 수도 있다. 이와 같은 극한을 $\frac{0}{0}$ **형태의 부정형** indeterminate form이라 한다. 1장에서 이와 같은 형태의 극한 몇 가지를 살펴보았다. 유리함수의 경우에는 다음과 같이 공통인수를 소거할 수 있다.

$$\lim_{x \to 1} \frac{x^2 - x}{x^2 - 1} = \lim_{x \to 1} \frac{x(x-1)}{(x+1)(x-1)} = \lim_{x \to 1} \frac{x}{x+1} = \frac{1}{2}$$

또한 기하학적인 논법을 이용하여 다음을 보였다.

$$\lim_{x \to 0} \frac{\sin x}{x} = 1$$

그러나 이런 방법은 [1]과 같은 극한에 적용될 수 없으므로 이 절에서는 부정형의 극한값을 구하기 위해 로피탈 법칙이라고 하는 체계적인 방법을 소개한다.

극한이 명확하지 않은 또 다른 경우는 F의 수평점근선을 구할 때 발생한다. 그리고 다음 극한을 계산할 때 필요하다.

[2] $$\lim_{x \to \infty} \frac{\ln x}{x - 1}$$

$x \to \infty$일 때 분자와 분모가 모두 충분히 커지기 때문에 극한을 어떻게 계산할지 명백하지 않다. 분자와 분모 사이에 다툼이 있다. 분자가 이기면 극한은 ∞가 되고 분모가 이기면 극한은 0이 될 것이다. 또는 어떤 타협이 이루어질 수도 있다. 이 경우에 극한은 유한한 양수가 될 것이다.

일반적으로 $f(x) \to \infty$ (또는 $-\infty$)이고 $g(x) \to \infty$ (또는 $-\infty$)일 때, 다음과 같은 형태의 극한을 갖는다면

$$\lim_{x \to a} \frac{f(x)}{g(x)}$$

이 극한은 존재할 수도 있고, 존재하지 않을 수도 있다. 이와 같은 극한을 $\frac{\infty}{\infty}$ **형태의**

부정형 indeterminate form 이라 한다. 1.6절에서는 유리함수를 포함하여 어떤 함수들에 대해 분모에 들어있는 x의 최고차로 분자와 분모를 나눔으로써 이러한 형태의 극한을 계산할 수 있었다. 예를 들어 다음과 같다.

$$\lim_{x\to\infty}\frac{x^2-1}{2x^2+1}=\lim_{x\to\infty}\frac{1-\dfrac{1}{x^2}}{2+\dfrac{1}{x^2}}=\frac{1-0}{2+0}=\frac{1}{2}$$

이 방법은 2와 같은 극한에서는 적용되지 않으나 로피탈 법칙은 이런 형태의 부정형에도 적용된다.

로피탈 법칙은 프랑스의 귀족 마르퀴스드 로피탈(Marquis de L'Hospital 1661~1704)의 이름을 따서 명명됐지만, 사실 이는 스위스의 수학자 존 베르누이(John Bernoulli, 1667~1748)가 발견한 것이다. 로피탈이 자신의 법칙을 설명하기 위해 사용한 예가 [연습문제 26]에 있다.

로피탈 법칙 L'Hospital's rule a를 포함하는 개구간(a는 제외 가능)에서 함수 f와 g가 미분 가능하고, $g'(x)\neq 0$이라고 하자.

$$\lim_{x\to a} f(x)=0 \text{이고} \quad \lim_{x\to a} g(x)=0$$

또는

$$\lim_{x\to a} f(x)=\pm\infty \text{이고} \quad \lim_{x\to a} g(x)=\pm\infty$$

이라 하자. (다시 말하면 $0/0$ 또는 ∞/∞형의 부정형이다.) 그러면 우변에 있는 극한이 존재한다면(또는 ∞ 또는 $-\infty$이면) 다음이 성립한다.

$$\lim_{x\to a}\frac{f(x)}{g(x)}=\lim_{x\to a}\frac{f'(x)}{g'(x)}$$

NOTE 1 _ 로피탈 법칙은 주어진 조건을 만족한다는 전제 하에 함수의 몫의 극한은 도함수의 몫의 극한과 같음을 의미한다. 이 법칙을 이용하기 전에 f와 g의 극한에 대한 조건을 확인하는 것이 특히 중요하다.

NOTE 2 _ 로피탈 법칙은 한쪽 극한, 무한대, 음의 무한대에서의 극한에 대해서도 유효하다. 즉 '$x\to a$'를 $x\to a^+$, $x\to a^-$, $x\to\infty$, $x\to-\infty$ 중 어느 것으로도 대치시킬 수 있다.

NOTE 3 _ $f(a)=g(a)=0$, f'과 g'이 연속, $g'(a)\neq 0$인 특별한 경우에도 로피탈 법칙이 성립하는 이유를 쉽게 보일 수 있다. 사실상 도함수의 정의에 대한 다른 형태를 이용하여 다음을 얻는다.

$$\lim_{x\to a}\frac{f'(x)}{g'(x)}=\frac{f'(a)}{g'(a)}=\frac{\displaystyle\lim_{x\to a}\frac{f(x)-f(a)}{x-a}}{\displaystyle\lim_{x\to a}\frac{g(x)-g(a)}{x-a}}=\lim_{x\to a}\frac{\dfrac{f(x)-f(a)}{x-a}}{\dfrac{g(x)-g(a)}{x-a}}$$

$$=\lim_{x\to a}\frac{f(x)-f(a)}{g(x)-g(a)}=\lim_{x\to a}\frac{f(x)}{g(x)}$$

로피탈 법칙의 일반적인 형태는 좀 더 어렵다. 이에 대한 증명은 '부록 C'에서 볼 수 있다.

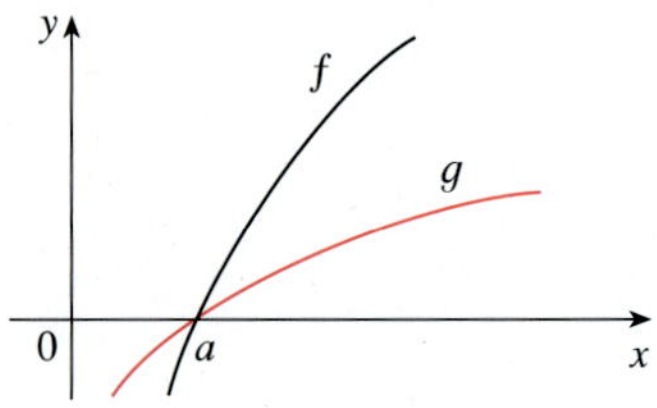

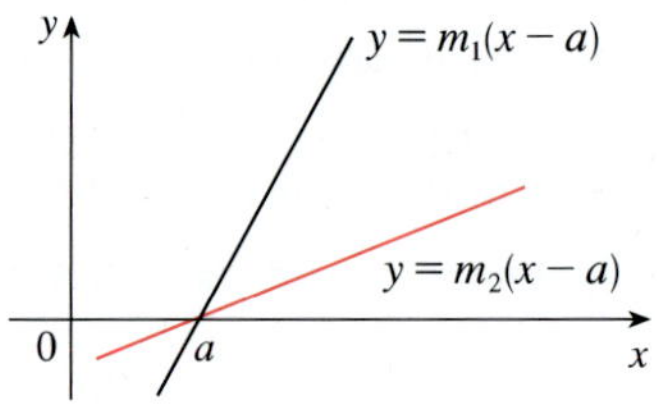

[그림 56]

[그림 56]은 로피탈 법칙이 왜 참인가를 가시적으로 보여준다. 첫 번째 그래프는 $x\to a$일 때 $f(x)\to 0$이고 $g(x)\to 0$인 미분 가능한 두 함수 f와 g의 그래프를 보여준다. 점 $(a,0)$ 쪽으로 확대해 가면 그래프들은 거의 선형으로 보일 것이다. 그러나 실제로 그 함수들이 두 번째 그림에서와 같이 선형이라 하면 이들의 비는 다음과 같이 도함수의 비가 될 것이다.

$$\frac{m_1(x-a)}{m_2(x-a)}=\frac{m_1}{m_2}$$

이것은 다음을 시사한다.

$$\lim_{x\to a}\frac{f(x)}{g(x)}=\lim_{x\to a}\frac{f'(x)}{g'(x)}$$

예제 1 $\displaystyle\lim_{x\to 1}\frac{\ln x}{x-1}$를 구하라.

풀이

$\displaystyle\lim_{x\to 1}\ln x=\ln 1=0$이고 $\displaystyle\lim_{x\to 1}(x-1)=0$이므로 다음과 같이 로피탈 법칙을 적용할

수 있다.

$$\lim_{x\to 1}\frac{\ln x}{x-1}=\lim_{x\to 1}\frac{\dfrac{d}{dx}(\ln x)}{\dfrac{d}{dx}(x-1)}=\lim_{x\to 1}\frac{1/x}{1}=\lim_{x\to 1}\frac{1}{x}=1$$

⊘ 로피탈 법칙을 사용할 때 분자와 분모를 분리하여 미분하는 것에 주목하자. 우리는 나눗셈 법칙을 이용하지 않는다.

예제 2 $\lim_{x\to\infty}\dfrac{e^x}{x^2}$를 계산하라.

[예제 2]에 있는 함수의 그래프는 [그림 57]에 보인다. 지수함수는 거듭제곱함수보다 더 빠르게 증가한다는 사실에 주목해야 한다. 따라서 [예제 2]의 결과는 예상된 것이다. 역시 [연습문제 21]을 보라.

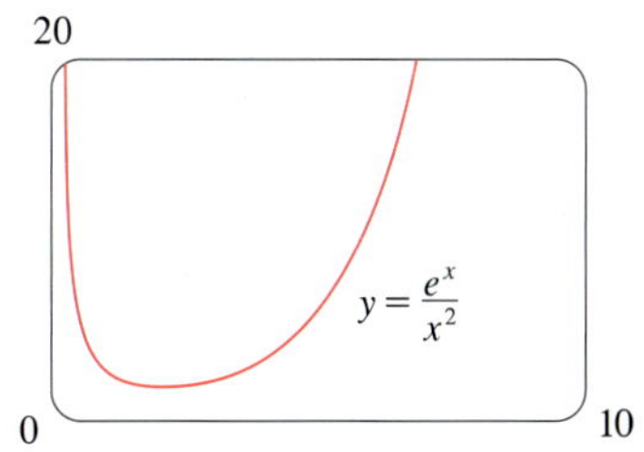

[그림 57]

풀이

$\lim_{x\to\infty} e^x=\infty$ 이고 $\lim_{x\to\infty} x^2=\infty$ 이므로 로피탈 법칙을 이용하여 다음을 얻는다.

$$\lim_{x\to\infty}\frac{e^x}{x^2}=\lim_{x\to\infty}\frac{\dfrac{d}{dx}(e^x)}{\dfrac{d}{dx}(x^2)}=\lim_{x\to\infty}\frac{e^x}{2x}$$

$x\to\infty$ 일 때 $e^x\to\infty$ 이고 $2x\to\infty$ 이므로 우변의 극한도 부정형이다. 로피탈 법칙을 두 번째로 적용하면 다음을 얻는다.

$$\lim_{x\to\infty}\frac{e^x}{x^2}=\lim_{x\to\infty}\frac{e^x}{2x}=\lim_{x\to\infty}\frac{e^x}{2}=\infty$$

예제 3 $\lim_{x\to\infty}\dfrac{\ln x}{\sqrt[3]{x}}$를 계산하라.

[예제 3]에 있는 함수의 그래프는 [그림 58]에 보인다. 로그함수는 서서히 증가한다는 것을 앞서 논의하였다. 따라서 $x\to\infty$일 때 비가 0으로 접근한다는 것은 놀랄 만한 것이 아니다. 역시 [연습문제 22]를 보라.

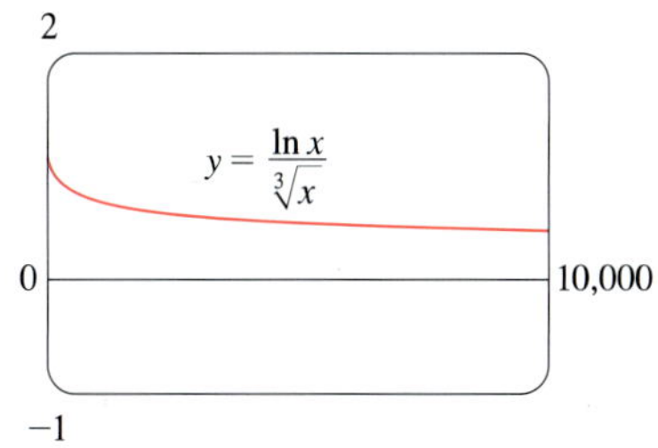

[그림 58]

풀이

$x\to\infty$ 일 때 $\ln x\to\infty$ 이고 $\sqrt[3]{x}\to\infty$ 이므로 로피탈 법칙을 적용하여 다음을 얻는다.

$$\lim_{x\to\infty}\frac{\ln x}{\sqrt[3]{x}}=\lim_{x\to\infty}\frac{1/x}{(x^{-2/3})/3}$$

우변의 극한은 새롭게 0/0 형태의 부정형이다. 그러나 [예제 2]와 같이 로피탈 법칙을 두 번 적용하는 대신 다음과 같이 식을 간단히 하면 두 번째 로피탈 법칙은 적용할 필요가 없다.

$$\lim_{x\to\infty}\frac{\ln x}{\sqrt[3]{x}}=\lim_{x\to\infty}\frac{1/x}{(x^{-2/3})/3}=\lim_{x\to\infty}\frac{3}{\sqrt[3]{x}}=0$$

예제 4 $\lim_{x \to 0} \frac{\tan x - x}{x^3}$ 를 구하라(1.3절의 [연습문제 12] 참조).

[그림 59]에 있는 그래프는 [예제 4]의 결과를 시각적으로 확인시켜 준다. 그러나 이 그래프를 훨씬 더 확대한다면 x가 작아질수록 $\tan x$가 x에 접근하기 때문에 부정확한 그래프를 얻게 될 것이다. 1.3절의 [연습문제 12(d)]를 보라.

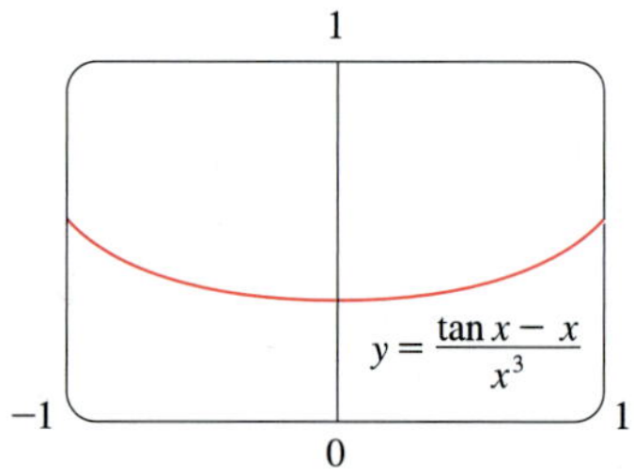

[그림 59]

풀이

$x \to 0$일 때 $\tan x - x \to 0$이고 $x^3 \to 0$이므로 로피탈 법칙을 이용하여 다음을 얻는다.

$$\lim_{x \to 0} \frac{\tan x - x}{x^3} = \lim_{x \to 0} \frac{\sec^2 x - 1}{3x^2}$$

우변의 극한이 역시 0/0 형태이므로 로피탈 법칙을 다시 적용한다.

$$\lim_{x \to 0} \frac{\sec^2 x - 1}{3x^2} = \lim_{x \to 0} \frac{2\sec^2 x \tan x}{6x}$$

$\lim_{x \to 0} \sec^2 x = 1$이므로 다음과 같이 계산을 간단히 한다.

$$\lim_{x \to 0} \frac{2\sec^2 x \tan x}{6x} = \frac{1}{3} \lim_{x \to 0} \sec^2 x \cdot \lim_{x \to 0} \frac{\tan x}{x} = \frac{1}{3} \lim_{x \to 0} \frac{\tan x}{x}$$

로피탈 법칙을 세 번째로 사용하거나 또는 $\tan x$를 $(\sin x)/(\cos x)$로 쓰고, 이미 알고 있는 삼각함수 극한을 이용하여 마지막 극한을 계산할 수 있다. 그러면 다음을 얻는다.

$$\lim_{x \to 0} \frac{\tan x - x}{x^3} = \lim_{x \to 0} \frac{\sec^2 x - 1}{3x^2} = \lim_{x \to 0} \frac{2\sec^2 x \tan x}{6x}$$
$$= \frac{1}{3} \lim_{x \to 0} \frac{\tan x}{x} = \frac{1}{3} \lim_{x \to 0} \frac{\sec^2 x}{1} = \frac{1}{3}$$

예제 5 $\lim_{x \to \pi^-} \frac{\sin x}{1 - \cos x}$ 를 구하라.

풀이

맹목적으로 로피탈 법칙을 적용한다면 다음을 얻는다.

⊘ $$\lim_{x \to \pi^-} \frac{\sin x}{1 - \cos x} = \lim_{x \to \pi^-} \frac{\cos x}{\sin x} = -\infty$$

이것은 잘못된 계산이다. $x \to \pi^-$이면 $\sin x \to 0$이지만 분모 $(1 - \cos x)$는 0으로 접근하지 않으므로 여기서 로피탈 법칙을 적용할 수 없다.

사실상 구하고자 하는 극한은 함수가 π에서 연속이고 그곳에서 분모가 0이 아니므로 다음과 같이 쉽게 구한다.

$$\lim_{x \to \pi^-} \frac{\sin x}{1-\cos x} = \frac{\sin \pi}{1-\cos \pi} = \frac{0}{1-(-1)} = 0$$

[예제 5]는 생각 없이 로피탈 법칙을 사용하면 잘못된 결과를 얻을 수 있음을 보여준다. 로피탈 법칙을 이용하여 극한을 구할 수 있지만 다른 방법에 의해 좀 더 쉽게 구할 수 있다. (1.4절의 [예제 2], [예제 4]와 1.6절의 [예제 5] 그리고 이 절의 서두에서의 논의를 보라.) 따라서 임의의 극한을 계산할 때는 로피탈 법칙을 사용하기에 앞서 다른 방법을 먼저 생각해야 한다.

부정형의 곱

$\lim_{x \to a} f(x) = 0$이고 $\lim_{x \to a} g(x) = \infty$ (또는 $-\infty$)이면 $\lim_{x \to a} f(x)g(x)$의 값이 어떻게 될지 명확하지 않다. f와 g 사이에 다툼이 있다. f가 이기면 답은 0이 될 것이고, g가 이기면 답은 ∞ (또는 $-\infty$)가 될 것이다. 또는 0이 아닌 유한한 수로 타협할 수 있다. 이런 형태의 극한을 **$0 \cdot \infty$ 형태의 부정형**[indeterminate form]이라 한다. 곱 fg를 다음과 같은 나눗셈으로 변형할 수 있다.

$$fg = \frac{f}{1/g} \quad \text{또는} \quad fg = \frac{g}{1/f}$$

그러면 주어진 극한이 $0/0$ 또는 ∞/∞ 형태로 변형되므로 로피탈 법칙을 적용할 수 있다.

예제 6 $\lim_{x \to 0^+} x \ln x$를 계산하라.

풀이

$x \to 0^+$일 때 첫 번째 인수(x)는 0으로 접근하지만 두 번째 인수($\ln x$)는 $-\infty$로 접근하므로 주어진 극한은 부정형이다. $x = 1/(1/x)$로 쓰면 $x \to 0^+$일 때 $1/x \to \infty$이므로 로피탈 법칙에 의해 다음을 얻는다.

$$\lim_{x \to 0^+} x \ln x = \lim_{x \to 0^+} \frac{\ln x}{1/x} = \lim_{x \to 0^+} \frac{1/x}{-1/x^2} = \lim_{x \to 0^+} (-x) = 0$$

[그림 60]은 [예제 6]에 있는 함수의 그래프를 보인다. 함수는 $x = 0$에서 정의되지 않는다. 즉 그래프는 0으로 접근하지만 결코 그곳에 도달하지는 않는다는 사실에 유의하자.

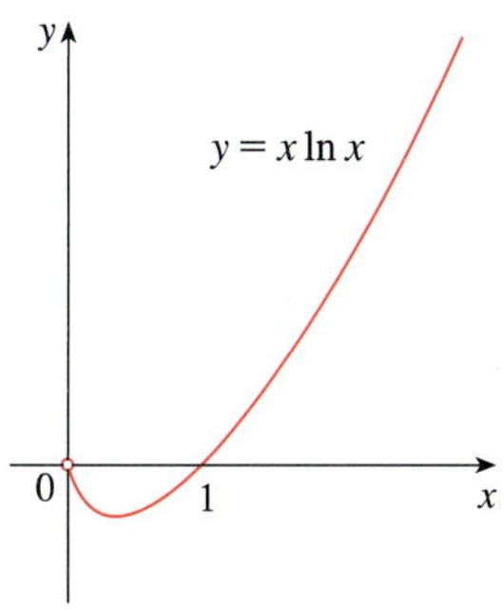

[그림 60]

NOTE_ [예제 6]을 풀 때 또 다른 가능한 선택은 다음과 같다.

$$\lim_{x \to 0^+} x \ln x = \lim_{x \to 0^+} \frac{x}{1/\ln x}$$

이것은 $0/0$ 형태의 부정형이지만 로피탈 법칙을 적용한다면 [예제 6]에서의 풀이보다 더 복잡한 표현을 얻는다. 일반적으로 부정형의 곱을 다시 쓸 때 더 간단한 극한에 이르는 방법을 선택한다.

부정형의 차

$\lim_{x \to a} f(x) = \infty$ 이고 $\lim_{x \to a} g(x) = \infty$ 이면 다음 극한을 **∞ − ∞ 형태의 부정형** indeterminate form이라 한다.

$$\lim_{x \to a} [f(x) - g(x)]$$

다시 f와 g 사이에 다툼이 있다. 답은 (f가 이겨서) ∞가 될 것인가? 또는 $-\infty$ (g가 이겨서)가 될 것인가? 또는 유한한 수로 타협이 이루어질까? 그것을 알고자 한다면 $0/0$ 또는 ∞/∞ 형태의 부정형으로 변형하기 위해 함수의 차를 몫으로 변환한다. (예를 들어 공통분모를 사용하거나 유리화하거나 또는 공통인수를 인수분해한다.)

예제 7 $\lim_{x \to (\pi/2)^-} (\sec x - \tan x)$를 계산하라.

풀이

우선 $x \to (\pi/2)^-$일 때 $\sec x \to \infty$이고 $\tan x \to \infty$인 것에 주목하면 이 극한은 부정형이다. 여기서 다음과 같이 공통분모를 사용한다.

$$\lim_{x \to (\pi/2)^-} (\sec x - \tan x) = \lim_{x \to (\pi/2)^-} \left(\frac{1}{\cos x} - \frac{\sin x}{\cos x} \right)$$

$$= \lim_{x \to (\pi/2)^-} \frac{1 - \sin x}{\cos x} = \lim_{x \to (\pi/2)^-} \frac{-\cos x}{-\sin x} = 0$$

$x \to (\pi/2)^-$일 때 $1 - \sin x \to 0$이고 $\cos x \to 0$이므로 로피탈 법칙을 이용하는 것이 정당하다.

부정형의 거듭제곱

다음 극한으로부터 여러 가지 부정형이 나타난다.

$$\lim_{x \to a} [f(x)]^{g(x)}$$

1. $\lim_{x \to a} f(x) = 0$이고 $\lim_{x \to a} g(x) = 0$ 0^0 형태
2. $\lim_{x \to a} f(x) = \infty$이고 $\lim_{x \to a} g(x) = 0$ ∞^0 형태
3. $\lim_{x \to a} f(x) = 1$이고 $\lim_{x \to a} g(x) = \pm\infty$ 1^∞ 형태

이 세 가지 경우는 다음과 같이 자연로그를 취하여 처리할 수 있다.

0^0, ∞^0, 1^∞ 형태는 부정형이지만 0^∞ 형태는 부정형이 아니다([연습문제 28] 참조).

$$y = [f(x)]^{g(x)} \text{라 하면 } \ln y = g(x) \ln f(x) \text{이다.}$$

또는 함수를 다음과 같이 지수함수로 나타낼 수 있다.

$$[f(x)]^{g(x)} = e^{g(x)\ln f(x)}$$

(이러한 방법은 모두 그런 함수들을 미분할 때 사용됐었음을 기억하자.) 두 방법 모두에서 $0 \cdot \infty$ 형태인 부정형의 곱 $g(x)\ln f(x)$에 이르게 된다.

예제 8 $\lim_{x \to 0^+} (1+\sin 4x)^{\cot x}$을 계산하라.

풀이

먼저 $x \to 0^+$일 때 $1+\sin 4x \to 1$이고 $\cot x \to \infty$임에 주목하면 주어진 극한은 부정형이다. $y = (1+\sin 4x)^{\cot x}$이라 하자. 그러면 다음을 얻는다.

$$\ln y = \ln[(1+\sin 4x)^{\cot x}] = \cot x \ln(1+\sin 4x)$$

그래서 로피탈 법칙을 적용하면 다음과 같다.

$$\lim_{x \to 0^+} \ln y = \lim_{x \to 0^+} \frac{\ln(1+\sin 4x)}{\tan x} = \lim_{x \to 0^+} \frac{\dfrac{4\cos 4x}{1+\sin 4x}}{\sec^2 x} = 4$$

지금까지 $\ln y$의 극한을 계산했으나 원하는 것은 y의 극한이다. 이것을 구하기 위해 다음과 같이 $y = e^{\ln y}$를 이용한다.

$$\lim_{x \to 0^+} (1+\sin 4x)^{\cot x} = \lim_{x \to 0^+} y = \lim_{x \to 0^+} e^{\ln y} = e^4$$

예제 9 $\lim_{x \to 0^+} x^x$을 구하라.

풀이

임의의 $x > 0$에 대해 $0^x = 0$, $x \neq 0$에 대해 $x^0 = 1$이므로 이 극한은 부정형이다. [예제 8]과 같이 진행하거나 주어진 함수를 다음과 같이 지수로 나타내어 진행할 수 있다.

$$x^x = (e^{\ln x})^x = e^{x \ln x}$$

[예제 6]에서 로피탈 법칙을 이용하여 다음을 보였다.

$$\lim_{x \to 0^+} x \ln x = 0$$

그러므로 다음을 얻는다.

$x > 0$에 대해 함수 $y = x^x$의 그래프는 [그림 61]에 보인다. 0^0은 정의되지 않더라도 $x \to 0^+$일 때 함숫값이 1로 접근하는 데 주목하자. 이것은 [예제 9]의 결과를 확인시켜 준다.

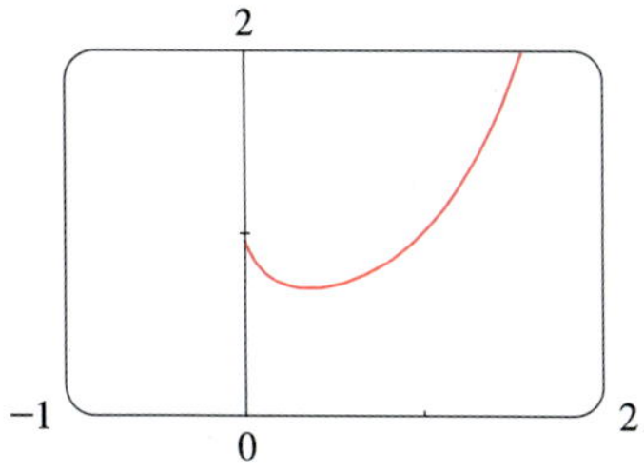

[그림 61]

$$\lim_{x\to 0^+} x^x = \lim_{x\to 0^+} e^{x\ln x} = e^0 = 1$$

5.8 연습문제

01~19 다음 극한을 계산하라. 필요하면 로피탈 법칙을 이용하라. 보다 기본적인 방법이 있으면 그것을 이용하라. 로피탈 법칙을 적용할 수 없다면 그 이유를 설명하라.

01 $\lim_{x\to 1}\frac{x^2-1}{x^2-x}$

02 $\lim_{x\to(\pi/2)^+}\frac{\cos x}{1-\sin x}$

03 $\lim_{t\to 0}\frac{e^{2t}-1}{\sin t}$

04 $\lim_{\theta\to\pi/2}\frac{1-\sin\theta}{1+\cos 2\theta}$

05 $\lim_{x\to 0^+}\frac{\ln x}{x}$

06 $\lim_{t\to 1}\frac{t^8-1}{t^5-1}$

07 $\lim_{x\to 0}\frac{e^x-1-x}{x^2}$

08 $\lim_{x\to 0}\frac{x3^x}{3^x-1}$

09 $\lim_{x\to 1}\frac{1-x+\ln x}{1+\cos\pi x}$

10 $\lim_{x\to 1}\frac{x^a-ax+a-1}{(x-1)^2}$

11 $\lim_{x\to 0}\frac{\cos x-1+(x^2/2)}{x^4}$

12 $\lim_{x\to 0}\cot 2x\sin 6x$

13 $\lim_{x\to\infty}x^3e^{-x^2}$

14 $\lim_{x\to 1^+}\ln x\tan(\pi x/2)$

15 $\lim_{x\to 0^+}\left(\frac{1}{x}-\frac{1}{e^x-1}\right)$

16 $\lim_{x\to\infty}(x-\ln x)$

17 $\lim_{x\to 0^+}x^{\sqrt{x}}$

18 $\lim_{x\to 0}(1-2x)^{1/x}$

19 $\lim_{x\to 1^+}x^{1/(1-x)}$

20 그래프를 이용하여 $\lim_{x\to\infty}\left(1+\frac{2}{x}\right)^x$의 극한값을 추정하라. 그리고 로피탈 법칙을 이용하여 정확한 값을 구하라.

21 임의의 양의 정수 n에 대해 다음을 증명하라. 이것은 지수함수가 x의 거듭제곱함수보다 더 빠르게 무한대로 접근하는 것을 보여준다.

$$\lim_{x\to\infty}\frac{e^x}{x^n}=\infty$$

22 임의의 $p>0$에 대해 다음을 증명하라. 이것은 로그함수가 x의 임의의 거듭제곱함수보다 더 느리게 무한대로 접근하는 것을 보여준다.

$$\lim_{x\to\infty}\frac{\ln x}{x^p}=0$$

23 다음 $\lim_{x\to\infty}\frac{x}{\sqrt{x^2+1}}$의 극한을 구하기 위해 로피탈 법칙을 사용한다면 어떻게 되는가? 다른 방법을 사용하여 극한을 계산하라.

24 초기 자금 A_0를 년간 n번 복리로 지급되는 이자율 r로 투자한다면, t년 후의 투자 가치는 다음과 같다.

$$A=A_0\left(1+\frac{r}{n}\right)^{nt}$$

만일 $n\to\infty$라 하면 연속 복리 이자를 제공한다. 로피탈 법칙을 이용하여 이자가 연속 복리이면 t년 후의 원리금은 $A=A_0e^{rt}$이 됨을 보여라.

25 정전기장 E가 유체나 기체 전극의 유전체에 작용하면 단위 부피당 알짜 쌍극자 모멘트 P는 다음과 같다. 이때 $\lim_{E\to 0^+}P(E)=0$임을 보여라.

$$P(E)=\frac{e^E+e^{-E}}{e^E-e^{-E}}-\frac{1}{E}$$

26 로피탈 법칙이 기술된 최초의 책은 1696년에 로피탈이 쓴 "무한소 해석(Analyse des Infiniment Petits)"이다. 이 책은 최초로 발간된 미적분학 교재이며 법칙을 설명하기 위해 로피탈이 책에서 사용한 예는 $a>0$일 때 x가 a에 접근함에 따라 다음 함수의 극한을 구하는 것이었다. (그 당시 a^2을 aa로 쓰는 것이 보편적이었다.) 이 문제를 풀어라.

$$y=\frac{\sqrt{2a^3x-x^4}-a\sqrt[3]{aax}}{a-\sqrt[4]{ax^3}}$$

27 $\lim_{x\to\infty}\left[x-x^2\ln\left(\frac{1+x}{x}\right)\right]$를 계산하라.

28 f가 양의 함수라 하자. $\lim_{x\to a}f(x)=0$, $\lim_{x\to a}g(x)=\infty$이면 다음을 보여라.

$$\lim_{x\to a}[f(x)]^{g(x)}=0$$

이것은 0^{∞}이 부정형이 아님을 보인다.

29 f'이 연속이고 $f(2)=0$, $f'(2)=7$일 때 다음을 계산하라.

$$\lim_{x\to 0}\frac{f(2+3x)+f(2+5x)}{x}$$

30 f'이 연속일 때 로피탈 법칙을 이용하여 다음을 보여라.

$$\lim_{h\to 0}\frac{f(x+h)-f(x-h)}{2h}=f'(x)$$

그림을 그려서 이 방정식의 의미를 설명하라.

31 함수 f를 다음과 같이 정의한다.

$$f(x)=\begin{cases}e^{-1/x^2}, & x\neq 0\\ 0, & x=0\end{cases}$$

(a) 도함수의 정의를 이용하여 $f'(0)$을 계산하라.

(b) f가 $\mathbb{R}$에서 정의되는 모든 계수의 도함수가 존재함을 보여라. [힌트: 먼저 수학적 귀납법에 의해 $x\neq 0$에 대해 $f^{(n)}(x)=p_n(x)f(x)/x^{k_n}$을 만족하는 다항함수 $p_n(x)$와 음이 아닌 정수 k_n이 존재함을 보인다.]

5장 복습문제

개념 확인

01 (a) 일대일 함수란 무엇인가? 그래프를 보고 함수가 일대일인지 어떻게 말할 수 있는가?

(b) f가 일대일 함수이면 그 역함수 f^{-1}는 어떻게 정의되는가? f의 그래프로부터 f^{-1}의 그래프를 어떻게 얻는가?

(c) f가 일대일 함수라 하자. $f'(f^{-1}(a))\neq 0$일 때 $(f^{-1})'(a)$에 대한 식을 쓰라.

(d) 미적분학에서 자연로그함수 $y=\ln x$가 로그함수 $y=\log_a x$보다 더 많이 사용되는 이유는 무엇인가?

02 (a) e를 극한으로 나타내라.

(b) e의 값을 소수점 아래 다섯째 자리까지 정확하게 구하라.

(c) 미적분학에서 자연지수함수 $y=e^x$가 지수함수 $y=a^x$보다 더 많이 사용되는 이유는 무엇인가?

03 (a) 자연지수함수 $f(x)=e^x$의 정의역과 치역은 무엇인가?

(b) 자연로그함수 $f(x)=\ln x$의 정의역과 치역은 무엇인가?

(c) 이 두 함수의 그래프는 어떤 관계인가? 동일한 축을 이용하여 손으로 그림을 그려라.

(d) a가 $a\neq 1$인 양수라 하면 $\ln x$를 이용하여 $\log_a x$를 나타내는 식으로 쓰라.

04 (a) 역사인함수 $f(x)=\sin^{-1}x$는 어떻게 정의되는가? 이 함수의 정의역과 치역은 무엇인가?

(b) 역코사인함수 $f(x)=\cos^{-1}x$는 어떻게 정의되는가? 이 함수의 정의역과 치역은 무엇인가?

(c) 역탄젠트함수 $f(x)=\tan^{-1}x$는 어떻게 정의되는가? 이 함수의 정의역과 치역은 무엇인가? 이 함수의 그래프를 그려라.

05 쌍곡선함수 $\sinh x$, $\cosh x$, $\tanh x$의 정의를 쓰라.

06 각 함수의 도함수를 말하라.

(a) $y=e^x$ (b) $y=a^x$

(c) $y=\ln x$ (d) $y=\log_a x$

(e) $y=\sin^{-1}x$ (f) $y=\cos^{-1}x$

(g) $y=\tan^{-1}x$ (h) $y=\sinh x$

(i) $y=\cosh x$ (j) $y=\tanh x$

(k) $y=\sinh^{-1}x$ (l) $y=\cosh^{-1}x$

(m) $y=\tanh^{-1}x$

07 (a) 자연증가 법칙을 나타내는 미분방정식을 쓰라. 상대성장률로 이것을 어떻게 설명할 수 있는가?

(b) 어떤 환경에서 이것이 인구증가에 관한 적합한 모형인가?

(c) 이 방정식의 해는 무엇인가?

08 (a) 로피탈 법칙이 무엇인지 설명하라.

(b) $x\to a$일 때 $f(x)\to 0$, $g(x)\to\infty$인 경우, 곱 $f(x)g(x)$에 로피탈 법칙을 어떻게 이용할 수 있는가?

(c) $x\to a$일 때 $f(x)\to\infty$, $g(x)\to\infty$인 경우, 차 $f(x)-g(x)$에 로피탈 법칙을 어떻게 이용할 수 있는가?

(d) $x\to a$일 때 $f(x)\to 0$, $g(x)\to 0$인 경우, 거듭제곱 $[f(x)]^{g(x)}$에 로피탈 법칙을 어떻게 이용할 수 있는가?

참/거짓 질문

다음 명제가 참인지 거짓인지 결정하라. 참이면 이유를 설명하고, 거짓이면 이유를 설명하거나 반례를 들어라.

01 f가 정의역 $\mathbb{R}$에서 일대일이면 $f^{-1}(f(6))=6$이다.

02 $f(x)=\cos x$, $-\pi/2\le x\le\pi/2$는 일대일이다.

03 $0<a<b$이면 $\ln a<\ln b$이다.

04 e^x으로 항상 나눌 수 있다.

05 $x>0$이면 $(\ln x)^6=6\ln x$이다.

06 $\dfrac{d}{dx}(\ln 10)=\dfrac{1}{10}$

07 $\cos^{-1}x=\dfrac{1}{\cos x}$

08 모든 x에 대해 $\cosh x\ge 1$이다.

연습문제

01 다음 그래프를 갖는 함수 f는 일대일 함수인가? 설명하라.

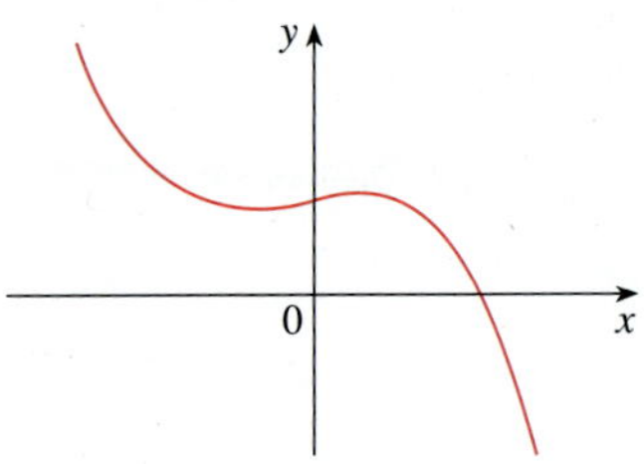

02 f가 일대일 함수이고 $f(7)=3$, $f'(7)=8$이라 하자. 다음을 구하라.

(a) $f^{-1}(3)$

(b) $(f^{-1})'(3)$

03~05 계산기를 사용하지 않고 다음 함수의 그래프를 대략적으로 그려라.

03 $y=5^x-1$

04 $y=-\ln x$

05 $y=2\arctan x$

---

06 다음 각 식의 정확한 값을 구하라.

(a) $e^{2\ln 3}$ (b) $\log_{10}25+\log_{10}4$

07~08 x에 관한 다음 방정식을 풀어라.

07 (a) $e^x=5$ (b) $\ln x=2$

08 (a) $\ln(x+1)+\ln(x-1)=1$

(b) $\log_5(c^x)=d$

09~22 다음을 미분하라.

09 $y=\ln(x\ln x)$

10 $y=\dfrac{e^{1/x}}{x^2}$

11 $y=\sqrt{\arctan x}$

12 $f(t)=t^2\ln t$

13 $y=3^{x\ln x}$

14 $y=x\sinh(x^2)$

15 $h(\theta)=e^{\tan 2\theta}$

16 $y=\ln\sin x-\dfrac{1}{2}\sin^2 x$

17 $y=\log_5(1+2x)$

18 $y=\dfrac{\sqrt{x+1}\,(2-x)^5}{(x+3)^7}$

19 $y=x\tan^{-1}(4x)$

20 $y=\ln(\cosh 3x)$

21 $y=\cosh^{-1}(\sinh x)$

22 $y=\cos\left(e^{\sqrt{\tan 3x}}\right)$

23~24 g'을 이용하여 f'을 구하라.

23 $f(x)=e^{g(x)}$ 24 $f(x)=\ln|g(x)|$

---

25 $f(x)=2^x$일 때 $f^{(n)}(x)$를 구하라.

26 수학적 귀납법을 이용하여 $f(x)=xe^x$일 때 $f^{(n)}(x)=(x+n)e^x$임을 보여라.

27 곡선 $y=[\ln(x+4)]^2$ 위의 어떤 점에서 수평인 접선을 갖는가?

28 (a) 직선 $x-4y=1$과 평행이 되는 곡선 $y=e^x$의 접선의 방정식을 구하라.

(b) 원점을 지나는 곡선 $y=e^x$의 접선의 방정식을 구하라.

29 최초 200마리의 박테리아로 배양을 시작하고 증가율은 개체군의 크기에 비례해서 증가한다. 30분 후 개체수가 360마리로 증가했다.

(a) t시간 후의 박테리아 수를 구하라.

(b) 4시간 후의 박테리아 수를 구하라.

(c) 4시간 후의 증가율을 구하라.

(d) 개세수는 언제 10,000마리에 도달하는가?

30 혈류에 녹아있는 약의 농도를 $C(t)$라고 하자. 몸에서 약이 배출될 때 $C(t)$는 그 당시 남아있는 양에 비례하는 비율로 감소한다. 따라서 $C'(t)=-kC(t)$이고, 여기서 k는 약의 제거 상수라 불리는 양수이다.

(a) $t=0$에서의 농도를 C_0라 할 때 시각 t에서 농도를 구하라.

(b) 30분 안에 몸에서 약의 절반을 제거한다면 약의 90%를 제거할 때까지 걸리는 시간은 얼마인가?

31~38 다음 극한을 계산하라.

31 $\lim\limits_{x\to 0^+}\tan^{-1}(1/x)$

32 $\lim\limits_{x\to 3^-}e^{2/(x-3)}$

33 $\lim\limits_{x\to 0^+}\ln(\sinh x)$

34 $\lim\limits_{x\to\infty}\dfrac{1+2^x}{1-2^x}$

35 $\lim_{x \to 0} \frac{e^x - 1}{\tan x}$

36 $\lim_{x \to 0} \frac{e^{4x} - 1 - 4x}{x^2}$

37 $\lim_{x \to -\infty} (x^2 - x^3) e^{2x}$

38 $\lim_{x \to 1^+} \left(\frac{x}{x-1} - \frac{1}{\ln x} \right)$

42 $\int_0^1 \frac{e^x}{1+e^{2x}} dx$

43 $\int \frac{e^{\sqrt{x}}}{\sqrt{x}} dx$

44 $\int \frac{x+1}{x^2+2x} dx$

45 $\int \tan x \ln(\cos x) dx$

40~45 다음 적분을 계산하라.

40 $\int \left(\frac{1-x}{x} \right)^2 dx$

41 $\int_0^1 y e^{-2y^2} dy$

46 $f(x) = \ln x + \tan^{-1} x$일 때 $(f^{-1})'(\pi/4)$를 구하라.

47 제1사분면에서 두 점은 축 위에 있고, 꼭짓점은 곡선 $y = e^{-x}$ 위에 있는 삼각형의 최대 넓이는 얼마인가?

6장 적분법

TECHNIQUES OF INTEGRATION

미적분학의 기본 정리로 역도함수, 즉 부정적분을 알고 있다면 함수를 적분할 수 있다. 다음은 지금까지 배운 것 중 가장 중요한 적분식들이다.

$$\int x^n\,dx = \frac{x^{n+1}}{n+1} + C,\quad n \neq -1 \qquad \int \frac{1}{x}\,dx = \ln|x| + C$$

$$\int e^x\,dx = e^x + C \qquad \int a^x\,dx = \frac{a^x}{\ln a} + C$$

$$\int \sin x\,dx = -\cos x + C \qquad \int \cos x\,dx = \sin x + C$$

$$\int \sec^2 x\,dx = \tan x + C \qquad \int \csc^2 x\,dx = -\cot x + C$$

$$\int \sec x \tan x\,dx = \sec x + C \qquad \int \csc x \cot x\,dx = -\csc x + C$$

$$\int \sinh x\,dx = \cosh x + C \qquad \int \cosh x\,dx = \sinh x + C$$

$$\int \tan x\,dx = \ln|\sec x| + C \qquad \int \cot x\,dx = \ln|\sin x| + C$$

$$\int \frac{1}{x^2+a^2}\,dx = \frac{1}{a}\tan^{-1}\left(\frac{x}{a}\right) + C \qquad \int \frac{1}{\sqrt{a^2-x^2}}\,dx = \sin^{-1}\left(\frac{x}{a}\right) + C,\quad a > 0$$

이 장에서는 이와 같은 기본적인 적분 공식을 이용하여 좀 더 복잡한 함수의 부정적분을 구하고자 한다. 5.5절에서 가장 중요한 적분 방법인 치환법을 배웠다. 또 다른 일반적인 기법인 부분적분법은 6.1절에서 다룬다. 그 다음으로 삼각함수나 유리함수와 같은 특별한 종류의 함수에 대한 적분 방법을 배운다.

6.1 부분적분법

모든 미분법에는 그에 대응되는 적분법이 있다. 예를 들어 적분의 치환법은 미분의 연쇄법칙과 대응한다. 미분의 곱셈 공식에 대응하는 적분 법칙을 부분적분법이라 한다. f와 g가 미분 가능한 함수이면 곱셈 공식은 다음과 같다.

$$\frac{d}{dx}[f(x)g(x)] = f(x)g'(x) + g(x)f'(x)$$

부정적분에 대한 기호로 나타내면 이 식은 다음과 같이 된다.

$$\int [f(x)g'(x) + g(x)f'(x)]\,dx = f(x)g(x)$$

또는 $$\int f(x)g'(x)\,dx + \int g(x)f'(x)\,dx = f(x)g(x)$$

이 식을 다음과 같이 다시 정리할 수 있다.

1 $$\int f(x)g'(x)\,dx = f(x)g(x) - \int g(x)f'(x)\,dx$$

공식 1을 **부분적분 공식**formula for integration by part이라 한다. 다음 기호로 기억하는 것이 쉬울 것이다. $u = f(x)$, $v = g(x)$라 하자. 미분은 $du = f'(x)\,dx$와 $dv = g'(x)\,dx$이므로 치환법에 의해 부분적분법은 다음과 같이 된다.

2 $$\int u\,dv = uv - \int v\,du$$

예제 1 $\int x\sin x\,dx$를 구하라.

공식 1을 이용한 풀이

$f(x) = x$, $g'(x) = \sin x$라 하자. 그러면 $f'(x) = 1$과 $g(x) = -\cos x$이다. (g'에 대한 임의의 역도함수 g를 택할 수 있다.) 따라서 공식 1을 이용하여 다음을 얻는다.

$$\begin{aligned}\int x\sin x\,dx &= f(x)g(x) - \int g(x)f'(x)\,dx \\ &= x(-\cos x) - \int (-\cos x)\,dx \\ &= -x\cos x + \int \cos x\,dx \\ &= -x\cos x + \sin x + C\end{aligned}$$

이 결과를 미분하여 답을 확인하는 것이 바람직하다. 그렇게 한다면 예상한대로 $x\sin x$를 얻는다.

공식 [2]를 이용한 풀이

$u=x$, $dv=\sin x\,dx$라 하자. 그러면 $du=dx$, $v=-\cos x$이다. 따라서 다음과 같다.

다음과 같은 형식을 이용하면 도움이 된다.

$$u=\square \quad dv=\square$$
$$du=\square \quad v=\square$$

$$\int x\sin x\,dx=\int \overbrace{x}^{u}\ \overbrace{\sin x\,dx}^{dv}=\overbrace{x}^{u}\ \overbrace{(-\cos x)}^{v}-\int \overbrace{(-\cos x)}^{v}\ \overbrace{dx}^{du}$$
$$=-x\cos x+\int \cos x\,dx$$
$$=-x\cos x+\sin x+C$$

NOTE _ 부분적분법을 이용하는 목적은 주어진 적분보다 더 간단한 적분을 얻는 데 있다. 그러므로 [예제 1]에서는 $\int x\sin x\,dx$에서 시작해서 더 간단한 $\int \cos x\,dx$를 이용하여 표현했다. 그러나 $u=\sin x$, $dv=x\,dx$로 선택하면 $du=\cos x\,dx$, $v=\dfrac{x^2}{2}$이므로 부분적분법에 의해 다음을 얻는다.

$$\int x\sin x\,dx=(\sin x)\frac{x^2}{2}-\frac{1}{2}\int x^2\cos x\,dx$$

이 적분도 맞기는 하지만 $\int x^2\cos x\,dx$는 처음 시작한 적분보다 더 어려운 적분이다. 일반적으로 u와 dv를 선택할 때 $u=f(x)$는 미분하여 더 간단하게 되는 함수(또는 적어도 더 복잡하지 않은 함수)로, $dv=g'(x)\,dx$는 v에 대해 반복적으로 적분되도록 선택한다.

예제 2 $\int \ln x\,dx$를 계산하라.

풀이

여기서는 u와 dv에 대한 선택이 많지 않다. $u=\ln x$, $dv=dx$라 하면 $du=\dfrac{1}{x}dx$, $v=x$이다. 부분적분법에 의해 다음을 얻는다.

$$\int \ln x\,dx=x\ln x-\int x\,\frac{dx}{x}$$
$$=x\ln x-\int dx$$
$$=x\ln x-x+C$$

관습적으로 $\int 1\,dx$를 $\int dx$로 쓴다.

이 결과를 미분하여 답을 확인하라.

이 예제에서 함수 $f(x)=\ln x$의 도함수가 f보다 간단하기 때문에 부분적분법이 효과적이다.

예제 3 $\int t^2e^t\,dt$를 구하라.

풀이

t^2은 미분하여 더 간단해진다. 반면에 e^t은 미분하거나 적분해도 변하지 않는다. 그러

므로 다음과 같이 선택한다.

$$u = t^2, \quad dv = e^t dt$$

그러면 $du = 2t\,dt$와 $v = e^t$이 된다. 부분적분법에 의해 다음을 얻는다.

3 $$\int t^2 e^t dt = t^2 e^t - 2\int t e^t dt$$

$\int t e^t dt$는 원래의 적분보다 더 간단하지만 아직 명확하지 않다. 따라서 $u = t$, $dv = e^t dt$를 가지고 부분적분법을 다시 한 번 사용한다. 그러면 $du = dt$, $v = e^t$이고 다음을 얻는다.

$$\int t e^t dt = t e^t - \int e^t dt$$
$$= t e^t - e^t + C$$

식 3에 이 결과를 대입하면 다음을 얻는다.

$$\int t^2 e^t dt = t^2 e^t - 2\int t e^t dt$$
$$= t^2 e^t - 2(t e^t - e^t + C)$$
$$= t^2 e^t - 2t e^t + 2e^t + C_1 \qquad (C_1 = -2C)$$

예제 4 $\int e^x \sin x\, dx$를 구하라.

■ www.stewartcalculus.com 'Additional Topics'에 복소수를 이용하는 더 쉬운 방법이 제공된다. 'Complex Number'를 클릭하여 [연습문제 50]을 보라.

풀이

e^x이나 $\sin x$는 미분해도 더 간단해지지 않지만 어찌됐든 $u = e^x$, $dv = \sin x\, dx$를 선택하여 시도한다. 그러면 $du = e^x dx$, $v = -\cos x$이므로 부분적분법을 이용하여 다음을 얻는다.

4 $$\int e^x \sin x\, dx = -e^x \cos x + \int e^x \cos x\, dx$$

$\int e^x \cos x\, dx$는 원래 적분보다 더 간단하지 않아도 더 복잡하지는 않다. 앞의 예제에서 부분적분법을 두 번 사용하여 성공한 것과 같이 계속해서 다시 부분적분법을 사용한다. 이때 $u = e^x$, $dv = \cos x\, dx$로 놓으면 $du = e^x dx$, $v = \sin x$이고, 다음을 얻는다.

5 $$\int e^x \cos x\, dx = e^x \sin x - \int e^x \sin x\, dx$$

언뜻 보기에 처음 시작했던 $\int e^x \sin x\, dx$로 되돌아갔기 때문에 아무것도 진행되지 않은 것처럼 보인다. 그러나 식 5에서 $\int e^x \cos x\, dx$에 대한 표현을 식 4에 대입하면 다음을 얻는다.

$$\int e^x \sin x\, dx = -e^x \cos x + e^x \sin x - \int e^x \sin x\, dx$$

이것은 미지의 적분에 대해 푸는 방정식으로 생각할 수 있다. 양변에 $\int e^x \sin x\, dx$를 더하면 다음을 얻는다.

$$2\int e^x \sin x\, dx = -e^x \cos x + e^x \sin x$$

양변을 2로 나누고 적분상수를 더하면 다음을 얻는다.

$$\int e^x \sin x\, dx = \frac{1}{2} e^x (\sin x - \cos x) + C$$

[그림 1]은 $f(x) = e^x \sin x$와 $F(x) = \frac{1}{2} e^x (\sin x - \cos x)$의 그래프로 [예제 4]를 설명한다. 그림에서 F가 최댓값과 최솟값을 가질 때 $f(x) = 0$임에 주목하자.

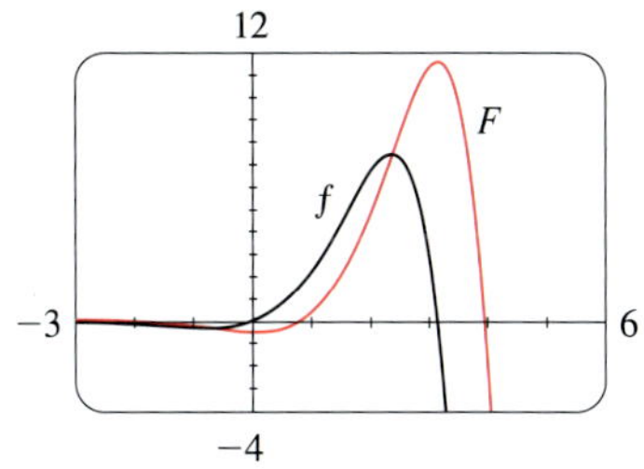

[그림 1]

부분적분 공식과 기본 정리를 결합하면 부분적분법으로 정적분을 계산할 수 있다. f'과 g'이 연속이라 가정하고 공식 1의 양변을 a와 b 사이에서 계산할 때, 기본 정리를 이용하여 다음을 얻는다.

6 $$\int_a^b f(x) g'(x)\, dx = f(x) g(x) \Big]_a^b - \int_a^b g(x) f'(x)\, dx$$

예제 5 $\int_0^1 \tan^{-1} x\, dx$를 구하라.

풀이

$u = \tan^{-1} x$, $dv = dx$라 하면 $du = dx/(1+x^2)$, $v = x$이다. 그러므로 공식 6에 의해 다음을 얻는다.

$$\begin{aligned}\int_0^1 \tan^{-1} x\, dx &= x \tan^{-1} x \Big]_0^1 - \int_0^1 \frac{x}{1+x^2}\, dx \\ &= 1 \cdot \tan^{-1} 1 - 0 \cdot \tan^{-1} 0 - \int_0^1 \frac{x}{1+x^2}\, dx \\ &= \frac{\pi}{4} - \int_0^1 \frac{x}{1+x^2}\, dx\end{aligned}$$

$x \geq 0$에서 $\tan^{-1} x \geq 0$이므로 [예제 5]의 적분은 [그림 2]에서 색칠한 영역의 넓이로 해석할 수 있다.

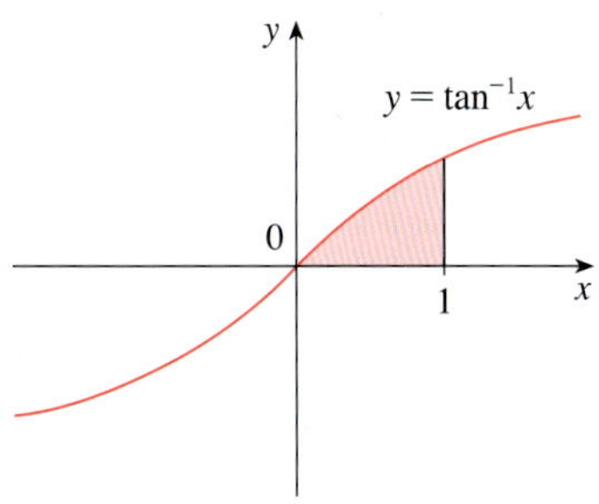

[그림 2]

이 적분을 계산하기 위해 $t = 1 + x^2$으로 치환한다. (이 예제에서 u는 다른 의미를 가지므로) 그러면 $dt = 2x\, dx$, 즉 $x\, dx = dt/2$이다. $x = 0$일 때 $t = 1$이고, $x = 1$일

때 $t=2$이므로 다음과 같다.

$$\int_0^1 \frac{x}{1+x^2}\,dx = \frac{1}{2}\int_1^2 \frac{dt}{t} = \frac{1}{2}\ln|t|\Big]_1^2$$

$$= \frac{1}{2}(\ln 2 - \ln 1) = \frac{1}{2}\ln 2$$

그러므로 다음을 얻는다.

$$\int_0^1 \tan^{-1}x\,dx = \frac{\pi}{4} - \int_0^1 \frac{x}{1+x^2}\,dx = \frac{\pi}{4} - \frac{\ln 2}{2}$$

예제 6 다음 점화공식을 증명하라. 이때 $n \geq 2$는 정수이다.

지수 n이 $n-1$과 $n-2$로 줄어들기 때문에 식 7을 점화공식(reduction formula)이라 한다.

7 $$\int \sin^n x\,dx = -\frac{1}{n}\cos x \sin^{n-1}x + \frac{n-1}{n}\int \sin^{n-2}x\,dx$$

풀이

$u=\sin^{n-1}x$, $dv = \sin x\,dx$라 하면 다음을 얻는다.

$$du = (n-1)\sin^{n-2}x\cos x\,dx,\quad v = -\cos x$$

따라서 부분적분법에 의해 다음을 얻는다.

$$\int \sin^n x\,dx = -\cos x \sin^{n-1}x + (n-1)\int \sin^{n-2}x\cos^2 x\,dx$$

$\cos^2 x = 1-\sin^2 x$이므로 다음을 얻는다.

$$\int \sin^n x\,dx = -\cos x\sin^{n-1}x + (n-1)\int \sin^{n-2}x\,dx - (n-1)\int \sin^n x\,dx$$

[예제 4]에서와 같이 우변의 마지막 항을 좌변으로 이항하여 방정식을 풀면 다음을 얻는다.

$$n\int \sin^n x\,dx = -\cos x\sin^{n-1}x + (n-1)\int \sin^{n-2}x\,dx$$

또는 $$\int \sin^n x\,dx = -\frac{1}{n}\cos x\sin^{n-1}x + \frac{n-1}{n}\int \sin^{n-2}x\,dx$$

점화공식 7은 유용하다. $\int \sin^n x\,dx$를 $\int \sin x\,dx$(n이 홀수) 또는 $\int (\sin x)^0\,dx = \int dx$($n$이 짝수)를 이용하여 표현할 수 있기 때문이다.

6.1 연습문제

01 $u = \ln x,\ dv = x^2\,dx$를 이용하여 적분 $\int x^2 \ln x\,dx$를 부분적분법으로 계산하라.

02~13 다음 적분을 계산하라.

02 $\int x\cos 5x\,dx$

03 $\int t\,e^{-3t}\,dt$

04 $\int (x^2+2x)\cos x\,dx$

05 $\int \ln(2x+1)\,dx$

06 $\int \arctan 4t\,dt$

07 $\int e^{2\theta}\sin 3\theta\,d\theta$

08 $\int \frac{xe^{2x}}{(1+2x)^2}\,dx$

09 $\int_0^{1/2} x\cos\pi x\,dx$

10 $\int_1^3 r^3 \ln r\,dr$

11 $\int_0^1 t\cosh t\,dt$

12 $\int_0^{1/2} \cos^{-1} x\,dx$

13 $\int_1^2 (\ln x)^2\,dx$

14~15 치환을 한 후에 부분적분법으로 다음 적분을 계산하라.

14 $\int \cos\sqrt{x}\,dx$

15 $\int_{\sqrt{\pi/2}}^{\sqrt{\pi}} \theta^3\cos(\theta^2)\,d\theta$

16 (a) [예제 6]의 점화공식을 이용하여 다음을 보여라.

$$\int \sin^2 x\,dx = \frac{x}{2} - \frac{\sin 2x}{4} + C$$

(b) (a)와 점화공식을 이용하여 $\int \sin^4 x\,dx$를 구하라.

17 (a) $n \ge 2$인 정수일 때 [예제 6]의 점화공식을 이용하여 다음을 보여라.

$$\int_0^{\pi/2} \sin^n x\,dx = \frac{n-1}{n}\int_0^{\pi/2} \sin^{n-2} x\,dx$$

(b) (a)를 이용하여 $\int_0^{\pi/2} \sin^3 x\,dx$와 $\int_0^{\pi/2} \sin^5 x\,dx$를 구하라.

(c) (a)를 이용하여 사인의 홀수 거듭제곱에 대한 다음 식이 성립함을 보여라.

$$\int_0^{\pi/2} \sin^{2n+1} x\,dx = \frac{2\cdot 4\cdot 6\cdot \cdots \cdot 2n}{3\cdot 5\cdot 7\cdot \cdots \cdot (2n+1)}$$

18 사인의 짝수 거듭제곱에 대한 다음 식이 성립함을 보여라.

$$\int_0^{\pi/2} \sin^{2n} x\,dx = \frac{1\cdot 3\cdot 5\cdot \cdots \cdot (2n-1)}{2\cdot 4\cdot 6\cdot \cdots \cdot 2n}\,\frac{\pi}{2}$$

19~20 부분적분법을 이용하여 다음 점화공식을 증명하라.

19 $\int (\ln x)^n\,dx = x(\ln x)^n - n\int (\ln x)^{n-1}\,dx$

20 $\int \tan^n x\,dx = \frac{\tan^{n-1} x}{n-1} - \int \tan^{n-2} x\,dx \quad (n \ne 1)$

21 [연습문제 19]를 이용하여 $\int (\ln x)^3\,dx$를 구하라.

22 구간 $[0, \pi/4]$에서 함수 $f(x) = x\sec^2 x$의 평균값을 계산하라.

23 직선을 따라 움직이는 입자의 t초 후 속도는 $v(t) = t^2 e^{-t}\,(\mathrm{m/s})$이다. 입자가 처음 t초 동안 움직인 거리는 얼마인가?

24 $f(1) = 2,\ f(4) = 7,\ f'(1) = 5,\ f'(4) = 3$이며 f''이 연속이라 하자. $\int_1^4 x f''(x)\,dx$를 구하라.

6.2 삼각함수 적분과 삼각치환법

이 절에서는 삼각함수를 포함하는 적분과 치환을 이용하여 삼각함수로 변환할 수 있는 적분에 대해 살펴본다.

삼각함수 적분

삼각항등식을 이용하여 여러 삼각함수들의 결합을 적분한다. 먼저 사인과 코사인의 거듭제곱부터 시작한다.

예제 1 $\int \cos^3 x\,dx$를 계산하라.

풀이

$u = \cos x$라 하면 $du = -\sin x\,dx$이므로 단순히 이렇게 치환하는 것은 적분에 도움이 되지 않는다. 코사인의 거듭제곱을 적분하기 위해 별도의 $\sin x$ 인수가 필요할 것이다. 마찬가지로 사인의 거듭제곱을 위해서는 별도의 $\cos x$ 인수가 필요하다. 따라서 코사인 인수 하나를 분리하고, 항등식 $\sin^2 x + \cos^2 x = 1$을 이용하여 나머지 $\cos^2 x$ 인수는 다음과 같이 사인을 포함한 표현으로 변형한다.

$$\cos^3 x = \cos^2 x \cdot \cos x = (1-\sin^2 x)\cos x$$

그러면 $u = \sin x$로 치환해서 적분할 수 있다. $du = \cos x\,dx$이므로 다음과 같이 계산할 수 있다.

$$\begin{aligned}\int \cos^3 x\,dx &= \int \cos^2 x \cdot \cos x\,dx = \int (1-\sin^2 x)\cos x\,dx \\ &= \int (1-u^2)\,du = u - \frac{1}{3}u^3 + C = \sin x - \frac{1}{3}\sin^3 x + C\end{aligned}$$

일반적으로 사인과 코사인의 거듭제곱을 포함하는 피적분함수는 단 하나의 사인 인수(나머지는 코사인으로 표현) 또는 코사인 인수(나머지는 사인으로 표현)의 형태로 쓴다. 그리고 항등식 $\sin^2 x + \cos^2 x = 1$을 이용해서 사인과 코사인의 짝수 거듭제곱을 다른 것으로 변환한다.

예제 2 $\int \sin^5 x \cos^2 x\,dx$를 구하라.

풀이

$\cos^2 x$를 $1-\sin^2 x$로 변환할 수 있으나 추가적인 $\cos x$ 인수 없이 $\sin x$의 표현만

남으므로 사인 인수 하나를 분리하고 나머지 $\sin^4 x$ 인수를 다음과 같이 $\cos x$로 다시 쓴다.

$$\sin^5 x \cos^2 x = (\sin^2 x)^2 \cos^2 x \sin x = (1-\cos^2 x)^2 \cos^2 x \sin x$$

$u = \cos x$로 치환하면 $du = -\sin x\,dx$이므로 다음을 얻는다.

$$\begin{aligned}\int \sin^5 x \cos^2 x\,dx &= \int (\sin^2 x)^2 \cos^2 x \sin x\,dx \\ &= \int (1-\cos^2 x)^2 \cos^2 x \sin x\,dx \\ &= \int (1-u^2)^2 u^2 (-du) = -\int (u^2 - 2u^4 + u^6)\,du \\ &= -\left(\frac{1}{3}u^3 - \frac{2}{5}u^5 + \frac{1}{7}u^7\right) + C \\ &= -\frac{1}{3}\cos^3 x + \frac{2}{5}\cos^5 x - \frac{1}{7}\cos^7 x + C\end{aligned}$$

[그림 3]은 [예제 2]의 피적분함수 $\sin^5 x \cos^2 x$와 $C=0$인 부정적분의 그래프를 그린 것이다. 어떤 함수가 어떤 그래프인가?

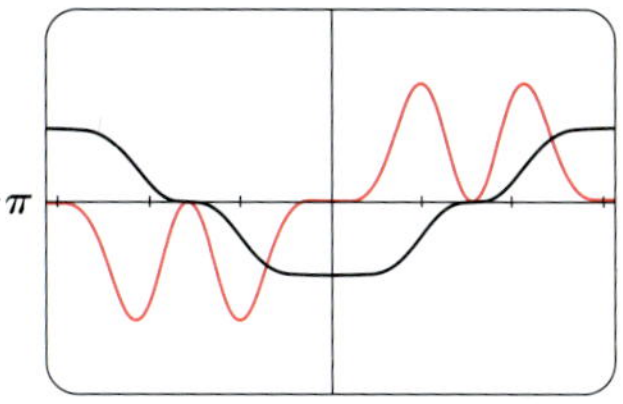

[그림 3]

앞의 예제에서와 같이 사인 또는 코사인의 홀수 거듭제곱은 하나의 인수를 분리하고, 나머지는 짝수 거듭제곱으로 변환할 수 있다. 피적분함수가 사인과 코사인 모두 짝수 거듭제곱을 포함하면 이 방법을 쓸 수 없다. 이 경우에 다음 반각공식을 사용하면 도움이 된다. ('부록 A'의 방정식 17b와 17a를 보라.)

$$\sin^2 x = \frac{1}{2}(1-\cos 2x), \quad \cos^2 x = \frac{1}{2}(1+\cos 2x)$$

예제 3 $\displaystyle\int_0^\pi \sin^2 x\,dx$**를 계산하라.**

[예제 3]은 [그림 4]에서 색칠한 영역의 넓이가 $\frac{\pi}{2}$임을 보여준다.

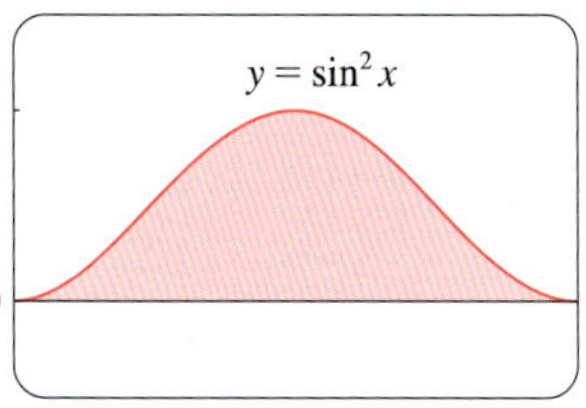

[그림 4]

풀이

$\sin^2 x = 1-\cos^2 x$로 쓰면 적분하는 것이 쉽지 않다. 그러나 $\sin^2 x$에 대한 반각공식을 이용하면 다음을 얻는다.

$$\begin{aligned}\int_0^\pi \sin^2 x\,dx &= \frac{1}{2}\int_0^\pi (1-\cos 2x)\,dx = \left[\frac{1}{2}\left(x - \frac{1}{2}\sin 2x\right)\right]_0^\pi \\ &= \frac{1}{2}\left(\pi - \frac{1}{2}\sin 2\pi\right) - \frac{1}{2}\left(0 - \frac{1}{2}\sin 0\right) = \frac{1}{2}\pi\end{aligned}$$

$\cos 2x$를 적분할 때 마음속으로 $u = 2x$로 치환한 것이다. 이 적분을 계산하기 위한 또 다른 방법은 6.1절의 [연습문제 16]에 제시했다.

예제 4 $\int \sin^4 x\,dx$를 구하라.

풀이

[예제 3](6.1절의 [연습문제 16]과 같이)과 더불어 $\int \sin^n x\,dx$에 대한 점화공식(6.1절의 식 7)을 이용하여 이 적분을 계산할 수 있다. 그러나 더 좋은 방법은 $\sin^4 x = (\sin^2 x)^2$으로 고쳐 쓰고 다음과 같이 반각공식을 이용하는 것이다.

$$\int \sin^4 x\,dx = \int (\sin^2 x)^2\,dx$$

$$= \int \left(\frac{1-\cos 2x}{2}\right)^2 dx$$

$$= \frac{1}{4}\int (1 - 2\cos 2x + \cos^2 2x)\,dx$$

$\cos^2 2x$가 있으므로 다음과 같이 반각공식을 다시 써야 한다.

$$\cos^2 2x = \frac{1}{2}(1 + \cos 4x)$$

따라서 다음을 얻는다.

$$\int \sin^4 x\,dx = \frac{1}{4}\int \left[1 - 2\cos 2x + \frac{1}{2}(1+\cos 4x)\right] dx$$

$$= \frac{1}{4}\int \left(\frac{3}{2} - 2\cos 2x + \frac{1}{2}\cos 4x\right) dx$$

$$= \frac{1}{4}\left(\frac{3}{2}x - \sin 2x + \frac{1}{8}\sin 4x\right) + C$$

$\sin x$와 $\cos x$의 거듭제곱을 적분하는 방법

[예제 1~4]에서 다음 전략으로 적분했음을 알 수 있다.

(i) $\cos x$의 거듭제곱이 홀수이면 코사인 인수 하나를 분리하고 나머지 인수를 $\sin x$로 표현하기 위해 $\cos^2 x = 1 - \sin^2 x$를 이용한다. 그 다음 $u = \sin x$로 치환한다.

(ii) $\sin x$의 거듭제곱이 홀수이면 사인 인수 하나를 분리하고 나머지 인수를 $\cos x$로 표현하기 위해 $\sin^2 x = 1 - \cos^2 x$를 이용한다. 그 다음에 $u = \cos x$로 치환한다.

(iii) 사인과 코사인의 거듭제곱이 모두 짝수이면 다음 반각공식을 이용한다.

$$\sin^2 x = \frac{1}{2}(1 - \cos 2x),$$

$$\cos^2 x = \frac{1}{2}(1 + \cos 2x)$$

때로는 항등식 $\sin x \cos x = \frac{1}{2}\sin 2x$를 이용하는 것이 도움이 될 때도 있다.

$\int \tan^m x \sec^n x\,dx$ 형태의 적분을 계산할 때도 유사한 전략을 이용할 수 있다. $(d/dx)\tan x = \sec^2 x$이므로 $\sec^2 x$ 인수를 분리하고, 항등식 $\sec^2 x = 1 + \tan^2 x$를 이용하여 나머지 시컨트의 (짝수) 거듭제곱을 탄젠트를 포함하는 식으로 변환할 수 있다. 또는 $(d/dx)\sec x = \sec x \tan x$이므로 $\sec x \tan x$ 인수를 분리하고, 나머지 탄젠트의 (짝수) 거듭제곱을 시컨트로 변환할 수 있다.

예제 5 $\int \tan^6 x \sec^4 x\,dx$를 계산하라.

풀이

$\sec^2 x$ 인수 하나를 분리하면 나머지 $\sec^2 x$ 인수는 항등식 $\sec^2 x = 1 + \tan^2 x$를 이용하여 탄젠트로 나타낼 수 있다. $u = \tan x$로 치환하면 $du = \sec^2 x\,dx$이므로 다음과 같이 적분을 계산할 수 있다.

$$\begin{aligned}\int \tan^6 x \sec^4 x\,dx &= \int \tan^6 x \sec^2 x \sec^2 x\,dx \\ &= \int \tan^6 x\,(1+\tan^2 x)\sec^2 x\,dx \\ &= \int u^6(1+u^2)\,du = \int (u^6+u^8)\,du \\ &= \frac{u^7}{7}+\frac{u^9}{9}+C \\ &= \frac{1}{7}\tan^7 x+\frac{1}{9}\tan^9 x+C\end{aligned}$$

예제 6 $\int \tan^5\theta \sec^7\theta\,d\theta$**를 구하라.**

풀이

앞의 예에서와 같이 $\sec^2\theta$ 인수를 분리하면 $\sec^5\theta$ 인수가 남지만, 이것은 탄젠트로 쉽게 변환할 수 없다. 반면에 $\sec\theta\tan\theta$ 인수를 분리하면 항등식 $\tan^2\theta=\sec^2\theta-1$을 이용하여 나머지 탄젠트의 거듭제곱은 시컨트만 포함하는 표현으로 변환할 수 있다. $u=\sec\theta$로 치환하면 $du=\sec\theta\tan\theta\,d\theta$이므로 다음과 같이 적분을 계산할 수 있다.

$$\begin{aligned}\int \tan^5\theta \sec^7\theta\,d\theta &= \int \tan^4\theta \sec^6\theta \sec\theta\tan\theta\,d\theta \\ &= \int (\sec^2\theta-1)^2\sec^6\theta\sec\theta\tan\theta\,d\theta \\ &= \int (u^2-1)^2u^6\,du = \int (u^{10}-2u^8+u^6)\,du \\ &= \frac{u^{11}}{11}-2\frac{u^9}{9}+\frac{u^7}{7}+C \\ &= \frac{1}{11}\sec^{11}\theta-\frac{2}{9}\sec^9\theta+\frac{1}{7}\sec^7\theta+C\end{aligned}$$

$\tan x$와 $\sec x$의 거듭제곱을 적분하는 방법

[예제 5]와 [예제 6]으로부터 다음과 같이 두 가지 경우에 대한 전략을 생각할 수 있다.

(i) $\sec x$의 거듭제곱이 짝수이면 $\sec^2 x$ 인수를 분리하고 나머지 인수를 $\tan x$로 표현하기 위해 $\sec^2 x=1+\tan^2 x$를 이용한다. 그 다음에 $u=\tan x$로 치환한다.

(ii) $\tan x$의 거듭제곱이 홀수이면 $\sec x\tan x$ 인수를 분리하고 나머지 인수를 $\sec x$로 표현하기 위해 $\tan^2 x=\sec^2 x-1$을 이용한다. 그 다음에 $u=\sec x$로 치환한다.

그 외에는 명백한 적분방법이 없다. 항등식, 부분적분법을 사용할 때도 있고, 경우에 따라서는 기발한 방법을 사용해야 할 때도 있다. 때때로 다음과 같은 5.2절 식 9를 이용하여 $\tan x$를 적분하는 것이 필요할 것이다.

$$\int \tan x\,dx = \ln|\sec x|+C$$

또한 다음과 같은 시컨트의 부정적분도 필요할 것이다.

1 $$\int \sec x\,dx = \ln|\sec x + \tan x| + C$$

공식 1은 1668년에 그레고리(James Gregory)가 발견했다. 그레고리(2.5절의 약력을 보라.)는 항해표를 만드는 데 이 공식을 활용했다.

공식 1은 우변을 미분하여 증명할 수 있고, 또한 다음과 같이 보일 수도 있다. 우선 다음과 같이 분자와 분모에 $\sec x + \tan x$를 곱한다.

$$\int \sec x\,dx = \int \sec x\,\frac{\sec x + \tan x}{\sec x + \tan x}\,dx$$

$$= \int \frac{\sec^2 x + \sec x \tan x}{\sec x + \tan x}\,dx$$

$u = \sec x + \tan x$로 치환하면 $du = (\sec x \tan x + \sec^2 x)\,dx$이므로

적분은 $\int (1/u)\,du = \ln|u| + C$로 된다. 따라서 다음을 얻는다.

$$\int \sec x\,dx = \ln|\sec x + \tan x| + C$$

예제 7 $\int \tan^3 x\,dx$를 구하라.

풀이

여기서 $\tan x$만 나타나므로 $\tan^2 x = \sec^2 x - 1$을 이용하여 다음과 같이 $\tan^2 x$ 인수를 $\sec^2 x$로 다시 쓴다.

$$\int \tan^3 x\,dx = \int \tan x \tan^2 x\,dx = \int \tan x\,(\sec^2 x - 1)\,dx$$

$$= \int \tan x \sec^2 x\,dx - \int \tan x\,dx$$

$$= \frac{\tan^2 x}{2} - \ln|\sec x| + C$$

첫 번째 적분에서 $du = \sec^2 x\,dx$가 되도록 마음속으로 $u = \tan x$로 치환한 것이다.

탄젠트의 짝수 거듭제곱이 시컨트의 홀수 거듭제곱과 함께 나타나면 피적분함수를 모두 $\sec x$로 표현하는 것이 좋다. $\sec x$의 거듭제곱은 다음 예제에서 보듯이 부분적분에 의해 적분할 수 있을 것이다.

예제 8 $\int \sec^3 x\,dx$를 구하라.

풀이

다음과 같이 부분적분법으로 적분한다.

$$u = \sec x \qquad dv = \sec^2 x\, dx$$

$$du = \sec x \tan x\, dx \qquad v = \tan x$$

그러면 다음을 얻는다.

$$\begin{aligned}\int \sec^3 x\, dx &= \sec x \tan x - \int \sec x \tan^2 x\, dx \\ &= \sec x \tan x - \int \sec x\,(\sec^2 x - 1)\, dx \\ &= \sec x \tan x - \int \sec^3 x\, dx + \int \sec x\, dx\end{aligned}$$

공식 [1]을 이용해서 적분하면 다음을 얻는다.

$$\int \sec^3 x\, dx = \frac{1}{2}(\sec x \tan x + \ln|\sec x + \tan x|) + C$$

[예제 8]에서와 같은 적분은 매우 특별해 보이지만 7장에서 보게 될 적분의 응용에서 종종 나타난다. $\int \cot^m x \csc^n x\, dx$ 형태의 적분은 항등식 $1 + \cot^2 x = \csc^2 x$를 이용하여 유사한 방법으로 적분할 수 있다.

삼각치환법

원이나 타원의 넓이를 구할 때 $a > 0$에 대해 $\int \sqrt{a^2 - x^2}\, dx$ 형태의 적분이 나타난다. 만일 $\int x\sqrt{a^2 - x^2}\, dx$이면 $u = a^2 - x^2$으로 치환하는 것이 효과적일 것이다. 그러나 이 방법으로 적분 $\int \sqrt{a^2 - x^2}\, dx$를 구하기는 훨씬 어렵다. $x = a\sin\theta$로 치환하여 변수 x를 변수 θ로 변환하면 항등식 $1 - \sin^2\theta = \cos^2\theta$에 의해 다음과 같이 제곱근 기호를 없앨 수 있다.

$$\sqrt{a^2 - x^2} = \sqrt{a^2 - a^2\sin^2\theta} = \sqrt{a^2(1 - \sin^2\theta)} = \sqrt{a^2\cos^2\theta} = a|\cos\theta|$$

치환 $u = a^2 - x^2$(새로운 변수 u가 원래 변수 x의 함수)과 치환 $x = a\sin\theta$(원래 변수 x가 새로운 변수 θ의 함수)의 차이점에 주목하자.

일반적으로 치환 법칙을 역으로 이용하여 $x = g(t)$ 형태의 치환을 만들 수 있다. 계산을 더 간단히 하기 위해 g는 역함수를 갖는다고 가정한다. 즉 g가 일대일 함수라 하자. 이 경우에 4.5절 치환 법칙 [4]에서 u를 x로, x를 t로 바꾸면 다음을 얻는다.

$$\int f(x)\, dx = \int f(g(t))g'(t)\, dt$$

이와 같은 종류의 치환을 역치환이라 한다.

역치환 $x = a\sin\theta$가 일대일 함수로 정의된다는 조건, 즉 θ가 $[-\pi/2, \pi/2]$ 안에 놓인다고 제한하면 역치환을 만들 수 있다.

[표 1]은 삼각항등식을 이용하여 주어진 무리함수에 대한 효과적인 삼각치환을 나열한 것이다. 각 경우에 치환을 정의하는 함수가 일대일인 것을 보장하기 위해 θ에 대한 제한이 필요하다. (이 제한은 5.6절에서 역함수를 정의할 때 사용한 구간과 동일하다.)

■ 삼각치환표

식	치환	항등식
$\sqrt{a^2-x^2}$	$x = a\sin\theta,\ -\frac{\pi}{2} \le \theta \le \frac{\pi}{2}$	$1-\sin^2\theta = \cos^2\theta$
$\sqrt{a^2+x^2}$	$x = a\tan\theta,\ -\frac{\pi}{2} < \theta < \frac{\pi}{2}$	$1+\tan^2\theta = \sec^2\theta$
$\sqrt{x^2-a^2}$	$x = a\sec\theta,\ 0 \le \theta < \frac{\pi}{2}$ 또는 $\pi \le \theta < \frac{3\pi}{2}$	$\sec^2\theta - 1 = \tan^2\theta$

[표 1]

예제 9 $\int \frac{\sqrt{9-x^2}}{x^2}\,dx$를 계산하라.

풀이

$x = 3\sin\theta$이고 $-\pi/2 \le \theta \le \pi/2$라 하자. 그러면 $dx = 3\cos\theta\,d\theta$이고 다음을 얻는다.

$$\sqrt{9-x^2} = \sqrt{9-9\sin^2\theta} = \sqrt{9\cos^2\theta} = 3|\cos\theta| = 3\cos\theta$$

$(-\pi/2 \le \theta \le \pi/2$이므로 $\cos\theta \ge 0$이다.)

따라서 역치환법을 이용하여 다음을 얻는다.

$$\int \frac{\sqrt{9-x^2}}{x^2}\,dx = \int \frac{3\cos\theta}{9\sin^2\theta}\,3\cos\theta\,d\theta = \int \frac{\cos^2\theta}{\sin^2\theta}\,d\theta$$
$$= \int \cot^2\theta\,d\theta = \int (\csc^2\theta - 1)\,d\theta = -\cot\theta - \theta + C$$

이것은 x에 대한 부정적분이므로 원래 변수 x로 되돌려야 한다. 삼각항등식을 이용하여 $\cot\theta$를 $\sin\theta = x/3$로 표현하거나 [그림 5]와 같이 θ를 직각삼각형의 각으로 해석하는 그림을 그려서 되돌릴 수 있다. $\sin\theta = x/3$이므로 대변과 빗변의 길이는 각각 x와 3이고 피타고라스 정리에 의해 밑변의 길이는 $\sqrt{9-x^2}$이므로 [그림 5]로부터 $\cot\theta$의 값을 다음과 같이 간단히 구할 수 있다.

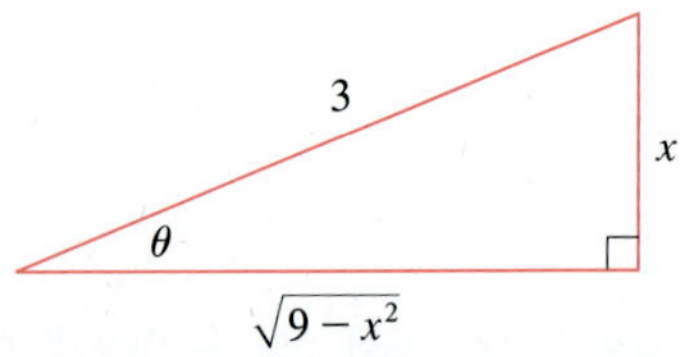

[그림 5] $\sin\theta = \frac{x}{3}$

$$\cot\theta = \frac{\sqrt{9-x^2}}{x}$$

(그림에서 $\theta > 0$이지만 $\cot\theta$에 대한 이 식은 $\theta < 0$일 때도 성립한다.) $\sin\theta = x/3$이므로 $\theta = \sin^{-1}(x/3)$이고, 따라서 다음을 얻는다.

$$\int \frac{\sqrt{9-x^2}}{x^2}\,dx = -\frac{\sqrt{9-x^2}}{x} - \sin^{-1}\left(\frac{x}{3}\right) + C$$

예제 10 **타원 $\dfrac{x^2}{a^2} + \dfrac{y^2}{b^2} = 1$로 둘러싸인 영역의 넓이를 구하라.**

풀이

타원의 방정식을 y에 대해 풀면 다음을 얻는다.

$$\frac{y^2}{b^2} = 1 - \frac{x^2}{a^2} = \frac{a^2 - x^2}{a^2} \quad \text{또는} \quad y = \pm\frac{b}{a}\sqrt{a^2 - x^2}$$

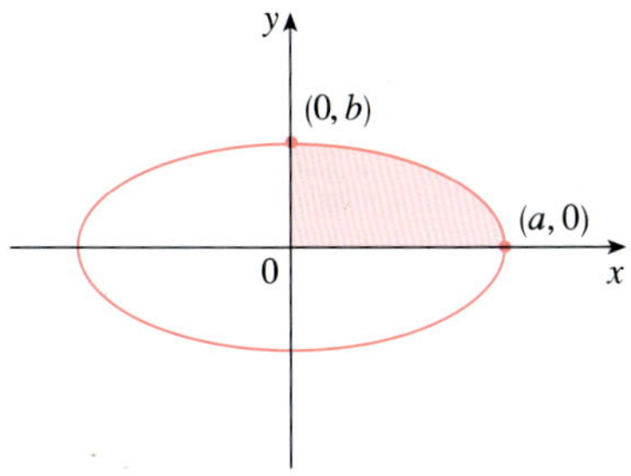

[그림 6] $\dfrac{x^2}{a^2} + \dfrac{y^2}{b^2} = 1$

타원은 두 좌표축에 대해 대칭이므로 전체 넓이 A는 제1사분면에 있는 넓이의 4배이다([그림 6] 참조). 제1사분면에 있는 타원의 부분은 다음 함수로 주어진다.

$$y = \frac{b}{a}\sqrt{a^2 - x^2}, \quad 0 \le x \le a$$

그러므로 다음이 성립한다.

$$\frac{1}{4}A = \int_0^a \frac{b}{a}\sqrt{a^2 - x^2}\,dx$$

이 적분을 계산하기 위해 $x = a\sin\theta$로 치환한다. 그러면 $dx = a\cos\theta\,d\theta$이다. 적분의 범위를 바꿔서 $x = 0$일 때 $\sin\theta = 0$이므로 $\theta = 0$이고, $x = a$일 때 $\sin\theta = 1$이므로 $\theta = \pi/2$이다. 또한 $0 \le \theta \le \pi/2$이므로 다음과 같다.

$$\sqrt{a^2 - x^2} = \sqrt{a^2 - a^2\sin^2\theta} = \sqrt{a^2\cos^2\theta} = a|\cos\theta| = a\cos\theta$$

따라서 다음을 얻는다.

$$A = 4\frac{b}{a}\int_0^a \sqrt{a^2 - x^2}\,dx = 4\frac{b}{a}\int_0^{\pi/2} a\cos\theta \cdot a\cos\theta\,d\theta$$

$$= 4ab\int_0^{\pi/2} \cos^2\theta\,d\theta = 4ab\int_0^{\pi/2} \frac{1}{2}(1 + \cos 2\theta)\,d\theta$$

$$= 2ab\left[\theta + \frac{1}{2}\sin 2\theta\right]_0^{\pi/2} = 2ab\left(\frac{\pi}{2} + 0 - 0\right) = \pi ab$$

양의 x축과 y축이 각각 a와 b인 타원의 넓이는 πab임을 보였다. 특히 $a = b = r$일 때 반지름이 r인 원의 넓이가 πr^2이라는 유명한 공식이 증명된다.

NOTE _ [예제 10]에 있는 적분이 정적분이므로 적분 범위만 바꾸고 원래 변수 x로 되돌리지 않아야 한다.

예제 11 $\displaystyle\int \frac{1}{x^2\sqrt{x^2+4}}\,dx$를 구하라.

풀이

$x = 2\tan\theta$, $-\pi/2 < \theta < \pi/2$라 하자. 그러면 $dx = 2\sec^2\theta\, d\theta$이고 다음과 같다.

$$\sqrt{x^2+4} = \sqrt{4(\tan^2\theta+1)} = \sqrt{4\sec^2\theta} = 2|\sec\theta| = 2\sec\theta$$

그러면 다음을 얻는다.

$$\int \frac{dx}{x^2\sqrt{x^2+4}} = \int \frac{2\sec^2\theta\, d\theta}{4\tan^2\theta \cdot 2\sec\theta} = \frac{1}{4}\int \frac{\sec\theta}{\tan^2\theta}\,d\theta$$

이 삼각함수 적분을 계산하기 위해 다음과 같이 $\sin\theta$와 $\cos\theta$로 나타낸다.

$$\frac{\sec\theta}{\tan^2\theta} = \frac{1}{\cos\theta}\cdot\frac{\cos^2\theta}{\sin^2\theta} = \frac{\cos\theta}{\sin^2\theta}$$

그러므로 $u = \sin\theta$로 치환하면 다음을 얻는다.

$$\int \frac{dx}{x^2\sqrt{x^2+4}} = \frac{1}{4}\int \frac{\cos\theta}{\sin^2\theta}\,d\theta = \frac{1}{4}\int \frac{du}{u^2}$$

$$= \frac{1}{4}\left(-\frac{1}{u}\right) + C = -\frac{1}{4\sin\theta} + C$$

$$= -\frac{\csc\theta}{4} + C$$

[그림 7]을 이용하면 $\csc\theta = \sqrt{x^2+4}/x$이므로 다음을 얻는다.

$$\int \frac{1}{x^2\sqrt{x^2+4}}\,dx = -\frac{\sqrt{x^2+4}}{4x} + C$$

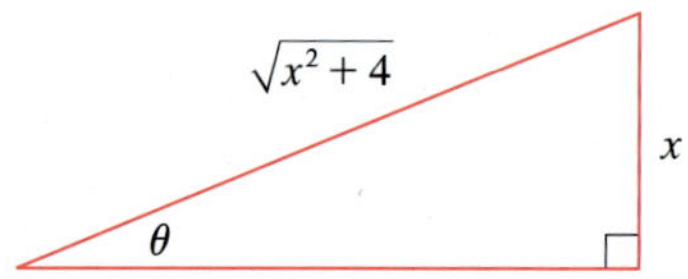

[그림 7] $\tan\theta = \frac{x}{2}$

예제 12 $\displaystyle\int \frac{x}{\sqrt{x^2+4}}\,dx$를 구하라.

풀이

[예제 11]과 삼각치환 $x = 2\tan\theta$를 사용할 수 있다. 그러나 직접적으로 $u = x^2+4$로 치환하면 더 쉬워지는데, 이는 $du = 2x\,dx$가 되기 때문이다. 따라서 다음을 얻는다.

$$\int \frac{x}{\sqrt{x^2+4}}\,dx = \frac{1}{2}\int \frac{du}{\sqrt{u}} = \sqrt{u} + C = \sqrt{x^2+4} + C$$

[예제 12]는 삼각치환이 가능하더라도 그것이 가장 쉬운 해법은 아니라는 사실을 보여준다. 먼저 더 쉬운 방법을 찾도록 한다.

예제 13 $a > 0$일 때 $\int \frac{dx}{\sqrt{x^2 - a^2}}$를 계산하라.

풀이

$x = a\sec\theta$이고 $0 < \theta < \pi/2$ 또는 $\pi < \theta < 3\pi/2$라 하면 $dx = a\sec\theta\tan\theta\, d\theta$이므로 다음을 얻는다.

$$\sqrt{x^2 - a^2} = \sqrt{a^2(\sec^2\theta - 1)} = \sqrt{a^2\tan^2\theta} = a|\tan\theta| = a\tan\theta$$

따라서 다음을 얻는다.

$$\begin{aligned}\int \frac{dx}{\sqrt{x^2 - a^2}} &= \int \frac{a\sec\theta\tan\theta}{a\tan\theta}\, d\theta \\ &= \int \sec\theta\, d\theta = \ln|\sec\theta + \tan\theta| + C\end{aligned}$$

[그림 8]의 삼각형으로부터 $\tan\theta = \sqrt{x^2 - a^2}/a$이므로 다음을 얻는다.

$$\begin{aligned}\int \frac{dx}{\sqrt{x^2 - a^2}} &= \ln\left|\frac{x}{a} + \frac{\sqrt{x^2 - a^2}}{a}\right| + C \\ &= \ln\left|x + \sqrt{x^2 - a^2}\right| - \ln a + C\end{aligned}$$

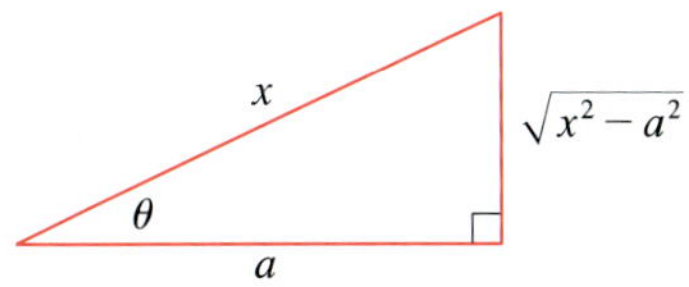

[그림 8] $\sec\theta = \frac{x}{a}$

$C_1 = C - \ln a$로 쓰면 다음을 얻는다.

$$\int \frac{dx}{\sqrt{x^2 - a^2}} = \ln\left|x + \sqrt{x^2 - a^2}\right| + C_1$$

예제 14 $\int_0^{3\sqrt{3}/2} \frac{x^3}{(4x^2 + 9)^{3/2}}\, dx$를 구하라.

[예제 14]는 임의의 정수 n에 대해 $(x^2 + a^2)^{n/2}$이 적분 안에 나타날 때 때때로 삼각치환이 좋은 방법임을 보여준다. $(a^2 - x^2)^{n/2}$ 또는 $(x^2 - a^2)^{n/2}$이 나타날 때도 마찬가지이다.

풀이

먼저 $(4x^2 + 9)^{3/2} = \left(\sqrt{4x^2 + 9}\right)^3$이므로 삼각치환이 적절함에 주목하자. 비록 $\sqrt{4x^2 + 9}$가 삼각치환표에 있는 식과 완전히 일치하지는 않지만, 먼저 $u = 2x$로 치환하면 표 안에 있는 것 중의 하나가 된다. 이것을 탄젠트치환 $x = \frac{3}{2}\tan\theta$와 결합하면 $dx = \frac{3}{2}\sec^2\theta\, d\theta$이고 다음과 같다.

$$\sqrt{4x^2 + 9} = \sqrt{9\tan^2\theta + 9} = 3\sec\theta$$

$x = 0$일 때 $\tan\theta = 0$이므로 $\theta = 0$이고, $x = \frac{3\sqrt{3}}{2}$일 때 $\tan\theta = \sqrt{3}$이므로 $\theta = \frac{\pi}{3}$이다. 따라서 다음을 얻는다.

$$\int_0^{3\sqrt{3}/2} \frac{x^3}{(4x^2+9)^{3/2}}\,dx = \int_0^{\pi/3} \frac{\frac{27}{8}\tan^3\theta}{27\sec^3\theta}\,\frac{3}{2}\sec^2\theta\,d\theta$$

$$= \frac{3}{16}\int_0^{\pi/3} \frac{\tan^3\theta}{\sec\theta}\,d\theta = \frac{3}{16}\int_0^{\pi/3} \frac{\sin^3\theta}{\cos^2\theta}\,d\theta$$

$$= \frac{3}{16}\int_0^{\pi/3} \frac{1-\cos^2\theta}{\cos^2\theta}\,\sin\theta\,d\theta$$

이제 $u = \cos\theta$로 치환하면 $du = -\sin\theta\,d\theta$이다. $\theta = 0$일 때 $u = 1$이고, $\theta = \pi/3$일 때 $u = \frac{1}{2}$이므로 다음을 얻는다.

■ www.stewartcalculus.com (Additional Example A를 보라.)

$$\int_0^{3\sqrt{3}/2} \frac{x^3}{(4x^2+9)^{3/2}}\,dx = -\frac{3}{16}\int_1^{1/2} \frac{1-u^2}{u^2}\,du = \frac{3}{16}\int_1^{1/2}\left(1-u^{-2}\right)du$$

$$= \frac{3}{16}\left[u+\frac{1}{u}\right]_1^{1/2} = \frac{3}{16}\left[\left(\frac{1}{2}+2\right)-(1+1)\right] = \frac{3}{32}$$

6.2 연습문제

01~18 다음 적분을 계산하라.

01 $\int \sin^2 x\cos^3 x\,dx$

02 $\int_0^{\pi/2} \sin^7\theta\cos^5\theta\,d\theta$

03 $\int_0^{\pi/2} \cos^2\theta\,d\theta$

04 $\int_0^{\pi} \cos^4(2t)\,dt$

05 $\int_0^{\pi/2} \sin^2 x\cos^2 x\,dx$

06 $\int t\sin^2 t\,dt$

07 $\int \cos^2 x\tan^3 x\,dx$

08 $\int \frac{1-\sin x}{\cos x}\,dx$

09 $\int \tan x\sec^3 x\,dx$

10 $\int \tan^2 x\,dx$

11 $\int \tan^4 x\sec^6 x\,dx$

12 $\int_0^{\pi/3} \tan^5 x\sec^4 x\,dx$

13 $\int \tan^3 x\sec x\,dx$

14 $\int \tan^5 x\,dx$

15 $\int_{\pi/6}^{\pi/2} \cot^2 x\,dx$

16 $\int_{\pi/4}^{\pi/2} \cot^5\phi\csc^3\phi\,d\phi$

17 $\int \csc x\,dx$

18 $\int_0^{\pi/6} \sqrt{1+\cos 2x}\,dx$

19 (a) $\cos(A+B)$와 $\cos(A-B)$에 대한 공식을 이용하여 다음을 보여라.

$$\sin A\sin B = \frac{1}{2}[\cos(A-B)-\cos(A+B)]$$

(b) (a)를 이용하여 $\int \sin 5x\sin 2x\,dx$를 계산하라.

20~21 주어진 삼각치환을 이용하여 적분을 계산하라. 관련된 직각삼각형을 그리고 명칭을 적어라.

20 $\int \frac{dx}{x^2\sqrt{4-x^2}}$, $x = 2\sin\theta$

21 $\int \frac{\sqrt{x^2-4}}{x}\,dx$, $x = 2\sec\theta$

22~30 다음 적분을 계산하라.

22 $\displaystyle\int_{\sqrt{2}}^{2} \frac{1}{t^3\sqrt{t^2-1}}\,dt$

23 $\displaystyle\int_{0}^{a} \frac{dx}{(a^2+x^2)^{3/2}}$, $a>0$

24 $\displaystyle\int \frac{dx}{\sqrt{x^2+16}}$

25 $\displaystyle\int \sqrt{1-4x^2}\,dx$

26 $\displaystyle\int \frac{\sqrt{x^2-9}}{x^3}\,dx$

27 $\displaystyle\int_{0}^{0.6} \frac{x^2}{\sqrt{9-25x^2}}\,dx$

28 $\displaystyle\int \frac{x}{\sqrt{x^2-7}}\,dx$

29 $\displaystyle\int \frac{\sqrt{1+x^2}}{x}\,dx$

30 $\displaystyle\int x\sqrt{1-x^4}\,dx$

31 먼저 $\displaystyle\int \frac{1}{\sqrt{9x^2+6x-8}}\,dx$를 완전제곱으로 고치고 $u=3x+1$로 치환하여 적분을 계산하라.

32 먼저 $\displaystyle\int \sqrt{5+4x-x^2}\,dx$를 먼저 완전제곱으로 고치고 적분을 계산하라.

33 입자가 속도함수 $v(t)=\sin\omega t\cos^2\omega t$로 움직인다. $f(0)=0$일 때 위치함수 $s=f(t)$를 구하라.

34 $1\le x\le 7$일 때 $f(x)=\sqrt{x^2-1}/x$의 평균값을 구하라.

35 반지름이 r이고 중심각이 θ인 원형 부채꼴의 넓이에 대한 공식 $A=\frac{1}{2}r^2\theta$를 증명하라. (힌트: $0<\theta<\pi/2$라 가정하고 원의 중심을 원점에 놓는다. 그러면 방정식 $x^2+y^2=r^2$을 얻고, A는 삼각형 POQ와 그림에 있는 영역 PQR의 넓이의 합이다.)

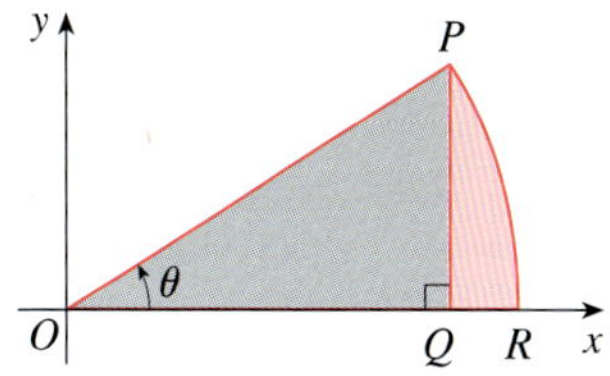

6.3 부분분수법

이 절에서는 임의의 유리함수(다항함수들의 비)를 소위 부분분수라 부르는, 이미 적분하는 방법을 알고 있는 간단한 분수들의 합으로 표현하여 적분하는 방법을 알아본다. 이 방법을 설명하기 위해 분수식 $2/(x-1)$와 $1/(x+2)$의 공통분모를 취하여 다음을 얻을 수 있다.

$$\frac{2}{x-1}-\frac{1}{x+2}=\frac{2(x+2)-(x-1)}{(x-1)(x+2)}=\frac{x+5}{x^2+x-2}$$

이제 이 과정을 역으로 하면 다음과 같이 이 방정식의 우변에 있는 함수를 적분하는 방법을 알 수 있다.

$$\int \frac{x+5}{x^2+x-2}\,dx=\int\left(\frac{2}{x-1}-\frac{1}{x+2}\right)dx$$
$$=2\ln|x-1|-\ln|x+2|+C$$

일반적으로 부분분수 방법을 어떻게 적용하는지 알기 위해 다항함수 P와 Q에 대해 다음과 같은 유리함수를 생각하자.

$$f(x) = \frac{P(x)}{Q(x)}$$

P의 차수가 Q의 차수보다 작으면 f를 간단한 분수식의 합으로 나타낼 수 있다. 이와 같은 유리함수를 진분수라고 한다. $a_n \neq 0$일 때 $P(x)$가 다음과 같다고 하자.

$$P(x) = a_n x^n + a_{n-1} x^{n-1} + \cdots + a_1 x + a_0$$

그러면 P의 차수는 n이고, 이것을 $\deg(P) = n$이라고 한 것을 기억하자.

f가 가분수이면, 즉 $\deg(P) \geq \deg(Q)$이면 나머지 $R(x)$가 $\deg(R) < \deg(Q)$가 될 때까지 예비단계로서 (장제법에 의해) P를 Q로 나눠야 한다. 그러면 나눗셈 결과는 다음과 같다.

$$f(x) = \frac{P(x)}{Q(x)} = S(x) + \frac{R(x)}{Q(x)} \tag{1}$$

여기서 S와 R은 다항함수이다.

예제 1 $\displaystyle\int \frac{x^3 + x}{x - 1}\, dx$를 구하라.

풀이

분자의 차수가 분모의 차수보다 크므로 먼저 장제법에 의해 나눗셈을 한다. 그러면 다음을 얻는다.

$$\begin{array}{r} x^2 + x + 2 \\ x-1\overline{)\,x^3 \qquad + x} \\ \underline{x^3 - x^2} \\ x^2 + x \\ \underline{x^2 - x} \\ 2x \\ \underline{2x - 2} \\ 2 \end{array}$$

$$\begin{aligned} \int \frac{x^3 + x}{x - 1}\, dx &= \int \left(x^2 + x + 2 + \frac{2}{x - 1}\right) dx \\ &= \frac{x^3}{3} + \frac{x^2}{2} + 2x + 2\ln|x - 1| + C \end{aligned}$$

다음 단계는 가능한 끝까지 분모 $Q(x)$를 인수분해하는 것이다. 임의의 다항함수 $Q(x)$는 1차 인수($ax + b$ 형태)와 기약인 2차 인수($ax^2 + bx + c$이고, $b^2 - 4ac < 0$인 형태)의 곱으로 인수분해할 수 있음을 보일 수 있다. 예를 들어 $Q(x) = x^4 - 16$이면 다음과 같이 인수분해할 수 있다.

$$Q(x) = (x^2 - 4)(x^2 + 4) = (x - 2)(x + 2)(x^2 + 4)$$

세 번째 단계는 진분수식 $R(x)/Q(x)$(식 (1)로부터)를 다음 형태의 **부분분수**partial fraction의 합으로 나타내는 것이다.

$$\frac{A}{(ax + b)^i} \quad \text{또는} \quad \frac{Ax + B}{(ax^2 + bx + c)^j}$$

이와 같이 하는 것은 대수학의 한 정리로부터 항상 가능하다. 이것을 네 가지 경우로 나누어 자세히 설명한다.

■ 경우 1 : 분모 $Q(x)$가 서로 다른 1차 인수의 곱인 경우

반복되는 인수가 없다면 (인수가 다른 인수의 상수배가 아닐 때) 다음과 같이 쓸 수 있다.

$$Q(x) = (a_1 x + b_1)(a_2 x + b_2) \cdots (a_k x + b_k)$$

이 경우에 부분분수 정리는 다음을 만족하는 상수 $A_1, A_2, \cdots, A_k$가 존재함을 말한다.

2 $$\frac{R(x)}{Q(x)} = \frac{A_1}{a_1 x + b_1} + \frac{A_2}{a_2 x + b_2} + \cdots + \frac{A_k}{a_k x + b_k}$$

이와 같은 상수는 다음 예제와 같이 결정할 수 있다.

예제 2 $\displaystyle\int \frac{x^2 + 2x - 1}{2x^3 + 3x^2 - 2x}\, dx$**를 계산하라.**

풀이

분자의 차수가 분모의 차수보다 낮으므로 나눌 필요가 없다. 분모를 다음과 같이 인수분해한다.

$$2x^3 + 3x^2 - 2x = x(2x^2 + 3x - 2) = x(2x - 1)(x + 2)$$

분모가 서로 다른 세 개의 1차 인수를 가지므로 피적분함수의 부분분수 분해 2는 다음과 같은 형태를 갖는다.

3 $$\frac{x^2 + 2x - 1}{x(2x - 1)(x + 2)} = \frac{A}{x} + \frac{B}{2x - 1} + \frac{C}{x + 2}$$

A, B, C의 값을 결정하기 위해 분모의 곱인 $x(2x - 1)(x + 2)$를 이 식의 양변에 곱하여 다음을 얻는다.

4 $$x^2 + 2x - 1 = A(2x - 1)(x + 2) + Bx(x + 2) + Cx(2x - 1)$$

식 4의 우변을 전개하고 다항함수에 대한 표준형으로 쓰면 다음을 얻는다.

5 $$x^2 + 2x - 1 = (2A + B + 2C)x^2 + (3A + 2B - C)x - 2A$$

식 5의 다항함수는 항등식이므로 계수들이 서로 같아야 한다. 그러므로 우변의 x^2의 계수 $2A + B + 2C$는 좌변의 x^2의 계수 1과 같아야 한다. 마찬가지로 x의 계수들과 상수항들도 같아야 한다. A, B, C에 대한 다음 연립방정식을 얻는다.

A, B, C를 구하기 위한 또 다른 방법은 이 예제의 끝에 이어진 NOTE에서 설명한다.

[그림 9]는 [예제 2]의 피적분함수와 $K=0$인 부정적분의 그래프이다. 어떤 함수가 어떤 그래프인가?

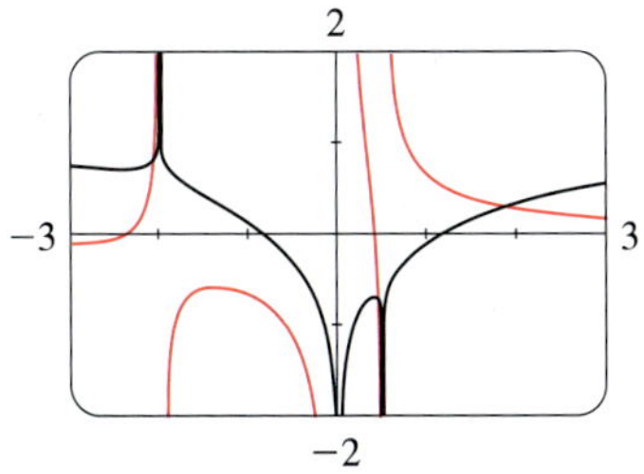

[그림 9]

$$
\begin{aligned}
2A + B + 2C &= 1 \\
3A + 2B - C &= 2 \\
-2A &= -1
\end{aligned}
$$

이를 풀면 $A = \frac{1}{2}$, $B = \frac{1}{5}$, $C = -\frac{1}{10}$이다. 따라서 다음을 얻는다.

각 항들의 공통분모를 취하고 더해서 부분분수의 합으로 잘 나타냈는지 확인할 수 있다.

$$
\begin{aligned}
\int \frac{x^2+2x-1}{2x^3+3x^2-2x}\,dx &= \int \left(\frac{1}{2}\frac{1}{x} + \frac{1}{5}\frac{1}{2x-1} - \frac{1}{10}\frac{1}{x+2}\right)dx \\
&= \frac{1}{2}\ln|x| + \frac{1}{10}\ln|2x-1| - \frac{1}{10}\ln|x+2| + K
\end{aligned}
$$

가운데 항을 적분할 때 마음속으로 $u = 2x-1$로 치환하고 $du = 2dx$, $dx = du/2$임을 이용한 것이다.

NOTE [예제 2]에서 계수 A, B, C를 구하기 위해 다른 방법을 사용할 수 있다. 식 4는 항등식이다. 즉 모든 x의 값에 대해 등식이 성립해야 한다. 방정식을 간단하게 하는 x의 값을 선택하자. 식 4에서 $x=0$을 대입하면 우변의 둘째 항과 셋째 항이 없어지고 방정식은 $-2A=-1$ 또는 $A=\frac{1}{2}$이 된다. 같은 방법으로 $x=\frac{1}{2}$이면 $5B/4=\frac{1}{4}$이고, $x=-2$이면 $10C=-1$이다. 따라서 $B=\frac{1}{5}$과 $C=-\frac{1}{10}$을 얻는다. ($x=0$, $\frac{1}{2}$, -2에 대해 식 3은 성립하지 않는다. 그런데 식 4에서는 왜 이들 값에 대해서도 성립하는 것일까? 사실상 식 4는 $x=0$, $\frac{1}{2}$, -2뿐만 아니라 모든 x에 대해 성립한다[연습문제 23] 참조).

■ www.stewartcalculus.com (Additional Examples A, B를 보라.)

■ 경우 2 : $Q(x)$가 반복되는 1차 인수의 곱인 경우

먼저 1차 인수 (a_1x+b_1)이 r번 반복된다고 하자. 즉 $(a_1x+b_1)^r$이 $Q(x)$의 인수분해에 나타난다고 하자. 그러면 식 2에서 단일 항 $A_1/(a_1x+b_1)$ 대신 다음을 이용한다.

6
$$
\frac{A_1}{a_1x+b_1} + \frac{A_2}{(a_1x+b_1)^2} + \cdots + \frac{A_r}{(a_1x+b_1)^r}
$$

예를 들어 다음과 같이 쓸 수 있다.

$$
\frac{x^3-x+1}{x^2(x-1)^3} = \frac{A}{x} + \frac{B}{x^2} + \frac{C}{x-1} + \frac{D}{(x-1)^2} + \frac{E}{(x-1)^3}
$$

더 간단한 예를 들어 자세하게 알아본다.

예제 3 $\displaystyle\int \frac{x^4-2x^2+4x+1}{x^3-x^2-x+1}\,dx$를 구하라.

풀이

첫 단계로 나눗셈을 한다. 장제법의 결과는 다음과 같다.

$$\frac{x^4-2x^2+4x+1}{x^3-x^2-x+1}=x+1+\frac{4x}{x^3-x^2-x+1}$$

다음 단계는 분모 $Q(x)=x^3-x^2-x+1$의 인수분해이다. $Q(1)=0$이므로 $x-1$이 인수이고 따라서 다음을 얻는다.

$$\begin{aligned}x^3-x^2-x+1&=(x-1)(x^2-1)=(x-1)(x-1)(x+1)\\&=(x-1)^2(x+1)\end{aligned}$$

1차 인수 $x-1$이 두 번 나타나므로 부분분수 분해는 다음과 같다.

$$\frac{4x}{(x-1)^2(x+1)}=\frac{A}{x-1}+\frac{B}{(x-1)^2}+\frac{C}{x+1}$$

가장 작은 공통분모 $(x-1)^2(x+1)$을 양변에 곱하면 다음을 얻는다.

7 $$\begin{aligned}4x&=A(x-1)(x+1)+B(x+1)+C(x-1)^2\\&=(A+C)x^2+(B-2C)x+(-A+B+C)\end{aligned}$$

이제 나음과 같이 양변의 각 계수가 같다고 놓는다.

$$\begin{aligned}A\qquad+C&=0\\B-2C&=4\\-A+B+C&=0\end{aligned}$$

계수를 구하기 위한 또 다른 방법은 다음과 같다.
7에서 $x=1$로 놓으면 $B=2$,
$x=-1$로 놓으면 $C=-1$,
$x=0$으로 놓으면 $A=B+C=1$이다.

이 방정식을 풀면 $A=1$, $B=2$, $C=-1$을 얻는다. 따라서 다음과 같다.

$$\begin{aligned}\int\frac{x^4-2x^2+4x+1}{x^3-x^2-x+1}dx&=\int\left[x+1+\frac{1}{x-1}+\frac{2}{(x-1)^2}-\frac{1}{x+1}\right]dx\\&=\frac{x^2}{2}+x+\ln|x-1|-\frac{2}{x-1}-\ln|x+1|+K\\&=\frac{x^2}{2}+x-\frac{2}{x-1}+\ln\left|\frac{x-1}{x+1}\right|+K\end{aligned}$$

여기서 $\ln\frac{a}{b}=\ln a-\ln b$를 이용한다.

■ 경우 3 : $Q(x)$가 반복되지 않는 기약 2차 인수를 포함하는 경우

$Q(x)$가 $b^2-4ac<0$인 인수 ax^2+bx+c를 가지면, $R(x)/Q(x)$에 대한 식은 1차 인수를 포함한 식 2와 6에 있는 부분분수에 덧붙여서 다음 형태의 항을 갖게 된다.

8 $$\frac{Ax+B}{ax^2+bx+c}$$

A와 B는 결정해야 할 상수이다. 예를 들어, $f(x)=x/[(x-2)(x^2+1)(x^2+4)]$는 다음과 같은 형태의 부분분수로 분해된다.

$$\frac{x}{(x-2)(x^2+1)(x^2+4)}=\frac{A}{x-2}+\frac{Bx+C}{x^2+1}+\frac{Dx+E}{x^2+4}$$

8 에 있는 항을 완전제곱으로 변형(필요 시)하고 다음 공식을 이용하여 적분할 수 있다.

9 $$\int\frac{dx}{x^2+a^2}=\frac{1}{a}\tan^{-1}\left(\frac{x}{a}\right)+C$$

예제 4 $\displaystyle\int\frac{2x^2-x+4}{x^3+4x}dx$**를 계산하라.**

풀이

$x^3+4x=x(x^2+4)$는 더 이상 인수분해할 수 없으므로 다음과 같이 쓴다.

$$\frac{2x^2-x+4}{x(x^2+4)}=\frac{A}{x}+\frac{Bx+C}{x^2+4}$$

$x(x^2+4)$를 양변에 곱하면 다음을 얻는다.

$$2x^2-x+4=A(x^2+4)+(Bx+C)x$$

$$=(A+B)x^2+Cx+4A$$

양변의 계수를 비교하면 $A+B=2$, $C=-1$, $4A=4$이다.

따라서 $A=1$, $B=1$, $C=-1$이므로 다음과 같다.

$$\int\frac{2x^2-x+4}{x^3+4x}dx=\int\left(\frac{1}{x}+\frac{x-1}{x^2+4}\right)dx$$

두 번째 항을 적분하기 위해 다음과 같이 두 부분으로 분리한다.

$$\int\frac{x-1}{x^2+4}dx=\int\frac{x}{x^2+4}dx-\int\frac{1}{x^2+4}dx$$

우변의 첫 번째 적분은 $u=x^2+4$로 치환하면 $du=2x\,dx$이다. 두 번째 적분은 $a=2$에 대한 공식 9 에 의해 다음과 같이 계산한다.

$$\int \frac{2x^2 - x + 4}{x(x^2+4)}\,dx = \int \frac{1}{x}\,dx + \int \frac{x}{x^2+4}\,dx - \int \frac{1}{x^2+4}\,dx$$

$$= \ln|x| + \frac{1}{2}\ln(x^2+4) - \frac{1}{2}\tan^{-1}(x/2) + K$$

예제 5 $\displaystyle\int \frac{4x^2 - 3x + 2}{4x^2 - 4x + 3}\,dx$**를 계산하라.**

풀이

분자의 차수가 분모의 차수보다 작지 않으므로 먼저 나누어서 다음을 얻는다.

$$\frac{4x^2 - 3x + 2}{4x^2 - 4x + 3} = 1 + \frac{x - 1}{4x^2 - 4x + 3}$$

이차식 $4x^2 - 4x + 3$은 그 판별식이 $b^2 - 4ac = -32 < 0$이므로 더 이상 인수분해되지 않는다. 그러므로 부분분수 기법을 사용할 필요가 없다. 주어진 함수를 적분하기 위해 다음과 같이 분모를 완전제곱으로 나타낸다.

$$4x^2 - 4x + 3 = (2x-1)^2 + 2$$

이제 $u = 2x - 1$로 치환하면 $du = 2\,dx$이고 $x = (u+1)/2$이다. 따라서 다음과 같다.

$$\int \frac{4x^2 - 3x + 2}{4x^2 - 4x + 3}\,dx = \int \left(1 + \frac{x-1}{4x^2 - 4x + 3}\right) dx$$

$$= x + \frac{1}{2}\int \frac{\frac{1}{2}(u+1) - 1}{u^2+2}\,du = x + \frac{1}{4}\int \frac{u-1}{u^2+2}\,du$$

$$= x + \frac{1}{4}\int \frac{u}{u^2+2}\,du - \frac{1}{4}\int \frac{1}{u^2+2}\,du$$

$$= x + \frac{1}{8}\ln(u^2+2) - \frac{1}{4}\cdot\frac{1}{\sqrt{2}}\tan^{-1}\left(\frac{u}{\sqrt{2}}\right) + C$$

$$= x + \frac{1}{8}\ln(4x^2 - 4x + 3) - \frac{1}{4\sqrt{2}}\tan^{-1}\left(\frac{2x-1}{\sqrt{2}}\right) + C$$

■ www.stewartcalculus.com
지금까지 적분 계산을 위한 여러 가지 방법을 배웠다. 주어진 적분에 대한 사용할 방법을 어떻게 알 수 있을까? 이를 위해 'Additional Topics'를 클릭한 후에 'Stategy for Integration'을 클릭하라.

NOTE _ [예제 5]는 다음과 같은 형태의 부분분수를 적분하는 일반적인 과정을 보여준다.

$$\frac{Ax+B}{ax^2+bx+c}, \quad b^2 - 4ac < 0$$

분모를 완전제곱으로 표현하고 다음 형태의 적분이 되도록 치환한다.

$$\int \frac{Cu+D}{u^2+a^2}\,du = C\int \frac{u}{u^2+a^2}\,du + D\int \frac{1}{u^2+a^2}\,du$$

이때 첫 번째 적분은 로그, 두 번째 적분은 $\tan^{-1}$로 나타난다.

■ 경우 4 : $Q(x)$가 반복되는 기약 2차 인수를 포함하는 경우

$Q(x)$가 $b^2-4ac<0$인 인수 $(ax^2+bx+c)^r$을 가지면 $R(x)/Q(x)$의 부분분수 분해는 부분분수 [8]의 단일 항 대신에 다음의 합으로 분해된다.

$$\text{[10]} \qquad \frac{A_1x+B_1}{ax^2+bx+c}+\frac{A_2x+B_2}{(ax^2+bx+c)^2}+\cdots+\frac{A_rx+B_r}{(ax^2+bx+c)^r}$$

식 [10] 안에 있는 각 항은 필요하면 먼저 완전제곱으로 바꾸고 치환하여 적분할 수 있다.

예제 6 **다음 함수를 부분분수 분해의 형태로 나타내라.**

$$\frac{x^3+x^2+1}{x(x-1)(x^2+x+1)(x^2+1)^3}$$

풀이

$$\frac{x^3+x^2+1}{x(x-1)(x^2+x+1)(x^2+1)^3}$$
$$=\frac{A}{x}+\frac{B}{x-1}+\frac{Cx+D}{x^2+x+1}+\frac{Ex+F}{x^2+1}+\frac{Gx+H}{(x^2+1)^2}+\frac{Ix+J}{(x^2+1)^3}$$

[예제 6]의 계수를 손으로 직접 구하는 것은 매우 지루한 일이다. 반면에 대부분의 컴퓨터 대수체계를 이용하면 매우 빠르게 계수를 구할 수 있다. 예를 들어 Maple 명령어 convert(f, parfrac, x) 또는 Mathematica 명령어 Apart[f]를 이용하면 다음 값을 얻는다.

$$A=-1,\quad B=\frac{1}{8},\quad C=D=-1,$$
$$E=\frac{15}{8},\quad F=-\frac{1}{8},\quad G=H=\frac{3}{4},$$
$$I=-\frac{1}{2},\quad J=\frac{1}{2}$$

예제 7 $\displaystyle\int\frac{1-x+2x^2-x^3}{x(x^2+1)^2}\,dx$**를 계산하라.**

풀이

이 함수의 부분분수 분해의 형태는 다음과 같다.

$$\frac{1-x+2x^2-x^3}{x(x^2+1)^2}=\frac{A}{x}+\frac{Bx+C}{x^2+1}+\frac{Dx+E}{(x^2+1)^2}$$

양변에 $x(x^2+1)^2$을 곱하면 다음을 얻는다.

$$\begin{aligned}-x^3+2x^2-x+1&=A(x^2+1)^2+(Bx+C)x(x^2+1)+(Dx+E)x\\&=A(x^4+2x^2+1)+B(x^4+x^2)+C(x^3+x)+Dx^2+Ex\\&=(A+B)x^4+Cx^3+(2A+B+D)x^2+(C+E)x+A\end{aligned}$$

양변의 계수를 같게 놓으면 다음 연립방정식을 얻는다.

$$A+B=0,\quad C=-1,\quad 2A+B+D=2,\quad C+E=-1,\quad A=1$$

즉 $A=1,\ B=-1,\ C=-1,\ D=1,\ E=0$이므로 다음을 얻는다.

$$\int \frac{1-x+2x^2-x^3}{x(x^2+1)^2}dx = \int\left(\frac{1}{x}-\frac{x+1}{x^2+1}+\frac{x}{(x^2+1)^2}\right)dx$$

$$= \int\frac{dx}{x}-\int\frac{x}{x^2+1}dx-\int\frac{dx}{x^2+1}+\int\frac{xdx}{(x^2+1)^2}$$

$$= \ln|x|-\frac{1}{2}\ln(x^2+1)-\tan^{-1}x-\frac{1}{2(x^2+1)}+K$$

두 번째와 네 번째 항에서 마음속으로 $u=x^2+1$로 치환한 것이다.

6.3 연습문제

01~03 다음 함수를 [예제 6]과 같이 부분분수 분해의 형태로 나타내라. 계수의 값은 결정하지 않는다.

01 (a) $\dfrac{1+6x}{(4x-3)(2x+5)}$ (b) $\dfrac{10}{5x^2-2x^3}$

02 (a) $\dfrac{x^4+1}{x^5+4x^3}$ (b) $\dfrac{1}{(x^2-9)^2}$

03 (a) $\dfrac{x^6}{x^2-4}$ (b) $\dfrac{x^4}{(x^2-x+1)(x^2+2)^2}$

04~17 다음 적분을 계산하라.

04 $\displaystyle\int\frac{x^4}{x-1}dx$ 05 $\displaystyle\int\frac{5x+1}{(2x+1)(x-1)}dx$

06 $\displaystyle\int_0^1\frac{2}{2x^2+3x+1}dx$ 07 $\displaystyle\int\frac{ax}{x^2-bx}dx$

08 $\displaystyle\int_0^1\frac{2x+3}{(x+1)^2}dx$ 09 $\displaystyle\int_1^2\frac{4y^2-7y-12}{y(y+2)(y-3)}dy$

10 $\displaystyle\int\frac{x^2+1}{(x-3)(x-2)^2}dx$ 11 $\displaystyle\int\frac{x^3+4}{x^2+4}dx$

12 $\displaystyle\int\frac{10}{(x-1)(x^2+9)}dx$ 13 $\displaystyle\int\frac{x^3+x^2+2x+1}{(x^2+1)(x^2+2)}dx$

14 $\displaystyle\int\frac{x+4}{x^2+2x+5}dx$ 15 $\displaystyle\int\frac{1}{x^3-1}dx$

16 $\displaystyle\int\frac{dx}{x(x^2+4)^2}$ 17 $\displaystyle\int\frac{x-3}{(x^2+2x+4)^2}dx$

18~20 피적분함수를 치환하여 유리함수로 표현하고 적분을 계산하라.

18 $\displaystyle\int_9^{16}\frac{\sqrt{x}}{x-4}dx,\ u=\sqrt{x}$ 19 $\displaystyle\int\frac{x^3}{\sqrt[3]{x^2+1}}dx$

20 $\displaystyle\int\frac{e^{2x}}{e^{2x}+3e^x+2}dx$

21 이 절에서의 기법과 함께 부분적분법을 이용하여 $\int\ln(x^2-x+2)dx$를 계산하라.

22 살충제를 쓰지 않고 곤충의 개체수의 증가를 억제시키는 한 가지 방법은 번식 능력이 있는 암컷과 짝짓기는 하되 생식 능력이 없는 다수의 수컷을 개체군에 투입하는 것이다. P를 암컷의 수, S를 각 세대에 투입된 생식 능력이 없는 수컷의 수, r을 그 집단의 자연증가율이라고 하자. 그러면 암컷의 개체수와 시간 t 사이에는 다음과 같은 관계식이 성립한다.

$$t=\int\frac{P+S}{P[(r-1)P-S]}dP$$

$r=0.10$의 증가율로 증가하고 있는 암컷 10,000마리가 있는 곤충 집단에 900마리의 생식 능력이 없는 수컷을 투입했다고 하자. 적분을 계산해서 암컷의 개체수와 시간 사이의 관계를 나타내는 방정식을 구하라. (이 방정식은 P에 대해 명확하게 풀리지는 않는다는 점에 유의하라.)

23 $F,\ G,\ Q$가 다항함수이고 $Q(x)\neq 0$인 모든 x에 대해 다음을 만족한다고 하자.

$$\frac{F(x)}{Q(x)}=\frac{G(x)}{Q(x)}$$

모든 x에 대해 $F(x)=G(x)$임을 증명하라. [힌트: 연속성을 이용한다.]

24 $a\neq 0$이고 n이 양의 정수일 때, 다음 함수를 부분분수 분해의 형태로 나타내라.

$$f(x)=\frac{1}{x^n(x-a)}$$

[힌트: 먼저 $1/(x-a)$의 계수를 구한 후 그 나머지 항을 빼고 좌변을 간단히 한다.]

6.4 적분표와 컴퓨터 대수체계

이 절에서는 적분표와 컴퓨터 대수체계를 이용하여 적분을 계산하는 방법을 설명한다.

적분표

부정적분 표는 컴퓨터 대수체계를 사용하지 못하거나 손으로 직접 계산하기 어려운 적분을 계산해야할 때 매우 유용하다. 이 책의 끝에 있는 '부록 D'에 유형별로 분류된 약 120개의 적분 공식이 있다.

더 확장된 적분표는 즈빌링거Daniel Zwillinger의 저서 "CRC Standard Mathematical Tables and Formulae, 32판, Boca Raton, FL, 2012"(709개) 또는 제프리Jefferey와 즈빌링거Zwillinger에 의해 출판된 그래드체인Gradshteyn과 리직Ryzhik의 "Table of Integrals, Serres, and Products, 7판, San Diego: Academic Press, 2007"에 수백 쪽에 걸쳐 적분을 수록하고 있다. 그러나 적분은 적분표에 있는 형태로만 나타나지는 않는다는 것을 기억해야 한다. 통상적으로 치환 법칙이나 대수적인 조작을 이용하여 주어진 적분을 적분표에 있는 형태로 바꿔야 한다.

예제 1 적분표를 이용하여 $\int \frac{x^2}{\sqrt{5-4x^2}}\,dx$를 구하라.

적분표는 '부록 D'에 있다.

풀이

'$\sqrt{a^2-u^2}$을 포함하는 형태'라는 제목을 가진 적분표를 보면 다음과 같이 34번 공식과 가장 가깝다는 것을 알 수 있다.

$$\int \frac{u^2}{\sqrt{a^2-u^2}}\,du=-\frac{u}{2}\sqrt{a^2-u^2}+\frac{a^2}{2}\sin^{-1}\left(\frac{u}{a}\right)+C$$

이 적분은 34번 공식과 정확히 일치하지 않지만, 먼저 $u=2x$로 치환하면 다음과 같다.

$$\int \frac{x^2}{\sqrt{5-4x^2}}\,dx = \int \frac{(u/2)^2}{\sqrt{5-u^2}}\,\frac{du}{2} = \frac{1}{8}\int \frac{u^2}{\sqrt{5-u^2}}\,du$$

그러면 $a^2 = 5$(즉 $a = \sqrt{5}$)인 공식 34를 이용하여 다음을 얻는다.

$$\begin{aligned}\int \frac{x^2}{\sqrt{5-4x^2}}\,dx &= \frac{1}{8}\int \frac{u^2}{\sqrt{5-u^2}}\,du \\ &= \frac{1}{8}\left[-\frac{u}{2}\sqrt{5-u^2} + \frac{5}{2}\sin^{-1}\frac{u}{\sqrt{5}}\right] + C \\ &= -\frac{x}{8}\sqrt{5-4x^2} + \frac{5}{16}\sin^{-1}\left(\frac{2x}{\sqrt{5}}\right) + C\end{aligned}$$

예제 2 **적분표를 이용하여 $\int x^3 \sin x\,dx$를 구하라**

풀이

'삼각함수 형태'를 보면 u^3을 명확하게 포함하는 항목이 없다. 그러나 $n=3$인 점화공식 84를 다음과 같이 이용할 수 있다.

$$\int x^3 \sin x\,dx = -x^3\cos x + 3\int x^2 \cos x\,dx$$

이제 $\int x^2\cos x\,dx$를 계산해야 한다. 먼저 $n=2$인 점화공식 85를 이용하고, 그 다음 $\int x\sin x dx$에 점화공식 82를 적용한다.

85. $\int u^n \cos u\,du = u^n \sin u - n\int u^{n-1}\sin u\,du$

$$\begin{aligned}\int x^2\cos x\,dx &= x^2\sin x - 2\int x\sin x\,dx \\ &= x^2\sin x - 2(\sin x - x\cos x) + K\end{aligned}$$

이렇게 계산한 것들을 종합하면 다음을 얻는다.

$$\int x^3\sin x\,dx = -x^3\cos x + 3x^2\sin x + 6x\cos x - 6\sin x + C$$

여기서 $C = 3K$이다.

예제 3 **적분표를 이용하여 $\int x\sqrt{x^2+2x+4}\,dx$를 구하라.**

풀이

적분표에 $\sqrt{a^2+x^2}$, $\sqrt{a^2-x^2}$, $\sqrt{x^2-a^2}$을 포함하는 형태는 있지만 $\sqrt{ax^2+bx+c}$를 포함하는 형태는 없다. 그러므로 먼저 다음과 같이 완전제곱의 형태로 고친다.

$$x^2+2x+4=(x+1)^2+3$$

$u=x+1$(즉 $x=u-1$)로 치환하면 피적분함수는 다음과 같이 $\sqrt{a^2+u^2}$ 형태를 포함할 것이다.

$$\begin{aligned}\int x\sqrt{x^2+2x+4}\,dx &= \int (u-1)\sqrt{u^2+3}\,du \\ &= \int u\sqrt{u^2+3}\,du - \int \sqrt{u^2+3}\,du\end{aligned}$$

첫 번째 적분은 $t=u^2+3$으로 치환하여 다음과 같이 적분한다.

$$\int u\sqrt{u^2+3}\,du = \frac{1}{2}\int \sqrt{t}\,dt = \frac{1}{2}\cdot\frac{2}{3}t^{3/2} = \frac{1}{3}(u^2+3)^{3/2}$$

두 번째 적분은 $a=\sqrt{3}$ 인 공식 21을 이용하여 다음을 얻는다.

21. $\int \sqrt{a^2+u^2}\,du = \frac{u}{2}\sqrt{a^2+u^2} + \frac{a^2}{2}\ln(u+\sqrt{a^2+u^2}) + C$

$$\int \sqrt{u^2+3}\,du = \frac{u}{2}\sqrt{u^2+3} + \frac{3}{2}\ln(u+\sqrt{u^2+3})$$

따라서 구하고자 하는 적분은 다음과 같다.

$$\begin{aligned}&\int x\sqrt{x^2+2x+4}\,dx \\ &= \frac{1}{3}(x^2+2x+4)^{3/2} - \frac{x+1}{2}\sqrt{x^2+2x+4} - \frac{3}{2}\ln(x+1+\sqrt{x^2+2x+4}) + C\end{aligned}$$

컴퓨터 대수체계

적분표를 이용하여 주어진 피적분함수의 형태와 일치하는 피적분함수의 형태를 찾아봤다. 컴퓨터는 특히 패턴을 찾는 일에 능숙하다. 적분표와 함께 치환을 이용한 것과 마찬가지로 컴퓨터 대수체계도 주어진 적분을 내장된 공식에 있는 적분으로 변환할 수 있다. 그러므로 적분할 때 컴퓨터 대수체계가 특출나다는 점은 놀라운 일이 아니다. 손으로 직접 적분하는 것이 구식이라는 의미는 아니다. 간혹 부정적분을 구할 때 기계로 답을 구하는 것보다 손으로 직접 계산하는 것이 더 편리할 수 있다는 것을 알게 될 것이다.

상대적으로 간단한 함수 $y=1/(3x-2)$를 적분하도록 기계에 명령할 때 어떤 일이 벌어지는지 살펴보자. $u=3x-2$로 치환하여 손으로 다음과 같이 쉽게 계산할 수 있다.

$$\int \frac{1}{3x-2}\,dx = \frac{1}{3}\ln|3x-2| + C$$

반면에 Derive, Mathematica, Maple 등은 모두 다음과 같은 답을 낸다.

$$\frac{1}{3}\ln(3x-2)$$

첫 번째 주의할 점은 컴퓨터 대수체계는 적분상수를 생략한다는 사실이다. 다시 말해서 컴퓨터 대수체계는 가장 일반적인 것이 아닌 특수한 역도함수를 만든다. 그러므로 기계로 적분할 때 적분상수를 더해줘야 한다. 둘째로 기계의 답에는 절댓값 기호가 생략되어 있다. $\frac{2}{3}$보다 큰 x의 값만을 생각한다면 문제가 되지 않으나, 다른 x의 값에 관심을 갖는다면 절댓값 기호를 넣어 줄 필요가 있다.

다음 예제에서 [예제 3]의 적분을 다시 생각한다. 그러나 이번에는 기계로 답을 얻는다.

예제 4 컴퓨터 대수체계를 이용하여 $\int x\sqrt{x^2+2x+4}\,dx$를 구하라.

풀이

Maple은 다음과 같이 응답한다.

$$\frac{1}{3}(x^2+2x+4)^{3/2}-\frac{1}{4}(2x+2)\sqrt{x^2+2x+4}-\frac{3}{2}\operatorname{arcsinh}\frac{\sqrt{3}}{3}(1+x)$$

이것은 [예제 3]에서 구한 답과 달라 보이지만 동일한 식이다. 세 번째 항을 다음 항등식을 이용하여 다시 쓸 수 있기 때문이다.

$$\operatorname{arcsinh} x=\ln\left(x+\sqrt{x^2+1}\right)$$

이것은 5.7절 식 3이다.

따라서 다음을 얻는다.

$$\begin{aligned}\operatorname{arcsinh}\frac{\sqrt{3}}{3}(1+x)&=\ln\left[\frac{\sqrt{3}}{3}(1+x)+\sqrt{\frac{1}{3}(1+x)^2+1}\right]\\&=\ln\frac{1}{\sqrt{3}}\left[1+x+\sqrt{(1+x)^2+3}\right]\\&=\ln\frac{1}{\sqrt{3}}+\ln\left(x+1+\sqrt{x^2+2x+4}\right)\end{aligned}$$

결과로 생긴 별도의 항 $-\frac{3}{2}\ln(1/\sqrt{3})$은 적분상수에 포함시킬 수 있다.

Mathematica는 다음과 같은 답을 준다.

$$\left(\frac{5}{6}+\frac{x}{6}+\frac{x^2}{3}\right)\sqrt{x^2+2x+4}-\frac{3}{2}\operatorname{arcsinh}\left(\frac{1+x}{\sqrt{3}}\right)$$

Mathematica는 [예제 3](그리고 Maple의 결과)의 처음 두 항을 인수분해해서 하나의 항으로 결합시켰다.

Derive의 답은 다음과 같다.

$$\frac{1}{6}\sqrt{x^2+2x+4}\,(2x^2+x+5)-\frac{3}{2}\ln\left(\sqrt{x^2+2x+4}+x+1\right)$$

첫 번째 항은 Mathematica 답과 같고, 두 번째 항은 [예제 3]의 마지막 항과 일치한다.

예제 5 **CAS를 이용하여 $\int x(x^2+5)^8\,dx$를 계산하라.**

풀이

Maple과 Mathematica는 다음과 같은 동일한 답을 제시한다.

$$\frac{1}{18}x^{18}+\frac{5}{2}x^{16}+50x^{14}+\frac{1750}{3}x^{12}+4375x^{10}+21875x^{8}+\frac{218750}{3}x^{6}$$
$$+156250x^4+\frac{390625}{2}x^2$$

두 시스템 모두 이항정리에 의해 $(x^2+5)^8$을 전개시킨 다음 적분한 것이다.

한편 손으로 직접 적분할 때는 $u=x^2+5$로 치환하여 다음을 얻는다.

$$\int x(x^2+5)^8\,dx=\frac{1}{18}(x^2+5)^9+C$$

Derive와 TI-89, TL-92도 이 답을 제시한다.

대부분의 경우에 이것이 더 편리한 답이다.

예제 6 **CAS를 이용하여 $\int \sin^5 x\cos^2 x\,dx$를 구하라.**

풀이

6.2절 [예제 2]에서 다음을 알았다.

$$\int \sin^5 x\cos^2 x\,dx=-\frac{1}{3}\cos^3 x+\frac{2}{5}\cos^5 x-\frac{1}{7}\cos^7 x+C \tag{1}$$

Derive와 Maple은 다음 답을 보여준다.

$$-\frac{1}{7}\sin^4 x\cos^3 x-\frac{4}{35}\sin^2 x\cos^3 x-\frac{8}{105}\cos^3 x$$

반면에 Mathematica는 다음 답을 제시한다.

$$-\frac{5}{64}\cos x-\frac{1}{192}\cos 3x+\frac{3}{320}\cos 5x-\frac{1}{448}\cos 7x$$

이러한 세 개의 답이 동치임을 보이는 삼각항등식들이 있을지 의심스럽다면 삼각항등식을 이용하여 이들 식을 간단히 하도록 Derive, Maple, Mathematica에 명령하면 된다. 그러면 결국 식 1 에서와 같은 동일한 형태의 답을 제시한다.

모든 연속함수는 적분할 수 있는가?

다음과 같은 질문에 대해 생각해보자. 치환 법칙, 부분적분법, 적분표, 컴퓨터 대수체계와 더불어 기본 적분 공식들을 이용하면 모든 연속함수들의 적분을 구할 수 있을 것인가? 특히 이것들을 이용하여 $\int e^{x^2}dx$를 계산할 수 있을까? 답은 '아니다.'이다. 피적분함수는 지금까지 접해봤던 익숙한 함수가 아니다.

이 책에서 다루는 대부분의 함수들은 **기본함수**elementary function라고 부르는 것들이다. 이 함수들은 다항함수, 유리함수, 거듭제곱 함수(x^a), 지수함수(a^x), 로그함수, 삼각함수, 역삼각함수 그리고 이들의 덧셈, 뺄셈, 곱셈, 나눗셈, 합성의 다섯 가지 연산을 통해 얻어지는 함수들이다. 예를 들어 다음은 기본함수이다.

$$f(x)=\sqrt{\frac{x^2-1}{x^3+2x-1}}+\ln(\cos x)-x\,e^{\sin 2x}$$

f가 기본함수이면 f'도 기본함수이지만 $\int f(x)dx$가 반드시 기본함수가 된다고 할 수는 없다. $f(x)=e^{x^2}$을 생각하면 f가 연속이므로 그 적분은 존재한다. 함수 F를

$$F(x)=\int_0^x e^{t^2}dt$$

와 같이 정의한다면 미적분학의 기본 정리 1로부터 다음과 같음을 알 수 있다.

$$F'(x)=e^{x^2}$$

따라서 $f(x)=e^{x^2}$은 역도함수 F를 갖지만 F는 기본함수가 아님을 증명할 수 있다. 이것은 아무리 노력해도 이미 알고 있는 함수를 이용해서 $\int e^{x^2}dx$를 결코 계산할 수 없음을 의미한다. (그러나 8장에서 $\int e^{x^2}dx$가 어떻게 무한급수로 표현되는지 볼 것이다.) 다음 적분들도 마찬가지로 적분을 구할 수 없다.

$$\int\frac{e^x}{x}dx \qquad \int\sin(x^2)\,dx \qquad \int\cos(e^x)\,dx$$

$$\int\sqrt{x^3+1}\,dx \qquad \int\frac{1}{\ln x}dx \qquad \int\frac{\sin x}{x}dx$$

사실상 대부분의 기본함수의 역도함수는 기본함수가 아니다.

6.4 연습문제

01~11 '부록 D'의 적분표를 이용하여 다음 적분을 계산하라.

01 $\int_0^{\pi/8} \arctan 2x\,dx$

02 $\int \frac{\cos x}{\sin^2 x - 9}\,dx$

03 $\int \frac{dx}{x^2\sqrt{4x^2+9}}$

04 $\int_0^{\pi} x^3 \sin x\,dx$

05 $\int \frac{\tan^3(1/z)}{z^2}\,dz$

06 $\int y\sqrt{6+4y-4y^2}\,dy$

07 $\int \sin^2 x \cos x \ln(\sin x)\,dx$

08 $\int \frac{e^x}{3-e^{2x}}\,dx$

09 $\int \frac{x^4\,dx}{\sqrt{x^{10}-2}}$

10 $\int \frac{\sqrt{4+(\ln x)^2}}{x}\,dx$

11 $\int \sqrt{e^{2x}-1}\,dx$

12 다음 방법에 의해 적분표에 있는 공식 53을 보여라.

(a) 미분하여 (b) $t=a+bu$로 치환하여

13~16 CAS 컴퓨터 대수체계를 이용하여 다음 적분을 계산하라. 구한 답을 적분표를 이용한 결과와 비교하라. 만일 답이 일치하지 않는다면 그 답들이 동치임을 보여라.

13 $\int \sec^4 x\,dx$

14 $\int x^2\sqrt{x^2+4}\,dx$

15 $\int \cos^4 x\,dx$

16 $\int \tan^5 x\,dx$

17 CAS (a) 적분표를 이용하여 함수 $f(x)$에 대해 $F(x)=\int f(x)\,dx$를 계산하라.

$$f(x)=\frac{1}{x\sqrt{1-x^2}}$$

f와 F의 정의역은 무엇인가?

(b) CAS를 이용하여 $F(x)$를 계산하라. CAS가 만들어내는 함수 F의 정의역은 무엇인가? 이 정의역과 (a)에서 구한 함수 F의 정의역 사이의 차이는 무엇인가?

6.5 근사 적분

정적분의 정확한 값을 구할 수 없는 두 가지 경우가 있다.

첫 번째 경우는 미적분학의 기본 정리를 이용하여 $\int_a^b f(x)\,dx$를 구할 때 f의 역도함수를 알아야 한다는 사실에서 발생한다. 그러나 역도함수를 구하는 것이 어렵거나 심지어 불가능할 수도 있다(6.4절 참조). 예를 들어 다음 적분을 정확히 계산한다는 것은 불가능하다.

$$\int_0^1 e^{x^2}\,dx,\quad \int_{-1}^1 \sqrt{1+x^3}\,dx$$

두 번째 경우는 과학적 실험으로부터 계기를 판독하거나 자료를 수집하여 함수가 결정될 때 발생한다. 함수에 대한 식이 없을 수도 있다([예제 5] 참조).

두 가지 경우 모두 정적분의 근삿값을 구해야 한다. 우리는 이미 이러한 방법 한 가지를 알고 있다. 정적분은 리만 합의 극한으로 정의되므로 리만 합은 다음과 같이 근삿값으로 사용될 수 있다.

$[a, b]$를 동일한 길이 $\Delta x = (b-a)/n$를 갖는 n개의 부분 구간으로 분할하면, i번째 부분 구간 $[x_{i-1}, x_i]$ 안에 있는 임의의 점 x_i^*에 대해 다음을 얻는다.

$$\int_a^b f(x)\,dx \approx \sum_{i=1}^{n} f(x_i^*)\,\Delta x$$

만일 x_i^*를 구간의 왼쪽 끝점으로 선택하면 $x_i^* = x_{i-1}$이고 다음을 얻는다.

1 $$\int_a^b f(x)\,dx \approx L_n = \sum_{i=1}^{n} f(x_{i-1})\,\Delta x$$

만일 $f(x) \geq 0$이면 적분은 넓이를 나타내고, 1은 [그림 10(a)]와 같이 직사각형들에 의한 넓이의 근삿값을 나타낸다. x_i^*를 구간의 오른쪽 끝점으로 선택하면 $x_i^* = x_i$이고 다음을 얻는다([그림 10(b)] 참조).

2 $$\int_a^b f(x)\,dx \approx R_n = \sum_{i=1}^{n} f(x_i)\,\Delta x$$

식 1과 2에 의해 정의된 근삿값 L_n과 R_n을 각각 **왼쪽 끝점 근삿값** left endpoint approximation과 **오른쪽 끝점 근삿값** right endpoint approximation이라 한다.

4.2절에서 x_i^*를 부분 구간 $[x_{i-1}, x_i]$의 중점 $\bar{x}_i$로 택한 경우도 생각했다. [그림 10(c)]는 L_n 또는 R_n보다 더 좋은 형태인 중점 근삿값 M_n을 보여준다.

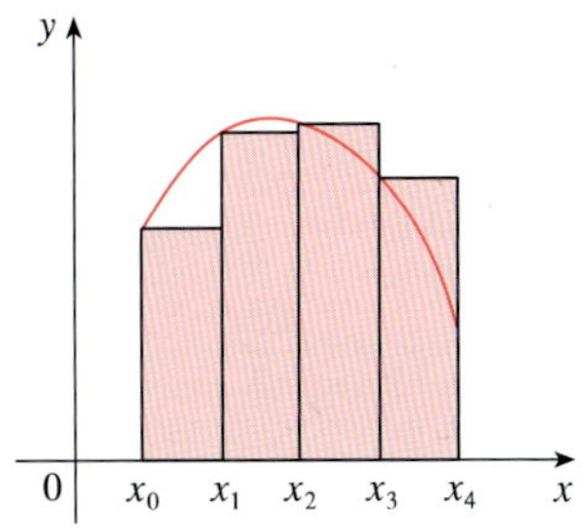

(a) 왼쪽 끝점 근삿값

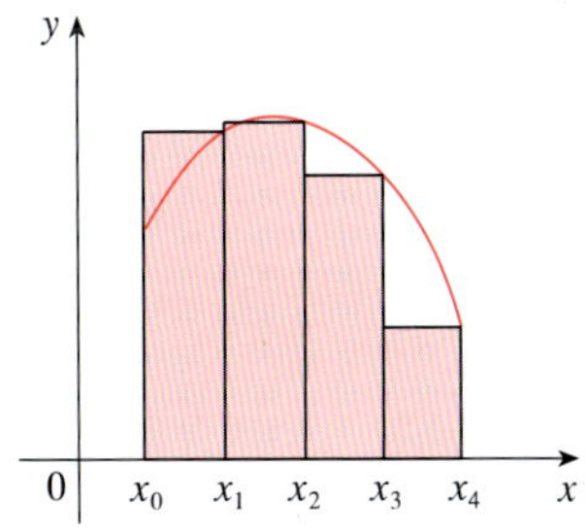

(b) 오른쪽 끝점 근삿값

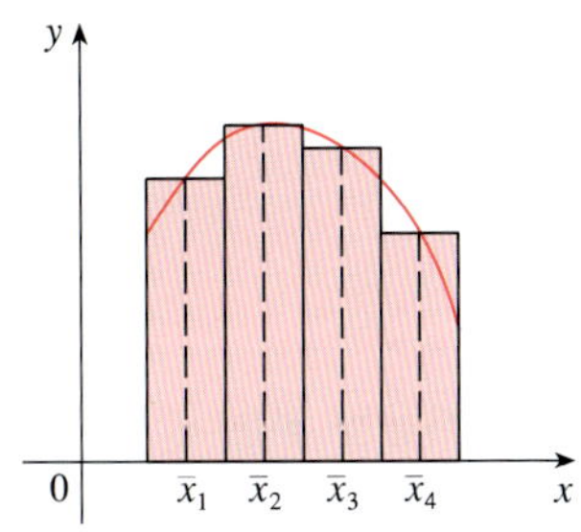

(c) 중점 근삿값

[그림 10]

중점 법칙

$$\int_a^b f(x)\,dx \approx M_n = \Delta x \left[f(\bar{x}_1) + f(\bar{x}_2) + \cdots + f(\bar{x}_n) \right]$$

여기서 $\Delta x = \dfrac{b-a}{n}$이고 $\bar{x}_i = \dfrac{1}{2}(x_{i-1} + x_i)$는 $[x_{i-1}, x_i]$의 중점이다.

또 다른 근삿값으로 다음과 같이 식 1과 2의 근삿값을 평균한 결과인 **사다리꼴 공식** trapezoidal rule이 있다.

$$\int_a^b f(x)\,dx \approx \frac{1}{2}\left[\sum_{i=1}^{n} f(x_{i-1})\,\Delta x + \sum_{i=1}^{n} f(x_i)\,\Delta x \right] = \frac{\Delta x}{2}\left[\sum_{i=1}^{n} \left(f(x_{i-1}) + f(x_i) \right) \right]$$

$$= \frac{\Delta x}{2}\left[\left(f(x_0) + f(x_1) \right) + \left(f(x_1) + f(x_2) \right) + \cdots + \left(f(x_{n-1}) + f(x_n) \right) \right]$$

$$= \frac{\Delta x}{2}\left[f(x_0) + 2f(x_1) + 2f(x_2) + \cdots + 2f(x_{n-1}) + f(x_n) \right]$$

사다리꼴 공식

$$\int_a^b f(x)\,dx$$
$$\approx T_n = \frac{\Delta x}{2}\left[f(x_0)+2f(x_1)+2f(x_2)+\cdots+2f(x_{n-1})+f(x_n)\right]$$

여기서 $\Delta x = (b-a)/n$이고 $x_i = a + i\,\Delta x$이다.

사다리꼴 공식이라고 부르는 이유는 $f(x) \geq 0$일 때를 설명하는 [그림 11]을 보면 알 수 있다. i번째 부분 구간 위에 있는 사다리꼴의 넓이는 다음과 같다.

$$\Delta x\left(\frac{f(x_{i-1})+f(x_i)}{2}\right) = \frac{\Delta x}{2}\left[f(x_{i-1})+f(x_i)\right]$$

그리고 이러한 사다리꼴의 모든 넓이를 더하면 사다리꼴 공식의 우변을 얻는다.

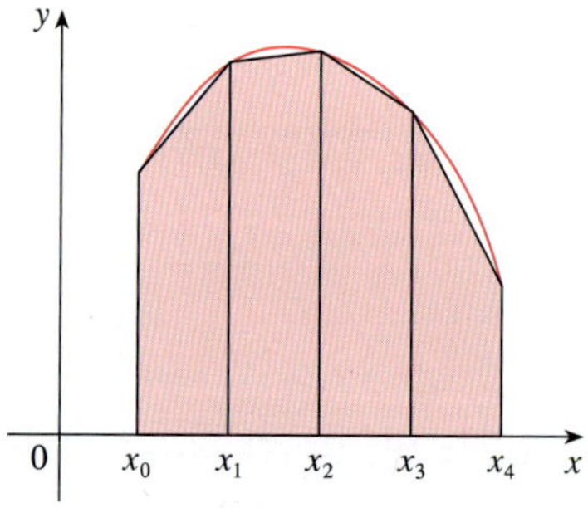

[그림 11] 사다리꼴 근삿값

예제 1 **$n=5$에 대해 (a) 사다리꼴 공식 (b) 중점 법칙을 이용하여 적분 $\int_1^2 (1/x)\,dx$의 근삿값을 구하라.**

풀이

(a) $n=5$, $a=1$, $b=2$일 때 $\Delta x = (2-1)/5 = 0.2$이므로 사다리꼴 공식을 이용하여 다음을 얻는다.

$$\int_1^2 \frac{1}{x}\,dx \approx T_5 = \frac{0.2}{2}\left[f(1)+2f(1.2)+2f(1.4)+2f(1.6)+2f(1.8)+f(2)\right]$$
$$= 0.1\left(\frac{1}{1}+\frac{2}{1.2}+\frac{2}{1.4}+\frac{2}{1.6}+\frac{2}{1.8}+\frac{1}{2}\right)$$
$$\approx 0.695635$$

이 근삿값은 [그림 12]에서 설명한다.

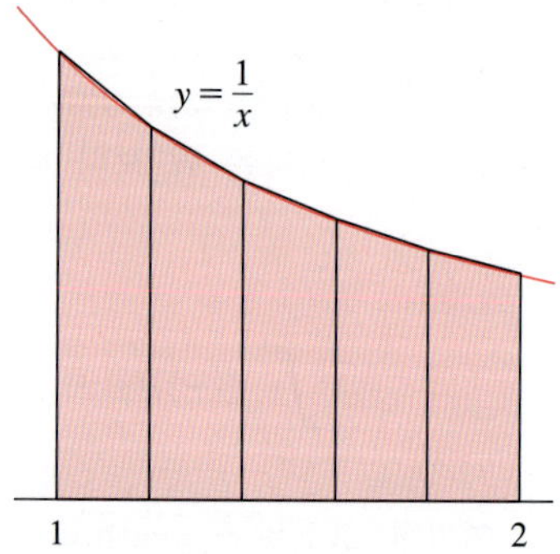

[그림 12]

(b) 5개 부분 구간의 중점은 1.1, 1.3, 1.5, 1.7, 1.9이므로 중점 법칙을 이용하여 다음을 얻는다.

$$\int_1^2 \frac{1}{x}\,dx \approx M_5 = \Delta x\left[f(1.1)+f(1.3)+f(1.5)+f(1.7)+f(1.9)\right]$$
$$= \frac{1}{5}\left(\frac{1}{1.1}+\frac{1}{1.3}+\frac{1}{1.5}+\frac{1}{1.7}+\frac{1}{1.9}\right)$$
$$\approx 0.691908$$

이 근삿값은 [그림 13]에서 설명한다.

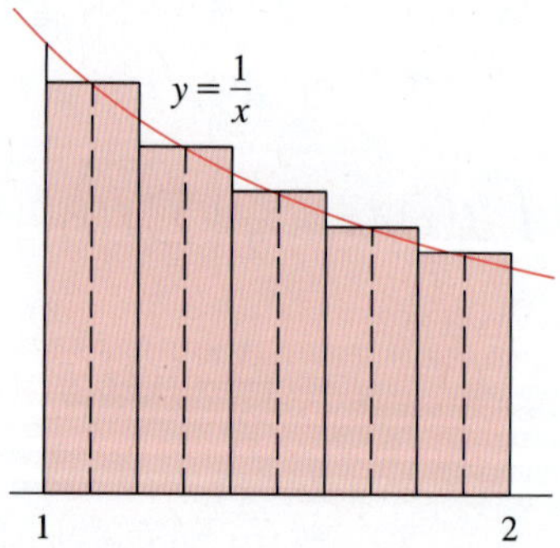

[그림 13]

[예제 1]에서는 사다리꼴 공식과 중점 법칙이 얼마나 정확한지를 알기 위해 의도적으로 명확하게 계산되는 적분을 택했다. 미적분학의 기본 정리에 의해 다음을 얻는다.

$$\int_1^2 \frac{1}{x}\,dx = \ln x\,\Big]_1^2 = \ln 2 = 0.693147\cdots$$

근삿값을 사용할 때 **오차**error는 정확한 값을 얻기 위해 근삿값에 더해야 하는 양으로 정의된다. [예제 1]에서 구한 값들로부터 $n=5$인 경우의 사다리꼴 공식과 중점 법칙의 오차는 각각 다음과 같다.

$\int_a^b f(x)\,dx =$ 근삿값 + 오차

$$E_T \approx -0.002488, \qquad E_M \approx 0.001239$$

일반적으로 다음이 성립한다.

$$E_T = \int_a^b f(x)\,dx - T_n, \qquad E_M = \int_a^b f(x)\,dx - M_n$$

[표 2]는 [예제 1]에서 구한 계산과 비슷하게 $n=5,\ 10,\ 20$일 때 사다리꼴 공식과 중점 법칙뿐만 아니라 왼쪽, 오른쪽 끝점에 대한 근삿값을 계산한 결과이다.

TEC Module 4.2/6.5의 근사 방법을 비교할 수 있다.

$\int_1^2 \frac{1}{x}\,dx$의 근삿값

n	L_n	R_n	T_n	M_n
5	0.745635	0.645635	0.695635	0.691908
10	0.718771	0.668771	0.693771	0.692835
20	0.705803	0.680803	0.693303	0.693069

대응하는 오차

n	E_L	E_R	E_T	E_M
5	−0.052488	0.047512	−0.002488	0.001239
10	−0.025624	0.024376	−0.000624	0.000312
20	−0.012656	0.012344	−0.000156	0.000078

[표 2]

[표 2]로부터 다음과 같이 여러 가지 사실을 관찰할 수 있다.

1. 모든 방법에서 n의 값이 증가할수록 더욱 정확한 근삿값을 얻는다. (그러나 n의 값이 매우 커지면 수많은 산술연산의 결과로 반올림 오차가 누적된다는 것에 주의해야 한다.)
2. 왼쪽과 오른쪽 끝점 근삿값에서 오차는 부호가 서로 다르며, n의 값이 2배로 늘어나면 약 1/2로 줄어든다.
3. 끝점 근삿값보다 사다리꼴 공식과 중점 법칙이 더 정확하다.
4. 사다리꼴 공식과 중점 법칙에서의 오차는 부호가 서로 다르며, n의 값이 2배로 늘어나면 약 1/4로 줄어든다.
5. 중점 법칙에서 오차의 크기는 사다리꼴 공식에서 오차의 크기의 약 반이다.

관찰 결과는 대부분의 경우에 참이다.

[그림 14]는 보편적으로 중점 법칙이 사다리꼴 공식보다 더 정확한 이유를 보여준다. 중점 법칙에서 전형적인 사각형의 넓이는 점 P에서 그래프에 대한 접선을 윗변으로

갖는 사다리꼴 $ABCD$의 넓이와 같다. 이 사다리꼴의 넓이는 사다리꼴 공식에서 이용되는 사다리꼴 $AQRD$의 넓이보다 그래프 아래의 넓이에 더 가깝다. [중점 오차(회색으로 칠한 부분)는 사다리꼴 오차(붉은색으로 칠한 부분)보다 더 작다.]

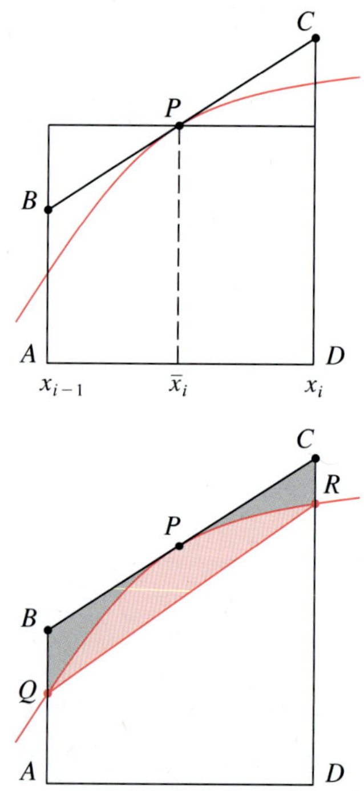

[그림 14]

이러한 관찰은 수치해석에서 증명하고 있는 오차 추정으로 증명할 수 있다. 즉 $(2n)^2 = 4n^2$이므로 앞서 관찰 4는 각 분모에서 n^2에 대응한다. 오차가 2계 도함수의 크기에 의존한다는 사실은 [그림 14]를 보면 놀라운 일이 아니다. 왜냐하면 $f''(x)$는 그래프가 얼마나 휘었는지를 측정하기 때문이다. [$f''(x)$는 $y = f(x)$의 기울기가 얼마나 빨리 변하는가를 보여준다는 것을 기억하자.]

3 오차한계

$a \le x \le b$에서 $|f''(x)| \le K$라 하자. E_T와 E_M을 각각 사다리꼴 공식과 중점 법칙에서의 오차라고 한다면 다음이 성립한다.

$$|E_T| \le \frac{K(b-a)^3}{12n^2}, \qquad |E_M| \le \frac{K(b-a)^3}{24n^2}$$

[예제 1]에서 사다리꼴 공식 근삿값에 이 오차 추정을 적용해보자. $f(x) = 1/x$이면 $f'(x) = -1/x^2$, $f''(x) = 2/x^3$이다. $1 \le x \le 2$일 때 $1/x \le 1$이므로 다음을 얻는다.

$$|f''(x)| = \left|\frac{2}{x^3}\right| \le \frac{2}{1^3} = 2$$

그러므로 오차 추정 3에서 $K=2$, $a=1$, $b=2$, $n=5$라 하면 다음을 알 수 있다.

K는 $|f''(x)|$의 값보다 큰 임의의 수가 될 수 있지만 K 값이 작을수록 더 오차한계가 더 나아진다.

$$|E_T| \le \frac{2(2-1)^3}{12(5)^2} = \frac{1}{150} \approx 0.006667$$

이 오차 추정 0.006667을 실제 오차인 약 0.002488과 비교하면 실제 오차가 식 3에서 주어진 오차의 상한보다 상당히 작은 것을 알 수 있다.

예제 2 $\int_1^2 (1/x)\,dx$**에 대한 사다리꼴 공식과 중점 법칙의 근삿값이 0.0001 이내로 정확하기 위해서는 얼마나 큰 n을 택해야 하는가?**

풀이

앞의 계산으로부터 $1 \le x \le 2$에서 $|f''(x)| \le 2$이므로 3에서 $K=2$, $a=1$, $b=2$를 택할 수 있다. 0.0001 이내에서의 정확도는 오차 크기가 0.0001보다 작은 것을 의미한다. 그러므로 다음과 같은 n을 선택한다.

$$\frac{2(1)^3}{12n^2} < 0.0001$$

n에 대한 부등식을 풀면 다음을 얻는다.

$$n^2 > \frac{2}{12(0.0001)} \quad \text{또는} \quad n > \frac{1}{\sqrt{0.0006}} \approx 40.8$$

n이 41보다 더 작은 값이어도 충분할 수 있으나 이 값은 오차한계 공식이 0.0001 이내의 정확도를 보장할 수 있는 가장 작은 값이다.

따라서 $n = 41$이다.

중점 정리에서 동일한 정확도를 얻기 위해 다음과 같이 n을 선택한다.

$$\frac{2(1)^3}{24n^2} < 0.0001$$

따라서 다음을 얻는다.

$$n > \frac{1}{\sqrt{0.0012}} \approx 29$$

예제 3 (a) $n = 10$인 중점 법칙을 이용하여 적분 $\int_0^1 e^{x^2}dx$의 근삿값을 구하라.

(b) 이 오차에 따른 오차의 상한을 구하라.

풀이

(a) $a = 0$, $b = 1$, $n = 10$이므로 중점 법칙에 의해 다음을 얻는다.

$$\begin{aligned}\int_0^1 e^{x^2}dx &\approx \Delta x\,[f(0.05)+f(0.15)+\cdots+f(0.85)+f(0.95)] \\ &= 0.1\,[e^{0.0025}+e^{0.0225}+e^{0.0625}+e^{0.1225}+e^{0.2025}+e^{0.3025} \\ &\qquad +e^{0.4225}+e^{0.5625}+e^{0.7225}+e^{0.9025}] \\ &\approx 1.460393\end{aligned}$$

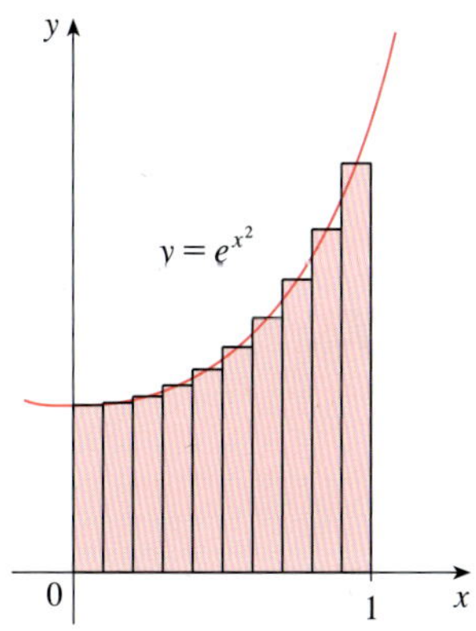

[그림 15]

[그림 15]는 이 근삿값을 설명한다.

(b) $f(x) = e^{x^2}$일 때 $f'(x) = 2xe^{x^2}$, $f''(x) = (2+4x^2)e^{x^2}$이다. 또한 $0 \le x \le 1$이므로 $x^2 \le 1$이다. 따라서 다음을 얻는다.

$$0 \le |f''(x)| = (2+4x^2)e^{x^2} \le 6e$$

오차 추정 [3]에서 $K = 6e$, $a = 0$, $b = 1$, $n = 10$을 택하면 오차의 상한은 다음과 같음을 알 수 있다.

오차 추정은 오차에 대한 상한으로, 실제 오차보다 더 큰 최악의 경우를 제시한다. 이 경우에 실제 오차는 약 0.0023이다.

$$\frac{6e(1)^3}{24(10)^2} = \frac{e}{400} \approx 0.007$$

심프슨의 공식

또 다른 근사 적분은 곡선을 근사하기 위해 직선 대신 포물선을 이용하여 얻는다. 앞에서와 같이 $[a, b]$를 동일한 길이 $h = \Delta x = (b-a)/n$를 갖는 n개의 부분 구간으로 분할하지만, 이번에는 n을 짝수라고 가정한다. [그림 16]과 같이 연속한 두 구간에서 곡선 $y = f(x) \geq 0$을 포물선으로 근사시킨다. 만일 $y_i = f(x_i)$라 하면 점 $P_i(x_i, y_i)$는 x_i 위에 있는 곡선 위의 점이다. 전형적인 포물선은 연이은 세 점 P_i, P_{i+1}, P_{i+2}를 지나간다.

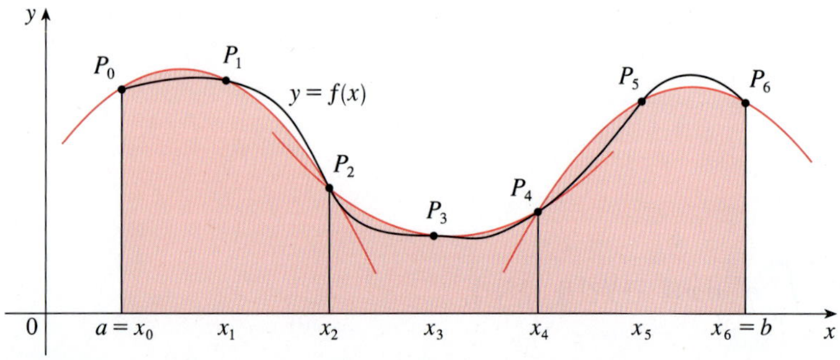

[그림 16]

계산을 간단히 하기 위해 먼저 $x_0 = -h$, $x_1 = 0$, $x_2 = h$인 경우를 생각하자([그림 17] 참조). P_0, P_1, P_2를 지나는 포물선의 방정식은 $y = Ax^2 + Bx + C$의 형태이므로 $x = -h$에서 $x = h$까지 포물선 아래의 넓이는 다음과 같다.

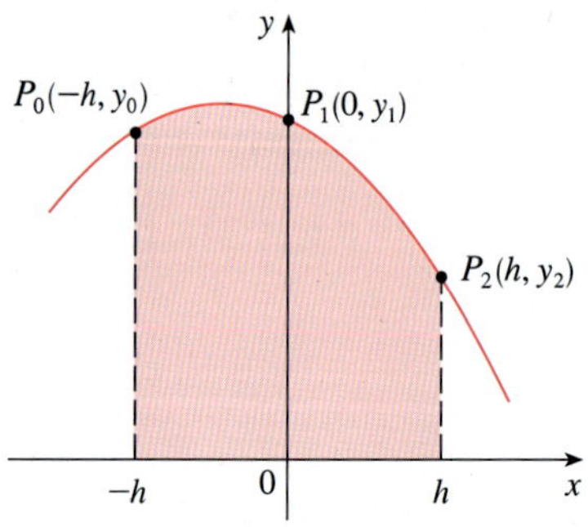

[그림 17]

$$\int_{-h}^{h} (Ax^2 + Bx + C)\,dx = 2\int_0^h (Ax^2 + C)\,dx$$

$$= 2\left[A\frac{x^3}{3} + Cx\right]_0^h$$

$$= 2\left(A\frac{h^3}{3} + Ch\right) = \frac{h}{3}(2Ah^2 + 6C)$$

여기서 정리 4.5절 정리 6을 사용했다. $Ax^2 + C$는 우함수, Bx는 기함수이다.

한편 이 포물선이 $P_0(-h, y_0)$, $P_1(0, y_1)$, $P_2(h, y_2)$를 지나므로 다음을 얻는다.

$$y_0 = A(-h)^2 + B(-h) + C = Ah^2 - Bh + C$$

$$y_1 = C$$

$$y_2 = Ah^2 + Bh + C$$

그러므로 $y_0+4y_1+y_2=2Ah^2+6C$이다. 따라서 포물선 아래의 넓이를 다음과 같이 쓸 수 있다.

$$\frac{h}{3}(y_0+4y_1+y_2)$$

이 포물선을 수평으로 평행이동 시켜도 그 넓이는 변하지 않는다. 이것은 [그림 16]과 같이 $x=x_0$에서 $x=x_2$까지 P_0, P_1, P_2를 지나는 포물선 아래의 넓이가 다음과 같음을 의미한다.

$$\frac{h}{3}(y_0+4y_1+y_2)$$

비슷한 방법으로 $x=x_2$에서 $x=x_4$까지 P_2, P_3, P_4를 지나는 포물선 아래의 넓이는 다음과 같다.

$$\frac{h}{3}(y_2+4y_3+y_4)$$

이와 같은 방법으로 모든 포물선 아래의 넓이를 계산하여 그 결과들을 모두 더하면 다음을 얻는다.

$$\int_a^b f(x)\,dx \approx \frac{h}{3}(y_0+4y_1+y_2)+\frac{h}{3}(y_2+4y_3+y_4)+\cdots+\frac{h}{3}(y_{n-2}+4y_{n-1}+y_n)$$

$$=\frac{h}{3}(y_0+4y_1+2y_2+4y_3+2y_4+\cdots+2y_{n-2}+4y_{n-1}+y_n)$$

$f(x)\ge 0$인 경우에 대해 이 근삿값을 유도했지만, 이것은 임의의 연속함수 f에 대해서도 타당한 근삿값이다. 그리고 이것을 영국의 수학자 **심프슨**Thomas Simpson, 1710~1761의 이름을 따서 심프슨의 공식이라 부른다. 계수의 형태는 1, 4, 2, 4, 2, 4, 2, ⋯, 4, 2, 4, 1임에 주의하자.

심프슨의 공식

n이 짝수이고 $\Delta x=(b-a)/n$이면 다음이 성립한다.

$$\int_a^b f(x)\,dx \approx S_n=\frac{\Delta x}{3}\left[f(x_0)+4f(x_1)+2f(x_2)+4f(x_3)+\cdots+2f(x_{n-2})+4f(x_{n-1})+f(x_n)\right]$$

심프슨

심프슨은 방직공이었으나 독학으로 수학을 연구하여 18세기 영국 최고의 수학자 중 한 사람이 되었다. 우리가 심프슨의 공식이라고 부르는 공식은 실제로 17세기의 카발리에리와 그레고리도 알고 있었으나 심프슨의 저서인 "Mathematical Dissertations(1743)"에서 이 공식을 대중화시켰다.

예제 4 $n=10$인 심프슨의 공식을 이용하여 $\int_1^2 (1/x)\,dx$의 근삿값을 계산하라.

풀이

$f(x)=1/x$, $n=10$, $\Delta x=0.1$을 심프슨의 공식에 대입하면 다음을 얻는다.

$$\begin{aligned}\int_1^2 \frac{1}{x}\,dx &\approx S_{10}\\ &= \frac{\Delta x}{3}[f(1)+4f(1.1)+2f(1.2)+4f(1.3)+\cdots+2f(1.8)+4f(1.9)+f(2)]\\ &= \frac{0.1}{3}\left(\frac{1}{1}+\frac{4}{1.1}+\frac{2}{1.2}+\frac{4}{1.3}+\frac{2}{1.4}+\frac{4}{1.5}+\frac{2}{1.6}+\frac{4}{1.7}+\frac{2}{1.8}+\frac{4}{1.9}+\frac{1}{2}\right)\\ &\approx 0.693150\end{aligned}$$

[예제 4]에서 심프슨의 공식은 사다리꼴 공식($T_{10}\approx 0.693771$) 또는 중점 법칙 ($M_{10}\approx 0.692835$)보다도 적분의 참값($\ln 2\approx 0.693147\cdots$)에 더 좋은 근삿값($S_{10}$ ≈ 0.693150)을 제공한다. 심프슨의 공식에 의한 근삿값은 다음과 같이 사다리꼴 공식과 중점 법칙에 의한 근삿값들의 가중평균임이 밝혀졌다([연습문제 24] 참조).

$$S_{2n}=\frac{1}{3}T_n+\frac{2}{3}M_n$$

(보편적으로 E_T와 E_M의 부호는 반대이고 $|E_M|$은 $|E_T|$의 크기의 약 반임을 상기하자.)

미적분학의 많은 응용에서 x의 함수로서 y에 대한 식이 명확하지 않더라도 적분을 계산해야 할 때가 있다. 함수가 그래프로 주어질 수도 있고 또는 수집한 자료 값들의 표로 주어질 수도 있다. 값이 급격하게 변하지 않는다는 것이 확실하다면 사다리꼴 공식이나 심프슨의 공식을 이용하여 x에 관한 y의 적분 $\int_a^b y\,dx$의 근삿값을 구할 수 있다.

예제 5 [그림 18]은 1998년 2월 10일 미국에서 SWITCH(스위스의 education & Research Network)로 전송된 자료의 양을 보여준다. $D(t)$는 초당 메가비트(MB/s)로 측정된 자료 처리량이다. 심프슨의 공식을 이용해서 어느 날 밤 12시부터 정오까지 접속을 통해 전송된 자료의 총량을 추정하라.

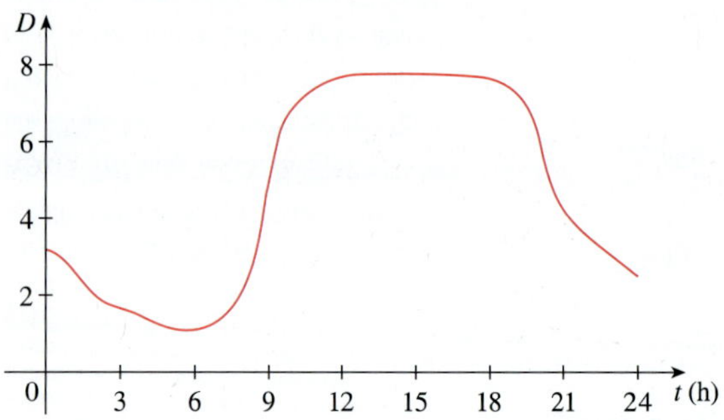

[그림 18]

풀이

단위가 일치해야 하고 $D(t)$는 초당 메가비트로 측정되기 때문에 t의 단위시간은 시간에서 초로 바뀌어야 한다. $A(t)$를 t초에 전송된 자료의 양(Mb)이라 하면 $A'(t) = D(t)$이다. 따라서 순변화 정리(5.3절 참조)에 따라 정오($t = 12 \times 60^2 = 43200$)까지 전송된 자료의 총량은 다음과 같다.

$$A(43200) = \int_0^{43200} D(t)\,dt$$

그래프에서 한 시간마다 $D(t)$의 값을 추정해서 [표 3]을 만든다.

t(시간)	t(초)	$D(t)$	t(시간)	t(초)	$D(t)$
0	0	3.2	7	25200	1.3
1	3600	2.7	8	28800	2.8
2	7200	1.9	9	32400	5.7
3	10800	1.7	10	36000	7.1
4	14400	1.3	11	39600	7.7
5	18000	1.0	12	43200	7.9
6	21600	1.1			

[표 3]

적분 값을 추정하기 위해 $n = 12$와 $\Delta t = 3600$인 심프슨의 공식을 이용하면 다음과 같다.

$$\begin{aligned}\int_0^{43200} D(t)\,dt &\approx \frac{\Delta t}{3}[D(0) + 4D(3600) + 2D(7200) + \cdots + 4D(39600) + D(43200)] \\ &\approx \frac{3600}{3}[3.2 + 4(2.7) + 2(1.9) + 4(1.7) + 2(1.3) + 4(1.0) \\ &\qquad + 2(1.1) + 4(1.3) + 2(2.8) + 4(5.7) + 2(7.1) + 4(7.7) + 7.9] \\ &= 143880\end{aligned}$$

따라서 정오까지 전송된 자료의 총량은 약 144000Mb, 즉 144Gb이다.

[표 4]는 값이 약 0.69314718인 적분 $\int_1^2 (1/x)\,dx$에 대해 중점 법칙과 심프슨의 공식을 비교한 것이다. [표 4]의 두 번째 표는 심프슨의 공식에 대한 오차 E_S가 n이 두 배가 될 때 약 1/16로 줄어드는 것을 보여준다. ([연습문제 13]에서는 다른 적분에 대해 확인해보도록 한다.) 이 사실은 심프슨의 공식에 대한 다음 오차 추정에서 분모에 n^4이 나타나는 것과 일치한다. 이는 사다리꼴 공식과 중점 법칙에 대해 3 에서 다룬 오차 추정과 비슷하지만, 여기서는 f의 4계 도함수를 이용한다.

n	M_n	S_n
4	0.69121989	0.69315453
8	0.69266055	0.69314765
16	0.69302521	0.69314721

n	M_n	S_n
4	0.00192729	−0.00000735
8	0.00048663	−0.00000047
16	0.00012197	−0.00000003

[표 4]

> **4 심프슨의 공식에 대한 오차한계**
>
> $a \le x \le b$에서 $|f^{(4)}(x)| \le K$라 하자. 심프슨의 공식을 사용할 때 발생하는 오차를 E_S라 하면 다음이 성립한다.
>
> $$|E_S| \le \frac{K(b-a)^5}{180n^4}$$

많은 계산기와 컴퓨터 대수체계는 정적분의 근삿값을 계산할 수 있는 알고리즘이 내장되어 있다. 일부 기계들은 심프슨의 공식을 사용하고, 일부는 적응 수치적분이라는 좀 더 세련된 기술을 사용한다. 이것은 다른 구간보다도 어느 부분에서 변동을 거듭한다면 그 부분을 좀 더 세분화된 부분 구간으로 분할하는 것이다. 이 변동이 심한 부분은 더 많은 부분 구간으로 나누는 것이다. 이러한 전략은 주어진 정확도를 얻기 위한 계산 횟수를 줄여준다.

예제 6 $\int_1^2 (1/x)\,dx$에 대해 심프슨의 공식을 이용한 근삿값이 0.0001 이내로 정확하기 위해 얼마나 큰 n을 택해야 하는가?

풀이

$f(x) = 1/x$이므로 $f^{(4)}(x) = 24/x^5$이다. $x \ge 1$이므로 $1/x \le 1$이고 다음이 성립한다.

$$|f^{(4)}(x)| = \left|\frac{24}{x^5}\right| \le 24$$

4에서 $K = 24$를 택할 수 있으므로 오차를 0.0001보다 작게 하려면 다음과 같이 n을 택해야 한다.

$$\frac{24(1)^5}{180n^4} < 0.0001$$

그러므로 다음을 얻는다.

$$n^4 > \frac{24}{180(0.0001)} \quad \text{또는} \quad n > \frac{1}{\sqrt[4]{0.00075}} \approx 6.04$$

따라서 $n = 8$(n은 반드시 짝수여야 한다.)은 원하는 정확도를 준다. (이 결과를 사다리꼴 공식에 대해 $n = 41$, 중점 법칙에 대해 $n = 29$인 [예제 2]에서 얻은 결과와 비교해보자.)

[그림 19]는 [예제 7]의 계산을 설명한다. 포물선의 호가 $y = e^{x^2}$의 그래프와 구별하기 힘들 정도로 근접해 있음에 주목하자.

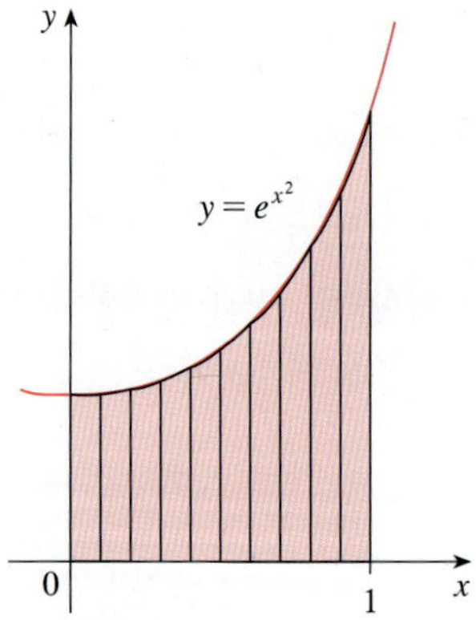

[그림 19]

예제 7 **(a)** $n = 10$인 심프슨의 공식을 이용해서 $\int_0^1 e^{x^2}\,dx$의 근삿값을 구하라.
(b) 이 근삿값에 대한 오차를 추정하라.

풀이

(a) $n = 10$이면 $\Delta x = 0.1$이므로 심프슨 공식에 의해 다음을 얻는다.

$$\int_0^1 e^{x^2}\,dx \approx \frac{\Delta x}{3}[f(0) + 4f(0.1) + 2f(0.2) + \cdots + 2f(0.8) + 4f(0.9) + f(1)]$$

$$= \frac{0.1}{3}[e^0 + 4e^{0.01} + 2e^{0.04} + 4e^{0.09} + 2e^{0.16} + 4e^{0.25} + 2e^{0.36}$$

$$+4e^{0.49}+2e^{0.64}+4e^{0.81}+e^{1}]$$

$$\approx 1.462681$$

(b) $f(x)=e^{x^2}$의 4계 도함수는 다음과 같다.

$$f^{(4)}(x)=(12+48x^2+16x^4)e^{x^2}$$

그리고 $0 \le x \le 1$이므로 다음을 얻는다.

$$0 \le f^{(4)}(x) \le (12+48+16)e^1 = 76e$$

그러므로 4에서 $K=76e$, $a=0$, $b=1$, $n=10$으로 놓으면, 오차는 기껏해야 다음과 같음을 알 수 있다.

$$\frac{76e(1)^5}{180(10)^4} \approx 0.000115$$

[이것을 [예제 3(b)]와 비교하자.] 따라서 소수점 아래 셋째 자리까지 정확하게 다음을 얻는다.

$$\int_0^1 e^{x^2}dx \approx 1.463$$

6.5 연습문제

01 그래프가 다음과 같은 함수 f에 대해 $I=\int_0^4 f(x)dx$라 하자.

(a) 그래프를 이용하여 L_2, R_2, M_2를 구하라.

(b) 위의 값들이 I에 대해 과대 추정인가 아니면 과소 추정인가?

(c) 그래프를 이용해서 T_2를 구하고 I의 값과 비교하라.

(d) 임의의 n에 대해 L_n, R_n, M_n, T_n, I의 값을 크기 순으로 나열하라.

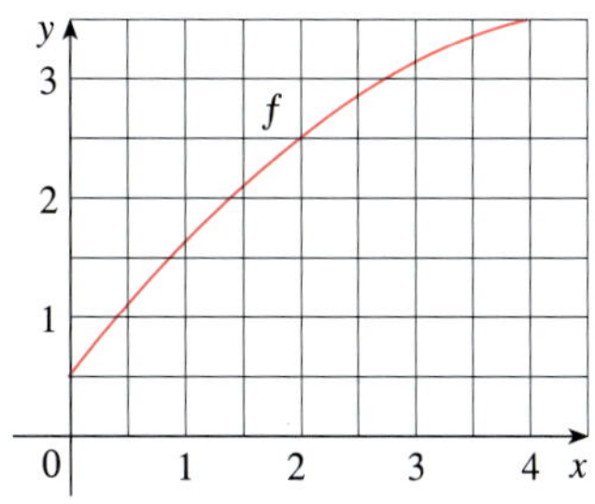

02 $n=4$에 대해 (a) 사다리꼴 공식 (b) 중점 법칙을 이용하여 $\int_0^1 \cos(x^2)dx$를 추정하라. 피적분함수의 그래프로부터 추정값이 참값보다 작은지 또는 큰지를 결정하라. 적분의 참값에 대해 어떻게 결론지을 수 있는가?

03 지정된 n에 대해 다음을 이용하여 $\int_0^2 \frac{x}{1+x^2}\,dx$, $n=10$의 근삿값을 구하라. (반올림하여 소수점 아래 여섯째 자리까지 구한다.) 오차를 결정하기 위해 구한 값과 정확한 값을 비교하라.

(a) 중점 법칙

(b) 심프슨의 공식

04~08 주어진 n에 대해 (a) 사다리꼴 공식 (b) 중점 법칙 (c) 심프슨의 공식을 이용하여 적분의 근삿값을 구하라. (반올림하여 소수점 아래 여섯째 자리까지 구한다.)

04 $\int_1^2 \sqrt{x^3-1}\,dx,\quad n=10$

05 $\int_0^2 \frac{e^x}{1+x^2}\,dx,\quad n=10$

06 $\int_0^4 e^{\sqrt{t}}\sin t\,dt,\quad n=8$

07 $\int_1^5 \frac{\cos x}{x}\,dx,\quad n=8$

08 $\int_0^3 \frac{1}{1+y^5}\,dy,\quad n=6$

---

09 (a) 적분 $\int_0^1 \cos(x^2)\,dx$에 대해 근삿값 T_8과 M_8을 구하라.

(b) (a)의 근삿값에서 오차를 추정하라.

(c) (a)에 있는 적분에 대한 근삿값 T_n과 M_n이 0.0001 이내로 정확하기 위해서 n은 얼마여야 하는가?

10 (a) $\int_0^\pi \sin x\,dx$에 대한 근삿값 T_{10}, M_{10}, S_{10}을 구하고 이에 대응하는 오차 E_T, E_M, E_S를 구하라.

(b) [3]과 [4]에 의해 주어진 추정오차와 (a)에서 구한 실제 오차들을 비교하라.

(c) (a)에 있는 적분의 근삿값 T_n, M_n, S_n이 0.00001 이내로 정확하기 위해서 n은 얼마여야 하는가?

11 CAS 오차 추정의 어려움은 종종 4계 도함수 계산이 매우 어렵다는 것과 $|f^{(4)}(x)|$에 대한 좋은 상한 K를 손으로 직접 계산하여 얻는 것이 어렵다는 데 있다. 그러나 컴퓨터 대수체계는 $f^{(4)}$을 계산하고 이것을 그래프로 그리는 데 아무런 문제가 없다. 따라서 기계에서 생성된 그래프로부터 K 값을 쉽게 구할 수 있다. 이 문제는 $f(x)=e^{\cos x}$일 때 적분 $I=\int_0^{2\pi} f(x)\,dx$의 근삿값을 다룬다.

(a) 그래프를 이용하여 $|f''(x)|$에 대한 좋은 상한을 구하라.

(b) M_{10}을 이용해서 I를 추정하라.

(c) (a)를 이용해서 (b)의 오차를 추정하라.

(d) 수치적분 능력이 내장된 CAS를 이용하여 I를 추정하라.

(e) (c)에서 얻은 오차 추정과 실제 오차를 비교하라.

(f) 그래프를 이용하여 $|f^{(4)}(x)|$에 대한 좋은 상한을 구하라.

(g) S_{10}을 이용하여 I를 추정하라.

(h) (f)를 이용하여 (g)에서 오차를 추정하라.

(i) (h)에서 얻은 오차 추정과 실제 오차를 비교하라.

(j) S_n을 이용할 때 오차의 크기가 0.0001보다 작으려면 얼마나 큰 n을 택해야 하는가?

12 $n=5$, 10, 20에 대해 적분 $\int_0^1 xe^x\,dx$의 근삿값 L_n, R_n, T_n, M_n을 구하라. 각 근삿값에 대응하는 오차 E_L, E_R, E_T, E_M을 구하라. (반올림해서 소수점 아래 여섯째 자리까지 구한다. 컴퓨터 대수체계에서 합의 명령어를 사용할 수 있다.) 무엇을 관찰할 수 있는가? 특히 n이 두 배가 될 때 오차는 어떻게 되는가?

13 $n=6$과 12에 대해 적분 $\int_1^4 1/\sqrt{x}\,dx$의 근삿값 T_n, M_n, S_n을 구하라. 각 근삿값에 대응하는 오차 E_T, E_M, E_S를 구하라. (반올림해서 소수점 아래 여섯째 자리까지 구한다. 컴퓨터 대수체계에서 합의 명령어를 사용할 수 있다.) 무엇을 관찰할 수 있는가? 특히 n이 두 배가 될 때 오차는 어떻게 되는가?

14 $n=6$에 대해 (a) 사다리꼴 공식 (b) 중점 법칙 (c) 심프슨의 공식을 이용하여 그림에 있는 그래프 아래의 넓이를 각각 추정하라.

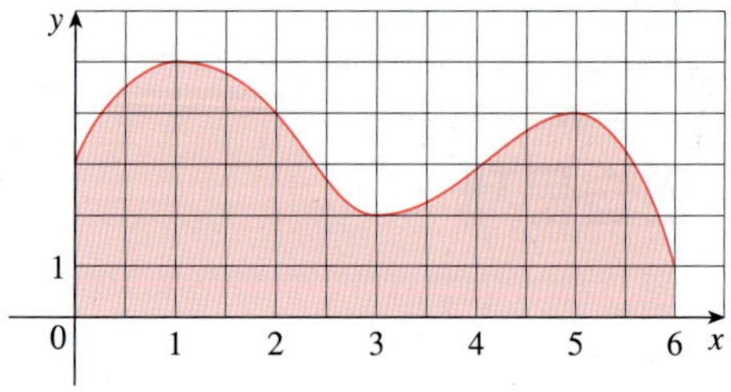

15 다음은 $\mathrm{m/s^2}$으로 측정된 자동차의 가속도 $a(t)$의 그래프이다. 심프슨의 공식을 이용하여 처음 6초 동안 자동차 속도의 증분을 추정하라.

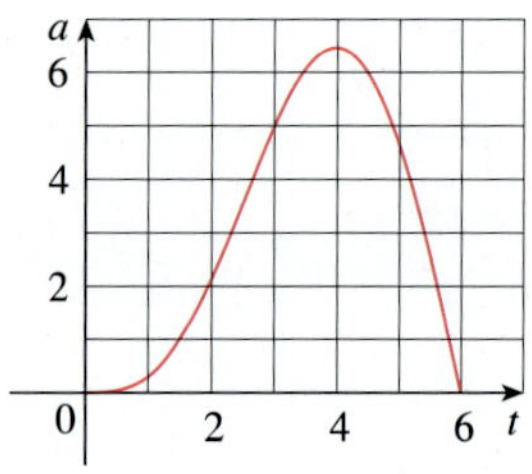

16 다음은 2009년 9월 19일 하루 동안 뉴욕시의 온도를 나타낸 그래프이다. $n=12$인 심프슨의 공식을 이용하여 하루 동안 평균 온도를 추정하라.

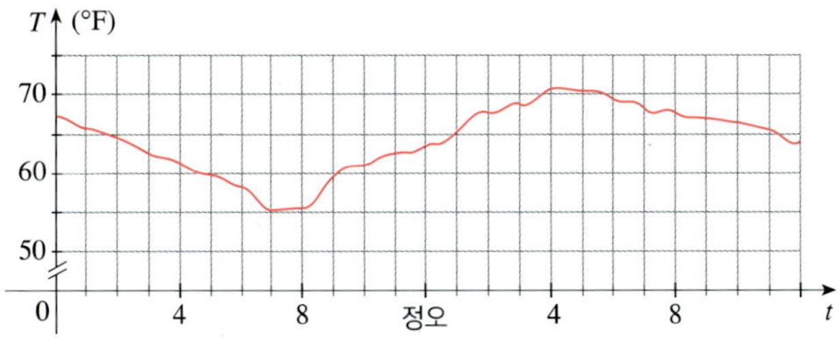

17 (a) 주어진 자료와 중점 법칙을 이용하여 적분 $\int_1^5 f(x)\,dx$의 값을 추정하라.

x	$f(x)$	x	$f(x)$
1.0	2.4	3.5	4.0
1.5	2.9	4.0	4.1
2.0	3.3	4.5	3.9
2.5	3.6	5.0	3.5
3.0	3.8		

(b) 모든 x에 대해 $-2 \le f''(x) \le 3$인 사실을 알고 있을 때 (a)에서의 근삿값에 대한 오차를 추정하라.

18 다음 표는 2004년 12월 10일 자정부터 오전 6 : 00까지 온타리오 주의 전력 소비량(MW)을 나타낸 것이다. 심프슨의 공식을 이용하여 이 시간 동안 사용된 에너지를 추정하라. (전력은 에너지의 도함수라는 사실을 이용한다.)

t	P	t	P
0 : 00	17888	3 : 30	16835
0 . 30	17398	4 : 00	17065
1 : 00	17110	4 : 30	17264
1 : 30	16881	5 : 00	17577
2 : 00	16832	5 : 30	17992
2 : 30	16950	6 : 00	18216
3 : 00	16833		

19 CAS 다음 그림은 수직에서 최대 각이 θ_0이고 길이가 L인 신사를 나타낸다. 뉴턴의 제2법칙을 이용하여 진자의 주기 T(완전히 한 번 움직이는 시간)가 다음과 같이 주어진다.

$$T = 4\sqrt{\frac{L}{g}} \int_0^{\pi/2} \frac{dx}{\sqrt{1-k^2\sin^2 x}}$$

여기서 $k=\sin\left(\frac{1}{2}\theta_0\right)$이고 g는 중력가속도이다. $L=1$이고 $\theta_0 = 42^\circ$ 일 때 $n=10$인 심프슨의 공식을 이용하여 주기를 구하라.

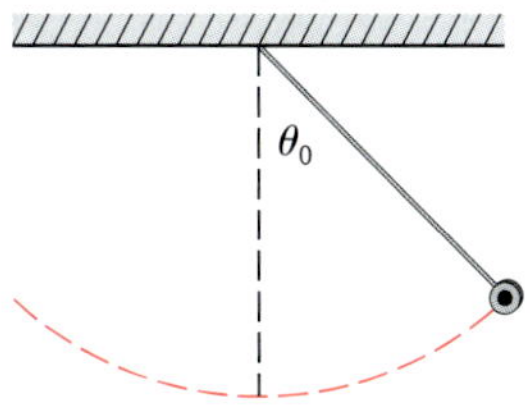

20 N개의 틈이 있는 회절격자를 통해 각 θ를 이루며 진행하는 파장이 λ인 빛의 세기는 $I(\theta) = N^2\sin^2 k/k^2$이다. 여기서 $k = (\pi N d\sin\theta)/\lambda$이고 d는 이웃한 틈 사이의 거리이다. 파장이 $\lambda = 632.8\times10^{-9}$ m인 헬륨-네온 레이저가 10^{-4} m 간격으로 떨어져 있는 10000개의 틈이 있는 회절격자를 통해 $-10^{-6} < \theta < 10^{-6}$인 협대역의 빛을 방출하고 있다. $n=10$인 중점 법칙을 이용해서 격자로부터 나오는 빛의 전체 강도 $\int_{-10^{-6}}^{10^{-6}} I(\theta)\,d\theta$를 추정하라.

21 $[0, 2]$에서 $n=2$인 사다리꼴 공식이 중점 법칙보다 더 정확한 연속함수의 그래프를 그려라.

22 f가 양의 함수이고 $a \le x \le b$에서 $f''(x) < 0$일 때 다음을 보여라.

$$T_n < \int_a^b f(x)\,dx < M_n$$

23 $\frac{1}{2}(T_n + M_n) = T_{2n}$ 임을 보여라.

24 $\frac{1}{3}T_n + \frac{2}{3}M_n = S_{2n}$ 임을 보여라.

6.6 이상적분

정적분 $\int_a^b f(x)\,dx$를 정의할 때 f는 유한 구간 $[a, b]$에서 정의된 함수를 다루었다. 이 절에서는 정적분의 개념을 구간이 무한인 경우와 f가 구간 $[a, b]$에서 무한 불연속성을 갖는 경우로 확장한다. 이런 함수의 적분을 **이상적분** improper integral 이라 한다.

유형 1 : 무한 구간

곡선 $y = 1/x^2$의 아래, x축 위, 직선 $x = 1$의 오른쪽에 놓이는 무한 영역 S를 생각하자. S가 무한히 뻗어나가기 때문에 넓이도 무한일 것이라 생각하겠지만 좀 더 자세히 살펴보자. 직선 $x = t$의 왼쪽에 있는 S의 일부 넓이([그림 20]에서 색칠한 부분)는 다음과 같다.

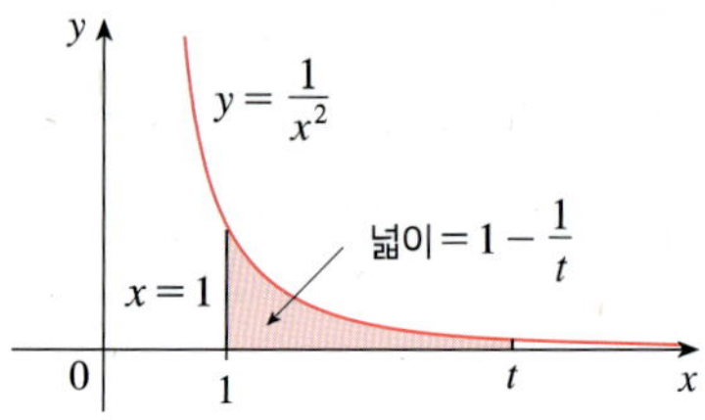

[그림 20]

$$A(t) = \int_1^t \frac{1}{x^2}\,dx = -\frac{1}{x}\Big]_1^t = 1 - \frac{1}{t}$$

즉 t가 아무리 커도 $A(t) < 1$이므로 다음을 얻는다.

$$\lim_{t\to\infty} A(t) = \lim_{t\to\infty}\left(1 - \frac{1}{t}\right) = 1$$

$t \to \infty$일 때 색칠한 부분의 넓이는 1로 접근하므로([그림 21] 참조) 무한 영역 S의 넓이는 1과 같다고 하고 다음과 같이 쓴다.

$$\int_1^\infty \frac{1}{x^2}\,dx = \lim_{t\to\infty}\int_1^t \frac{1}{x^2}\,dx = 1$$

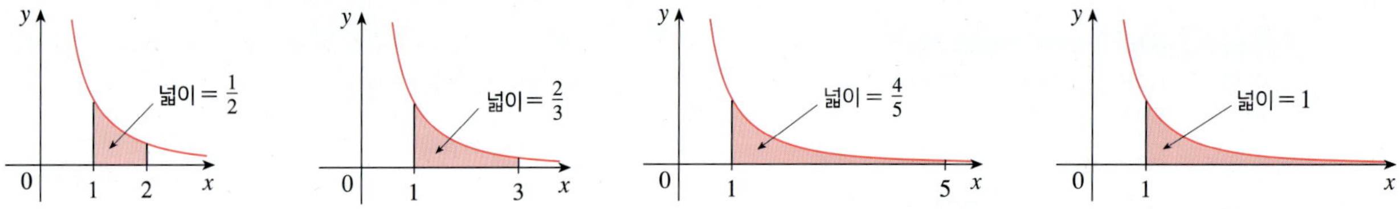

[그림 21]

이 예를 지침으로 이용하여 무한 구간 위에서 f의(반드시 양의 함수일 필요는 없다.) 적분을 유한 구간에서의 적분의 극한으로 정의한다.

[1] 유형 1인 이상적분의 정의

(a) 모든 수 $t \geq a$에 대해 $\int_a^t f(x)\,dx$가 존재하고, 다음 극한이 (유한한 수로) 존재하면 다음과 같이 정의한다.

$$\int_a^\infty f(x)\,dx = \lim_{t\to\infty}\int_a^t f(x)\,dx$$

(b) 모든 수 $t \leq b$에 대해 $\int_t^b f(x)\,dx$가 존재하고, 다음 극한이 (유한한 수로) 존재하면 다음과 같이 정의한다.

$$\int_{-\infty}^b f(x)\,dx = \lim_{t\to-\infty}\int_t^b f(x)\,dx$$

극한이 존재할 때 이상적분 $\int_a^\infty f(x)\,dx$와 $\int_{-\infty}^b f(x)\,dx$는 **수렴**convergent한다고 하고, 극한이 존재하지 않을 때 **발산**divergent한다고 한다.

(c) $\int_a^\infty f(x)\,dx$와 $\int_{-\infty}^a f(x)\,dx$가 모두 수렴할 때 다음과 같이 정의한다.

$$\int_{-\infty}^\infty f(x)\,dx = \int_{-\infty}^a f(x)\,dx + \int_a^\infty f(x)\,dx$$

여기서 a는 임의의 실수이다([연습문제 27] 참조).

f가 양의 함수라 하면 정의 1의 이상적분은 모두 넓이로 해석할 수 있다. 예를 들어 (a)의 경우에 $f(x) \geq 0$이고 적분 $\int_a^\infty f(x)\,dx$가 수렴하면 [그림 22]에서 영역

$$S = \{(x, y) \mid x \geq a,\ 0 \leq y \leq f(x)\}$$

의 넓이는 다음과 같이 정의한다.

$$A(S) = \int_a^\infty f(x)\,dx$$

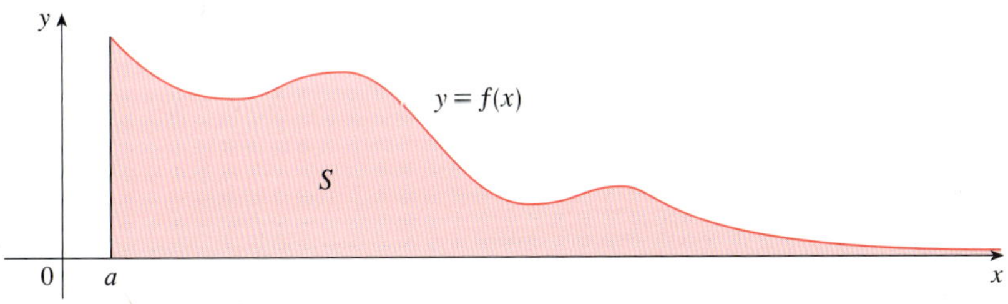

[그림 22]

이 정의는 $t \to \infty$일 때 $\int_a^\infty f(x)\,dx$는 a에서 t까지 f의 그래프 아래의 넓이의 극한이기 때문에 적절하다.

예제 1 **적분 $\int_1^\infty (1/x)\,dx$가 수렴하는지 또는 발산하는지 판정하라.**

풀이

정의 1의 (a)에 따라 다음을 얻는다.

$$\int_1^\infty \frac{1}{x}\,dx = \lim_{t\to\infty} \int_1^t \frac{1}{x}\,dx = \lim_{t\to\infty} \ln|x| \Big]_1^t$$

$$= \lim_{t\to\infty} (\ln t - \ln 1) = \lim_{t\to\infty} \ln t = \infty$$

이 극한은 유한한 수가 아니므로 이상적분 $\int_1^{\infty}(1/x)\,dx$는 발산한다.

이 절의 도입부에서 언급한 예와 함께 [예제 1]의 결과를 다음과 같이 비교해보자.

$$\int_1^{\infty}\frac{1}{x^2}\,dx\text{는 수렴하고}\quad \int_1^{\infty}\frac{1}{x}\,dx\text{는 발산한다.}$$

기하학적으로 $x>0$에서 두 곡선 $y=1/x^2$과 $y=1/x$은 매우 유사해 보인다. 그러나 $x=1$의 오른쪽에 있는 $y=1/x^2$의 아래 영역([그림 23]에서 색칠한 부분)의 넓이는 유한하지만, $y=1/x$에 대응하는 영역([그림 24]에서 색칠한 부분)의 넓이는 무한하다는 것을 의미한다. $1/x^2$과 $1/x$은 모두 $x\to\infty$일 때 0에 접근하지만, $1/x^2$이 $1/x$보다 훨씬 빠르게 0에 접근한다는 사실에 주목하자. $1/x$의 값은 그 적분이 유한한 값이 될 만큼 빠르게 감소하지 않는다.

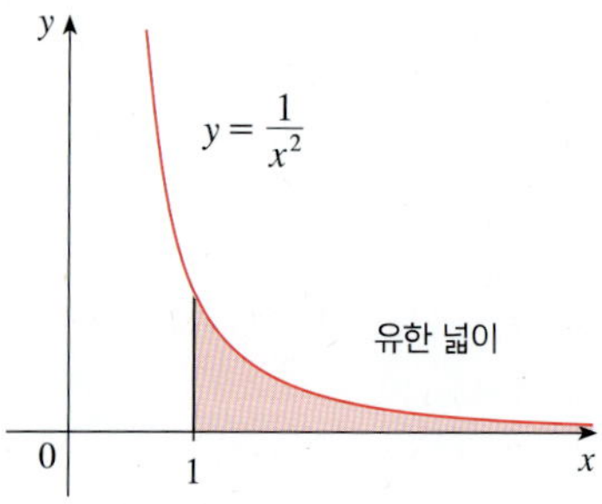

[그림 23] $\int_1^{\infty}\frac{1}{x^2}\,dx$는 수렴한다.

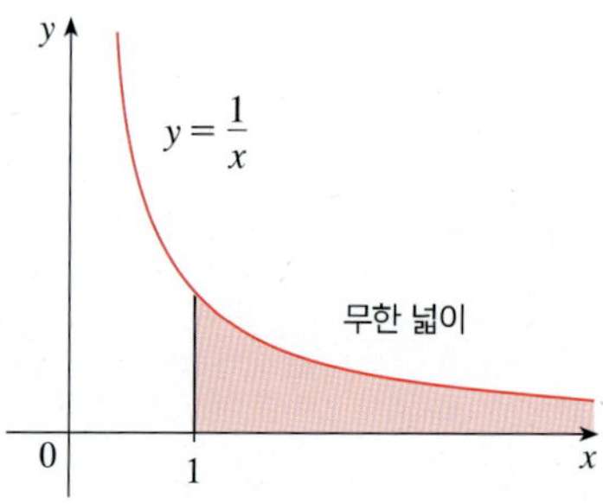

[그림 24] $\int_1^{\infty}\frac{1}{x}\,dx$는 발산한다.

예제 2 $\int_{-\infty}^{0} xe^x\,dx$**를 계산하라.**

풀이

정의 [1]의 (b)를 이용하여 다음을 얻는다.

$$\int_{-\infty}^{0} xe^x\,dx=\lim_{t\to-\infty}\int_t^0 xe^x\,dx$$

$u=x,\ dv=e^x\,dx$라 하면 $du=dx,\ v=e^x$이므로 부분적분법에 의해 다음을 얻는다.

$$\int_t^0 xe^x\,dx=xe^x\Big]_t^0-\int_t^0 e^x\,dx=-te^t-1+e^t$$

$t\to-\infty$일 때 $e^t\to 0$이므로 로피탈 법칙에 의해 다음을 얻는다.

TEC Module 6.6에서 여러 가지 이상적분이 수렴하는지 아니면 발산하는지 그래프를 그리고 수치적으로 규명할 수 있다.

$$\lim_{t\to-\infty}te^t=\lim_{t\to-\infty}\frac{t}{e^{-t}}=\lim_{t\to-\infty}\frac{1}{-e^{-t}}=\lim_{t\to-\infty}(-e^t)=0$$

그러므로 다음을 얻는다.

$$\int_{-\infty}^{0} xe^x\,dx = \lim_{t\to-\infty}(-te^t - 1 + e^t) = -0 - 1 + 0 = -1$$

예제 3 $\displaystyle\int_{-\infty}^{\infty}\frac{1}{1+x^2}\,dx$**를 계산하라.**

풀이

정의 [1](c)에서 $a=0$으로 택하면 편리하다.

$$\int_{-\infty}^{\infty}\frac{1}{1+x^2}\,dx = \int_{-\infty}^{0}\frac{1}{1+x^2}\,dx + \int_{0}^{\infty}\frac{1}{1+x^2}\,dx$$

이제 우변의 적분을 다음과 같이 분리해서 계산해야만 한다.

$$\begin{aligned}\int_{0}^{\infty}\frac{1}{1+x^2}\,dx &= \lim_{t\to\infty}\int_{0}^{t}\frac{dx}{1+x^2} = \lim_{t\to\infty}\tan^{-1}x\Big]_0^t\\ &= \lim_{t\to\infty}(\tan^{-1}t - \tan^{-1}0) = \lim_{t\to\infty}\tan^{-1}t = \frac{\pi}{2}\end{aligned}$$

$$\begin{aligned}\int_{-\infty}^{0}\frac{1}{1+x^2}\,dx &= \lim_{t\to-\infty}\int_{t}^{0}\frac{dx}{1+x^2} = \lim_{t\to-\infty}\tan^{-1}x\Big]_t^0\\ &= \lim_{t\to-\infty}(\tan^{-1}0 - \tan^{-1}t)\\ &= 0 - \left(-\frac{\pi}{2}\right) = \frac{\pi}{2}\end{aligned}$$

두 적분이 모두 수렴하므로 주어진 적분은 수렴하고 다음과 같이 된다.

$$\int_{-\infty}^{\infty}\frac{1}{1+x^2}\,dx = \frac{\pi}{2} + \frac{\pi}{2} = \pi$$

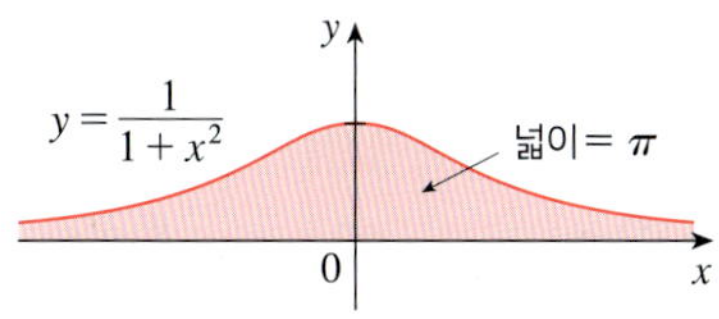

[그림 25]

$1/(1+x^2) > 0$이므로 주어진 이상적분은 곡선 $y=1/(1+x^2)$의 아래와 x축 위에 놓인 무한 영역의 넓이로 해석될 수 있다([그림 25] 참조).

예제 4 $\displaystyle\int_{1}^{\infty}\frac{1}{x^p}\,dx$**가 수렴하기 위한 p의 값을 구하라.**

풀이

[예제 1]로부터 $p=1$이면 이 적분은 발산하므로 $p\neq 1$이라고 가정하자. 그러면 다음이 성립한다.

$$\int_1^\infty \frac{1}{x^p}\,dx = \lim_{t\to\infty}\int_1^t x^{-p}\,dx = \lim_{t\to\infty}\frac{x^{-p+1}}{-p+1}\Bigg]_{x=1}^{x=t}$$

$$= \lim_{t\to\infty}\frac{1}{1-p}\left[\frac{1}{t^{p-1}}-1\right]$$

$p>1$이면 $p-1>0$이므로 $t\to\infty$일 때 $t^{p-1}\to\infty$이고, $1/t^{p-1}\to 0$이다. 따라서 다음을 얻는다.

$$p>1\text{이면 } \int_1^\infty \frac{1}{x^p}\,dx = \frac{1}{p-1}$$

그러므로 적분은 수렴한다.

반면, $p<1$이면 $p-1<0$이므로 다음을 얻는다.

$$t\to\infty\text{이면 } \frac{1}{t^{p-1}} = t^{1-p}\to\infty$$

그러므로 적분은 발산한다.

[예제 4]의 결과를 요약하면 다음과 같다.

> 2 $p>1$이면 $\displaystyle\int_1^\infty \frac{1}{x^p}\,dx$는 수렴하고, $p\le 1$이면 발산한다.

유형 2 : 불연속인 피적분함수

유한 구간 $[a, b)$에서 f는 양의 연속함수이고 b에서 수직점근선을 갖는다고 하자. S를 f의 그래프 아래와 a와 b 사이의 x축 위에서 유계하지 않은 영역이라 하자. (유형 1의 적분에서는 영역이 수평으로 무한히 뻗어 있다. 여기서는 영역이 수직으로 무한하다.) a와 t 사이에 있는 S의 일부 넓이([그림 26]에서 색칠한 부분)는 다음과 같다.

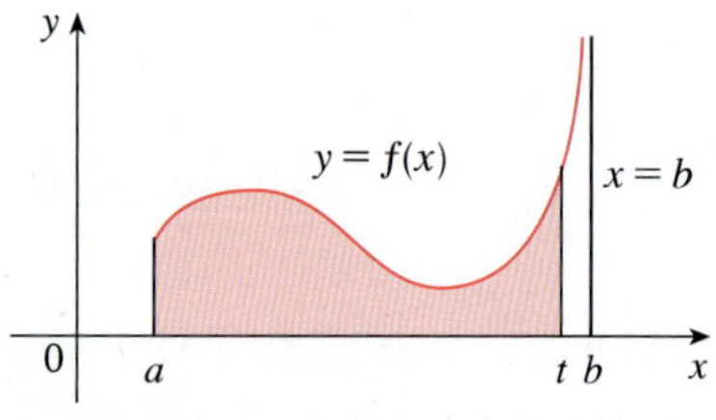

[그림 26]

$$A(t) = \int_a^t f(x)\,dx$$

$t\to b^-$일 때 $A(t)$의 값이 유한한 수 A에 접근하면 영역 S의 넓이를 A라 하고, 다음과 같이 쓴다.

$$\int_a^b f(x)\,dx = \lim_{t\to b^-}\int_a^t f(x)\,dx$$

f가 양의 함수가 아니어도, b에서 f가 불연속이든 상관없이 이 식을 이용해서 유형 2의 이상적분을 정의한다.

3 유형 2인 이상적분의 정의

(a) f가 $[a, b)$에서 연속이고 b에서 불연속일 때, 다음 극한이 (유한한 수로써) 존재하면 다음과 같이 정의한다.

$$\int_a^b f(x)\,dx = \lim_{t \to b^-} \int_a^t f(x)\,dx$$

(b) f가 $(a, b]$에서 연속이고 a에서 불연속일 때, 다음 극한이 (유한한 수로써) 존재하면 다음과 같이 정의한다.

$$\int_a^b f(x)\,dx = \lim_{t \to a^+} \int_t^b f(x)\,dx$$

이상적분 $\int_a^b f(x)\,dx$는 대응하는 극한이 존재하면 수렴한다고 하고, 극한이 존재하지 않으면 발산한다고 한다.

(c) $a < c < b$일 때 f가 c에서 불연속이고 $\int_a^c f(x)\,dx$와 $\int_c^b f(x)\,dx$가 수렴하면 다음과 같이 정의한다.

$$\int_a^b f(x)\,dx = \int_a^c f(x)\,dx + \int_c^b f(x)\,dx$$

정의 3의 (b)와 (c)는 $f(x) \geq 0$이고 f가 a와 c에서 수직점근선을 갖는 경우를 각각 [그림 27]과 [그림 28]에서 설명한다.

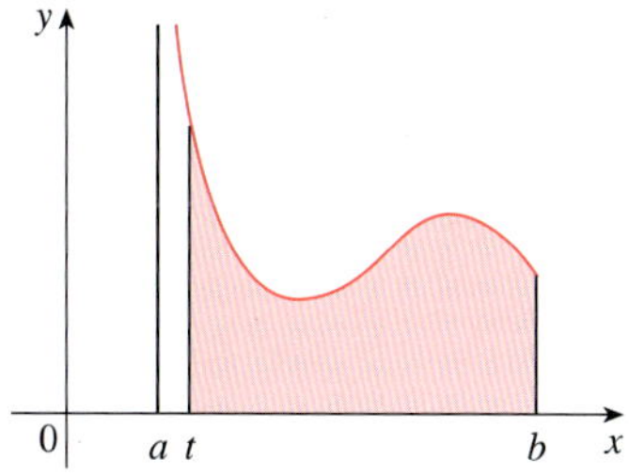

[그림 27]

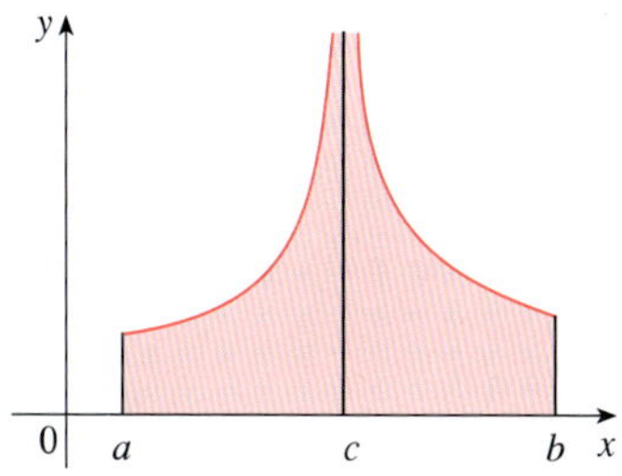

[그림 28]

예제 5 $\displaystyle\int_2^5 \frac{1}{\sqrt{x-2}}\,dx$를 구하라.

풀이

먼저 $f(x) = 1/\sqrt{x-2}$은 $x = 2$에서 수직점근선을 갖기 때문에 주어진 적분이 이상적분인 것에 주의한다. $[2, 5]$의 왼쪽 끝점에서 무한 불연속이므로 정의 3의 (b)를 이용하여 다음을 얻는다.

$$\int_2^5 \frac{dx}{\sqrt{x-2}} = \lim_{t \to 2^+} \int_t^5 \frac{dx}{\sqrt{x-2}} = \lim_{t \to 2^+} 2\sqrt{x-2}\,\Big]_t^5$$

$$= \lim_{t \to 2^+} 2(\sqrt{3} - \sqrt{t-2}) = 2\sqrt{3}$$

따라서 주어진 이상적분은 수렴하고 피적분함수가 양이므로, 적분 값은 [그림 29]에서 색칠한 영역의 넓이로 해석할 수 있다.

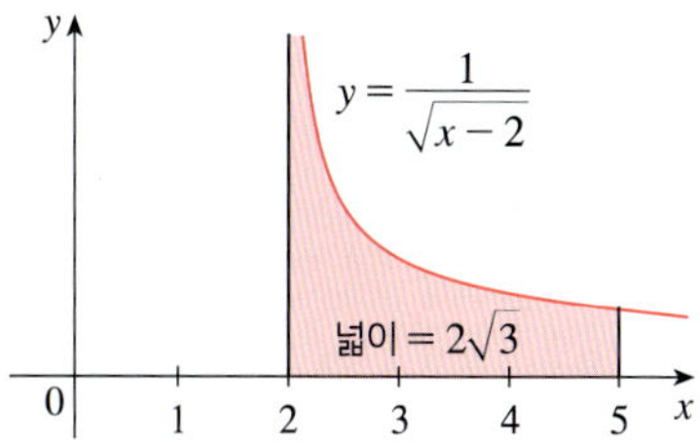

[그림 29]

예제 6 $\displaystyle\int_0^{\pi/2} \sec x\,dx$가 수렴하는지 결정하라.

풀이

$\displaystyle\lim_{x \to (\pi/2)^-} \sec x = \infty$이므로 주어진 적분은 이상적분이다. 정의 3의 (a)와 적분표에

있는 공식 14를 이용하면, $t \to (\pi/2)^-$ 일 때 $\sec t \to \infty$ 이고 $\tan t \to \infty$ 이므로 다음을 얻는다.

$$\begin{aligned}\int_0^{\pi/2} \sec x\,dx &= \lim_{t \to (\pi/2)^-} \int_0^t \sec x\,dx \\ &= \lim_{t \to (\pi/2)^-} \ln|\sec x + \tan x|\Big]_0^t \\ &= \lim_{t \to (\pi/2)^-} [\ln(\sec t + \tan t) - \ln 1] = \infty\end{aligned}$$

따라서 주어진 이상적분은 발산한다.

예제 7 $\displaystyle\int_0^3 \frac{dx}{x-1}$ 가 존재하면 계산하라.

풀이

직선 $x=1$이 피적분함수의 수직점근선이다. 이 직선이 구간 $[0, 3]$의 중간에서 나타나므로 $c=1$인 정의 3의 (c)를 이용해야 한다.

$$\int_0^3 \frac{dx}{x-1} = \int_0^1 \frac{dx}{x-1} + \int_1^3 \frac{dx}{x-1}$$

여기서 $t \to 1^-$ 이면 $1-t \to 0^+$ 이므로 다음을 얻는다.

■ www.stewartcalculus.com (Additional Example A를 보라.)

$$\begin{aligned}\int_0^1 \frac{dx}{x-1} &= \lim_{t \to 1^-} \int_0^t \frac{dx}{x-1} = \lim_{t \to 1^-} \ln|x-1|\Big]_0^t \\ &= \lim_{t \to 1^-} (\ln|t-1| - \ln|-1|) \\ &= \lim_{t \to 1^-} \ln(1-t) = -\infty\end{aligned}$$

따라서 $\int_0^1 dx/(x-1)$는 발산한다. 이는 $\int_0^3 dx/(x-1)$가 발산함을 의미한다. [$\int_1^3 dx/(x-1)$를 따로 계산할 필요가 없다.]

⊘ 주의 _ [예제 7]에서 점근선 $x=1$을 인식하지 못하고 이 적분을 통상적인 적분으로 혼동하면 다음과 같이 틀린 계산을 할 수 있다.

$$\int_0^3 \frac{dx}{x-1} = \ln|x-1|\Big]_0^3 = \ln 2 - \ln 1 = \ln 2$$

이 적분은 이상적분이고 극한을 이용하여 계산해야 하므로 위 계산은 틀렸다.

이제부터는 기호 $\int_a^b f(x)\,dx$와 마주칠 때마다 $[a, b]$에서 함수 f를 살펴보아 이것이 통상적인 적분인지 아니면 이상적분인지 결정해야 한다.

이상적분에 대한 비교판정법

때로는 이상적분의 정확한 값을 구하는 것이 불가능하지만 이상적분의 수렴 여부가 중요한 경우가 있다. 이런 경우에 다음 정리가 유용하다. 이 정리는 유형 1의 적분을 나타내지만 유사한 정리가 유형 2의 적분에서도 성립한다.

비교 정리 f와 g가 $x \geq a$일 때 $f(x) \geq g(x) \geq 0$을 만족하는 연속함수라 하자.

(a) $\int_a^\infty f(x)\,dx$가 수렴하면 $\int_a^\infty g(x)\,dx$도 수렴한다.

(b) $\int_a^\infty g(x)\,dx$가 발산하면 $\int_a^\infty f(x)\,dx$도 발산한다.

비교 정리의 증명은 생략하지만 [그림 30]으로부터 이 정리가 타당함을 알 수 있다. 위의 곡선 $y = f(x)$ 아래의 넓이가 유한하면 그 밑에 있는 곡선 $y = g(x)$ 아래의 넓이 역시 유한하다. 또한 $y = g(x)$ 아래의 넓이가 무한하면 $y = f(x)$ 아래의 넓이도 무한하다. [그러나 그 역은 다음과 같이 참이 아닐 수 있으니 조심하자. $\int_a^\infty g(x)\,dx$가 수렴하면 $\int_a^\infty f(x)\,dx$는 수렴하거나 그렇지 않을 수 있다. 그리고 $\int_a^\infty f(x)\,dx$가 발산하면 $\int_a^\infty g(x)\,dx$는 수렴하거나 그렇지 않을 수 있다.]

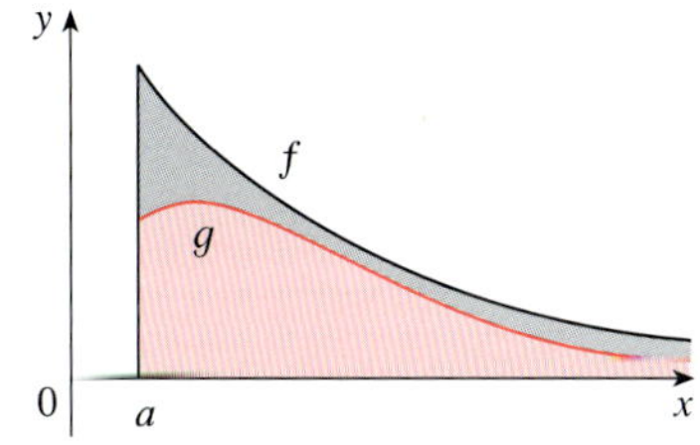

[그림 30]

예제 8 $\int_0^\infty e^{-x^2}\,dx$가 수렴함을 보여라.

풀이

(6.4절에서 설명한 바와 같이) e^{-x^2}의 역도함수는 기본함수가 아니므로 적분을 직접 구할 수 없다. 다음과 같이 쓴다.

$$\int_0^\infty e^{-x^2}\,dx = \int_0^1 e^{-x^2}\,dx + \int_1^\infty e^{-x^2}\,dx$$

우변의 첫 번째 적분은 통상적인 정적분이다. 두 번째 적분에서 $x \geq 1$에 대해 $x^2 \geq x$이다. 즉 $-x^2 \leq -x$이기 때문에 $e^{-x^2} \leq e^{-x}$이다([그림 31] 참조). e^{-x}의 적분은 다음과 같이 구하기 쉽다.

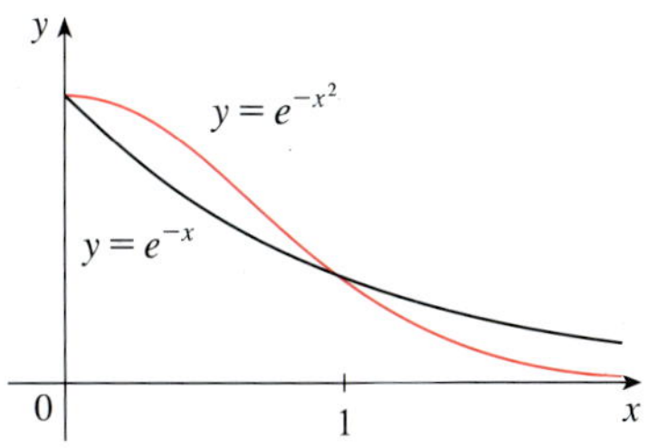

[그림 31]

$$\int_1^\infty e^{-x}\,dx = \lim_{t \to \infty} \int_1^t e^{-x}\,dx = \lim_{t \to \infty} (e^{-1} - e^{-t}) = e^{-1}$$

그러므로 비교 정리에서 $f(x)=e^{-x}$, $g(x)=e^{-x^2}$으로 놓으면 $\int_1^\infty e^{-x^2}dx$가 수렴하는 것을 알 수 있다. 결과적으로 $\int_0^\infty e^{-x^2}dx$도 수렴한다.

[예제 8]에서 실제 값을 계산하지 않고도 $\int_0^\infty e^{-x^2}dx$가 수렴하는 것을 알았다. [연습문제 31]에서 이 적분 값이 근사적으로 0.8862임을 보일 것이다. 확률론에서는 이 이상적분의 정확한 값을 아는 것이 중요하다. 다변수 미적분학의 방법을 이용하면 이 적분의 정확한 값이 $\sqrt{\pi}/2$임을 보일 수 있다. [표 5]는 t가 커짐에 따라 (컴퓨터로 생성한) $\int_0^t e^{-x^2}dx$의 값이 $\sqrt{\pi}/2$에 접근하는 것을 보임으로써 이상적분의 정의를 설명한다. 사실상 $x\to\infty$일 때 매우 빠르게 $e^{-x^2}\to 0$이 되므로 이 값들은 매우 빠르게 수렴한다.

[표 5]

t	$\int_0^t e^{-x^2}dx$
1	0.7468241328
2	0.8820813908
3	0.8862073483
4	0.8862269118
5	0.8862269255
6	0.8862269255

예제 9 $\dfrac{1+e^{-x}}{x}>\dfrac{1}{x}$이고 $\int_1^\infty (1/x)\,dx$가 [예제 1](또는 $p=1$인 2)에 의해 발산하기 때문에 비교 정리로부터 적분 $\int_1^\infty \dfrac{1+e^{-x}}{x}dx$는 발산한다.

[표 6]은 [예제 9]의 적분이 발산하는 것을 설명한다. 이 값들은 어떤 고정된 수로 접근하지 않는다.

[표 6]

t	$\int_1^t [(1+e^{-x})/x]\,dx$
2	0.8636306042
5	1.8276735512
10	2.5219648704
100	4.8245541204
1000	7.1271392134
10000	9.4297243064

6.6 연습문제

01 다음 적분이 이상적분인 이유를 설명하라.

(a) $\int_1^2 \dfrac{x}{x-1}dx$ (b) $\int_0^\infty \dfrac{1}{1+x^3}dx$

(c) $\int_{-\infty}^\infty x^2e^{-x^2}dx$ (d) $\int_0^{\pi/4}\cot x\,dx$

02 $x=1$에서 $x=t$까지 곡선 $y=1/x^3$ 아래의 넓이를 구하고, $t=10$, 100, 1000에 대해 계산하라. $x\ge 1$에 대해 이 곡선 아래의 전체 넓이를 구하라.

03~16 다음 적분이 수렴하는지 아니면 발산하는지 판정하라. 수렴하면 그 값을 구하라.

03 $\int_3^\infty \dfrac{1}{(x-2)^{3/2}}dx$

04 $\int_{-\infty}^0 \dfrac{1}{3-4x}dx$

05 $\int_2^\infty e^{-5p}dp$

06 $\int_0^\infty \dfrac{x^2}{\sqrt{1+x^3}}dx$

07 $\int_{-\infty}^\infty xe^{-x^2}dx$

08 $\int_{-\infty}^0 ze^{2z}dz$

09 $\int_1^\infty \dfrac{\ln x}{x}dx$

10 $\int_1^\infty \dfrac{1}{x^2+x}dx$

11 $\int_{-\infty}^\infty \dfrac{x^2}{9+x^6}dx$

12 $\int_0^1 \dfrac{3}{x^5}dx$

13 $\int_{-2}^{14}\dfrac{dx}{\sqrt[4]{x+2}}$

14 $\int_0^9 \dfrac{1}{\sqrt[3]{x-1}}dx$

15 $\int_{-1}^1 \dfrac{e^x}{e^x-1}dx$

16 $\int_0^2 z^2\ln z\,dz$

17~19 다음 영역을 그리고, 넓이가 유한이면 그 넓이를 구하라.

17 $S=\{(x, y) \mid x \geq 1, \quad 0 \leq y \leq e^{-x}\}$

18 $S=\{(x, y) \mid x \geq 1, \quad 0 \leq y \leq 1/(x^3+x)\}$

19 $S=\{(x, y) \mid 0 \leq x < \pi/2, \quad 0 \leq y \leq \sec^2 x\}$

20 (a) $g(x)=(\sin^2 x)/x^2$일 때, 계산기나 컴퓨터를 이용하여 $t=2,\ 5,\ 10,\ 100,\ 1000,\ 10000$에 대한 $\int_1^t g(x)\,dx$의 근삿값을 표로 만들어라. $\int_1^\infty g(x)\,dx$가 수렴하는 것처럼 보이는가?

(b) 비교 정리에서 $f(x)=1/x^2$을 이용하여 $\int_1^\infty g(x)\,dx$가 수렴함을 보여라.

(c) $1 \leq x \leq 10$에서 f와 g의 그래프를 동일한 보기화면에 그려서 (b)를 설명하라. 그래프를 이용하여 $\int_1^\infty g(x)\,dx$가 수렴하는 이유를 직관적으로 설명하라.

21~23 비교 정리를 이용하여 다음 적분이 수렴하는지 아니면 발산하는지 결정하라.

21 $\displaystyle\int_0^\infty \frac{x}{x^3+1}\,dx$

22 $\displaystyle\int_1^\infty \frac{x+1}{\sqrt{x^4-x}}\,dx$

23 $\displaystyle\int_0^1 \frac{\sec^2 x}{x\sqrt{x}}\,dx$

24 적분 $\displaystyle\int_0^\infty \frac{1}{\sqrt{x}\,(1+x)}\,dx$는 다음 두 가지 이유에서 이상적분이다. 구간 $[0, \infty)$는 무한 구간이고, 피적분함수가 0에서 무한 불연속이다. 이것을 다음과 같이 유형 1과 유형 2의 이상적분의 합으로 표현하여 계산하라.

$$\int_0^\infty \frac{1}{\sqrt{x}\,(1+x)}\,dx$$
$$=\int_0^1 \frac{1}{\sqrt{x}\,(1+x)}\,dx+\int_1^\infty \frac{1}{\sqrt{x}\,(1+x)}\,dx$$

25 적분 $\displaystyle\int_0^1 \frac{1}{x^p}\,dx$가 수렴하기 위한 p의 값을 구하고 p의 값에 대해 적분을 계산하라.

26 (a) $\displaystyle\int_{-\infty}^\infty x\,dx$가 발산함을 보여라.

(b) $\displaystyle\lim_{t\to\infty}\int_{-t}^t x\,dx=0$임을 보여라. 이는 다음과 같이 정의할 수 없음을 보여준다.

$$\int_{-\infty}^\infty f(x)\,dx=\lim_{t\to\infty}\int_{-t}^t f(x)\,dx$$

27 $\displaystyle\int_{-\infty}^\infty f(x)\,dx$가 수렴하고 a와 b가 실수일 때, 다음이 성립함을 보여라.

$$\int_{-\infty}^a f(x)\,dx+\int_a^\infty f(x)\,dx=\int_{-\infty}^b f(x)\,dx+\int_b^\infty f(x)\,dx$$

28 전구 제조회사에서 수명이 약 700시간 지속되는 전구를 생산하려고 한다. 물론 어떤 전구는 다른 것보다 더 빨리 끊어진다. $F(t)$를 t시간 전에 끊어지는 전구의 비율이라고 하자. 그러면 $F(t)$는 항상 0과 1 사이에 있다.

(a) F의 그래프를 대략적으로 그려라.

(b) 도함수 $r(t)=F'(t)$의 의미는 무엇인가?

(c) $\displaystyle\int_0^\infty r(t)\,dt$의 값은 얼마인가? 그 이유는 무엇인가?

29 5.5절에서 보았듯이 방사능 물질은 지수적으로 감소한다. 즉 시각 t에서 질량은 $m(t)=m(0)e^{kt}$이고, 여기서 $m(0)$은 초기 질량, k는 음의 상수이다. 물질 안에 들어 있는 원자의 평균 수명 M은 다음과 같다.

$$M=-k\int_0^\infty t e^{kt}\,dt$$

방사성 탄소를 이용한 연대 측정법에 사용되는 방사성 탄소동위원소 $^{14}\mathrm{C}$에 대해 k의 값은 -0.000121이다. $^{14}\mathrm{C}$ 원자의 평균 수명을 구하라.

30 다음을 만족하기 위해 a가 얼마나 큰 수여야 하는지 결정하라.

$$\int_a^\infty \frac{1}{x^2+1}\,dx<0.001$$

31 $\int_0^\infty e^{-x^2}dx$를 두 적분 $\int_0^4 e^{-x^2}dx$와 $\int_4^\infty e^{-x^2}dx$의 합으로 변형하여 수치적인 값을 추정하라. 첫 번째 적분은 $n=8$인 심프슨의 공식을 이용하여 근삿값을 구하고, 두 번째 적분은 정확도 0.0000001 이내에서 $\int_4^\infty e^{-4x}dx$보다 작음을 보여라.

32 $\int_0^\infty x^2 e^{-x^2}dx = \frac{1}{2}\int_0^\infty e^{-x^2}dx$임을 보여라.

33 다음 적분이 수렴하기 위한 C의 값을 구하라. 그리고 이 상수 C에 대해 적분을 계산하라.

$$\int_0^\infty \left(\frac{1}{\sqrt{x^2+4}} - \frac{C}{x+2}\right)dx$$

34 f가 $[0, \infty)$에서 연속이고 $\lim_{x\to\infty} f(x) = 1$이라 하자. $\int_0^\infty f(x)\,dx$는 수렴할 가능성이 있는가?

6장 복습문제

개념 확인

01 부분적분법을 서술하라. 실제로 어떻게 사용하는가?

02 홀수 m에 대해 $\int \sin^m x \cos^n x\,dx$를 어떻게 계산할 수 있는가? n이 홀수이면 어떻게 계산하는가? m과 n이 모두 짝수이면 어떻게 계산하는가?

03 식 $\sqrt{a^2-x^2}$을 포함하는 적분은 어떻게 치환해야 하는가? $\sqrt{a^2+x^2}$과 $\sqrt{x^2-a^2}$을 포함하는 적분은 각각 어떻게 치환해야 하는가?

04 P의 차수가 Q의 차수보다 작고 $Q(x)$가 1차 인수만을 가질 때, 유리함수 $P(x)/Q(x)$의 부분분수식의 형태는 어떻게 되는가? 1차 인수가 반복된다면 어떻게 되는가? $Q(x)$가 반복되지 않는 기약 2차 인수를 갖는다면 어떻게 되는가? 반복되는 기약 2차 인수를 갖는다면 어떻게 되는가?

05 중점 법칙, 사다리꼴 공식, 심프슨의 공식을 이용하여 정적분 $\int_a^b f(x)\,dx$의 근삿값을 구하는 규칙을 설명하라. 어느 것이 가장 좋은 추정값을 줄 것으로 기대하는가? 각 공식에 대한 오차는 얼마인가?

06 다음 이상적분을 정의하라.

(a) $\int_a^\infty f(x)\,dx$　　(b) $\int_{-\infty}^b f(x)\,dx$

(c) $\int_{-\infty}^\infty f(x)\,dx$

07 다음 각각의 경우 이상적분 $\int_a^b f(x)\,dx$를 정의하라.

(a) f가 a에서 무한 불연속이다.

(b) f가 b에서 무한 불연속이다.

(c) f가 $a<c<b$인 c에서 무한 불연속이다.

08 이상적분에 대한 비교 정리를 설명하라.

참/거짓 질문

다음 명제가 참인지 거짓인지 결정하라. 참이면 이유를 설명하고, 거짓이면 이유를 설명하거나 반례를 들어라.

01 $\dfrac{x(x^2+4)}{x^2-4}$는 $\dfrac{A}{x+2}+\dfrac{B}{x-2}$와 같은 형태로 쓸 수 있다.

02 $\dfrac{x^2+4}{x^2(x-4)}$는 $\dfrac{A}{x^2}+\dfrac{B}{x-4}$와 같은 형태로 쓸 수 있다.

03 $\displaystyle\int_0^4 \frac{x}{x^2-1}\,dx = \frac{1}{2}\ln 15$

04 f가 연속이면 $\displaystyle\int_{-\infty}^{\infty} f(x)\,dx = \lim_{t\to\infty}\int_{-t}^{t} f(x)\,dx$이다.

05 (a) 모든 기본함수는 기본함수인 도함수를 갖는다.
(b) 모든 기본함수는 기본함수인 역도함수를 갖는다.

06 f가 $[1, \infty)$에서 연속이고 감소함수일 때 $\displaystyle\lim_{x\to\infty} f(x)=0$이면 $\displaystyle\int_1^{\infty} f(x)\,dx$는 수렴한다.

07 $\displaystyle\int_a^{\infty} f(x)\,dx$와 $\displaystyle\int_a^{\infty} g(x)\,dx$가 모두 발산하면 $\displaystyle\int_a^{\infty}[f(x)+g(x)]\,dx$는 발산한다.

연습문제

01~20 다음 적분을 계산하라.

01 $\displaystyle\int_1^2 \frac{(x+1)^2}{x}\,dx$

02 $\displaystyle\int_0^{\pi/2} \sin\theta\, e^{\cos\theta}\,d\theta$

03 $\displaystyle\int \frac{dt}{2t^2+3t+1}$

04 $\displaystyle\int \frac{\sin(\ln t)}{t}\,dt$

05 $\displaystyle\int_1^4 x^{3/2}\ln x\,dx$

06 $\displaystyle\int_1^2 \frac{\sqrt{x^2-1}}{x}\,dx$

07 $\displaystyle\int \frac{dx}{x^3+x}$

08 $\displaystyle\int_0^{\pi/2} \sin^3\theta\,\cos^2\theta\,d\theta$

09 $\displaystyle\int x\sec x\tan x\,dx$

10 $\displaystyle\int \frac{x+1}{9x^2+6x+5}\,dx$

11 $\displaystyle\int \frac{dx}{\sqrt{x^2-4x}}$

12 $\displaystyle\int \csc^4 4x\,dx$

13 $\displaystyle\int \frac{3x^3-x^2+6x-4}{(x^2+1)(x^2+2)}\,dx$

14 $\displaystyle\int_0^{\pi/2} \cos^3 x\sin 2x\,dx$

15 $\displaystyle\int_{-3}^{3} \frac{x}{1+|x|}\,dx$

16 $\displaystyle\int_0^{\ln 10} \frac{e^x\sqrt{e^x-1}}{e^x+8}\,dx$

17 $\displaystyle\int \frac{x^2}{(4-x^2)^{3/2}}\,dx$

18 $\displaystyle\int \frac{1}{\sqrt{x+x^{3/2}}}\,dx$

19 $\displaystyle\int (\cos x+\sin x)^2\cos 2x\,dx$

20 $\displaystyle\int_0^{1/2} \frac{x\,e^{2x}}{(1+2x)^2}\,dx$

21~25 적분을 계산하거나 발산하는 것을 보여라.

21 $\displaystyle\int_1^{\infty} \frac{1}{(2x+1)^3}\,dx$

22 $\displaystyle\int_2^{\infty} \frac{dx}{x\ln x}$

23 $\displaystyle\int_0^4 \frac{\ln x}{\sqrt{x}}\,dx$

24 $\displaystyle\int_0^1 \frac{x-1}{\sqrt{x}}\,dx$

25 $\displaystyle\int_{-\infty}^{\infty} \frac{dx}{4x^2+4x+5}$

26~27 '부록 D'에 있는 적분표를 이용하여 다음 적분을 계산하라.

26 $\displaystyle\int \sqrt{4x^2-4x-3}\,dx$

27 $\displaystyle\int \cos x\sqrt{4+\sin^2 x}\,dx$

28 $\int_0^\infty x^n\,dx$가 수렴하기 위한 n의 값을 구하는 것이 가능한가?

29 $n=10$에 대해 (a) 사다리꼴 공식 (b) 중점 법칙 (c) 심프슨의 공식을 이용하여 적분 $\int_2^4 \frac{1}{\ln x}\,dx$의 근삿값을 구하라. 소수점 아래 여섯째 자리까지 반올림한다.

30 [연습문제 29]의 (a)와 (b)에서 오차를 추정하라. 오차가 0.00001보다 작기 위해서는 얼마나 큰 n을 택해야 하는가?

31 자동차의 속도계 기록(v)을 1분 단위로 관찰하여 표로 작성하였다. 심프슨의 공식을 이용해서 자동차가 움직인 거리를 추정하라.

t(min)	v(km/h)	t(min)	v(km/h)
0	64	6	90
1	67	7	91
2	72	8	91
3	78	9	88
4	83	10	90
5	86		

32 CAS (a) $f(x)=\sin(\sin x)$일 때 그래프를 이용하여 $|f^{(4)}(x)|$에 대한 상한을 구하라.

(b) $n=10$인 심프슨의 공식을 이용하여 $\int_0^\pi f(x)\,dx$의 근삿값을 구하라. 그리고 (a)를 이용하여 오차를 추정하라.

(c) 사용한 S_n에서 오차가 0.00001보다 작기 위해서는 얼마나 큰 n을 택해야 하는가?

33 f'이 $[0, \infty)$에서 연속이고 $\lim_{x\to\infty} f(x)=0$일 때 $\int_0^\infty f'(x)\,dx = -f(0)$임을 보여라.

7장 적분의 응용

APPLICATIONS OF INTEGRATION

이 장에서는 곡선 사이의 넓이, 입체의 부피, 곡선의 길이, 변하는 힘에 의해 이루어진 일, 얇은 판의 중력중심, 댐에 가해지는 힘을 계산하기 위해 정적분을 이용함으로써 몇 가지 정적분의 응용을 탐구한다. 대부분의 이러한 응용에 있어 공통적인 주제는 곡선 아래의 넓이를 구할 때 사용한 것과 유사한 일반적인 방법이다. 즉 하나의 양 Q를 수많은 작은 부분으로 나눈다. 그 다음 나뉜 각각의 작은 부분을 $f(x_i^*)\Delta x$ 형태의 양으로 근사하여 리만 합으로 Q를 근사시킨다. 그런 후 극한을 취하여 Q를 적분으로 표현하고, 마지막으로 기본 정리, 심프슨의 공식, 다른 기교로 적분을 계산한다.

마지막 절에서 적분이 모든 응용을 통틀어 가장 중요하다고 여기는 미분방정식을 살펴본다. 과학자들은 어떤 물리적 과정에 대해 설명해야 할 때 미분방정식을 이용하기 때문이다.

7.1 곡선 사이의 넓이

4장에서 함수의 그래프 아래에 놓이는 영역의 넓이를 정의하고 계산했다. 여기에서는 적분을 이용하여 두 함수의 그래프 사이에 놓이는 영역의 넓이를 구한다.

두 곡선 $y=f(x)$, $y=g(x)$와 두 직선 $x=a$, $x=b$ 사이에 놓이는 영역 S를 생각하자. 이때 함수 f와 g는 폐구간 $[a, b]$ 안에 있는 모든 x에 대해 연속함수이고 $f(x) \geq g(x)$를 만족한다([그림 1] 참조).

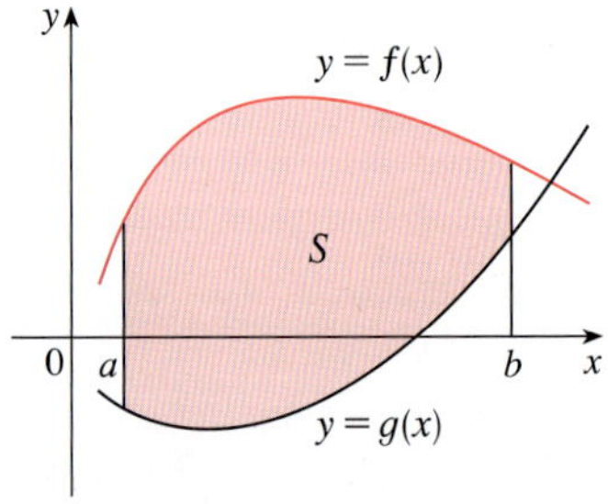

[그림 1] $S=\{(x, y) \mid a \leq x \leq b,\ g(x) \leq y \leq f(x)\}$

4.1절에서 곡선 아래의 넓이를 구했을 때와 마찬가지로 S를 너비가 같은 n개의 조각으로 나누고, i번째 조각을 밑변이 Δx이고 높이가 $f(x_i^*)-g(x_i^*)$인 직사각형으로 근사시킨다.([그림 2]를 참조하라. 원한다면 모든 표본점을 $x_i^*=x_i$인 오른쪽 끝점으로 취할 수 있다.) 따라서 다음 리만 합은 직관적으로 생각한 S의 넓이로 근사한다.

$$\sum_{i=1}^{n}[f(x_i^*)-g(x_i^*)]\,\Delta x$$

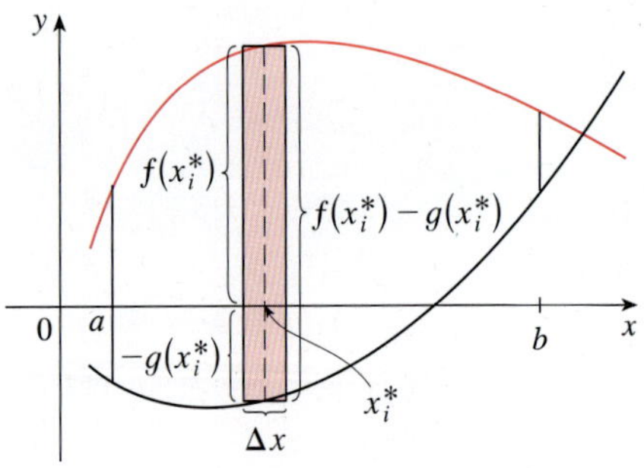

(a) 대표 직사각형

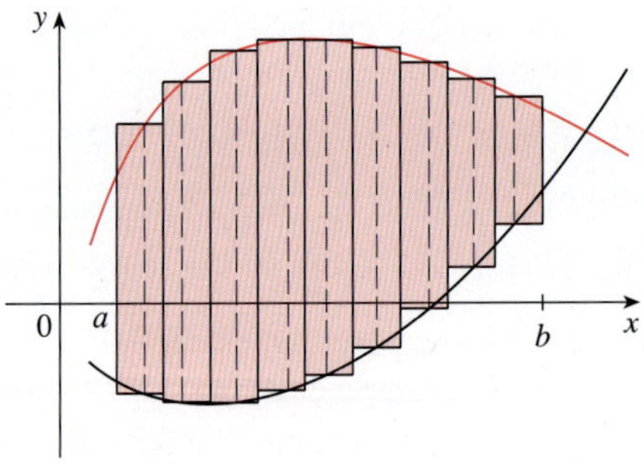

(b) 근사 직사각형

[그림 2]

이 근삿값은 $n \to \infty$일수록 더 정확해진다. 그러므로 S의 **넓이**area A를 이러한 근사 직사각형들의 넓이의 합에 대한 극한으로 정의한다.

1

$$A=\lim_{n\to\infty}\sum_{i=1}^{n}[f(x_i^*)-g(x_i^*)]\,\Delta x$$

1에서의 극한은 $f-g$의 정적분이므로 넓이에 대한 다음 공식을 얻는다.

2 $[a, b]$ 안에 있는 모든 x에 대해 f와 g가 연속이고 $f(x) \geq g(x)$일 때, 곡선 $y=f(x)$, $y=g(x)$와 직선 $x=a$, $x=b$로 둘러싸인 영역의 넓이 A는 다음과 같다.

$$A=\int_a^b [f(x)-g(x)]\,dx$$

$g(x)=0$인 특수한 경우에 S는 f의 그래프 아래의 영역이다. 그리고 넓이에 대한 일반적인 정의 [1]은 4.1절의 정의 [2]로 바뀐다는 것에 주목하자.

두 함수 f와 g가 모두 양인 경우에 다음과 같이 식 [2]가 참인 이유를 [그림 3]으로부터 알 수 있다.

$$A = [y=f(x) \text{ 아래의 넓이}] - [y=g(x) \text{ 아래의 넓이}]$$
$$= \int_a^b f(x)\,dx - \int_a^b g(x)\,dx = \int_a^b [f(x)-g(x)]\,dx$$

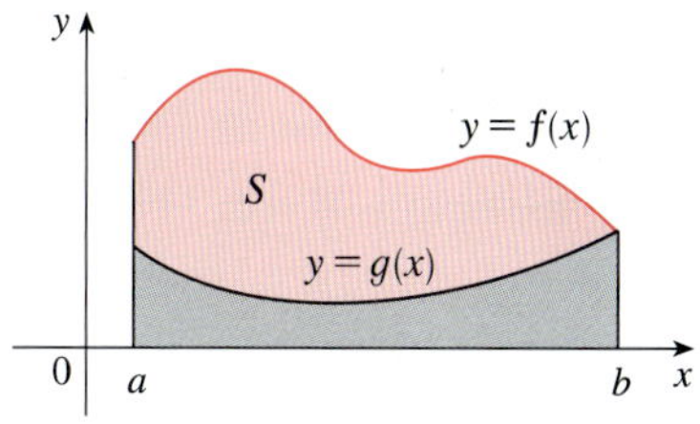

[그림 3] $A = \int_a^b f(x)dx - \int_a^b g(x)dx$

예제 1 $y=e^x$의 아래쪽, $y=x$의 위쪽, $x=0$, $x=1$로 둘러싸인 영역의 넓이를 구하라.

풀이

영역은 [그림 4]와 같다. 위쪽 경계 곡선은 $y=e^x$, 아래쪽 경계 곡선은 $y=x$이다. 따라서 $f(x)=e^x$, $g(x)=x$, $a=0$, $b=1$인 넓이 공식 [2]를 이용하여 다음을 얻는다.

$$A = \int_0^1 (e^x - x)\,dx = e^x - \frac{1}{2}x^2 \Big]_0^1 = e - \frac{1}{2} - 1 = e - 1.5$$

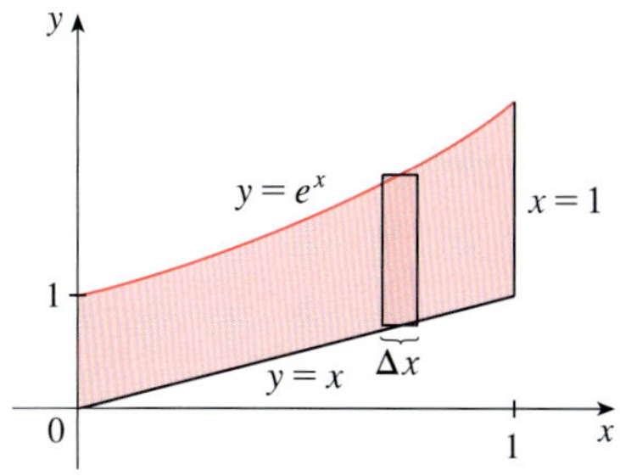

[그림 4]

[그림 4]에서 넓이가 식 [1]로 정의되는 과정의 나머지로 너비가 Δx인 대표 근사 직사각형을 그렸다. 일반적으로 넓이에 대한 적분을 세울 때 [그림 5]에서와 같이 위쪽 곡선 y_T, 아래쪽 곡선 y_B를 나타내는 영역과 대표 근사 직사각형을 그려서 확인하는 것이 도움이 된다. 그러면 대표 직사각형의 넓이는 $(y_T - y_B)\Delta x$이고, 다음 식은 모든 대표 직사각형의 넓이를 (극한의 의미에서) 더하는 과정을 요약하고 있다.

$$A = \lim_{n\to\infty} \sum_{i=1}^{b} (y_T - y_B)\,\Delta x = \int_a^b (y_T - y_B)\,dx$$

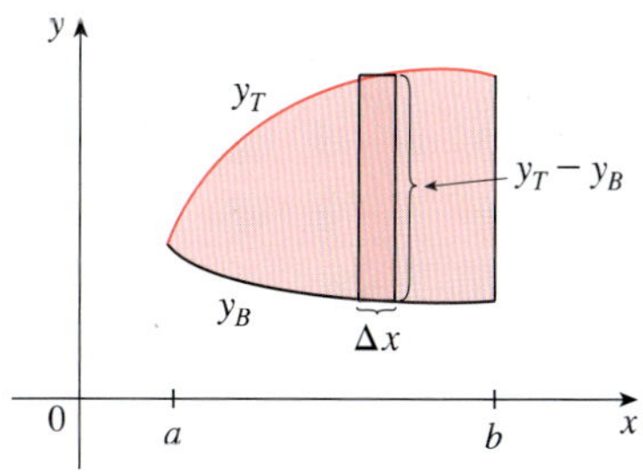

[그림 5]

[그림 5]에서는 왼쪽 경계가 한 점으로 축소된 반면 [그림 3]에서는 오른쪽 경계가 한 점으로 축소된 것에 유의하자. 다음 예제는 양쪽 경계가 한 점으로 축소되므로 첫 번째 단계는 a와 b를 구하는 것이다.

예제 2 포물선 $y=x^2$과 $y=2x-x^2$으로 둘러싸인 영역의 넓이를 구하라.

풀이

먼저 두 포물선의 교점을 구하기 위해 방정식을 연립하여 푼다. 이로부터 $x^2 = 2x - x^2$ 또는 $2x^2 - 2x = 0$을 얻는다. $2x(x-1)=0$이므로 $x=0$ 또는 1이다. 교점은 $(0, 0)$과 $(1, 1)$이다. [그림 6]으로부터 위와 아래의 경계는 다음과 같다.

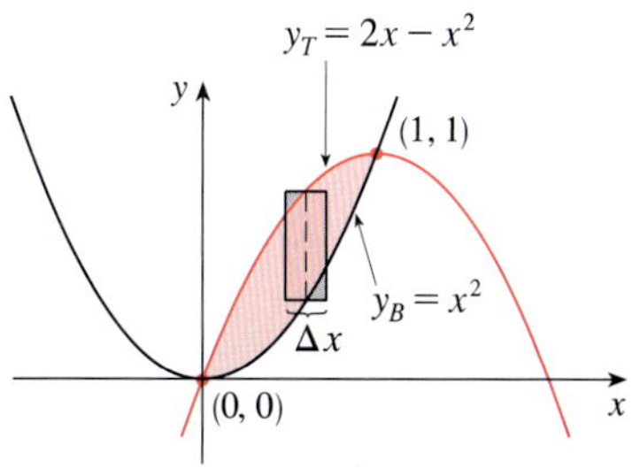

[그림 6]

$$y_T = 2x - x^2,\ \ y_B = x^2$$

대표 직사각형의 넓이는 다음과 같다.

$$(y_T - y_B)\Delta x = (2x - x^2 - x^2)\Delta x = (2x - 2x^2)\Delta x$$

그리고 이 영역은 $x = 0$과 $x = 1$ 사이에 놓여있다. 따라서 전체 넓이는 다음과 같다.

$$A = \int_0^1 (2x - 2x^2)\,dx = 2\int_0^1 (x - x^2)\,dx$$

$$= 2\left[\frac{x^2}{2} - \frac{x^3}{3}\right]_0^1 = 2\left(\frac{1}{2} - \frac{1}{3}\right) = \frac{1}{3}$$

예제 3 [그림 7]은 나란히 출발해서 동일한 길을 따라 움직이는 두 자동차 A와 B의 속도 곡선을 보여주고 있다. 두 곡선 사이의 넓이는 무엇을 나타내는가? 중점 법칙을 이용하여 넓이를 추정하라.

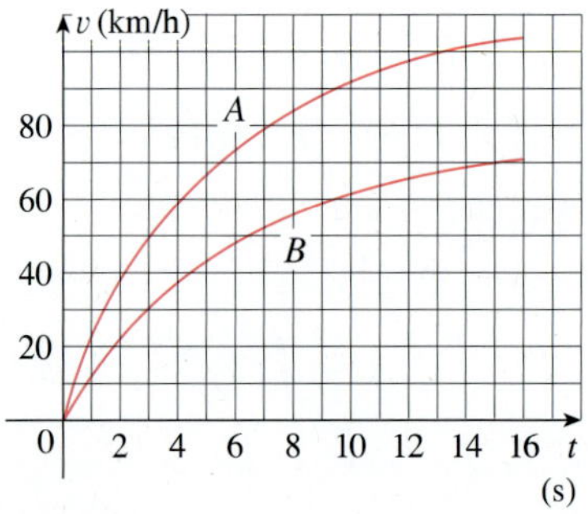

[그림 7]

풀이

5.3절로부터 속도 곡선 A 아래의 넓이는 처음 16초 동안 자동차 A가 주행한 거리를 나타내는 것을 알 수 있다. 마찬가지로 곡선 B 아래의 넓이는 같은 시간 동안 자동차 B가 주행한 거리이다. 따라서 두 곡선 아래 넓이의 차인 곡선 사이의 넓이는 16초 후에 두 자동차가 주행한 거리의 차를 나타낸다. 그래프에서 속도를 측정하고 단위를 초당 미터($1\,\text{km/h} = \frac{1000}{3600}\,\text{m/s}$)로 바꾸면 다음과 같은 표를 얻는다.

t	0	2	4	6	8	10	12	14	16
v_A	0	10.4	16.5	20.4	23.2	25.6	27.1	28.0	29.0
v_B	0	6.4	10.4	13.4	15.5	17.1	18.3	19.2	19.8
$v_A - v_B$	0	4.0	6.1	7.0	7.7	8.5	8.8	8.8	9.2

[표 1]

$\Delta t = 4$가 되도록 하기 위해 $n = 4$인 구간을 갖는 중점 법칙을 이용한다. 구간의 중간점은 $\bar{t}_1 = 2,\ \bar{t}_2 = 6,\ \bar{t}_3 = 10,\ \bar{t}_4 = 14$이다. 16초 후에 두 자동차가 주행한 거리의 차는 다음과 같다.

■ www.stewartcalculus.com (Additional Examples A, B를 보라.)

$$\int_0^{16} (v_A - v_B)\,dt \approx \Delta t[4.0 + 7.0 + 8.5 + 8.8]$$

$$= 4(28.3) = 113.2\ \text{m}$$

어떤 영역은 x를 y의 함수로 간주하면 더 쉽게 계산할 수 있다. 구간 $c \le y \le d$에서 $f(y) \ge g(y)$인 연속함수 f와 g에 대해 $x = f(y),\ x = g(y),\ y = c,\ y = d$로 둘러싸인([그림 8] 참조) 그 영역의 넓이는 다음과 같다.

$$A = \int_c^d [f(y) - g(y)]\, dy$$

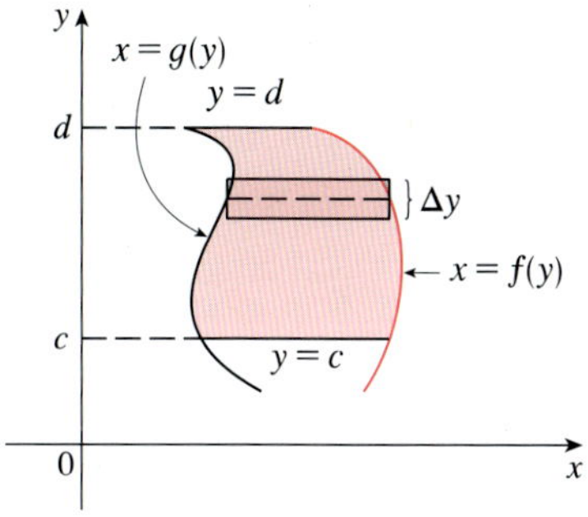

[그림 8]

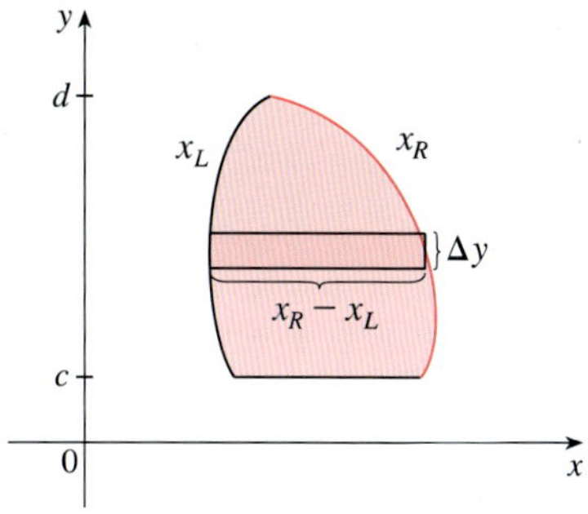

[그림 9]

[그림 9]와 같이 오른쪽 경계를 x_R, 왼쪽 경계를 x_L로 나타내면 다음을 얻는다.

$$A = \int_c^d (x_R - x_L)\, dy$$

여기서 대표 근사 직사각형의 너비는 $x_R - x_L$, 높이는 Δy이다.

예제 4 **직선 $y = x - 1$과 포물선 $y^2 = 2x + 6$으로 둘러싸인 넓이를 구하라.**

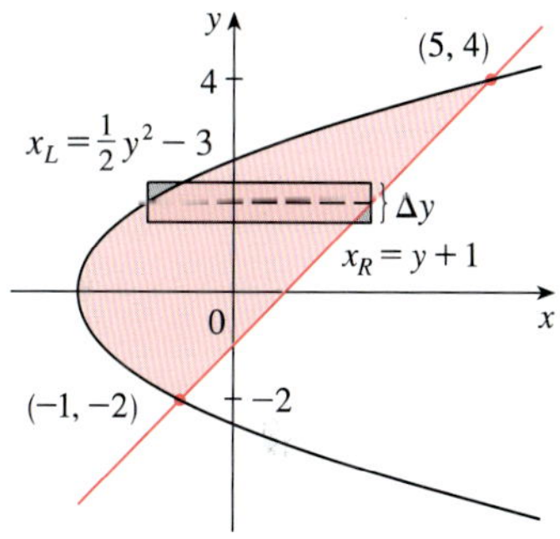

[그림 10]

풀이

두 방정식을 풀면 교점의 좌표는 $(-1, -2)$, $(5, 4)$이다. x에 대해 포물선 방정식을 풀면 [그림 10]으로부터 왼쪽과 오른쪽 경계 곡선이 다음과 같음에 주목한다.

$$x_L = \frac{1}{2}y^2 - 3, \qquad x_R = y + 1$$

적절한 y 값들, 즉 $y = -2$와 $y = 4$ 사이에서 적분을 해야 한다. 따라서 다음을 얻는다.

$$\begin{aligned} A &= \int_{-2}^4 (x_R - x_L)\, dy = \int_{-2}^4 \left[(y+1) - \left(\frac{1}{2}y^2 - 3\right)\right] dy \\ &= \int_{-2}^4 \left(-\frac{1}{2}y^2 + y + 4\right) dy \\ &= -\frac{1}{2}\left(\frac{y^3}{3}\right) + \frac{y^2}{2} + 4y \Bigg]_{-2}^4 \\ &= -\frac{1}{6}(64) + 8 + 16 - \left(\frac{4}{3} + 2 - 8\right) = 18 \end{aligned}$$

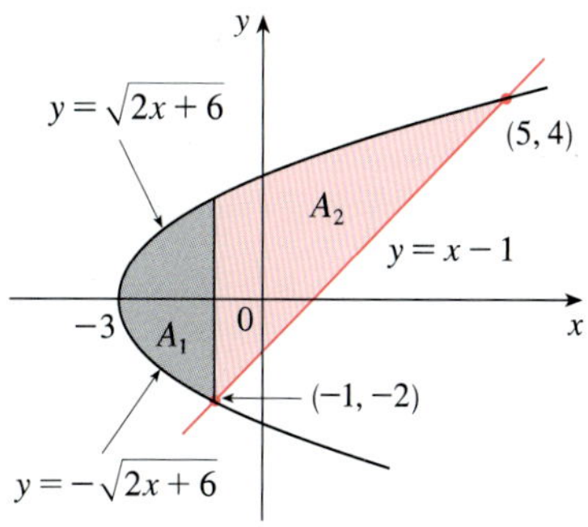

[그림 11]

NOTE _ [예제 4]에서의 넓이는 y 대신 x에 대해 적분하여 구할 수도 있으나 계산이 훨씬 더 복잡하다. 이것은 [그림 11]과 같이 영역을 두 개로 나누어 A_1과 A_2로 표시된 넓이를 계산하는 것과 같다. [예제 4]에서 이용한 방법이 훨씬 쉽다.

7.1 연습문제

01~02 색칠한 부분의 넓이를 구하라.

01

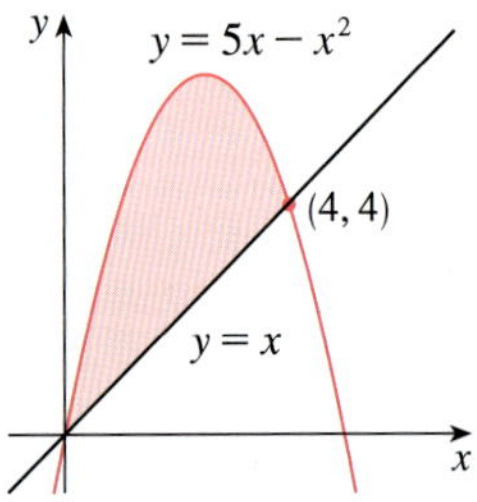

02

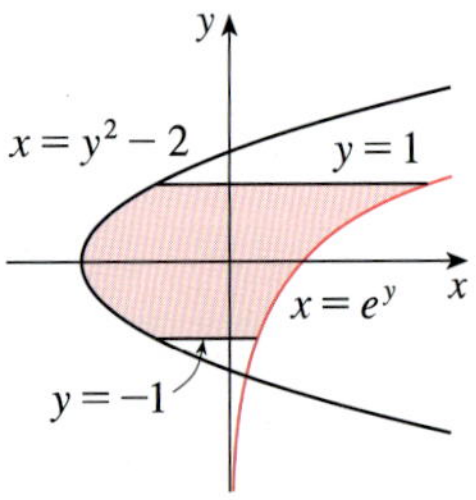

03~05 주어진 곡선으로 둘러싸인 영역을 그려라. x 또는 y에 대해 적분할지 결정하라. 대표 근사 직사각형을 그려 그것의 높이와 너비를 표시하라. 그리고 영역의 넓이를 구하라.

03 $y=e^x,\quad y=x^2-1,\quad x=-1,\quad x=1$

04 $y=x,\quad y=x^2$

05 $x=2y^2,\quad x+y=1$

06~10 주어진 곡선으로 둘러싸인 영역을 그리고 그 영역의 넓이를 구하라.

06 $y=12-x^2,\quad y=x^2-6$

07 $y=e^x,\quad y=xe^x,\quad x=0$

08 $x=2y^2,\quad x=4+y^2$

09 $y=\cos\pi x,\quad y=4x^2-1$

10 $y=1/x,\quad y=x,\quad y=\frac{1}{4}x,,\quad x>0$

11 곡선 $y=\cos x$, $y=\sin 2x$와 $x=0$, $x=\pi/2$ 사이에 놓이는 영역을 그려라. 이 영역은 두 개의 분리된 영역으로 구성되는 것에 주목하여 영역의 넓이를 구하라.

12~13 곡선 사이의 영역을 그려라. 계산기나 컴퓨터를 이용하여 소수점 아래 다섯째 자리까지 정확하게 계산하라.

12 $y=\dfrac{2}{1+x^4},\quad y=x^2$

13 $y=\tan^2 x,\quad y=\sqrt{x}$

14 크리스와 켈리가 운전하는 경주용 자동차가 출발선에 나란히 서 있다. 다음 표는 경주에서 처음 10초 동안 두 자동차의 속도(km/h)를 나타낸 것이다. 중점 법칙을 이용하여 처음 10초 동안 켈리가 크리스보다 얼마나 더 멀리 갔는지 추정하라.

t	v_C	v_K	t	v_C	v_K
0	0	0	6	110	128
1	32	35	7	120	138
2	51	59	8	130	150
3	74	83	9	138	157
4	86	98	10	144	163
5	99	114			

15 서핑보드 모양 풀장의 폭(m)이 그림에 나타낸 것과 같이 2 m 간격으로 측정되었다. 심프슨의 공식을 이용하여 풀장의 넓이를 추정하라.

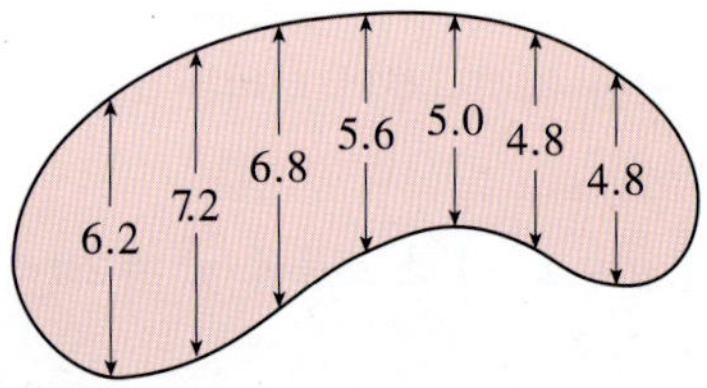

16 인구의 출생률은 1년당 $b(t)=2200e^{0.024t}$명, 사망률은 1년당 $d(t)=1460e^{0.018t}$명이다. $0\le t\le 10$에 대해 두 곡선으로 둘러싸인 넓이를 구하라. 이 넓이는 무엇을 나타내는가?

17 반지름 r과 R인 두 원의 호로 둘러싸인 초승달 모양(활꼴) 영역의 넓이를 구하라(그림 참조).

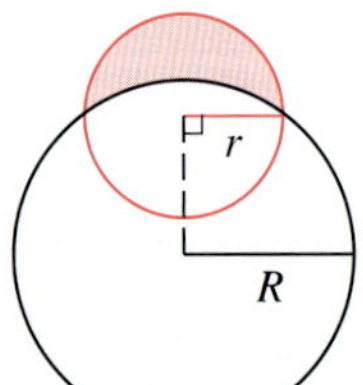

18 포물선 $y=x^2-c^2$과 $y=c^2-x^2$으로 둘러싸인 영역의 넓이가 576이 되게 만드는 c의 값을 구하라.

19 곡선 $y=x^2$과 $y=4$로 둘러싸인 영역을 직선 $y=b$가 동일한 넓이를 갖는 두 영역으로 분할한다. b의 값을 구하라.

20 0에서 t까지 f의 그래프 아래의 넓이가 $A(t)=t^3$, $t>0$인 양의 연속함수 f를 구하라.

21 직선 $y=mx$와 곡선 $y=x/(x^2+1)$로 둘러싸인 영역이 존재하기 위한 m 값은 얼마인가? 이 영역의 넓이를 구하라.

7.2 부피

입체도형의 부피를 구할 때 넓이를 구할 때와 동일한 형태의 문제에 직면하게 된다. 부피의 의미가 무엇인지 직관적으로 알고 있으나 부피에 대해 정확히 정의하기 위해서 미적분학을 이용하여 이 개념을 분명하게 해야만 한다.

기둥면cylinder(정확하게는 직각 기둥면)이라 부르는 간단한 형태의 입체부터 시작한다. [그림 12(a)]에서 설명하는 바와 같이 기둥면은 밑면base이라 부르는 평면 영역 B_1과 평행하고 합동인 평면 영역 B_2로 둘러싸여 있다. 기둥면은 밑면에 수직이고 B_1과 B_2를 연결하는 선분 위의 모든 점으로 구성된다. 밑면의 넓이가 A, 기둥면의 높이(B_1에서 B_2까지의 거리)가 h라면 기둥면의 부피 V는 다음과 같이 정의된다.

$$V = Ah$$

특히 밑면이 반지름 r인 원이면 기둥면은 부피가 $V = \pi r^2 h$인 원기둥이고([그림 12(b)] 참조), 밑면이 길이가 l, 너비가 w인 직사각형이면 기둥면은 부피가 $V = lwh$인 직사각형 상자(직육면체)이다([그림 12(c)] 참조).

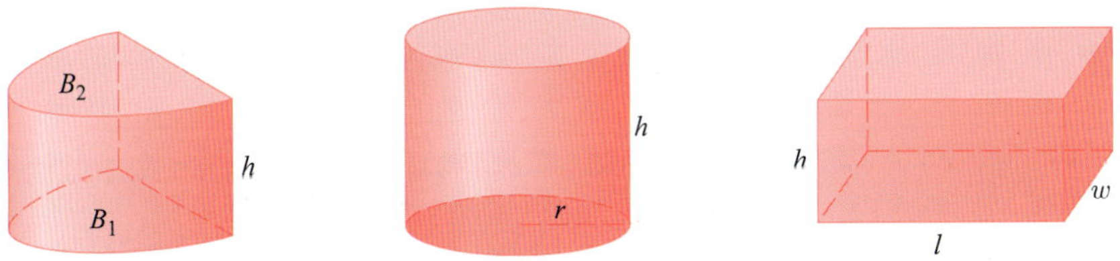

(a) 기둥면 $V = Ah$　　(b) 원기둥 $V = \pi r^2 h$　　(c) 직육면체 $V = lwh$

[그림 12]

기둥면이 아닌 입체 S에 대해 먼저 S를 얇은 조각으로 '자르고' 각각의 조각을 기둥면으로 근사시킨다. 그리고 이 기둥면들의 부피를 더하여 S의 부피를 추정한다. 끝으로 조각의 수를 크게 증가시키는 극한 과정을 통하여 정확한 S의 부피를 얻는다.

S를 평면으로 잘라서 생긴 평면 영역을 S의 절단면cross-section이라고 한다. $a \le x \le b$일 때 점 x를 지나고 x축에 수직인 평면 P_x에 속한 S의 절단면의 넓이를 $A(x)$라 하자. ([그림 13]을 보라. 점 x를 지나면서 칼로 S를 얇은 조각으로 잘라 이 조각의 넓이를 계산해보자). x가 a에서 b까지 증가함에 따라 절단면의 넓이 $A(x)$는 변할 것이다.

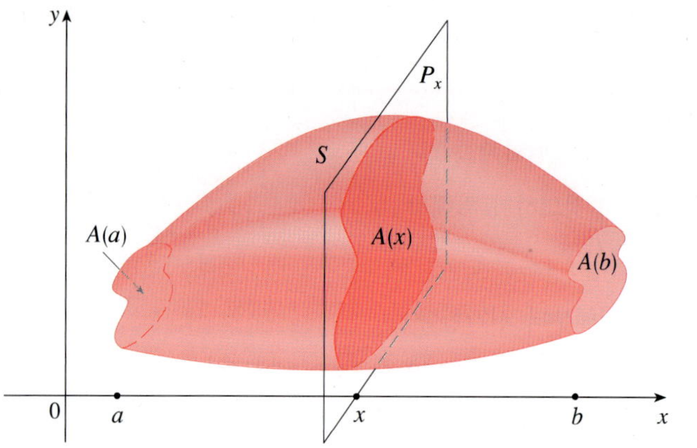

[그림 13]

분할점이 x_0, x_1, x_2, $\cdots$, x_n인 n개의 부분 구간으로 나누어진 구간 $[a, b]$의 분할을 생각해보자. 그러면 평면 P_{x_1}, P_{x_2}, $\cdots$이 얇은 조각으로 된 입체가 되도록 두께가 $\Delta x_i = x_i - x_{i-1}$인 n개의 평판으로 S를 분할한다. (빵 덩어리를 얇게 자른다고 생각하자.) 부분 구간 $[x_{i-1}, x_i]$에서 표본점 x_i^*를 택한다면 i번째 평판 S_i (평면 $P_{x_{i-1}}$와 P_{x_i} 사이에 놓인 S의 일부)는 밑면의 넓이가 $A(x_i^*)$, '높이'가 Δx_i인 기둥면으로 근사시킬 수 있다([그림 14] 참조).

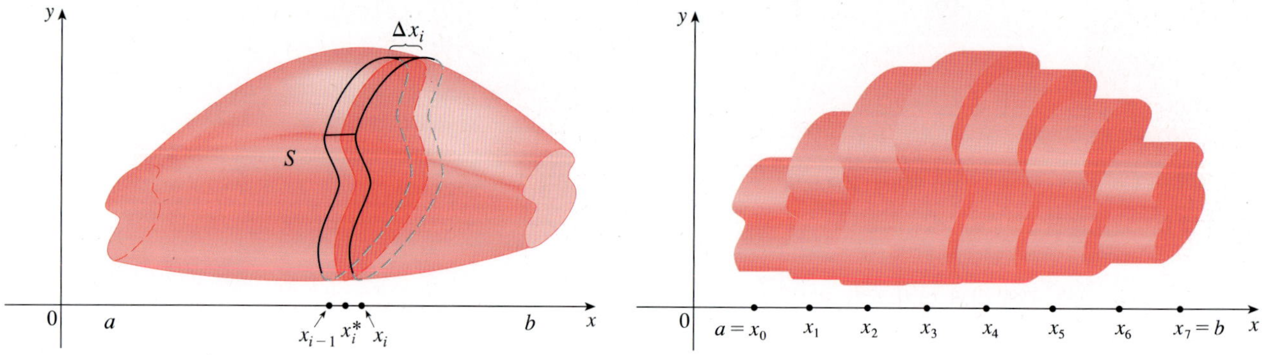

[그림 14]

이 기둥면의 부피는 $A(x_i^*)\Delta x_i$이므로 직관적으로 i번째 평판 S_i의 부피에 대한 근삿값은 다음과 같다.

$$V(S_i) \approx A(x_i^*)\Delta x_i$$

이런 평판들의 부피를 모두 더해서 전체 부피의 근삿값(직관적으로 부피라고 생각하는 것)을 다음과 같이 얻는다.

$$V \approx \sum_{i=1}^{n} A(x_i^*)\Delta x_i$$

이 근삿값은 평판이 얇아질수록 더욱더 정확해진다. 따라서 $\max \Delta x_i \to 0$임에 따라 이러한 합의 극한으로써 부피를 정의한다. 리만 합의 극한이 정적분임을 알고 있으므로 다음 정의를 얻는다.

부피의 정의

S를 $x=a$와 $x=b$ 사이에 놓인 입체라고 하자. x를 지나고 x축에 수직인 평면 P_x에 속한 S의 절단면의 넓이가 적분 가능한 함수 $A(x)$라 하면 S의 **부피**volume는 다음과 같다.

$$V = \lim_{\max \Delta x_i \to 0} \sum_{i=1}^{n} A(x_i^*)\Delta x_i = \int_a^b A(x)\,dx$$

이 정의는 S가 x축에 대해 어떻게 놓이든지 관계가 없다는 사실을 증명할 수 있다. 다시 말해서 S를 평행면으로 어떻게 자르더라도 V에 대한 답은 항상 동일하게 얻을 것이다.

부피 공식 $V=\int_a^b A(x)\,dx$를 이용할 때, $A(x)$는 x축에 수직이고 x를 지나는 얇은 조각에 의해 얻어지는 유동적인 절단면의 넓이임을 기억하는 것이 중요하다.

기둥면일 때 절단면의 넓이는 항상 일정하다. 즉 모든 점 x에 대해 $A(x)=A$이다. 따라서 부피의 정의로부터 $V=\int_a^b A\,dx = A(b-a)$이고 이는 공식 $V=Ah$와 일치한다.

예제 1 반지름이 r인 구의 부피는 $V=\frac{4}{3}\pi r^3$임을 보여라.

풀이

구의 중심이 원점이 되도록 구를 놓는다면([그림 15] 참조) 평면 P_x는(피타고라스 정리에 의해) 반지름이 $y=\sqrt{r^2-x^2}$인 원의 모양으로 구와 만난다. 그러므로 절단면의 넓이는 다음과 같다.

$$A(x) = \pi y^2 = \pi(r^2 - x^2)$$

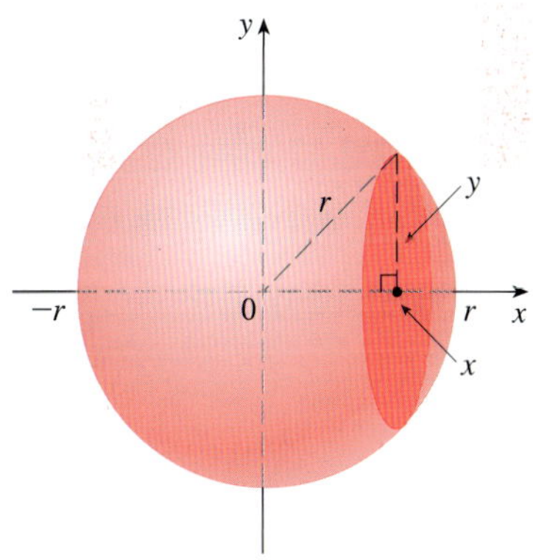

[그림 15]

$a=-r,\ b=r$인 부피의 정의를 이용하여 다음을 얻는다.

$$\begin{aligned} V &= \int_{-r}^{r} A(x)\,dx = \int_{-r}^{r} \pi(r^2-x^2)\,dx \\ &= 2\pi\int_0^r (r^2-x^2)\,dx \quad \text{(피적분함수가 우함수)} \\ &= 2\pi\left[r^2x - \frac{x^3}{3}\right]_0^r = 2\pi\left(r^3 - \frac{r^3}{3}\right) \\ &= \frac{4}{3}\pi r^3 \end{aligned}$$

[그림 16]은 입체가 반지름 $r=1$인 구일 때 부피의 정의를 설명하고 있다. [예제 1]의 결과로부터 구의 부피가 $\frac{4}{3}\pi \approx 4.18879$임을 알 수 있다. 여기서 평판은 원기둥 또는 원판이고, [그림 16]의 세 부분이 $n=5$, 10, 20일 때 다음과 같은 리만 합의 기하학적인 해석을 보여준다.

$$\sum_{i=1}^{n} A(\bar{x}_i)\Delta x = \sum_{i=1}^{n} \pi(1^2 - \bar{x}_i^2)\Delta x$$

여기서 균등한 분할을 사용했으며 표본점 x_i^*는 중점 $\bar{x}_i$로 택한다. 근사 기둥면의 수가 증가할수록 이에 대응하는 리만 합은 실제 부피에 더욱더 근접하게 된다.

TEC Visual 7.2A는 [그림 16]의 애니메이션을 보여준다.

(a) 원판 5개, $V \approx 4.2726$ (b) 원판 10개, $V \approx 4.2097$ (c) 원판 20개, $V \approx 4.1940$

[그림 16] 반지름이 1인 구의 부피에 대한 근삿값

예제 2 0에서 1까지 곡선 $y=\sqrt{x}$ 아래의 영역을 x축에 대해 회전하여 얻은 입체의 부피를 구하라. 대표 근사 기둥면을 그려서 부피의 정의를 설명하라.

풀이

영역은 [그림 17(a)]와 같다. x축에 대해 회전하면 [그림 17(b)]와 같은 입체를 얻는다. 점 x를 지나는 얇은 조각으로 자를 때 반지름이 $\sqrt{x}$인 원판을 얻는다. 이 절단면의 넓이는 다음과 같다.

$$A(x) = \pi(\sqrt{x})^2 = \pi x$$

그리고 근사 기둥면(두께가 Δx인 원판)의 부피는 다음과 같다.

$$A(x)\Delta x = \pi x \Delta x$$

입체가 $x=0$과 $x=1$ 사이에 놓여있으므로 따라서 부피는 다음과 같다.

$$V = \int_0^1 A(x)\,dx = \int_0^1 \pi x\,dx = \pi \frac{x^2}{2}\Big]_0^1 = \frac{\pi}{2}$$

[예제 2]에서 타당한 답을 구했는가? 이것을 확인하기 위해 주어진 영역을 밑면이 $[0, 1]$, 높이가 1인 정사각형으로 바꾸자. 이 정사각형을 회전시키면 반지름이 1, 높이가 1, 부피가 $\pi \cdot 1^2 \cdot 1 = \pi$인 기둥면을 얻는다. 주어진 입체의 부피는 이 부피의 반으로 계산된다. 따라서 구한 답이 옳은 것을 알 수 있다.

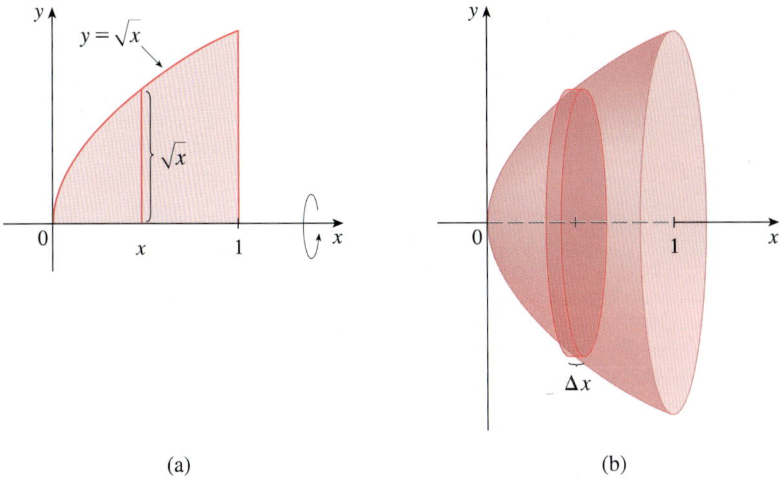

[그림 17]

TEC Visual 7.2B/7.3은 [예제 2]~[예제 6]에 있는 회전체가 어떻게 형성되는지 보여준다.

예제 3 **곡선 $y=x^3$과 $y=8$, $x=0$으로 둘러싸인 영역을 y축에 대해 회전시켜 얻은 입체의 부피를 구하라.**

풀이

영역은 [그림 18(a)]와 같고, 회전시켜 얻은 입체는 [그림 18(b)]와 같다. 영역이 y축에 대해 회전되었기 때문에 입체를 y축에 대해 수직으로 자르고 y에 대해 적분하는 것이 타당하다. 만일 높이 y에서 얇게 자르면 반지름이 x인 원판을 얻으며 $x=\sqrt[3]{y}$이다. 따라서 y를 지나는 절단면의 넓이는 다음과 같다.

$$A(y)=\pi x^2=\pi(\sqrt[3]{y})^2=\pi y^{2/3}$$

[그림 18(b)]에 그려진 근사 기둥면의 부피는 다음과 같다.

$$A(y)\Delta y=\pi y^{2/3}\Delta y$$

입체가 $y=0$과 $y=8$ 사이에 놓이므로 부피는 다음과 같다.

$$V=\int_0^8 A(y)\,dy=\int_0^8 \pi y^{2/3}\,dy=\pi\left[\frac{3}{5}y^{5/3}\right]_0^8=\frac{96\pi}{5}$$

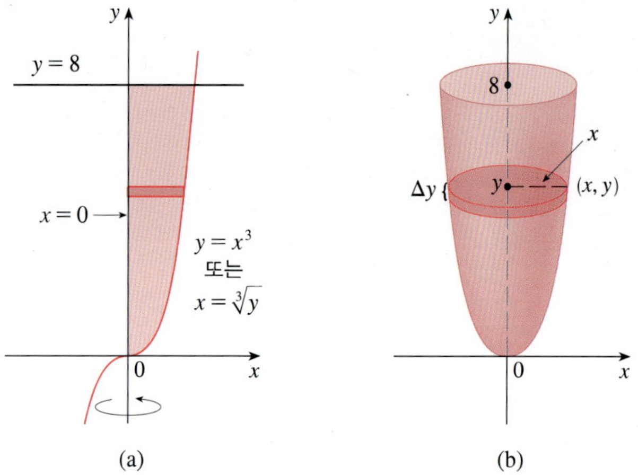

[그림 18]

예제 4 **직선 $y = x$와 곡선 $y = x^2$으로 둘러싸인 영역 $\mathfrak{R}$을 x축에 대해 회전시킨다. 이 입체의 부피를 구하라.**

풀이

직선 $y = x$와 곡선 $y = x^2$은 점 $(0, 0)$과 $(1, 1)$에서 만난다. 직선과 곡선 사이의 영역, 회전체, x축에 수직인 절단면은 [그림 19]와 같다.

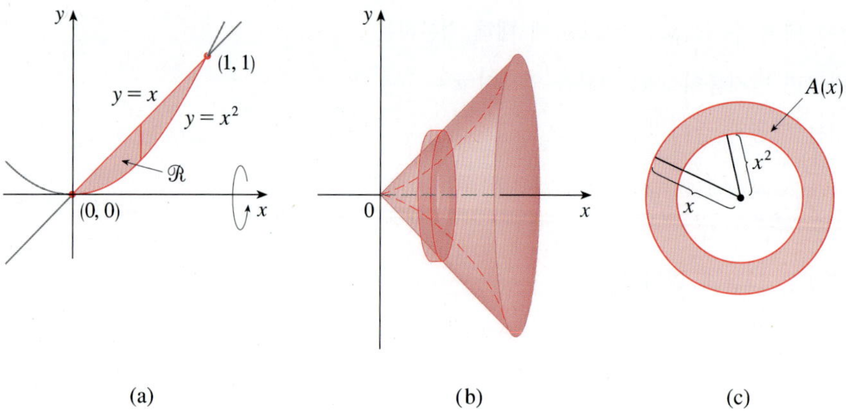

[그림 19]

평면 P_x 안에 놓여있는 절단면은 안쪽 반지름이 x^2, 바깥쪽 반지름이 x인 나사받이 모양(고리 모양)이므로 절단면의 넓이는 다음과 같이 바깥쪽 원의 넓이에서 안쪽 원의 넓이를 빼서 얻는다.

$$A(x) = \pi x^2 - \pi(x^2)^2 = \pi(x^2 - x^4)$$

따라서 다음을 얻는다.

$$V = \int_0^1 A(x)\,dx = \int_0^1 \pi(x^2 - x^4)\,dx$$

$$= \pi\left[\frac{x^3}{3} - \frac{x^5}{5}\right]_0^1 = \frac{2\pi}{15}$$

예제 5 [예제 4]의 영역을 직선 $y = 2$에 대해 회전시켜 얻은 입체의 부피를 구하라.

풀이

입체와 절단면은 [그림 20]과 같다. 절단면은 나사받이 모양이지만 이 경우에 안쪽 반지름은 $2-x$, 바깥쪽 반지름은 $2-x^2$이다. 절단면의 넓이는 다음과 같다.

$$A(x) = \pi(2-x^2)^2 - \pi(2-x)^2$$

따라서 S의 부피는 다음과 같다.

$$V = \int_0^1 A(x)\,dx = \pi \int_0^1 [(2-x^2)^2 - (2-x)^2]\,dx$$

$$= \pi \int_0^1 (x^4 - 5x^2 + 4x)\,dx$$

$$= \pi \left[\frac{x^5}{5} - 5\frac{x^3}{3} + 4\frac{x^2}{2} \right]_0^1 = \frac{8\pi}{15}$$

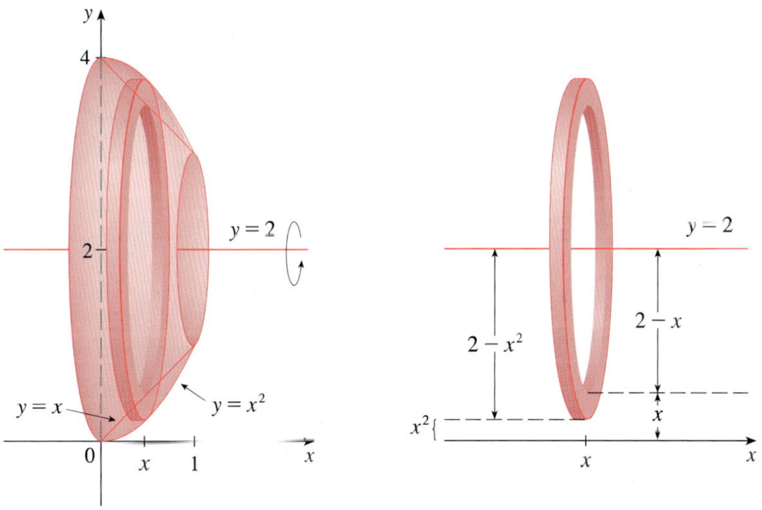

[그림 20]

[예제 1]~[예제 5]의 입체는 모두 주어진 영역을 한 직선에 대해 회전시켜 얻기 때문에 모두 **회전체**solid of revolution라고 한다. 일반적으로 회전체의 부피는 다음과 같은 기본적인 정의 공식을 이용하여 계산한다.

$$V = \int_a^b A(x)\,dx \quad \text{또는} \quad V = \int_c^d A(y)\,dy$$

절단면의 넓이 $A(x)$ 또는 $A(y)$는 다음 방법 중 하나로 구한다.

- 절단면이 원판이면([예제 1]~[예제 3]) 원판의 반지름을 구하고 (x 또는 y로) 다음을 이용한다.

$$A = \pi(\text{반지름})^2$$

- 절단면이 나사받이 모양이면([예제 4]~[예제 5]) 안쪽 반지름 r_{in}과 바깥쪽 반지름 r_{out}을 구하여([그림 20], [그림 21]과 같이) 바깥쪽 원판의 넓이에서 안쪽 원판의 넓이를 빼 나사받이 모양의 넓이를 구한다.

$$A = \pi(\text{바깥쪽 반지름})^2 - \pi(\text{안쪽 반지름})^2$$

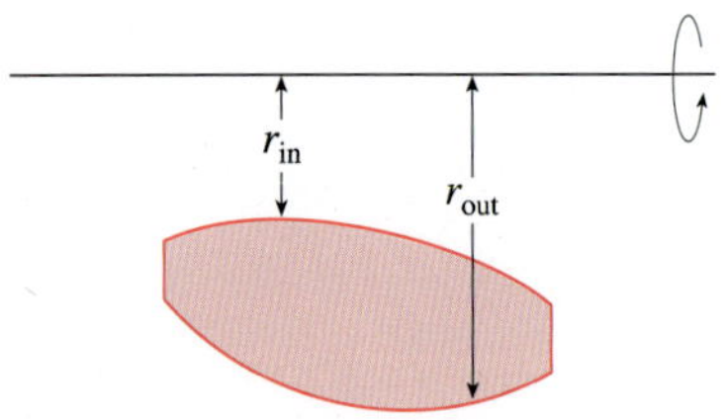

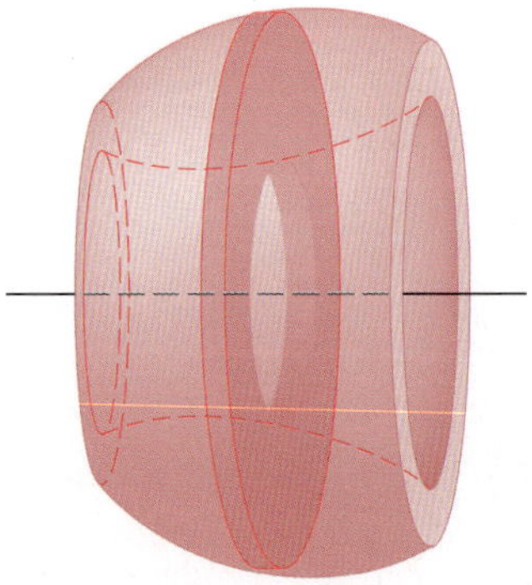

[그림 21]

다음 예제는 이런 과정을 상세히 보여준다.

예제 6 **[예제 4]의 영역을 직선 $x = -1$에 대해 회전시켜 얻은 입체의 부피를 구하라.**

풀이

[그림 22]는 수평 절단면을 보여준다. 이 절단면은 안쪽 반지름이 $1+y$, 바깥쪽 반지름이 $1+\sqrt{y}$인 나사받이 모양이다. 따라서 절단면의 넓이는 다음과 같다.

$$\begin{aligned} A(y) &= \pi(\text{바깥쪽 반지름})^2 - \pi(\text{안쪽 반지름})^2 \\ &= \pi(1+\sqrt{y})^2 - \pi(1+y)^2 \end{aligned}$$

입체의 부피는 다음과 같다.

$$\begin{aligned} V &= \int_0^1 A(y)\,dy = \pi\int_0^1 \left[(1+\sqrt{y})^2 - (1+y)^2\right] dy \\ &= \pi\int_0^1 \left(2\sqrt{y} - y - y^2\right) dy \\ &= \pi\left[\frac{4y^{3/2}}{3} - \frac{y^2}{2} - \frac{y^3}{3}\right]_0^1 = \frac{\pi}{2} \end{aligned}$$

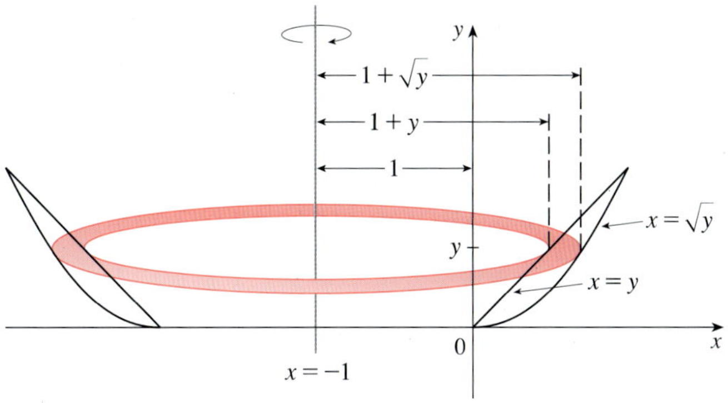

[그림 22]

지금부터 회전체가 아닌 두 입체의 부피를 구해보자.

TEC Visual 7.2C는 [그림 23]에서 입체가 어떻게 만들어지는지 보여준다.

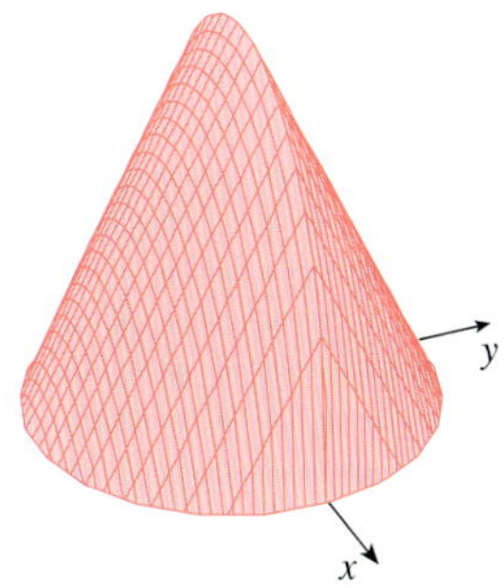

[그림 23] [예제 7]의 입체를 컴퓨터로 생성한 것이다.

예제 7 **[그림 23]은 반지름이 1인 원을 밑면으로 하는 입체이다. 밑면에 수직인 평행 절단면이 정삼각형일 때 이 입체의 부피를 구하라.**

풀이

$x^2+y^2=1$인 원을 택하자. 원점에서 x만큼 떨어진 거리에서 입체, 밑면, 삼각형인 절단면은 [그림 24]와 같다.

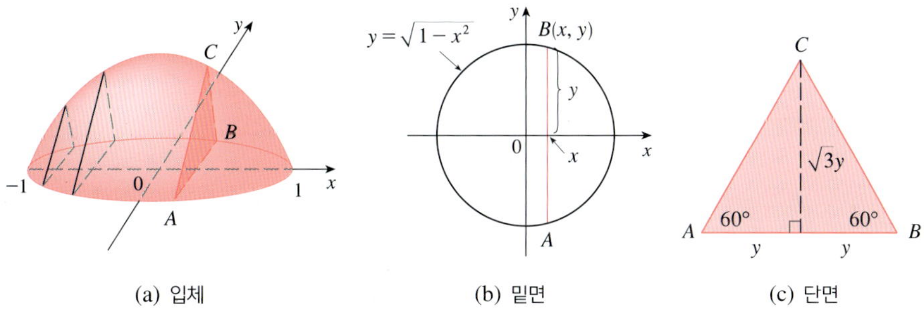

[그림 24]

B가 원 위에 놓여있으므로 $y=\sqrt{1-x^2}$을 얻으므로 삼각형 ABC의 밑변은 $|AB|=2\sqrt{1-x^2}$이다. 삼각형이 정삼각형이므로 [그림 24(c)]로부터 높이는 $\sqrt{3}\,y$ $=\sqrt{3}\sqrt{1-x^2}$이다. 따라서 절단면의 넓이는 다음과 같다.

$$A(x)=\frac{1}{2}\cdot 2\sqrt{1-x^2}\cdot\sqrt{3}\sqrt{1-x^2}=\sqrt{3}\,(1-x^2)$$

입체의 부피는 다음과 같다.

$$V=\int_{-1}^{1}A(x)\,dx=\int_{-1}^{1}\sqrt{3}\,(1-x^2)\,dx$$

$$=2\int_{0}^{1}\sqrt{3}\,(1-x^2)\,dx=2\sqrt{3}\left[x-\frac{x^3}{3}\right]_0^1=\frac{4\sqrt{3}}{3}$$

예제 8 한 변의 길이가 L인 정사각형을 밑면으로 하고 높이가 h인 각뿔의 부피를 구하라.

풀이

[그림 25]와 같이 각뿔의 꼭짓점을 원점 O에 놓고 x축을 중심축으로 택한다. 점 x를 지나면서 x축에 수직인 임의의 평면 P_x가 각뿔과 만나서 생기는 정사각형의 한 변의 길이를 s라 하자.

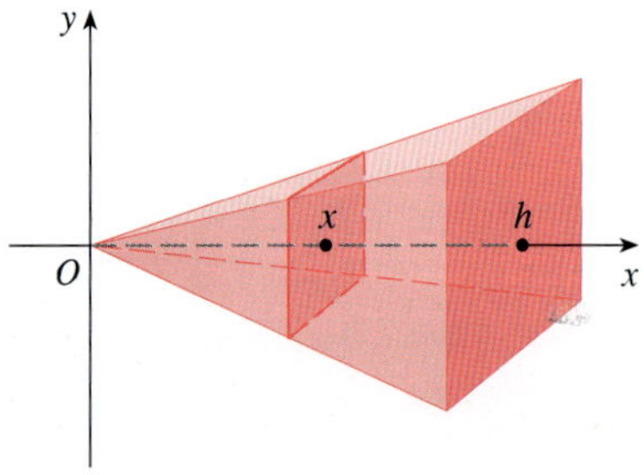

[그림 25]

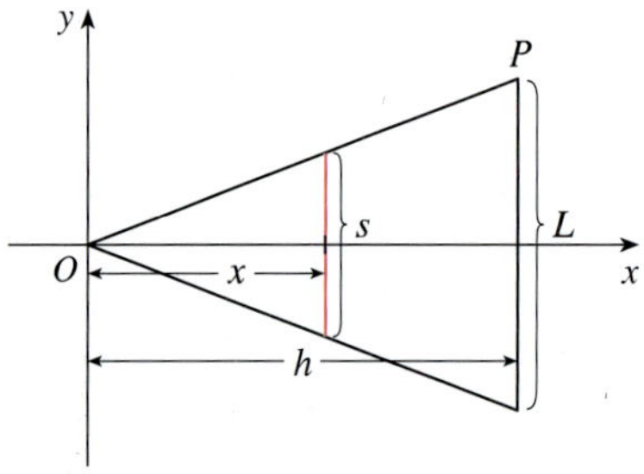

[그림 26]

[그림 26]에서 닮은 삼각형들로부터 s를 x로 다음과 같이 표현할 수 있다.

$$\frac{x}{h} = \frac{s/2}{L/2} = \frac{s}{L}$$

그러므로 $s = Lx/h$이다. [또 다른 방법은 직선 OP의 기울기가 $L/(2h)$이므로 이 직선의 방정식이 $y = Lx/(2h)$임을 관찰하는 것이다.] 따라서 절단면의 넓이는 다음과 같다.

$$A(x) = s^2 = \frac{L^2}{h^2}x^2$$

각뿔이 $x=0$과 $x=h$ 사이에 놓이므로 부피는 다음과 같다.

$$V = \int_0^h A(x)\,dx = \int_0^h \frac{L^2}{h^2}x^2\,dx = \frac{L^2}{h^2}\frac{x^3}{3}\bigg]_0^h = \frac{L^2h}{3}$$

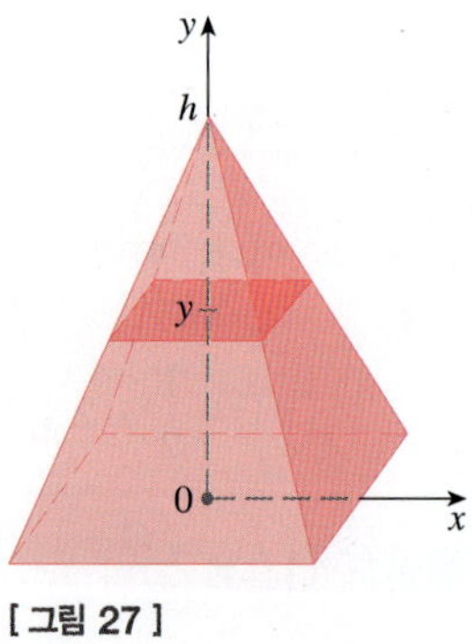

[그림 27]

NOTE_ [예제 8]과 같이 각뿔의 꼭짓점을 원점에 놓을 필요는 없다. 이것은 단지 방정식을 간단히 만들기 위한 것이다. 반면에 [그림 27]에서와 같이 밑면의 중심을 원점에 놓고, 꼭짓점을 양의 y축에 놓으면 다음과 같은 적분을 확인할 수 있다.

$$V = \int_0^h \frac{L^2}{h^2}(h-y)^2\,dy = \frac{L^2h}{3}$$

7.2 연습문제

01~06 주어진 곡선과 지정된 직선으로 둘러싸인 영역을 회전시켜 얻은 입체의 부피를 구하라. 영역, 입체, 대표 원판, 나사받이 모양 원판을 그려라.

01 $y=2-\frac{1}{2}x,\ y=0,\ x=1,\ x=2$; x축에 대해

02 $x=2\sqrt{y},\ x=0,\ y=9$; y축에 대해

03 $y=x^3,\ y=x,\ x\ge 0$; x축에 대해

04 $y^2=x,\ x=2y$; y축에 대해

05 $y=x,\ y=\sqrt{x}$; $y=1$에 대해

06 $y=x^2,\ x=y^2$; $x=-1$에 대해

07~09 주어진 곡선으로 둘러싸인 영역을 지정된 직선에 대해 회전시킨 회전체의 부피를 구하라.

07 $y=1/x,\ x=1,\ x=2,\ y=0$; x축에 대해

08 $x-y=1,\ y=x^2-4x+3$; $y=3$에 대해

09 $y=x^3,\ y=\sqrt{x}$; $x=1$에 대해

10~11 주어진 곡선과 지정된 직선으로 둘러싸인 영역을 회전시켜 얻은 입체의 부피를 구하는 적분식을 세워라. 계산기를 이용하여 소수점 아래 다섯째 자리까지 정확하게 적분을 계산하라.

10 $y=e^{-x^2},\ y=0,\ x=-1,\ x=1$

(a) x축에 대해 (b) $y=-1$에 대해

11 $x^2+4y^2=4$

(a) $y=2$에 대해 (b) $x=2$에 대해

---

12 그래프를 이용하여 곡선 $y=x^2,\ y=\ln(x+1)$의 교점의 x좌표를 근삿값으로 구하라. 그런 후 계산기를 이용하여 이 곡선들로 둘러싸인 영역을 x축에 대해 회전시켜 얻은 입체의 부피를 (근사적으로) 구하라.

13 CAS 컴퓨터 대수체계를 이용하여 주어진 곡선으로 둘러싸인 영역을 지정된 직선에 대해 회전시켜 얻은 입체의 정확한 부피를 구하라.

$$y=\sin^2 x,\ y=0,\ 0\le x\le \pi;\ y=-1\text{에 대해}$$

14 다음 각 적분은 입체의 부피를 나타낸다. 각각의 입체에 대해 설명하라.

(a) $\pi\int_0^{\pi/2}\cos^2 x\,dx$ (b) $\pi\int_0^1 (y^4-y^8)\,dy$

15 컴퓨터 단층촬영(CAT scan)은 일정한 간격으로 인체 장기의 단면상을 보여줌으로써 수술하지 않고도 장기에 관한 정보를 제공한다. 사람의 간을 $1.5\,\text{cm}$의 간격으로 단층 촬영한다고 가정하자. 간의 길이는 $15\,\text{cm}$이고, 간의 단면의 넓이를 cm^2 단위로 나타낼 때 0, 18, 58, 79, 94, 106, 117, 128, 63, 39, 0이다. 중점법칙을 이용하여 간의 부피를 추정하라.

16~24 설명된 입체 S의 부피를 구하라.

16 높이가 h, 밑면의 반지름이 r인 직원뿔

17 반지름이 r, 높이가 h인 구 모양의 모자

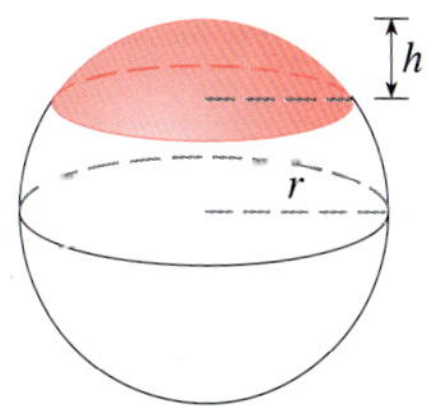

18 밑면이 가로 b, 세로 $2b$인 직사각형이고 높이가 h인 각뿔

19 세 면이 서로 수직이고 수직인 세 변의 길이가 각각 $3\,\text{cm}$, $4\,\text{cm}$, $5\,\text{cm}$인 사면체

20 S의 밑면은 경계 곡선 $9x^2+4y^2=36$인 타원 영역이다. x축에 수직인 절단면은 밑변이 빗변인 직각이등변삼각형이다.

21 S의 밑면은 꼭짓점이 $(0,0)$, $(1,0)$, $(0,1)$인 삼각형 영역이다. y축에 평행인 절단면은 정삼각형이다.

22 S의 밑면은 [연습문제 21]의 밑면과 동일하다. x축에 수직인 절단면은 정사각형이다.

23 S의 밑면은 포물선 $y=1-x^2$과 x축으로 둘러싸인 영역이다. y축에 평행인 절단면은 정사각형이다.

24 S의 밑면은 [연습문제 23]의 밑면과 동일하다. x축에 수직인 절단면은 밑변과 높이가 같은 길이를 갖는 이등변삼각형이다.

25 케플러나 뉴턴과 같은 미적분학의 선구자들은 포도주통의 부피를 구하는 문제로부터 영감을 받았다. (실제로 케플러는 1715년에 통의 부피를 구하는 방법에 몰두해서 "Stereometria doliorum" 이라는 책을 출판했다.) 그들은 종종 변의 모양을 포물선으로 근사시켰다.

(a) 높이가 h이고 최대 반지름이 R인 통은 포물선 $y=R-cx^2$, $-h/2 \le x \le h/2$를 x축에 대해 회전시켜 얻는다. 여기서 c는 양의 상수이다. 통의 밑면과 윗면의 반지름이 $r=R-d$임을 보여라. 여기서 $d=ch^2/4$이다.

(b) 통의 부피가 다음과 같음을 보여라.

$$V=\frac{1}{3}\pi h\left(2R^2+r^2-\frac{2}{5}d^2\right)$$

26 (a) 다음 그림과 같이 반지름 r과 R을 갖는 원환체(그림에서와 같은 도넛 모양의 입체)의 부피를 구하는 적분식을 세워라.

(b) 적분을 넓이로 해석하여 원환체의 부피를 구하라.

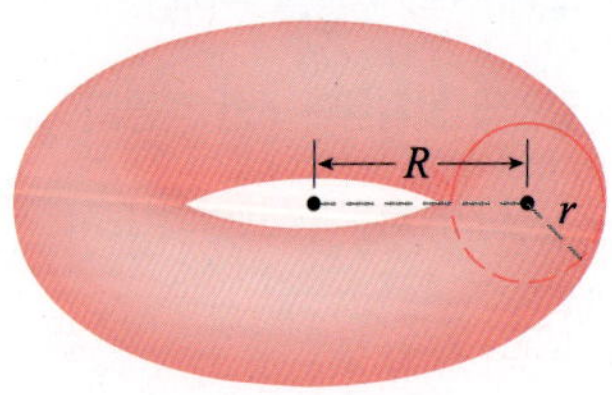

27 (a) 카발리에리의 원리[Cavalieri's principle]에 따르면 두 입체 S_1과 S_2에서 한 평면에 평행한 평면으로 자른 단면의 넓이가 같으면 S_1과 S_2의 부피는 서로 같다. 이 원리를 증명하라.

(b) 카발리에리의 원리를 이용하여 그림과 같이 기울어진 기둥면의 부피를 구하라.

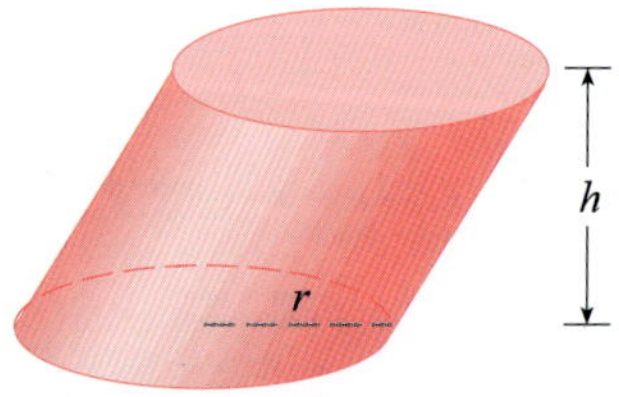

28 반지름 r인 두 구에 대해 한 구의 중심이 다른 구의 표면에 있을 때, 두 구의 공통부분의 부피를 구하라.

29 반지름 $R>r$인 원기둥의 축에 직각으로 통과하는 반지름 r인 구멍을 뚫었다. 잘라낸 입체의 부피를 구하는 적분식을 세워라. (계산은 하지 않는다.)

7.3 원통껍질에 의한 부피

어떤 부피 문제는 앞 절의 방법으로 구하기 매우 어렵다. 예를 들어 곡선 $y=2x^2-x^3$과 $y=0$으로 둘러싸인 영역을 y축에 대해 회전시켜 얻은 입체의 부피를 구한다고 생각해보자([그림 28] 참조). 만일 y축에 수직으로 얇게 자르면 나사받이 모양을 얻는다. 그러나 나사받이 모양의 안쪽 반지름과 바깥쪽 반지름을 계산하기 위해서는 3차방정식 $y=2x^2-x^3$을 풀어서 x를 y로 나타내야 하는데 그것이 쉽지 않다. 다행히 이럴 때 사용하는 쉬운 방법으로 **원통껍질 방법**[method of cylindrical shells]이 있다. [그림 29]는 안쪽 반지름이 r_1, 바깥쪽 반지름이 r_2, 높이가 h인 원통껍질을 보여준다. 이 원통껍질의 부피 V는 다음과 같이 외부 원기둥의 부피 V_2에서 내부 원기둥의 부피 V_1을 빼서 구한다.

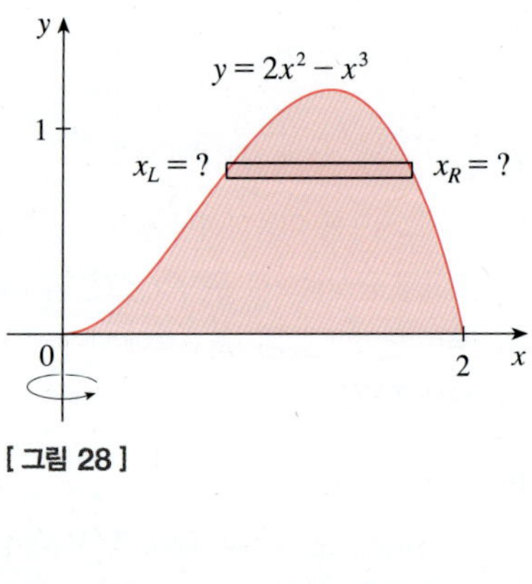

[그림 28]

$$V = V_2 - V_1$$
$$= \pi r_2^2 h - \pi r_1^2 h = \pi (r_2^2 - r_1^2) h$$
$$= \pi (r_2 + r_1)(r_2 - r_1) h$$
$$= 2\pi \frac{r_2 + r_1}{2} h (r_2 - r_1)$$

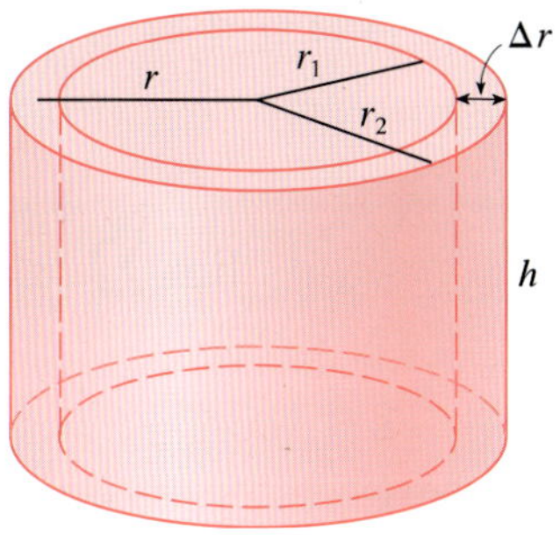

[그림 29]

$\Delta r = r_2 - r_1$(원통껍질의 두께), $r = \frac{1}{2}(r_2 + r_1)$(원통껍질의 평균반지름)이라 할 때, 원통껍질의 부피에 대한 공식은 다음과 같다.

1 $$V = 2\pi rh\,\Delta r$$

이 공식은 다음과 같이 기억할 수 있다.

$$V = [\text{원둘레}] \times [\text{높이}] \times [\text{두께}]$$

이제 곡선 $y = f(x)$, $y = 0$, $x = a$, $x = b$로 둘러싸인 영역을 y축에 대해 회전시켜 얻은 입체를 S라 하자. 여기서 f는 연속이고 $f(x) \geq 0$, $b > a \geq 0$이다([그림 30] 참조).

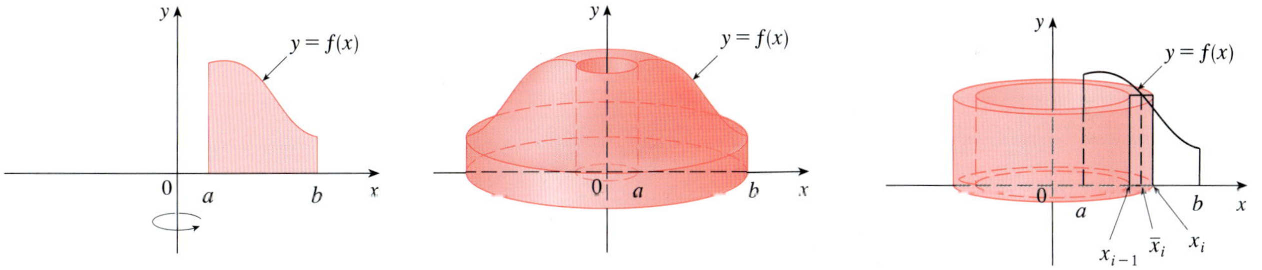

[그림 30]

구간 $[a, b]$를 너비가 Δx로 동일한 n개의 부분 구간 $[x_{i-1}, x_i]$로 나누고 $\bar{x}_i$를 i번째 부분 구간의 중점이라고 하자. 밑변이 $[x_{i-1}, x_i]$이고 높이가 $f(\bar{x}_i)$인 직사각형을 y축에 대해 회전시킨 결과는 평균반지름 $\bar{x}_i$, 높이 $f(\bar{x}_i)$, 두께 Δx인 원통껍질이다([그림 31] 참조).

따라서 공식 1에 의해 원통껍질의 부피는 다음과 같다.

$$V_i = (2\pi \bar{x}_i)[f(\bar{x}_i)]\,\Delta x$$

그러므로 입체 S의 부피 V에 대한 근삿값은 다음과 같이 원통껍질 부피의 합이 된다.

$$V \approx \sum_{i=1}^{n} V_i = \sum_{i=1}^{n} 2\pi \bar{x}_i [f(\bar{x}_i)]\,\Delta x$$

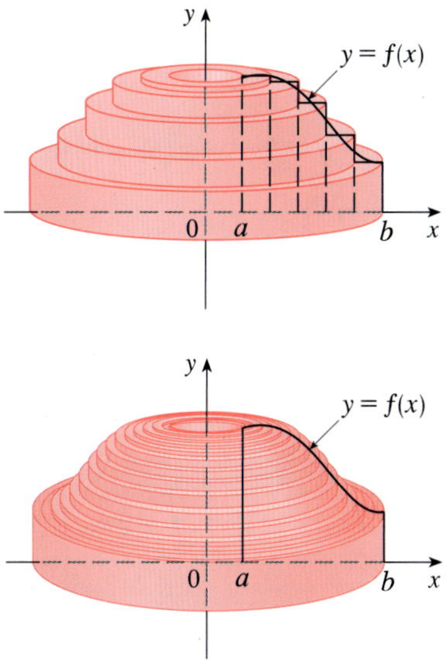

[그림 31]

이것은 $n \to \infty$일 때 좀 더 정확한 근삿값이 된다. 그러므로 정적분의 정의로부터 다음을 알 수 있다.

$$\lim_{n \to \infty} \sum_{i=1}^{n} 2\pi \bar{x}_i [f(\bar{x}_i)] \Delta x = \int_a^b 2\pi x f(x)\, dx$$

따라서 다음이 타당해 보인다. 대략적인 증명은 [연습문제 23]에 남긴다.

> 2 a에서 b까지 곡선 $y=f(x)$ 아래의 영역을 y축에 대해 회전시켜 얻은 [그림 30]과 같은 입체의 부피 V는 다음과 같다.
>
> $$V = \int_a^b 2\pi x f(x)\, dx, \quad 0 \le a < b$$

공식 2를 기억하는 가장 좋은 방법은 [그림 32]에서와 같이 반지름 x, 원둘레 $2\pi x$, 높이 $f(x)$, 두께 Δx 또는 dx로 잘라내어 평평하게 펼친 대표 원통껍질을 생각하는 것이다. 그러면 다음과 같다.

$$\int_a^b \underbrace{(2\pi x)}_{\text{원둘레}} \underbrace{[f(x)]}_{\text{높이}} \, dx$$

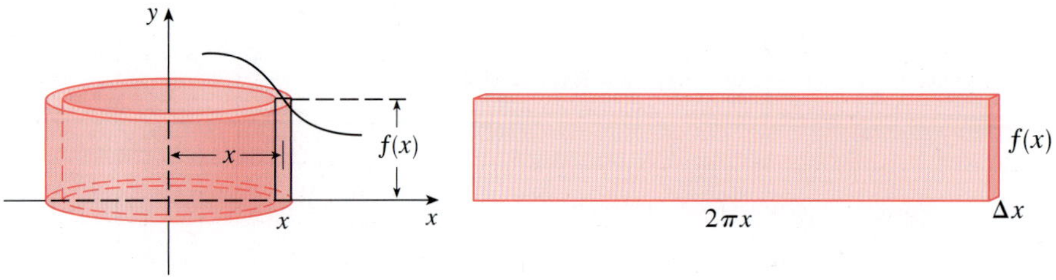

[그림 32]

이와 같은 추론은 y축이 아닌 다른 직선에 대해 회전시킬 때와 같은 다른 상황에서도 도움이 될 것이다.

예제 1 **$y=2x^2-x^3$과 $y=0$으로 둘러싸인 영역을 y축에 대해 회전시켜 얻은 입체의 부피를 구하라.**

풀이

[그림 33]으로부터 대표 원통껍질은 반지름 x, 원둘레 $2\pi x$, 높이 $f(x)=2x^2-x^3$임을 알 수 있다. 따라서 원통껍질 방법에 의해 부피는 다음과 같다.

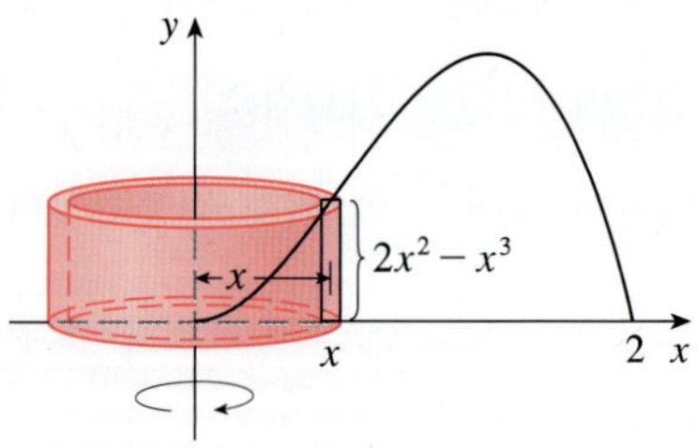

[그림 33]

$$V = \int_0^2 (2\pi x)(2x^2 - x^3)\, dx = 2\pi \int_0^2 (2x^3 - x^4)\, dx$$

$$= 2\pi \left[\frac{1}{2}x^4 - \frac{1}{5}x^5\right]_0^2 = 2\pi\left(8 - \frac{32}{5}\right) = \frac{16}{5}\pi$$

원통껍질 방법으로 얻은 답과 조각으로 나누어 얻은 답이 같음을 확인할 수 있다.

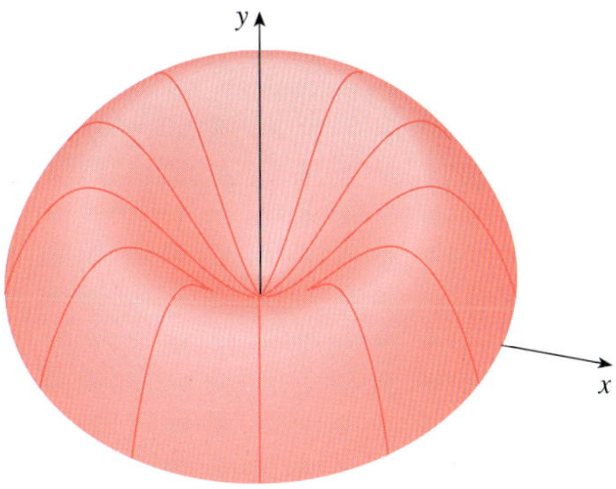

[그림 34]

TEC Visual 7.2B/7.3은 [예제 1]에 있는 입체와 껍질이 어떻게 만들어지는지 보여준다.

[그림 34]는 [예제 1]에서 계산한 부피를 갖는 입체를 컴퓨터로 생성한 그림이다.

NOTE [예제 1]의 풀이를 이 절의 도입부와 비교해 볼 때 위와 같은 문제에서 원통껍질 방법이 나사받이 모양 방법보다는 훨씬 쉽다는 것을 알 수 있다. 원통껍질 방법은 극댓값의 좌표를 구할 필요가 없으며 또한 곡선의 방정식을 풀어서 x를 y로 나타낼 필요도 없다. 그러나 다른 예제에서는 앞 절의 방법이 훨씬 쉬울 수도 있다.

예제 2 **$y = x$와 $y = x^2$ 사이의 영역을 y축에 대해 회전시켜 얻은 입체의 부피를 구하라.**

풀이

영역과 대표 원통껍질은 [그림 35]와 같다.

대표 원통껍질은 반지름 x, 원둘레 $2\pi x$, 높이 $x - x^2$을 갖는 것을 알 수 있다.

따라서 부피는 다음과 같다.

$$V = \int_0^1 (2\pi x)(x - x^2)\,dx = 2\pi \int_0^1 (x^2 - x^3)\,dx$$

$$= 2\pi \left[\frac{x^3}{3} - \frac{x^4}{4} \right]_0^1 = \frac{\pi}{6}$$

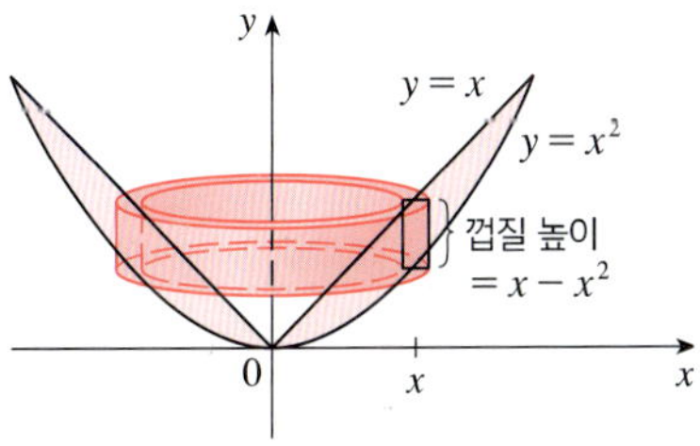

[그림 35]

다음 예제에서 보여주는 바와 같이 원통껍질 방법은 x축에 대해 회전시키는 경우에도 마찬가지로 적용할 수 있다. 원통껍질의 반지름과 높이를 알아볼 수 있는 그림만 그리면 된다.

예제 3 **원통껍질의 방법을 이용하여 0에서 1까지 곡선 $y = \sqrt{x}$ 아래의 영역을 x축에 대해 회전시킬 때 생기는 입체의 부피를 구하라.**

풀이

이 문제는 7.2절의 [예제 2]에서 원판을 이용하여 풀었다. 원통껍질 방법을 이용하기 위해 곡선 $y = \sqrt{x}$ (그 예제에 있는 그림에서)를 [그림 36]에 있는 $x = y^2$으로 다시 표현한다. x축에 대해 회전할 때 대표 원통껍질은 반지름 y, 원둘레 $2\pi y$, 높이 $1 - y^2$을 갖는다. 따라서 구하고자 하는 부피는 다음과 같다.

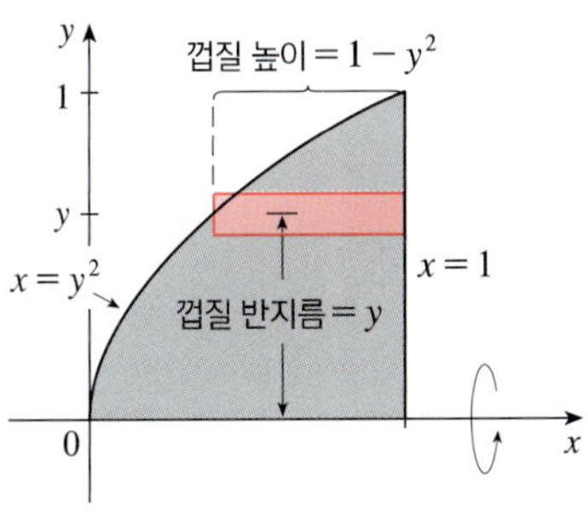

[그림 36]

$$V = \int_0^1 (2\pi y)(1-y^2)\,dy = 2\pi \int_0^1 (y-y^3)\,dy$$

$$= 2\pi \left[\frac{y^2}{2} - \frac{y^4}{4} \right]_0^1 = \frac{\pi}{2}$$

이 문제의 경우에는 원판 방법이 더 간단하다.

예제 4 **$y = x - x^2$과 $y = 0$으로 둘러싸인 영역을 직선 $x = 2$에 대해 회전시켜서 얻은 입체의 부피를 구하라.**

풀이

[그림 37]은 영역과 직선 $x = 2$에 대해 회전시켜 얻은 원통껍질을 보여준다. 이 원통껍질은 반지름 $2 - x$, 원둘레 $2\pi(2-x)$, 높이 $x - x^2$을 갖는다. 따라서 주어진 입체의 부피는 다음과 같다.

$$V = \int_0^1 2\pi(2-x)(x-x^2)\,dx = 2\pi \int_0^1 (x^3 - 3x^2 + 2x)\,dx$$

$$= 2\pi \left[\frac{x^4}{4} - x^3 + x^2 \right]_0^1 = \frac{\pi}{2}$$

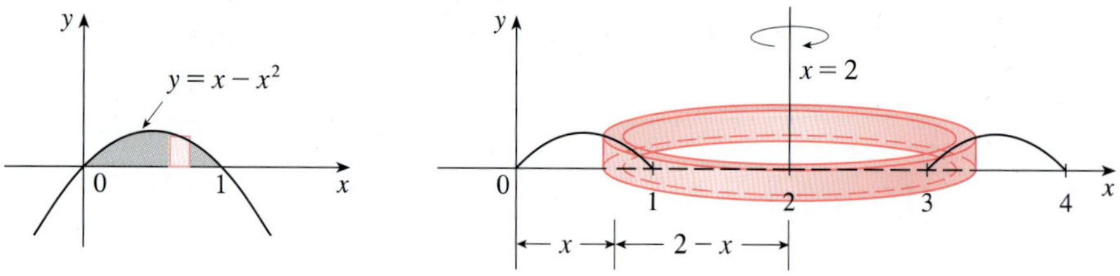

[그림 37]

7.3 연습문제

01 다음 그림에 보인 영역을 y축에 대해 회전시켜 얻은 입체를 S라고 하자. S의 부피 V를 구하기 위해 얇은 조각을 이용하는 방법이 왜 어려운지 설명하라. 대표 근사 원통껍질을 그리고 원둘레와 높이를 구하라. 원통껍질 방법을 이용하여 부피 V를 구하라.

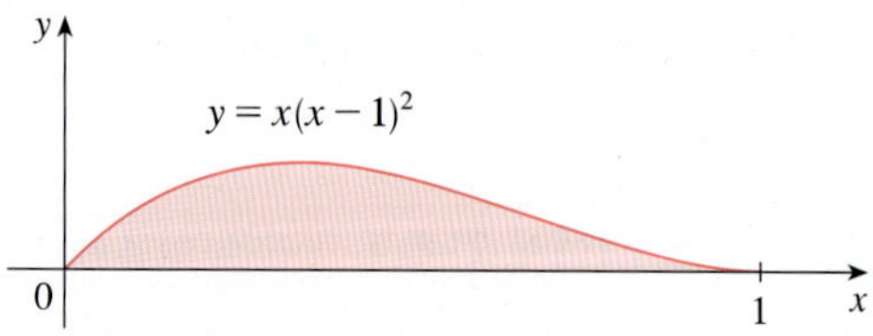

02~04 원통껍질 방법을 이용하여 주어진 곡선으로 둘러싸인 영역을 y축에 대해 회전시켜 얻은 입체의 부피를 구하라.

02 $y=\sqrt[3]{x},\ y=0,\ x=1$

03 $y=e^{-x^2},\ y=0,\ x=0,\ x=1$

04 $y=x^2,\ y=6x-2x^2$

05~07 원통껍질 방법을 이용하여 주어진 곡선으로 둘러싸인 영역을 x축에 대해 회전시켜 얻은 입체의 부피를 구하라.

05 $xy=1,\ x=0,\ y=1,\ y=3$

06 $y=x^3,\ y=8,\ x=0$

07 $x=1+(y-2)^2,\ x=2$

08~10 원통껍질 방법을 이용하여 주어진 곡선으로 둘러싸인 영역을 지정된 축에 대해 회전시켜 얻은 입체의 부피를 구하라.

08 $y=x^4,\ y=0,\ x=1;\ x=2$에 대해

09 $y=4x-x^2,\ y=3;\ x=1$에 대해

10 $y=x^3,\ y=0,\ x=1;\ y=1$에 대해

11~13 (a) 주어진 곡선으로 둘러싸인 영역을 지정된 축에 대해 회전시켜 얻은 입체의 부피를 구하는 적분식을 세워라.

(b) 계산기를 이용하여 소수점 아래 다섯째 자리까지 정확하게 적분을 계산하라.

11 $y=xe^{-x},\ y=0,\ x=2;\ y$축에 대해

12 $y=\cos^4 x,\ y=-\cos^4 x,\ -\pi/2\le x\le \pi/2;\ x=\pi$에 대해

13 $x=\sqrt{\sin y},\ 0\le y\le \pi,\ x=0;\ y=4$에 대해

14 $n=4$인 중점 법칙을 이용하여 곡선 $y=\tan x,\ 0\le x\le \frac{\pi}{4}$ 아래의 영역을 y축에 대해 회전시켜 얻은 입체의 부피를 추정하라.

15~16 각 적분은 입체의 부피를 나타낸다. 각 입체에 대해 설명하라.

15 $\int_0^3 2\pi x^5\,dx$

16 $\int_0^1 2\pi(3-y)(1-y^2)\,dy$

17~19 주어진 곡선으로 둘러싸인 영역이 지정된 축에 대해 회전한다. 이렇게 생성된 입체의 부피를 임의의 방법으로 구하라.

17 $y=-x^2+6x-8,\ y=0;\ y$축에 대해

18 $y^2-x^2=1,\ y=2;\ x$축에 대해

19 $x^2+(y-1)^2=1;\ y$축에 대해

20~22 원통껍질 방법을 이용하여 입체의 부피를 구하라.

20 반지름이 r인 구

21 7.2절 [연습문제 26]의 원환체

22 높이가 h, 밑면의 반지름이 r인 직원뿔

23 역함수 f^{-1}를 갖는 일대일 함수 f에 대해 공식 2를 증명하기 위해 다음 단계를 이용하라. 주어진 그림을 이용하여 다음을 보여라.

$$V=\pi b^2 d-\pi a^2 c-\int_c^d \pi[f^{-1}(y)]^2\,dy$$

$y=f(x)$를 대입한 후에 얻어진 적분에 부분적분법을 이용하여 다음을 증명하라.

$$V=\int_a^b 2\pi x f(x)\,dx$$

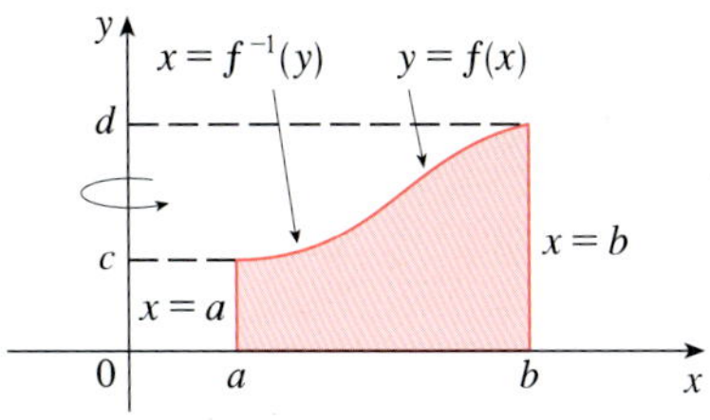

7.4 호의 길이

곡선의 길이란 무엇을 의미하는가? [그림 38]에 있는 곡선에 끈 조각을 꼭 맞춘 다음 펴서 자로 재면 된다고 생각할 수 있다. 그러나 곡선이 복잡하다면 아주 정확히 측정하기는 어려울 것이다. 넓이와 부피의 개념을 정의할 때와 마찬가지로 곡선의 호의 길이에 대해 정확히 정의할 필요가 있다.

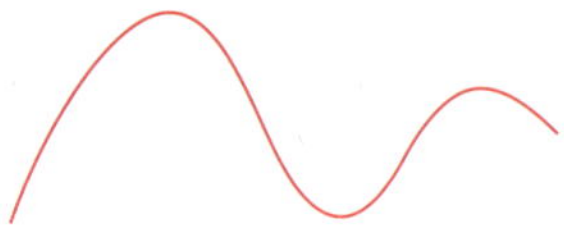

[그림 38] 이 곡선의 길이는 얼마일까?

곡선이 다각형이라면 그 길이를 쉽게 구할 수 있다. 다각형을 이루는 선분들의 길이를 모두 더하면 되기 때문이다. (각 선분의 끝점 간의 거리를 구하기 위해 거리 공식을 사용할 수 있다.) 먼저 곡선을 다각형으로 근접시킨 후에 다각형의 선분의 수를 늘려 나가며 극한을 취하여 일반적인 곡선의 길이를 정의할 것이다. 이런 과정은 원의 경우에 친숙하며 원둘레는 내접하는 다각형의 길이의 극한이다([그림 39] 참조).

TEC Visual 7.4는 [그림 39]의 움직임을 보여준다.

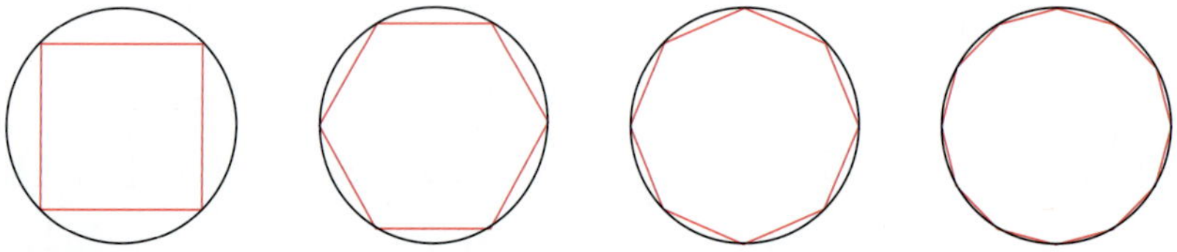

[그림 39]

이제 $a \le x \le b$에서 연속인 함수 f에 대해 곡선 C가 방정식 $y = f(x)$로 정의된다고 하자. 구간 $[a, b]$를 끝점이 x_0, x_1, $\cdots$, x_n이고 너비가 Δx로 동일한 n개의 부분 구간으로 분할하여 C에 근사하는 다각형을 얻는다. $y_i = f(x_i)$라 하면 점 $P_i(x_i, y_i)$는 C에 있고 [그림 40]에 나타낸 꼭짓점 P_0, P_1, $\cdots$, P_n을 갖는 다각형은 C에 근사하게 된다.

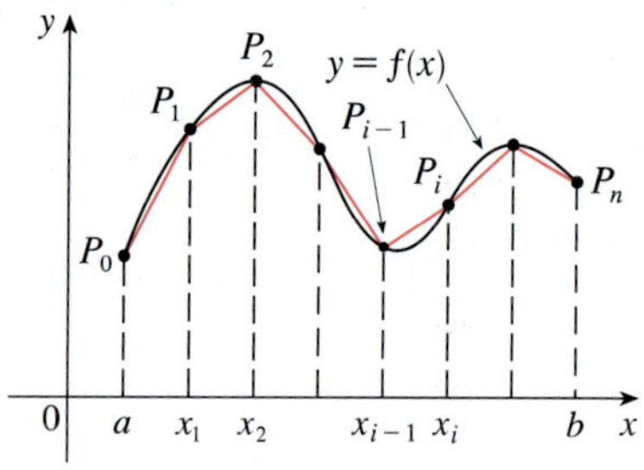

[그림 40]

C의 길이 L은 다각형의 길이에 근접하며 n이 커질수록 더 정확한 근삿값을 얻게 된다.([그림 41]을 보자. P_{i-1}과 P_i를 잇는 곡선의 호가 확대되고 Δx의 값이 작아지면서 이 호가 곡선에 근사함을 알 수 있다.) 그러므로 $a \le x \le b$에서 방정식 $y = f(x)$로 주어지는 곡선 C의 **길이**length L을 다음과 같이 내접하는 다각형의 길이의 극한(존재한다면)으로 정의한다.

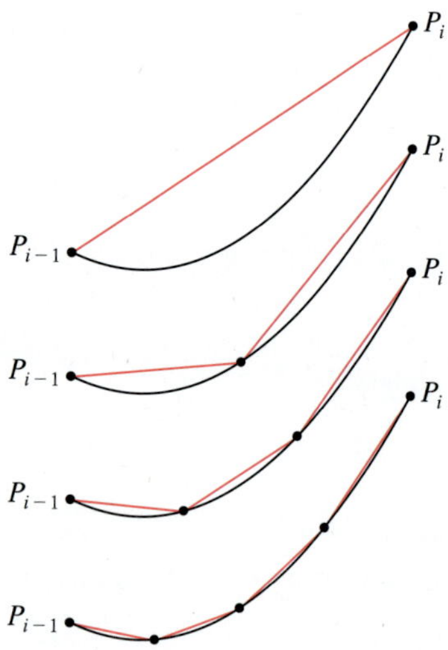

[그림 41]

1
$$L = \lim_{n \to \infty} \sum_{i=1}^{n} |P_{i-1}P_i|$$

호의 길이를 정의하는 절차는 넓이와 부피를 정의하기 위해 사용된 절차와 매우 유사하다는 점에 주목한다. 즉 곡선을 많은 수의 작은 부분으로 분할하여 작은 부분들의 근사 길이를 더한 후에 $n \to \infty$인 극한을 취한다.(수열의 극한에 대해 209쪽 여백 또는 8.1절을 보라.)

식 1로 주어진 호의 길이에 대한 정의는 계산이 편하지는 않지만 f가 연속인 도함수를 갖는 경우에는 L 에 대해 적분 공식을 유도할 수 있다. [이런 함수 f는 x의 변화가 작을 때 $f'(x)$의 변화도 작기 때문에 f를 **매끄럽다**[smooth]고 한다.]

$\Delta y_i = y_i - y_{i-1}$이라 놓으면 다음을 얻는다.

$$|P_{i-1}P_i| = \sqrt{(x_i - x_{i-1})^2 + (y_i - y_{i-1})^2} = \sqrt{(\Delta x)^2 + (\Delta y_i)^2}$$

구간 $[x_{i-1},\ x_i]$에서 f에 평균값 정리를 적용하면 x_{i-1}과 x_i 사이에 다음을 만족하는 수 x_i^*가 존재함을 알 수 있다.

$$f(x_i) - f(x_{i-1}) = f'(x_i^*)(x_i - x_{i-1})$$

즉 $\Delta y_i = f'(x_i^*)\Delta x$이다. 그러므로 다음을 얻는다.

$$\begin{aligned} |P_{i-1}P_i| &= \sqrt{(\Delta x)^2 + (\Delta y_i)^2} \\ &= \sqrt{(\Delta x)^2 + [f'(x_i^*)\Delta x]^2} \\ &= \sqrt{1 + [f'(x_i^*)]^2}\sqrt{(\Delta x)^2} \\ &= \sqrt{1 + [f'(x_i^*)]^2}\,\Delta x \quad (\Delta x > 0\text{이므로}) \end{aligned}$$

따라서 정의 1에 의해 다음이 성립한다.

$$L = \lim_{n\to\infty}\sum_{i=1}^{n}|P_{i-1}P_i| = \lim_{n\to\infty}\sum_{i=1}^{n}\sqrt{1+[f'(x_i^*)]^2}\,\Delta x$$

이 식은 정적분의 정의에 의해 다음과 같이 표현됨을 알 수 있다.

$$\int_a^b \sqrt{1+[f'(x)]^2}\,dx$$

함수 $g(x) = \sqrt{1+[f'(x)]^2}$ 이 연속이므로 이 적분은 존재한다. 따라서 다음 정리가 증명된다.

2 호의 길이 공식 f'이 $[a,\ b]$에서 연속이면 곡선 $y = f(x)$, $a \le x \le b$의 길이는 다음과 같다.

$$L = \int_a^b \sqrt{1+[f'(x)]^2}\,dx$$

도함수에 대한 라이프니츠 기호를 이용하면 호의 길이 공식을 다음과 같이 쓸 수 있다.

3 $$L=\int_a^b \sqrt{1+\left(\frac{dy}{dx}\right)^2}\,dx$$

예제 1 **두 점 $(1, 1)$과 $(4, 8)$ 사이에 있는 반입방 포물선**semicubical parabola **$y^2=x^3$의 호의 길이를 구하라([그림 42] 참조).**

풀이

곡선의 위쪽 절반은 다음과 같다.

$$y=x^{3/2},\quad \frac{dy}{dx}=\frac{3}{2}x^{1/2}$$

그러므로 호의 길이 공식으로 다음을 얻는다.

$$L=\int_1^4 \sqrt{1+\left(\frac{dy}{dx}\right)^2}\,dx=\int_1^4 \sqrt{1+\frac{9}{4}x}\,dx$$

이제 $u=1+\frac{9}{4}x$로 치환하면 $du=\frac{9}{4}dx$이다. $x=1$일 때 $u=\frac{13}{4}$, $x=4$일 때 $u=10$이다. 따라서 다음을 얻는다.

$$\begin{aligned} L &= \frac{4}{9}\int_{13/4}^{10} \sqrt{u}\,du=\frac{4}{9}\cdot\frac{2}{3}u^{3/2}\Big]_{13/4}^{10} \\ &= \frac{8}{27}\left[10^{3/2}-\left(\frac{13}{4}\right)^{3/2}\right]=\frac{1}{27}\left(80\sqrt{10}-13\sqrt{13}\right) \end{aligned}$$

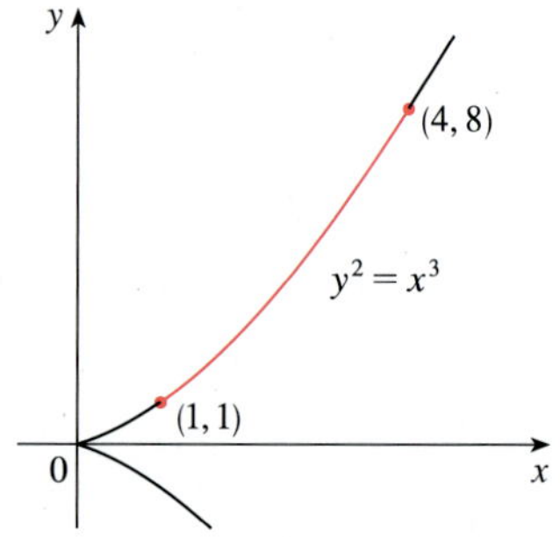

[그림 42]

[예제 1]의 답을 확인하기 위해 [그림 42]로부터 호의 길이는 다음과 같이 $(1, 1)$에서 $(4, 8)$까지 거리보다 약간 더 길어야 한다는 것에 주목하자.

$$\sqrt{58}\approx 7.615773$$

[예제 1]의 계산 결과에 따르면 다음을 얻는다.

$$L=\frac{1}{27}\left(80\sqrt{10}-13\sqrt{13}\right)\approx 7.633705$$

이것은 확실히 선분의 길이보다 조금 더 길다.

곡선의 방정식이 $x=g(y)$, $c\le y\le d$이고 $g'(y)$가 연속이면, 공식 2 또는 식 3에서 x와 y를 바꿔 그 길이에 대해 다음과 같은 공식을 얻는다.

4 $$L=\int_c^d \sqrt{1+[g'(y)]^2}\,dy=\int_c^d \sqrt{1+\left(\frac{dx}{dy}\right)^2}\,dy$$

예제 2 **점 $(0, 0)$에서 $(1, 1)$까지 포물선 $y^2=x$의 호의 길이를 구하라.**

풀이

$x=y^2$이므로 $dx/dy=2y$이고 공식 4로부터 다음을 얻는다.

$$L=\int_0^1 \sqrt{1+\left(\frac{dx}{dy}\right)^2}\,dy=\int_0^1 \sqrt{1+4y^2}\,dy$$

$y=\frac{1}{2}\tan\theta$로 삼각치환하면 $dy=\frac{1}{2}\sec^2\theta\,d\theta$, $\sqrt{1+4y^2}=\sqrt{1+\tan^2\theta}=\sec\theta$

이다. $y=0$일 때 $\tan\theta=0$이므로 $\theta=0$이고, $y=1$일 때 $\tan\theta=2$이므로 $\theta=\tan^{-1}2$(=α라 하자.)이다. 그러면 다음이 성립한다.

$$\begin{aligned} L &= \int_0^\alpha \sec\theta \cdot \frac{1}{2}\sec^2\theta\, d\theta = \frac{1}{2}\int_0^\alpha \sec^3\theta\, d\theta \\ &= \frac{1}{2}\cdot\frac{1}{2}\Big[\sec\theta\tan\theta + \ln|\sec\theta+\tan\theta|\Big]_0^\alpha \quad \text{(6.2절의 [예제 8]로부터)} \\ &= \frac{1}{4}(\sec\alpha\tan\alpha + \ln|\sec\alpha+\tan\alpha|) \end{aligned}$$

(적분표에 있는 공식 21을 이용할 수도 있다.) $\tan\alpha=2$이므로 $\sec^2\alpha=1+\tan^2\alpha=5$, $\sec\alpha=\sqrt{5}$이다. 따라서 호의 길이는 다음과 같다.

$$L=\frac{\sqrt{5}}{2}+\frac{\ln(\sqrt{5}+2)}{4}$$

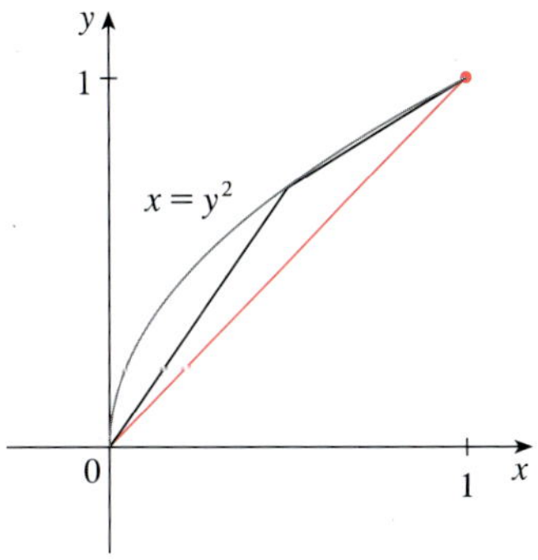

[그림 43]

n	L_n
1	1.414
2	1.445
4	1.464
8	1.472
16	1.476
32	1.478
64	1.479

[표 2]

[그림 43]은 [예제 2]에서 계산된 길이를 갖는 포물선의 호와 더불어 $n=1$과 $n=2$인 선분을 갖는 근사 다각형을 보인다. $n=1$에 대한 근사 길이는 정사각형의 대각선인 $L_1=\sqrt{2}$이다. [표 2]는 [0, 1]을 길이가 동일한 n개의 부분 구간으로 분할하여 얻은 근삿값 L_n을 보여준다. 다각형의 변의 수를 2배로 할 때마다 아래의 정확한 길이에 더 가까운 값을 얻는다는 것에 주목한다.

$$L=\frac{\sqrt{5}}{2}+\frac{\ln(\sqrt{5}+2)}{4}\approx 1.478943$$

공식 2와 4에서 근호가 있기 때문에 호의 길이에 대해 계산하기가 매우 어렵거나 명확하게 계산할 수 없는 상황에 이르기도 한다. 따라서 다음 예제에서와 같이 곡선의 길이에 대한 근삿값을 구하는 것으로 만족해야만 하는 경우가 종종 있다.

예제 3 **(a) 점 (1, 1)에서 점 $\left(2, \frac{1}{2}\right)$까지 쌍곡선 $xy=1$의 호의 길이를 구하는 적분을 세워라.**

(b) $n=10$인 심프슨의 공식을 이용하여 호의 길이를 추정하라.

풀이

(a) $y=\dfrac{1}{x}$, $\dfrac{dy}{dx}=-\dfrac{1}{x^2}$이므로 호의 길이는 다음과 같다.

$$L=\int_1^2\sqrt{1+\left(\frac{dy}{dx}\right)^2}\,dx=\int_1^2\sqrt{1+\frac{1}{x^4}}\,dx=\int_1^2\frac{\sqrt{x^4+1}}{x^2}\,dx$$

(b) $a=1$, $b=2$, $n=10$, $\Delta x=0.1$, $f(x)=\sqrt{1+1/x^4}$ 일 때 심프슨의 공식 (6.5절 참조)을 이용하면 다음을 얻는다.

컴퓨터 대수체계에 의해 좀 더 정확한 근삿값을 갖는 정적분의 값을 확인하면 심프슨의 공식을 이용한 근삿값이 소수점 아래 넷째 자리까지 정확한 것을 알 수 있다.

$$L=\int_1^2\sqrt{1+\frac{1}{x^4}}\,dx$$

$$\approx\frac{\Delta x}{3}[f(1)+4f(1.1)+2f(1.2)+4f(1.3)+\cdots+2f(1.8)+4f(1.9)+f(2)]$$

$$\approx 1.1321$$

호의 길이함수

곡선 위의 한 특별한 출발점에서 곡선 위의 임의의 다른 점까지 호의 길이를 측정하는 함수가 있다면 유용할 것이다. 따라서 매끄러운 곡선 C가 방정식 $y=f(x)$, $a\le x\le b$를 가질 때, 시점 $P_0(a, f(a))$에서 점 $Q(x, f(x))$까지 C를 따라 측정한 거리를 $s(x)$라 하자. 그러면 s는 **호의 길이함수**arc length function라 부르며 식 2에 의해 다음과 같이 정의되는 함수이다.

5 $$s(x)=\int_a^x\sqrt{1+[f'(t)]^2}\,dt$$

(x가 두 가지 의미를 갖지 않도록 적분 변수를 t로 바꿔 놓았다.) 미적분학의 기본 정리 1을 이용하여(피적분함수가 연속이므로) 식 5를 다음과 같이 미분할 수 있다.

6 $$\frac{ds}{dx}=\sqrt{1+[f'(x)]^2}=\sqrt{1+\left(\frac{dy}{dx}\right)^2}$$

식 6은 x에 대한 s의 변화율은 항상 적어도 1이고, 곡선의 기울기인 $f'(x)$가 0일 때 변화율이 1임을 보여준다. 호의 길이의 미분은 다음과 같다.

7 $$ds=\sqrt{1+\left(\frac{dy}{dx}\right)^2}\,dx$$

이 식은 때때로 대칭적인 형태로 다음과 같이 표현된다.

8 $$(ds)^2=(dx)^2+(dy)^2$$

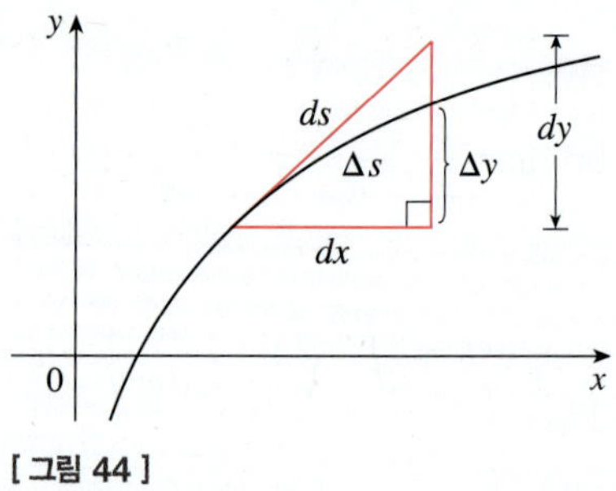

[그림 44]

식 8의 기하학적 해석은 [그림 44]에 보인다. 이것은 식 3과 4를 기억하기 위한 한 방법이다. $L=\int ds$로 쓴다면 식 8을 풀어서 식 7을 얻거나 3으로 나타낼 수 있고 다음 식을 풀어서 식 4를 얻을 수 있다.

$$ds=\sqrt{1+\left(\frac{dx}{dy}\right)^2}\,dy$$

예제 4 $P_0(1, 1)$을 시점으로 택하여 곡선 $y = x^2 - \frac{1}{8}\ln x$에 대한 호의 길이함수를 구하라.

풀이

$f(x) = x^2 - \frac{1}{8}\ln x$라 하면 다음과 같다.

$$f'(x) = 2x - \frac{1}{8x}$$

$$1 + [f'(x)]^2 = 1 + \left(2x - \frac{1}{8x}\right)^2 = 1 + 4x^2 - \frac{1}{2} + \frac{1}{64x^2}$$

$$= 4x^2 + \frac{1}{2} + \frac{1}{64x^2} = \left(2x + \frac{1}{8x}\right)^2$$

$$\sqrt{1 + [f'(x)]^2} = 2x + \frac{1}{8x}$$

따라서 호의 길이함수는 다음과 같다.

$$s(x) = \int_1^x \sqrt{1 + [f'(t)]^2}\, dt$$

$$= \int_1^x \left(2t + \frac{1}{8t}\right) dt = t^2 + \frac{1}{8}\ln t\Big]_1^x$$

$$= x^2 + \frac{1}{8}\ln x - 1$$

예를 들어 $(1, 1)$에서 $(3, f(3))$까지 곡선을 따르는 호의 길이는 다음과 같다.

$$s(3) = 3^2 + \frac{1}{8}\ln 3 - 1 = 8 + \frac{\ln 3}{8} \approx 8.1373$$

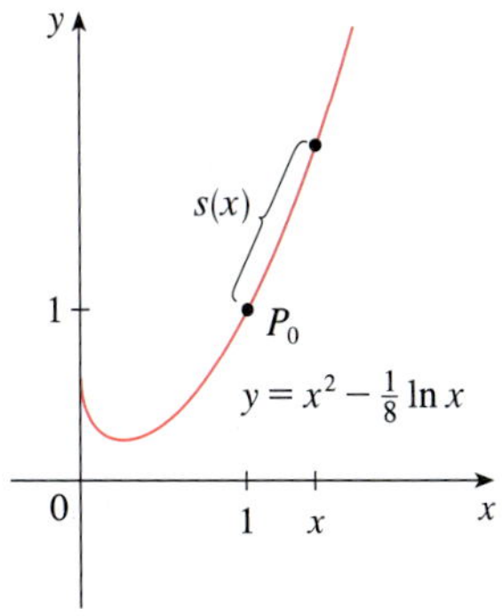

[그림 45]

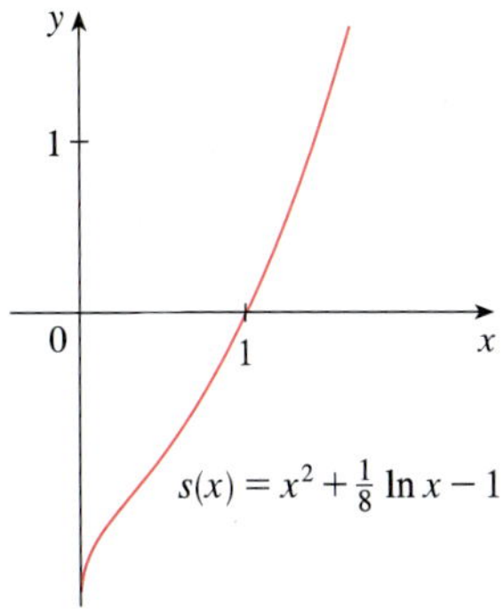

[그림 46]

[그림 45]는 [예제 4]에 있는 호의 길이함수에 대한 해석을 보여주고, [그림 46]은 이 호의 길이함수의 그래프를 보여준다. x가 1보다 작을 때 $s(x)$가 음수인 이유는 무엇일까?

7.4 연습문제

01 호의 길이 공식 [3]을 이용하여 곡선 $y=2-3x$, $-2\le x\le 1$의 길이를 구하라. 이 곡선이 직선이라는 것에 주목하고 거리 공식에 의해 그 길이를 계산하여 이미 구한 답을 확인하라.

02~03 곡선의 길이를 나타내는 적분식을 세운 후 계산기를 이용하여 소수점 아래 넷째 자리까지 정확한 길이를 구하라.

02 $y=\sin x$, $0\le x\le \pi$

03 $x=\sqrt{y}-y$, $1\le y\le 4$

04~09 다음 곡선의 길이를 구하라.

04 $y=1+6x^{3/2}$, $0\le x\le 1$

05 $y=\dfrac{x^3}{3}+\dfrac{1}{4x}$, $1\le x\le 2$

06 $x=\dfrac{1}{3}\sqrt{y}(y-3)$, $1\le y\le 9$

07 $y=\ln(\sec x)$, $0\le x\le \pi/4$

08 $y=\dfrac{1}{4}x^2-\dfrac{1}{2}\ln x$, $1\le x\le 2$

09 $y=\ln(1-x^2)$, $0\le x\le \dfrac{1}{2}$

10 곡선 $y=x^2+x^3$, $1\le x\le 2$의 그래프를 그리고 호의 길이를 가시적으로 추정하라. 그 다음 계산기를 이용하여 소수점 아래 넷째 자리까지 정확한 호의 길이를 구하라.

11~12 $n=10$인 심프슨의 공식을 이용하여 다음 곡선의 호의 길이를 추정하라. 그 답을 계산기로 얻은 적분 값과 비교하라.

11 $y=x\sin x$, $0\le x\le 2\pi$

12 $y=\ln(1+x^3)$, $0\le x\le 5$

13 CAS 컴퓨터 대수체계 또는 적분표를 이용하여 점 $(0, 0)$과 점 $\left(\ln\dfrac{3}{4}, \dfrac{1}{2}\right)$ 사이에 놓이는 곡선 $x=\ln(1-y^2)$에 대한 정확한 호의 길이를 구하라.

14 방정식 $x^{2/3}+y^{2/3}=1$을 갖는 곡선을 그려라. 대칭성을 이용하여 이 곡선의 길이를 구하라.

15 시점이 $P_0(1, 2)$인 곡선 $y=2x^{3/2}$에 대한 호의 길이함수를 구하라.

16 시점이 $(0, 1)$인 곡선 $y=\sin^{-1}x+\sqrt{1-x^2}$에 대한 호의 길이 함수를 구하라.

17 고도 180m에서 15m/s로 날고 있는 매가 먹이를 실수로 떨어뜨렸다. 먹이가 땅에 닿을 때까지 그려지는 포물선 궤도는 다음 방정식과 같다.

$$y=180-\frac{x^2}{45}$$

여기서 y(m)는 땅에서부터 높이, x(m)는 이동한 수평거리이다. 먹이가 떨어지는 순간부터 땅에 닿을 때까지 이동한 거리를 계산하라. 이 답을 10m 단위까지 정확하게 나타내라.

18 제조업체는 그림과 같이 평평한 금속판을 가공해서 너비가 60cm, 두께가 4cm인 물결무늬 금속 지붕 패널을 만들려고 한다. 지붕재의 측면은 사인파 모양이다. 사인 곡선의 방정식은 $y=2\sin(\pi x/15)$임을 밝히고, 60cm 패널을 만드는 데 필요한 평평한 금속판의 너비 w를 구하라. (계산기를 이용하여 적분을 소수점 아래 넷째 자리까지 정확하게 계산한다.)

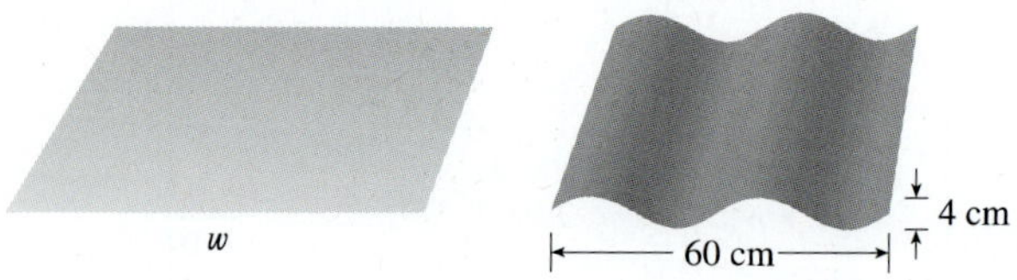

7.5 회전체의 곡면 넓이

회전체의 곡면은 곡선이 직선을 중심으로 회전될 때 만들어진다. 이와 같은 곡면은 7.2절과 7.3절에서 논의한 형태의 회전체의 경계 측면이다.

직관적인 방식으로 회전체의 곡면의 넓이를 정의해보자. 곡면의 넓이를 A라 하면 표면을 칠하는 데 필요한 페인트의 양은 넓이가 A인 평평한 영역을 칠하는 데 들어가는 페인트 양과 같다고 생각할 수 있다.

몇 개의 간단한 곡면으로 시작해보자. 반지름이 r, 높이가 h인 원기둥의 측면 넓이는 $A = 2\pi rh$이다. [그림 47]과 같이 원기둥을 잘라 펼친다고 상상해보면 가로가 $2\pi r$이고 세로가 h인 직사각형을 얻을 수 있기 때문이다.

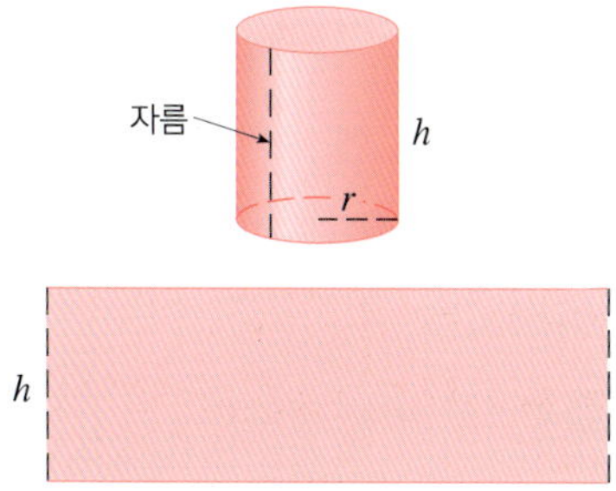

[그림 47]

마찬가지로 밑면의 반지름이 r, 측면의 길이가 l인 원뿔을 [그림 48]의 점선을 따라 자른다. 그리고 이것을 펼치면 반지름이 l, 중심각이 $\theta = 2\pi r/l$인 부채꼴을 만들 수 있다. 일반적으로 반지름이 l, 중심각이 θ인 부채꼴의 넓이는 $\frac{1}{2}l^2\theta$인 것을 알고 있다(6.2절 [연습문제 35] 참조). 따라서 이 경우에 넓이를 구하면 다음과 같다.

$$A = \frac{1}{2}l^2\theta = \frac{1}{2}l^2\left(\frac{2\pi r}{l}\right) = \pi rl$$

따라서 원뿔의 측면 넓이는 $A = \pi rl$로 정의한다.

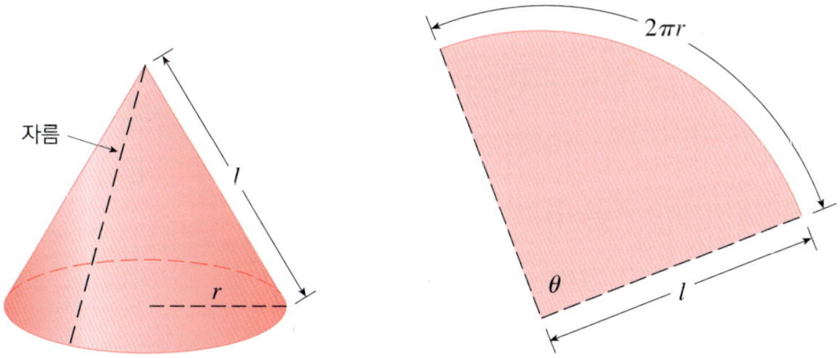

[그림 48]

좀 더 복잡한 회전체의 곡면의 경우는 어떨까? 호의 길이를 구할 때 사용한 방법에 따르면 원래 곡선을 다각형으로 근접시킬 수 있다. 이 다각형을 축에 대해 회전시켜 곡면 넓이가 실제 곡면 넓이에 근사하는 간단한 표면을 만든다. 그런 후 극한을 취함으로써 정확한 곡면의 넓이를 구할 수 있다.

근사 표면은 축에 대해 선분을 회전시켜 얻은 여러 개의 띠들로 구성된다. 곡면의 넓이를 구하기 위해서는 [그림 49]와 같이 개개의 띠를 원뿔의 한 부분으로 생각할 수 있다. 측면의 길이가 l, 윗면과 아랫면의 반지름이 각각 r_1과 r_2인 띠(원뿔대)의 넓이는 다음과 같이 두 원뿔의 넓이를 빼서 얻는다.

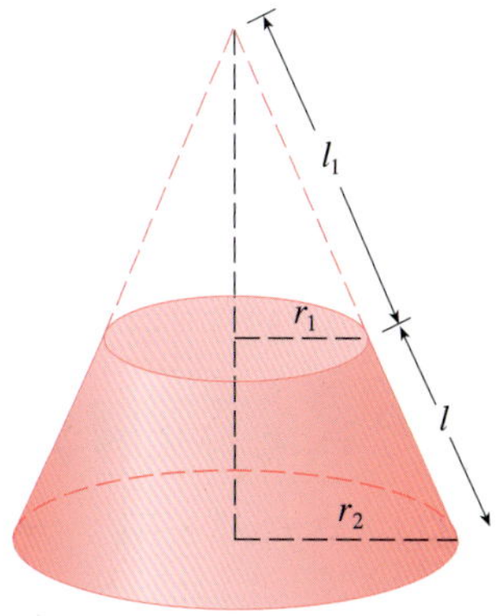

[그림 49]

$$\boxed{1} \qquad A = \pi r_2(l_1 + l) - \pi r_1 l_1 = \pi[(r_2 - r_1)l_1 + r_2 l]$$

닮은 삼각형으로부터 다음을 얻는다.

$$\frac{l_1}{r_1} = \frac{l_1 + l}{r_2}$$

따라서 다음이 성립한다.

$$r_2 l_1 = r_1 l_1 + r_1 l \quad \text{또는} \quad (r_2 - r_1)l_1 = r_1 l$$

이것을 식 $\boxed{1}$에 대입하면 다음을 얻는다.

$$A = \pi(r_1 l + r_2 l)$$

또는 띠의 평균 반지름 $r = \frac{1}{2}(r_1 + r_2)$에 대해 다음을 얻는다.

$$\boxed{2} \qquad A = 2\pi r l$$

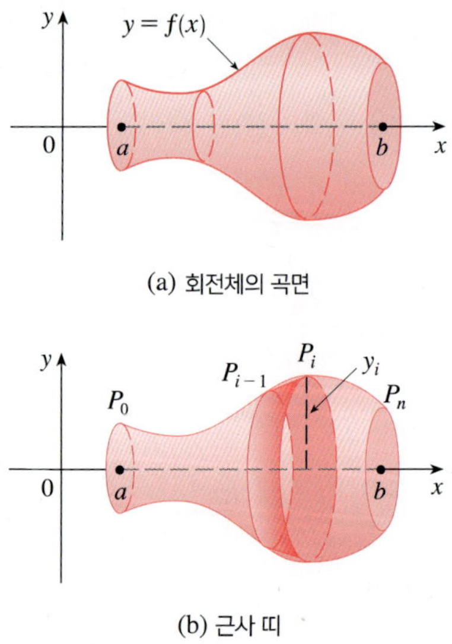

[그림 50]

이제 이 공식을 지금까지 사용한 전략에 적용해보자. [그림 50]에서 보인 바와 같이 $a \le x \le b$에서 양수이고 연속인 도함수를 갖는 곡선 $y = f(x)$를 x축에 대해 회전시켜 얻은 곡면을 생각하자. 이 곡면의 넓이를 정의하기 위해 호의 길이를 구할 때처럼, 구간 $[a, b]$를 끝점이 x_0, x_1, $\cdots$, x_n이고 너비가 Δx로 동일한 n개의 부분 구간으로 분할한다. 만일 $y_i = f(x_i)$라 하면 점 $P_i(x_i, y_i)$는 곡선 위에 놓여 있다. x_{i-1}과 x_i 사이의 부분 곡면은 선분 $P_{i-1}P_i$를 택하여 이것을 x축에 대해 회전시켜 근사시킨다. 이 결과는 측면 길이가 $l = |P_{i-1}P_i|$, 평균 반지름이 $r = \frac{1}{2}(y_{i-1} + y_i)$인 원뿔대이다. 따라서 공식 $\boxed{2}$에 의해 이 곡면 넓이를 구하면 다음과 같다.

$$A = 2\pi \frac{y_{i-1} + y_i}{2} |P_{i-1}P_i|$$

7.4절의 정리 $\boxed{2}$의 증명 과정과 같이 다음을 얻는다.

$$|P_{i-1}P_i| = \sqrt{1 + [f'(x_i^*)]^2}\, \Delta x$$

여기서 x_i^*는 $[x_{i-1}, x_i]$에 있는 어떤 수이다. 한편 Δx가 작을 때 f가 연속이므로 $y_i = f(x_i) \approx f(x_i^*)$, $y_{i-1} = f(x_{i-1}) \approx f(x_i^*)$이다. 그러므로 다음과 같다.

$$2\pi \frac{y_{i-1} + y_i}{2} |P_{i-1}P_i| \approx 2\pi f(x_i^*) \sqrt{1 + [f'(x_i^*)]^2}\, \Delta x$$

따라서 완전한 회전체의 곡면 넓이라고 생각한 것에 대한 근삿값은 다음과 같다.

3 $$\sum_{i=1}^{n} 2\pi f(x_i^*)\sqrt{1+[f'(x_i^*)]^2}\,\Delta x$$

이 근삿값은 $n\to\infty$일 때 더 정확한 값이 되며 3을 함수 $g(x)=2\pi f(x)\sqrt{1+[f'(x)]^2}$에 대한 리만 합으로 인식하면 다음을 얻는다.

$$\lim_{n\to\infty}\sum_{i=1}^{n} 2\pi f(x_i^*)\sqrt{1+[f'(x_i^*)]^2}\,\Delta x=\int_a^b 2\pi f(x)\sqrt{1+[f'(x)]^2}\,dx$$

그러므로 $a\le x\le b$에서 f가 양이고 연속인 도함수를 갖는 경우 이 구간에서 곡선 $y=f(x)$를 x축에 대해 회전시켜 얻은 **곡면 넓이**surface area를 다음과 같이 정의한다.

4 $$S=\int_a^b 2\pi f(x)\sqrt{1+[f'(x)]^2}\,dx$$

도함수에 대해 라이프니츠 기호를 이용하면 이 공식은 다음과 같이 된다.

5 $$S=\int_a^b 2\pi y\sqrt{1+\left(\frac{dy}{dx}\right)^2}\,dx$$

곡선이 $x=g(y)$, $c\le y\le d$로 표현되면 곡면의 넓이 공식은 다음과 같다.

6 $$S=\int_c^d 2\pi x\sqrt{1+\left(\frac{dx}{dy}\right)^2}\,dy$$

그리고 7.4절에 주어진 호의 길이를 나타내는 기호를 이용하면 공식 5와 6은 상징적으로 다음과 같이 요약될 수 있다.

7 $$S=\int 2\pi y\,ds$$

y축에 대해 회전시키는 경우 곡면의 넓이 공식은 다음과 같다.

8 $$S=\int 2\pi x\,ds$$

앞에서와 같이 다음 중 어느 하나를 사용할 수 있다.

$$ds=\sqrt{1+\left(\frac{dy}{dx}\right)^2}\,dx \quad \text{또는} \quad ds=\sqrt{1+\left(\frac{dx}{dy}\right)^2}\,dy$$

이 공식들은 곡선 위의 점 (x, y)를 x축 또는 y축에 대해 회전시킬 때 그려지는 각각의 원둘레로 $2\pi y$ 또는 $2\pi x$를 생각하면 기억하기 쉬울 것이다([그림 51] 참조).

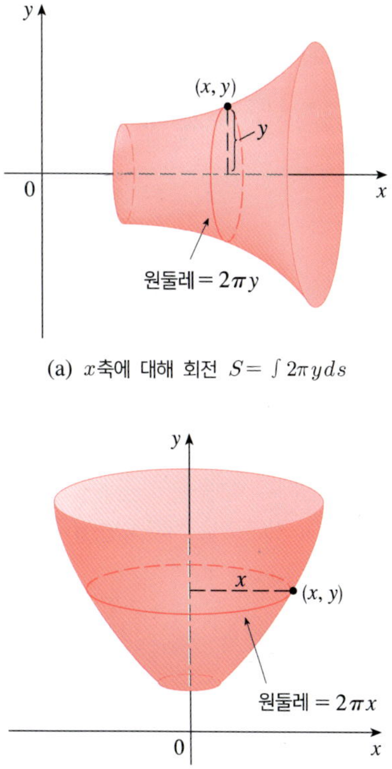

(a) x축에 대해 회전 $S=\int 2\pi y\,ds$

(b) y축에 대해 회전 $S=\int 2\pi x\,ds$

[그림 51]

예제 1 곡선 $y=\sqrt{4-x^2}$, $-1 \le x \le 1$은 원 $x^2+y^2=4$의 호이다. x축에 대해 회전시켜 얻은 곡면의 넓이를 구하라. (이 곡면은 반지름이 2인 구의 일부이다. [그림 52]를 참조하라.)

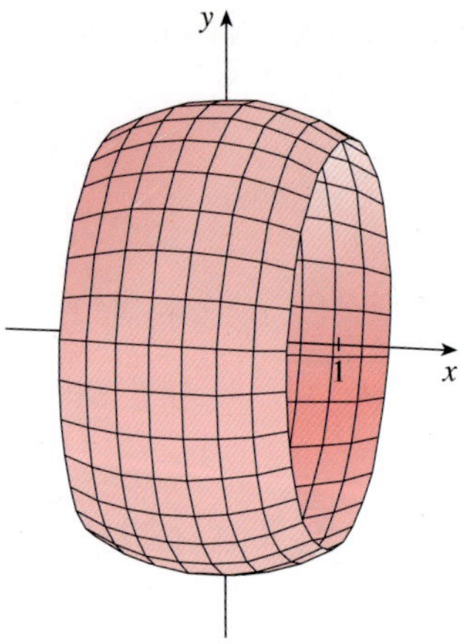

[그림 52]

[그림 52]는 [예제 1]에서 계산된 곡면 넓이를 가지는 구의 일부이다.

풀이

$\dfrac{dy}{dx}=\dfrac{1}{2}(4-x^2)^{-1/2}(-2x)=\dfrac{-x}{\sqrt{4-x^2}}$ 이므로 식 5에 의해 곡면 넓이를 구하면 다음과 같다.

$$S=\int_{-1}^{1} 2\pi y\sqrt{1+\left(\frac{dy}{dx}\right)^2}\,dx$$

$$=2\pi\int_{-1}^{1}\sqrt{4-x^2}\,\sqrt{1+\frac{x^2}{4-x^2}}\,dx$$

$$=2\pi\int_{-1}^{1}\sqrt{4-x^2}\,\frac{2}{\sqrt{4-x^2}}\,dx$$

$$=4\pi\int_{-1}^{1}1\,dx=4\pi(2)=8\pi$$

예제 2 $(1, 1)$에서 $(2, 4)$까지의 포물선 $y=x^2$의 호를 y축에 대해 회전시킨다. 이 결과에 대한 곡면 넓이를 구하라.

[그림 53]은 [예제 2]에서 계산된 넓이를 가지는 회전체의 곡면이다.

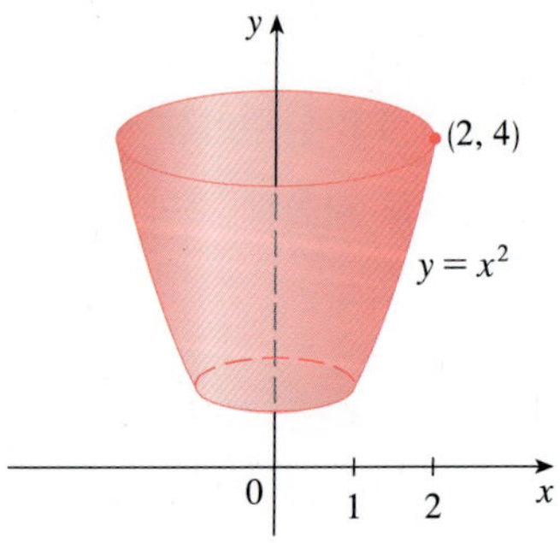

[그림 53]

풀이 1

$y=x^2$, $\dfrac{dy}{dx}=2x$ 이므로 공식 8로부터 다음을 얻는다.

$$S=\int 2\pi x\,ds$$

$$=\int_{1}^{2} 2\pi x\sqrt{1+\left(\frac{dy}{dx}\right)^2}\,dx$$

$$=2\pi\int_{1}^{2} x\sqrt{1+4x^2}\,dx$$

$u=1+4x^2$으로 치환하면 $du=8x\,dx$이므로 적분 구간을 바꾸는 것을 기억하면 다음을 얻는다.

$$S=\frac{\pi}{4}\int_{5}^{17}\sqrt{u}\,du=\frac{\pi}{4}\left[\frac{2}{3}u^{3/2}\right]_{5}^{17}$$

$$=\frac{\pi}{6}(17\sqrt{17}-5\sqrt{5})$$

풀이 2

$x = \sqrt{y}$, $\dfrac{dx}{dy} = \dfrac{1}{2\sqrt{y}}$ 이므로 다음을 얻는다.

$$S = \int 2\pi x\, ds = \int_1^4 2\pi x \sqrt{1 + \left(\frac{dx}{dy}\right)^2}\, dy$$

$$= 2\pi \int_1^4 \sqrt{y} \sqrt{1 + \frac{1}{4y}}\, dy = \pi \int_1^4 \sqrt{4y+1}\, dy$$

$$= \frac{\pi}{4} \int_5^{17} \sqrt{u}\, du \quad (u = 1 + 4y\text{로 치환})$$

$$= \frac{\pi}{6}(17\sqrt{17} - 5\sqrt{5}) \quad (\text{풀이 1에서와 같이})$$

[예제 2]의 답을 확인할 때는 [그림 53]의 곡면 넓이는 다음과 같이 이 곡면과 높이가 같고 위쪽 반지름과 아래쪽 반지름의 중간 반지름을 가진 원기둥의 곡면 넓이와 같다는 사실에 주목한다.

$$2\pi(1.5)(3) \approx 28.27$$

우리가 계산한 다음 곡면 넓이는 타당해 보인다.

$$\frac{\pi}{6}(17\sqrt{17} - 5\sqrt{5}) \approx 30.85$$

또는 이 곡면과 동일한 윗면과 아랫면을 가진 원뿔대의 넓이보다 약간 클 것이다. 식 2로부터 넓이를 구하면 $2\pi(1.5)(\sqrt{10}) \approx 29.80$이다.

■ www.stewartcalculus.com (Additional Example A를 보라.)

7.5 연습문제

01~02 (a) (i) x축과 (ii) y축에 대해 곡선을 회전시켜 얻은 곡면의 넓이에 대한 적분식을 세워라.

(b) 계산기의 수치적분 기능을 이용하여 곡면의 넓이를 소수점 아래 넷째 자리까지 정확하게 구하라.

01 $y = \tan x,\ 0 \le x \le \pi/3$　　**02** $y = e^{-x^2},\ -1 \le x \le 1$

03~06 다음 곡선을 x축에 대해 회전시켜 얻은 곡면의 정확한 넓이를 구하라.

03 $y = x^3,\ 0 \le x \le 2$　　**04** $y = \sqrt{1+4x},\ 1 \le x \le 5$

05 $y = \sin \pi x,\ 0 \le x \le 1$　　**06** $x = \frac{1}{3}(y^2+2)^{3/2},\ 1 \le y \le 2$

07~08 다음 곡선을 y축에 대해 회전시켜 얻은 곡면의 넓이를 구하라.

07 $y = \sqrt[3]{x},\ 1 \le y \le 2$　　**08** $x = \sqrt{a^2 - y^2},\ 0 \le y \le a/2$

09 CAS 곡선 $y = x^3,\ 0 \le y \le 1$을 y축에 대해 회전시켜 얻은 곡면의 넓이를 CAS를 이용하여 정확하게 구하라. CAS로 적분을 구하는 데 문제가 있으면 곡면 넓이를 다른 변수에 대한 적분으로 나타내라.

10 (a) $a > 0$일 때 곡선 $3ay^2 = x(a-x)^2$의 고리를 x축에 대해 회전시켜 얻은 곡면의 넓이를 구하라.

(b) 이 고리를 y축에 대해 회전시켰을 때 곡면의 넓이를 구하라.

11 (a) 다음 타원을 x축에 대해 회전시켰을 때 생기는 곡면을 타원면ellipsoid 또는 길쭉한 회전타원면prolate spheroid이라 한다. 이 타원면의 곡면 넓이를 구하라.

$$\frac{x^2}{a^2} + \frac{y^2}{b^2} = 1, \quad a > b$$

(b) (a)의 타원을 단축(y축)에 대해 회전시켰을 때 생기는 타원면을 편구면oblate spheroid이라 한다. 이 편구면의 곡면 넓이를 구하라.

12 7.2절 [연습문제 26]에 있는 원환체의 곡면 넓이를 구하라.

13 곡선 $y = f(x),\ a \le x \le b$가 수평직선 $y = c$에 대해 회전시켜 얻은 곡면의 넓이에 대한 공식을 구하라. 여기서 $f(x) \le c$이다.

14 CAS [연습문제 13]의 결과를 이용하여 곡선 $y = \sqrt{x},\ 0 \le x$

≤ 4를 직선 $y=4$에 대해 회전시켜 얻은 곡면의 넓이를 구하기 위한 적분식을 세워라. 다음으로 CAS를 이용하여 적분을 계산하라.

15 원 $x^2+y^2=r^2$을 직선 $y=r$에 대해 회전시켜 얻은 곡면 넓이를 구하라.

16 (a) 평행한 두 평면 사이에 놓이는 구의 영역에 대한 곡면의 넓이가 $S=2\pi Rh$임을 보여라. 여기서 R은 구의 반지름, h는 평면 사이의 거리이다. (S는 두 평면이 구와 만난다는 조건 아래 두 평면 사이의 거리에 의존하고 평면의 위치에는 관계가 없다.)

(b) 반지름이 R, 높이가 h인 원기둥의 영역에 대한 곡면의 넓이는 (a)에서 제시한 구의 영역에 대한 곡면의 넓이와 동일함을 보여라.

7.6 물리학과 공학에의 응용

물리학과 공학에 쓰이는 적분의 다양한 응용 중에서 일, 수압에 의한 힘, 질량중심 등 세 가지를 다룰 것이다. 앞에서 다룬 여러 기하학적인 응용(넓이, 부피, 길이)과 같이 여기서도 물리량을 수많은 작은 부분으로 나누고 각각의 근삿값을 구하여 더한 것에 극한을 취하여 적분값을 구할 것이다.

일에 대한 계산 결과로서 로켓이 중력장을 벗어나기 위해 필요한 속도를 계산할 수 있다([연습문제 15] 참조).

일

우리 일상에서 사용하고 있는 일work이라는 용어는 어떤 작업을 수행하는 데 필요한 노력의 총량을 의미한다. 물리학적 관점으로 보면 힘이라는 개념에 의존하는 기술적인 의미를 갖고 있다. 직관적으로 어떤 물체를 밀거나 끌어당기는 상황을 설명할 때 힘을 생각할 수 있다. 예를 들어 책상 위에 있는 책을 수평으로 밀 때의 힘, 또는 지구의 중력이 공을 아래로 끌어당길 때의 힘을 생각할 수 있다. 일반적으로 물체가 위치 함수 $s(t)$로 직선을 따라 움직인다면(동일한 방향으로) 물체에 작용한 힘 F는 뉴턴의 운동 제2법칙에 의해 다음과 같이 물체의 질량 m과 가속도의 곱으로 정의한다.

1 $$F=m\frac{d^2s}{dt^2}$$

SI 단위계에서 질량의 단위는 킬로그램(kg), 변위는 미터(m), 시간은 초(s), 힘은 뉴턴($\mathrm{N}=\mathrm{kg}\cdot\mathrm{m/s^2}$)으로 측정된다. 따라서 1 kg인 질량에 작용하는 1 N의 힘은 $1\,\mathrm{m/s^2}$의 가속도를 만들어낸다. 미국 관습 단위계에서 힘의 기본단위로 파운드(lb)를 채택하고 있다.

가속도가 일정한 경우에 힘 F도 일정하며 이때 이루어진 일은 다음과 같이 힘 F와 물체가 움직인 거리인 d의 곱으로 정의한다.

2 $$W=Fd, \qquad \text{일} = \text{힘} \times \text{거리}$$

F의 단위가 N, d의 단위가 m이면 W의 단위는 N·m이고 이를 줄(J)이라고 한다. 또한 F의 단위가 lb, d의 단위가 ft이면 W의 단위는 ft-lb이고, 이것은 약 1.36 J이다.

예를 들어 마룻바닥에 놓여있는 1.2 kg의 책을 높이가 0.7 m인 책상 위로 들어올린다고 하자. 이때 가해진 힘은 중력에 의해 가해진 힘과 동일하고 방향이 반대이다. 따라서 식 1에 의해 다음을 얻는다.

$$F = mg = (1.2)(9.8) = 11.76\,\text{N}$$

그리고 식 2에 의해 행해진 일은 다음과 같다.

$$W = Fd = (11.76)(0.7) \approx 8.2\,\text{J}$$

그러나 무게가 20 lb인 물건을 바닥으로부터 6 ft만큼 끌어올린다면 힘은 $F = 20$ lb로 주어지므로 이루어진 일은 다음과 같다.

$$W = Fd = 20 \cdot 6 = 120\,\text{ft-lb}$$

여기서 질량이 아니라 무게(힘)가 주어졌기 때문에 g를 곱할 필요가 없다.

식 2는 힘이 일정한 경우에 한해서 일을 정의하지만 힘이 변한다면 어떻게 될까? 물체가 $x = a$에서 $x = b$까지 x축의 양의 방향으로 움직이고, a와 b 사이의 각각의 점 x에서 힘 $f(x)$가 물체에 작용한다고 가정하자. 여기서 f는 연속함수이다.

폐구간 $[a, b]$를 너비가 Δx로 동일하고 끝점이 $x_0, x_1, \cdots, x_n$인 n개의 부분 구간으로 분할한다. 그리고 i번째의 부분 구간 $[x_{i-1}, x_i]$에서 표본점 x_i^*를 택한다. 그러면 점 x_i^*에서의 힘은 $f(x_i^*)$이다. n이 커질수록 Δx는 작아지고 f가 연속이므로 f의 값은 구간 $[x_{i-1}, x_i]$에서 아주 크게 변하지는 않는다. 다시 말해서 f는 이 구간에서 거의 일정하다. 따라서 x_{i-1}에서 x_i까지 물체를 움직일 때 이루진 일 W_i는 식 2에 의해 근사적으로 다음과 같이 나타낸다.

$$W_i \approx f(x_i^*)\,\Delta x$$

따라서 전체 일을 다음과 같이 근사시킬 수 있다.

3 $$W \approx \sum_{i=1}^{n} f(x_i^*)\,\Delta x$$

n을 크게 할수록 근삿값이 좀더 정확해질 것이다. 그러므로 **a에서 b까지 물체를 움직이기 위해 한 일**은 $n \to \infty$일 때 이들 양[quantity]의 극한으로 정의한다. 식 3의 우변은 리만 합이고 이러한 합의 극한은 정적분인 것을 알고 있다. 따라서 다음이 성립한다.

4 $$W = \lim_{n \to \infty} \sum_{i=1}^{n} f(x_i^*) \Delta x = \int_a^b f(x)\, dx$$

예제 1 **입자가 원점으로부터 x m 떨어진 거리에 있을 때 $x^2 + 2x$ (N)의 힘이 입자에 작용하고 있다. 입자가 $x = 1$에서 $x = 3$까지 움직이는 데 한 일은 얼마인가?**

풀이

$$W = \int_1^3 (x^2 + 2x)\, dx = \frac{x^3}{3} + x^2 \Big]_1^3 = \frac{50}{3}$$

따라서 한 일은 $16\frac{2}{3}$ J이다.

다음 예제에서는 물리학에서의 한 법칙인 훅의 법칙Hooke's Law을 이용한다. 이 법칙은 용수철을 원래의 길이로부터 x 단위만큼 늘이는 데 필요한 힘은 x에 비례한다는 것을 의미한다.

$$f(x) = kx$$

여기서 k는 용수철상수spring constant라고 부르는 양의 상수이다. 훅의 법칙은 x가 지나치게 크지 않다는 전제 하에 성립한다([그림 54] 참조).

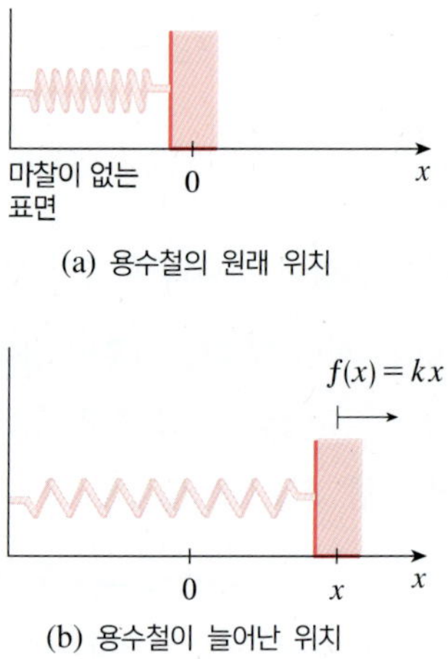

(a) 용수철의 원래 위치

(b) 용수철이 늘어난 위치

[그림 54] 훅의 법칙

예제 2 **원래 길이가 10 cm인 용수철을 15 cm의 길이로 늘이는 데 40 N의 힘이 필요하다. 이때 용수철의 길이를 15 cm에서 18 cm로 늘이는 데 한 일은 얼마인가?**

풀이

훅의 법칙에 따라 용수철을 원래의 길이로부터 x m만큼 늘이는 데 필요한 힘은 $f(x) = kx$이다. 이 용수철을 10 cm에서 15 cm까지 늘일 때 늘어난 길이는 5 cm = 0.05 m이다. 이것은 $f(0.05) = 40$임을 의미한다. 따라서 다음을 얻는다.

$$0.05k = 40, \quad k = \frac{40}{0.05} = 800$$

따라서 $f(x) = 800x$이고 용수철을 15 cm에서 18 cm로 늘이는 데 드는 일은 다음과 같다.

$$\begin{aligned} W &= \int_{0.05}^{0.08} 800x\, dx = 800\, \frac{x^2}{2} \Big]_{0.05}^{0.08} \\ &= 400\left[(0.08)^2 - (0.05)^2\right] = 1.56 \text{ J} \end{aligned}$$

예제 3 **길이가 100 ft인 200 lb의 케이블이 고층건물의 옥상에서 수직으로 매달려 있다. 이 케이블을 건물의 옥상까지 끌어올리기 위해 필요한 일은 얼마인가?**

풀이

여기서는 힘에 대한 함수식을 알 수 없다. 그러나 정의 [4]를 이끌어낼 때와 유사한 방법을 이용할 수 있다.

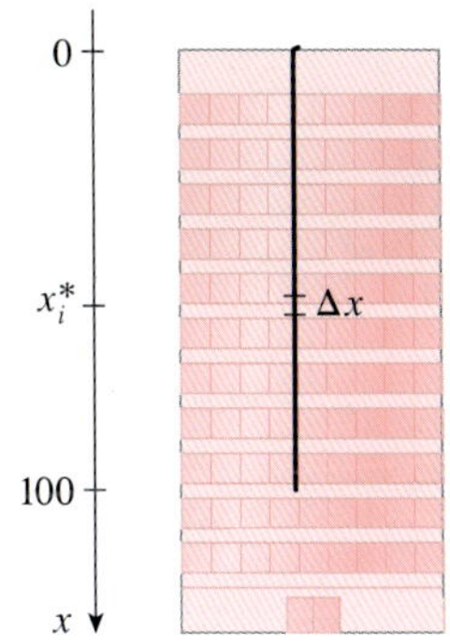

[그림 55]

[그림 55]와 같이 건물 옥상을 원점으로 놓고 x축을 아래 방향으로 나타내자. 그리고 케이블을 길이가 Δx인 작은 부분으로 분할한다. x_i^*가 i번째 부분 구간에 있는 점이라면 그 구간에 있는 모든 점들은 근사적으로 같은 거리(즉 x_i^*)만큼 끌려올라간다. 케이블의 무게는 ft당 2 lb이므로 i번째 부분의 무게는 $2\Delta x$이다. 따라서 i번째 부분에서 한 일은 다음과 같다.

$$\underbrace{(2\Delta x)}_{\text{힘}} \cdot \underbrace{x_i^*}_{\text{거리}} = 2x_i^* \Delta x$$

케이블의 아래쪽을 원점으로 놓고 x축을 위로 향하게 하면 다음을 얻고 결과는 동일하다.

$$W = \int_0^{100} 2(100 - x)\,dx$$

이와 같은 모든 근삿값을 더하고 부분의 수를 크게 놓으면(즉 $\Delta x \to 0$) 전체 한 일을 다음과 같이 구할 수 있다.

$$W = \lim_{n \to \infty} \sum_{i=1}^{n} 2x_i^* \Delta x = \int_0^{100} 2x\,dx$$

$$= x^2 \Big]_0^{100} = 10{,}000\,\text{ft} \cdot \text{lb}$$

예제 4 **높이가 10 m, 밑면의 반지름이 4 m인 뒤집힌 원뿔 모양의 물탱크에 8 m 높이까지 물을 채웠다. 이 물 전체를 물탱크 위로 피올려서 물탱크를 비울 경우에 필요한 일을 구하라. (물의 밀도는 $1000\,\text{kg/m}^3$이다.)**

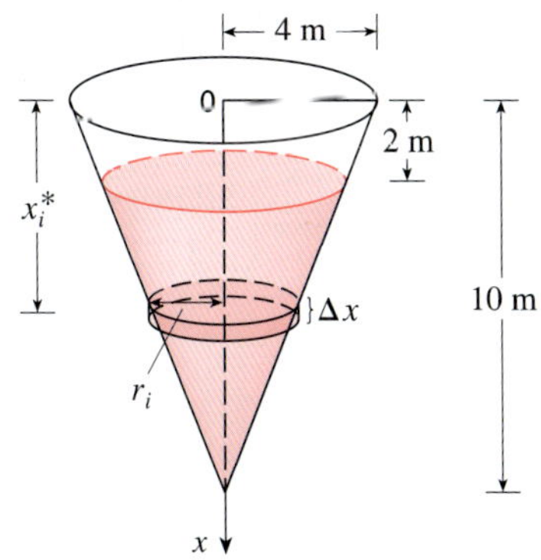

[그림 56]

풀이

[그림 56]과 같이 수직좌표축을 도입하여 물탱크 위에서부터 아래로 깊이를 측정하자. 이 물탱크의 물은 깊이 2 m부터 10 m까지 채워져 있으므로 구간 $[2, 10]$을 끝점이 $x_0, x_1, \cdots, x_n$인 n개의 부분 구간으로 분할하여 i번째 부분 구간에서 x_i^*를 택한다. 그러면 물은 n개의 층으로 나누어진다. i번째 층은 반지름이 r_i, 높이가 Δx인 원기둥으로 근사된다. [그림 57]을 이용하여 닮은 삼각형으로부터 다음과 같이 r_i를 계산할 수 있다.

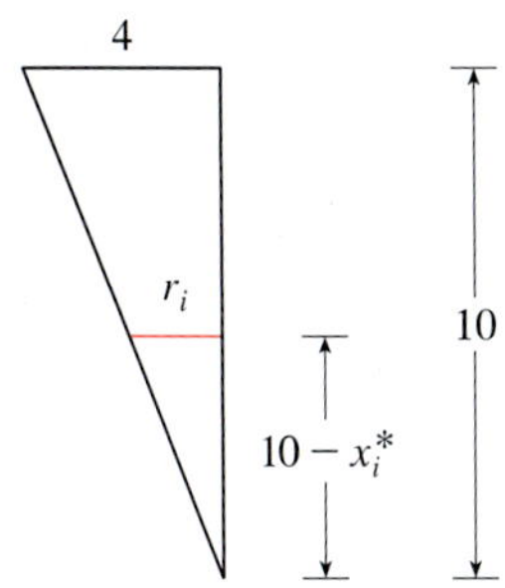

[그림 57]

$$\frac{r_i}{10 - x_i^*} = \frac{4}{10}, \qquad r_i = \frac{2}{5}(10 - x_i^*)$$

따라서 i번째 층에 있는 물의 부피에 대한 근삿값은 다음과 같다.

$$V_i \approx \pi r_i^2 \Delta x = \frac{4\pi}{25}(10 - x_i^*)^2 \Delta x$$

그리고 이 층의 질량은 다음과 같다.

$$\begin{aligned} m_i &= \text{밀도} \times \text{부피} \\ &\approx 1000 \cdot \frac{4\pi}{25}(10 - x_i^*)^2 \Delta x = 160\pi(10 - x_i^*)^2 \Delta x \end{aligned}$$

i번째 층을 끌어올리기 위해 필요한 힘은 중력을 극복해야 한다. 따라서 다음이 성립한다.

$$F_i = m_i g \approx (9.8)160\pi(10 - x_i^*)^2 \Delta x \approx 1568\pi(10 - x_i^*)^2 \Delta x$$

이 층에 있는 각 입자는 근사적으로 x_i^* 만큼의 거리를 이동해야 한다. 이 층을 위까지 끌어올리기 위해 한 일 W_i는 근사적으로 다음과 같이 힘 F_i와 거리 x_i^* 의 곱이다.

$$W_i \approx F_i x_i^* \approx 1568\pi x_i^* (10 - x_i^*)^2 \Delta x$$

물탱크를 완전히 비우는 데 필요한 일의 총량을 구하려면 다음과 같이 n개의 각 층에서 한 일을 모두 더하고 $n \to \infty$ 일 때의 극한을 취한다.

$$\begin{aligned} W &= \lim_{n\to\infty} \sum_{i=1}^{n} 1568\pi x_i^* (10 - x_i^*)^2 \Delta x = \int_2^{10} 1568\pi x (10 - x)^2 \, dx \\ &= 1568\pi \int_2^{10} (100x - 20x^2 + x^3)\, dx = 1568\pi \left[50x^2 - \frac{20x^3}{3} + \frac{x^4}{4} \right]_2^{10} \\ &= 1568\pi \left(\frac{2048}{3} \right) \approx 3.4 \times 10^6 \text{ J} \end{aligned}$$

유체 정역학적 압력과 힘

심해 잠수부들은 자신들이 더 깊이 잠수할수록 수압이 증가한다는 사실을 인식하고 있다. 이것은 그들 위에 있는 물의 무게가 증가하기 때문이다.

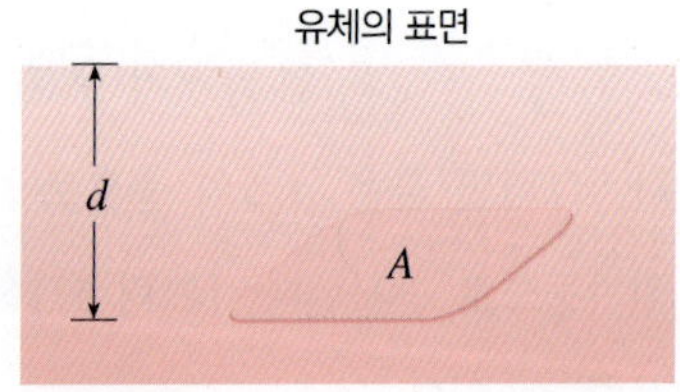

[그림 58]

일반적으로 넓이가 $A\,\text{m}^2$인 얇은 수평판이 [그림 58]과 같이 밀도가 $\rho\,\text{kg/m}^3$인 유체의 표면으로부터 아래로 $d\,\text{m}$의 깊이에 잠겨있다고 가정하자. 판 바로 위에 있는 유체의 부피가 $V = Ad$이므로 유체의 질량은 $m = \rho V = \rho A d$이다. 따라서 유체가 판에 가하는 힘은 다음과 같다.

$$F = mg = \rho g A d$$

여기서 g는 중력가속도이다. 이 판에 가해지는 압력 P는 다음과 같이 단위 넓이당 힘으로 정의된다.

$$P = \frac{F}{A} = \rho g d$$

압력을 측정하는 SI 단위는 N/m^2으로 파스칼(Pa)이라 한다(축약하여 $1N/m^2 = 1Pa$). 이는 작은 단위이므로 킬로파스칼(kPa)이 자주 쓰인다. 예를 들어 물의 밀도는 $\rho = 1000\,kg/m^3$이므로 2m 깊이의 수영장 밑바닥의 압력은 다음과 같다.

미국 관습단위를 이용하면 $P = \rho g d = \delta d$이다. 여기서 $\delta = \rho g$는 무게밀도이다. (질량밀도인 ρ에 대응한다.) 예를 들어 물의 무게밀도는 $\delta = 62.5\,lb/ft^3$이다.

$$P = \rho g d = 1000\,kg/m^3 \times 9.8\,m/s^2 \times 2\,m$$
$$= 19{,}600\,Pa = 19.6\,kPa$$

유체 압력의 중요한 원리는 '유체 안에 있는 임의의 점에서의 압력은 모든 방향에서 동일하다'는 사실이 실험으로 입증되었다는 것이다. (잠수부는 코와 양쪽 귀에 동일한 압력을 느낀다.) 따라서 질량밀도가 ρ인 유체가 깊이 d에서(임의의 방향에서) 받는 압력은 다음과 같다.

5 $$P = \rho g d = \delta d$$

이것은 유체 속에 있는 수직판이나 벽 또는 댐에 가해지는 유체 정역학적 힘을 결정하는 네 노움이 된다. 그러나 압력이 일정하지 않고 깊이가 증가할수록 증가하기 때문에 이것은 간단한 문제가 아니다.

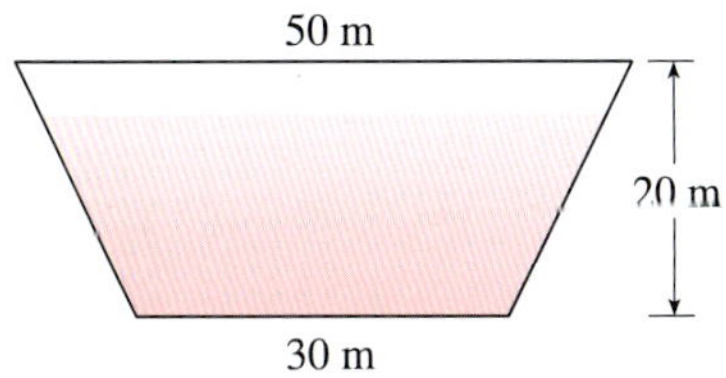

[그림 59]

예제 5 [그림 59]와 같이 사다리꼴 모양의 댐이 있다. 높이는 20m, 위쪽 너비는 50m, 바닥의 너비는 30m이다. 댐의 꼭대기에서부터 수면까지의 높이가 4m일 때 유체 정역학적 압력에 의해 댐에 가해지는 힘을 구하라.

풀이

[그림 60(a)]와 같이 원점을 수면 위에 두고 아래쪽 방향으로 수직 x축을 정한다. 물의 깊이가 16m이므로 구간 $[0, 16]$을 끝점이 x_i인 길이가 같은 부분 구간으로 나누고, $x_i^* \in [x_{i-1}, x_i]$를 택한다. 댐의 i번째 수평 띠는 높이 Δx, 너비 w_i인 직사각형으로 근사된다. 그러면 [그림 60(b)]의 닮은 삼각형으로부터 다음을 얻는다.

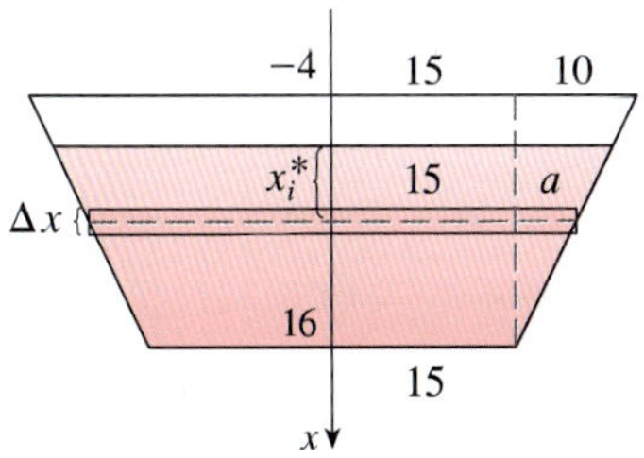

(a)

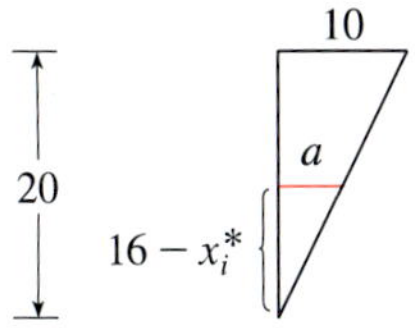

(b)

[그림 60]

$$\frac{a}{16 - x_i^*} = \frac{10}{20} \quad \text{또는} \quad a = \frac{16 - x_i^*}{2} = 8 - \frac{x_i^*}{2}$$

그러므로 다음을 얻는다.

$$w_i = 2(15 + a) = 2\left(15 + 8 - \frac{1}{2}x_i^*\right) = 46 - x_i^*$$

A_i를 i번째 띠의 넓이라 하면 다음과 같다.

$$A_i \approx w_i \Delta x = (46 - x_i^*)\Delta x$$

Δx가 작으면 i번째 띠에 가해지는 압력 P_i는 거의 일정하며 식 5를 이용하여 다음을 얻는다.

$$P_i \approx 1000 g x_i^*$$

i번째 띠에 미치는 유체 정역학적 힘 F_i는 다음과 같이 압력과 넓이의 곱이다.

$$F_i = P_i A_i \approx 1000 g x_i^* (46 - x_i^*)\Delta x$$

이 힘들을 더하고 $n \to \infty$인 극한을 취하면 댐에 가해지는 전체 유체 정역학적 힘을 다음과 같이 얻는다.

$$F = \lim_{n\to\infty} \sum_{i=1}^{n} 1000 g x_i^* (46 - x_i^*)\Delta x = \int_0^{16} 1000 g x (46 - x)\, dx$$

$$= 1000(9.8)\int_0^{16} (46x - x^2)\, dx = 9800 \left[23x^2 - \frac{x^3}{3} \right]_0^{16}$$

$$\approx 4.43 \times 10^7 \text{ N}$$

예제 6 반지름이 3 ft인 원기둥 모양의 드럼통이 10 ft 깊이의 물속에 잠겨있다고 할 때, 이 드럼통의 한쪽 끝부분에 미치는 유체 정역학적 힘을 구하라.

풀이

이 예에서 [그림 61]과 같이 원점을 드럼통의 중심에 오도록 축을 택하면 편리하다. 그러면 이 원의 방정식은 간단히 $x^2 + y^2 = 9$가 된다. [예제 5]에서와 같이 원의 영역을 너비가 같은 수평 띠로 나눈다. 그러면 원의 방정식으로부터 i번째 띠의 길이는 $2\sqrt{9 - (y_i^*)^2}$이므로 이 띠의 넓이는 다음과 같다.

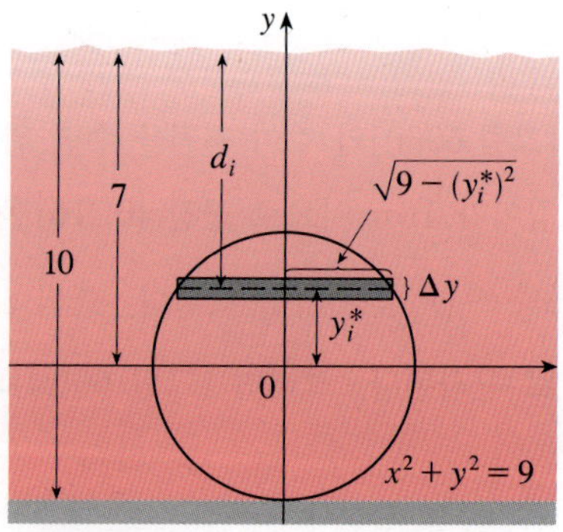

[그림 61]

$$A_i = 2\sqrt{9 - (y_i^*)^2}\, \Delta y$$

이 띠에 가해지는 압력은 근사적으로 다음과 같다.

$$\delta d_i = 62.5(7 - y_i^*)$$

따라서 i번째 부분에 가해지는 힘은 근사적으로 다음과 같다.

$$\delta d_i A_i = 62.5(7 - y_i^*) 2\sqrt{9 - (y_i^*)^2}\, \Delta y$$

그러면 전체 힘은 모든 띠에 가해지는 힘을 더하고 극한을 취해서 얻는다.

$$F = \lim_{n \to \infty} \sum_{i=1}^{n} 62.5(7 - y_i^*)2\sqrt{9 - (y_i^*)^2}\,\Delta y$$

$$= 125\int_{-3}^{3}(7 - y)\sqrt{9 - y^2}\,dy$$

$$= 125 \cdot 7\int_{-3}^{3}\sqrt{9 - y^2}\,dy - 125\int_{-3}^{3} y\sqrt{9 - y^2}\,dy$$

두 번째 적분의 피적분함수가 기함수이기 때문에 적분값은 0이다(4.5절 정리 [6] 참조). 첫 번째 적분은 삼각치환법 $y = 3\sin\theta$를 이용하여 계산할 수 있지만 그 적분이 반지름이 3인 반원의 넓이라는 것을 알게 되면 더 간단하다. 그러므로 구하고자 하는 힘은 다음과 같다.

$$F = 875\int_{-3}^{3}\sqrt{9 - y^2}\,dy = 875 \cdot \frac{1}{2}\pi(3)^2$$

$$= \frac{7875\pi}{2} \approx 12370 \text{ lb}$$

모멘트와 질량중심

이 절의 주된 목적은 [그림 62]와 같이 임의로 주어진 얇은 판이 수평으로 균형을 잡는 점 P를 구하는 것이다. 이 점을 그 판의 **질량중심**center of mass 또는 **중력중심**center of gravity이라 한다. 먼저 [그림 63]과 같이 좀 더 간단한 상황을 생각해보자. 질량을 무시할 수 있는 지렛대의 받침점으로부터 각각 d_1과 d_2만큼 떨어진 위치에 질량 m_1과 m_2가 붙어있다고 하자. 다음이 성립하면 막대는 균형을 잡을 것이다.

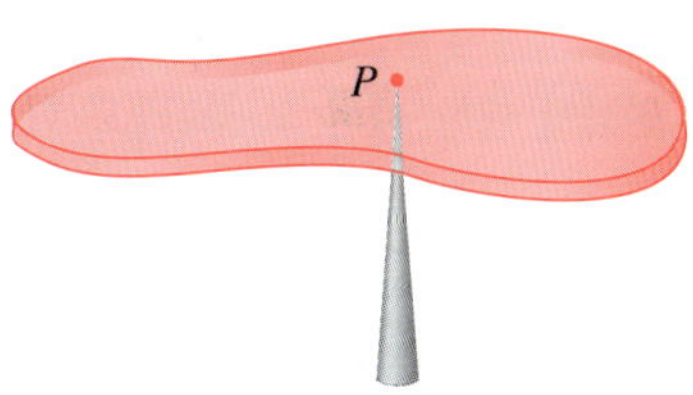

[그림 62]

[6] $$m_1 d_1 = m_2 d_2$$

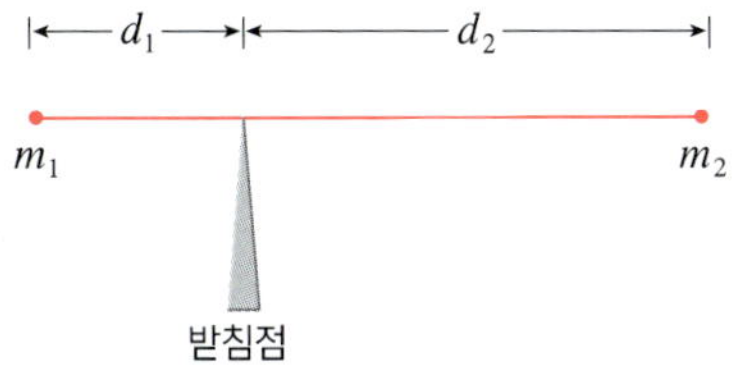

[그림 63]

이것은 아르키메데스에 의해 발견된 경험적 사실이며 **지렛대의 법칙**the Law of the Lever이라 한다. (시소 위에서 가벼운 사람이 무거운 사람과 균형을 이루려면 가벼운 사람이 중심에서 더 멀리 떨어져 앉아야 하는 것을 떠올려보자.)

이제 x_1에 질량 m_1, x_2에 질량 m_2, 질량중심이 $\bar{x}$인 막대가 x축을 따라 놓여있다고 하자. [그림 63]과 [그림 64]를 비교하면 $d_1 = \bar{x} - x_1$이고 $d_2 = x_2 - \bar{x}$이다.

따라서 식 [6]으로부터 다음을 얻는다.

$$m_1(\bar{x} - x_1) = m_2(x_2 - \bar{x})$$

$$m_1\bar{x} + m_2\bar{x} = m_1 x_1 + m_2 x_2$$

7 $$\bar{x} = \frac{m_1 x_1 + m_2 x_2}{m_1 + m_2}$$

여기서 $m_1 x_1$과 $m_2 x_2$를 각각 질량 m_1과 m_2의 (원점에 대한) 모멘트 moment라고 한다. 식 7은 두 질량의 모멘트를 서로 더하고 전체 질량 $m = m_1 + m_2$로 나눔으로써 질량중심 $\bar{x}$를 얻는 것을 보여준다.

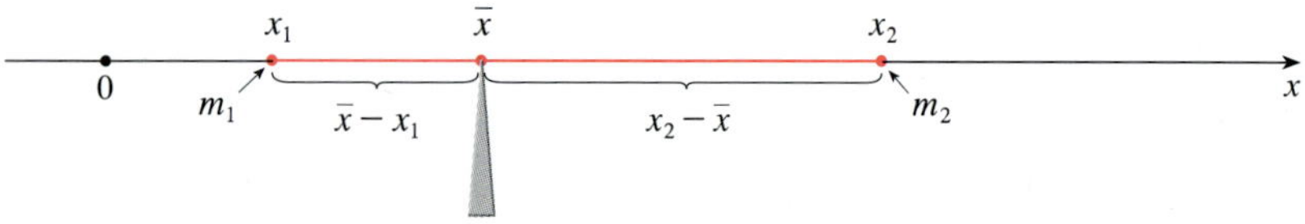

[그림 64]

일반적으로 x축의 점 $x_1, x_2, \cdots, x_n$에 각각 질량 $m_1, m_2, \cdots, m_n$인 n개의 입자들이 놓여있는 계가 있다면, 앞에서와 마찬가지로 이 계의 질량중심은 다음과 같은 위치에 놓여있음을 보일 수 있다.

8 $$\bar{x} = \frac{\sum_{i=1}^{n} m_i x_i}{\sum_{i=1}^{n} m_i} = \frac{\sum_{i=1}^{n} m_i x_i}{m}$$

여기서 $m = \sum m_i$는 이 계의 전체 질량이고, 다음과 같이 각각의 모멘트를 더한 것을 **원점에 대한 계의 모멘트**라고 한다.

$$M = \sum_{i=1}^{n} m_i x_i$$

그러면 식 8은 $m\bar{x} = M$으로 다시 쓸 수 있다. 이것은 전체 질량이 질량중심 $\bar{x}$에 집중되어 있는 것으로 간주한다면 이 모멘트는 계의 모멘트와 같다는 뜻이다.

이제 [그림 65]와 같이 xy평면 안의 점 $(x_1, y_1), (x_2, y_2), \cdots, (x_n, y_n)$에 각각 놓여있는 질량 $m_1, m_2, \cdots, m_n$인 n개의 입자로 이루어진 계를 생각해보자. 1차원의 경우와 유사하게 **y축에 대한 계의 모멘트**를 다음과 같이 정의한다.

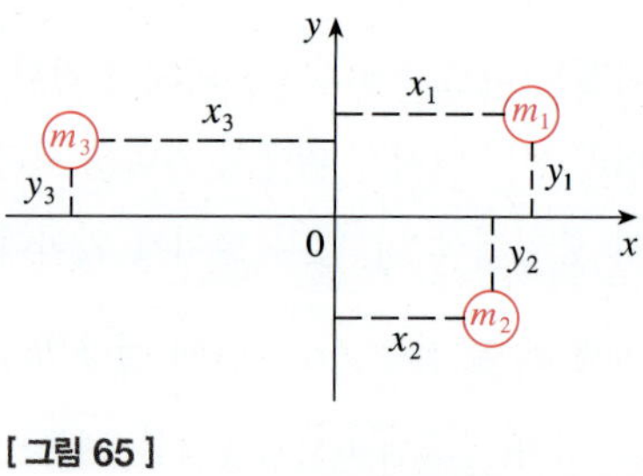

[그림 65]

9 $$M_y = \sum_{i=1}^{n} m_i x_i$$

x축에 대한 계의 모멘트는 다음과 같이 정의한다.

10 $$M_x = \sum_{i=1}^{n} m_i y_i$$

그러면 M_y는 그 계가 y축에 대해 회전하려는 경향을 측정하며, M_x는 x축에 대해 회전하려는 경향을 측정한다.

1차원의 경우와 같이 질량중심의 좌표 $(\bar{x}, \bar{y})$는 다음 공식과 같이 모멘트에 의해 주어진다.

11
$$\bar{x} = \frac{M_y}{m}, \quad \bar{y} = \frac{M_x}{m}$$

여기서 $m = \sum m_i$는 전체 질량이다. $m\bar{x} = M_y$, $m\bar{y} = M_x$이므로 질량중심 $(\bar{x}, \bar{y})$는 질량이 m인 한 입자가 그 계와 동일한 모멘트를 갖는다는 점이다.

예제 7 **점 $(-1, 1)$, $(2, -1)$, $(3, 2)$에 각각 질량이 3, 4, 8인 물체들로 구성된 계의 모멘트와 질량중심을 구하라.**

풀이

식 9와 10을 이용하여 모멘트를 계산하면 다음과 같다.

$$M_y = 3(-1) + 4(2) + 8(3) = 29$$
$$M_x = 3(1) + 4(-1) + 8(2) = 15$$

$m = 3 + 4 + 8 = 15$이므로 식 11을 이용하여 다음을 얻는다.

$$\bar{x} = \frac{M_y}{m} = \frac{29}{15}, \quad \bar{y} = \frac{M_x}{m} = \frac{15}{15} = 1$$

따라서 질량중심은 $\left(1\frac{14}{15}, 1\right)$이다([그림 66] 참조).

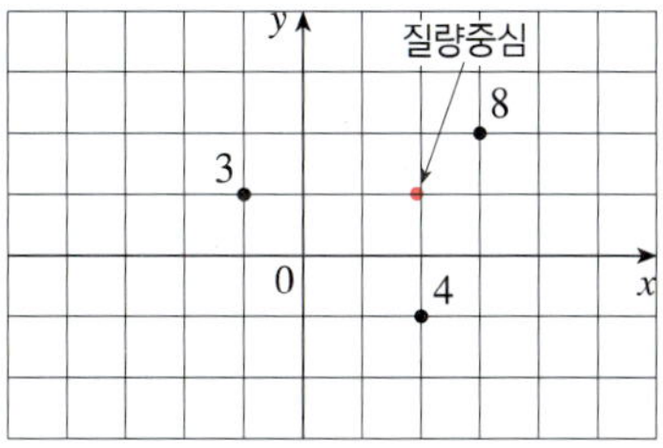

[그림 66]

다음으로 균일한 밀도 ρ를 가지고 영역이 $\mathfrak{R}$인 (박막이라 불리는) 얇은 판을 생각한다. $\mathfrak{R}$의 **무게중심**centroid이라고 부르는 판의 질량중심의 위치를 찾고자 한다. 이를 위해 다음과 같은 물리학의 원리인 **대칭원리**symmetry principle를 이용한다. 즉 $\mathfrak{R}$이 직선 l에 대해 대칭이면 $\mathfrak{R}$의 무게중심은 l 위에 놓인다는 것이다. ($\mathfrak{R}$이 l에 대해 대칭이면 $\mathfrak{R}$의 무게중심은 고정되며 유일하게 고정된 점은 l 위에 놓여있다.) 따라서 직사각형의 무게중심이 중심이다. 모멘트는 영역의 전체 질량이 질량중심에 집중된다면 이 모멘트가 변하지 않도록 정의되어야 한다. 또한 겹쳐지지 않은 두 영역의 합의 모멘트는 각 영역의 모멘트의 합이 되어야 한다.

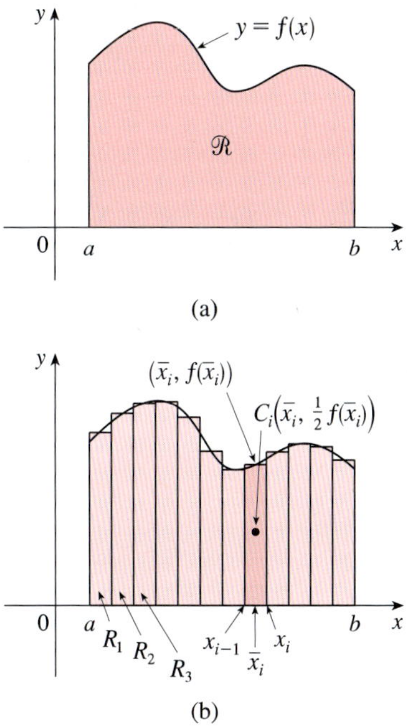

[그림 67]

영역 $\mathfrak{R}$이 [그림 67(a)]에 보인 형태라고 하자. 즉 $\mathfrak{R}$이 직선 $x = a$와 $x = b$ 사이에서 x축 위와 연속함수 f의 그래프 아래에 놓여있다고 하자. 구간 $[a, b]$를 끝점이 x_0, x_1, $\cdots$, x_n이고 길이가 Δx로 동일한 n개의 부분 구간으로 분할한다. 표본점 x_i^*를 i번째 부분 구간의 중점 $\overline{x}_i$, 즉 $\overline{x}_i = (x_{i-1} + x_i)/2$로 택한다. 이것은 [그림 67(b)]에 보인 바와 같이 $\mathfrak{R}$에 근사하는 다각형을 결정한다. i번째 근사 직사각형 R_i의 무게 중심은 이 사각형의 중심 $C_i\left(\overline{x}_i, \dfrac{1}{2}f(\overline{x}_i)\right)$이다. 이 직사각형의 넓이는 $f(\overline{x}_i)\Delta x$이므로 이 판의 질량은 다음과 같다.

$$\rho f(\overline{x}_i)\Delta x$$

y축에 대한 R_i의 모멘트는 그것의 질량과 C_i에서 y축까지의 거리인 $\overline{x}_i$의 곱이다. 따라서 다음이 성립한다.

$$M_y(R_i) = [\rho f(\overline{x}_i)\Delta x]\,\overline{x}_i = \rho\,\overline{x}_i f(\overline{x}_i)\Delta x$$

이와 같은 모멘트를 더하면 $\mathfrak{R}$에 근사하는 다각형의 모멘트를 얻게 되고 $n \to \infty$인 극한을 취함으로써 다음과 같은 y축에 대한 $\mathfrak{R}$의 모멘트를 얻는다.

$$M_y = \lim_{n\to\infty}\sum_{i=1}^{n}\rho\,\overline{x}_i f(\overline{x}_i)\Delta x = \rho\int_a^b x f(x)\,dx$$

마찬가지로 x축에 대한 R_i의 모멘트를 다음과 같이 질량과 C_i에서 x축까지의 거리의 곱으로 계산한다.

$$M_x(R_i) = [\rho f(\overline{x}_i)\Delta x]\,\frac{1}{2}f(\overline{x}_i) = \rho \cdot \frac{1}{2}[f(\overline{x}_i)]^2\Delta x$$

다시 이 모멘트들을 더하고 극한을 취하여 다음과 같은 x축에 대한 $\mathfrak{R}$의 모멘트를 얻는다.

$$M_x = \lim_{n\to\infty}\sum_{i=1}^{n}\rho \cdot \frac{1}{2}[f(\overline{x}_i)]^2\Delta x = \rho\int_a^b \frac{1}{2}[f(x)]^2\,dx$$

입자의 계에 대해 말하자면 판의 질량중심은 $m\overline{x} = M_y$와 $m\overline{y} = M_x$로 정의된다. 그러나 판의 질량은 다음과 같이 밀도와 넓이의 곱이다.

$$m = \rho A = \rho\int_a^b f(x)\,dx$$

따라서 다음이 성립한다.

$$\bar{x} = \frac{M_y}{m} = \frac{\rho\int_a^b x f(x)\,dx}{\rho\int_a^b f(x)\,dx} = \frac{\int_a^b x f(x)\,dx}{\int_a^b f(x)\,dx}$$

$$\bar{y} = \frac{M_x}{m} = \frac{\rho\int_a^b \frac{1}{2}[f(x)]^2\,dx}{\rho\int_a^b f(x)\,dx} = \frac{\int_a^b \frac{1}{2}[f(x)]^2\,dx}{\int_a^b f(x)\,dx}$$

위에서 ρ가 소거된다는 사실에 주의하자. 질량중심의 위치는 밀도에 영향을 받지 않는다. 요약하면 판의 질량중심(또는 $\mathfrak{R}$ 의 무게중심)의 위치 $(\bar{x}, \bar{y})$는 다음과 같다.

12 $$\bar{x} = \frac{1}{A}\int_a^b x f(x)\,dx, \qquad \bar{y} = \frac{1}{A}\int_a^b \frac{1}{2}[f(x)]^2\,dx$$

예제 8 반지름이 r인 반원판의 질량중심을 구하라.

풀이

식 12를 이용하기 위해 [그림 68]과 같이 $f(x) = \sqrt{r^2 - x^2}$, $a = -r$, $b = r$이 되도록 반원을 삽는다. 대칭원리에 의해 질량중심이 y축 위에 있어야 하므로 $\bar{x}$에 대한 공식을 사용할 필요가 없다. 따라서 $\bar{x} = 0$이다. 반원의 넓이는 $A = \frac{1}{2}\pi r^2$이므로 다음을 얻는다.

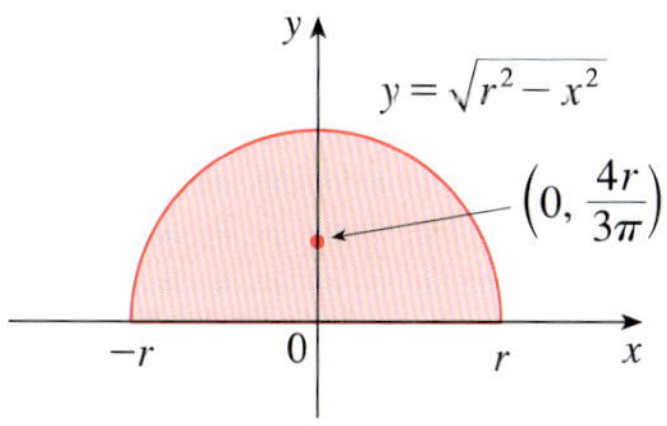

[그림 68]

$$\bar{y} = \frac{1}{A}\int_{-r}^{r} \frac{1}{2}[f(x)]^2\,dx = \frac{1}{\frac{1}{2}\pi r^2} \cdot \frac{1}{2}\int_{-r}^{r} \left(\sqrt{r^2 - x^2}\right)^2 dx$$

$$= \frac{2}{\pi r^2}\int_0^r (r^2 - x^2)\,dx = \frac{2}{\pi r^2}\left[r^2 x - \frac{x^3}{3}\right]_0^r$$

$$= \frac{2}{\pi r^2}\frac{2r^3}{3} = \frac{4r}{3\pi}$$

■ www.stewartcalculus.com (Additional Example A를 보라.)

질량중심은 점 $\left(0, \frac{4r}{3\pi}\right)$에 위치한다.

[그림 69]와 같이 영역 $\mathfrak{R}$ 이 $f(x) \geq g(x)$인 두 곡선 $y = f(x)$와 $y = g(x)$ 사이에 놓여있다면 식 12에서 유도했던 논의와 마찬가지로 $\mathfrak{R}$ 의 무게중심 $(\bar{x}, \bar{y})$가 다음과 같음을 보일 수 있다([연습문제 32] 참조).

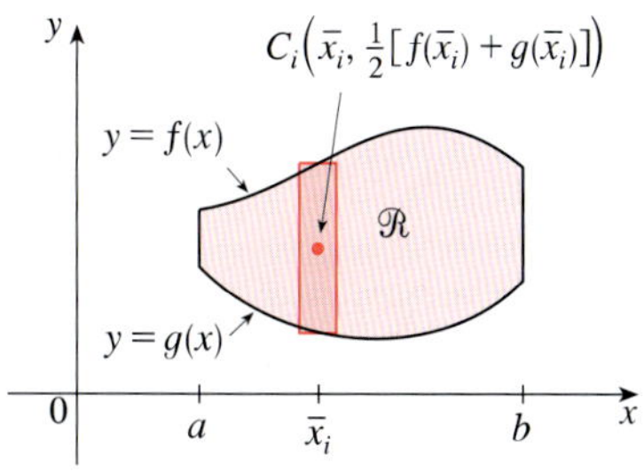

[그림 69]

$$\boxed{13}\quad \bar{x} = \frac{1}{A}\int_a^b x[f(x) - g(x)]\,dx, \qquad \bar{y} = \frac{1}{A}\int_a^b \frac{1}{2}\{[f(x)]^2 - [g(x)]^2\}\,dx$$

예제 9 직선 $y = x$와 포물선 $y = x^2$으로 둘러싸인 영역의 무게중심을 구하라.

풀이

영역은 [그림 70]과 같다. 식 13에서 $f(x) = x$, $g(x) = x^2$, $a = 0$, $b = 1$을 택한다. 먼저 영역의 넓이는 다음과 같다.

$$A = \int_0^1 (x - x^2)\,dx = \frac{x^2}{2} - \frac{x^3}{3}\Big]_0^1 = \frac{1}{6}$$

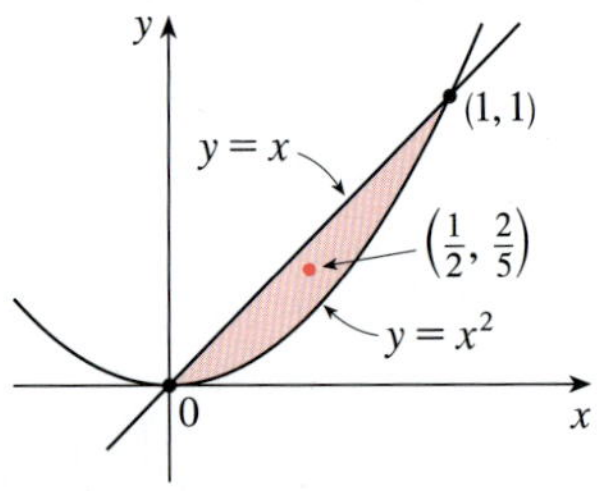

[그림 70]

따라서 다음을 얻는다.

$$\bar{x} = \frac{1}{A}\int_0^1 x[f(x) - g(x)]\,dx = \frac{1}{\frac{1}{6}}\int_0^1 x(x - x^2)\,dx$$

$$= 6\int_0^1 (x^2 - x^3)\,dx = 6\left[\frac{x^3}{3} - \frac{x^4}{4}\right]_0^1 = \frac{1}{2}$$

$$\bar{y} = \frac{1}{A}\int_0^1 \frac{1}{2}\{[f(x)]^2 - [g(x)]^2\}\,dx = \frac{1}{\frac{1}{6}}\int_0^1 \frac{1}{2}(x^2 - x^4)\,dx$$

$$= 3\left[\frac{x^3}{3} - \frac{x^5}{5}\right]_0^1 = \frac{2}{5}$$

구하고자 하는 무게중심은 $\left(\frac{1}{2}, \frac{2}{5}\right)$이다.

회전체의 무게중심과 부피 사이의 놀라운 관계를 보임으로써 이 절을 마친다.

파푸스 정리 $\mathfrak{R}$을 평면 안에 있는 직선 l의 한쪽에만 완전히 놓여있는 평면 영역이라 하자. $\mathfrak{R}$이 l에 대해 회전된다면 그 결과로 나타나는 입체의 부피는 $\mathfrak{R}$의 넓이 A와 $\mathfrak{R}$의 무게중심에 의해 움직인 거리 d의 곱이다.

이 정리는 A.D 4세기에 알렉산드리아에 살았던 그리스의 수학자 파푸스(Pappus)의 이름을 딴 것이다.

증명 [그림 69]와 같이 영역이 $y = f(x)$와 $y = g(x)$ 사이에 놓여있고 직선 l이 y축인 특별한 경우에 대해 증명한다. 원통껍질 방법(7.3절 참조)을 이용하여 다음을 얻는다.

$$V = \int_a^b 2\pi x[f(x)-g(x)]\,dx = 2\pi\int_a^b x[f(x)-g(x)]\,dx$$
$$= 2\pi(\bar{x}A) \quad (\text{식 } \boxed{13}\text{에 의해})$$
$$= (2\pi\bar{x})A = Ad$$

여기서 $d = 2\pi\bar{x}$는 y축에 대해 1회전하는 동안 무게중심이 움직인 거리이다.

예제 10 **반지름이 r인 원의 중심으로부터 거리가 $R(>r)$인 원판 안에 있는 직선에 대해 회전시켜 원환체를 만들었다. 원환체의 부피를 구하라.**

풀이

원의 넓이는 $A = \pi r^2$이다. 대칭원리에 의해 원의 무게중심은 그 원의 중심이므로 한 번 회전하는 동안에 무게중심이 움직인 거리는 $d = 2\pi R$이다. 그러므로 파푸스 정리에 의해 원환체의 부피는 다음과 같다.

$$V = Ad = (\pi r^2)(2\pi R) = 2\pi^2 r^2 R$$

[예제 10]의 방법은 7.2절의 [연습문제 26]과 비교해볼 수 있다.

7.6 연습문제

01 원점에서 x ft 떨어진 물체가 $5x^{-2}$ lb의 변하는 힘으로 직선을 따라 움직인다. $x = 1$ ft에서 $x = 10$ ft까지 움직이는 물체가 한 일의 양을 계산하라.

02 다음 그림은 최댓값까지 증가한 후 일정하게 유지되는 힘 함수(N)의 그래프를 보여준다. 물체를 8 m 거리만큼 움직일 때 이 힘이 한 일은 얼마인가?

03 용수철을 원래 길이에서 4 in만큼 늘이는 데 필요한 힘은 10 lb이다. 이 용수철을 원래 길이에서 6 in만큼 늘이는 데 한 일은 얼마인가?

04 원래 길이가 30 cm인 용수철을 길이 42 cm로 늘이는 데 필요한 일이 2 J이라고 가정하자.

(a) 용수철을 35 cm에서 40 cm로 늘이는 데 필요한 일은 얼마인가?

(b) 30 N의 힘으로 늘인다면 용수철은 원래 길이에서 얼마나 길게 늘어나는가?

05 용수철을 10 cm에서 12 cm로 늘이는 데 6 J의 일이 필요하고, 12 cm에서 14 cm로 늘이는 데 10 J의 또 다른 일이 필요하다. 이 용수철의 최초 길이는 얼마인가?

06~09 리만 합으로 일을 어떻게 근사시키는지를 보여라. 일을 적분식으로 표현하고 계산하라.

06 길이 50 ft, 무게 0.5 lb/ft인 무거운 밧줄이 높이 120 ft인 건물의 모서리에 매달려 있다.

(a) 건물의 꼭대기까지 밧줄을 끌어올리는 데 한 일은 얼마인가?

(b) 건물의 꼭대기까지 밧줄의 반을 끌어올리는 데 한 일은 얼마인가?

07 무게 $2\,\text{lb/ft}$인 케이블을 이용하여 $500\,\text{ft}$ 깊이의 수직 갱도에서 $800\,\text{lb}$의 석탄을 끌어올리고 있다. 이때 한 일을 구하라.

08 $10\,\text{kg}$의 구멍난 두레박이 무게 $0.8\,\text{kg/m}$의 밧줄에 묶여 지면에서 $12\,\text{m}$ 높이까지 일정한 속도로 올라가고 있다. 최초에 두레박에는 $36\,\text{kg}$의 물이 담겨 있었으나 일정한 비율로 물이 새어나가면서 두레박이 $12\,\text{m}$ 지점에 도달하였다. 한 일은 얼마인가?

09 길이 $2\,\text{m}$, 너비 $1\,\text{m}$, 깊이 $1\,\text{m}$인 수족관에 물이 가득 담겨있다. 수족관 밖으로 이 물의 절반을 퍼내는 데 필요한 일을 구하라. (물의 밀도는 $1000\,\text{kg/m}^3$이다.)

10 다음과 같은 탱크에 물이 가득 차 있다.

(a) 배수구 밖으로 물을 모두 퍼 올리는 데 필요한 일을 구하라.

(b) $4.7\times10^5\,\text{J}$의 일을 한 후에 펌프가 멈췄다. 물탱크에 남아있는 물의 깊이는 얼마인가?

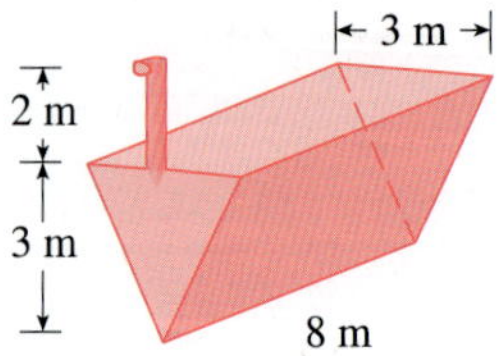

11 기체가 반지름이 r인 원통 안에서 팽창하고 있을 때 임의의 주어진 시각에서 압력은 부피의 함수 $P=P(V)$이다. 기체에 의해 피스톤에 가해진 힘(그림 참조)은 압력과 넓이의 곱 $F=\pi r^2 P$이다. 부피가 V_1에서 V_2까지 팽창할 때 기체에 의해 이루어진 일이 다음과 같음을 보여라.

$$W=\int_{V_1}^{V_2} P\,dV$$

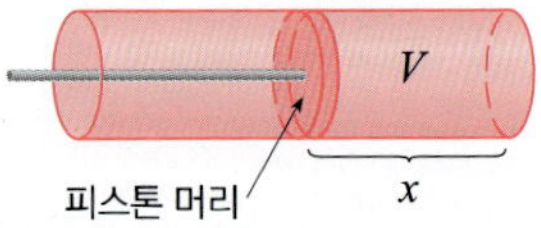

12 증기기관에서 나오는 증기의 압력 P와 부피 V는 방정식 $PV^{1.4}=k$를 만족한다. 여기서 k는 상수이다. (이것은 단열 팽창이다. 즉 실린더와 그 주변 간에 열전달이 없는 팽창이다.) [연습문제 11]을 이용하여 증기가 압력 $160\,\text{lb/in}^2$과 부피 $100\,\text{in}^3$에서 시작하여 부피가 $800\,\text{in}^3$로 팽창할 때, 한 주기 동안 엔진이 한 일을 계산하라.

13 (a) 뉴턴의 중력 법칙은 질량 m_1과 m_2인 두 물체가 다음과 같은 힘으로 서로 끌어당기는 것을 말한다.

$$F=G\frac{m_1 m_2}{r^2}$$

여기서 r은 두 물체 사이의 거리, G는 중력상수이다. 한 물체가 고정되어 있을 때 다른 물체를 $r=a$에서 $r=b$까지 움직이는 데 필요한 일을 구하라.

(b) $1000\,\text{kg}$의 위성을 수직으로 $1000\,\text{km}$ 높이까지 쏘아 올리는 데 필요한 일을 구하라. 이때 지구의 질량은 $5.98\times10^{24}\,\text{kg}$이고 중심에 집중되어있다고 가정한다. 지구의 반지름은 $6.37\times10^6\,\text{m}$, $G=6.67\times10^{-11}\,\text{N}\cdot\text{m}^2/\text{kg}^2$이다.

14 이상적분과 [연습문제 13]의 정보를 이용하여 $1000\,\text{kg}$의 위성을 지구의 중력장 밖으로 내보내는 데 필요한 일을 구하라.

15 질량 M, 반지름 R인 행성의 중력장 밖으로 질량 m인 로켓을 추진시키는 데 필요한 이탈속도 v_0를 구하라. ($\frac{1}{2}mv_0{}^2$의 초기 운동에너지가 필요한 일을 공급한다는 사실을 이용한다.)

16~18 수직판이(또는 일부가) 다음과 같이 물에 잠겨 있다. 리만 합에 의해 판의 한쪽 면에 가해지는 유체 정역학적 힘을 근사시키는 방법을 설명하라. 이 힘을 적분으로 표현하고 계산하라.

16

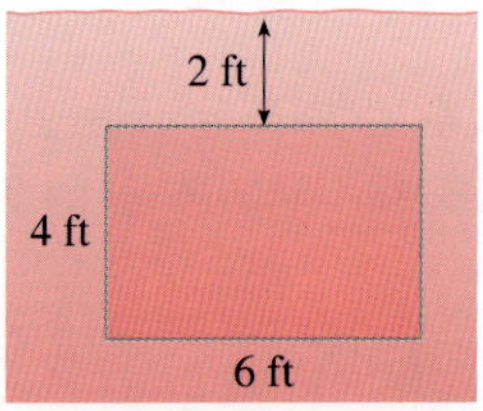

17

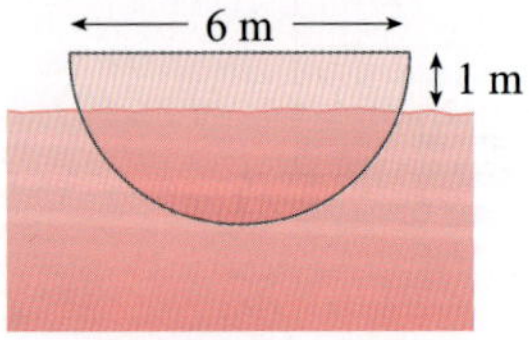

18

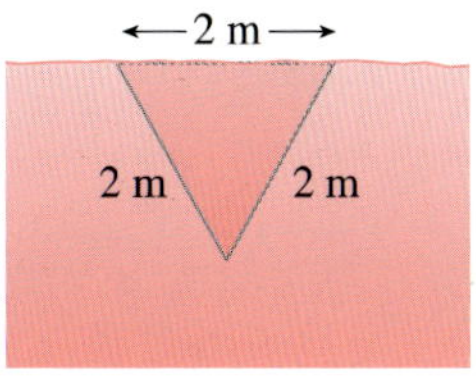

19 여물통에 밀도가 $840\,\mathrm{kg/m^3}$인 액체로 가득 채워져 있다. 여물통의 끝은 변의 길이가 $8\,\mathrm{m}$이고 꼭짓점이 바닥에 있는 정삼각형 모양이다. 이 여물통의 한쪽 끝에 가해지는 유체 정역학적 힘을 구하라.

20 너비 $10\,\mathrm{m}$, 길이 $20\,\mathrm{m}$인 수영장이 있다. 바닥면은 얕은 쪽의 끝은 깊이가 $1\,\mathrm{m}$, 깊은 쪽의 끝은 깊이가 $3\,\mathrm{m}$로 기울어져 있다. 수영장에 물이 가득 채워져 있다면 다음에 가해지는 유체 정역학적 힘을 구하라.

(a) 얕은 쪽 끝　　(b) 깊은 쪽 끝

(c) 한쪽 옆면　　(d) 바닥면

21 바닷물에 금속판이 수직으로 잠겨있는 것이 발견되었다. 금속판의 밀도는 $64\,\mathrm{lb/ft^3}$이다. 다음 표는 표시된 깊이에서 판의 너비를 측정한 값을 보여준다. 심프슨의 공식을 이용하여 판에 가해지는 수압을 추정하라.

깊이(m)	7.0	7.4	7.8	8.2	8.6	9.0	9.4
판의 너비(m)	1.2	1.8	2.9	3.8	3.6	4.2	4.4

22 각 질량 m_i가 점 P_i 위치에 놓여있다. 모멘트 M_x, M_y와 이 계의 질량중심을 구하라.

$m_1=4,\ m_2=2,\ m_3=4;\quad P_1(2,-3),\ P_2(-3,1),\ P_3(3,5)$

23~24 다음 곡선으로 둘러싸인 영역을 그린 후 무게중심의 위치를 가시적으로 추정하라. 그 다음 정확한 무게중심의 좌표를 구하라.

23 $y=2x,\ y=0,\ x=1$

24 $y=e^x,\ y=0,\ x=0,\ x=1$

25~26 주어진 곡선으로 둘러싸인 영역의 무게중심을 구하라.

25 $y=x^2,\ x=y^2$

26 $y=\sin x,\ y=\cos x,\ x=0,\ x=\pi/4$

27 밀도가 $\rho=10$이고 모양이 다음과 같이 주어진 박막의 모멘트 M_x, M_y와 이 계의 질량중심을 계산하라.

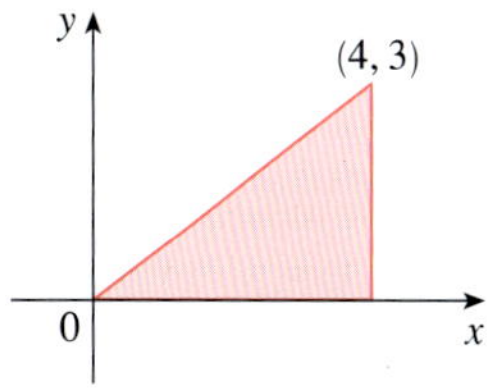

28 임의의 삼각형의 무게중심은 중선들이 만나는 점에 있음을 증명하라. [힌트: 꼭짓점이 $(a,0)$, $(0,b)$, $(c,0)$이 되도록 축을 잡는다. 중선은 꼭짓점에서 대변의 중점까지 이르는 선분이라는 것을 기억하자. 또한 중선들이 각 꼭짓점에서(중선을 따라) 대변까지 이르는 거리의 $2/3$ 지점에서 만난다는 사실을 기억한다.]

29~30 적분을 하지 않고 직사각형과 삼각형의 무게중심의 위치를 정하고([연습문제 28]으로부터), 모멘트의 합을 이용하여 다음 주어진 영역의 무게중심을 구하라.

29

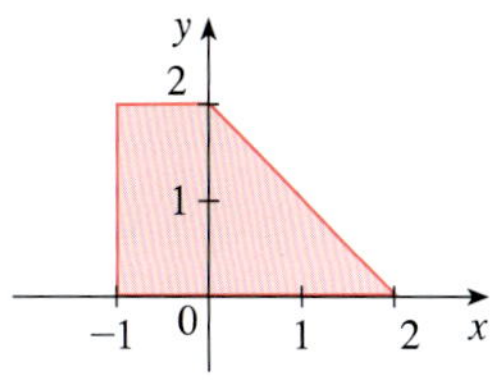

30

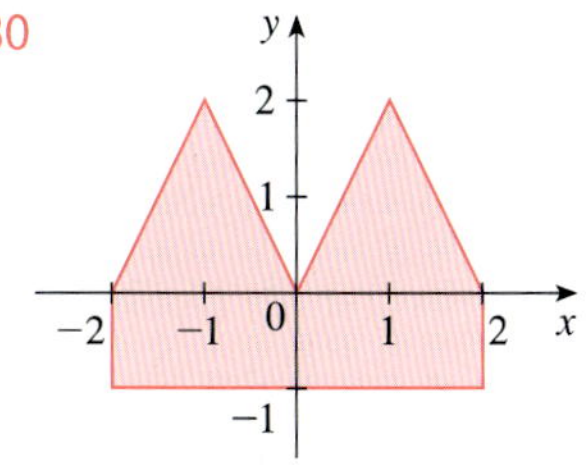

31 파푸스 정리를 이용하여 높이가 h, 밑면의 반지름이 r인 원뿔의 부피를 구하라.

32 식 13을 증명하라.

7.7 미분방정식

미분방정식^differential equation^은 미지의 함수와 이 함수의 한 종류 이상의 도함수를 포함하고 있는 방정식이다. 다음과 같은 몇 가지 예를 제시한다.

[1] $$y' = xy$$

[2] $$y'' + 2y' + y = 0$$

[3] $$\frac{d^3y}{dx^3} + x\frac{d^2y}{dx^2} + \frac{dy}{dx} - 2y = e^{-x}$$

이와 같은 미분방정식에서 y는 x에 대한 미지의 함수이다. 미분방정식의 중요성은 과학자 또는 공학자들이 물리적 법칙을 수학적인 용어로 표현할 때 드러난다.

미분방정식의 **계수**^order^는 방정식에 포함된 가장 높은 도함수의 계수이다. 식 [1], [2], [3]의 계수는 각각 1, 2, 3이다. 함수 $y = f(x)$와 이의 도함수를 방정식에 대입할 때, 주어진 방정식을 만족한다면 함수 f를 미분방정식의 **해**^solution^라 한다. 따라서 어떤 구간 안의 모든 x의 값에 대해 다음을 만족한다면 f는 방정식 [1]의 해이다.

$$f'(x) = xf(x)$$

미분방정식을 풀 때 가능한 모든 해를 구해야 한다. 우리는 이미 간단한 형태의 특별한 미분방정식, 즉 미분방정식 $y' = f(x)$ 형태를 풀어왔다. 예를 들어 미분방정식 $y' = x^3$의 일반해는 $y = \frac{1}{4}x^4 + C$임을 알고 있다. 여기서 C는 임의의 상수이다.

그러나 일반적으로 미분방정식을 푸는 것은 쉽지 않다. 모든 종류의 미분방정식을 풀 수 있는 체계적인 기교가 없기 때문이다. 이 절에서는 변수분리형이라 부르는 형태의 미분방정식을 푸는 방법에 대해 살펴본다. 또한 이 절의 마지막에서는 해에 대한 식을 구할 수 없다 하더라도 1계 미분방정식의 해에 대한 그래프를 대략적으로 그리는 방법을 알게 될 것이다.

변수분리형 방정식

변수분리형 방정식^separable equation^은 다음과 같은 형태로 쓸 수 있는 1계 미분방정식이다.

$$\frac{dy}{dx} = g(x)f(y)$$

변수분리형이라는 명칭은 우변에 있는 식이 x의 함수와 y의 함수로 '분리될' 수 있다는 사실에 기인한다. 동치적으로 $f(y) \neq 0$이면 $h(y) = 1/f(y)$를 이용하여 다음과

변수분리형 미분방정식을 풀기 위한 기교는 베르누이(James Bernoulli)가 1690년에 시계의 추에 관한 문제를 풀면서 처음 사용되었다. 그리고 1691년에 호이겐스(Huygens)에게 보낸 편지에서 라이프니츠에 의해 사용되었다. 베르누이(John Bernoulli)는 1694년에 출판된 논문에서 일반적인 방법을 설명했다.

같이 쓸 수 있다.

4 $$\frac{dy}{dx}=\frac{g(x)}{h(y)}$$

이 방정식을 풀기 위해 다음과 같은 형태의 미분방정식으로 다시 쓴다.

$$h(y)\,dy=g(x)\,dx$$

따라서 방정식의 한 변에는 y 변수들만, 다른 변에는 x 변수들만 있다. 방정식의 양변을 적분하여 다음을 얻는다.

5 $$\int h(y)\,dy=\int g(x)\,dx$$

식 5는 y는 x의 함수로써 음함수적으로 정의된다. 어떤 경우에는 y를 x에 관한 식으로 풀 수 있다.

연쇄법칙을 이용하면 이 과정을 명확하게 보일 수 있다. 만일 h와 g가 식 5를 만족한다면 다음과 같이 나타낼 수 있다.

$$\frac{d}{dx}\left(\int h(y)\,dy\right)=\frac{d}{dx}\left(\int g(x)\,dx\right)$$

$$\frac{d}{dy}\left(\int h(y)\,dy\right)\frac{dy}{dx}=g(x)$$

$$h(y)\frac{dy}{dx}=g(x)$$

따라서 식 4를 만족한다.

미분방정식을 적용할 때 해집합(일반해)을 구하기보다는 특정한 조건을 만족하는 해를 구하는 데 관심을 갖는다. 많은 물리적 문제에서 $y(x_0)=y_0$ 형태의 조건을 만족하는 특수해를 구해야 한다. 이 조건을 **초기조건**initial condition이라 하며, 초기조건을 만족하는 미분방정식의 해를 구하는 문제를 **초깃값 문제**initial-value problem라 한다.

예제 1 **(a) 미분방정식 $\frac{dy}{dx}=\frac{x^2}{y^2}$을 풀어라.**

(b) 초기조건 $y(0)=2$를 만족하는 이 방정식의 해를 구하라.

풀이

(a) 미분을 이용하여 방정식을 쓰고 다음과 같이 양변을 적분한다.

$$y^2\,dy=x^2\,dx$$

$$\int y^2\,dy = \int x^2\,dx$$

$$\frac{1}{3}y^3 = \frac{1}{3}x^3 + C$$

여기서 C는 임의의 상수이다. (좌변에서 상수 C_1을, 우변에서 상수 C_2를 사용할 수 있지만 이러한 상수들은 $C = C_2 - C_1$으로 결합할 수 있다.) 이 해를 y에 대해 풀면 다음을 얻는다.

$$y = \sqrt[3]{x^3 + 3C}$$

이 해를 다음과 같은 형태로 쓸 수도 있다.

$$y = \sqrt[3]{x^3 + K}$$

여기서 $K = 3C$이고, C가 임의의 상수이므로 K도 역시 임의의 상수이다.

(b) (a)에서 구한 일반해에서 $x = 0$으로 놓으면 $y(0) = \sqrt[3]{K}$를 얻는다. 초기조건 $y(0) = 2$를 만족하기 위해 $\sqrt[3]{K} = 2$여야 하므로 $K = 8$이다. 그러므로 초기값 문제의 해는 다음과 같다.

$$y = \sqrt[3]{x^3 + 8}$$

[그림 71]은 [예제 1]에 있는 미분방정식에 대한 몇 개의 일반해의 그래프를 보인 것이다. (b)에서 초깃값 문제의 해는 파란색이다.

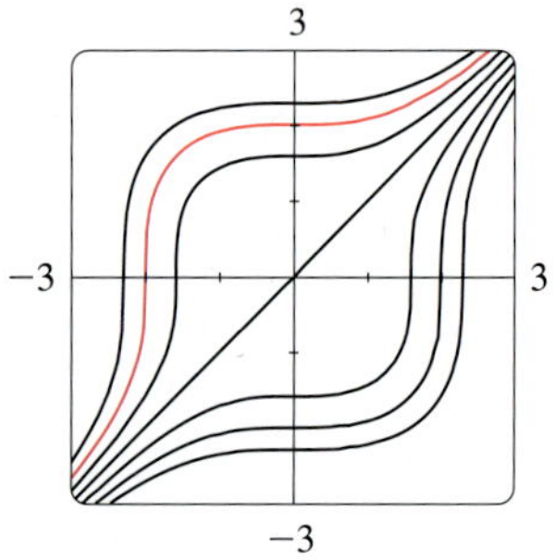

[그림 71]

예제 2 **미분방정식 $\dfrac{dy}{dx} = \dfrac{6x^2}{2y + \cos y}$을 풀어라.**

풀이

미분 형태로 방정식을 쓰고 양변을 적분하면 다음을 얻는다.

$$(2y + \cos y)\,dy = 6x^2\,dx$$

$$\int (2y + \cos y)\,dy = \int 6x^2\,dx$$

6 $$y^2 + \sin y = 2x^3 + C$$

여기서 C는 임의의 상수이다. 식 6은 음함수적으로 주어진 일반해이다. 이 경우에 y를 x의 함수로써 명쾌하게 표현하는 것은 불가능하다.

어떤 컴퓨터 대수체계는 음함수적인 방정식의 곡선을 그릴 수 있다. [그림 72]는 [예제 2]에 있는 미분방정식에 대한 몇 개의 일반해의 그래프를 보여준다. 곡선을 왼쪽에서 오른쪽으로 살펴보면 C의 값은 3, 2, 1, 0, −1, −2, −3이다.

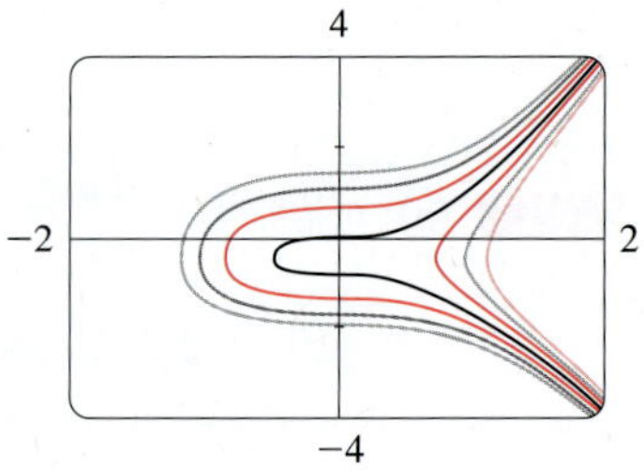

[그림 72]

예제 3 **방정식 $y' = x^2 y$를 풀어라.**

풀이

먼저 라이프니츠 표기법을 이용하여 다음과 같이 방정식을 다시 쓴다.

$$\frac{dy}{dx} = x^2 y$$

$y \neq 0$이면 미분 표기 방법으로 다음과 같이 다시 쓴 후 적분한다.

해 y가 어떤 x에 대해 $y(x) \neq 0$을 만족하는 함수이면 미분방정식의 해에 대한 유일성 정리로부터 모든 x에 대해 $y(x) \neq 0$이다.

$$\frac{dy}{y} = x^2 dx \qquad (y \neq 0)$$

$$\int \frac{dy}{y} = \int x^2 dx$$

$$\ln|y| = \frac{x^3}{3} + C$$

이 방정식은 y를 x의 함수로써 음함수적으로 정의한다. 그러나 이 경우에 다음과 같이 y에 대해 명료하게 풀 수 있다.

[예제 3]에 있는 미분방정식에 대한 몇 개의 해를 [그림 73]에 그래프로 나타냈다. A값은 y절편과 같다.

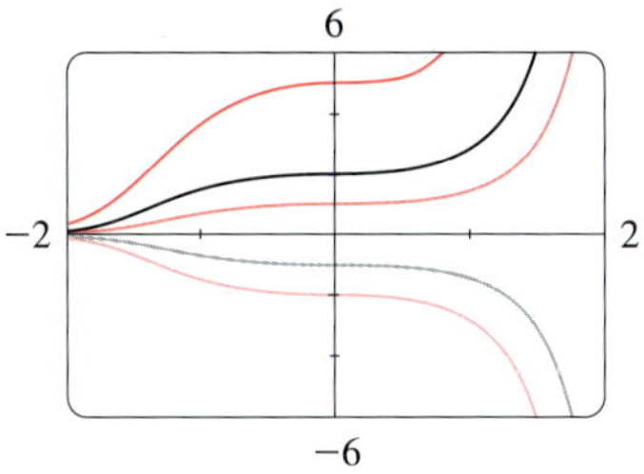

[그림 73]

$$|y| = e^{\ln|y|} = e^{(x^3/3)+C} = e^C e^{x^3/3}$$

따라서 다음과 같다.

$$y = \pm e^C e^{x^3/3}$$

함수 $y = 0$도 주어진 미분방정식의 해인 것을 쉽게 확인할 수 있다. 따라서 일반해를 다음과 같이 쓸 수 있다.

$$y = A e^{x^3/3}$$

여기서 A는 임의의 상수이다. ($A = e^C$ 또는 $A = -e^C$ 또는 $A = 0$이다.)

예제 4 **방정식 $\dfrac{dy}{dt} = ky$를 풀어라.**

풀이

이 미분방정식은 5.5절에서 다뤘던 것으로 자연성장(또는 붕괴) 법칙이라고 부른다. 이는 변수분리형 방정식이므로 이 절에서 사용한 방법으로 다음과 같이 풀 수 있다.

■ www.stewartcalculus.com (Additional Examples A, B를 보라.)

$$\int \frac{dy}{y} = \int k\,dt \qquad (y \neq 0)$$

$$\ln|y| = kt + C$$

$$|y| = e^{kt+C} = e^C e^{kt}$$

$$y = A e^{kt}$$

여기서 A $(= \pm e^C$ 또는 $0)$는 임의의 상수이다.

로지스틱 성장

[예제 4]의 미분방정식은 환경과 식량 공급에 제약이 없다는 전제 하에서 개체군 성장을 모형화하는 데 적당하다. ($y' = ky$는 성장률이 개체군의 크기에 비례한다는 것을 뜻한다.) 그러나 환경과 식량 공급이 제한되는 경우 식량 공급이 완전히 고갈되는 시점에서 개체군은 **환경수용력**carrying capacity이라 부르는 최대 크기 M을 초과할 수 없다. 개체군의 성장률이 개체군의 크기(y)와 최대 크기에서 y만큼 모자란 양($M-y$)에 공동으로 비례한다고 가정하면 다음 방정식을 얻는다.

7 $$\frac{dy}{dt} = ky(M-y)$$

여기서 k는 상수이다. 식 7을 로지스틱 미분방정식이라 부르며 네덜란드의 수리생물학자 베르흐르스트P.E. Verhulst가 1840년대에 세계 인구 성장을 모형화하면서 사용했다. 로지스틱 방정식은 변수분리형이므로 다음 형태로 쓴다.

$$\int \frac{dy}{y(M-y)} = \int k\,dt$$

부분분수를 이용하여 다음을 얻는다.

$$\frac{1}{y(M-y)} = \frac{1}{M}\left[\frac{1}{y} + \frac{1}{M-y}\right]$$

따라서 다음이 성립한다.

$$\frac{1}{M}\left[\int \frac{dy}{y} + \int \frac{dy}{M-y}\right] = \int k\,dt = kt + C$$

$$\frac{1}{M}(\ln|y| - \ln|M-y|) = kt + C$$

그러나 $0 < y < M$이므로 $|y| = y$, $|M-y| = M-y$이다. 따라서 다음을 얻는다.

$$\ln\frac{y}{M-y} = M(kt+C)$$

$$\frac{y}{M-y} = Ae^{kMt} \qquad (A = e^{MC})$$

$t=0$일 때 개체군이 $y(0) = y_0$이면 $A = y_0/(M-y_0)$이므로 다음을 얻는다.

$$\frac{y}{M-y} = \frac{y_0}{M-y_0}e^{kMt}$$

이 방정식을 y에 대해 풀면 다음을 얻는다.

$$y = \frac{y_0 M e^{kMt}}{M - y_0 + y_0 e^{kMt}} = \frac{y_0 M}{y_0 + (M - y_0) e^{-kMt}} \tag{8}$$

y에 대한 마지막 식을 이용하면 다음을 확인할 수 있다.

$$\lim_{t \to \infty} y(t) = M$$

[그림 74]는 로지스틱 성장 함수의 그래프를 보여준다. 처음에 그래프는 위로 오목(아래로 볼록)이며 성장 곡선이 거의 지수적으로 나타난다. 그러나 그 다음에는 아래로 오목(위로 볼록)이며 한계 인구에 도달한다.

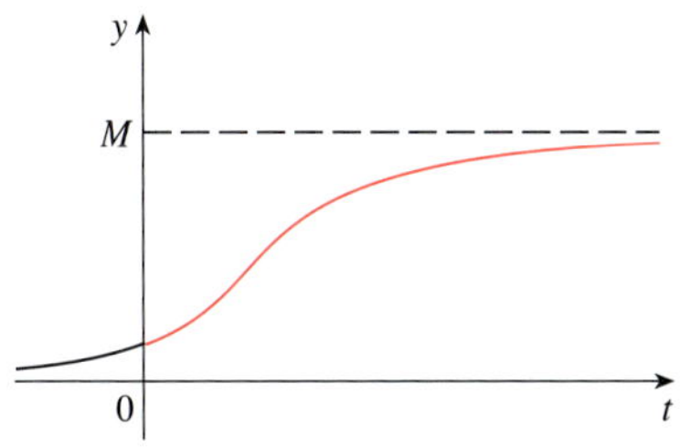

[그림 74] 로지스틱 성장 함수

혼합문제

대표적인 혼합문제는 소금과 같은 어떤 물질의 혼합용액으로 채워진 탱크에 관한 문제이다. 주어진 농도의 용액이 일정한 비율로 탱크에 들어가면 완전히 섞인 혼합물이 고정된 비율로 남으며 이 비율은 유입비율과는 다를 것이다. 시각 t에서 탱크 안에 있는 물질의 양을 $y(t)$라 하면 $y'(t)$는 물질이 유입될 때의 비율에서 유출될 때의 비율을 뺀 것이다. 이와 같은 상황에 대한 수학적 서술은 종종 1계 변수분리형 미분방정식으로 귀결된다. 화학반응, 호수 속으로 오염물질이 유입되는 경우, 혈관을 통해 약을 주입하는 것과 같은 다양한 현상을 모형화하기 위해 동일한 형태의 미분방정식을 이용할 수 있다.

예제 5 탱크 안에 20 kg의 소금이 녹아있는 소금물 5000 L가 들어있다. 물 1 L당 0.03 kg의 소금이 녹아있는 소금물이 25 L/min의 비율로 탱크 안으로 유입된다. 용액은 완전히 혼합되었으며 동일한 비율로 탱크에서 빠져나간다. 30분 후에 탱크에 남아있는 소금의 양은 얼마인가?

풀이

$y(t)$를 t분 후의 소금의 양(kg)이라고 하자. 주어진 조건은 $y(0) = 20$이며 $y(30)$을 구하고자 한다. 이것을 위해서는 $y(t)$를 만족하는 미분방정식을 구해야 한다. 이때 dy/dt는 소금양의 변화율이므로 다음을 얻는다.

$$\frac{dy}{dt} = (\text{유입비율}) - (\text{유출비율}) \tag{9}$$

여기서 유입비율은 소금이 탱크 안으로 들어올 때의 비율이고, 유출비율은 소금이 탱크 밖으로 빠져나갈 때의 비율이다. 따라서 다음을 얻는다.

$$\text{유입비율} = \left(0.03\frac{\text{kg}}{\text{L}}\right)\left(25\frac{\text{L}}{\text{min}}\right) = 0.75\frac{\text{kg}}{\text{min}}$$

탱크에는 항상 5000 L의 용액이 들어있으므로 시각 t에서의 농도는 $y(t)/5000$ (kg/L)이다. 소금물이 25 L/min의 비율로 빠져나가므로 다음을 얻는다.

$$\text{유출비율} = \left(\frac{y(t)}{5000}\frac{\text{kg}}{\text{L}}\right)\left(25\frac{\text{L}}{\text{min}}\right) = \frac{y(t)}{200}\frac{\text{kg}}{\text{min}}$$

따라서 식 9 로부터 다음을 얻는다.

$$\frac{dy}{dt} = 0.75 - \frac{y(t)}{200} = \frac{150 - y(t)}{200}$$

이와 같은 변수분리형 미분방정식을 풀면 다음을 얻는다.

$$\int \frac{dy}{150 - y} = \int \frac{dt}{200}$$

$$-\ln|150 - y| = \frac{t}{200} + C$$

$y(0) = 20$일 때 $-\ln 130 = C$이므로 다음과 같다.

$$-\ln|150 - y| = \frac{t}{200} - \ln 130$$

$$|150 - y| = 130e^{-t/200}$$

$y(t)$는 연속, $y(0) = 20$이고 우변은 결코 0이 아니므로 $150 - y(t)$는 항상 양수인 것을 유추할 수 있다. 따라서 $|150 - y| = 150 - y$이므로 다음을 얻는다.

$$y(t) = 150 - 130e^{-t/200}$$

30분 후에 탱크에 남아있는 소금의 양은 다음과 같다.

$$y(30) = 150 - 130e^{-30/200} \approx 38.1\,\text{kg}$$

[그림 75]는 [예제 5]의 함수 $y(t)$의 그래프를 보여준다. 시간이 지남에 따라 소금의 양은 150kg에 가까워지는 것에 유의하자.

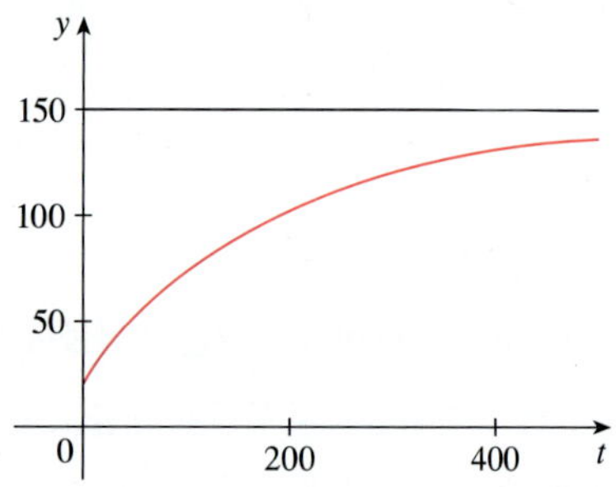

[그림 75]

방향장(기울기장)

1계 미분방정식이 다음과 같은 형태로 주어졌다고 하자.

$$y' = F(x, y)$$

여기서 $F(x, y)$는 x와 y에 대한 어떤 식이다. [변수분리형 방정식은 $F(x, y)$가 x

의 함수와 y의 함수의 곱으로 인수분해되는 특별한 경우인 것을 상기하자.] 해에 대한 식을 구하는 것이 불가능할지라도 방향장에 의해 해곡선을 시각적으로 보일 수 있다. 해곡선이 점 (x, y)를 지난다면 그 점에서의 기울기는 y'이고 $F(x, y)$와 같다. 여러 개의 점들 (x, y)에서 기울기 $F(x, y)$를 갖는 작은 선분을 그린 결과를 **방향장**direction field (또는 **기울기장**slope field)이라 한다. 이들 선분은 해곡선이 향하는 방향을 나타낸다. 따라서 방향장은 이들 곡선의 일반적인 모양을 시각화하는 데 도움을 준다.

예제 6 **(a) 미분방정식 $y' = x^2 + y^2 - 1$에 대한 방향장을 그려라.**

(b) (a)를 이용하여 원점을 지나는 해곡선을 그려라.

풀이

(a) 다음 표와 같이 여러 점에서 기울기를 계산하는 것으로 시작한다.

x	-2	-1	0	1	2	-2	-1	0	1	2	$\cdots$
y	0	0	0	0	0	1	1	1	1	1	$\cdots$
$y' = x^2 + y^2 - 1$	3	0	-1	0	3	4	1	0	1	4	$\cdots$

[표 3]

이제 이 점들에서 각각의 기울기를 갖는 짧은 선분을 그린다. 그 결과는 [그림 76]과 같은 방향장으로 나타난다.

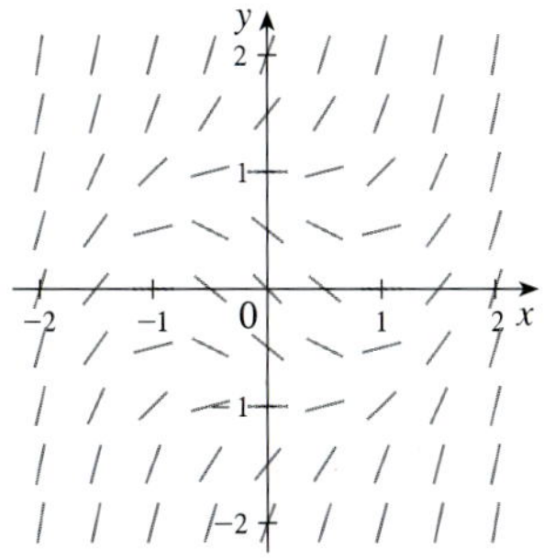

[그림 76]

(b) 원점에서 시작하여 선분의 방향인 오른쪽으로 움직인다. (여기서 기울기는 -1이다.) 주변의 선분에 평행하게 움직이도록 해곡선을 계속해서 그린다. 그 결과는 [그림 77]과 같은 해곡선으로 나타난다.

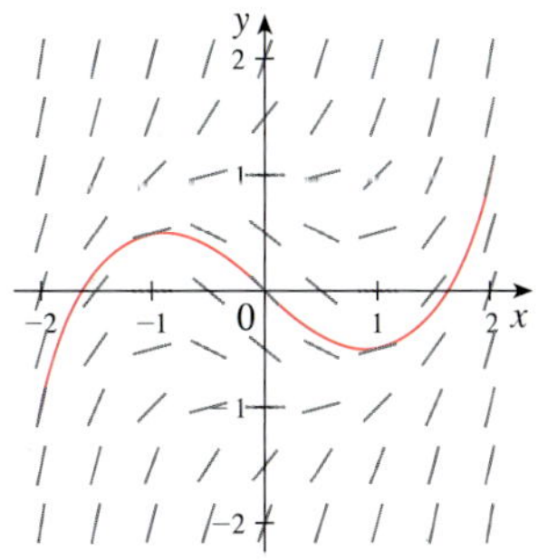

[그림 77]

방향장 안에 선분을 많이 그릴수록 그림은 점점 더 명확해진다. 물론 기울기를 계산하고 손으로 수많은 점에 대한 선분을 그리는 것은 지루한 일이다. 그러나 컴퓨터는 이런 일에 매우 적합하다. [그림 78]은 컴퓨터로 그린 것인데 [예제 6]의 미분방정식에 대해 방향장을 좀더 자세하게 보여준다. 이는 그림을 정확하게 그릴 수 있도록 해준다. [그림 79]에서는 y절편이 -2, -1, 0, 1, 2인 해곡선을 보여준다.

TEC Module 7.7은 다양한 미분방정식에 대한 방향장과 해곡선을 보여준다.

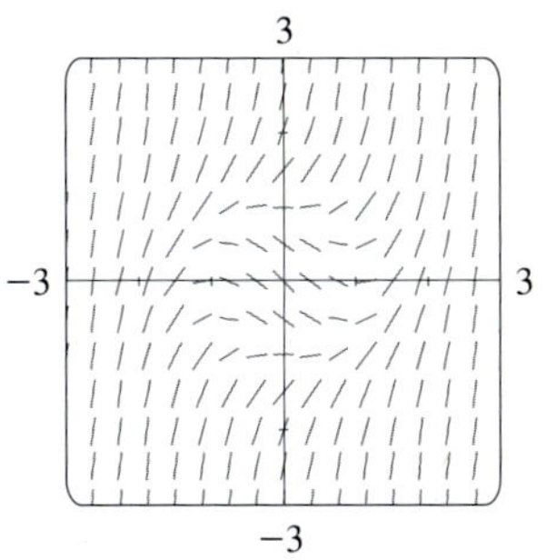

[그림 78]

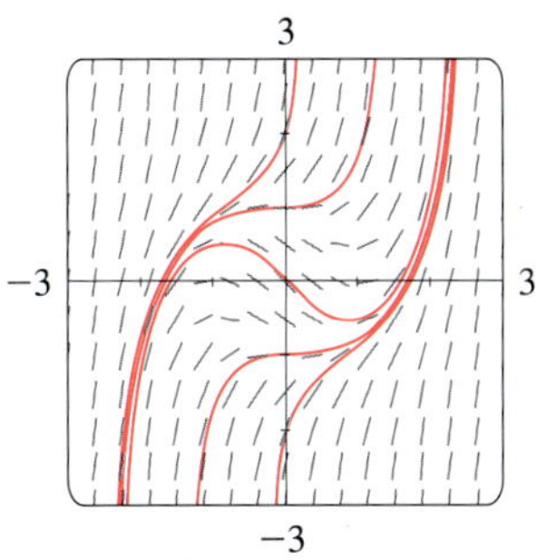

[그림 79]

7.7 연습문제

01~04 미분방정식을 풀어라.

01 $\dfrac{dy}{dx} = \dfrac{y}{x}$

02 $xy^2y' = x+1$

03 $(y+\sin y)y' = x+x^3$

04 $\dfrac{dp}{dt} = t^2p - p + t^2 - 1$

05~07 주어진 초기조건을 만족하는 미분방정식의 해를 구하라.

05 $\dfrac{dy}{dx} = \dfrac{x}{y}$, $y(0) = -3$

06 $\dfrac{du}{dt} = \dfrac{2t+\sec^2 t}{2u}$, $u(0) = -5$

07 $y'\tan x = a+y$, $y(\pi/3) = a$, $0 < x < \pi/2$

08 (x, y)에서 기울기가 xy이고 점 $(0, 1)$을 지나는 곡선의 방정식을 구하라.

09 (a) 미분방정식 $y' = 2x\sqrt{1-y^2}$ 을 풀어라.

(b) 公 초깃값 문제 $y' = 2x\sqrt{1-y^2}$, $y(0) = 0$을 풀고 해의 그래프를 그려라.

(c) 초깃값 문제 $y' = 2x\sqrt{1-y^2}$, $y(0) = 2$가 해를 갖는가? 설명하라.

10 CAS 초깃값 문제 $y' = \dfrac{\sin x}{\sin y}$, $y(0) = \pi/2$를 풀고 (CAS가 음함수 그래프를 그리는 기능이 있다면) 해의 그래프를 그려라.

11~14 주어진 미분방정식에 맞는 방향장(I~IV)을 연결하라. 그리고 그 이유를 설명하라.

11 $y' = 2-y$

12 $y' = x(2-y)$

13 $y' = x+y-1$

14 $y' = \sin x \sin y$

I

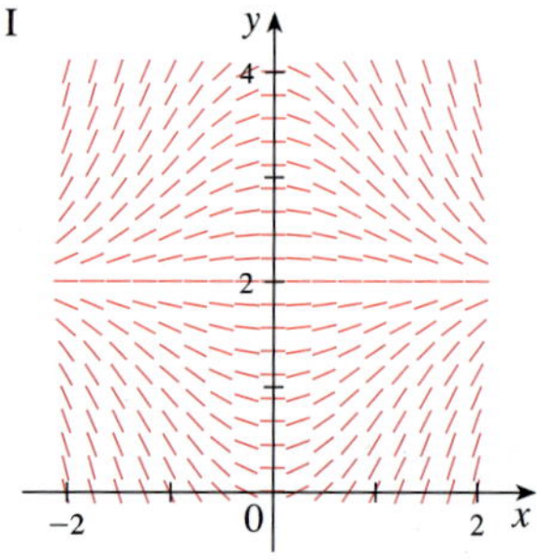

II

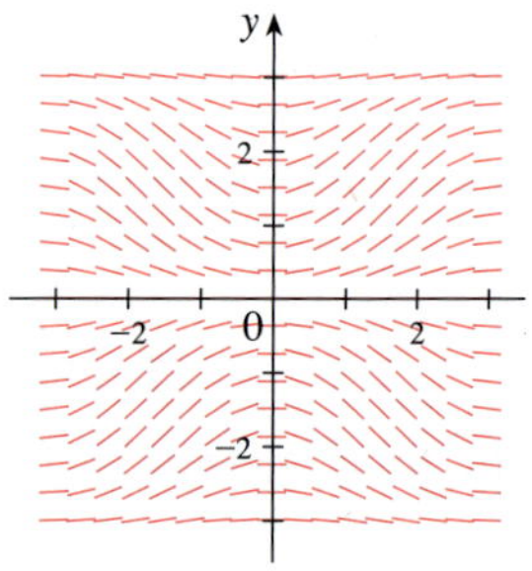

III

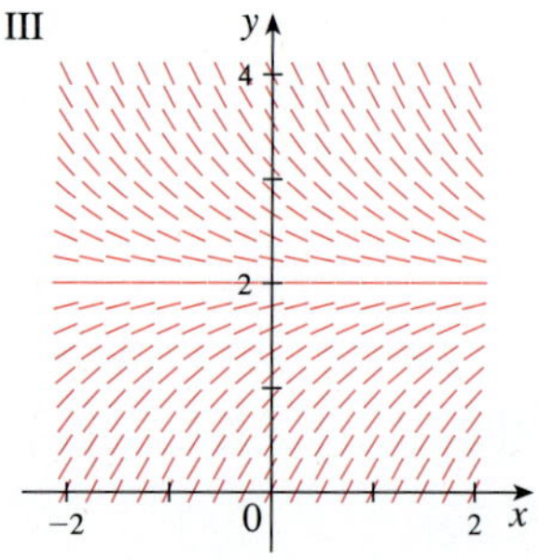

IV

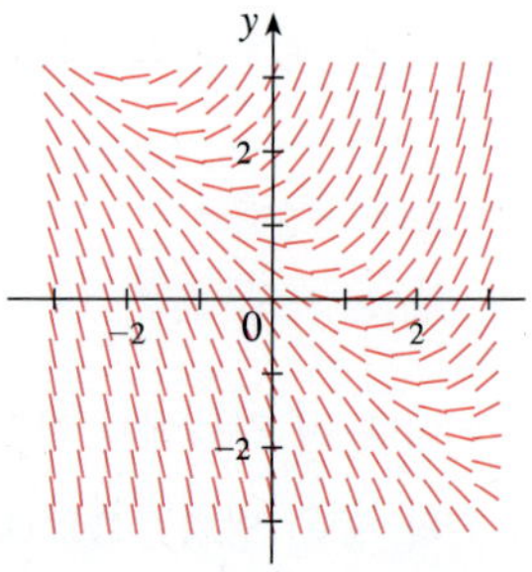

15~16 [연습문제 11~14]에 있는 방향장을 참고하라.

15 방향장 II를 이용하여 주어진 초기조건을 만족하는 해의 그래프를 그려라.

(a) $y(0) = 1$ (b) $y(0) = 2$ (c) $y(0) = -1$

16 방향장 IV를 이용하여 주어진 초기조건을 만족하는 해의 그래프를 그려라.

(a) $y(0) = -1$ (b) $y(0) = 0$ (c) $y(0) = 1$

17 미분방정식 $y' = \frac{1}{2}y$에 대한 방향장을 그려라. 이를 이용하여 해곡선 세 개를 그려라.

18~19 미분방정식에 대한 방향장을 그려라. 이를 이용하여 주어진 점을 지나는 해곡선을 그려라.

18 $y' = y - 2x$, $(1, 0)$

19 $y' = y + xy$, $(0, 1)$

20 학습이론에 관심을 갖는 심리학자들은 **학습 곡선**을 연구한다. 학습 곡선은 함수 $P(t)$의 그래프로 학습에 대한 성취를 훈련시간 t의 함수로 나타낸 것이다. 도함수 dP/dt는 성취가 향상되는 비율을 나타낸다.

(a) M을 학습자가 받아들일 수 있는 최고 수준의 성취라 하면 다음 미분방정식이 왜 학습에 대한 타당한 모형인지 설명하라. 여기서 k는 양의 상수이다.

$$\frac{dP}{dt} = k(M - P)$$

(b) (a)에 있는 미분방정식을 풀어서 $P(t)$에 대한 식을 구하라. 이 식의 극한은 얼마인가?

21 정맥주사를 통해 포도당 용액이 일정한 비율 r로 혈관 속으로 주입된다. 포도당이 더 주입될수록 포도당은 다른 물질로 전환되며 그와 동시에 농도에 비례한 비율로 혈관 밖으로 빠져나온다. 따라서 혈관 안에 있는 포도당 용액의 농도 $C = C(t)$에 대한 모형은 다음과 같다. 여기서 k는 양의 상수이다.

$$\frac{dC}{dt} = r - kC$$

(a) 시각 $t = 0$에서 농도가 C_0라 하자. 미분방정식을 풀어서 임의의 시각 t에서 농도를 결정하라.

(b) $C_0 < \frac{r}{k}$이라 가정할 때 $\lim_{t \to \infty} C(t)$를 구하고, 답을 설명하라.

22 다음 로지스틱 초깃값 문제의 해를 쓰라. 이를 이용하여 개체군의 크기 $P(40)$과 $P(80)$을 구하라. 개체군의 크기가 900이 되는 시각은 언제인가?

$$\frac{dP}{dt} = 0.00008P(1000 - P), \quad P(0) = 100$$

23 소문의 확산에 대한 한 모델은 확산비율이다. 이는 소문을 들은 사람의 수 y와 듣지 못한 사람의 수의 곱에 비례한다는 것이다.

(a) y에 의해 성립하는 미분방정식을 쓰라.

(b) 미분방정식을 풀어라.

(c) 1000명이 사는 작은 마을이 있다. 아침 8시에 80명의 사람들이 소문을 들었고, 정오까지 이 마을의 절반의 사람들이 소문을 들었다. 90%의 주민이 이 소문을 들은 시각은 언제인가?

24 (a) y가 로지스틱 방정식 [7]을 만족할 때 다음이 성립함을 보여라.

$$\frac{d^2y}{dt^2} = k^2 y(M - y)(M - 2y)$$

(b) 환경수용력의 절반에 도달할 때 개체군이 얼마나 빠르게 증가하는지 유추하라.

25 탱크 안에 15kg의 소금이 녹아있는 소금물 1000L가 들어있다. 순수한 물이 10L/min의 비율로 탱크 안으로 들어온다. 용액은 완전히 혼합된 상태를 유지하며 동시에 동일한 비율로 탱크에서 빠져나간다. 주어진 시간 후에 탱크에 남아있는 소금의 양은 얼마인가?

(a) t분 후

(b) 20분 후

26 맥주통에 알코올 4%(부피기준)의 맥주 2000L가 들어있다. 6%인 맥주를 20L/min의 비율로 통에 붓는 동시에 혼합된 맥주가 동일한 비율로 빠져나간다. 한 시간 후의 알코올의 농도는 얼마인가?

27 빗방울이 떨어질 때 빗방울의 크기가 증가하며 시각 t에서 질량은 t의 함수 $m(t)$이다. 질량의 성장률은 어떤 양의 상수 k에 대해 $km(t)$이다. 뉴턴의 운동법칙을 떨어지는 물방울에 적용하면 $(mv)' = gm$을 얻는다. 여기서 v는 빗방울의 (아래쪽으로 향하는) 속도, g는 중력가속도이다. 빗방울의 최종 속도는 $\lim_{t \to \infty} v(t)$이다. g와 k를 이용하여 최종 속도에 대한 식을 구하라.

28 $A(t)$를 시각 t에서 배양조직의 넓이, M을 성장이 완성될 때의 조직의 최종 넓이라 하자. 대부분의 세포분열은 조직 주변에서 발생하고 그 주변의 세포 수는 $\sqrt{A(t)}$에 비례한다. 따라서 조직 성장에 대한 적당한 모형은 넓이의 성장률이 $\sqrt{A(t)}$와 $M - A(t)$에 공동으로 비례한다고 가정함으로써 얻어진다.

(a) 미분방정식을 만들고 이것을 이용하여 $A(t) = \frac{1}{3}M$일 때 조직이 가장 빠르게 성장함을 보여라.

(b) CAS 미분방정식을 풀어서 $A(t)$에 대한 식을 구하라. 컴퓨터 대수체계를 이용하여 적분을 수행하라.

7장 복습문제

개념 확인

01 (a) $a \le x \le b$에서 $f(x) \ge g(x)$일 때, 대표적인 두 곡선 $y = f(x)$와 $y = g(x)$를 그려라. 리만 합에 의해 두 곡선 사이의 넓이를 어떻게 근사시키는지 보인 후 이에 대응하는 근사 직사각형을 그려라. 그 다음 정확한 넓이에 대한 식을 쓰라.

(b) $c \le y \le d$에서 $f(y) \ge g(y)$일 때, 곡선이 방정식 $x = f(y)$와 $x = g(y)$를 갖는다면 상황이 어떻게 변하는지 설명하라.

02 $1500\,\mathrm{m}$ 경주에서 민준이가 성준이보다 빠르게 달린다고 하자. 경주 시작 후 1분 동안의 속도 곡선 사이의 넓이에 대한 물리학적 의미는 무엇인가?

03 (a) S를 단면적을 알고 있는 입체라고 하자. 리만 합에 의해 S의 부피를 근사시키는 방법을 설명하라. 정확한 부피에 대한 식을 쓰라.

(b) S가 회전체이면 단면적을 어떻게 구하는가?

04 (a) 원통껍질의 부피란 무엇인가?

(b) 원통껍질을 이용하여 회전체의 부피를 구하는 방법을 설명하라.

(c) 얇은 원판 대신 원통껍질 방법을 사용하는 이유는 무엇인가?

05 (a) 곡선의 길이는 어떻게 정의되는가?

(b) $a \le x \le b$에서 $y = f(x)$로 주어진 부드러운 곡선의 길이에 대한 식을 쓰라.

(c) x가 y의 함수로 주어지면 어떻게 되는가?

06 (a) 곡선 $y = f(x)$, $a \le x \le b$를 x축에 대해 회전시켜 얻은 곡면의 넓이에 대한 식을 쓰라.

(b) x가 y에 대한 함수로 주어진다면 어떻게 되는가?

(c) 이 곡선을 y축에 대해 회전시킨다면 어떻게 되는가?

07 $x = 0$에서 $x = 6$까지 각 점에서 힘 $f(x)$를 가하여 $6\,\mathrm{m}$ 길이의 책상을 가로질러 책을 밀었다고 하자. $\int_0^6 f(x)\,dx$는 무엇을 나타내는가? $f(x)$의 단위가 뉴턴(N)이면 적분의 단위는 무엇인가?

08 유체 속에 잠긴 수직벽에 작용하는 유체 정역학적 힘을 어떻게 구하는지 설명하라.

09 (a) 얇은 판의 질량중심에 대한 물리학적 의미는 무엇인가?

(b) 얇은 판이 $a \le x \le b$에서 $y = f(x)$와 $y = 0$ 사이에 놓일 때, 질량중심의 좌표에 대한 식을 쓰라.

10 파푸스의 정리란 무엇을 말하는가?

11 (a) 미분방정식은 무엇인가?

(b) 미분방정식의 계수는 무엇인가?

(c) 초기조건은 무엇인가?

12 미분방정식 $y' = F(x, y)$에 대한 방향장이란 무엇인가?

13 변수분리형 미분방정식은 무엇인가? 이것을 어떻게 푸는가?

연습문제

01~02 주어진 곡선으로 둘러싸인 영역의 넓이를 구하라.

01 $y=x^2,\ y=4x-x^2$

02 $y=1-2x^2,\ y=|x|$

03~05 주어진 곡선에 의해 둘러싸인 영역을 지정된 축에 대해 회전시켜 얻은 입체의 부피를 구하라.

03 $y=2x,\ y=x^2$; x축에 대해

04 $x=0,\ x=9-y^2$; $x=-1$에 대해

05 $x^2-y^2=a^2,\ x=a+h$(여기서 $a>0,\ h>0$이다.); y축에 대해

---

06 다음 주어진 곡선으로 둘러싸인 영역을 지정된 축에 대해 회전시켜 얻은 입체의 부피를 구하는 적분을 세워라. 단, 계산하지는 않는다.

$$y=\cos^2 x,\ |x|\le \pi/2,\ y=\frac{1}{4};\ x=\frac{\pi}{2}\text{에 대해}$$

07 $y=x$와 $y=x^2$으로 둘러싸인 영역을 다음 직선에 대해 회전시켜 얻은 입체의 부피를 구하라.

(a) x축　　(b) y축　　(c) $y=2$

08 $\Re$은 곡선 $y=\tan(x^2)$, $x=1$, $y=0$으로 둘러싸인 영역이다. $n=4$인 중점법칙을 이용하여 다음 양을 추정하라.

(a) $\Re$의 넓이

(b) $\Re$을 x축에 대해 회전시켜 얻은 부피

09~10 다음 적분은 입체의 부피를 나타낸다. 입체를 설명하라.

09 $\int_0^{\pi/2} 2\pi x\cos x\,dx$

10 $\int_0^{\pi} \pi(2-\sin x)^2\,dx$

---

11 입체의 밑면은 반지름이 3인 원판이다. 밑면에 수직인 평행한 단면들이 밑면을 따라 빗변을 갖는 직각이등변삼각형일 때, 이 입체의 부피를 구하라.

12 산의 높이가 20m이다. 정상에서 xm 떨어진 거리에서 수평 단면은 변의 길이가 $\frac{1}{4}x$m인 정삼각형이다. 이 산의 부피를 구하라.

13 다음 곡선의 길이를 구하라.

$$y=\frac{1}{6}(x^2+4)^{3/2},\quad 0\le x\le 3$$

14 (a) 다음 곡선의 길이를 구하라.

$$y=\frac{x^4}{16}+\frac{1}{2x^2},\quad 1\le x\le 2$$

(b) (a)에 있는 곡선을 y축에 대해 회전시켜 얻은 곡면의 넓이를 구하라.

15 $n=10$인 심프슨의 공식을 이용하여 사인 곡선 $y=\sin x$, $0\le x\le\pi$의 길이를 추정하라.

16 $n=10$인 심프슨의 공식을 이용하여 [연습문제 15]의 사인 곡선을 x축에 대해 회전시켜 얻은 곡면의 넓이를 추정하라.

17 다음 곡선의 길이를 구하라.

$$y=\int_1^x \sqrt{\sqrt{t}-1}\,dt,\quad 1\le x\le 16$$

18 [연습문제 17]의 곡선을 y축에 대해 회전시켜 얻은 곡면의 넓이를 구하라.

19 원래 길이 12cm인 스프링을 15cm로 늘여서 유지하는 데 30N의 힘이 들어간다. 스프링을 12cm에서 20cm로 늘일 때 필요한 일은 얼마인가?

20 그림과 같이 회전 포물면 모양의 탱크에 물이 가득 차 있다. 즉 탱크는 수직축에 대해 포물선을 회전시켜 얻은 모양이다.

(a) 탱크의 높이가 4ft, 윗면의 반지름이 4ft이면 탱크에서 물을 완전히 퍼내기 위해 필요한 일을 구하라.

(b) 4000 ft-lb의 일이 이루어진 후에 탱크 안에 남아있는 물의 깊이는 얼마인가?

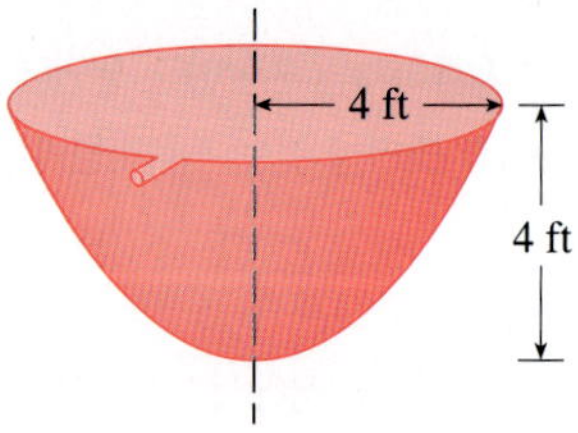

21 아랫변이 $1\mathrm{m}$, 윗변이 $2\mathrm{m}$, 높이가 $1\mathrm{m}$인 사다리꼴 모양의 용수로 문이 있다. 문이 수로에 수직으로 놓여있고, 이 문의 위쪽까지 물이 가득 차 있다. 문의 한쪽 끝에서 유체 정역학적 힘을 구하라.

22 곡선 $y=\frac{1}{2}x,\ y=\sqrt{x}$로 둘러싸인 영역의 무게중심을 구하라.

23 반지름이 1, 중심이 $(1, 0)$인 원을 y축에 대해 회전시켜 얻은 입체의 부피를 구하라.

24 미분방정식 $2ye^{y^2}y'=2x+3\sqrt{x}$를 풀어라.

25 초깃값 문제 $\frac{dr}{dt}+2tr=r,\ r(0)=5$를 풀어라.

26 (a) 미분방정식 $y'=x/y$에 대한 방향장을 그려라. 이것을 이용하여 초기조건 $y(0)=1,\ y(0)=-1,\ y(2)=1,\ y(-2)=1$을 만족하는 네 개의 해를 그려라.

(b) 미분방정식의 해를 구해서 (a)에서 얻은 답을 확인하라. 각 해곡선의 유형은 무엇인가?

8장 급수

SERIES

무한급수는 무한히 많은 항들의 합이다. (이 장의 학습목표 중 하나는 무한 합이 무엇을 의미하는지 정확히 정의하는 것이다). 미적분학에서 급수의 중요성은 함수를 무한급수의 합으로 표현하는 뉴턴의 생각에서 유래한다. 예를 들어 넓이를 구할 때 그는 함수를 먼저 급수로 표현하고 그 다음에 급수의 각 항을 적분하는 방법으로 함수를 적분했다.

8.7절에서는 e^{-x^2}을 적분하기 위해 뉴턴의 사고를 따라가 볼 것이다. (예전에는 할 수 없었던 일이었음을 상기하자). 수리물리학과 화학에서 등장하는 베셀함수 같은 많은 함수들이 급수의 합으로 정의된다. 따라서 무한수열과 무한급수의 수렴에 대한 기본 개념에 익숙해지는 것은 중요하다.

또한 물리학자들은 다른 방법으로 급수를 사용하는 데 이것을 8.8절에서 보게 될 것이다. 광학, 특수 상대성 이론, 전자기학과 같은 다양한 분야의 연구에서 그들은 함수를 나타내는 급수의 처음 몇 개의 항으로 함수를 대치시켜 현상을 분석한다.

8.1 수열

수열sequence은 다음과 같이 뚜렷한 순서로 쓰여진 수의 나열로 생각할 수 있다.

$$a_1,\ a_2,\ a_3,\ a_4,\ \cdots,\ a_n,\ \cdots$$

수 a_1을 첫 번째 항, a_2를 두 번째 항이라 하고, 일반적으로 a_n을 n번째 항이라 한다. 여기서는 오직 무한수열만 다루기 때문에 각 항 a_n 다음에는 a_{n+1}이 뒤따라 나올 것이다.

모든 양의 정수 n에 대해 대응하는 수 a_n이 존재하므로 수열은 양의 정수들의 집합이 정의역이 되는 함수로 정의할 수 있음을 주목하자. 그러나 수 n의 함숫값은 기호 $f(n)$ 대신에 항상 a_n으로 쓴다.

기호 수열 $\{a_1,\ a_2,\ a_3,\ \cdots\}$은 다음과 같이 표현한다.

$$\{a_n\} \quad \text{또는} \quad \{a_n\}_{n=1}^{\infty}$$

예제 1 어떤 수열은 n번째 항에 대한 식을 제시함으로써 정의할 수 있다. 다음 예에서 수열의 세 가지 표현 방법을 보여준다. 하나는 앞에서 보인 기호로, 다른 하나는 정의하는 식을 이용하여, 세 번째는 수열의 항들을 나열하는 방법이다. n이 반드시 1에서 시작할 필요가 없음에 주목한다.

(a) $\left\{\dfrac{n}{n+1}\right\}_{n=1}^{\infty}$ $\qquad a_n=\dfrac{n}{n+1}$ $\qquad \left\{\dfrac{1}{2},\ \dfrac{2}{3},\ \dfrac{3}{4},\ \dfrac{4}{5},\ \cdots,\ \dfrac{n}{n+1},\ \cdots\right\}$

(b) $\left\{\dfrac{(-1)^n(n+1)}{3^n}\right\}_{n=1}^{\infty}$ $\qquad a_n=\dfrac{(-1)^n(n+1)}{3^n}$ $\qquad \left\{-\dfrac{2}{3},\ \dfrac{3}{9},\ -\dfrac{4}{27},\ \dfrac{5}{81},\ \cdots,\ \dfrac{(-1)^n(n+1)}{3^n},\ \cdots\right\}$

(c) $\{\sqrt{n-3}\}_{n=3}^{\infty}$ $\qquad a_n=\sqrt{n-3},\ n\ge 3$ $\qquad \{0,\ 1,\ \sqrt{2},\ \sqrt{3},\ \cdots,\ \sqrt{n-3},\ \cdots\}$

(d) $\left\{\cos\dfrac{n\pi}{6}\right\}_{n=0}^{\infty}$ $\qquad a_n=\cos\dfrac{n\pi}{6},\ n\ge 0$ $\qquad \left\{1,\ \dfrac{\sqrt{3}}{2},\ \dfrac{1}{2},\ 0,\ \cdots,\ \cos\dfrac{n\pi}{6},\ \cdots\right\}$

예제 2 연속적인 처음 몇 항에 대한 규칙을 가정하고 다음 수열의 일반항 a_n에 대한 식을 구하라.

$$\left\{\frac{3}{5},\ -\frac{4}{25},\ \frac{5}{125},\ -\frac{6}{625},\ \frac{7}{3125},\ \cdots\right\}$$

풀이

다음을 얻는다.

$$a_1 = \frac{3}{5}, \quad a_2 = -\frac{4}{25}, \quad a_3 = \frac{5}{125}, \quad a_4 = -\frac{6}{625}, \quad a_5 = \frac{7}{3125}$$

이러한 분수들의 분자는 3에서 시작하여 다음 항으로 갈 때마다 1씩 증가한다. 두 번째 항의 분자는 4, 세 번째 항의 분자는 5, 일반적으로 n번째 항의 분자는 $n+2$이다. 분모들은 5의 거듭제곱이므로 a_n의 분모는 5^n이다. 항들의 부호는 양과 음이 교대로 나타난다. 따라서 -1의 거듭제곱을 곱할 필요가 있다. [예제 1(b)]에서 인수 $(-1)^n$은 음의 항으로 시작함을 뜻한다. 여기서는 양의 항으로 시작해야 하므로 $(-1)^{n-1}$ 또는 $(-1)^{n+1}$을 곱해야 한다. 따라서 구하고자 하는 수열은 다음과 같다.

$$a_n = (-1)^{n-1} \frac{n+2}{5^n}$$

예제 3 **다음은 간단하게 정의할 수 없는 몇 가지 수열이다.**

(a) p_n이 n차 년도 1월 1일의 세계 인구일 때 수열 $\{p_n\}$

(b) a_n이 수 e의 소수점 아래 n번째 자릿수일 때 $\{a_n\}$은 처음 몇 개의 항이 다음과 같이 정의된 수열이다.

$$\{7, 1, 8, 2, 8, 1, 8, 2, 8, 4, 5, \cdots\}$$

(c) 피보나치 수열Fibonacci sequence $\{f_n\}$이 다음 조건에 의해 점화식으로 정의된다.

$$f_1 = 1, \quad f_2 = 1, \quad f_n = f_{n-1} + f_{n-2}, \quad n \geq 3$$

각 항은 앞의 두 항을 합한 것이고 처음 몇 개의 항을 나열하면 다음과 같다.

$$\{1, 1, 2, 3, 5, 8, 13, 21, \cdots\}$$

이 수열은 13세기 이탈리아 수학자 피보나치가 토끼의 번식에 관한 문제를 푸는 과정에서 발견한 것이다([연습문제 25] 참조).

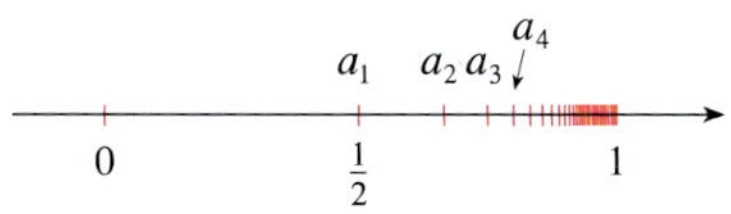

[그림 1]

[예제 1(a)]에 있는 수열 $a_n = n/(n+1)$은 [그림 1]과 같이 수직선 위에 각 항을 표시하거나 [그림 2]와 같이 그래프로 그려서 표시할 수 있다. 수열은 정의역이 양의 정수들의 집합인 함수이므로 그래프는 다음과 같은 좌표를 갖는 고립점들로 구성된다.

$$(1, a_1), (2, a_2), (3, a_3), \cdots, (n, a_n), \cdots$$

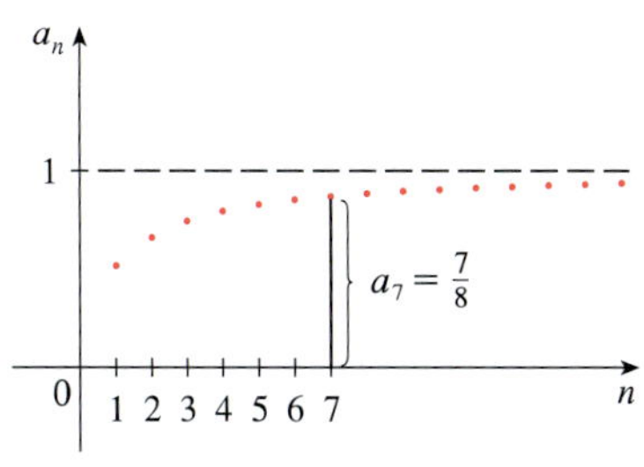

[그림 2]

[그림 1] 또는 [그림 2]로부터 수열 $a_n = n/(n+1)$의 각 항은 n이 커질 때 1에 접근한다. 사실상 충분히 큰 n을 택할수록 다음 차를 가능한 작게 만들 수 있다.

$$1 - \frac{n}{n+1} = \frac{1}{n+1}$$

이것은 다음과 같이 나타낼 수 있음을 의미한다.

$$\lim_{n \to \infty} \frac{n}{n+1} = 1$$

일반적으로 다음 표현은 n이 커질수록 수열 $\{a_n\}$의 항들이 L에 접근한다는 의미이다.

$$\lim_{n \to \infty} a_n = L$$

수열의 극한에 대한 다음 정의는 1.6절에서 주어진 무한대에서 함수의 극한에 대한 정의와 매우 유사하다.

1 정의

충분히 큰 n을 택해 항 a_n을 L에 가깝게 만들 수 있다면 수열 $\{a_n\}$은 **극한**limit L을 갖는다고 하며 다음과 같이 나타낸다.

$$\lim_{n \to \infty} a_n = L \quad \text{또는} \quad n \to \infty \text{일 때 } a_n \to L$$

$\lim_{n \to \infty} a_n$이 존재하면 수열은 **수렴한다**converge고 하고, 그렇지 않으면 **발산한다**diverge고 한다.

[그림 3]은 극한이 L인 두 수열의 그래프를 보임으로써 정의 1을 설명한다.

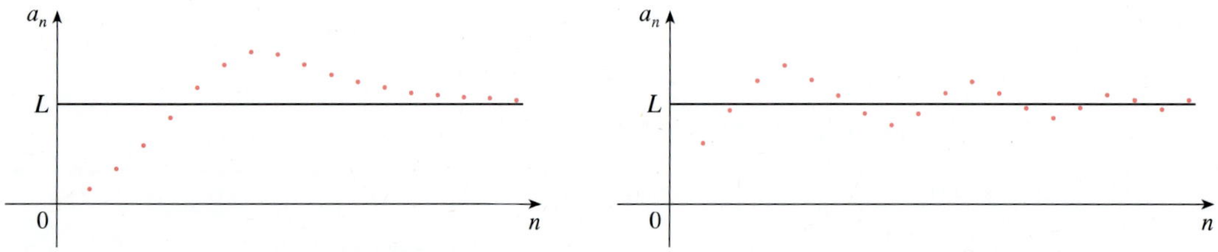

[그림 3] $\lim_{n \to \infty} a_n = L$인 두 수열의 그래프

정의 1에 대한 좀 더 엄밀한 정의는 다음과 같다.

2 정의

임의의 $\varepsilon > 0$에 대해 다음을 만족하는 정수 N이 존재한다면

$$n > N \text{일 때 } |a_n - L| < \varepsilon$$

수열 $\{a_n\}$은 **극한**limit L을 갖는다고 하며 다음과 같이 나타낸다.

$$\lim_{n\to\infty} a_n = L \quad \text{또는} \quad n\to\infty \text{일 때 } a_n \to L$$

이 정의를 1.6절의 정의 7과 비교하라.

정의 2는 [그림 4]와 같이 나타낼 수 있는데 항들 $a_1,\ a_2,\ a_3,\ \cdots$을 수직선 위의 점으로 나타낸다. 구간 $(L-\varepsilon,\ L+\varepsilon)$를 얼마나 작게 선택하든지 관계없이 a_{N+1} 이후부터 수열의 모든 항들이 이 구간 안에 놓이도록 하는 N이 존재함을 의미한다.

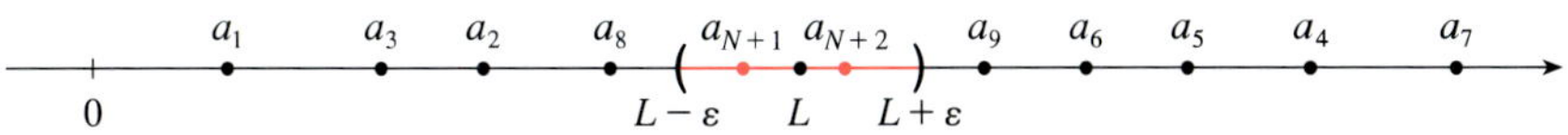

[그림 4]

정의 2는 [그림 5]와 같이 달리 표현할 수도 있다. 이는 $n>N$이면 $\{a_n\}$의 그래프 위의 점은 두 수평선 $y=L+\varepsilon$과 $y=L-\varepsilon$ 사이에 놓여야 함을 의미한다. 이 그림은 ε을 아무리 작게 택하더라도 성립해야 하며 일반적으로 ε이 작아질수록 N은 커진다.

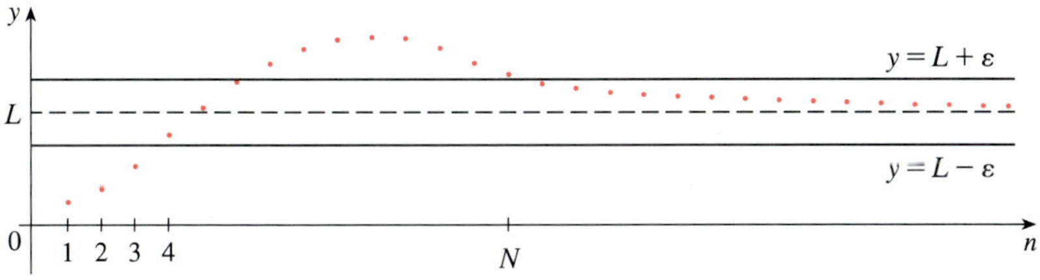

[그림 5]

$a_n = f(n)$일 때 정의 2를 1.6절의 정의 7과 비교해보면 $\lim_{n\to\infty} a_n = L$과 $\lim_{x\to\infty} f(x) = L$ 사이의 유일한 차이는 실수 x가 정수 n으로 바뀐 것이다. 따라서 [그림 6]에 나타낸 것처럼 다음 정리를 얻는다.

3 정리

$\lim_{x\to\infty} f(x) = L$이고, n이 정수일 때 $f(n) = a_n$이면 $\lim_{n\to\infty} a_n = L$이다.

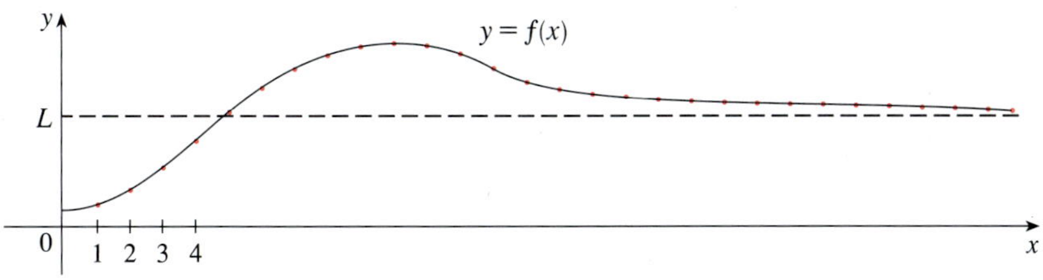

[그림 6]

특히 $r>0$일 때 $\lim_{x\to\infty}(1/x^r) = 0$이므로 다음을 얻는다.

4 $$\lim_{n\to\infty}\frac{1}{n^r}=0, \quad r>0$$

n이 커질 때 a_n이 커진다면 기호 $\lim_{n\to\infty} a_n=\infty$를 사용해서 나타낸다. 다음에 제시한 엄밀한 정의는 1.6절의 정의 8과 유사하다.

5 정의

$\lim_{n\to\infty} a_n=\infty$는 모든 양수 M에 대해 다음을 만족하는 양수 N이 존재함을 의미한다.

$$n>N\text{이면 } a_n>M\text{이다.}$$

만일 $\lim_{n\to\infty} a_n=\infty$이면 특별한 경우를 제외하고 수열 $\{a_n\}$은 발산한다. 즉 '수열 $\{a_n\}$은 ∞로 발산한다'고 한다.

1.4절에 주어진 극한 정리는 수열의 극한에 대해서도 성립하며 증명하는 과정도 유사하다.

수열에 대한 극한 법칙

$\{a_n\}$과 $\{b_n\}$이 수렴하는 수열이고 c가 상수이면 다음이 성립한다.

$$\lim_{n\to\infty}(a_n+b_n)=\lim_{n\to\infty}a_n+\lim_{n\to\infty}b_n$$

$$\lim_{n\to\infty}(a_n-b_n)=\lim_{n\to\infty}a_n-\lim_{n\to\infty}b_n$$

$$\lim_{n\to\infty}ca_n=c\lim_{n\to\infty}a_n \qquad \lim_{n\to\infty}c=c$$

$$\lim_{n\to\infty}(a_nb_n)=\lim_{n\to\infty}a_n\cdot\lim_{n\to\infty}b_n$$

$$\lim_{n\to\infty}\frac{a_n}{b_n}=\frac{\lim_{n\to\infty}a_n}{\lim_{n\to\infty}b_n}, \quad \lim_{n\to\infty}b_n\neq 0$$

$$\lim_{n\to\infty}a_n^p=\left[\lim_{n\to\infty}a_n\right]^p, \quad p>0,\ a_n>0$$

압축정리 또한 다음의 수열에 적용할 수 있다([그림 7] 참조).

수열에 대한 압축정리

$n\geq n_0$에 대해 $a_n\leq b_n\leq c_n$이고, $\lim_{n\to\infty}a_n=\lim_{n\to\infty}c_n=L$이면 $\lim_{n\to\infty}b_n=L$이다.

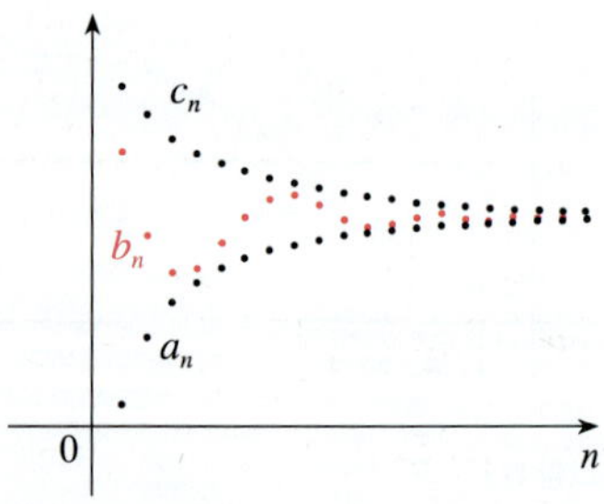

[그림 7] 수열 $\{b_n\}$은 수열 $\{a_n\}$과 $\{c_n\}$ 사이에서 압축된다.

다음 정리는 수열의 극한에 대한 또 다른 유용한 사실이며 증명은 [연습문제 27]로 남긴다.

6 정리 $\lim_{n\to\infty}|a_n| = 0$이면 $\lim_{n\to\infty} a_n = 0$이다.

예제 4 $\lim_{n\to\infty}\dfrac{n}{n+1}$을 구하라.

풀이

구하는 방법은 1.6절에서 사용한 방법과 유사하다. 분모에 나타나는 n의 최고차항으로 분자와 분모를 나누고 극한 정리를 이용한다.

$$\lim_{n\to\infty}\frac{n}{n+1} = \lim_{n\to\infty}\frac{1}{1+\dfrac{1}{n}} = \frac{\lim_{n\to\infty}1}{\lim_{n\to\infty}1+\lim_{n\to\infty}\dfrac{1}{n}}$$

$$= \frac{1}{1+0} = 1$$

이는 [그림 1]과 [그림 2]에서 보인 추측이 정확했음을 의미한다.

여기서 $r=1$인 식 4를 이용했다.

예제 5 $\lim_{n\to\infty}\dfrac{\ln n}{n}$을 계산하라.

■ www.stewartcalculus.com (Additional Example A를 보라.)

풀이

$n\to\infty$일 때 분자와 분모가 모두 무한대로 발산함에 주목한다. 로피탈 법칙은 실변수 함수에만 적용할 수 있기 때문에 직접 적용할 수 없다. 그러나 관련된 함수 $f(x) = (\ln x)/x$에 로피탈 법칙을 적용할 수 있으며 다음을 얻는다.

$$\lim_{x\to\infty}\frac{\ln x}{x} = \lim_{x\to\infty}\frac{1/x}{1} = 0$$

따라서 정리 3에 의해 다음을 얻는다.

$$\lim_{n\to\infty}\frac{\ln n}{n} = 0$$

예제 6 수열 $a_n = (-1)^n$이 수렴하는지 아니면 발산하는지 결정하라.

풀이

수열의 항들을 나열하면 다음을 얻는다.

$$\{-1, 1, -1, 1, -1, 1, -1, \cdots\}$$

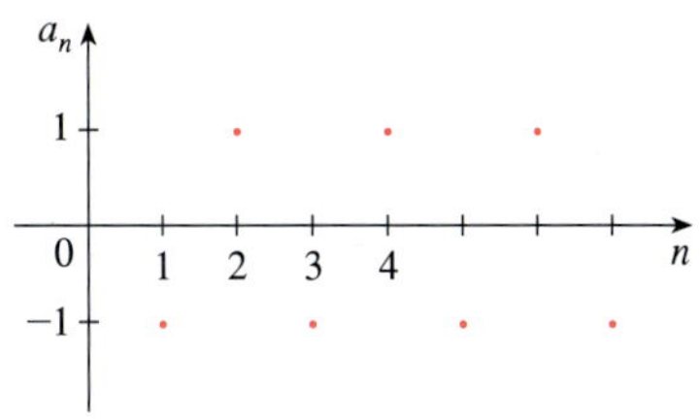

[그림 8]

이 수열의 그래프는 [그림 8]과 같다. 항들이 1과 -1 사이에서 무한히 많이 진동하기 때문에 a_n은 임의의 수에 접근하지 않는다. 따라서 $\lim_{n\to\infty}(-1)^n$은 존재하지 않으므로 $\{(-1)^n\}$는 발산한다.

예제 7 $\lim_{n\to\infty}\frac{(-1)^n}{n}$이 존재한다면 그 극한을 계산하라.

풀이

$$\lim_{n\to\infty}\left|\frac{(-1)^n}{n}\right| = \lim_{n\to\infty}\frac{1}{n} = 0$$

그러므로 정리 6에 의해 다음을 얻는다.

$$\lim_{n\to\infty}\frac{(-1)^n}{n} = 0$$

[예제 7]의 수열에 대한 그래프는 [그림 9]와 같고 이는 [예제 7]의 답을 뒷받침한다.

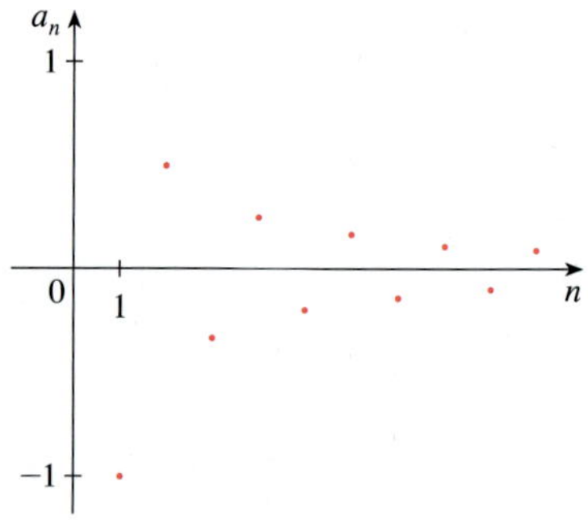

[그림 9]

다음 정리는 연속함수를 수렴하는 수열의 항들에 적용하면 그 결과도 수렴한다는 것을 의미한다. 증명은 [연습문제 28]로 남긴다.

> **연속성과 수렴정리**
>
> $\lim_{n\to\infty}a_n = L$이고 함수 f가 L에서 연속이면 다음이 성립한다.
>
> $$\lim_{n\to\infty}f(a_n) = f(L)$$

예제 8 $\lim_{n\to\infty}\sin(\pi/n)$를 구하라.

풀이

사인함수는 0에서 연속이므로 연속성과 수렴정리에 의해 다음을 얻을 수 있다.

$$\lim_{n\to\infty}\sin(\pi/n) = \sin\left(\lim_{n\to\infty}(\pi/n)\right) = \sin 0 = 0$$

예제 9 수열 $a_n = n!/n^n$의 수렴성을 논의하라. 여기서 $n! = 1\cdot 2\cdot 3\cdot \cdots \cdot n$이다.

풀이

$n\to\infty$임에 따라 분자와 분모가 모두 무한대로 접근한다. 그러나 x가 정수가 아니면 $x!$이 정의되지 않으므로 로피탈 법칙을 사용할 수 있는 함수가 없다. n이 커질 때 a_n이 어떻게 되는지 살펴보기 위해 다음과 같이 몇 개의 항을 나열해 보자.

$$a_1 = 1,\quad a_2 = \frac{1\cdot 2}{2\cdot 2},\quad a_3 = \frac{1\cdot 2\cdot 3}{3\cdot 3\cdot 3}$$

7 $$a_n = \frac{1 \cdot 2 \cdot 3 \cdot \cdots \cdot n}{n \cdot n \cdot n \cdot \cdots \cdot n}$$

이 표현과 [그림 10]의 그래프로부터 각 항들이 감소하면서 0에 접근함을 알 수 있다. 이를 확인하기 위해 식 7로부터 다음 식을 살펴보자.

$$a_n = \frac{1}{n}\left(\frac{2 \cdot 3 \cdot \cdots \cdot n}{n \cdot n \cdot \cdots \cdot n}\right)$$

분자가 분모보다 작거나 같으므로 괄호 안의 식은 기껏해야 1이다. 따라서 다음을 얻는다.

$$0 < a_n \le \frac{1}{n}$$

$n \to \infty$일 때 $\frac{1}{n} \to 0$임을 알고 있으므로 압축정리에 의해 $n \to \infty$일 때 $a_n \to 0$이 된다.

수열의 그래프 그리기

어떤 컴퓨터 대수체계는 수열을 만들어 낼뿐만 아니라 직접 수열의 그래프를 그릴 수 있는 특별한 명령어를 갖추고 있다. 대부분의 그래픽 계산기는 매개변수방정식을 이용하여 수열의 그래프를 그릴 수 있다. 예를 들어 [예제 9]의 수열은 다음과 같은 매개변수방정식을 입력하여 그래프로 그릴 수 있다.

$$x = t, \quad y = t!/t^t$$

그리고 t의 간격을 1로 설정하여 $t = 1$로 시작하는 점 형식의 그래프를 그릴 수 있다. 그 결과는 [그림 10]과 같다.

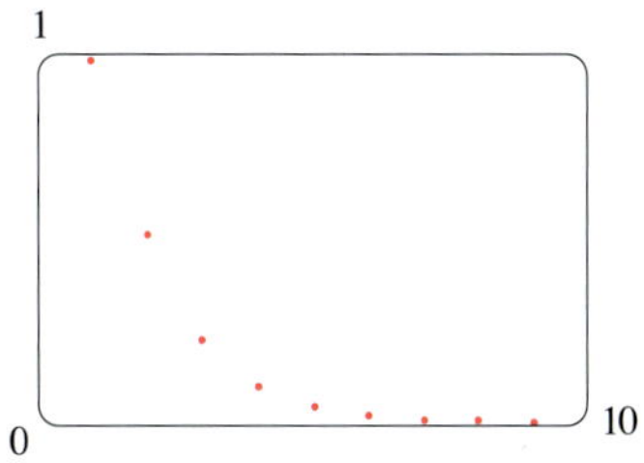

[그림 10]

예제 10 **수열 $\{r^n\}$은 어떤 r에 대해 수렴하는가?**

풀이

1.6절과 5.4절의 지수함수의 그래프로부터 $a > 1$이면 $\lim_{x \to \infty} a^x = \infty$이고, $0 < a < 1$이면 $\lim_{x \to \infty} a^x = 0$임을 알고 있다. 그러므로 $a = r$이라 놓고 정리 3을 이용하면 다음을 얻는다.

$$\lim_{n \to \infty} r^n = \begin{cases} \infty, & r > 1 \\ 0, & 0 < r < 1 \end{cases}$$

$r = 1$과 $r = 0$인 경우에 대해 다음을 얻는다.

$$\lim_{n \to \infty} 1^n = \lim_{n \to \infty} 1 = 1, \quad \lim_{n \to \infty} 0^n = \lim_{n \to \infty} 0 = 0$$

$-1 < r < 0$이면 $0 < |r| < 1$이므로 다음이 성립한다.

$$\lim_{n \to \infty} |r^n| = \lim_{n \to \infty} |r|^n = 0$$

따라서 정리 6에 의해 $\lim_{n \to \infty} r^n = 0$이다. 만일 $r \le -1$이면 $\{r^n\}$은 [예제 6]에서와 같이 발산한다. [그림 11]은 여러 가지 r 값에 대한 그래프를 보여준다. ($r = -1$인 경우는 [그림 8]과 같다.)

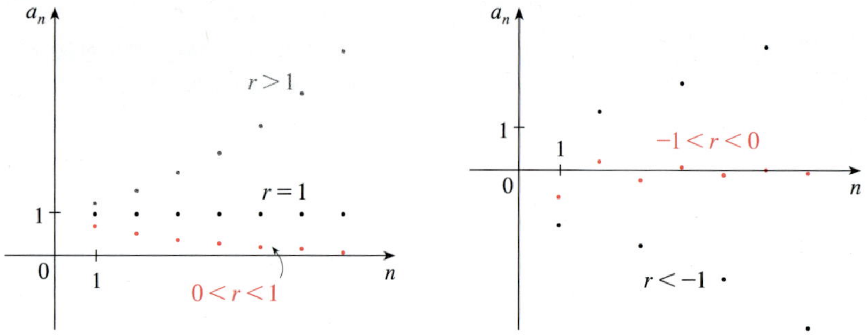

[그림 11] 수열 $a_n = r^n$

앞으로 [예제 10]의 결과를 사용하기 위해 요약하면 다음과 같다.

8 수열 $\{r^n\}$은 $-1 < r \le 1$이면 다음과 같이 수렴하고 그 이외의 r에 대해서는 발산한다.

$$\lim_{n\to\infty} r^n = \begin{cases} 0, & -1 < r < 1 \\ 1, & r = 1 \end{cases}$$

9 정의

모든 $n \ge 1$에 대해 $a_n < a_{n+1}$, 즉 $a_1 < a_2 < a_3 < \cdots$일 때 수열 $\{a_n\}$은 **증가한다**increasing고 하고, 모든 $n \ge 1$에 대해 $a_n > a_{n+1}$이면 수열 $\{a_n\}$은 **감소한다**decreasing고 한다. 증가하거나 감소하는 수열을 **단조수열**monotonic sequence이라 한다.

예제 11 수열 $\left\{\dfrac{3}{n+5}\right\}$은 감소한다.

왜냐하면

$$\frac{3}{n+5} > \frac{3}{(n+1)+5} = \frac{3}{n+6}$$

우변의 분모가 더 크므로 우변이 더 작다.

이므로 모든 $n \ge 1$에 대해 $a_n > a_{n+1}$이기 때문이다.

예제 12 수열 $a_n = \dfrac{n}{n^2+1}$이 감소수열임을 보여라.

풀이

$a_{n+1} < a_n$, 즉 다음이 성립함을 보여야 한다.

$$\frac{n+1}{(n+1)^2+1} < \frac{n}{n^2+1}$$

[예제 12]를 푸는 또 다른 방법은 다음 함수 $f(x)$가 $x>1$에서 $f'(x)<0$이므로 감소하고 있음을 보이는 것이다.

$$f(x) = \frac{x}{x^2+1}, \quad x \ge 1$$

이 부등식은 다음과 같이 분모와 분자를 엇갈려 곱해서 얻은 부등식과 동치이다.

$$\frac{n+1}{(n+1)^2+1} < \frac{n}{n^2+1} \quad \Leftrightarrow \quad (n+1)(n^2+1) < n[(n+1)^2+1]$$

$$\Leftrightarrow \quad n^3+n^2+n+1 < n^3+2n^2+2n$$

$$\Leftrightarrow \quad 1 < n^2+n$$

$n \geq 1$이므로 부등식 $n^2+n > 1$은 참이다. 따라서 $a_{n+1} < a_n$이므로 $\{a_n\}$은 감소한다.

---

10 정의

모든 $n \geq 1$에 대해 $a_n \leq M$을 만족하는 수 M이 존재하면 수열 $\{a_n\}$은 **위로 유계**bounded above라 한다.

모든 $n \geq 1$에 대해 $m \leq a_n$을 만족하는 수 m이 존재하면 수열 $\{a_n\}$은 **아래로 유계**bounded below라 한다.

위로 유계이고 동시에 아래로 유계인 수열 $\{a_n\}$을 **유계수열**bounded sequence이라 한다.

예를 들어 수열 $a_n = n$은 아래로 유계지만($a_n > 0$) 위로 유계는 아니다. 수열 $a_n = n/(n+1)$은 모든 n에 대해 $0 < a_n < 1$이므로 유계이다.

모든 유계수열이 수렴하는 것은 아니라는 사실을 알고 있다. [예를 들어 수열 $a_n = (-1)^n$은 $-1 \leq a_n \leq 1$을 만족하지만 [예제 6]에서 이 수열은 발산하는 것을 알고 있다.] 또한 단조수열이 반드시 수렴하는 것은 아니다($a_n = n \to \infty$). 그러나 유계이고 단조로운 수열은 반드시 수렴한다. 이 사실은 정리 11과 같이 증명되지만 [그림 12]를 보면 이것이 참인 것을 직관적으로 이해할 수 있다. $\{a_n\}$이 증가하고 모든 n에 대해 $a_n \leq M$이면 항들은 무리지어 모이게 되므로 어떤 수 L에 접근한다.

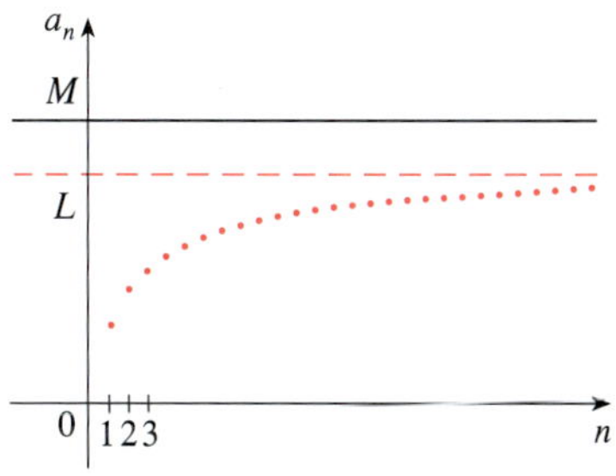

[그림 12]

정리 11의 증명은 실수들의 집합 $\mathbb{R}$에 대한 **완비성 공리**Completeness Axiom에 기초한다. 완비성 공리는 공집합이 아닌 실수들의 집합 S가 상계 M(S에 속하는 모든 x에 대해 $x \leq M$)을 갖는다면, S는 **최소상계**least upper bound b(이것은 b가 S에 대한 상계이고, 만약 M이 S에 대한 또 다른 상계라 하면 $b \leq M$임을 의미함)를 갖는다는 실수의 성질이다. 완비성 공리는 실직선에 틈이나 구멍이 없다는 사실을 나타낸다.

---

11 단조수열 정리 모든 유계한 단조수열은 수렴한다.

증명

수열 $\{a_n\}$을 증가수열이라 하자. $\{a_n\}$이 유계하므로 집합 $S = \{a_n | n \geq 1\}$은 상계를 갖는다. 완비성 공리에 의해 S는 최소 상계 L을 갖는다. L이 최소 상계이므로 임의의 주어진 $\varepsilon > 0$에 대해 $L - \varepsilon$은 S의 상계가 아니다. 그러므로 다음을 만족하는 정수 N이 존재한다.

$$a_N > L - \varepsilon$$

그러나 수열이 증가하므로 $n > N$을 만족하는 모든 n에 대해 $a_n \geq a_N$이다. 따라서 $n > N$이면 다음을 얻는다.

$$a_n > L - \varepsilon$$

또한 $a_n \leq L$이므로 다음이 성립한다.

$$0 \leq L - a_n < \varepsilon$$

그러므로 $n > N$이면 다음을 얻는다.

$$|L - a_n| < \varepsilon$$

따라서 $\lim_{n\to\infty} a_n = L$이다. 수열 $\{a_n\}$이 감소수열이면 (최대 하계를 이용해서) 비슷하게 증명할 수 있다. ∎

■ www.stewartcalculus.com (Additional Example B를 보라.)

정리 [11]의 증명은 위로 유계인 증가수열이 수렴함을 보여준다. (마찬가지로 아래로 유계인 감소수열도 수렴한다.) 이 사실은 8.2절과 8.3절에서 무한급수를 다룰 때 여러 번 사용된다.

정리 [11]이 어떤 경우에 또 다르게 이용되는지 [연습문제 22~24]에서 설명한다.

8.1 연습문제

01 (a) 수열이란 무엇인가?

(b) $\lim_{n\to\infty} a_n = 8$은 무엇을 의미하는가?

(c) $\lim_{n\to\infty} a_n = \infty$는 무엇을 의미하는가?

02 다음과 같이 정의되는 수열의 처음 여섯 개 항을 나열하라. 이 수열은 극한을 갖는가? 만일 그렇다면 극한을 구하라.

$$a_n = \frac{n}{2n+1}$$

03~04 처음 몇 개의 항에 대한 규칙이 유지된다고 가정하여 수열의 일반항 a_n에 대한 식을 구하라.

03 $\left\{-3,\ 2,\ -\frac{4}{3},\ \frac{8}{9},\ -\frac{16}{27},\ \cdots\right\}$

04 $\left\{\frac{1}{2},\ -\frac{4}{3},\ \frac{9}{4},\ -\frac{16}{5},\ \frac{25}{6},\ \cdots\right\}$

05~16 다음 수열이 수렴하는지 아니면 발산하는지 결정하라. 만일 수렴한다면 극한을 구하라.

05 $a_n = 1 - (0.2)^n$

06 $a_n = \dfrac{3+5n^2}{n+n^2}$

07 $a_n = \tan\left(\dfrac{2n\pi}{1+8n}\right)$

08 $a_n = \dfrac{n^2}{\sqrt{n^3+4n}}$

09 $a_n = \dfrac{(-1)^n}{2\sqrt{n}}$

10 $a_n = \cos(n/2)$

11 $\left\{\dfrac{(2n-1)!}{(2n+1)!}\right\}$

12 $\{n^2 e^{-n}\}$

13 $a_n = \dfrac{\cos^2 n}{2^n}$

14 $a_n = \left(1+\dfrac{2}{n}\right)^n$

15 $\{0,\ 1,\ 0,\ 0,\ 1,\ 0,\ 0,\ 0,\ 1,\ \cdots\}$

16 $a_n = \ln(2n^2+1) - \ln(n^2+1)$

---

17 1000달러를 연이율 6%인 복리로 투자하면 n년 후의 투자금은 $a_n = 1000(1.06)^n$달러의 가치가 있다.

(a) 수열 $\{a_n\}$의 처음 다섯 개 항을 나열하라.

(b) 이 수열이 수렴하는지 아니면 발산하는지 설명하라.

18 $\{a_n\}$은 감소수열이고 모든 항이 5와 8 사이에 놓인다고 가정하자. 이 수열이 극한을 갖는 이유를 설명하라. 극한값에 대해 어떻게 말할 수 있는가?

19~20 다음 수열이 증가, 감소하는지 또한 단조수열인지 아닌지 결정하라. 각 수열은 유계한가?

19 $a_n = \dfrac{1}{2n+3}$

20 $a_n = n(-1)^n$

---

21 수열 $\left\{\sqrt{2},\ \sqrt{2\sqrt{2}},\ \sqrt{2\sqrt{2\sqrt{2}}},\ \cdots\right\}$의 극한을 구하라.

22 수열 $\{a_n\}$은 $a_1 = \sqrt{2}$, $a_{n+1} = \sqrt{2+a_n}$으로 주어진다.

(a) 수학적 귀납법 또는 다른 방법으로 $\{a_n\}$이 증가하고 3에 의해 위로 유계임을 보여라. 단조수열 정리를 적용하여 $\lim_{n\to\infty} a_n$이 존재함을 보여라.

(b) $\lim_{n\to\infty} a_n$을 구하라.

23 수학적 귀납법을 이용하여 $a_1 = 1$, $a_{n+1} = 3 - \dfrac{1}{a_n}$으로 정의되는 수열 $\{a_n\}$이 증가하고 모든 n에 대해 $a_n < 3$임을 보여라. $\{a_n\}$이 수렴하는 것을 추론하고 극한을 구하라.

24 다음과 같이 정의되는 수열이 $0 < a_n \le 2$를 만족하며 감소수열임을 보여라.

$$a_1 = 2, \quad a_{n+1} = \frac{1}{3-a_n}$$

이 수열이 수렴하는 것을 추론하고 극한을 구하라.

25 (a) 피보나치는 다음과 같은 문제를 제시했다. 토끼가 죽지 않고 매달 각각의 암수 한 쌍이 암수 한 쌍씩 새끼를 낳으며, 이들은 2개월 후부터 새끼를 낳는다고 하자. 갓 태어난 암수 한 쌍으로 시작한다면 n달 후에는 토끼가 몇 쌍 있겠는가? 답이 f_n임을 보여라. 여기서 $\{f_n\}$은 [예제 3(c)]에서 정의한 피보나치 수열이다.

(b) $a_n = \dfrac{f_{n+1}}{f_n}$이라 할 때, $a_{n-1} = 1 + \dfrac{1}{a_{n-2}}$임을 보여라. $\{a_n\}$이 수렴한다고 가정하고 극한을 구하라.

26 [$r = 0.8$인 식 8로부터] $\lim_{n\to\infty}(0.8)^n = 0$임을 알고 있다. 로그를 이용하여 $(0.8)^n < 0.000001$이 되기 위해 n이 얼마나 커야 하는지 결정하라.

27 정리 6을 증명하라. [힌트: 정의 2 또는 압축정리를 이용하라.]

28 연속성과 수렴정리를 증명하라.

29 $\lim_{n\to\infty} a_n = 0$이고 $\{b_n\}$이 유계하다면 $\lim_{n\to\infty}(a_n b_n) = 0$임을 증명하라.

30 (a) $\lim_{n\to\infty} a_{2n} = L$이고 $\lim_{n\to\infty} a_{2n+1} = L$이면 $\{a_n\}$이 수렴하고 $\lim_{n\to\infty} a_n = L$임을 증명하라.

(b) $a_1 = 1$일 때 다음과 같은 수열 $\{a_n\}$의 처음 8개 항을 구하라.

$$a_{n+1} = 1 + \frac{1}{1+a_n}$$

그리고 (a)를 이용하여 $\lim_{n\to\infty} a_n = \sqrt{2}$임을 보여라. 이것은 다음과 같은 **연분수**continued fraction expansion이다.

$$\sqrt{2} = 1 + \cfrac{1}{2 + \cfrac{1}{2+\cdots}}$$

31 자연 상태에서 물고기의 개체수는 다음 식으로 모형화된다.

$$p_{n+1} = \frac{bp_n}{a+p_n}$$

여기서 p_n은 n년 후 물고기의 개체수, a와 b는 양의 상수이며 이는 물고기의 종과 환경에 따라 변한다. 0년에 개체수가 $p_0 > 0$이라고 가정하자.

(a) $\{p_n\}$이 수렴한다면 극한으로 가능한 값은 0과 $b-a$뿐임을 보여라.

(b) $p_{n+1} < \dfrac{b}{a} p_n$을 보여라.

(c) (b)를 이용해서 $a>b$일 때 $\lim_{n\to\infty} p_n = 0$임을 보여라. 즉 개체가 사라짐을 의미한다.

(d) 이제 $a<b$라 가정하자. $p_0 < b-a$이면 $\{p_n\}$은 증가하고 $0<p_n<b-a$임을 보여라. 또한 $p_0 > b-a$이면 $\{p_n\}$은 감소하고 $p_n > b-a$임을 보여라. $a<b$이면 $\lim_{n\to\infty} p_n = b-a$임을 추론하라.

8.2 급수

숫자를 무한소수로 표현할 때 의미하는 바는 무엇인가? 예를 들어 다음과 같이 쓰는 것은 무엇을 의미하는가?

π에 대한 현재의 기록(2011년)은 시게루 곤도(Shigeru Kondo)와 알렉산더 리(Alexander Yee)에 의해 소수점 아래 10조 자리까지 계산되었다.

$$\pi = 3.14159\ 26535\ 89793\ 23846\ 26433\ 83279\ 50288\ \cdots$$

소수에 숨겨진 의미는 임의의 수를 무한합으로 쓸 수 있다는 것이다.

$$\pi = 3 + \frac{1}{10} + \frac{4}{10^2} + \frac{1}{10^3} + \frac{5}{10^4} + \frac{9}{10^5} + \frac{2}{10^6} + \frac{6}{10^7} + \frac{5}{10^8} + \cdots$$

여기서 $(\cdots)$은 합이 무한히 이어짐을 나타내며 항을 더 많이 더할수록 π의 참값에 더욱 가까워진다.

일반적으로 무한수열 $\{a_n\}_{n=1}^{\infty}$의 각 항들을 더하려고 한다면 다음 형태를 얻는다.

$$a_1 + a_2 + a_3 + \cdots + a_n + \cdots \qquad \boxed{1}$$

이것을 **무한급수**infinite series (또는 간단히 **급수**series)라 하며 다음 기호로 나타낸다.

$$\sum_{n=1}^{\infty} a_n \quad \text{또는} \quad \sum a_n$$

무한히 많은 항들의 합에 대해 언급하는 것은 어떤 의미가 있을까?

다음 급수에 대해 유한합을 구하는 것은 불가능하다.

$$1 + 2 + 3 + 4 + 5 + \cdots + n + \cdots$$

각 항을 더하는 것으로 시작하면 누적 합 $1, 3, 6, 10, 15, 21, \cdots$을 얻고, n번째 항까지 더하고 나면 $n(n+1)/2$을 얻는다. 그리고 n이 커질수록 이 합은 매우 커진다.

그러나 다음 급수의 항들을 더하기 시작하면

$$\frac{1}{2} + \frac{1}{4} + \frac{1}{8} + \frac{1}{16} + \frac{1}{32} + \frac{1}{64} + \cdots + \frac{1}{2^n} + \cdots$$

$\frac{1}{2}, \frac{3}{4}, \frac{7}{8}, \frac{15}{16}, \frac{31}{32}, \frac{63}{64}, \cdots, 1-\frac{1}{2^n}, \cdots$을 얻는다.

n	처음 n항의 합
1	0.50000000
2	0.75000000
3	0.87500000
4	0.93750000
5	0.96875000
6	0.98437500
7	0.99218750
10	0.99902344
15	0.99996948
20	0.99999905
25	0.99999997

[표 1]

[표 1]은 항을 계속 더할수록 부분합은 1에 더욱 가까워지는 것을 보여준다. 실제로 급수의 항을 충분히 많이 더하면 부분합을 1에 원하는 만큼 가깝게 만들 수 있다. 따라서 이 무한급수의 합을 1이라고 하는 것은 타당하므로 다음과 같이 쓴다.

$$\sum_{n=1}^{\infty} \frac{1}{2^n} = \frac{1}{2} + \frac{1}{4} + \frac{1}{8} + \frac{1}{16} + \cdots + \frac{1}{2^n} + \cdots = 1$$

유사한 개념을 이용하여 일반적인 급수 1이 합을 갖는지, 갖지 않는지를 결정한다. 다음 **부분합**partial sum을 생각해보자.

$$\begin{aligned} s_1 &= a_1 \\ s_2 &= a_1 + a_2 \\ s_3 &= a_1 + a_2 + a_3 \\ s_4 &= a_1 + a_2 + a_3 + a_4 \end{aligned}$$

일반적으로 다음과 같다.

$$s_n = a_1 + a_2 + a_3 + \cdots + a_n = \sum_{i=1}^{n} a_i$$

이 부분합의 극한이 존재하든, 존재하지 않든 새로운 수열 $\{s_n\}$을 형성한다. 만일 $\lim_{n\to\infty} s_n = s$가 (유한한 값으로) 존재한다면 앞의 예에서와 같이 $\sum a_n$을 무한급수의 합이라고 한다.

2 정의

주어진 급수 $\sum_{n=1}^{\infty} a_n = a_1 + a_2 + a_3 + \cdots$에 대해 s_n을 다음과 같은 n번째 부분합이라 하자.

$$s_n = \sum_{i=1}^{n} a_i = a_1 + a_2 + \cdots + a_n$$

수열 $\{s_n\}$이 수렴하고 $\lim_{n\to\infty} s_n = s$가 실수로 존재한다면 급수 $\sum a_n$은 **수렴한다**convergent고 하며 다음과 같이 나타낸다.

$$a_1 + a_2 + \cdots + a_n + \cdots = s \quad \text{또는} \quad \sum_{n=1}^{\infty} a_n = s$$

이때 수 s를 급수의 **합**sum이라 한다. 수열 $\{s_n\}$이 발산하면 급수는 **발산한다**divergent고 한다.

따라서 급수의 합은 부분합열의 극한이다. 그러므로 $\sum_{n=1}^{\infty} a_n = s$라고 쓸 때 충분히 많은 항들을 더함으로써 원하는 만큼 수 s에 가깝게 할 수 있음을 의미한다. 다음을 유의하자.

$$\sum_{n=1}^{\infty} a_n = \lim_{n\to\infty} \sum_{i=1}^{n} a_i$$

다음 이상적분과 비교하자.

$$\int_1^{\infty} f(x)dx = \lim_{t\to\infty}\int_1^t f(x)dx$$

이 적분을 구하기 위해 1에서 t까지 적분한 다음 $t\to\infty$로 놓는다. 급수에 대해 1에서 n까지 더한 다음 $n\to\infty$로 놓는다.

예제 1 **무한급수의 중요한 예로 다음과 같은 등비급수**geometric series**가 있다.**

$$a + ar + ar^2 + ar^3 + \cdots + ar^{n-1} + \cdots = \sum_{n=1}^{\infty} ar^{n-1}, \qquad a \neq 0$$

각 항은 앞의 항에 공비common ratio r을 곱해서 얻는다. (특히 $a = \frac{1}{2}$, $r = \frac{1}{2}$인 특별한 경우는 이 절의 서두에서 이미 다뤘다.)

$r = 1$이면 $s_n = a + a + \cdots + a = na \to \pm\infty$이다. $\lim_{n\to\infty} s_n$이 존재하지 않으므로 이 경우에 등비급수는 발산한다.

$r \neq 1$이면 다음을 얻는다.

$$s_n = a + ar + ar^2 + \cdots + ar^{n-1}$$

$$rs_n = \qquad ar + ar^2 + \cdots + ar^{n-1} + ar^n$$

두 식을 빼면 다음을 얻는다.

$$s_n - rs_n = a - ar^n$$

3 $$s_n = \frac{a(1-r^n)}{1-r}$$

[그림 13]은 [예제 1]의 결과에 대한 기하학적인 증명을 보여준다. 그림과 같이 삼각형을 그리고 급수의 합을 s라 하면, 닮은 삼각형에 의해 다음을 얻는다.

$$\frac{s}{a} = \frac{a}{a-ar}, \text{ 따라서 } s = \frac{a}{1-r}$$

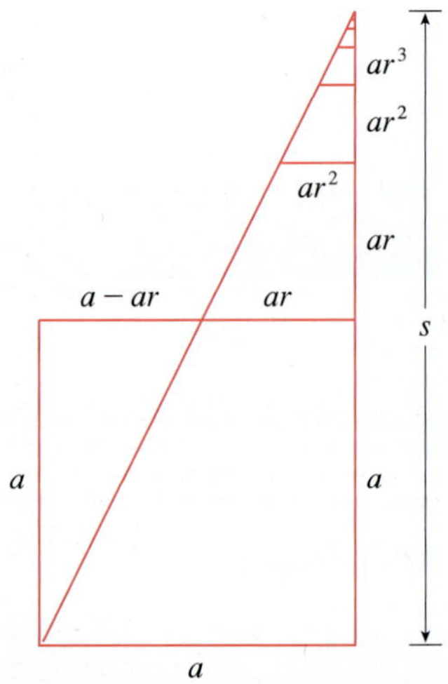

[그림 13]

$-1 < r < 1$이라면 8.1절의 식 8로부터 $n \to \infty$일 때 $r^n \to 0$임을 알고 있다. 그러므로 다음을 얻는다.

$$\lim_{n\to\infty} s_n = \lim_{n\to\infty} \frac{a(1-r^n)}{1-r} = \frac{a}{1-r} - \frac{a}{1-r}\lim_{n\to\infty} r^n = \frac{a}{1-r}$$

따라서 $|r| < 1$일 때 등비급수는 수렴하며 그 합은 $a/(1-r)$이다.

$r \leq -1$ 또는 $r > 1$일 때 수열 $\{r^n\}$은 (8.1절의 식 8에 의해) 발산하므로 식 3에 의해 $\lim_{n\to\infty} s_n$이 존재하지 않는다. 따라서 이 경우에 등비급수는 발산한다.

[예제 1]의 결과를 요약하면 다음을 얻는다.

> 4 $|r|<1$이면 다음 등비급수는 수렴한다.
>
> $$\sum_{n=1}^{\infty} ar^{n-1} = a + ar + ar^2 + \cdots$$
>
> 그 합은 다음과 같다.
>
> $$\sum_{n=1}^{\infty} ar^{n-1} = \frac{a}{1-r}, \quad |r|<1$$
>
> $|r| \geq 1$이면 등비급수는 발산한다.

예제 2 다음 등비급수의 합을 구하라.

$$5 - \frac{10}{3} + \frac{20}{9} - \frac{40}{27} + \cdots$$

풀이

첫째 항이 $a=5$, 공비가 $r=-\frac{2}{3}$이다. $|r|=\frac{2}{3}<1$이므로 4에 의해 이 급수는 수렴하고 합은 다음과 같다.

$$5 - \frac{10}{3} + \frac{20}{9} - \frac{40}{27} + \cdots = \frac{5}{1-\left(-\frac{2}{3}\right)} = \frac{5}{\frac{5}{3}} = 3$$

n	s_n
1	5.000000
2	1.666667
3	3.888889
4	2.407407
5	3.395062
6	2.736626
7	3.175583
8	2.882945
9	3.078037
10	2.947975

[표 2]

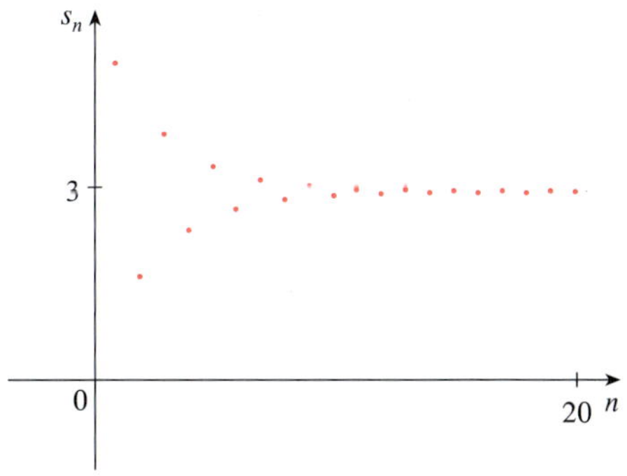

[그림 14]

[예제 2]에서 급수의 합이 3이라는 것은 실제로 어떤 의미일까? 물론 문자 그대로 무한 개의 항을 더할 수 없다. 그러나 정의 2에 따라 전체합은 부분합열의 극한이다. 따라서 충분히 많은 항의 합을 택하여 3에 원하는 만큼 접근시킬 수 있다. 표는 처음 10개의 부분합 s_n을 나타낸 것이고 [그림 14]의 그래프는 부분합열이 어떻게 3에 접근하는지 보여준다.

예제 3 급수 $\sum_{n=1}^{\infty} 2^{2n} 3^{1-n}$은 수렴하는가? 발산하는가?

풀이

급수의 n번째 항을 다음과 같이 ar^{n-1} 형태로 고쳐 써보자.

$$\sum_{n=1}^{\infty} 2^{2n} 3^{1-n} = \sum_{n=1}^{\infty} (2^2)^n 3^{-(n-1)} = \sum_{n=1}^{\infty} \frac{4^n}{3^{n-1}} = \sum_{n=1}^{\infty} 4\left(\frac{4}{3}\right)^{n-1}$$

a와 r을 확인하는 다른 방법은 다음과 같이 처음 몇 항을 써보는 것이다.

$$4 + \frac{16}{3} + \frac{64}{9} + \cdots$$

이 급수는 $a=4$, $r=\frac{4}{3}$ 인 등비급수이다. 그러나 $r>1$이므로 이 급수는 [4]에 의해 발산한다.

예제 4 $2.3\overline{17}=2.3171717\cdots$을 가장 간단한 정수의 비로 나타내라.

풀이

$$2.3171717\cdots = 2.3+\frac{17}{10^3}+\frac{17}{10^5}+\frac{17}{10^7}+\cdots$$

두 번째 항부터 $a=17/10^3$, $r=1/10^2$인 등비급수이다. 따라서 다음을 얻는다.

$$2.3\overline{17}=2.3+\frac{\frac{17}{10^3}}{1-\frac{1}{10^2}}=2.3+\frac{\frac{17}{1000}}{\frac{99}{100}}$$

$$=\frac{23}{10}+\frac{17}{990}=\frac{1147}{495}$$

TEC Module 8.2는 삼각형에서 각 θ에 의존하는 급수를 조사하고, θ가 변할 때 급수가 얼마나 빠르게 수렴하는가를 볼 수 있다.

예제 5 $|x|<1$일 때 급수 $\sum_{n=0}^{\infty} x^n$의 합을 구하라.

풀이

이 급수는 $n=0$으로 시작하므로 첫 번째 항은 $x^0=1$임에 유의한다. (관례적으로 급수에서 $x=0$일 때도 $x^0=1$로 약속한다.) 따라서 다음을 얻는다.

$$\sum_{n=0}^{\infty} x^n = 1+x+x^2+x^3+x^4+\cdots$$

이 급수는 $a=1$, $r=x$인 등비급수이다. $|r|=|x|<1$이므로 이 급수는 수렴하고 [4]에 의해 다음을 얻는다.

[5]
$$\sum_{n=0}^{\infty} x^n = \frac{1}{1-x}$$

예제 6 급수 $\sum_{n=1}^{\infty} \frac{1}{n(n+1)}$이 수렴함을 보이고 합을 구하라.

풀이

이 급수는 등비급수가 아니므로 수렴하는 급수의 정의로 되돌아가서 다음 부분합을 구한다.

$$s_n=\sum_{i=1}^{n}\frac{1}{i(i+1)}=\frac{1}{1\cdot 2}+\frac{1}{2\cdot 3}+\frac{1}{3\cdot 4}+\cdots+\frac{1}{n(n+1)}$$

다음과 같은 부분분수를 사용하면 이 식을 간단히 할 수 있다(6.3절 참조).

$$\frac{1}{i(i+1)} = \frac{1}{i} - \frac{1}{i+1}$$

그러면 다음을 얻는다.

$$s_n = \sum_{i=1}^{n} \frac{1}{i(i+1)} = \sum_{i=1}^{n} \left(\frac{1}{i} - \frac{1}{i+1}\right)$$

$$= \left(1 - \frac{1}{2}\right) + \left(\frac{1}{2} - \frac{1}{3}\right) + \left(\frac{1}{3} - \frac{1}{4}\right) + \cdots + \left(\frac{1}{n} - \frac{1}{n+1}\right)$$

$$= 1 - \frac{1}{n+1}$$

항들이 쌍으로 소거되는 점에 유의하자. 이것은 망원경 합(telescoping sum)의 예이다. 쌍들이 모두 소거되기 때문에 합은 (해적의 접이식 망원경과 같이) 단 두 개의 항만 남는다.

따라서 다음을 얻는다.

$$\lim_{n\to\infty} s_n = \lim_{n\to\infty} \left(1 - \frac{1}{n+1}\right) = 1 - 0 = 1$$

그러므로 주어진 급수는 수렴하고 다음과 같다.

$$\sum_{n=1}^{\infty} \frac{1}{n(n+1)} = 1$$

[그림 15]는 항 $a_n = \dfrac{1}{n(n+1)}$ 인 수열과 부분합열 $\{s_n\}$의 그래프를 보여줌으로써 [예제 6]을 설명한다. $a_n \to 0$이고 $s_n \to 1$임에 주목하자. [예제 6]의 기하학적인 두 가지 해석은 [연습문제 25~26]로 남긴다.

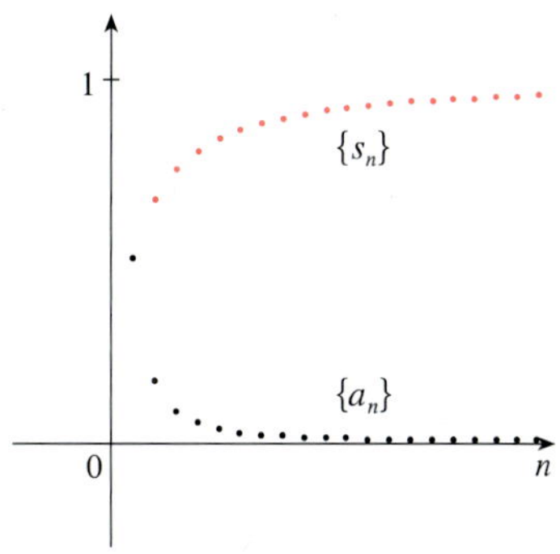

[그림 15]

예제 7 **다음 조화급수** harmonic series **가 발산함을 보여라.**

$$\sum_{n=1}^{\infty} \frac{1}{n} = 1 + \frac{1}{2} + \frac{1}{3} + \frac{1}{4} + \cdots$$

풀이

이와 같이 특수한 급수에 대해서는 부분합 $s_2, s_4, s_8, s_{16}, s_{32}, \cdots$로 생각하는 것이 편하며 이들은 다음과 같이 점점 커지는 것을 보여준다.

$$s_2 = 1 + \frac{1}{2}$$

$$s_4 = 1 + \frac{1}{2} + \left(\frac{1}{3} + \frac{1}{4}\right) > 1 + \frac{1}{2} + \left(\frac{1}{4} + \frac{1}{4}\right) = 1 + \frac{2}{2}$$

$$s_8 = 1 + \frac{1}{2} + \left(\frac{1}{3} + \frac{1}{4}\right) + \left(\frac{1}{5} + \frac{1}{6} + \frac{1}{7} + \frac{1}{8}\right)$$

$$> 1 + \frac{1}{2} + \left(\frac{1}{4} + \frac{1}{4}\right) + \left(\frac{1}{8} + \frac{1}{8} + \frac{1}{8} + \frac{1}{8}\right)$$

$$= 1 + \frac{1}{2} + \frac{1}{2} + \frac{1}{2} = 1 + \frac{3}{2}$$

$$s_{16} = 1 + \frac{1}{2} + \left(\frac{1}{3} + \frac{1}{4}\right) + \left(\frac{1}{5} + \cdots + \frac{1}{8}\right) + \left(\frac{1}{9} + \cdots + \frac{1}{16}\right)$$
$$> 1 + \frac{1}{2} + \left(\frac{1}{4} + \frac{1}{4}\right) + \left(\frac{1}{8} + \cdots + \frac{1}{8}\right) + \left(\frac{1}{16} + \cdots + \frac{1}{16}\right)$$
$$= 1 + \frac{1}{2} + \frac{1}{2} + \frac{1}{2} + \frac{1}{2} = 1 + \frac{4}{2}$$

같은 방법으로 $s_{32} > 1 + \frac{5}{2}$, $s_{64} > 1 + \frac{6}{2}$이며 일반적으로 다음과 같다.

$$s_{2^n} > 1 + \frac{n}{2}$$

$n \to \infty$일 때 $s_{2^n} \to \infty$이므로 수열 $\{s_n\}$이 발산함을 알 수 있다. 따라서 조화급수는 발산한다.

조화급수가 발산하는 것을 보여주기 위해 [예제 7]에서 사용한 방법은 프랑스 학자 오렘(Nicole Oresme, 1323~1382)이 처음 도입한 것이다.

6 정리 급수 $\sum_{n=1}^{\infty} a_n$이 수렴하면 $\lim_{n\to\infty} a_n = 0$이다.

증명

$s_n = a_1 + a_2 + \cdots + a_n$이라 하면 $a_n = s_n - s_{n-1}$이다. $\sum a_n$이 수렴하므로 수열 $\{s_n\}$도 수렴한다. $\lim_{n\to\infty} s_n = s$라 하자. $n \to \infty$일 때 $n-1 \to \infty$이므로 $\lim_{n\to\infty} s_{n-1} = s$이다. 그러므로 다음을 얻는다.

$$\lim_{n\to\infty} a_n = \lim_{n\to\infty} (s_n - s_{n-1}) = \lim_{n\to\infty} s_n - \lim_{n\to\infty} s_{n-1} = s - s = 0$$

NOTE 1 임의의 급수 Σa_n에 대해 다음과 같이 2개의 수열이 연관된다. 하나는 부분합열 $\{s_n\}$이고, 다른 하나는 각 항들의 수열 $\{a_n\}$이다. Σa_n이 수렴하면 수열 $\{s_n\}$의 극한은 s(급수의 합)이고, 정리 6에 따라 수열 $\{a_n\}$의 극한값은 0이다.

NOTE 2 정리 6의 역은 일반적으로 참이 아니다. 즉 $\lim_{n\to\infty} a_n = 0$일지라도 Σa_n이 반드시 수렴한다고 결론지을 수 없다. 조화급수 $\Sigma \frac{1}{n}$에 대해 $n \to \infty$일 때 $a_n = \frac{1}{n} \to 0$이지만 $\Sigma \frac{1}{n}$이 발산하는 것을 [예제 7]에서 보였다.

7 발산 판정법 $\lim_{n\to\infty} a_n$이 존재하지 않거나 $\lim_{n\to\infty} a_n \neq 0$이면 급수 $\sum_{n=1}^{\infty} a_n$은 발산한다.

발산 판정법은 정리 6으로부터 나온다. 그 이유는 급수가 발산하지 않으면 급수는 수렴하므로 $\lim_{n\to\infty} a_n = 0$이기 때문이다.

예제 8 급수 $\sum_{n=1}^{\infty} \frac{n^2}{5n^2+4}$이 발산함을 보여라.

풀이

$$\lim_{n\to\infty} a_n = \lim_{n\to\infty} \frac{n^2}{5n^2+4} = \lim_{n\to\infty} \frac{1}{5+4/n^2} = \frac{1}{5} \neq 0$$

따라서 발산 판정법에 따라 이 급수는 발산한다.

NOTE 3 _ $\lim_{n\to\infty} a_n \neq 0$임을 구할 수 있다면 Σa_n이 발산함을 알고 있다. 그러나 $\lim_{n\to\infty} a_n = 0$을 구한다면 Σa_n의 수렴 여부에 대해 아무것도 알지 못한다. NOTE 2를 떠올려보자. $\lim_{n\to\infty} a_n = 0$이면 급수 Σa_n은 수렴할 수도 있고 발산할 수도 있다.

8 정리 $\Sigma\, a_n$과 $\Sigma\, b_n$이 수렴하는 급수이면 상수 c에 대해 $\Sigma\, c a_n$, $\Sigma\,(a_n + b_n)$, $\Sigma\,(a_n - b_n)$도 수렴하며 다음이 성립한다.

(i) $\sum_{n=1}^{\infty} c a_n = c \sum_{n=1}^{\infty} a_n$　　(ii) $\sum_{n=1}^{\infty} (a_n + b_n) = \sum_{n=1}^{\infty} a_n + \sum_{n=1}^{\infty} b_n$

(iii) $\sum_{n=1}^{\infty} (a_n - b_n) = \sum_{n=1}^{\infty} a_n - \sum_{n=1}^{\infty} b_n$

수렴하는 급수들의 이런 성질은 8.1절에 있는 수열에서 대응하는 극한 법칙으로부터 나온다. 예를 들어 정리 8의 (ii)는 다음과 같이 증명된다.

다음과 같이 놓자.

$$s_n = \sum_{i=1}^{n} a_i, \quad s = \sum_{n=1}^{\infty} a_n, \quad t_n = \sum_{i=1}^{n} b_i, \quad t = \sum_{n=1}^{\infty} b_n$$

급수 $\Sigma\,(a_n + b_n)$에 대한 n번째 부분합은 다음과 같다.

$$u_n = \sum_{i=1}^{n} (a_i + b_i)$$

4.2절의 식 10을 이용하면 다음을 얻는다.

$$\lim_{n\to\infty} u_n = \lim_{n\to\infty} \sum_{i=1}^{n} (a_i + b_i) = \lim_{n\to\infty} \left(\sum_{i=1}^{n} a_i + \sum_{i=1}^{n} b_i \right)$$

$$= \lim_{n\to\infty} \sum_{i=1}^{n} a_i + \lim_{n\to\infty} \sum_{i=1}^{n} b_i$$

$$= \lim_{n\to\infty} s_n + \lim_{n\to\infty} t_n = s + t$$

따라서 $\sum(a_n+b_n)$은 수렴하고 그 합은 다음과 같다.

$$\sum_{n=1}^{\infty}(a_n+b_n)=s+t=\sum_{n=1}^{\infty}a_n+\sum_{n=1}^{\infty}b_n$$

예제 9 급수 $\sum_{n=1}^{\infty}\left(\frac{3}{n(n+1)}+\frac{1}{2^n}\right)$의 합을 구하라.

풀이

급수 $\sum\frac{1}{2^n}$은 $a=\frac{1}{2}$, $r=\frac{1}{2}$인 등비급수이므로 다음과 같다.

$$\sum_{n=1}^{\infty}\frac{1}{2^n}=\frac{\frac{1}{2}}{1-\frac{1}{2}}=1$$

[예제 6]에서 다음을 구했다.

$$\sum_{n=1}^{\infty}\frac{1}{n(n+1)}=1$$

따라서 정리 8에 의해 주어진 급수는 수렴하고 그 합은 다음과 같다.

$$\sum_{n=1}^{\infty}\left(\frac{3}{n(n+1)}+\frac{1}{2^n}\right)=3\sum_{n=1}^{\infty}\frac{1}{n(n+1)}+\sum_{n=1}^{\infty}\frac{1}{2^n}=3\cdot1+1=4$$

NOTE 4 _ 유한개의 항은 급수의 수렴 여부에 영향을 미치지 않는다. 예를 들어 다음 급수가 수렴하는 것을 보일 수 있다고 하자.

$$\sum_{n=4}^{\infty}\frac{n}{n^3+1}$$

그러면 다음과 같이 쓸 수 있다.

$$\sum_{n=1}^{\infty}\frac{n}{n^3+1}=\frac{1}{2}+\frac{2}{9}+\frac{3}{28}+\sum_{n=4}^{\infty}\frac{n}{n^3+1}$$

이것으로부터 전체 급수 $\sum_{n=1}^{\infty}\frac{n}{n^3+1}$이 수렴한다. 마찬가지로 $\sum_{n=N+1}^{\infty}a_n$이 수렴하는 것을 안다면 다음과 같은 전체 급수도 역시 수렴한다.

$$\sum_{n=1}^{\infty}a_n=\sum_{n=1}^{N}a_n+\sum_{n=N+1}^{\infty}a_n$$

8.2 연습문제

01 (a) 수열과 급수의 차이는 무엇인가?

(b) 수렴하는 급수는 무엇인가? 발산하는 급수는 무엇인가?

02~03 부분합열의 처음 8개 항을 소수점 아래 넷째 자리까지 정확하게 계산하라. 급수가 수렴하는 것으로 보이는가? 아니면 발산하는 것으로 보이는가?

02 $\sum_{n=1}^{\infty} \frac{1}{n^3}$

03 $\sum_{n=1}^{\infty} \frac{n}{1+\sqrt{n}}$

04~06 다음 등비급수가 수렴하는지 아니면 발산하는지 결정하라. 만일 수렴한다면 그 합을 구하라.

04 $10-2+0.4-0.08+\cdots$

05 $\sum_{n=1}^{\infty} \frac{(-3)^{n-1}}{4^n}$

06 $\sum_{n=0}^{\infty} \frac{\pi^n}{3^{n+1}}$

07~12 다음 급수가 수렴하는지 아니면 발산하는지 결정하라. 만일 수렴한다면 그 합을 구하라.

07 $\sum_{n=1}^{\infty} \frac{1}{2n}$

08 $\sum_{n=1}^{\infty} \frac{n-1}{3n-1}$

09 $\sum_{n=1}^{\infty} \frac{1+2^n}{3^n}$

10 $\sum_{n=1}^{\infty} \sqrt[n]{2}$

11 $\sum_{n=1}^{\infty} \arctan n$

12 $\frac{1}{3}+\frac{1}{6}+\frac{1}{9}+\frac{1}{12}+\frac{1}{15}+\cdots$

13~14 [예제 6]에서와 같이 s_n을 망원경 합으로 표현하여 다음 급수가 수렴하는지 아니면 발산하는지 결정하라. 만일 수렴한다면 그 합을 구하라.

13 $\sum_{n=2}^{\infty} \frac{2}{n^2-1}$

14 $\sum_{n=1}^{\infty} \frac{3}{n(n+3)}$

15 $x=0.99999\cdots$ 라 하자.

(a) $x<1$이라 생각하는가? 아니면 $x=1$이라 생각하는가?

(b) 등비급수를 합하여 x의 값을 구하라.

(c) 수 1에 대한 소수 표현은 몇 개나 있는가?

(d) 하나 이상의 소수 표현을 갖는 수는 어떤 수인가?

16 항들의 수열이 다음과 같이 정의된다. $\sum_{n=1}^{\infty} a_n$을 구하라.

$$a_1=1, \quad a_n=(5-n)a_{n-1}$$

17~18 다음 수를 가장 간단한 정수의 비로 나타내라.

17 $0.\overline{8}=0.8888\cdots$

18 $2.\overline{516}=2.516516516\cdots$

19~20 다음 급수가 수렴하는 x의 값을 구하라. 그런 x의 값에 대해 급수의 합을 구하라.

19 $\sum_{n=1}^{\infty} \frac{x^n}{3^n}$

20 $\sum_{n=0}^{\infty} \frac{(x-2)^n}{3^n}$

21 급수 $\sum_{n=1}^{\infty} a_n$의 n번째 부분합이 $s_n=\frac{n-1}{n+1}$일 때, a_n과 $\sum_{n=1}^{\infty} a_n$을 구하라.

22 환자가 매일 같은 시각에 150mg의 약을 먹는다. 각 알약을 먹기 직전에 약의 5%가 몸에 남는다.

(a) 세 번째 알약을 먹은 후에 몸에 남아 있는 약의 양은 얼마인가? n번째 약을 먹은 후에 몸에 남아 있는 약의 양은 얼마인가?

(b) 장기적으로 몸에 남아 있는 약의 양은 얼마인가?

23 물품 구입이나 서비스로 돈을 소비할 때 그 돈을 받은 사람들 역시 그 돈의 일부를 소비한다. 또 두 번째 소비한 돈의 일부를 받은 사람도 그 돈의 일부를 다시 쓰게 되는 이와 같은 일은 계속될 것이다. 경제학자들은 이러한 연쇄반응을 승수효과라 한다. 가상의 고립된 공동체에서 한 지방정부가 D달러를 소비함으로써 이러한 과정이 시작된다고 하자. 소비한 돈을 받은 사람 각각은 받은 돈의 $100c$%를 소비하고 $100s$%를 저축한다고 하자. c와 s의 값을 각각 한계소비성향과 한계저축성향이라 하며 물론 $c+s=1$이다.

(a) n번의 거래 후에 생성된 전체 소비금액을 S_n이라고 하자. S_n에 대한 식을 구하라.

(b) $k=1/s$일 때 $\lim_{n\to\infty} S_n = kD$임을 보여라. 여기서 k는 승수라고 한다. 소비를 위한 한계소비성향이 80%일 때 승수를 구하라.

[참고] 지방정부는 적자 지출을 정당화하기 위해 이런 원리를 이용한다. 은행은 이 원리를 이용하여 예금으로 받은 돈을 상당히 높은 비율로 대출하는 것을 정당화한다.

24 $\sum_{n=2}^{\infty}(1+c)^{-n}=2$일 때 c의 값을 구하라.

25 $n=0, 1, 2, 3, 4, \cdots$에 대해 곡선 $y=x^n$, $0\le x\le 1$의 그래프를 동일한 보기화면에 그려라. 연속 곡선들 사이의 넓이를 구하여 [예제 6]에서 보인 다음 사실에 대한 기하학적인 설명을 제시하라.

$$\sum_{n=1}^{\infty}\frac{1}{n(n+1)}=1$$

26 그림과 같이 반지름의 길이가 1인 두 원 C, D가 점 P에서 접한다. T는 공통접선이다. 원 C_1은 C, D, T와 접하고, 원 C_2는 C, D, C_1과 접하며, 원 C_3은 C, D, C_2와 접한다. 이 과정은 무한히 계속될 수 있으며 원들의 무한수열 $\{C_n\}$을 만들 수 있다. 원 C_n의 지름에 대한 식을 구하고, [예제 6]의 또 다른 기하학적인 설명을 제시하라.

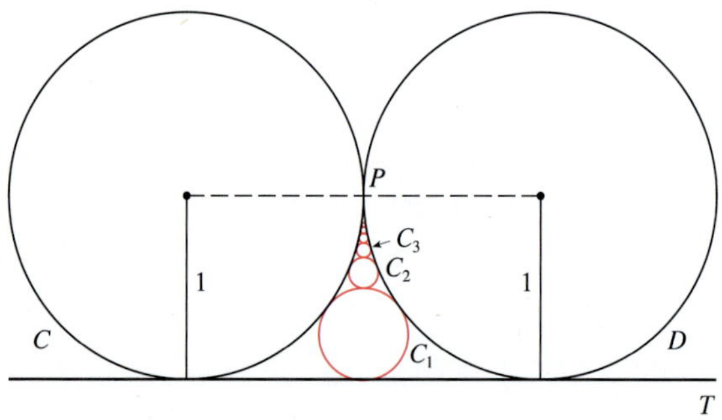

27 다음 계산에서 잘못된 점은 무엇인가?

$$\begin{aligned}0&=0+0+0+\cdots\\&=(1-1)+(1-1)+(1-1)+\cdots\\&=1-1+1-1+1-1+\cdots\\&=1+(-1+1)+(-1+1)+(-1+1)+\cdots\\&=1+0+0+0+\cdots=1\end{aligned}$$

[우발두스Guido Ubaldus는 이것이 신의 존재성을 증명한다고 생각했다. 왜냐하면 '무로부터 유가 창조됐기' 때문이다.]

28 정리 8의 (i)을 증명하라.

29 Σa_n이 수렴하고 Σb_n이 발산할 때, 급수 $\Sigma(a_n+b_n)$이 발산함을 보여라. [힌트: 결론을 부정하여 모순을 유도한다.]

30 급수 Σa_n이 양의 항들을 갖고 부분합 s_n이 모든 n에 대해 부등식 $s_n\le 1000$을 만족한다고 하자. Σa_n이 수렴하는 이유를 설명하라.

31 **칸토어 집합**Cantor set은 독일 수학자 칸토어Georg Cantor, 1845~1918의 이름을 딴 것으로 다음과 같이 구성된다. 폐구간 $[0, 1]$에서 출발하고 개구간 $\left(\frac{1}{3}, \frac{2}{3}\right)$를 제거한다. 두 구간 $\left[0, \frac{1}{3}\right]$과 $\left[\frac{2}{3}, 1\right]$이 남는다. 각각의 구간을 3등분하여 가운데 개구간을 제거한다. 이제 네 개의 구간이 남으며, 다시 각각의 구간을 3등분하여 가운데의 개구간을 제거한다. 각 단계에서 전 단계로부터 남은 모든 구간에서 가운데 개구간을 제거하는 과정을 무한히 반복한다. 칸토어 집합은 이런 모든 구간이 제거된 후 $[0, 1]$ 안에 남아 있는 수들로 구성된다.

(a) 제거된 모든 구간의 총 길이가 1임을 보여라. 그럼에도 불구하고 칸토어 집합은 무한히 많은 수를 포함한다. 칸토어 집합에 속하는 수를 몇 개만 예로 들라.

(b) **시어핀스키 양탄자**Sierpinski carpet는 2차원에서 칸토어 집합과 같은 것이다. 이것은 한 변의 길이가 1인 정사각형을 9등분해서 가운데 부분을 제거하고, 남은 8개의 작은 정사각형의 가운데를 제거하는 과정을 계속 반복한다. (그림에서는 처음 세 과정을 나타내고 있다.) 제거된 정사각형의 넓이의 합이 1임을 보여라. 이것은 시어핀스키 양탄자의 넓이가 0임을 보여준다.

32 급수 $\sum_{n=1}^{\infty}\frac{n}{(n+1)!}$을 생각하자.

(a) 부분합 s_1, s_2, s_3, s_4를 구하라. 분모에 나타난 규칙을 알 수 있는가? 그 규칙을 이용해서 s_n에 대한 식을 추측하라.

(b) 수학적 귀납법을 이용해서 추측을 증명하라.

(c) 주어진 무한급수가 수렴함을 보이고 그 합을 구하라.

8.3 적분 판정법과 비교 판정법

일반적으로 급수의 정확한 합을 구하는 것은 어렵다. 등비급수와 급수 $\sum 1/[n(n+1)]$의 경우 n번째 부분합 s_n에 대한 간단한 공식을 구할 수 있기 때문에 정확한 합을 얻을 수 있다. 그러나 통상적으로 $\lim_{n\to\infty} s_n$을 계산하는 것은 쉽지 않다. 그러므로 이번 절과 다음 절에서 급수의 합을 명확하게 구하지 않고도 급수가 수렴하는지 아니면 발산하는지를 결정할 수 있는 판정법에 대해 알아본다.

이 절에서는 양항급수만을 다루므로 부분합열은 항상 증가한다. 단조수열 정리의 관점에서 급수가 수렴하는지 아니면 감소하는지 판정하기 위하여 부분합열이 위로 유계인지 아닌지를 결정할 필요가 있다.

적분 판정법

다음과 같이 항들이 양의 정수의 제곱의 역수인 급수를 조사해보자.

$$\sum_{n=1}^{\infty} \frac{1}{n^2} = \frac{1}{1^2} + \frac{1}{2^2} + \frac{1}{3^2} + \frac{1}{4^2} + \frac{1}{5^2} + \cdots$$

처음 n번째 항까지의 합 s_n에 대한 간단한 공식은 없다. 그러나 컴퓨터로 생성한 [표 3]의 부분합 값을 보면 $n \to \infty$일 때 부분합은 1.64 부근의 수에 접근하고 있으므로 급수가 수렴하는 것처럼 보인다.

n	$s_n = \sum_{i=1}^{n} \frac{1}{i^2}$
5	1.4636
10	1.5498
50	1.6251
100	1.6350
500	1.6429
1000	1.6439
5000	1.6447

[표 3]

이와 같은 생각을 기하학적인 논법으로 확인할 수 있다.

[그림 16]은 곡선 $y = 1/x^2$과 곡선 아래에 놓인 직사각형을 보여준다. 각 직사각형의 밑변은 길이가 1인 구간이고, 높이는 구간의 오른쪽 끝점에서 $y = 1/x^2$의 함숫값과 일치한다. 따라서 직사각형들의 넓이의 합은 다음과 같다.

$$\frac{1}{1^2} + \frac{1}{2^2} + \frac{1}{3^2} + \frac{1}{4^2} + \frac{1}{5^2} + \cdots = \sum_{n=1}^{\infty} \frac{1}{n^2}$$

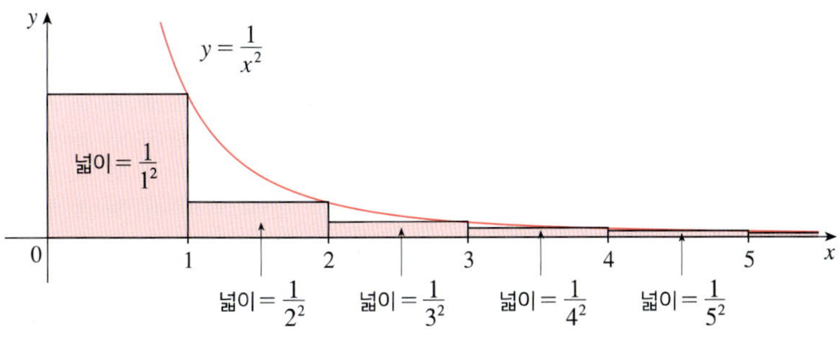

[그림 16]

첫 번째 직사각형을 제외한다면 나머지 직사각형의 전체 넓이는 $x \geq 1$에 대해 곡선 $y = 1/x^2$ 아래의 넓이인 적분 $\int_1^{\infty} \frac{1}{x^2}\,dx$의 값보다 작다. 6.6절에서 이 이상적분은 수렴하고 그 값이 1임을 알았다. 따라서 그림으로부터 모든 부분합은 다음의 값보다 작다는 것을 알 수 있다.

$$\frac{1}{1^2} + \int_1^{\infty} \frac{1}{x^2}\,dx = 2$$

그러므로 부분합들은 유계이고 이 급수는 수렴한다. 부분합의 극한인 이 급수의 합도 역시 다음과 같이 2보다 작다.

$$\sum_{n=1}^{\infty} \frac{1}{n^2} = \frac{1}{1^2} + \frac{1}{2^2} + \frac{1}{3^2} + \frac{1}{4^2} + \cdots < 2$$

[이 급수의 정확한 합은 스위스 수학자 오일러Leonhard Euler, 1707~1783에 의해 $\pi^2/6$임이 밝혀졌지만 이 사실에 대한 증명은 이 책의 범위를 벗어나므로 여기서는 다루지 않는다.]

이제 다음과 같은 급수를 살펴보자.

$$\sum_{n=1}^{\infty} \frac{1}{\sqrt{n}} = \frac{1}{\sqrt{1}} + \frac{1}{\sqrt{2}} + \frac{1}{\sqrt{3}} + \frac{1}{\sqrt{4}} + \frac{1}{\sqrt{5}} + \cdots$$

s_n에 대한 오른쪽 표로부터 부분합이 유한한 수에 접근하지 않음을 유추할 수 있으므로 주어진 급수는 발산하는 것으로 보인다. 이를 확인하기 위해 다시 그림을 이용한다. [그림 17]은 곡선 $y = 1/\sqrt{x}$을 보여주며 이번에는 곡선의 위쪽에 놓인 직사각형을 이용한다.

n	$s_n = \sum_{i=1}^{n} \frac{1}{\sqrt{i}}$
5	3.2317
10	5.0210
50	12.7524
100	18.5896
500	43.2834
1000	61.8010
5000	139.9681

[표 4]

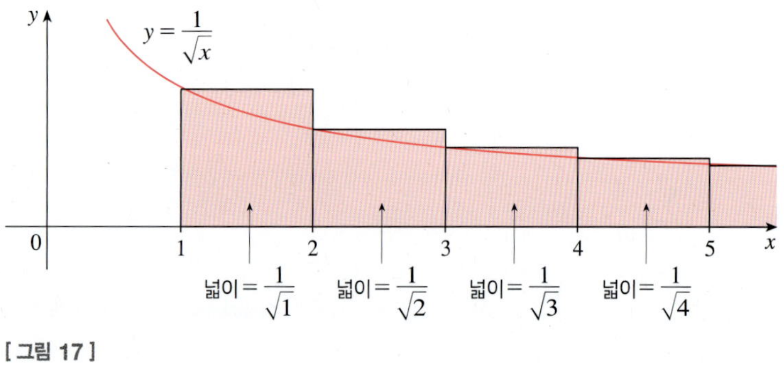

[그림 17]

각 직사각형의 밑변은 길이가 1인 구간이고 높이는 구간의 왼쪽 끝점에서 $y = 1/\sqrt{x}$의 함숫값과 일치한다. 따라서 전체 직사각형의 넓이의 합은 다음과 같다.

$$\frac{1}{\sqrt{1}} + \frac{1}{\sqrt{2}} + \frac{1}{\sqrt{3}} + \frac{1}{\sqrt{4}} + \frac{1}{\sqrt{5}} + \cdots = \sum_{n=1}^{\infty} \frac{1}{\sqrt{n}}$$

이 전체 넓이는 $x \geq 1$에 대한 곡선 $y = 1/\sqrt{x}$ 아래의 넓이인 적분 $\int_1^\infty (1/\sqrt{x})\,dx$의 값보다 크다. 그러나 6.6절로부터 이 이상적분이 발산함을 알고 있다. 다시 말해서 곡선 아래의 넓이는 무한이다. 즉 급수의 합도 반드시 무한이어야 하므로 급수는 발산한다.

이와 같은 두 급수에 대해 사용한 기하학적인 논리와 동일한 방법으로 다음 판정법을 증명할 수 있다. (증명은 이 절의 끝에서 다룬다.)

적분 판정법 f가 $[1, \infty)$에서 연속이고 양의 값을 갖는 감소함수라 하고, $a_n = f(n)$이라 하자. 그러면 급수 $\sum_{n=1}^\infty a_n$이 수렴하기 위한 필요충분조건은 이상적분 $\int_1^\infty f(x)\,dx$가 수렴하는 것이다. 다시 말해서 다음이 성립한다.

(i) $\int_1^\infty f(x)\,dx$가 수렴하면 $\sum_{n=1}^\infty a_n$은 수렴한다.

(ii) $\int_1^\infty f(x)\,dx$가 발산하면 $\sum_{n=1}^\infty a_n$은 발산한다.

NOTE _ 적분 판정법을 이용할 때 급수나 적분을 반드시 $n=1$에서 시작할 필요는 없다. 예를 들어 다음과 같다.

$$\sum_{n=4}^\infty \frac{1}{(n-3)^2} \text{을 판정할 때 } \int_4^\infty \frac{1}{(x-3)^2}\,dx\text{를 이용한다.}$$

또한 f가 항상 감소할 필요는 없다. f가 궁극적으로 감소한다는 사실이 중요하다. 즉 어떤 수 N보다 큰 x 값에 대해 감소하면 된다. 그러면 $\sum_{n=N}^\infty a_n$이 수렴하므로 8.2절의 NOTE 4에 의해 $\sum_{n=1}^\infty a_n$은 수렴한다.

■ www.stewartcalculus.com (Additional Example A를 보라.)

예제 1 급수 $\sum_{n=1}^\infty \frac{\ln n}{n}$이 수렴하는지 아니면 발산하는지 결정하라.

풀이

로그함수는 $x > 1$에서 양이고 연속이므로 함수 $f(x) = (\ln x)/x$은 $x > 1$에서 양이고 연속이다. 그러나 f가 감소하는지 아닌지는 명확하지 않으므로 다음과 같이 이 함수의 도함수를 계산한다.

$$f'(x) = \frac{x(1/x) - \ln x}{x^2} = \frac{1 - \ln x}{x^2}$$

$\ln x > 1$, 즉 $x > e$일 때 $f'(x) < 0$이다. 따라서 $x > e$일 때 f는 감소하고 다음과 같이 적분 판정법을 적용할 수 있다.

적분 판정법을 이용하기 위해서는 $\int_1^\infty f(x)\,dx$를 계산할 수 있어야 하므로 f의 역도함수를 구할 수 있어야만 한다. 그러나 이는 어렵거나 불가능하므로 수렴성에 대한 다른 판정법이 필요하다.

$$\int_1^{\infty} \frac{\ln x}{x}\,dx = \lim_{t\to\infty} \int_1^t \frac{\ln x}{x}\,dx = \lim_{t\to\infty} \frac{(\ln x)^2}{2}\bigg]_1^t$$

$$= \lim_{t\to\infty} \frac{(\ln t)^2}{2} = \infty$$

이상적분이 발산하므로 적분 판정법에 의해 급수 $\sum(\ln n)/n$도 역시 발산한다. ❯

예제 2 **급수 $\displaystyle\sum_{n=1}^{\infty} \frac{1}{n^p}$이 수렴하도록 하는 p의 값을 구하라.**

풀이

$p<0$이면 $\lim_{n\to\infty}(1/n^p)=\infty$이다. 그리고 $p=0$이면 $\lim_{n\to\infty}(1/n^p)=1$이다. 두 경우 모두 $\lim_{n\to\infty}(1/n^p)\neq 0$이므로 발산 판정법에 의해 주어진 급수는 발산한다(8.2절 7 참조).

$p>0$이면 함수 $f(x)=1/x^p$은 $[1,\infty)$에서 연속이고 양의 값을 가지며 감소한다. 6.6절의 2에서 다음을 알고 있다.

$$\int_1^{\infty} \frac{1}{x^p}\,dx \text{는 } p>1 \text{일 때 수렴하고, } p\le 1 \text{일 때 발산한다.}$$

[연습문제 17~22]는 적분 판정법에 의해 급수의 합이 수렴하는지 추정하는 방법을 보여준다.

그러므로 적분 판정법에 의해 급수 $\sum 1/n^p$은 $p>1$일 때 수렴하고, $0<p\le 1$일 때 발산한다. ($p=1$일 때, 이 급수는 8.2절의 [예제 7]에서 다룬 조화급수이다.) ❯

[예제 2]의 급수를 **p급수** p-series 라 한다. 이 장에서 앞으로 설명할 내용 중에서 p급수는 매우 중요한 역할을 하므로 참고용으로 [예제 2]의 결과를 다음과 같이 요약한다.

> 1 p급수 $\displaystyle\sum_{n=1}^{\infty} \frac{1}{n^p}$은 $p>1$일 때 수렴하고, $p\le 1$일 때 발산한다.

예를 들어 다음 급수는 $p=3>1$인 p급수이므로 수렴한다.

$$\sum_{n=1}^{\infty} \frac{1}{n^3} = \frac{1}{1^3}+\frac{1}{2^3}+\frac{1}{3^3}+\frac{1}{4^3}+\cdots$$

그러나 다음 급수는 $p=\frac{1}{3}<1$인 p급수이므로 발산한다.

$$\sum_{n=1}^{\infty} \frac{1}{n^{1/3}} = \sum_{n=1}^{\infty} \frac{1}{\sqrt[3]{n}} = 1+\frac{1}{\sqrt[3]{2}}+\frac{1}{\sqrt[3]{3}}+\frac{1}{\sqrt[3]{4}}+\cdots$$

비교 판정법

다음 급수는 $a = \frac{1}{2}$, $r = \frac{1}{2}$인 등비급수이므로 수렴하는 $\sum_{n=1}^{\infty} 1/2^n$을 떠올리게 될 것이다.

2 $$\sum_{n=1}^{\infty} \frac{1}{2^n + 1}$$

그러나 급수 2는 수렴하는 급수와 너무 유사하기 때문에 이것도 역시 수렴할 것이라고 예상할 수 있다. 실제로 그렇다. 다음 부등식에서는 주어진 급수 2의 항들이 등비급수의 항들보다 작다는 것을 보여준다.

$$\frac{1}{2^n + 1} < \frac{1}{2^n}$$

그러므로 이 급수의 모든 부분합들도 등비급수의 합인 1보다 작다. 이것은 부분합들이 유계이고 증가하는 수열이므로 수렴함을 의미한다. 또한 급수의 합도 등비급수의 합보다 작다.

$$\sum_{n=1}^{\infty} \frac{1}{2^n + 1} < 1$$

이와 유사한 방법으로 수렴하거나 발산하는 또 다른 급수와 비교하여 주어진 급수의 수렴성을 판정하는 다음 판정법을 생각할 수 있다. 이런 추론은 양항급수에만 적용된다. 첫 번째 부분은 주어진 급수의 항이 수렴하는 것으로 알려진 급수의 항보다 작으면 주어진 급수도 수렴한다는 것을 말한다. 두 번째 부분은 발산하는 것으로 알려진 급수의 항보다 주어진 급수의 항이 더 크면 주어진 급수도 발산하는 것을 말한다.

비교 판정법 $\sum a_n$과 $\sum b_n$이 양항급수라 하자.

(i) $\sum b_n$이 수렴하고, 모든 n에 대해 $a_n \le b_n$이면 $\sum a_n$도 수렴한다.

(ii) $\sum b_n$이 발산하고, 모든 n에 대해 $a_n \ge b_n$이면 $\sum a_n$도 발산한다.

증명

(i) 다음과 같다고 하자.

$$s_n = \sum_{i=1}^{n} a_i, \quad t_n = \sum_{i=1}^{n} b_i, \quad t = \sum_{n=1}^{\infty} b_n$$

두 급수는 모두 양항을 가지므로 두 수열 $\{s_n\}$과 $\{t_n\}$은 증가한다($s_{n+1} = s_n + a_{n+1} \ge s_n$). 또한 모든 n에 대해 $t_n \le t$이므로 $t_n \to t$이다. $a_i \le b_i$이므로 $s_n \le t_n$이다. 따라서 모든 n에 대해 $s_n \le t$이다. 이것은 $\{s_n\}$이 증가

수열과 급수의 차이를 잊지 말자. 수열은 수의 나열인 반면 급수는 합이다. 모든 급수 $\sum a_n$에 두 개의 수열이 관련된다. 하나는 항들의 수열 $\{a_n\}$, 다른 하나는 부분합의 수열 $\{s_n\}$이다.

하고 위로 유계임을 의미하므로 단조수열 정리에 의해 수렴함을 의미한다. 따라서 $\sum a_n$은 수렴한다.

(ii) $\sum b_n$이 발산하면 $\{t_n\}$이 증가하므로 $t_n \to \infty$이다. 그러나 $a_i \geq b_i$이므로 $s_n \geq t_n$이다. 따라서 $s_n \to \infty$이고 $\sum a_n$은 발산한다.

비교 판정법을 사용하기 위한 표준형인 급수

비교 판정법을 사용할 때 비교라는 목적을 위해 수렴성이 잘 알려진 어떤 급수 $\sum b_n$을 도입해야 한다. 대부분의 경우에 다음 급수 중 하나를 사용한다.

- p급수 [$\sum 1/n^p$은 $p > 1$이면 수렴하고, $p \leq 1$이면 발산한다(1 참조).]
- 등비급수 [$\sum ar^{n-1}$은 $|r| < 1$이면 수렴하고, $|r| \geq 1$이면 발산한다(8.2절의 4 참조).]

예제 3 **급수 $\displaystyle\sum_{n=1}^{\infty} \frac{5}{2n^2+4n+3}$가 수렴하는지 아니면 발산하는지 판정하라.**

풀이

충분히 큰 n에 대해 분모를 지배하는 항은 $2n^2$이므로 주어진 급수를 급수 $\sum \frac{5}{2n^2}$와 비교한다. 그러면 다음 부등식은 좌변이 더 큰 분모를 가지므로 부등식이 성립한다. (비교 판정법의 기호에서 a_n은 좌변이고 b_n은 우변이다.)

$$\frac{5}{2n^2+4n+3} < \frac{5}{2n^2}$$

이때 우변에 의한 급수는 다음과 같이 $p = 2 > 1$인 p급수이므로 수렴한다.

$$\sum_{n=1}^{\infty} \frac{5}{2n^2} = \frac{5}{2}\sum_{n=1}^{\infty} \frac{1}{n^2}$$

따라서 비교 판정법 (i)에 의해 다음은 수렴한다.

$$\sum_{n=1}^{\infty} \frac{5}{2n^2+4n+3}$$

비교 판정법에서 $a_n \leq b_n$ 또는 $a_n \geq b_n$이라는 조건이 모든 n에 대해 주어졌으나 어떤 주어진 정수 N에 대해 $n \geq N$일 때 이 조건이 성립하면 이 판정법을 적용할 수 있다. 급수의 수렴성은 처음 유한개의 항에 영향을 받지 않기 때문이다. 다음 예는 이것을 설명한다.

예제 4 **급수 $\displaystyle\sum_{k=1}^{\infty} \frac{\ln k}{k}$가 수렴하는지 아니면 발산하는지 판정하라.**

풀이

[예제 1]에서 이 급수를 판정하기 위해 적분 판정법을 사용했다. 그러나 조화급수와 비

교하여 판정할 수도 있다. $k \ge 3$에 대해 $\ln k > 1$이므로 다음을 얻는다.

$$\frac{\ln k}{k} > \frac{1}{k}, \quad k \ge 3$$

급수 $\sum 1/k$($p=1$인 p급수)은 발산하는 것을 알고 있다. 따라서 주어진 급수는 비교 판정법에 의해 발산한다.

NOTE _ 판정하고자 하는 급수의 항은 수렴하는 급수의 항보다 작거나 발산하는 급수의 항보다 커야 한다. 주어진 급수의 항이 수렴하는 급수의 항보다 크거나 발산하는 급수의 항보다 작으면 비교 판정법을 적용할 수 없다. 예를 들어 다음 급수를 생각하자.

$$\sum_{n=1}^{\infty} \frac{1}{2^n - 1}$$

그러면 다음 부등식을 생각할 수 있다.

$$\frac{1}{2^n - 1} > \frac{1}{2^n}$$

이때 $\sum b_n = \sum \left(\frac{1}{2}\right)^n$이 수렴하고, $a_n > b_n$이므로 비교 판정법은 아무 소용이 없다. 그럼에도 불구하고 $\sum 1/(2^n - 1)$은 수렴할 것으로 느껴진다. 그 이유는 이 급수가 수렴하는 등비급수 $\sum \left(\frac{1}{2}\right)^n$과 매우 유사하기 때문이다. 이러한 경우에는 다음 판정법을 이용할 수 있다.

극한비교 판정법 $\sum a_n$과 $\sum b_n$이 양항급수라 하자. c가 유한한 수이고 $c > 0$이라 할 때, 다음이 성립하면 두 급수가 모두 수렴하거나 모두 발산한다.

$$\lim_{n \to \infty} \frac{a_n}{b_n} = c$$

[연습문제 25~26]은 $c = 0$과 $c = \infty$인 경우를 다룬다.

증명

m과 M을 $m < c < M$인 양수라 하자. 충분히 큰 n에 대해 a_n/b_n은 c에 매우 가까우므로 다음을 만족하는 정수 N이 존재한다.

$$m < \frac{a_n}{b_n} < M, \qquad n > N$$

$$mb_n < a_n < Mb_n, \quad n > N$$

$\sum b_n$이 수렴하면 $\sum Mb_n$도 수렴한다. 따라서 비교 판정법 (i)에 의해 $\sum a_n$이 수렴한다. $\sum b_n$이 발산하면 $\sum m b_n$도 발산하고 비교 판정법 (ii)에 의해 $\sum a_n$이 발산한다.

예제 5 급수 $\displaystyle\sum_{n=1}^{\infty} \frac{1}{2^n - 1}$이 수렴하는지 아니면 발산하는지 판정하라.

풀이

다음과 같이 놓고 극한비교 판정법을 사용한다.

$$a_n = \frac{1}{2^n - 1}, \quad b_n = \frac{1}{2^n}$$

그러면 다음을 얻는다.

$$\lim_{n\to\infty} \frac{a_n}{b_n} = \lim_{n\to\infty} \frac{1/(2^n-1)}{1/2^n} = \lim_{n\to\infty} \frac{2^n}{2^n-1} = \lim_{n\to\infty} \frac{1}{1-1/2^n} = 1 > 0$$

■ www.stewartcalculus.com (Additional Example B를 보라.)

이 극한이 존재하고 $\sum 1/2^n$ 이 수렴하는 등비급수이므로 주어진 급수는 극한비교 판정법에 의해 수렴한다.

적분 판정법의 증명

급수 $\sum 1/n^2$과 $\sum 1/\sqrt{n}$ 에 대한 [그림 16]과 [그림 17]로 적분 판정법의 증명에 숨겨진 기본 개념은 이미 알고 있다. 일반적인 급수 $\sum a_n$ 에 대해 [그림 18]과 [그림 19]를 보자.

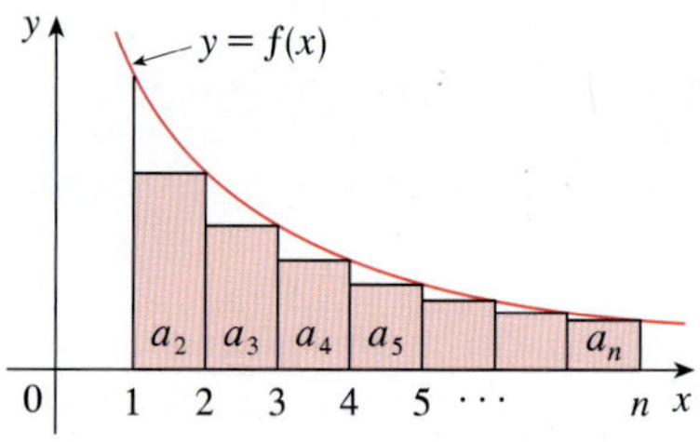

[그림 18]

[그림 18]에서 첫 번째 색칠된 직사각형의 넓이는 $[1, 2]$의 오른쪽 끝점에서 f의 값, 즉 $f(2) = a_2$이다. 따라서 1에서 n까지 색칠된 직사각형의 넓이와 $y = f(x)$ 아래의 넓이를 비교하면 다음과 같다.

3 $$a_2 + a_3 + \cdots + a_n \le \int_1^n f(x)\,dx$$

(이 부등식은 f가 감소한다는 사실에 의존한다는 것에 주목하자.) 같은 방법으로 [그림 19]는 다음을 보여준다.

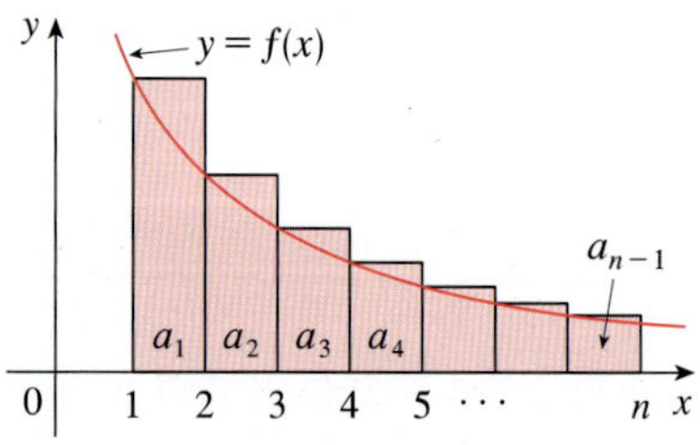

[그림 19]

4 $$\int_1^n f(x)\,dx \le a_1 + a_2 + \cdots + a_{n-1}$$

(i) $\int_1^\infty f(x)\,dx$가 수렴하면 $f(x) \ge 0$이므로 3으로부터 다음을 얻는다.

$$\sum_{i=2}^n a_i \le \int_1^n f(x)\,dx \le \int_1^\infty f(x)\,dx$$

그러므로 어떤 상수 M에 대해 다음 부등식을 얻는다.

$$s_n = a_1 + \sum_{i=2}^n a_i \le a_1 + \int_1^\infty f(x)\,dx = M$$

모든 n에 대해 $s_n \le M$이므로 수열 $\{s_n\}$은 위로 유계이다. 또한 $a_{n+1} = f(n+1) \ge 0$이므로 다음이 성립한다.

$$s_{n+1} = s_n + a_{n+1} \ge s_n$$

따라서 $\{s_n\}$은 증가하는 유계수열이고 8.1절의 단조수열정리 11에 의해 $\{s_n\}$은 수렴한다. 이것은 $\sum a_n$이 수렴하는 것을 뜻한다.

(ii) $\int_1^{\infty} f(x)\,dx$가 발산하면 $f(x) \ge 0$이므로 $n \to \infty$일 때 $\int_1^{n} f(x)\,dx \to \infty$이다.

그러나 식 4에 의해 다음 부등식이 성립하므로 $s_{n-1} \to \infty$이다.

$$\int_1^{n} f(x)\,dx \le \sum_{i=1}^{n-1} a_i = s_{n-1}$$

이는 $s_n \to \infty$이고 $\sum a_n$이 발산함을 뜻한다. ∑

8.3 연습문제

01 그림을 그려서 다음이 성립함을 보여라.

$$\sum_{n=2}^{\infty} \frac{1}{n^{1.3}} < \int_1^{\infty} \frac{1}{x^{1.3}}\,dx$$

이 급수에 대해 어떤 결론을 내릴 수 있는가?

02 Σa_n과 Σb_n이 양항급수이고 Σb_n은 수렴한다고 하자.

(a) 모든 n에 대해 $a_n > b_n$일 때, Σa_n에 대해서는 어떻게 말할 수 있는가? 그리고 그 이유는 무엇인가?

(b) 모든 n에 대해 $a_n < b_n$일 때, Σa_n에 대해서는 어떻게 말할 수 있는가? 그리고 그 이유는 무엇인가?

03 다음 두 급수를 구별하는 것은 매우 중요하다.

$$\sum_{n=1}^{\infty} n^b, \quad \sum_{n=1}^{\infty} b^n$$

첫 번째 급수에 붙여진 이름은 무엇인가? 두 번째 급수에 붙여진 이름은 무엇인가? 첫 번째 급수가 수렴하기 위한 b의 값은 무엇인가? 두 번째 급수가 수렴하기 위한 b의 값은 무엇인가?

04 적분 판정법을 이용하여 급수 $\sum_{n=1}^{\infty} \frac{1}{\sqrt[5]{n}}$이 수렴하는지 아니면 발산하는지 결정하라.

05 비교 판정법을 이용하여 급수 $\sum_{n=1}^{\infty} \frac{1}{n^2+n+1}$이 수렴하는지 아니면 발산하는지 결정하라.

06~15 다음 급수가 수렴하는지 아니면 발산하는지 결정하라.

06 $\sum_{n=1}^{\infty} \frac{2}{n^{0.85}}$

07 $1 + \frac{1}{8} + \frac{1}{27} + \frac{1}{64} + \frac{1}{125} + \cdots$

08 $1 + \frac{1}{3} + \frac{1}{5} + \frac{1}{7} + \frac{1}{9} + \cdots$

09 $\sum_{n=1}^{\infty} ne^{-n}$

10 $\sum_{n=2}^{\infty} \frac{1}{n \ln n}$

11 $\sum_{n=1}^{\infty} \frac{\cos^2 n}{n^2+1}$

12 $\sum_{n=1}^{\infty} \frac{n-1}{n4^n}$

13 $\sum_{n=1}^{\infty} \frac{1+4^n}{1+3^n}$

14 $\displaystyle\sum_{n=1}^{\infty} \frac{2+(-1)^n}{n\sqrt{n}}$

15 $\displaystyle\sum_{n=1}^{\infty} \sin\left(\frac{1}{n}\right)$

---

16 급수 $\displaystyle\sum_{n=2}^{\infty} \frac{1}{n(\ln n)^p}$이 수렴하기 위한 p의 값을 구하라.

17 적분 판정법에 의해 수렴하는 것으로 보이는 급수 Σa_n의 합을 s라 하고, $f(x)$는 이 판정법에 사용되는 함수라 하자. n개 항 이후의 나머지는 다음과 같다.

$$R_n = s - s_n = a_{n+1} + a_{n+2} + a_{n+3} + \cdots$$

따라서 R_n은 처음 n개 항의 합 s_n이 전체 합 s에 대한 근삿값으로 사용될 때의 오차이다.

(a) [그림 18]과 [그림 19]로 넓이($x \geq n$에 대해)를 비교하여 다음을 보여라.

$$\int_{n+1}^{\infty} f(x)\,dx \leq R_n \leq \int_{n}^{\infty} f(x)\,dx$$

(b) (a)로부터 다음을 추론하라.

$$s_n + \int_{n+1}^{\infty} f(x)\,dx \leq s \leq s_n + \int_{n}^{\infty} f(x)\,dx$$

18 (a) 급수 $\displaystyle\sum_{n=1}^{\infty} \frac{1}{n^4}$의 부분합 s_{10}을 구하라. [연습문제 17(a)]를 이용하여 이 급수의 합에 대한 근삿값으로 s_{10}을 이용할 때의 오차를 추정하라.

(b) $n=10$인 [연습문제 17(b)]를 이용하여 급수의 합에 대해 개선된 추정값을 제시하라.

(c) s_n이 급수의 합과의 오차가 0.00001 이내에 놓이기 위한 n의 값을 구하라.

19 (a) 처음 10개 항의 합과 [연습문제 17(a)]를 이용하여 급수 $\displaystyle\sum_{n=1}^{\infty} \frac{1}{n^2}$의 합을 추정하라. 이 추정값은 얼마나 정확한가?

(b) $n=10$인 [연습문제 17(b)]를 이용하여 이 추정값을 개선하라.

(c) 근삿값 $s \approx s_n$에 대한 오차가 0.001 미만이 되게 하는 n의 값을 구하라.

20 급수 $\displaystyle\sum_{n=1}^{\infty} \frac{1}{n^5}$의 합을 소수점 아래 셋째 자리까지 정확하게 구하라.

21 (a) $y=1/x$의 그래프를 이용하여 조화급수의 n번째 부분합이 s_n일 때 다음이 성립하는 것을 보여라.

$$s_n \leq 1 + \ln n$$

(b) 조화급수는 매우 느리게 발산한다. (a)를 이용하여 처음 100만 개 항의 합이 15보다 작고 10억 개 항의 합이 22보다 작다는 것을 보여라.

22 급수 $\displaystyle\sum_{n=1}^{\infty} n^{-1.001}$의 합을 소수점 아래 아홉째 자리까지 정확하게 구해 이 근삿값과 급수의 합과의 오차가 5 미만이 되게 하려 한다. 그러면 $10^{11.301}$개 초과의 항을 더할 필요가 있음을 보여라.

23 수 $0.d_1d_2d_3d_4\cdots$의 소수 표현법의 의미는 다음과 같다.

$$0.d_1d_2d_3d_4\cdots = \frac{d_1}{10} + \frac{d_2}{10^2} + \frac{d_3}{10^3} + \frac{d_4}{10^4} + \cdots$$

(여기서 자릿수 d_i는 0, 1, 2, ⋯, 9 가운데 어느 하나이다.) 이 급수는 항상 수렴함을 보여라.

24 Σa_n이 수렴하는 양항급수이면 $\Sigma \sin(a_n)$도 수렴하는가?

25 (a) Σa_n과 Σb_n이 양항급수이고 Σb_n이 수렴한다고 하자. 다음이 성립하면 Σa_n도 수렴함을 증명하라.

$$\lim_{n\to\infty} \frac{a_n}{b_n} = 0$$

(b) (a)를 이용하여 다음 급수가 수렴함을 보여라.

(i) $\displaystyle\sum_{n=1}^{\infty} \frac{\ln n}{n^3}$ (ii) $\displaystyle\sum_{n=1}^{\infty} \frac{\ln n}{\sqrt{n}\, e^n}$

26 (a) Σa_n과 Σb_n이 양항급수이고 Σb_n이 발산한다고 하자. 다음이 성립하면 Σa_n도 발산함을 증명하라.

$$\lim_{n\to\infty} \frac{a_n}{b_n} = \infty$$

(b) (a)를 이용하여 다음 급수가 수렴함을 보여라.

(i) $\displaystyle\sum_{n=2}^{\infty} \frac{1}{\ln n}$ (ii) $\displaystyle\sum_{n=1}^{\infty} \frac{\ln n}{n}$

27 두 양항급수 Σa_n과 Σb_n에 대해 $\displaystyle\lim_{n\to\infty} \frac{a_n}{b_n} = 0$이다. 이때 Σa_n은 수렴하고 Σb_n은 발산하는 두 급수 Σa_n과 Σb_n에 대한 예를 제시하라. ([연습문제 25]와 비교하라.)

28 $a_n \geq 0$이고 Σa_n이 수렴하면 Σa_n^2도 역시 수렴함을 증명하라.

29 $a_n > 0$이고 $\displaystyle\lim_{n\to\infty} n a_n \neq 0$이면 Σa_n이 발산함을 보여라.

8.4 다른 수렴 판정법들

지금까지 살펴본 수렴 판정법은 단지 양의 항을 갖는 급수에만 적용된다. 이번 절에서는 항이 반드시 양수일 필요가 없는 급수를 다룬다.

교대급수

항들이 양수와 음수가 교대로 나타나는 급수를 **교대급수**alternating series라 한다. 다음 두 예를 보자.

$$1 - \frac{1}{2} + \frac{1}{3} - \frac{1}{4} + \frac{1}{5} - \frac{1}{6} + \cdots = \sum_{n=1}^{\infty} (-1)^{n-1} \frac{1}{n}$$

$$-\frac{1}{2} + \frac{2}{3} - \frac{3}{4} + \frac{4}{5} - \frac{5}{6} + \frac{6}{7} - \cdots = \sum_{n=1}^{\infty} (-1)^{n} \frac{n}{n+1}$$

위와 같은 교대급수의 n번째 항은 다음과 같은 형태임을 알 수 있다.

$$a_n = (-1)^{n-1} b_n \quad \text{또는} \quad a_n = (-1)^n b_n$$

여기서 b_n은 양수이다. (실제로 $b_n = |a_n|$이다.)

다음은 교대급수의 항의 절댓값이 0으로 감소한다면 교대급수는 수렴한다는 말이다.

교대급수 판정법 교대급수가 다음 조건을 만족하면 이 급수는 수렴한다.

$$\sum_{n=1}^{\infty} (-1)^{n-1} b_n = b_1 - b_2 + b_3 - b_4 + b_5 - b_6 + \cdots, \quad b_n > 0$$

(i) 모든 n에 대해 $b_{n+1} \le b_n$이다.

(ii) $\lim_{n \to \infty} b_n = 0$

증명하기에 앞서 증명에 대한 개념을 나타내는 [그림 20]을 살펴보자. 먼저 수직선에 $s_1 = b_1$을 좌표로 표시하고 s_2를 구하기 위해 b_2를 뺀다. 그러면 s_2는 s_1의 왼쪽에 놓인다. s_3를 구하기 위해 b_3를 더한다. 그러면 s_3는 s_2의 오른쪽에 놓이지만 $b_3 < b_2$이므로 s_3는 s_1의 왼쪽에 놓인다. 이러한 방법을 계속하면 부분합이 좌우로 진동하는 것을 알 수 있다. $b_n \to 0$이므로 연속적인 단계의 길이는 점점 더 작아진다. 짝수인 부분합 $s_2, s_4, s_6, \cdots$는 증가하고 홀수인 부분합 $s_1, s_3, s_5, \cdots$는 감소한다. 따라서 두 부분합열은 모두 급수의 합인 어떤 s로 수렴할 것으로 보인다. 그러므로 아래 증명에서 짝수 부분합과 홀수 부분합으로 나누어 생각한다.

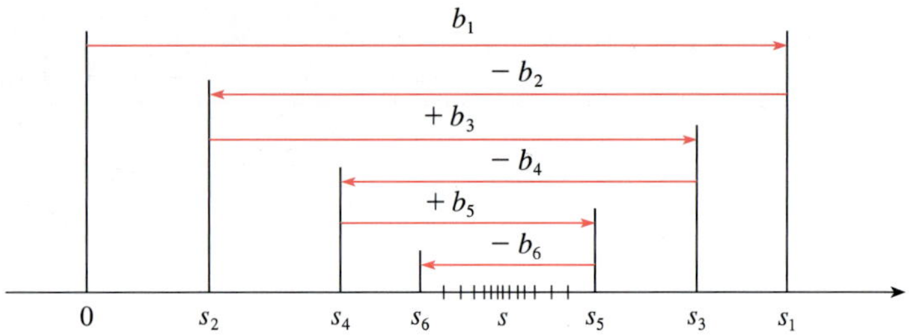

[그림 20]

교대급수 판정법의 증명

먼저 다음과 같은 짝수 부분합을 생각한다.

$$s_2 = b_1 - b_2 \geq 0 \qquad (b_2 \leq b_1 \text{이므로})$$

$$s_4 = s_2 + (b_3 - b_4) \geq s_2 \quad (b_4 \leq b_3 \text{이므로})$$

일반적으로 $b_{2n} \leq b_{2n-1}$이므로 $s_{2n} = s_{2n-2} + (b_{2n-1} - b_{2n}) \geq s_{2n-2}$이다. 따라서 다음을 얻는다.

$$0 \leq s_2 \leq s_4 \leq s_6 \leq \cdots \leq s_{2n} \leq \cdots$$

그러나 s_{2n}을 다음과 같이 쓸 수 있다.

$$s_{2n} = b_1 - (b_2 - b_3) - (b_4 - b_5) - \cdots - (b_{2n-2} - b_{2n-1}) - b_{2n}$$

모든 괄호 안의 항은 양수이므로 모든 n에 대해 $s_{2n} \leq b_1$이다. 그러므로 짝수 부분합열 $\{s_{2n}\}$은 위로 유계인 증가수열이다. 따라서 단조수열정리에 의해 이 부분합열은 수렴한다. 이 극한을 다음과 같이 s라 하자.

$$\lim_{n\to\infty} s_{2n} = s$$

이제 홀수 부분합의 극한을 다음과 같이 계산한다.

$$\begin{aligned}\lim_{n\to\infty} s_{2n+1} &= \lim_{n\to\infty} (s_{2n} + b_{2n+1}) \\ &= \lim_{n\to\infty} s_{2n} + \lim_{n\to\infty} b_{2n+1} \\ &= s + 0 \quad (\text{조건 (ii)에 의해}) \\ &= s\end{aligned}$$

짝수 부분합과 홀수 부분합이 s로 수렴하므로 $\lim_{n\to\infty} s_n = s$이다. 즉 급수는 수렴한다(8.1절 [연습문제 30] 참조).

예제 1 **다음 교대조화급수는**

$$1 - \frac{1}{2} + \frac{1}{3} - \frac{1}{4} + \cdots = \sum_{n=1}^{\infty} \frac{(-1)^{n-1}}{n}$$

다음 조건을 만족한다.

(i) $\dfrac{1}{n+1} < \dfrac{1}{n}$ 이므로 $b_{n+1} < b_n$ 이다.

(ii) $\lim_{n\to\infty} b_n = \lim_{n\to\infty} \dfrac{1}{n} = 0$

그러므로 이 급수는 교대급수 판정법에 의해 수렴한다.

[그림 21]은 항 $a_n = (-1)^{n-1}/n$과 부분합 s_n의 그래프를 보임으로써 [예제 1]을 설명한다. s_n 값들이 지그재그 모양으로 약 0.7로 나타나는 극한값임에 유의하자. 실제로 급수의 정확한 합은 $\ln 2 \approx 0.693$임을 증명할 수 있다.

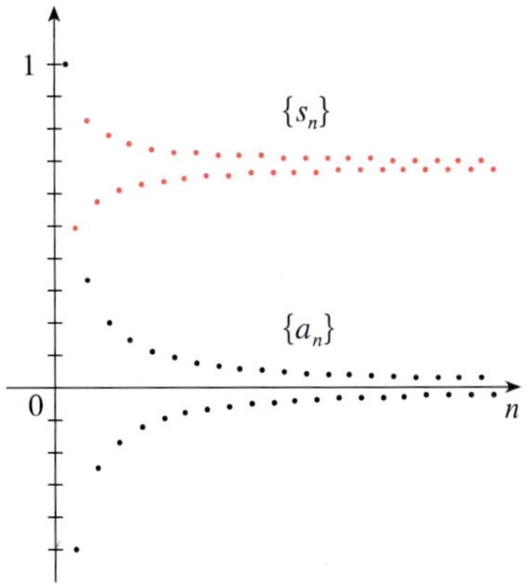

[그림 21]

예제 2 **급수 $\sum_{n=1}^{\infty} \dfrac{(-1)^n 3n}{4n-1}$ 은 교대급수이지만 다음과 같이 조건 (ii)를 만족하지 않는다.**

$$\lim_{n\to\infty} b_n = \lim_{n\to\infty} \frac{3n}{4n-1} = \lim_{n\to\infty} \frac{3}{4-\dfrac{1}{n}} = \frac{3}{4}$$

반면에 급수의 n번째 항의 극한을 조사하면 다음과 같고 이 극한은 존재하지 않는다.

$$\lim_{n\to\infty} a_n = \lim_{n\to\infty} \frac{(-1)^n 3n}{4n-1}$$

따라서 발산 판정법에 의해 이 급수는 발산한다.

예제 3 **급수 $\sum_{n=1}^{\infty} (-1)^{n+1} \dfrac{n^2}{n^3+1}$ 가 수렴하는지 아니면 발산하는지 판정하라.**

풀이

주어진 급수는 교대급수이므로 교대급수 판정법의 조건 (i)과 (ii)를 확인해야 한다.

[예제 1]의 상황과 다르게 수열 $b_n = n^2/(n^3+1)$이 감소하는지 명확하지 않다. 그러나 관련된 함수 $f(x) = x^2/(x^3+1)$을 생각하면 다음을 얻는다.

$$f'(x) = \frac{x(2-x^3)}{(x^3+1)^2}$$

단지 양수 x에 대해서만 생각하므로 $2-x^3<0$, 즉 $x>\sqrt[3]{2}$ 이면 $f'(x)<0$임을 알 수 있다. 그러므로 구간 $(\sqrt[3]{2}, \infty)$에서 f는 감소한다. 이것은 $f(n+1) < f(n)$임을 의미한다. 즉 $n \ge 2$에 대해 $b_{n+1} < b_n$이다. (부등식 $b_2 < b_1$을 직접 확인할 수 있으나 실제로 문제가 되는 것은 수열 $\{b_n\}$이 결국에는 감소한다는 것이다.)

도함수를 계산하여 교대급수 판정법의 조건 (i)을 확인하는 대신 8.1절 [예제 12]의 기법을 이용하여 직접 $b_{n+1} < b_n$을 확인할 수 있다.

조건 (ii)는 다음과 같이 바로 확인된다.

$$\lim_{n\to\infty} b_n = \lim_{n\to\infty} \frac{n^2}{n^3+1} = \lim_{n\to\infty} \frac{\dfrac{1}{n}}{1+\dfrac{1}{n^3}} = 0$$

따라서 교대급수 판정법에 의해 주어진 급수는 수렴한다.

임의의 수렴하는 급수의 부분합 s_n은 전체합 s에 대한 근삿값으로 이용될 수는 있지만 근삿값의 정확도를 추정할 수 없는 경우에는 그다지 쓸모가 없다. $s \approx s_n$을 이용할 때 나타나는 오차는 나머지 $R_n = s - s_n$이다. 다음 정리는 교대급수 판정법의 조건을 만족하는 급수에 대해 오차의 크기는 처음으로 무시할 수 있는 항의 절댓값인 b_{n+1}보다 작다는 것을 의미한다.

8.4절의 [그림 20]으로부터 교대급수 추정정리가 참인 이유를 기하학적으로 알 수 있다. $s - s_4 < b_5$, $|s - s_5| < b_6$, …임에 주목하자. 또한 s가 임의의 연이은 두 부분합 사이에 놓이는 것에 주목하자.

교대급수 추정정리 교대급수의 합 $s = \sum (-1)^{n-1} b_n$이 다음 두 조건을 만족한다고 하자.

(i) $0 \le b_{n+1} \le b_n$　　(ii) $\lim_{n \to \infty} b_n = 0$

그러면 다음이 성립한다.

$$|R_n| = |s - s_n| \le b_{n+1}$$

증명

교대급수 판정법의 증명으로부터 s는 임의의 연이은 두 부분합 s_n과 s_{n+1} 사이에 놓인다. (s는 모든 짝수 부분합보다 크다는 것을 보였다. 비슷한 논법에 의해 s는 모든 홀수 부분합보다 작다는 것을 알 수 있다.) 따라서 다음이 성립한다.

$$|s - s_n| \le |s_{n+1} - s_n| = b_{n+1}$$

예제 4 급수 $\sum_{n=0}^{\infty} \frac{(-1)^n}{n!}$의 합을 소수점 아래 셋째 자리까지 정확하게 구하라. (정의에 의해 $0! = 1$이다.)

풀이

먼저 이 급수가 다음과 같이 교대급수 판정법에 의해 수렴하는 것을 알 수 있다.

(i) $b_{n+1} = \frac{1}{(n+1)!} = \frac{1}{n!(n+1)} < \frac{1}{n!} = b_n$

(ii) $0 < \frac{1}{n!} < \frac{1}{n} \to 0$이므로 $n \to \infty$일 때 $b_n = \frac{1}{n!} \to 0$이다.

근사시킬 때 사용할 항의 수가 몇 개인지 감을 잡기 위해 이 급수의 처음 몇 개의 항을 다음과 같이 써 보자.

$$s = \frac{1}{0!} - \frac{1}{1!} + \frac{1}{2!} - \frac{1}{3!} + \frac{1}{4!} - \frac{1}{5!} + \frac{1}{6!} - \frac{1}{7!} + \cdots$$

$$= 1 - 1 + \frac{1}{2} - \frac{1}{6} + \frac{1}{24} - \frac{1}{120} + \frac{1}{720} - \frac{1}{5040} + \cdots$$

다음에 주목하자.

$$b_7 = \frac{1}{5040} < \frac{1}{5000} = 0.0002$$

$$s_6 = 1 - 1 + \frac{1}{2} - \frac{1}{6} + \frac{1}{24} - \frac{1}{120} + \frac{1}{720} \approx 0.368056$$

교대급수 추정정리에 의해 다음을 알 수 있다.

$$|s - s_6| \le b_7 < 0.0002$$

0.0002보다 작은 오차는 소수점 아래 셋째 자리까지에는 영향을 미치지 않는다. 따라서 소수점 아래 셋째 자리까지 정확하게 $s \approx 0.368$이다.

8.7절에서 모든 x에 대해 $e^x = \sum_{n=0}^{\infty} \frac{x^n}{n!}$임을 보일 것이다. 따라서 [예제 4]에서 얻은 결과는 수 e^{-1}에 대한 실제 근삿값이다.

NOTE 일반적으로 '오차(s_n을 이용한 s의 근삿값에서)는 처음으로 무시되는 항보다 작다'는 법칙은 교대급수 추정정리의 조건을 만족하는 교대급수에만 유효하다. 이 법칙은 다른 형태의 급수에는 적용되지 않는다.

절대수렴

임의의 주어진 급수 $\sum a_n$에 대해 이 급수의 각 항에 절댓값을 취해서 얻어지는 다음 급수를 생각하자.

$$\sum_{n=1}^{\infty} |a_n| = |a_1| + |a_2| + |a_3| + \cdots$$

정의 절댓값의 급수 $\sum |a_n|$이 수렴할 때 급수 $\sum a_n$은 **절대수렴**absolutely convergent한다고 한다.

양항급수와 교대급수에 대한 수렴 판정법이 있다. 그러나 각 항이 부호가 불규칙하게 바뀐다면 어떻게 될까? 이러한 경우에 때때로 절대수렴의 개념이 도움이 되는 것을 [예제 7]에서 알게 될 것이다.

$\sum a_n$이 양항급수이면 $|a_n| = a_n$이므로 이 경우에는 절대수렴과 수렴이 같다는 것에 주목하자.

예제 5 **급수 $\sum_{n=1}^{\infty} \frac{(-1)^{n-1}}{n^2} = 1 - \frac{1}{2^2} + \frac{1}{3^2} - \frac{1}{4^2} + \cdots$은 절대수렴한다.**

왜냐하면 이에 대응하는 절댓값의 급수가 다음과 같이 $p = 2$인 p급수이기 때문이다.

$$\sum_{n=1}^{\infty} \left| \frac{(-1)^{n-1}}{n^2} \right| = \sum_{n=1}^{\infty} \frac{1}{n^2} = 1 + \frac{1}{2^2} + \frac{1}{3^2} + \frac{1}{4^2} + \cdots$$

예제 6 **다음 교대조화급수는 수렴한다([예제 1] 참조).**

$$\sum_{n=1}^{\infty} \frac{(-1)^{n-1}}{n} = 1 - \frac{1}{2} + \frac{1}{3} - \frac{1}{4} + \cdots$$

그러나 이에 대응하는 절댓값의 급수가 다음과 같은 조화급수($p=1$인 p급수)이므로 이 급수는 절대수렴하지 않는다.

$$\sum_{n=1}^{\infty}\left|\frac{(-1)^{n-1}}{n}\right|=\sum_{n=1}^{\infty}\frac{1}{n}=1+\frac{1}{2}+\frac{1}{3}+\frac{1}{4}+\cdots$$

정의 급수 $\sum a_n$이 수렴하지만 절대수렴하지 않으면 급수 $\sum a_n$을 **조건부 수렴** conditionally convergent한다고 한다.

절대수렴하는 급수의 항들이 재배열되어 순서가 바뀌어도 합은 변하지 않는 것을 증명할 수 있다. 그러나 조건부 수렴하는 급수의 항을 재배열하면 그 합이 다를 수 있다.

[예제 6]은 교대조화급수가 조건부 수렴함을 보인다. 즉 수렴하는 급수가 절대수렴하지 않을 수 있다. 그러나 다음 정리는 절대수렴하는 급수는 반드시 수렴함을 보여준다.

1 정리 급수 $\sum a_n$이 절대수렴하면 그 급수는 수렴한다.

증명

$|a_n|$은 a_n 또는 $-a_n$이므로 다음 부등식이 성립한다.

$$0\le a_n+|a_n|\le 2|a_n|$$

$\sum a_n$이 절대수렴하면 $\sum|a_n|$이 수렴하므로 $\sum 2|a_n|$도 수렴한다. 그러므로 비교판정법에 의해 $\sum(a_n+|a_n|)$이 수렴한다. 따라서 $\sum a_n$은 다음과 같이 수렴하는 두 급수의 차이므로 이 급수는 수렴한다.

$$\sum a_n=\sum(a_n+|a_n|)-\sum|a_n|$$

예제 7 다음 급수가 수렴하는지 아니면 발산하는지 결정하라.

$$\sum_{n=1}^{\infty}\frac{\cos n}{n^2}=\frac{\cos 1}{1^2}+\frac{\cos 2}{2^2}+\frac{\cos 3}{3^2}+\cdots$$

[그림 22]는 [예제 7]의 급수에 대한 일반항 a_n과 부분합 s_n의 그래프를 보인다. 이 급수는 교대급수는 아니지만 양의 항과 음의 항을 갖는 것에 주의한다.

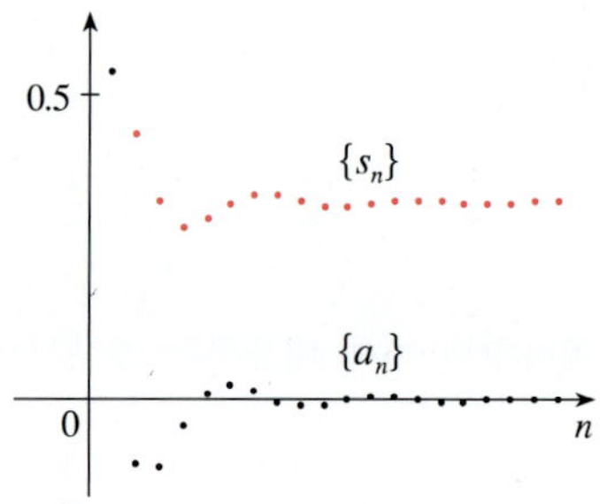

[그림 22]

풀이

이 급수는 양의 항과 음의 항을 모두 갖지만 교대급수는 아니다. (첫 항은 양수, 다음 세 항은 음수, 그 다음 세 항은 양수이다. 즉 부호가 불규칙하게 바뀐다.) 다음과 같이 절댓값의 급수에 비교 판정법을 적용할 수 있다.

$$\sum_{n=1}^{\infty}\left|\frac{\cos n}{n^2}\right|=\sum_{n=1}^{\infty}\frac{|\cos n|}{n^2}$$

모든 n에 대해 $|\cos n|\le 1$이므로 다음을 얻는다.

$$\frac{|\cos n|}{n^2}\le\frac{1}{n^2}$$

급수 $\sum 1/n^2$은 수렴한다($p=2$인 p급수). 따라서 $\sum |\cos n|/n^2$은 비교 판정법에 의해 수렴한다. 그러므로 주어진 급수 $\sum(\cos n)/n^2$은 절대수렴하므로 정리 [1]에 의해 주어진 급수는 수렴한다.

비판정법

다음 판정법은 주어진 급수가 절대수렴하는지를 결정하는 데 매우 유용하다.

비판정법

(i) $\lim_{n\to\infty}\left|\frac{a_{n+1}}{a_n}\right| = L < 1$이면 급수 $\sum_{n=1}^{\infty} a_n$은 절대수렴한다.(따라서 수렴한다.)

(ii) $\lim_{n\to\infty}\left|\frac{a_{n+1}}{a_n}\right| = L > 1$ 또는 $\lim_{n\to\infty}\left|\frac{a_{n+1}}{a_n}\right| = \infty$이면 급수 $\sum_{n=1}^{\infty} a_n$은 발산한다.

(iii) $\lim_{n\to\infty}\left|\frac{a_{n+1}}{a_n}\right| = 1$이면 비판정법으로 결론을 낼 수 없다. 즉 $\sum a_n$의 수렴 또는 발산에 대한 어떤 결론도 내릴 수 없다.

증명

(i) 주어진 급수를 수렴하는 등비급수와 비교하여 증명해야 한다. $L<1$이므로 $L<r<1$인 수 r을 택할 수 있다.

$$\lim_{n\to\infty}\left|\frac{a_{n+1}}{a_n}\right| = L, \quad L<r$$

즉 비 $|a_{n+1}/a_n|$은 결국 r보다 작을 것이다. 그러므로 다음을 만족하는 정수 N이 존재한다.

$$n \ge N\text{이면 } \left|\frac{a_{n+1}}{a_n}\right| < r$$

또는 동치로 다음이 성립한다.

[2] $\qquad n \ge N$이면 $|a_{n+1}| < |a_n| r$

식 [2]에서 n이 연속적으로 $N,\ N+1,\ N+2,\ \cdots$와 같다면 다음을 얻는다.

$$|a_{N+1}| < |a_N| r$$

$$|a_{N+2}| < |a_{N+1}| r < |a_N| r^2$$

$$|a_{N+3}| < |a_{N+2}| r < |a_N| r^3$$

일반적으로 다음이 성립한다.

3 $$\text{모든 } k \geq 1\text{에 대해 } |a_{N+k}| < |a_N| r^k$$

그러면 다음 급수는 $0 < r < 1$인 등비급수이므로 수렴한다.

$$\sum_{k=1}^{\infty} |a_N| r^k = |a_N| r + |a_N| r^2 + |a_N| r^3 + \cdots$$

따라서 비교 판정법과 더불어 부등식 3은 다음 급수가 수렴함을 보인다.

$$\sum_{n=N+1}^{\infty} |a_n| = \sum_{k=1}^{\infty} |a_{N+k}| = |a_{N+1}| + |a_{N+2}| + |a_{N+3}| + \cdots$$

그러므로 급수 $\sum_{n=1}^{\infty} |a_n|$은 수렴한다. (유한 개의 항은 수렴에 영향을 미치지 않는 것을 떠올려보자.) 따라서 $\sum a_n$은 절대수렴한다.

(ii) 만일 $|a_{n+1}/a_n| \to L > 1$ 또는 $|a_{n+1}/a_n| \to \infty$ 이면 비 $|a_{n+1}/a_n|$은 결국 1보다 클 것이다. 즉 다음을 만족하는 정수 N이 존재한다.

$$n \geq N\text{이면 } \left| \frac{a_{n+1}}{a_n} \right| > 1$$

이것은 $n \geq N$일 때 $|a_{n+1}| > |a_n|$을 의미하므로 다음이 성립한다.

$$\lim_{n \to \infty} a_n \neq 0$$

따라서 발산 판정법에 의해 $\sum a_n$은 발산한다.

NOTE _ 비판정법 (iii)은 $\lim_{n \to \infty} |a_{n+1}/a_n| = 1$이면 이 판정법이 아무런 정보도 제공하지 못하는 것을 의미한다. 예를 들어 수렴하는 급수 $\sum 1/n^2$에 대해 $n \to \infty$일 때 다음을 얻는다.

$$\left| \frac{a_{n+1}}{a_n} \right| = \frac{\dfrac{1}{(n+1)^2}}{\dfrac{1}{n^2}} = \frac{n^2}{(n+1)^2} = \frac{1}{\left(1+\dfrac{1}{n}\right)^2} \to 1$$

반면에 발산하는 급수 $\sum 1/n$에 대해 $n \to \infty$일 때 다음을 얻는다.

$$\left| \frac{a_{n+1}}{a_n} \right| = \frac{\dfrac{1}{n+1}}{\dfrac{1}{n}} = \frac{n}{n+1} = \frac{1}{1+\dfrac{1}{n}} \to 1$$

그러므로 $\lim_{n \to \infty} |a_{n+1}/a_n| = 1$이면 급수 $\sum a_n$은 수렴할 수도 있고, 발산할 수도 있다. 이 경우에 비판정법을 적용할 수 없으며 다른 판정법을 사용해야 한다.

예제 8 급수 $\sum_{n=1}^{\infty} (-1)^n \dfrac{n^3}{3^n}$이 절대수렴함을 보여라.

풀이

$a_n = (-1)^n n^3/3^n$에 비판정법을 적용한다.

계승(상수의 n 거듭제곱을 포함하는)이나 다른 곱을 포함하는 급수는 종종 비판정법을 사용하여 편하게 판정한다.

$$\left|\frac{a_{n+1}}{a_n}\right| = \left|\frac{(-1)^{n+1}\dfrac{(n+1)^3}{3^{n+1}}}{(-1)^n\dfrac{n^3}{3^n}}\right| = \frac{(n+1)^3}{3^{n+1}} \cdot \frac{3^n}{n^3}$$

$$= \frac{1}{3}\left(\frac{n+1}{n}\right)^3 = \frac{1}{3}\left(1+\frac{1}{n}\right)^3 \to \frac{1}{3} < 1$$

따라서 비판정법에 의해 주어진 급수는 절대수렴한다.

예제 9 급수 $\sum_{n=1}^{\infty} \frac{n^n}{n!}$의 수렴성을 판정하라.

풀이

항 $a_n = n^n/n!$은 양수이므로 절댓값 기호를 사용할 필요가 없다. $n \to \infty$일 때 다음을 얻는다.

$$\frac{a_{n+1}}{a_n} = \frac{(n+1)^{n+1}}{(n+1)!} \cdot \frac{n!}{n^n} = \frac{(n+1)(n+1)^n}{(n+1)n!} \cdot \frac{n!}{n^n}$$

$$= \left(\frac{n+1}{n}\right)^n = \left(1+\frac{1}{n}\right)^n \to e$$

e의 정의에 의해 $\lim_{x\to 0}(1+x)^{1/x} = e$임을 알고 있다. $n = 1/x$이라 놓으면 $x \to 0^+$일 때 $n \to \infty$이므로 $\lim_{n\to\infty}(1+1/n)^n = e$이다.

한편 $e > 1$이므로 비판정법에 의해 주어진 급수는 발산한다.

다음 판정법은 n차 거듭제곱이 나오는 경우에 적용하면 편리하다. 증명은 비판정법의 승명과 유사하며 [연습문제 24]에 남겨둔다.

근판정법

(i) $\lim_{n\to\infty} \sqrt[n]{|a_n|} = L < 1$이면 급수 $\sum_{n=1}^{\infty} a_n$은 절대수렴한다.(따라서 수렴한다.)

(ii) $\lim_{n\to\infty} \sqrt[n]{|a_n|} = L > 1$ 또는 $\lim_{n\to\infty} \sqrt[n]{|a_n|} = \infty$이면 급수 $\sum_{n=1}^{\infty} a_n$은 발산한다.

(iii) $\lim_{n\to\infty} \sqrt[n]{|a_n|} = 1$이면 근판정법으로 결론을 낼 수 없다.

근판정법 (iii)은 $\lim_{n\to\infty} \sqrt[n]{|a_n|} = 1$이면 이 판정법이 아무런 정보도 제공하지 못하는 것을 의미한다. 이때 급수 $\sum a_n$은 수렴할 수도 있고 발산할 수도 있다. (비판정법에서 $L = 1$이면 근판정법에서도 $L = 1$일 것이므로 이 경우에 근판정법을 시도하지 않는다. 반대의 경우도 마찬가지로 근판정법에서 $L = 1$이면 비판정법을 사용하지 않는다.)

예제 10 급수 $\sum_{n=1}^{\infty}\left(\frac{2n+3}{3n+2}\right)^n$ 의 수렴성을 판정하라.

풀이

$a_n = \left(\frac{2n+3}{3n+2}\right)^n$ 이라 하면 다음이 성립한다.

$$\sqrt[n]{|a_n|} = \frac{2n+3}{3n+2} = \frac{2+\frac{3}{n}}{3+\frac{2}{n}} \to \frac{2}{3} < 1$$

따라서 근판정법에 의해 주어진 급수는 수렴한다.

■ www.stewartcalculus.com
지금까지 급수의 수렴성에 대한 여러 가지 판정법을 다루었다. 따라서 급수가 주어질 때 어떤 판정법을 사용해야 할지를 알기 위해 'Additional Topics'를 클릭한 후에 'Strategy for Testing Series'를 클릭하라.

8.4 연습문제

01 (a) 교대급수란 무엇인가?

(b) 어떤 조건 아래에서 교대급수가 수렴하는가?

(c) (b)의 조건을 만족할 때 n번째 항 이후의 나머지에 대해서는 어떻게 말할 수 있는가?

02~04 다음 급수의 수렴성을 판정하라.

02 $\frac{4}{7}-\frac{4}{8}+\frac{4}{9}-\frac{4}{10}+\frac{4}{11}-\cdots$

03 $\sum_{n=1}^{\infty}\frac{(-1)^{n-1}}{2n+1}$

04 $\sum_{n=1}^{\infty}(-1)^n\frac{3n-1}{2n+1}$

05~06 다음 급수가 수렴함을 보여라. 지정된 정확도에서 합을 구하기 위해 더해야 할 급수의 항은 몇 개인가?

05 $\sum_{n=1}^{\infty}\frac{(-1)^{n+1}}{n^6}$ ($|$오차$| < 0.00005$)

06 $\sum_{n=0}^{\infty}\frac{(-1)^n}{10^n n!}$ ($|$오차$| < 0.000005$)

07~08 다음 급수의 합을 소수점 아래 넷째 자리까지 나타낸 근삿값을 구하라.

07 $\sum_{n=1}^{\infty}\frac{(-1)^n}{(2n)!}$

08 $\sum_{n=1}^{\infty}\frac{(-1)^{n-1}n^2}{10^n}$

09 교대급수 $\sum_{n=1}^{\infty}\frac{(-1)^{n-1}}{n}$의 50번째 부분합 s_{50}이 전체 합보다 큰지 아니면 작은지 보이고 그 이유를 설명하라.

10~20 다음 급수가 절대수렴, 조건부 수렴, 발산하는지 결정하라.

10 $\sum_{n=1}^{\infty}\frac{n}{5^n}$

11 $\sum_{n=0}^{\infty}\frac{(-10)^n}{n!}$

12 $\sum_{n=0}^{\infty}\frac{(-1)^n}{5n+1}$

13 $\sum_{k=1}^{\infty}k\left(\frac{2}{3}\right)^k$

14 $\sum_{n=1}^{\infty}\frac{10^n}{(n+1)4^{2n+1}}$

15 $\sum_{n=1}^{\infty}\frac{\cos(n\pi/3)}{n!}$

16 $\sum_{n=1}^{\infty}\frac{(-1)^n\arctan n}{n^2}$

17 $\sum_{n=1}^{\infty}\left(\frac{n^2+1}{2n^2+1}\right)^n$

18 $\sum_{n=1}^{\infty}\left(1+\frac{1}{n}\right)^{n^2}$

19 $1-\frac{1\cdot 3}{3!}+\frac{1\cdot 3\cdot 5}{5!}-\frac{1\cdot 3\cdot 5\cdot 7}{7!}+\cdots$
$+(-1)^{n-1}\frac{1\cdot 3\cdot 5\cdot \cdots \cdot (2n-1)}{(2n-1)!}+\cdots$

20 $\sum_{n=1}^{\infty}\frac{2\cdot 4\cdot 6\cdot \cdots \cdot (2n)}{n!}$

---

21 $\{b_n\}$을 $\frac{1}{2}$로 수렴하는 양수들의 수열이라 하자. $\sum_{n=1}^{\infty}\frac{b_n^n \cos n\pi}{n}$가 절대수렴하는지 아닌지 결정하라.

22 다음 중에서 비판정법으로 판정할 수 없는 급수는 어느 것인가? (즉 비판정법으로 확답을 할 수 없는 급수는 어느 것인가?)

(a) $\sum_{n=1}^{\infty}\frac{1}{n^3}$ (b) $\sum_{n=1}^{\infty}\frac{n}{2^n}$

(c) $\sum_{n=1}^{\infty}\frac{(-3)^{n-1}}{\sqrt{n}}$ (d) $\sum_{n=1}^{\infty}\frac{\sqrt{n}}{1+n^2}$

23 (a) 모든 x에 대해 $\sum_{n=0}^{\infty}\frac{x^n}{n!}$이 수렴함을 보여라.

(b) 모든 x에 대해 $\lim_{n\to\infty} x^n/n!=0$임을 추론하라.

24 근판정법을 증명하라. [(i)에 대한 힌트: $L<r<1$인 임의의 r을 택하고, $n\geq N$일 때 $\sqrt[n]{|a_n|}<r$을 만족하는 정수 N이 존재한다는 사실을 이용하라.]

8.5 거듭제곱급수

다음과 같은 형태의 급수를 **거듭제곱급수**power series라 한다.

$$\boxed{1}\qquad \sum_{n=0}^{\infty} c_n x^n = c_0 + c_1 x + c_2 x^2 + c_3 x^3 + \cdots$$

여기서 x는 변수, c_n은 상수로 이 급수의 **계수**coefficient라고 한다. 고정된 각 x에 대해 급수 $\boxed{1}$은 수렴 또는 발산 여부를 판정할 수 있는 상수들의 급수가 된다. 거듭제곱급수는 x의 값에 따라 수렴하기도 하고 발산하기도 할 것이다. 급수의 합은 이 급수가 수렴하는 모든 x들의 집합을 정의역으로 갖는 다음 함수로 나타낼 수 있다.

$$f(x)=c_0+c_1x+c_2x^2+\cdots+c_nx^n+\cdots$$

f는 다항함수와 비슷한데 항이 무수히 많다는 것만 다를 뿐이다.

예를 들어 모든 n에 대해 $c_n=1$을 택하면 거듭제곱급수는 다음과 같은 등비급수가 되며 $-1<x<1$에서 수렴하고 $|x|\geq 1$에서 발산한다(8.2절의 식 $\boxed{5}$ 참조).

$$\sum_{n=0}^{\infty} x^n = 1+x+x^2+\cdots+x^n+\cdots$$

좀 더 일반적으로 다음 형태의 급수를 **$(x-a)$의 거듭제곱급수** 또는 **중심이 a인 거듭제곱급수** 또는 **a에 대한 거듭제곱급수**라 한다.

삼각급수trigonometric series

거듭제곱급수는 각 항이 거듭제곱함수인 급수이다. **삼각급수**는 다음과 같이 각 항이 삼각함수인 급수이다.

$$\sum_{n=0}^{\infty}(a_n\cos nx+b_n\sin nx)$$

이와 같은 급수 형태를

http://www.stewartcalculus.com

에서 논의한다. 'Additional Topics'에서 'Fourier Series'를 클릭하라.

2 $$\sum_{n=0}^{\infty} c_n (x-a)^n = c_0 + c_1 (x-a) + c_2 (x-a)^2 + \cdots$$

식 1과 2에서 $n=0$에 대응하는 항을 쓸 때 $x=a$일 때에도 관습적으로 $(x-a)^0 = 1$을 택한다. 또한 $x=a$일 때 $n \geq 1$에 대해 모든 항이 0이므로 거듭제곱급수 2는 $x=a$일 때 항상 수렴한다.

예제 1 **급수 $\sum_{n=0}^{\infty} n!x^n$이 수렴하기 위한 x의 값을 구하라.**

풀이

비판정법을 이용한다. 통상적으로 a_n을 이 급수의 n번째 항이라 하면 $a_n = n!x^n$이다. 만일 $x \neq 0$이면 다음을 얻는다.

$$\lim_{n\to\infty} \left| \frac{a_{n+1}}{a_n} \right| = \lim_{n\to\infty} \left| \frac{(n+1)!\,x^{n+1}}{n!\,x^n} \right| = \lim_{n\to\infty} (n+1)|x| = \infty$$

다음에 유의하자.
$(n+1)!$
$= (n+1)n(n-1)\cdot \cdots \cdot 3\cdot 2\cdot 1$
$= (n+1)n!$

비판정법에 의해 $x \neq 0$일 때 이 급수는 발산한다. 따라서 주어진 급수는 $x=0$일 때 수렴한다.

예제 2 **급수 $\sum_{n=1}^{\infty} \frac{(x-3)^n}{n}$이 수렴하기 위한 x의 값을 구하라.**

풀이

$a_n = (x-3)^n/n$이라 놓으면 $n\to\infty$일 때 다음이 성립한다.

$$\left| \frac{a_{n+1}}{a_n} \right| = \left| \frac{(x-3)^{n+1}}{n+1} \cdot \frac{n}{(x-3)^n} \right| = \frac{1}{1+\frac{1}{n}} |x-3| \to |x-3|$$

비판정법에 의해 주어진 급수는 $|x-3|<1$일 때 절대수렴하므로 수렴하며, $|x-3|>1$일 때 발산한다. 이제 다음과 같이 나타낼 수 있다.

$$|x-3|<1 \quad \Leftrightarrow \quad -1 < x-3 < 1 \quad \Leftrightarrow \quad 2 < x < 4$$

따라서 $2<x<4$일 때 급수는 수렴하고, $x<2$ 또는 $x>4$일 때 발산한다.

그러나 $|x-3|=1$일 때 비판정법은 아무런 정보도 주지 못하므로 $x=2$와 $x=4$를 분리해서 생각해야 한다. 급수에서 $x=4$라 하면 주어진 거듭제곱급수는 조화급수

$\Sigma\ 1/n$이 되므로 발산한다. $x=2$이면 급수는 $\Sigma\,(-1)^n/n$이고 교대급수 판정법에 의해 수렴한다. 따라서 주어진 거듭제곱급수는 $2 \le x < 4$에서 수렴한다.

거듭제곱급수를 사용하는 주된 목적은 수학, 물리학, 화학 등에서 사용하는 중요한 몇몇 함수들을 표현하기 위한 것임을 알게 될 것이다. 특히 다음 예제에서 나오는 거듭제곱급수의 합은 독일의 천문학자 베셀Friedrich Bessel, 1784~1846의 이름에서 따온 **베셀함수** Bessel function라고 한다. [연습문제 15]에 주어진 함수는 베셀함수의 또 다른 예이다. 실제로 이 함수는 베셀이 행성운동을 기술한 케플러의 방정식을 풀었을 때 처음으로 나타났다. 그 이후로 이 함수는 원판의 온도 분포, 진동하는 막의 형태를 포함한 많은 다른 물리적 상황에 응용되고 있다.

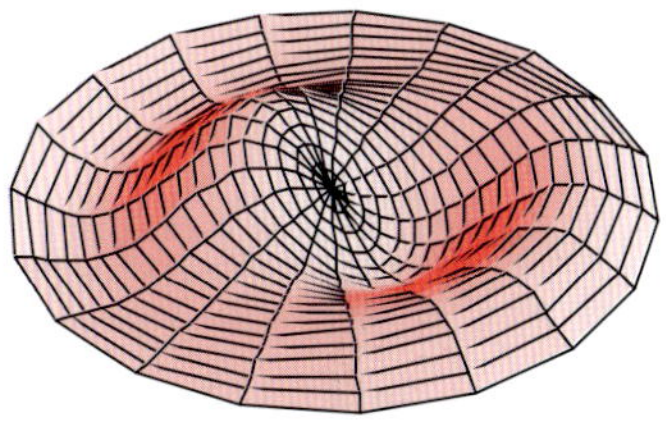

컴퓨터로 생성된 모형(베셀함수와 코사인함수가 연관된)이 진동하는 고무막의 사진과 얼마나 가깝게 일치하는지 주목하자.

예제 3 **다음과 같이 정의되는 0차 베셀함수의 정의역을 구하라.**

$$J_0(x)=\sum_{n=0}^{\infty}\frac{(-1)^n x^{2n}}{2^{2n}(n!)^2}$$

풀이

$a_n=(-1)^n x^{2n}/[2^{2n}(n!)^2]$이라 하자. 그러면 모든 x에 대해 다음이 성립한다.

$$\begin{aligned}\left|\frac{a_{n+1}}{a_n}\right| &= \left|\frac{(-1)^{n+1}x^{2(n+1)}}{2^{2(n+1)}[(n+1)!]^2}\cdot\frac{2^{2n}(n!)^2}{(-1)^n x^{2n}}\right| \\ &= \frac{x^{2n+2}}{2^{2n+2}(n+1)^2(n!)^2}\cdot\frac{2^{2n}(n!)^2}{x^{2n}} \\ &= \frac{x^2}{4(n+1)^2}\to 0<1\end{aligned}$$

따라서 비판정법에 의해 주어진 급수는 모든 x에 대해 수렴한다. 다시 말해서 베셀함수 J_0의 정의역은 $(-\infty,\ \infty)=\mathbb{R}$이다.

급수의 합은 부분합열의 극한임을 떠올려보자. 따라서 [예제 3]에서 베셀함수를 급수의 합으로 정의할 때 모든 실수 x에 대해 다음을 의미한다.

$$J_0(x)=\lim_{n\to\infty}s_n(x),\quad s_n(x)=\sum_{i=0}^{n}\frac{(-1)^i x^{2i}}{2^{2i}(i!)^2}$$

처음 몇 개의 부분합은 다음과 같다.

$$s_0(x)=1\qquad s_1(x)=1-\frac{x^2}{4}\qquad s_2(x)=1-\frac{x^2}{4}+\frac{x^4}{64}$$

$$s_3(x) = 1 - \frac{x^2}{4} + \frac{x^4}{64} - \frac{x^6}{2304} \qquad s_4(x) = 1 - \frac{x^2}{4} + \frac{x^4}{64} - \frac{x^6}{2304} + \frac{x^8}{147,456}$$

[그림 23]은 다항함수인 부분합들의 그래프를 보여준다. 이것들은 모두 함수 J_0에 대한 근사이지만 더 많은 항이 포함될수록 근삿값은 참값에 더욱 가까워지는 것에 주목한다. [그림 24]는 좀 더 완전한 베셀함수의 그래프를 보여준다.

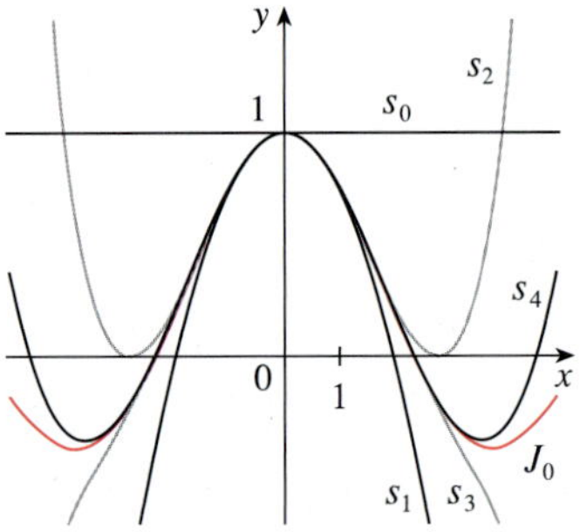

[그림 23] 베셀함수 J_0의 부분합

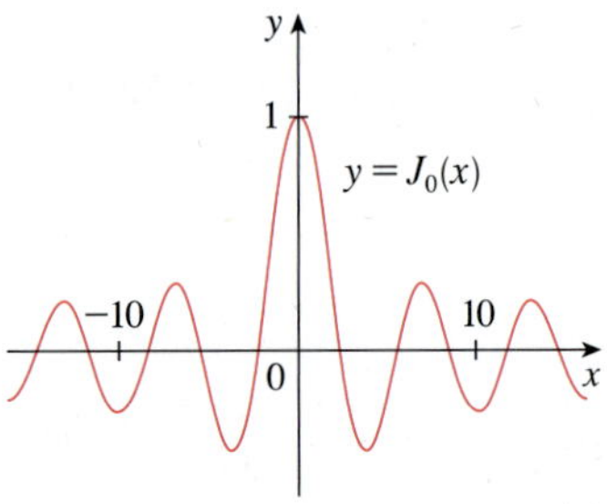

[그림 24]

지금까지 살펴본 거듭제곱급수들에 대해 급수가 수렴하는 x값의 집합은 항상 하나의 구간으로 나타난다. (등비급수와 [예제 2]의 급수에 대해서는 유한한 구간, [예제 3]에서는 무한한 구간 $(-\infty, \infty)$, [예제 1]은 붕괴된 구간 $[0, 0] = \{0\}$이다.) 다음 정리는 이것이 일반적으로 참이라는 사실을 보여준다. 증명은 '부록 C'에서 다룬다.

3 정리 주어진 거듭제곱급수 $\sum_{n=0}^{\infty} c_n(x-a)^n$에 대해 다음 세 가지 중 어느 하나만 가능하다.

(i) $x = a$일 때만 급수가 수렴한다.

(ii) 모든 x에 대해 급수가 수렴한다.

(iii) $|x-a| < R$이면 급수가 수렴하고, $|x-a| > R$이면 발산하는 양수 R이 존재한다.

(iii)의 경우에 수 R을 거듭제곱급수의 **수렴반지름**radius of convergence이라고 한다. 편의상 (i)의 경우에 수렴반지름을 $R=0$, (ii)의 경우에 $R=\infty$라고 한다. 거듭제곱급수의 **수렴구간**interval of convergence은 급수가 수렴하는 x의 모든 값으로 구성된 구간이다. (i)의 경우에 수렴구간은 단일 점 a로 구성되며, (ii)의 경우에 수렴구간은 $(-\infty, \infty)$이다. (iii)의 경우에 부등식 $|x-a| < R$은 $a-R < x < a+R$로 고쳐 쓸 수 있음에 유의하자. 이때 x가 구간의 끝점, 즉 $x = a \pm R$일 때 급수가 어느 한 끝점 또는 두 개의 양 끝점에서 수렴하거나 모두 발산할 수도 있다. 따라서 (iii)의 경우에 가능한 수렴구간은 다음 네 가지가 있다.

$$(a-R,\ a+R), \quad (a-R,\ a+R], \quad [a-R,\ a+R), \quad [a-R,\ a+R]$$

이러한 상황을 [그림 25]에서 설명한다.

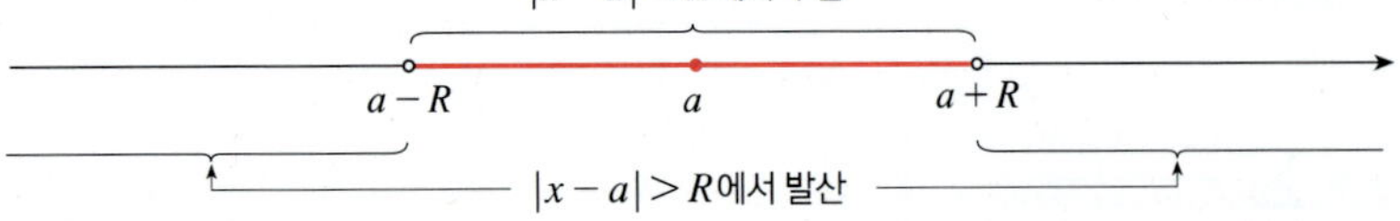

[그림 25]

이제 이 절에서 이미 살펴본 예제들의 수렴반지름과 수렴구간을 요약하면 다음과 같다.

	급수	수렴반지름	수렴구간
등비급수	$\sum_{n=0}^{\infty} x^n$	$R=1$	$(-1, 1)$
[예제 1]	$\sum_{n=0}^{\infty} n!x^n$	$R=0$	$\{0\}$
[예제 2]	$\sum_{n=1}^{\infty} \frac{(x-3)^n}{n}$	$R=1$	$[2, 4)$
[예제 3]	$\sum_{n=0}^{\infty} \frac{(-1)^n x^{2n}}{2^{2n}(n!)^2}$	$R=\infty$	$(-\infty, \infty)$

대부분의 경우에 비판정법(때로는 근판정법)을 이용하여 수렴반지름 R을 결정한다. x가 수렴 구간의 끝점일 때는 비판정법과 근판정법으로 판정할 수 없으므로 다른 판정법을 이용해야 한다.

예제 4 급수 $\sum_{n=0}^{\infty} \frac{(-3)^n x^n}{\sqrt{n+1}}$의 수렴반지름 및 수렴구간을 구하라.

풀이

$a_n = (-3)^n x^n / \sqrt{n+1}$이라 하자. $n \to \infty$일 때 다음을 얻는다.

$$\left|\frac{a_{n+1}}{a_n}\right| = \left|\frac{(-3)^{n+1} x^{n+1}}{\sqrt{n+2}} \cdot \frac{\sqrt{n+1}}{(-3)^n x^n}\right| = \left|-3x\sqrt{\frac{n+1}{n+2}}\right|$$

$$-3\sqrt{\frac{1+(1/n)}{1+(2/n)}}\;|x| \to 3|x|$$

비판정법에 의해 $3|x| < 1$이면 주어진 급수는 수렴하고 $3|x| > 1$이면 발산한다. 따라서 이 급수는 $|x| < \frac{1}{3}$이면 수렴하고 $|x| > \frac{1}{3}$이면 발산한다. 이것은 수렴반지름이 $R = \frac{1}{3}$임을 의미한다. 이 급수는 구간 $\left(-\frac{1}{3}, \frac{1}{3}\right)$에서 수렴하지만 이 구간의 양 끝점에서의 수렴성에 대해 새롭게 판정해야 한다. 만일 $x = -\frac{1}{3}$이면 급수는 다음과 같이 된다. (적분 판정법을 사용하거나 간단히 $p = \frac{1}{2} < 1$인 p급수인 것을 관찰하면 이 급수는 발산한다.)

$$\sum_{n=0}^{\infty} \frac{(-3)^n\left(-\frac{1}{3}\right)^n}{\sqrt{n+1}} = \sum_{n=0}^{\infty} \frac{1}{\sqrt{n+1}} = \frac{1}{\sqrt{1}} + \frac{1}{\sqrt{2}} + \frac{1}{\sqrt{3}} + \frac{1}{\sqrt{4}} + \cdots$$

만일 $x = \frac{1}{3}$이면 주어진 급수는 다음과 같으며 교대급수 판정법에 따라 수렴한다.

$$\sum_{n=0}^{\infty} \frac{(-3)^n\left(\frac{1}{3}\right)^n}{\sqrt{n+1}} = \sum_{n=0}^{\infty} \frac{(-1)^n}{\sqrt{n+1}}$$

그러므로 주어진 거듭제곱급수는 $-\frac{1}{3} < x \le \frac{1}{3}$일 때 수렴하므로 수렴구간은

$\left(-\frac{1}{3}, \frac{1}{3}\right]$이다.

예제 5 급수 $\sum_{n=0}^{\infty} \frac{n(x+2)^n}{3^{n+1}}$의 수렴반지름 및 수렴구간을 구하라.

풀이

$a_n = n(x+2)^n/3^{n+1}$이라 하면 $n \to \infty$일 때 다음을 얻는다.

$$\left|\frac{a_{n+1}}{a_n}\right| = \left|\frac{(n+1)(x+2)^{n+1}}{3^{n+2}} \cdot \frac{3^{n+1}}{n(x+2)^n}\right|$$

$$= \left(1+\frac{1}{n}\right)\frac{|x+2|}{3} \to \frac{|x+2|}{3}$$

급수는 비판정법에 의해 $|x+2|/3 < 1$이면 수렴하고, $|x+2|/3 > 1$이면 발산한다. 따라서 급수는 $|x+2| < 3$이면 수렴하고, $|x+2| > 3$이면 발산한다. 따라서 수렴반지름은 $R = 3$이다.

부등식 $|x+2| < 3$은 $-5 < x < 1$로 쓸 수 있으므로 양 끝점 -5와 1에서 급수의 수렴성을 판정한다. $x = -5$일 때 주어진 급수는 다음과 같으며 발산 판정법 [$(-1)^n n$은 0으로 수렴하지 않는다.]에 의해 발산한다.

$$\sum_{n=0}^{\infty} \frac{n(-3)^n}{3^{n+1}} = \frac{1}{3}\sum_{n=0}^{\infty} (-1)^n n$$

$x = 1$일 때 이 급수는 다음과 같으며 발산 판정법에 따라 발산한다.

$$\sum_{n=0}^{\infty} \frac{n(3)^n}{3^{n+1}} = \frac{1}{3}\sum_{n=0}^{\infty} n$$

따라서 급수는 $-5 < x < 1$일 때 수렴하고 수렴구간은 $(-5, 1)$이다.

8.5 연습문제

01 거듭제곱급수란 무엇인가?

02~11 다음 급수의 수렴반지름과 수렴구간을 구하라.

02 $\sum_{n=1}^{\infty} (-1)^n n x^n$

03 $\sum_{n=1}^{\infty} \frac{x^n}{2n-1}$

04 $\sum_{n=0}^{\infty} \frac{x^n}{n!}$

05 $\sum_{n=1}^{\infty} (-1)^n \frac{n^2 x^n}{2^n}$

06 $\sum_{n=2}^{\infty} (-1)^n \frac{x^n}{4^n \ln n}$

07 $\sum_{n=1}^{\infty} \frac{(-3)^n}{n\sqrt{n}} x^n$

08 $\sum_{n=0}^{\infty} \frac{(x-2)^n}{n^2+1}$

09 $\sum_{n=1}^{\infty} \frac{n}{b^n}(x-a)^n, \quad b>0$

10 $\sum_{n=1}^{\infty} n!(2x-1)^n$

11 $\sum_{n=1}^{\infty} \frac{x^n}{1\cdot 3\cdot 5\cdot \cdots \cdot (2n-1)}$

---

12 $\sum_{n=0}^{\infty} c_n 4^n$이 수렴하면 다음 급수도 수렴하는가?

(a) $\sum_{n=0}^{\infty} c_n(-2)^n$ (b) $\sum_{n=0}^{\infty} c_n(-4)^n$

13 k가 양의 정수일 때 다음 급수의 수렴반지름을 구하라.

$$\sum_{n=0}^{\infty} \frac{(n!)^k}{(kn)!} x^n$$

14 수렴구간이 $[0, \infty)$인 거듭제곱급수를 구할 수 있는가? 이것을 설명하라.

15 다음과 같이 정의되는 함수 J_1을 1차 베셀함수라 한다.

$$J_1(x) = \sum_{n=0}^{\infty} \frac{(-1)^n x^{2n+1}}{n!(n+1)!2^{2n+1}}$$

(a) 정의역을 구하라.

(b) 처음 몇 개의 부분합의 그래프를 동일한 보기화면에 그려라.

(c) CAS CAS에 베셀함수가 내장되어 있다면 (b)에 있는 부분합과 같이 동일한 보기화면에 J_1의 그래프를 그려라. 그리고 부분합들이 어떻게 J_1에 근사하는지 관찰하라.

16 함수 f가 다음과 같이 정의된다.

$$f(x) = 1 + 2x + x^2 + 2x^3 + x^4 + \cdots$$

즉 모든 $n \ge 0$에 대해 계수가 $c_{2n}=1$, $c_{2n+1}=2$이다. 이 급수의 수렴구간과 $f(x)$에 대한 명확한 식을 구하라.

17 $\lim_{n\to\infty} \sqrt[n]{|c_n|} = c$, $c \neq 0$이면 거듭제곱급수 $\sum c_n x^n$의 수렴반지름은 $R = 1/c$임을 보여라.

18 급수 $\sum c_n x^n$의 수렴반지름이 2, 급수 $\sum d_n x^n$의 수렴반지름이 3이라고 하자. 급수 $\sum (c_n + d_n) x^n$의 수렴반지름은 얼마인가?

8.6 함수를 거듭제곱급수로 표현하기

이 절에서는 등비급수를 조작하거나 등비급수를 미분 또는 적분하여 어떤 형태의 함수들을 거듭제곱급수의 합으로 나타내는 방법을 살펴본다. 알고 있는 함수를 무수히 많은 항들의 합으로 나타내려고 하는 이유가 궁금할 것이다. 나중에 이런 전략이 기본 역도함수가 없는 함수를 적분할 때, 미분방정식을 풀 때, 다항함수로 함수를 근사시킬 때 유용하다는 것을 알게 될 것이다. (과학자들은 그들이 다루는 식을 간단히 만들기 위해 이 방법을 이용하고, 컴퓨터 과학자들은 계산기나 컴퓨터로 함수들을 표현하기 위해 이 방법을 이용한다.)

먼저 앞에서 공부한 다음 식으로 시작한다.

1 $$\frac{1}{1-x} = 1 + x + x^2 + x^3 + \cdots = \sum_{n=0}^{\infty} x^n, \quad |x| < 1$$

이 식을 8.2절 [예제 5]에서 처음 접했을 때는 관찰을 통해 $a=1$, $r=x$인 등비급수라는 것을 알았다. 그러나 여기서의 관점은 다르다. 식 1은 함수 $f(x) = \frac{1}{1-x}$을 거듭제곱급수의 합으로 나타낸다.

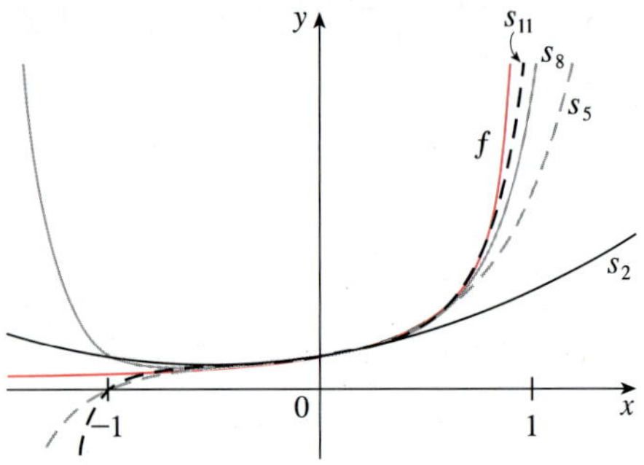

[그림 26]

식 [1]에 대한 기하학적인 설명은 [그림 26]에서 보여준다. 급수의 합이 부분합열의 극한이므로 다음을 얻는다.

$$\frac{1}{1-x}=\lim_{n\to\infty}s_n(x)$$

여기서 $s_n(x)=1+x+x^2+\cdots+x^n$은 n번째 부분합이다. n이 커질 때 $s_n(x)$는 $-1<x<1$에서 $f(x)$에 점점 가까워짐에 주목하자.

예제 1 **$1/(1+x^2)$을 거듭제곱급수의 합으로 표현하고 그 수렴구간을 구하라.**

풀이

식 [1]에서 x 대신 $-x^2$으로 대체하면 다음을 얻는다.

$$\frac{1}{1+x^2}=\frac{1}{1-(-x^2)}=\sum_{n=0}^{\infty}(-x^2)^n$$

$$=\sum_{n=0}^{\infty}(-1)^n x^{2n}=1-x^2+x^4-x^6+x^8-\cdots$$

이것은 등비급수이고 $|-x^2|<1$, 즉 $x^2<1$ 또는 $|x|<1$일 때 수렴한다. 따라서 수렴구간은 $(-1, 1)$이다. (물론 비판정법을 적용해서 수렴반지름을 결정할 수 있지만 여기서는 그렇게 많은 작업이 불필요하다.)

예제 2 **$1/(x+2)$을 거듭제곱급수로 나타내라.**

풀이

이 함수를 식 [1]의 좌변 형태로 만들기 위해 다음과 같이 분모에서 2를 묶어낸다.

$$\frac{1}{2+x}=\frac{1}{2\left(1+\dfrac{x}{2}\right)}=\frac{1}{2\left[1-\left(-\dfrac{x}{2}\right)\right]}$$

$$=\frac{1}{2}\sum_{n=0}^{\infty}\left(-\frac{x}{2}\right)^n=\sum_{n=0}^{\infty}\frac{(-1)^n}{2^{n+1}}x^n$$

이 급수는 $\left|-\dfrac{x}{2}\right|<1$일 때, 즉 $|x|<2$일 때 수렴한다. 그래서 수렴구간은 $(-2, 2)$이다.

예제 3 $x^3/(x+2)$을 거듭제곱급수로 나타내라.

풀이

이 함수는 [예제 2]의 함수에 x^3을 곱한 것이므로 그 급수에 x^3을 곱하여 다음을 얻는다.

$$\frac{x^3}{x+2} = x^3 \cdot \frac{1}{x+2} = x^3 \sum_{n=0}^{\infty} \frac{(-1)^n}{2^{n+1}} x^n = \sum_{n=0}^{\infty} \frac{(-1)^n}{2^{n+1}} x^{n+3}$$

$$= \frac{1}{2}x^3 - \frac{1}{4}x^4 + \frac{1}{8}x^5 - \frac{1}{16}x^6 + \cdots$$

x^3은 n에 의존하지 않으므로 시그마 기호 안으로 옮기는 것이 타당하다.[$c = x^3$인 8.2절 정리 8 (i)을 이용한다.]

이 급수를 나타내는 또 다른 방법은 다음과 같다.

$$\frac{x^3}{x+2} = \sum_{n=3}^{\infty} \frac{(-1)^{n-1}}{2^{n-2}} x^n$$

[예제 2]에서와 같이 수렴구간은 $(-2, 2)$이다.

거듭제곱급수의 미분과 적분

거듭제곱급수의 합은 함수 $f(x) = \sum_{n=0}^{\infty} c_n (x-a)^n$과 같고 정의역은 급수의 수렴구간이다. 이와 같은 함수들을 미분하거나 적분할 수 있으며, 다음 정리는 다항식과 마찬가지로 거듭제곱급수의 각 항들을 개별적으로 미분하거나 적분하여 얻을 수 있음을 말해준다. 이것을 **항별 미분과 항별 적분**term by term differentiation and integration이라 한다. 증명은 생략한다.

2 정리 거듭제곱급수 $\sum c_n (x-a)^n$이 수렴반지름 $R > 0$을 갖는다면 다음과 같이 정의된 함수 f는 구간 $(a-R, a+R)$에서 미분가능하다.(따라서 연속이다.)

$$f(x) = c_0 + c_1(x-a) + c_2(x-a)^2 + \cdots = \sum_{n=0}^{\infty} c_n (x-a)^n$$

그리고 다음이 성립한다.

(i) $f'(x) = c_1 + 2c_2(x-a) + 3c_3(x-a)^2 + \cdots = \sum_{n=1}^{\infty} n c_n (x-a)^{n-1}$

(ii) $\int f(x)\,dx = C + c_0(x-a) + c_1 \frac{(x-a)^2}{2} + c_2 \frac{(x-a)^3}{3} + \cdots$

$$= C + \sum_{n=0}^{\infty} c_n \frac{(x-a)^{n+1}}{n+1}$$

식 (i)과 (ii)의 거듭제곱급수의 수렴반지름은 모두 R이다.

(ii)에서 $\int c_0\,dx = c_0 x + C_1$은 $c_0(x-a) + C$로 쓸 수 있다. 여기서 $C = C_1 + ac_0$이므로 급수의 모든 항은 동일한 형태를 갖는다.

NOTE 1 _ 정리 2의 식 (i)과 (ii)는 다음과 같이 바꿔 쓸 수 있다.

(iii) $\dfrac{d}{dx}\left[\sum_{n=0}^{\infty} c_n(x-a)^n\right] = \sum_{n=0}^{\infty} \dfrac{d}{dx}\left[c_n(x-a)^n\right]$

(iv) $\displaystyle\int\left[\sum_{n=0}^{\infty} c_n(x-a)^n\right]dx = \sum_{n=0}^{\infty}\int c_n(x-a)^n\,dx$

유한합인 경우 합의 도함수는 도함수의 합과 같으며 합의 적분은 적분의 합과 같다는 것을 알고 있다. 거듭제곱급수를 다룬다는 조건 하에서 식 (iii)과 (iv)는 무한합에 대해서도 동일하게 성립하는 것을 의미한다. (다른 형태의 함수의 급수에 대해서는 상황이 단순하지 않다. [연습문제 20] 참조)

■ www.stewartcalculus.com
거듭제곱급수를 항별로 미분한다는 생각은 미분방정식을 풀기 위한 강력한 방법의 근간이다.
'Additional Topics'를 클릭한 후에 'Using Series to Solve Differential Equations'를 클릭하라.

NOTE 2 _ 정리 2는 거듭제곱급수를 미분하거나 적분할 때 수렴반지름이 동일함을 의미하지만 수렴구간까지 동일하다는 의미는 아니다. 원래 급수는 양 끝점에서 수렴하지만 미분을 시행한 거듭제곱급수는 양 끝점에서 발산할 수 있다([연습문제 21] 참조).

예제 4 8.5절의 [예제 3]에서 다음 베셀함수는 모든 x에 대해 정의된다.

$$J_0(x) = \sum_{n=0}^{\infty} \frac{(-1)^n x^{2n}}{2^{2n}(n!)^2}$$

따라서 정리 2에 의해 J_0은 모든 x에 대해 미분가능하고 도함수는 다음과 같이 항별로 미분하여 얻는다.

$$J_0'(x) = \sum_{n=0}^{\infty} \frac{d}{dx}\frac{(-1)^n x^{2n}}{2^{2n}(n!)^2} = \sum_{n=1}^{\infty} \frac{(-1)^n 2n x^{2n-1}}{2^{2n}(n!)^2}$$

예제 5 식 1을 미분하여 $1/(1-x)^2$을 거듭제곱급수로 표현하라. 수렴반지름은 얼마인가?

풀이

다음 방정식의 각 변을 미분한다.

$$\frac{1}{1-x} = 1 + x + x^2 + x^3 + \cdots = \sum_{n=0}^{\infty} x^n$$

그러면 다음을 얻는다.

$$\frac{1}{(1-x)^2} = 1 + 2x + 3x^2 + \cdots = \sum_{n=1}^{\infty} n x^{n-1}$$

n을 $n+1$로 바꿔서 다음과 같이 쓸 수 있다.

$$\frac{1}{(1-x)^2} = \sum_{n=0}^{\infty} (n+1) x^n$$

정리 2에 따라 미분한 급수의 수렴반지름은 원래 급수의 수렴반지름, 즉 $R=1$이다.

예제 6 $\ln(1+x)$에 대한 거듭제곱급수 표현과 수렴반지름을 구하라.

풀이

이 함수의 도함수는 $1/(1+x)$인 것에 유의한다. 식 1로부터 다음을 얻는다.

$$\frac{1}{1+x}=\frac{1}{1-(-x)}=1-x+x^2-x^3+\cdots, \quad |x|<1$$

이 방정식의 양변을 적분하여 다음을 얻는다.

$$\ln(1+x)=\int\frac{1}{1+x}\,dx=\int(1-x+x^2-x^3+\cdots)\,dx$$

$$=x-\frac{x^2}{2}+\frac{x^3}{3}-\frac{x^4}{4}+\cdots+C$$

$$=\sum_{n=1}^{\infty}(-1)^{n-1}\frac{x^n}{n}+C, \quad |x|<1$$

C의 값을 결정하기 위해 $x=0$을 대입하면 $\ln(1+0)=C$를 얻는다. 따라서 $C=0$이고 다음을 얻는다.

$$\ln(1+x)=x-\frac{x^2}{2}+\frac{x^3}{3}-\frac{x^4}{4}+\cdots=\sum_{n=1}^{\infty}(-1)^{n-1}\frac{x^n}{n}, \quad |x|<1$$

수렴반지름은 원래 급수의 수렴반지름인 $R=1$이다.

예제 7 $f(x)=\tan^{-1}x$에 대해 거듭제곱급수로 표현하라.

풀이

$f'(x)=1/(1+x^2)$인 것을 알고 있으므로 [예제 1]에서 구한 $1/(1+x^2)$에 대한 거듭제곱급수를 적분하여 요구하는 급수를 구한다.

$$\tan^{-1}x=\int\frac{1}{1+x^2}\,dx=\int(1-x^2+x^4-x^6+\cdots)\,dx$$

$$=C+x-\frac{x^3}{3}+\frac{x^5}{5}-\frac{x^7}{7}+\cdots$$

C를 구하기 위해 $x=0$이라 놓으면 $C=\tan^{-1}0=0$이다. 따라서 다음을 얻는다.

$$\tan^{-1}x=x-\frac{x^3}{3}+\frac{x^5}{5}-\frac{x^7}{7}+\cdots=\sum_{n=0}^{\infty}(-1)^n\frac{x^{2n+1}}{2n+1}$$

$1/(1+x^2)$에 대한 급수의 수렴반지름이 1이므로 $\tan^{-1}x$에 대한 이 급수의 수렴반지름도 1이다.

[예제 7]에서 얻은 $\tan^{-1}x$에 대한 거듭제곱급수를 그레고리 급수(Gregory's series)라 한다. 이 이름은 스코틀랜드의 수학자 그레고리(James Gregory, 1638~1675)의 이름에서 따온 것으로 그는 몇 가지 뉴턴의 발견을 예견했다. 그레고리 급수는 $-1<x<1$일 때 유효하다. 또한 $x=\pm1$일 때도 이 급수는 유효하지만 증명하기는 쉽지 않다. $x=1$일 때 이 급수는 다음과 같다.

$$\frac{\pi}{4}=1-\frac{1}{3}+\frac{1}{5}-\frac{1}{7}+\cdots$$

이 아름다운 결과는 π에 대한 라이프니츠 공식으로 알려져 있다.

예제 8 $\int \frac{1}{1+x^7}\,dx$를 거듭제곱급수로 계산하라.

풀이

첫 번째 단계로 피적분함수 $1/(1+x^7)$을 거듭제곱급수의 합으로 표현한다. [예제 1]에서와 같이 식 [1]로 시작하여 x를 $-x^7$으로 바꾼다.

$$\frac{1}{1+x^7} = \frac{1}{1-(-x^7)} = \sum_{n=0}^{\infty}(-x^7)^n$$

$$= \sum_{n=0}^{\infty}(-1)^n x^{7n} = 1 - x^7 + x^{14} - \cdots$$

이제 항별로 적분하여 다음을 얻는다.

$$\int \frac{1}{1+x^7}\,dx = \int \sum_{n=0}^{\infty}(-1)^n x^{7n}\,dx = C + \sum_{n=0}^{\infty}(-1)^n \frac{x^{7n+1}}{7n+1}$$

$$= C + x - \frac{x^8}{8} + \frac{x^{15}}{15} - \frac{x^{22}}{22} + \cdots$$

이 급수는 $|-x^7| < 1$일 때, 즉 $|x| < 1$일 때 수렴한다.

이 예제는 거듭제곱급수 표현이 유용하게 쓰이는 경우를 보여준다. $1/(1+x^7)$을 손으로 적분하는 것은 믿을 수 없을 만큼 어렵다. 컴퓨터 대수체계가 다르면 답도 다른 형태가 되며 그 결과도 극단적으로 복잡하다. (CAS를 사용하고 있다면 시도해보라.) [예제 8]에서 얻은 무한급수 답은 CAS로 구한 유한한 답보다 훨씬 다루기가 쉽다.

8.6 연습문제

01 거듭제곱급수 $\sum_{n=0}^{\infty} c_n x^n$의 수렴반지름이 10이면 $\sum_{n=1}^{\infty} nc_n x^{n-1}$의 수렴반지름은 얼마인가? 그 이유는 무엇인가?

02~05 다음 함수에 대해 거듭제곱급수로 표현하고, 수렴구간을 결정하라.

02 $f(x) = \frac{1}{1+x}$

03 $f(x) = \frac{2}{3-x}$

04 $f(x) = \frac{x}{9+x^2}$

05 $f(x) = \frac{1+x}{1-x}$

06 먼저 부분분수로 분해하여 $f(x) = \frac{3}{x^2-x-2}$을 거듭제곱급수의 합으로 표현하라. 수렴구간을 구하라.

07 (a) 미분을 이용하여 함수 $f(x) = \frac{1}{(1+x)^2}$에 대한 거듭제곱급수를 구하라. 수렴반지름은 얼마인가?

(b) (a)를 이용하여 함수 $f(x) = \frac{1}{(1+x)^3}$에 대한 거듭제곱급수를 구하라.

(c) (b)를 이용하여 함수 $f(x) = \frac{x^2}{(1+x)^3}$에 대한 거듭제곱급수를 구하라.

08~10 다음 함수에 대해 거듭제곱급수로 표현하고, 수렴반지름을 결정하라.

08 $f(x) = \ln(5-x)$

09 $f(x) = \frac{x}{(1+4x)^2}$

10 $f(x) = \frac{1+x}{(1-x)^2}$

11~12 그래프 f에 대해 거듭제곱급수로 표현하고, 동일한 보기화면에 몇 개의 부분합 $s_n(x)$와 f의 그래프를 그려라. n이 증가할 때 어떻게 변하는가?

11 $f(x) = \dfrac{x}{x^2+16}$ **12** $f(x) = \ln\left(\dfrac{1+x}{1-x}\right)$

13~14 다음 부정적분을 거듭제곱급수로 계산하라. 수렴반지름은 얼마인가?

13 $\displaystyle\int \frac{t}{1-t^8}\,dt$ **14** $\displaystyle\int x^2\ln(1+x)\,dx$

15~16 거듭제곱급수를 이용하여 다음 정적분을 소수점 아래 여섯째 자리까지의 근삿값으로 나타내라.

15 $\displaystyle\int_0^{0.2} \frac{1}{1+x^5}\,dx$ **16** $\displaystyle\int_0^{0.1} x\arctan(3x)\,dx$

---

17 [예제 7]의 결과를 이용하여 $\arctan 0.2$를 소수점 아래 다섯째 자리까지의 근삿값으로 나타내라.

18 (a) [예제 4]에서 주어진 0차 베셀함수 J_0가 다음 미분방정식을 만족함을 보여라.

$$x^2 J_0''(x) + x J_0'(x) + x^2 J_0(x) = 0$$

(b) $\displaystyle\int_0^1 J_0(x)\,dx$를 소수점 아래 셋째 자리까지 정확하게 구하라.

19 (a) 함수 $f(x) = \displaystyle\sum_{n=0}^{\infty} \frac{x^n}{n!}$가 미분방정식 $f'(x) = f(x)$의 해임을 보여라.

(b) $f(x) = e^x$임을 보여라.

20 $f_n(x) = (\sin nx)/n^2$라고 하자. 급수 $\Sigma f_n(x)$는 모든 x에 대해 수렴하지만 도함수의 급수 $\Sigma f_n'(x)$는 정수 n에 대해 $x = 2n\pi$에서 발산함을 보여라. $\Sigma f_n''(x)$는 어떤 x에 대해 수렴하는가?

21 $f(x) = \displaystyle\sum_{n=1}^{\infty} \frac{x^n}{n^2}$이라 하자. f, f', f''에 대한 수렴구간을 각각 구하라.

22 $\tan^{-1}x$에 대한 거듭제곱급수를 이용하여 π가 다음과 같은 무한급수의 합으로 표현됨을 증명하라.

$$\pi = 2\sqrt{3}\sum_{n=0}^{\infty} \frac{(-1)^n}{(2n+1)3^n}$$

8.7 테일러 급수와 매클로린 급수

앞 절에서는 어떤 특별한 형태의 함수들에 대한 거듭제곱급수 표현을 구할 수 있었다. 여기서는 어떤 함수가 거듭제곱급수 표현을 갖는지 그리고 그러한 표현을 어떻게 구할 것인지 살펴본다.

f가 다음과 같이 거듭제곱급수로 표현되는 임의의 함수라 하자.

$$\boxed{1} \quad f(x) = c_0 + c_1(x-a) + c_2(x-a)^2 + c_3(x-a)^3 + c_4(x-a)^4 + \cdots, \quad |x-a| < R$$

계수 c_n이 f에 의해 어떻게 결정되는지 알아보자. 이를 위해서 식 $\boxed{1}$에서 $x=a$라 놓으면 첫 번째 항 이후의 모든 항은 0이므로 다음을 얻는다.

$$f(a) = c_0$$

8.6절의 정리 $\boxed{2}$에 의해 식 $\boxed{1}$의 급수를 다음과 같이 항별로 미분할 수 있다.

2 $f'(x) = c_1 + 2c_2(x-a) + 3c_3(x-a)^2 + 4c_4(x-a)^3 + \cdots, \quad |x-a| < R$

그리고 식 2에 $x = a$를 대입하면 다음을 얻는다.

$$f'(a) = c_1$$

이제 식 2의 양변을 미분하여 다음을 얻는다.

3 $f''(x) = 2c_2 + 2 \cdot 3c_3(x-a) + 3 \cdot 4c_4(x-a)^2 + \cdots, \quad |x-a| < R$

다시 식 3에 $x = a$를 대입하면 다음을 얻는다.

$$f''(a) = 2c_2$$

한 번 더 이 과정을 적용해보자. 식 3의 급수를 미분하면 다음을 얻는다.

4 $f'''(x) = 2 \cdot 3c_3 + 2 \cdot 3 \cdot 4c_4(x-a) + 3 \cdot 4 \cdot 5c_5(x-a)^2 + \cdots, \quad |x-a| < R$

식 4에 $x = a$를 대입하면 다음을 얻는다.

$$f'''(a) = 2 \cdot 3\,c_3 = 3!\,c_3$$

이제 계수에 대한 형태를 알 수 있다. 계속해서 미분하여 $x = a$를 대입하면 다음을 얻는다.

$$f^{(n)}(a) = 2 \cdot 3 \cdot 4 \cdot \cdots \cdot n c_n = n!\,c_n$$

n번째 계수 c_n에 대해 이 방정식을 풀면 다음을 얻는다.

$$c_n = \frac{f^{(n)}(a)}{n!}$$

$0! = 1$이라 하고 $f^{(0)} = f$라 하면 위 식은 $n = 0$인 경우에도 이 식은 성립한다. 따라서 다음 정리가 증명된다.

---

5 **정리** f를 a에서 다음과 같이 거듭제곱급수 표현(전개)을 갖는다고 하자.

$$f(x) = \sum_{n=0}^{\infty} c_n(x-a)^n, \quad |x-a| < R$$

그러면 계수들은 다음 공식으로 주어진다.

$$c_n = \frac{f^{(n)}(a)}{n!}$$

---

c_n에 대한 이 공식을 급수 안에 다시 대입하면 f가 a에서 거듭제곱급수로 표현될 때

다음과 같은 형태가 되어야 함을 알 수 있다.

$$\boxed{6}\ f(x) = \sum_{n=0}^{\infty} \frac{f^{(n)}(a)}{n!}(x-a)^n$$
$$= f(a) + \frac{f'(a)}{1!}(x-a) + \frac{f''(a)}{2!}(x-a)^2 + \frac{f'''(a)}{3!}(x-a)^3 + \cdots$$

식 6의 급수를 a에서(a에 대한 또는 중심이 a인) f의 테일러 급수Taylor series라 한다. $a=0$인 특수한 경우에 테일러 급수는 다음과 같다.

$$\boxed{7}\ f(x) = \sum_{n=0}^{\infty} \frac{f^{(n)}(0)}{n!}x^n$$
$$= f(0) + \frac{f'(0)}{1!}x + \frac{f''(0)}{2!}x^2 + \frac{f'''(0)}{3!}x^3 + \cdots$$

이 급수는 매클로린 급수Maclaurin series라고 불리며 상당히 자주 나타난다.

테일러 급수는 영국의 수학자 테일러(Brook Taylor, 1685~1731)의 이름에서 따온 것이다. 매클로린 급수는 테일러 급수의 특별한 경우임에도 불구하고 스코틀랜드의 수학자 매클로린(Colin Maclaurin, 1698~1746)을 기리기 위해 그의 이름을 붙였다. 그러나 특별한 함수를 거듭제곱급수로 표현하는 아이디어는 뉴턴까지 거슬러 올라가며 일반적인 테일러 급수에 대해서는 스코틀랜드의 수학자 그레고리(James Gregory)는 1668년에, 스위스의 수학자 베르누이(John Bernoulli)는 1690년대에 알고 있었다. 테일러는 1715년에 저서 "증분법(Methodus incrementorum directa et inversa)"에 급수에 대한 발견을 실었을 때 그레고리와 베르누이의 업적을 알지 못했다. 매클로린 급수는 매클로린의 이름에서 따온 것으로, 1742년에 출판한 그의 미적분학 교재 "유율법(Treatise of Fluxions)"에서 그것들을 대중화시켰기 때문에 매클로린의 이름을 붙였다.

NOTE_ f가 a에 대한 거듭제곱급수로 표현될 때 f는 그 테일러 급수들의 합과 같음을 보였다. 그러나 테일러 급수의 합과 같지 않은 함수들이 존재한다. 그러한 함수의 예는 [연습문제 36]에서 다룬다.

예제 1 **함수 $f(x)=e^x$의 매클로린 급수와 그 수렴반지름을 구하라.**

풀이

$f(x)=e^x$이면 모든 n에 대해 $f^{(n)}(x)=e^x$이므로 $f^{(n)}(0)=e^0=1$이다. 그러므로 0에서 f의 테일러 급수(즉 매클로린 급수)는 다음과 같다.

$$\sum_{n=0}^{\infty} \frac{f^{(n)}(0)}{n!}x^n = \sum_{n=0}^{\infty} \frac{x^n}{n!} = 1 + \frac{x}{1!} + \frac{x^2}{2!} + \frac{x^3}{3!} + \cdots$$

수렴반지름을 구하기 위해 $a_n = x^n/n!$이라 하면 다음을 얻는다.

$$\left|\frac{a_{n+1}}{a_n}\right| = \left|\frac{x^{n+1}}{(n+1)!} \cdot \frac{n!}{x^n}\right| = \frac{|x|}{n+1} \to 0 < 1$$

따라서 비판정법에 의해 모든 x에 대해 이 급수는 수렴하고 수렴반지름은 $R=\infty$이다.

정리 5와 [예제 1]로부터 얻을 수 있는 결론은 e^x이 0에서 거듭제곱급수로 표현된다면 다음과 같다는 것이다.

$$e^x = \sum_{n=0}^{\infty} \frac{x^n}{n!}$$

그렇다면 e^x이 거듭제곱급수 표현을 갖는지를 어떻게 결정할 수 있을까?

어떤 조건 아래서 함수가 그 함수의 테일러 급수의 합과 같아지는가? 다시 말해서 f가 모든 계의 도함수를 갖는다면 다음 식이 언제 성립하는가? 이와 같은 훨씬 더 일반적인 의문에 대한 답을 내려보자.

$$f(x)=\sum_{n=0}^{\infty}\frac{f^{(n)}(a)}{n!}(x-a)^n$$

이것은 임의의 수렴하는 급수로서 $f(x)$가 부분합열의 극한임을 의미한다. 테일러 급수의 경우에 부분합은 다음과 같다.

$$\begin{aligned}T_n(x)&=\sum_{i=0}^{n}\frac{f^{(i)}(a)}{i!}(x-a)^i\\&=f(a)+\frac{f'(a)}{1!}(x-a)+\frac{f''(a)}{2!}(x-a)^2+\cdots+\frac{f^{(n)}(a)}{n!}(x-a)^n\end{aligned}$$

T_n은 n차 다항함수로서 이것을 a에서 f의 n차 **테일러 다항식**Taylor polynomial이라 한다. 예를 들어 지수함수 $f(x)=e^x$에 대해 [예제 1]의 결과는 $n=1,\ 2,\ 3$일 때 0에서 테일러 다항식(또는 매클로린 다항식)은 다음과 같음을 보여준다.

$$T_1(x)=1+x,\quad T_2(x)=1+x+\frac{x^2}{2!},\quad T_3(x)=1+x+\frac{x^2}{2!}+\frac{x^3}{3!}$$

지수함수와 이들 세 개의 테일러 다항식의 그래프는 [그림 27]과 같다.

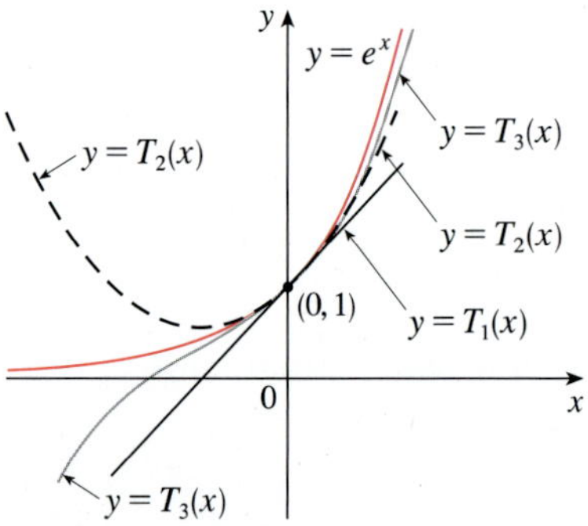

[그림 27]

[그림 27]에서 n이 증가함에 따라 $T_n(x)$는 e^x으로 접근함을 알 수 있다. 이것은 e^x이 자신의 테일러 급수의 합과 같다는 것을 암시한다.

일반적으로 다음이 성립하면 $f(x)$는 자신의 테일러 급수의 합이 된다.

$$f(x)=\lim_{n\to\infty}T_n(x)$$

다음과 같이 놓자.

$$R_n(x)=f(x)-T_n(x)$$

그러므로 다음이 성립한다.

$$f(x)=T_n(x)+R_n(x)$$

여기서 $R_n(x)$를 테일러 급수의 **나머지**remainder라 한다. $\lim_{n\to\infty}R_n(x)=0$임을 보일 수 있다면 다음이 성립한다.

$$\lim_{n\to\infty}T_n(x)=\lim_{n\to\infty}[f(x)-R_n(x)]=f(x)-\lim_{n\to\infty}R_n(x)=f(x)$$

따라서 다음 정리가 증명된다.

> **8 정리** $f(x) = T_n(x) + R_n(x)$라 하자. 여기서 T_n은 a에서 f의 n차 테일러 다항식이고 $|x-a| < R$에 대해 다음이 성립한다.
>
> $$\lim_{n \to \infty} R_n(x) = 0$$
>
> 그러면 f는 구간 $|x-a| < R$에서 f의 테일러 급수의 합과 같다.

특별한 함수 f에 대해 $\lim_{n \to \infty} R_n(x) = 0$임을 보이고자 할 때 다음 정리에 있는 표현을 자주 사용한다.

> **9 테일러 공식** f가 수 a를 포함하는 구간 I에서 $n+1$번 미분가능하면, I 안의 x에 대해 테일러 급수의 나머지 항이 다음과 같이 표현되는 수 z가 x와 a 사이에 존재한다.
>
> $$R_n(x) = \frac{f^{(n+1)}(z)}{(n+1)!}(x-a)^{n+1}$$

NOTE 1 _ $n=0$인 특별한 경우에 테일러 공식에서 $x=b$와 $z=c$라 놓으면 평균값 정리인 $f(b) = f(a) + f'(c)(b-a)$를 얻는다. 실제로 정리 9는 평균값 정리의 증명과 유사한 방법으로 증명된다. 증명은 이 절의 마지막에서 다룬다.

NOTE 2 _ $f^{(n+1)}$이 a 대신 z에서 산출된다는 것만 제외하면 다음 나머지 항은 테일러 급수 안에 있는 항들과 매우 유사하다.

10 $$R_n(x) = \frac{f^{(n+1)}(z)}{(n+1)!}(x-a)^{n+1}$$

여기서 z는 x와 a 사이의 어딘가에 놓인다. 식 10의 $R_n(x)$에 대한 표현은 나머지 항의 라그랑주 형태 Lagrange's form로 알려져 있다.

NOTE 3 _ 8.8절에서 근사함수에 테일러 공식을 적용할 것이다. 이는 정리 8과 관련이 있다.

정리 8과 9를 적용할 때 다음 사실을 이용하면 도움이 된다.

11 모든 실수 x에 대해 $\lim_{n \to \infty} \frac{x^n}{n!} = 0$이다.

[예제 1]로부터 급수 $\sum x^n/n!$이 모든 x에 대해 수렴하고, 이 급수의 n번째 항이 0으로 수렴하므로 11이 성립한다.

예제 2 **e^x이 자신의 테일러 급수의 합과 같음을 증명하라.**

풀이

$f(x) = e^x$이면 $f^{(n+1)}(x) = e^x$이므로 테일러 공식에서 나머지 항은 다음과 같다.

$$R_n(x) = \frac{e^z}{(n+1)!}x^{n+1}$$

여기서 z는 0과 x 사이에 있다. (그러나 z는 n에 의존함에 주의한다.) 만일 $x > 0$이면 $0 < z < x$이고 $e^z < e^x$이다. 그러므로 식 11에 의해 다음을 얻는다.

$$0 < R_n(x) = \frac{e^z}{(n+1)!}x^{n+1} < e^x \frac{x^{n+1}}{(n+1)!} \to 0$$

압축정리에 의해 $n \to \infty$일 때 $R_n(x) \to 0$이다. 만일 $x < 0$이면 $x < z < 0$, $e^z < e^0 = 1$이므로 다음이 성립한다.

$$|R_n(x)| < \frac{|x|^{n+1}}{(n+1)!} \to 0$$

다시 $R_n(x) \to 0$이므로 정리 8에 의해 e^x은 자신의 테일러 급수의 합과 같다. 즉 다음이 성립한다.

12 $$\text{모든 } x\text{에 대해 } e^x = \sum_{n=0}^{\infty} \frac{x^n}{n!}$$

특히 식 12에서 $x = 1$이라 놓으면 수 e가 무한급수의 합으로 표현된 식을 얻는다.

13 $$e = \sum_{n=0}^{\infty} \frac{1}{n!} = 1 + \frac{1}{1!} + \frac{1}{2!} + \frac{1}{3!} + \cdots$$

1748년 오일러(Leonhard Euler)는 식 13을 이용하여 e의 값을 소수점 아래 23자리까지 정확히 구했다. 2010년에 시게루 곤도(Shigeru Kondo)는 13에 있는 급수를 이용하여 e의 값을 소수점 아래 1조 자리 이상까지 계산했다.

예제 3 **$a = 2$에서 $f(x) = e^x$의 테일러 급수를 구하라.**

풀이

$f^{(n)}(2) = e^2$이므로 테일러 급수의 정의 6에서 $a = 2$로 놓으면 다음을 얻는다.

$$\sum_{n=0}^{\infty} \frac{f^{(n)}(2)}{n!}(x-2)^n = \sum_{n=0}^{\infty} \frac{e^2}{n!}(x-2)^n$$

[예제 1]에서와 같이 수렴반지름이 $R = \infty$임을 확인할 수 있다. 또 [예제 2]에서와 같이 $\lim_{n \to \infty} R_n(x) = 0$을 증명할 수도 있다. 따라서 다음을 얻는다.

14 $$\text{모든 } x\text{에 대해 } e^x = \sum_{n=0}^{\infty} \frac{e^2}{n!}(x-2)^n$$

e^x에 대한 두 가지 거듭제곱급수 전개식, 즉 식 12의 매클로린 급수와 식 14의 테일러 급수를 보였다. 0 부근의 x의 값에 관심이 있다면 매클로린 급수가 더 유용하며, 2 부근의 x의 값에 관심이 있다면 테일러 급수가 더 유용하다.

예제 4 $\sin x$에 대한 매클로린 급수를 구하고, 그 급수가 모든 x에 대해 $\sin x$를 나타냄을 보여라.

풀이

다음과 같이 계산하여 두 열로 정리하자.

$$\begin{aligned} f(x) &= \sin x & f(0) &= 0 \\ f'(x) &= \cos x & f'(0) &= 1 \\ f''(x) &= -\sin x & f''(0) &= 0 \\ f'''(x) &= -\cos x & f'''(0) &= -1 \\ f^{(4)}(x) &= \sin x & f^{(4)}(0) &= 0 \end{aligned}$$

도함수가 4를 주기로 반복되므로 매클로린 급수는 다음과 같다.

$$f(0) + \frac{f'(0)}{1!}x + \frac{f''(0)}{2!}x^2 + \frac{f'''(0)}{3!}x^3 + \cdots$$

$$= x - \frac{x^3}{3!} + \frac{x^5}{5!} - \frac{x^7}{7!} + \cdots = \sum_{n=0}^{\infty} (-1)^n \frac{x^{2n+1}}{(2n+1)!}$$

$a=0$인 나머지 항 10을 이용하면 다음을 얻는다.

$$R_n(x) = \frac{f^{(n+1)}(z)}{(n+1)!}x^{n+1}$$

여기서 $f(x) = \sin x$이고 z는 0과 x 사이에 놓인다. 그러나 $f^{(n+1)}(z)$는 $\pm\sin z$ 또는 $\pm\cos z$이다. 어느 경우든 $|f^{(n+1)}(z)| \le 1$이므로 다음을 얻는다.

15 $$0 \le |R_n(x)| = \frac{|f^{(n+1)}(z)|}{(n+1)!}|x^{n+1}| \le \frac{|x|^{n+1}}{(n+1)!}$$

식 11에 의해 부등식의 우변은 $n \to \infty$일 때 0으로 접근한다. 따라서 압축정리에 의해 $|R_n(x)| \to 0$이다. 즉 $n \to \infty$일 때 $R_n(x) \to 0$이므로 $\sin x$는 정리 8에 의해 매클로린 급수의 합과 같다.

[그림 28]은 $\sin x$와 자신의 테일러(또는 매클로린) 다항식의 그래프를 보여준다.

$$T_1(x) = x$$
$$T_3(x) = x - \frac{x^3}{3!}$$
$$T_5(x) = x - \frac{x^3}{3!} + \frac{x^5}{5!}$$

n이 증가할수록 $T_n(x)$는 $\sin x$에 더욱 가까워지는 것에 주목하자.

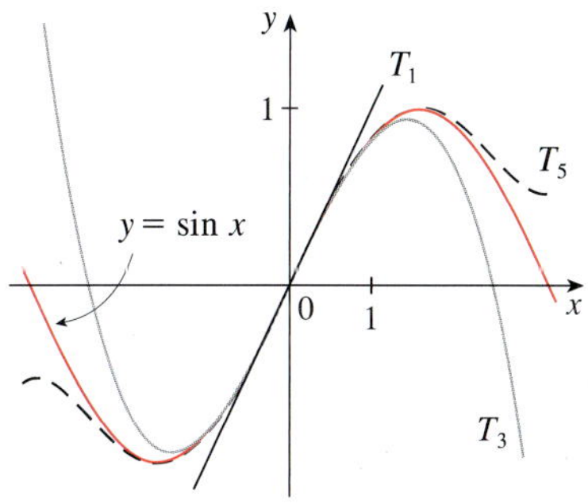

[그림 28]

참고로 [예제 4]의 결과는 모든 x에 대해 다음과 같이 나타난다.

16

$$\sin x = x - \frac{x^3}{3!} + \frac{x^5}{5!} - \frac{x^7}{7!} + \cdots = \sum_{n=0}^{\infty}(-1)^n \frac{x^{2n+1}}{(2n+1)!}$$

예제 5 **$\cos x$에 대한 매클로린 급수를 구하라.**

풀이

[예제 4]와 같이 직접 계산해도 되지만 식 16에 주어진 $\sin x$에 대한 매클로린 급수를 미분하는 편이 훨씬 쉽다.

$$\cos x = \frac{d}{dx}(\sin x) = \frac{d}{dx}\left(x - \frac{x^3}{3!} + \frac{x^5}{5!} - \frac{x^7}{7!} + \cdots\right)$$

$$= 1 - \frac{3x^2}{3!} + \frac{5x^4}{5!} - \frac{7x^6}{7!} + \cdots = 1 - \frac{x^2}{2!} + \frac{x^4}{4!} - \frac{x^6}{6!} + \cdots$$

$\sin x$에 대한 매클로린 급수가 모든 x에 대해 수렴하므로 8.6절의 정리 2에 따라 $\cos x$에 대해 미분된 급수도 모든 x에 대해 수렴한다. 따라서 모든 x에 대해 다음을 얻는다.

[예제 2], [예제 4], [예제 5]에서 구한 e^x, $\sin x$, $\cos x$에 대한 매클로린 급수는 뉴턴이 다른 방법을 이용하여 발견했다. 이들 방정식은 매우 놀라운 것이다. 왜냐하면 한 점 0에서 그들의 도함수를 안다면 이들 함수 각각에 대한 모든 특성을 알 수 있기 때문이다.

17

$$\cos x = 1 - \frac{x^2}{2!} + \frac{x^4}{4!} - \frac{x^6}{6!} + \cdots = \sum_{n=0}^{\infty}(-1)^n \frac{x^{2n}}{(2n)!}$$

예제 6 **함수 $f(x) = x\cos x$에 대한 매클로린 급수를 구하라.**

풀이

도함수를 계산해서 식 7에 대입하는 대신 $\cos x$의 급수(식 17)에 x를 곱하는 편이 훨씬 쉽다.

$$x\cos x = x\sum_{n=0}^{\infty}(-1)^n \frac{x^{2n}}{(2n)!} = \sum_{n=0}^{\infty}(-1)^n \frac{x^{2n+1}}{(2n)!}$$

■ www.stewartcalculus.com (Additional Example A를 보라.)

[예제 5], [예제 6], 8.6절에서 간접적인 방법으로 구한 거듭제곱급수는 실제로 주어진 함수의 테일러 또는 매클로린 급수이다. 왜냐하면 정리 5는 거듭제곱급수 표현 $f(x) = \sum c_n(x-a)^n$을 얻는 방법과는 상관없이 $c_n = f^{(n)}(a)/n!$가 항상 성립하기 때문이다. 다시 말해서 계수들이 유일하게 결정된다.

예제 7 **임의의 실수 k에 대해 $f(x) = (1+x)^k$에 대한 매클로린 급수를 구하라.**

풀이

다음과 같이 두 열로 정리하여 계산하자.

$$
\begin{aligned}
f(x) &= (1+x)^k & f(0) &= 1 \\
f'(x) &= k(1+x)^{k-1} & f'(0) &= k \\
f''(x) &= k(k-1)(1+x)^{k-2} & f''(0) &= k(k-1) \\
f'''(x) &= k(k-1)(k-2)(1+x)^{k-3} & f'''(0) &= k(k-1)(k-2) \\
&\vdots & &\vdots \\
f^{(n)}(x) &= k(k-1)\cdots(k-n+1)(1+x)^{k-n} & f^{(n)}(0) &= k(k-1)\cdots(k-n+1)
\end{aligned}
$$

따라서 $f(x)=(1+x)^k$의 매클로린 급수는 다음과 같다.

$$\sum_{n=0}^{\infty} \frac{f^{(n)}(0)}{n!} x^n = \sum_{n=0}^{\infty} \frac{k(k-1)\cdots(k-n+1)}{n!} x^n$$

이 급수를 **이항급수**binomial series라고 한다. k가 음이 아닌 정수이면 항들은 결국 0이 되므로 급수는 유한하다. 다른 k에 대해서는 어느 항도 0이 되지 않으므로 비판정법을 사용할 수 있다. n번째 항을 a_n이라 하면 $n \to \infty$일 때 다음을 얻는다.

$$
\begin{aligned}
\left| \frac{a_{n+1}}{a_n} \right| &= \left| \frac{k(k-1)\cdots(k-n+1)(k-n)x^{n+1}}{(n+1)!} \cdot \frac{n!}{k(k-1)\cdots(k-n+1)x^n} \right| \\
&= \frac{|k-n|}{n+1} |x| = \frac{\left|1-\dfrac{k}{n}\right|}{1+\dfrac{1}{n}} |x| \to |x|
\end{aligned}
$$

따라서 비판정법에 의해 이항급수는 $|x|<1$일 때 수렴, $|x|>1$일 때 발산한다. ■

이항급수에서 계수를 표현하는 방식은 다음과 같다.

$$\binom{k}{n} = \frac{k(k-1)(k-2)\cdots(k-n+1)}{n!}$$

이 수를 **이항계수**binomial coefficient라 한다.

다음 정리는 $(1+x)^k$이 자신의 매클로린 급수의 합과 같다는 것을 보여준다. 나머지 항 $R_n(x)$가 0에 수렴함을 보이면 증명이 가능하지만 그렇게 하기가 매우 어렵다. [연습문제 35]에서 개략적으로 보인 증명 방법이 훨씬 쉽다.

18 이항급수 k가 임의의 실수이고 $|x|<1$이면 다음이 성립한다.

$$(1+x)^k = \sum_{n=0}^{\infty} \binom{k}{n} x^n = 1 + kx + \frac{k(k-1)}{2!}x^2 + \frac{k(k-1)(k-2)}{3!}x^3 + \cdots$$

$|x| < 1$일 때 이항급수는 항상 수렴하지만 끝점 ± 1에서의 수렴 여부는 k의 값에 의존한다. $-1 < k \leq 0$이면 그 급수는 1에서 수렴하고 $k \geq 0$이면 양 끝점에서 수렴한다는 것이 밝혀졌다. k가 양의 정수이고 $n > k$이면 $\binom{k}{n}$에 대한 식은 인수 $(k-k)$를 포함하고 있으므로 $n > k$인 경우 항상 $\binom{k}{n} = 0$이다. 이것은 k가 양의 정수일 때 이항급수는 유한 항을 갖고 일반적인 이항정리[1]가 됨을 의미한다.

예제 8 **함수 $f(x) = \dfrac{1}{\sqrt{4-x}}$에 대한 매클로린 급수와 수렴반지름을 구하라.**

■ www.stewartcalculus.com (Additional Example B를 보라.)

풀이

$f(x)$를 다음과 같이 이항급수를 이용할 수 있는 형태로 나타낸다.

$$\frac{1}{\sqrt{4-x}} = \frac{1}{\sqrt{4\left(1-\dfrac{x}{4}\right)}} = \frac{1}{2\sqrt{1-\dfrac{x}{4}}} = \frac{1}{2}\left(1-\frac{x}{4}\right)^{-1/2}$$

$k = -\dfrac{1}{2}$이고 x 대신 $-\dfrac{x}{4}$로 대치한 이항급수를 이용하면 다음을 얻는다.

$$\begin{aligned}
\frac{1}{\sqrt{4-x}} &= \frac{1}{2}\left(1-\frac{x}{4}\right)^{-1/2} = \frac{1}{2}\sum_{n=0}^{\infty}\binom{-\frac{1}{2}}{n}\left(-\frac{x}{4}\right)^n \\
&= \frac{1}{2}\left[1 + \left(-\frac{1}{2}\right)\left(-\frac{x}{4}\right) + \frac{\left(-\frac{1}{2}\right)\left(-\frac{3}{2}\right)}{2!}\left(-\frac{x}{4}\right)^2 + \frac{\left(-\frac{1}{2}\right)\left(-\frac{3}{2}\right)\left(-\frac{5}{2}\right)}{3!}\left(-\frac{x}{4}\right)^3 \right. \\
&\qquad \left. + \cdots + \frac{\left(-\frac{1}{2}\right)\left(-\frac{3}{2}\right)\left(-\frac{5}{2}\right)\cdots\left(-\frac{1}{2}-n+1\right)}{n!}\left(-\frac{x}{4}\right)^n + \cdots \right] \\
&= \frac{1}{2}\left[1 + \frac{1}{8}x + \frac{1\cdot 3}{2!8^2}x^2 + \frac{1\cdot 3\cdot 5}{3!8^3}x^3 + \cdots + \frac{1\cdot 3\cdot 5\cdot\cdots\cdot(2n-1)}{n!8^n}x^n + \cdots\right]
\end{aligned}$$

식 [18]로부터 이 급수는 $|-x/4| < 1$, 즉 $|x| < 4$일 때 수렴하므로 수렴반지름은 $R = 4$이다.

앞으로 참고하기 위해 이 절과 앞 절에서 유도한 몇 가지 중요한 매클로린 급수를 [표 5]에 정리했다.

1 자연수 n에 대해 $(x+y)^n = x^n + nx^{n-1}y + \dfrac{n(n-1)}{2}x^{n-2}y^2 + \cdots + \binom{n}{k}x^{n-k}y^k + \cdots + nxy^{n-1} + y^n$이다.
여기서 $\binom{n}{k} = \dfrac{n(n-1)\cdots(n-k+1)}{1\cdot 2\cdot 3\cdot\cdots\cdot k}$이다.

[표 5] 중요한 매클로린 급수와 그의 수렴반지름

$\frac{1}{1-x}=\sum_{n=0}^{\infty} x^n = 1+x+x^2+x^3+\cdots$	$R=1$
$e^x = \sum_{n=0}^{\infty} \frac{x^n}{n!} = 1+\frac{x}{1!}+\frac{x^2}{2!}+\frac{x^3}{3!}+\cdots$	$R=\infty$
$\sin x = \sum_{n=0}^{\infty} (-1)^n \frac{x^{2n+1}}{(2n+1)!} = x-\frac{x^3}{3!}+\frac{x^5}{5!}-\frac{x^7}{7!}+\cdots$	$R=\infty$
$\cos x = \sum_{n=0}^{\infty} (-1)^n \frac{x^{2n}}{(2n)!} = 1-\frac{x^2}{2!}+\frac{x^4}{4!}-\frac{x^6}{6!}+\cdots$	$R=\infty$
$\tan^{-1} x = \sum_{n=0}^{\infty} (-1)^n \frac{x^{2n+1}}{2n+1} = x-\frac{x^3}{3}+\frac{x^5}{5}-\frac{x^7}{7}+\cdots$	$R=1$
$\ln(1+x) = \sum_{n=1}^{\infty} (-1)^{n-1} \frac{x^n}{n} = x-\frac{x^2}{2}+\frac{x^3}{3}-\frac{x^4}{4}+\cdots$	$R=1$
$(1+x)^k = \sum_{n=0}^{\infty} \binom{k}{n} x^n = 1+kx+\frac{k(k-1)}{2!}x^2+\frac{k(k-1)(k-2)}{3!}x^3+\cdots$	$R=1$

테일러 급수가 중요한 이유 중 하나는 지금까지 적분할 수 없었던 함수들을 테일러 급수를 이용하여 적분할 수 있기 때문이다. 실제로 이 장의 서두에서 뉴턴은 종종 함수를 거듭제곱급수로 표현한 후 급수를 항별로 적분했다는 것을 언급했다. 함수 $f(x)=e^{-x^2}$은 역도함수가 기본함수(6.4절 참조)가 아니므로 지금까지 논의된 방법으로는 적분할 수 없다. 다음 예제에서 이 함수를 적분하기 위해 뉴턴의 발상을 이용한다.

TEC Module 8.7/8.8에서 연속적인 테일러 다항식이 원래 주어진 함수로 어떻게 접근하는지 알 수 있다.

예제 9 **(a) 거듭제곱급수를 이용하여 $\int e^{-x^2}dx$를 계산하라.**

(b) $\int_0^1 e^{-x^2}dx$를 오차 범위 0.001 이내로 정확하게 계산하라.

풀이

(a) 먼저 $f(x)=e^{-x^2}$의 매클로린 급수를 구한다. 직접적인 방법으로 구할 수 있지만 매클로린 급수의 [표 5]에 있는 e^x의 급수에서 x를 $-x^2$으로 대치하여 간단히 구할 수 있다. 따라서 모든 x의 값에 대해 다음을 얻는다.

$$e^{-x^2} = \sum_{n=0}^{\infty} \frac{(-x^2)^n}{n!} = \sum_{n=0}^{\infty} (-1)^n \frac{x^{2n}}{n!} = 1-\frac{x^2}{1!}+\frac{x^4}{2!}-\frac{x^6}{3!}+\cdots$$

이제 이것을 항별로 적분하면 다음을 얻는다.

$$\int e^{-x^2}dx = \int \left(1-\frac{x^2}{1!}+\frac{x^4}{2!}-\frac{x^6}{3!}+\cdots+(-1)^n\frac{x^{2n}}{n!}+\cdots\right)dx$$

$$= C+x-\frac{x^3}{3\cdot 1!}+\frac{x^5}{5\cdot 2!}-\frac{x^7}{7\cdot 3!}+\cdots+(-1)^n\frac{x^{2n+1}}{(2n+1)n!}+\cdots$$

e^{-x^2}에 대한 원래 급수가 모든 x에서 수렴하므로 이 급수도 모든 x에서 수렴한다.

(b) 미적분학의 기본정리에 의해 다음을 얻는다.

(a)에서 $C=0$인 역도함수를 택할 수 있다.

$$\int_0^1 e^{-x^2}dx = \left[x - \frac{x^3}{3\cdot 1!} + \frac{x^5}{5\cdot 2!} - \frac{x^7}{7\cdot 3!} + \frac{x^9}{9\cdot 4!} - \cdots\right]_0^1$$

$$= 1 - \frac{1}{3} + \frac{1}{10} - \frac{1}{42} + \frac{1}{216} - \cdots$$

$$\approx 1 - \frac{1}{3} + \frac{1}{10} - \frac{1}{42} + \frac{1}{216} \approx 0.7475$$

교대급수 추정정리는 이 근삿값의 오차가 다음보다 작음을 보여준다.

$$\frac{1}{11\cdot 5!} = \frac{1}{1320} < 0.001$$

다음 예제에서 테일러 급수의 또 다른 용도를 설명한다. 극한은 로피탈 정리로 구할 수 있으나 급수를 이용하여 대신 구한다.

예제 10 $\lim_{x\to 0}\frac{e^x - 1 - x}{x^2}$ **를 계산하라.**

풀이

e^x에 대한 매클로린 급수를 이용하여 다음을 얻는다.

$$\lim_{x\to 0}\frac{e^x-1-x}{x^2} = \lim_{x\to 0}\frac{\left(1+\frac{x}{1!}+\frac{x^2}{2!}+\frac{x^3}{3!}+\cdots\right)-1-x}{x^2}$$

$$= \lim_{x\to 0}\frac{\frac{x^2}{2!}+\frac{x^3}{3!}+\frac{x^4}{4!}+\cdots}{x^2}$$

$$= \lim_{x\to 0}\left(\frac{1}{2}+\frac{x}{3!}+\frac{x^2}{4!}+\frac{x^3}{5!}+\cdots\right) = \frac{1}{2}$$

일부 컴퓨터 대수체계는 이와 같은 방법으로 극한을 계산한다.

이는 거듭제곱급수가 연속함수이기 때문에 성립한다.

거듭제곱급수의 곱셈과 나눗셈

거듭제곱급수의 합 또는 차는 (8.2절의 정리 8과 같이) 다항식의 합 또는 차와 같이 계산할 수 있다. 다음 예제에서 설명하듯이 거듭제곱급수는 다항함수와 같이 곱하거나 나눌 수 있다. 뒤의 항들의 계산은 장황하기만 할 뿐 중요한 것은 앞의 항들이므로 앞의 몇 개의 항만을 구한다.

예제 11 **다음 함수에 대한 매클로린 급수에서 0이 아닌 처음 세 항을 구하라.**

(a) $e^x \sin x$ **(b)** $\tan x$

풀이

(a) [표 5]에서 e^x과 $\sin x$에 대한 매클로린 급수를 이용하면 다음과 같다.

$$e^x \sin x = \left(1 + \frac{x}{1!} + \frac{x^2}{2!} + \frac{x^3}{3!} + \cdots\right)\left(x - \frac{x^3}{3!} + \cdots\right)$$

이 식들을 곱하고 다항식과 같이 동류항끼리 묶으면 다음과 같다.

$$\begin{array}{rl} & 1 + x + \frac{1}{2}x^2 + \frac{1}{6}x^3 + \cdots \\ \times & \quad\; x \qquad\quad - \frac{1}{6}x^3 + \cdots \\ \hline & x + x^2 + \frac{1}{2}x^3 + \frac{1}{6}x^4 + \cdots \\ + & \qquad\quad - \frac{1}{6}x^3 - \frac{1}{6}x^4 - \cdots \\ \hline & x + x^2 + \frac{1}{3}x^3 + \cdots \end{array}$$

따라서 $e^x \sin x = x + x^2 + \frac{1}{3}x^3 + \cdots$ 이다.

(b) [표 5]에 있는 매클로린 급수를 이용하면 다음을 얻는다.

$$\tan x = \frac{\sin x}{\cos x} = \frac{x - \dfrac{x^3}{3!} + \dfrac{x^5}{5!} - \cdots}{1 - \dfrac{x^2}{2!} + \dfrac{x^4}{4!} - \cdots}$$

다음과 같이 장제법으로 나눗셈을 구한다.

$$\begin{array}{r|l} & x + \frac{1}{3}x^3 + \frac{2}{15}x^5 + \cdots \\ \hline 1 - \frac{1}{2}x^2 + \frac{1}{24}x^4 - \cdots & x - \frac{1}{6}x^3 + \frac{1}{120}x^5 - \cdots \\ & x - \frac{1}{2}x^3 + \frac{1}{24}x^5 - \cdots \\ \hline & \quad \frac{1}{3}x^3 - \frac{1}{30}x^5 + \cdots \\ & \quad \frac{1}{3}x^3 - \frac{1}{6}x^5 + \cdots \\ \hline & \qquad\qquad \frac{2}{15}x^5 + \cdots \end{array}$$

따라서 $\tan x = x + \frac{1}{3}x^3 + \frac{2}{15}x^5 + \cdots$ 이다.

[예제 11]에서 이용한 형식적인 계산 방법을 정당화하려고 시도하지는 않았지만 그 방법은 타당하다. $f(x) = \sum c_n x^n$과 $g(x) = \sum b_n x^n$이 모두 $|x| < R$에서 수렴하면 다항함수와 같이 이 급수들을 곱한다면 결과 급수도 $|x| < R$에서 수렴하고 $f(x)g(x)$를 나타낸다는 사실이 밝혀졌다. 나눗셈에서는 $b_0 \neq 0$이어야 하며 나눗셈으로 얻은 급수는 $|x|$가 충분히 작을 때 수렴한다.

테일러 공식의 증명

정리 9의 증명을 끝으로 이 절을 마친다.

$R_n(x) = f(x) - T_n(x)$라 하자. 여기서 T_n은 a에서 f의 n차 테일러 다항식이다. 이 증명은 평균값 정리의 증명에서 이용한 개념과 동일하다. 함수를 특별히 정의하여 그 함수에 롤의 정리를 적용하는 것이다. $x \neq a$인 x를 상수로 생각하고 다음과 같이 I에서 정의되는 함수 g를 정의한다.

$$g(t) = f(x) - f(t) - f'(t)(x-t) - \frac{f''(t)}{2!}(x-t)^2 - \cdots$$
$$- \frac{f^{(n)}(t)}{n!}(x-t)^n - R_n(x)\frac{(x-t)^{n+1}}{(x-a)^{n+1}}$$

그러면 다음이 성립한다.

$$g(x) = f(x) - f(x) - 0 - \cdots - 0 = 0$$
$$g(a) = f(x) - [T_n(x) + R_n(x)] = f(x) - f(x) = 0$$

따라서 롤의 정리에 의해(a에서 x까지의 구간에서 g에 적용된) $g'(z) = 0$을 만족하는 z가 x와 a 사이에 존재한다. g에 대한 식이 미분가능하다면 대부분의 항들이 사라진다. 이제 $g'(t)$에 대한 식이 다음과 같이 간단히 되는 것을 확인하는 일만 남는다.

$$g'(t) = -\frac{f^{(n+1)}(t)}{n!}(x-t)^n + (n+1)R_n(x)\frac{(x-t)^n}{(x-a)^{n+1}}$$

그러므로 다음을 얻는다.

$$g'(z) = -\frac{f^{(n+1)}(z)}{n!}(x-z)^n + (n+1)R_n(x)\frac{(x-z)^n}{(x-a)^{n+1}} = 0$$

따라서 $R_n(x) = \frac{f^{(n+1)}(z)}{(n+1)!}(x-a)^{n+1}$이다.

8.7 연습문제

01 모든 x에 대해 $f(x)=\sum_{n=0}^{\infty} b_n (x-5)^n$일 때 b_8에 대한 식을 써라.

02 $n=0, 1, 2, \cdots$ 에 대해 $f^{(n)}(0)=(n+1)!$일 때 f에 대한 매클로린 급수와 수렴반지름을 구하라.

03~05 매클로린 급수의 정의를 이용하여 $f(x)$에 대한 매클로린 급수를 구하라. [f는 거듭제곱급수 표현을 갖는 것으로 가정하자. $R_n(x) \to 0$인 것은 보이지 말라.] 또한 연관된 수렴반지름을 구하라.

03 $f(x)=(1-x)^{-2}$

04 $f(x)=\sin \pi x$

05 $f(x)=\sinh x$

06~09 주어진 a의 값에서 $f(x)$에 대한 테일러 급수를 구하라. [f는 거듭제곱급수 표현을 갖는 것으로 가정하자. $R_n(x) \to 0$인 것은 보이지 말라.]

06 $f(x)=x^4-3x^2+1, \quad a=1$

07 $f(x)=\ln x, \quad a=2$

08 $f(x)=e^{2x}, \quad a=3$

09 $f(x)=\cos x, \quad a=\pi$

10 [연습문제 4]에서 얻은 급수가 모든 x에 대해 $\sin \pi x$를 나타냄을 증명하라.

11 [연습문제 5]에서 얻은 급수가 모든 x에 대해 $\sinh x$를 나타냄을 증명하라.

12~13 이항급수를 이용하여 다음 함수를 거듭제곱급수로 확장하라. 수렴반지름을 설명하라.

12 $\sqrt[4]{1-x}$

13 $\dfrac{1}{(2+x)^3}$

14~18 [표 5]의 매클로린 급수를 이용하여 주어진 함수의 매클로린 급수를 구하라.

14 $f(x)=\sin \pi x$

15 $f(x)=e^x+e^{2x}$

16 $f(x)=x\cos\left(\frac{1}{2}x^2\right)$

17 $f(x)=\dfrac{x}{\sqrt{4+x^2}}$

18 $f(x)=\sin^2 x$ [힌트: $\sin^2 x=\frac{1}{2}(1-\cos 2x)$를 사용하라.]

19 (임의의 방법을 이용하여) $f(x)=\cos(x^2)$의 매클로린 급수와 수렴반지름을 구하라. $f(x)=\cos(x^2)$와 처음 몇 개의 테일러 급수의 그래프를 동일한 보기화면에 그려라. 이들 다항식과 $f(x)=\cos(x^2)$ 사이에 어떤 관계가 있는가?

20 $\cos x$에 대한 매클로린 급수를 이용하여 $\cos 5°$를 소수점 아래 다섯째 자리까지 정확하게 계산하라.

21 (a) 이항급수를 이용하여 $1/\sqrt{1-x^2}$을 전개하라.

(b) (a)를 이용하여 $\sin^{-1}x$에 대한 매클로린 급수를 구하라.

22~23 무한급수를 이용하여 다음 부정적분을 계산하라.

22 $\int x\cos(x^3)\,dx$

23 $\int \dfrac{\cos x-1}{x}\,dx$

24~25 급수를 이용하여 지정된 정확도 내에서 정적분의 근삿값을 구하라.

24 $\int_0^1 x\cos(x^3)\,dx$ (소수점 아래 셋째 자리)

25 $\int_0^{0.1} \dfrac{dx}{\sqrt{1+x^3}}$ ($|$오차$|<10^{-8}$)

26~27 급수를 이용하여 다음 극한을 계산하라.

26 $\lim_{x\to 0}\dfrac{x-\ln(1+x)}{x^2}$

27 $\lim_{x\to 0}\dfrac{\sin x-x+\frac{1}{6}x^3}{x^5}$

28~29 거듭제곱급수의 곱셈과 나눗셈을 이용하여 각 함수의 매클로린 급수에서 처음 세 개의 0이 아닌 항을 구하라.

28 $y=e^{-x^2}\cos x$

29 $y=\dfrac{x}{\sin x}$

30~32 다음 급수의 합을 구하라.

30 $\sum_{n=0}^{\infty}(-1)^n \frac{x^{4n}}{n!}$

31 $\sum_{n=0}^{\infty}\frac{(-1)^n \pi^{2n+1}}{4^{2n+1}(2n+1)!}$

32 $3+\frac{9}{2!}+\frac{27}{3!}+\frac{81}{4!}+\cdots$

33 (a) $f(x)=x/(1-x)^2$을 거듭제곱급수로 전개하라.

(b) (a)를 이용하여 급수 $\sum_{n=1}^{\infty}\frac{n}{2^n}$의 합을 구하라.

34 p가 n차 다항함수일 때 $p(x+1)=\sum_{i=0}^{\infty}\frac{p^{(i)}(x)}{i!}$임을 보여라.

35 다음 단계를 이용하여 [18]을 증명하라.

(a) $g(x)=\sum_{n=0}^{\infty}\binom{k}{n}x^n$이라 하자. 이 급수를 미분하여 다음을 보여라.

$$g'(x)=\frac{kg(x)}{1+x}, \quad -1<x<1$$

(b) $h(x)=(1+x)^{-k}g(x)$라 하고 $h'(x)=0$임을 보여라.

(c) $g(x)=(1+x)^k$임을 추론하라.

36 (a) 다음과 같이 정의되는 함수 f는 자신의 매클로린 급수와 같지 않음을 보여라.

$$f(x)=\begin{cases} e^{-1/x^2}, & x\neq 0 \\ 0, & x=0 \end{cases}$$

(b) (a)의 그래프를 그리고 원점 부근에서 이 함수의 자취에 대해 설명하라.

8.8 테일러 다항식의 응용

이 절에서는 테일러 다항식에 대한 두 종류의 응용에 대해 탐구한다. 먼저 함수를 근사하는 데 테일러 다항식이 어떻게 사용되는지 살펴본다. 컴퓨터 과학자들은 다항함수가 가장 간단한 함수이기 때문에 테일러 다항식을 좋아한다. 다음으로 물리학자와 공학자들이 상대성 이론, 전기 쌍극자, 파도의 속도, 사막을 횡단하는 고속도로 건설과 같은 분야에서 테일러 다항식을 어떻게 이용하는지 살펴본다.

다항함수에 의한 함수의 근사

$f(x)$가 a에서 자신의 테일러 급수의 합과 같다고 가정하자.

$$f(x)=\sum_{n=0}^{\infty}\frac{f^{(n)}(a)}{n!}(x-a)^n$$

8.7절에서 이 급수의 n번째 부분합을 기호 $T_n(x)$로 나타내고, 이것을 a에서 f의 n차 테일러 다항식이라고 했다. 따라서 다음과 같다.

$$\begin{aligned} T_n(x) &= \sum_{i=0}^{n}\frac{f^{(i)}(a)}{i!}(x-a)^i \\ &= f(a)+\frac{f'(a)}{1!}(x-a)+\frac{f''(a)}{2!}(x-a)^2+\cdots+\frac{f^{(n)}(a)}{n!}(x-a)^n \end{aligned}$$

f가 테일러 급수의 합이므로 $n \to \infty$일 때 $T_n(x) \to f(x)$임을 알고 있다. 따라서 T_n은 f의 근삿값, 즉 $f(x) \approx T_n(x)$로 이용할 수 있다.

다음과 같은 1차 테일러 다항식은 2.8절에서 논의했던 a에서의 f의 선형화와 같다.

$$T_1(x) = f(a) + f'(a)(x-a)$$

T_1과 이의 도함수는 각각 a에서 f와 f'의 값과 동일하다. 일반적으로 a에서 T_n의 도함수들은 n계 도함수를 포함해서 f의 도함수들과 일치함을 보일 수 있다.

이를 설명하기 위해 [그림 29]에 그려진 $y = e^x$과 처음 몇 개의 테일러 다항식의 그래프를 보자. T_1의 그래프는 $(0, 1)$에서 $y = e^x$에 대한 접선이다. 이 접선은 $(0, 1)$ 부근에서 e^x에 대한 최적의 선형 근사이다. T_2의 그래프는 포물선 $y = 1 + x + x^2/2$이고, T_3의 그래프는 삼차곡선인 $y = 1 + x + x^2/2 + x^3/6$이다. T_3는 T_2보다 지수곡선 $y = e^x$에 훨씬 더 적합하다. 그 다음 테일러 다항식 T_4는 지수곡선에 훨씬 더 근접할 것이고 이 과정이 지속될 것이다.

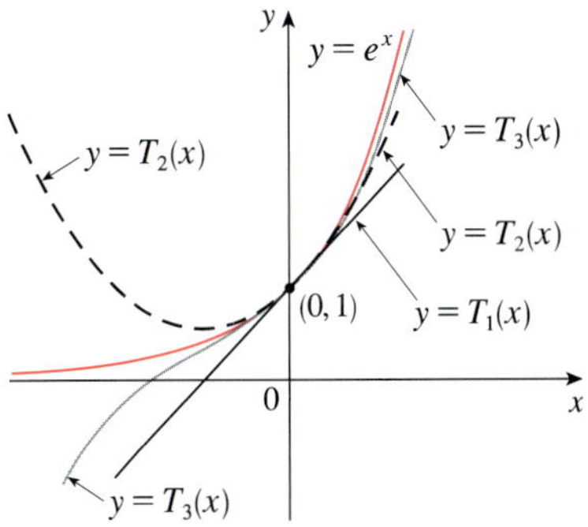

[그림 29]

[표 6]에 있는 값들은 테일러 다항식 $T_n(x)$가 함수 $y = e^x$에 수렴하는 것에 대한 수치적인 증거이다. $x = 0.2$일 때 매우 빨리 수렴하지만, $x = 3$일 때는 약간 느리게 수렴한다. 실제로 x가 0에서 멀어질수록 $T_n(x)$는 e^x에 더욱 느리게 수렴한다.

x	$x = 0.2$	$x = 3.0$
$T_2(x)$	1.220000	8.500000
$T_4(x)$	1.221400	16.375000
$T_6(x)$	1.221403	19.412500
$T_8(x)$	1.221403	20.009152
$T_{10}(x)$	1.221403	20.079665
e^x	1.221403	20.085537

[표 6]

테일러 다항식 T_n을 이용하여 함수 f에 근사시킬 때 다음과 같은 질문을 해야만 한다. 얼마나 좋은 근사인가? 요구되는 정확도를 달성하기 위해 얼마나 큰 n의 값을 택해야 하는가? 이런 질문에 답하기 위해서는 다음과 같은 나머지의 절댓값을 관찰할 필요가 있다.

$$|R_n(x)| = |f(x) - T_n(x)|$$

오차의 크기를 추정하기 위해서 다음 세 가지 방법을 이용할 수 있다.

1. 그래픽 도구를 사용할 수 있다면 이를 이용해서 $|R_n(x)|$의 그래프를 그리고 오차를 추정한다.
2. 급수가 교대급수일 때는 교대급수 추정정리를 이용할 수 있다.
3. 모든 경우에 테일러 공식(8.7절의 정리 9), 즉 다음을 만족하는 수 z가 x와 a 사이에 놓인다는 사실을 이용한다.

$$R_n(x) = \frac{f^{(n+1)}(z)}{(n+1)!}(x-a)^{n+1}$$

예제 1 **(a) $a = 8$에서 2차 테일러 다항식에 의해 함수 $f(x) = \sqrt[3]{x}$를 근사시켜라.**
(b) $7 \le x \le 9$일 때 이 근사의 정확도는 어느 정도인가?

풀이

(a)

$$f(x) = \sqrt[3]{x} = x^{1/3}, \qquad f(8) = 2$$

$$f'(x) = \frac{1}{3}x^{-2/3}, \qquad f'(8) = \frac{1}{12}$$

$$f''(x) = -\frac{2}{9}x^{-5/3}, \qquad f''(8) = -\frac{1}{144}$$

$$f'''(x) = \frac{10}{27}x^{-8/3}$$

그러므로 2차 테일러 다항식은 다음과 같다.

$$T_2(x) = f(8) + \frac{f'(8)}{1!}(x-8) + \frac{f''(8)}{2!}(x-8)^2$$

$$= 2 + \frac{1}{12}(x-8) - \frac{1}{288}(x-8)^2$$

구하고자 하는 근사식은 다음과 같다.

$$\sqrt[3]{x} \approx T_2(x) = 2 + \frac{1}{12}(x-8) - \frac{1}{288}(x-8)^2$$

(b) $x < 8$일 때 테일러 급수는 교대급수가 아니므로 이 예제에서 교대급수 추정정리를 사용할 수 없다. 그러나 테일러 공식을 사용하여 8과 x 사이에 놓이는 z에 대해 다음과 같이 쓸 수 있다.

$$R_2(x) = \frac{f'''(z)}{3!}(x-8)^3 = \frac{10}{27}z^{-8/3}\frac{(x-8)^3}{3!} = \frac{5(x-8)^3}{81z^{8/3}}$$

오차를 추정하기 위해 $7 \le x \le 9$이면 $-1 \le x-8 \le 1$, $|x-8| \le 1$이므로 $|x-8|^3 \le 1$인 것에 주의한다.

또한 $z > 7$이므로 다음을 얻는다.

$$z^{8/3} > 7^{8/3} > 179$$

따라서 다음이 성립한다.

$$|R_2(x)| \le \frac{5|x-8|^3}{81z^{8/3}} < \frac{5 \cdot 1}{81 \cdot 179} < 0.0004$$

따라서 $7 \le x \le 9$이면 (a)에서 얻은 근사는 0.0004 이내로 정확하다.

[예제 1]의 계산을 확인하기 위해 그래픽 도구를 이용하자. [그림 30]은 x가 8 부근에 있을 때 $y=\sqrt[3]{x}$와 $y=T_2(x)$의 그래프가 서로 매우 가까운 것을 보여준다. [그림 31]은 다음 식으로부터 계산된 $|R_2(x)|$의 그래프를 보여준다.

$$|R_2(x)|=|\sqrt[3]{x}-T_2(x)|$$

이 그래프로부터 $7 \le x \le 9$일 때 다음을 알 수 있다.

$$|R_2(x)|<0.0003$$

따라서 이 경우에 그래프 방법에 의한 오차 추정은 테일러 공식에 의한 오차 추정보다 약간 더 정밀하다.

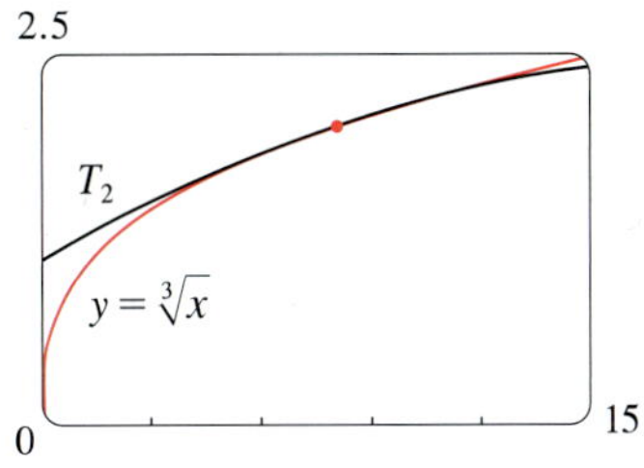

[그림 30]

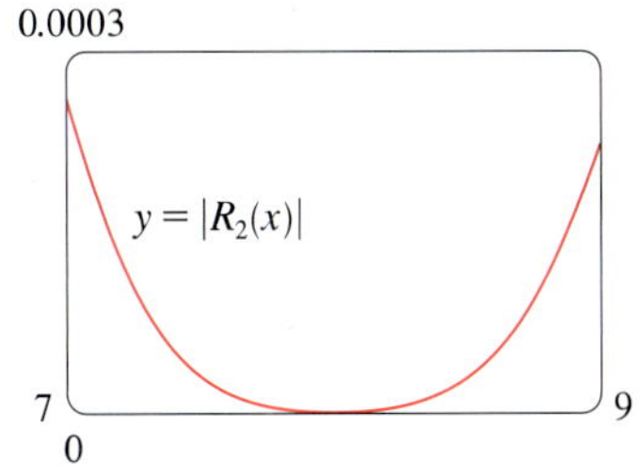

[그림 31]

예제 2 **(a) $-0.3 \le x \le 0.3$일 때 다음 근사를 이용한다면 최대 허용오차는 얼마인가?**

$$\sin x \approx x-\frac{x^3}{3!}+\frac{x^5}{5!}$$

이 근사를 이용하여 $\sin 12^\circ$를 소수점 아래 여섯째 자리까지 정확하게 구하라.

(b) x의 어떤 값에 대해 이 근사가 0.00005 이내에서 정확한가?

풀이

(a) 다음 매클로린 급수는 0이 아닌 x의 모든 값에 대해 교대급수이다.

$$\sin x=x-\frac{x^3}{3!}+\frac{x^5}{5!}-\frac{x^7}{7!}+\cdots$$

그리고 $|x|<1$이므로 연속한 항들의 크기는 감소하므로 교대급수 추정정리를 적용할 수 있다. 매클로린 급수의 처음 세 항에 의해 $\sin x$를 근사시킬 때 오차는 기껏해야 다음과 같다.

$$\left|\frac{x^7}{7!}\right|=\frac{|x|^7}{5040}$$

$-0.3 \le x \le 0.3$이면 $|x| \le 0.3$이므로 오차는 다음보다 작다.

$$\frac{(0.3)^7}{5040} \approx 4.3 \times 10^{-8}$$

$\sin 12^\circ$를 구하기 위해 먼저 다음과 같이 라디안으로 변환한다.

$$\sin 12^\circ=\sin\left(\frac{12\pi}{180}\right)=\sin\left(\frac{\pi}{15}\right)$$
$$\approx \frac{\pi}{15}-\left(\frac{\pi}{15}\right)^3\frac{1}{3!}+\left(\frac{\pi}{15}\right)^5\frac{1}{5!}$$

$$\approx 0.20791169$$

따라서 소수점 아래 여섯째 자리까지 정확한 값은 $\sin 12° \approx 0.207912$이다.

(b) 다음과 같다면 오차는 0.00005보다 작을 것이다.

$$\frac{|x|^7}{5040} < 0.00005$$

x에 대해 이 부등식을 풀면 다음을 얻는다.

$$|x|^7 < 0.252 \quad \text{또는} \quad |x| < (0.252)^{1/7} \approx 0.821$$

따라서 주어진 근사는 $|x| < 0.82$일 때 0.00005 이내로 정확하다.

[예제 2]를 풀기 위해 테일러 공식을 이용하면 어떻게 될까? 나머지 항은 다음과 같다. 여기서 $T_5 = T_6$임에 주의하자.

TEC Module 8.7/8.8은 테일러 다항식 근사에서 나머지를 그래프로 보여준다.

$$R_6(x) = \frac{f^{(7)}(z)}{7!}x^7 = -\cos z\,\frac{x^7}{7!}$$

이때 $|-\cos z| \le 1$이므로 $|R_6(x)| \le |x|^7/7!$이고 교대급수 추정정리와 동일한 추정값을 얻는다.

그림을 사용하는 방법은 어떨까? [그림 32]는 다음 함수의 그래프를 보여준다.

$$|R_6(x)| = \left|\sin x - \left(x - \frac{1}{6}x^3 + \frac{1}{120}x^5\right)\right|$$

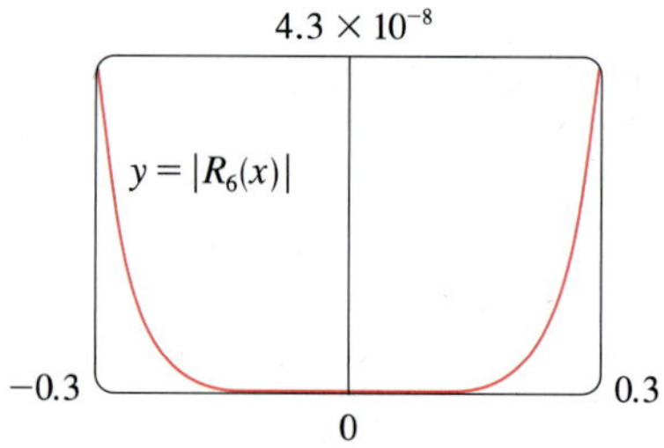

[그림 32]

그리고 이것으로부터 $|x| \le 0.3$일 때 $|R_6(x)| < 4.3 \times 10^{-8}$임을 알 수 있다. 이것은 [예제 2]에서 얻은 추정값과 동일하다. (b)에 대해 $|R_6(x)| < 0.00005$이기를 원하므로 $y = |R_6(x)|$와 $y = 0.00005$를 [그림 33]에 그렸다. 그림에서 오른쪽 교점에 커서를 놓으면 $|x| < 0.82$일 때 부등식을 만족함을 알 수 있다. 역시 [예제 2]의 풀이에서 얻은 추정값과 같다.

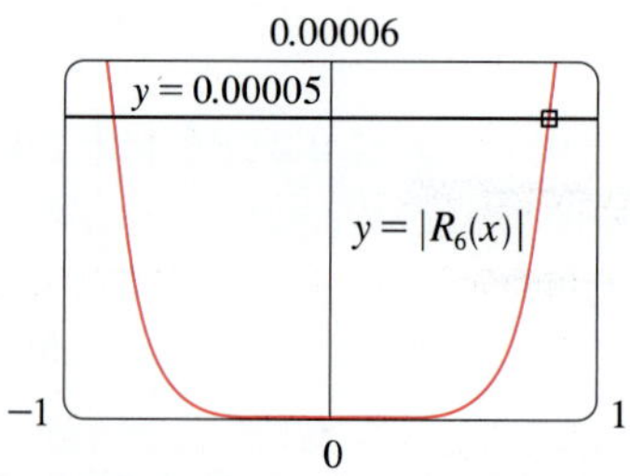

[그림 33]

만일 [예제 2]에서 $\sin 12°$ 대신 $\sin 72°$의 근삿값을 묻는다면 $a = 0$ 대신 $a = \frac{\pi}{3}$에서 테일러 다항식을 이용하는 것이 바람직하다. 왜냐하면 $\frac{\pi}{3}$에 가까운 x의 값에서 $\sin x$의 근사가 더 좋기 때문이다. $72°$는 $60°$(또는 $\frac{\pi}{3}$ 라디안)에 가깝고 $\sin x$의 도함수는 $\frac{\pi}{3}$에서 계산하기 쉽다는 점에 주목하자.

[그림 34]는 사인 곡선에 대한 매클로린 근사 다항식들의 그래프를 보여준다.

$$T_1(x) = x, \qquad T_3(x) = x - \frac{x^3}{3!}$$

$$T_5(x) = x - \frac{x^3}{3!} + \frac{x^5}{5!}, \qquad T_7(x) = x - \frac{x^3}{3!} + \frac{x^5}{5!} - \frac{x^7}{7!}$$

n이 증가할수록 $T_n(x)$는 점차 길어지는 구간에서 $\sin x$에 가까워지는 것을 알 수 있다.

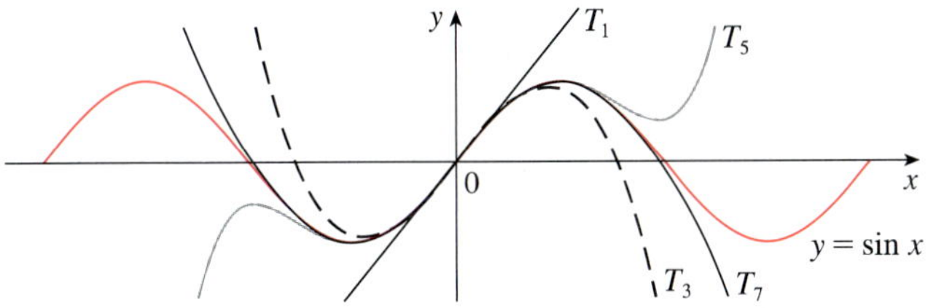

[그림 34]

[예제 1~2]에서 이루어진 계산 유형은 계산기나 컴퓨터로 할 수 있다. 예를 들어 계산기에서 sin이나 e^x의 버튼을 누를 때, 컴퓨터 프로그래머가 삼각함수, 지수함수, 베셀 함수에 대해 서브루틴을 이용할 때 등 많은 기계장치에서 다항근사가 계산된다. 이때 다항함수는 종종 오차가 한 구간 전체에서 고르게 펼쳐지도록 수정된 테일러 다항식이 된다.

물리학에서의 응용

테일러 나항식은 물리학에서도 자주 이용된다. 어떤 식에 대한 식견을 갖기 위해 물리학자는 종종 테일러 급수의 처음 두세 개 항만을 생각함으로써 함수를 간략화한다. 다시 말해서 물리학자는 함수의 근사식으로 테일러 다항식을 사용한다. 근사의 정확도를 측정하기 위해 테일러 공식을 사용할 수 있다. 다음 예제는 이런 생각이 특수 상대성 이론에서 이용되는 한 경우임을 보여준다. 다른 응용은 [연습문제 15~17]에서 경험할 수 있다.

예제 3 **아인슈타인의 특수 상대성 이론에서 속도 v로 움직이는 물체의 질량은 다음과 같다. 여기서 m_0는 정지 상태에서 물체의 질량, c는 빛의 속력이다.**

$$m = \frac{m_0}{\sqrt{1 - v^2/c^2}}$$

물체의 운동에너지는 다음과 같이 전체 에너지와 정지 상태에서의 에너지의 차이다.

$$K = mc^2 - m_0c^2$$

(a) v가 c에 비해 매우 작을 때 K에 대한 표현이 고전 뉴턴 물리학에서의 표현인 $K=\frac{1}{2}m_0v^2$과 일치함을 보여라.

(b) 테일러 공식을 이용하여 $|v| \le 100\,\mathrm{m/s}$일 때 K에 대한 이들 표현에서 차를 추정하라.

풀이

(a) K와 m에 대해 주어진 식을 이용하면 다음을 얻는다.

$$K=mc^2-m_0c^2=\frac{m_0c^2}{\sqrt{1-v^2/c^2}}-m_0c^2$$
$$=m_0c^2\left[\left(1-\frac{v^2}{c^2}\right)^{-1/2}-1\right]$$

$x=-v^2/c^2$이라 하면 $(1+x)^{-1/2}$에 대한 매클로린 급수는 $k=-\frac{1}{2}$인 이항급수로 매우 쉽게 계산된다. ($v<c$이므로 $|x|<1$임에 주의하자.) 그러므로 다음을 얻는다.

$$(1+x)^{-1/2}=1-\frac{1}{2}x+\frac{\left(-\frac{1}{2}\right)\left(-\frac{3}{2}\right)}{2!}x^2+\frac{\left(-\frac{1}{2}\right)\left(-\frac{3}{2}\right)\left(-\frac{5}{2}\right)}{3!}x^3+\cdots$$
$$=1-\frac{1}{2}x+\frac{3}{8}x^2-\frac{5}{16}x^3+\cdots$$

[그림 35]에서 위쪽 곡선은 특수 상대성 이론에서 속도 v인 물체의 운동에너지 K에 대한 식을 그래프로 나타낸 것이다. 아래쪽 곡선은 고전 뉴턴 물리학에서 K에 대한 함수를 보여준다. 실제로 v가 빛의 속력보다 매우 작을 때 두 곡선은 같다.

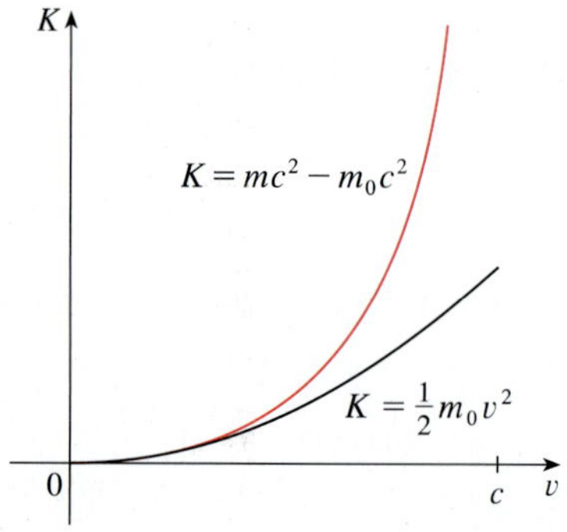

[그림 35]

따라서 운동에너지는 다음과 같다.

$$K=m_0c^2\left[\left(1+\frac{1}{2}\frac{v^2}{c^2}+\frac{3}{8}\frac{v^4}{c^4}+\frac{5}{16}\frac{v^6}{c^6}+\cdots\right)-1\right]$$
$$=m_0c^2\left(\frac{1}{2}\frac{v^2}{c^2}+\frac{3}{8}\frac{v^4}{c^4}+\frac{5}{16}\frac{v^6}{c^6}+\cdots\right)$$

v가 c에 비해 훨씬 작으면 첫째 항 다음의 모든 항은 첫째 항에 비해 매우 작다. 이 항들을 모두 생략하면 다음을 얻는다.

$$K\approx m_0c^2\left(\frac{1}{2}\frac{v^2}{c^2}\right)=\frac{1}{2}m_0v^2$$

(b) 테일러 공식에 의해 나머지 항을 다음과 같이 쓸 수 있다.

$$R_1(x)=\frac{f''(z)}{2!}x^2$$

여기서 $f(x)=m_0c^2\left[(1+x)^{-1/2}-1\right]$, $x=-v^2/c^2$이다. $f''(x)=\frac{3}{4}m_0c^2$

$(1+x)^{-5/2}$이므로 0과 $-\dfrac{v^2}{c^2}$ 사이에 놓이는 z에 대해 다음을 얻는다.

$$R_1(x) = \frac{3m_0c^2}{8(1+z)^{5/2}} \cdot \frac{v^4}{c^4}$$

$c = 3\times10^8\,\mathrm{m/s}$, $|v| \le 100\,\mathrm{m/s}$ 이므로 다음을 얻는다.

$$R_1(x) \le \frac{\frac{3}{8}m_0(9\times10^{16})(100/c)^4}{(1-100^2/c^2)^{5/2}} < (4.17\times10^{-10})m_0$$

따라서 $|v| \le 100\,\mathrm{m/s}$ 일 때 운동에너지에 대한 뉴턴 표현을 사용하는 경우의 오차 크기는 기껏해야 $(4.2\times10^{-10})m_0$이다.

8.8 연습문제

01 (a) $f(x)=\cos x$에 대해 중심이 $a=0$인 6차 테일러 다항식을 구하라. f와 이들 다항식들의 그래프를 동일한 보기화면에 그려라.

(b) $x=\pi/4,\ \pi/2,\ \pi$에서 f와 이 다항식들의 값을 계산하라.

(c) 테일러 다항식이 어떻게 $f(x)$에 수렴하는지 설명하라.

02~04 다음 함수 f에 대해 중심이 a인 테일러 다항식 $T_3(x)$를 구하라. f와 T_3의 그래프를 동일한 보기화면에 그려라.

02 $f(x)=1/x,\quad a=2$

03 $f(x)=\cos x,\quad a=\pi/2$

04 $f(x)=xe^{-2x},\quad a=0$

05~09 (a) 수 a에서 n차 테일러 다항식을 이용하여 f를 근사하라.

(b) x가 주어진 구간 안에 놓일 때 테일러 공식을 이용하여 근사식 $f(x)\approx T_n(x)$의 정확도를 추정하라.

(c) $|R_n(x)|$를 그려서 (b)의 결과를 확인하라.

05 $f(x)=\sqrt{1+x},\quad a=0,\quad n=1,\quad 0\le x\le 0.1$

06 $f(x)=x^{2/3},\quad a=1,\quad n=3,\quad 0.8\le x\le 1.2$

07 $f(x)=\sin x,\quad a=\pi/6,\quad n=4,\quad 0\le x\le \pi/3$

08 $f(x)=e^{x^2},\quad a=0,\quad n=3,\quad 0\le x\le 0.1$

09 $f(x)=x\sin x,\quad a=0,\quad n=4,\quad -1\le x\le 1$

10 [연습문제 3]의 정보를 이용하여 $\cos 80^\circ$ 를 소수점 아래 다섯 자리까지 정확하게 추정하라.

11 [연습문제 7]의 정보를 이용하여 $\sin 38^\circ$ 를 소수점 아래 다섯 자리까지 정확하게 추정하라.

12 테일러 공식을 이용하여 0.00001 이내 오차범위에서 $e^{0.1}$을 추정하기 위해 사용될 e^x에 대한 매클로린 급수의 항의 수를 결정하라.

13 교대급수 추정정리 또는 테일러 공식을 이용하여 주어진 근사가 지정된 오차범위 내에서 정확한 x 값의 범위를 추정하라. 구한 답을 그래프로 확인하라.

$$\sin x \approx x - \frac{x^3}{6} \quad (|\text{오차}| < 0.01)$$

14 자동차가 주어진 순간에 속도 $20\,\mathrm{m/s}$와 가속도 $2\,\mathrm{m/s^2}$으로 움직이고 있다. 2차 테일러 다항식을 이용하여 다음 2초 동안 자동

차가 얼마나 멀리 움직이는지 추정하라. 다음 1분 동안 움직인 거리를 추정하기 위해 이 다항식을 사용하는 것이 타당한가?

15 전자 쌍극자는 크기는 같지만 부호가 반대인 두 개의 전하로 구성되어 있다. 전하가 $-q$와 q이고 서로 거리 d만큼 떨어진 위치에 있을 때, 그림에 있는 점 P에서의 전기장 E는 다음과 같다.

$$E=\frac{q}{D^2}-\frac{q}{(D+d)^2}$$

E에 대한 이 표현을 d/D에 대한 거듭제곱급수로 전개하여 P가 쌍극자에서 훨씬 멀리 있을 때 E가 근사적으로 $1/D^3$에 비례함을 보여라.

16 사막을 횡단하는 고속도로를 건설할 때 측량기사가 표고의 차이를 측정한다면 지표면의 곡률에 대해 보정이 이루어져야 한다.

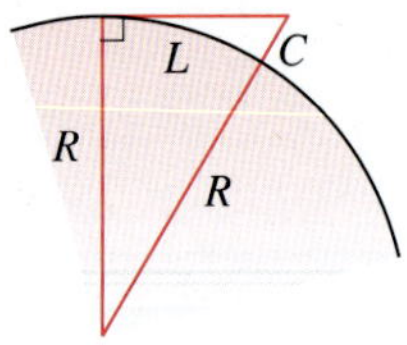

(a) R을 지구의 반지름, L을 고속도로의 길이라 할 때 보정이 다음과 같음을 보여라.

$$C=R\sec(L/R)-R$$

(b) 테일러 다항식을 이용해서 다음을 보여라.

$$C\approx\frac{L^2}{2R}+\frac{5L^4}{24R^3}$$

(c) 100km 길이의 고속도로에서 식으로 주어진 (a)와 (b)의 보정을 비교하라. (지구의 반지름은 6370km이다.)

17 수직이며 최대각이 θ_0, 길이가 L인 추의 주기는 다음과 같다.

$$T=4\sqrt{\frac{L}{g}}\int_0^{\pi/2}\frac{dx}{\sqrt{1-k^2\sin^2 x}}$$

여기서 $k=\sin\left(\frac{1}{2}\theta_0\right)$, g는 중력에 의한 가속도이다. (6.5절의 [연습문제 19]의 심프슨 공식을 이용하여 이 적분을 근사시켰다.)

(a) 피적분함수를 이항급수로 전개하라. 그리고 6.1절의 [연습문제 18]의 결과를 이용하여 다음을 보여라.

$$T=2\pi\sqrt{\frac{L}{g}}\left[1+\frac{1^2}{2^2}k^2+\frac{1^2\,3^2}{2^2\,4^2}k^4+\frac{1^2\,3^2\,5^2}{2^2\,4^2\,6^2}k^6+\cdots\right]$$

θ_0가 너무 크지 않다면 이 급수의 첫 번째 항만 이용하여 얻은 근사인 $T\approx 2\pi\sqrt{L/g}$을 종종 사용한다. 다음과 같이 두 개의 항을 이용하면 좀더 정확한 근사값을 얻는다.

$$T=2\pi\sqrt{\frac{L}{g}}\left(1+\frac{1}{4}k^2\right)$$

(b) 이 급수의 첫 번째 이후의 모든 항의 계수는 기껏해야 $\frac{1}{4}$임에 주목하자. 이를 이용하여 이 급수를 등비급수와 비교하고 다음을 보여라.

$$2\pi\sqrt{\frac{L}{g}}\left(1+\frac{1}{4}k^2\right)\le T\le 2\pi\sqrt{\frac{L}{g}}\,\frac{4-3k^2}{4-4k^2}$$

(c) (b)의 부등식을 이용하여 $L=1\text{m}$, $\theta_0=10^\circ$인 추의 주기를 추정하라. 추정값 $T\approx 2\pi\sqrt{L/g}$와 어떻게 비교되는가? $\theta_0=42^\circ$이면 어떻게 되는가?

18 3.6절에서 방정식 $f(x)=0$의 근 r의 근삿값을 구하기 위해 뉴턴의 방법을 생각했다. 그리고 초기 근삿값 x_1으로부터 다음과 같은 방법으로 연속적인 근삿값 x_2, x_3, ⋯를 얻었다.

$$x_{n+1}=x_n-\frac{f(x_n)}{f'(x_n)}$$

$n=1$, $a=x_n$, $x=r$인 테일러 공식을 이용하여 r, x_n, x_{n+1}을 포함하는 구간 I에서 $f''(x)$가 존재하고 모든 $x\in I$에 대해 $|f''(x)|\le M$, $|f'(x)|\ge K$이면, 다음이 성립함을 보여라.

$$|x_{n+1}-r|\le\frac{M}{2K}|x_n-r|^2$$

[이것은 x_n이 소수점 아래 d번째 자리까지 정확하다면 x_{n+1}은 소수점 아래 약 $2d$번째 자리까지 정확하다는 것을 의미한다. 더 자세히 말하면 n번째 단계에서 오차가 기껏해야 10^{-m}이면 $n+1$번째 단계에서 오차는 기껏해야 $(M/2K)10^{-2m}$이다.]

8장 복습문제

개념 확인

01 (a) 수렴하는 수열이란 무엇인가?

(b) 수렴하는 급수란 무엇인가?

(c) $\lim_{n\to\infty} a_n = 3$은 무엇을 의미하는가?

(d) $\sum_{n=1}^{\infty} a_n = 3$은 무엇을 의미하는가?

02 (a) 유계수열이란 무엇인가?

(b) 단조수열이란 무엇인가?

(c) 유계하고 단조인 수열에 대해 무엇을 말할 수 있는가?

03 (a) 등비급수란 무엇인가? 이 급수가 수렴하기 위한 조건은 무엇인가? 합은 얼마인가?

(b) p급수란 무엇인가? 이 급수가 수렴하기 위한 조건은 무엇인가?

04 $\Sigma a_n = 3$, s_n은 급수의 n번째 부분합이다. $\lim_{n\to\infty} a_n$은 무엇인가? $\lim_{n\to\infty} s_n$은 무엇인가?

05 다음을 설명하라.

(a) 발산 판정법 (b) 적분 판정법

(c) 비교 판정법 (d) 극한비교 판정법

(e) 교대급수 판정법 (f) 비판정법

(g) 근판정법

06 (a) 절대수렴하는 급수란 무엇인가?

(b) 절대수렴하는 급수에 대해 무엇을 말할 수 있는가?

(c) 조건부 수렴하는 급수란 무엇인가?

07 급수가 교대급수 판정법에 의해 수렴한다면 이 급수의 합을 어떻게 추정하는가?

08 (a) 거듭제곱급수의 일반적인 형태를 써라.

(b) 거듭제곱급수의 수렴반지름은 무엇인가?

(c) 거듭제곱급수의 수렴구간은 무엇인가?

09 $f(x)$는 수렴반지름이 R인 거듭제곱급수의 합이라고 하자.

(a) f를 어떻게 미분하는가? f'에 대한 급수의 수렴반지름은 무엇인가?

(b) f를 어떻게 적분하는가? $\int f(x)\,dx$에 대한 급수의 수렴반지름은 무엇인가?

10 (a) 중심이 a인 f의 n차 테일러 다항식에 대한 표현을 써라.

(b) 중심이 a인 f의 테일러 급수에 대한 표현을 써라.

(c) f의 매클로린 급수에 대한 표현을 써라.

(d) $f(x)$가 테일러 급수의 합과 같음을 어떻게 보이는가?

(e) 테일러 공식을 설명하라.

11 다음 함수에 대한 매클로린 급수와 수렴구간을 각각 써라.

(a) $1/(1-x)$ (b) e^x

(c) $\sin x$ (d) $\cos x$

(e) $\tan^{-1} x$ (f) $\ln(1+x)$

12 $(1+x)^k$에 대한 이항급수 표현을 써라. 이 급수의 수렴반지름은 무엇인가?

참/거짓 질문

다음 명제가 참인지 아니면 거짓인지 판별하라. 참이면 이유를 설명하고, 거짓이면 이유를 설명하거나 반례를 들어라.

01 $\lim_{n\to\infty} a_n = 0$이면 Σa_n은 수렴한다.

02 $\lim_{n\to\infty} a_n = L$이면 $\lim_{n\to\infty} a_{2n+1} = L$이다.

03 $\Sigma c_n 6^n$이 수렴하면 $\Sigma c_n (-6)^n$이 수렴한다.

04 $\Sigma 1/n^3$의 수렴 여부를 알기 위해 비판정법을 쓸 수 있다.

05 $0 \le a_n \le b_n$이고 Σb_n이 발산하면 Σa_n이 발산한다.

06 $-1 < \alpha < 1$이면 $\lim_{n\to\infty} \alpha^n = 0$이다.

07 $f(x) = 2x - x^2 + \frac{1}{3}x^3 - \cdots$가 모든 x에 대해 수렴하면 $f'''(0) = 2$이다.

08 $\{a_n\}$과 $\{b_n\}$이 발산하면 $\{a_n b_n\}$이 발산한다.

09 $a_n > 0$이고 Σa_n이 수렴하면 $\Sigma(-1)^n a_n$이 수렴한다.

10 $0.99999\cdots = 1$

11 수렴하는 급수에 유한개의 항을 더한 새로운 급수는 수렴한다.

연습문제

01~04 다음 수열의 수렴성을 결정하라. 수렴한다면 그 극한을 구하라.

01 $a_n = \dfrac{2+n^3}{1+2n^3}$

02 $a_n = \dfrac{n^3}{1+n^2}$

03 $a_n = \dfrac{n\sin n}{n^2+1}$

04 $\{(1+3/n)^{4n}\}$

05~10 다음 급수가 수렴하는지 아니면 발산하는지 결정하라.

05 $\displaystyle\sum_{n=1}^{\infty} \frac{n}{n^3+1}$

06 $\displaystyle\sum_{n=1}^{\infty} \frac{n^3}{5^n}$

07 $\displaystyle\sum_{n=2}^{\infty} \frac{1}{n\sqrt{\ln n}}$

08 $\displaystyle\sum_{n=1}^{\infty} \frac{\cos 3n}{1+(1.2)^n}$

09 $\displaystyle\sum_{n=1}^{\infty} \frac{1\cdot 3\cdot 5\cdot \cdots \cdot (2n-1)}{5^n n!}$

10 $\displaystyle\sum_{n=1}^{\infty} (-1)^{n-1}\frac{\sqrt{n}}{n+1}$

11~12 다음 급수가 조건부 수렴하는지 절대수렴하는지 또는 발산하는지 결정하라.

11 $\displaystyle\sum_{n=1}^{\infty} (-1)^{n-1} n^{-1/3}$

12 $\displaystyle\sum_{n=1}^{\infty} \frac{(-1)^n (n+1)3^n}{2^{2n+1}}$

13~15 다음 급수의 합을 구하라.

13 $\displaystyle\sum_{n=1}^{\infty} \frac{2^{2n+1}}{5^n}$

14 $\displaystyle\sum_{n=1}^{\infty} \left[\tan^{-1}(n+1) - \tan^{-1} n\right]$

15 $1 - e + \dfrac{e^2}{2!} - \dfrac{e^3}{3!} + \dfrac{e^4}{4!} - \cdots$

16 모든 x에 대해 $\cosh x \geq 1 + \frac{1}{2}x^2$임을 보여라.

17 급수 $\displaystyle\sum_{n=1}^{\infty} \frac{(-1)^{n+1}}{n^5}$의 합을 소수점 아래 넷째 자리까지 정확히 구하라.

18 급수 $\displaystyle\sum_{n=1}^{\infty} a_n$이 절대수렴할 때 다음 급수도 절대수렴함을 보여라.

$$\sum_{n=1}^{\infty} \left(\frac{n+1}{n}\right) a_n$$

19~20 다음 급수의 수렴반지름과 수렴구간을 구하라.

19 $\displaystyle\sum_{n=1}^{\infty} \frac{(x+2)^n}{n4^n}$

20 $\displaystyle\sum_{n=0}^{\infty} \frac{2^n (x-3)^n}{\sqrt{n+3}}$

21 $a = \pi/6$에서 $f(x) = \sin x$의 테일러 급수를 구하라.

22~25 f의 매클로린 급수와 수렴반지름을 구하라. 직접적인 방법(매클로린 급수의 정의)이나 등비급수, 이항급수 또는 e^x, $\sin x$, $\tan^{-1} x$와 같이 이미 알고 있는 매클로린 급수를 사용할 수 있다.

22 $f(x) = \dfrac{x^2}{1+x}$

23 $f(x) = \ln(4-x)$

24 $f(x) = \sin(x^4)$

25 $f(x) = 1/\sqrt[4]{16-x}$

26 급수를 이용하여 $\displaystyle\int \frac{e^x}{x}\,dx$를 계산하라.

27 (a) 수 a에서 n차 테일러 다항식을 이용하여 f를 근사하라.

(b) f와 T_n의 그래프를 동일한 보기화면에 그려라.

(c) 테일러 공식을 이용하여 x가 주어진 구간 안에 있을 때의 근사식 $f(x) \approx T_n$의 정확도를 추정하라.

(d) $|R_n(x)|$의 그래프를 그려서 (c)의 결과를 확인하라.

$$f(x) = \sqrt{x}\,, \quad a = 1, \quad n = 3, \quad 0.9 \leq x \leq 1.1$$

28 급수를 이용하여 극한 $\displaystyle\lim_{x\to 0} \frac{\sin x - x}{x^3}$를 구하라.

29 수열 $\{a_n\}$이 방정식 $a_1 = 1$, $a_{n+1} = \frac{1}{3}(a_n + 4)$에 의한 점화식으로 주어졌을 때 $\{a_n\}$이 증가하고 모든 n에 대해 $a_n < 2$임을 보여라. $\{a_n\}$이 수렴함을 추론하고 그 극한을 구하라.

30 모든 x에 대해 $f(x) = \displaystyle\sum_{n=0}^{\infty} c_n x^n$이라 하자.

(a) f가 기함수이면 $c_0 = c_2 = c_4 = \cdots = 0$임을 보여라.

(b) f가 우함수이면 $c_1 = c_3 = c_5 = \cdots = 0$임을 보여라.

9장 매개변수 방정식과 극좌표

PARAMETRIC EQUATIONS AND POLAR COORDINATES

이제까지 y를 x의 함수$[y=f(x)]$ 또는 x를 y의 함수$[x=g(y)]$ 또는 y를 x의 음함수로 정의한 x와 y 사이의 관계$[f(x,y)=0]$를 제시함으로써 평면곡선을 기술해왔다. 이 장에서는 곡선을 기술하기 위한 새로운 방법 두 가지를 논한다.

물결선과 같은 어떤 곡선들은 x와 y가 모두 소위 매개변수라 부르는 제3의 변수 t에 의해 주어질 때 $[x=f(t),\ y=g(t)]$ 다루기가 더욱 쉬워진다. 심장형과 같은 곡선들은 소위 극좌표계라 불리는 새로운 좌표계를 사용할 때 가장 편리하게 기술된다.

9.1 매개곡선

[그림 1]과 같이 곡선 C를 따라 움직이는 한 입자를 생각하자. C를 $y = f(x)$ 형태의 방정식으로 나타내는 것은 불가능하다. C가 수직선 판정법을 만족하지 않기 때문이다. 그러나 입자의 x좌표와 y좌표는 시간의 함수이므로 $x = f(t)$와 $y = g(t)$로 쓸 수 있다. 이와 같은 한 쌍의 방정식은 곡선을 나타내기에 편리한 방법이며 다음과 같이 정의한다.

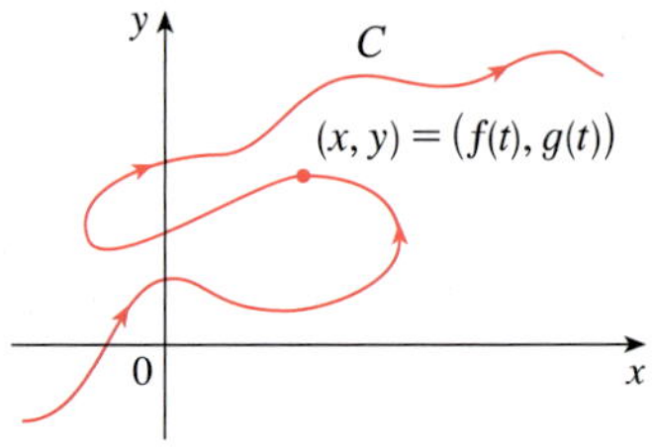

[그림 1]

x와 y가 모두 제3의 변수 t (**매개변수**parameter)의 함수로서 다음 방정식(**매개변수 방정식**parametric equation)으로 주어진다고 하자.

$$x = f(t), \quad y = g(t)$$

각 t의 값은 좌표평면에 좌표로 위치를 정할 수 있는 점 (x, y)를 결정한다. t가 변함에 따라 점 $(x, y) = (f(t), g(t))$도 변하고, **매개변수 곡선**parametric curve이라고 하는 곡선 C의 자취를 그린다. 매개변수 t가 반드시 시간을 나타내는 것은 아니며 매개변수로 t가 아닌 다른 문자를 사용할 수 있다. 그러나 대부분의 매개변수 곡선은 시간을 나타내는 t로 표현되어 응용된다. 그러므로 $(x, y) = (f(t), g(t))$를 시각 t에서 입자의 위치로 해석할 수 있다.

TEC Module 9.1A는 매개변수 곡선 $x = f(t)$, $y = g(t)$에 따른 동작과 t의 함수로서 f와 g의 그래프에 따른 동작 사이의 관계를 보여준다.

예제 1 매개변수 방정식 $x = t^2 - 2t$, $y = t + 1$로 정의된 곡선을 그리고 이를 확인하라.

풀이

[표 1]에서 보듯이 t의 각 값은 곡선의 한 점을 나타낸다. 예를 들어 $t = 0$이면 $x = 0$, $y = 1$이므로 대응하는 점은 $(0, 1)$이다. [그림 2]와 같이 몇 개의 매개변수 t의 값에 의해 결정되는 점 (x, y)를 좌표평면에 나타내어 그것들을 연결해서 곡선을 만들 수 있다.

t	x	y
−2	8	−1
−1	3	0
0	0	1
1	−1	2
2	0	3
3	3	4
4	8	5

[표 1]

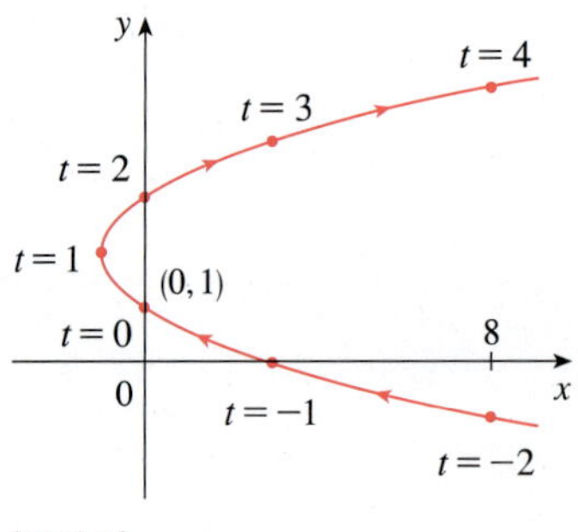

[그림 2]

매개변수 방정식으로 주어지는 입자의 위치는 t가 증가할 때 화살표 방향으로 곡선을 따라 움직인다. 곡선 위에 표시된 연속적인 점들은 같은 거리가 아니라 같은 시간 구간에서 나타난다는 점에 유의한다. 왜냐하면 이것은 입자가 느려지다가 t가 증가하면서 속도가 증가하기 때문이다.

[그림 2]로부터 입자가 그리는 곡선은 포물선이 될 것으로 보인다. 이 사실은 다음과 같이 매개변수 t를 소거함으로써 확인할 수 있다. 두 번째 방정식으로부터 $t = y - 1$을 얻어 이를 첫 번째 방정식에 대입한다. 그러면 다음을 얻는다.

$$x = t^2 - 2t = (y-1)^2 - 2(y-1) = y^2 - 4y + 3$$

따라서 주어진 매개변수 방정식으로 표현한 곡선은 포물선 $x = y^2 - 4y + 3$이다.

x와 y의 관계로 주어진 방정식은 입자가 '언제' 특정한 점에 있었는가가 아니라, 입자가 '어디에' 있었는가를 나타낸다. 매개변수 방정식의 장점은 '언제' 입자가 한 점에 있었는지를 알려준다는 것이다. 또한 운동의 방향도 알려준다.

[예제 1]에서는 매개변수 t에 대해 어떤 제약도 두지 않으므로 t가 임의의 실수가 될 수 있다고 가정한다. 그러나 때로는 t를 유한 구간 안에 놓이도록 제한하기도 한다. 예를 들어 [그림 3]에 보인 다음 매개변수 곡선은 [예제 1]의 포물선의 일부분으로서 점 $(0, 1)$에서 출발해서 점 $(8, 5)$에서 끝난다.

$$x = t^2 - 2t, \quad y = t + 1, \quad 0 \le t \le 4$$

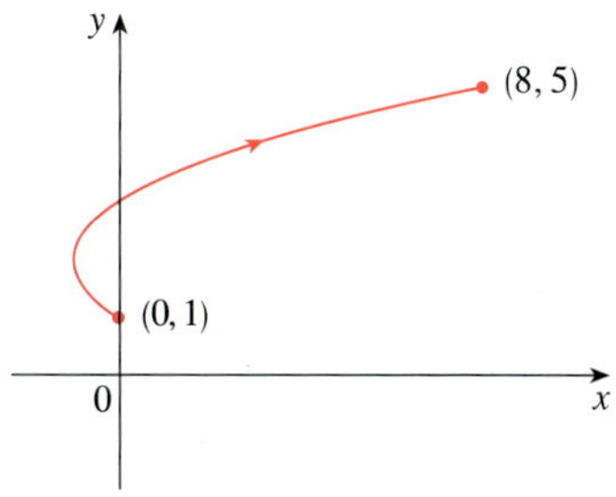

[그림 3]

화살표는 t가 0에서 4로 증가할수록 곡선이 그려지는 방향을 나타낸다.

일반적으로 다음 매개변수 방정식을 갖는 곡선은 **시점**initial point $(f(a), g(a))$와 **종점**terminal point $(f(b), g(b))$를 갖는다.

$$x = f(t), \quad y = g(t), \quad a \le t \le b$$

예제 2 다음 매개변수 방정식으로 표현되는 곡선은 무엇인가?

$$x = \cos t, \quad y = \sin t, \quad 0 \le t \le 2\pi$$

풀이

점들을 그려 보면 곡선이 하나의 원으로 나타난다. 이는 다음과 같이 t를 소거함으로써 이를 확인할 수 있다.

$$x^2 + y^2 = \cos^2 t + \sin^2 t = 1$$

따라서 점 (x, y)는 단위원 $x^2 + y^2 = 1$에서 움직인다. 이 예제에서 매개변수 t는 [그림 4]와 같이 각(라디안)으로 해석할 수 있다. t가 0에서 2π로 증가함에 따라 점 $(x, y) = (\cos t, \sin t)$는 점 $(1, 0)$에서 시작하여 시계 반대 방향으로 원 주위를 한 바퀴 움직인다.

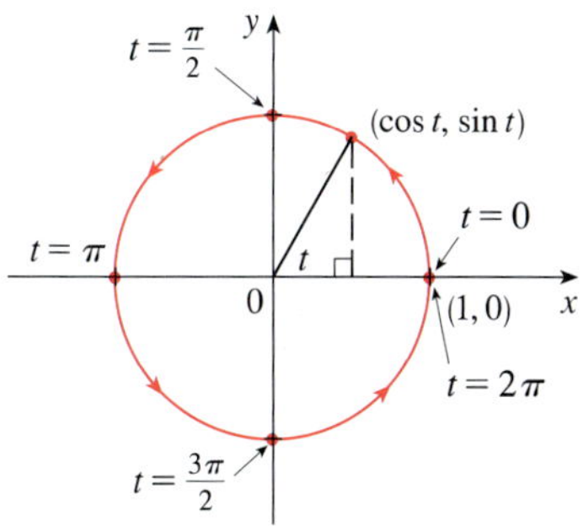

[그림 4]

예제 3 다음 매개변수 방정식으로 표현되는 곡선은 무엇인가?

$$x = \sin 2t, \quad y = \cos 2t, \quad 0 \le t \le 2\pi$$

풀이

이를 다시 쓰면 다음을 얻는다.

$$x^2 + y^2 = \sin^2 2t + \cos^2 2t = 1$$

따라서 이 매개변수 방정식도 역시 단위원 $x^2 + y^2 = 1$을 나타낸다. 그러나 t가 0에서 2π로 증가함에 따라 점 $(x, y) = (\sin 2t, \cos 2t)$는 $(0, 1)$에서 시작하여 [그림 5]와 같이 시계 방향으로 원 주위를 두 바퀴 움직인다.

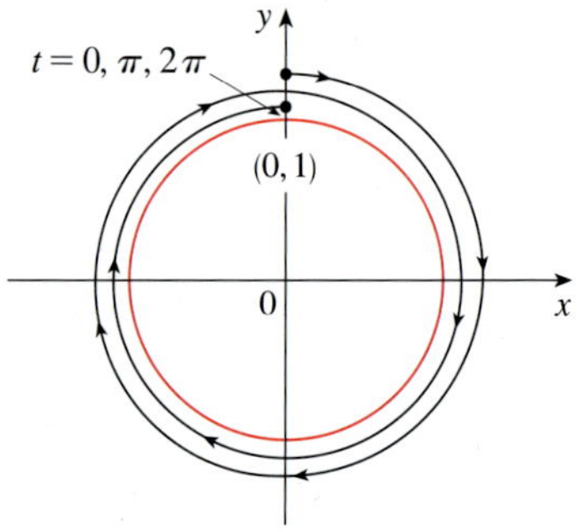

[그림 5]

[예제 2]와 [예제 3]은 서로 다른 매개변수 방정식들이 같은 곡선을 나타낼 수 있다는 것을 보여준다. 따라서 점들의 집합인 곡선과 특별한 방법으로 점들이 그려지는 매개변수 곡선을 구분할 필요가 있다.

예제 4 **중심이 (h, k)이고 반지름이 r인 매개변수 방정식을 구하라.**

풀이

[예제 2]에 주어진 단위원의 방정식을 택하고 x와 y에 대한 식에 r을 곱하면 식 $x = r\cos t$, $y = r\sin t$를 얻는다. 이 방정식은 반지름이 r이고 원점이 중심인 시계 반대 방향으로 그려지는 원을 표현한다는 것을 밝힐 수 있다. 이제 x축 방향으로 h만큼 그리고 y축 방향으로 k만큼 이동하면 다음과 같이 중심이 (h, k)이고 반지름이 r인 원의 매개변수 방정식을 얻는다([그림 6] 참조).

$$x = h + r\cos t, \quad y = k + r\sin t, \quad 0 \le t \le 2\pi$$

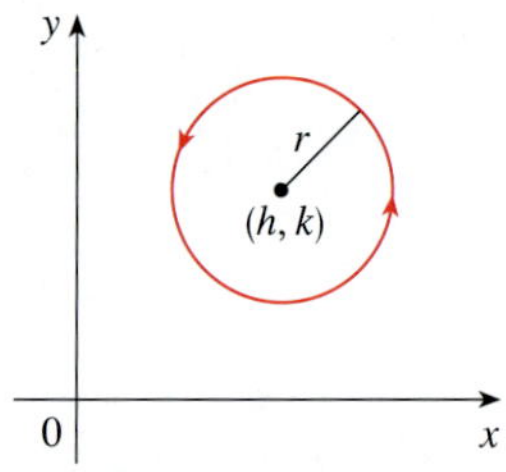

[그림 6] $x = h + r\cos t,\ y = k + r\sin t$

예제 5 **매개변수 방정식이 $x = \sin t$, $y = \sin^2 t$인 곡선을 그려라.**

풀이

$y = (\sin t)^2 = x^2$이므로 점 (x, y)가 포물선 $y = x^2$ 위에서 움직이는 것을 관찰해보자. 이때 $-1 \le \sin t \le 1$이므로 $-1 \le x \le 1$이다. 그래서 매개변수 방정식은 $-1 \le x \le 1$에 대한 포물선의 일부분만을 나타내는 것에 주의한다. $\sin t$는 주기적이므로 점 $(x, y) = (\sin t, \sin^2 t)$는 포물선을 따라 $(-1, 1)$에서 $(1, 1)$까지 좌우로 무한히 움직인다([그림 7] 참조).

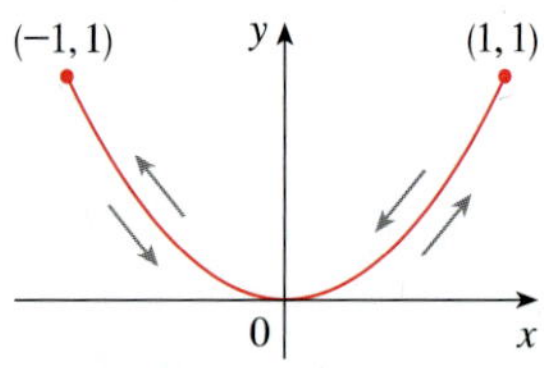

[그림 7]

그래픽 도구

대부분의 그래픽 계산기와 컴퓨터 그래픽 프로그램은 매개변수 방정식으로 정의된 곡선을 그릴 수 있다. 실제로 점들이 대응하는 매개변수의 값이 증가함에 따라 좌표의 위치가 순서대로 정해지므로 그래픽 계산기로 그려지는 매개변수 곡선을 관찰하는 것은 유익하다.

예제 6 **그래픽 도구를 이용해서 곡선 $x = y^4 - 3y^2$을 그려라.**

풀이

$t = y$라 하면 다음 방정식을 얻는다.

$$x = t^4 - 3t^2, \quad y = t$$

이 매개변수 방정식을 이용하여 곡선의 그래프를 그리면 [그림 8]을 얻는다. 주어진 방정식($x = y^4 - 3y^2$)을 y에 대해 풀어서 x에 대한 네 함수로 나타내고 개개의 그래프를 그릴 수 있으나 매개변수 방정식은 훨씬 쉬운 방법을 제공한다.

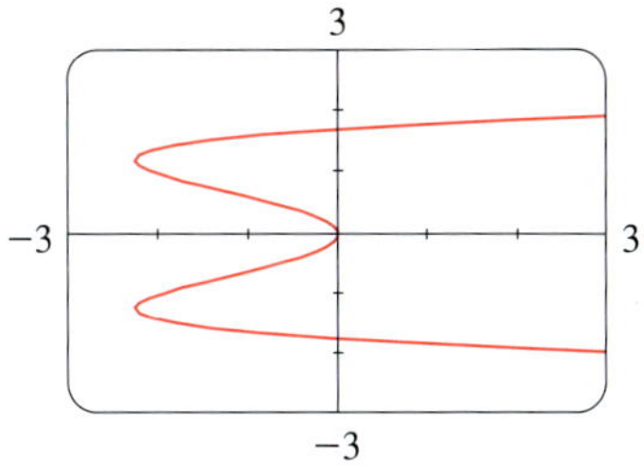

[그림 8]

일반적으로 $x = g(y)$ 형태의 방정식을 그릴 때 다음 매개변수 방정식을 이용할 수 있다.

$$x = g(t), \quad y = t$$

■ www.stewartcalculus.com (Additional Example A를 보라.)

또한 방정식이 $y = f(x)$인 곡선도(매우 익숙한 함수의 그래프) 다음과 같은 매개변수 방정식을 갖는 곡선으로 간주할 수 있음에 유의하자.

$$x = t, \quad y = f(t)$$

그래픽 도구는 복잡한 곡선을 그릴 때 특히 유용하다. 예를 들어 [그림 9], [그림 10], [그림 11]과 같은 곡선을 손으로 직접 그리는 것은 불가능할 것이다.

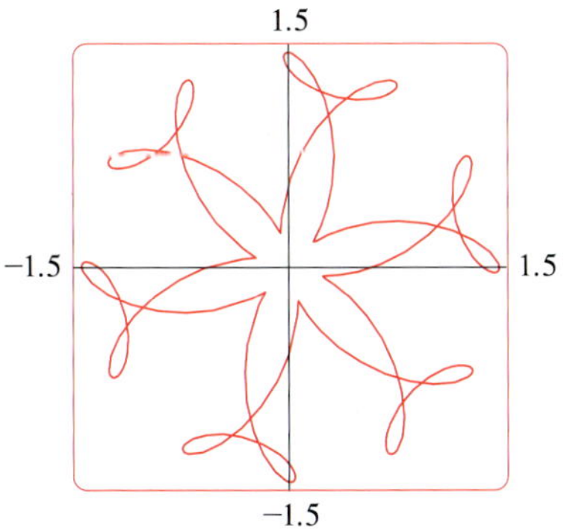

[그림 9]

$x = \sin t + \frac{1}{2}\cos 5t + \frac{1}{4}\sin 13t$

$y = \cos t + \frac{1}{2}\sin 5t + \frac{1}{4}\cos 13t$

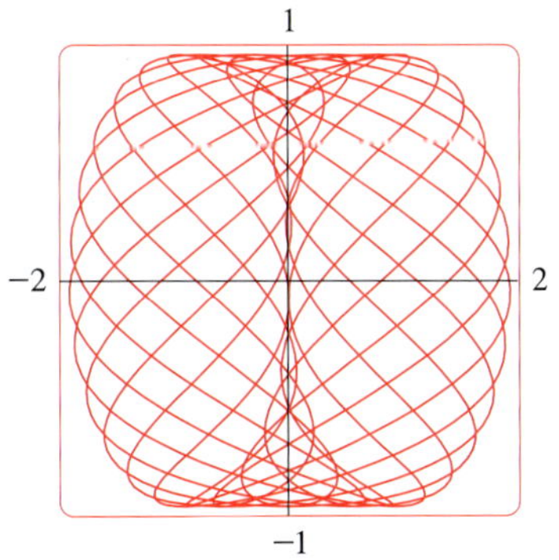

[그림 10]

$x = \sin t - \sin 2.3t$

$y = \cos t$

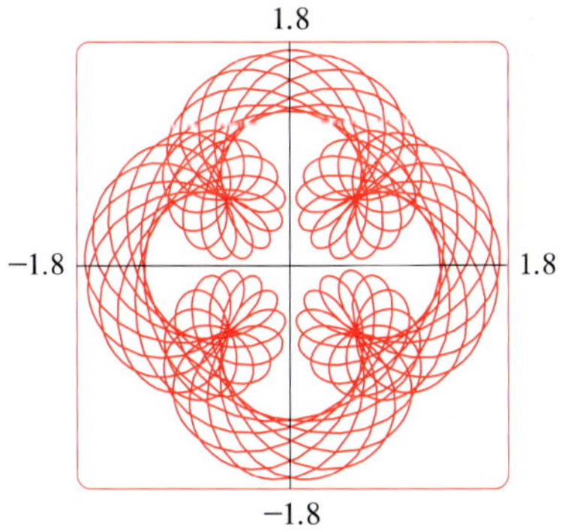

[그림 11]

$x = \sin t + \frac{1}{2}\sin 5t + \frac{1}{4}\cos 2.3t$

$y = \cos t + \frac{1}{2}\cos 5t + \frac{1}{4}\sin 2.3t$

물결선

예제 7 **원이 직선을 따라 굴러갈 때 원주에 있는 점 P에 의해 그려지는 곡선을 물결선 cycloid라 한다([그림 12] 참조). 반지름 r인 원이 x축을 따라 구르고, 점 P의 한 위치가 원점일 때 물결선의 매개변수 방정식을 구하라.**

TEC Module 9.1B에서는 원이 움직일 때 물결선이 어떻게 만들어지는지를 보여준다.

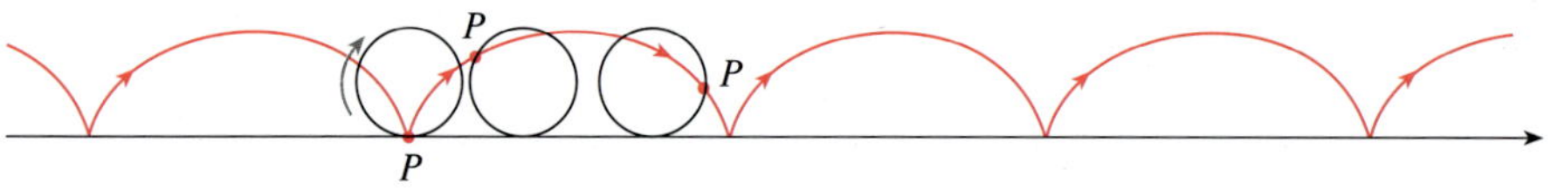

[그림 12]

풀이

원의 회전각 θ를 매개변수로 택한다.(P가 원점에 있을 때 $\theta=0$이다.) 원이 θ라디안만큼 회전했다고 가정하자. 원이 직선과 접해 있기 때문에 [그림 13]과 같이 원점으로부터 굴러간 거리는 다음과 같다.

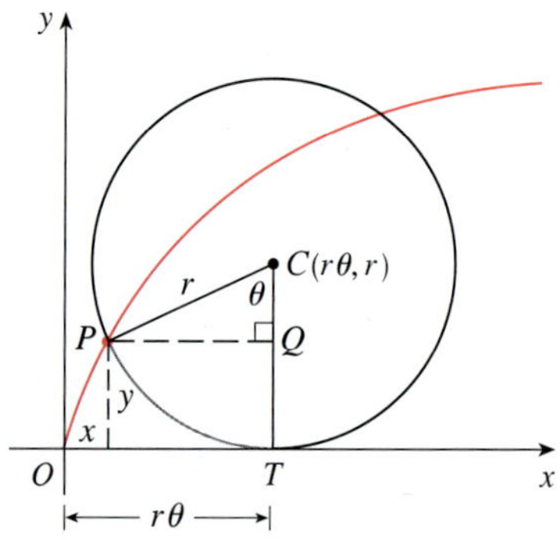

[그림 13]

$$|OT| = \text{arc}\, PT = r\theta$$

그러므로 원의 중심은 $C(r\theta, r)$이다. P의 좌표를 (x, y)라 놓으면 [그림 13]으로부터 다음을 알 수 있다.

$$x = |OT| - |PQ| = r\theta - r\sin\theta = r(\theta - \sin\theta)$$

$$y = |TC| - |QC| = r - r\cos\theta = r(1-\cos\theta)$$

그러므로 물결선의 매개변수 방정식은 다음과 같다.

$$\boxed{1} \qquad x = r(\theta - \sin\theta), \quad y = r(1-\cos\theta), \quad \theta \in \mathbb{R}$$

물결선의 한 아치는 원이 한 번 회전할 때 생기므로 $0 \le \theta \le 2\pi$에서 그려진다. $0 < \theta < \pi/2$인 경우를 설명하는 [그림 13]으로부터 식 $\boxed{1}$이 유도되지만 이 방정식이 다른 θ값에 대해서도 타당함을 보일 수 있다([연습문제 18] 참조).

식 $\boxed{1}$에서 매개변수 θ를 소거할 수 있더라도 그 결과로 얻은 x와 y에 대한 직교방정식은 매우 복잡하고 매개변수 방정식만큼 작업이 편리하지도 않다.

갈릴레오는 물결선을 연구한 최초의 인물 중 한 명으로 교량을 물결선 모양으로 만들 것을 제안했고 물결선의 한 아치 아래의 넓이를 구하려고 노력했다. 후에 이 곡선은 **최속 강하선 문제**brachistochrone problem와 관련하여 나타났다. 이 문제는 입자가 점 A에서 A의 아래에 있는(A의 바로 밑은 아닌) 점 B까지 가장 짧은 시간 내에 (중력의 영향으로) 미끄러지는 곡선을 구하는 것이다. 1696년에 이 문제를 제기한 스위스의 수학자 요한 베르누이는 [그림 14]와 같이 A와 B를 연결할 수 있는 모든 곡선 중에서, 물결선이 뒤집힌 호의 일부일 때 입자가 점 A에서 B까지 최단시간에 미끄러져 간다는 사실을 밝혔다. 네덜란드의 물리학자 호이겐스는 물결선이 또한 **등시곡선 문제**tautochrone problem에 대한 해라는 것을 이미 밝혔다. 즉 한 입자 P가 뒤집힌 물결선의 어느 곳에 있든지 바닥까지 미끄러져 내려가는 데 똑같은 시간이 걸린다는 사실을 밝혔다([그림 15] 참조). 호이겐스는 (자신이 발명한) 진자시계의 추가 물결선의 호를 따라 진동할 것이라고 주장했다. 왜냐하면 진자가 길거나 짧은 호를 따라 진동하더라도 완전한 진폭을 만드는 데 똑같은 시간이 걸리기 때문이다.

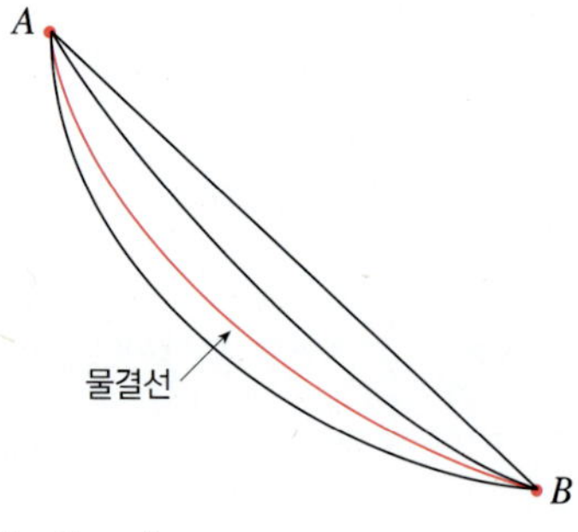

[그림 14]

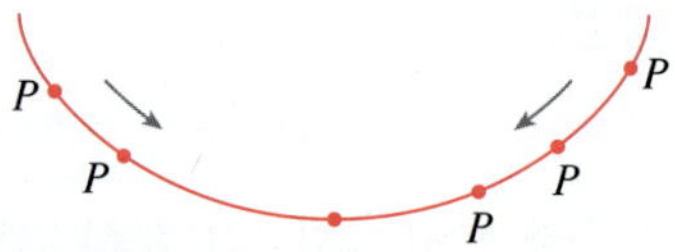

[그림 15]

9.1 연습문제

01~02 다음 매개변수 방정식으로 주어진 곡선을 그려라. t가 증가할 때 곡선이 그려지는 방향을 화살표로 표시하라.

01 $x=t^2+t,\quad y=t^2-t,\quad -2\le t\le 2$

02 $x=\cos^2 t,\quad y=1-\sin t,\quad 0\le t\le \pi/2$

03~04 (a) 다음 매개변수 방정식으로 주어진 곡선을 그려라. t가 증가할 때 곡선이 그려지는 방향을 화살표로 표시하라.

(b) 매개변수를 소거하여 곡선의 직교방정식을 구하라.

03 $x=3-4t,\quad y=2-3t$ **04** $x=\sqrt{t},\quad y=1-t$

05~07 (a) 매개변수를 소거하여 곡선의 직교방정식을 구하라.

(b) 곡선을 그리고 매개변수가 증가할 때 곡선이 그려지는 방향을 화살표로 표시하라.

05 $x=\sin\frac{1}{2}\theta,\quad y=\cos\frac{1}{2}\theta,\quad -\pi\le\theta\le\pi$

06 $x=\sin t,\quad y=\csc t,\quad 0<t<\pi/2$

07 $x=e^{2t},\quad y=t+1$

08~09 주어진 구간에서 t가 변할 때 위치가 (x, y)인 입자의 운동을 설명하라.

08 $x=3+2\cos t,\quad y=1+2\sin t,\quad \pi/2\le t\le 3\pi/2$

09 $x=5\sin t,\quad y=2\cos t,\quad -\pi\le t\le 5\pi$

10~11 $x=f(t)$와 $y=g(t)$의 그래프를 이용하여 매개변수 곡선 $x=f(t)$, $y=g(t)$를 그려라. t가 증가할 때 곡선이 그려지는 방향을 화살표로 표시하라.

10

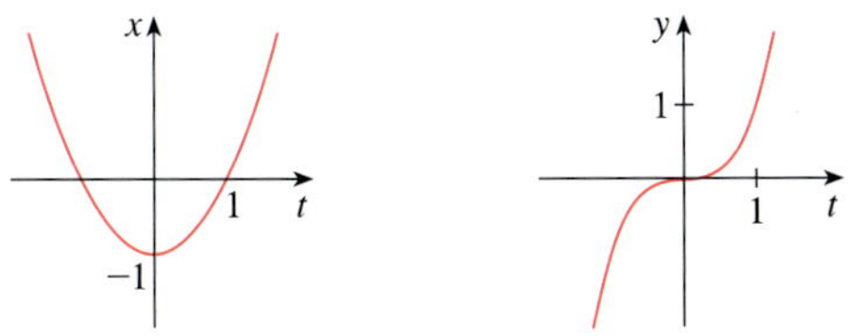

11

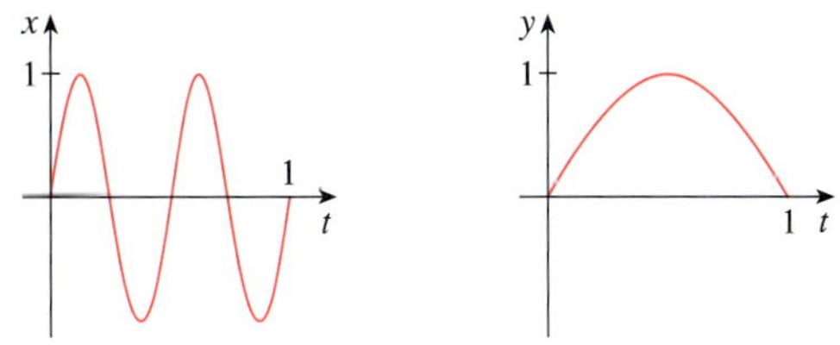

---

12 곡선 $x=y-2\sin\pi y$의 그래프를 그려라.

13 (a) $0\le t\le 1$일 때 다음 매개변수 방정식이 두 점 $P_1(x_1, y_1)$과 $P_2(x_2, y_2)$를 연결하는 선분을 나타냄을 보여라.

$$x=x_1+(x_2-x_1)t,\qquad y=y_1+(y_2-y_1)t$$

(b) $(-2, 7)$에서 $(3, -1)$까지의 선분을 나타내는 매개변수 방정식을 구하라.

14 그래픽 도구와 [연습문제 13(a)]의 결과를 이용하여 꼭짓점이 $A(1, 1)$, $B(4, 2)$, $C(1, 5)$인 삼각형을 그려라.

15 입자가 원 $x^2+(y-1)^2=4$를 따라 다음과 같이 설명된 방법으로 움직일 때 이 입자의 경로에 대한 매개변수 방정식을 구하라.

(a) $(2, 1)$에서 시작해서 시계 방향으로 한 바퀴

(b) $(2, 1)$에서 시작해서 시계 반대 방향으로 세 바퀴

(c) $(0, 3)$에서 시작해서 시계 반대 방향으로 반 바퀴

16 그래픽 계산기나 컴퓨터를 이용하여 다음 그림을 다시 그려라.

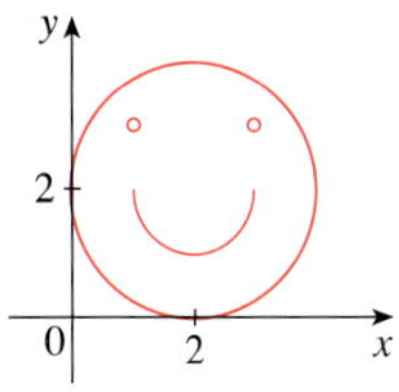

17 매개변수 방정식으로 나타낸 다음 곡선들을 비교하라. 그들이 어떻게 다른가?

(a) $x=t^3,\quad y=t^2$ (b) $x=t^6,\quad y=t^4$

(c) $x=e^{-3t},\quad y=e^{-2t}$

18 $\pi/2<\theta<\pi$인 경우에 식 [1]을 유도하라.

19 반지름 r인 원의 중심으로부터 거리가 d인 점을 P라 하자. 원이 직선 위를 굴러갈 때 원의 내부나 외부 또는 원 위의 한 점 P에 의해 그려지는 곡선을 **여파선**trochoid이라 한다. (자전거 바퀴의 바퀴살 위에 있는 점의 운동을 생각하라.) 물결선은 $d=r$인 여파선의 특수한 경우이다. 물결선에서와 동일한 매개변수 θ를 이용하여 직선을 x축으로 하고 P가 가장 낮은 점들 중의 하나일 때, $\theta=0$이라 가정한다. 여파선의 매개변수 방정식이 다음과 같음을 보여라.

$$x=r\theta-d\sin\theta, \quad y=r-d\cos\theta$$

$d<r$인 경우와 $d>r$인 경우에 대한 여파선을 그려라.

20 a와 b가 고정된 수일 때 각 θ를 매개변수로 사용한다. 그림에서 점 P의 가능한 모든 위치로 구성된 곡선에 대한 매개변수 방정식을 구하라. 그리고 매개변수를 소거하여 곡선을 확인하라.

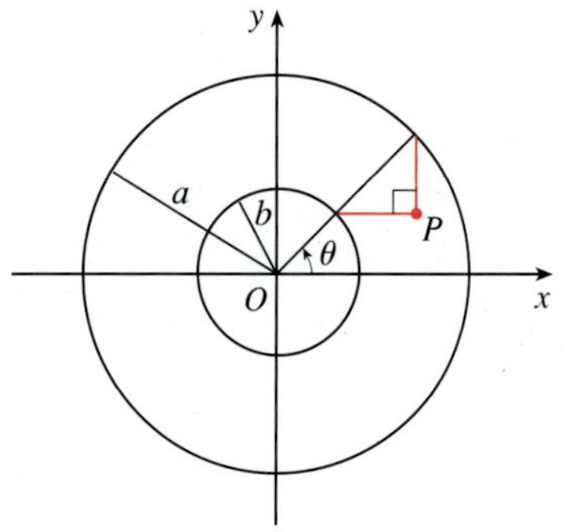

21 그림과 같이 점 P의 가능한 모든 위치로 구성된 곡선이 있다. 이것을 **아네시의 마녀**witch of Maria Agnesi라 한다. 이 곡선에 대한 매개변수 방정식이 다음과 같음을 보이고 곡선을 그려라.

$$x=2a\cot\theta, \quad y=2a\sin^2\theta$$

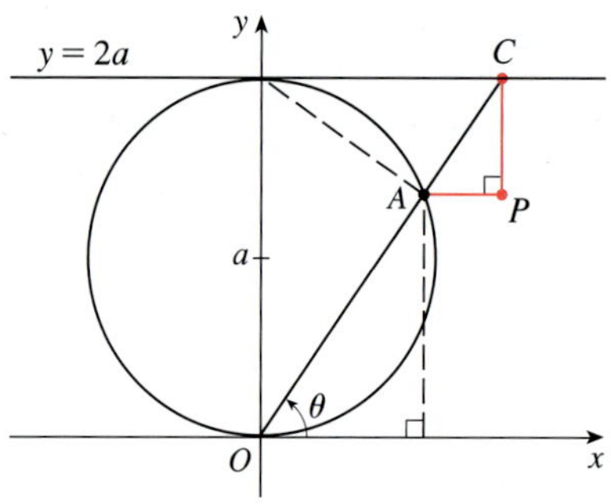

22 시각 t에서 한 입자의 위치가 다음과 같다.

$$x_1=3\sin t, \quad y_1=2\cos t, \quad 0\le t\le 2\pi$$

그리고 두 번째 입자의 위치는 다음과 같다.

$$x_2=-3+\cos t, \quad y_2=1+\sin t, \quad 0\le t\le 2\pi$$

(a) 두 입자에 대한 경로를 그려라. 교점은 몇 개가 있는가?

(b) 임의의 교점들이 충돌점인가? 다시 말해서 입자가 같은 시각에 같은 위치에 있는가? 만일 그렇다면 충돌점을 구하라.

(c) 두 번째 입자의 경로가 다음과 같을 때 어떤 일이 발생하는지 설명하라.

$$x_2=3+\cos t, \quad y_2=1+\sin t, \quad 0\le t\le 2\pi$$

23 매개변수 방정식이 $x=t^2$, $y=t^3-ct$로 정의되는 곡선족을 조사하라. c가 증가할수록 곡선의 모양은 어떻게 변하는가? 곡선족의 그래프를 몇 개만 그려서 설명하라.

24 $a>0$에 대해 매개변수 방정식이 $x=t+a\cos t$, $y=t+a\sin t$인 곡선족의 곡선을 몇 개만 그려라. a가 증가할 때 곡선은 어떻게 변하는가? a가 어떤 값일 때 곡선은 고리를 만드는가?

25 방정식 $x=a\sin nt$, $y=b\cos t$를 갖는 곡선을 **리사주 그림**Lissajous figure이라 한다. a, b, n이 변할 때 이 곡선들이 어떻게 변하는지 조사하라. (n은 양의 정수로 택한다.)

9.2 매개변수 곡선에 대한 미적분

지금까지 매개변수 방정식으로 곡선을 표현하는 방법을 알아보았다. 이제 미적분학의 방법을 매개변수 곡선에 적용한다. 특히 접선, 넓이, 호의 길이를 포함하는 문제를 풀어본다.

접선

f와 g가 미분 가능한 함수라고 가정하자. y가 x의 미분 가능한 함수일 때 매개변수 곡선 $x=f(t)$, $y=g(t)$ 위의 점에서 접선을 구하고자 한자. 그러면 연쇄법칙에 의해 다음을 얻는다.

$$\frac{dy}{dt}=\frac{dy}{dx}\cdot\frac{dx}{dt}$$

$dx/dt\neq 0$이면 dy/dx에 대해 다음과 같이 풀 수 있다.

1 $$\frac{dy}{dx}=\frac{\dfrac{dy}{dt}}{\dfrac{dx}{dt}},\quad \frac{dx}{dt}\neq 0$$

곡선을 움직이는 입자가 그리는 자취라고 생각하면 dy/dt와 dx/dt는 입자의 수직속도와 수평속도이다. 그리고 식 **1**은 접선의 기울기가 이 속도의 비율임을 나타낸다.

(dt를 약분한다고 생각하여 떠올릴 수 있는) 식 **1**은 매개변수 t를 소거하지 않고도 매개변수 곡선에 대한 접선의 기울기 dy/dx를 구할 수 있음을 의미한다. 식 **1**로부터 ($dx/dt\neq 0$인 조건에서) $dy/dt=0$일 때 곡선은 수평접선을 갖고, ($dy/dt\neq 0$인 조건에서) $dx/dt=0$일 때 곡선은 수직접선을 갖는다는 것을 알 수 있다. 이런 정보는 매개변수 곡선을 그리는 데 유용하다.

3장에서 살펴봤듯이 d^2y/dx^2을 생각하는 것 또한 유용하다. 이것은 식 **1**에서 y를 dy/dx로 대치하면 다음을 구할 수 있다.

$$\frac{d^2y}{dx^2}=\frac{d}{dx}\left(\frac{dy}{dx}\right)=\frac{\dfrac{d}{dt}\left(\dfrac{dy}{dx}\right)}{\dfrac{dx}{dt}}$$

⊘ $\dfrac{d^2y}{dx^2}\neq\dfrac{\dfrac{d^2y}{dt^2}}{\dfrac{d^2x}{dt^2}}$ 임에 주의하라.

예제 1 **곡선 C는 매개변수 방정식 $x=t^2$, $y=t^3-3t$로 정의된다.**

(a) C가 점 $(3, 0)$에서 두 개의 접선을 갖는 것을 보이고, 그 접선의 방정식을 구하라.

(b) 접선이 수평이거나 수직인 C 위의 점들을 구하라.

(c) 곡선이 위로 오목(아래로 볼록) 또는 아래로 오목(위로 볼록)인 곳을 결정하라.

(d) 이 곡선을 그려라.

풀이

(a) $t=0$ 또는 $t=\pm\sqrt{3}$일 때 $y=t^3-3t=t(t^2-3)=0$임을 안다. 그러므로 C 위의 점 $(3, 0)$은 두 개의 매개변수 값 $t=\sqrt{3}$과 $t=-\sqrt{3}$에서 나타난다. 이것은 $(3, 0)$에서 C가 스스로 교차함을 암시한다.

$$\frac{dy}{dx}=\frac{dy/dt}{dx/dt}=\frac{3t^2-3}{2t}=\frac{3}{2}\left(t-\frac{1}{t}\right)$$

■ www.stewartcalculus.com (Additional Example A를 보라.)

이므로 $t=\pm\sqrt{3}$일 때 접선의 기울기는 $dy/dx=\pm 6/(2\sqrt{3})=\pm\sqrt{3}$이다. 따라서 (3, 0)에서 접선의 방정식은 다음과 같다.

$$y=\sqrt{3}(x-3),\quad y=-\sqrt{3}(x-3)$$

(b) C는 $dy/dx=0$, 즉 $dy/dt=0$, $dx/dt\neq 0$일 때 수평접선을 갖는다. $dy/dt=3t^2-3$이므로 수평접선은 $t^2=1$, 즉 $t=\pm 1$에서 나타난다. 이에 대응하는 C 위의 점은 $(1,-2)$와 $(1, 2)$이다. C는 $dx/dt=2t=0$, 즉 $t=0$일 때 수직접선을 갖는다. (이 점에서 $dy/dt\neq 0$이다.) 이에 대응하는 C 위의 점은 (0, 0)이다.

(c) 오목성을 결정하기 위해 2계 도함수를 계산한다.

$$\frac{d^2y}{dx^2}=\frac{\dfrac{d}{dt}\left(\dfrac{dy}{dx}\right)}{\dfrac{dx}{dt}}=\frac{\dfrac{3}{2}\left(1+\dfrac{1}{t^2}\right)}{2t}=\frac{3(t^2+1)}{4t^3}$$

따라서 이 곡선은 $t>0$일 때 위로 오목(아래로 볼록)하고, $t<0$일 때 아래로 오목(위로 볼록)하다.

(d) (b), (c)의 정보로부터 C의 그래프는 [그림 16]과 같다.

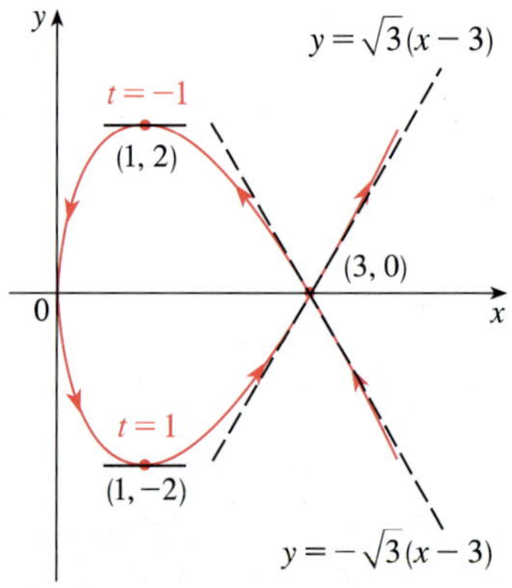

[그림 16]

예제 2 (a) $\theta=\pi/3$인 점에서 물결선 $x=r(\theta-\sin\theta)$, $y=r(1-\cos\theta)$에 대한 접선을 구하라(9.1절의 [예제 7] 참조).

(b) 어느 점에서 접선이 수평인가? 언제 수직인가?

풀이

(a) 접선의 기울기는 다음과 같다.

$$\frac{dy}{dx}=\frac{dy/d\theta}{dx/d\theta}=\frac{r\sin\theta}{r(1-\cos\theta)}=\frac{\sin\theta}{1-\cos\theta}$$

$\theta=\pi/3$일 때 다음을 얻는다.

$$x=r\left(\frac{\pi}{3}-\sin\frac{\pi}{3}\right)=r\left(\frac{\pi}{3}-\frac{\sqrt{3}}{2}\right),\quad y=r\left(1-\cos\frac{\pi}{3}\right)=\frac{r}{2}$$

그리고 다음을 얻는다.

$$\frac{dy}{dx}=\frac{\sin(\pi/3)}{1-\cos(\pi/3)}=\frac{\sqrt{3}/2}{1-\dfrac{1}{2}}=\sqrt{3}$$

그러므로 접선의 기울기는 $\sqrt{3}$이고 접선의 방정식은 다음과 같다.

$$y - \frac{r}{2} = \sqrt{3}\left(x - \frac{r\pi}{3} + \frac{r\sqrt{3}}{2}\right) \quad \text{또는} \quad \sqrt{3}x - y = r\left(\frac{\pi}{\sqrt{3}} - 2\right)$$

접선은 [그림 17]과 같다.

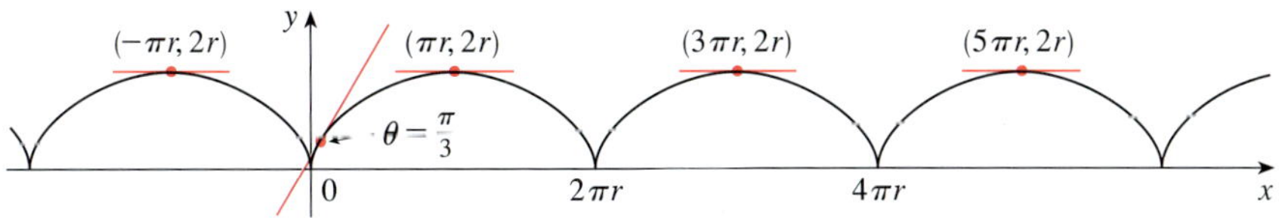

[그림 17]

(b) $dy/dx = 0$일 때 접선은 수평이고, 이는 $\sin\theta = 0$, $1 - \cos\theta \neq 0$, 즉 $\theta = (2n-1)\pi$ (n은 정수)일 때 나타난다. 이에 대응하는 물결선 위의 점은 $((2n-1)\pi r,\ 2r)$이다.

$\theta = 2n\pi$일 때 $dx/d\theta$와 $dy/d\theta$는 모두 0이다. 이런 점들에서 수직접선이 존재함을 그래프를 통해 알 수 있다. 로피탈 법칙을 이용해서 이것을 다음과 같이 밝힐 수 있다.

$$\lim_{\theta \to 2n\pi^+} \frac{dy}{dx} = \lim_{\theta \to 2n\pi^+} \frac{\sin\theta}{1 - \cos\theta} = \lim_{\theta \to 2n\pi^+} \frac{\cos\theta}{\sin\theta} = \infty$$

비슷한 계산에 의해 $\theta \to 2n\pi^-$일 때 $dy/dx \to -\infty$임을 보일 수 있다. 따라서 $\theta = 2n\pi$, 즉 $x = 2n\pi r$일 때 수직접선이 존재한다.

넓이

$F(x) \geq 0$이면 a에서 b까지 곡선 $y = F(x)$ 아래의 넓이는 $A = \int_a^b F(x)\,dx$임을 알고 있다. 곡선이 매개변수 방정식 $x = f(t)$, $y = g(t)$로 주어지고 t가 α에서 β까지 증가함에 따라 곡선이 한 번만 그려진다면 정적분에 대한 치환법을 이용하여 앞에서의 공식을 다음과 같이 다시 쓸 수 있다.

$$A = \int_a^b y\,dx = \int_\alpha^\beta g(t) f'(t)\,dt$$

$$\left[\text{또는 } (f(\beta),\ g(\beta))\text{가 왼쪽 끝점이면 } \int_\beta^\alpha g(t) f'(t)\,dt\text{이다.}\right]$$

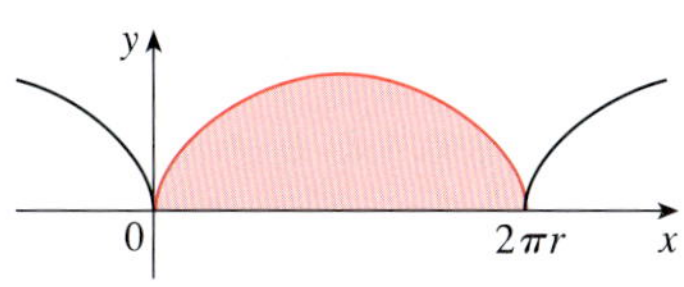

[그림 18]

[예제 3]의 결과는 물결선의 한 아치 아래의 넓이가 물결선을 만드는 회전원의 넓이의 3배임을 의미한다(9.1절의 [예제 7] 참조). 갈릴레오가 이 결과를 추측했지만, 이것을 처음으로 증명한 사람은 프랑스의 수학자 로베르발(Roberval)과 이탈리아의 수학자 토리첼리(Torricelli)이다.

예제 3 **물결선 $x = r(\theta - \sin\theta)$, $y = r(1 - \cos\theta)$의 한 아치 아래의 넓이를 구하라 ([그림 18] 참조).**

풀이

물결선의 한 아치는 $0 \leq \theta \leq 2\pi$에서 주어진다. 치환법을 이용하여 $y = r(1 - \cos\theta)$라 하면 $dx = r(1 - \cos\theta)\,d\theta$이므로 다음을 얻는다.

$$A = \int_0^{2\pi r} y\,dx = \int_0^{2\pi} r(1-\cos\theta)\,r(1-\cos\theta)\,d\theta$$

$$= r^2 \int_0^{2\pi} (1-\cos\theta)^2\,d\theta = r^2 \int_0^{2\pi} (1-2\cos\theta+\cos^2\theta)\,d\theta$$

$$= r^2 \int_0^{2\pi} \left[1-2\cos\theta+\frac{1}{2}(1+\cos 2\theta)\right] d\theta$$

$$= r^2 \left[\frac{3}{2}\theta - 2\sin\theta + \frac{1}{4}\sin 2\theta\right]_0^{2\pi} = r^2\left(\frac{3}{2}\cdot 2\pi\right) = 3\pi r^2$$

호의 길이

$y = F(x)$, $a \le x \le b$ 형태로 주어진 곡선 C의 길이 L을 구하는 방법을 7장에서 살펴보았다. 7.4절의 공식 3으로부터 F'이 연속이면 다음이 성립한다.

2 $$L = \int_a^b \sqrt{1+\left(\frac{dy}{dx}\right)^2}\,dx$$

곡선 C가 $dx/dt = f'(t) > 0$인 곳에서 매개변수 방정식이 $x = f(t)$, $y = g(t)$, $\alpha \le t \le \beta$로 표현된다고 하자. 이것은 $f(\alpha) = a$, $f(\beta) = b$이고 t가 α에서 β로 증가할 때 곡선 C는 왼쪽에서 오른쪽으로 한 번만 그려지는 것을 의미한다. 식 1을 식 2에 대입하고 치환법을 이용하면 다음과 같다.

$$L = \int_a^b \sqrt{1+\left(\frac{dy}{dx}\right)^2}\,dx = \int_\alpha^\beta \sqrt{1+\left(\frac{dy/dt}{dx/dt}\right)^2}\,\frac{dx}{dt}\,dt$$

$dx/dt > 0$이므로 다음을 얻는다.

3 $$L = \int_\alpha^\beta \sqrt{\left(\frac{dx}{dt}\right)^2 + \left(\frac{dy}{dt}\right)^2}\,dt$$

곡선 C가 $y = F(x)$ 형태로 표현되지 않는다 하더라도 식 3은 여전히 타당하며 근사 다각형으로 L을 얻을 수 있다. 매개변수의 구간 $[\alpha, \beta]$를 너비가 Δt로 동일한 n개의 부분 구간으로 분할한다. $t_0, t_1, \cdots, t_n$을 부분 구간의 끝점이라 하면 $x_i = f(t_i)$와 $y_i = g(t_i)$는 C 위에 놓인 점 $P_i(x_i, y_i)$의 좌표이고, 꼭짓점이 $P_0, P_1, \cdots, P_n$인 다각형은 C에 근사한다([그림 19] 참조).

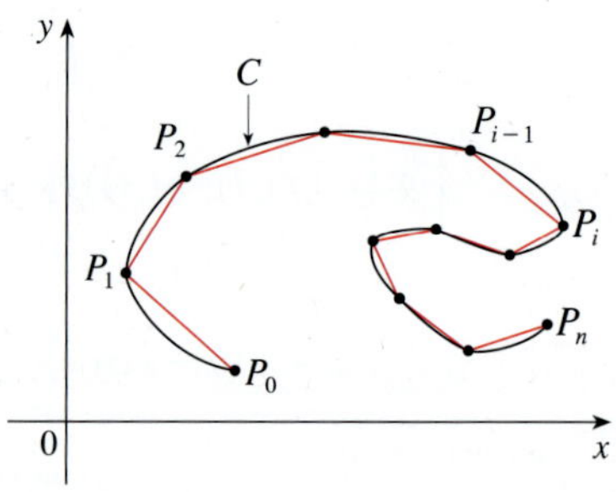

[그림 19]

7.4절에서와 같이 C의 길이 L을 $n \to \infty$일 때 다음과 같이 이들 근사 다각형의 길이의 극한으로 정의한다.

$$L = \lim_{n\to\infty} \sum_{i=1}^{n} |P_{i-1}P_i|$$

구간 $[t_{i-1}, t_i]$에서 f에 평균값 정리를 적용하면 다음을 만족하는 t_i^*가 (t_{i-1}, t_i)에 존재한다.

$$f(t_i) - f(t_{i-1}) = f'(t_i^*)(t_i - t_{i-1})$$

이제 $\Delta x_i = x_i - x_{i-1}$, $\Delta y_i = y_i - y_{i-1}$이라 하면 이 식은 다음과 같이 된다.

$$\Delta x_i = f'(t_i^*)\Delta t$$

같은 방법으로 g에 평균값 정리를 적용하면 다음을 만족하는 t_i^{**}가 (t_{i-1}, t_i)에 존재한다.

$$\Delta y_i = g'(t_i^{**})\Delta t$$

따라서 다음이 성립한다.

$$\begin{aligned} |P_{i-1}P_i| &= \sqrt{(\Delta x_i)^2 + (\Delta y_i)^2} = \sqrt{[f'(t_i^*)\Delta t]^2 + [g'(t_i^{**})\Delta t]^2} \\ &= \sqrt{[f'(t_i^*)]^2 + [g'(t_i^{**})]^2}\,\Delta t \end{aligned}$$

따라서 다음을 얻는다.

4 $$L = \lim_{n\to\infty}\sum_{i=1}^{n}\sqrt{[f'(t_i^*)]^2 + [g'(t_i^{**})]^2}\,\Delta t$$

식 4에서의 합은 함수 $\sqrt{[f'(t)]^2 + [g'(t)]^2}$에 대한 리만 합과 비슷하지만 일반적으로 $t_i^* \neq t_i^{**}$이기 때문에 정확히 리만 합은 아니다. 그럼에도 불구하고 f'과 g'이 연속이면 4에서 극한은 $t_i^* = t_i^{**}$일 때의 극한과 일치함을 밝힐 수 있다. 즉 다음이 성립한다.

$$L = \int_\alpha^\beta \sqrt{[f'(t)]^2 + [g'(t)]^2}\,dt$$

따라서 라이프니츠 기호를 이용하여 식 3과 같은 형태인 다음의 결과를 얻는다.

5 정리 곡선 C가 매개변수 방정식 $x = f(t)$, $y = g(t)$, $\alpha \le t \le \beta$로 정의되고 f'과 g'이 $[\alpha, \beta]$에서 연속이라 하자. t가 α에서 β로 증가함에 따라 C가 꼭 한 번 그려지면 C의 길이는 다음과 같다.

$$L = \int_\alpha^\beta \sqrt{\left(\frac{dx}{dt}\right)^2 + \left(\frac{dy}{dt}\right)^2}\,dt$$

정리 5의 공식은 7.4절의 일반적인 공식 $L=\int ds$와 $(ds)^2=(dx)^2+(dy)^2$과 일치함에 주의하자.

예제 4 9.1절의 [예제 2]에서 주어진 단위원의 표현은 다음과 같다.

$$x=\cos t,\quad y=\sin t,\quad 0\le t\le 2\pi$$

이 표현을 이용하면 다음을 얻는다.

$$\frac{dx}{dt}=-\sin t,\quad \frac{dy}{dt}=\cos t$$

따라서 기대한 대로 정리 5로부터 다음을 얻는다.

$$\begin{aligned}L&=\int_0^{2\pi}\sqrt{\left(\frac{dx}{dt}\right)^2+\left(\frac{dy}{dt}\right)^2}\,dt=\int_0^{2\pi}\sqrt{\sin^2t+\cos^2t}\,dt\\&=\int_0^{2\pi}dt=2\pi\end{aligned}$$

반면 9.1절의 [예제 3]에서 주어진 다음 식을 이용하면 $dx/dt=2\cos 2t$, $dy/dt=-2\sin 2t$이다.

$$x=\sin 2t,\quad y=\cos 2t,\quad 0\le t\le 2\pi$$

그러므로 정리 5의 적분으로부터 다음을 얻는다.

$$\int_0^{2\pi}\sqrt{\left(\frac{dx}{dt}\right)^2+\left(\frac{dy}{dt}\right)^2}\,dt=\int_0^{2\pi}\sqrt{4\cos^2(2t)+4\sin^2(2t)}\,dt=\int_0^{2\pi}2\,dt=4\pi$$

⊘ t가 0에서 2π로 증가함에 따라 점 $(\sin 2t, \cos 2t)$는 원을 두 번 그리기 때문에 적분은 원주 길이의 두 배가 되는 것에 주의한다. 일반적으로 매개변수로 표현된 곡선 C의 길이를 구할 때 t가 α에서 β로 증가함에 따라 C는 단 한 번 그려지는 것이 보장되는지 확인해야 한다.

예제 5 물결선 $x=r(\theta-\sin\theta)$, $y=r(1-\cos\theta)$의 한 아치의 호의 길이를 구하라.

풀이

[예제 3]으로부터 한 아치는 매개변수의 구간 $0\le\theta\le 2\pi$에서 그려진다는 것을 알고 있다. 그리고 다음이 성립한다.

$$\frac{dx}{d\theta}=r(1-\cos\theta),\quad \frac{dy}{d\theta}=r\sin\theta$$

그러므로 다음을 얻는다.

$$L = \int_0^{2\pi} \sqrt{\left(\frac{dx}{d\theta}\right)^2 + \left(\frac{dy}{d\theta}\right)^2}\, d\theta = \int_0^{2\pi} \sqrt{r^2(1-\cos\theta)^2 + r^2\sin^2\theta}\, d\theta$$

$$= \int_0^{2\pi} \sqrt{r^2(1-2\cos\theta+\cos^2\theta+\sin^2\theta)}\, d\theta = r\int_0^{2\pi} \sqrt{2(1-\cos\theta)}\, d\theta$$

[예제 5]의 결과는 물결선의 한 아치의 길이가 물결선을 만드는 원의 반지름의 8배임을 의미한다([그림 20] 참조). 이것은 런던의 세인트 폴 대성당을 건축한 것으로 알려진 렌(Christopher Wren) 경이 1658년에 처음으로 증명했다.

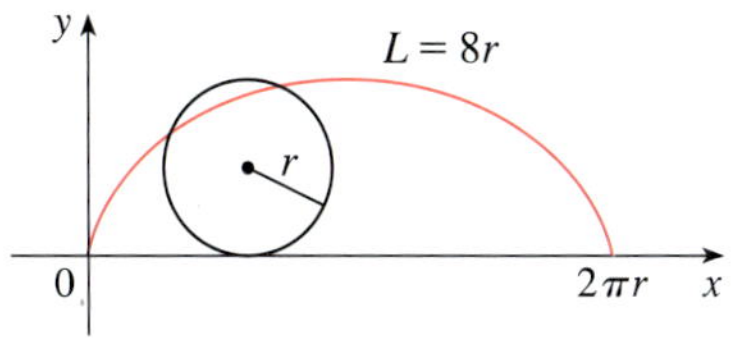

[그림 20]

이 적분을 계산하기 위해 항등식 $\sin^2 x = \frac{1}{2}(1-\cos 2x)$를 사용해 $\theta = 2x$를 대입하면 $1-\cos\theta = 2\sin^2(\theta/2)$를 얻는다. $0 \le \theta \le 2\pi$이므로 $0 \le \theta/2 \le \pi$이고 $\sin(\theta/2) \ge 0$이다. 그러므로 다음을 얻는다.

$$\sqrt{2(1-\cos\theta)} = \sqrt{4\sin^2(\theta/2)} = 2|\sin(\theta/2)| = 2\sin(\theta/2)$$

따라서 다음을 얻는다.

$$L = 2r\int_0^{2\pi} \sin(\theta/2)\, d\theta = 2r\Big[-2\cos(\theta/2)\Big]_0^{2\pi}$$

$$= 2r[2+2] = 8r$$

9.2 연습문제

01 $x = t\sin t$, $y = t^2 + t$의 dy/dx를 구하라.

02~03 다음 매개변수의 값에 대응하는 점에서 곡선에 대한 접선의 방정식을 구하라.

02 $x = 1 + 4t - t^2$, $y = 2 - t^3$; $t = 1$

03 $x = t\cos t$, $y = t\sin t$; $t = \pi$

04 점 $(1, 3)$에서 곡선 $x = 1 + \ln t$, $y = t^2 + 2$에 대한 접선의 방정식을 다음 두 가지 방법으로 구하라.

(a) 매개변수를 소거하지 않는 방법

(b) 먼저 매개변수를 소거하는 방법

05~06 dy/dx, d^2y/dx^2을 구하라. 곡선이 위로 오목인 t의 값을 구하라.

05 $x = t^2 + 1$, $y = t^2 + t$ **06** $x = e^t$, $y = te^{-t}$

07~08 접선이 수평 또는 수직이 되는 곡선 위의 점을 구하라. 그래픽 도구를 갖고 있다면 그래프를 그려서 구한 답을 확인하라.

07 $x = t^3 - 3t$, $y = t^2 - 3$

08 $x = 2\cos\theta$, $y = \sin 2\theta$

09 그래프를 이용하여 곡선 $x = t - t^6$, $y = e^t$의 맨 오른쪽 끝점의 좌표를 추정하라. 그 다음으로 미적분학을 이용해서 정확한 좌표를 구하라.

10 그래프를 이용하여 곡선 $x=t^4-2t$, $y=t+t^4$의 가장 낮은 점과 맨 왼쪽 끝점의 좌표를 추정하라. 그 다음으로 정확한 좌표를 구하라.

11 다음 곡선의 중요한 성질을 모두 보여주는 그래프를 보기화면에 그려라.

$$x=t^4-2t^3-2t^2, \quad y=t^3-t$$

12 곡선 $x=\cos t$, $y=\sin t\cos t$는 $(0, 0)$에서 접선이 두 개임을 보이고, 접선의 방정식을 구하라. 그리고 곡선을 그려라.

13 (a) 여파선 $x=r\theta-d\sin\theta$, $y=r-d\cos\theta$에 대한 접선의 기울기를 θ를 이용하여 구하라(9.1절의 [연습문제 19] 참조).

(b) $d<r$이면 여파선이 수직접선을 갖지 않음을 보여라.

14 곡선 $x=2t^3$, $y=1+4t-t^2$ 위의 어느 점에서 접선의 기울기가 1인가?

15 타원의 매개변수 방정식 $x=a\cos\theta$, $y=b\sin\theta$, $0\le\theta\le 2\pi$를 이용하여 타원으로 둘러싸인 넓이를 구하라.

16 x축과 곡선 $x=1+e^t$, $y=t-t^2$으로 둘러싸인 넓이를 구하라.

17 9.1절의 [연습문제 19]의 $d<r$인 여파선의 한 아치 아래의 넓이를 구하라.

18~19 다음 곡선의 길이를 나타내는 적분을 세워라. 그리고 계산기를 이용하여 곡선의 길이를 소수점 아래 넷째 자리까지 정확하게 구하라.

18 $x=t+e^{-t}, \quad y=t-e^{-t}, \quad 0\le t\le 2$

19 $x=t-2\sin t, \quad y=1-2\cos t, \quad 0\le t\le 4\pi$

20~21 다음 곡선의 정확한 길이를 구하라.

20 $x=1+3t^2, \quad y=4+2t^3, \quad 0\le t\le 1$

21 $x=t\sin t, \quad y=t\cos t, \quad 0\le t\le 1$

22~23 다음 곡선을 그리고 길이를 구하라.

22 $x=e^t\cos t, \quad y=e^t\sin t, \quad 0\le t\le\pi$

23 $x=e^t-t, \quad y=4e^{t/2}, \quad -8\le t\le 3$

---

24 $n=6$인 심프슨의 공식을 이용하여 곡선 $x=t-e^t$, $y=t+e^t$, $-6\le t\le 6$의 길이를 추정하라.

25 9.1절의 [연습문제 21]에서 아녜시의 마녀라 부르는 곡선에 대한 매개변수 방정식 $x=2a\cot\theta$, $y=2a\sin^2\theta$를 유도했다. $n=4$인 심프슨의 공식을 이용하여 $\frac{\pi}{4}\le\theta\le\frac{\pi}{2}$에 의해 주어진 이 곡선의 호의 길이를 추정하라.

26 다음 주어진 시간 구간에서 t가 변할 때 위치가 (x, y)인 입자가 움직인 거리를 구하라. 이것을 곡선의 길이와 비교하라.

$$x=\sin^2 t, \quad y=\cos^2 t, \quad 0\le t\le 3\pi$$

27 타원 $x=a\sin\theta$, $y=b\cos\theta$, $a>b>0$의 전체 길이가 다음과 같음을 보여라.

$$L=4a\int_0^{\pi/2}\sqrt{1-e^2\sin^2\theta}\,d\theta$$

여기서 e는 타원의 이심률(즉 $c=\sqrt{a^2-b^2}$일 때 $e=c/a$)을 나타낸다.

28 CAS (a) 다음 방정식으로 표현되는 **에피트로코이드**epitrochoid의 그래프를 그려라. 그리고 완전한 곡선을 만들기 위한 매개변수의 구간을 구하라.

$$x=11\cos t-4\cos(11t/2)$$
$$y=11\sin t-4\sin(11t/2)$$

(b) CAS를 이용하여 이 곡선의 근사 길이를 구하라.

29 원둘레를 따라 끈을 감다가 팽팽해지면 푼다. 끈의 끝점 P에 의해 그려지는 곡선을 원의 **신개선**involute이라 한다. 원의 반지름을 r, 중심을 O라 하면 P의 처음 위치는 $(r, 0)$이다. 매개변수 θ가 다음 그림과 같다면 신개선의 매개변수 방정식이 다음과 같음을 보여라.

$$x=r(\cos\theta+\theta\sin\theta), \quad y=r(\sin\theta-\theta\cos\theta)$$

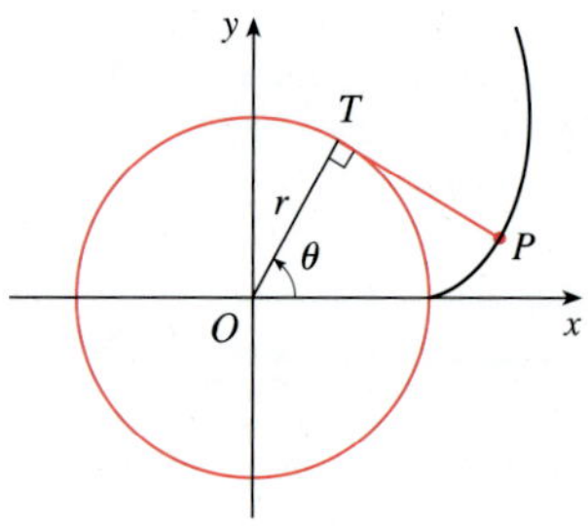

9.3 극좌표

좌표계는 좌표라 부르는 수들의 순서쌍으로 평면 안의 점을 나타낸다. 통상적으로 직교좌표를 사용하며 이 좌표는 두 개의 수직인 축으로부터 유향 거리를 나타낸다.

이 절에서는 뉴턴이 소개한 여러 가지 면에서 좀 더 편리한 극좌표계polar coordinate system를 설명한다.

극pole(또는 원점)이라 부르고 O로 표시하는 평면 안의 한 점을 선택한다. 그리고 O에서 시작하는 극축polar axis이라 부르는 반직선을 그린다. 이 극축은 통상적으로 오른쪽을 향하는 수평선으로 그리며 직교좌표계에서 양의 x축과 대응한다.

평면의 임의의 다른 점을 P라 하면 r을 O에서 P까지의 거리라 하고, [그림 21]과 같이 극축과 직선 OP 사이의 각을 θ(통상 라디안으로 측정한다.)라 하자. 그러면 점 P는 순서쌍 (r, θ)로 표현되고 r, θ를 P의 극좌표polar coordinate라 한다. 관습적으로 각이 극축으로부터 시계 반대 방향으로 측정되면 양의 각이고, 시계 방향으로 측정되면 음의 각이다. $P=O$이면 $r=0$이고 $(0, \theta)$는 임의의 θ 값에 대해 극 O를 나타내기로 한다.

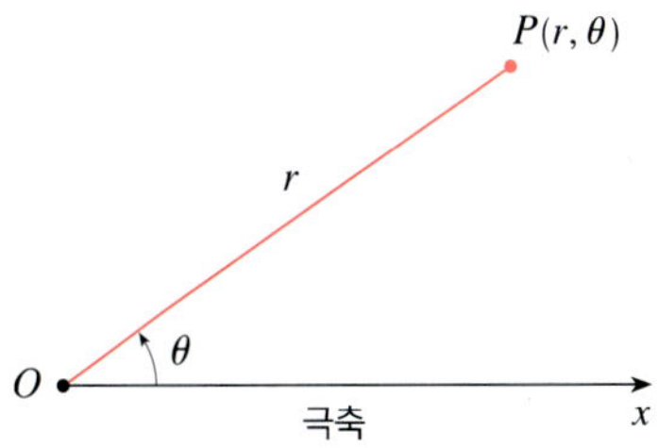

[그림 21]

극좌표 (r, θ)의 의미를 다음과 같이 정의함으로써 r이 음수인 경우까지 확장한다. [그림 22]와 같이 두 점 $(-r, \theta)$와 (r, θ)는 O를 지나는 직선 위에 놓이면서 O로부터 동일한 거리 $|r|$을 갖고 각각 O를 중심으로 반대쪽에 놓인다.

$r>0$이면 점 (r, θ)는 θ와 같은 사분면에 놓여있고, $r<0$이면 점 (r, θ)는 극의 반대편 사분면에 놓여있다. $(-r, \theta)$는 $(r, \theta+\pi)$와 동일한 점을 나타내는 것에 주의하자.

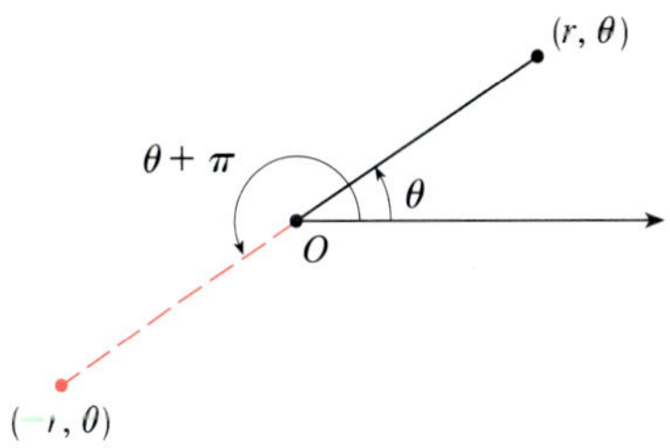

[그림 22]

예제 1 **다음 극좌표의 점을 평면 위에 나타내라.**

(a) $(1, 5\pi/4)$ **(b)** $(2, 3\pi)$ **(c)** $(2, -2\pi/3)$ **(d)** $(-3, 3\pi/4)$

풀이

이 점들은 [그림 23]과 같이 좌표로 위치가 표시된다. (d)에서 점 $(-3, 3\pi/4)$는 각 $3\pi/4$가 제2사분면에 있고 $r=-3$이 음수이기 때문에 제4사분면에서 극으로부터 3 단위인 곳에 위치한다.

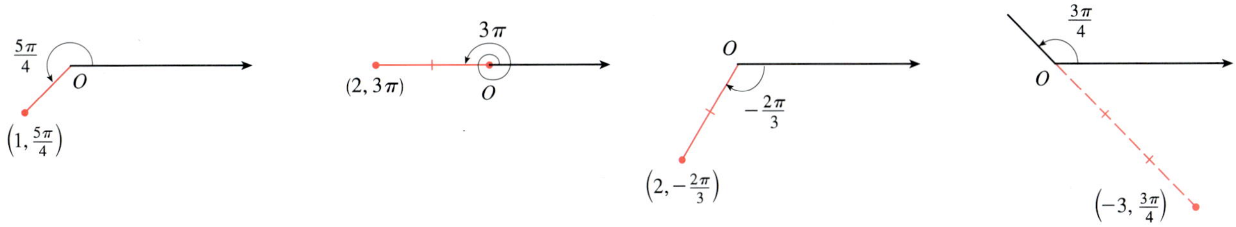

[그림 23]

직교좌표계에서 모든 점은 오직 한 가지 표현을 갖지만 극좌표계에서는 각 점이 많은 표현을 갖는다. 예를 들어 [예제 1(a)]의 점 $(1,\ 5\pi/4)$는 $(1,\ -3\pi/4)$, $(1,\ 13\pi/4)$, $(-1,\ \pi/4)$로 쓸 수도 있다([그림 24] 참조).

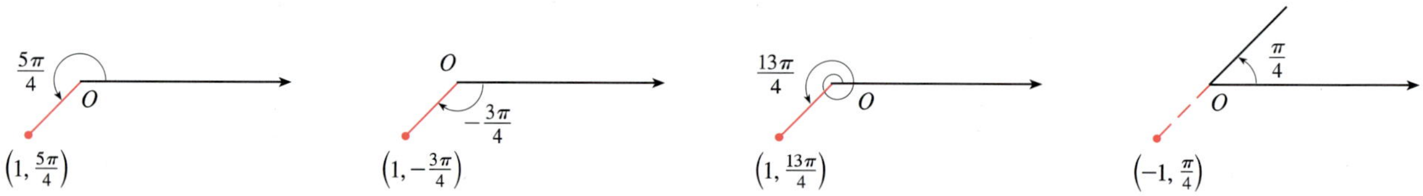

[그림 24]

실제로 시계 반대 방향으로 완전히 회전한 각은 2π이므로 극좌표 $(r,\ \theta)$로 표현되는 점은 다음과 같이 표현된다.

$$(r,\ \theta + 2n\pi), \quad (-r,\ \theta + (2n+1)\pi), \quad (\text{단, } n\text{은 정수})$$

극좌표와 직교좌표 사이의 관계는 [그림 25]로부터 알 수 있다. 이때 극은 원점에 대응되고 극축은 양의 x축과 일치한다. 점 P가 직교좌표 $(x,\ y)$와 극좌표 $(r,\ \theta)$를 가지면 [그림 25]로부터 다음을 얻는다.

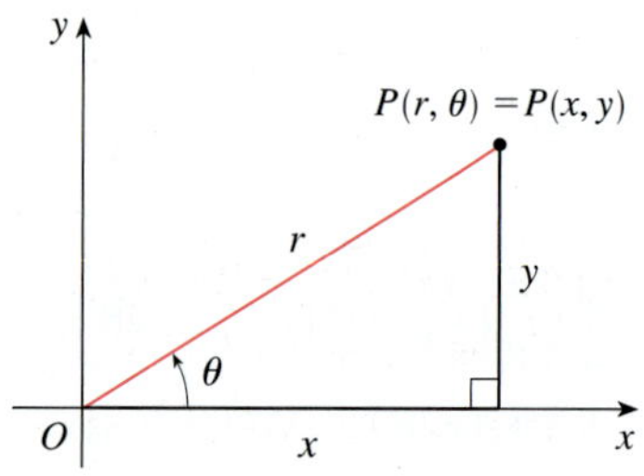

[그림 25]

$$\cos\theta = \frac{x}{r}, \quad \sin\theta = \frac{y}{r}$$

따라서 다음을 얻는다.

[1]
$$x = r\cos\theta, \quad y = r\sin\theta$$

식 [1]은 $r > 0$, $0 < \theta < \pi/2$인 경우를 설명한 [그림 25]로부터 유도했지만 이 방정식들은 모든 r과 θ값에 대해서도 성립한다. ('부록 A'에서 $\sin\theta$와 $\cos\theta$의 일반적인 정의를 보라.)

식 [1]은 극좌표가 알려진 점에 대한 직교좌표를 구할 때 사용한다. x와 y를 알고 있을 때 r과 θ를 구하기 위해 다음 방정식을 이용한다.

[2]
$$r^2 = x^2 + y^2, \quad \tan\theta = \frac{y}{x}$$

이것은 식 [1]로부터 유도되거나 [그림 25]로부터 쉽게 알 수 있다.

예제 2 극좌표가 $(2,\ \pi/3)$인 점을 직교좌표로 변환하라.

풀이

$r = 2$, $\theta = \pi/3$이므로 식 [1]로부터 다음을 얻는다.

$$x = r\cos\theta = 2\cos\frac{\pi}{3} = 2 \cdot \frac{1}{2} = 1$$

$$y = r\sin\theta = 2\sin\frac{\pi}{3} = 2\cdot\frac{\sqrt{3}}{2} = \sqrt{3}$$

그러므로 이 점의 직교좌표는 $(1,\ \sqrt{3}\,)$이다.

예제 3 직교좌표가 $(1,\ -1)$인 점을 극좌표로 나타내라.

풀이

r을 양수라 하면 식 [2]로부터 다음을 얻는다.

$$r = \sqrt{x^2+y^2} = \sqrt{1^2+(-1)^2} = \sqrt{2}$$

$$\tan\theta = \frac{y}{x} = -1$$

점 $(1,\ -1)$은 제4사분면에 놓이므로 $\theta = -\pi/4$ 또는 $\theta = 7\pi/4$를 택할 수 있다. 따라서 $(\sqrt{2},\ -\pi/4)$ 또는 $(\sqrt{2},\ 7\pi/4)$이다.

NOTE _ x와 y가 주어졌을 때 식 [2]가 θ를 유일하게 결정하지는 않는다. 그 이유는 θ가 구간 $0 \le \theta < 2\pi$에서 증가할 때 $\tan\theta$의 각 값은 두 번씩 나오기 때문이다. 그러므로 직교좌표를 극좌표로 변환할 때 식 [2]를 만족하는 r과 θ만 구하는 것만으로는 충분하지 않다. [예제 3]에서와 같이 점 $(r,\ \theta)$가 놓이는 정확한 사분면에서 θ를 선택해야 한다.

극곡선

극방정식의 그래프graph of a polar equation $r = f(\theta)$ 또는 좀 더 일반적으로 $F(r,\ \theta) = 0$은 극방정식을 만족하는 극좌표 표현 $(r,\ \theta)$를 적어도 하나 갖고 있는 모든 점 P로 구성된다.

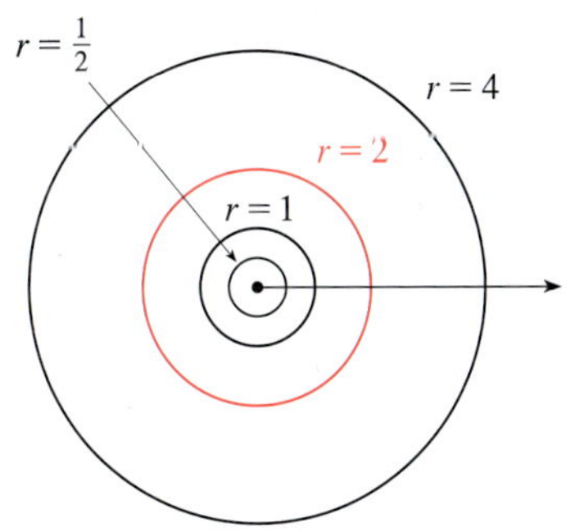

[그림 26]

예제 4 극방정식 $r = 2$로 표현되는 곡선은 무엇인가?

풀이

곡선은 $r = 2$인 모든 점 $(r,\ \theta)$로 구성된다. r이 이 점으로부터 극까지의 거리를 나타내므로 곡선 $r = 2$는 중심이 O이고 반지름이 2인 원을 나타낸다. 일반적으로 방정식 $r = a$는 중심이 O이고 반지름이 $|a|$인 원을 나타낸다([그림 26] 참조).

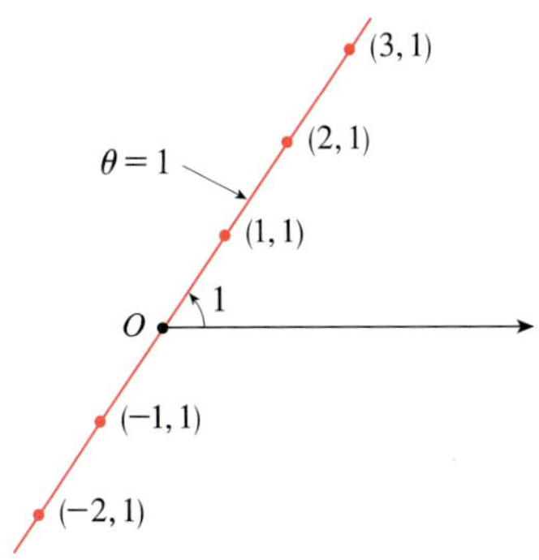

[그림 27]

예제 5 극곡선 $\theta = 1$을 그려라.

풀이

이 곡선은 극각 θ가 1 라디안인 모든 점 $(r,\ \theta)$로 구성된다. 즉 이 극곡선은 O를 지나고 극축과 1 라디안인 각을 이루는 직선이다([그림 27] 참조). $r > 0$인 직선 위의 점 $(r,\ 1)$은 제1사분면에 있는 반면에 $r < 0$이면 제3사분면에 있다.

예제 6 (a) 극방정식이 $r=2\cos\theta$인 곡선을 그려라.

(b) 이 곡선에 대한 직교방정식을 구하라.

풀이

(a) [그림 28]에서 계산이 편리한 몇 개의 θ에 대하여 r의 값을 구해 이에 대응하는 점 (r, θ)를 좌표로 위치를 정한다. 그리고 이 점들을 연결하여 곡선을 그리면 원이 된다. 0과 π 사이의 θ 값을 이용했는데 그 이유는 θ가 π를 벗어나 증가하면 동일한 점을 다시 얻기 때문이다.

θ	$r=2\cos\theta$
0	2
$\pi/6$	$\sqrt{3}$
$\pi/4$	$\sqrt{2}$
$\pi/3$	1
$\pi/2$	0
$2\pi/3$	-1
$3\pi/4$	$-\sqrt{2}$
$5\pi/6$	$-\sqrt{3}$
π	-2

[표 2] 특수각에 대한 r의 값

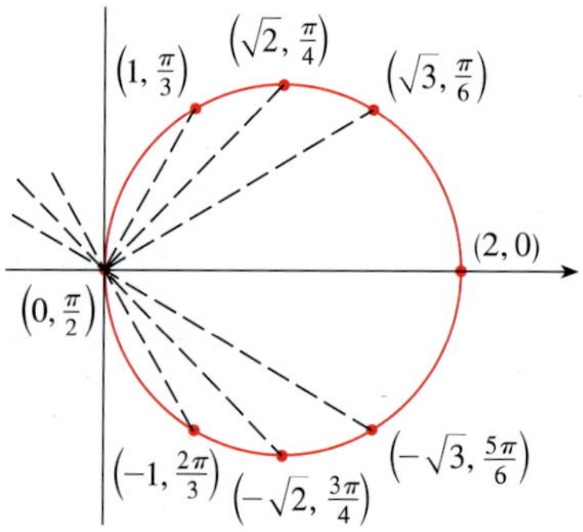

[그림 28] $r=2\cos\theta$의 그래프

[예제 6]에서의 곡선은 $\cos(-\theta)=\cos\theta$이므로 극축에 대해 대칭이다.

[그림 29]는 [예제 6]에서 원의 방정식이 $r=2\cos\theta$인 것을 기하학적으로 설명한다. 각 OPQ가 직각이므로(이유를 생각해보자.) $r/2=\cos\theta$이다.

(b) 주어진 방정식을 직교방정식으로 변환하기 위해 식 1과 2를 이용한다. $x=r\cos\theta$로부터 $\cos\theta=x/r$이므로 방정식 $r=2\cos\theta$는 $r=2x/r$가 되고 다음을 얻는다.

$$2x=r^2=x^2+y^2, \quad \text{즉} \quad x^2+y^2-2x=0$$

완전제곱을 이용하여 중심이 $(1, 0)$, 반지름이 1인 다음 원의 방정식을 얻는다.

$$(x-1)^2+y^2=1$$

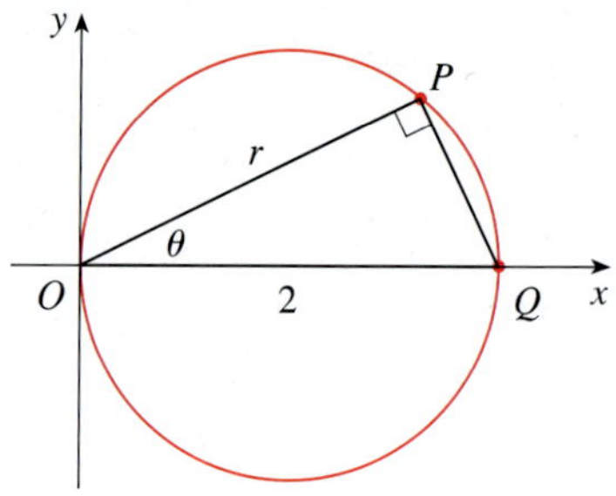

[그림 29]

예제 7 곡선 $r=1+\sin\theta$를 그려라.

풀이

[예제 6]에서와 같이 점들을 좌표로 표시하는 대신 먼저 사인곡선을 1 단위만큼 위쪽으로 이동하여 [그림 30]과 같이 직교좌표에서 $r=1+\sin\theta$의 그래프를 그린다. 이렇게 하면 θ의 증가하는 값에 대응하는 r의 값을 즉시 알 수 있다. 예를 들어 θ가 0에서 $\pi/2$로 증가할 때 (O로부터의 거리인) r은 1에서 2로 증가한다. 따라서 [그림 31(a)]에 있는 극곡선의 대응하는 부분을 그린다. θ가 $\pi/2$에서 π로 증가할 때 [그림 30]은 r이 2에서 1로 감소하는 것을 보여주므로 [그림 31(b)]와 같이 이 곡선의 다음 부분을 그린다. θ가 π에서 $3\pi/2$로 증가하면 r은 [그림 31(c)])에서 보듯이 1에서 0으로 감소한다. 끝으로 θ가 $3\pi/2$에서 2π로 증가하면 r은 [그림 31(d)])에서 보듯이 0에서 1로 증가한다. θ가 2π를 초과하여 증가하거나 0 아래로

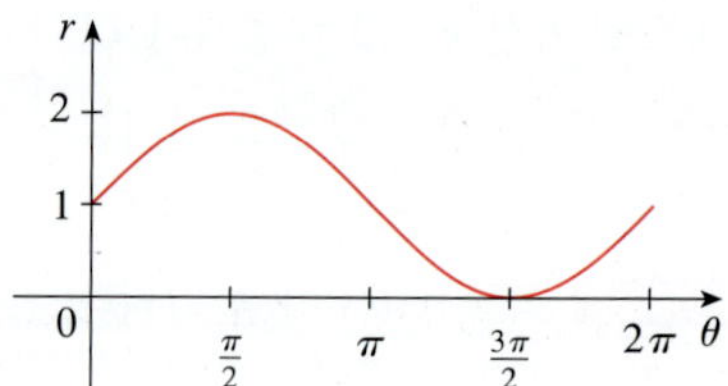

[그림 30] 직교좌표에서 $r=1+\sin\theta$, $0\le\theta\le 2\pi$

감소하면 앞에서 얻은 경로를 단순히 되풀이한다. [그림 31(a)]~[그림 31(d)]로부터 곡선의 부분들을 함께 모아놓으면 [그림 31(e)]와 같이 완전한 곡선을 그리게 된다. 곡선의 모양이 심장처럼 생겨서 이 곡선을 **심장형**cardioid이라 한다.

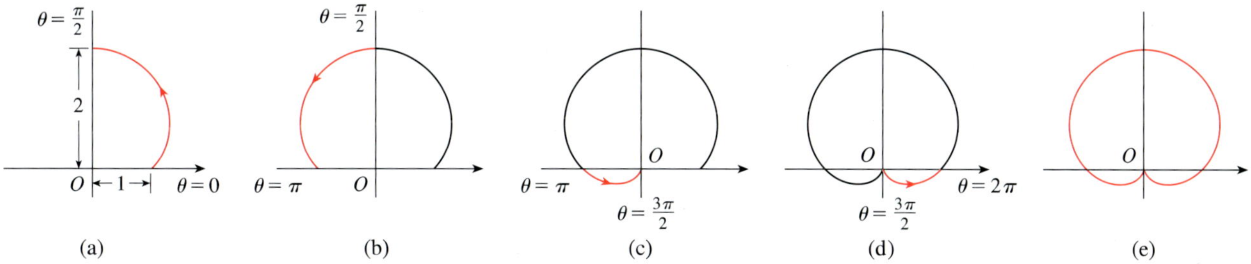

[그림 31] 심장형 $r=1+\sin\theta$의 단계적인 그림

예제 8 곡선 $r=\cos 2\theta$를 그려라.

풀이

[예제 7]에서와 같이 먼저 [그림 32]의 직교좌표에 $r=\cos 2\theta,\ 0\le\theta\le 2\pi$를 그린다. θ가 0에서 $\pi/4$까지 증가함에 따라 [그림 32]는 r이 1에서 0으로 감소하는 것을 보여준다. 따라서 [그림 33]의 극곡선 중에서 대응하는 부분(①로 표시된 부분)을 그린다. θ가 $\pi/4$에서 $\pi/2$로 증가할 때 r이 0에서 -1이 된다. 이것은 O로부터의 거리가 0에서 1로 증가하지만 곡선 중에서 이 부분(②로 표시된 부분)은 제1사분면 대신 극의 반대쪽인 제3사분면에 놓인다. 이 곡선의 나머지 부분도 각 부분이 그려지는 순서를 나타내는 화살표와 번호에 따라 유사한 방법으로 그려진다. 결과로 얻은 곡선은 4개의 고리를 갖고 있으며 이 곡선을 **4엽장미**four-leaved rose라 한다.

TEC Module 9.3은 [그림 30]~[그림 33]과 유사한 애니메이션을 보여줌으로써 극곡선이 어떻게 움직이는지 보여준다.

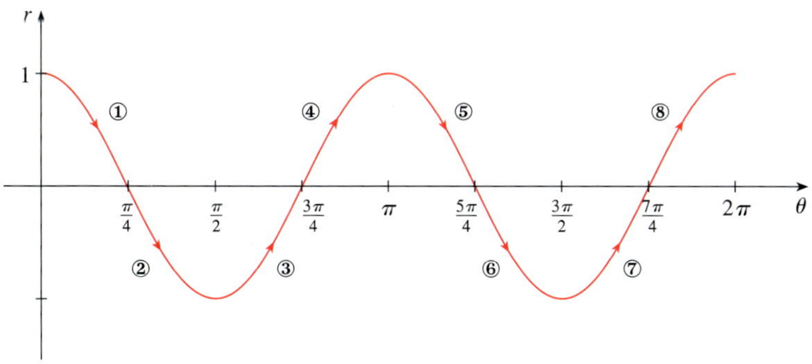

[그림 32] 직교좌표에서 $r=\cos 2\theta$

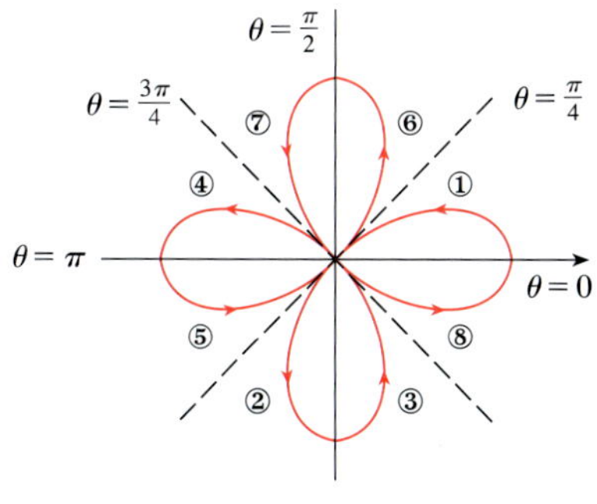

[그림 33] 4엽장미 $r=\cos 2\theta$

극곡선의 접선

극곡선 $r=f(\theta)$에 대한 접선을 구하기 위해 θ를 매개변수로 생각하고 곡선의 매개변수 방정식을 다음과 같이 쓴다.

$$x = r\cos\theta = f(\theta)\cos\theta, \quad y = r\sin\theta = f(\theta)\sin\theta$$

매개변수 곡선의 기울기를 구하는 방법(9.2절의 식 [1])과 곱의 법칙을 이용하여 다음을 얻는다.

[3]
$$\frac{dy}{dx} = \frac{\dfrac{dy}{d\theta}}{\dfrac{dx}{d\theta}} = \frac{\dfrac{dr}{d\theta}\sin\theta + r\cos\theta}{\dfrac{dr}{d\theta}\cos\theta - r\sin\theta}$$

$dx/d\theta \neq 0$인 조건으로 $dy/d\theta = 0$인 점들을 구함으로써 수평접선의 위치를 알 수 있다. 마찬가지로 $dy/d\theta \neq 0$일 때 $dx/d\theta = 0$인 점들에 수직접선이 위치한다.

극에서의 접선을 찾으려면 $r = 0$이고 식 [3]은 다음과 같이 간단해진다.

$$\frac{dy}{dx} = \tan\theta, \quad \text{단, } \frac{dr}{d\theta} \neq 0$$

예를 들어 [예제 8]에서 $\theta = \pi/4$ 또는 $3\pi/4$일 때 $r = \cos 2\theta = 0$을 얻는다. 이것은 직선 $\theta = \pi/4$와 $\theta = 3\pi/4$(또는 $y = x$와 $y = -x$)가 원점에서 $r = \cos 2\theta$에 대한 접선임을 의미한다.

예제 9 (a) [예제 7]의 심장형 $r = 1 + \sin\theta$에 대해 $\theta = \pi/3$일 때 접선의 기울기를 구하라.

(b) 접선이 수평 또는 수직이 되는 심장형 위의 점들을 구하라.

풀이

$r = 1 + \sin\theta$에 식 [3]을 이용하여 다음을 얻는다.

$$\frac{dy}{dx} = \frac{\dfrac{dr}{d\theta}\sin\theta + r\cos\theta}{\dfrac{dr}{d\theta}\cos\theta - r\sin\theta} = \frac{\cos\theta\sin\theta + (1+\sin\theta)\cos\theta}{\cos\theta\cos\theta - (1+\sin\theta)\sin\theta}$$

$$= \frac{\cos\theta(1+2\sin\theta)}{1-2\sin^2\theta - \sin\theta} = \frac{\cos\theta(1+2\sin\theta)}{(1+\sin\theta)(1-2\sin\theta)}$$

(a) $\theta = \pi/3$인 점에서 접선의 기울기는 다음과 같다.

$$\left.\frac{dy}{dx}\right|_{\theta=\pi/3} = \frac{\cos(\pi/3)(1+2\sin(\pi/3))}{(1+\sin(\pi/3))(1-2\sin(\pi/3))} = \frac{\frac{1}{2}(1+\sqrt{3})}{(1+\sqrt{3}/2)(1-\sqrt{3})}$$

$$= \frac{1+\sqrt{3}}{(2+\sqrt{3})(1-\sqrt{3})} = \frac{1+\sqrt{3}}{-1-\sqrt{3}} = -1$$

(b) 다음을 확인한다.

$$\theta = \frac{\pi}{2},\ \frac{3\pi}{2},\ \frac{7\pi}{6},\ \frac{11\pi}{6}\text{일 때 } \frac{dy}{d\theta} = \cos\theta(1+2\sin\theta) = 0$$

$$\theta = \frac{3\pi}{2},\ \frac{\pi}{6},\ \frac{5\pi}{6}\text{일 때 } \frac{dx}{d\theta} = (1+\sin\theta)(1-2\sin\theta) = 0$$

그러므로 점 $(2, \pi/2)$, 점 $\left(\frac{1}{2}, 7\pi/6\right)$, 점 $\left(\frac{1}{2}, 11\pi/6\right)$에서 수평접선이 존재하고 점 $\left(\frac{3}{2}, \pi/6\right)$, 점 $\left(\frac{3}{2}, 5\pi/6\right)$에서 수직접선이 존재한다. $\theta = 3\pi/2$일 때 $dy/d\theta$와 $dx/d\theta$가 모두 0이므로 주의해야 한다. 로피탈 법칙을 이용하면 다음을 얻는다.

$$\lim_{\theta\to(3\pi/2)^-} \frac{dy}{dx} = \left(\lim_{\theta\to(3\pi/2)^-} \frac{1+2\sin\theta}{1-2\sin\theta}\right)\left(\lim_{\theta\to(3\pi/2)^-} \frac{\cos\theta}{1+\sin\theta}\right)$$

$$= -\frac{1}{3}\lim_{\theta\to(3\pi/2)^-} \frac{\cos\theta}{1+\sin\theta}$$

$$= -\frac{1}{3}\lim_{\theta\to(3\pi/2)^-} \frac{-\sin\theta}{\cos\theta} = \infty$$

대칭성에 의해 다음을 얻는다.

$$\lim_{\theta\to(3\pi/2)^+} \frac{dy}{dx} = -\infty$$

그러므로 극에서 수직접선이 존재한다([그림 34] 참조).

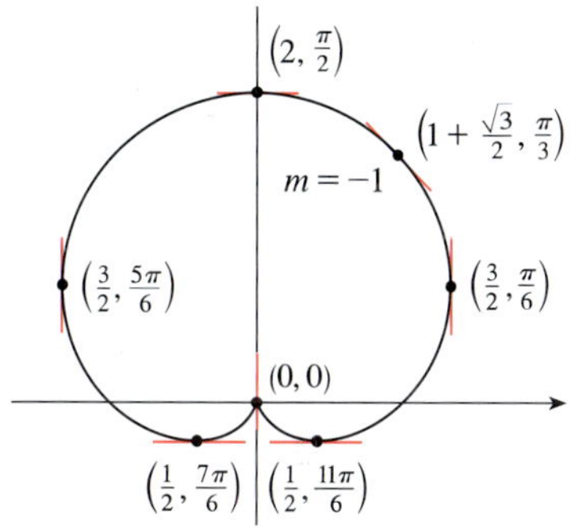

[그림 34] $r = 1 + \sin\theta$에 대한 접선들

NOTE _ 식 3을 기억하는 대신 이것을 유도할 때 이용되는 방법을 사용할 수 있다. 예를 들어 [예제 9]에서 다음과 같이 쓸 수 있다.

$$x = r\cos\theta = (1+\sin\theta)\cos\theta = \cos\theta + \frac{1}{2}\sin 2\theta$$

$$y = r\sin\theta = (1+\sin\theta)\sin\theta = \sin\theta + \sin^2\theta$$

그러면 다음 식을 얻는다. 이는 앞에서 얻은 식과 동치이다.

$$\frac{dy}{dx} = \frac{dy/d\theta}{dx/d\theta} = \frac{\cos\theta + 2\sin\theta\cos\theta}{-\sin\theta + \cos 2\theta} = \frac{\cos\theta + \sin 2\theta}{-\sin\theta + \cos 2\theta}$$

그래픽 도구로 극곡선 그리기

간단한 극곡선은 손으로 그릴 수 있지만 [그림 35]에 보인 것과 같이 곡선이 복잡한 경우에는 그래픽 계산기나 컴퓨터를 반드시 사용해야 한다.

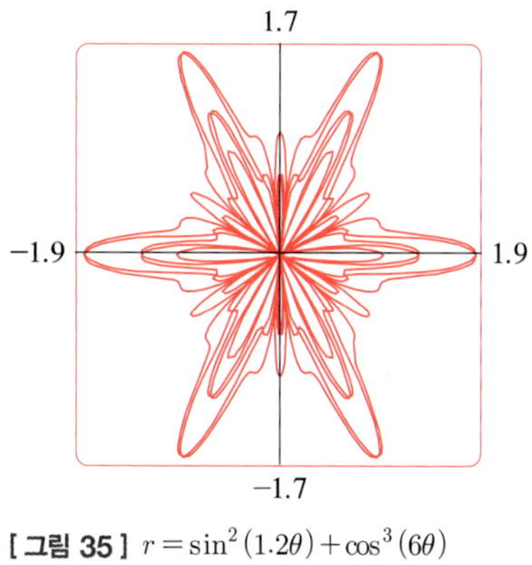

[그림 35] $r = \sin^2(1.2\theta) + \cos^3(6\theta)$

어떤 그래픽 도구는 극곡선을 직접 그릴 수 있는 명령어를 갖고 있다. 이런 명령어

가 없는 그래픽 도구를 사용할 때는 먼저 매개변수 방정식으로 변환해야 한다. 이 경우에 극방정식 $r=f(\theta)$를 택하고 다음과 같은 매개변수 방정식으로 쓴다.

$$x=r\cos\theta=f(\theta)\cos\theta, \quad y=r\sin\theta=f(\theta)\sin\theta$$

어떤 도구는 매개변수로 θ보다 t를 필요로 하기도 한다.

예제 10 곡선 $r=\sin(8\theta/5)$의 그래프를 그려라.

■ www.stewartcalculus.com (Additional Example A를 보라.)

풀이

극좌표로 그래프를 그리는 명령어가 없는 그래픽 도구를 사용한다고 하자. 이 경우에 다음과 같이 대응하는 매개변수 방정식으로 그려야 한다.

$$x=r\cos\theta=\sin(8\theta/5)\cos\theta$$

$$y=r\sin\theta=\sin(8\theta/5)\sin\theta$$

모든 경우에 θ에 대한 정의역을 결정해야 한다. 따라서 '곡선이 반복해서 나타나기 시작할 때까지 필요한 회전수는 얼마인가?'라는 질문을 던졌을 때, 이에 대한 답이 n이면 다음과 같다.

$$\sin\frac{8(\theta+2n\pi)}{5}=\sin\left(\frac{8\theta}{5}+\frac{16n\pi}{5}\right)=\sin\frac{8\theta}{5}$$

따라서 $16n\pi/5$는 π의 짝수배여야 하고 이것은 $n=5$일 때 처음으로 나타난다. 그러므로 $0\le\theta\le10\pi$로 지정하면 완전한 곡선을 그릴 수 있다. θ를 t로 바꾸면 방정식은 다음과 같다.

$$x=\sin(8t/5)\cos t, \quad y=\sin(8t/5)\sin t, \quad 0\le t\le10\pi$$

[그림 36]은 결과로 나타나는 그림이다. 이 장미에는 16개의 고리가 있다.

[그림 36] $r=\sin(8\theta/5)$

9.3 연습문제

01 다음 극좌표로 주어진 점을 직교좌표에 표시하라. 그리고 이 점과 일치하며 $r>0$인 경우와 $r<0$인 경우의 다른 두 극좌표를 구하라.

(a) $(2,\ \pi/3)$ (b) $(1,\ -3\pi/4)$ (c) $(-1,\ \pi/2)$

02 다음 극좌표로 주어진 점을 직교좌표에 표시하라. 그리고 이 점에 대한 직교좌표를 구하라.

(a) $(1,\ \pi)$ (b) $(2,\ -2\pi/3)$ (c) $(-2,\ 3\pi/4)$

03 다음과 같이 직교좌표의 점이 주어져 있다.

(a) $(2,\ -2)$ (b) $(-1,\ \sqrt{3})$

(i) $r>0,\ 0\le\theta<2\pi$일 때, 주어진 점의 극좌표 $(r,\ \theta)$를 구하라.

(ii) $r<0,\ 0\le\theta<2\pi$일 때, 주어진 점의 극좌표 $(r,\ \theta)$를 구하라.

04~06 극좌표가 다음 조건을 만족하는 점들로 구성된 영역을 그려라.

04 $1 \le r \le 2$

05 $r \ge 0,\quad \pi/4 \le \theta \le 3\pi/4$

06 $2 < r < 3,\quad 5\pi/3 \le \theta \le 7\pi/3$

07~08 다음 곡선에 대한 직교방정식을 구해서 곡선을 확인하라.

07 $r = 2\cos\theta$

08 $r^2 \cos 2\theta = 1$

09~10 다음 직교방정식으로 주어진 곡선에 대한 극방정식을 구하라.

09 $y = 1 + 3x$

10 $x^2 + y^2 = 2cx$

11 다음과 같이 설명된 곡선이 극방정식 또는 직교방정식 중 어느 것으로 나타내는 것이 더 쉬운지 결정하고 곡선의 방정식을 쓰라.

(a) 양의 x축과 $\pi/6$의 각을 이루고 원점을 지나는 직선

(b) 점 $(3, 3)$을 지나는 수직 직선

12~20 먼저 직교좌표에서 θ의 함수로서 r의 그래프를 그린 다음 극방정식의 곡선을 그려라.

12 $r = -2\sin\theta$

13 $r = 2(1 + \cos\theta)$

14 $r = \theta,\ \theta \ge 0$

15 $r = 4\sin 3\theta$

16 $r = 2\cos 4\theta$

17 $r = 1 - 2\sin\theta$

18 $r^2 = 9\sin 2\theta$

19 $r = 2 + \sin 3\theta$

20 $r = 1 + 2\cos 2\theta$

21 다음 그림은 직교좌표에서 θ의 함수로서 r의 그래프를 그린 것이다. 이것을 이용하여 대응하는 극곡선을 그려라.

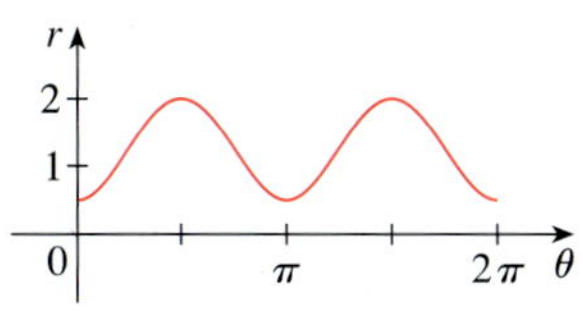

22 **나사선**conchoid이라 부르는 극곡선 $r = 4 + 2\sec\theta$의 수직점근선이 $x = 2$임을 보이기 위해 $\lim_{r\to\pm\infty} x = 2$임을 보여라. 이 사실을 이용하여 나사선을 그려라.

23 **디오클레스의 질주선**cissoid of Diocles이라 부르는 곡선 $r = \sin\theta\tan\theta$가 수직점근선 $x = 1$을 가짐을 보여라. 또한 이 곡선이 수직 띠 $0 \le x < 1$ 안에 완전히 놓이는 것을 보여라. 이 사실을 이용하여 질주선을 그려라.

24~25 θ의 값으로 주어진 점에서 다음 극곡선에 대한 접선의 기울기를 구하라.

24 $r = 2\sin\theta,\quad \theta = \pi/6$

25 $r = 1/\theta,\quad \theta = \pi$

26~27 수평접선 또는 수직접선을 갖는 곡선 위의 점을 구하라.

26 $r = 3\cos\theta$

27 $r = 1 + \cos\theta$

28 $ab \ne 0$일 때 극방정식 $r = a\sin\theta + b\cos\theta$는 원을 나타냄을 보이고 그 중심과 반지름을 구하라.

29~30 그래픽 도구를 이용하여 극곡선의 그래프를 그려라. 완전한 곡선이 만들어지기 위한 매개변수의 구간을 정하라.

29 $r = e^{\sin\theta} - 2\cos 4\theta$ (나비 곡선)

30 $r = 1 + \cos^{999}\theta$ (팩맨 곡선)

31 $r = 1 + \sin(\theta - \pi/6)$와 $r = 1 + \sin(\theta - \pi/3)$의 그래프는 $r = 1 + \sin\theta$의 그래프와 어떤 관계가 있는가? 일반적으로 $r = f(\theta - \alpha)$의 그래프는 $r = f(\theta)$의 그래프와 어떤 관계가 있는가?

32 (a) 극방정식 $r = \sin n\theta$로 정의되는 곡선족을 조사하라. 여기서 n은 양의 정수이다. n과 관련된 고리의 수는 몇 개인가?

(b) (a)의 방정식을 $r = |\sin n\theta|$으로 바꾸면 어떻게 되는가?

33 곡선족이 다음 극방정식을 갖는다.

$$r = \frac{1 - a\cos\theta}{1 + a\cos\theta}$$

수 a가 변함에 따라 그래프가 어떻게 변하는지 조사하라. 특히 곡선의 기본 모양이 완전히 바뀌는 a의 값을 확인하라.

34 P를 곡선 $r=f(\theta)$ 위의 (원점을 제외한) 임의의 점이라 하자. Ψ를 P에서의 접선과 동경 OP 사이의 각이라 할 때 다음을 보여라.

$$\tan\Psi=\frac{r}{dr/d\theta}$$

[힌트: 다음 그림에서 $\Psi=\phi-\theta$임을 이용한다.]

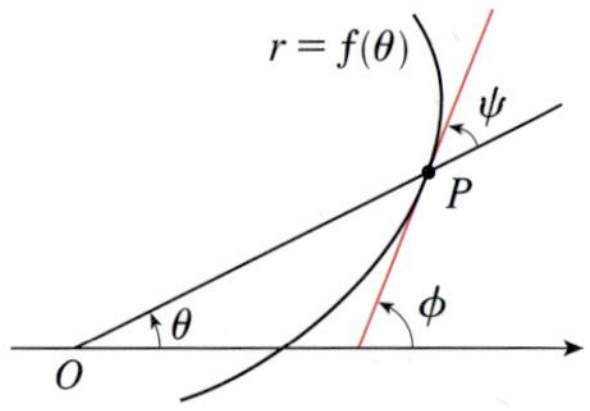

35 (a) [연습문제 34]를 이용하여 접선과 동경 사이의 각이 곡선 $r=e^{\theta}$ 위의 모든 점에서 $\Psi=\pi/4$임을 보여라.

(b) $\theta=0$과 $\pi/2$인 점들에서 곡선과 접선을 그려서 (a)를 설명하라.

(c) 동경과 접선 사이의 각 Ψ가 일정하게 주어지는 임의의 극곡선 $r=f(\theta)$는 $r=Ce^{k\theta}$의 형태임을 증명하라. 여기서 C와 k는 상수이다.

9.4 극좌표에서의 넓이와 길이

이 절에서는 경계가 극방정식으로 주어지는 영역의 넓이에 대한 공식을 알아본다. [그림 37]과 같은 부채꼴의 넓이에 대한 다음 공식을 이용할 필요가 있다.

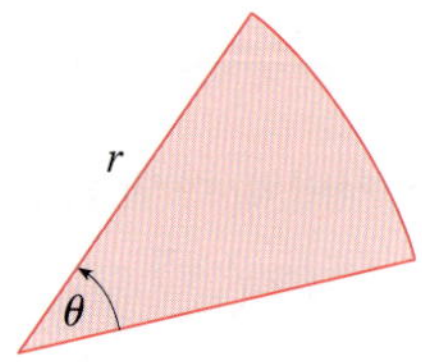

[그림 37]

1 $$A=\frac{1}{2}r^2\theta$$

여기서 r은 반지름, θ는 단위가 라디안인 중심각이다. 식 1은 부채꼴의 넓이가 다음과 같이 중심각에 비례한다는 사실로부터 얻어진다(6.2절의 [연습문제 35] 참조).

$$A=\frac{\theta}{2\pi}(\pi r^2)=\frac{1}{2}r^2\theta$$

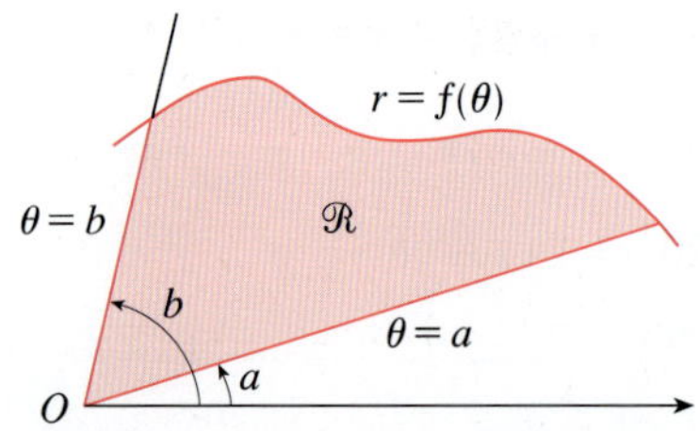

[그림 38]

[그림 38]에서 설명한 $\Re$을 극곡선 $r=f(\theta)$와 반직선 $\theta=a$, $\theta=b$로 유계된 영역이라 하자. 여기서 f는 양의 연속함수이고 $0<b-a\le 2\pi$이다. 구간 $[a, b]$를 끝점이 θ_0, θ_1, θ_2, $\cdots$, θ_n이고 너비가 $\Delta\theta$로 동일한 부분 구간으로 분할한다. 그러면 반직선 $\theta=\theta_i$는 $\Re$을 중심각이 $\Delta\theta=\theta_i-\theta_{i-1}$인 n개의 작은 영역으로 분할한다. θ_i^*를 i번째 부분 구간 $[\theta_{i-1}, \theta_i]$에서 택하면 i번째 영역의 넓이 ΔA_i는 중심각이 $\Delta\theta$이고 반지름이 $f(\theta_i^*)$인 부채꼴의 넓이로 근사시킬 수 있다([그림 39] 참조).

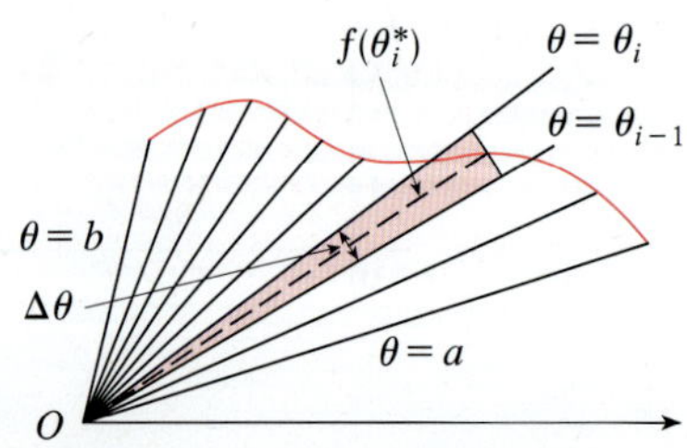

[그림 39]

따라서 공식 1로부터 다음을 얻는다.

$$\Delta A_i \approx \frac{1}{2}\left[f(\theta_i^*)\right]^2 \Delta\theta$$

따라서 $\Re$ 의 전체 넓이 A에 대한 근삿값은 다음과 같다.

$$A \approx \sum_{i=1}^{n} \frac{1}{2}\left[f(\theta_i^*)\right]^2 \Delta\theta \tag{2}$$

[그림 39]로부터 2에서의 근삿값은 $n \to \infty$ 일 때 참값에 더욱 가까워짐을 알 수 있다. 한편 2에서의 합은 함수 $g(\theta) = \frac{1}{2}[f(\theta)]^2$에 대한 리만 합이므로 다음과 같다.

$$\lim_{n\to\infty} \sum_{i=1}^{n} \frac{1}{2}\left[f(\theta_i^*)\right]^2 \Delta\theta = \int_a^b \frac{1}{2}[f(\theta)]^2 d\theta$$

그러므로 극 영역 $\Re$ 의 넓이 A에 대한 공식은 다음과 같다. (실제로 증명할 수 있다.)

$$A = \int_a^b \frac{1}{2}[f(\theta)]^2 d\theta \tag{3}$$

$r = f(\theta)$이므로 공식 3은 다음과 같이 쓸 수 있다.

$$A = \int_a^b \frac{1}{2} r^2 d\theta \tag{4}$$

공식 1과 4 사이의 유사점에 주목하자.

공식 3 또는 4를 적용할 때 O를 지나며 각 a에서 시작해서 각 b에서 끝나는 반직선들에 의해 생기는 영역으로 넓이를 생각하는 것이 편리하다.

예제 1 4엽장미 $r = \cos 2\theta$의 한 고리로 둘러싸인 넓이를 구하라.

풀이

곡선 $r = \cos 2\theta$는 9.3절의 [예제 8]에서 그렸다. [그림 40]으로부터 오른쪽 고리로 둘러싸인 영역은 $\theta = -\pi/4$에서 $\theta = \pi/4$로 회전하는 반직선에 의해 생긴다. 그러므로 식 4로부터 다음과 같다.

$$A = \int_{-\pi/4}^{\pi/4} \frac{1}{2} r^2 d\theta = \frac{1}{2}\int_{-\pi/4}^{\pi/4} \cos^2 2\theta\, d\theta = \int_0^{\pi/4} \cos^2 2\theta\, d\theta$$

$$= \int_0^{\pi/4} \frac{1}{2}(1+\cos 4\theta)\, d\theta = \frac{1}{2}\left[\theta + \frac{1}{4}\sin 4\theta\right]_0^{\pi/4} = \frac{\pi}{8}$$

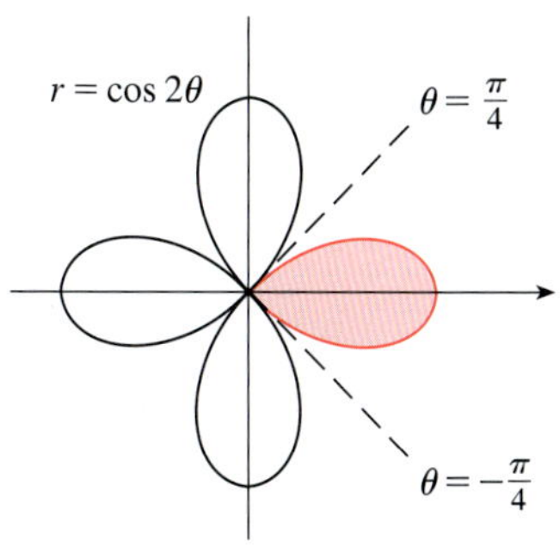

[그림 40]

예제 2 원 $r=3\sin\theta$의 내부와 심장형 $r=1+\sin\theta$의 외부에 놓인 영역의 넓이를 구하라.

풀이

심장형(9.3절의 [예제 7] 참조)과 원은 [그림 41]과 같고 구하고자 하는 영역은 색칠한 부분이다. 공식 4 에서의 a와 b의 값은 두 곡선의 교점을 구하면 결정된다. $3\sin\theta=1+\sin\theta$일 때 두 곡선은 교차하며 $\sin\theta=\frac{1}{2}$이므로 $\theta=\pi/6$, $5\pi/6$이다. 구하고자 하는 넓이는 $\theta=\pi/6$에서 $\theta=5\pi/6$까지 원의 내부 넓이에서 $\theta=\pi/6$와 $\theta=5\pi/6$ 사이의 심장형의 내부 넓이를 빼서 구한다. 따라서 다음과 같다.

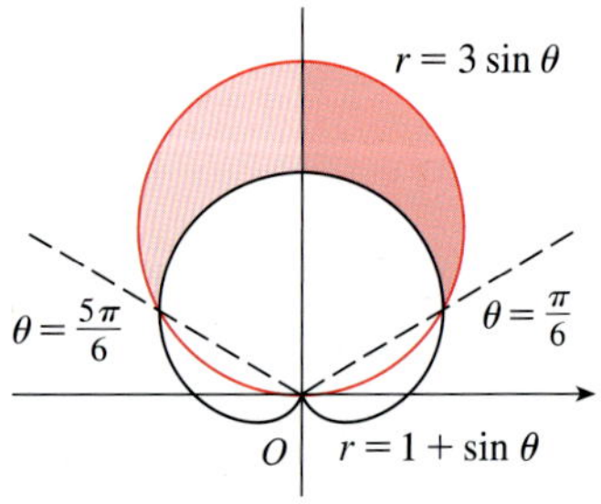

[그림 41]

$$A=\frac{1}{2}\int_{\pi/6}^{5\pi/6}(3\sin\theta)^2d\theta-\frac{1}{2}\int_{\pi/6}^{5\pi/6}(1+\sin\theta)^2d\theta$$

영역이 세로축 $\theta=\pi/2$에 대해 대칭이므로 다음과 같이 구할 수 있다.

$$A=2\left[\frac{1}{2}\int_{\pi/6}^{\pi/2}9\sin^2\theta\,d\theta-\frac{1}{2}\int_{\pi/6}^{\pi/2}(1+2\sin\theta+\sin^2\theta)\,d\theta\right]$$

$$=\int_{\pi/6}^{\pi/2}(8\sin^2\theta-1-2\sin\theta)\,d\theta$$

$$=\int_{\pi/6}^{\pi/2}(3-4\cos 2\theta-2\sin\theta)\,d\theta \quad \left[\sin^2\theta=\frac{1}{2}(1-\cos 2\theta)\text{이므로}\right]$$

$$=3\theta-2\sin 2\theta+2\cos\theta\Big]_{\pi/6}^{\pi/2}=\pi$$

[예제 2]는 두 개의 극곡선으로 유계된 영역의 넓이를 구하는 과정을 설명한다. 일반적으로 [그림 42]에서 설명한 것과 같이 $\mathfrak{R}$을 극방정식 $r=f(\theta)$, $r=g(\theta)$, $\theta=a$, $\theta=b$로 유계한 영역이라 하자. 이때 $f(\theta)\geq g(\theta)\geq 0$이고 $0<b-a\leq 2\pi$이다. $\mathfrak{R}$의 넓이 A는 $r=f(\theta)$의 내부 넓이에서 $r=g(\theta)$의 내부 넓이를 빼서 구한다. 따라서 공식 3을 이용하여 다음을 얻는다.

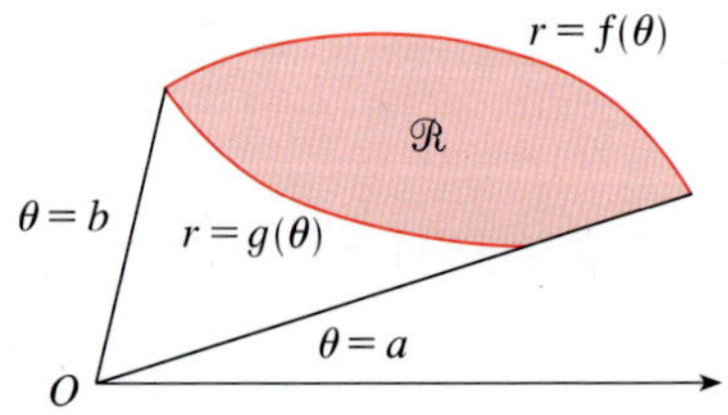

[그림 42]

$$A=\int_a^b\frac{1}{2}[f(\theta)]^2d\theta-\int_a^b\frac{1}{2}[g(\theta)]^2d\theta=\frac{1}{2}\int_a^b([f(\theta)]^2-[g(\theta)]^2)\,d\theta$$

⊘ 주의 _ 극좌표에서 한 점을 여러 가지로 표현할 수 있기 때문에 두 극곡선의 교점을 모두 구하는 것이 종종 어렵다. 예를 들어 [그림 41]로부터 원과 심장형은 세 교점을 갖는 것이 명백하다. 그러나 [예제 2]에서 방정식 $r=3\sin\theta$와 $r=1+\sin\theta$를 풀어 두 교점 $\left(\frac{3}{2}, \pi/6\right)$와 $\left(\frac{3}{2}, 5\pi/6\right)$만 구했다. 원점도 역시 교점이지만 이 점을 곡선들의 방정식을 풀어서 얻을 수 없다. 원점은 두 방정식을 모두 만족하는 단 하나의 극좌표 표현을 갖지 않기 때문이다. 원점을 $(0, 0)$ 또는 $(0, \pi)$로 표현할 때 원점은 $r=3\sin\theta$를 만족하므로 원 위에 놓인다. 또한 원점을 $(0, 3\pi/2)$로 표현할 때 원점은 $r=1+\sin\theta$를 만족하므로 심장형 위에 놓인다. 매개변수의 값 θ가 0에서 2π까지 증가할 때 곡선을 따라 움직이는 두 점을 생각하자. 한 곡선에서 원점은

$\theta=0$과 $\theta=\pi$일 때 도달하지만, 다른 곡선에서는 $\theta=3\pi/2$일 때 원점에 도달한다. 점들이 서로 다른 시각에 원점에 도달하기 때문에 원점에서 충돌하지 않는다. 그렇지만 곡선들은 원점에서 교차한다.
따라서 두 극곡선의 모든 교점을 구하기 위해서는 두 곡선의 그래프를 그릴 것을 권장한다. 이런 작업을 할 때는 그래픽 계산기나 컴퓨터를 이용하는 것이 매우 편리하다.

예제 3 **곡선 $r=\cos 2\theta$와 $r=\frac{1}{2}$의 교점을 모두 구하라.**

풀이

방정식 $r=\cos 2\theta$와 $r=\frac{1}{2}$을 풀면 $\cos 2\theta=\frac{1}{2}$을 얻으므로 $2\theta=\pi/3,\ 5\pi/3,\ 7\pi/3,\ 11\pi/3$이다. 따라서 두 방정식을 만족하는 0과 2π 사이에 있는 θ의 값은 $\theta=\pi/6,\ 5\pi/6,\ 7\pi/6,\ 11\pi/6$이다. 이때 네 개의 교점 $\left(\frac{1}{2}, \frac{\pi}{6}\right)$, $\left(\frac{1}{2}, \frac{5\pi}{6}\right)$, $\left(\frac{1}{2}, \frac{7\pi}{6}\right)$, $\left(\frac{1}{2}, \frac{11\pi}{6}\right)$를 얻는다.

그러나 [그림 43]을 보면 다른 네 개의 교점 $\left(\frac{1}{2}, \frac{\pi}{3}\right)$, $\left(\frac{1}{2}, \frac{2\pi}{3}\right)$, $\left(\frac{1}{2}, \frac{4\pi}{3}\right)$, $\left(\frac{1}{2}, \frac{5\pi}{3}\right)$가 있다. 이 점들은 대칭을 이용하여 얻거나 이 원의 다른 방정식이 $r=-\frac{1}{2}$임에 유의하여 두 방정식 $r=\cos 2\theta$와 $r=-\frac{1}{2}$을 풀어서 구할 수 있다.

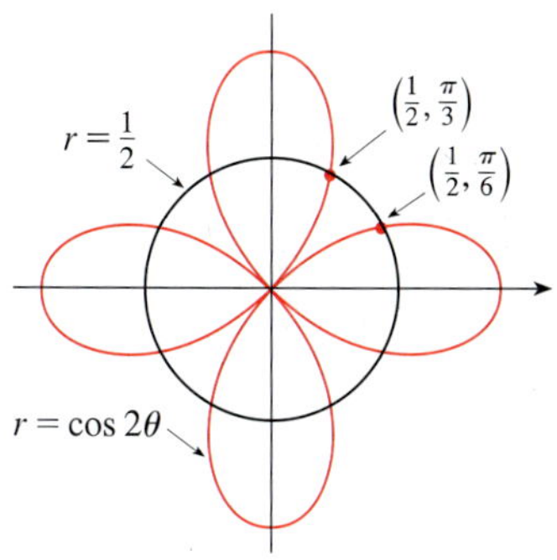

[그림 43]

호의 길이

극곡선 $r=f(\theta)$, $a\le\theta\le b$의 길이를 구하기 위해 θ를 매개변수로 생각하고 곡선의 매개변수 방정식을 다음과 같이 나타낸다.

$$x=r\cos\theta=f(\theta)\cos\theta,\quad y=r\sin\theta=f(\theta)\sin\theta$$

곱의 법칙을 이용하고 θ에 대해 미분하면 다음을 얻는다.

$$\frac{dx}{d\theta}=\frac{dr}{d\theta}\cos\theta-r\sin\theta,\qquad \frac{dy}{d\theta}=\frac{dr}{d\theta}\sin\theta+r\cos\theta$$

$\cos^2\theta+\sin^2\theta=1$을 이용하여 다음을 얻는다.

$$\begin{aligned}\left(\frac{dx}{d\theta}\right)^2+\left(\frac{dy}{d\theta}\right)^2&=\left(\frac{dr}{d\theta}\right)^2\cos^2\theta-2r\frac{dr}{d\theta}\cos\theta\sin\theta+r^2\sin^2\theta\\&\quad+\left(\frac{dr}{d\theta}\right)^2\sin^2\theta+2r\frac{dr}{d\theta}\sin\theta\cos\theta+r^2\cos^2\theta\\&=\left(\frac{dr}{d\theta}\right)^2+r^2\end{aligned}$$

f'이 연속이라 가정하면 9.2절의 정리 5를 이용하여 호의 길이를 다음과 같이 쓸 수 있다.

$$L = \int_a^b \sqrt{\left(\frac{dx}{d\theta}\right)^2 + \left(\frac{dy}{d\theta}\right)^2}\, d\theta$$

그러므로 극방정식이 $r = f(\theta)$, $a \le \theta \le b$인 곡선의 길이는 다음과 같다.

5 $$L = \int_a^b \sqrt{r^2 + \left(\frac{dr}{d\theta}\right)^2}\, d\theta$$

예제 4 심장형 $r = 1 + \sin\theta$의 길이를 구하라.

풀이

심장형은 [그림 44]와 같다(9.3절의 [예제 7] 참조). 곡선의 전체 길이는 매개변수 구간 $0 \le \theta \le 2\pi$에서 주어진다. 따라서 식 5로부터 다음을 얻는다.

$$L = \int_0^{2\pi} \sqrt{r^2 + \left(\frac{dr}{d\theta}\right)^2}\, d\theta = \int_0^{2\pi} \sqrt{(1+\sin\theta)^2 + \cos^2\theta}\, d\theta$$

$$= \int_0^{2\pi} \sqrt{2 + 2\sin\theta}\, d\theta$$

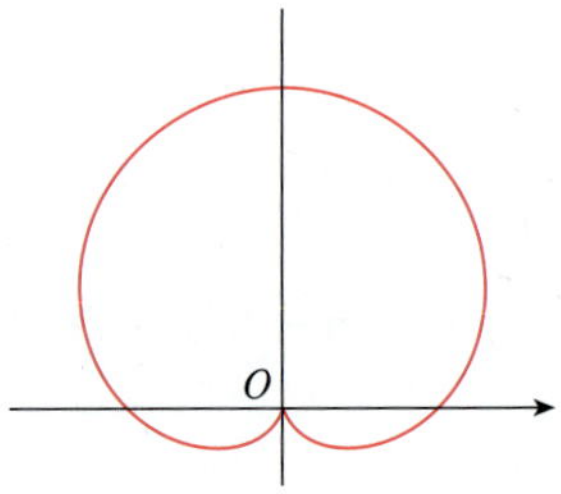

[그림 44] $r = 1 + \sin\theta$

이 적분은 피적분함수에 $\sqrt{2 - 2\sin\theta}$를 곱하고 나눠서 계산하거나 컴퓨터 대수체계를 이용하여 구할 수 있다. 어떤 방법으로 구하든지 심장형의 길이는 $L = 8$이다.

9.4 연습문제

01~02 다음 지정된 범위에서 곡선으로 유계된 영역의 넓이를 구하라.

01 $r = e^{-\theta/4}$, $\pi/2 \le \theta \le \pi$

02 $r^2 = 9\sin 2\theta$, $r \ge 0$, $0 \le \theta \le \pi/2$

03~04 다음 색칠한 영역의 넓이를 구하라.

03

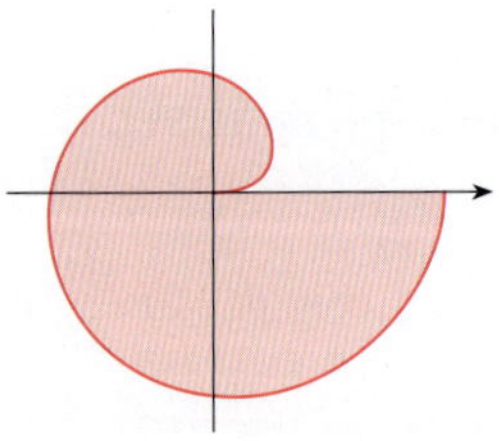

$r = \sqrt{\theta}$

04

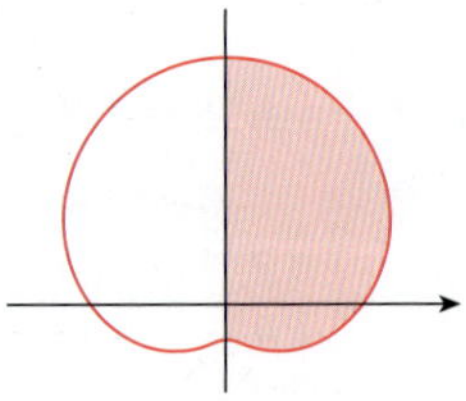

$r = 4 + 3\sin\theta$

05~06 다음 곡선을 그리고 그 곡선으로 둘러싸인 넓이를 구하라.

05 $r = 2\sin\theta$

06 $r = 3 + 2\cos\theta$

07 [icon] 곡선 $r=\sqrt{1+\cos^2(5\theta)}$의 그래프를 그리고 그 곡선으로 둘러싸인 넓이를 구하라.

08~09 다음 곡선의 한 고리로 둘러싸인 영역의 넓이를 구하라.

08 $r=4\cos 3\theta$

09 $r=1+2\sin\theta$ (안쪽 고리)

10~11 첫 번째 곡선의 내부와 두 번째 곡선의 외부에 놓이는 영역의 넓이를 구하라.

10 $r=2\cos\theta,\ r=1$

11 $r=3\cos\theta,\ r=1+\cos\theta$

12~13 두 곡선의 내부에 놓이는 영역의 넓이를 구하라.

12 $r=\sqrt{3}\cos\theta,\ r=\sin\theta$

13 $r=\sin 2\theta,\ r=\cos 2\theta$

14 리마송 $r=\frac{1}{2}+\cos\theta$의 가장 큰 고리의 내부와 가장 작은 고리의 외부 넓이를 구하라.

15~16 주어진 곡선들의 모든 교점을 구하라.

15 $r=1+\sin\theta,\ r=3\sin\theta$

16 $r=\sin\theta,\ r=\sin 2\theta$

17~18 주어진 극곡선의 정확한 길이를 구하라.

17 $r=3\sin\theta,\ 0\le\theta\le\pi/3$

18 $r=\theta^2,\ 0\le\theta\le 2\pi$

19 계산기를 이용하여 곡선의 길이를 소수점 아래 넷째 자리까지 정확하게 구하라. 필요하다면 매개변수 구간을 결정하기 위해 곡선 $r=\sin(6\sin\theta)$의 그래프를 그려라.

9.5 극좌표에서의 원뿔곡선

앞에서 학습한 원뿔곡선의 내용에서 포물선은 초점과 준선에 관하여 정의한 반면 타원이나 쌍곡선은 두 초점에 관하여 정의하였다. 이러한 정의와 방정식을 검토한 후에 초점과 준선에 관한 세 가지 형태의 원뿔곡선을 좀 더 통합적으로 살펴볼 것이다. 더욱이 초점을 원점에 놓는다면 원뿔곡선은 간단한 극방정식이 된다. 타원의 극방정식은 10장에서 행성운동의 케플러 법칙을 유도할 때 사용할 것이다.

직교좌표에서의 원뿔곡선

여기서는 원뿔곡선에 대해 반드시 알아야 할 내용을 간단히 소개한다. 더 많은 내용은 웹사이트 www.stewartcalculus.com에서 찾을 수 있다. (Review에서 Conic section을 클릭하라.)

포물선parabola은 고정된 점 F(초점focus)와 고정된 직선(준선directrix)으로부터 같은 거리에 있는 평면 안의 점들의 집합이다. 이 정의는 [그림 45]에 의해 설명된다. 초점과 준선 사이의 중간점이 포물선 위에 놓이는 것에 주목하자. 이 점을 꼭짓점vertex이라 한다. 초점을 지나고 준선에 수직인 직선을 포물선의 축axis이라 한다.

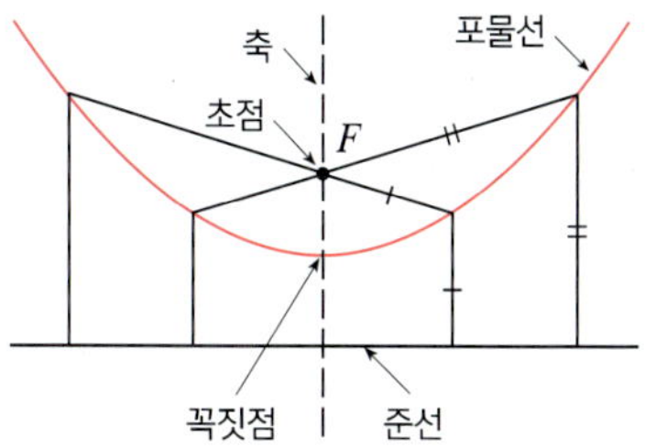

[그림 45]

꼭짓점이 원점에 놓이고 준선이 x축 또는 y축에 평행인 포물선은 매우 간단한 방정식을 갖는다. 초점이 y축 위의 점 $(0, p)$에 있으면 준선의 방정식은 $y = -p$이고, 포물선의 방정식은 $x^2 = 4py$이다([그림 46(a), (b)] 참조). 초점이 x축 위의 점 $(p, 0)$에 있으면 (c), (d)의 경우와 같이 준선의 방정식은 $x = -p$이고, 포물선의 방정식은 $y^2 = 4px$이다.

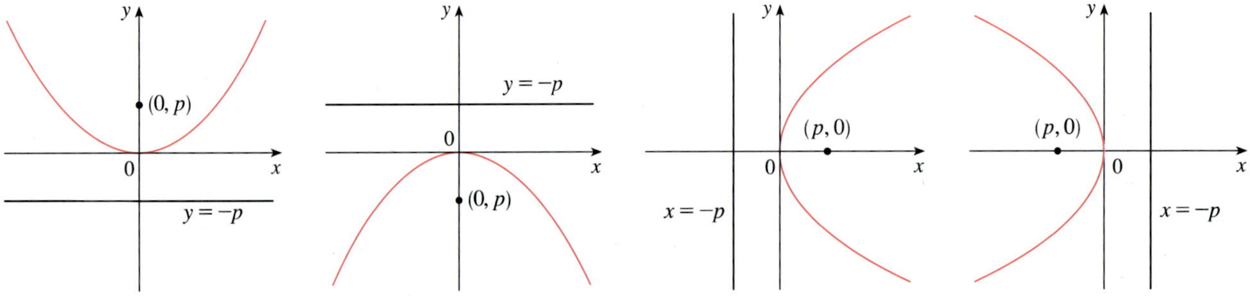

(a) $x^2 = 4py,\ p > 0$ (b) $x^2 = 4py,\ p < 0$ (c) $y^2 = 4px,\ p > 0$ (d) $y^2 = 4px,\ p < 0$

[그림 46]

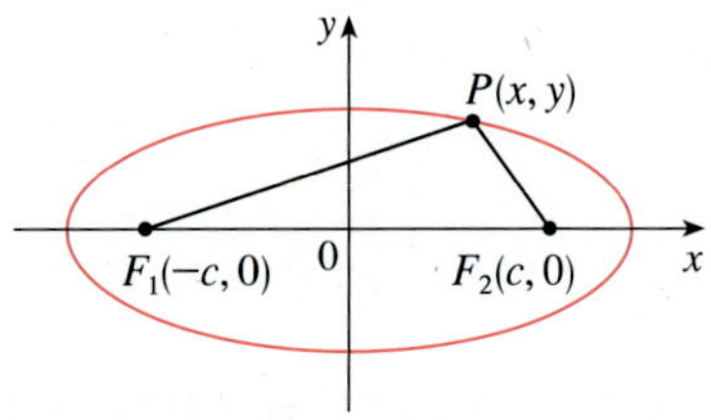

[그림 47]

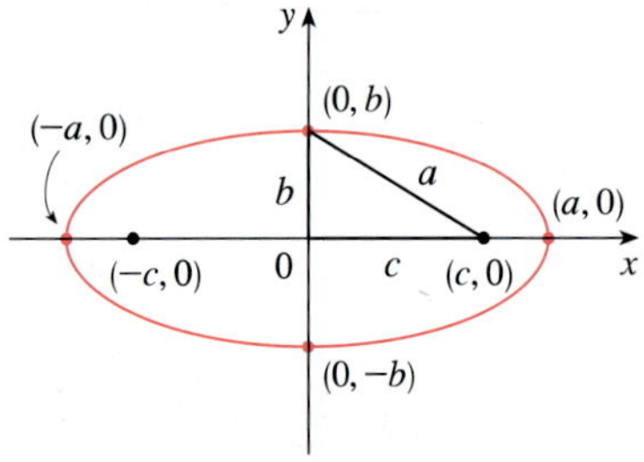

[그림 48] $\dfrac{x^2}{a^2} + \dfrac{y^2}{b^2} = 1$

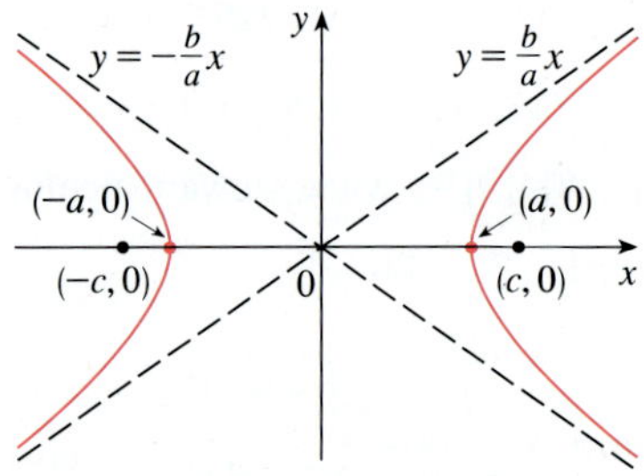

[그림 49] $\dfrac{x^2}{a^2} - \dfrac{y^2}{b^2} = 1$

타원ellipse은 두 고정된 점 F_1과 F_2로부터 거리의 합이 일정한 평면 안의 점들의 집합이다. 이렇게 고정된 두 점을 **초점**foci(복수의 초점)이라 한다. 두 초점이 [그림 47]과 같이 x축 위의 점 $(-c, 0)$과 $(c, 0)$에 놓이면 원점은 두 초점 사이의 중간점이 되므로 타원은 매우 간단한 방정식을 갖는다. 타원 위의 한 점에서 두 초점까지 거리의 합이 $2a$이면 타원이 x축과 만나는 두 점이 $(-a, 0)$과 $(a, 0)$이고, 이 두 점을 타원의 **꼭짓점**vertex이라 한다. 이때 y절편은 $\pm b$이고, $b^2 = a^2 - c^2$이다([그림 48] 참조).

> 1 초점이 $(\pm c, 0)$, 꼭짓점이 $(\pm a, 0)$인 타원은 다음과 같다. 여기서 $c^2 = a^2 - b^2$이다.
>
> $$\frac{x^2}{a^2} + \frac{y^2}{b^2} = 1, \quad a \ge b > 0$$

만일 타원의 초점들이 y축 위의 $(0, \pm c)$에 위치하면 타원의 방정식은 식 1에서 x와 y가 바뀐다.

쌍곡선hyperbola은 두 고정된 점(초점) F_1과 F_2로부터 거리의 차가 일정한 평면 안의 점들의 집합이다. 쌍곡선의 정의가 타원의 정의와 비슷한 것에 주목하자. 단지 거리의 합이 거리의 차로 바뀐 것뿐이다. 초점들이 x축 위의 점 $(\pm c, 0)$에 있고 거리의 차가 $\pm 2a$이면, 쌍곡선의 방정식은 $(x^2/a^2) - (y^2/b^2) = 1$이다. 이때 $b^2 = c^2 - a^2$이다. x축 절편은 $\pm a$이고, $(a, 0)$과 $(-a, 0)$은 쌍곡선의 **꼭짓점**vertex이다. y축 절편은 존재하지 않으며 쌍곡선은 **분지**branch라고 하는 두 부분으로 구성된다([그림 49] 참조).

쌍곡선을 그릴 때 [그림 49]에서 점선 $y = (b/a)x$와 $y = -(b/a)x$로 나타낸 **점근선**asymptote을 먼저 그리는 것이 편리하다. 쌍곡선의 두 분지는 점근선에 접근한다. 즉 점근선에 임의로 가까워진다.

[2] 초점이 $(\pm c, 0)$, 꼭짓점이 $(\pm a, 0)$, 점근선이 $y = \pm(b/a)x$인 쌍곡선은 다음과 같다. 여기서 $c^2 = a^2 + b^2$이다.

$$\frac{x^2}{a^2} - \frac{y^2}{b^2} = 1$$

쌍곡선의 두 초점이 y축 위에 있으면 x와 y를 서로 바꾸어 [그림 50]과 같은 그래프를 얻는다.

원뿔곡선에 대한 표준 방정식이지만 x를 $x-h$로 바꾸고 y를 $y-k$로 바꾸어 원뿔곡선을 평행이동할 수 있다. 예를 들어 중심이 (h, k)인 타원의 방정식은 다음과 같다.

$$\frac{(x-h)^2}{a^2} + \frac{(y-k)^2}{b^2} = 1$$

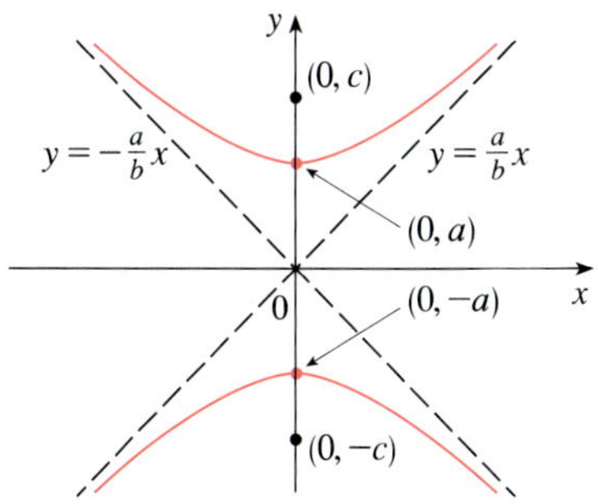

[그림 50] $\frac{y^2}{a^2} - \frac{x^2}{b^2} = 1$

극좌표에서의 원뿔곡선

다음 정리에서 세 종류의 원뿔곡선이 초점과 준선에 의해 어떻게 구분되는지 보여준다.

[3] **정리** 평면에서 F를 고정된 점(초점[focus]), l을 고정된 직선(준선[directrix])이라 하자. 그리고 e를 고정된 양수[이심률[eccentricity]]라 하자. 평면에서 다음을 만족하는 모든 점 P의 집합, 즉 'l로부터의 거리'에 대한 'F로부터의 거리'의 비가 상수 e인 점들의 집합은 원뿔곡선이다.

$$\frac{|PF|}{|Pl|} = e$$

이때 원뿔곡선은 다음과 같다.

(a) $e < 1$이면 타원이다.

(b) $e = 1$이면 포물선이다.

(c) $e > 1$이면 쌍곡선이다.

증명

이심률이 $e = 1$이면 $|PF| = |Pl|$이므로 이 조건은 포물선의 정의임을 쉽게 알 수 있다.

초점 F를 원점에 놓고 준선이 y축에 평행하면서 오른쪽으로 d단위에 있다고 하자. 그러면 준선의 방정식은 $x = d$이고 극축에 수직이다. 점 P의 극좌표가 (r, θ)를 갖는다면 [그림 51]로부터 다음을 알 수 있다.

$$|PF| = r, \quad |Pl| = d - r\cos\theta$$

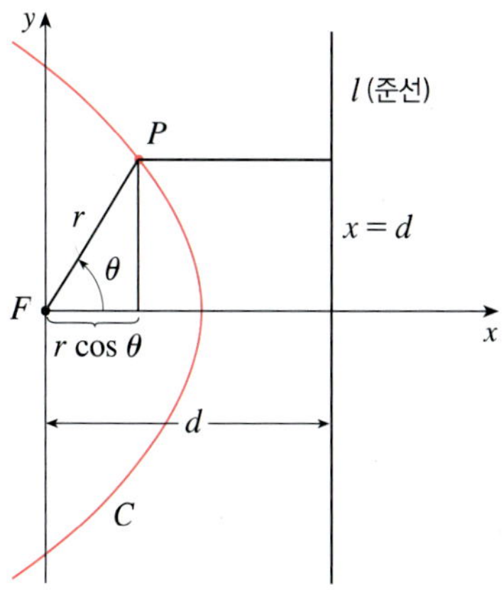

[그림 51]

따라서 조건 $|PF|/|Pl| = e$ 또는 $|PF| = e|Pl|$은 다음과 같이 된다.

[4] $$r = e(d - r\cos\theta)$$

이 극방정식의 양변을 제곱하고 직교좌표로 변환하면 다음을 얻는다.

$$x^2+y^2=e^2(d-x)^2=e^2(d^2-2dx+x^2)$$

$$(1-e^2)x^2+2de^2x+y^2=e^2d^2$$

완전제곱식으로 변형하면 다음을 얻는다.

5 $$\left(x+\frac{e^2d}{1-e^2}\right)^2+\frac{y^2}{1-e^2}=\frac{e^2d^2}{(1-e^2)^2}$$

$e<1$이면 식 5는 타원의 방정식이 된다. 실제로 이 방정식은 다음과 같은 형태이다.

$$\frac{(x-h)^2}{a^2}+\frac{y^2}{b^2}=1$$

여기서 h, a, b는 다음과 같다.

6 $$h=-\frac{e^2d}{1-e^2},\quad a^2=\frac{e^2d^2}{(1-e^2)^2},\quad b^2=\frac{e^2d^2}{1-e^2}$$

타원의 초점은 중심으로부터의 거리가 c임을 알고 있다. 여기서 c는 다음과 같다.

7 $$c^2=a^2-b^2=\frac{e^4d^2}{(1-e^2)^2}$$

그러므로 다음을 알 수 있다.

$$c=\frac{e^2d}{1-e^2}=-h$$

이 식은 정리 3에서 정의된 초점들이 앞에서 정의한 초점과 같음을 보여준다. 또한 식 6과 7로부터 이심률은 다음과 같이 주어진다.

$$e=\frac{c}{a}$$

$e>1$이면 $1-e^2<0$이고 식 5는 쌍곡선을 나타냄을 알 수 있다. 앞에서와 같이 식 5는 다음 형태로 다시 쓸 수 있다.

$$\frac{(x-h)^2}{a^2}-\frac{y^2}{b^2}=1$$

그러므로 다음이 성립함을 알 수 있다.

$$e=\frac{c}{a},\quad c^2=a^2+b^2$$ ☒

식 4를 r에 대해 풀면 [그림 51]에 보인 원뿔곡선의 극방정식은 다음과 같이 쓸 수 있다.

$$r = \frac{e\,d}{1 + e\cos\theta}$$

준선을 초점의 왼쪽에서 $x = -d$로 택하거나 극축에 평행하게 $y = \pm d$로 택한다면 원뿔곡선의 극방정식은 다음 정리로 주어진다. 이는 [그림 52]에서 설명한다([연습문제 10~12] 참조).

> **8 정리** 다음 형태의 극방정식은 이심률이 e인 원뿔곡선이다.
>
> $$r = \frac{e\,d}{1 \pm e\cos\theta} \quad \text{또는} \quad r = \frac{e\,d}{1 \pm e\sin\theta}$$
>
> 원뿔곡선은 $e < 1$이면 타원, $e = 1$이면 포물선, $e > 1$이면 쌍곡선이다.

예제 1 **초점이 원점이고 준선이 직선 $y = -6$인 포물선의 극방정식을 구하라.**

풀이

정리 8과 [그림 52(d)]를 이용하면 $e = 1$, $d = 6$인 포물선의 방정식이 다음과 같음을 알 수 있다.

$$r = \frac{6}{1 - \sin\theta}$$

예제 2 **원뿔곡선의 극방정식이 다음과 같이 주어진다. 이심률과 준선의 위치를 구하고 원뿔곡선임을 확인하라. 그리고 이 원뿔곡선을 그려라.**

$$r = \frac{10}{3 - 2\cos\theta}$$

풀이

분자와 분모를 3으로 나누어 방정식을 다음과 같이 쓴다.

$$r = \frac{\frac{10}{3}}{1 - \frac{2}{3}\cos\theta}$$

정리 8로부터 위 식은 $e = \frac{2}{3}$인 타원을 나타냄을 알 수 있다. $ed = \frac{10}{3}$이므로 다음을 얻는다.

$$d = \frac{\frac{10}{3}}{e} = \frac{\frac{10}{3}}{\frac{2}{3}} = 5$$

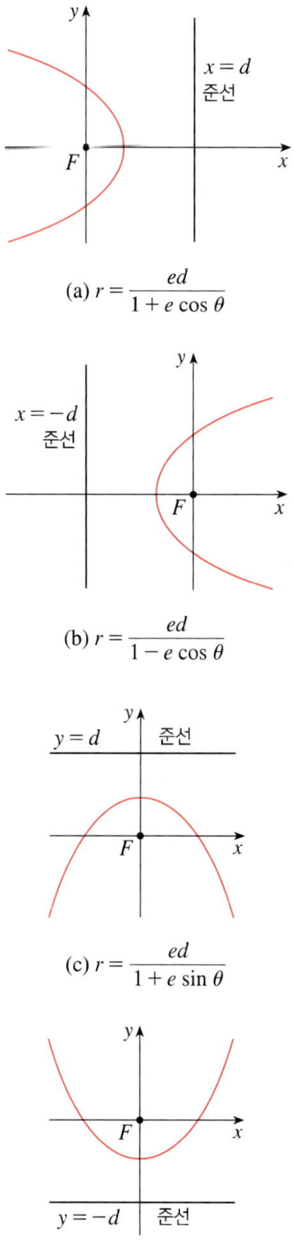

(a) $r = \dfrac{ed}{1 + e\cos\theta}$

(b) $r = \dfrac{ed}{1 - e\cos\theta}$

(c) $r = \dfrac{ed}{1 + e\sin\theta}$

(d) $r = \dfrac{ed}{1 - e\sin\theta}$

[그림 52] 원뿔곡선의 극방정식

따라서 준선의 직교방정식은 $x=-5$이다. $\theta=0$일 때 $r=10$, $\theta=\pi$일 때 $r=2$이다. 따라서 꼭짓점의 극좌표는 $(10, 0)$, $(2, \pi)$이다. 타원은 [그림 53]과 같다.

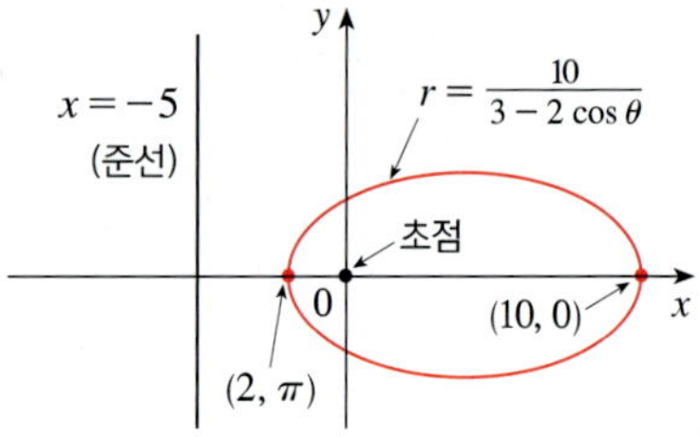

[그림 53]

예제 3 원뿔곡선 $r=\dfrac{12}{2+4\sin\theta}$를 그려라.

풀이

방정식을 다음 형태로 쓰자.

$$r=\frac{6}{1+2\sin\theta}$$

그러면 이심률이 $e=2$이므로 이 방정식은 쌍곡선을 나타냄을 알 수 있다. $ed=6$이므로 $d=3$, 준선의 방정식은 $y=3$이다. $\theta=\pi/2$와 $3\pi/2$일 때 꼭짓점이 생기고, 좌표는 $(2, \pi/2)$와 $(-6, 3\pi/2)$($(6, \pi/2)$로 쓸 수 있음)이다. x절편을 그리는 것이 도움이 되는데 x절편은 $\theta=0$, π일 때 생기고 두 경우 모두 $r=6$이다. 더욱 정확하게 나타내기 위해 점근선을 그릴 수 있다. $2+4\sin\theta\to 0^+$ 또는 0^-일 때 $r\to\pm\infty$이고, $\sin\theta=-\dfrac{1}{2}$일 때 $2+4\sin\theta=0$이다. 따라서 점근선은 반직선 $\theta=7\pi/6$와 $\theta=11\pi/6$에 평행하다. 쌍곡선은 [그림 54]와 같다.

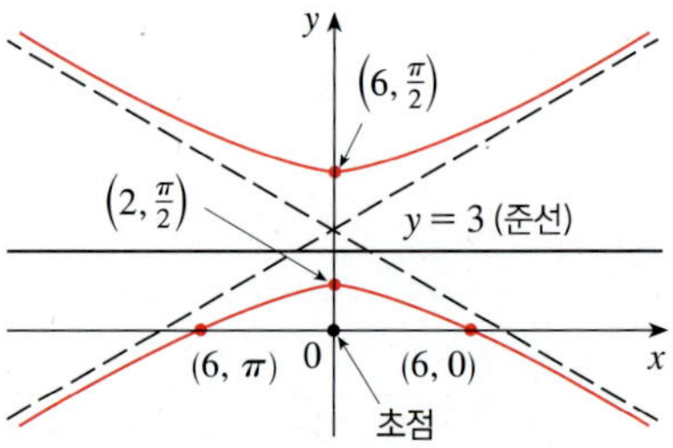

[그림 54] $r=\dfrac{12}{2+4\sin\theta}$

[그림 55]는 컴퓨터를 이용하여 이심률 e가 변함에 따른 효과를 설명하기 위해 몇 개의 원뿔곡선을 그린 것이다. e가 0에 가까우면 거의 원에 가깝고 $e\to 1^-$이면 길쭉해진다. 물론 $e=1$이면 원뿔곡선은 포물선이다.

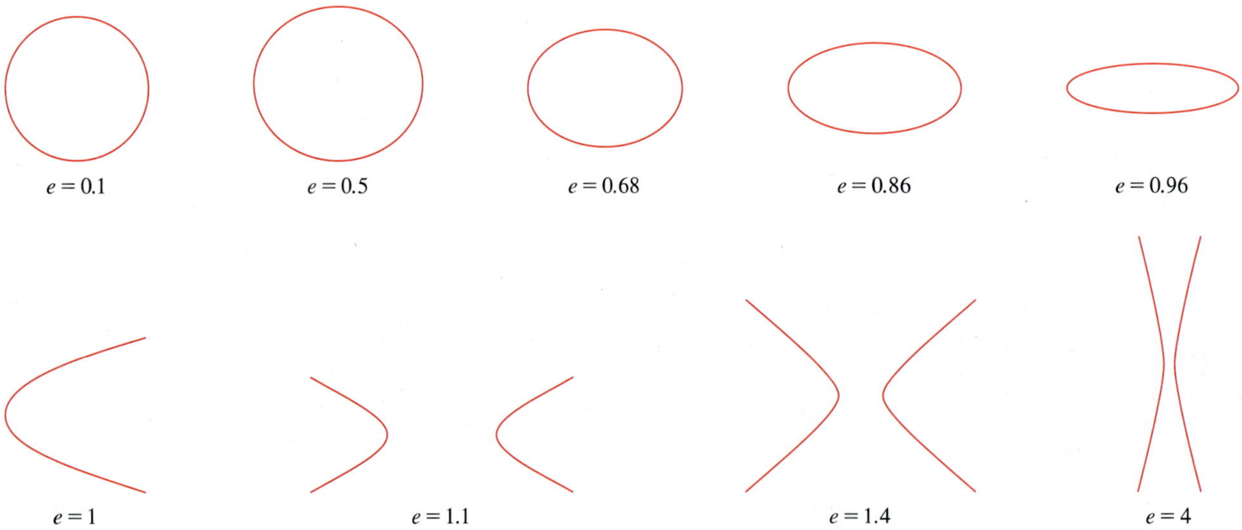

[그림 55]

9.5 연습문제

01~04 초점이 원점이고 주어진 조건을 만족하는 원뿔곡선의 극방정식을 쓰라.

01 이심률 $\frac{1}{2}$, 준선 $x=4$인 타원

02 이심률 1.5, 준선 $y=2$인 쌍곡선

03 꼭짓점 $(4, 3\pi/2)$인 포물선

04 이심률 $\frac{1}{2}$, 준선 $r=4\sec\theta$인 타원

05~08 (a) 이심률을 구하라.
(b) 원뿔곡선을 확인하라.
(c) 준선의 방정식을 구하라.
(d) 원뿔곡선을 그려라.

05 $r=\dfrac{4}{5-4\sin\theta}$

06 $r=\dfrac{2}{3+3\sin\theta}$

07 $r=\dfrac{9}{6+2\cos\theta}$

08 $r=\dfrac{3}{4-8\cos\theta}$

09 $e=0.4, 0.6, 0.8, 1.0$일 때 원뿔곡선 $r=e/(1-e\cos\theta)$를 동일한 보기화면에 그려라. e의 값은 곡선의 모양에 어떤 영향을 미치는가?

10 초점이 원점, 이심률이 e, 준선이 $x=-d$인 원뿔곡선이 다음 극방정식을 가짐을 보여라.

$$r=\frac{ed}{1-e\cos\theta}$$

11 초점이 원점, 이심률이 e, 준선이 $y=d$인 원뿔곡선이 다음 극방정식을 가짐을 보여라.

$$r=\frac{ed}{1+e\sin\theta}$$

12 초점이 원점, 이심률이 e, 준선이 $y=-d$인 원뿔곡선이 다음 극방정식을 가짐을 보여라.

$$r=\frac{ed}{1-e\sin\theta}$$

13 (a) 준선이 $x=-d$인 타원의 극방정식을 다음과 같이 쓸 수 있음을 보여라.

$$r=\frac{a(1-e^2)}{1-e\cos\theta}$$

(b) 태양(한 초점) 주위를 도는 지구의 궤도는 이심율이 약 0.017이고 장축의 길이가 약 2.99×10^8 km인 타원이다. 이 타원에 대한 근사 극방정식을 구하라.

14 (a) 행성이 태양을 한 초점으로 하여 타원인 궤도로 태양 주위를 움직인다. 행성의 위치가 태양으로부터 가장 가까울 때와 가장 멀 때의 위치를 각각 **근일점**perihelion과 **원일점**aphelion이라 한다. [연습문제 13(a)]를 이용하여 행성으로부터 태양까지 근일점 거리는 $a(1-e)$, 원일점 거리는 $a(1+e)$임을 보여라.

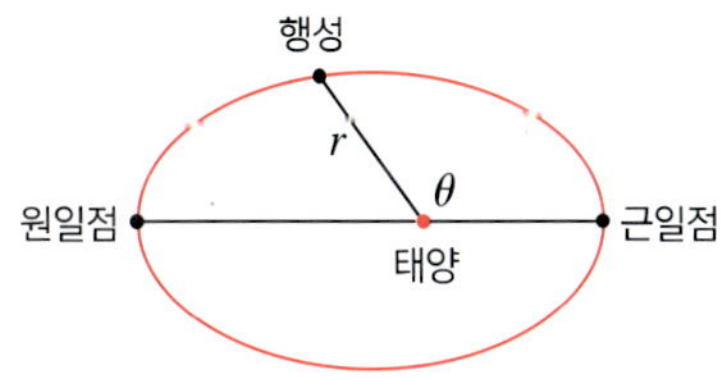

(b) [연습문제 13(b)]의 조건을 이용하여 지구로부터 태양까지 근일점과 원일점에서의 거리를 구하라.

15 1986년에 마지막으로 관측되고 2062년 다시 관측될 예정인 핼리 혜성의 궤도는 이심률이 0.97이고, 태양을 한 초점으로 하는 타원이다. 장축의 길이는 36.18 AU이다. (천문학 단위 AU는 지구와 태양 사이의 평균거리로 약 9300만 마일이다.) 핼리 혜성의 궤도에 대한 극방정식을 구하라. 혜성에서 태양까지의 최대 거리는 얼마인가?

16 수성은 이심률이 0.206인 타원 궤도를 따라 공전한다. 태양으로부터 최소 거리는 4.6×10^7 km이다. [연습문제 14(a)]의 결과를 이용하여 태양으로부터 최대 거리를 구하라.

17 명왕성에서 태양까지의 거리는 근일점에서 4.43×10^9 km, 원일점에서 7.37×10^9 km이다. [연습문제 14]를 이용하여 명왕성 궤도의 이심률을 구하라.

18 [연습문제 16]의 자료를 이용하여 수성이 태양 주위를 완전히 한 바퀴 공전한 거리를 구하라. (계산기나 컴퓨터 대수체계로 정적분을 계산할 수 있으면 계산하고 그렇지 않으면 심프슨의 공식을 이용하라.)

9장 복습문제

개념 확인

01 (a) 매개변수 곡선이란 무엇인가?

(b) 매개변수 곡선은 어떻게 그리는가?

02 (a) 매개변수 곡선에 대한 접선의 기울기는 어떻게 구하는가?

(b) 매개변수 곡선 아래의 넓이는 어떻게 구하는가?

03 매개변수 곡선의 길이에 대한 표현을 쓰라.

04 (a) 그림을 그려서 극좌표 점 (r, θ)의 의미를 설명하라.

(b) 직교좌표의 점 (x, y)를 극좌표를 이용한 점으로 표현하는 방정식을 쓰라.

(c) 직교좌표를 알고 있다면 극좌표의 점을 구하기 위해 사용할 수 있는 방정식은 무엇인가?

05 (a) 극곡선에 대한 접선의 기울기는 어떻게 구하는가?

(b) 극곡선에 의해 유계한 영역의 넓이를 어떻게 구하는가?

(c) 극곡선의 길이를 어떻게 구하는가?

06 (a) 원뿔곡선의 이심률은 무엇인가?

(b) 원뿔곡선이 타원인 경우 이심률에 대해 무엇이라 말할 수 있는가? 쌍곡선, 포물선인 경우에는 어떠한가?

(c) 이심률이 e, 준선이 $x=d$인 원뿔곡선에 대한 극방정식을 쓰라. 준선이 각각 $x=-d$, $y=d$, $y=-d$일 때는 어떠한가?

참/거짓 질문

다음 명제가 참인지 아니면 거짓인지 판별하라. 참이면 이유를 설명하고, 거짓이면 이유를 설명하거나 반례를 들라.

01 매개변수 곡선 $x=f(t)$, $y=g(t)$가 $g'(1)=0$을 만족하면 $t=1$일 때 수평접선을 갖는다.

02 곡선 $x=f(t)$, $y=g(t)$, $a\le t\le b$의 길이는 $\int_a^b \sqrt{[f'(t)]^2+[g'(t)]^2}\,dt$이다.

03 극곡선 $r=1-\sin 2\theta$와 $r=\sin 2\theta-1$은 동일한 그래프를 갖는다.

04 매개변수 방정식 $x=t^2$, $y=t^4$은 $x=t^3$, $y=t^6$과 동일한 그래프를 갖는다.

연습문제

01~02 다음 매개변수 곡선을 그리고 매개변수를 소거해서 곡선에 대한 직교방정식을 구하라.

01 $x=t^2+4t,\quad y=2-t,\quad -4\le t\le 1$

02 $x=\cos\theta,\quad y=\sec\theta,\quad 0\le\theta<\pi/2$

03 곡선 $y=\sqrt{x}$에 대한 서로 다른 세 개의 매개변수 방정식을 쓰라.

04 (a) 극좌표로 점 $(4, 2\pi/3)$를 나타내라. 그리고 이것의 직교좌표를 구하라.

(b) 한 점의 직교좌표가 $(-3, 3)$이다. 이 점에 대한 극좌표 두 개를 구하라.

05 극좌표가 $1\le r<2$와 $\pi/6\le\theta\le 5\pi/6$를 만족하는 점들로 구성된 영역을 그려라.

06~09 다음 극곡선을 그려라.

06 $r=1-\cos\theta$

07 $r=\cos 3\theta$

08 $r=1+\cos 2\theta$

09 $r=\dfrac{3}{1+2\sin\theta}$

10 직교방정식으로 표현된 곡선 $x+y=2$에 대한 극방정식을 구하라.

11 극방정식이 $r=(\sin\theta)/\theta$인 곡선을 **코크로이드**cochleoid라 한다. 직교좌표에서 θ의 함수로서 r의 그래프를 이용하여 코크로이드를 손으로 그려라. 도구를 이용하여 그래프를 그려서 직접 그린 그림과 비교하라.

12~13 주어진 매개변수의 값에 대응하는 점에서 다음 곡선에 대한 접선의 기울기를 구하라.

12 $x=\ln t,\quad y=1+t^2;\quad t=1$

13 $r=e^{-\theta};\quad \theta=\pi$

14 $x=t+\sin t,\ y=t-\cos t$에 대해 dy/dx와 d^2y/dx^2를 구하라.

15 그래프를 이용하여 곡선 $x=t^3-3t,\ y=t^2+t+1$에서 가장 낮은 점의 좌표를 추정하라. 그리고 미적분을 이용하여 정확한 좌표를 구하라.

16 [연습문제 15]의 곡선의 고리로 둘러싸인 넓이를 구하라.

17 곡선 $x=2a\cos t-a\cos 2t,\ y=2a\sin t-a\sin 2t$가 어떤 점에서 수직접선과 수평접선을 갖는가? 이 정보를 이용하여 곡선을 그려라.

18 [연습문제 17]의 곡선으로 둘러싸인 넓이를 구하라

19 곡선 $r^2=9\cos 5\theta$로 둘러싸인 넓이를 구하라.

20 곡선 $r=2$와 $r=4\cos\theta$의 교점을 구하라.

21 두 원 $r=2\sin\theta$와 $r=\sin\theta+\cos\theta$의 내부에 놓이는 영역의 넓이를 구하라.

22~23 다음 곡선의 길이를 구하라.

22 $x=3t^2,\quad y=2t^3,\quad 0\le t\le 2$

23 $r=1/\theta,\quad \pi\le\theta\le 2\pi$

24 다음 매개변수 방정식으로 정의되는 곡선을 **스트로포이드**strophoids라 한다. (이것은 그리스어로 '돌리거나 뒤틀다'는 의미이다.)

$$x=\frac{t^2-c}{t^2+1},\quad y=\frac{t(t^2-c)}{t^2+1}$$

c가 변함에 따라 이 곡선이 어떻게 변하는지를 조사하라.

25 초점이 원점, 이심률이 $\frac{1}{3}$, 준선의 방정식이 $r=4\sec\theta$인 타원에 대한 극방정식을 구하라.

26 그림에서 반지름 a인 원이 정지해 있고 모든 θ에 대해 점 P는 선분 QR의 중점이다. $0<\theta<\pi$에서 P에 의해 그려지는 곡선을 **활곡선**[longbow curve]이라 한다. 이 곡선의 매개변수 방정식을 구하라.

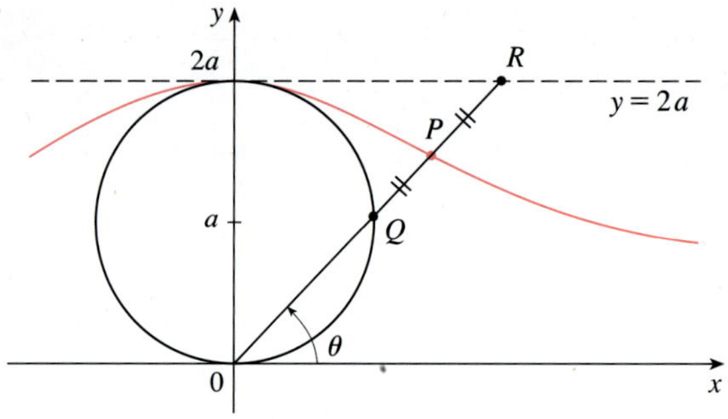

부록

A 삼각법

각

각은 60분법의 도[degree] 또는 호도법의 라디안[radians](줄여서 rad)으로 측정할 수 있다. 완전히 한 바퀴 회전한 경우에 각은 360°이고 이와 동일한 호도법의 각은 2πrad이다. 그러므로 다음을 얻는다.

1 $$\pi \text{rad} = 180^\circ$$

따라서 다음을 얻는다.

2 $$1\text{rad} = \left(\frac{180}{\pi}\right)^\circ \approx 57.3^\circ, \quad 1^\circ = \frac{\pi}{180}\text{rad} \approx 0.017\text{rad}$$

예제 1 (a) 60°에 대한 라디안 값을 구하라.

(b) $\frac{5\pi}{4}$rad는 몇 도인지 나타내라.

풀이

(a) 식 1 또는 2로부터 $\pi/180$를 곱해서 도를 라디안으로 바꿀 수 있다. 그러므로 다음을 얻는다.

$$60^\circ = 60\left(\frac{\pi}{180}\right) = \frac{\pi}{3}\text{rad}$$

(b) 라디안을 도로 바꾸기 위해 $180/\pi$을 곱한다. 따라서 다음을 얻는다.

$$\frac{5\pi}{4}\text{rad} = \frac{5\pi}{4}\left(\frac{180}{\pi}\right) = 225^\circ$$

미분적분학에서 특별한 언급이 없는 한 각을 측정하기 위해 라디안을 사용한다. [표 1]은 몇 개의 대표적인 각에 대한 도와 라디안 사이의 대응을 나타낸다.

각	0°	30°	45°	60°	90°	120°	135°	150°	180°	270°	360°
라디안	0	$\frac{\pi}{6}$	$\frac{\pi}{4}$	$\frac{\pi}{3}$	$\frac{\pi}{2}$	$\frac{2\pi}{3}$	$\frac{3\pi}{4}$	$\frac{5\pi}{6}$	π	$\frac{3\pi}{2}$	2π

[표 1]

[그림 1]은 중심각이 θ, 반지름이 r, 호의 길이가 a인 원호를 나타낸 것이다. 호의 길이가 각의 크기에 비례하며 완전한 원주의 길이가 $2\pi r$이고 중심각이 2π이므로 다음과 같다.

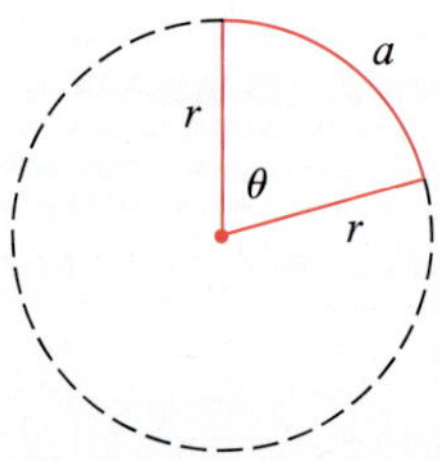

[그림 1]

$$\frac{\theta}{2\pi} = \frac{a}{2\pi r}$$

θ와 a에 대해서 각각 이 방정식을 풀면 다음을 얻는다.

[3] $$\theta = \frac{a}{r} \qquad\qquad a = r\theta$$

식 [3]은 θ가 라디안일 때에만 타당함을 기억하라.

특히 식 [3]에서 $a = r$이라 놓으면 1 rad은 호의 길이가 원의 반지름과 같은 원의 중심각임을 알 수 있다([그림 2] 참조).

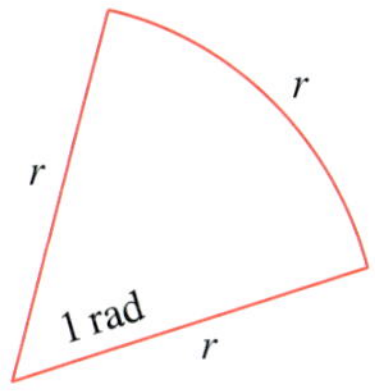

[그림 2]

예제 2 **(a) 원의 반지름이 5 cm 일 때 호의 길이가 6 cm 인 중심각은 얼마인가?**

(b) 원의 반지름이 3 cm 일 때 중심각 $\frac{3\pi}{8}$ rad에 대한 호의 길이는 얼마인가?

풀이

(a) $a = 6$과 $r = 5$인 식 [3]을 이용하면 구하고자 하는 각은 다음과 같다.

$$\theta = \frac{6}{5} = 1.2\,\text{rad}$$

(b) $r = 3\,\text{cm}$와 $\theta = 3\pi/8\,\text{rad}$이므로 호의 길이는 다음과 같다.

$$a = r\theta = 3\left(\frac{3\pi}{8}\right) = \frac{9\pi}{8}\,\text{cm}$$

각의 **표준위치**[standard position]는 [그림 3]과 같이 각의 꼭짓점을 원점에 놓고 시초선을 양의 x축에 일치시켰을 때 나타난다. **양의 각**[positive angle]은 시초선을 종선과 일치할 때까지 시계 반대 방향으로 회전하여 얻는다. 마찬가지로 **음의 각**[negative angle]은 [그림 4]와 같이 시초선을 시계 방향으로 회전하여 얻는다.

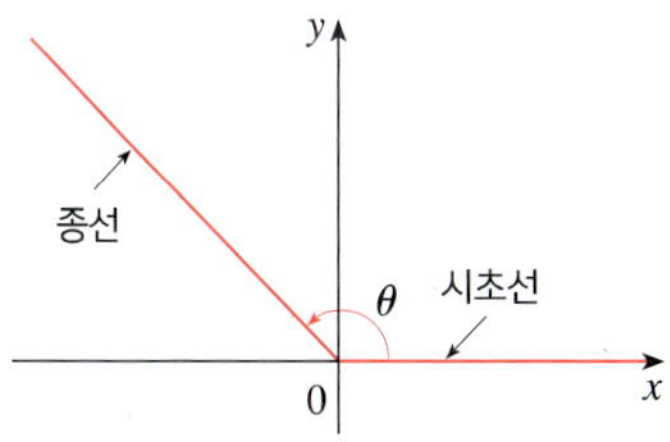

[그림 3] $\theta \geq 0$

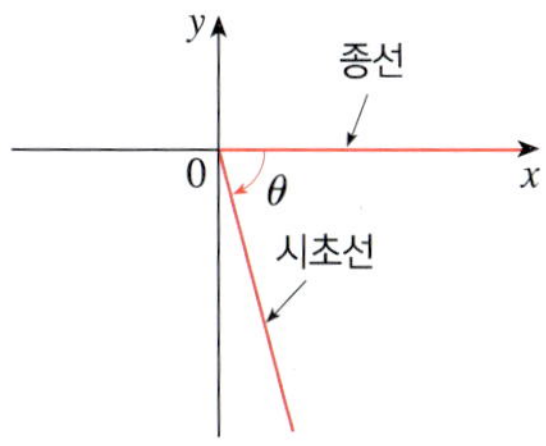

[그림 4] $\theta < 0$

[그림 5]는 몇 개의 표준위치에 대한 각의 예를 보여준다. 각은 다르지만 종선이 동일할 수 있음에 주목하라. 예를 들어 각 $3\pi/4$, $-5\pi/4$, $11\pi/4$는 동일한 시초선과 종선을 갖는다. 그 이유는 다음이 성립하고 2π는 완전한 한 회전을 나타내기 때문이다.

$$\frac{3\pi}{4} - 2\pi = -\frac{5\pi}{4}, \quad \frac{3\pi}{4} + 2\pi = \frac{11\pi}{4}$$

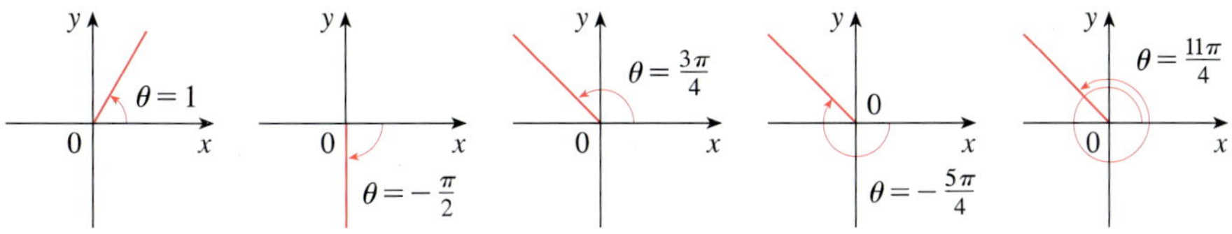

[그림 5] 표준위치인 각

삼각함수

예각 θ에 대한 다음 6개의 삼각함수는 직각삼각형의 변의 길이의 비로 정의된다([그림 6] 참조).

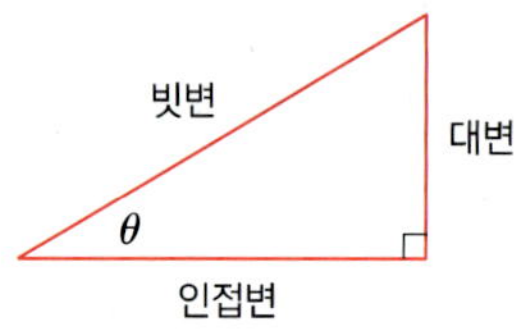

[그림 6]

4
$$\sin\theta = \frac{대변}{빗변} \qquad \csc\theta = \frac{빗변}{대변}$$
$$\cos\theta = \frac{인접변}{빗변} \qquad \sec\theta = \frac{빗변}{인접변}$$
$$\tan\theta = \frac{대변}{인접변} \qquad \cot\theta = \frac{인접변}{대변}$$

이 정의는 둔각이나 음의 각에는 적용되지 않는다. 따라서 표준위치에 있는 일반적인 각에 대해 $P(x, y)$를 각 θ의 종선 위에 있는 임의의 점이라 하고, r을 [그림 7]과 같이 거리 $|OP|$라 하자. 그러면 삼각함수를 다음과 같이 정의한다.

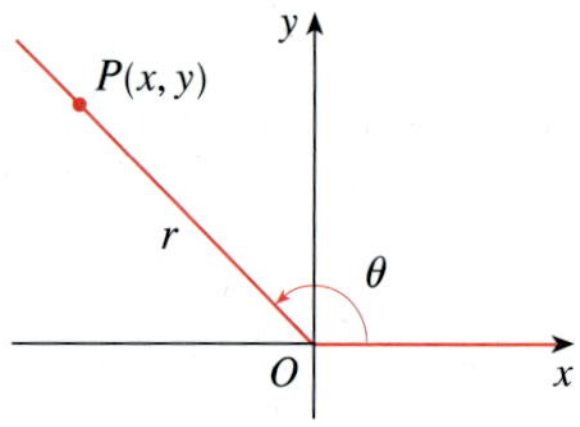

[그림 7]

5
$$\sin\theta = \frac{y}{r} \qquad \csc\theta = \frac{r}{y}$$
$$\cos\theta = \frac{x}{r} \qquad \sec\theta = \frac{r}{x}$$
$$\tan\theta = \frac{y}{x} \qquad \cot\theta = \frac{x}{y}$$

0으로 나누는 것은 정의되지 않으므로 $x = 0$일 때 $\tan\theta$와 $\sec\theta$는 정의되지 않으며 $\csc\theta$와 $\cot\theta$는 $y = 0$일 때 정의되지 않는다. 4와 5의 정의는 θ가 예각일 때 성립한다.

θ가 실수일 때 관습적으로 $\sin\theta$는 라디안으로 측정한 각 θ에 대한 사인을 의미한다. 예를 들어 $\sin 3$인 표현은 3rad인 각에 대한 사인을 의미한다. 계산기로 이 수에 대한 근삿값을 구하려면 계산기를 radian(라디안) 모드로 설정해야 한다. 그러면 다음을 얻는다.

$$\sin 3 \approx 0.14112$$

각 $3°$에 대한 사인을 알려면 $\sin 3$을 누르고 계산기를 degree(도) 모드로 전환해야 한다. 그러면 다음을 얻는다.

$$\sin 3° \approx 0.05234$$

일부 각에 대한 정확한 삼각비는 [그림 8]의 삼각형으로부터 알 수 있다. 예를 들어 다음과 같다.

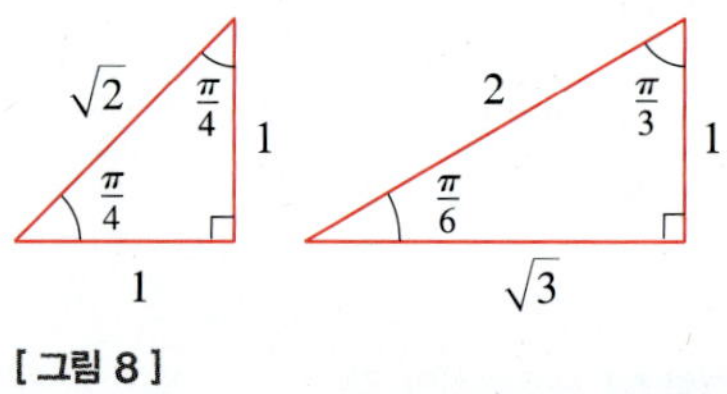

[그림 8]

$$\sin\frac{\pi}{4}=\frac{1}{\sqrt{2}} \qquad \sin\frac{\pi}{6}=\frac{1}{2} \qquad \sin\frac{\pi}{3}=\frac{\sqrt{3}}{2}$$

$$\cos\frac{\pi}{4}=\frac{1}{\sqrt{2}} \qquad \cos\frac{\pi}{6}=\frac{\sqrt{3}}{2} \qquad \cos\frac{\pi}{3}=\frac{1}{2}$$

$$\tan\frac{\pi}{4}=1 \qquad \tan\frac{\pi}{6}=\frac{1}{\sqrt{3}} \qquad \tan\frac{\pi}{3}=\sqrt{3}$$

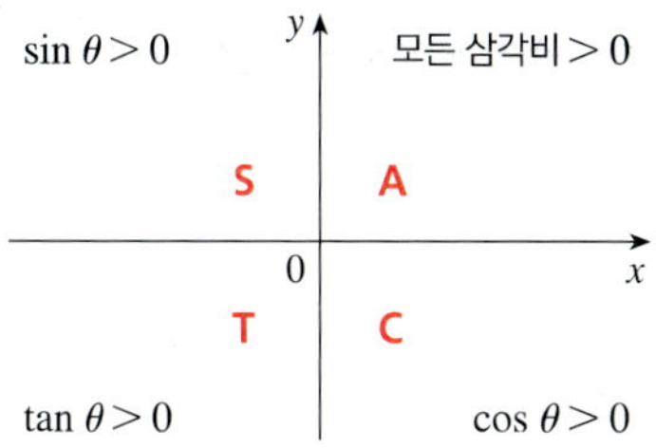

[그림 9]

각 사분면에 있는 각에 대한 삼각함수의 부호는 [그림 9]와 같이 '얼(All)싸(Sin)안(Tan)코(Cos)'로 기억할 수 있다.

예제 3 **$\theta=2\pi/3$에 대한 정확한 삼각비를 구하라.**

풀이

[그림 10]으로부터 $\theta=2\pi/3$에 대한 종선 위의 점이 $P(-1, \sqrt{3})$임을 알고 있다. 그러므로 삼각비의 정의에서

$$x=-1, \quad y=\sqrt{3}, \quad r=2$$

와 같이 택하면 다음을 얻는다.

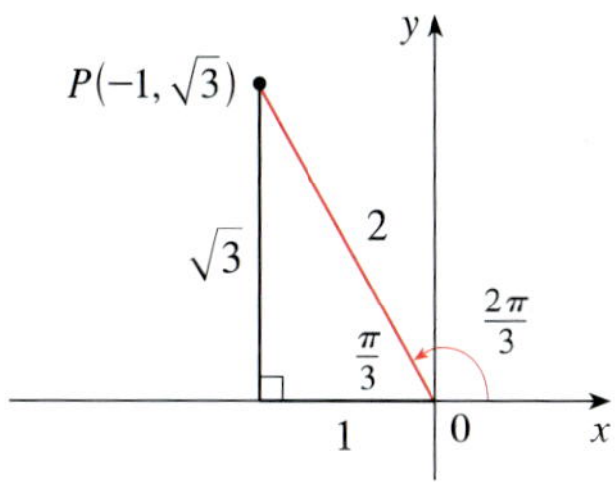

[그림 10]

$$\sin\frac{2\pi}{3}=\frac{\sqrt{3}}{2} \qquad \cos\frac{2\pi}{3}=-\frac{1}{2} \qquad \tan\frac{2\pi}{3}=-\sqrt{3}$$

$$\csc\frac{2\pi}{3}=\frac{2}{\sqrt{3}} \qquad \sec\frac{2\pi}{3}=-2 \qquad \cot\frac{2\pi}{3}=-\frac{1}{\sqrt{3}}$$

[표 2]는 [예제 3]의 방법으로 얻은 몇 가지 $\sin\theta$와 $\cos\theta$의 값이다.

θ	0	$\frac{\pi}{6}$	$\frac{\pi}{4}$	$\frac{\pi}{3}$	$\frac{\pi}{2}$	$\frac{2\pi}{3}$	$\frac{3\pi}{4}$	$\frac{5\pi}{6}$	π	$\frac{3\pi}{2}$	2π
$\sin\theta$	0	$\frac{1}{2}$	$\frac{1}{\sqrt{2}}$	$\frac{\sqrt{3}}{2}$	1	$\frac{\sqrt{3}}{2}$	$\frac{1}{\sqrt{2}}$	$\frac{1}{2}$	0	-1	0
$\cos\theta$	1	$\frac{\sqrt{3}}{2}$	$\frac{1}{\sqrt{2}}$	$\frac{1}{2}$	0	$-\frac{1}{2}$	$-\frac{1}{\sqrt{2}}$	$-\frac{\sqrt{3}}{2}$	-1	0	1

[표 2]

예제 4 **$\cos\theta=\frac{2}{5}$이고 $0<\theta<\frac{\pi}{2}$일 때, θ에 대한 나머지 다섯 개의 삼각함수를 구하라.**

풀이

$\cos\theta=\frac{2}{5}$이므로 [그림 11]에서 직각삼각형의 빗변의 길이를 5, 인접변의 길이를 2로 놓을 수 있다. 대변의 길이를 x라 하면 피타고라스 정리에 의해 $x^2+4=25$를 얻는다. 따라서 $x^2=21$ 또는 $x=\sqrt{21}$이다. 이제 그림을 이용하여 나머지 다섯 개의 삼각함수를 다음과 같이 구할 수 있다.

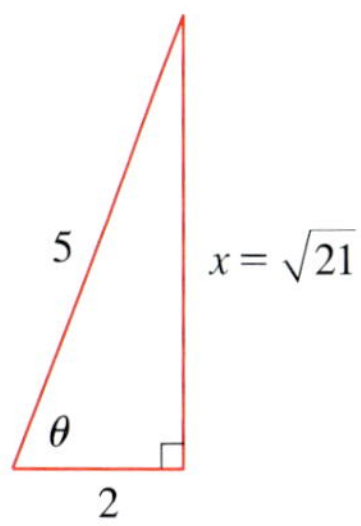

[그림 11]

$$\sin\theta = \frac{\sqrt{21}}{5} \qquad \tan\theta = \frac{\sqrt{21}}{2}$$

$$\csc\theta = \frac{5}{\sqrt{21}} \qquad \sec\theta = \frac{5}{2} \qquad \cot\theta = \frac{2}{\sqrt{21}}$$

예제 5 **계산기를 이용하여 [그림 12]에 있는 x의 근삿값을 구하라.**

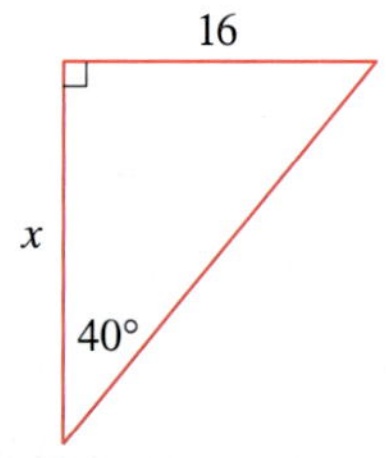

[그림 12]

풀이

그림으로부터 다음을 얻는다.

$$\tan 40^\circ = \frac{16}{x}$$

그러므로 $x = \dfrac{16}{\tan 40^\circ} \approx 19.07$이다.

삼각항등식

삼각항등식은 삼각함수들 사이의 관계이다. 가장 기본적인 항등식은 삼각함수의 정의로부터 다음을 얻는다.

6

$$\csc\theta = \frac{1}{\sin\theta} \qquad \sec\theta = \frac{1}{\cos\theta} \qquad \cot\theta = \frac{1}{\tan\theta}$$

$$\tan\theta = \frac{\sin\theta}{\cos\theta} \qquad \cot\theta = \frac{\cos\theta}{\sin\theta}$$

다음 항등식에 대해서는 [그림 7]을 다시 살펴보자. 거리 공식(또는 피타고라스 정리)으로부터 $x^2 + y^2 = r^2$이 성립한다. 따라서 다음을 얻는다.

$$\sin^2\theta + \cos^2\theta = \frac{y^2}{r^2} + \frac{x^2}{r^2} = \frac{x^2+y^2}{r^2} = \frac{r^2}{r^2} = 1$$

그러므로 모든 삼각항등식 중에서 가장 유용한 다음 항등식이 증명된다.

7

$$\sin^2\theta + \cos^2\theta = 1$$

식 7의 양변을 $\cos^2\theta$로 나누고 식 6을 이용하면 다음을 얻는다.

8

$$\tan^2\theta + 1 = \sec^2\theta$$

같은 방법으로 식 7의 양변을 $\sin^2\theta$로 나누면 다음을 얻는다.

9 $$1+\cot^2\theta=\csc^2\theta$$

다음 항등식은 사인은 기함수이고 코사인은 우함수임을 보인다.

10a $$\sin(-\theta)=-\sin\theta$$

10b $$\cos(-\theta)=\cos\theta$$

이것은 θ와 $-\theta$를 표준위치로 보여주는 그림을 그리면 쉽게 증명된다([연습문제 39] 참조).

기함수와 우함수는 1.1절에서 살펴보았다.

각 θ와 $\theta+2\pi$의 종선이 동일하므로 다음을 얻는다.

11 $$\sin(\theta+2\pi)=\sin\theta,\qquad \cos(\theta+2\pi)=\cos\theta$$

이 항등식들은 사인과 코사인함수가 주기가 2π인 주기함수임을 나타낸다.

나머지 삼각항등식들은 모두 다음과 같은 **덧셈공식**addition formula이라 부르는 두 개의 기본 항등식의 결과이다.

12a $$\sin(x+y)=\sin x\cos y+\cos x\sin y$$

12b $$\cos(x+y)=\cos x\cos y-\sin x\sin y$$

덧셈공식의 증명은 [연습문제 85~87]에 요약되어 있다.

식 12a와 12b에서 y를 $-y$로 놓고 식 10a와 10b를 이용하면 다음 **뺄셈공식**subtraction formula을 얻는다.

13a $$\sin(x-y)=\sin x\cos y-\cos x\sin y$$

13b $$\cos(x-y)=\cos x\cos y+\sin x\sin y$$

한편 식 12 또는 식 13에 있는 공식을 나누면 $\tan(x\pm y)$에 대한 다음 공식을 얻는다.

14a $$\tan(x+y)=\frac{\tan x+\tan y}{1-\tan x\tan y}$$

14b $$\tan(x-y)=\frac{\tan x-\tan y}{1+\tan x\tan y}$$

덧셈공식 12에서 $y=x$로 놓으면 다음 **배각공식**double-angle formula을 얻는다.

15a $$\sin 2x=2\sin x\cos x$$

15b $$\cos 2x=\cos^2 x-\sin^2 x$$

항등식 $\sin^2 x+\cos^2 x=1$을 이용하여 $\cos 2x$에 대한 배각공식의 다른 형태를 다음과 같이 얻는다.

16a $$\cos 2x = 2\cos^2 x - 1$$

16b $$\cos 2x = 1 - 2\sin^2 x$$

이제 이 방정식을 $\sin^2 x$와 $\cos^2 x$에 대해 풀면 적분 계산에서 매우 유용한 다음 **반각 공식**half-angle formulas을 얻는다.

17a $$\cos^2 x = \frac{1+\cos 2x}{2}$$

17b $$\sin^2 x = \frac{1-\cos 2x}{2}$$

끝으로 식 12와 13으로부터 유도할 수 있는 다음 **곱셈공식**product formula이 있다.

18a $$\sin x \cos y = \frac{1}{2}[\sin(x+y) + \sin(x-y)]$$

18b $$\cos x \cos y = \frac{1}{2}[\cos(x+y) + \cos(x-y)]$$

18c $$\sin x \sin y = \frac{1}{2}[\cos(x-y) - \cos(x+y)]$$

이 외에도 많은 삼각항등식이 있지만 지금까지 소개한 공식들이 미분적분학에서 많이 사용된다. 이들 공식을 잊었다 해도 식 12a와 12b를 이용하면 이 항등식을 유도할 수 있음을 기억하자.

예제 6 **구간 $[0, 2\pi]$에서 $\sin x = \sin 2x$를 만족하는 x를 구하라.**

풀이

배각공식 15a를 이용하여 주어진 방정식을 다시 쓰면 다음과 같다.

$$\sin x = 2\sin x \cos x \quad \text{또는} \quad \sin x\,(1 - 2\cos x) = 0$$

$$\sin x = 0, \quad \text{또는} \quad 1 - 2\cos x = 0$$

$$x = 0,\ \pi,\ 2\pi \qquad \cos x = \frac{1}{2}$$

$$x = \frac{\pi}{3},\ \frac{5\pi}{3}$$

그러므로 주어진 방정식의 해는 $0,\ \pi/3,\ \pi,\ 5\pi/3,\ 2\pi$의 다섯 개다.

삼각함수의 그래프

[그림 13(a)]에서 보인 함수 $f(x)=\sin x$의 그래프는 $0 \le x \le 2\pi$에서 점을 좌표로 나타내어 그릴 수 있다. 그리고 (식 11로부터) 함수의 주기성을 이용하여 그래프가 완성된다. π의 정수 배인 곳에서 사인함수가 0이 되는 것에 주목하라. 즉 다음이 성립한다.

$$\text{정수 } n\text{과 } x = n\pi \text{인 곳에서 } \sin x = 0$$

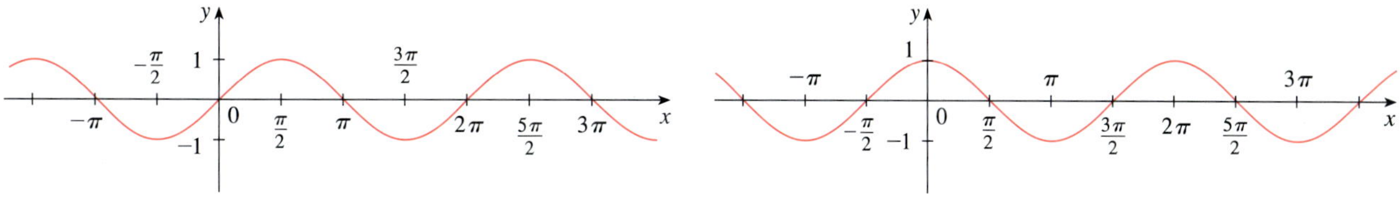

(a) $f(x)=\sin x$ (b) $g(x)=\cos x$

[그림 13]

항등식 $\cos x = \sin\left(x+\frac{\pi}{2}\right)$(식 12a를 이용하여 증명 가능)를 이용하여 코사인의 그래프는 사인의 그래프를 왼쪽으로 $\pi/2$만큼 이동하여 얻을 수 있다([그림 13(b)] 참조). 사인과 코사인함수 모두 정의역은 $(-\infty, \infty)$이고 치역은 폐구간 $[-1, 1]$인 것에 주의하자. 따라서 모든 x에 대해 다음을 얻는다.

$$-1 \le \sin x \le 1, \quad -1 \le \cos x \le 1$$

나머지 네 개의 삼각함수의 그래프는 [그림 14]와 같으며 정의역이 나타나 있다. 탄젠트와 코탄젠트는 치역이 $(-\infty, \infty)$인 반면에 코시컨트와 시컨트의 치역은 $(-\infty, -1] \cup [1, \infty)$이다. 네 개의 함수 모두 주기함수이다. 탄젠트와 코탄젠트는 주기가 π이며, 코시컨트와 시컨트는 주기가 2π이다.

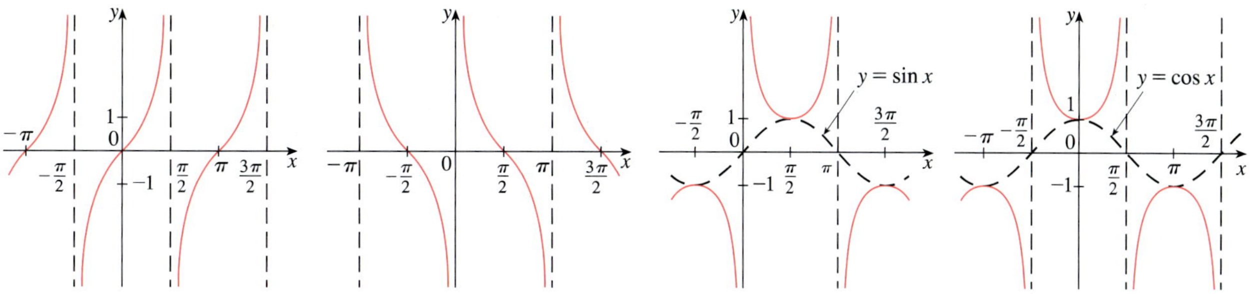

(a) $y=\tan x$ (b) $y=\cot x$ (c) $y=\csc x$ (d) $y=\sec x$

[그림 14]

부록 A 연습문제

01~06 도를 라디안으로 변환하라.

01 210°　　02 300°　　03 9°

04 -315°　　05 900°　　06 36°

07~12 라디안을 도로 변환하라.

07 4π　　08 $-\frac{7\pi}{2}$　　09 $\frac{5\pi}{12}$

10 $\frac{8\pi}{3}$　　11 $-\frac{3\pi}{8}$　　12 5

13 원의 반지름이 36cm일 때 $\frac{\pi}{12}$ rad인 각에 대한 원호의 길이를 구하라.

14 원의 반지름이 10cm일 때 72° 인 중심각에 대한 호의 길이를 구하라.

15 원의 반지름이 1.5m일 때 원호의 길이가 1m인 중심각은 얼마인가?

16 각이 $\frac{3\pi}{4}$, 호의 길이가 6cm인 부채꼴의 반지름을 구하라.

17~22 다음과 같이 주어진 각을 표준위치로 그려라.

17 315°　　18 -150°　　19 $-\frac{3\pi}{4}$ rad

20 $\frac{7\pi}{3}$ rad　　21 2rad　　22 -3rad

23~28 라디안 척도로 주어진 다음 각에 대한 정확한 삼각비들을 구하라.

23 $\frac{3\pi}{4}$　　24 $\frac{4\pi}{3}$　　25 $\frac{9\pi}{2}$

26 -5π　　27 $\frac{5\pi}{6}$　　28 $\frac{11\pi}{4}$

29~34 나머지 삼각비들을 구하라.

29 $\sin\theta = \frac{3}{5},\ 0<\theta<\frac{\pi}{2}$　　30 $\tan\alpha = 2,\ 0<\alpha<\frac{\pi}{2}$

31 $\sec\phi = -1.5,\ \frac{\pi}{2}<\phi<\pi$　　32 $\cos x = -\frac{1}{3},\ \pi<x<\frac{3\pi}{2}$

33 $\cot\beta = 3,\ \frac{\pi}{2}<\beta<2\pi$　　34 $\csc\theta = -\frac{4}{3},\ \frac{3\pi}{2}<\theta<2\pi$

35~38 변의 길이 x를 소수점 아래 다섯 자리까지 정확하게 구하라.

35
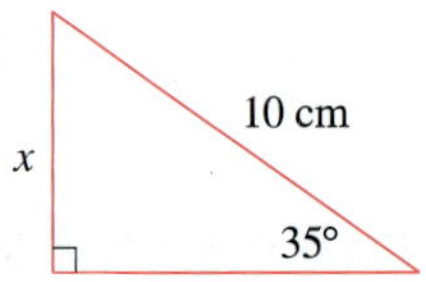

36
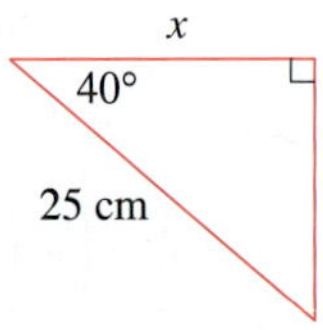

37
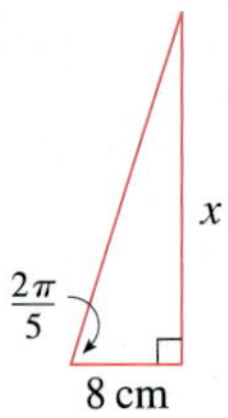

38
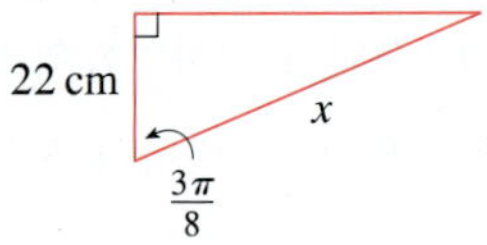

39~41 다음 각 방정식을 증명하라.

39 (a) 식 10a　　(b) 식 10b

40 (a) 식 14a　　(b) 식 14b

41 (a) 식 18a　　(b) 식 18b
(c) 식 18c

42~58 다음 항등식을 증명하라.

42 $\cos\left(\frac{\pi}{2}-x\right)=\sin x$

43 $\sin\left(\frac{\pi}{2}+x\right)=\cos x$

44 $\sin(\pi-x)=\sin x$

45 $\sin\theta\cot\theta=\cos\theta$

46 $(\sin x+\cos(\sin x+\cos x)^2=1+\sin 2x$

47 $\sec y-\cos y=\tan y\sin y$

48 $\tan^2\alpha-\sin^2\alpha=\tan^2\alpha\sin^2\alpha$

49 $\cot^2\theta+\sec^2\theta=\tan^2\theta+\csc^2\theta$

50 $2\csc 2t=\sec t\csc t$

51 $\tan 2\theta=\dfrac{2\tan\theta}{1-\tan^2\theta}$

52 $\dfrac{1}{1-\sin\theta}+\dfrac{1}{1+\sin\theta}=2\sec^2\theta$

53 $\sin x\sin 2x+\cos x\cos 2x=\cos x$

54 $\sin^2 x-\sin^2 y=\sin(x+y)\sin(x-y)$

55 $\dfrac{\sin\phi}{1-\cos\phi}=\csc\phi+\cot\phi$

56 $\tan x+\tan y=\dfrac{\sin(x+y)}{\cos x\cos y}$

57 $\sin 3\theta+\sin\theta=2\sin 2\theta\cos\theta$

58 $\cos 3\theta=4\cos^3\theta-3\cos\theta$

59~64 x와 y가 0과 $\frac{\pi}{2}$ 사이에 놓여있고 $\sin x=\frac{1}{3}$, $\sec y=\frac{5}{4}$일 때 다음 식을 계산하라.

59 $\sin(x+y)$

60 $\cos(x+y)$

61 $\cos(x-y)$

62 $\sin(x-y)$

63 $\sin 2y$

64 $\cos 2y$

65~72 구간 $[0, 2\pi]$에서 다음 방정식을 만족하는 모든 x의 값을 구하라.

65 $2\cos x-1=0$

66 $3\cot^2 x=1$

67 $2\sin^2 x=1$

68 $|\tan x|=1$

69 $\sin 2x=\cos x$

70 $2\cos x+\sin 2x=0$

71 $\sin x=\tan x$

72 $2+\cos 2x=3\cos x$

73~76 구간 $[0, 2\pi]$에서 다음 부등식을 만족하는 모든 x의 값을 구하라.

73 $\sin x\le\frac{1}{2}$

74 $2\cos x+1>0$

75 $-1<\tan x<1$

76 $\sin x>\cos x$

77~82 [그림 13]과 [그림 14]에 있는 그래프를 기본으로 하여 1.3절에 있는 적당한 변환을 적용하여 다음 함수의 그래프를 그려라.

77 $y=\cos\left(x-\frac{\pi}{3}\right)$

78 $y=\tan 2x$

79 $y=\frac{1}{3}\tan\left(x-\frac{\pi}{2}\right)$

80 $y=1+\sec x$

81 $y=|\sin x|$

82 $y=2+\sin\left(x+\frac{\pi}{4}\right)$

---

83 **코사인 법칙**Law of cosine, 즉 삼각형의 세 변의 길이가 각각 a, b, c이고 길이가 a와 b인 변의 사잇각이 θ일 때 $c^2=a^2+b^2-2ab\cos\theta$임을 증명하라.

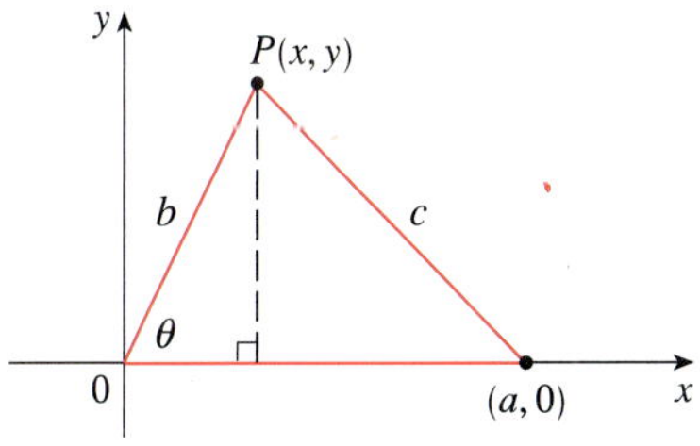

[힌트: 그림과 같이 θ가 표준위치에 놓이도록 좌표계를 도입하고, x와 y를 θ로 표현한 다음 거리 공식을 이용하여 c를 계산하라.]

84 작은 물줄기를 가로지르는 거리 $|AB|$를 구하려고 한다. 점 C를 그림과 같은 위치에 놓았을 때 다음과 같이 측정되었다.

$$\angle C=103°,\quad |AC|=820\,\mathrm{m},\quad |BC|=910\,\mathrm{m}$$

[연습문제 83]의 코사인 법칙을 이용하여 $|AB|$를 구하라.

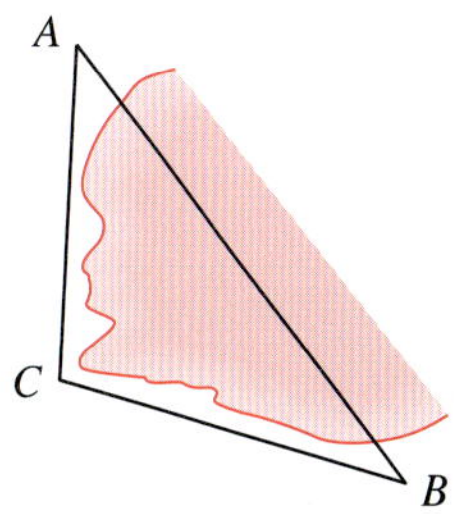

85 그림을 이용하여 다음 뺄셈 공식을 증명하라.

$$\cos(\alpha-\beta)=\cos\alpha\cos\beta+\sin\alpha\sin\beta$$

[힌트: ([연습문제 83]의 코사인 법칙과 거리 공식을 이용하여) 두 가지 방법으로 c^2을 계산하고 두 식을 비교하라.]

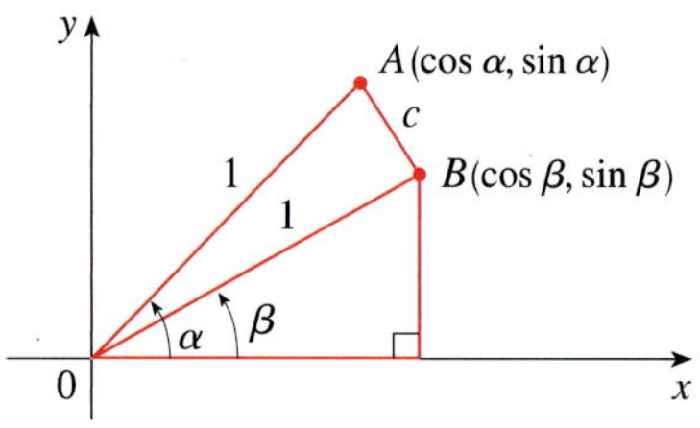

86 [연습문제 85]를 이용하여 코사인의 덧셈공식 12b를 증명하라.

87 코사인의 덧셈공식과 다음 항등식을 이용하여 사인함수의 뺄셈 공식을 증명하라.

$$\cos\left(\frac{\pi}{2}-\theta\right)=\sin\theta, \quad \sin\left(\frac{\pi}{2}-\theta\right)=\cos\theta$$

88 길이가 a와 b인 두 변 사이의 각이 θ인 삼각형의 넓이가 다음과 같음을 보여라.

$$A=\frac{1}{2}ab\sin\theta$$

89 다음과 같을 때 삼각형 ABC의 넓이를 소수점 아래 다섯째 자리까지 정확하게 구하라.

$$|AB|=10\text{cm}, \quad |BC|=3\text{cm}, \quad \angle ABC=107^\circ$$

B 시그마 기호

합을 나타내는 편리한 방법으로 그리스 문자 Σ를 (문자 S에 해당하는) 사용하며 이 문자를 **시그마 기호**sigma notation이라 한다.

[1] 정의 $a_m, a_{m+1}, \cdots, a_n$이 실수이고 m과 n은 $m \le n$인 정수라 할 때 다음과 같이 정의한다.

$$\sum_{i=m}^{n} a_i = a_m + a_{m+1} + a_{m+2} + \cdots + a_{n-1} + a_n$$

$i=n$에서 끝나는 것을 의미한다.
합을 의미한다. → $\sum_{i=m}^{n} a_i$
$i=m$에서 시작하는 것을 의미한다.

함수 기호를 이용하여 정의 [1]은 다음과 같이 쓸 수 있다.

$$\sum_{i=m}^{n} f(i) = f(m)+f(m+1)+f(m+2)+\cdots+f(n-1)+f(n)$$

따라서 기호 $\sum_{i=m}^{n}$는 문자 i(**총합의 색인**index of summation이라 부른다.)가 m에서 시작하여 n에서 끝나는 연속적인 정수 값, 즉 $m, m+1, \cdots, n$들을 취할 때의 총합을 나타낸다. 합의 색인으로 다른 문자를 사용할 수도 있다.

예제 1 (a) $\sum_{i=1}^{4} i^2 = 1^2+2^2+3^2+4^2=30$

(b) $\sum_{i=3}^{n} i = 3+4+5+\cdots+(n-1)+n$

(c) $\sum_{j=0}^{5} 2^j = 2^0 + 2^1 + 2^2 + 2^3 + 2^4 + 2^5 = 63$

(d) $\sum_{k=1}^{n} \frac{1}{k} = 1 + \frac{1}{2} + \frac{1}{3} + \cdots + \frac{1}{n}$

(e) $\sum_{i=1}^{3} \frac{i-1}{i^2+3} = \frac{1-1}{1^2+3} + \frac{2-1}{2^2+3} + \frac{3-1}{3^2+3} = 0 + \frac{1}{7} + \frac{1}{6} = \frac{13}{42}$

(f) $\sum_{i=1}^{4} 2 = 2 + 2 + 2 + 2 = 8$

예제 2 합 $2^3 + 3^3 + \cdots + n^3$을 시그마 기호로 나타내라.

풀이

시그마 기호를 이용하여 합을 나타내는 방법은 여러 가지가 있다. 다음과 같이 나타낼 수 있다.

$$2^3 + 3^3 + \cdots + n^3 = \sum_{i=2}^{n} i^3$$

또는

$$2^3 + 3^3 + \cdots + n^3 = \sum_{j=1}^{n-1} (j+1)^3$$

또는

$$2^3 + 3^3 + \cdots + n^3 = \sum_{k=0}^{n-2} (k+2)^3$$

다음 정리는 시그마 기호에 대해 지켜야 할 간단한 세 가지 규칙이다.

2 정리 c가 임의의 상수(즉, i에 의존하지 않는다)이면 다음이 성립한다.

(a) $\sum_{i=m}^{n} ca_i = c\sum_{i=m}^{n} a_i$

(b) $\sum_{i=m}^{n} (a_i + b_i) = \sum_{i=m}^{n} a_i + \sum_{i=m}^{n} b_i$

(c) $\sum_{i=m}^{n} (a_i - b_i) = \sum_{i=m}^{n} a_i - \sum_{i=m}^{n} b_i$

증명

이 규칙이 성립하는 것을 알기 위해 양변을 전개한 형태로 표현하면 된다. 규칙 (a)는 다음과 같이 실수의 분배법칙이다.

$$ca_m + ca_{m+1} + \cdots + ca_n = c(a_m + a_{m+1} + \cdots + a_n)$$

규칙 (b)는 다음과 같이 결합법칙과 교환법칙으로부터 나온다.

$$(a_m + b_m) + (a_{m+1} + b_{m+1}) + \cdots + (a_n + b_n)$$
$$= (a_m + a_{m+1} + \cdots + a_n) + (b_m + b_{m+1} + \cdots + b_n)$$

규칙 (c)는 유사한 방법으로 증명된다.

예제 3 $\sum_{i=1}^{n} 1$을 구하라.

풀이

$$\sum_{i=1}^{n} 1 = \underbrace{1 + 1 + \cdots + 1}_{n\text{번}} = n$$

예제 4 **처음 n개 양의 정수의 합을 구하는 다음 공식을 증명하라.**

$$\sum_{i=1}^{n} i = 1 + 2 + 3 + \cdots + n = \frac{n(n+1)}{2}$$

풀이

이 공식은 수학적 귀납법([예제 5]의 풀이 2 참조) 또는 독일 수학자 가우스(Karl Friedrich Gauss, 1777~1855)가 사용한 다음 방법으로 증명할 수 있다.

다음과 같이 S를 한 번은 정상적인 순서로 쓰고, 또 한 번은 역순으로 쓴다.

$$S = 1 + \quad 2 \quad + \quad 3 \quad + \cdots + (n-1) + n$$
$$S = n + (n-1) + (n-2) + \cdots + \quad 2 \quad + 1$$

모든 열을 수직으로 더하면 다음을 얻는다.

$$2S = (n+1) + (n+1) + (n+1) + \cdots + (n+1) + (n+1)$$

우변에서 $n+1$인 각 항이 모두 n개 있으므로 다음을 얻는다.

$$2S = n(n+1) \quad \text{또는} \quad S = \frac{n(n+1)}{2}$$

예제 5 **처음 n개 양의 정수의 제곱의 합을 구하는 다음 공식을 증명하라.**

$$\sum_{i=1}^{n} i^2 = 1^2 + 2^2 + 3^2 + \cdots + n^2 = \frac{n(n+1)(2n+1)}{6}$$

풀이 1

구하고자 하는 합을 S라 하자. 다음과 같은 망원경 합(또는 붕괴하는 합)으로 시작한다.

$$\sum_{i=1}^{n}[(1+i)^3-i^3]=(2^3-1^3)+(3^3-2^3)+(4^3-3^3)+\cdots+[(n+1)^3-n^3]$$

대부분의 항이 쌍으로 소거된다.

$$=(n+1)^3-1^3=n^3+3n^2+3n$$

한편 정리 2와 [예제 3]과 [예제 4]를 이용하면 다음을 얻는다.

$$\sum_{i=1}^{n}[(1+i)^3-i^3]=\sum_{i=1}^{n}[3i^2+3i+1]=3\sum_{i=1}^{n}i^2+3\sum_{i=1}^{n}i+\sum_{i=1}^{n}1$$

$$=3S+3\frac{n(n+1)}{2}+n=3S+\frac{3}{2}n^2+\frac{5}{2}n$$

따라서 다음을 얻는다.

$$n^3+3n^2+3n=3S+\frac{3}{2}n^2+\frac{5}{2}n$$

이 방정식을 S에 대해 풀면 다음을 얻는다.

$$3S=n^3+\frac{3}{2}n^2+\frac{1}{2}n$$

또는

$$S=\frac{2n^3+3n^2+n}{6}=\frac{n(n+1)(2n+1)}{6}$$

풀이 2

S_n을 주어진 공식이라 하자.

수학적 귀납법의 원리

S_n을 양의 정수 n을 포함하는 명제라고 놓고 다음이 성립한다고 하자.

1. S_1이 참이다.
2. S_k가 참이면 S_{k+1}이 참이다.

그러면 모든 양의 정수 n에 대해 S_n이 참이다.

1. $1^2=\frac{1(1+1)(2\cdot 1+1)}{6}$이므로 S_1은 참이다.

2. S_k가 참이라 하자. 즉 다음이 성립한다고 하자.

$$1^2+2^2+3^2+\cdots+k^2=\frac{k(k+1)(2k+1)}{6}$$

그러면 다음을 얻는다.

$$1^2+2^2+3^2+\cdots+(k+1)^2=(1^2+2^2+3^2+\cdots+k^2)+(k+1)^2$$

$$=\frac{k(k+1)(2k+1)}{6}+(k+1)^2=(k+1)\frac{k(2k+1)+6(k+1)}{6}$$

$$=(k+1)\frac{2k^2+7k+6}{6}=\frac{(k+1)(k+2)(2k+3)}{6}$$

$$=\frac{(k+1)[(k+1)+1][(2(k+1)+1]}{6}$$

따라서 S_{k+1}이 참이다.

수학적 귀납법의 원리에 의해 S_n은 모든 n에 대해 참이다.

[예제 3~5]와 함께 세제곱에 대한 유사한 결과([연습문제 37~40] 참조)를 정리 3에 나열했다. 이와 같은 공식들은 4장에서 넓이를 구하고 적분을 계산할 때 이용된다.

3 정리 c가 상수이고 n이 양의 정수이면 다음이 성립한다.

(a) $\displaystyle\sum_{i=1}^{n} 1 = n$ (b) $\displaystyle\sum_{i=1}^{n} c = nc$

(c) $\displaystyle\sum_{i=1}^{n} i = \frac{n(n+1)}{2}$ (d) $\displaystyle\sum_{i=1}^{n} i^2 = \frac{n(n+1)(2n+1)}{6}$

(e) $\displaystyle\sum_{i=1}^{n} i^3 = \left[\frac{n(n+1)}{2}\right]^2$

예제 6 $\displaystyle\sum_{i=1}^{n} i(4i^2-3)$을 계산하라.

풀이

정리 2와 3을 이용하여 다음을 얻는다.

$$\begin{aligned}\sum_{i=1}^{n} i(4i^2-3) &= \sum_{i=1}^{n}(4i^3-3i) = 4\sum_{i=1}^{n} i^3 - 3\sum_{i=1}^{n} i \\ &= 4\left[\frac{n(n+1)}{2}\right]^2 - 3\,\frac{n(n+1)}{2} \\ &= \frac{n(n+1)[2n(n+1)-3]}{2} \\ &= \frac{n(n+1)(2n^2+2n-3)}{2}\end{aligned}$$

예제 7 $\displaystyle\lim_{n\to\infty}\sum_{i=1}^{n}\frac{3}{n}\left[\left(\frac{i}{n}\right)^2+1\right]$을 구하라.

[예제 7]의 계산 형태는 4장에서 넓이를 계산할 때 나타난다.

풀이

정리 2와 3을 이용하여 다음을 얻는다.

$$\begin{aligned}\lim_{n\to\infty}\sum_{i=1}^{n}\frac{3}{n}\left[\left(\frac{i}{n}\right)^2+1\right] &= \lim_{n\to\infty}\sum_{i=1}^{n}\left[\frac{3}{n^3}i^2+\frac{3}{n}\right] \\ &= \lim_{n\to\infty}\left[\frac{3}{n^3}\sum_{i=1}^{n} i^2+\frac{3}{n}\sum_{i=1}^{n} 1\right]\end{aligned}$$

$$= \lim_{n\to\infty}\left[\frac{3}{n^3}\frac{n(n+1)(2n+1)}{6}+\frac{3}{n}\cdot n\right]$$

$$= \lim_{n\to\infty}\left[\frac{1}{2}\cdot\frac{n}{n}\cdot\left(\frac{n+1}{n}\right)\left(\frac{2n+1}{n}\right)+3\right]$$

$$= \lim_{n\to\infty}\left[\frac{1}{2}\cdot 1\left(1+\frac{1}{n}\right)\left(2+\frac{1}{n}\right)+3\right]$$

$$= \frac{1}{2}\cdot 1\cdot 1\cdot 2+3=4$$

부록 B 연습문제

01~10 다음 합을 전개 형식으로 나타내라.

01 $\sum_{i=1}^{5}\sqrt{i}$

02 $\sum_{i=1}^{6}\frac{1}{i+1}$

03 $\sum_{i=4}^{6}3^i$

04 $\sum_{i=4}^{6}i^3$

05 $\sum_{k=0}^{4}\frac{2k-1}{2k+1}$

06 $\sum_{k=5}^{8}x^k$

07 $\sum_{i=1}^{n}i^{10}$

08 $\sum_{j=n}^{n+3}j^2$

09 $\sum_{j=0}^{n-1}(-1)^j$

10 $\sum_{i=1}^{n}f(x_i)\Delta x_i$

11~20 다음 합을 시그마 기호로 나타내라.

11 $1+2+3+4+\cdots+10$

12 $\sqrt{3}+\sqrt{4}+\sqrt{5}+\sqrt{6}+\sqrt{7}$

13 $\frac{1}{2}+\frac{2}{3}+\frac{3}{4}+\frac{4}{5}+\cdots+\frac{19}{20}$

14 $\frac{3}{7}+\frac{4}{8}+\frac{5}{9}+\frac{6}{10}+\cdots+\frac{23}{27}$

15 $2+4+6+8+\cdots+2n$

16 $1+3+5+7+\cdots+(2n-1)$

17 $1+2+4+8+16+32$

18 $\frac{1}{1}+\frac{1}{4}+\frac{1}{9}+\frac{1}{16}+\frac{1}{25}+\frac{1}{36}$

19 $x+x^2+x^3+\cdots+x^n$

20 $1-x+x^2-x^3+\cdots+(-1)^n x^n$

21~35 다음 합의 값을 구하라.

21 $\sum_{i=4}^{8}(3i-2)$

22 $\sum_{i=3}^{6}i(i+2)$

23 $\sum_{j=1}^{6}3^{j+1}$

24 $\sum_{k=0}^{8}\cos k\pi$

25 $\sum_{n=1}^{20}(-1)^n$

26 $\sum_{i=1}^{100}4$

27 $\sum_{i=0}^{4}(2^i+i^2)$

28 $\sum_{i=-2}^{4}2^{3-i}$

29 $\sum_{i=1}^{n}2i$

30 $\sum_{i=1}^{n}(2-5i)$

31 $\sum_{i=1}^{n}(i^2+3i+4)$

32 $\sum_{i=1}^{n}(3+2i)^2$

33 $\sum_{i=1}^{n}(i+1)(i+2)$

34 $\sum_{i=1}^{n}i(i+1)(i+2)$

35 $\sum_{i=1}^{n}(i^3-i-2)$

36 $\sum_{i=1}^{n} i=78$을 만족하는 n을 구하라.

37 정리 3의 공식 (b)를 증명하라.

38 수학적 귀납법을 이용하여 정리 3의 공식 (e)를 증명하라.

39 [예제 5]의 풀이 1과 비슷한 방법으로 정리 3의 공식 (e)를 증명하라. [$(1+i)^4-i^4$을 가지고 시작하라.]

40 AD 1010년 경에 무하마드 이반 자카 리야 알 라지 Abu Bekr Mohammed ibn Alhusain Alkarchi에 의해 출판된 다음 방법을 이용하여 정리 3의 공식 (e)를 증명하라. 다음 그림은 변 AB와 AD를 선분의 길이 1, 2, 3, $\cdots$, n으로 나눈 정사각형 $ABCD$이다. 정사각형의 변의 길이가 $n(n+1)/2$이므로 넓이는 $[n(n+1)/2]^2$이다. 그러나 이 넓이는 그림에서 보인 n개의 '그노몬(평행사변형의 한 각을 포함하는 그 닮은꼴을 떼어낸 나머지 부분)' G_1, G_2, $\cdots$, G_n의 넓이의 합이다. G_i의 넓이가 i^3이고 공식 (e)가 참임을 보여라.

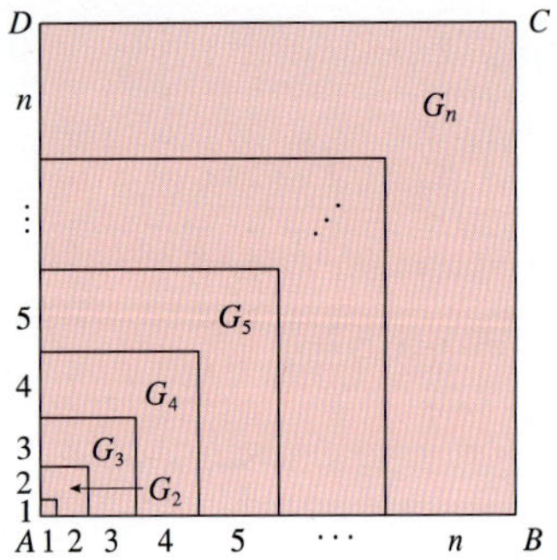

41 다음 망원경 합을 계산하라.

(a) $\sum_{i=1}^{n}[i^4-(i-1)^4]$ (b) $\sum_{i=1}^{100}(5^i-5^{i-1})$

(c) $\sum_{i=3}^{99}\left(\frac{1}{i}-\frac{1}{i+1}\right)$ (d) $\sum_{i=1}^{n}(a_i-a_{i-1})$

42 다음과 같은 일반적인 삼각부등식을 증명하라.

$$\left|\sum_{i=1}^{n} a_i\right| \le \sum_{i=1}^{n}|a_i|$$

43~46 다음 극한을 구하라.

43 $\lim_{n\to\infty}\sum_{i=1}^{n}\frac{1}{n}\left(\frac{i}{n}\right)^2$

44 $\lim_{n\to\infty}\sum_{i=1}^{n}\frac{1}{n}\left[\left(\frac{i}{n}\right)^3+1\right]$

45 $\lim_{n\to\infty}\sum_{i=1}^{n}\frac{2}{n}\left[\left(\frac{2i}{n}\right)^3+5\left(\frac{2i}{n}\right)\right]$

46 $\lim_{n\to\infty}\sum_{i=1}^{n}\frac{3}{n}\left[\left(1+\frac{3i}{n}\right)^3-2\left(1+\frac{3i}{n}\right)\right]$

---

47 초항이 a이고 공비가 $r\neq 1$인 유한 기하급수의 합에 대한 다음 공식을 증명하라.

$$\sum_{i=1}^{n} ar^{i-1}=a+ar+ar^2+\cdots+ar^{n-1}=\frac{a(r^n-1)}{r-1}$$

48 $\sum_{i=1}^{n}\frac{3}{2^{i-1}}$을 계산하라.

49 $\sum_{i=1}^{n}(2i+2^i)$을 계산하라.

50 $\sum_{i=1}^{m}\left[\sum_{j=1}^{n}(i+j)\right]$를 계산하라.

C 증명들

이 부록에서는 이 교재의 본문에서 언급한 몇 개의 정리에 대한 증명을 제시한다. 그리고 각 정리가 나오는 절을 왼쪽 여백에 표시해 놓았다.

절대값의 중요한 성질인 삼각부등식을 증명하는 것으로 시작해보자. 1.4절

삼각부등식 a와 b가 실수일 때 다음이 성립한다.

$$|a+b|\le|a|+|b|$$

두 수 a와 b가 모두 양수이거나 음수이면 삼각부등식의 양변은 사실상 같다. a와 b가 서로 다른 부호이면 좌변은 뺄셈을 포함하지만 우변은 그렇지 않다. 이러한 사실로부터 삼각부등식이 성립한다고 유추할 수 있다. 그러나 다음과 같이 증명할 수 있다.

증명

a는 $|a|$이거나 $-|a|$이므로 다음 부등식은 항상 성립한다.

$$-|a| \le a \le |a|$$

b에 대해서도 마찬가지로 다음 부등식이 성립한다.

$$-|b| \le b \le |b|$$

두 부등식을 더하면 다음을 얻는다.

$$-(|a|+|b|) \le a+b \le |a|+|b|$$

이제 $|x| \le a \Leftrightarrow -a \le x \le a$인 사실에서 x에 $a+b$를 대입하고 a에 $|a|+|b|$를 대입하면 다음을 얻는다.

$$|a+b| \le |a|+|b|$$

따라서 증명이 완성된다.

극한 법칙 c가 상수이고 다음 극한이 존재한다고 하자.

$$\lim_{x \to a} f(x) = L, \qquad \lim_{x \to a} g(x) = M$$

그러면 다음이 성립한다.

(1) $\lim_{x \to a} [f(x)+g(x)] = L+M$ (2) $\lim_{x \to a} [f(x)-g(x)] = L-M$

(3) $\lim_{x \to a} [cf(x)] = cL$ (4) $\lim_{x \to a} [f(x)g(x)] = LM$

(5) $\lim_{x \to a} \dfrac{f(x)}{g(x)} = \dfrac{L}{M}$ (단, $M \ne 0$)

법칙 (1)의 증명

$\varepsilon > 0$이 주어졌다고 하자. $0 < |x-a| < \delta$일 때 $|f(x)+g(x)-(L+M)| < \varepsilon$을 만족하는 $\delta > 0$을 구해야 한다.

삼각부등식을 이용하여 다음과 같이 쓸 수 있다.

$$\boxed{1} \quad \begin{aligned} |f(x)+g(x)-(L+M)| &= |(f(x)-L)+(g(x)-M)| \\ &\le |f(x)-L| + |g(x)-M| \end{aligned}$$

각 항 $|f(x)-L|$와 $|g(x)-M|$을 $\varepsilon/2$보다 작게 만듦으로써 $|f(x)+g(x)-(L+M)|$을 ε보다 작게 만들 것이다.

$\varepsilon/2 > 0$이고 $\lim_{x \to a} f(x) = L$이므로 다음을 만족하는 $\delta_1 > 0$이 존재한다.

$$0 < |x-a| < \delta_1 \quad \Rightarrow \quad |f(x)-L| < \frac{\varepsilon}{2}$$

마찬가지로 $\lim_{x \to a} g(x) = M$이므로 다음을 만족하는 $\delta_2 > 0$이 존재한다.

$$0 < |x-a| < \delta_2 \quad \Rightarrow \quad |g(x)-M| < \frac{\varepsilon}{2}$$

이제 $\delta = \min\{\delta_1, \delta_2\}$이라 하면 δ는 수 δ_1, δ_2보다 더 작다. 따라서 다음이 성립한다.

$0 < |x-a| < \delta$이면 $0 < |x-a| < \delta_1$이고 $0 < |x-a| < \delta_2$이다.

따라서 다음을 얻는다.

$$|f(x)-L| < \frac{\varepsilon}{2}, \quad |g(x)-M| < \frac{\varepsilon}{2}$$

그러므로 식 [1]에 의해 다음을 얻는다.

$$|f(x)+g(x)-(L+M)| \le |f(x)-L| + |g(x)-M| < \frac{\varepsilon}{2} + \frac{\varepsilon}{2} = \varepsilon$$

이것을 요약하면 다음과 같다.

$$0 < |x-a| < \delta \quad \Rightarrow \quad |f(x)+g(x)-(L+M)| < \varepsilon$$

따라서 극한의 정리에 의해 다음이 성립한다.

$$\lim_{x \to a} [f(x)+g(x)] = L+M$$

법칙 (4)의 증명

$\varepsilon > 0$이 주어졌다고 하자. $0 < |x-a| < \delta$일 때 $|f(x)g(x) - LM| < \varepsilon$을 만족하는 $\delta > 0$을 구해야 한다.

$|f(x)-L|$와 $|g(x)-M|$를 포함하는 항을 얻기 위해 다음과 같이 $Lg(x)$를 더하고 뺀다.

$$\begin{aligned} |f(x)g(x)-LM| &= |f(x)g(x)-Lg(x)+Lg(x)-LM| \\ &= |[f(x)-L]g(x)+L[g(x)-M]| \\ &\le |[f(x)-L]g(x)| + |L[g(x)-M]| \quad \text{(삼각부등식)} \\ &= |f(x)-L||g(x)| + |L||g(x)-M| \end{aligned}$$

이제 마지막 식의 각 항을 $\varepsilon/2$보다 작게 만들고자 한다.

$\lim_{x \to a} g(x) = M$이므로 $0 < |x-a| < \delta_1$이면 다음을 만족하는 $\delta_1 > 0$이 존재한다.

$$|g(x)-M| < \frac{\varepsilon}{2(1+|L|)}$$

또한 $0<|x-a|<\delta_2$이면 $|g(x)-M|<1$을 만족하는 $\delta_2>0$이 존재한다.

그러므로 다음을 얻는다.

$$|g(x)|=|g(x)-M+M|\le|g(x)-M|+|M|<1+|M|$$

한편 $\lim_{x\to a}f(x)=L$ 이므로 $0<|x-a|<\delta_3$이면 다음을 만족하는 $\delta_3>0$이 존재한다.

$$|f(x)-L|<\frac{\varepsilon}{2(1+|M|)}$$

이제 $\delta=\min\{\delta_1,\ \delta_2,\ \delta_3\}$라 하자. $0<|x-a|<\delta$이면 $0<|x-a|<\delta_1$, $0<|x-a|<\delta_2$, $0<|x-a|<\delta_3$이다. 따라서 이 부등식들을 모두 적용하면 다음을 얻는다.

$$\begin{aligned}|f(x)g(x)-LM| &\le |f(x)-L|\,|g(x)|+|L|\,|g(x)-M| \\ &< \frac{\varepsilon}{2(1+|M|)}(1+|M|)+|L|\frac{\varepsilon}{2(1+|L|)} \\ &< \frac{\varepsilon}{2}+\frac{\varepsilon}{2}=\varepsilon\end{aligned}$$

따라서 $\lim_{x\to a}f(x)g(x)=LM$이다.

법칙 (3)의 증명

법칙 4에서 $g(x)=c$를 택하면 다음을 얻는다.

$$\begin{aligned}\lim_{x\to a}[cf(x)] &= \lim_{x\to a}[g(x)f(x)]=\lim_{x\to a}g(x)\cdot\lim_{x\to a}f(x) \\ &= \lim_{x\to a}c\cdot\lim_{x\to a}f(x) \\ &= c\lim_{x\to a}f(x)\ (\text{법칙 7에 의해})\end{aligned}$$

법칙 (2)의 증명

$c=-1$인 법칙 1과 법칙 3을 이용하면 다음을 얻는다.

$$\begin{aligned}\lim_{x\to a}[f(x)-g(x)] &= \lim_{x\to a}[f(x)+(-1)g(x)]=\lim_{x\to a}f(x)+\lim_{x\to a}(-1)g(x) \\ &= \lim_{x\to a}f(x)+(-1)\lim_{x\to a}g(x)=\lim_{x\to a}f(x)-\lim_{x\to a}g(x)\end{aligned}$$

법칙 (5)의 증명

우선 다음을 먼저 보인다.

$$\lim_{x\to a}\frac{1}{g(x)}=\frac{1}{M}$$

위 식이 성립함을 보이기 위해 $\varepsilon > 0$이 주어졌을 때 $0 < |x-a| < \delta$이면 다음을 만족하는 $\delta > 0$이 존재하는 것을 보여야 한다.

$$\left|\frac{1}{g(x)} - \frac{1}{M}\right| < \varepsilon$$

다음을 살펴보자.

$$\left|\frac{1}{g(x)} - \frac{1}{M}\right| = \frac{|M - g(x)|}{|Mg(x)|}$$

이때 분자를 작게 만들 수 있다. 그러나 a 부근의 x에서 분모가 작지 않음을 알 필요가 있다. $\lim_{x \to a} g(x) = M$이므로 $0 < |x-a| < \delta_1$이면 다음을 만족하는 $\delta_1 > 0$이 존재한다.

$$|g(x) - M| < \frac{|M|}{2}$$

그러므로 다음을 얻는다.

$$|M| = |M - g(x) + g(x)| \le |M - g(x)| + |g(x)| < \frac{|M|}{2} + |g(x)|$$

이것은 $0 < |x-a| < \delta_1$이면 다음이 성립하는 것을 보인다.

$$|g(x)| > \frac{|M|}{2}$$

따라서 이와 같은 x 값에 대해 다음 관계를 얻는다.

$$\frac{1}{|Mg(x)|} = \frac{1}{|M||g(x)|} < \frac{1}{|M|} \cdot \frac{2}{|M|} = \frac{2}{M^2}$$

또한 $0 < |x-a| < \delta_2$이면 다음을 만족하는 $\delta_2 > 0$이 존재한다.

$$|g(x) - M| < \frac{M^2}{2}\varepsilon$$

이제 $\delta = \min\{\delta_1, \delta_2\}$라 하면 $0 < |x-a| < \delta$에 대해

$$\left|\frac{1}{g(x)} - \frac{1}{M}\right| = \frac{|M - g(x)|}{|Mg(x)|} < \frac{2}{M^2}\,\frac{M^2}{2}\varepsilon = \varepsilon$$

이므로 $\lim_{x \to a} 1/g(x) = 1/M$이 성립한다. 끝으로 법칙 (4)를 이용하면 다음을 얻는다.

$$\begin{aligned}\lim_{x \to a}\frac{f(x)}{g(x)} &= \lim_{x \to a} f(x)\left(\frac{1}{g(x)}\right) \\ &= \lim_{x \to a} f(x) \lim_{x \to a}\frac{1}{g(x)} = L \cdot \frac{1}{M} = \frac{L}{M}\end{aligned}$$ ∎

3 **정리** a를 포함하는(a를 제외할 수도 있는) 개구간 안의 모든 x에 대해 $f(x) \le g(x)$이고 다음이 성립하면 $L \le M$이다.

$$\lim_{x \to a} f(x) = L, \quad \lim_{x \to a} g(x) = M$$

증명

귀류법으로 증명하기 위해 결과를 부정하자. 즉 $L > M$이라 하자. 그러면 극한법칙 (2)에 의해 다음이 성립한다.

$$\lim_{x \to a} [g(x) - f(x)] = M - L$$

따라서 임의의 $\varepsilon > 0$에 대해 $0 < |x-a| < \delta$일 때 $|[g(x)-f(x)]-(M-L)| < \varepsilon$을 만족하는 $\delta > 0$가 존재한다.

특히 가정에 의해 $L-M > 0$이므로 $\varepsilon = L-M$을 택하면 다음을 만족하는 $\delta > 0$을 얻는다.

$$0 < |x-a| < \delta \quad \Rightarrow \quad |[g(x)-f(x)]-(M-L)| < L-M$$

임의의 수 a에 대해 $a \le |a|$이므로 다음이 성립한다.

$$0 < |x-a| < \delta \quad \Rightarrow \quad [g(x)-f(x)]-(M-L) < L-M$$

이것을 간단히 하면 다음과 같다.

$$0 < |x-a| < \delta \quad \Rightarrow \quad g(x) < f(x)$$

그러나 이것은 $f(x) \le g(x)$에 모순이므로 부등식 $L > M$은 옳지 않다. 그러므로 $L \le M$이다.

4 **압축정리** a를 포함하는(a는 제외 가능) 개구간 안의 모든 x에 대해 $f(x) \le g(x) \le h(x)$이고 다음과 같다고 하자.

$$\lim_{x \to a} f(x) = \lim_{x \to a} h(x) = L$$

그러면 다음이 성립한다.

$$\lim_{x \to a} g(x) = L$$

증명

$\varepsilon > 0$이라 하자. $\lim_{x \to a} f(x) = L$이므로 다음을 만족하는 수 $\delta_1 > 0$이 존재한다.

$$0 < |x-a| < \delta_1 \quad \Rightarrow \quad |f(x)-L| < \varepsilon$$

즉 다음을 얻는다.

$$0 < |x-a| < \delta_1 \quad \Rightarrow \quad L-\varepsilon < f(x) < L+\varepsilon$$

그리고 $\lim_{x \to a} h(x) = L$ 이므로 다음을 만족하는 $\delta_2 > 0$이 존재한다.

$$0 < |x-a| < \delta_2 \ \Rightarrow \ |h(x) - L| < \varepsilon$$

즉 다음을 얻는다.

$$0 < |x-a| < \delta_2 \ \Rightarrow \ L - \varepsilon < h(x) < L + \varepsilon$$

이제 $\delta = \min\{\delta_1, \delta_2\}$이라 하면 $0 < |x-a| < \delta$일 때 $0 < |x-a| < \delta_1$, $0 < |x-a| < \delta_2$이다. 그러므로 다음이 성립한다.

$$L - \varepsilon < f(x) \le g(x) \le h(x) < L + \varepsilon$$

특히 다음을 얻는다.

$$L - \varepsilon < g(x) < L + \varepsilon$$

따라서 $|g(x) - L| < \varepsilon$이므로 $\lim_{x \to a} g(x) = L$이다. ☒

다음 결과의 증명은 $\lim_{\theta \to 0} \frac{\sin\theta}{\theta} = 1$을 증명할 때 약속한 것이다.

정리 $0 < \theta < \pi/2$이면 $\theta \le \tan\theta$이다.

증명

[그림 15]는 중심이 O, 중심각이 θ, 반지름이 1인 부채꼴이다.
그러면 다음을 얻는다.

$$|AD| = |OA| \tan\theta = \tan\theta$$

호 AB를 n개의 동일한 선분으로 구성된 내접다각형으로 근사시킨 후 대표 선분 PQ를 살펴보자. 직선 OP와 OQ를 연장하여 AD와 만난 점을 각각 R과 S라 하자. 그러면 [그림 15]와 같이 RT와 PQ는 평행하게 그릴 수 있다. 그러면 다음을 관찰할 수 있다.

$$\angle RTO = \angle PQO < 90^\circ$$

따라서 $\angle RTS > 90^\circ$이고 다음을 얻는다.

$$|PQ| < |RT| < |RS|$$

이와 같은 n개의 부등식을 더하면 다음을 얻는다.

$$L_n < |AD| = \tan\theta$$

여기서 L_n은 내접다각형의 길이이다. 따라서 1.4절 정리 3에 의해 다음을 얻는다.

$$\lim_{n \to \infty} L_n \le \tan\theta$$

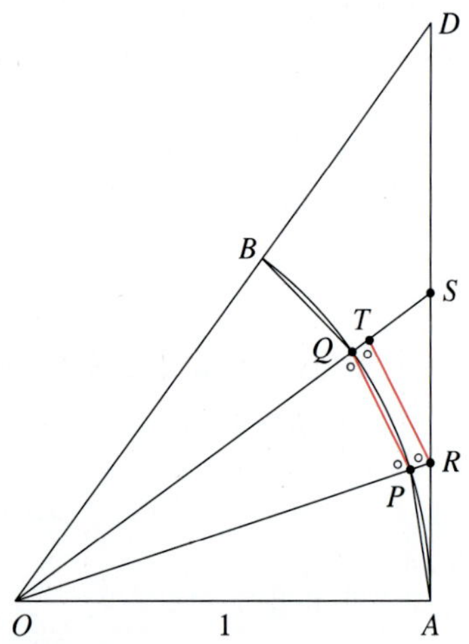

[그림 15]

그러나 호의 길이는 7.4절 식 [1]에서 내접다각형의 길이의 극한으로 정의된다. 따라서 다음이 성립한다.

$$\theta = \lim_{n \to \infty} L_n \leq \tan\theta$$ ∑

---

[7] 정리 f가 b에서 연속이고 $\lim_{x \to a} g(x) = b$이면 다음이 성립한다. (1.5절)

$$\lim_{x \to a} f(g(x)) = f(b)$$

증명

$\varepsilon > 0$이라 하자. 다음을 만족하는 수 $\delta > 0$을 구하고자 한다.

$$0 < |x - a| < \delta \quad \Rightarrow \quad |f(g(x)) - f(b)| < \varepsilon$$

f가 b에서 연속이므로 다음이 성립한다.

$$\lim_{y \to b} f(y) = f(b)$$

따라서 다음을 만족하는 $\delta_1 > 0$이 존재한다.

$$0 < |y - b| < \delta_1 \quad \Rightarrow \quad |f(y) - f(b)| < \varepsilon$$

$\lim_{x \to a} g(x) = b$이므로 만족하는 $\delta > 0$이 존재한다.

$$0 < |x - a| < \delta \quad \Rightarrow \quad |g(x) - b| < \delta_1$$

위 두 결과를 결합하면 다음 사실을 알 수 있다.

$$\begin{aligned} 0 < |x - a| < \delta \quad &\Rightarrow \quad |g(x) - b| < \delta_1 \\ &\Rightarrow \quad |f(g(x)) - f(b)| < \varepsilon \end{aligned}$$

그러므로 $\lim_{x \to a} f(g(x)) = f(b)$가 증명된다. ∑

오목성 판정법 (3.3절)

(a) I 안의 모든 x에 대해 $f''(x) > 0$이면 f의 그래프는 I에서 위로 오목이다 (또는 아래로 볼록).

(b) I 안의 모든 x에 대해 $f''(x) < 0$이면 f의 그래프는 I에서 아래로 오목이다 (또는 위로 볼록).

(a)의 증명

a를 I 안의 임의의 수라 하자. 곡선 $y = f(x)$가 점 $(a, f(a))$에서 접선 위에 놓이는 것을 보여야 한다. 접선의 방정식은 다음과 같다.

$$y = f(a) + f'(a)(x-a)$$

따라서 $x \in I(x \neq a)$일 때 다음을 보여야 한다([그림 16] 참조).

$$f(x) > f(a) + f'(a)(x-a)$$

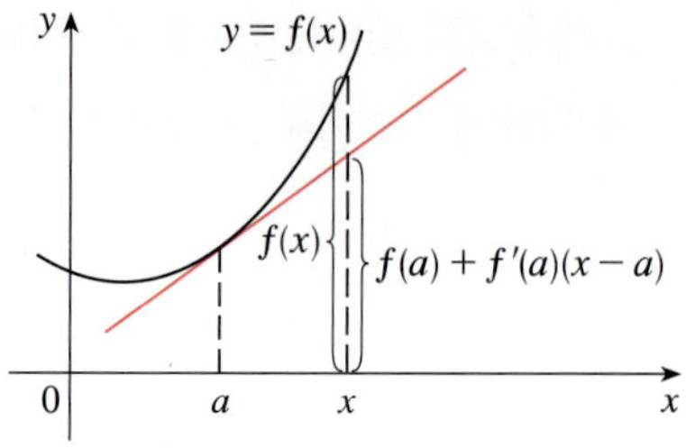

[그림 16]

먼저 $x > a$인 경우를 택하자. 구간 $[a, x]$ 위에서 f에 평균값 정리를 적용하면 다음을 만족하는 $a < c < x$인 수 c를 얻는다.

1 $$f(x) - f(a) = f'(c)(x-a)$$

I에서 $f'' > 0$이므로 증가/감소 판정법으로부터 f'은 I에서 증가한다. 따라서 $a < c$이므로 다음을 얻는다.

$$f'(a) < f'(c)$$

따라서 이 부등식에 양수 $x-a$를 곱하여 다음을 얻는다.

2 $$f'(a)(x-a) < f'(c)(x-a)$$

이제 이 부등식의 양변에 $f(a)$를 더하면 다음과 같다.

$$f(a) + f'(a)(x-a) < f(a) + f'(c)(x-a)$$

식 1로부터 $f(x) = f(a) + f'(c)(x-a)$이고 이 부등식은 다음과 같다.

3 $$f(x) > f(a) + f'(a)(x-a)$$

따라서 증명이 완성된다.

$x < a$인 경우에는 $f'(c) < f'(a)$이고 음수 $x-a$를 곱하면 부등호가 바뀐다. 따라서 앞에서와 같이 2와 3을 얻는다. ☒

4.2절

적분의 성질 (5) 다음 각 적분이 존재한다면 다음이 성립한다.

$$\int_a^b f(x)\,dx = \int_a^c f(x)\,dx + \int_c^b f(x)\,dx$$

증명

먼저 $a < c < b$라고 가정한다. 가정에 의해 $\int_a^b f(x)\,dx$가 존재하므로 분할점 중 하나인 c를 포함하는 분할 P를 이용하여 리만 합의 극한으로써 이 적분을 계산할 수 있다. P가 이와 같은 분할일 때 P_1을 $[a, c]$ 안에 놓여있는 P의 분할점에 의해 결정되는 $[a, c]$에 대응하는 분할이라 하자. 마찬가지로 P_2는 $[c, b]$에 대응하는 분할을 나타낸다.

P에서 가장 긴 부분 구간의 길이를 기호 $\|P\|$로 나타내자. 즉 다음과 같다.

$$\|P\| = \max \Delta x_i = \max\{\Delta x_1, \Delta x_2, \cdots, \Delta x_n\}$$

그러면 $\|P_1\| \le \|P\|$이고 $\|P_2\| \le \|P\|$이다. 따라서 $\|P\| \to 0$이면 $\|P_1\| \to 0$이고 $\|P_2\| \to 0$이다. 이제 $\{x_i \mid 1 \le i \le n\}$을 P에 대한 분할점들의 집합이라 하자. 그리고 $[a, c]$의 부분 구간의 개수를 k, $[c, b]$의 부분 구간의 개수를 m이라 하면 $n = k + m$이다. 그러면 $\{x_i \mid 1 \le i \le k\}$는 P_1에 대한 분할점들의 집합이다. c의 오른쪽에 있는 분할점들을 $t_j = x_{k+j}$로 나타내면 $\{t_j \mid 1 \le j \le m\}$은 P_2에 대한 분할점들의 집합이다. 따라서 다음을 얻는다.

$$a = x_0 < x_1 < \cdots < x_k < x_{k+1} < \cdots < x_n = b$$

$$c < t_1 < \cdots < t_m = b$$

$x_i^* = x_i$를 취하고 $\Delta t_j = t_j - t_{j-1}$이라 놓으면 $\int_a^b f(x)\,dx$를 다음과 같이 계산한다.

$$\begin{aligned}\int_a^b f(x)\,dx &= \lim_{\|P\|\to 0} \sum_{i=1}^{n} f(x_i)\,\Delta x_i = \lim_{\|P\|\to 0} \left[\sum_{i=1}^{k} f(x_i)\,\Delta x_i + \sum_{i=k+1}^{n} f(x_i)\,\Delta x_i\right] \\ &= \lim_{\|P\|\to 0} \left[\sum_{i=1}^{k} f(x_i)\,\Delta x_i + \sum_{j=1}^{m} f(t_j)\,\Delta t_j\right] \\ &= \lim_{\|P_1\|\to 0} \sum_{i=1}^{k} f(x_i)\,\Delta x_i + \lim_{\|P_2\|\to 0} \sum_{j=1}^{m} f(t_j)\,\Delta t_j \\ &= \int_a^c f(x)\,dx + \int_c^b f(t)\,dt\end{aligned}$$

이제 $c < a < b$이라 하면 이미 앞에서 증명한 과정에 의해 다음을 얻는다.

$$\int_c^b f(x)\,dx = \int_c^a f(x)\,dx + \int_a^b f(x)\,dx$$

그러므로 다음과 같다.

$$\int_a^b f(x)\,dx = -\int_c^a f(x)\,dx + \int_c^b f(x)\,dx = \int_a^c f(x)\,dx + \int_c^b f(x)\,dx$$

a, b, c에 대한 나머지 4개의 순서에 대해서도 유사한 방법으로 증명된다. ☒

6 정리 f가 구간 (a, b)에서 정의되는 일대일이고 연속인 함수이면 역함수 f^{-1}도 연속이다. 5.1절

증명

먼저 (a, b)에서 f가 일대일이고 연속이면 이 함수는 (a, b)에서 반드시 증가하거나 감소하는 것을 보인다. 이 함수가 증가하지도 않고 감소하지도 않는다면 $f(x_2)$가 $f(x_1)$과 $f(x_3)$ 사이에 놓이지 않고 $x_1 < x_2 < x_3$인 x_1, x_2, x_3가 (a, b) 안에

존재한다. 이와 같은 경우는 두 가지가 가능하다. 즉 (1) $f(x_3)$가 $f(x_1)$과 $f(x_2)$ 사이에 있거나 (2) $f(x_1)$이 $f(x_2)$와 $f(x_3)$ 사이에 있다(그림을 그려서 확인). (1)의 경우에 연속함수 f에 중간값 정리를 적용하여 $f(c)=f(x_3)$를 만족하고 x_1과 x_2 사이에 있는 c를 얻을 수 있다. (2)의 경우에는 중간값 정리를 적용하여 $f(c)=f(x_1)$을 만족하고 x_2와 x_3 사이에 있는 c를 얻을 수 있다. 어떤 경우에도 f가 일대일이라는 사실에 모순이다.

명확히 하기 위해 (a, b)에서 f가 증가한다고 하자. f^{-1}의 정의역 내에 있는 임의의 수 y_0를 택하여 $f^{-1}(y_0)=x_0$라 하자. 즉 x_0는 $f(x_0)=y_0$를 만족하는 (a, b) 안의 수이다. f^{-1}가 y_0에서 연속임을 보이기 위해 구간 $(x_0-\varepsilon, x_0+\varepsilon)$이 구간 (a, b)에 포함되도록 임의의 $\varepsilon>0$을 택한다. f가 증가하므로 f는 구간 $(x_0-\varepsilon, x_0+\varepsilon)$에 있는 수를 구간 $(f(x_0-\varepsilon), f(x_0+\varepsilon))$ 위로 대응하고 f^{-1}는 이 대응의 역이다. 이제 두 수 $\delta_1=y_0-f(x_0-\varepsilon)$와 $\delta_2=f(x_0+\varepsilon)-y_0$ 중에서 더 작은 수를 δ라 하자. 그러면 구간 $(y_0-\delta, y_0+\delta)$는 구간 $(f(x_0-\varepsilon), f(x_0+\varepsilon))$에 포함되므로 f^{-1}에 의해 구간 $(x_0-\varepsilon, x_0+\varepsilon)$에 대응된다([그림 17]의 화살표 그림 참조). 그러므로 다음을 만족하는 수 $\delta>0$를 구했다.

$$|y-y_0|<\delta \;\Rightarrow\; |f^{-1}(y)-f^{-1}(y_0)|<\epsilon$$

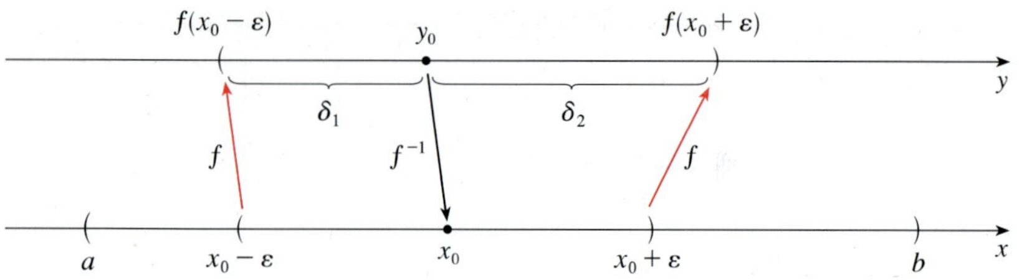

[그림 17]

이것은 $\lim_{y\to y_0} f^{-1}(y)=f^{-1}(y_0)$임을 보인 것이므로 f^{-1}는 정의역 안에 있는 임의의 y_0에서 연속이다. ∑

로피탈 법칙을 증명하려면 먼저 평균값 정리를 일반화해야 한다. 다음 정리는 프랑스 수학자 코시Augustin-Louis Cauchy, 1789~1857의 이름을 따서 명명되었다. 5.8절

코시의 평균값 정리 f와 g가 $[a, b]$에서 연속이고 (a, b)에서 미분 가능하고 (a, b) 안의 모든 x에 대해 $g'(x)\neq 0$이라 하자. 그러면 다음을 만족하는 c가 (a, b) 안에 존재한다.

$$\frac{f'(c)}{g'(c)}=\frac{f(b)-f(a)}{g(b)-g(a)}$$

$g(x)=x$인 특별한 경우를 택하면 $g'(c)=1$이고 코시의 평균값 정리는 일반적인 평균값 정리와 같다. 더욱이 이것은 비슷한 방법으로 증명된다. 3.2절 식 [4]에 주어진 함수 h를 다음 함수로 바꾸고 앞에서와 같이 롤의 정리를 적용하면 증명할 수 있다.

$$h(x)=f(x)-f(a)-\frac{f(b)-f(a)}{g(b)-g(a)}[g(x)-g(a)]$$

로피탈 법칙 a를 포함하는 (a를 제외할 수도 있는) 개구간 I에서 함수 f와 g가 미분 가능하고 $g'(x)\neq 0$이라고 하자.

$$\lim_{x\to a} f(x)=0 \text{이고} \quad \lim_{x\to a} g(x)=0$$

또는

$$\lim_{x\to a} f(x)=\pm\infty \text{이고} \quad \lim_{x\to a} g(x)=\pm\infty$$

이라 하자. (다시 말하면 $\frac{0}{0}$형 또는 $\frac{\infty}{\infty}$형의 부정형이다). 우변에 있는 극한이 존재한다면(또는 ∞ 또는 $-\infty$이면) 다음이 성립한다.

$$\lim_{x\to a}\frac{f(x)}{g(x)}=\lim_{x\to a}\frac{f'(x)}{g'(x)}$$

로피탈 법칙의 증명

$\lim_{x\to a} f(x)=0$이고 $\lim_{x\to a} g(x)=0$이라 하자. 그리고 다음과 같다고 하자.

$$L=\lim_{x\to a}\frac{f'(x)}{g'(x)}$$

$\lim_{x\to a} f(x)/g(x)=L$임을 보여야 한다. 이를 위해 다음을 정의하자.

$$F(x)=\begin{cases} f(x), & x\neq a \\ 0\quad, & x=a \end{cases}, \qquad G(x)=\begin{cases} g(x), & x\neq a \\ 0\quad, & x=a \end{cases}$$

f가 $\{x\in I \mid x\neq a\}$에서 연속이므로 F는 I에서 연속이고 다음이 성립한다.

$$\lim_{x\to a} F(x)=\lim_{x\to a} f(x)=0=F(a)$$

마찬가지로 G는 I에서 연속이다. $x\in I$이고 $x>a$라 하자. 그러면 F와 G가 $[a, x]$에서 연속이고 (a, x)에서 미분 가능하고 $G'\neq 0$($F'=f'$이고 $G'=g'$이므로)이다. 그러므로 코시의 평균값 정리에 의해 다음을 만족하며 $a<y<x$인 수 y가 존재한다.

$$\frac{F'(y)}{G'(y)}=\frac{F(x)-F(a)}{G(x)-G(a)}=\frac{F(x)}{G(x)}$$

여기서 정의에 의해 $F(a)=0$이고 $G(a)=0$인 사실을 이용했다. 이제 $x\to a^+$로 놓으면 ($a<y<x$이므로) $y\to a^+$이므로 다음이 성립한다.

$$\lim_{x \to a^+} \frac{f(x)}{g(x)} = \lim_{x \to a^+} \frac{F(x)}{G(x)} = \lim_{y \to a^+} \frac{F'(y)}{G'(y)} = \lim_{y \to a^+} \frac{f'(y)}{g'(y)} = L$$

비슷한 방법으로 좌극한도 역시 L임을 보일 수 있다. 그러므로 다음을 얻는다.

$$\lim_{x \to a} \frac{f(x)}{g(x)} = L$$

따라서 a가 유한인 경우에 로피탈 법칙이 증명된다.

a가 무한이면 $t = 1/x$이라 하자. 그러면 $x \to \infty$일 때 $t \to 0^+$이므로 다음을 얻는다.

$$\begin{aligned}\lim_{x \to \infty} \frac{f(x)}{g(x)} &= \lim_{t \to 0^+} \frac{f(1/t)}{g(1/t)} \\ &= \lim_{t \to 0^+} \frac{f'(1/t)(-1/t^2)}{g'(1/t)(-1/t^2)} \quad (a\text{가 유한인 로피탈 법칙에 의해}) \\ &= \lim_{t \to 0^+} \frac{f'(1/t)}{g'(1/t)} = \lim_{x \to \infty} \frac{f'(x)}{g'(x)}\end{aligned}$$

8.5절 정리 3을 증명하기 위해 다음 결과가 필요하다. 8.5절

정리

(1) $x = b(b \neq 0)$일 때 거듭제곱급수 $\sum c_n x^n$이 수렴하면 $|x| < |b|$에서 이 급수는 수렴한다.

(2) $x = d(d \neq 0)$일 때 거듭제곱급수 $\sum c_n x^n$이 발산하면 $|x| > |d|$에서 이 급수는 발산한다.

(1)의 증명

$\sum c_n b^n$이 수렴한다고 하자. 그러면 8.2절 정리 6에 의해 $\lim_{n \to \infty} c_n b^n = 0$이다. 8.1절 정의 2에 따라 $\varepsilon = 1$이면 $n \geq N$일 때 $|c_n b^n| < 1$을 만족하는 양의 정수 N이 존재한다. 따라서 $n \geq N$에 대해 다음을 얻는다.

$$|c_n x^n| = \left| \frac{c_n b^n x^n}{b^n} \right| = |c_n b^n| \left| \frac{x}{b} \right|^n < \left| \frac{x}{b} \right|^n$$

만일 $|x| < |b|$이면 $|x/b| < 1$이다. 따라서 $\sum |x/b|^n$은 수렴하는 기하급수이다. 그러므로 비교 판정법에 의해 급수 $\sum_{n=N}^{\infty} |c_n x^n|$은 수렴한다. 따라서 $\sum c_n x^n$은 절대수렴하므로 수렴한다.

(2)의 증명

$\sum c_n d^n$이 발산한다고 하자. x를 $|x| > |d|$인 임의의 수라 하면 $\sum c_n x^n$은 수렴하지 않는다. 그 이유는 정리 (1)에 의해 $\sum c_n x^n$의 수렴 여부에 의해 $\sum c_n d^n$의 수렴성이 결정되기 때문이다. 그러므로 $|x| > |d|$에서 $\sum c_n x^n$은 발산한다.

정리 주어진 거듭제곱급수 $\sum c_n x^n$에 대해 다음 세 가지 중 어느 하나만 가능하다.

(1) $x=0$일 때만 급수가 수렴한다.
(2) 모든 x에 대해 급수가 수렴한다.
(3) $|x|<R$이면 급수가 수렴하고, $|x|>R$이면 발산하는 양수 R이 존재한다.

증명

(1)의 경우도 (2)의 경우도 아니라고 가정하자. 그러면 $\sum c_n x^n$이 $x=b$에서 수렴하고 $x=d$에서 발산하는 0이 아닌 b와 d가 존재한다. 그러므로 집합 $S=\{x \mid \sum c_n x^n$이 수렴한다.$\}$는 공집합이 아니다. 앞의 정리에 의해 이 급수는 $|x|>|d|$이면 발산하므로 모든 $x \in S$에 대해 $|x| \le |d|$이다. 이것은 $|d|$가 집합 S의 상계임을 의미한다. 따라서 완비성 공리(8.1절 참조)에 의해 S는 상한 R을 갖는다. 만일 $|x|>R$이면 $x \notin S$이므로 $\sum c_n x^n$은 발산한다. $|x|<R$이면 $|x|$는 S에 대한 상계가 아니므로 $b>|x|$를 만족하는 $b \in S$가 존재한다. $b \in S$이므로 $\sum c_n b^n$은 수렴한다. 따라서 앞의 정리에 의해 $\sum c_n x^n$은 수렴한다.

3 정리 주어진 거듭제곱급수 $\sum c_n (x-a)^n$에 대해 다음 세 가지 중 어느 하나만 가능하다.

(1) $x=a$일 때만 급수가 수렴한다.
(2) 모든 x에 대해 급수가 수렴한다.
(3) $|x-a|<R$이면 급수가 수렴하고, $|x-a|>R$이면 발산하는 양수 R이 존재한다.

증명

앞의 정리에서 $u=x-a$로 변수변환을 하면 거듭제곱급수는 $\sum c_n u^n$이 되고 이 급수를 앞의 정리에 적용할 수 있다. (3)의 경우에 $|u|<R$이면 거듭제곱급수가 수렴하고 $|u|>R$이면 발산한다. 따라서 $|x-a|<R$이면 거듭제곱급수가 수렴하고 $|x-a|>R$이면 발산한다.

D 적분표

기본형

1. $\int u\,dv = uv - \int v\,du$

2. $\int u^n\,du = \frac{u^{n+1}}{n+1} + C,\ n \neq -1$

3. $\int \frac{du}{u} = \ln|u| + C$

4. $\int e^u\,du = e^u + C$

5. $\int a^u\,du = \frac{a^u}{\ln a} + C$

6. $\int \sin u\,du = -\cos u + C$

7. $\int \cos u\,du = \sin u + C$

8. $\int \sec^2 u\,du = \tan u + C$

9. $\int \csc^2 u\,du = -\cot u + C$

10. $\int \sec u \tan u\,du = \sec u + C$

11. $\int \csc u \cot u\,du = -\csc u + C$

12. $\int \tan u\,du = \ln|\sec u| + C$

13. $\int \cot u\,du = \ln|\sin u| + C$

14. $\int \sec u\,du = \ln|\sec u + \tan u| + C$

15. $\int \csc u\,du = \ln|\csc u - \cot u| + C$

16. $\int \frac{du}{\sqrt{a^2-u^2}} = \sin^{-1}\frac{u}{a} + C,\ a>0$

17. $\int \frac{du}{a^2+u^2} = \frac{1}{a}\tan^{-1}\frac{u}{a} + C$

18. $\int \frac{du}{u\sqrt{u^2-a^2}} = \frac{1}{a}\sec^{-1}\frac{u}{a} + C$

19. $\int \frac{du}{a^2-u^2} = \frac{1}{2a}\ln\left|\frac{u+a}{u-a}\right| + C$

20. $\int \frac{du}{u^2-a^2} = \frac{1}{2a}\ln\left|\frac{u-a}{u+a}\right| + C$

$\sqrt{a^2+u^2}$, $a>0$를 포함하는 형태

21. $\int \sqrt{a^2+u^2}\,du = \frac{u}{2}\sqrt{a^2+u^2} + \frac{a^2}{2}\ln(u+\sqrt{a^2+u^2}) + C$

22. $\int u^2\sqrt{a^2+u^2}\,du = \frac{u}{8}(a^2+2u^2)\sqrt{a^2+u^2} - \frac{a^4}{8}\ln(u+\sqrt{a^2+u^2}) + C$

23. $\int \frac{\sqrt{a^2+u^2}}{u}\,du = \sqrt{a^2+u^2} - a\ln\left|\frac{a+\sqrt{a^2+u^2}}{u}\right| + C$

24. $\int \frac{\sqrt{a^2+u^2}}{u^2}\,du = -\frac{\sqrt{a^2+u^2}}{u} + \ln(u+\sqrt{a^2+u^2}) + C$

25. $\int \frac{du}{\sqrt{a^2+u^2}} = \ln(u+\sqrt{a^2+u^2}) + C$

26. $\displaystyle\int \frac{u^2\,du}{\sqrt{a^2+u^2}} = \frac{u}{2}\sqrt{a^2+u^2} - \frac{a^2}{2}\ln(u+\sqrt{a^2+u^2}) + C$

27. $\displaystyle\int \frac{du}{u\sqrt{a^2+u^2}} = -\frac{1}{a}\ln\left|\frac{\sqrt{a^2+u^2}+a}{u}\right| + C$

28. $\displaystyle\int \frac{du}{u^2\sqrt{a^2+u^2}} = -\frac{\sqrt{a^2+u^2}}{a^2u} + C$

29. $\displaystyle\int \frac{du}{(a^2+u^2)^{3/2}} = \frac{u}{a^2\sqrt{a^2+u^2}} + C$

$\sqrt{a^2-u^2}$, $a>0$를 포함하는 형태

30. $\displaystyle\int \sqrt{a^2-u^2}\,du = \frac{u}{2}\sqrt{a^2-u^2} + \frac{a^2}{2}\sin^{-1}\frac{u}{a} + C$

31. $\displaystyle\int u^2\sqrt{a^2-u^2}\,du = \frac{u}{8}(2u^2-a^2)\sqrt{a^2-u^2} + \frac{a^4}{8}\sin^{-1}\frac{u}{a} + C$

32. $\displaystyle\int \frac{\sqrt{a^2-u^2}}{u}\,du = \sqrt{a^2-u^2} - a\ln\left|\frac{a+\sqrt{a^2-u^2}}{u}\right| + C$

33. $\displaystyle\int \frac{\sqrt{a^2-u^2}}{u^2}\,du = -\frac{1}{u}\sqrt{a^2-u^2} - \sin^{-1}\frac{u}{a} + C$

34. $\displaystyle\int \frac{u^2\,du}{\sqrt{a^2-u^2}} = -\frac{u}{2}\sqrt{a^2-u^2} + \frac{a^2}{2}\sin^{-1}\frac{u}{a} + C$

35. $\displaystyle\int \frac{du}{u\sqrt{a^2-u^2}} = -\frac{1}{a}\ln\left|\frac{a+\sqrt{a^2-u^2}}{u}\right| + C$

36. $\displaystyle\int \frac{du}{u^2\sqrt{a^2-u^2}} = -\frac{1}{a^2u}\sqrt{a^2-u^2} + C$

37. $\displaystyle\int (a^2-u^2)^{3/2}\,du = -\frac{u}{8}(2u^2-5a^2)\sqrt{a^2-u^2} + \frac{3a^4}{8}\sin^{-1}\frac{u}{a} + C$

38. $\displaystyle\int \frac{du}{(a^2-u^2)^{3/2}} = \frac{u}{a^2\sqrt{a^2-u^2}} + C$

$\sqrt{u^2-a^2}$, $a>0$를 포함하는 형태

39. $\displaystyle\int \sqrt{u^2-a^2}\,du = \frac{u}{2}\sqrt{u^2-a^2} - \frac{a^2}{2}\ln|u+\sqrt{u^2-a^2}| + C$

40. $\displaystyle\int u^2\sqrt{u^2-a^2}\,du = \frac{u}{8}(2u^2-a^2)\sqrt{u^2-a^2} - \frac{a^4}{8}\ln|u+\sqrt{u^2-a^2}| + C$

41. $\displaystyle\int \frac{\sqrt{u^2-a^2}}{u}\,du = \sqrt{u^2-a^2} - a\cos^{-1}\frac{a}{|u|} + C$

42. $\displaystyle\int \frac{\sqrt{u^2-a^2}}{u^2}\,du = -\frac{\sqrt{u^2-a^2}}{u} + \ln|u+\sqrt{u^2-a^2}| + C$

43. $\displaystyle\int \frac{du}{\sqrt{u^2-a^2}} = \ln|u+\sqrt{u^2-a^2}| + C$

44. $\displaystyle\int \frac{u^2\,du}{\sqrt{u^2-a^2}} = \frac{u}{2}\sqrt{u^2-a^2} + \frac{a^2}{2}\ln|u+\sqrt{u^2-a^2}| + C$

45. $\displaystyle\int \frac{du}{u^2\sqrt{u^2-a^2}} = \frac{\sqrt{u^2-a^2}}{a^2u} + C$

46. $\displaystyle\int \frac{du}{(u^2-a^2)^{3/2}} = -\frac{u}{a^2\sqrt{u^2-a^2}} + C$

$a+bu$를 포함하는 형태

47. $\displaystyle\int \frac{u\,du}{a+bu} = \frac{1}{b^2}(a+bu-a\ln|a+bu|) + C$

48. $\displaystyle\int \frac{u^2\,du}{a+bu} = \frac{1}{2b^3}[(a+bu)^2-4a(a+bu)+2a^2\ln|a+bu|] + C$

49. $\displaystyle\int \frac{du}{u(a+bu)} = \frac{1}{a}\ln\left|\frac{u}{a+bu}\right| + C$

50. $\displaystyle\int \frac{du}{u^2(a+bu)} = -\frac{1}{au} + \frac{b}{a^2}\ln\left|\frac{a+bu}{u}\right| + C$

51. $\displaystyle\int \frac{u\,du}{(a+bu)^2} = \frac{a}{b^2(a+bu)} + \frac{1}{b^2}\ln|a+bu| + C$

52. $\displaystyle\int \frac{du}{u(a+bu)^2} = \frac{1}{a(a+bu)} - \frac{1}{a^2}\ln\left|\frac{a+bu}{u}\right| + C$

53. $\displaystyle\int \frac{u^2\,du}{(a+bu)^2} = \frac{1}{b^3}\left(a+bu-\frac{a^2}{a+bu}-2a\ln|a+bu|\right) + C$

54. $\displaystyle\int u\sqrt{a+bu}\,du = \frac{2}{15b^2}(3bu-2a)(a+bu)^{3/2} + C$

55. $\displaystyle\int \frac{u\,du}{\sqrt{a+bu}} = \frac{2}{3b^2}(bu-2a)\sqrt{a+bu} + C$

56. $\displaystyle\int \frac{u^2\,du}{\sqrt{a+bu}} = \frac{2}{15b^3}(8a^2+3b^2u^2-4abu)\sqrt{a+bu} + C$

57. $\displaystyle\int \frac{du}{u\sqrt{a+bu}} = \frac{1}{\sqrt{a}} \ln\left|\frac{\sqrt{a+bu}-\sqrt{a}}{\sqrt{a+bu}+\sqrt{a}}\right| + C,\ a>0$

$$= \frac{2}{\sqrt{-a}} \tan^{-1}\sqrt{\frac{a+bu}{-a}} + C,\ a<0$$

58. $\displaystyle\int \frac{\sqrt{a+bu}}{u} du = 2\sqrt{a+bu} + a\int \frac{du}{u\sqrt{a+bu}}$

59. $\displaystyle\int \frac{\sqrt{a+bu}}{u^2} du = -\frac{\sqrt{a+bu}}{u} + \frac{b}{2}\int \frac{du}{u\sqrt{a+bu}}$

60. $\displaystyle\int u^n \sqrt{a+bu}\, du = \frac{2}{b(2n+3)}\left[u^n (a+bu)^{3/2} - na\int u^{n-1}\sqrt{a+bu}\, du\right]$

61. $\displaystyle\int \frac{u^n du}{\sqrt{a+bu}} = \frac{2u^n\sqrt{a+bu}}{b(2n+1)} - \frac{2na}{b(2n+1)}\int \frac{u^{n-1} du}{\sqrt{a+bu}}$

62. $\displaystyle\int \frac{du}{u^n\sqrt{a+bu}} = -\frac{\sqrt{a+bu}}{a(n-1)u^{n-1}} - \frac{b(2n-3)}{2a(n-1)}\int \frac{du}{u^{n-1}\sqrt{a+bu}}$

삼각함수 형태

63. $\displaystyle\int \sin^2 u\, du = \frac{1}{2}u - \frac{1}{4}\sin 2u + C$

64. $\displaystyle\int \cos^2 u\, du = \frac{1}{2}u + \frac{1}{4}\sin 2u + C$

65. $\displaystyle\int \tan^2 u\, du = \tan u - u + C$

66. $\displaystyle\int \cot^2 u\, du = -\cot u - u + C$

67. $\displaystyle\int \sin^3 u\, du = -\frac{1}{3}(2+\sin^2 u)\cos u + C$

68. $\displaystyle\int \cos^3 u\, du = \frac{1}{3}(2+\cos^2 u)\sin u + C$

69. $\displaystyle\int \tan^3 u\, du = \frac{1}{2}\tan^2 u + \ln|\cos u| + C$

70. $\displaystyle\int \cot^3 u\, du = -\frac{1}{2}\cot^2 u - \ln|\sin u| + C$

71. $\displaystyle\int \sec^3 u\, du = \frac{1}{2}\sec u\tan u + \frac{1}{2}\ln|\sec u + \tan u| + C$

72. $\displaystyle\int \csc^3 u\, du = -\frac{1}{2}\csc u\cot u + \frac{1}{2}\ln|\csc u - \cot u| + C$

73. $\int \sin^n u\,du = -\frac{1}{n}\sin^{n-1}u\cos u + \frac{n-1}{n}\int \sin^{n-2}u\,du$

74. $\int \cos^n u\,du = \frac{1}{n}\cos^{n-1}u\sin u + \frac{n-1}{n}\int \cos^{n-2}u\,du$

75. $\int \tan^n u\,du = \frac{1}{n-1}\tan^{n-1}u - \int \tan^{n-2}u\,du$

76. $\int \cot^n u\,du = -\frac{1}{n-1}\cot^{n-1}u - \int \cot^{n-2}u\,du$

77. $\int \sec^n u\,du = \frac{1}{n-1}\tan u\sec^{n-2}u + \frac{n-2}{n-1}\int \sec^{n-2}u\,du$

78. $\int \csc^n u\,du = -\frac{1}{n-1}\cot u\csc^{n-2}u + \frac{n-2}{n-1}\int \csc^{n-2}u\,du$

79. $\int \sin au\sin bu\,du = \frac{\sin(a-b)u}{2(a-b)} - \frac{\sin(a+b)u}{2(a+b)} + C$

80. $\int \cos au\cos bu\,du = \frac{\sin(a-b)u}{2(a-b)} + \frac{\sin(a+b)u}{2(a+b)} + C$

81. $\int \sin au\cos bu\,du = -\frac{\cos(a-b)u}{2(a-b)} - \frac{\cos(a+b)u}{2(a+b)} + C$

82. $\int u\sin u\,du = \sin u - u\cos u + C$

83. $\int u\cos u\,du = \cos u + u\sin u + C$

84. $\int u^n\sin u\,du = -u^n\cos u + n\int u^{n-1}\cos u\,du$

85. $\int u^n\cos u\,du = u^n\sin u - n\int u^{n-1}\sin u\,du$

86. $\int \sin^n u\cos^m u\,du = -\frac{\sin^{n-1}u\cos^{m+1}u}{n+m} + \frac{n-1}{n+m}\int \sin^{n-2}u\cos^m u\,du$

$$= \frac{\sin^{n+1}u\cos^{m-1}u}{n+m} + \frac{m-1}{n+m}\int \sin^n u\cos^{m-2}u\,du$$

역삼각함수 형태

87. $\int \sin^{-1}u\,du = u\sin^{-1}u + \sqrt{1-u^2} + C$

88. $\int \cos^{-1}u\,du = u\cos^{-1}u - \sqrt{1-u^2} + C$

89. $\int \tan^{-1}u\,du = u\tan^{-1}u - \frac{1}{2}\ln(1+u^2) + C$

90. $\int u \sin^{-1} u\, du = \frac{2u^2-1}{4} \sin^{-1} u + \frac{u\sqrt{1-u^2}}{4} + C$

91. $\int u \cos^{-1} u\, du = \frac{2u^2-1}{4} \cos^{-1} u - \frac{u\sqrt{1-u^2}}{4} + C$

92. $\int u \tan^{-1} u\, du = \frac{u^2+1}{2} \tan^{-1} u - \frac{u}{2} + C$

93. $\int u^n \sin^{-1} u\, du = \frac{1}{n+1} \left[u^{n+1} \sin^{-1} u - \int \frac{u^{n+1} du}{\sqrt{1-u^2}} \right], \quad n \neq -1$

94. $\int u^n \cos^{-1} u\, du = \frac{1}{n+1} \left[u^{n+1} \cos^{-1} u + \int \frac{u^{n+1} du}{\sqrt{1-u^2}} \right], \quad n \neq -1$

95. $\int u^n \tan^{-1} u\, du = \frac{1}{n+1} \left[u^{n+1} \tan^{-1} u - \int \frac{u^{n+1} du}{1+u^2} \right], \quad n \neq -1$

지수함수와 로그함수 형태

96. $\int u e^{au}\, du = \frac{1}{a^2}(au-1) e^{au} + C$

97. $\int u^n e^{au}\, du = \frac{1}{a} u^n e^{au} - \frac{n}{a} \int u^{n-1} e^{au}\, du$

98. $\int e^{au} \sin bu\, du = \frac{e^{au}}{a^2+b^2} (a \sin bu - b \cos bu) + C$

99. $\int e^{au} \cos bu\, du = \frac{e^{au}}{a^2+b^2} (a \cos bu + b \sin bu) + C$

100. $\int \ln u\, du = u \ln u - u + C$

101. $\int u^n \ln u\, du = \frac{u^{n+1}}{(n+1)^2} [(n+1) \ln u - 1] + C$

102. $\int \frac{1}{u \ln u}\, du = \ln|\ln u| + C$

쌍곡선함수 형태

103. $\int \sinh u\, du = \cosh u + C$

104. $\int \cosh u\, du = \sinh u + C$

105. $\int \tanh u\,du = \ln \cosh u + C$

106. $\int \coth u\,du = \ln|\sinh u| + C$

107. $\int \operatorname{sech} u\,du = \tan^{-1}|\sinh u| + C$

108. $\int \operatorname{csch} u\,du = \ln\left|\tanh \frac{1}{2}u\right| + C$

109. $\int \operatorname{sech}^2 u\,du = \tanh u + C$

110. $\int \operatorname{csch}^2 u\,du = -\coth u + C$

111. $\int \operatorname{sech} u \tanh u\,du = -\operatorname{sech} u + C$

112. $\int \operatorname{csch} u \coth u\,du = -\operatorname{csch} u + C$

$\sqrt{2au-u^2}$, $a>0$를 포함하는 형태

113. $\int \sqrt{2au-u^2}\,du = \frac{u-a}{2}\sqrt{2au-u^2} + \frac{a^2}{2}\cos^{-1}\left(\frac{a-u}{a}\right) + C$

114. $\int u\sqrt{2au-u^2}\,du = \frac{2u^2-au-3a^2}{6}\sqrt{2au-u^2} + \frac{a^3}{2}\cos^{-1}\left(\frac{a-u}{a}\right) + C$

115. $\int \frac{\sqrt{2au-u^2}}{u}\,du = \sqrt{2au-u^2} + a\cos^{-1}\left(\frac{a-u}{a}\right) + C$

116. $\int \frac{\sqrt{2au-u^2}}{u^2}\,du = -\frac{2\sqrt{2au-u^2}}{u} - \cos^{-1}\left(\frac{a-u}{a}\right) + C$

117. $\int \frac{du}{\sqrt{2au-u^2}} = \cos^{-1}\left(\frac{a-u}{a}\right) + C$

118. $\int \frac{u\,du}{\sqrt{2au-u^2}} = -\sqrt{2au-u^2} + a\cos^{-1}\left(\frac{a-u}{a}\right) + C$

119. $\int \frac{u^2\,du}{\sqrt{2au-u^2}} = -\frac{u+3a}{2}\sqrt{2au-u^2} + \frac{3a^2}{2}\cos^{-1}\left(\frac{a-u}{a}\right) + C$

120. $\int \frac{du}{u\sqrt{2au-u^2}} = -\frac{\sqrt{2au-u^2}}{au} + C$

찾아보기

찾아보기

찾아보기

ㅊ

ㅋ

ㅌ

ㅍ

찾아보기